U0305084

第十九届
环渤海浅（滩）海
油气勘探开发技术论文集

薛永安　孟卫工　毕义泉　主编

中国石化出版社

图书在版编目（CIP）数据

第十九届环渤海浅（滩）海油气勘探开发技术论文集/
薛永安，孟卫工，毕义泉主编．—北京：中国石化出版
社，2017.10
ISBN 978-7-5114-4685-5

Ⅰ．①第… Ⅱ．①薛… ②孟… ③毕… Ⅲ．①渤海-
海上油气田-油气勘探-文集②渤海-海上油气田-油气
田开发-文集 Ⅳ．①TE5-53

中国版本图书馆 CIP 数据核字（2017）第 233833 号

中国石化出版社出版发行
地址：北京市朝阳区吉市口路 9 号
邮编：100020 电话：(010)59964500
发行部电话：(010)59964526
http://www.sinopec-press.com
E-mail:press@sinopec.com
北京科信印刷有限公司印刷
全国各地新华书店经销

*

787×1092 毫米 16 开本 60 印张 1520 千字
2017 年 10 月第 1 版 2017 年 10 月第 1 次印刷
定价：200.00 元

前　言　Preface

　　环渤海地区集中分布着辽河油田、胜利油田、渤海油田、大港油田、华北油田、冀东油田等多个大中型油气田，是我国油气资源丰富、战略地位重要的地区之一。国家经济发展对油气的巨大需求，使石油工业继续作为国民经济的重要支柱产业。在面对国际油价寒冬时期，石油企业需要进一步加强交流合作、降本增效、创新创效，以提高自身竞争力。

　　在中国石油学会的指导下，由天津市石油学会、山东省石油学会、辽宁省石油学会、河北省石油学会共同主办的"第十九届环渤海浅（滩）海油气勘探开发技术交流会"即将召开。此次交流会得到了环渤海各油气田的大力支持，作为承办方的天津市石油学会牵头组织了针对环渤海浅（滩）海油气勘探开发技术方面的论文征集、评审工作。在各相关油气田的共同努力、密切配合下，共收到236篇专业论文，经专家评审，优选出其中135篇正式出版。这些论文充分反映了几年来渤海地区各油田勘探开发等领域的技术成果和科技进展，具有较高的学术价值和实践指导意义。

　　多年连续而专业的学术交流活动，为从事浅（滩）海油气勘探开发工作的广大科技人员搭建了相互交流、学习的平台，共同攻坚克难、共享科技成果、共商发展战略，浓厚的学术氛围使交流会二十几年来一直吸引着广大石油、石化科技工作者的积极参与，并获得了中国石油学会颁发的"品牌学术活动优秀组织奖"。相信本次交流会的召开及论文集的出版，会进一步推动环渤海浅（滩）海区域的油气勘探及开发技术的进步，促进环渤海地区各油田在不断的探索中获得技术进步，为各油田的高产、稳产及新油田的建设做出新的贡献。

目　录 Contents

石油地质

黄河口凹陷东洼渤中 A 构造带新近系断裂控藏作用定量研究及勘探实践 …………………… …………………… 温宏雷，黄　振，涂　翔，刘庆顺，王利良，孔栓栓（ 3 ）

变质岩岩性特征及其对裂缝形成发育的影响——以渤海西部海域太古宇为例 …………… …………………… 陈心路，韦阿娟，王粤川，李　飞，高坤顺（ 9 ）

沾化凹陷孤北洼陷沙三段储层物性的控制因素研究 …………………… …………………… 石世革，张伟涛，邹　毓，代　莉，邱隆伟（20）

深度开发油田井震藏一体化研究与实践 …………………… …………………… 张新培，姜　越，张雪涛，张明君，王　琳（31）

渤中西洼油气差异富集规律及成藏控制因素 …………………… …………………… 徐春强，李　龙，于喜通，郭　瑞，彭　鹏（36）

黄河口东洼-庙西南洼走滑反转控藏作用与勘探发现 …………………… …………………… 黄　振，徐长贵，牛成民，杨　波，温宏雷，高雁飞，王利良（44）

莱州湾凹陷南部斜坡带沙河街组早期原型盆地恢复及沉积响应特征 ………… 王启明（52）

CD 地区河道砂储层相控地震描述技术 ………… 杨彦生，林德猛，马国良（61）

渤海东部新近系远源区"脊-断"组合控藏研究 …………………… …………………… 刘朋波，官大勇，王广源，张宏国，任　健（68）

沧东凹陷孔二段细粒沉积相区测井岩性识别方法 …………………… …………………… 朱伟峰，李俊国，丁娱娇，邢　兴，国春香（77）

地层对比在随钻地质分析中的应用 ………… 孙树胜（83）

低渗油藏有效开发技术研究与实践 ………… 崔　洁，樊佐春，田　梅，姜　越，佟天宇（89）

J 块注空气辅助蒸汽吞吐油藏适应性分析 ………… 雷宵雨（98）

优化型灰色关联分析在录井含油气性判别中的应用 …………………… …………………… 苏　凯，官大勇，李　才，刘朋波，张宏国，任　健（102）

基于辫状河储层构型的剩余油富集模式研究与应用 …………………… …………………… 林国松，徐中波，申春生，康　凯，刘卫林，李　林，梁世豪（112）

沙南凹陷东北缘东三段储层差异及其成因研究 …………………… …………………… 庞小军，王清斌，代黎明，万　琳，李　欢（122）

埕海断裂缓坡区构造特征与油气聚集规律 ………… 袁淑琴，赵林丰（133）

南堡凹陷碳酸盐岩优质储层识别及分布预测 ··
·························· 张　汶，孙风涛，郭　维，张国坤，柳佳期(143)
渤海海域辽西凸起北段新生代构造演化：磷灰石裂变径迹证据 ·····················
·························· 张江涛，吴　奎，张如才，王冰洁，加东辉(156)
地震波形指示反演在垦东北部沙三段超覆油藏的应用 ············ 王雨洁，潘中华(164)
砂砾岩储层岩性识别及有利储层预测研究 ··
················ 柳佳期，孙风涛，吕世聪，刘文超，张国坤，张　汶，谢久安(171)
渤海辽东凸起北段分段性研究与控油气作用探讨 ··
······························ 柳屿博，何　京，张金辉，吴　奎，张如才(180)
沙东南构造带断裂对油气差异富集的控制作用 ··
································ 许　鹏，徐长贵，李慧勇，于海波，江　涛(189)
石臼坨凸起陡坡带边界断裂特征与油气差异富集 ··
······························ 江　涛，李慧勇，李德郁，陶　莉，步少峰(197)
渤海海域新生界底不整合内部结构类型划分及其应用 ···
······························ 李　飞，韦阿娟，王粤川，陈心路，高坤顺(204)
渤海石臼坨凸起油气优势运移路径精细刻画及勘探实践 ·················· 杨传超(215)

地 球 物 理

基于正演模拟技术和倾角属性的盐构造边界精细刻画 ···
······························ 郭　轩，黄江波，王孝辕，乔　柱，温宏雷(225)
砂泥岩薄互层储层预测方法研究——以渤海庙西地区馆陶组为例 ························
································ 刘　垒，李文滨，刘学通，周学锋，王　波(232)
羊二庄油田河流相薄储层预测方法——以一断块 NmⅢ-4-3 为例 ·······················
·· 田　昀，万永刚，聂国振(237)
滩浅海双检资料融合新技术 ·················· 秦　宁，梁鸿贤，刘培体，高　丽(244)

石 油 开 发

分段压裂易钻球座壁面磨损的性能预测研究 ··
································ 张　建，吕　玮，任家敏，田浩然，李玉宝(253)
海上深薄层稠油油藏高效开发技术研究及应用 ··
································ 刘　东，张彩旗，聂玲玲，张　雷，潘广明，罗义科(260)
稠油火驱开发中辅助蒸汽吞吐的应用 ···································· 柴　标(268)
海上稠油底水油藏注采结构优化调整——以渤海 Q 油田为例 ····························
································ 龙　明，刘英宪，章　威，欧阳雨藏，陈晓祺(274)
底水油藏特高含水期剩余潜力定量化表征 ··
································ 张　东，侯亚伟，张　墨，孙恩慧，谭　捷，彭　琴(284)

海上油田高含水水平井酸化泡沫酸体系分流性能研究 ………………………………………
…………………………………… 黄晓东，刘平礼，李丰辉，黄荣贵（291）
海上多层砂岩油藏中高含水期定向井产能预测新方法 ………………………………………
…………………………………… 刘彦成，康 凯，李廷礼，张 章，于登飞（297）
乳液聚合物在线调驱工艺技术 ……………… 田玉芹，靳彦欣，胡秋平，张冬会（308）
高含水期非均质油藏周期注水室内实验研究 …………………………………………………
…………………………………… 赵 军，翁大丽，陈 平，郑继龙，张 强，胡 雪（316）
辽河稠油蒸汽驱中后期低成本开发技术 ……… 郑利民，周 旭，符永江，董 娟（322）
全封闭高压浅层钻塞装置的研制 ……………………………… 黄建生，王晓宏（329）
综合系数法和图版法确定地层测试设计参数 ……………………………… 姜红梅（343）
流线法模拟在埕岛油田中区的应用研究 …………………………………………………………
…………………………………… 林 博，王优杰，李现根，刘 超，于情情（355）
粉细砂岩储层油井防砂技术研究 ……… 郑英杰，唐 林，邵现振，王 冠，李 栋（361）
海上稠油底水油藏规模化热采开发界限研究 …………………………………………………
…………………………………… 王树涛，李云鹏，李彦来，张占女，郑 华（367）
储层精细表征技术在稠油区块开发后期的研究与应用 ………………………………………
…………………………………… 赵国光，周 旭，刘 影，杨晓强，张利宏（371）
复杂断块油田"二三"结合提高采收率技术 ……………………………………………………
…………………………………… 孟立新，蔡明俊，张 津，李 健，张志明（380）
抑砂工艺的改进与应用 ……………… 邵现振，秦延才，唐 林，郑英杰，李 栋（390）
海上油田高含水期综合调整后提高采收率研究 ………………………………………………
…………………………………… 司少华，贾晓飞，田 博，邓景夫，王公昌（395）
河流相油田的水平井产能预测方法研究 …………………………………………………………
…………………………………… 杨 明，黄 琴，刘美佳，王 雨，陈存良（406）
差异液流控制下高含水油藏注采结构调整研究——以歧口 17-2 油田西高点为例 …………
…………………………………… 李金蔓，李 根，刘建国，刘春艳，黄建廷，石 鹏（413）
磨料射流旋转切割套管室内实验研究 ……………………… 吴 昊，吴艳华（420）
稠油油藏组合式蒸汽吞吐决策方法研究 …………………………………………………………
…………………………………… 赵文勋，李 辉，邱 锐，宋清新，魏勇舟（427）
齐 108 块蒸汽吞吐后转火烧油层适应性研究 ……………………………… 谢建波（432）
大港油田难采储量有效动用技术对策研究 ……………………………………………………
…………………………………… 张祝新，刘东成，姜玲玲，于 新，姚 芳（438）
桩 106 块曲流河窄河道砂体构型研究 ……… 盖 峰，马永达，吴永红，牟仁成（443）
杜 99 块大凌河油层二次开发实践 ……………………………………… 王玉玲（451）
边底水油藏夹层定量表征及开发意义 … 党胜国，刘卫林，黄保纲，宋建芳，叶小明（458）
多元注水技术在中高渗油藏中的应用 ……………………………… 姜艳艳（464）
欢喜岭油田地震相与沉积及砂体的匹配性研究 ……………………… 李子华（469）
基于波及系数评价的水平井变井网矢量注采研究 ……………………………………………
…………………………………… 周焱斌，许亚南，龙 明，李 军，杨 磊（474）

边底水稠油油藏水平井分段防砂分段控水技术研究及应用 ……………………………
………………………… 李 辉，赵文勋，邱 锐，宋清新，魏勇舟(482)
高压带压作业配套技术研究及应用 ………………………… 卢云霄，胡尊敬，李 勇(486)
基于地震沉积学的储层三维地质建模 … 王鹏飞，叶小明，杨建民，徐 静，李俊飞(495)
泡沫性能新型微观方法研究及应用 ……………………………
………………… 翁大丽，郑继龙，张 强，赵 军，胡 雪，陈 平，朱成华(503)
渤海稠油高温渗流特征研究与认识 ………………… 孙 君，翁大丽，林 辉，彭 华(510)
风化店油田长井段砂泥岩互层油藏层系重组研究 ……………………………… 季 静(516)
利用低效井侧钻挖潜老油田剩余油策略及实践 … 金宝强，胡 勇，舒 晓，邓 猛(520)
冀东高温低渗油藏注水井压裂增注技术 ……………………………
………………………… 卢军凯，吴 均，颜 菲，徐建华，刘 彝(525)
稠油老区水平井分层开发技术研究与应用 ……………………………… 于俊宇(530)
稠油油藏新型低成本化学降黏冷采技术探索与应用 ……………………………
………………………… 高 鹏，朱学东，田云霞，贺 慧，于兴业(540)
稠油油藏井筒内可流动深度计算方法 … 许 鑫，尚 策，孙 念，吴迪楠，孟 菊(548)
优化高含水区域防砂配套提升区域采收率 ………………………………… 苏 帅(554)
强边水油藏高效复合堵水技术研究及应用 ……………………… 纪 超，孙沙沙(566)
蒸汽驱后期调剖驱油技术研究与应用 ……………… 蒋 硕，张恒嘉，张 瑞(571)
渤中油田水平井着陆瓶颈问题的井场应对措施 ……………………………
………………… 么春雨，邓津辉，曹 军，苑仁国，张向前，禹岩泉(577)
水平井体积压裂在低渗砂岩油藏的研究与应用 ………………………… 吴玲玉(588)
千米桥潜山油藏阶段性酸压开发技术探讨与实践 ……………………………
………………………… 蔡晴琴，杨太伟，程诗睿，杨 扬，郭树召(593)
薄互层稠油油藏火驱开发实践及效果分析 ……………………………… 杨依峰(599)
小集油田未动储量典型区块储层预测研究 ……………………… 黄金富，王啊丽(606)
海上中深层油田井震一体化储层预测新方法 ……………………………
………………… 江远鹏，张建民，王西杰，郭 诚，岳红林(612)
开窗一体式斜向器及通刮一体式工具在大31-侧斜18井的应用 ………… 李 宁(618)
吞吐稠油区块油井套管损坏机理研究 ……………… 刘 影，周 旭，杨晓强(621)
重力泄水辅助蒸汽驱助力稠油老区二次开发 ……………………………… 段强国(625)
水平井产液剖面建立方法研究及应用 ……………………………… 魏朋朋(630)
海上疏松砂岩储层动态出砂预测方法及应用 …… 李 进，许 杰，龚 宁，林 海(639)
超稠油油藏油泥高强度调剖技术研究 ……………………… 沈文敏，杨 洋(648)
刮管冲砂一体化工艺技术研究 ……………… 邢洪宪，李清涛，张云驰(653)
耐高温海水基压裂液体系研制及性能评价 ……………………………
………………………… 徐鸿志，张明锋，王宇宾，郝志伟，赵文娜(660)
全封固井技术在冀东油田的应用研究 … 王 瑜，赵永光，王宇飞，范思东，崔海弟(667)
小直径井砾石充填管串研究与应用 …………………………………
………………… 刘 伟，李怀文，王 强，周志国，昝丽艳，张 健(673)

海上稠油热采复合调堵增效工艺研究及应用 ……………………………………………
………………………… 赵德喜, 苏　毅, 孙永涛, 孙玉豹, 林珊珊 (678)
TAP Lite 分段压裂改造工艺在低渗油藏水平井的应用 ……………………………………
………………………………………… 赵广天, 宋友贵, 郑小雄, 王新红(685)
渤西区块火成岩钻井技术难点及应对措施 ………………………………………………
………………………… 袁则名, 和鹏飞, 于忠涛, 韩雪银, 何　杰, 边　杰(690)
渤海高含水油田堵调洗一体化研究与应用 ………………………………………………
………………… 王　楠, 张云宝, 夏　欢, 李彦阅, 黎　慧, 代磊阳, 薛宝庆(696)
海上高密低阻两步法防砂工艺优化研究与应用 …………………………………………
………………… 赵霞, 韦敏, 曹文江, 张　勇, 任兆林, 李家华, 和忠华(703)
利用机械工具改善大斜度井岩屑床问题的研究 …………………………………………
………………… 和鹏飞, 袁则名, 于忠涛, 韩雪银, 丁　胜, 刘雨薇, 徐　彤(713)
低伤害清洁携砂液在海上应用效果分析 …………………………………………………
………………… 任兆林, 赵霞, 韦敏, 朱骏蒙, 李家华, 张　勇, 曹文江(719)
提高电测成功率的技术措施 …………………………………………………… 周艳平(727)
一种双季胺盐防膨缩膨剂 PA-SAS 的合成与应用 ………………………………………
………………………………………… 唐　婧, 胡红福, 冯浦涌, 王　贵(733)
南堡陆地复杂断块油藏深部调驱技术与应用 ……………………………………………
………………………………… 刘怀珠, 郑家朋, 纪文娟, 程椿玲, 薛海喜(739)
海上电泵井故障原因分析及防治方法探究 ……………… 寸锡宏, 韦　敏, 王向东(744)
昭通页岩气水平井井筒完整性设计与钻井实践 ………………………………… 杨书港(752)
φ444.5 大井眼定向技术研究 ………………… 陈　勋, 杜新军, 佟德水, 赵　潞(759)
渤海油田油管材质选择方法优化研究 … 牟　媚, 吴华晓, 何亚其, 尚宝兵, 马　骏(764)
海上低渗储层高效溶蚀型酸化技术研究及应用 ………………………… 苏　毅, 李旭光(770)
某油田 EZSV 桥塞套铣打捞分析研究 ……………………………… 范子涛, 张　飞(775)
微差井温测试技术在海上稠油热采井的应用 ……………………………………………
………………………… 苏　毅, 赵德喜, 孙永涛, 马增华, 顾启林(782)
耐高温井下安全控制系统研制与现场试验 ………………………………………………
………………………… 张　华, 周法元, 孟祥海, 邹　剑, 王秋霞, 张　伟(787)
一种注聚井复合解堵体系的室内研究 … 赵文娜, 徐鸿志, 郝志伟, 张鹏远, 张　硕(791)
液力驱动螺杆泵举升工艺试验研究 …… 闫永维, 李志广, 李凤涛, 张子佳, 李　川(796)
筛管防砂控水一体化完井技术及应用 ……………………………… 曲庆利, 关　月(803)
基于多底井的海上油气开发井槽高效利用技术 … 袁则名, 和鹏飞, 于忠涛, 韩雪银(809)
埕岛油田海上大破片弹射孔工艺优化与应用 ……………………………………………
………………………… 张　勇, 赵　霞, 任兆林, 沈　飞, 李家华, 王　雷(815)
莱州湾区域大斜度井通井技术的研究与应用 ……………………………………………
………………………… 袁则名, 和鹏飞, 于忠涛, 韩雪银, 何　杰, 边　杰(825)
埕岛西北区稠油区块举升工艺的优化研究 ………………………………………………
………………………… 韦　敏, 李家华, 赵　霞, 朱骏蒙, 任兆林, 沈　飞(831)

西北区稠油井低产原因及对策 ……………………………………………………

…………………… 李家华，韦　敏，朱骏蒙，赵　霞，任兆林，曹文江（836）

海上油田套管损坏特征及成因 ………………………………………………

…………………… 晁　冲，朱骏蒙，施明华，尹海峰，何　云，曹文江（844）

海 洋 工 程

渤海导管架平台结构力学性能对比研究 ………………………………………

…………………… 李翔云，杜夏英，肖　辉，程　霖，薄　昭，孔　冰（853）

某海上平台火灾错时泄放研究 …………………………………… 陈　磊（859）

浮式生产储油装置机舱设计分析 ………………………………… 王春光（867）

单点卸油系统大口径海底管道水击压力分析 …………………… 李春磊（871）

气溶胶气体灭火系统在海上平台的应用 ………………………… 段晓珍（876）

渤海稠油热采中浓水零排放的制约因素浅析 ………………………………

…………………… 黄　岩，宋　鑫，唐宁依，刘英雷，刘春雨，曲兆光（884）

桩海10井组平台二氧化碳腐蚀防护技术及措施研究 …………… 陈　曦（889）

流动保障技术在大口径高凝油海管中的应用 …………… 孙志峰，陈　磊（896）

安 全 环 保

海上油田透平烟气余热循环利用技术 …………………………… 邓常红（903）

油污岸线修复技术标准研究进展概述 …………………………… 刘斌楠（907）

海上油田开发污染物及其对海洋环境的影响 …………………… 曲　良（912）

信 息 科 技

浅谈企业信息化管理平台开发中数据库技术的应用 …………… 王世伟（921）

浅析油田 ERP 设备管理模块应用 ……………………………… 丁　薇（925）

计算机网络安全探究 ……………………………………………… 张广瑞（930）

水下传感器网络 MAC 协议研究 ………………………………… 郗远浩（934）

基于移动通信技术的钻井监督可视化管理系统的建设 ………… 王东城（941）

Landmark 环境下基于角色的访问控制模型及在渤海油田的应用分析 ………

……………………………………………………………… 李　明，胡元凌（944）

石油地质

黄河口凹陷东洼渤中 A 构造带新近系断裂控藏作用定量研究及勘探实践

温宏雷，黄 振，涂 翔，刘庆顺，王利良，孔栓栓

（中海石油（中国）有限公司天津分公司渤海石油研究院，天津 300459）

摘　要　黄河口凹陷东洼属于边缘型小洼陷，位于黄河口凹陷的最东部，断块圈闭破碎，地质条件复杂，前人研究程度较低。本次研究重点对渤中 A 构造区成藏主控因素进行了精细解剖，对构造区油源断裂各项参数、断裂与盖层以及断裂与圈闭接触关系进行了系统及统计分析，结果显示成藏期断裂活动速率、盖层断接厚度及断圈接触长度三个要素对渤中 A 构造区油气成藏具有主控作用。在此基础上对数据归一化处理，并进行了三角投图，对比已钻井的实际勘探结果，建立了一套断裂成藏的三因素定量评价方法，并对构造区未钻圈闭进行了评价，找出了 3 个有利的勘探目标，在近期的钻探中获得了良好的油气发现。

关键词　黄河口凹陷东洼；成藏期断裂活动速率；盖层断接厚度；断圈接触长度；三因素定量评价方法

　　黄河口凹陷位于渤海湾盆地济阳坳陷的东北部，渤海海域内渤中凹陷的东南部，凹陷面积约 2570km²。其北侧为渤南低凸起，南侧为垦东—青坨子凸起和莱北低凸起，东侧为庙西凹陷，西邻沾化和埕北凹陷，是近东西向控凹断裂和北北东向走滑断裂共同控制下形成的新生界北断南超的箕状凹陷[1,2]。

　　近年来，随着渤海海域的油气勘探程度逐年升高，勘探方向逐渐向更边缘、更复杂区域倾斜。黄河口凹陷东洼处于黄河口凹陷的最东部，属于边缘型小洼陷，多年来并无勘探突破，前人对其成藏规律研究较少。黄河口凹陷东洼的东面紧邻庙西凹陷南次洼，两者受郯庐断裂东支走滑断裂分割，因此，黄河口凹陷东洼受走滑及伸展断裂双重分割，断块圈闭破碎，地质条件复杂[3-5]。

　　因受走滑及伸展双重分割，黄河口东洼可分为位于东部走滑转换带的蓬莱 B 构造带，及位于中部洼中隆的渤中 A 构造带，其中渤中 A 构造带已发现的储量超过黄河口东洼目前总储量的 60%，是下一步勘探的优选构造和储量增长的立足点。

1　地质概况

　　黄河口凹陷东洼的北面和南面，各相隔一条边界大断裂，分别是渤南低凸起及莱北低凸起；其东面是庙西洼陷南次洼，两者被郯庐断裂东支走滑断裂分割开；其西面是黄河口凹陷中洼（图 1）。凹陷的东部受郯庐断裂东支走滑断裂的右旋作用，派生出一组南北展布的近东西向、北东南西向伸展断裂，构成一系列夹持在走滑与伸展断裂间的断块圈闭群，即蓬莱 B 构造带。

作者简介：温宏雷（1988—），男，汉族，2014 年 6 月毕业于成都理工大学矿物学、岩石学、矿床学专业，获理学硕士学位，工程师，现从事油气勘探综合地质研究。E-mail：wenhl3@cnooc.com.cn

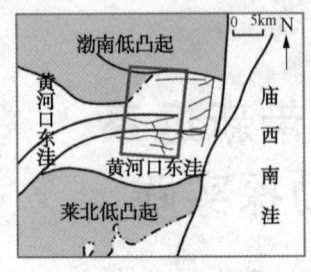

图 1　黄河口凹陷东洼
区域构造位置

而位于凹陷中部的渤中 A 构造带是一个洼中隆构造，自南向北逐渐抬升，中间高，两边低。构造带上大体发育三类断裂，第一类为北东—南西向伸展断裂，分布于构造带的西北及东南部；第二类呈南北向小段裂，在构造带的中部多有分布，起到了分割圈闭的作用；第三类为东西向伸展断裂，这类断裂在构造带上分布最多，受其在油气运移途径上起到作用的不同，可分为沟通沙河街组烃源岩及浅层储层的油源断裂，没有直接沟通烃源岩，但间接沟通了油源断裂及储层的次级运移断裂，和没有起到沟通烃源岩与储层作用的普通断裂。

本次研究重点对渤中 A 构造区成藏主控因素进行了精细解剖，对断裂的活动性、断盖匹配及断圈接触进行了统计，对照实际勘探成果数据，尝试总结出一套能指导下一步勘探评价工作，并能进行推广应用的油气富集程度定量判别方法。

2　断裂控藏作用分析

对黄河口东洼渤中 36 构造脊 4 个已钻的含油气构造，10 余条油源断裂及 30 余条次级运移断裂之间关系的各项参数进行了统计分析，认为油气成藏期油源断裂活动速率、盖层断接厚度以及断圈接触长度这 3 个参数对油气成藏具有主要的控制作用。

2.1　油气成藏期油源断裂活动速率决定油气的垂向输导能力

断裂活动速率是指某一地层单元在一定地质时期内，因断裂活动形成的落差与相应沉积时间的比值[6~8]，其表达式为

$$V_f = \frac{\Delta H}{T} = \frac{(H_d - H_u)}{T} \tag{1}$$

式中　V_f——断裂活动速率，m/Ma；

ΔH——一定地质时期内断裂下降盘与上升盘地层厚度差，m；

T——沉积时间，Ma；

H_d——断裂下降盘地层厚度，m；

H_u——断裂上升盘地层厚度，m。

断裂发育形态的演化具有阶段性，其活动强度也具有迁移性。只有在油气充注时期或之后，断裂活动对油气的聚集与保存才有意义[9,10]。黄河口凹陷东洼烃源岩的生烃史及油气充注史研究结果表明，自明化镇组沉积晚期(距今 5.2Ma)以来，黄河口凹陷发育的烃源岩开始大规模的生、排烃，并随即开始油气充注，因此黄河口凹陷的油气主成藏期为明化镇组沉积晚期。

对黄河口凹陷东洼的油源断裂在各地质时期的断裂活动性进行统计，并与实际钻探结果进行对比，发现主要油源断裂在油气成藏期的断裂活动速率与已钻井钻遇的油气丰度呈正相关关系(图2)。

从研究区已钻井的勘探发现情况看，呈现出"北浅南深，北富南贫"的特点。渤中 A 构造区南部的油源断裂在明化镇组晚期的活动性大多在 5~10m/Ma 之间，除少数几条断裂外，大多活动性一般；北部的油源断裂活动性大多在 15m/Ma 以上，最强的 F1 大断裂整体活动性在 20m/Ma 以上，表明北部区域断裂对油气的运移能力很强，这也是北部探井在浅层普遍获得较好油气发现的原因之一。

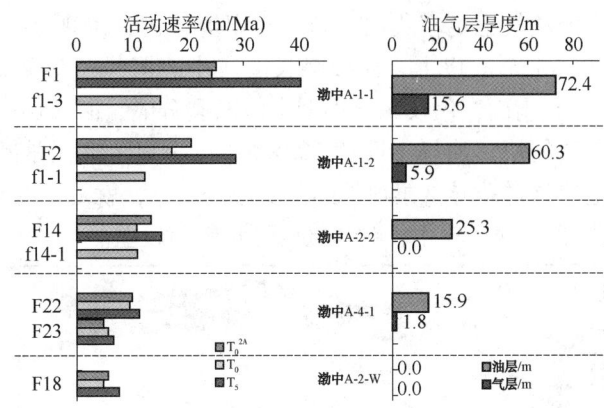

图 2　黄河口凹陷东洼断裂活动速率与已钻井发现油气层厚度对比关系

2.2　盖层断接厚度影响油气的富集层位

盖层在油气的运移路径上具有垂向阻烃的重要作用，但是当盖层段发育断裂时，断裂的构造演化活动会对盖层的垂向阻烃能力造成一定的影响，甚至使盖层的垂向阻烃能力完全失效[11]。因此，引入盖层断接厚度来表征断裂对盖层垂向阻烃能力的破坏作用，盖层断接厚度即为盖层在某处的厚度与该处发育断裂的断距之差[12]，其表达式为

$$h_2 = h - h_1 \tag{2}$$

式中　h_2——盖层断接厚度，m；

　　　h——盖层厚度，m；

　　　h_1——盖层发育断裂的断距，m。

黄河口凹陷东洼渤中 A 构造区在东二段广泛发育一套厚度约在 150m 的区域性湖相泥岩盖层，在对研究区内已钻井的盖层断接厚度进行了统计后，发现盖层断接厚度与油气的富集层位具有较好的对应关系(表1)。其中，在油气最为富集的北部，泥岩盖层断接厚度普遍为 0~60m，而浅层油气不富集的钻井盖层断接厚度普遍大于80m。

表 1　渤中 A 构造区部分探井盖层断接厚度与成藏层位统计表

探井	盖层断接厚度/m	成藏层位
渤中 A-1-1	0	浅层
渤中 A-1-2	0	浅层
渤中 A-4-1	52	浅层为主
渤中 A-2-2	64	深层为主
渤中 A-2-1	88	深层

2.3　断圈接触长度控制油气向圈闭的充注

同一条油源断裂上，其不同部位活动性不同，对油气的运移能力也不同。而油气在顺断面运移至浅层后，通过与断裂接触的砂体充注入有效的圈闭内，只有与断裂活动性强的部位直接接触的圈闭，才更有利于油气向圈闭中充注。因此，与断裂上有运移能力的部位接触长度越大的圈闭，越有利于油气在圈闭中富集成藏。这里引入"断圈接触长度"这个概念，来表征圈闭与断裂活动性强的部位的接触程度。

在黄河口东洼范围内对所有已钻井所在圈闭进行了统计，从统计结果中看，与断裂强活动部位接触的越多的圈闭油气也更富集(图3)。在研究区内，发现油气层厚度大于50m的探井，断圈接触长度均在5.5km以上，而接触长度较小的探井，发现油气层厚度均在20m以下。在北部的F1大断裂南面，仅仅一条小型走滑断裂分隔，断裂西边的圈闭是整个黄河口东洼浅层油气丰度最高的块，油气丰度达200×10^4 t/km^2以上，但是断裂东边的圈闭仅仅发现了少量天然气，造成这样差异富集现象的重要原因之一，就是走滑断裂东面的断块位于F1边界大断裂的倾末端，活动性较小，对油气的运移能力较差。

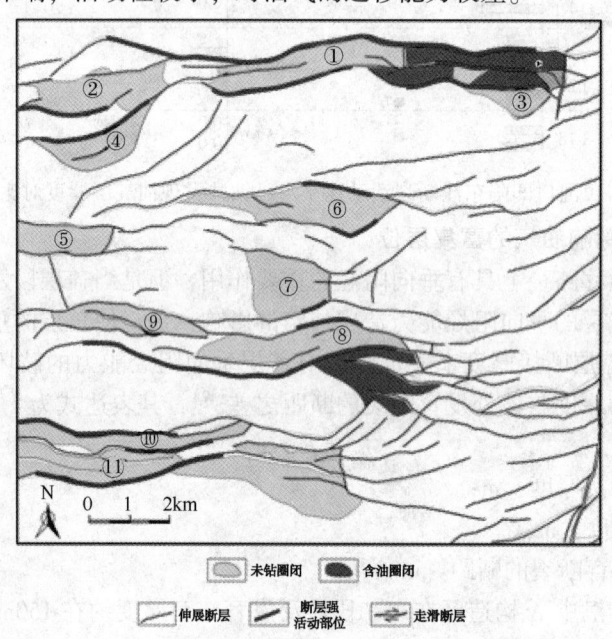

图3 黄河口凹陷东洼渤中A构造区断裂纲要图

3 断裂控藏三因素定量评价方法

3.1 评价方法的建立

综合分析断裂对油气成藏控制作用的研究成果，认为黄河口凹陷东洼断裂活动性对油气成藏的控制作用主要表现为：活动速率是效率，断盖接触定深浅，断圈接触控充注。基于该认识，根据浅层油气富集程度，将研究区已完钻的所有已钻井按照发现的油气丰度，划分为低效探井、中等探井及高效探井。

为评价断裂的控藏作用，对研究区十余口探井的油气成藏期油源断裂活动速率、盖层断接厚度及断裂分形分维值分别进行归一化处理。将这3个参数的统计数据分别除以该参数最大值，其中油气成藏期油源断裂活动速率的最大值为30m/Ma，盖层断接厚度的最大值为150m，断圈接触长度的最大值为10km；进而将得到的各参数归一化数据进行三角图投影。结果(图4)表明，依据不同的油气丰度，已钻探井具有良好的分带性，可以划分为浅层油气富集区、浅层油气成藏半富集区和浅层油气成藏风险区。其中，高效探井主要集中分布于三角图中间偏右上角区域，为浅层油气富集区；中-低效探井主要集中分布于三角图的中间偏左区域，为浅层油气成藏半富集区；而低效探井主要集中分布于三角图的边缘区域，为浅层油气成藏风险区。

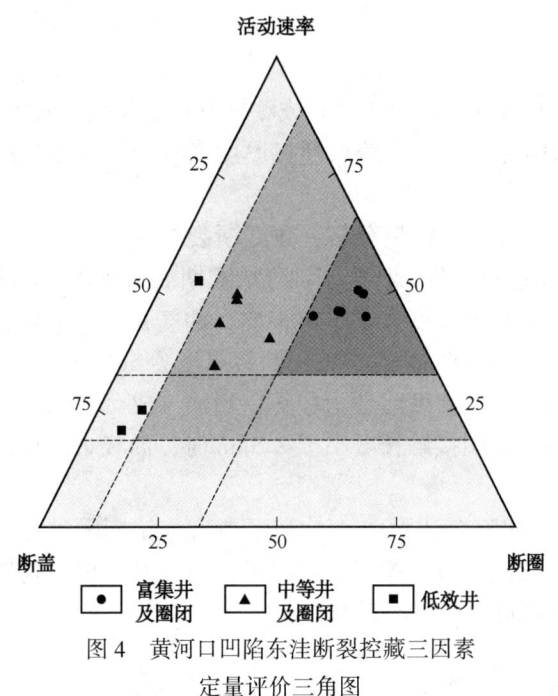

图 4　黄河口凹陷东洼断裂控藏三因素
定量评价三角图

在划分好浅层油气富集区、半富集区和风险区后，分别读取富集区、风险区的油气成藏期油源断裂活动速率、盖层断接厚度及断圈接触长度的最低门限值，并换算回实际数据后，参照已钻井在浅层的油气富集程度，对油气成藏期油源断裂活动速率、盖层断接厚度及断圈接触长度进行综合对比，建立了研究区浅层油气成藏的断裂控藏三因素定量评价方法。

运用断裂控藏三因素定量评价方法分析研究区浅层油气成藏过程中的断裂控藏作用，认为当油气成藏期油源断裂活动速率大于 15m/Ma，盖层断接厚度小于 50m，断圈接触长度大于 5.5km 时，油气在浅层富集成藏的可能性较大，在三角图中对应于浅层油气富集区；当油气成藏期断裂活动速率为 8～15m/Ma，盖层断接厚度为 50~80m，断圈接触长度为 2.5~5.5km 之间时，油气可能在浅层聚集成藏，但多为中等丰度，在三角图中对应于浅层油气成藏半富集区；当油气成藏期油源断裂活动速率小于 8m/Ma，盖层断接厚度大于 100m，断圈接触长度小于 2.5km 时，油气难以在浅层聚集成藏，在三角图中对应于浅层油气成藏风险区。

3.2　评价方法的应用

应用断裂控藏三因素定量评价方法对黄河口凹陷东洼渤中 A 构造区所有未钻圈闭进行了断裂控藏作用定量评价。渤中 A 构造区剩余 11 个未钻圈闭，统计所有圈闭的油气成藏期断裂活动速率、盖层断接厚度及断圈接触长度，并将统计结果进行归一化处理及三角图投影。

评价结果表明，研究区北部的 1 号、2 号圈闭，及中部的 8 号圈闭位于富集区中，北部的 3 号、4 号圈闭，中部的 6 号、7 号圈闭及南部的 11 号圈闭位于半富集区中，而中部的 5 号、9 号圈闭，南部的 10 号圈闭位于图版中的风险区，因此建议 1 号、2 号及 8 号圈闭为下一步评价的优先圈闭。

2017 年 7 月，在渤中 36 构造 1 号、2 号圈闭进行了钻探，两口井分别获得垂厚 25m 及 60m 的油气层发现，而同期在 11 号圈闭钻探的探井仅获得 4.5m 油层。钻探结果证明了三因素定量评价方法的有效性，下一步将继续在黄河口东洼及围区利用该方法寻找油气勘探有利目标。

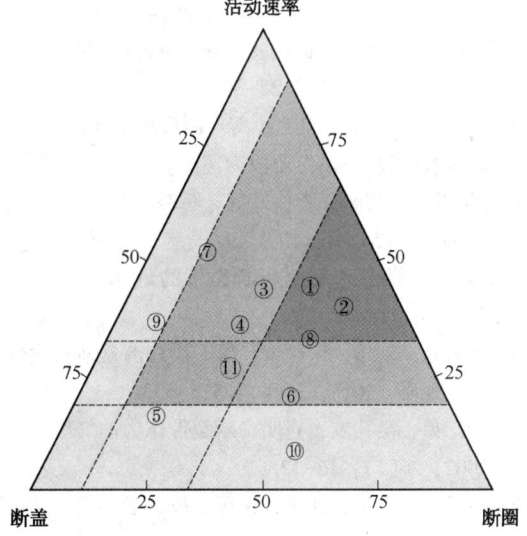

图 5　黄河口凹陷东洼未钻圈闭三因素定量评价结果

4　结论

油气成藏期油源断裂活动速率、盖层断
接厚度以及断圈接触长度对黄河口东洼渤中 A 构造区的油气差异成藏具有控制作用。其中，
油气成藏期油源断裂活动速率决定油气的垂向运移效率、盖层断接厚度影响油气的富集层
位、断圈接触长度控制油气向圈闭的充注。

通过对黄河口东洼渤中 A 构造区断裂控藏要素的定量分析，建立断裂控藏三因素定量
评价方法。应用该方法对研究区断裂控藏作用进行评价，认为当油气成藏期油源断裂活动速
率大于 15m/Ma，盖层断接厚度小于 50m，断圈接触长度大于 5.5km 时，油气在浅层富集成
藏的可能性较大；当油气成藏期断裂活动速率为 8~15m/Ma，盖层断接厚度为 50~80m，断
圈接触长度在 2.5~5.5km 之间时，油气在浅层成藏的可能性为中等；当油气成藏期断裂活
动速率小于 8m/Ma，盖层断接厚度大于 100m，断圈接触长度小于 2.5km 时，油气难以在浅
层聚集成藏。

应用建立的三因素定量评价方法对黄河口凹陷东洼渤中 A 构造区所有未钻圈闭进行了
断裂控藏作用定量评价，优选出 3 个浅层油气富集可能性较大的圈闭作为下步浅层油气勘探
目标，并且在近期的勘探过程中，证明该评价方法具有较好的有效性。

参 考 文 献

[1] 柳永军，朱文森，杜晓峰，等. 渤海海域辽中凹陷走滑断裂分段性及其对油气成藏的影响[J]. 石油天
然气学报，2012，34(7)：6-10.
[2] 侯贵廷，钱祥麟，蔡东升. 渤海湾盆地中、新生代构造演化研究[J]. 北京大学学报：自然科学版，
2001，37(6)：845-851.
[3] 朱秀香，吕修祥，王德英，等. 渤海海域黄河口凹陷走滑转换带对油气聚集的控制[J]. 石油与天然气
地质，2009，30(4)：476-482.
[4] 陈华靖，周东红，吕丁友，等. 渤东地区新生代走滑断裂特征及其对油气成藏的影响[J]. 断块油气
田，2015，22(4)：454-457.
[5] 张友，南山，王玉秀，等. 隐伏走滑断层特征及其对油气成藏的影响——以渤海海域蓬莱 13-14 地区
为例[J]. 油气地质与采收率，2014，21(6)：26-29.
[6] 张新涛，牛成民，黄江波，等. 黄河口凹陷渤中 34 区明化镇组下段油气输导体系[J]. 油气地质与采
收率，2012，19(5)：27-30.
[7] 孙同文，吕延防，刘哲，等. 断裂控藏作用定量评价及有利区预测——以辽河坳陷齐家-鸳鸯沟地区古
近系沙河街组三段上亚段为例[J]. 石油与天然气地质，2013，34(6)：790-796.
[8] 姜治群，吴智平，李伟，等. 断裂对黄河口凹陷新近系油气分布的控制作用[J]. 特种油气藏，2016，
23(6)：50-54.
[9] 高祥林. 渤海中部郯庐断裂带的近期活动与渤海新近纪新生断裂[J]. 地质科学，2006，41(2)：
355-364.
[10] 蒋有录，刘培，宋国奇，等. 渤海湾盆地新生代晚期断层活动与新近系油气富集关系[J]. 石油与天
然气地质，2015，36(4)：525-533.
[11] 柳广弟，吴孔友，查明. 断裂带作为油气散失通道的输导能力[J]. 中国石油大学学报：自然科学版，
2002，26(1)：16-17.
[12] 吕延防，万军，沙子萱，等. 被断裂破坏的盖层封闭能力评价方法及其应用[J]. 地质科学，2008，
43(1)：162-174.

变质岩岩性特征及其对裂缝形成发育的影响
——以渤海西部海域太古宇为例

陈心路，韦阿娟，王粤川，李 飞，高坤顺

(中海石油(中国)有限公司天津分公司，天津 300459)

摘 要 近年来渤海海域太古界变质岩油气藏逐渐形成了亿吨级的储量规模，其重要性不言而喻。通过对西南部海域潜山取芯、常规/成像测井、录井以及分析化验等基础资料分析，建立了一套变质岩岩性识别的方法，以自然伽马为主、岩石密度和补偿中子曲线为辅，结合地质资料对变质岩类型进行识别。引入加权裂缝面密度以及岩石脆度等量化参数，准确评价裂缝的整体发育情况，总结了成缝优势岩性序列(由好到差)：浅粒质混合岩、混合岩化浅粒岩、浅粒岩、混合花岗岩、混合片麻岩、斜长片麻岩。并且深入探讨了裂缝的发育机制，主要受矿物成分、晶粒大小(成分/结构)非均质程度以及混合岩化作用等四个方面的共同影响。最后，基于成像测井、常规测井和小波变换的高频信息建立了变质岩裂缝定量表征方法，对最新探井 BZ19-X 井进行了实例应用，并取得了良好效果。

关键词 渤海海域；变质岩；测井响应；成缝优势岩性序列；裂缝定量表征

近年来，太古界潜山油气藏作为一种重要的接替类型越来越受到人们的关注[1,2]。其中在渤海海域西南部太古界变质岩潜山中陆续发现了数个有效益的变质岩潜山油气田(如曹妃甸 1-6、曹妃甸 18-2/东油田)。该地区潜山变质岩岩性复杂多样，储层以裂缝、孔隙复合型为主，内部结构复杂，非均质性强，给储层研究带来了很大挑战。

国内外学者对塔里木盆地、辽河油田等变质岩潜山带的储层发育情况研究，认为裂缝对储层的改造作用比较明显[3~5]。目前，渤海海域西南部太古界潜山也发现了数口工业油气流井及显示井，但储层研究相对陆地油田尚处于起步阶段，普遍存在变质岩分类方案传统、识别出的岩性单一、不准确以及裂缝发育程度评价方法不够准确、岩性对裂缝的控制作用研究不全面等问题[6~8]。本文基于钻井岩芯、壁芯及薄片裂缝观察与裂缝线密度、面密度统计，结合区域构造地质、录井及常规/成像测井资料，对区内发育的岩性进行精细识别与分类，并对裂缝发育差异、岩性控缝机制以及裂缝的定量表征进行探讨。

1 区域地质背景

渤海海域太古宇经历海西、印支、燕山、华北、喜山等多期构造运动叠加改造，东部发育著名的郯庐走滑断裂带，并与张-蓬断裂带共轭存在，区内断裂系统复杂，形成了 5 个一级构造单元和 35 个二级构造单元[6]，太古界地层主要出露于辽西、石臼坨、沙垒田、渤南等 4 大凸起区。钻井资料证实区内发育的太古界变质岩多数经历了新生脉体的注入，发生不同程度的混合作用，形成了混合片麻岩、混合花岗岩等混合岩类以及碎裂岩，局部夹有闪长

作者简介：陈心路(1989—)，男，汉族，2015 年毕业于中国地质大学(北京)矿产普查专业，获硕士学位，助理工程师，现从事储层评价与预测方面的研究。E-mail：chenxl72@ cnooc.com.cn

岩等侵入岩岩体[7~9]。

　　研究区位于渤中坳陷西南端，包括沙垒田凸起、周边斜坡带以及渤南低凸起地区，西邻歧口凹陷，南接沙南、黄河口凹陷，北邻渤中凹陷，东被郯庐断裂带(莱州湾段)所限，夹持于三个富生烃凹陷之间(图1)。截至目前区内钻遇太古界潜山共27口探井，其中有18口揭露潜山深度超过70m，是本文研究的主要样本钻井。

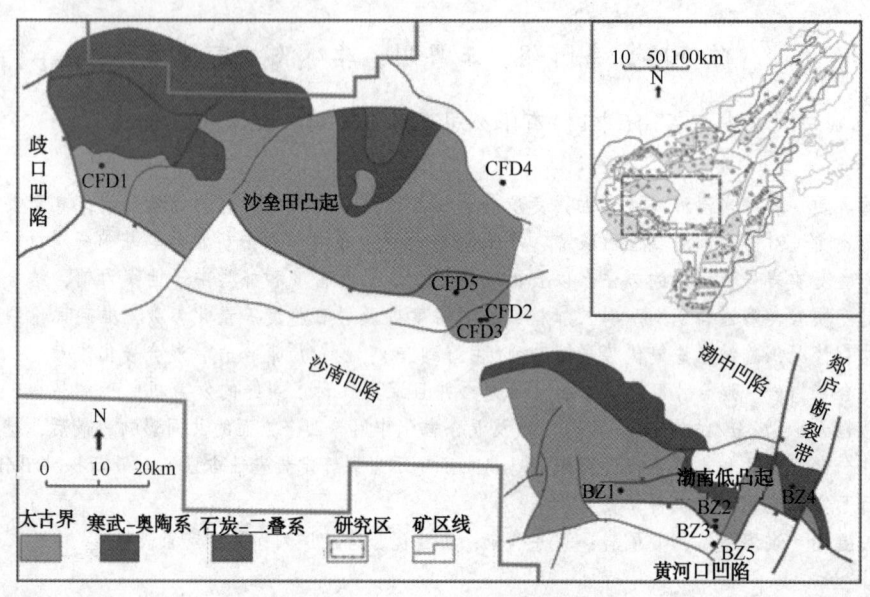

图1　研究区太古界潜山构造略图

2　变质岩岩性识别

2.1　原理

　　众所周知，测井曲线能综合反映岩石矿物成分和孔隙中流体的特征。辽河油田根据这一规律采用岩矿鉴定和测井响应联合的方法对变质岩岩性的识别和划分进行了大量的研究工作[10,11]，研究依据是变质岩孔隙度较低，流体对测井值的影响可以忽略，而选用岩石密度(DEN)和补偿中子(CNL)2条曲线作为主要标定对象[10]。但有人也曾对变质岩储层研究发现取心率低的层段试油产能可能会高出一般的砂岩油层[11]，因此忽略流体对测井响应的影响是不严谨的。本文在识别潜山岩石类型时，主要选用了受流体干扰小、对矿物和元素反应敏感的自然伽马(GR)曲线，而岩石密度和补偿中子起辅助标定角色。谭延栋等已对主要造岩矿物的测井响应进行了详细研究[12]，如黑云母、角闪石、辉石等暗色矿物的增多会引起密度、补偿中子测井值的增大，而石英、长石类等浅色矿物的相应测井值相对暗色矿物要小；自然伽马值的高低与矿物中Th、U、K等放射性元素含量相关，因此钾长石、黑云母矿物可以引起自然伽马值的增大。根据以上造岩矿物在测井响应上的差异，本文建立了变质岩岩性测井识别方法，再通过系统岩矿鉴定对测井识别结果进行准确有效地标定研究。

2.2　岩性识别

　　基于上文论述的岩性识别原理，在研究区半定量的识别出6种变质岩类型，建立了岩石类型与测井响应的耦合关系(表1)，其中存在3种岩性是渤海海域内新发现的岩石类型。

表1　渤海海域西南部主要岩石类型测井响应特征

岩性	GR 0——300	GR 曲线特征 （API）	$\underset{1.95 \quad\quad 2.95}{DEN}$ $\underset{45 \quad\quad -1.5}{CNL}$	DEN—CNL 曲线特征	代表井/ m
斜长片麻岩		小-锯齿状 28~75 50.2		弱绞合状	BZ 1 3100~3120
浅粒岩		中-锯齿状 22~151 61.5		负差异 夹绞合状	BZ 1 3010~3030
混合岩化 浅粒岩		小-锯齿状 夹高尖值 27~900 105.2		负差异 曲线平直	BZ 2 3680~3700
浅粒质 混合岩		中、高-锯齿状 50~264 119.5		负差异 曲线锯齿	BZ 3 3690~3710
混合片麻岩		高-锯齿状 102~225 159		强绞合状	CFD 1 2900~2920
混合花岗岩		高-锯齿状 190~348 255.3		负差异 曲线平直	CFD 2 3930~3950

斜长片麻岩：黑灰色、深灰色，具鳞片粒状变晶结构，片麻状构造，晶粒大小0.50~4.00mm。主要成分为石英、斜长石、钾长石、角闪石和黑云母。自然伽马曲线相对平稳，呈小锯齿状，范围值28~75API，平均值50.2API，基值较低，岩石密度和补偿中子曲线呈"弱绞合状"。

浅粒岩：灰白色，鳞片粒状变晶结构，为海域内新发现岩石类型。成分为石英、斜长石（多数绢云母化）、钾长石和黑云母（含量小于5%）。自然伽马呈中锯齿状，范围值在22~151API，平均值为61.5API，密度和中子曲线呈夹有绞合状的"负差异"，总体具有低密度、低中子的特点。

混合岩化浅粒岩：岩石由基体和脉体两部分组成。基体为浅粒岩或变粒岩，脉体为石英脉、花岗质脉，含量小于15%，为海域内新发现岩石类型。自然伽马曲线总体呈小锯齿状，偶夹高尖值，范围值为27~900API，平均值为105.2API，岩石密度和补偿中子曲线表现为"负差异"。

浅粒质混合岩：以基体浅粒岩为主，长英质脉体含量15%~50%。基体、脉体界线一般清楚,以机械注入作用为主,局部见交代作用。矿物主要为石英、斜长石、碱性长石、黑云母,各种矿物含量根据新生脉体注入量的多少变化较大,为海域内新发现岩石类型。自然伽马值在50~264API,平均值119.5API,呈中、高锯齿状,密度、中子曲线呈现锯齿状的"负差异",偶夹低尖值。

混合片麻岩:混合岩化作用已相当强烈,残留的基体含量<50%。花岗变晶结构,片麻状构造依稀可见。自然伽马值在102~225API,平均值159API,曲线跳跃性强,呈高锯齿状,密度和中子曲线呈"强绞合状"。

混合花岗岩:混合岩化作用最强烈,岩性和岩浆结晶的花岗岩有相似之处,成分相当于花岗岩。碱性长石尤其发育,暗色矿物以黑云母为主。自然伽马值高达190~348API,平均值255.3API,岩石密度和补偿中子曲线平直,呈低密度、低中子的"负差异"形态。

3 成缝优势岩性序列

3.1 岩矿评价参数

岩芯、薄片裂缝是变质岩岩石破裂程度的直接证据,观察和统计岩芯、薄片裂缝是正确评价变质岩储层特征必不可少的环节[13]。本文主要使用5种裂缝统计参数对变质岩构造裂缝发育程度进行定量表征,分别是裂缝线密度、裂缝加权面密度、薄片裂缝数量、见缝薄片频率以及岩石脆度。其中裂缝加权面密度和岩石脆度是本文创新引入的评价参数。

裂缝加权面密度,对储层段或一套地层的裂缝发育程度进行评价时,采用加权平均值,既考虑到裂缝发育段,也兼顾了裂缝不发育段,这样可以反映研究层段裂缝的整体发育情况。与裂缝面密度相比,裂缝加权面密度可以反映研究层段裂缝的整体发育情况[14,15],其表达公式为:

$$f_{\text{加权面密度}} = \frac{\sum f_{\text{面密度}i} \times L_i}{\sum L_i}$$

式中 $f_{\text{加权面密度}}$——裂缝加权面密度,1/m;

$f_{\text{面密度}i}$——第 i 块岩芯的裂缝面密度,1/m;

L_i——第 i 块岩芯的长度,m。

国内外学者提出用脆性矿物含量来表征脆性指数的方法,认为脆性是岩石力学性质的一种现象,而矿物成分又是影响力学性质的最主要因素,所以矿物成分与脆性之间必然有直接的相关性[16~17]。针对研究区资料现状提出了变质岩储层的脆性指数,其表达公式为:

$$\beta = \frac{C_{\text{quartz}} + C_{\text{feldspar}}}{C_{\text{quartz}} + C_{\text{feldspar}} + C_{\text{hornblende}} + C_{\text{biotite}}} \times 100\%$$

式中 β——脆性指数(脆度),%;

C_{quartz}——石英质量分数,%;

C_{feldspar}——长石质量分数,%;

$C_{\text{hornblende}}$——角闪石质量分数,%;

C_{biotite}——云母质量分数,%。

考虑到变质岩储层裂缝发育的难以预测性,利用岩石脆度可以一定程度上定量化地反映出某种岩石类型在相同或相似的构造应力条件下产生裂缝的概率大小。

3.2 成缝优势岩性序列的建立

变质岩的岩石类型(物质成分、结构特征等)在裂缝发育程度中起着关键性的作用[18]。

因此，基于不同岩性的定量化裂缝统计对变质岩储层特征的研究具有重要意义。通过对研究区 3 个构造 5 口钻井的岩芯、薄片观察，分别统计了区内主要发育的 6 种岩石类型的裂缝发育情况(表2，图2)。为了尽可能减小构造、应力等外部因素的干扰以及研究结果的可靠性，本文将参比岩性对象限定在应力条件相似的同一构造上。

表 2 不同岩石类型裂缝发育程度统计表

构造区	代表井段/ m	岩性	岩芯裂缝		薄片(微)裂缝		概率统计	取芯率范围/ %
			线密度/ (条/m)	加权面密度/ (1/m)	裂缝数量/ 条	见缝频率/ %	平均脆度/ %	
曹妃甸 18-2/东	CFD 2 4000.2~4001.5 CFD 3 3959.3~3960.6	混合 花岗岩	38.1	1.63	21.6	77.3	88.0	97.1~100
	CFD 3 3971.5~3972.5	混合 片麻岩	13.3	0.79	10.0	53.1	83.0	98.0
渤中 26-2	BZ 1 3010~3034.1	浅粒岩	81.8	5.48	32.3	90.1	95.0	85.4~100
	BZ 1 3111~3201.8	斜长 片麻岩	13.6	0.87	11.3	42.0	80.0	91.0~100
	BZ 1 3270~3331.1	混合 片磨岩	34.5	2.19	15.5	52.7	90.7	100
渤中 27-4	BZ 2 3657~3723.2	混合岩化 浅粒岩	44.2	3.08	30.1	93.5	96.5	72.0~100
	BZ 3 3694~3721.3	浅粒质 混合岩	49.7	3.52	32.0	99.7	99.0	100

3.2.1 曹妃甸 18-2/东构造

该区岩性主要为混合花岗岩和混合片麻岩，相同条件下，二者裂缝发育程度存在一定的差异：混合花岗岩，裂缝线密度平均为 38.1 条/m，裂缝加权面密度平均为 1.63/m，薄片裂缝数量平均为 21.6 条，见缝薄片频率 77.3%，岩石脆度平均为 88%，岩芯收获率范围为 97.1%~100%；混合片麻岩，线密度平均为 13.3 条/m，加权面密度平均为 0.79/m，薄片裂缝数量平均为 10 条，见缝薄片频率 53.1%，脆度平均为 83%，岩芯收获率为 98%。因此，裂缝发育程度方面，混合花岗岩好于混合片麻岩[图2(a)、(b)]。

3.2.2 渤中 26-2 构造

主要为浅粒岩、斜长片麻岩以及混合片麻岩：浅粒岩，裂缝线密度平均为 81.8 条/米，裂缝加权面密度平均为 5.48/m，薄片裂缝数量平均为 32.3 条，见缝薄片频率 90.1%，岩石脆度平均为 95%，岩芯收获率范围为 85.4%~100%；斜长片麻岩，线密度平均为 13.6 条/m，加权面密度平均为 0.87/米，薄片裂缝数量平均为 11.3 条，见缝薄片频率 42%，脆度平均为 80%，岩芯收获率范围为 91%~100%；混合片麻岩，线密度平均为 34.5 条/m，加权面密度平均为 2.19/m，薄片裂缝数量平均为 15.5 条，见缝薄片频率 52.7%，脆度平均为 90.7%，岩芯收获率为 100%。浅粒岩的裂缝发育程度最高，混合片麻岩次之，斜长片麻岩

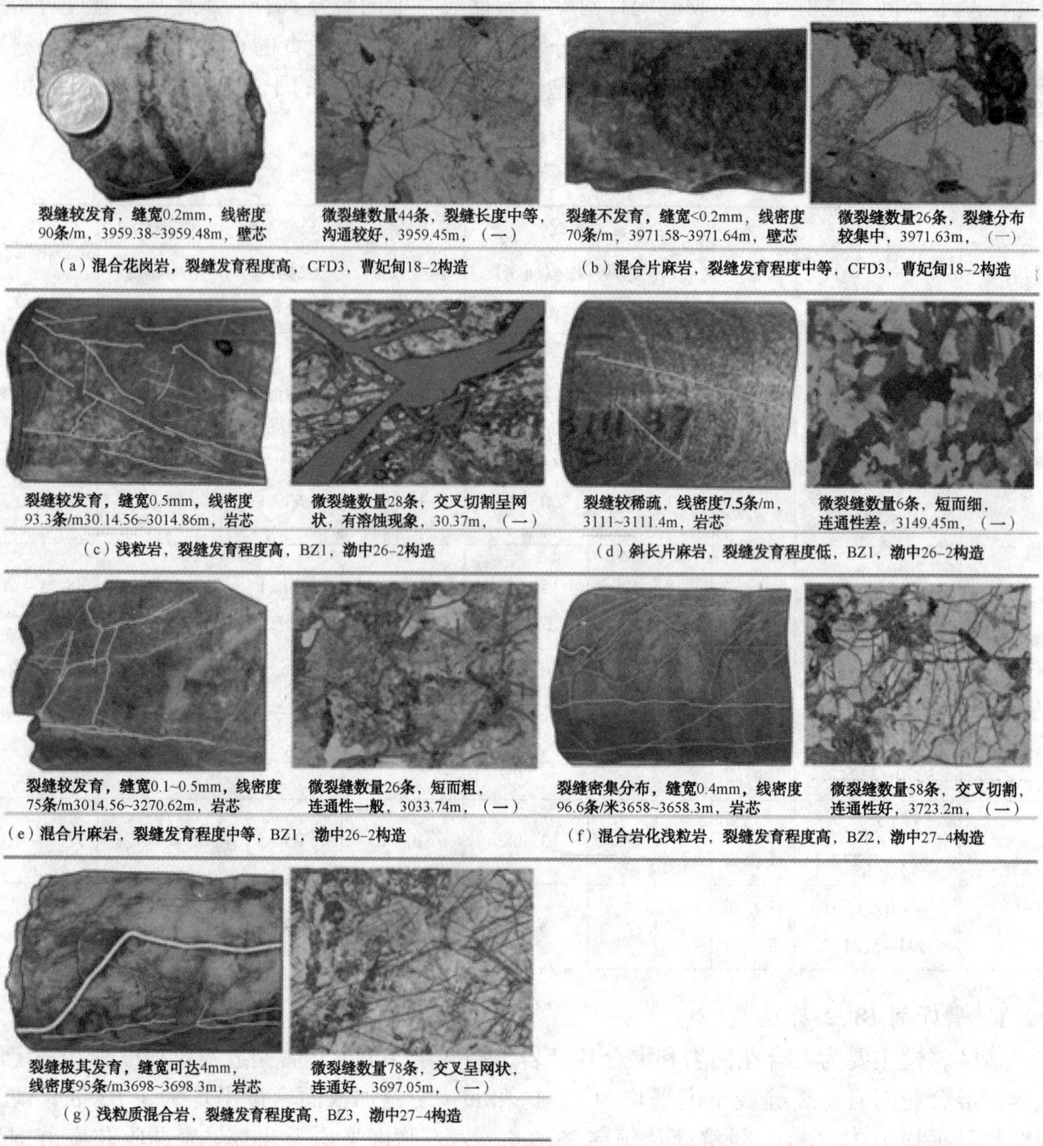

裂缝较发育，缝宽0.2mm，线密度90条/m，3959.38～3959.48m，壁芯

微裂缝数量44条，裂缝长度中等，沟通较好，3959.45m，(一)

裂缝不发育，缝宽<0.2mm，线密度70条/m，3971.58～3971.64m，壁芯

微裂缝数量26条，裂缝分布较集中，3971.63m，(一)

（a）混合花岗岩，裂缝发育程度高，CFD3，曹妃甸18-2构造　　　（b）混合片麻岩，裂缝发育程度中等，CFD3，曹妃甸18-2构造

裂缝较发育，缝宽0.5mm，线密度93.3条/m30.14.56～3014.86m，岩芯

微裂缝数量28条，交叉切割呈网状，有溶蚀现象，30.37m，(一)

裂缝较稀疏，线密度7.5条/m，3111～3111.4m，岩芯

微裂缝数量6条，短而细，连通性差，3149.45m，(一)

（c）浅粒岩，裂缝发育程度高，BZ1，渤中26-2构造　　　（d）斜长片麻岩，裂缝发育程度低，BZ1，渤中26-2构造

裂缝较发育，缝宽0.1～0.5mm，线密度75条/m3014.56～3270.62m，岩芯

微裂缝数量26条，短而粗，连通性一般，3033.74m，(一)

裂缝密集分布，缝宽0.4mm，线密度96.6条/米3658～3658.3m，岩芯

微裂缝数量58条，交叉切割，连通性好，3723.2m，(一)

（e）混合片麻岩，裂缝发育程度中等，BZ1，渤中26-2构造　　　（f）混合岩化浅粒岩，裂缝发育程度高，BZ2，渤中27-4构造

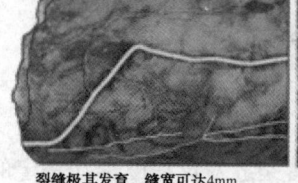

裂缝极其发育，缝宽可达4mm，线密度95条/m3698～3698.3m，岩芯

微裂缝数量78条，交叉呈网状，连通好，3697.05m，(一)

（g）浅粒质混合岩，裂缝发育程度高，BZ3，渤中27-4构造

图2　不同岩石类型的裂缝发育情况照片

最差[图2(c)、(d)、(e)]。

3.2.3　渤中27-4构造

主要为混合岩化浅粒岩和浅粒质混合岩：混合岩化浅粒岩，裂缝线密度平均为44.2条/m，裂缝加权面密度平均为3.08/m，薄片裂缝数量平均为30.1条，见缝薄片频率93.5%，岩石脆度平均为96.5%，岩芯收获率范围为72%～100%；浅粒质混合岩，线密度平均为49.7条/m，加权面密度平均为3.52/m，薄片裂缝数量平均为32条，见缝薄片频率99.7%，脆度平均为99%，岩芯收获率为100%。即浅粒质混合岩的裂缝比混合岩化浅粒岩更发育[图2(f)、(g)]。

综合以上，对区内发育的6种主要岩石类型的裂缝发育程度进行横向对比，系统建立了渤海海域西南部地区的"成缝优势岩性序列"：浅粒质混合岩 > 混合岩化浅粒岩 > 浅粒岩 >

混合花岗岩＞混合片麻岩＞斜长片麻岩，其中序列内越靠前的岩石类型越容易产生裂缝，裂缝发育程度也越高，靠后的相对裂缝发育程度较低。

4　岩性控缝机制

　　裂缝发育情况主要受到构造运动、应力、流体压力等外在因素以及岩性等内在因素的共同控制，其中岩石类型这一内在因素对裂缝的发育起着根本性的控制作用[19]。概括而言，岩性与裂缝发育的关系主要受到矿物成分、晶粒大小、非均质程度及混合岩化作用四个方面的影响。

4.1　矿物成分

　　变质岩通常由暗色矿物系和浅色矿物系组成。暗色矿物指的是岩石中 Fe、Mg、Ga 以及其他重金属矿物的合称，如云母、角闪石等。暗色矿物含量高的岩性塑性较强，抗压强度（大于 100MPa）和抗剪强度（大于 15MPa）均比较大，易发生塑性变形，将应力消减掉，不容易产生裂缝，如斜长片麻岩、角闪岩、斜长角闪岩等[18]；而浅色矿物指的是岩石中 Al、Si 等矿物的合称，如石英、长石等，浅色矿物含量高的岩性脆性较强，抗压强度和抗剪强度均比较小，容易产生构造裂缝，如浅粒岩、酸性侵入岩、混合岩等。通过对研究区 7 口探井 82 个薄片观察及 106 组矿物含量统计分析（图 3），总结出随着浅色矿物含量（岩石脆度）的增多，暗色矿物的减少，样品的宏观和微裂缝发育程度加大。

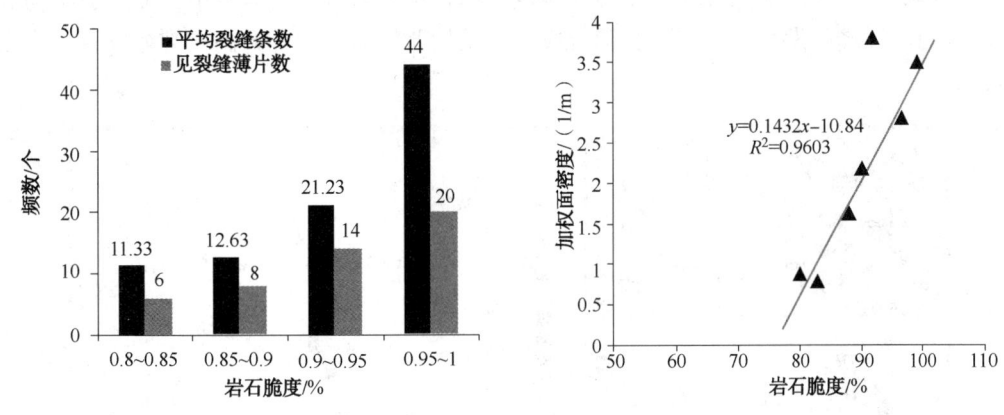

图 3　矿物成分与宏观/微裂缝发育情况的关系

4.2　晶粒大小

　　变质岩储集体从区域变质岩至超变质形成的混合岩，经过重结晶、变质结晶、变质分异和交代作用等，使得原岩矿物成分、结构、构造都发生了变化，其中就包括晶粒大小的变化[4]。晶粒的大小导致岩石本身的物理性质发生变化，裂缝的发育程度也随之发生变化。

　　变质岩经混合岩化发生重结晶作用，使得岩石晶粒由小变大，储集体围压随之增大，使其致密化。周灿灿等认为随岩石本身变得致密，岩石的强度和弹性模量减小，较小的应变就会产生裂缝，即颗粒大小在一定程度上控制着裂缝的发育程度[20]。研究区变质岩随着晶粒粒径的增大，岩石本身致密性增加，岩石的力学抗压强度减小（图 4），裂缝的发育程度呈增高趋势。

　　渤南低凸起 BZ3 井发育的浅粒质混合岩晶粒大小 1.0~2.0mm，裂缝线密度平均为 49.7 条/m，裂缝加权面密度平均为 3.52/m；而 BZ2 井发育的混合岩化浅粒岩晶粒大小 0.2~1.0mm，裂缝线密度平均为 44.2 条/m，裂缝加权面密度平均为 3.08/m。可见，晶粒大小制

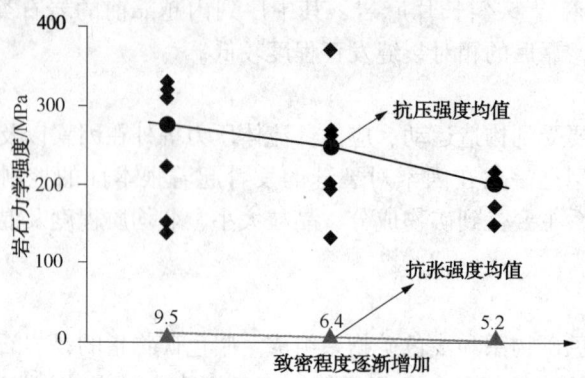

图 4　致密程度与岩石力学强度的关系(据葛善良修改, 2010)

约着裂缝的发育程度。

4.3　非均质程度

　　岩石内部包含多种尺度、多种成分、多种形状的矿物，而各晶粒对力的传递速度和自身变形存在差异，在外载荷下，必然造成岩石内部应力场分布不均，产生应力集中，导致岩石晶粒强度最弱部位萌生出裂缝(图 5)，岩石的破坏一定程度上就是这些非均质性造成的[21]。通过对 7 口探井岩芯、薄片观察，发现在浅色矿物含量相对较高的岩石中，成分、结构非均质程度影响着裂缝的发育。普遍存在随着成分、结构非均质程度的升高，裂缝发育程度也增大的趋势。

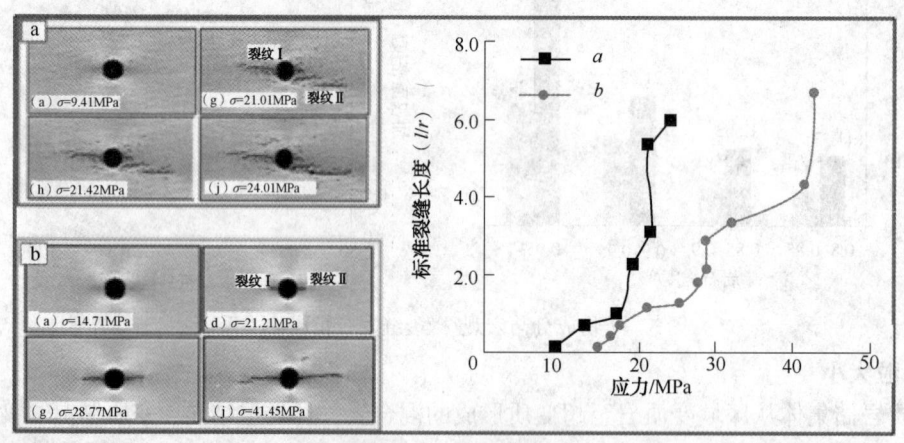

图 5　非均质性对大理岩岩样裂缝扩展长度影响

a—均质度系数为 2.0；b—均质度系数为 5.0

4.4　混合岩化作用

　　变质岩储集体从区域变质岩至超变质形成的混合岩，岩石成分、结构、构造发生了一系列的变化，进而对裂缝的发育情况进行影响(图 6)：后期新生长英质脉体的注入使浅色矿物质量分数相对增高，引起岩体脆度增加，有利于储集体裂缝的形成；重结晶作用使矿物晶粒由小变大，储集体围压随之增大，岩石本身变得更加致密，裂缝发育程度呈升高趋势；新生长英质脉体的不均匀幕式注入，使得新生脉体与原岩基体大小、形态存在差异，造成外力影响下岩石内部应力场分布不均，产生应力集中，形成裂缝。

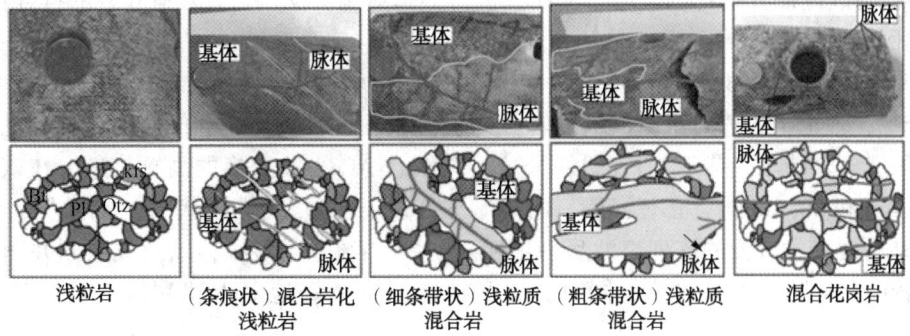

| 浅粒岩 | （条痕状）混合岩化浅粒岩 | （细条带状）浅粒质混合岩 | （粗条带状）浅粒质混合岩 | 混合花岗岩 |

图6　混合岩化作用演化模式图（自左至右逐渐增强）

因此，混合岩化作用在一定程度上改变了原岩基体的矿物成分、晶粒大小以及非均质程度，从而制约着裂缝的发育程度。

5　裂缝定量表征及应用

5.1　裂缝表征方法

变质岩潜山由于埋藏较深，普遍存在取芯少、薄片不足等问题，尤其在裂缝发育段[4]。针对研究区资料现状提出利用测井资料来定量评价裂缝的裂缝概率指数，其表达公式为：

$$FDS_1 = \frac{AC \times CNL}{A \times DEN \times \log R_d \times \log R_s}$$

式中　FDS_1——裂缝概率指数；

　　　　AC——声波时差，us/m；

　　　　CNL——补偿中子，v/v；

　　　　A——约束系数；

　　　　DEN——岩石密度，g/cm^3；

　　　　R_d——深测向电阻率，$\Omega \cdot m$；

　　　　R_s——浅测向电阻率，$\Omega \cdot m$。

利用以上拟合公式对研究区CFD3井的裂缝发育情况进行计算，部分分析结果曲线呈锯齿状分布（图7），幅度越高，表示裂缝发育的概率越大。为了验证该方法的可靠性，将

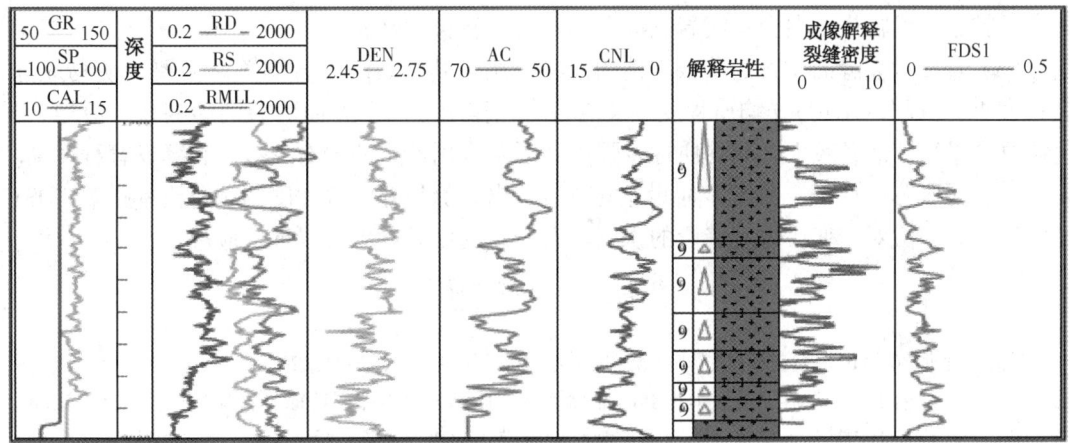

图7　裂缝概率指数拟合曲线及其可靠性检验

FDS1 曲线与成像测井解释的裂缝密度曲线进行形态对比，发现二者具有较好的符合程度。

5.2　实例应用

研究区最新钻探 BZ19-X 井进山 158m，岩性为弱混合斜长片麻岩，暗色矿物含量 20%~65%，理论上为相对难以成缝的岩石类型(表2)，但受弱混合作用的影响，也可以发育大套的裂缝段储层。基于 FDS1 计算公式，并结合 AC 小波变换的高频信息，在该井识别出了 36.4m 和 38.2m 的 2 套裂缝段，曲线形态分别表现为"高锯齿状"和"高差异抖动"(图 8)。此外，裂缝发育段的阵列声波呈现出明显的"人字形"干涉纹，以及成像测井图像上密集分布着中-低阻的正弦曲线，同时，这两种证据也较好地对上述裂缝表征方法进行了佐证。

6　结论

(1) 基于自然伽马为主，密度和补偿中子为辅的测井响应方案，建立了岩矿鉴定和测井响应耦合的变质岩识别方法，并在渤海西南部地区识别出 6 种变质岩类型。

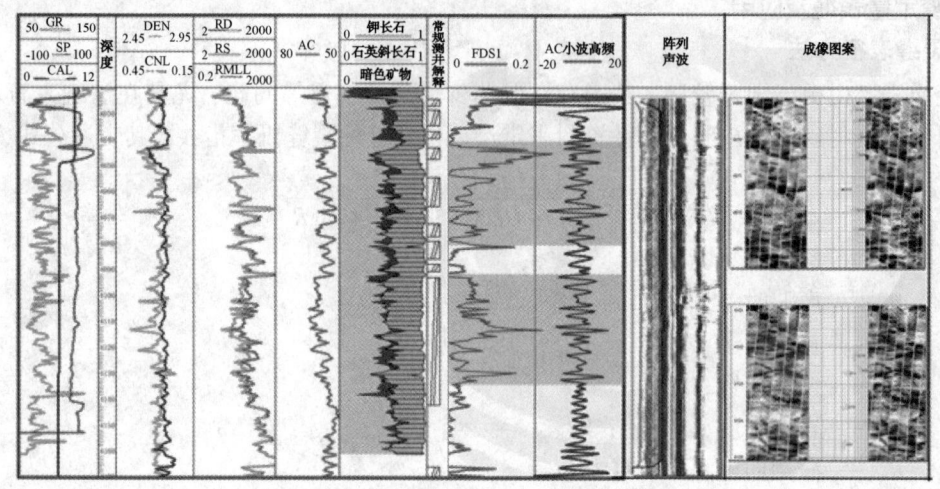

图 8　BZ19-X 井裂缝发育程度定量表征

(2) 辩证运用裂缝加权面密度和岩石脆性等 5 种数学参数对裂缝发育情况进行定量评价，在此基础上建立了渤海西南部的成缝优势岩性序列(由好到差)：浅粒质混合岩、混合岩化浅粒岩、浅粒岩、混合花岗岩、混合片麻岩、斜长片麻岩。

(3) 岩性对裂缝的发育起着根本性的控制作用，其与裂缝发育的关系主要受矿物成分、晶粒大小、(成分/结构)非均质程度以及混合岩化作用等四个方面的共同影响。一般地，浅色矿物含量高、晶粒较大、非均质性较强以及混合作用严重的岩石类型，裂缝发育程度高。

(4) 无取芯条件下，基于多种测井资料拟合出评价裂缝发育程度的裂缝概率指数 FDS1，经验证，该方法对于变质岩裂缝段的识别具有较高的可靠性，可以推广应用。

参　考　文　献

[1] 袁静. 埕北 30 潜山带太古界储层特征及其影响因素. 石油学报, 2004, 25(1).
[2] 窦立荣, 魏小东, 王景春, 等. 乍得 Bongor 盆地花岗质基岩潜山储层特征. 石油学报, 2015, 36(8).
[3] 谢文彦, 孟卫工. 辽河坳陷潜山内幕多期裂缝油藏模式的建立及其地质意义. 石油勘探与开发, 2006, 36(6).

[4] 邢志贵. 辽河坳陷太古宇变质岩储层研究[M]. 北京：石油工业出版社，2006.

[5] 高世臣，郑丽辉，邢玉忠. 辽河盆地太古界变质岩油气储层特征[J]. 石油天然气学报，2008，30(2).

[6] 朱伟林，米立军，龚再升，等. 渤海海域油气成藏与勘探[M]. 北京：科学出版社，2009.

[7] 周心怀，项华，于水，等. 渤海锦州南变质岩潜山油藏储集层特征与发育控制因素[J]. 石油勘探与开发，2005，32(6).

[8] 童凯军，赵春明，吕坐彬，等. 渤海变质岩潜山油藏储集层综合评价与裂缝表征[J]. 石油勘探与开发，2012，39(1).

[9] 张岚，霍春亮，赵春明，等. 渤海湾盆地锦州南油田太古界变质岩潜山储层裂缝三维地质建模[J]. 油气地质与采收率，2011，18(2).

[10] 宋柏荣，胡英杰，边少之，等. 辽河坳陷兴隆台潜山结晶基岩油气储层特征[J]. 石油学报，2011，32(1).

[11] 刘兴周，顾国忠，井毅，等. 辽河坳陷太古宇基底储层研究进展[J]. 石油地质与工程，2012，26(6).

[12] 谭延栋，廖明书，郝志兴，等. 测井解释基础与数据采集[M]. 北京：石油工业出版社，1992.

[13] 周永胜，张流. 裂缝性储集层岩芯裂缝统计分析. 世界地质，2000，19(2).

[14] 张鹏，侯贵廷，潘文庆，等. 塔里木盆地寒武系白云岩构造裂缝发育特征[J]. 海相油气地质，2014，19(3).

[15] 张庆莲，侯贵廷，潘文庆，等. 新疆巴楚地区走滑断裂对碳酸盐岩构造裂缝发育的控制[J]. 地质通报，2010，29(8).

[16] Hunt M J. Generation and migration of petroleum abnormally paroled fluid compartnlens. AAPG, 1990, 74(1).

[17] Rickman R, Mullen M, Petre E, et al. A practical use of shale petrophysics for stimulation design optimization: all shale plays are not clones of the Barnett Shale[J]. SPE 115258, 2008.

[18] 刘兴周，顾国忠，井毅，等. 辽河坳陷太古宇基底储层研究进展[J]. 石油地质与工程，2012，26(6).

[19] 苏培东，秦启荣，黄润秋. 储层裂缝预测研究现状与展望[J]. 西南石油学院学报，2005，27(5).

[20] 周灿灿，杨春顶. 砂岩裂缝的成因及其常规测井资料综合识别技术研究[J]. 石油地球物理勘探，2003，38(4).

[21] 杨圣奇，吕朝伟，渠涛. 含单个孔洞大理岩裂纹扩展细观试验和模拟[J]. 中国矿业大学学报，2009，38(6).

沾化凹陷孤北洼陷沙三段储层
物性的控制因素研究

石世革，张伟涛，邹　毓，代　莉，邱隆伟

(1. 胜利油田桩西采油厂，山东东营　8487540；2. 长江大学，湖北武汉　430100；
3. 中国石油大学(华东)地球科学与技术学院，山东青岛　266555)

摘　要　通过对孤北洼陷沙三段铸体薄片、扫描电镜及物性资料的分析，对孤北洼陷沙三段储层的岩石学特征、孔隙类型、成岩作用等研究，并分析了控制储层发育的主要因素。研究表明：研究区岩石类型以长石质石英砂岩及岩屑质石英砂岩为主。埕东和长堤物源扇体成分成熟低、结构成熟度低，储层为低孔低渗；孤岛和物源三角洲成分成熟度高，为中孔中渗。次生溶蚀孔为主要的储层空间。储层物性受到沉积、成岩作用的控制，通过灰色关联分析评价认为深度及沉积为影响储层主要因素。

关键词　孤北洼陷；沙三段；储层特征

1　概况

孤北洼陷东、西、南、北分别以长堤断层、埕东断层、孤北断层和桩南断层与长堤潜山、埕东凸起、孤岛凸起及桩西潜山断接。具体可分为桩南鼻状构造、孤北鼻状构造两个正向构造单元。桩南鼻状构造单元面积较小，轴向近南北向，两翼近于对称，孤北鼻状构造面积较大，轴向近北东向，东翼较陡，西翼相对较为平缓。孤北洼陷沙三段处于深陷期，为裂陷活动的鼎盛时期，气候潮湿，湖平面快速上升。东部的长堤凸起物源口发育扇三角洲，南部的孤北凸起物源口和东南部的孤东凸起物源口发育三角洲，埕东凸起物源口主要发育近岸水下扇和扇三角洲，一般随大断裂展布，且多分布在湖盆陡坡的一侧[1](图1)。

孤北洼陷石油地质储量为 $5465×10^4t$，发现馆陶、东营、沙河街组油层，其中沙三段是主力烃源岩层系，也是最主要的含油层，已发现的储量占全区70%。但前人对孤北洼陷沙三段储层特征缺少较少，对储层控制因素认识不清，且沙三段发育不同沉积类型，物性和成岩多样，导致勘探难度加大。笔者通过120张铸体薄片、16块扫描电镜等测试基础上，分析岩石学特征、孔隙类型、储层物性等，通过灰色关联分析法评价研究储层的控制因素，结合不同沉积相储层比较，全面研究储层发育规律，对勘探开发和科学研究具有一定的研究意义。

2　储层岩石学特征

研究区埕南物源和长堤物源岩石类型以中-粗砂岩为主，孤岛物源和孤东物源扇体岩石主要为中-细砂岩为主。砂岩包括长石砂岩、岩屑长石砂岩、长石岩屑砂岩、岩屑砂岩等，石英含量为 $25\%～61.2\%$，长石含量 $23.6\%～42.8\%$，岩屑含量 $13.6\%～39.5\%$；研究区内常见的岩屑类型为变质岩岩屑和岩浆岩岩屑，沉积岩岩屑含量相对较低(图2)。东部的长堤物源和南部的孤岛物源以变质岩岩屑为主，其含量大于60%；东南部的孤东物源和西部的

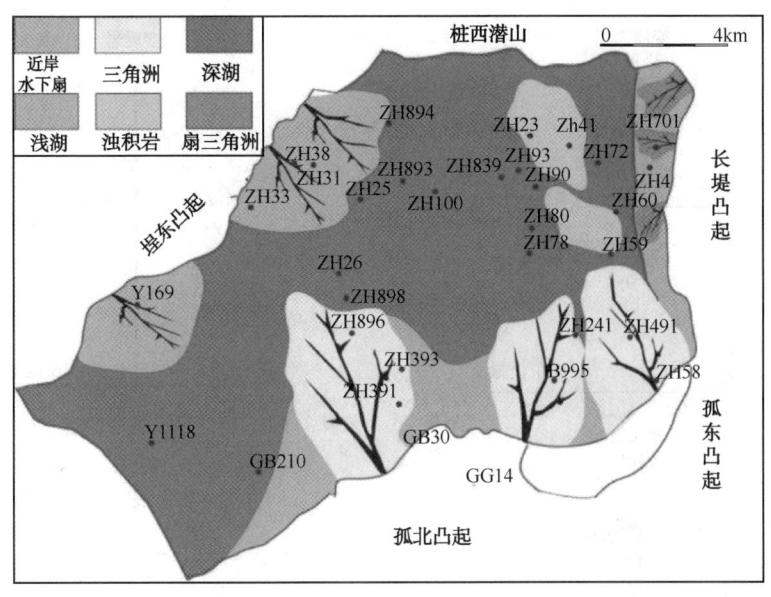

图 1　沾化凹陷孤北洼陷沙三段沉积相平面分布图

埋东物源岩浆岩岩屑和变质岩岩屑的含量接近(图3)。孤北和长堤物源砂岩碎屑颗粒以棱角-次棱角状为主，分选性中等-差，颗粒以线-凹凸接触为主；孤岛和孤东物源岩石成熟高，结构成熟度中-高等，以次圆状为主，分选好。填隙物主要为杂基-胶结物为主，含量11.2%~17.3%，主要有泥质杂基(水云母、高岭石、铁泥石)，碳酸盐(方解石、铁方解石、白云石及铁白云石)[3]，增生石英，少量黄铁矿(图4)。其中东西扇体泥质含量高于北部扇体，白云石及增生石英在全区都有少量发育。

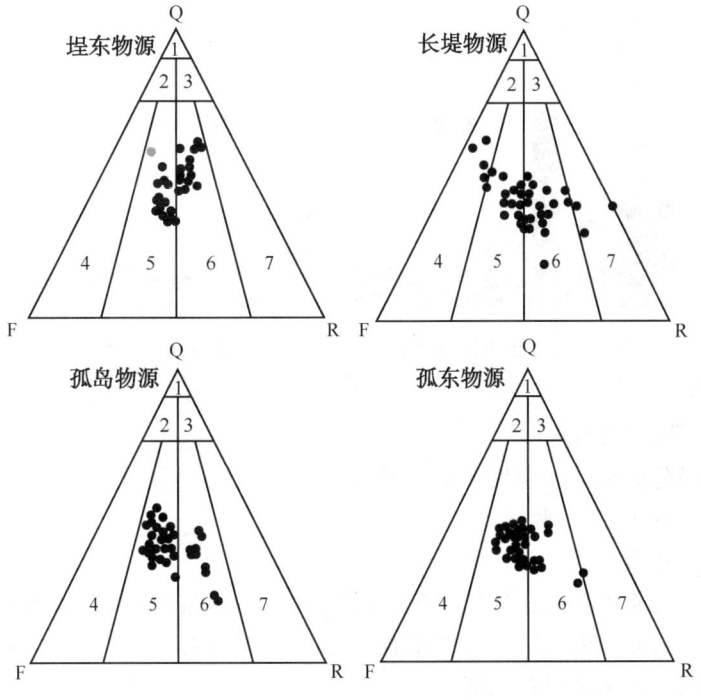

图 2　沾化凹陷孤北洼陷沙三段岩石三组分三角图

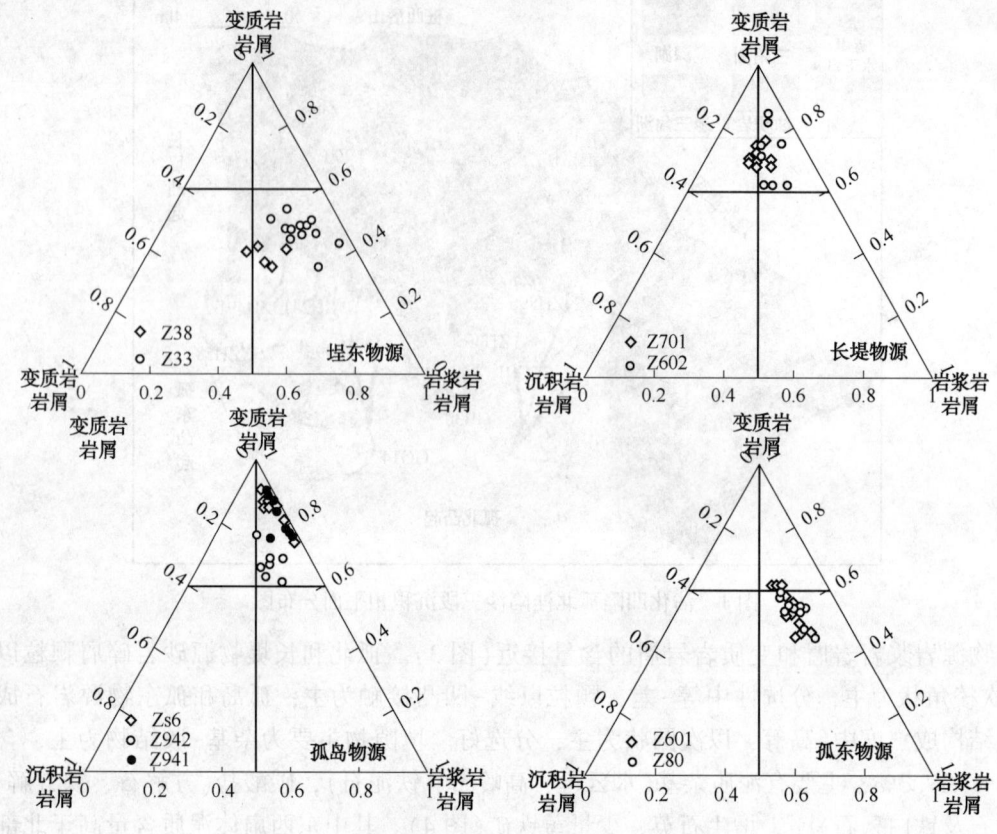

图 3　沾化凹陷孤北洼陷沙三段储层岩石成分分类图

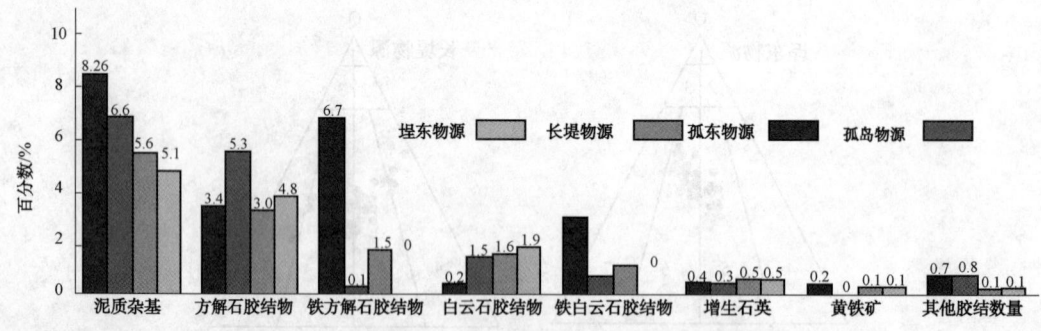

图 4　沾化凹陷孤北洼陷沙三段储层填隙物分布直方图

3　储及空间类型

3.1　储层储集空间类型特征

根据扫描电镜分析及铸体薄片观察等资料,综合考虑成因、孔隙大小、形态,研究区砂体的储集空间主要有 4 种类型。

(1) 粒间原生孔隙

指压实改造过的原生孔隙,包括原生粒间孔和未被填隙物(如加大石英、黏土等)充填满的粒间孔。由于研究区沙三段扇体离物源区较近,受到埋藏压实,仅有极少量原生孔隙未被胶结物充填,原生孔隙的保存率低。

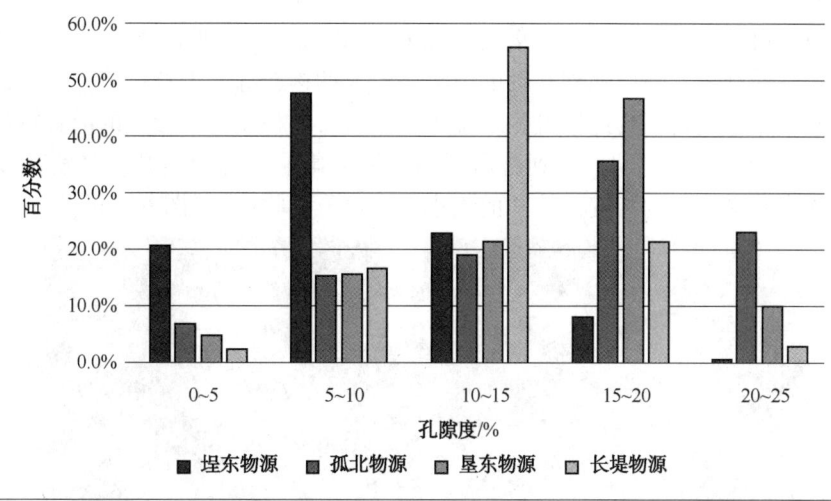

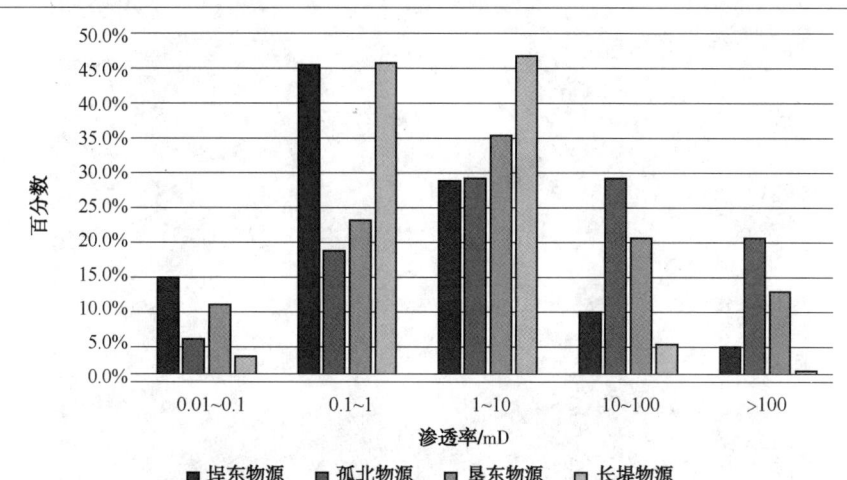

图5 沾化凹陷孤北洼陷沙三段储层孔隙度和渗透率分布直方图

（2）溶蚀次生孔隙

溶蚀成因的次生孔是研究区的主要储集孔隙空间，溶蚀孔可以分为粒间溶蚀孔、粒内溶蚀孔、铸模孔，粒间溶蚀孔为颗粒之间填隙物或颗粒溶蚀[4]；粒内溶蚀孔为颗粒内部被溶蚀；铸模孔主要为颗粒或填隙物被完全溶蚀剩下外部形状，研究区较常见长石颗粒溶蚀铸模孔。其次还包括少量碳酸盐胶结物的溶蚀孔隙。孤北洼陷沙三段主要发育四个次生孔隙带：孤北物源沙三上次生孔隙带Ⅰ发育深度2850~3030m，孔隙度平均值为16.1%；次生孔隙带Ⅱ发育深度3190~3320m，孔隙度平均值为12.6%。埕东物源次生孔隙带Ⅱ发育深度3090~3225m，孔隙度平均值为10.86%；次生孔隙带Ⅳ发育深度4020~4190m，孔隙度平均值为9.45%[图6(a)]。

（3）微孔隙

微孔隙的孔径小于2μm，包括原生杂基微孔隙、后期经过溶蚀颗粒或胶结微孔隙，碳酸盐等胶结物内半径小于0.5μm的晶间微孔隙。晶间微孔隙包括胶结物晶格间的微孔隙和自生矿物的细小晶间孔，如绿泥石、高岭石等晶间微孔隙[图6(e)、(f)]。

（4）裂缝

岩芯、薄片可见到的裂缝[5]，一般直径为 0.1~0.2mm，可见原油充填。裂缝多分在孤北洼陷东西部，受到边界断层强烈活动的影响，形成的构造缝，为有利流体渗流通道，形成溶蚀储集空间。收缩缝是在构造抬升、地温下降，岩石体积缩小，形成的沿着颗粒边缘的贴粒缝。孤北洼陷沙三中上时期，受到喜山运动二期的影响，构造抬升，多发育裂缝及收缩缝。此外碳酸岩和黏土矿的相变，体积的缩小，也可形成收缩缝[图 6(d)]。

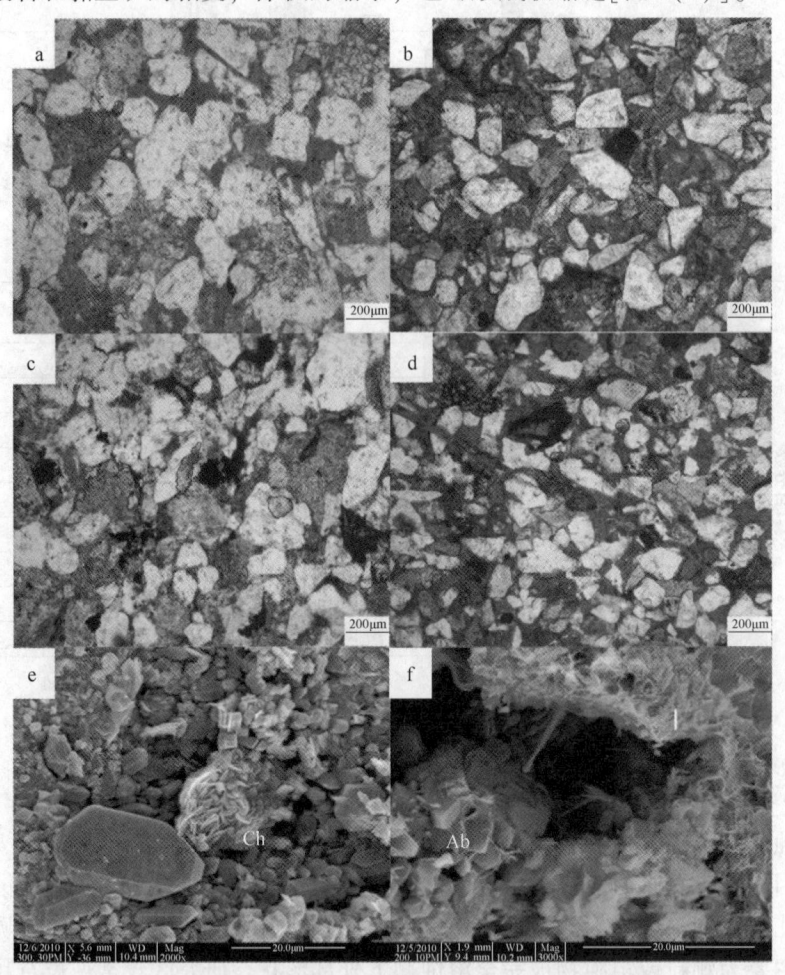

图 6　沾化凹陷孤北洼陷沙三段储层微观特征

（a）桩 30 井，3468.39m，次生孔隙；（b）桩 30 井，长石砂岩 2510m，方解石基底式胶结；

（c）桩 241 井，3227.35m，粒内溶蚀及铸模孔；（d）桩 30 井，3468.39m，裂缝；

（e）桩 30 井，3215.39m，高岭石；（f）桩 30 井，3258.39m，伊利石

3.2　储层物性特征

孤北洼陷沙三段储层孔隙度在四个物源分区中显示出差异，埕东物源孔隙度为 2.8%~21.6%，孔隙度平均值 8.63%，渗透率为（0.0279~342）×10^{-3}um^2，平均值为 10.85×10^{-3}um^2；长堤物源 1.8%~28.8%，孔隙度平均值 9.45%，渗透率为（0.03~2951）×10^{-3}um^2，平均值为 36×10^{-3}um^2；孤岛物源 1.2%~25.8%，孔隙度平均值 15.3%，渗透率为（0.0247~3085）×10^{-3}um^2，平均值为 80.5×10^{-3}um^2；孤东物源为 2.3%~25.5%，孔隙度平均值

12.3%，渗透率为(0.0187~6412)×10^{-3}um^2，平均值为90.0×10^{-3}um^2。浊积扇孔隙度值在6.07%~18.51%，平均值为11.18%，渗透率在(0.29~56.96)×10^{-3}um^2，平均值12.57um^2。总体上，埕南物源砂体为低孔低渗；孤岛和孤东物源砂体为中孔中渗。

4　储层成岩作用

4.1　成岩作用类型

（1）压实作用

压实作用使颗粒被压，原生孔隙度降低主要原因。研究区在压实过程中，主要出现云母、泥质岩屑受压弯曲，形成假杂基；颗粒之间由点接触转变为线接触再到凹凸接触；刚性颗粒如石英等，形成冷面体解理或长石形成解理面破裂；在细小颗粒砂岩中，会出定向排列。

（2）胶结作用

胶结物是孔隙水化学沉淀形成，充填原生孔隙、堵塞吼道，但在早期对颗粒具有胶结粘结作用，减缓压实作用，保护原始孔隙。该区碳酸盐胶结物[图6(b)]发育较为广泛，较为常见的有白云石、方解石、铁白云石、铁方解石，黏土矿物胶结主要包括高岭石、伊利石及绿泥石等。

埕东和长堤物源砂体一般颗粒粗分选差，方解石胶结相较弱，泥质更多，但埕东物源区，铁方解石尤为发育，主要为晚期形成，多为长石溶蚀后的呈充填粒间、溶孔和连片式胶结，与泥质混杂。孤岛和孤东扇体颗粒细分选较好，方解石及铁方解石胶结更发育，部分呈基底式胶结，是早成岩浅埋藏的产物，局部为嵌晶方解石及铁方解石胶结，为中成岩演化阶段。孤北物源方解石细晶-中晶，出现巨晶方解石连晶式胶结，出现生物灰岩。在孤东物源区，方解石、铁方解石显示微晶-中晶，出现粗晶及连晶式胶结，可见灰岩。长堤物源方解石微晶-中晶局部发育。

黏土矿物胶结发育，以高岭石为主，充填于粒间。研究区在长石溶蚀强烈的区域可见，由长石蚀变产生的高岭石以蠕虫状集合体或者分散片状的形式分布在颗粒周围，晶形较差，且晶间孔不发育，形成于成岩早期阶段。黄铁矿胶结主要以少量分散莓状、团块状的形态为主，多形成于同生期或成岩早期。硅质胶结以石英次生加大为主，发育广泛。石英次生加大一般发育在成岩早期，在碳酸盐胶结物大量发育之前。

（3）交代与蚀变作用

交代作用是指一种矿物代替另一种矿物的现象。研究区孤北洼陷沙三段常见的交代蚀变作用主要为方解石、铁方解石交代长石及部分石英。方解石部分或者完全交代长石颗粒。长石颗粒自身也发生蚀变。进一步的蚀变可以转化为高岭石充填于粒间[6]。

（4）溶蚀作用

溶蚀作用是指岩石组分与周围溶液发生反应，有物质的带入和淋出，并产生新矿物，新矿物与原岩石组分之间具有成分上的继承性。溶蚀作用的结果导致了砂岩中次生孔隙的形成。孤北洼陷沙三段储层发育的溶蚀作用以酸性溶蚀为主，主要表现形式为长石及岩屑的较强烈溶蚀，以及部分碳酸盐胶结物的溶蚀。长石可以发生在粒内及粒间的溶蚀，显示岩屑颗粒的粒内及粒间溶蚀。研究区铸模孔少见，发育少量碳酸盐胶结物的溶蚀，代表相对更强的溶蚀作用[7]。

4.2　储层成岩作用阶段

结合研究区各种分析化验数据及研究成果，判定储层成岩阶段(图7)。

（1）自生矿物分布、形成顺序：储层自生矿物发育有菱铁矿、高岭石胶结、含铁方解石胶结、石英次生加大。埕东孤北物源分区，早期发生压实作用-泥晶碳酸盐的胶结-部分黄铁矿胶结-石英次生加大-长石岩屑颗粒溶蚀-自生高岭石胶结-细晶方解石胶结-粗晶方解石胶结-方及时交代长石石英-铁方解石粒间胶结-铁白云石粒间胶结-方解石部分溶蚀。

在长堤孤东物源分区可见差异，早期压实作用-泥晶碳酸盐胶结-部分黄铁矿胶结-石英次生加大-细晶方解石胶结-粗晶方解石胶结-长石岩屑颗粒溶蚀-自生高岭石胶结-方解石交代长石石英-铁白云石胶结-铁方解石胶结-方解石部分溶蚀。由于在发育起始深度发育时间长短上的不同，部分成岩序列顺序显示会有差异。

(2) 黏土矿物的组合、伊利石/蒙皂石混层黏土矿物的转化以及伊利石结晶程度：储层中黏土矿物以伊蒙混层矿物，高岭石为主，且在镜下可见到呈书页状、蠕虫状的高岭石集合体。

(3) 岩石的结构、构造特点及孔隙类型：储层岩石致密，中等风化程度，分选中等，磨圆次棱状，接触关系以点-线接触为主。孔隙类型以次生溶蚀孔隙为主，主要有粒间溶孔、粒内溶孔、铸模孔等。

(4) 有机质成熟度：主要通过镜质体反射率等数据来反映有机质成熟度。镜质体反射率平均为 0.44，处于 0.36~0.59 之间，有机质处于未成熟-低成熟阶段。

综合分析，孤北洼陷沙三段成岩阶段为早成岩 B 到中成岩 A1 阶段。

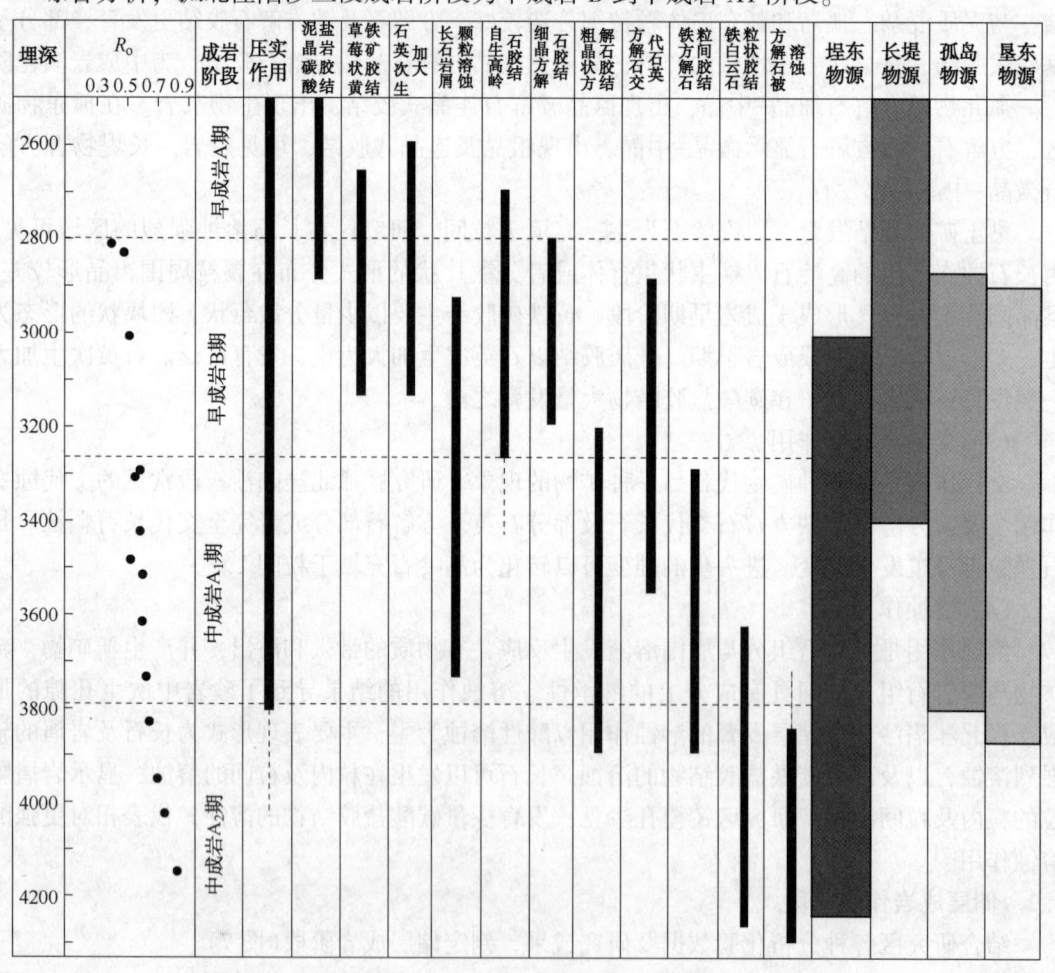

图 7　沾化凹陷孤北洼陷沙三段砂岩成岩序列

5 物性主控因素

孤北洼陷沙三段在不同物源分区发育不同的沉积成岩过程，下面就结合研究区的物性资料、沉积成果、成岩认识深入探讨孤北洼陷沙三段储层物性的主控因素。

5.1 沉积因数

岩石粒度、碎屑物组分、泥质含量等因素对储层有重要的影响。岩石粒度大小与储层物性具有相关性，粒度越大，孔隙度与渗透率越好；储层物性与泥质含量之间为负相关，对于埕东和长堤物源的扇三角洲泥质含量越高，储层物性越差；碎屑物组分与储层物性具有不明显的关系，刚性颗粒石英等越多，物性越好，岩屑含量越高，物性越差。研究区沉积微相的物性优劣：三角洲前缘分流河道>扇三角前缘河口砂坝>三角洲前缘河口砂坝>扇三角洲前缘分流河道>滑塌扇浊积岩>近岸水下扇分流河道（图8）。

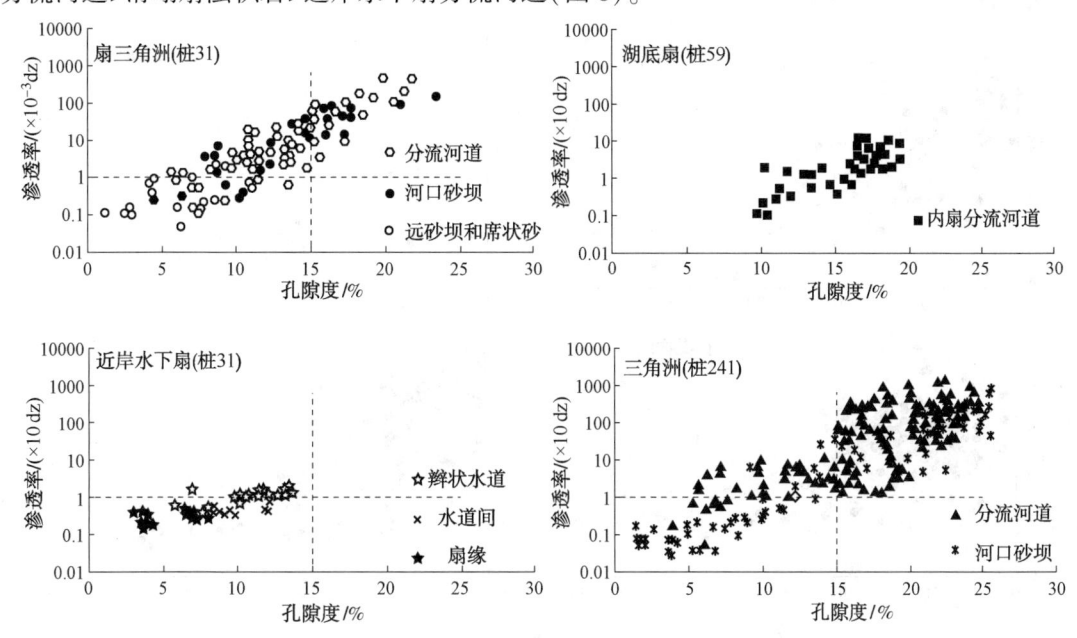

图8　沾化凹陷孤北洼陷沙三段微相储层交汇图

5.2 成岩作用

沉积环境或沉积相控制着储层的原始物性，而后期的成岩作用则对储层现今物性有着重要的影响。成岩作用对储层的影响表现：对形成、保存储层有利的建设性成岩作用；对缩小孔隙、减少孔隙，致使储层致密化的破坏性成岩作用。

①压实作用

压实作用是孔隙结构变差的主要原因，在早成岩阶段，使原始孔隙度迅速降低。压实作用主要引起储层孔隙缩小和孔隙度降低，随着埋藏深度增大，压实作用逐渐增强、压实减孔变得明显、储层物性明显变差，沙三段时期压实作用使原始孔隙减少82%。

②胶结作用

胶结作用可以使岩石孔隙缩小、孔隙度降低，使储层物性变差。胶结物的类型、成分、含量等各方面的差异都会造成储层物性的不同。胶结物的形成充填孔隙，堵塞喉道，从而导致储层的孔隙度和渗透率迅速降低。孤北洼陷沙三段储层的胶结作用类型主要有碳酸盐胶结、硅质胶结及黏土矿物胶结，其中方解石及铁方解石的胶结在全区普遍发育。

　　根据碳酸盐含量与物性的相关关系，可知随着碳酸盐含量的增多，孔隙度明显变低，显示了胶结作用对孔隙度的抑制作用(图9)。成岩作用是储层非均值影响因素之一，在研究工区孤东地区次生孔隙带Ⅱ内，同一物源，相同岩性，相近深度，胶结程度越强孔隙度越低(图10)；孤北和孤东地区胶结程度对比，胶结强度的差异造成孤东物源的次生孔隙带Ⅰ和Ⅱ内物性明显好于孤岛物源次生孔隙带Ⅰ和Ⅱ(图11)。

　　③ 溶蚀作用

　　溶蚀作用是形成次生孔隙的主要因素，其发育程度对改善储层物性具有非常重要的影响。研究区内碎屑组分主要为长石和岩屑溶蚀作用强烈；胶结物发生溶蚀的主要为碳酸盐矿物，其他胶结物鲜有溶蚀。研究区普遍发育的酸性溶蚀显著改善储层物性，溶蚀作用的发育带与次生高孔带密切相关。

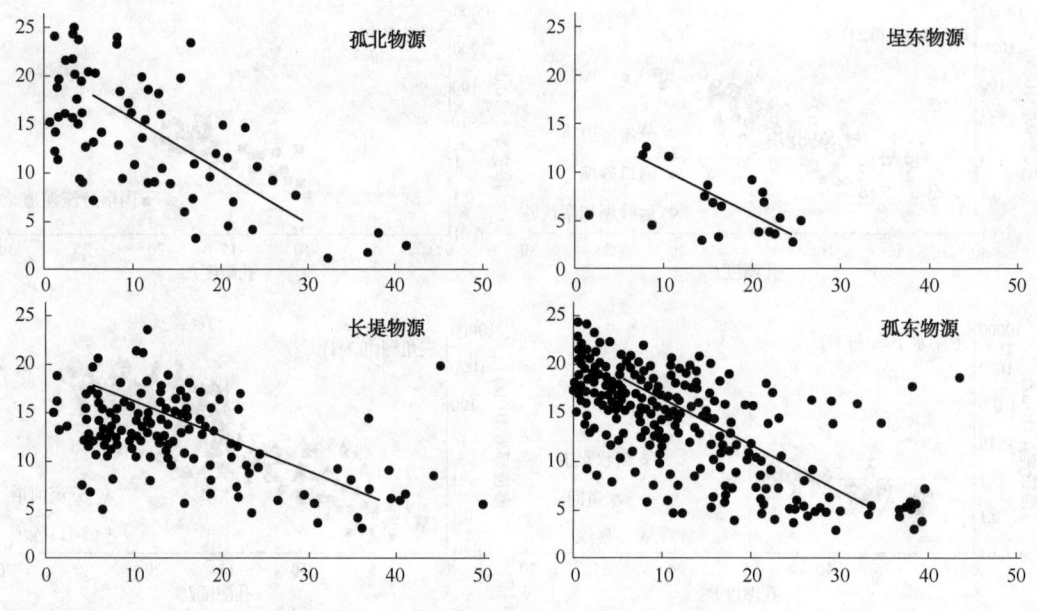

图9　沾化凹陷孤北洼陷沙三段储层碳酸盐含量-孔隙度交汇关系

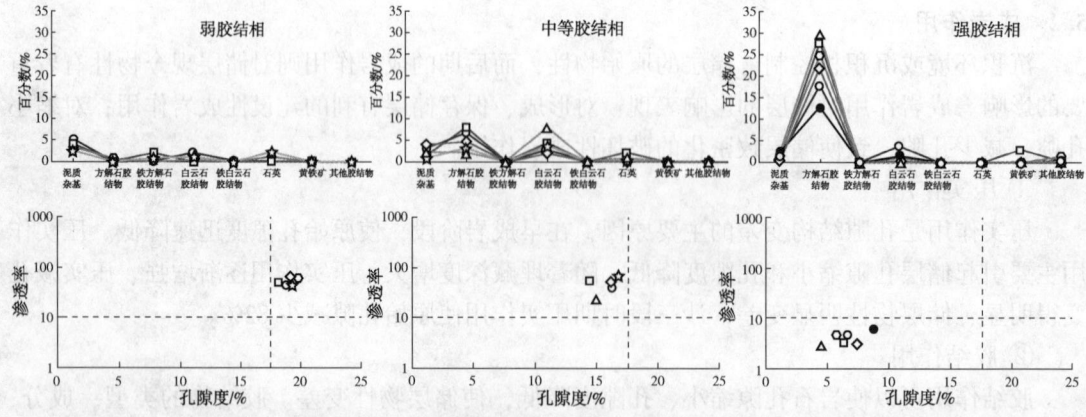

图10　沾化凹陷孤北洼陷沙三段孤东地区次生孔隙度Ⅱ胶结程度与孔隙度对比图

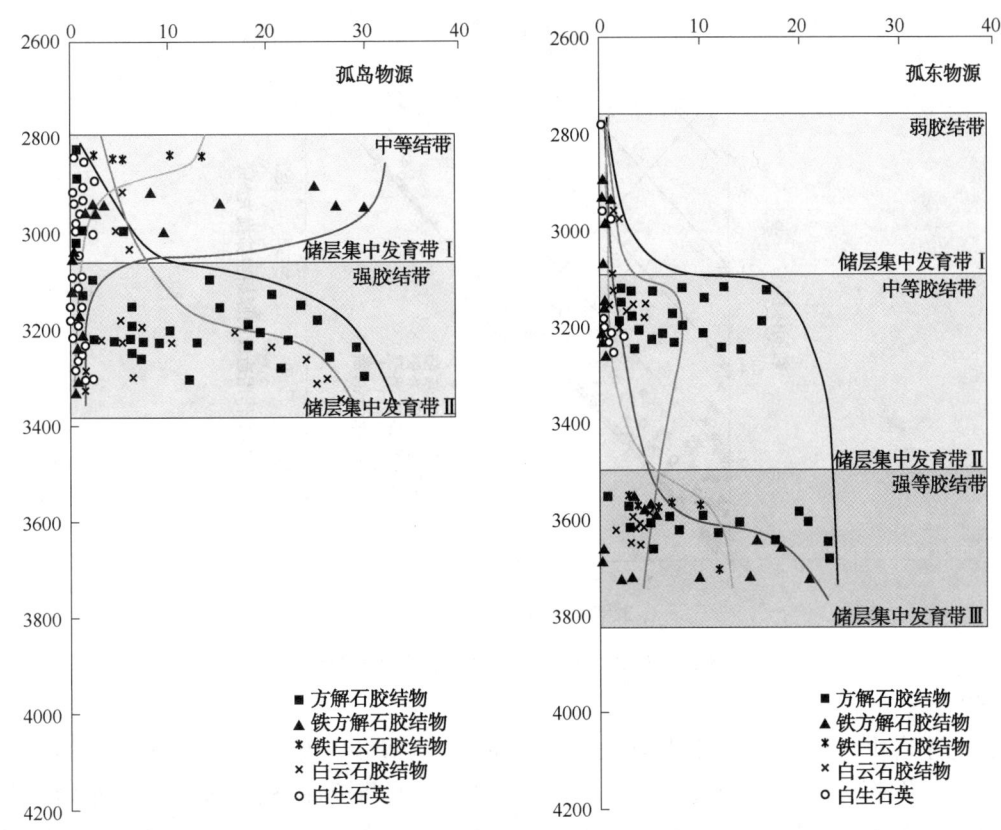

图11 沾化凹陷孤北洼沙三段陷孤北孤东物源胶结程度对比

6 储层控制因素评价

灰色关联分析是从系统上定量描述分析事物的发展规律和变化。通过系统内的各个变量的定量的分析，找出各个变量的相互关系，及其对总体的影响。通过规定性、整体性、对称性和接近性远程，确定参考数列和比较数列之间的关联度和关联系数。本文储层研究选取参数：深度、平均粒度、杂集含量、胶结含量等4个参数，以深度为母序列，其余为子序列。按照灰度关联度和权重系数将各个影响因子排序，得到相关关联序。关联序为：埋深>沉积>成岩。此外，从压实作用和胶结作用对孔隙度影响演化评价图可知，粒间孔隙大部分处于3%~12%之间，胶结物含量在2%~7%之间，胶结作用造成10%的原始孔隙度损失，而岩石作用造成原始孔隙度损失大约80%，说明埋深压实是降低岩石初始孔隙度的主要原因，成岩作用对原始岩石孔隙度影响因素最低(图12)。

表1 孤北洼陷洼陷沙三段储层评价参数灰度联度和权重系数

评价参数	深度	泥质杂基	胶结物总量	平均粒径
灰度联度	40.698	31.455	26.210	34.337
权重系数	0.307	0.237	0.1975	0.259

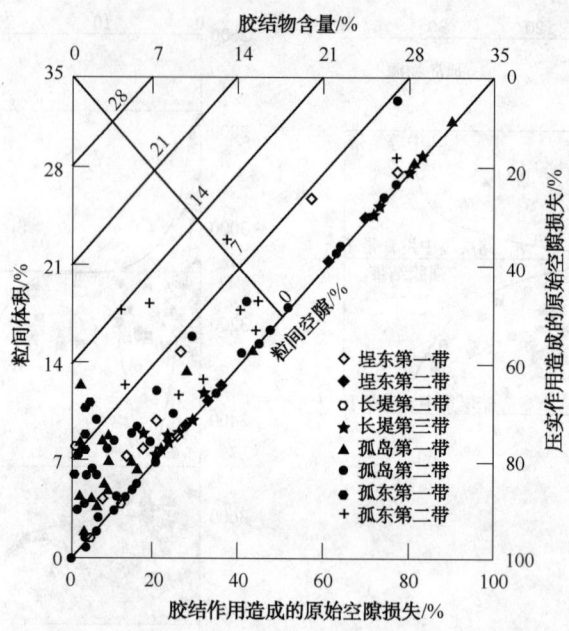

图12 孤北洼陷沙三段储层压实减孔和胶结减孔对比图

7 结论

孤北洼陷沙三段岩石类型以岩屑长石砂岩和长石岩屑砂岩为主，孤北和长堤物源砂岩碎屑颗粒为棱角-次棱角状，分选性中等-差，颗粒以线-凹凸接触为主；孤岛和孤东物源岩石成熟高，结构成熟度中-高等，以次圆状为主，分选好。储集空间以次生孔隙为主，储层由受沉积微相和成岩作用影响，其中深度和沉积是主要控制因素，强烈压实和胶结作用是造成储层变差的主要因素。孤岛和孤岛物源三角洲前缘分流河道和河口砂坝、长堤和埋东物源扇三角洲前缘分流河道和河口砂坝及浊积岩是研究区内有利储层。

参 考 文 献

[1] Housekencht D W. Assessing the relative importance of compaction processes and cementation to reduction fo porosity in sandstones[J]. The American Association of Petroleum Geologists Bulletin, 1987, 71(6): 633-542.

[2] 李胜利, 于兴河, 高兴军. 剩余油分布研究新方法-灰色关联法[J]. 石油与天然气地质, 2003, 24(2): 175-179.

[3] 刘吉余, 彭志春, 郭晓博. 灰色关联分析法在储层评价中的应用——以大庆萨尔图油田北二区为例区[J]. 油气地质与采收率, 2005, 12(2): 13-15.

[4] 刘吉余, 马志欣, 孙淑艳. 致密含气砂岩研究现状及发展展望[J]. 天然气地球科学, 2008, 19(3): 316-319.

[5] 单祥季, 季汉成, 贾海波, 等. 德惠断陷下白垩统碎屑岩储层特征及控制因素分析[J]. 东北石油大学学报, 2014, 38(4): 23-32.

[6] 王婷灏, 闫德宇, 黄文辉, 等. 克拉玛依油田六中区克下组砾岩储层特征[J]. 东北石油大学学报, 2014, 38(3): 31-42.

[7] 张顺存, 仲伟军, 梁则亮, 等. 准噶尔盆地车拐地区侏罗系八道湾组储层成岩作用特征分析[J]. 岩性油气藏, 2011, 22(4): 43-51.

深度开发油田井震藏一体化研究与实践

张新培，姜 越，张雪涛，张明君，王 琳

（中国石油辽河油田公司，辽宁盘锦 124010）

摘 要 J16 块开展聚表复合驱试验以来，现场实施成效显著。该块储层属于扇三角洲前缘沉积砂体，垂向加积叠置，侧向泛连通，剩余油分布表现为"普遍存在、局部富集"，具有进一步提高采收率的潜力。考虑纵向油层发育状况、隔层分布及经济技术指标等因素，2009 年试验区在驱替层段设计上先驱替兴 II7-8 小层，后接替上返兴 II5-6 小层，每套层系厚度 10~13m。由于化学驱阶段研究目标与尺度进一步细化，对地质体描述精度也提出了更高的要求，尤其是低级序断层落实精度、井间复合砂体连通状况，对井网设计与调整、层段注采对应与受效程度影响巨大。

根据油藏主要特征和开发现状，以高覆盖 VSP 采集处理为前提，以井-震-藏综合研究为关键，以成果验证为保障，突出低级序断层、井间连通关系描述，实现了目标层段的精细控制与重构，有效提升了 J16 块地质体研究精度，保证了化学驱实施效果。

J16 块化学驱开发实践表明，开发地震在地质体精细描述中重要性不断增大，井-震-藏一体化研究成果有效保证了"二三结合"挖潜和化学驱实施效果。

关键词 化学驱；VSP；低级序断层；砂体构型；连通关系

辽河油田主力中高渗砂岩油藏总体进入"双特高"开发阶段，难以实现持续有效注水开发，化学驱是其提高采收率的最佳选择之一。由于化学驱阶段研究目标与尺度进一步细化，对地质体描述精度也提出了更高的要求，尤其是低级序断层落实精度、井间复合砂体连通状况，对井网设计与调整、层段注采对应与受效程度影响巨大。

根据油藏主要特征和开发现状，以高覆盖 VSP 采集处理为前提，以井-震-藏综合研究为关键，以成果验证为保障，突出低级序断层、井间连通关系描述，实现了目标层段的精细控制与重构，有效提升了 J16 块地质体研究精度，保证了化学驱实施效果。

1 油藏简况

J16 块构造上位于辽河盆地西部凹陷欢喜岭油田中部，为两组近北东向正断层夹持的南倾的鼻状构造，含油层系为古近系沙河街组兴隆台油层，油藏埋深 1255~1460m。沉积背景及岩芯资料表明，沉积体系为扇三角洲前缘亚相沉积，多期砂体垂向加积叠置，侧向泛连通，局部仍有不稳定的隔层、夹层发育。该块在 2006 年已进入"双特高"含水期阶段，剩余油具有"普遍存在、局部富集"的特点，仍具有进一步提高采收率的潜力。

作为辽河油区中高渗油藏代表，J16 块于 2007 年优选储层物性好、连通程度高、储

作者简介：张新培（1974—），男，汉族，博士，高级工程师，2010 年毕业于中国地质大学（北京），现从事油气田地质研究工作。E-mail：zhangxp6@petrochina.com.cn

层发育好的兴Ⅱ$^{5-6}$～Ⅱ$^{7-8}$小层开展聚表复合驱试验，主要是论证该类油藏化学驱的技术与经济的可行性。历经空白水驱、前置段塞、主段塞等阶段后，聚表复合驱试验取得显著效果。

2　基于油藏目标地震采集处理，为地质体描述提供可靠资料基础

2.1　叠前时间偏移资料处理，目的层品质明显提升

研究区现三维地震资料由四块工区拼接而成，属性差异大，目的层品质较差，主频仅为22Hz，地震波形受多期砂体分布影响，仅能满足关键层组界线解释需求。利用地震资料目标处理技术，从目标地质研究和井资料分析出发，通过融合拼接、叠前保幅去噪、综合静校正、一致性处理等多项面向储层的处理技术，在保幅保真前提下目的层品质明显提升，处理后资料主频达到32Hz，较以前提高7～12Hz，在保留高频成分的同时频宽范围7～70Hz。断面成像及断点位置较处理前更为清晰，原先似断非断的同相轴已完全分开，为后续井震联合构造精细解析提供可靠资料基础。

2.2　高覆盖VSP采集处理，有效弥补地震资料品质不足

虽然通过叠前时间偏移处理地震品质明显提升，但仍难以精确描述同相轴间地质含义。VSP资料垂向分辨率和断层识别率较高，可有效弥补地震资料品质不足，对落实低级序断层和井间砂体连通关系可起到重要作用[1~4]。设计完成15口井62个观测系统的VSP采集和测试(5个零偏方向和57个非零偏方向)。其中，零偏资料可测量区块真实的时深关系，有效地对合成记录进行修正(图1)。非零偏剖面上断点信息比三维地震资料更加可靠，通过时深和层位校正后，将VSP断点位置准确投影到平面，可有效保证断层平面组合上的合理性。

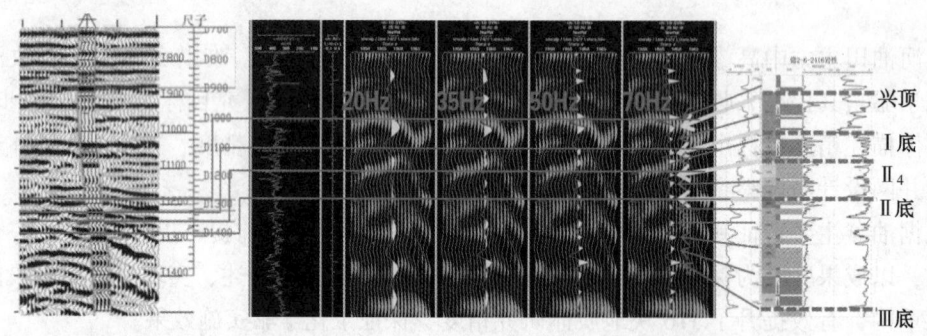

图1　VSP零偏与合成记录分频联合标定，确定反射同相轴地质含义

3　细化纵向开发单元，建立单砂体等时地层格架

通过模式指导、层次约束、多重控制，细化纵向开发单元，实现了由格架性质的地层对比转变为储层连通性质的单砂体对比，即由依据标志层对比，转变为参考标志层、开发地震为约束的单砂体等时对比，由单一应用测井曲线到综合测井、沉积、动态分析单砂体对应及连通，由岩性-等厚对比转变为建立相控旋回等时对比体模型，奠定化学驱阶段地质精细研究的基础，单元厚度由10m细化至3～5m。

4　转变研究方式、突出重点，细化内容，实现构造特征认识不断提升

为减少单一资料解释带来的多解性，J16块地质体研究中尽可能使用多种相互独立的资

料，以达到优势互补和相互验证的目的。在研究方式上，由先期单一利用钻/测井资料开展研究，转变为综合钻/测井、开发地震、动态监测资料描述地质体；研究中突出各级次断层精细解释、层面形态与断裂三维表征、断层特征与断砂配置综合分析、控油因素与潜力落实等 4 类重点工作，细化断层有效识别、断层合理验证、断砂合理配置等 16 项关键内容，实现全区构造特征认识不断提升。

低级序断层（四级以下断层，断距仅为几米）对区域构造格局没有控制作用，但在很大程度上影响油藏剩余油的分布和水驱开发效果，为老油田开发后期精细地质研究的重点之一[5~6]。针对其断距小、反射特征不清等多解性问题，通过井点引导、井震结合、开发动态检验的一体化方式，进一步提高低级序断层解释的可靠性和精度，断距 5m 以上断层断点组合率由 82% 提高到 95%（图 2），并结合动态监测资料、井组动态响应开展断层可靠性验证。形成了密井网井震结合构造综合解析技术，建立了 18 个砂组级构造模型，通过趋势约束，井间地层产状与地震解释吻合度明显提升，构造面深度误差由 3.2‰ 降低到 1.4‰。

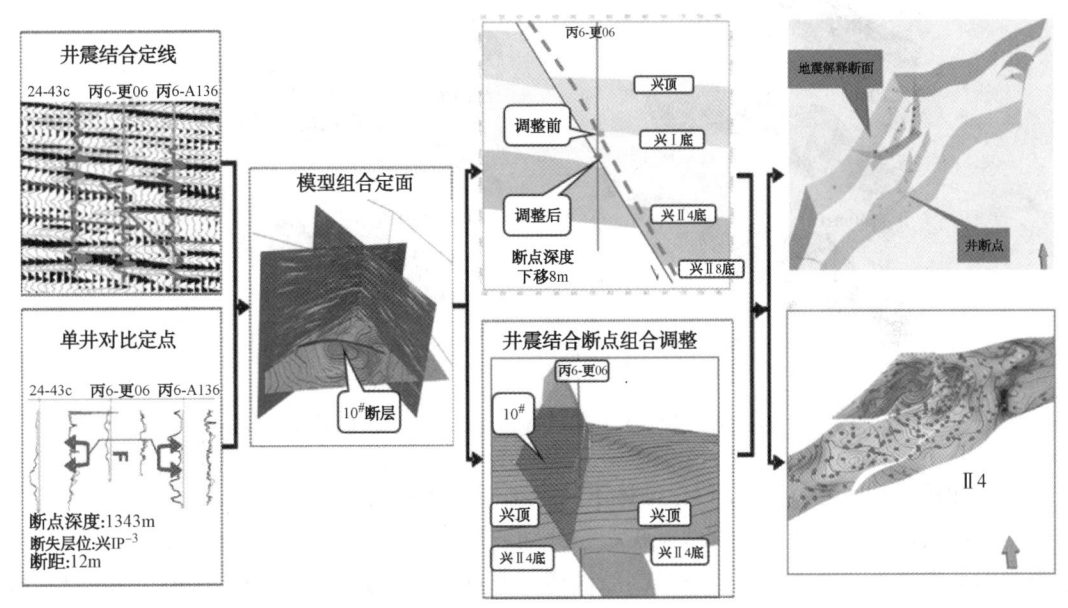

图 2　J16 块密井网井震结合构造精细解析

分析了低级序断层对微构造与沉积的控制作用，落实发育于反向断层下盘的断层遮挡圈闭 8 个和发育于顺向断层上盘的断背斜圈闭 6 个。明确了断层边部剩余油分布，提出 4 种剩余油潜力类型，即在大断层附近"井网控制不住型"、断层变化导致"注采不完善型"、小断层变化导致"局部遮挡型"、微幅度构造导致"局部微高点剩余油"，挖潜效果明显。

此外，优化扩大部署井网调整，有效回避了注采层段的断失风险，确保了小断层同盘注采对应。如在 J16 试验区增加 1 注 2 采三个井点，3 口井平均初期日产油 15.3t，含水 46.6%，目前累产油 6949t。

5　井震联合解剖砂体内部构型，落实注采井间砂体连通关系

5.1　井震联合沉积微相描述

沉积微相展布描述前期主要是利用测井资料分井网绘制，不同开发阶段微相平面变化差异较大，缺少研究的继承性和可靠性。通过井-震-藏综合研究，尤其是密井网条件下按沉积单元控制时窗，分沉积单元提取地震属性[7~8]；对同一沉积单元优选出的不同地震属性进行技术融合，确定沉积相带发育范围（图3）；依据地震波形指示反演等储层预测结果，采用"井点微相控制、地震趋势约束、能量突变定边"刻画井间不同沉积微相分布。

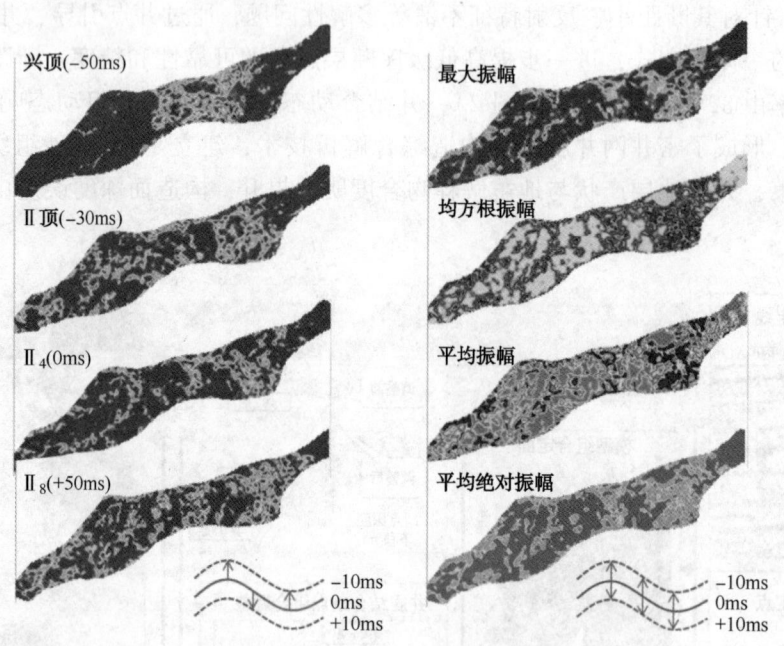

图3　密井网条件下多时窗瞬时属性和多类型层段属性提取

5.2　砂体内部构型解剖，建立目标砂体不同微相间连通模式

利用模式指导、宏观高精度地震控制、井间波形趋势引导分析沉积演化特征，同时发挥地震横向分辨率大和井点纵向分辨率高的优势，通过井震匹配、波组分析落实井间砂体对应关系。最终通过重点目标砂体精细追踪和刻画、不同类型砂体区别对待、研究与应用紧密结合开展砂体内部构型解剖，建立4类目标砂体不同微相间连通模式，即：砂坝主体"薄厚"拼接、砂坝-砂坝主体-砂坝（一级连通）、砂坝主体-分流间湾砂（二级连通），分流间湾砂-泥（不连通），分析砂体形态和侧向接触关系，落实注采井间砂体连通关系（图4）。充分应用动态资料不断验证和修正砂体连通关系，合理调整注采层段，效果明显，如对长期不见效丙5-A236井组，精细对比后认为49号层与两口注入井吸水层对应，补开该层后，日产油由0上升到最高的14t，含水率由100%下降到82%，含聚浓度由16×10^{-6}上升到49×10^{-6}，重新建立了井组间的对应及连通关系。

同时，提出4种潜力类型，即：储层内部的隔夹层控制的"隔夹层顶部剩余油"、重力控制的"厚层顶部剩余油"，储层边部的薄层剩余油、砂体变化导致的"注采不完善型"。

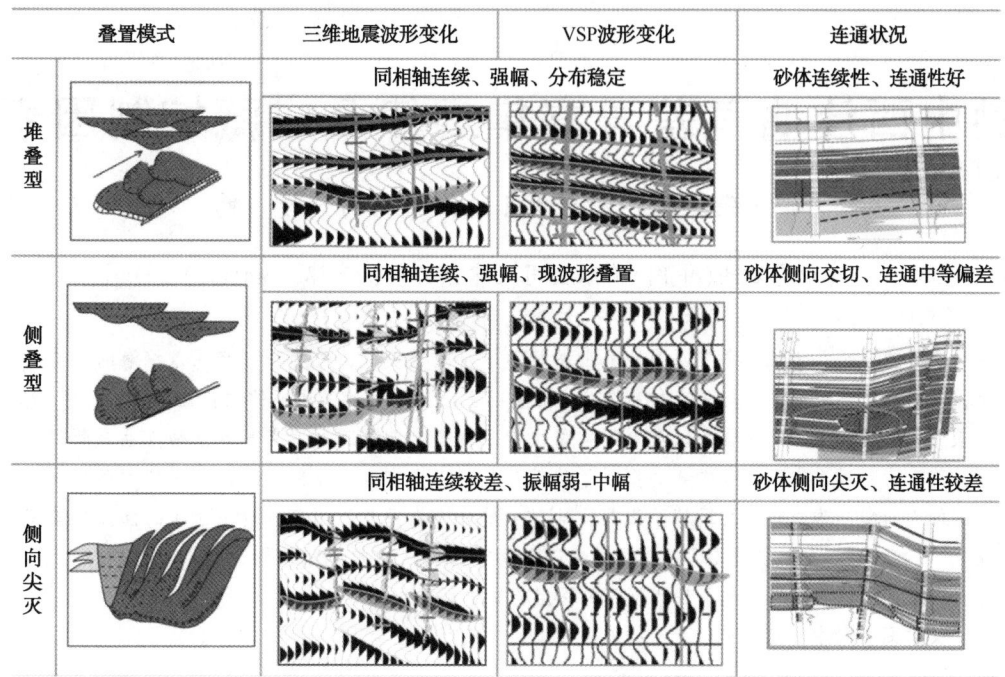

图4　井震联合分析目标砂体叠置和连通关系

6　结论

（1）开发地震在地质体精细描述中重要性不断增大。高精度 VSP 测试可有效弥补地震资料品质不足，处理解释周期过长的问题。在提高低级序断层识别精度、井间砂体的连通分析、微构造研究等方面进一步拓展了开发地震资料的应用空间。

（2）井-震-藏一体化研究成果有效保证了"二三结合"挖潜和化学驱实施效果。截止2016 年底，试验区阶段采出程度 17.7%，较继续水驱提高采出程度 15.9%，阶段产油52.7×10^4t，成效显著。

参 考 文 献

[1] 张振国，李瑞，杨军，等．非零偏 VSP 技术在油田复杂断块开发中的应用[J]．地球物理学进展，2010（01）．

[2] 赵海英，齐聪伟，陈沅忠，等．基于 VSP 的地震层位综合标定方法[J]．石油地球物理勘探，2016（12）．

[3] 杜金玲，蔡银涛，张固澜，等．VSP 资料在储层预测中的应用[J]．石油地球物理勘探，2013(02)．

[4] 贺萍，王海波，季岭，等．VSP 测井技术在复杂断块油藏开发初期的应用[J]．资源环境与工程，2014（05）．

[5] 任芳祥，孙岩，朴永红，等．地震技术在油田开发中的应用问题探讨[J]．地球物理学进展，2010(01)

[6] 刘振武，撒利明，张昕，等．中国石油开发地震技术应用现状和未来发展建议[J]．石油学报，2009（05）．

[7] 李占东，赵伟，李阳，等．开发地震反演可行性研究及应用——以大庆长垣北部油田为例[J]．石油与天然气地质，2011(05)．

[8] 张振国．开发地震在复杂断块油田开发中的应用研究[D]．四川：成都理工大学，2013．

渤中西洼油气差异富集规律及成藏控制因素

徐春强，李　龙，于喜通，郭　瑞，彭　鹏

(中海石油(中国)有限公司天津分公司，天津　300452)

摘　要　近几年来，渤中西洼油气勘探相继取得重大突破，成为下一步深入挖潜的重要区带；本文在对渤中西洼油气分布和油源分析的基础上，总结了油气成藏的主控因素。研究表明：断裂结构特征、储层发育程度以及圈闭类型主控了油气分布。工区西部长期活动性油源断裂深切洼陷，为新近系浅层油气成藏的提供了优越条件；工区东部、北部由于缺乏深切沙河街组烃源岩的大断裂，难以将油气运移至浅层，油气主要分布在深层。因此，渤中西洼的勘探应该遵循"主断控浅层，储层控深层"的勘探理念。西部重点抓住油源大断裂周边浅层进行勘探部署，东部、北部应该重点抓住储层较为发育的深层构造进行井位部署。

关键词　渤中凹陷；渤中西洼；差异富集；成藏期；主控因素

渤中西洼位于渤海海域西部，也是渤海较早开展油气勘探的地区，早期钻井主要集中在渤中西洼西部斜坡带，勘探效果不佳。近几年来，渤中西洼相继发现了渤中 3-2 油田、渤中 2-1 油田、渤中 8-4 油田、曹妃甸 12-6 油田以及曹妃甸 6-4 等大中型油田，储量规模超过 2.5 亿吨，使得渤中西洼成为了渤海海域油气勘探的重点和热点地区，也揭开了该区深浅层立体勘探的热潮。本文通过对油气分布规律和油气成藏主控因素的深入研究，以期为该区和渤海海域的油气勘探有所裨益。

1　地质概况

渤中西洼位于渤中凹陷的西北部，面积约 2000km²。其北与石臼坨凸起以"二台阶"形式为断层接触；西与沙垒田凸起呈超覆接触，局部为断阶接触(图 1)。研究区自下而上发育了古近系的沙河街组、东营组、馆陶组、明化镇组地层，生储盖条件优越，烃源岩层主要发育在古近系沙三段、东三段，储集层系自下而上有沙河街组扇三角洲、东营组辫状河三角洲、馆陶组辫状河砂体、明化镇组曲流河砂体、浅水三角洲砂体[1]。

2　油气分布及来源

2.1　油气分布特征

渤中西洼在目前已发现多个油田或含油构造，包括曹妃甸 6-1、曹妃甸 6-2、曹妃甸 12-6、渤中 8-4、渤中 3-2、渤中 8-4 等含油气构造，储量规模超过 2.5×10⁸t。渤中西洼油气的分布表现为平面分区，纵向分层，差异富集的特点。平面上表现为具有西富东贫的特征，油气主要分布在研究区西部的渤中 8-4、曹妃甸 6-1、曹妃甸 12-6、曹妃甸 6-4 等构造，占整个渤中西洼储量的 87%，东部发现较少，东部主要为渤中 3-2 油田(图 1)。纵向上，浅层明化镇组和馆陶组油气资源最为丰富，主要分布在渤中西洼西部的渤中 8-4、曹妃甸 12-6 等油田，深层古近系油藏主要分布在石臼坨凸起南部陡坡带的曹妃甸 6-4 和渤中 2-1 油田。

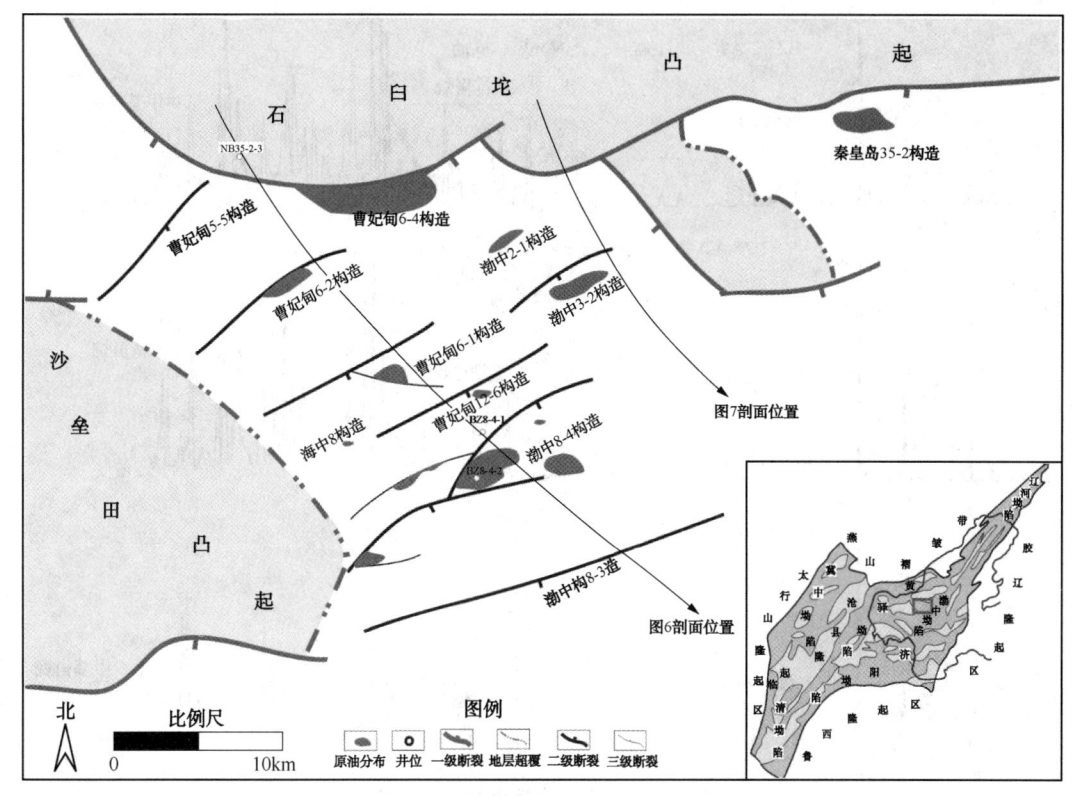

图1 渤中西洼区域位置图

2.2 油气来源及成藏期

基于渤中西洼原油地球化学特征的系统分析，明确了不同油田油气的来源。从甾、萜烷化合物特征来看(图2)，研究区原油 C_{27}、C_{28}、C_{29} 规则甾烷 α，α，α-R 异构体均呈 L 形分布，C_{27} 规则甾烷占明显优势，且均检测到较为丰富的 4-甲基甾烷，该特征与沙三段烃源岩特征相似，而较高的 $17\alpha(H)$-30-降藿烷和伽马蜡烷含量，与沙一、二段烃源岩较为相似。从原油及烃源岩碳同位素特征来看(图3)，渤中凹陷西洼沙一、二段烃源岩抽提物原油稳定碳同位素值为-26.5‰，沙三段烃源岩抽提物原油稳定碳同位素值为-26.1‰~-24.6‰，东营组烃源岩抽提物原油稳定碳同位素值为-28.5‰~-27.6‰，可见原油的稳定碳同位素值明显要重于东营组烃源岩，而更接近或偏轻于沙三段烃源岩和沙一、二段烃源岩。因此，从甾、萜烷化合物和碳同位素两方面来看，渤中西洼原油主要为渤中凹陷沙三段和沙一、二段烃源岩所生成原油混合的产物。另外，该区新近系原油含蜡量整体较高，且从 C_{29} 甾烷特征来看，原油成熟度较高，运移效应较弱，说明原油并未进行长距离的运移，因此推测油气成藏应为近源成藏，且主要来自成熟度较高处于大量生排烃阶段的沙河街组烃源岩。

储层流体包裹体均一温度代表了地史时期包裹体形成时的温度，结合储层的埋藏史，可确定流体包裹体形成时储集层的温度以及对应的埋深和地质年代，从而判断油气成藏期[2~5]。本次结合渤海海域的构造发育历史和研究区储层流体包裹体均一温度特征，对研究区的成藏期进行了分析(图4、图5)。总体上与烃类包裹体伴生的盐水包裹体均一温度整体较高，基本接近现今埋藏温度，结合埋藏史图，得到对应油气充注时间/为明化镇组晚期 (5.0-0Ma)，成藏期晚，对应于渤海新构造运动断裂强烈活动期。

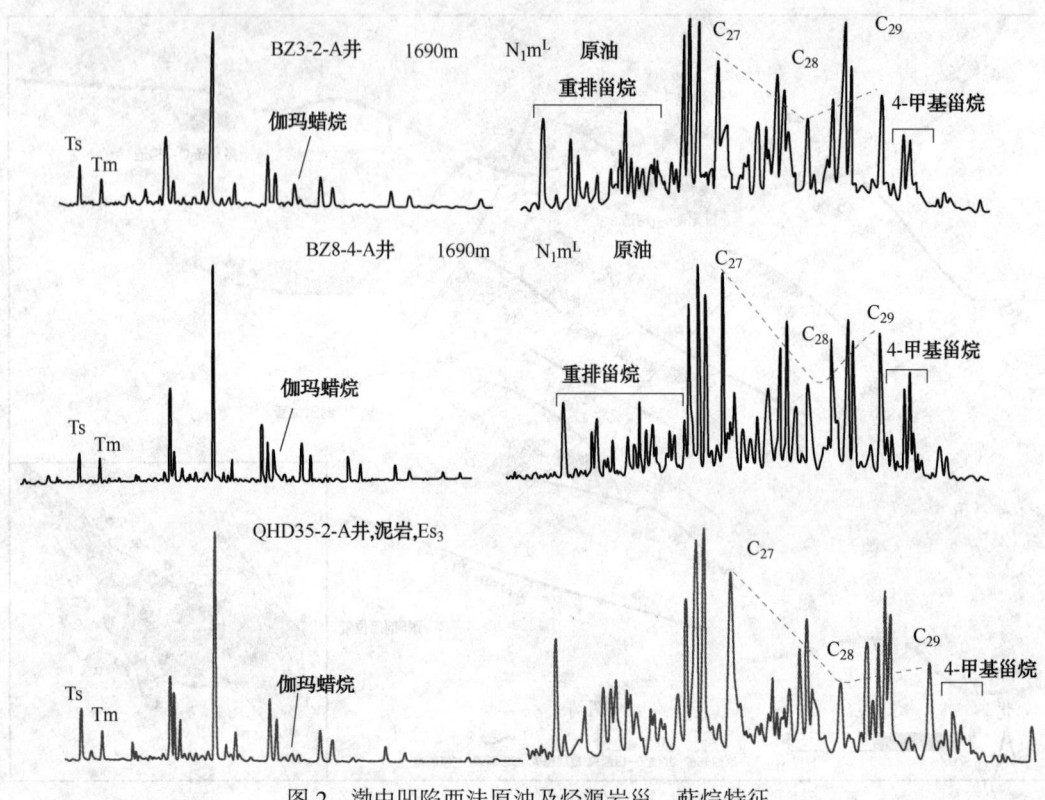

图2　渤中凹陷西洼原油及烃源岩甾、萜烷特征

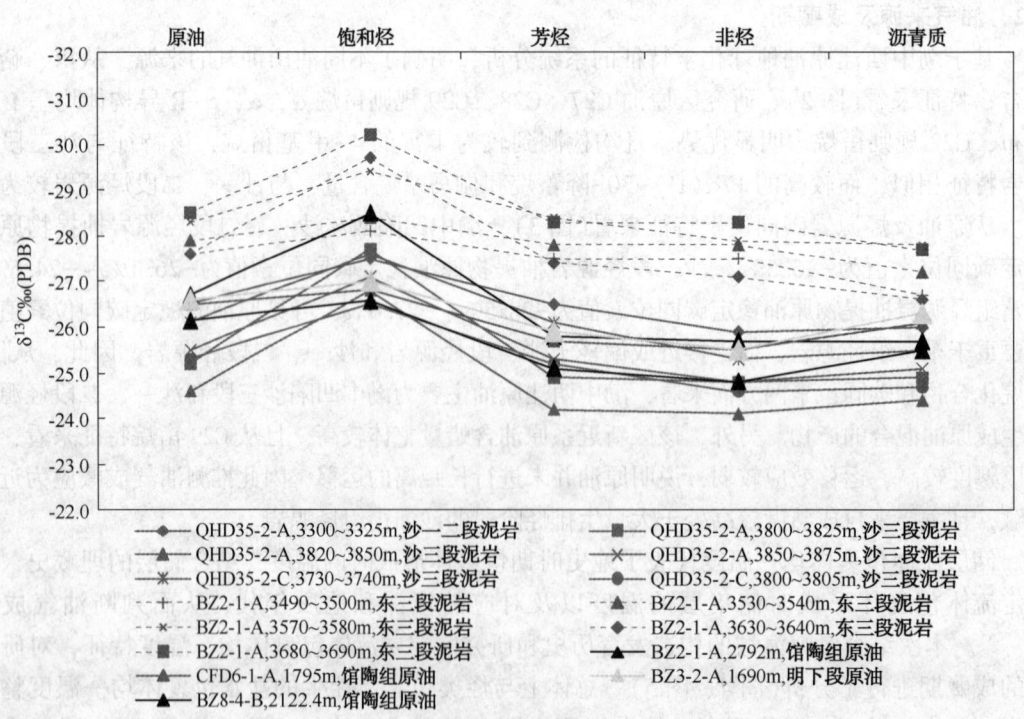

图3　渤中凹陷西洼原油及烃源岩族组分碳同位素特征

　　因此，从油源分析和成藏期分析来看，渤中西洼原油主要来源于深层的沙河街组烃源岩，并且表现为近源晚期快速成藏特征。

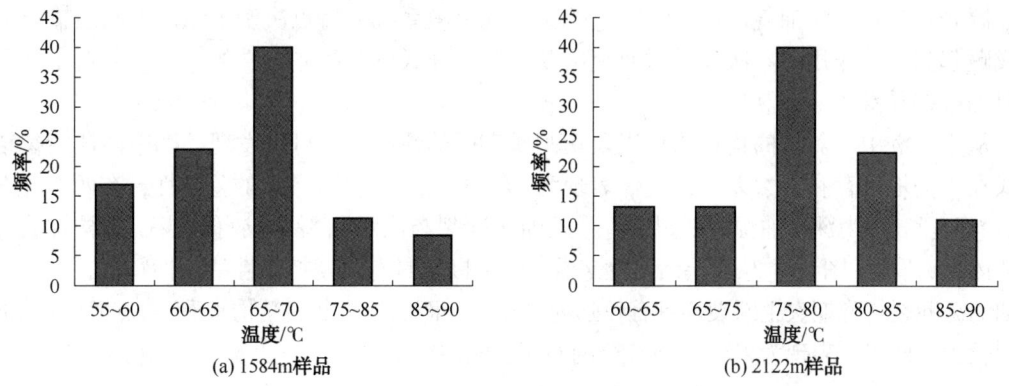

(a) 1584m样品　　　　　　　　　　　(b) 2122m样品

图4　渤中西洼新近系流体包裹体均一温度图

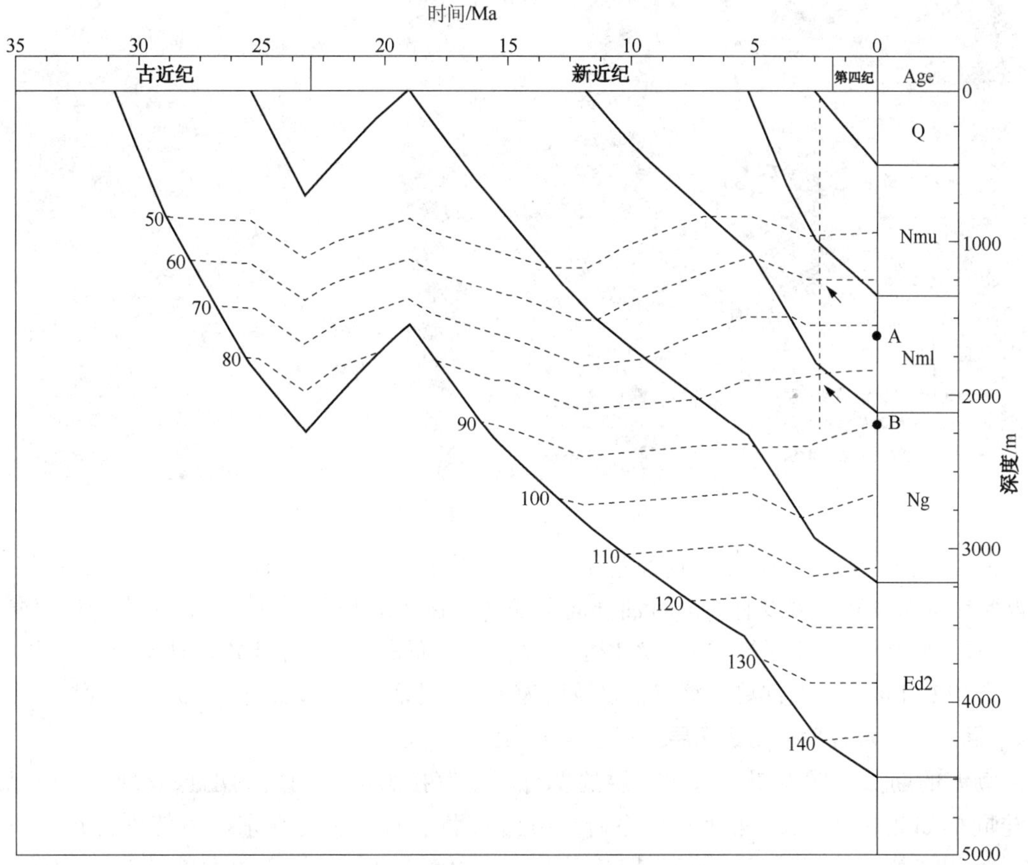

图5　渤中西洼(BZ8-4-2井)油气成藏期次分析图

3　油气成藏主控因素

　　在对油气来源和成藏特征认识的基础上，有针对性的对渤中西洼油气成藏条件进行了分析，认为研究区油气成藏主要受储层分布、断裂特征以及圈闭类型的控制。

3.1　断裂结构特征的差异性控制了油气平面分布的差异性

　　从渤中西洼地层的分布和油源来看，浅层明化镇组和馆陶组油气主要来源于深部沙河街组烃源岩，为它源型油气成藏系统。它源型油气成藏系统的特点决定了纵向上断层输导对油气成藏起到关键作用。本次通过对研究区断裂结构样式分布的差异性的解剖，分析了断裂结构对油气差异富集的控制作用。

　　从整个渤中西斜坡的构造格局以及切割研究区的地震剖面可以发现，渤中西洼断裂结构样式在不同地区存在较大差异，整体表现为"东西分段、南北分带"的差异性，东西差异尤其明显。西段表现为深切油源大断裂发育，且油源断裂与次级断裂形成"似花状"结构样式，断裂整体更为发育(图6)，从断层活动性来看，油源断裂具有长期持续性活动性特征，在油气成藏期油源断裂与晚期次生断裂均具有较强的活动性。而从东段断裂结构来看，长期活动的油源断裂较少，而多是表现为多个"挂面条"的断裂，断层切割层位浅、活动性较弱(图7)。

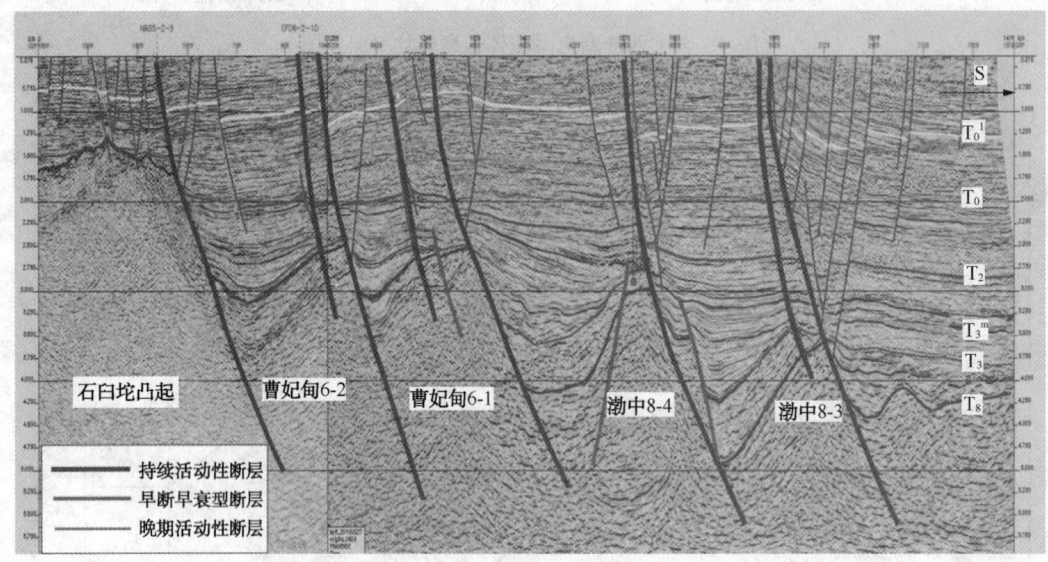

图6　过渤中西洼西部地震剖面(剖面位置见图1)

　　断裂结构-活动性表现出的这种差异性必然影响着油气分布。研究区西段油源断裂及次级断裂都非常发育，可以有效的将油气向上输送，在次级断裂的分配作用下在浅层聚集成藏。东段油源断裂的匮乏造成油气难以运移至浅层，而是多数聚集于深部地层中。因此，造成了渤中西洼油气在西部更为富集且以浅层为主，渤中西洼东部油气主要分布在深层。

3.2　储层的发育程度控制了深层油气的差异富集

　　渤海的勘探实践表明，深层储层的发育程度直接影响了油气的勘探发现[6~8]。渤中西洼同样如此。基于源-汇沉积体系研究思路对渤中西洼古近系东营组特别是东三段就行了沉积体系的精细研究。研究结果表明东三段储层的分布具有较大差异性，在石臼坨凸起南部陡坡带距离石臼坨凸起物源区距离近，发育陡坡坡折，非常有利于物源的输入和沉积体的发育，形成了多个裙带状分布的扇三角洲沉积体，储层厚度大物性好。渤中西洼西部虽然紧靠沙垒田凸起物源区，但沟谷相对欠发育，且向渤中西洼洼陷中心表现为缓坡特征，因此东三段沉积体系欠发育，一般发育规模较小，局限在凸起周缘小规模分布，储层发育较差(图8)。

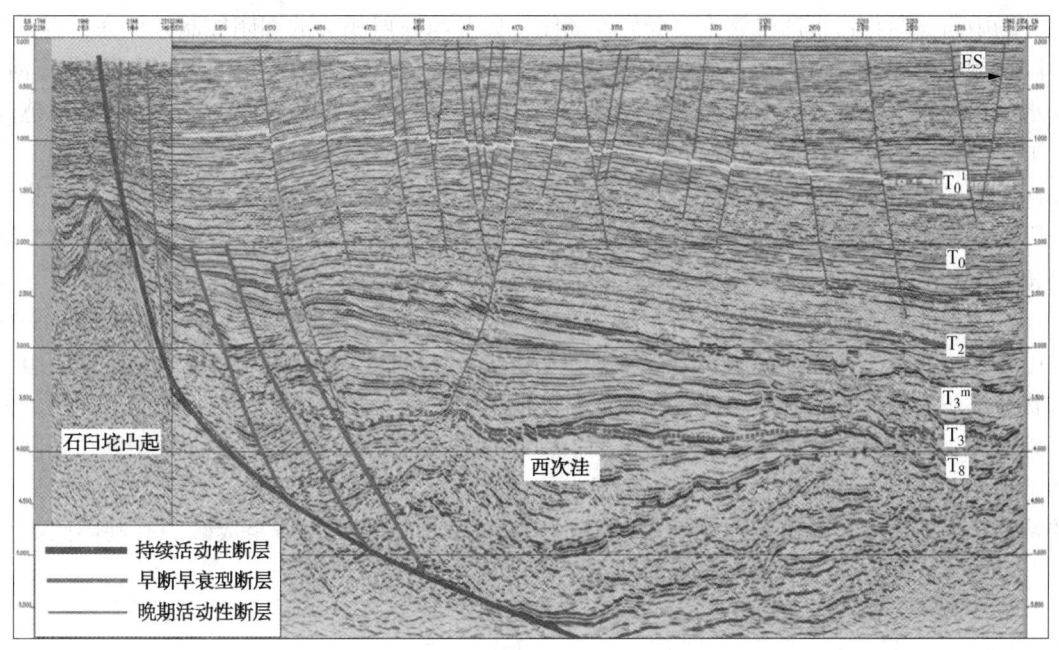

图 7　过渤中西洼东部地震剖面(剖面位置见图 1)

　　沉积储层表现出的差异性对于古近系油气的分布具有重要影响。渤中西洼北部的曹妃甸6-4 油田以及渤中 2-1 油田位于石臼坨凸起陡坡带，深层储层发育，为油气成藏提供了非常好的物质基础，从而形成了深层高丰度油藏。而渤中西洼西部由于古近系储层欠发育，因此，西部古近系地层以泥岩为主，油气很少发现。

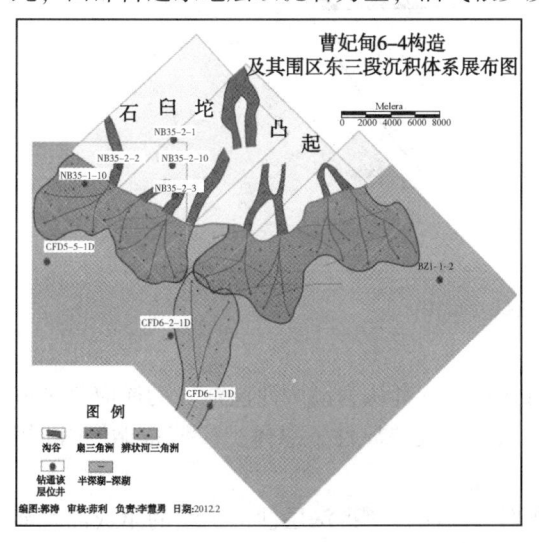

图 8　渤中西洼东北部陡坡带东三段沉积体分布

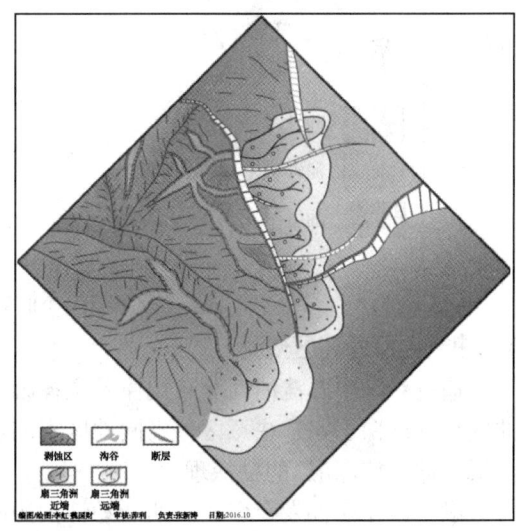

图 9　渤中西洼西部东三段沉积体分布

3.3　圈闭类型控制

　　渤中西洼新近系大面积发育的河流相、浅水三角洲相砂体，配合断裂发育形成了背斜型、构造-岩性复合型、透镜体、断块等类型。渤中西洼新近系明化镇组和馆陶组的油气成藏来看，两者成藏的圈闭类型存在一定的差异性。

　　渤中西洼明化镇组油气藏主要受岩性圈闭、以及与断层相关的圈闭控制。例如，渤中 8 地区、渤中 3 地区、曹妃甸 6-12 地区主要为岩性和构造-岩性圈闭。由于明化镇组曲流河、浅水三角洲相对发育，纵向上表现为砂泥互层，储盖组合优良，在平面上砂体分布相对范围有限，砂体往往尖灭在泥岩中，这样就造成了圈闭类型往往为岩性以及构造岩性圈闭。另外，由于明化镇组油气来自于深部沙河街组烃源岩，生成的成熟油气需要运移至浅层聚集成藏，因此断裂的沟通是原油在浅层聚集成藏的必要条件，因此，明化镇组油气成藏主要与断层相关的断层-岩性圈闭控制 (图 10)。

　　馆陶组油气藏主要受构造圈闭控制，且主要分布在背斜型或者垒块型的断块圈闭。例如渤中 8 地区、曹妃甸 6 地区主要为背斜型和垒块型断块圈闭。从沉积相特征来看，馆陶组为辫状河沉积，大面积发育厚层的含砾砂岩对圈闭的类型要求相对更加苛刻，背斜型圈闭的发育为馆陶组这种厚砂薄泥特征的地层提供了良好的油气聚集和保存条件。垒块型断块圈闭馆陶组地层与断层下降盘的明下段下部地层对接，明下段下部地层表现为厚层泥岩夹薄层砂岩的特征，因此垒块型断块圈闭的断层一般封堵条件较好，也是馆陶组成藏的有利圈闭类型 (图 10)。

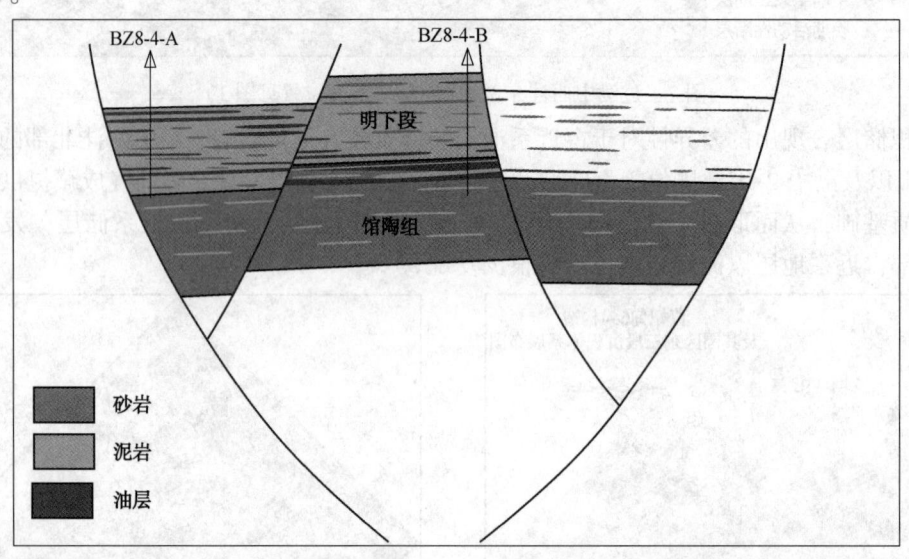

图 10　不同层系油藏分布特征

4　油气勘探有利区预测

　　通过对渤中西洼油气分布规律及主控因素的分析，笔者认为渤中西洼油气勘探应该采取油气差异勘探思路，注意区分不同地区不同层系油气成藏差异性。总体上应该遵循"主断控浅层，储层控深层"的勘探理念。

　　渤中西洼西部发育多条长期活动性油源断裂切入次洼，使得深层沙河街组的生成油气能够有效的输送至浅层，进而在分支断裂的调节分配下，在与断裂耦合好的浅层砂体中富集成藏，因此，对于西部油气勘探过程中，因此重点抓住油源大断裂周边浅层进行勘探部署。而渤中西洼东部、北部虽然次洼发育，生烃条件优越，但从断层结构看，该区缺乏切入沙河街组烃源岩的油源断裂，多数断裂均切入未切穿馆陶组，难以将油气运移至浅层，不利于油气向浅层运聚成藏，而是更有利于深层成藏，因此，我们应该在该区抓住储层较为发育的构造进行井位部署 (图 1)。

5 结论

（1）渤中西洼油气分布表现为平面分区，纵向分层，差异富集的特点。平面上西富东贫。西部油气最为富集，且以浅层为主。东北部油气主要分布在深层。

（2）渤中西洼油气油气主要来自次洼沙河街组烃源岩，为近源晚期快速成藏。

（3）渤中西洼油气成藏主要受控于3个方面：断裂结构特征的差异性控制了油气平面分布的差异性；储层的发育程度控制了深层油气的差异富集；明化镇组、馆陶组油气藏油气赋存于不同圈闭类型。

（4）渤中西洼的勘探应该遵循"主断控浅层，储层控深层"的勘探理念。西部重点抓住油源大断裂周边浅层进行勘探部署，东部、北部应该重点抓住储层较为发育的构造进行井位部署。

参 考 文 献

[1] 朱伟林，米立军，龚再生，等．渤海海域油气成藏与勘探[M]．北京：科学出版社，2009：177-226.

[2] 陈红汉．油气成藏年代学研究进展[J]．石油与天然气地质，2007，28(2)：143-150.

[3] 王飞宇，金之钧，吕修祥，等．含油气盆地成藏期分析理论和新方法[J]．地球科学进展，2002，17(5)：754-762.

[4] 赵靖舟．油气包裹体在成藏年代学研究中的应用实例分析[J]．地质地球化学，2002，30(2)：83-89.

[5] MIDDLETON D, PARNELL J, CAREY P, etal. Reconstruction of Fluid Migration History Northwest Ireland Using Fluid Inclusion Studies[J]. Journal of Geochemical Exploration, 2000, 69-70, 673-677.

[6] 徐长贵．陆相断陷盆地源-汇时空耦合控砂原理：基本思想、概念体系及控砂模式[J]．中国海上油气，2013，25(4)：1-11.

[7] 徐长贵，赖维成，薛永安，等．古地貌分析在渤海下第三系储集层预测中的应用[J]．石油勘探与开发，2004，31(5)：53-56.

[8] 姜在兴．沉积体系及层序地层学研究现状及发展趋势[J]石油与天然气地质，2010，31(5)：535-541.

[9] 魏刚，王应斌，邓津辉，等．渤中34北区浅层油气成藏特征和主控因素分析[J]．中国海上油气，2005，17(6)：372-375.

黄河口东洼-庙西南洼走滑
反转控藏作用与勘探发现

黄　振，徐长贵，牛成民，杨　波，温宏雷，高雁飞，王利良

(中海石油(中国)有限公司天津分公司渤海石油研究院，天津 300459)

摘　要　研究区处于边缘洼陷，郯庐断裂东支强走滑断裂呈"双轨"状从洼陷内部穿过，该区构造复杂，断块破碎，如何寻找高丰度油气藏是该区勘探的关键。本次结合勘探实践与成藏分析，认为洼内走滑反转构造对于该区油气差异富集起到了至关重要的控制作用。第一，走滑差异增压形成了多类型的反转构造，促成了大型压性圈闭群的形成；第二，走滑反转构造控制了油气侧向运移与垂向运移效率；第三，建立了反转强度与油气优势运聚层与运聚区的定量化预测模型，对于晚期单期反转，当晚期反转强度大于 0.03，利于油气垂向运移并在浅层新近系富集；对于多期反转构造，早期反转强度大于 0.03 为油气大规模侧向汇聚的前提，再此基础上，当晚期反转强度小于 0.03，油气难以穿过区域泥岩盖层向浅层运移，最终在深层古近系汇聚成藏，当晚反转强度大于 0.05 时，油气经古近系中转，向浅层分配成藏。最终，在研究区建立了三种油气运聚模式：侧向汇聚古近系成藏模式、早期侧向汇聚晚期垂向调整浅层成藏模式与垂向贯通式浅层成藏模式，有效指导了该区的勘探发现，打破了该区近三十年的勘探沉寂。

关键词　走滑反转构造；油气差异富集模式；断接厚度；反转强度；反转期次；油气勘探

近年来，随着渤海勘探的不断深入，更边缘、更复杂区域的勘探开始逐渐成为新常态。黄河口东洼-庙西南洼属于边缘型小洼陷，且郯庐断裂东支强走滑断裂从该洼陷中心穿过，受走滑压扭形成多期次、多类型的反转构造，由于走滑反转所形成的势能转换与断裂响应十分复杂，且断裂破碎，如何在复杂地质条件下寻找高丰度油藏是该区勘探的难点。1997～2009 年，外方 Phillips 公司在该区进行多轮勘探，均未获得商业油气藏突破，铩羽而归。近几年，该区实现了三维地震资料的全面覆盖，为整体研究奠定了基础。文献调研表明，对于洼内走滑反转构造控藏方面，目前主流的是定性研究，对于走滑反转强度控藏的定量化研究鲜有报道。本文重点对黄河口东洼-庙西南洼进行精细解剖，对该区走滑反转构造的期次、强度进行分析，划分走滑反转构造成因类型；在此基础上分析不同类型的走滑反转构造对圈闭、油气横向、纵向运移的控制作用，结合本区的勘探实践及具有相似构造背景的黄河口中央构造脊成熟区勘探实践数据，建立反转强度与油气优势运聚方向的定量化模型，最终在不同区带建立了三种油气运聚模式，明确了油气差异富集规律，指明了有利勘探方向，实现了该区的勘探获得新发现，打开了该区勘探的新局面。

基金项目：国家重大专项"大型油气田及煤层气开发"（2016ZX05024-003）。

作者简介：黄振(1982—)，男，汉族，2010 年毕业于中国地质大学(北京)矿产普查与勘探专业，现在中海油天津分公司渤海石油研究院从事石油地质勘探工作。

1 走滑差异增压形成多类型的反转构造，形成一系列大型圈闭群

1.1 走滑反转期次的识别与反转强度的表征

黄河口东洼-庙西南洼属于边缘凹陷，且郯庐断裂东支强走滑断裂呈"双轨"状从该洼陷中心穿过，受走滑压扭作用形成多类型的反转构造。通过对本区走滑反转构造典型标志，如顶厚背斜顶部削蚀现象、下凹中平上凸的透镜状构造样式等的识别，可将本区走滑反转构造分为两期：分别是沙四段沉积末期及新构造运动期，不同区域反转的期次有所不同。这两期走滑反转与区域上郯庐走滑断裂东支的强烈活动时期具有一致性。

反转强度表征方面，通过文献调研，主要有平衡剖面法，伸缩率法[1~4]。研究表明，本区主要发育走滑压扭成因的褶皱型反转构造，为了表征此类走滑反转强度的大小，应用伸缩率法进行计算，利用公式 $R=(h_1+h_2)/L$ 对其进行表征，其中 h_1 为反转前凹面地层距水平面的高程，h_2 为反转后凸面地层距水平面的高程，则 h_1+h_2 内涵为反转的幅度，L 为反转的平面范围，当 R 值越大，表明反转强度越大。通过计算，本区的反转强度多在 0.02~0.08 之间(图 1)。

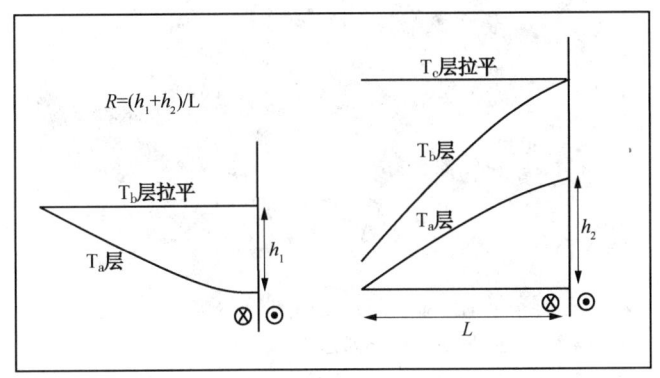

图 1　走滑反转强度计算模型

1.2 走滑差异增压造就了走滑反转构造东西分带的特点

构造区的走滑反转构造分布具有明显的规律性，主要分布在走滑增压部位，在不同区带由于走滑增压的差异性，整体表现为东西分带的特点。

西部走滑反转带主要依附于 F_2 走滑断层形成，发育晚期单期反转，反转期主要为新构造运动期，反转强度在 0.02~0.04 之间，表现为下凹中平上凸的透镜状构造样式，可以识别出典型的海底不整合现象。其成因主要为共轭走滑转换增压形成，该区夹持在郯庐东、西支右旋走滑断层之间，使得边界断层 F_1 具有左旋性质，在 F_1 断层与 F_2 走滑断层交汇区形成挤压应力，在新构造运动时期，走滑强烈活动，伴随着挤压应力强烈，形成晚期反转构造。在西部走滑反转带内部由于不同断块之间增压的分异性，其反转强度又具有明显的差异。

东部走滑反转带，主要依附于 F_3 走滑断层形成，为两期反转，反转期主要在沙四段沉积末期和新构造运动期，其反转强度在 0.02~0.08 之间，具有上下皆凸的构造样式，剖面上可以识别出顶厚背斜顶部削蚀的反转典型标志。其中，北部蓬莱 25-A 构造区反转强度大于 0.06，从成因机制上看，其主要位于右行左阶增压区，且夹持在两大凸起刚性基底之间，

挤压应力大，易于形成强走滑反转构造；南部蓬莱25-B构造区走滑反转强度介于0.02～0.04之间，其主要由S形走滑增弯压扭形成，由于其侧面缺乏刚性基底遮挡，反转强度相对蓬莱25-A区较小(图2、表1)。

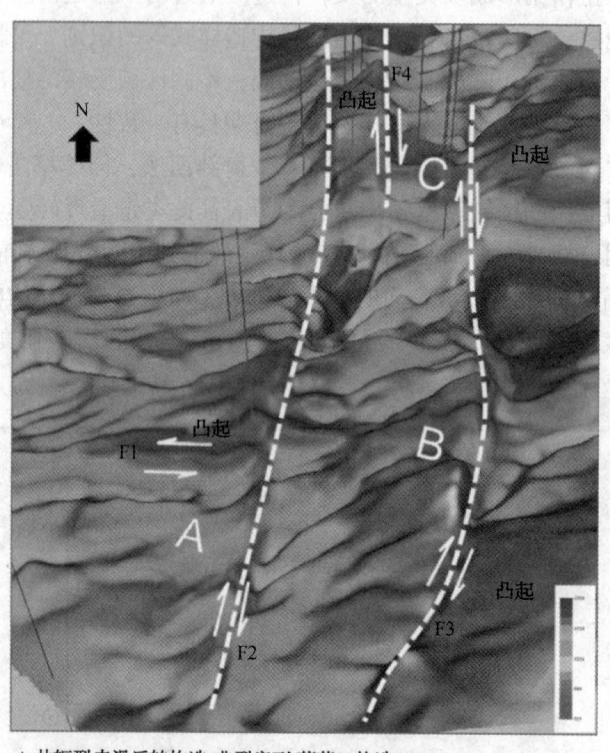

A:共轭型走滑反转构造(典型案列:蓬莱31构造);

B: S增压型走滑反转构造(典型案列:蓬莱25-B构造);

C:右行左阶增压型走滑反转构造(典型案列:蓬莱25-C构造)。

图2　黄河口东洼-庙西南洼明下段底面构造形态图

1.3　走滑反转作用形成大型压性圈闭群

受走滑反转作用的影响，在洼槽区内形成了一系列挤压隆升，造就了一系列大型压性圈闭群的形成。东部走滑反转带发育两期反转，早期反转在古近系时期形成大型的挤压背斜圈闭群，晚期新构造运动时期继续反转，在新近系断背斜圈闭继承性发育，从而形成深浅层叠合的大型断背斜圈闭群，具有良好的油气保存条件，其反转强度越大，圈闭幅度越高，如蓬莱25-A构造受两期强反转作用的叠加，其圈闭幅度可以达到305m，由于压扭应力较强，其保存条件极好，勘探证实其油柱高度可以达到近200m。西部反转带主要发育晚期反转，表现为早洼晚隆的构造样式，在浅层新近系发育依附于走滑形成的压性断块圈闭群，深层古近系为负地形，不发育构造圈闭，由于反转期次单一，且反转强度较小，其浅层圈闭幅度相对较小，一般在50～100m之间，但其由于受压扭应力形成，虽为断块型圈闭，仍具有良好的保存条件，勘探证实其最大油柱高度为80m，远高于渤海湾盆地张性断裂控制的断块油气藏油柱高度。

表 1 黄河口东洼-庙西南洼走滑反转构造成因分类

东西分带	南北分段	反转期次	反转强度	构造样式	典型剖面	成因类型	圈闭类型
东部反转带	北段蓬莱25-A	沙四段末期新构造运动期		上下皆凸		右行左阶	断背斜圈闭深浅层继承发育
	南段蓬莱25-B	沙四末期新构造运动期		上下皆凸		S型增压	断背斜圈闭深浅层继承发育
西部反转带	蓬莱31	新构造运期		下凹中平上凸		共轭增压	断块圈闭群

2 洼内走滑反转构造对油气运聚的控制作用

不同反转期次、反转强度的走滑反转构造对于油气的横向运移效率、垂向运移效率及油气的优势运移路径起到了至关重要的作用。

2.1 洼内走滑反转构造控制油气的侧向运聚效率

首先,早期强反转利于高幅度背斜的形成,使其长期处于油气运移的低势区,利于油气的侧向高效汇聚。众所周知,油气侧向运移主要受构造幅度、砂体的连通性、不整合面、断裂等因素影响。从蓬莱25-A和蓬莱25-B的对比来看,反转强度越大,断层密度越大,圈闭幅度越高、断层活动速率越大、强剥蚀不整合面的个数越多,越有利于油气的侧向汇聚,另外构造区古近系主要发育辫状河三角洲沉积,砂体分布连续稳定,利于油气的侧向汇聚。从勘探实践上看,蓬莱25-A油田的断裂切至的古近系地层虽然埋深较浅,烃源岩并未成熟,但仍获得高丰度油气发现,其高效的侧向汇聚体系起到了至关重要的作用。

相反,新构造运动期的单期走滑构造反转不利于油气的侧向汇聚,以东部反转带为例,其属于早凹中平晚凸型的反转样式,虽然反转期也形成了低势区,但输导层较为单一,其侧向运移只能依靠新近系砂体与断层的接力进行,而本区浅层新近系主要发育河流相沉积,且储层整体偏细,单层厚度多不足5m,单砂体平面分布局限,不利于油气的侧向汇聚。典型的勘探案例就是PL31-3-a井,其虽然所处的浅层构造位置较高,低部位断块的PL31-3S-a井和BZ36-1-a井均获得了高丰度油气发现,但该井却成效不佳,进一步证实了这一观点。

2.2 洼内走滑反转构造控制油气垂向运移效率

对于洼内反转构造来说3大关键因素控制了油气的垂向运移效率,分别为:切源期断裂活动强度、成藏期的断层活动强度及主要泥岩盖层的断接厚度。其中,切源期断裂活动强度与成藏期的断层活动强度提供了油气垂向运移的动力,主要泥岩盖层的断接厚度造成了油气垂向运移的阻力。而这3大因素又主要受走滑反转期次与强度的控制。

首先,早期强反转削减了泥岩盖层断接厚度,降低了油气垂向运移的阻力。蓬莱25-A构造在沙四段末期发生强烈反转,造成高幅度的挤压背斜构造,导致在后期东营组时期仍处于古构造的高部位,侧翼东营组区域泥岩盖层在蓬莱25-A构造区超覆尖灭,造成油气垂向

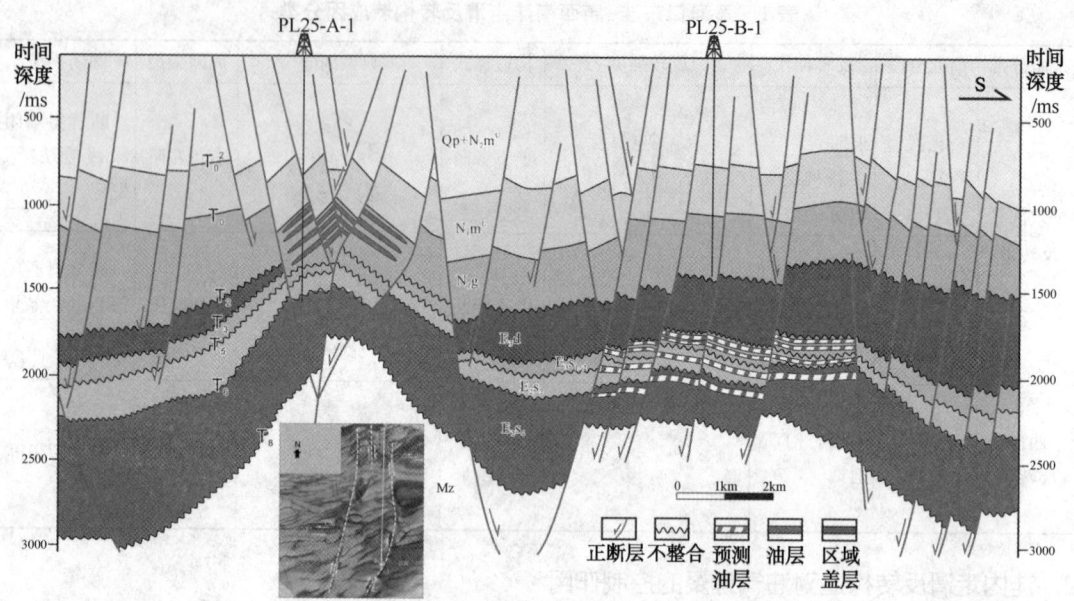

图 3　过蓬莱 25-A 构造区与蓬莱 25-B 构造区地质剖面

运移阻力下降,利于油气向浅层垂向运移,从而在浅层高丰度成藏。相反,蓬莱 25-B 构造区由于早期反转强度相对较小,构造抬升幅度相对较小,导致后期东营组区域泥岩盖层较厚,可达约 400m,虽然蓬莱 25-B 构造区切源期断裂与成藏期断裂活动也比较强烈,但油气无法穿过东营组这套泥岩盖层运移到浅层新近系,从而造成了 PL25-B-1 井在浅层钻探的失利(图 3)。

其次,从反转强度看,强走滑反转催化了强贯通断裂的形成。走滑的反转强度一定程度上体现了走滑活动的强烈程度,而本区起到油气垂向运移作用的恰恰为走滑调节断层,走滑活动越强烈,其调节断层的活动性越强,断层密度越大。从本区统计的数据也可以看到,反转强度与断层活动性具有明显的正相关,反转强度越大,越有利于强贯通断裂的形成,从而有利于油气从深洼沿断层向浅层垂向运移(图 4)。

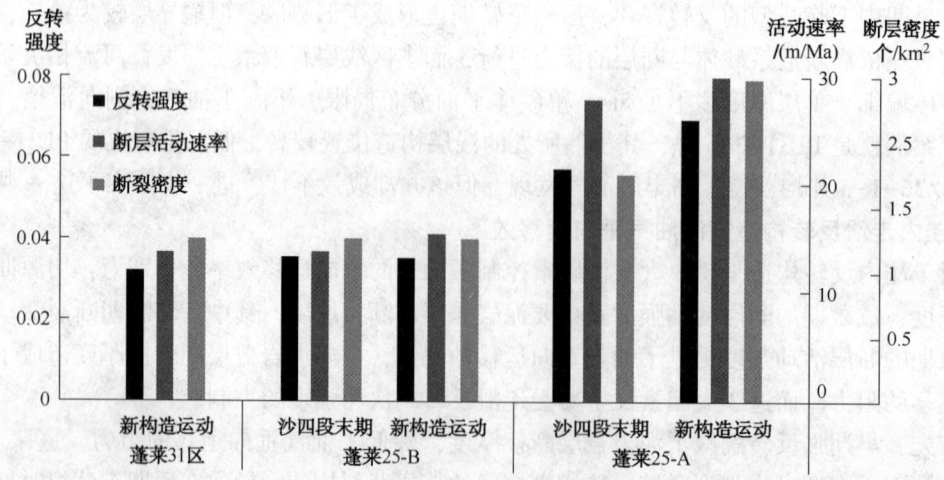

图 4　黄河口东洼-庙西南洼不同区平均走滑反转强度与贯通性走滑调节断层活动速率及断层密度的关系

2.3 基于洼内走滑反转的油气优势运聚方向量化预测模型

近些年，在本区的勘探实践中，主要面临两个关键问题：（1）对于晚期反转构造来说，圈闭主要集中在浅层新近系，古近系缺乏有利的构造背景，油气能否顺着贯穿断层运移到浅层成藏？平面上在众多个断块里哪个断块油气更为富集？（2）对于多期反转来说，深浅层圈闭均比较发育，油气到底是在深层富集，还是在浅层富集？平面上在哪个断块更富集？该模型针对勘探实践中存在的问题，结合上述分析的走滑反转对油气侧向、垂向运移的控制作用，并借鉴具有相似构造背景的黄河口中央构造脊成熟区的勘探经验，建立洼内反转构造模式下走滑反转强度与油气运移方向的优选模型，实现勘探层系的优选及油气运聚方向的判断，预测高丰度油气成藏区，以指导油气勘探。

基于已钻井的量化分析表明，对于晚期单期反转，当晚反转强度大于 0.03，利于油气垂向运移并在浅层新近系富集，小于 0.03 则难以规模成藏；对于多期反转构造，早期反转强度大于 0.03，利于油气大规模侧向汇聚，在此基础上，当晚期反转强度小于 0.05，油气难以穿过区域泥岩盖层向浅层运移，最终在深层古近系汇聚成藏，当晚反转强度大于 0.05 时，油气经古近系中转，向浅层分配成藏（图 5）。

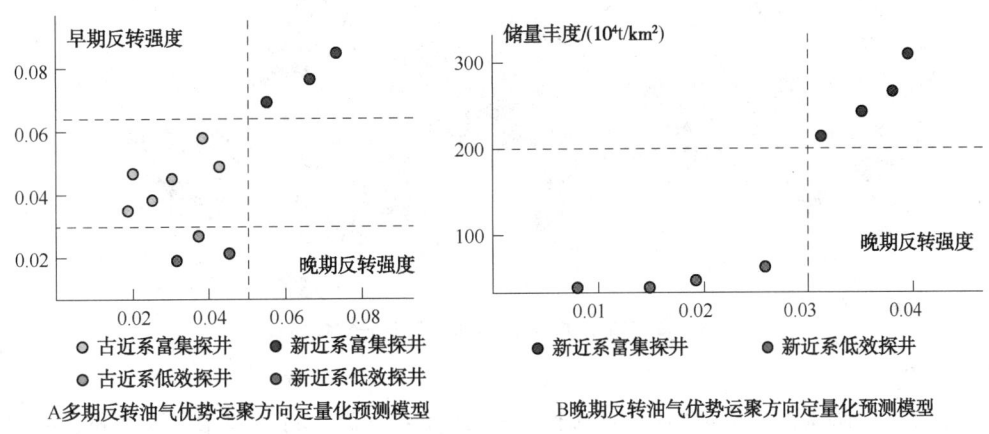

图 5　基于洼内走滑反转的油气优势运聚方向定量化预测模型

3　油气差异富集模式

在以上分析的基础上，结合勘探实践，建立了本区的三种油气差异富集模式：

（1）多期反转浅层成藏模式，其内涵包含：该模式主要发育在东部走滑带的北段蓬莱 25–A 区，其早期反转强度较大，为 0.06~0.08，在古近系形成高幅度的背斜圈闭、多个强剥蚀不整合面及强烈活动的走滑调节断层，利于油气的侧向汇聚，同时受早期强走滑反转的影响，其东营组时期盖层断接厚度仅为 50m，且晚期反转强度普遍大于 0.06，致使油气在古近系侧向高效汇聚后，难以在深层保存，主要再沿断裂向浅层运聚成藏，从而在新近系形成高丰度的油气藏。

（2）侧向汇聚古近系成藏模式，其内涵包含：该模式主要发育在东部走滑带的南段蓬莱 25–B 区，其早期反转强度中等，为 0.03~0.04，在古近系形成较高幅度的背斜圈闭、多个强剥蚀不整合面及强烈活动的走滑调节断层，利于油气的侧向汇聚，但相对于蓬莱 25–A 区，其早期走滑反转强度较小，普遍小于 0.05，导致其东营组时期盖层断接厚度达到 400m，油气在古近系侧向高效汇聚后，难以再沿断裂向浅层运聚成藏，预测其油气主要富集在深层古近系。

（3）晚期单期反转垂向贯通式浅层成藏模式，其内涵包含：该模式主要发育在西部走滑带的蓬莱31区，其主要发育晚期单期反转，在新近系形成一系列压性断块圈闭群，主要依靠走滑调节断层垂向贯通式运移，并在浅层新近系馆陶组和明下段成藏，该构造区走滑反转强度在0.01~0.04之间，洼槽区盖层断接厚度约80m，勘探证实，当探井所在断块走滑反转强度小于0.03时，浅层未见油气显示或油气不富集，当走滑反转强度大于0.03的断块浅层高丰度成藏(图6)。

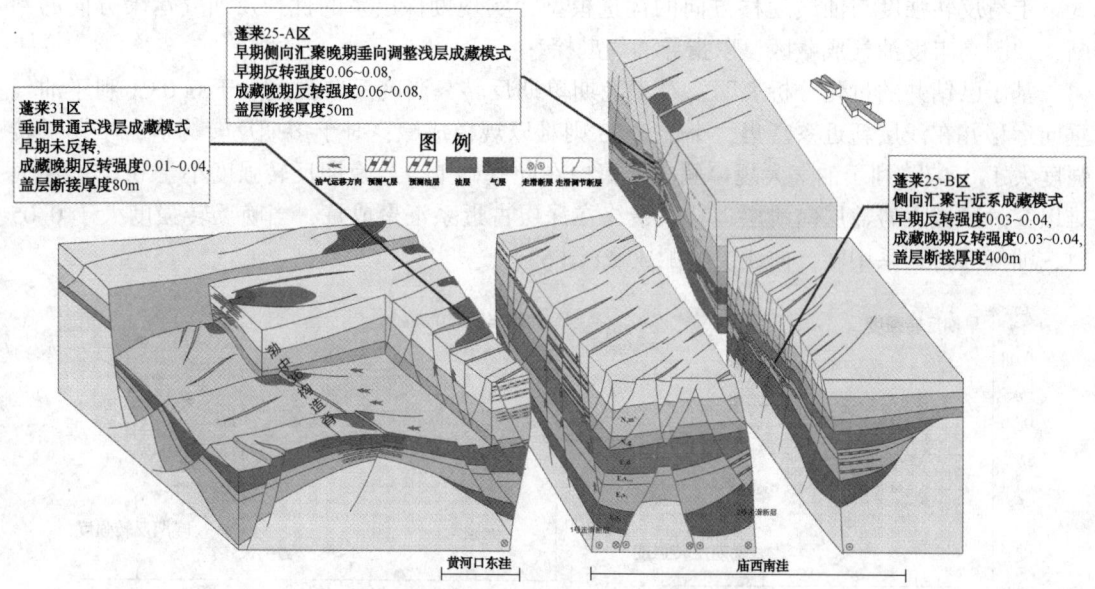

图6　黄河口东洼-庙西南洼油气差异富集模式

4　勘探发现

在明确了洼陷区油气成藏规律的基础上，近两年对该区进行了集中勘探评价。一方面，在黄河口东洼蓬莱31走滑反转带针对反转强度大于0.03的两个断块进行钻探，获得两口近百米油气层井，一举打开了该区勘探的新局面；另一方面，通过分析，蓬莱31走滑反转带的其他断块反转强度相对较低均低于0.03，预测油气可能大规模侧向运移至渤中36构造脊，随后在渤中36区展开勘探，证实了这一观点，探井再获成功，发现两口近80m的油气层井；此外，在蓬莱25-5区指明了勘探方向，重点对蓬莱25-B区古近系进行勘探。目前郯庐断裂东支普遍发育类似的边缘洼陷走滑反转构造带，本次的研究成果对于类似区域的油气勘探具有一定的借鉴意义。

5　结论

（1）洼内走滑反转构造对于黄河口东洼-庙西南洼区油气的差异富集起到了至关重要的控制作用；

（2）走滑差异增压形成了多类型的反转构造，其分布具有东西分带的特点，洼内走滑反转促成了洼槽区大型压性圈闭群的形成；

（3）走滑反转控制构造隆升幅度、断裂活动强度、盖层断接厚度、不整合面发育程度等因素，进而控制了洼槽区的油气侧向运移与垂向运移效率；

　　（4）建立了反转强度与油气优势运聚层与运聚区的定量化预测模型，并根据量化模型建立了晚期反转垂向贯通式浅层成藏模式、侧向汇聚古近系成藏模式及垂向贯通式浅层成藏模式3大油气运聚模式，有效指导了该区的勘探发现，打破了该区近30年的勘探沉寂，并对本区下一步的勘探具有重要意义。

参 考 文 献

[1] 汤良杰，金之均. 塔里木盆地北部隆起牙哈断裂带负反转过程与油气聚集［J］. 沉积学报，2000，18（2）：302-309.

[2] 蔡希源，王根海，迟元林，等. 中国油气区反转构造［M］. 北京：石油工业出版社，2001.

[3] 胡望水，刘学锋，吕新华，等. 论正反转构造的分类［J］. 新疆石油地质，2000，21(1)：5-8.

[4] 张功成，金利. 论反转构造［J］. 海洋地质与第四纪地质，1997，17(4)：83-88.

莱州湾凹陷南部斜坡带沙河街组早期原型盆地恢复及沉积响应特征

(中海石油(中国)有限公司天津分公司,天津 300459)

摘 要 莱州湾凹陷南部斜坡带后期经历多次大规模构造运动改造,导致原始盆地面貌不清,沉积体系分布不明确。本文以构造演化分析为主线,通过地震解释、声波时差法和趋势厚度法相结合,对沙河街组早期沙四-沙三下亚段沉积时期的原型盆地面貌及其配置关系进行了恢复,并明确了不同沉积体系的平面分布及控制因素。研究表明:(1)沙四沉积时期,莱南斜坡带整体受断裂伸展活动引起的块体差异升降,西部受两组东西向断层分割形成3个东西向展布的断槽,东部及南部为潍北凸起的隆起区,早期断层分割东西古地貌变化。(2)沙三下沉积时期,整体快速沉降,西部受东西向断裂差异抬升,形成局部高地,潍北凸起东部一部分后期逐渐淹没于水下,形成宽缓台地背景。(3)不同物源体系供给控制了沙四段扇三角洲与辫状河三角洲差异分布,古地貌与物源差异供给共同控制了沙三下亚段湖相碳酸盐岩与风化残积相的发育与垂向分布。沉积体系的发育和分布对于盆地原型面貌具有重要的响应关系。

关键词 渤海海域;莱南斜坡带;原型盆地恢复;差异分布;湖相碳酸盐岩

随着渤海海域浅层勘探程度的不断提高,有利构造圈闭越来越少,中深层逐步成为储量替代的有利勘探方向。近年来勘探实践证实,有效储层展布是制约中深层油气勘探成效的主要控制因素之一[1]。而中深层具有构造复杂、沉积相带迁移变化快等特点,砂体在空间分布上具有差异性,特别是盆缘洼陷后期经历多次大规模构造运动改造,导致现今残留盆地特征与原始盆地差异较大,进而砂体难以精细预测,给油气勘探带来极大难度。近年来,原型盆地恢复及其对沉积分布的控制研究是盆缘洼陷油气勘探研究中的热点[2,3]。如余海洋通过原型盆地恢复明确烃源岩分布,并指出有利勘探方向[4];任红民利用区域地震剖面、重矿物分布、砾岩分布、砂泥岩厚度变化等,来恢复地层的分布范围、沉积相带类型、地层厚度变化、沉积物来源以及当时的盆地面貌[5];李英强从盆地构造沉降、盆-山耦合作用等出发,重建了四川盆地及邻区早侏罗世各沉积期构造-沉积环境,并探讨了盆地性质及演化规律[6];韩少甲通过对庙西凹陷原始沉积环境、相邻凸起的抬升时限,恢复了剥蚀厚度与原始沉积范围,并探讨了其盆地类型和油气地质意义[7]。因此,通过原型盆地恢复研究可以揭示盆地原型及古地貌格局,进而来明确沉积体系平面分布位置和控制因素。

渤海海域莱州湾凹陷南部斜坡带具有典型的盆缘洼陷特征,断裂与古地貌背景复杂,后期经历多次大规模的构造运动,早期残留沉积物后期被改造,盆地面貌发生较大改变,古近

作者简介:王启明,男,硕士,工程师,毕业于中国地质大学(北京),主要从事油气勘探研究工作。
E-mail:wangqm@cnooc.com.cn

系沙河街组早期沙四-沙三下亚段沉积体系展布规律不清，制约该区的勘探进程。前人对莱州湾凹陷进行了系统详细的研究，主要集中在整个凹陷构造演化、油气成藏特征、郯庐走滑构造带对油气成藏的控制等方面[8~11]，沉积体系研究也多集中在莱州湾凹陷北部沙三中亚段[12,13]，而针对南部斜坡带的原型盆地恢复及其沙四段-沙三下亚段的沉积储层的研究较少。笔者综合利用研究区的地震及钻测井资料，采用构造演化分析与盆地边界剥蚀厚度恢复相结合的方法，首次完整恢复了古近系沙四段-沙三下亚段的原型盆地面貌，并明确了盆地面貌特征以及沙四段到沙三下亚段沉积储层平面分布，对指导该区的下一步勘探具有重要意义。

1　地质背景

　　莱州湾凹陷位于渤海湾盆地渤中坳陷东南端，郯庐走滑断裂带东支和中支横穿凹陷，北部为莱北低凸起，东侧为鲁东隆起区，南部为潍北凸起，西部与垦东-青坨子凸起相接（图1）。古近纪莱州湾凹陷是一个东断西超、北断南超的断陷盆地，其中北部为陡坡带，南部为斜坡带。结合渤海海域宏观构造演化特点，莱州湾凹陷构造演化整体可划分为4个阶段：始新统孔店组-沙二段沉积时期的裂陷一幕；渐新统东营组沉积时期裂陷二幕；中新统馆陶组-上新统明化镇组下段沉积时期的裂后热沉降阶段；上新统明化镇组上段沉积时期至今的新构造运动改造阶段。与凹陷整体构造演化相匹配，莱州湾凹陷南部斜坡带古近纪受北部莱北1号控凹边界断裂持续活动，在张扭性应力体制和重力均衡作用下造成斜坡带持续抬升倾斜，古近纪分别经历了孔店-沙四沉积末期、沙三沉积末期、沙一二-东营沉积末期等3期明显构造抬升运动，其中东营沉积末期构造抬升最为明显形成现今高角度斜坡带，成为对盆地改造的重要时期[15]。目前，在凹陷北部和中部相继发现了垦利10-1、垦利10-4等大中型油田，钻井也大多集中于此，而南部斜坡带钻井相对较少。据钻井和地震资料揭示，该凹陷新生界发育较全，古近系从老到新依次发育孔店组、沙河街组、东营组地层。其中，沙河街主要发育沙四段、沙三下亚段、沙三中亚段、沙三上亚段、沙一二段地层。受沙三中后期构造抬升以及剥蚀程度影响，南部斜坡带部分地区沙河街组层位不全。

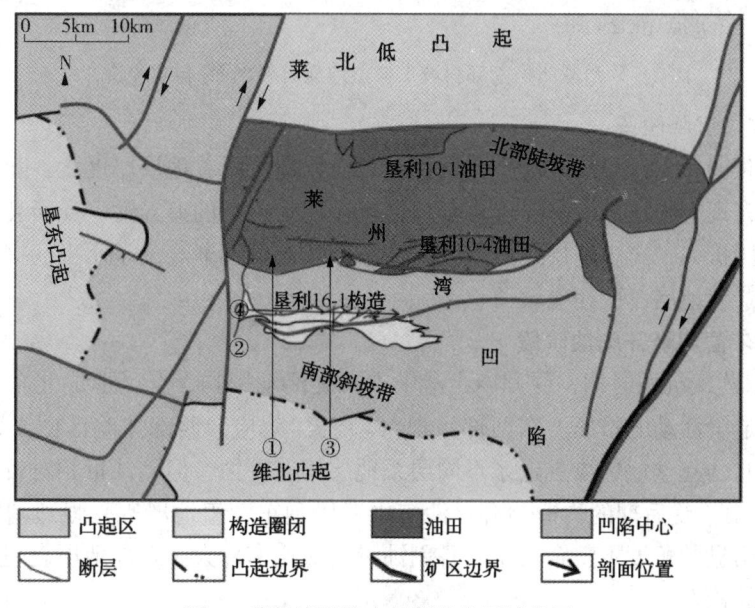

图1　莱州湾凹陷南部斜坡带区域位置

2　构造演化

构造演化可以直观反映地层之间的接触关系，并能识别出不同阶段的构造运动及后期的改造特征，有助于原型盆地的恢复。关于莱州湾凹陷整体的构造活动及演化，前人已有大量的分析和论述[8-11]。而残留盆地面貌揭示，南部斜坡带主要呈现由北向南掀斜翘倾抬升的高角度斜坡带(图2)，受断裂分割，局部形成局限小次洼，规模较小。斜坡带南部古近系沙河街组和东营组地层与上覆新近系馆陶组地层呈现高角度不整合关系，可见明显的削截特征[图2(A)、图2(B)]，在现今残留的洼陷内北侧的垦利16-1构造可见潜山变形较强烈，表明东营组末期受到构造抬升后遭受剥蚀。本区古近系构造演化可分为3个阶段。

2.1　孔店-沙四段伸展断裂差异活动阶段

南部斜坡带整体受反向控洼断裂和走滑断裂共同控制，东西分段，呈现一定的差异性。构造演化分析表明，在孔店-沙四段沉积时期，为莱州湾凹陷形成的雏形期。早期受拉张应力场作用，斜坡外带发育近东西向的反向控洼断层。莱州湾凹陷北洼开始形成，南部缓坡结构成型，由于受东西向反向断层影响，南部斜坡带与莱州湾凹陷北洼呈分割状态，表现为2个沉降中心，古今地貌差异较大[图3(A)]。同时，早期一系列南北向展布断层表现为同沉积断裂[图3(B)]，控制东西部原始地貌特征差异变化，西部表现为洼陷区，孔店-沙四段充填地层厚度大，自西向东部受断裂影响呈现阶梯式抬升，东部为早期隆起区，可以提供粗碎屑物质。

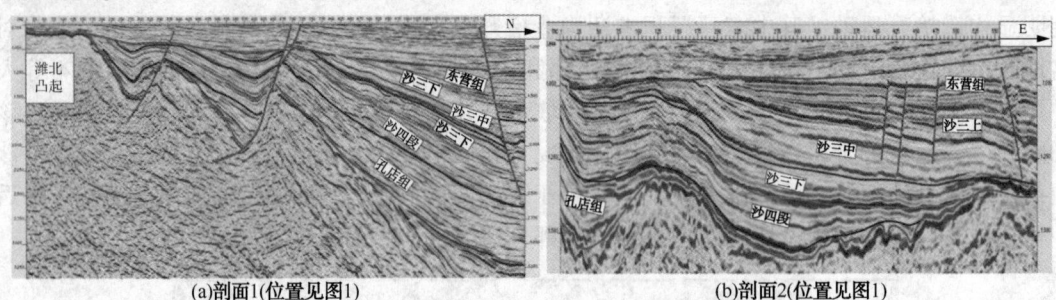

(a)剖面1(位置见图1)　　　　　　　　　　　(b)剖面2(位置见图1)

图2　莱州湾凹陷南部斜坡带典型地震解释剖面(位置见图1)

2.2　沙三期整体沉降阶段

沙三沉积时期，为盆地形成的剧变期，南次洼快速沉降，地层厚度大，隆凹格局发生较大变化，总体表现为快速的沉降，但局部地区也表现为一定的差异性。受断裂继续活动，西部洼陷面貌有所扩大，充填地层厚度较大。而东部隆起区逐渐淹没于水下，接受沉积，表现为宽缓台地背景，地层厚度相对较薄。

2.3　沙一二-东营期隆升剥蚀阶段

沙一二-东营组沉积时期，受郯庐走滑中支右旋活动影响，全区形成北东向展布的断裂体系。受局部走滑活动的挤压，东西部呈现"跷跷板"效应。西部洼陷区由于构造活动挤压抬升，靠近潍北凸起盆地边缘古近系不同层系地层均有剥蚀，但剥蚀量相对较小。靠近垦利16-1构造区，由于受后期的构造抬升，沙三中亚段到东营组地层遭受强烈剥蚀，与上覆馆陶组地层呈现明显的角度不整合关系，且剥蚀量明显比南部大。东部地层表现为下沉，总体呈现西高东低的构造格局。

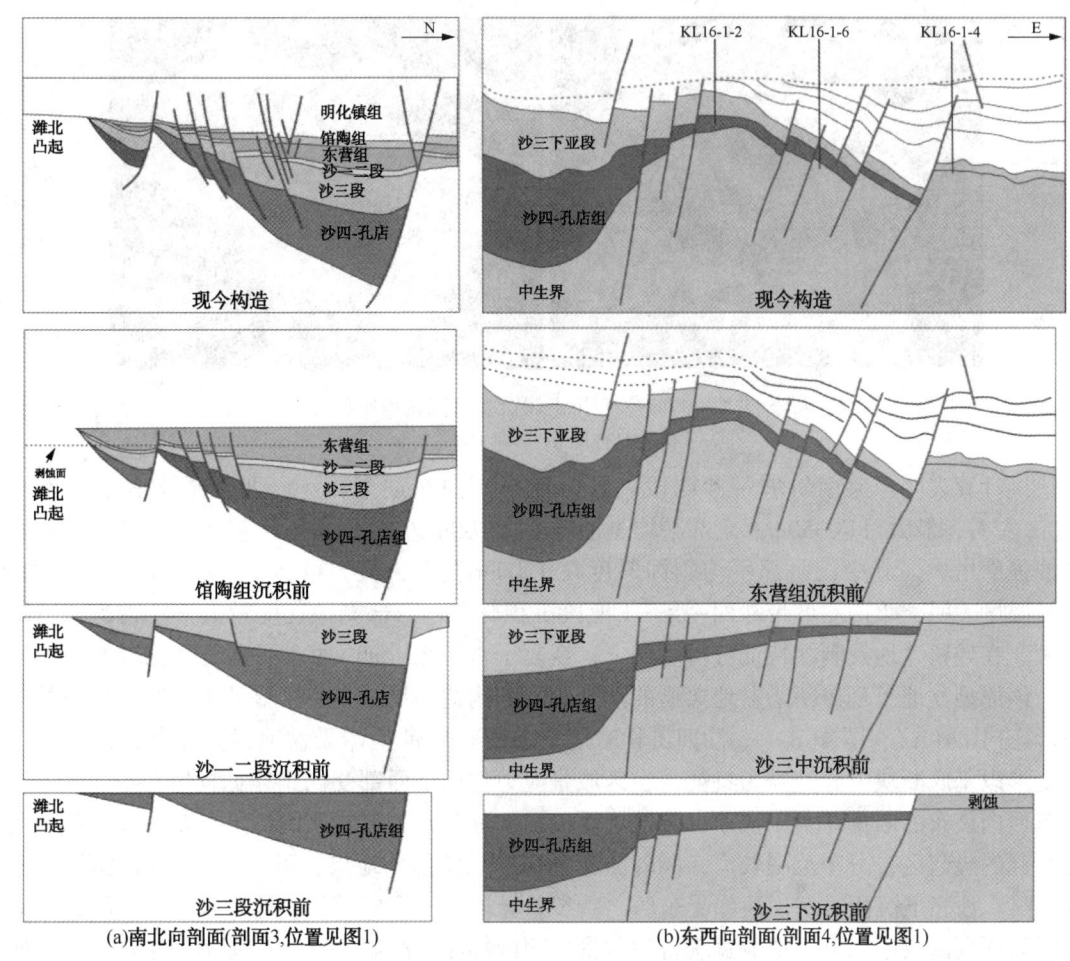

(a)南北向剖面(剖面3,位置见图1)　　　　(b)东西向剖面(剖面4,位置见图1)

图3　莱州湾凹陷南部斜坡带典型剖面构造演化分析

构造演化分析表明,靠近潍北凸起以及垦利16-1构造区沙四-沙三下亚段部分地层被剥蚀,南部沉积边界已不是原始边界,应该往南延伸一定的距离。而东部由于受到后期构造反转,早期为构造高地,可能为潍北凸起的一部分。

3　盆地面貌恢复

目前,剥蚀地层厚度恢复的方法主要有基于井资料的声波时差法,沉积速率法,邻近厚度比值法,趋势厚度分析法等[16]。趋势厚度法主要考虑的是在地层原始发育状态下不等厚的情况,一般由盆地原型中心向边缘逐渐变薄直至尖灭(除了某些盆地的断裂边缘有时陡然截断),根据实际钻遇目的层的钻井数量、地震资料品质等资料,结合区域地质背景和构造演化分析,对剥蚀厚度主要采用声波时差法和趋势厚度法相结合的方法来进行恢复。其步骤如下:利用地震资料,追踪残留地层厚度,再选取典型地震剖面,利用趋势厚度法,找出地层剥蚀原点,确定地层变薄率,求算剥蚀地段原始厚度,求算剥蚀厚度,由盆地向凸起逐步进行沿"线"恢复;然后利用声波时差法,对凹陷内后期抬升遭受剥蚀的井区进行"点"恢复;最终两者相结合,通过综合分析区域地质背景及构造区的构造演化,与残留厚度共同恢复原始盆地面貌。

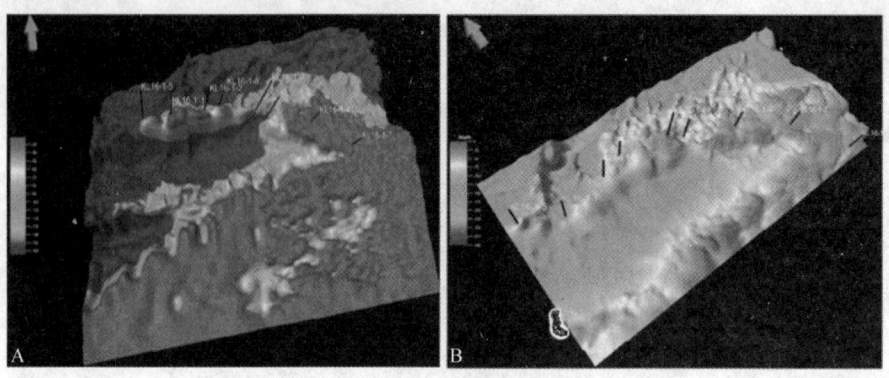

图4　沙四-沙三下亚段沉积时期盆地原型

(A：沙四段 B：沙三下亚段)

经计算表明，莱南斜坡带沙四段剥蚀厚度自西向东逐渐减小，西部平均剥蚀厚度在300m左右，最大可达350m。东部平均剥蚀厚度在100m左右，最大可达150m。沙三下亚段剥蚀强度增大，其中，西部平均剥蚀厚度在1200m左右，最大可达1300m。东部无剥蚀。剥蚀厚度表明，莱南斜坡带沙四-沙三下亚段沉积时期，西部剥蚀程度较大，原始沉积范围更大。在残留盆地及剥蚀特征分析基础上，恢复了古近系沙四-沙三下亚段沉积时期盆地原型。该原型盆地呈现出断陷盆地典型的洼隆相间的构造格局，具有明显的半地堑和地垒的构造形态[图4(A)、图4(B)]。沙四沉积时期，莱南斜坡带整体受盆地张扭体制的制约，构造变形以基底断块差异升降为特征，在区域张应力作用下西部受两组东西向断层分割形成3个东西向展布的断槽，由于快速沉降地层厚度大，有利于碎屑物质的注入。东部及南部为潍北凸起的隆起区，分布范围较广，同时凸起上局部残留部分地层，可能为早期沟道沉积[图4(A)]。沙三下沉积时期，西部受东西向断裂差异抬升，形成局部高地。东部潍北凸起一部分后期逐渐淹没于水下，形成宽缓台地背景，而南部潍北凸起主体向南萎缩[图4(B)]。沙三末期，莱南斜坡带整体抬升，抬升幅度呈现西强东弱的特征，基底的差异升降产生差异压实，西部沙河街组地层遭受大面积的剥蚀。

4　沉积响应

莱南斜坡带目前探井较少，主要分布在东向向大断裂附近，分布不均匀。依据已钻井沉积学标志，通过地球物理测井相标志、地震相标志来划分沉积相类型，结合原型盆地认识来综合预测平面分布。综合以上研究发现，沙四-沙三下亚段沉积相主要有冲积扇-扇三角洲、辫状河三角洲、碳酸盐岩台地、湖泊和风化残积相等类型(图5)，沉积体系的发育和分布与盆地原型面貌和改造状态具有重要的响应关系。

4.1　沙四段沉积体系分布

莱南斜坡带西部的KL16-1-3井、KL16-1-1井，沙四段主要为灰绿色凝灰质砂砾岩、灰色细砂岩与灰绿色泥岩、红色泥岩不等厚互层[图6，图7(A)、(B)]。钻井揭示中上部地层主要为一套向上变粗的反旋回，表现为厚层泥岩与中厚层凝灰质砂岩垂向上间互发育，凝灰质砂岩单层厚度增大，泥岩厚度逐渐减小，呈现出进积的特征，对应辫状河三角洲前缘亚相的沉积环境，说明沉积区与物源区相隔一定的距离，碎屑物质经历搬运后到达洼陷区，表现为远源沉积特征。在靠近莱南斜坡带的西部，沙四段地震相内部反射结构表现为楔形前积反射，对应扇三角洲前缘亚相，往东部逐渐变为连续、低频、强振幅反射结构的湖相沉积，体现了从靠近物源区的粗粒沉积向凹陷内部细粒、稳定沉积转变的特点。由此推测其物源主要来自西部的垦东凸起，碎屑物质自西向东进积至洼陷区沉积，这与西部发育东西向断槽的输砂通道具有较好的对应关系[图5(A)]。

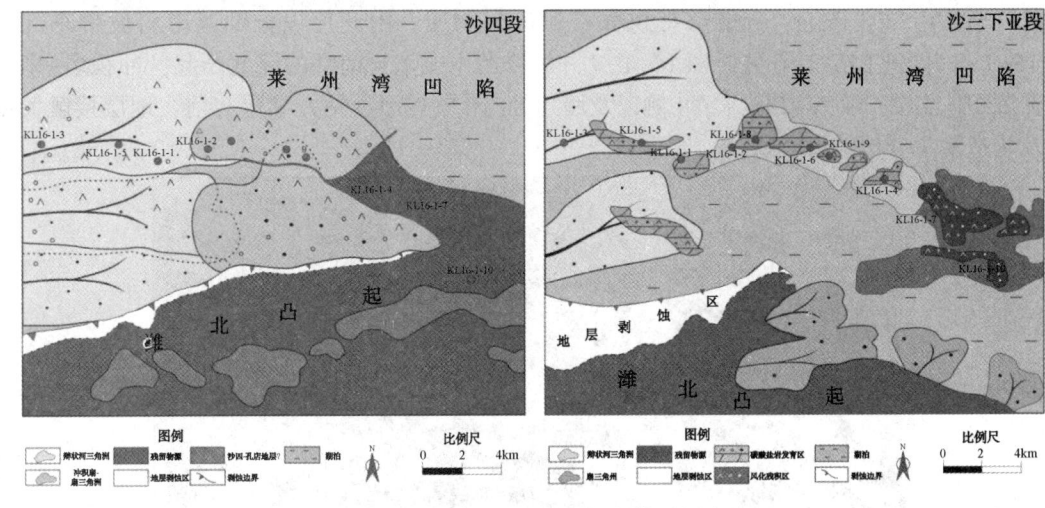

图5　沙四-沙三下亚段沉积体系展布

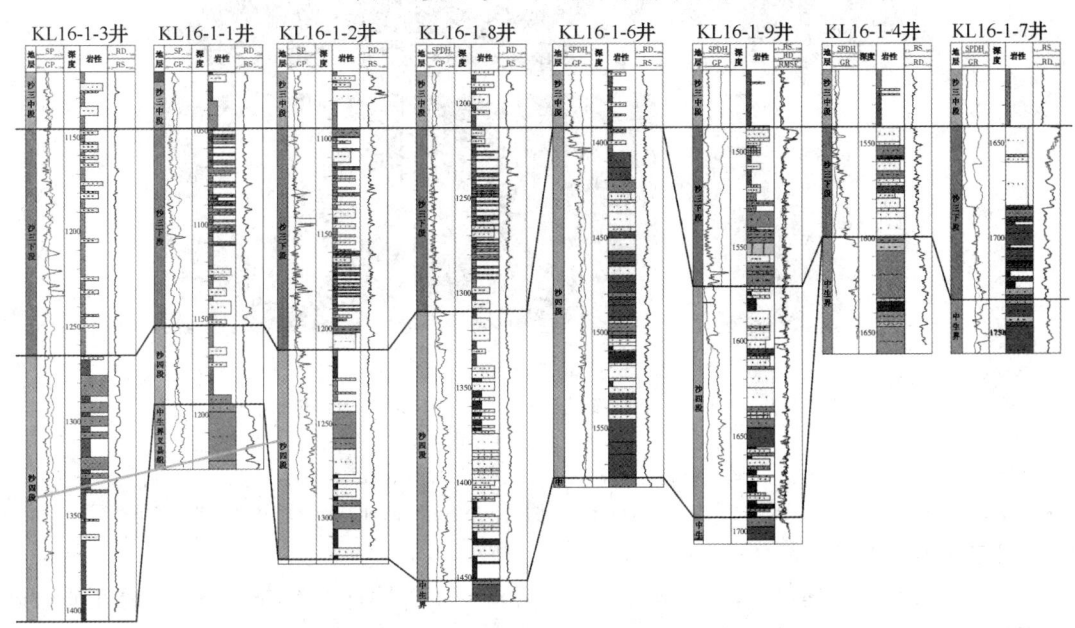

图6　沙四-沙三下亚段连井对比

　　而与之相邻在莱南斜坡带东部的 KL16-1-8 井、KL16-1-6 井、KL16-1-9 井亦钻遇了沙四段地层，沉积物主要发育厚层的杂色、灰绿色凝灰质砂砾岩，夹有薄层红色泥岩（图6）。岩石碎屑颗粒整体分选性差-中等，碎屑粒级以粗粒、砾质粗粒、含砾粗粒为主，砾石成分主要为火成岩岩块，砾径不一，一般 2~3mm，最大为 50mm，颗粒磨圆多呈次次圆-棱角状，结构成熟度较低，砂岩成分以石英、长石为主，含少量杂色岩屑和白云母碎片，次棱角状，分选差，多以凝灰质胶结为主[图7(C)、(D)、(E)]。而且该处砾岩厚度大，垂向上多期叠置，含砂率高达83%，平均为73%。在凹陷东部可见杂乱地震反射特征，往西可见透镜状充填反射特征，也指示这一区域主要为近源沉积。通过分析认为这是一套近物源的陆上-水下沉积，属于冲积扇-扇三角洲相，说明该地区在沙四段沉积期离物源区较近。盆地恢复表明，潍北凸起分布范围与现今残留范围有较大差别，在沙四早期其分布范围较广，已延伸至莱南斜坡带上，且能够提供大量粗碎屑物质。由此可以推断莱南斜坡带东部的KL16-1-8井、KL16-1-6井、KL16-1-9井区物源主要来自南部的潍北凸起，冲积扇-扇三角洲沉积体主要分布在潍北凸起北侧以及墙角处[图5(A)]，钻井结果与前文地层接触关系以及构造演化分析结果一致。

图7　典型井岩石相特征

A——3井，1278m，灰色凝灰质细砂岩；B——3井，1394m，灰绿色粉砂质泥岩；

C——9井，1591m，灰色凝灰质砂砾岩；D——6井，1413m，灰绿色凝灰质砾岩；

E——6井，1515.5m，红褐色凝灰质砾岩；F——7井，1710.6~1710.7m，凝灰质砂砾岩；

G——7井，1684m，长石风化严重，绢云母化特征明显；H——2井，1202m，泥晶白云岩，镜下特征

4.2　沙三下亚段沉积体系分布

沙三下亚段在KL16-1-4井、KL16-1-7井区中下部同样发育有大量灰色凝灰质砂砾岩，局部发育薄层灰色、灰绿色凝灰岩(图6)。凝灰质砂砾岩垂向厚度较大，砾石成分主要为火成岩，砾石砾径一般为2~3mm，最大可达5mm，次棱角状-次圆状，分选较差[图7(F)]，多以凝灰质胶结为主。与沙四段凝灰质砂砾岩相比，本层位凝灰质砂砾岩中可见长石风化严重，大部分绢云母化[图7(G)]，表明储层遭受一定的风化，为风化残积相[图5(B)]。而在KL16-1-4井上部以及位于其西部5口钻井中，发育了一套碳酸盐岩与陆源碎屑砂岩互层的储层，碳酸盐岩岩石类型主要为泥晶云岩、泥晶灰岩、云质泥晶灰岩等，矿物成分主要为白云石，白云石呈泥晶状较均匀分布，泥晶白云石内偶见粉砂级石英及长石颗粒零散分布[图7(H)]。结合前文的原型盆地面貌恢复发现，沙三下亚段沉积时期，南部的潍

北凸起逐渐缩小，其北部延伸的一部分已淹没于水下，为宽缓台地的地貌背景，而西部沿东西向断裂发育局部高地背景。前人研究多表明，有利的古地貌背景是湖相碳酸盐岩发育的先决条件[17,18]。通过分析其地貌背景、古水体环境、岩石类型等信息，可以推测，东部潍北凸起延伸一部分早期经历风化剥蚀，就近堆积，形成一套风化残积岩相，后期被水淹没，形成宽缓台地，在局部较高位置发育碳酸盐岩，分布局限，而靠近潍北凸起区域，由于受粗碎屑物质供应以及动荡水体影响，不利于湖相碳酸盐岩发育，主要在凸起边缘发育多个环状分布的近源的扇三角洲沉积[图5(B)]。西部井区如KL16-1-3井由于持续受垦东凸起物源影响，且在沙三下亚段沉积时期，相对湖平面上升，较深水环境下不利于湖相碳酸盐岩的发育，而远离物源的古地貌较高位置，受垦东凸起陆源碎屑供给干扰较小，如1井、2井、8井、9井则发育厚层湖相碳酸盐岩[图5(B)，图(6)]，单井最大厚度可达100m。由此不难看出，古地貌背景控制了风化残积岩和湖相碳酸盐岩发育和分布，也进一步证实了前文原型盆地面貌恢复结果的可靠性。

5　结论和讨论

（1）沙三段沉积末期南部斜坡带剧烈抬升，使凹陷中南部盆地边界遭受强烈剥蚀，其中，靠近西部改造较为明显，东部影响相对较弱。同时，受走滑断层活动与局部构造沙三中后期活动加强，南斜坡东西向形成"跷跷板"效应，造成现今西高东低的面貌，构造活动控制了隆凹格局的改变。

（2）沙四沉积时期，莱南斜坡带整体受盆地张扭体制的制约，西部发育东西向展布的断槽，控制了来自垦东凸起物源形成的辫状河三角洲展布，东部及南部为潍北凸起的物源区，分布范围较广，形成了局部的近源扇三角洲沉积；沙三下沉积时期，西部受东西向断裂差异抬升，形成局部高地，受物源影响较小，发育湖相碳酸盐岩，东部潍北凸起一部分早期形成风化残积岩，后期逐渐淹没于水下，形成宽缓台地背景，局部高地发育湖相碳酸盐岩。构造活动控制了原型盆地面貌，进一步控制了沙四-沙三下亚段不同沉积体系平面的差异分布。

（3）莱州湾凹陷目前已相继发现垦利10-1、垦利10-4、垦利16-1等多个油气田及有利含油气构造，均表明莱州湾凹陷具有较好的成藏条件[11,13]，勘探前景可观。虽然前人通过构造演化分析认为南部潍北物源体系相对局限、规模较小，主要以西部垦东凸起的物源体系形成的大型辫状河三角洲为主[15]。但原型盆地恢复及已钻井证实，在古近系早期潍北凸起范围较大，物源充沛，供源能力不容忽视，具有形成不同类型优质储层的良好条件。同时，受斜坡带油气成藏的差异聚集效应[15,19]，斜坡带古近系早期地层是下一步勘探的有利区域。

参 考 文 献

[1] 薛永安，柴永波，周园园. 近期渤海海域油气勘探的新突破[J]. 中国海上油气，2015，27(1)：1-9.

[2] 侯艳平，朱德丰，任延广，等. 贝尔凹陷构造演化及其对沉积和油气的控制作用[J]. 大地构造与成矿学，2008，32(3)：300-307.

[3] 姜素华，边凤青，王鹏，等. 惠民凹陷孔店期盆地原型格架对油气成藏的影响[J]. 中国海洋大学学报，2009，39(3)：483-489.

[4] 余海洋. 长岭断陷火石岭组原型盆地恢复及勘探方向分析[J]. 石油地质，2013，33(2)：21-25.

[5] 任红民，陈丽琼，王文军，等. 苏北盆地晚白垩世泰州期原型盆地恢复[J]. 石油实验地质，2008，30(1)：52-57.

[6] 李英强, 何登发. 四川盆地及邻区早侏罗世构造-沉积环境与原型盆地演化[J]. 石油学报, 2014, 35 (2): 219-232.

[7] 韩少甲, 赵俊峰, 刘池洋, 等. 渤海海域庙西凹陷古近纪沙三段沉积期原盆面貌恢复[J]. 地质论评, 2014, 60(2): 339-347.

[8] 彭文绪, 辛仁臣, 孙和风, 等. 渤海海域莱州湾凹陷的形成和演化[J]. 石油学报, 2009, 30(5): 654-660.

[9] 牛成民. 渤海南部海域莱州湾凹陷构造演化与油气成藏[J]. 石油与天然气地质, 2012, 33(3): 424-431.

[10] 王永利, 武强, 王应斌. 莱州湾凹陷西走滑带构造演化特征及对油气成藏的影响[J]. 石油地质与工程, 2010, 24(2): 5-7.

[11] 史浩, 周东红, 吕丁友. 莱州湾凹陷东部新生代走滑构造特征及油气勘探意义[J]. 海洋石油, 2014, 34(3): 34-39.

[12] 辛云路, 任建业, 李建平, 等. 构造-古地貌对沉积的控制作用——以渤海南部莱州湾凹陷沙三段为例[J]. 石油勘探与开发, 2013, 40(3): 302-308.

[13] 王改卫, 杜晓峰, 加东辉, 等. 莱州湾凹陷沙三中段高精度层序地层格架及沉积体系演化[J]. 沉积与特提斯地质, 2015, 35(4): 17-24.

[14] 王亮, 陈国童, 牛成民, 等. 莱州湾凹陷构造演化对含油气系统的控制作用[J]. 大庆石油地质与开发, 2011, 30(3): 8-13.

[15] 杨波, 胡志伟, 李果营, 等. 渤海莱州湾凹陷南部斜坡带构造特征及油气成藏规律[J]. 中国海上油气, 2016, 28(5): 22-29.

[16] 加东辉, 徐长贵, 杨波, 等. 辽东湾辽东带中南部古近纪古地貌恢复和演化及其对沉积体系的控制[J]. 古地理学报, 2007, 9(2): 155-166.

[17] 马立祥, 邓宏文, 林会喜, 等. 济阳坳陷三种典型滩坝相的空间分布模式[J]. 地质科技报, 2009, 28(2): 66-71.

[18] 宋章强, 赖维成, 牛成民, 等. 渤海海域湖相碳酸盐岩地震——地质综合预测方法及应用[J]. 石油与天然气地质, 2009, 30(4): 444-449.

[19] 王永利, 武强, 姚长华, 等. 莱州湾西构造带断裂特征及其对油气成藏的控制[J]. 海洋石油, 2011, 31(1): 28-32.

CD 地区河道砂储层相控地震描述技术

杨彦生，林德猛，马国良

（中石化胜利油田物探研究院，山东东营　257022）

摘　要　浅层河道砂是 CD 地区新近系油气重要的储层，描述好此类储层，对 CD 地区的勘探开发至关重要。针对向 CD 主体周边储量空白带扩边勘探中，面临在现有地震资料分辨率下，薄油层对应的地震反射特征较差，泥包砂"型组合砂体边界刻画难，储层连通性判识困难，"薄互层"型组合砂体描述难度大的问题。本文结合该区新近系河流相储层沉积特点、地震反射特征，以"相控约束"思想为指导，运用保幅拓频处理技术、等时层序界面划分、多属性融合技术以及油层碾平厚度叠合圈闭综合评价技术等多项技术对河流相储层进行了精细刻画，准确描述河道空间展布形态，推算含油高度，逐一对多个砂组有利含油范围和有效厚度进行圈定，应用于 CD 地区，取得了较好的勘探效果。

关键词　河道砂体；保幅拓频；等时层序界面划分；多属性融合；油层碾平厚度

　　CD 地区位于济阳凹陷和渤中凹陷的交汇处，南部与桩西、老河口油田相邻。该区是在中古生界潜山背景上，接受古近系、新近系沉积而形成的继承性披覆构造带。多层系含油，为典型的复式油气聚集区，已发现构造、岩性、地层等多种油藏类型，其中新近系油藏占比 80%。而馆陶组河流相油藏是 CD 地区的主力勘探类型。随着成藏认识的深入，该区勘探目标逐步由构造油藏转变为岩性油藏，勘探区域则由披覆构造带开始向斜坡带和洼陷带延伸，并先后在这些地区发现了一批新近系岩性油藏，是胜利油田重要的勘探阵地。

　　CD 地区馆陶组自下而上由辫状河逐步演化为曲流河、网状河，发育了众多储盖类型。河道砂体具有沉积变化快，纵向上相互叠置，横向上连通性差的特点，储层描述是勘探的主要难题[1]。其中"泥包砂"型组合较易识别，在地震剖面上呈中强振幅反射特征，但边界刻画仍存多解性。"薄互层"型组合因调谐效应严重，反射能量强弱不一、波形变化快，描述难度极大，经统计，该类油层所占比例达 30%。因此，储层刻画精度是制约该类油藏勘探的主要问题，进一步提高储层识别和边界刻画精度，对勘探开发意义重大。本文主要从保幅拓频处理技术、等时层序界面划分、多属性融合技术、油层碾平厚度叠合圈闭综合评价技术对该区馆陶组河流相储层展开勘探研究。

1　河流相储层地震描述技术

　　针对 CD 地区河流相储层描述的难题，充分利用地震资料，在区域沉积演化研究的基础上，以"相控约束"思想为指导，形成了保幅拓频处理技术、等时层序界面划分、多属性融

作者简介：杨彦生（1985—），男，工程师，2012 年毕业于中国石油大学（华东）地质工程专业，现就职于中石化胜利油田分公司物探研究院桩孤室，现在从事地震资料解释及综合研究工作。E-mail：yangyansheng. slyt@ sinopec. com

合技术以及油层碾平厚度叠合圈闭综合评价技术等多项攻关技术，在主体北部取得了良好的应用效果，指导 CD 油田精细挖潜，不断提高 CD 地区河流相油藏勘探开发效果和效益。

1.1　保幅拓频处理技术

河流相沉积多变，受地层厚度和岩性突变影响，地震相位容易产生干涉穿时、中断、能量突变等现象。地震相位干涉穿时是由地震波调谐作用形成的，在地震频率偏低时，干涉特征尤为明显[2]。

针对这类储层，建立正演模型，总结工区上厚下薄、上薄下厚等 5 种互层型储层组合类型，进行正演模拟，子波频率从 30Hz 提高到 45Hz，纵向分辨率大幅提高，可识别厚度在 3 米以上的单砂体。

在正演分析的基础上，采用拓频方法，进行保幅拓频(图 1)处理，提高地震资料的主频，有效压制地层间的干涉效应，解决层位追踪串相位问题，保证层序界面的等时追踪[3]。首先，在 CD 东双检资料叠前道集资料基础上，分析该套资料共反射点道集认为，该资料入射角在 0°~45°，偏移距范围为 25~2300m。新近系河流相储层埋深较浅，时间深度为 1000~1700ms。

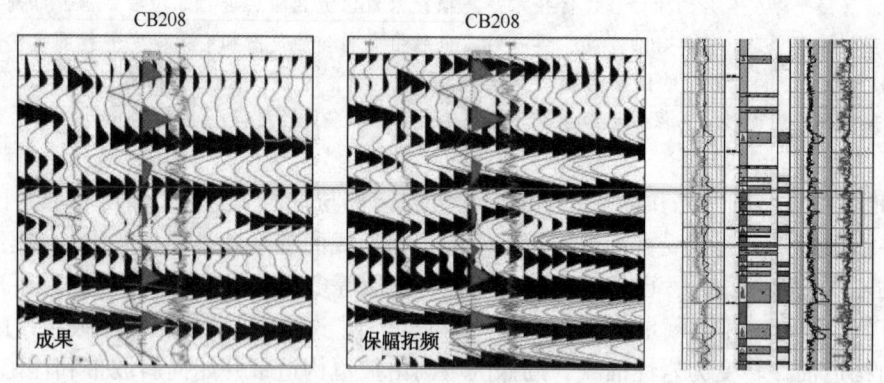

图 1　成果资料与保幅拓频资料对比图

其次，在叠前成像中，远角道集随着角度增大，分辨率逐渐变低，影响叠加成像效果，文中以 SSH201 井处道集为例，经过标定，对于浅层，近角度道集可有效分辨隔层较小的两套储层，随角度增大，受干涉效应影响，由近角度的两个相位逐渐变为远角度的一个相位。

最后，基于角度数据匹配的叠前保幅恢复方法在小角度和大角度地震数据间求解匹配关系，构建一个匹配因子，对大角度地震数据进行恢复，即对(远道集)干涉波形进行校正。

其原理是基于角度道集匹配的波形校正方法，构建了一个匹配因子 J 对干涉波形进行校正，从而提高分辨率。

$$J = \min \| T(FS_{far} - S_{near}) \|^2 + \mu R(F)$$

式中　S_{far}——大角度地震数据；

　　　　S_{near}——小角度地震数据；

　　　　F——匹配因子；

　　　　T——稳定窗函数；

　　　　μ——正则项权值；

　　　　$R(F)$——正则约束项。

通过模型试算，原始道集经过拓频处理后，干涉效应减弱，大角度道集叠加效果经过校正较正常叠加波形显示效果好。频谱特征对比分析发现，保幅拓频处理后馆上段目的层地震资料主频得到较大幅度提高，由原来的 32Hz 提高到 46Hz；且有效频段内低频信息也更为丰富。CB208 井旁地震道显示其 1270～1290m 井段薄互层地震响应特征得到显著增强。从连井对比剖面看，横向上保留了因岩性差异形成的振幅强弱关系，避免了常规拓频中常出现的假频和能量均一问题。

1.2　等时层序界面划分

馆陶组与明化镇组之间属于连续沉积。在电性曲线上，明化镇组底面表现为弓形电阻的结束，馆上段顶部为区域性稳定沉积的泥岩，分层标志明显[1]；地层上馆陶组自下而上为一个长期基准面旋回，呈典型的不对称特征，发育较完整的河流演化序列。底界面为馆陶组与古近系的不整合面，易于全区追踪，顶界面为馆陶组与明化镇组的分界面，为连续的河流相沉积，不易全区追踪。在长期基准面旋回内部又进一步划分出 7 个中期基准面旋回，其中明化镇、馆下段在顶和底各一个旋回，而馆上段分为 5 个中期旋回。笔者以 Ng I + II 泥岩与 Ng 下段大套砂岩顶部的泥岩脖子为本区的对比标志。用地层旋回韵律性、地层厚度、自然电位、电阻率、岩性变化作为划分主要依据，将馆上段划分出地震上可分辨、追踪 5 个砂层组，分别是 I_ II 至 VI 砂层组，相应的对应小的层序界面，以 I_ II 砂组油层顶面为顶部界面，以 VI 砂组顶为底部界面进行控制，以短期旋回作为区域等时对比框架，在井控下进行层位追踪，地质对比与层位追踪交互控制，井震结合确保解释精确可靠，可以有效减少穿时的影响。

1.3　多属性融合技术

曲流河沉积的岩性空间变化较大，但沉积微相分布有序，岩性组合特征明显。针对曲流河这一特点，本文研究沉积微相地震响应特征，结合单井相分析、地震相分析，建立典型地震相模式。对 CD 地区近 50 口井统计，总结出 5 种微相组合类型和 5 种微相在地震剖面上的反射模式，分别是河漫滩、漫滩+天然堤型、漫滩+边滩型、天然堤型+边滩型、边滩叠置型。漫滩型、天然堤型与其他三类组合地质差异关键在于储层发育程度，因此地震波形差异主要体现在振幅响应之上。漫滩型/天然堤型振幅区间在 0～100，反射类型为空白-弱振幅反射（图 2），边滩型/天然堤+边滩型/边滩叠置型振幅区间大于 100，反射类型为中-强振幅反射（图 3）。

在以上工作的基础之上，本文形成了"相控"储层精细描述的整体思路：首先在整体地质统计分析的基础上，确定研究区的沉积相带，在沉积相带的控制下，平面上、剖面上采取分级预测的方法，平面上从工区—区带—目标区逐级细化，剖面上从层段—砂层组—油层组逐级细化，采用多属性融合对储层发育情况作出精细描述。

因此，地震属性选取非常关键，而不同的地质情况适用的地震属性也不同。岩性的变化或者储层流体性质的变化，对地震而言造成的直接影响是层速度、密度、波阻抗的改变，其表现就是地震反射系数即剖面上地震反射振幅的改变。这是振幅属性在储层预测中应用的理论基础[4]。另外通过正演模型分析认为，单纯利用振幅属性描述薄互层有较大的局限性，而频率、波形属性对薄互层的结构、砂泥岩组合特征有明显的响应，因此本次研究综合采用振幅、频率、波形等多种地震属性，通过人工神经网络算法，在井位控制下进行多属性拟合，构建对储层反映更加敏感的复合属性进行储层描述，其描述精度得到了明显提高。

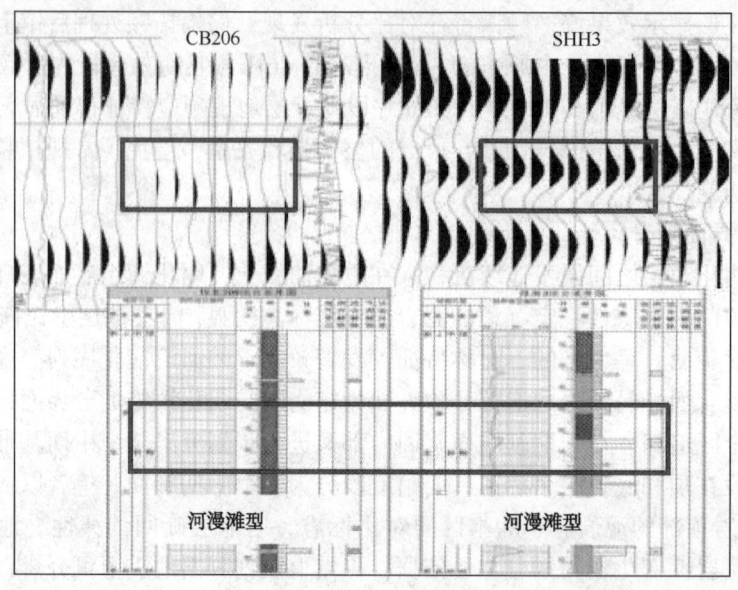

图 2　漫滩型/天然堤型地震反射特征图

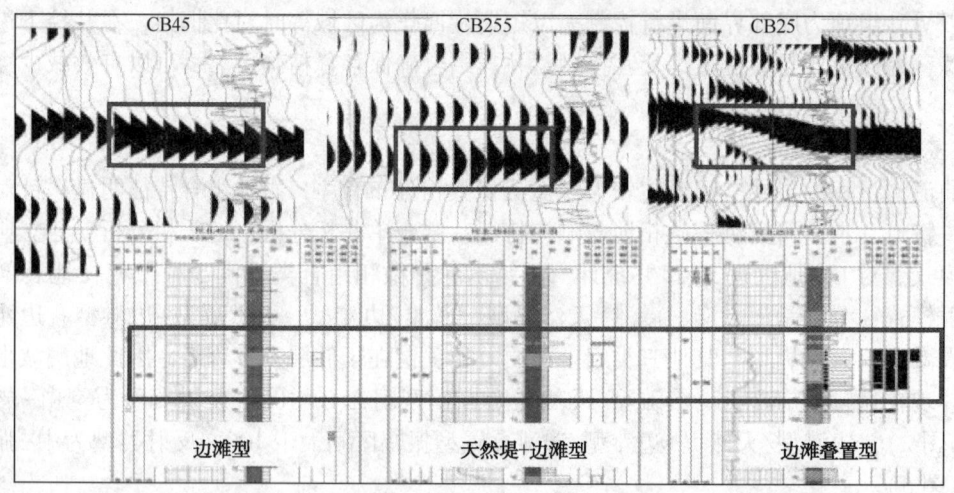

图 3　边滩型/天然堤+边滩型/边滩叠置型地震反射特征图

地震属性参数优化分析主要包含以下几个方面：①根据研究区油气藏的地质特征，建立地震地质模型，结合模型理论分析与实际经验对地震属性进行初选；②提取连井剖面地震属性，利用交会图分析方法，了解所提取属性与储层特征或储层含油气性的相关性，选取有较强对应关系的属性，形成初选地震属性集；③属性交会分析，分析初选地震属性集不同属性之间的相关性，选取与储层相关性强、属性之间相关性相对较弱的属性，形成优选属性集；④运用神经网络、协克里金、属性降维等方法对优选属性进行拟合，形成表征储层特征或储层含油气性的复合属性[5~7]。在埕岛地区，按照属性与井相关性好、属性之间相关性差的原则，最后优选均方根振幅、瞬时频率、弧长三种属性进行融合，在实际应用中取得了良好的效果。

可以看出，采用复合属性进行储层预测其描述精度明显提高，砂体形态刻画更加完整，边界清晰，对细小砂体识别更全，有效的避免了单属性描述砂体不全、砂体漏失等现象。

应用上述方法进行大区域预测，认识储层整体展布特征；同时针对目标区，开取合理的更小时窗，再次预测；多次分级预测，实现储层的精细雕刻。

针对该资料采取短时窗沿层属性提取方法得到振幅、频率等有效信息，结合实钻井位情况制作相控储层识别图(图4)。图中紫-红色标识代表沉积较稳定、厚度较大的边滩；黄色标识指示较薄的、经多次沉积、多次改道的不稳定边滩或天然堤；绿-亮蓝色则为河漫滩，以泥质沉积为主。结果显示，其不仅保留了主边滩的强能量形态，众多小而分散的边滩或天然堤也被刻画出来，吻合率进一步提高，有效储层范围扩大10%～15%，能够识别单层厚度3m以上的砂体。

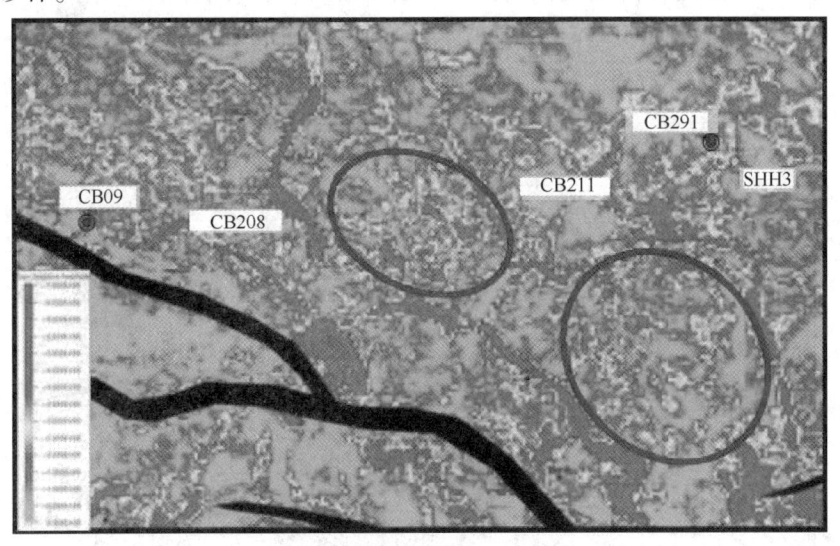

图 4   Ng Ⅲ 砂组相控储层识别图

此外，该资料对中强振幅砂体的边界刻画精度也有所增强。以馆上段Ⅳ3砂组为例，其自西向东发育了多个北东向河道，shh2、shh201及cb208等井钻探证实各河道间连通性差，高低部位砂体均独立成藏。剖面显示各砂体均呈中强振幅反射，连通性难以准确判识；经保幅拓频处理后，河道砂体分带性更为明显，砂体间横向接触关系得到了更好的体现，有效降低了边界刻画的多解性。

1.4   油层碾平厚度叠合圈闭综合评价技术

针对"圈闭综合评价难，富集区带难确定"，首次采用"油层碾平厚度叠合法"分析统计已钻探井和开发井，分析油气富集与断层、岩性控制之间的关系，利用地层倾角法预测含油高度，逐一对多个砂组有利含油范围和有效厚度进行圈定。本文通过3步完成圈闭评价：

(1) 明确油气富集特点。CD地区馆上段成藏主要特点如下：油气丰度受宏观构造背景的控制。沿埕北断层上升盘高部位为构造主控油藏，该区域内砂体上倾部位被断层切割或发生尖灭，更易于形成复合圈闭，因此储层的发育程度控制了纵向含油丰度，有储层即可成藏，cb208、cb209等油层段平均厚度达到55m；低部位斜坡带为岩性主控油藏，含油丰度降低，油层较为单一。

(2) 岩性组合控制各砂组油气展布范围。本区馆上段由下至上由辫状河变为曲流河沉积，含砂量逐渐降低，具有下粗上细的正韵律特征。在不同储盖组合控制下，含油条带展布范围不同，馆上段Ⅵ-Ⅴ砂组为辫状河或者过渡相，岩性组合为厚层砂岩或砂泥间互，横向连通性好，成藏受构造控制，仅在高部位成藏，分布范围窄；Ⅲ-Ⅳ砂组多为曲流河泥包砂沉积，储地比在 20%～35%，高低部位可形成构造及岩性油藏，分布范围最广；Ⅰ_Ⅱ砂组为大套泥岩夹砂岩，储地比多在 7%～22%，砂岩须与埕北断层对接成藏，范围较窄。因此自下而上油藏展布呈现由窄变宽再变窄的特点。其中馆上段Ⅲ-Ⅳ砂组油气分布范围最广，也是本区的主力含油层段。

（3）通过对 50 余口探井及开发井的统计，制作了馆陶组油层碾平厚度图（图5）。该图清晰地反映出 CD 主体馆陶组的油气富集特点：以埕北大断层为轴，由高部位自斜坡带，含油丰度逐渐减小；受断层发育程度控制，含油条带在西北处较窄，向东南部呈"琵琶状"逐渐加宽。

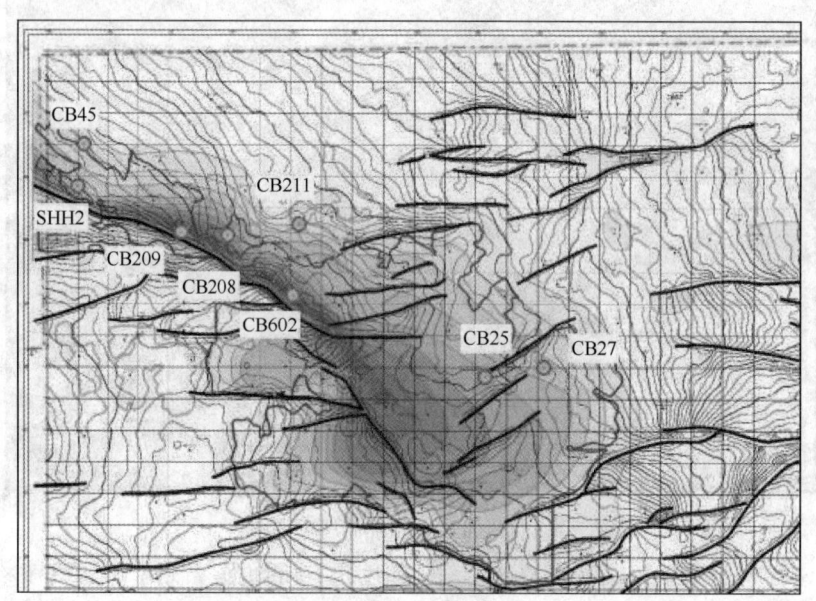

图5　CD北部馆陶组油层碾平厚度叠合构造图

同时馆上段各砂组河道砂体含油高度自高部位埕北断层向低部位逐渐减小。通过对 shh201、cb25 及 cb27 等典型河道的精细解剖，高部位含油高度区间为 40～70m，低部位含油高度区间为 20～30m。

2　应用效果

应用以上技术方法，在 CD 地区围绕主体北部储量空白区，利用保幅拓频资料提取属性，主河道形态清晰，众多小而分散的河道被刻画出来，砂体展布范围进一步扩大。精准判识砂体连通性，精细刻画出砂体的边界，明确河道呈北东走向，自西向东形成 4 个发育带南部被埕北断层切割形成岩性-构造圈闭。

同时在 CD 地区围绕主体北部储量空白区，沿高低部位新部署井位 8 口，完钻cb208、cb209 等井位 6 口，均获高产工业油流。高部位的 cb208、cb209 井均钻遇多套油层，分别达到 61.1m/16 层和 46.8m/10 层，单层试油日产 50t 以上。低部位的 cb211、cb45、cb6GA-10 等井均钻遇单一油层，厚度均小于 10m，但试油日产达 30～50t，储量规模进一步扩大，其结果与油气富集规律认识相吻合。2015 年在 CB 储量空白带上报石油控制地质储量，勘探成效显著。随着开发进程的不断深入，该区已成为十三五期间浅海地区增储稳产的现实阵地。

3 结束语

本文提出的保幅拓频处理技术、等时层序界面划分、多属性融合技术以及油层碾平厚度叠合圈闭综合评价技术较好地解决了 CD 地区河流相储层"泥包砂"型组合砂体边界刻画难，"薄互层"型组合砂体描述难度大的问题。大量的生产实践证明，方法实用有效，丰富了海上浅层河流相储层勘探开发的技术和方法。

本文的技术方法在 KD 地区的推广应用取得了良好的效果，有望继续推广到其他地区，提高滨海地区的勘探效益。

参 考 文 献

[1] 林德猛. 层序约束下的储层描述技术——以济阳坳陷埕岛油田北部馆上段河道砂体描述为例[J]. 科技论坛，2014，(02)：453-455.

[2] 马国良. 埕岛北部新近系河流相储层描述[J]. 油气地球物理，2014，13(3)：16-18.

[3] 张学芳，张金亮，王金铎. AVO 属性分析技术在垦东北部勘探中的应用[J]. 石油地球物理勘探，2009，44(5)：583-586.

[4] 晁静. 渤海湾盆地新北油田馆上段储层预测方法[J]. 石油天然气学报，2009，31(2)：63-66.

[5] 吴世旗. 基于测井-地震多属性分析的储层预测方法及应用[D]. 北京：中国地质大学(北京)，2005.

[6] Chen Q and Sidney. Seismic attribute technology for reservoir forecasting and monitoring[J]. The leading Edge，1997，16(5)：445-456.

[7] 印兴耀，周静毅. 地震属性优化方法综述[J]. 石油地球物理勘探，2005，40(4)：482-489.

渤海东部新近系远源区"脊-断"组合控藏研究

刘朋波，官大勇，王广源，张宏国，任 健

（中海石油(中国)有限公司天津分公司渤海石油研究院，天津 300452）

摘 要 利用渤东地区丰富的钻探资料，开展油气横向与垂向运移路径研究，总结远源型凸起区和斜坡带的油气运聚规律。研究表明，潜山不整合面和馆陶组底部区域砂岩是输导脊的两种通道类型。输导脊是浅层新近系油气富集的基础，其与断层耦合程度控制浅层油气运移。根据输导脊上圈闭与断层的接触方式，"脊-断"耦合关系分为接触式和非接触式，接触式进一步细分为控圈式和非控圈式。只有接触式的"脊-断"耦合关系才利于浅层油气运移，其中控圈式的接触关系浅层运移条件最优越。综合考虑输导脊规模及其与有效烃源岩的接触范围、输导脊上圈闭面积及其与有效烃源岩之间的压差等参数，构建的输导脊油气运聚系数可以较好的反映输导脊的运聚能力。油气富集层系受断层活动强度与区域盖层厚度综合控制，利用断盖比参数可以定量判断，断盖比 0.25 和 1 分别是深层东营组、浅层明下段底部区域盖层遮挡的临界值。输导脊分布的区域是远源油气勘探的重要区带，"脊-断"耦合好的构造是浅层有利勘探目标。

关键词 远源；输导脊；"脊-断"耦合；区域盖层；断盖比

渤海海域地质结构主要表现为受走滑作用改造的复杂断陷盆地，受晚期构造活动强烈影响，油气主要富集于新近系[1,2]。新近系本身不具备生烃能力，油气主要来自古近系的东营组和沙河街组。新近系能否成藏，关键在于油气运移。断裂是油气垂向运移的通道，前人在新近系围绕断裂油气运移方面做了大量研究工作，如"网毯式"油气运聚模式[3]，断裂-砂体的"中转站"油气运移模式[4]，断层与浅层砂体接触面积的半定量化评价方法[5]，这些成果和认识主要侧重于断层活动性以及断层与浅层砂体的耦合程度对油气成藏的控制。潜山不整合面和区域横向叠置连片砂体是油气横向运移的两种通道，它们与油气成藏的关系也越来越受到研究人员的关注，并取得了较为丰硕的成果，如不整合面类型、空间结构与运移能力的关系[6,7]等，叠置连片砂体的沉积微相类型、含砂率与输导效率关系[8]，油气运移物理模拟[9]等。在远离油源的斜坡区和凸起区浅层，油气由横向与垂向运移运移体系联合输导，除了二者自身的条件外，它们之间的配置关系如何影响油气运移也非常关键，但目前这方面的研究还相对薄弱。笔者利用渤东探区丰富的钻探资料综合分析，建立了新近系远源型斜坡带和凸起区的"脊-断"耦合控藏模式，首次在新近系成藏体系中引入深层输导脊的概念，并建立了输导脊油气聚集能力、油气富集层系的定量化评价方法。该模式有效指导了渤东探区新近系的油气勘探，并对类似地区的油气勘探具有重要借鉴意义。

1 区域地质概况

渤东地区位于渤海海域中东部，其范围涉及了渤南低凸起、庙西凸起、渤东低凸起、渤

基金项目：十二五国家重大专项(2011ZX05023-001、2011ZX05023-002、2011ZX05023-006)。

作者简介：刘朋波(1981—)，男，博士，勘探高级工程师，2010 年毕业于西北大学，现从事油气勘探综合研究工作。E-mail：liupb@cnooc.com.cn

东凹陷和庙西凹陷，整体呈凹凸相间的构造格局(图1)。古近纪为湖相断陷-断坳发展阶段，是烃源岩形成期，发育沙三段、沙一段和东三段多套优质烃源岩，周边油田和含油构造已证实了这几套烃源岩的油源贡献[10]。新近纪为热沉降-坳陷发展阶段，发育河、湖交互相沉积，形成较好的储盖组合，蓬莱19-3油田、蓬莱9-1油田在新近系馆陶组和明下段均有规模性油藏发现[11]。受渤海东部郯庐走滑断裂影响，渤东探区断裂发育，垂向上油气主要分布于新近系。平面上，油气主要分布于凸起区与斜坡区。近几年渤东探区凸起区与斜坡区新近系勘探喜忧参半，一些与长期活动断层配置良好的构造圈闭钻探失利，表明新近系油气成藏仍然具有较强的复杂性。

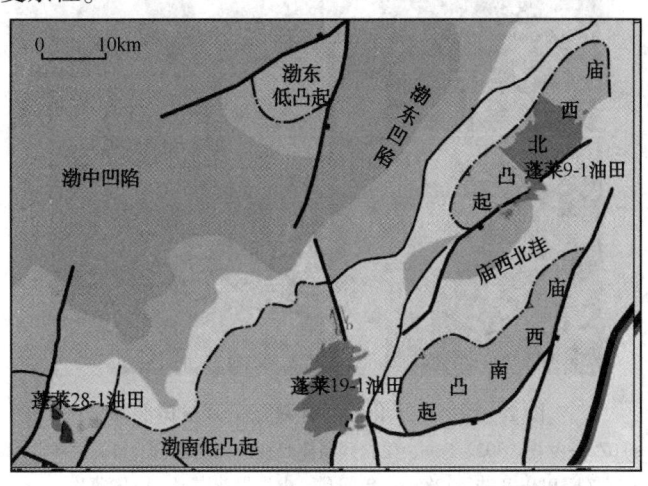

图1　研究区区域位置图

2　"脊-断"耦合控藏模式

2.1　横向运聚体系-输导脊

宏观上油气运移遵循最大动力学法则，横向输导层并非处处都是油气运移的路径，只有平面上流体势相对低的区域才是油气优势运聚区。"输导脊"指横向输导层的构造脊，是平面上构造位置相对较高的流体低势区，为油气横向运移的优势路径。油气在输导脊中的运移分为3个阶段，即烃源岩生成的油气首先在浮力作用下向输导层顶面聚集，其次沿输导层顶面向脊汇聚，最后顺着输导脊长距离横向运移[12,13]。有效烃源岩中分散的油气经历沿输导脊的长距离运移、聚集才能形成规模性油气藏。

渤东地区横向输导通道主要包括潜山不整合面与骨架砂体两种。潜山不整合面通常具有三层结构，即不整合面之上的底砾岩、不整合面之下的风化黏土层和半风化岩石，其中底砾岩连通孔隙带和半风化岩石裂缝孔洞带均可以作为高效输导层[6-7]。渤东探区潜山主要为火成岩、碳酸盐岩和变质岩，受强烈构造活动改造和长时间风化淋滤影响，潜山半风化岩石孔、缝发育(图2)，孔缝之间相互连通形成高效输导层。不整合面之上的底砾岩主要分布于凸起周边斜坡区，厚度1~12m，为近源扇三角洲或辫状河三角洲沉积，横向变化快，孔隙度18%~25%，渗透率20~300mD，具有较好的运移能力。这些底砾岩分布局限，往往由断层将其与不整合面之下的半风化岩石连通组成联合输导体系。

对于骨架砂岩，当地层含砂率在20%左右砂体之间开始连通，含砂率在50%以上时孔隙砂体之间的连通性较好[8]。渤海海域馆陶组整体处于辫状河或辫状河三角洲沉积环境，为区域富砂层系[14]。馆陶组下部大套厚层砂岩尤为发育，且平面分布广泛，在渤东地区的含砂率普遍在40%以上(图3)，横向连通性较好，也是主要的横向输导层之一。

　　油气在输导脊上横向运移，除了具备连通的储集空间外，其上覆的稳定盖层遮挡也是必备条件。潜山不整合面之上普遍覆盖300~600m古近系大套厚层泥岩，馆陶组中部的富泥段也能为下部富砂段起到遮挡作用，这些泥岩盖层保障了油气沿输导脊的横向输导。

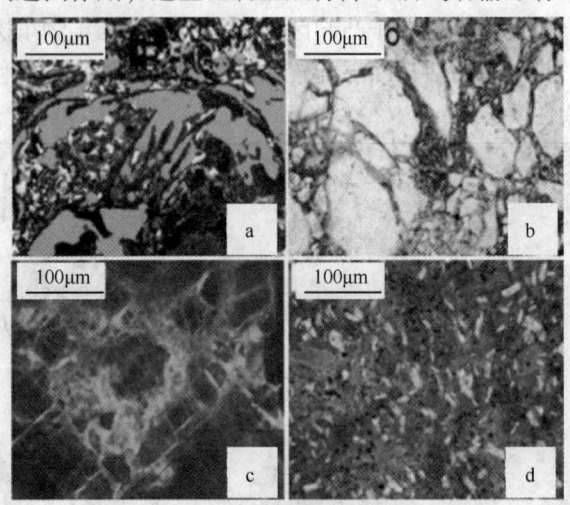

图2　潜山半风化岩石孔缝洞薄片显微照片

(a)BZ28-A井，3022.52m，生物碎屑体腔孔，奥陶系白云岩，铸体薄片；

(b)PL9-B井，1285m，粒间孔，中生界花岗岩，铸体薄片；

(c)PL9-C井，1330m，粒间孔油气充注明显，中生界花岗岩，荧光薄片；

(d)PL7-A井，3391.3m，粒间及粒内溶孔发育，中生界安山岩，铸体薄片。

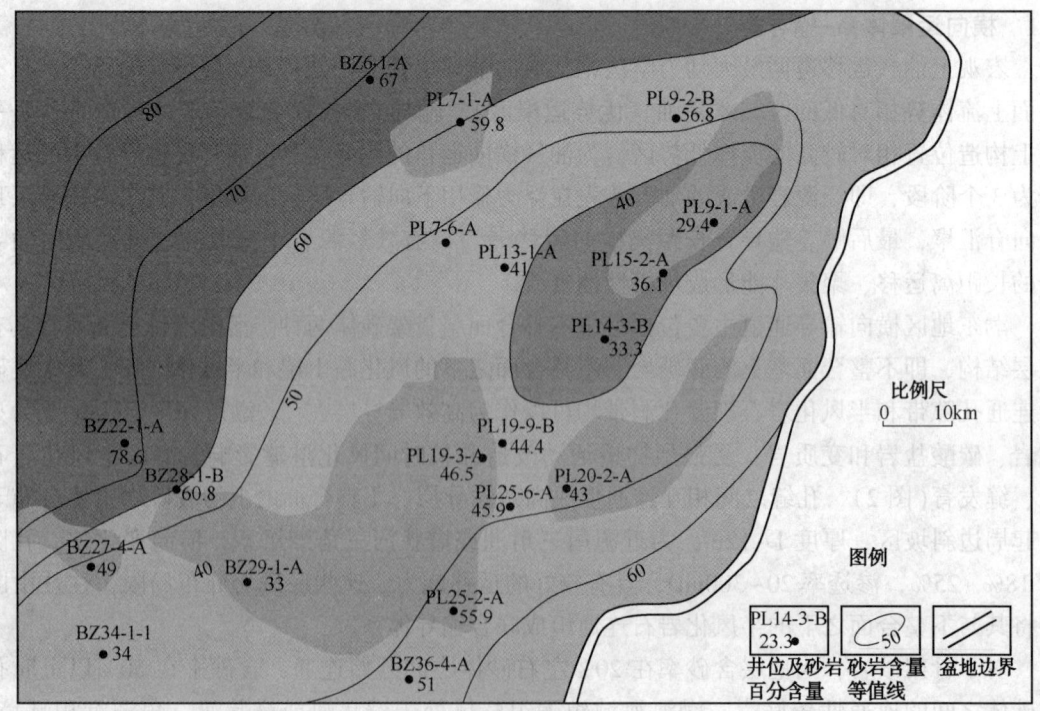

图3　渤东地区馆陶组底部砂岩含量(体积分数)等值线图

油气在输导脊上运移时，有圈闭才能聚集油气，否则过路不留。油气在均质畅通式的输导脊中运移时表现为快速高效输导特征，优先在输导脊构造高部位圈闭内聚集。真实地质条件复杂，受断层或储层横向非渗透层遮挡影响，输导脊往往表现为非均质特征，由高渗透层与低渗透层共同组成断续式输导通道，油气优先在输导脊坡脚区近油源的圈闭内聚集[9]。当油源充足时，输导脊上一系列圈闭均可成藏，构造高部位流体势最低的圈闭油藏幅度和丰度最大。渤南低凸起中段的渤中28-1油田位于潜山不整合面输导脊的高部位，其低部位发育渤中22-2、渤中23-3、渤中29-3等多个古潜山圈闭，由于渤中凹陷充足油气供给，输导脊上一系列圈闭均有油气发现，但渤中28-1油田油气储量规模和丰度最大。

2.2　垂向运移体系–断层

受中国东部郯庐走滑断裂活动影响，渤东地区断裂发育整体表现为拉张与走滑的叠加效应。新生代断裂体系按照发育时间可以分为三种类型：早夭型、新生型和继承型。早夭型，即古新世至始新世发育，渐新世前停止发育；新生型，主要为距今5.3Ma左右的新构造运动产物；继承型，整个新生代持续发育。其中，继承型断裂多贯穿整个新生界地层。早夭型断裂主要发育于孔店组至沙河街组，最浅部可断至东营组。新生型断裂分布地层范围较广，新近系、古近系乃至潜山均有分布。早夭型和新生型断裂在局部位置具有搭接、错断关系。

平面上，断裂主要呈NNE向或NEE向展布，其中，NNE向断裂为走滑或拉张–走滑性质的断裂，以继承型和早夭型断裂为主，主要发育于盆地的陡坡带和凹陷带，剖面上常表现为"花状"构造、多级Y形、"似花状"构造等构造样式，而NEE向断裂则主要为伸展或走滑–伸展性质的断裂，以新生型断裂为主，主要发育于盆地的缓坡带、凹陷带和凸起区，剖面上常表现为翘倾断块或Y形等构造构造样式(图4)。

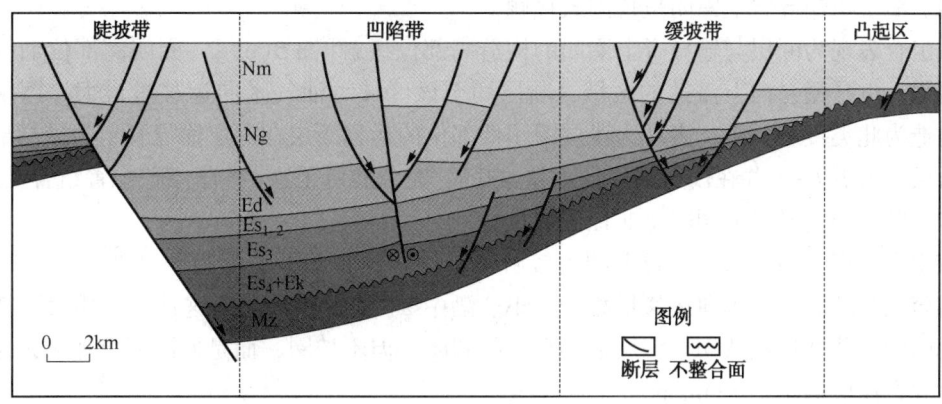

图4　渤东地区典型剖面断裂样式

断层是油气垂向运移的主要通道。当断层活动与烃源岩大规模排烃在时间上匹配，与深层输导脊在空间耦合配置时，断层才能起到沟通深层油气的作用。渤海海域新近系油气具有晚期成藏的特点[15]，继承型和新生型断裂为主要油源断裂。陡坡带的继承型断裂和凹陷带的新生型断裂直接沟通有效烃源，形成"源–断"式油气运移模式。斜坡带和凸起区新生型断裂断至馆陶组底部区域砂岩或潜山不整合面输导脊，形成"脊–断"式油气运聚模式。

2.3　"脊–断"耦合关系

远源区浅层新近系油气运聚大体分为3个阶段：(1)凹陷深处分散的油气向输导脊汇聚；(2)油气沿输导脊横向运移，并在圈闭中聚集；(3)断层沟通输导脊上的圈闭，将油气分配到浅层新近系聚集成藏(图5)。其中，输导脊与断层的配置关系直接影响浅层油气运移量。根据输导脊上圈闭与断层的接触方式，"脊-断"耦合关系分为接触式和非接触式，其中接触式进一步细分为控圈式和非控圈式。

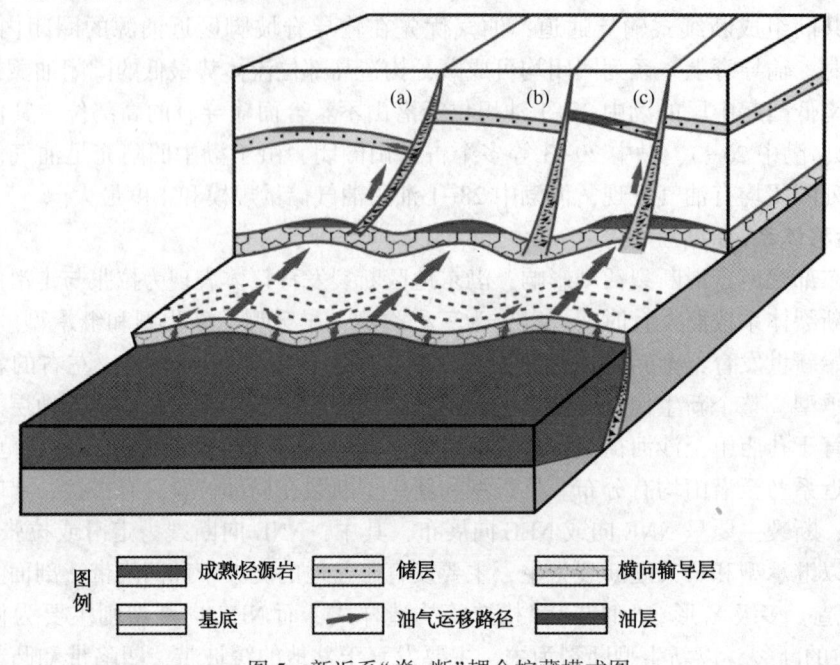

图5　新近系"脊-断"耦合控藏模式图

（1）断层与输导脊上圈闭呈控圈式接触

该组合表现为断层与输导脊上圈闭的构造高部位接触［图5(c)］。圈闭高部位油气汇聚能力最强，也是最易向上溢散的区域，断层切至该区域时油气垂向运移量最大。蓬莱7-6含油构造为此类接触关系，表现为浅层圈闭低部位的运移断层在深层输导脊上为最高部位的控圈断层。PL7-6-A井在浅层油气显示超300m，充分展示了这种"脊-断"配置组合的优越。

（2）断层与输导脊上圈闭呈非控圈式接触

该组合表现为断层与输导脊上圈闭接触，所接触位置并不是圈闭的高部位［图5(a)］，断层切至该区域时油气垂向运移量相对较小。渤中23-3含油构造为这种组合代表，特征为浅层圈闭的运移断层虽然切至深层输导脊上的圈闭，但不控圈，而是使圈闭更加复杂化，该构造钻井在浅层揭示了134m的油气显示。

（3）断层与输导脊上圈闭非接触

该组合表现为断层切至输导脊上无圈闭的低洼区［图5(b)］。输导脊上无圈闭区域不利于油气聚集，基本没有沿断层向浅层运移的油气。这种组合构造浅层钻井基本无油气显示，如钻探失利的渤中23-2、蓬莱20-1构造等。

2.4 "脊-断"耦合控藏模式特征

（1）远源特征

"脊-断"耦合控藏模式是根据斜坡区与凸起区钻井总结出来的规律。这些区域深层不发育有效烃源岩，油气源自洼陷深处的有效烃源岩，经过了一定距离的横向运移，然后再垂向分配在浅层聚集成藏。

（2）输导脊上圈闭对油气的汇聚

"脊-断"耦合控藏模式与前人提出的断裂-砂体"中转站"控藏模式相似[4]，二者均强调浅层油气成藏与深层油气聚集条件密切相关，突出分散的油气在深层中转、聚集，有利于浅层的高效运移和成藏。"中转站"模式强调大断层根部大型储集体对近源油气的汇聚作用，而"脊-断"耦合模式则强调输导脊路径上的圈闭对远源油气的汇聚作用。

（3）"脊-断"差异组合对浅层油气运移量的控制

根据深层输导脊上圈闭对油气聚集作用，断层与输导脊上圈闭接触时，才利于浅层油气运移；断层与输导脊上圈闭不接触时，不利于浅层油气运移。

3　输导脊油气聚集能力定量化评价

在骨架砂体连通性方面，前人利用丰富钻井资料，在油田开发区开展过以砂体含量为核心的定量评价方法[13]。对于潜山半风化岩石输导脊的研究，一般在于理想化模型的建立及定性的描述[6-8]，定量化描述研究方面还有待完善。对于输导脊的评价，除了输导效率的评价外，其油气聚集能力评价也很关键，特别是对于勘探早期的区带优选。

3.1　评价参数选取

影响油气运移的因素众多，主要包括浮力、输导层的岩相和物性、原油黏度、运移通道形态、毛管阻力等。通过对渤中28-A、蓬莱7-A、蓬莱9-A等多个构造潜山不整合面输导脊特征与油气规模的分析，并参考借鉴前人研究成果[16]，认为控制输导脊油气运聚量的参数主要有压差、输导脊的规模与渗透性、原油黏度、输导脊上圈闭的面积等。受多种因素综合影响，输导脊的渗透性与原油黏度变化范围极大，基于现有的资料和技术手段难以预测。

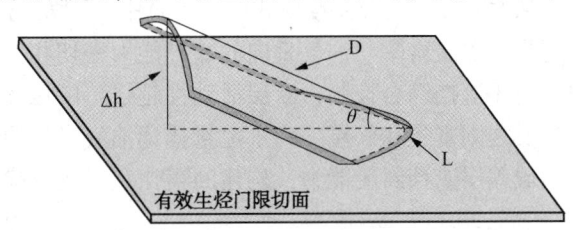

图6　输导脊相关参数模型图

为了预测模型的可操作性，本次输导脊油气运聚系数构建主要考虑压差、输导脊的规模、输导脊上圈闭的面积等参数，其模型图如图6，表达式如下：

$$Q = \frac{L\Delta pS}{D}$$

式中　Q——输导脊油气运聚系数，km^3；

L——输导脊与有效油源区接触的弧长(反映输导脊的规模)，km；

S——输导脊上目标圈闭的面积，km^2；

D——输导脊路径上油源区到目标圈闭区的距离，km；

Δp——输导脊路径上油源区到目标圈闭区的压差，Pa；

因压差（Δp）可用相对高程（Δh）表示，$\Delta h = D\sin\theta$，θ为输导脊的倾角。将Δp换成Δh代入上述公式：

$$Q = \frac{L\Delta pS}{D} = \frac{L\Delta hS}{D} = \frac{LD\sin\theta S}{D} = LS\sin\theta$$

3.2　模型检验

在潜山顶面构造图上根据等值线形态并结合三维可视化图圈定输导脊的分布范围，读取输导脊上圈闭的面积（S），同时可计算出输导脊的倾角（θ）。盆地模拟结果可以勾绘有效烃源岩的分布范围，再结合输导脊的分布，计算输导脊与有效油源区接触的弧长(L)。

依照上述方法分别对蓬莱7-A、蓬莱9-A、蓬莱20-A、渤中23-A等构造进行了相关参数读取，计算输导脊运聚系数。运聚系数与构造油气资源规模交汇显示(图7)，二者具有较好的正相关性，证明输导脊运聚系数这个参数可以较好的反映输导脊的运聚能力，在实际勘探过程中可以作为输导脊运聚能力的评价指标。

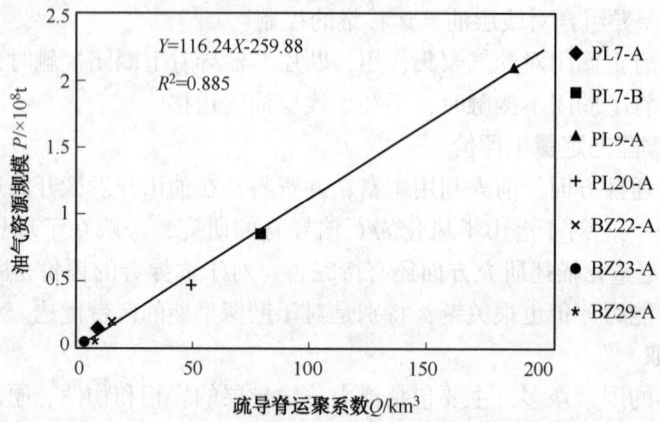

图7　输导脊运聚系数与对应油气资源的相关性

4　油气富集层系半定量化判别方法

从"脊-断"耦合控藏模式图(图5)中可用发现，油气可以分布在浅层和深层，究竟在浅层还是在深层富集与油气垂向的输导能力密切相关。而油气输导能力由断层活动强度与区域泥岩封闭遮挡综合控制，断层活动性越强，区域盖层残余厚度越薄，越有利于油气在浅层富集，反之则富集在深层。为了定量描述油气富集层位，用断距描述断层活动性，泥岩厚度描述区域盖层遮挡封闭能力，构建断盖比定量表征模型，其表达式为

$$RFC = \frac{D}{H}$$

式中，RFC 为断盖比，无量纲；D 为区域盖层内油源断层的垂直断距，m；H 为区域盖层的真实厚度，m。断盖比(RFC)的大小表征断层对区域盖层的相对破坏程度。断盖比(RFC)越大，油气向浅层越容易运移。

渤东探区有东营组、明下段底部两套区域盖层泥岩，其中东营组盖层主要分布在斜坡区和凹陷区，明下段底部区域盖层全区分布。受深浅这两套区域盖层与断层活动强度差异影响，不同构造区原油分布层系有所不同。通过对已钻构造深层东营组和浅层明下段区域盖层中断盖比统计(图8)，发现当深层东营组厚层泥岩中断盖比小于0.25时，深层区域盖层有效遮挡，油气富集于深层，如渤中28-1油田、蓬莱14-6构造等；当深层东营组断盖比大于0.25，浅层明下段泥岩中断盖比小于1时，只有明下段区域盖层有效遮挡，原油富集于馆陶组，如蓬莱20-2、蓬莱7-6构造等。当深层东营组断盖比大于0.25，浅层明下段泥岩中断盖比大于1时，深浅两套区域盖层均不能有效遮挡，油气富集于明下段，如蓬莱13-2、蓬莱25-1等构造。图8中深浅层断盖比值差异较大的点主要受断层不同时期活动强度差异控制，晚期活动强度相对较大时，浅层断盖比相对较大，油气主要富集于明下段；早期断层活动强度相对较大时，深层断盖比相对较大，油气主要富集于馆陶组。

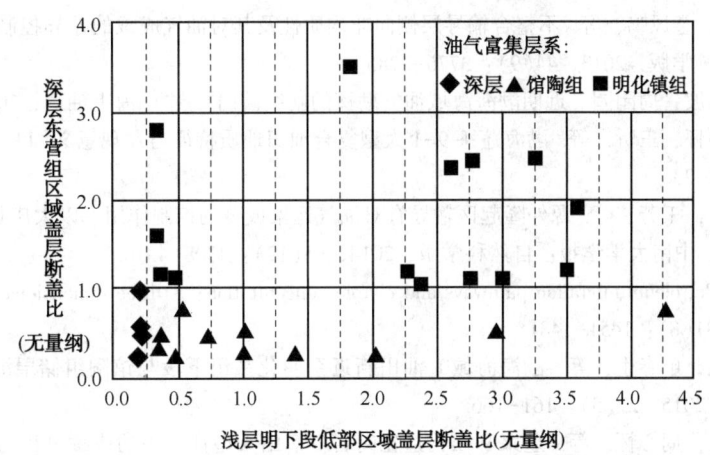

图8 不同含油层系构造深、浅层断盖比散点分布图

5 结论与认识

（1）"脊-断"耦合控藏模式改变了以往断裂作为新近系成藏主控因素的传统认识，远源的斜坡区和凸起区油气运移研究中引入了深层输导脊的概念。深层输导脊是浅层油气富集的基础和前提，其控制油气富集的区带，是远源区油气勘探选区选带的重要指标之一。

（2）"脊-断"耦合控藏模式建立了输导脊与断裂之间的3种配置关系，其中断裂沟通深层输导脊上的圈闭才利于油气向浅层运移。"脊-断"耦合控制油气垂向运移量，是选择浅层有利勘探目标的重要依据，一定程度上丰富和完善了渤海海域晚期成藏理论。

（3）综合考虑输导脊规模、输导脊上圈闭的面积、压差等因素，构建输导脊油气运聚量的定量评价指标，能较好的反映输导脊分布区带的勘探潜力。

（4）受深层东营组和浅层明下段这两套区域盖层与断层活动强度差异影响，油气富集于不同层系。断盖比值0.25和1分别是深、浅两套盖层有效遮挡的临界值。

参 考 文 献

[1] 周心怀，牛成民，滕长宇. 环渤中坳陷新构造运动期断裂活动与油气成藏关系[J]. 石油与天然气地质，2009，30(4)：469-475.

[2] 万桂梅，周东红，汤良杰. 渤海海域郯庐断裂带对油气成藏的控制作用[J]. 石油与天然气地质，2009，30(4)：450-454.

[3] 张善文，王永诗，彭传圣，等. 网毯式油气成藏体系在勘探中的应用[J]. 石油学报，2008，29(6)：791-796.

[4] 邓运华. 裂谷盆地油气运移"中转站"模式的实践效果——以渤海油区第三系为例[J]. 石油学报，2012，33(1)：18-24.

[5] 张新涛，牛成民，黄江波，等. 黄河口凹陷渤中34区明化镇组下段油气输导体系[J]. 油气地质与采收率，2012，19(5)：27-30.

[6] 吴孔友，李林林，查明. 不整合纵向结构及其成藏作用物理模拟[J]. 石油实验地质，2009，31(5)：537-541.

[7] 高长海，查明. 不整合运移通道类型及输导油气特征[J]. 地质学报，2008，82(8)：1113-1120.

[8] 罗晓容，雷裕红，张立宽，等. 油气运移输导层研究及量化表征方法[J]. 石油学报，2012，33(3)：428-436.

[9] 郭凯，曾溅辉，金凤鸣，等. 不整合输导层侧向非均质性及其对油气成藏的差异控制作用[J]. 中南大学学报：自然科学版，2013，44(9)：3776-3785.

[10] 薛永安，柴永波，周园园. 近期渤海海域油气勘探的新突破[J]. 中国海上油气，2015，27(1)：1-9.

[11] 夏庆龙，周心怀，王昕，等. 渤海蓬莱9-1大型复合油田地质特征与发现意义[J]. 石油学报，2013，34(增2)：15-23.

[12] 孙同文，付广，王芳，等. 源外隆起区输导脊对油气运聚成藏的控制作用—以大庆长垣杏北地区扶余油层为例[J]. 中南大学学报：自然科学版，2014，45(12)：4308-4316.

[13] Hindle A D. Petroleum migration pathways and charge concentration：A three dimensional model[J]. AAPG Bull，1997，81(8)：1451-1481.

[14] 徐中波，康凯，申春生，等. 渤海海域L油田新近系明化镇组下段与馆陶组储层沉积微相研究[J]. 岩性油气藏，2015，27(5)：161-166.

[15] 徐国盛，陈飞，周心怀，等. 蓬莱9-1构造花岗岩古潜山大型油气田的成藏过程[J]. 成都理工大学学报自然科学版，2016，43(2)：153-162.

[16] 高长海，查明，陈力，等. 渤海湾盆地冀中坳陷大柳泉构造不整合输导油气能力的定量表征[J]. 地质学报，2016，27(4)：619-627.

沧东凹陷孔二段细粒沉积相区
测井岩性识别方法

朱伟峰[1]，**李俊国**[1]，**丁娱娇**[2]，**邢 兴**[1]，**国春香**[1]

（1. 大港油田勘探开发研究院，天津 300280；

2. 渤海钻探工程有限公司测井分公司，天津 300280）

摘 要 沧东凹陷孔二段发育一套细粒沉积岩岩性多为碎屑沉积和化学沉积的过渡性岩类，岩性极其复杂、矿物成分多样、纵向变化快，常规岩性识别方法已无法进行有效识别，矿物成分的定量评价更是难上加难。在某井 500m 系统取芯及配套的岩石物理实验分析基础上，提取岩性敏感曲线，建立了适合于细粒沉积相区的多参数融合的岩性识别方法；并针对老井及多井的岩性识别开展基于测井相的岩性识别方法研究，形成了孔二段不同层位测井相与岩芯的数据库，利用多参数融合岩性识别方法与所建立的测井相岩芯数据库有效的解决了孔二段细粒沉积相区岩性从定性到定量到多井的识别难题。

关键词 细粒沉积岩；岩性识别；核磁共振；多参数融合；测井相

近年来，针对沧东凹陷孔二段致密油层钻探获得重大突破，多口井获得工业油气流。沧东凹陷孔二段是以辫状河三角洲沉积为主，在三角洲前缘主砂带形成常规储层，远端主要是以细粒沉积岩为主的致密储层，细粒沉积岩发育面积比较大，成环带状分布特征，岩性主要是以混合沉积岩为主，岩石矿物成分复杂、多样且多变，常规岩性识别方法已无法进行有效识别。本文通过对孔二段关键井官某井 500m 系统取芯岩性描述与测井曲线对比分析提取了岩性敏感变化曲线（密度、声波、无铀伽马、电阻率），同时对密度、声波进行物性影响校正。据此，建立一种基于核磁共振孔隙度、声波、密度、无铀伽马、电阻率等多敏感曲线融合的岩性分类及连续自动判别技术有效实现岩性分类。为进一步开展细粒沉积相区区域内老井及多井的岩性识别，依据测井相分析为基础，建立了测井相-岩性数据库，形成了老井及多井的测井相岩性识别的方法。通过以上两种方法对沧东凹陷孔二段细粒沉积岩，测井基本实现了从定性到定量到区域的岩石识别与评价。

1 细粒沉积岩岩性特征及分类

沧东凹陷孔二段主要分为 4 个层组，分别为 $Ek2^1$、$Ek2^2$、$Ek2^3$、$Ek2^4$ 其中细粒沉积岩主要分布在 $Ek2^1$、$Ek2^2$、$Ek2^3$、$Ek2^4$ 为砂岩储层。

由 X 衍射全岩分析得到沧东凹陷孔二段细粒沉积岩岩性主要表现为两大特征：①矿物成分复杂，优势矿物不明显。孔二段细粒沉积岩矿物成份包括石英、长石（钾长石+斜长石）、方解石、铁白云石+白云石（以铁白云石为主）、方沸石、黏土、菱铁矿、黄铁矿，其

作者简介：朱伟峰，男，工程师，2011 年毕业于中国石油大学地球探测与信息技术专业，现从事测井解释和方法研究工作。E-mail：zhuwfeng@petrochina.com.cn

中菱铁矿+黄铁矿含量非常低,平均值都在3%以内;方沸石含量比较高,平均在15%左右(图1)。砂岩、碳酸盐岩、方沸石+黏土各占1/3,传统的以优势矿物含量大于50%的岩石类型命名原则已经不能用于本地区的岩性描述;②岩石矿物含量纵向变化大。图2为某井孔二段不同油组X衍射全岩矿物含量分析图,从图中可以看出,不同层组的石英+长石、碳酸盐岩等所含矿物含量变化比较大,纵向上细粒沉积岩岩性差异较大。

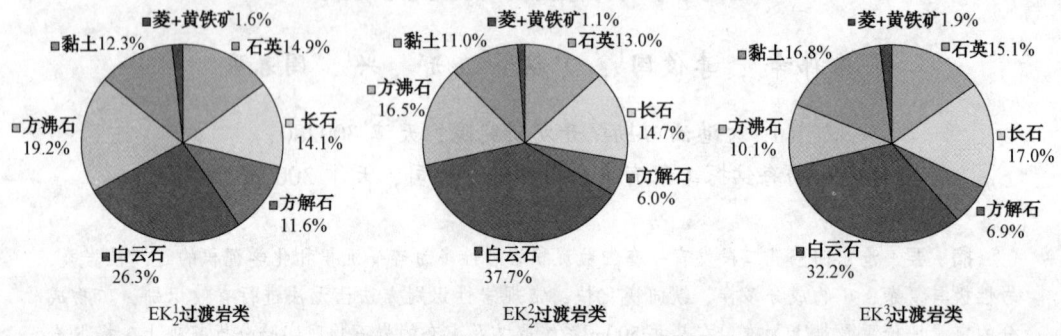

图1　孔二段细粒沉积岩矿物含量不同层组矿物含量对比图

针对细粒沉积复杂岩性的特点,地质上在某井系统取芯的基础上,采用三端元矿物归一化的方法,建立适合目标区的岩石类型命名标准,将细粒沉积岩岩性划分为细粒长英沉积类、碳酸盐岩类、细粒混合沉积岩类、黏土岩类4大类又细分成细粒长英沉积岩、云(灰)质细粒长英沉积岩、黏土质细粒长英沉积岩、白云(灰)岩、长英质白云(灰)岩、黏土质白云(灰)岩、黏土岩、长英质黏土岩、云(灰)质黏土岩、长英质细粒混合沉积岩、云(灰)质细粒混合沉积岩、黏土质细粒混合沉积岩12种岩石类型。

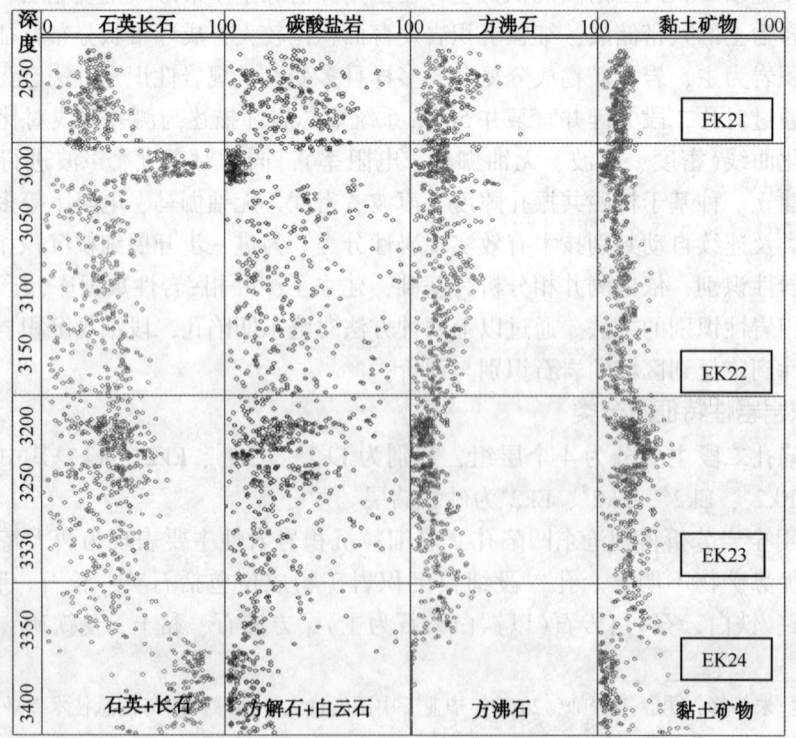

图2　某井岩芯分析岩石矿物含量纵向分布图

2　细粒沉积岩岩性识别方法与定量计算

2.1　基于核磁共振测井的多参数融合岩性识别方法

2.1.1　岩性的定性识别

　　细粒沉积相区岩性复杂，薄互层发育，岩性纵向变化快，非均值性强，直接应用测井曲线是无法对细粒沉积岩进行岩性识别的。通过对上述岩性厚度统计与常规测井曲线分辨率分析，虽然测井信息难以区分12种岩性，但是测井曲线隐含许多岩性的信息，可以实现对4大类岩性的有效识别，经综合分析对于这套细粒沉积岩提出了多曲线融合的方法进行岩性识别。这种方法并不是利用常规测井曲线典型响应特征进行岩性识别而首先提取了多条岩性敏感曲线，第一步消除常规测井曲线密度与声波孔隙度的影响，利用的是核磁共振测井总孔隙反推得到岩石视骨架密度值和视骨架声波值，利用这两条曲线识别出了全井段中的细粒沉积岩；第二步将这两条岩性敏感曲线反向重叠，识别出了碳酸盐岩+细粒长英沉积岩类与黏土岩类+细粒混合沉积岩类两大类；第三步将计算得到的骨架密度、骨架声波、无铀伽马曲线加权组合得到岩性归一化曲线，将深探测电阻率曲线对数刻度得到电性归一化曲线，这样最终识别出了细粒长英沉积类、碳酸盐岩类、细粒混合沉积岩类、黏土岩类等4大类。将岩性归一化曲线与电性归一化曲线交会建立岩石分类图版（图3），将图版建立的标准编制软件，实现了细粒沉积岩的分类连续自动判别。

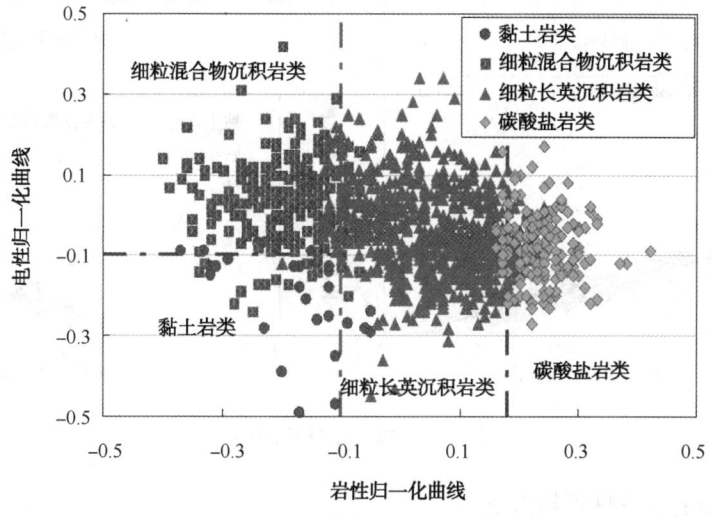

图3　多敏感曲线融合岩性分类图版

$$T_{\mathrm{ma}} = \frac{AC - 620\phi_{\mathrm{nmr}}}{1 - \phi_{\mathrm{nmr}}} \tag{1}$$

$$\rho_{\mathrm{ma}} = \frac{DEN - \phi_{\mathrm{nmr}}}{1 - \phi_{\mathrm{nmr}}} \tag{2}$$

式中　T_{ma}——骨架声波；

　　　ρ_{ma}——骨架密度；

　　　AC——声波曲线；

　　　　DEN——体积密度；

　　　　ϕ_{nmr}——核磁共振测井总孔隙度。

2.1.2　矿物含量定量计算

　　Ek2 段矿物类型包括石英、长石、白云石、方解石、方沸石、黏土、菱铁矿、黄铁矿，其中菱铁矿+黄铁矿含量在 3% 以内，可以忽略不计。测井系列为常规测井+核磁共振测井，很难将石英、长石、白云石、方解石完全区分开来。结合岩性分类，建立 Ek2 段过渡岩类致密储层矿物含量体积解释模型，模型由砂质（石英+长石）、碳酸质（方解石+白云石）、方沸石、泥质（黏土）和孔隙度组成，其中孔隙度由核磁共振测井提供，砂质、泥质、方沸石通过 X 全岩分析矿物含量对敏感测井曲线进行刻度，建立经验回归公式获得（图4），碳酸盐岩含量通过物质平衡方程得到。

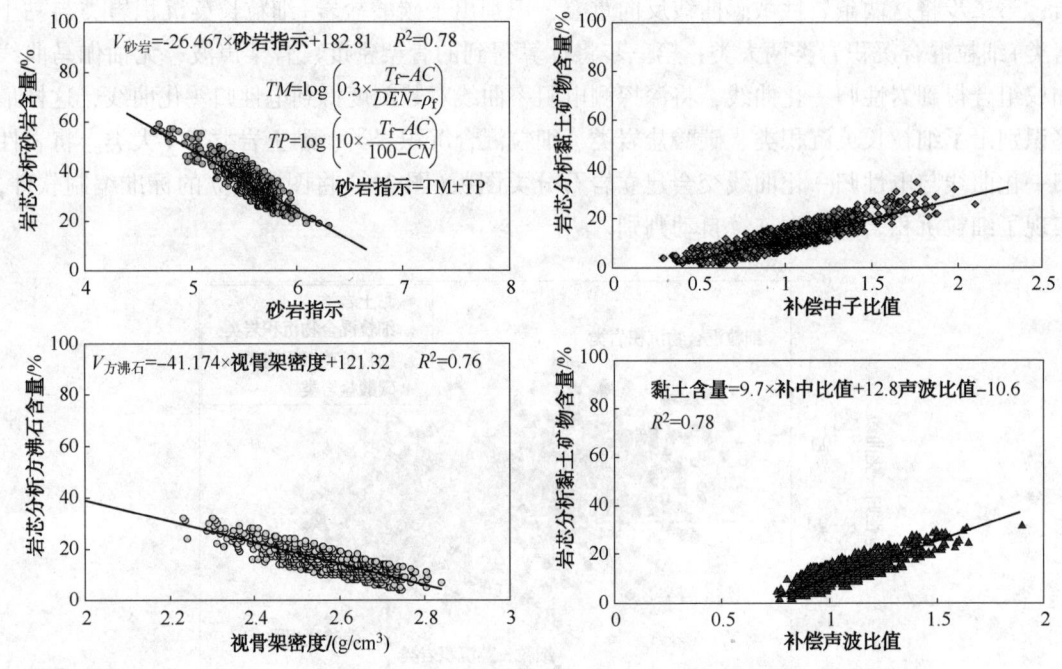

图 4　矿物含量计算图版

2.2　基于测井相的多井性识别方法

　　沧东凹陷孔二段老井较多，配套的测井系列只有常规测井曲线，上述基于核磁共振测井的多曲线融合的岩性识别方法无法对老井进行岩性识别，为此在上述方法研究的基础上提出了测井相岩性识别方法。

　　从测井资料本身出发，首先进行岩性测井曲线相似度分析，选取相似度最好的一组曲线作为测井相分类曲线，然后对其进行不同聚类方法的测井相分析，选取合适的聚类方法，作为测井相的分类方法；第三步是结合岩芯标定测井相与岩相，建立不同层段测井相与岩芯的数据库（图5）；第四部是利用上述所建立的测井相与岩芯数据库实现周围邻井及多井的岩性识别。

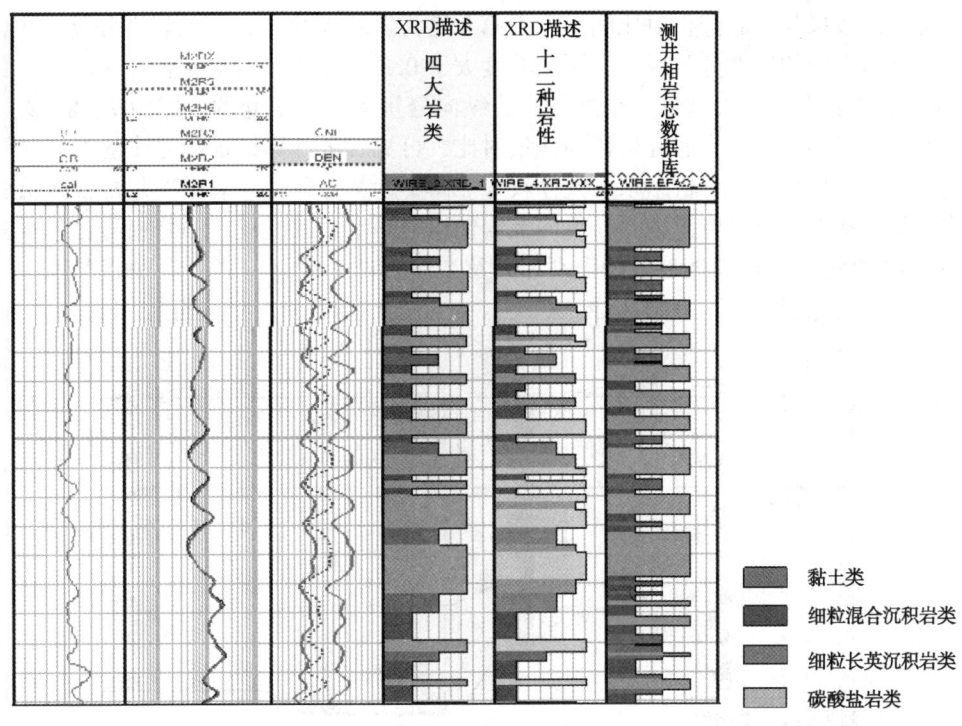

黏土类

细粒混合沉积岩类

细粒长英沉积岩类

碳酸盐岩类

图5 测井相与岩芯的数据库

3 细粒沉积岩岩性识别方法应用效果

形成的细粒沉积岩岩石识别方法在沧东凹陷致密储层岩性评价中取得了很好的应用效果，完成60多口新井精细评价，岩性解释符合率达到86.4%。图6为某井应用多参数岩性

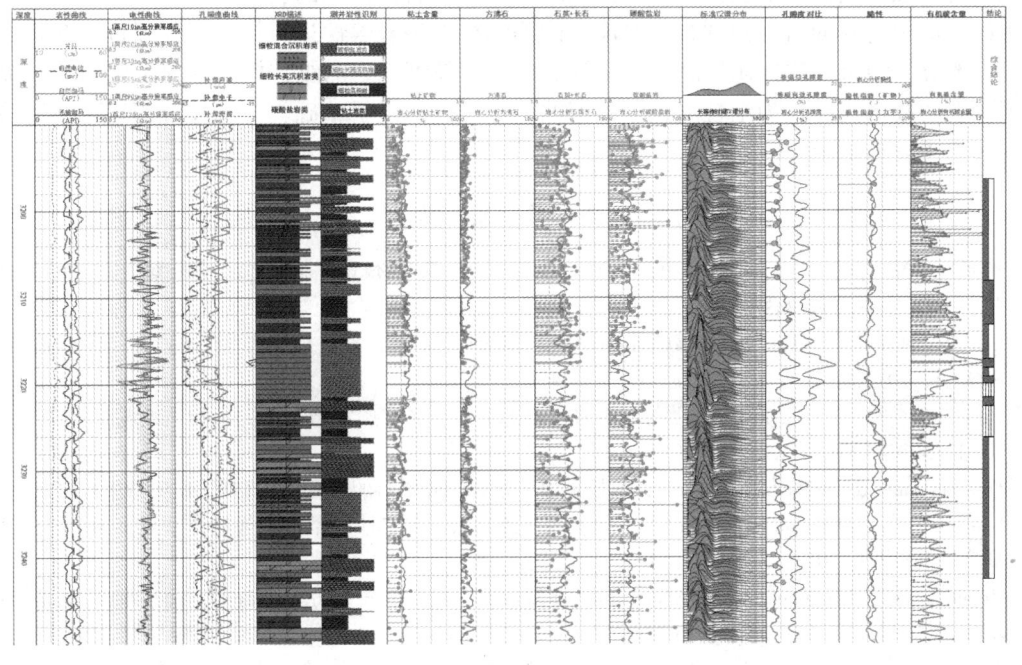

图6 细粒沉积岩多参数法岩性识别综合图

识别方法评价成果与岩芯分析对比图。图中第 5 道为岩芯 X 全岩得到的岩性分类成果，第 6 道为测井计算得到的岩性分类成果，可见厚度大于 0.3m 储层二者分析基本一致，厚度小于 0.3m 储层，二者差异较大，主要是测井曲线纵向分辨率不足引起的。图中 7、8、9、10 分别为测井计算矿物含量与岩芯分析矿物含量对比，可见二者计算结果趋势线基本一致。可见本文方法计算结果与岩芯分析结果一致性较好。图 7 为某井区多井应用测井相岩性识别方法评价成果图，从图中可以看出多井在纵向上岩性组合基本一致，利用测井相与岩芯所建立的测井相-岩性数据库可以快速准确的识别邻井及老井的岩性。

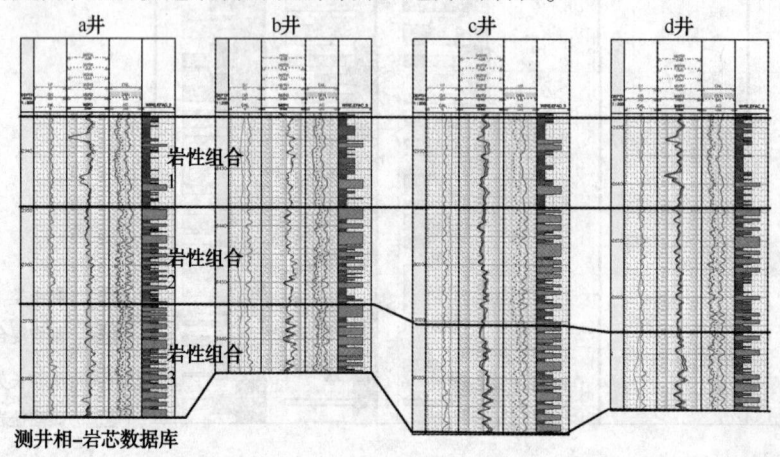

图 7　细粒沉积岩测井相多井岩性识别综合图

4　结论

（1）针对沧东凹陷细粒沉积岩致密油储岩性识别建立的两种方法，对于细粒沉积岩岩性识别能力较强，满足了地质方面对新井、老井及多井岩性识别的要求。

（2）应用建立的岩性识别方法对沧东凹陷细粒沉积岩岩性进行综合解释评价，解释结果与 x 衍射分析结果一致性比较高，对了解该地区细粒沉积岩的纵、横向变化及储层分布提供给了重要的技术支撑，为细粒沉积岩致密油七性研究奠定了基础，为细粒沉积岩致密油储量发现做出了突出贡献。

参 考 文 献

[1] 贾承造，邹才能，李建忠，等．中国致密油评价标准、主要类型、基本特征及资源前景[J]．石油学报，2012,，33(3)：343-350.

[2] mark SNackstedt, Alexandra Golab1& Lutz Riepe. 多刻度条件下非常规储层岩芯的岩石物理特征[J]. SPWLA, 2012, F.

[3] Russell W, Spears, David Dudus, 等．页岩气岩芯分析：各实验室数据的归一化策略与标准资料的要求[J]. SPWLA2011, A.

[4] Qinshan Yang & Carlos Torres-Verdin. 含烃页岩中常规测井资料的综合随机解释[J]. SPWLA2013, X.

[5] Songhua Chen, Dannymiller, Lilong Li, 等．用核磁共振测井定性定量信息描述非常规页岩储层的实例研究[J]. SPWLA2013, Z.

[6] Robert Lieber, Joe Dunn, Noble Energy Inc. 非常规泥岩储层岩石划分工作流程：DJ 盆地 Niobrara 区块应用实例[J]. SPWLA, 2013, BB.

[7] Tianmin Jiang, Erik Rylander, Philipm. Singer, 等．应用一维和二维核磁共振综合解释 Eagle Ford 油页岩储层的岩石物性[J]. SPWL, A2013, LL.

地层对比在随钻地质分析中的应用

孙树胜

（胜利工程有限公司海洋钻井公司地质公司，山东东营　257000）

摘　要　在胜利海区高精度地质勘察的今天，随着勘探环境越来越复杂，井下环境的多变性，机械钻速的不断提高，这就需要地质工作人员充分利用随钻地质分析，指导地质录井工作。而在随钻地质跟踪过程中，地层对比的作用就显得尤为突出。此项工作的好坏程度，将直接影响到每次随钻地质分析研究的最终成果的质量。

关键词　地层对比；随钻地质分析；测井解释资料；地震剖面资料

地层对比是油气田勘探开发地质工作的基础，是以单井地层剖面的正确划分为依据，因此可以说单井的的地层划分又是对比的基础。在实际工作中，通过地层对比可以帮助更正确地划分单井地层剖面，进而进一步地指导现场录井工作。

在随钻地质分析过程中，地层划分与对比的精细程度决定了钻前预测的精细程度。利用已有的工区邻井资料，与目的井进行地层对比，可以在地震反射剖面以及测井解释资料上给予前线较为详细的钻前预测和钻中指导意见，使其了解研究区内地层发育特征和类型，了解目的层的厚度，以及在钻进过程中能够较为准确的辨识岩性变化规律。

1　地层对比的概念

在油气田勘探中，为了要认识整个地层的地质情况，必须对各个孤立的钻井地层剖面进行分析、比较，划出相同或相当的地层，才能把各井剖面联系起来，从而在整体认识沉积地层在纵向上和横向上的分别和特征。在详细分析各种地质资料的基础上，又分别对不同时代地层中的油、气层(岩层)进行细分对比，进一步了解油气层(岩层)空间分布情况及变化规律。

2　地层对比的依据及方法

地层的岩性变化，岩石中生物化石门类或科、属的演变，岩层的接触关系以及岩层中含有的特殊矿物及其组合等等，它们都客观地记录了地壳的演变过程、涉及范围和延续的时间，这为分层以及把油区内相距很远的地层剖面有机的联系起来，提供了可能性与现实性。根据地层对比时所采用对比标志的不同，就产生了相应的地层对比方法。主要包括：岩石学方法，古生物学方法，地球物理方法。实际应用中，必须综合运用上述方法，才能较好的完成地层划分和对比工作。

2.1　岩石学方法

以岩石或岩性特征作为对比标志一系列方法，其划分单元为岩石地层单元。

该方法的理论依据是沉积环境的改变及成岩作用的差异必然导致岩石特征发生变化，因

作者简介：孙树胜(1986—)，男，汉族，硕士，工程师，2008年毕业于中国石油大学(华东)地质学专业，现从事地质录井地质工作。E-mail：360898713@qq.com

此岩石特征可作为地层划分对比的标志。

（1）岩性对比方法

综合考虑岩石的颜色，成分，结构，沉积构造，胶结类型的相似性。需要特别注意的是，利用岩性进行对比要特别慎重，因为相似的岩性只表明类似的形成条件，但不一定是同时的（即不是同一地层）。

（2）岩层对比方法

考虑某些特殊的岩层，如火山灰层，鲕粒层，褐煤层或蒸发岩层，含某种重矿物的层等。需要特别注意的是，进行对比时应找岩性突出，分布广泛、厚度稳定的层。

（3）沉积旋回法

旋回性是沉积发展规律的一种较普遍的表现形式，即易于识别，又有广泛分布，其影响范围常遍及一个沉积区。因此，在小范围内，根据正、反旋回类型进行对比，在大范围内，根据旋回组合进行对比。

2.2　古生物学方法

化石能够客观地反映所在地层的新老顺序，在一般情况下，地层的层位越高，所含化石的种类越丰富，其面貌与现代生物越接近；反之，地层层位越低，所含化石的结构越趋于简单，种类越单调。这样，可以利用化石恢复从老到新的完整地层系统，地质年代表就是这样建立的。

古生物学方法所用的主要标志是特征性动、植物化石或化石群。该方法是以某种动、植物化石或某些生物群落作为地层对比标志的一系列方法，其理论依据是生物发展演化是不可逆的且具有阶段性，即某一特定地质时期所形成的岩层中只存在特定的动植物化石或化石组合，且受地域限制。此方法是勘探开发初期地层划分对比的主要方法，也是勘探阶段地区统层的主要依据。

2.3　地球物理方法

地球物理方法主要以岩石的物理特征和岩石中所含流体有关的物理特征作为对比标志。该方法也是随钻地质跟踪中用到的较为普遍的方法。

（1）利用地震资料的对比方法

地震反射特征是地层对地震波的响应，不同地层具有不同的波阻抗（波阻抗：岩石密度和速度的乘积，即 $\Omega=\rho V$），当相邻地层的波阻抗不同时，在分界面处便存在波阻抗差，界面上发生波的反射，反射波的强弱与界面性质有关。同一反射界面的反射波有相同或相似的特征，如反射波振幅、波形、频率和反射波组的相位个数等。根据这一特征，沿横向对比追踪出同一反射界面，也就实现了对同一地质界面的对比。

当地层发生错断或尖灭时，地震剖面上反射同相轴也会相应地发生错断和中止，而且在断面处可能伴随一些异常干扰波。地震反射波的记录可以在长距离内追踪一个地层界面或构造界面，建立良好的对比关系。

（2）利用测井资料的对比方法

利用测井资料进行地层对比是油田地质工作中的主要手段。常用的测井资料有自然电位、自然伽玛、视电阻率、声波时差及地层倾角等。测井曲线的形态特征是岩性、物性和所含流体的综合反映。因此，测井曲线的对比实际上就是岩性对比。测井资料的分辨率高于地震，所以测井曲线与岩石单元有比较精确的对应关系，测井信息用于地层划分对比可以反映出不同级别的岩石地层单元。

利用测井资料进行对比时，首先对比各井的电阻率曲线，然后，借助其他测井曲线验证所得结果，之后，指出相应的岩性特征。同时，还要根据生物化石所作的对比与根据测井资料所作的对比进行调整，以期建立良好的对比关系。

3　地层对比的基本原则

根据石油地质勘探技术向综合化发展的趋势，用计算机实现地层对比，有以下原则：

（1）采用地震、测井、岩性、古生物等资料综合划分与对比地层。

（2）在充分研究地震反射波结构特征及沉积相的基础上，确定各层段的沉积环境，针对不同的沉积环境，具体确定地层划分与对比的不同方法。

（3）应严格遵从地层层序约束。

（4）遵循先识别标准层及逐井对比的原则。

4　地层对比的实际应用

随钻地质跟踪中，在进行地层对比时，应采用测井曲线、地震结构特征与岩性资料的综合对比方法。只依据测井曲线形态基本特征的相似性进行地层对比，可能将三角洲沉积体系内不同时期沉积的相同岩性的地层对比在一起。而地震地层学根据地震的反射结构特征认为，反射同相轴是沉积物等时界面的反射，而不是沉积岩性界面的反射。因此，应将相同时期沉积的不同岩性的地层视为一体。这样，反映到测井曲线上就有可能出现形态特征相似的不一定同属一层，而曲线形态特征不相似的却有可能属同一层，从而改变了通常用测井曲线作地层对比时的标准和概念。在某些情况下，地震与测井资料可能出现互相矛盾的现象，解决的方法只能是地震、测井、岩性、古生物等资料相互补充、互相渗透、消除矛盾，以求统一。

4.1　青东 30 井钻前预测

青东 30 井，钻前地质设计为"设计井深：3950.00m，完钻层位：沙四下，完钻原则为：①进沙四下红层 50m，井底 50m 无油气显示完钻；②井底 50m 无油气显示定深完钻"。做地质综合分析，切过青东 30 的地震剖面（图 1），利用地震资料，在地层对比图上清晰可见 T7 轴，根据地层由老到新的沉积规律，分析出该井完钻层位应该为老地层，是由于郯庐高陡走滑带边界断层所引起的一个高角度下滑块体，其顶点的断层处已经进入中生界，而非之前设计的沙四下，预测进入中生界井深为 3300.00m，比设计井深提前了 650.00m。通过地层对比分析，地质人员认为该井实际钻遇的地层以及深度与地质设计所给的出现重大分歧，从井深 3200m 开始注意观察是否进入中生界，若见中生界岩性组合则及时汇报。在随钻过程中及时收集地质资料，结合地震资料进行地层对比，重新建立地层认识，指导现场录井工作。

在实钻过程中，于井深 3279.00m 进入中生界红层，并于在 3279.00m 出现安山岩碎屑，通过远程传输系统和现场实物拍照，送样分析研究等一系列地层对比分析，最终确定于井深 3279.00m 进入中生界（图 2），汇报后按照地质监督要求钻进至井深 3353.00m 完钻，节约钻井进尺 612.50m。与钻前预测一致，为完钻提供依据，卡准了完钻层位，保质保量的完成录井工作，提高录井准确率。缩短了建井周期，具有显著的经济效益。

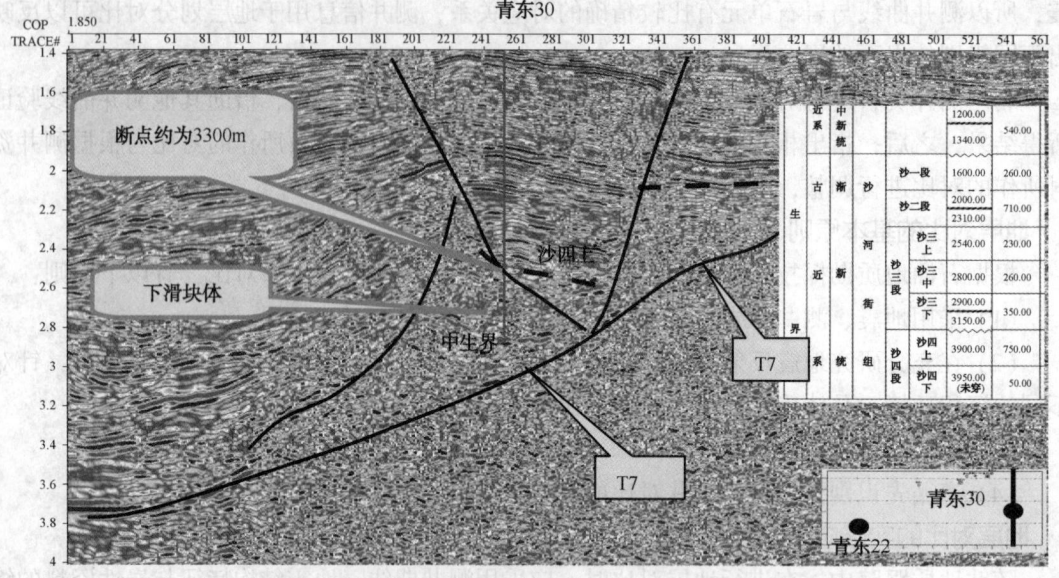

图 1　切过青东 30 的地震剖面及设计数据

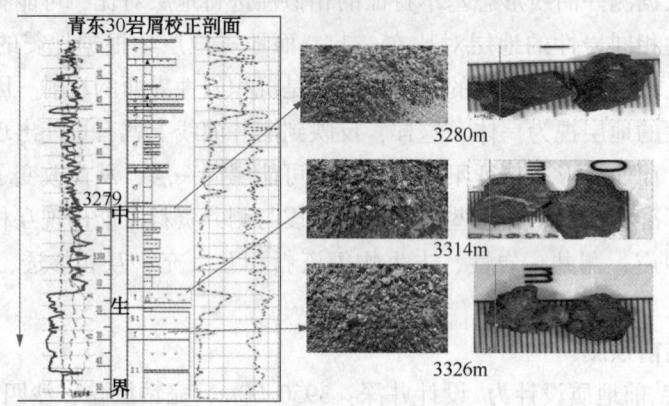

图 2　青东 30 井实钻录井情况

4.2　埕北古 7-2 井进入 2m 确定设计外下古生界顶界

埕北古 7-2 井设计认为中生界覆盖在太古界上,界面深度 3275.00m(垂深,从海平面算起),中生界主要为紫红色泥岩。钻前分析邻井进山前地层都为中生界坊子组地层,埕北古 7-1 井自见煤层 35m 进入太古界,埕北古 7-3 井自见煤 10m 即进入太古界,且泥岩颜色均是从紫红色向灰色泥岩过渡,预测本井也存在薄层的煤层(图 3)。预测埕北古 7-2 井下太古界潜山界面深度为 3300.00m(垂深,从海平面算起)。技术措施:从进入坊子组煤系地层开始地质循环观察,见到片麻岩立即停钻汇报。

在实钻过程中,实时进行地层对比,确定地层岩性及地层年代。在井深 3504.00 ~ 3511.00m 为煤系地层对比邻井确定为中生界侏罗系坊子组。在钻至 3514.00m,钻时明显变慢,循环 3511.00m 见浅灰色泥灰岩,风化严重,见少量隐晶方解石,碳酸盐岩含量高达 65%,在 3513.00m 见少量绿灰色片麻岩,循环完 3514.00m,片麻岩含量变化不太明显,于是加深 0.5m,循环片麻岩含量增多。经地层岩性对比,发现存在邻井所缺失的下古生界。

当即判3511.00m为下古生界灰岩，3513.00m为太古界片麻岩，汇报勘探项目部并建议中完作业(图4)。从邻井在进入太古界之前都有煤层或炭质泥岩，而本井出现了四层的煤层，7-1两层，7-3一层。单从煤层作为标志层不合适，煤层的出现不稳定。所以地层对比不能单纯的靠某种特殊岩性来对比，还需要综合考虑结合地震、实物进行多次对比，在随钻分析中发挥重大的作用，指导现场地质录井的工作。

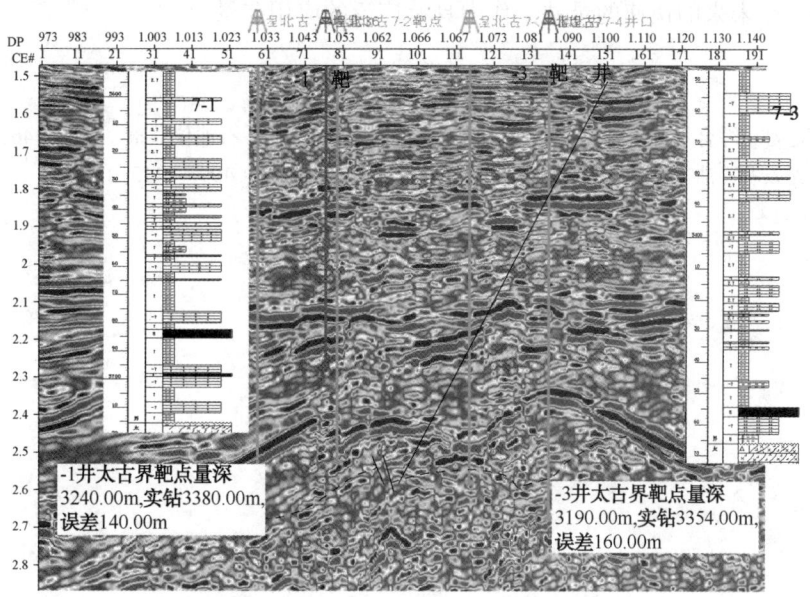

图3　埕北古7-2井钻前分析预测图

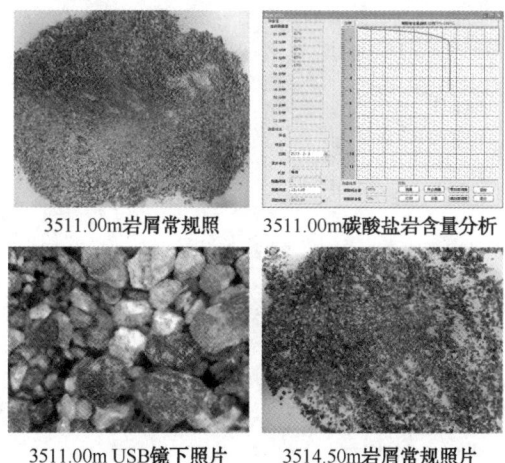

3511.00m岩屑常规照　　3511.00m碳酸盐岩含量分析

3511.00m USB镜下照片　　3514.50m岩屑常规照片

图4　埕北古7-2井岩屑图像

5　结论

（1）地层对比是地层分析的基础工作之一。在随钻地质跟踪过程中，应用多井测井评价进行油田研究的最终成果的质量，在很大程度上取决于井与井间的地层对比工作。

（2）通过地层对比可以了解地层的层序、岩相及层厚度变化；弄清断层与不整合接触关系；研究储集层在整个油田上的纵向、横向变化规律，查明油层的分布及其连通情况，为寻找有利的含油气区块与合理开发油气田提供依据。

(3) 地层对比分析在胜利海区的钻井施工中，起到了关键性的指导作用。通过对胜利海区探井的地层对比合分析，避免了地质录井人员过分依赖于地质设计，对施工井的地质、构造有了重新全面的认识，针对关键层位(卡取钻井取芯、潜山界面、完钻层位等)重点分析，有效的指导录井现场工作，提高录井剖面的符合率，及时发现油气显示和准确卡取关键层位，确保地质资料的准确入库，保障了优快钻录井，缩短了建井周期，具有显著的经济效益和社会效益，在未来的快速的录井工作中具有广泛的应用前景。

参 考 文 献

[1] 钱志，胡心红. 综合利用多种测井曲线进行地层划分与对比[J]. 石油仪器报，2008，46(2).

[2] 戴启德，纪友亮. 油气储层地质学[M]. 东营：石油大学出版社，1996：112-113.

低渗油藏有效开发技术研究与实践

崔 洁，樊佐春，田 梅，姜 越，佟天宇

（中国石油辽河油田分公司，辽宁盘锦 124010）

摘 要 低渗透油藏已然成为辽河油田近期及以后开发的重点对象之一，近5年来，科研人员积极探索低渗油藏的有效开发技术，转变开发理念，按照重构储层认识、重组注采井网、重选开发方式、重建开发模式的"四重技术路线"，更加可靠的刻画油藏地质体，实施合理的注采调整，有针对性的开展多类型先导试验，重新定位油藏潜力。该系列技术已经在强1块、奈曼油田、齐131块、雷64块、沈358-268块等区块进行了应用，取得了较好的效果，为十三五实现低渗油藏有效开发做出了适应性的技术探索。

关键词 低渗油藏；注采井网；气驱；体积压裂

低渗透油藏由于储层物性条件差、非均质性强、油藏赋存条件复杂、开发成本高、经济效益差的原因，其所含储量属于低品位储量[1~3]。近5年来，年度上报储量低渗透油藏储量均占较大的比例，2015年最高达到88%。储采平衡系数、储量替换率及储采比3项指标呈逐年下降的趋势，说明辽河油田新增探明储量难度逐年增大，因此低渗透油藏已然成为近期及以后开发的重点对象之一。

辽河油田已探明低渗储量3.28亿吨，由于低渗透油藏储层的强水敏、强非均质性，单井产量低，开发难度大，难以实现持续有效开发。已投入开发的2.3亿吨低渗储量，目前表现出单井产液量低、产油量低、采油速度低、采出程度低、注入压力高的"四低一高"特征，处于低速低效开发阶段。现阶段，在后备储量紧张的形势下，在新增探明储量难度逐年加大、成本逐年增高、资源品质逐年变差的背景下，如何动用好和开发好已探明的低渗储量，提高开发效益，对辽河油田持续稳产、效益发展具有十分重要的现实意义。

1 低渗透油藏有效开发技术对策

近5年来，积极探索低渗油藏的有效开发技术，转变开发理念，按照重构储层认识、重组注采井网、重选开发方式、重建开发模式的"四重技术路线"，更加可靠的刻画油藏地质体，实施合理的注采调整，有针对性的开展多类型先导试验，重新定位油藏潜力。该系列技术已经在强1块、奈曼油田、齐131块、雷64块、沈358-268块等区块进行了应用，取得了较好的效果，为十三五实现低渗油藏有效开发做出了适应性的技术探索。

作者简介：崔洁（1985—），女，汉族，硕士，工程师，2010年毕业于东北石油大学，现从事开发地质研究工作。E-mail：cuij1@ petrochina.com.cn

1.1　重构储层认识，奠定有效开发基础

1.1.1　强化储层成因研究，剖析低渗主控因素，为制定开发对策奠定基础

根据薄片鉴定分析结果统计，低渗储层岩性以岩屑砂岩、长石质岩屑砂岩为主，石英含量低，岩屑、长石含量高，特别是岩屑含量占有绝对优势，表明岩石成分成熟度低。岩石分选、磨圆差，表明结构成熟度和颗粒成分成熟度低。储层总体表现出孔隙分布不均、小孔细喉、配位数低，连通性差的特点，岩石面孔率平均为 3.59%，配位数平均为 0.33，孔喉均值为 ϕ0.65，均质系数为 0.17，退汞效率为 40%，驱油效率低，仅为 30% ~ 35%。

储层呈现低渗特征，有两大主控因素，一是黏土矿物含量高，且以伊蒙混层、高岭石为主，具有强水敏、速敏；二是油藏埋藏深，压实作用强，碎屑颗粒紧密镶嵌线状接触，孔隙不发育。

根据储层宏观孔隙结构指数与品质指数、压汞参数、测井资料将低渗储层分为 4 类：含泥轻、压实弱型，如雷 64、牛心坨等 16 个单元，共有 6181×10⁴t 储量，适合注水开发；含泥重型，如雷 72、欢北等 32 个单元，共有 7530×10⁴t 储量，注水开发难度大；压实强型，如牛 74、锦 307 等 21 个单元，共有 3867×10⁴t 储量，注水开发难度大；含泥重、压实强型，如齐 131、冷西等 32 个单元，共有 5498×10⁴t 储量，不适合注水开发。后 3 种类型均存在注水困难，即共有 85 个单元，约 $1.7×10^8$t 的低渗储量，需要调整注水、转变方式，实现有效开发。

1.1.2　强化储层参数研究，建立注水开发界限，为改善开发效果奠定基础

以室内实验研究为基础，统计 20 个区块 3067 块样品分析数据，结合开发效果评价，分别研究微观孔隙结构、油水渗流特征、储层敏感性等 18 项单因素评价指标特征。结合实际注水开发效果的评价，从水驱难易程度、均匀程度两个方面，建立注水开发界限分类标准(表1)。结合生产实际，分区块、分单元精细评价，筛选出 32 个单元，5498 万吨辽河低渗储量不适合注水开发，占低渗储量的 23.8%，如齐 131、新欢 27、牛 74 等区块，需要重选开发方式。

1.1.3　强化基础地质研究，重建储层地质模型，为实现有效开发奠定基础

(1) 强 1 块Ⅰ油组岩性二次认识获突破，成功实现水平井部署

本次研究对强 1 块Ⅰ油组的岩性进行了二次解释。录井显示本区岩性主要为粉砂岩与泥岩，通过镜下观察岩石薄片，发现有方沸石与白云石分布(图1、图2)。方沸石具有高电阻、低密度、高时差、高中子的特点。白云岩密度明显高于方沸石密度。方沸石岩类电阻率明显高于白云岩岩类，白云岩岩类又高于粉砂岩岩类。因此泥质含量高，电阻率降低，方沸石含量高，电阻率增高。密度与电阻率特征为测井资料划分岩性的敏感参数，结合电性参数，Ⅰ油组共有方沸石岩类、白云岩类、粉砂岩类与泥岩类 4 大类岩性。利用岩性识别图版与岩性划分参数表(表2)，将这四大类岩性进一步细分为 9 小类：含白云泥质方沸石岩、含泥白云质方沸石岩、含泥方沸石质白云岩、含方沸泥质白云岩、泥质白云岩、含泥白云质粉砂岩、含云泥质粉砂岩、泥质粉砂岩、含云粉砂质泥岩。

表1 辽河油田低渗油藏注水开发界限单指标分类标准

评价内容	参数	Ⅰ（好）	Ⅱ（中）	Ⅲ（差）
水驱难易程度	孔隙度/%	> 15	15 ~ 10	< 10
	渗透率/mD	> 30	30 ~ 5	< 5
	排驱压力/MPa	< 0.06	0.06 ~ 0.13	> 0.13
	中值压力/MPa	< 4.5	4.5 ~ 6.5	> 6.5
	孔喉均值/μm	> 10	10 ~ 1.5	< 1.5
	孔喉比	< 15	15 ~ 35	> 35
	退汞效率/%	> 55	55 ~ 40	< 40
	黏土含量/%	< 10	10 ~ 15	> 15
	伊蒙混层相对含量/%	< 30	30 ~ 60	> 60
	水敏指数	< 0.5	0.5 ~ 0.8	> 0.8
	启动压力/MPa	< 5	5 ~ 10	> 10
	驱油效率/%	> 45	45 ~ 30	< 30
水驱均匀程度	孔喉均质系数	> 0.25	0.25 ~ 0.05	< 0.05
	渗透率变异系数（层内）	< 0.6	0.6 ~ 1.5	> 1.5
	渗透率非均质系数（层间）	< 2.5	2.5 ~ 3.75	> 3.75
	连通系数	> 70	70 ~ 40	< 40
	油水黏度比	< 50	50 ~ 300	> 300
	可动流体饱和度/%	> 30	30 ~ 20	< 20

重新认识强1块Ⅰ油组岩性，发生了重大变化，由原来的泥质粉砂岩变为泥质白云岩等9类岩性，认识到该套储层具有"准致密油"储层特征，对其潜力有了新认识，转变为水平井体积压裂开发模式，取得了较好的效果。

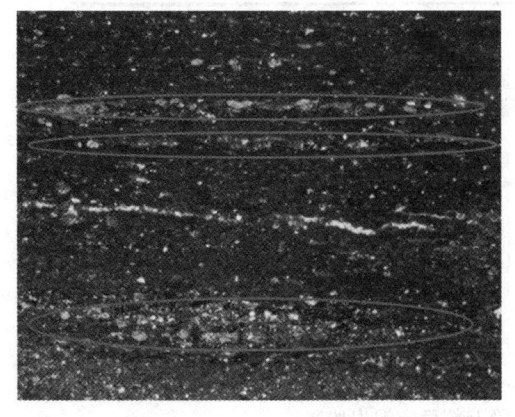 

图1 强5井，1515.2m，方沸石层状分布，（-），×50　　图2 强5井，1516.1m，白云石层状分布，（+），×25

表 2 岩性划分电性参数表

岩类	主要类型	电阻率/(Ω·m)	密度/(g/cm³)
方沸石岩类	含泥白云质方沸石	>10000	<2.37
	含白云泥质方沸石	1000~10000	
白云岩类	含泥方沸石质白云岩	>20000	>2.37
	含方沸泥质白云岩	4000~20000	
	泥质白云岩	1000~4000	
粉砂岩类	含泥白云质粉砂岩	400~1000	>2.30
	含云泥质粉砂岩	100~400	
	泥质粉砂岩	40~100	
泥岩类	含云粉砂质泥岩	<40	

(2) 以沉积模式为指导,重新认识齐 131 块状砂体空间叠置关系,为气驱方案设计提供可靠的地质体依据。

齐 131 为块状砂岩油藏,建立不同期次储层划分模式,搞清注采层段的连通关系,至关重要。通过岩芯观察、电性特征结合研究区区域背景,本着等时地层对比的原则,采取"标志层控制、井震结合"的方法进行层位划分。

首先,综合分析不同时期地层岩性、电性特征,选取地层对比标志层,明确目的层发育特征。研究区共发育两个稳定的标志层:沙三下亚段上部稳定泥岩段,其特征为深灰色-灰色泥岩段,发育稳定厚度 98~436m,单井钻遇率为 100%,电性特征明显(RT 低阻平直、SP 无幅度变化)(图 3);沙四段稳定泥岩、页岩段,其特征为深灰色泥岩和灰黑色、红色油页岩段,发育较为稳定厚度 25~162m,单井钻遇率为 50%,电性特征明显(RT 低阻平直、SP 无幅度变化)(图 4)。

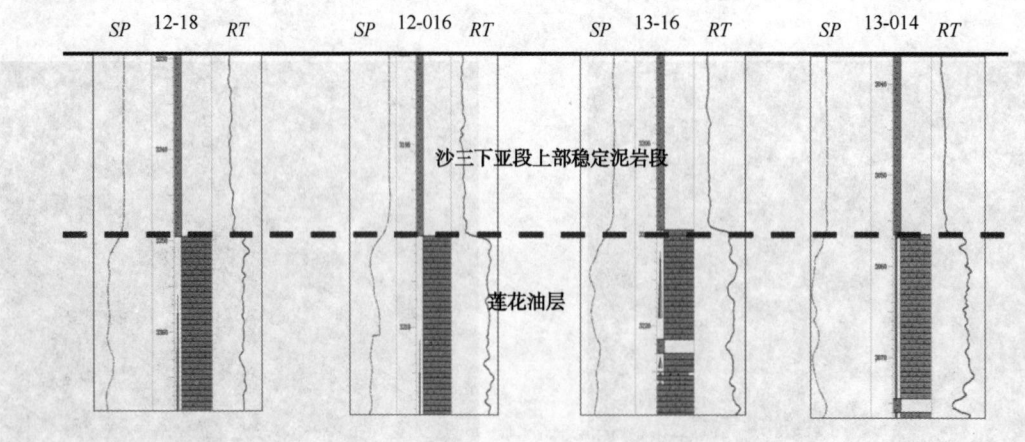

图 3 标志层特征(沙三下亚段上部稳定泥岩段)

其次,精确标定合成记录,分析各地层界面地震响应特征,确定目的层段位置(图 5),建立研究区等时地层格架。沙三下亚段上部稳定泥岩段的地震反射为连续空白负反射且连续性好,沙四段稳定泥岩、页岩段的地震反射为连续空白负反射且连续性好。

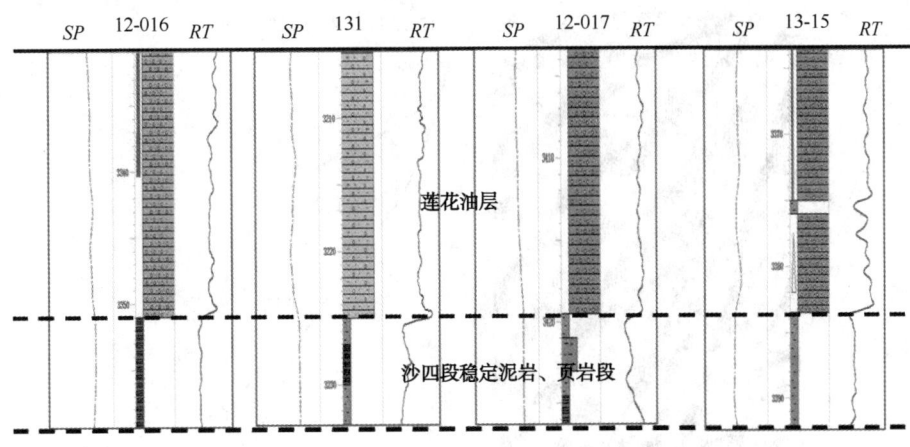

图4　标志层特征(沙三下亚段上部稳定泥岩段)

　　然后,井震结合细化分析,应用旋回地层对比方法,确定不同沉积期次界面地质和地震特征,将研究区块状砂砾岩体按不同沉积期次进行划分(图6)。

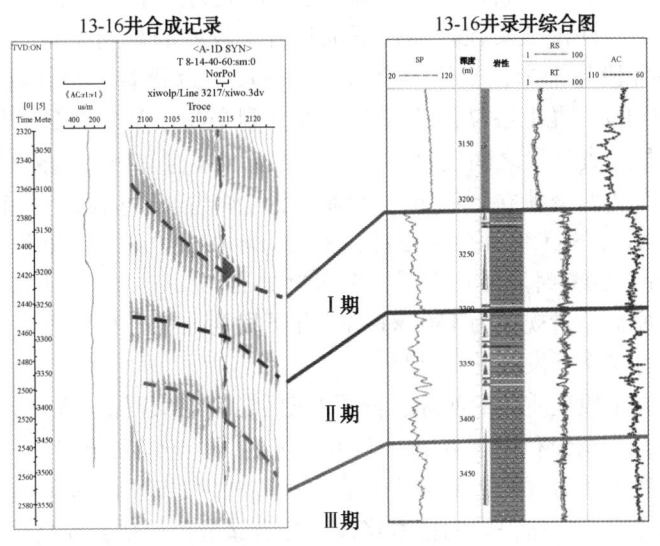

图5　齐2-13-16井合成记录层位标定图

　　沙三下亚段莲花油层共划分三期,整体呈退积模式叠加而成。其中,Ⅲ期发育厚度和范围较大,Ⅱ期和Ⅰ期厚度较小。地震资料对储层刻画具有重要作用,重新认识了重力流块状储层空间叠置关系,为齐131块气驱等试验方案设计提供依据[4~6]。

1.2　重组注采井网,推进奈曼提速提效

　　奈曼油田投入开发10年,取得了一定的开发效果,但受纵向油层跨度大,油层厚度大,逐层上返接替时间长等多因素影响,总体表现为储量动用率低(48.1%)、采出程度低(2.3%)、采油速度低(0.2%),资源优势未能得到充分发挥,尤其是在产能建设难度越来越大的背景下,在千万吨规模稳产中如何发挥更大的作用值得思考[7~10]。

　　通过"三门槛"对奈曼油田开发潜力进行分析。首先是经济效益门槛。引入新承包机制后钻井、录井、测井价格均下降30%左右,使百万吨产能建设投资从74.1亿元下降到48.1

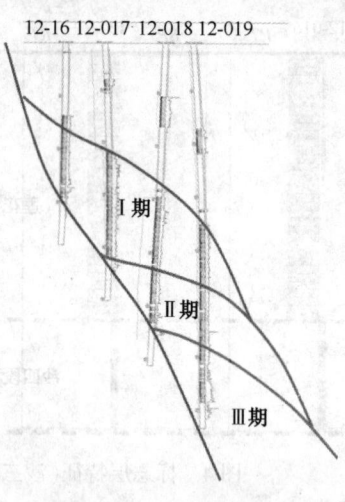

图6　齐131块地层对比典型剖面

亿元，降幅30%。同时，奈1联合站设计年处理液量能力达 $26×10^4m^3$，投入运行后操作成本大幅降低。通过经济评价证实在低油价下也具备了较好的盈利能力。其次是物质基础门槛。奈曼油田含油井段超千米，整体一套层系，逐段上返接替，整体动用程度仅为48%，九下段动用程度95.1%，九上段动用程度21.9%。剩余物质基础充足。最后是油藏条件门槛。奈曼油田九上段与九下段之间发育一套稳定的区域性深灰色泥岩隔层，平均厚度15m，将九上段与九下段分为两个独立的油藏。九佛堂组原油为普通稠油，九上段20℃时原油密度平均为 $0.9174g/cm^3$，50℃时原油黏度高，平均为 $440.3mPa·s$，九下段20℃时原油密度平均为 $0.8968g/cm^3$，50℃时原油黏度低，平均为 $153.13mPa·s$，九下段原油密度、黏度低于九上段。九上段原油储量规模为 $1502×10^4t$，九下段为 $851×10^4t$。九上段与九下段油藏特征差异明显，具备分层系开发的油藏条件。

针对九上段与九下段地质体的实际，依据"三门槛"技术思路，在井网井距、开发方式、注采方式沿用原设计，充分利用老井的基础上，确定了"整体细分层系、九下段完善部署、九上段扩大部署、边部潜力区扩边部署、开展水平井开发试验"的多角度、多层次的重组注采井网、整体精细注水、提速提效的技术路线，提高储量动用率，提高采油速度。新增部署井85口，其中九上段部署油井37口，平均单控储量 $12.5×10^4t$，部署注水井11口；九下段部署油井31口，平均单控储量 $8.5×10^4t$，部署注水井6口。新井全部实施后，动用储量 $1900×10^4t$，高峰年产油 $12.1×10^4t$，年产油 $10×10^4t$ 可稳产5年，10年采出程度达7.58%。

1.3　重选开发方式，探索气驱设计技术

目前注水开发是补充地层能量的主要手段，但有些区块并不适合注水开发，为改善区块开发效果，需重选有效开发方式。如齐131块油井投产初期虽然具备一定产能，但仅依靠天然能量开发，随地层压力下降，产量递减加快，采油速度、采出程度较低，受多种因素影响注水注不进，开发难度大。强1块为典型的低渗油藏，油藏天然能量不足，油井自然产能低，压裂后虽增油效果好，但产量快速递减，油井无稳产期，采用同步注水开发，注水沿压裂缝水窜严重，急需转换开发方式，实现区块有效开发。

1.3.1　物模数模相结合，深化认识气驱技术驱油机理

相比水驱，气驱可大幅提高注入能力，建立注采井间有效驱替(表3)。对于大倾角及厚

层块状油藏，气驱可发挥重力稳定驱油作用，有效动用水驱难采储量。补充地层能量，增压驱替是注气开发的主要驱油机理。

表3 吸气吸水指数对比表

注入介质	平均日注入地下体积/m³	注入压力/MPa	比视吸气、水指数/(m³/d·m)
气	170	18	0.27
水	28	25	0.034

齐131块为块状油藏，很难实现稳定的高温氧化，需要较高的注气速度，但大排量注空气将受空压机排量、气体早期突破、低渗地层可注性及经济、安全等因素限制。因此，开展不同注气介质、不同注气方式驱油效率对比（图7），确定先导试验实施氮气试注方案。

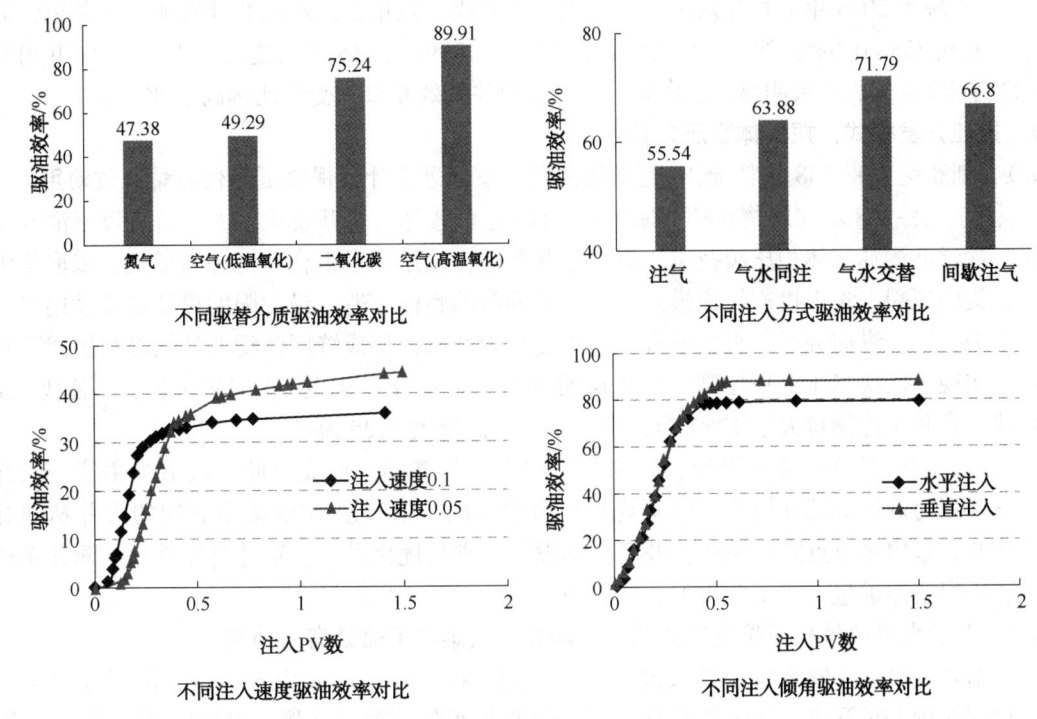

图7 不同条件下驱油效率对比

1.3.2 探索不同类型低渗储层注气开发技术，为有效动用低渗储量提供技术储备

辽河油田于2012年开始注气开发现场试验，已在7个稀油、高凝油区块开展16个井组注气试验，覆盖地质储量2622×10⁴t，累注气5080×10⁴m³，阶段增油45363t，见到较好开发效果。

（1）块状特低渗油藏

齐131块为块状厚层砂砾岩油藏，注水注不进，天然能量开发效果差，针对其特点，采用注气井高部位下段注气、采油井低部位下段采油，行列逐排接替式井网配置模式，最大限度扩大气驱波及体积，注采比1:1，预计提高采收率10.5%。

（2）层状特低渗油藏

强1块压裂投产，注水水窜严重，低速开发。依托现井网设计注气井8口，注水井5

口，构造高部位为主(重力稳定驱)、辅以低部位注减氧空气(弥补地层能量不足)，初期注采比 1.3∶1，高低注气比例 2∶1，预计提高采收率 11.5%。

(3) 块状一般低渗油藏

雷 64 块存在的主要问题是底部注水，上部地层压降，剩余油难以动用。采用顶部注氮气底部注水的开发方式，依托现井网设计注气井 8 口，注水井 5 口，初期注采比 1.2∶1，注入气水比 3∶2，预计提高采收率 8%。

1.3.3　取得较好的阶段试验效果

齐 131 块 2014.3.1 开始试注，平均日注气 20000m³，油压稳定在 18MPa 左右，累注气 1061×10⁴m³。注气两个月后，一线油井见到明显效果，平均日产油由 8.7t 上升至 16.4t，阶段累增油 6978t，换油率为 1600m³/天。

雷 64 块于 2015 年 1 月开始进入氮气驱试验阶段，截止目前现场共计实施 4 个井组，累计注入氮气 758×10⁴m³，注入泡沫 855m³，累增油 1999t。2015 年实施两井组(26-28 井组及 20-22 井组)，气驱效果明显，2 井组 7 口一线油井见效 6 口，受效比例高达 85.7%。

1.4　重建开发模式，探索体积压裂技术

1.4.1　创新沈 358-268 块特低渗-超低渗油藏开发部署设计，保障低品位储量有效动用

沈 358 块-268 块储层物性特征属于特低渗-超低渗储层，开发难度大。借鉴致密油开发思路，探索低渗油藏体积压裂技术，以水平井为主，采用直平组合井型井网形式，采取集中钻井、集中压裂、集中投产组织模式，实现对油藏的整体改造、最大限度提高储量动用率。

平面分区，纵向分段，直平组合，大幅度减少井数，形成缝网匹配的特低渗新区建产新模式。实现了区块当年上报控制、当年探明升级、当年开发建设。以 22 口水平井替代 118 口直井。直井单控储量大于 12×10⁴t，水平井单控储量大于 25 万吨。

油藏-工艺-地面一体化设计，以油藏工程设计为基础，形成以储层改造为主线，以井场科学规划为保证的部井模式，由常规小平台建井向"工厂化"作业集中处理的大井丛建井模式转变，采用多节点降本模式：井场科学设计、进尺优化设计、钻井整体承包、测井系列简化、压裂整体承包，实现低成本、高效率。

1.4.2　开展水平井体积压裂先导试验，推动强 1 块难动用储量有效动用

根据强 1 块油层发育特点及最大主应力方向，按照体积压裂模式开发，部署 3 口水平井，动用储量 146 万吨，对比常规 18 口井方案可取得较好效果。强 1-H203，分 9 段、34 簇进行体积压裂，共压入压裂液 13800m³、加砂量为 1028m³，在外围盆地首次达到了千方砂、万方液的压裂规模。目前 5mm 油嘴放喷，日产液 102m³，含水率 40.2%，日产油 61t，阶段累产油 714t。

1.4.3　针对奈曼油田采出程度低、具备水平井部署条件的层段，开展水平井体积压裂试验

奈曼油田九下段井网抽稀实施，连通系数、水驱控制、动用程度偏低。其中九下段一油组采出层度仅为 2.0%，采出程度低。针对平面具有一定井控程度，且具备水平井部署条件的部位，开展水平井体积压裂试验，共部署水平井 2 口。

2　结论与展望

(1) 在油田开发的非常规时期，转变开发理念，按照重构储层认识、重组注采井网、重选开发方式、重建开发模式的"四重技术路线"，更加可靠的刻画油藏地质体，重新定位油藏潜力，有效推动了低渗油藏的开发进程。

（2）探索提高采收率和储量动用率的战略性接替技术，开展了气驱、体积压裂两类开发试验，并取得了较好的试验效果，增强了油公司应对低品位储量挑战的能力，初步实现低渗油藏产量稳中有升，为低渗油藏有效开发提供技术支持。

（3）低渗油藏开发潜力巨大。注气开发潜力，有潜力目标 48 个单元，$2.1×10^8 t$ 地质储量；水平井体积压裂模式下，潜力目标 26 个单元，1.2 亿吨地质储量。

参 考 文 献

[1] 纪友亮，张世奇，张宏，等．层序地层学原理及层序成因机制模式[M]．北京：地质出版社，2000：1-200.

[2] 吴因业，顾家裕．油气层序地层学[M]．北京：石油工业出版社，2002：1-473.

[3] 顾家裕．陆相盆地层序地层学格架概念及模式[J]．石油勘探与开发，1995，22(4)：6-10.

[4] 何生厚．高含硫化氢和二氧化碳天然气田开发工程技术[M]．北京：中国石化出版社，2008：1-454.

[5] 张学元，邸超，雷良才．二氧化碳腐蚀与控制[M]．北京：化学工业出版社，2001：1-100.

[6] 曲希玉，刘立，高玉巧，等．中国东北地区幔源——岩浆 CO_2 赋存的地质记录[J]．石油学报，2010，31(1)：61-67.

[7] 王奎宾，李皓利，王占红，等．奈曼低渗稠油油藏有效开发与实践[M]//张方礼，等．辽河油田勘探开发研究院优秀论文集．北京：石油工业出版社，2008：195-198.

[8] 韩德金，张凤莲，周锡生，等．大庆外围低渗透油藏注水开发调整技术研究[J]．石油学报，2007，28(1)：83-86.

[9] 张翠萍，李庆印，文志刚．鄂尔多斯盆地三叠系特低渗油藏优化注采井网[J]．石油天然气学报，2005，27(4)：669-670.

[10] 马小原，刘亚勇，张新艳．低渗难动用油藏注水开发可行性评价[J]．内蒙古石油化工，2009，(14)：26-28.

J块注空气辅助蒸汽吞吐油藏适应性分析

雷霄雨

（中国石油辽河油田勘探开发研究院，辽宁盘锦 124010）

摘　要　J块稠油油藏已经进入开发中、后期，地层压力低，水淹严重，单井产量低。为了改善开发效果，利用注空气辅助蒸汽吞吐技术提高地层压力、提高油汽比。在对各个断块开展了油藏注空气适应性分析的基础上，表明J17东断块油藏条件最适宜注空气开采。并根据层位条件确定注空气井网组合方式。该技术的实施将为吞吐后期无方式接替的普通稠油油藏提高采收率提供借鉴。

关键词　稠油油藏；注空气；蒸汽吞吐；油藏适应性

注空气辅助蒸汽吞吐是在注蒸汽前，注入常温空气，通过空气中氧气与原油氧化反应，消耗氧气，产生少量的 CO_2，生成以 N_2 为主要成分的烟道气，起到增压、驱油助排、降黏等作用[1]。该技术已经在国内外多种油藏和各种地质条件下得到了成功应用，与其他方式转换接替技术相比，注空气辅助蒸汽吞吐技术具有以下优势：（1）通过注入空气补充地层能量；（2）空气占据上部油层抑制蒸汽超覆，调整吸汽剖面；（3）减缓注入蒸汽同上部隔层热交换速度，提高热能利用率[2]；（4）氧化产生二氧化碳及热量，降低原油黏度。试验后周期注汽压力较措施前上升 1~3MPa，周期油汽比提高 0.05~0.12，展示出该技术在保持地层压力、提高开发经济性方面的优势。且通过爆炸极限研究，明确了临界氧含量，有效保障了现场安全[3~5]。在稠油蒸汽吞吐开发方式中后期，地层压力降低、井间注汽干扰严重等问题影响区块产量。

1　油藏概况

J块油层总体形态为一个被两条北东走向断层夹持的复杂断块，内部划分为 5 个次级断块，呈西南高、东北低的特点，地层倾角 3°~15°，平均有效厚度 28.8m，孔隙度 23.5%，渗透率 1489mD，50℃时地面脱气原油黏度为 5500mPa·s。为一中厚互层状边水稠油油藏。1988 年采用 167m 井距正方形井网进行了全面蒸汽吞吐开发，目前，平均吞吐 12.2 个周期，平均单井日产油 1.4t，周期油汽比 0.25。经过长期吞吐开采，该块主要存在以下矛盾：（1）地层压力低；（2）水侵严重；（3）井间注汽干扰严重。同时油藏特征及目前经济技术现状方式转换实现难度大，主要表现：（1）部分部分区域水淹程度较高，不适合转蒸汽驱；（2）油藏埋藏深、原油黏度低、连续厚度小，无法满足 SAGD 开发需要；（3）火烧油层技术难度大，现阶段不易作为首选方式。

作者简介：雷霄雨（1985—），男，汉族，硕士，工程师，2010 年毕业于成都理工大学沉积学专业，现从事石油地质研究工作。E-mail：283637629@qq.com

2 油藏注空气辅助蒸汽吞吐适应性分析

2.1 隔层条件分析

为避免在注空气过程中发生层间气窜，更准确地评价注空气低温氧化开采试验效果，开展砂岩组间隔层特征研究，各个砂岩组间隔层情况如表1所示。

表1 J区块砂岩组间隔层厚度数据

层位	最大/m	最小/m	平均/m
$XI_1 \sim XI_2$	12.4	1.2	6.2
XI组~$X\!I\!I$组	11	0.3	4.1
$X\!I\!I_1 \sim X\!I\!I_2$	12.8	0.5	4.2

从隔层统计表上看，J块各个砂岩组间隔层发育良好，平均隔层厚度5m，使得在注气开发条件下，层系间能严格分开，不会发生串通和干扰。

2.2 含油条件分析

J块共分为5个次级断块，从西向东依次为：J5、J15、J33-28、J25、J17断块。通过对J块各个断块剩余油进行分析，J17断块油层厚度大、采出程度低、剩余储量多。J17断块平均油层有效厚度16m，采出程度只有17.6%，单位面积剩余油储量均在1×10^4t以上。

2.3 水淹状况分析

从各断块回采水率柱状图可以看出（图1），J17断块没有边底水侵入，综合含水、累积回采水率、采出程度低于其它断块。断块西南部位受断层水影响，同断块东部相比，周期产油、油汽比及回采水率较高，生产时间较长。

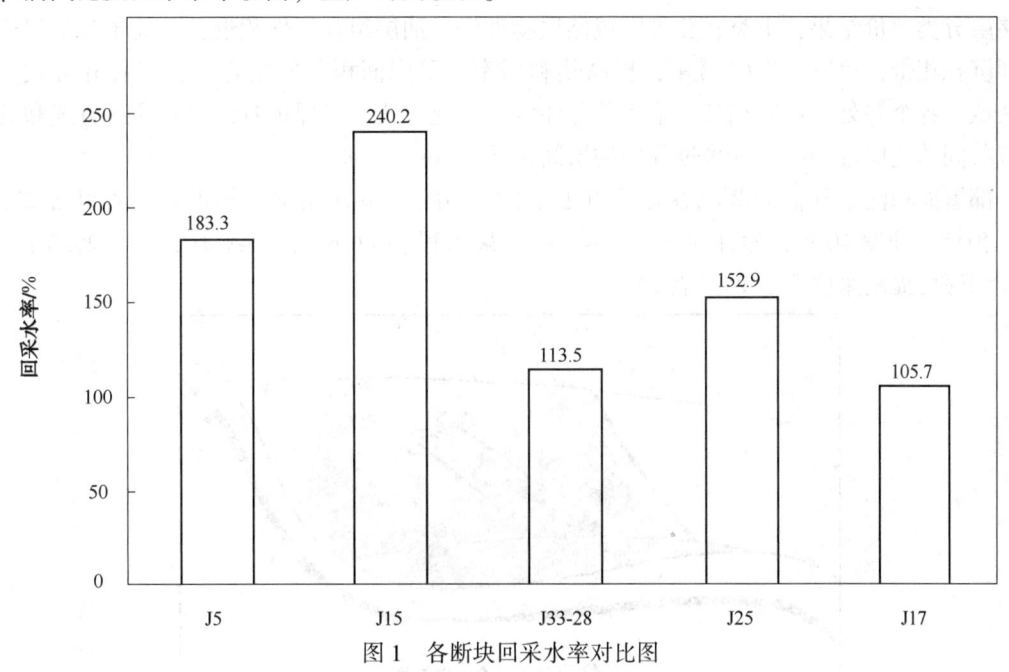

图1 各断块回采水率对比图

2.4 构造条件分析

J17断块目的油层顶面构造为四面断块封闭的北东东倾单斜构造，构造面积约0.3km²，构造高点位于015-29井处，高点埋深972m，地层倾角7°~10°；从构造上看，当把气体注到构造上倾部位,并以低速驱替,使重力足以维持密度较小的溶剂与原油分离,以便抑制指进形成,从而提高波及效率[6];另外 J17 断块构造完整、断块封闭(图2),适合注空气吞吐。

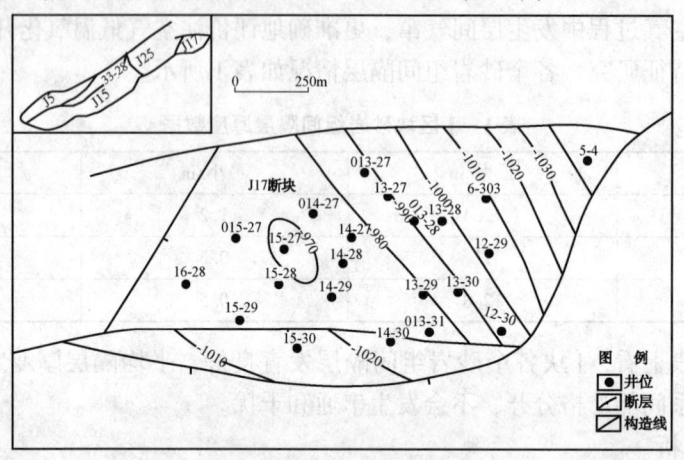

图 2　J17 块 X I 顶构造图

根据上述条件,选择构造较为完整、断块封闭、油层厚度大、剩余油相对富集、边底水侵入程度低的 J17 断块区做为注空气试验区。

2.5　油藏层位适应性分析及井网组合方式选择

针对 J 块储层水淹程度高、非均质性严重的特点,不适合整体注气开发,通过综合储层物性、非均质性等参数以小层为单元进行储层分类评价。

根据储层分类评价结果,对 J 块试验区适应于注空气的油藏层系进行分析。根据各砂岩组储层分类评价结果,Ⅰ类、Ⅱ类区域储层物性好,油层组合特性相近,且处于分流河道等有利沉积相带,可减弱汽(气)窜,提高热利用率,采用面积井网组合注空气吞吐方式。Ⅲ类区域,各个井处于不同相带,采用单井注空气吞吐方式。可保证各油层对注气方式和井网具有共同的适应性,减少开采过程中的层间矛盾[7]。

部署面积注空气辅助蒸汽吞吐井组 1 个(5 口井),单井注空气辅助蒸汽吞吐 5 口(图3)。预计可开发 10 年,累计油汽比 0.4,阶段采出程度 11.6%,最终采出程度 29.3%。较吞吐到底可提高采收率 3.2%(表2)。

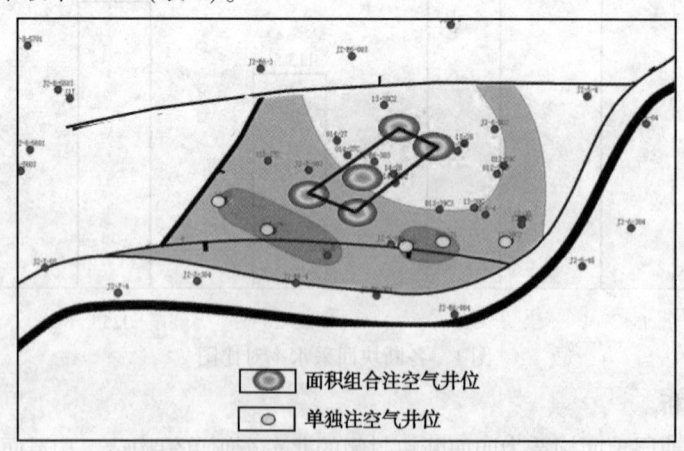

图 3　J 块注空气辅助蒸汽吞吐井组部署图

表 2 注空气辅助蒸汽吞吐开发指标预测结果表

年度	年注蒸汽/10⁴t	年注空气/10⁴t	年产油/10⁴t	含水率/%	油汽比	采油速度/%	采出程度/%
1	1.68	201.60	0.80	84.3	0.48	1.22	20.44
2	1.68	201.60	0.76	85.0	0.45	1.16	21.59
3	1.68	201.60	0.73	85.5	0.43	1.11	22.70
4	1.68	201.60	0.70	86.1	0.42	1.07	23.77
5	1.68	201.60	0.68	86.6	0.40	1.03	24.80
6	1.68	201.60	0.65	87.3	0.39	0.99	25.79
7	1.68	201.60	0.63	87.7	0.37	0.96	26.75
8	1.68	201.60	0.60	88.3	0.35	0.91	27.66
9	1.68	201.60	0.56	89.1	0.33	0.86	28.51
10	1.68	201.60	0.54	89.5	0.32	0.82	29.33
合计	16.8	2016	6.65	86.9	0.40	1.01	29.33

3 结论

（1）通过对油藏地质特征及储层特征进行分析，总结了注空气辅助蒸汽吞吐油藏适应性条件，即目的地上下隔层发育、地质倾角较缓、水淹程度较弱、断块封闭的区块更有利于提高开发效果。

（2）注空气辅助蒸汽吞吐开采技术具有气源广、操作成本低、注入能力强、空气驱油效率高、储量动用程度大等优势，具有广泛应用潜力。

（3）蒸汽吞吐仍是热采稠油的主体开发方式，注空气辅助蒸汽吞吐为吞吐后期无方式接替的普通稠油油藏提高采收率提供借鉴。

参 考 文 献

[1] 张旭，刘建仪，易洋，等. 注气提高采收率技术的挑战与发展——注空气低温氧化技术[J]. 特种油气藏，2006，13(1)：6-9.

[2] 杨占红. 吐哈盆地鄯善油田轻质油藏注空气开发机理研究[J]. 油气地质与采收率，2005，12(1)：68-70.

[3] 刘中春，高振环，夏惠芬，等. 油藏注气开发的基本条件[J]. 大庆石油学院学报，1997，21(1)：38-41.

[4] 郎宝山. 稠油注空气辅助蒸汽吞吐机理认识与实践[J]. 当代化工，2014，10(5)：2122-2124.

[5] 许涛，李星，徐红梅. 蒸汽吞吐后期剩余油分布规律研究[J]. 石油天然气学报(江汉石油学院学报)，2011，33(3)：333-335.

[6] 陈熙. 封闭断块油藏注空气提高采收率适应性研究[J]. 价值工程，2011，22：31-35.

优化型灰色关联分析在录井
含油气性判别中的应用

苏 凯，官大勇，李 才，刘朋波，张宏国，任 健

(中海石油(中国)天津分公司渤海石油研究院，天津 300459)

摘 要 在原始的灰色关联度分析的理论基础上，针对录井参数的特点，考虑到原始灰色关联分析无量纲化过程中去除的数据大小属性是录井中至关重要的信息。基于此，本文提出的优化型灰色关联分析针对仅依据曲线相似性来衡量关联性大小的局限性，借鉴评价数学向量相等的思想，引入模大小关联度建立了更完善的参数序列空间相似性的评价体系。考虑到不同油品性质的原油录井参数规律性具有一定的差异性，在优选出包括气测全量、生烃潜量、液态烃类含量、油产率指数以及地化亮点在内的五个能较好反映含油气性的参数，利用该方法针对轻质原油建立了标准序列，在蓬莱某构造后续的评价中该方法在录井含油气性判断中具有良好的应用效果，可将待判储层与标准序列进行批量分析，快速、准确的最大化利用录井参数进行含油气性判别，为录井参数的定量化分析提供了新的思路。

关键词 灰色关联分析；模大小关联度；模权重系数；录井含油气性判别

储层流体性质的识别与评价是油气勘探开发研究工作中的重要环节之一。岩芯、岩屑、钻井液是井下信息的直接携带者，是在破坏地层原始状态的第一时间获取的信息，其可靠性是毋庸置疑的。所以录井资料是目前油、气、水层综合分析和评价的基础。在录井阶段如何能最大化的提炼录井参数信息，提高油、气、水层解释评价的准确性，对于快速决策下步资料录取、解决测井疑难以及节约试油成本等均具有重要现实意义。

随着录井技术的不断发展完善，涌现出大量的录井方法，气测录井通过监测返回地面的泥浆所含的烃类含量及各组分的含量比例，定性判别油、气、水层。地化录井是通过求取储层单位体积的含烃量来判别油、气、水层。不同录井技术给我们提供了大量的参数，这些参数在反映储集层含油气性与物性方面各有侧重，哪些参数能够比较好的反映含油气性是值得考量的问题。另外在录井资料的利用过程中，常规解释主要依靠曲线对比或图版分析，很多单井解释工作往往在完井资料整理阶段才能完成，区域性的解释模板建立过程中更是随着评价井进行实时的调整。值得注意的还有，受限于图版这种型式的自身特性，一般都是选取两参数或者参数的变种进行投点，能够利用到的录井信息比较局限。可以看到目前录井解释评价所依靠的采集和分析资料，其标准化、定量化程度较低，大多数的单项解释技术还是建立在定性判断基础上，随着勘探水平的不断提高，录井阶段的储层含油气性判别亟需行之有效的快速定量化分析方法。

地质学数据分析常用的定量化方法包括概率统计和模糊数学法。其中，概率统计需要比较大的样本量而且数据需要服从某种典型分布，而模糊数学法则是主观性的赋予原始数据某

种隶属函数，这种隶属函数的合理性难以得到证明的同时可能附加给原始数据错误的信息。由于储层的含油气性具有信息部分明确或不明确的性质，根据录井资料选取合理的评价指标，利用灰色系统理论对储层含油气性进行识别应该是合理判断储层含油气性的较好方法，可以为储层评价提供参考依据。

1　优化型灰色关联分析方法

灰色理论把一般系统论、信息论、控制论的观点和方法延伸到社会、经济、自然等抽象系统，这类系统是包含若干相互关联、相互制约、由任意种类元素组成的、具有某种功能的整体。用来描述其行为的数据本身可能是混乱、无序的，但灰色系统内在必然是整体性的规律有序体(表1)。针对这类系统结合运用数学方法建立的一套解决信息不完备系统的理论和方法就是灰色系统理论，灰色关联分析便是其核心内容之一，该方法针对定性、定量参数各异，部分明确、部分不明确，多因素间无确定映射关系的复杂系统研究，是非常契合地学研究的定量化思路，在圈闭评价、断层分析、储层预测、储盖条件分析、测井解释以及产能评价等方面都有着广泛的应用，促进了勘探开发研究问题定性和定量的结合、定性向定量的发展。

表1　灰色系统理论

类型	模型	信息	性质	结果
黑色		未知	混沌	无解
白色	$y = f(x)$	确切	单一映射	唯一解
灰色		不完全	不确定	多解性

灰色关联度是事物之间、因素之间关联性的"量度"，它基于标准序列与对比序列的微观或宏观几何接近(标准序列既是已知序列的参数信息，而对比序列是多个待识别或待聚类的参数信息)，通过从随机性的序列中找到关联性，为因素分析、预测的精度分析提供依据。如果两比较序列的变化态势基本一致或相似，其同步程度较高，即可以认为两者关联程度较大；反之，两者关联程度较小。

利用录井资料进行灰色关联分析步骤如下：

（1）标准序列、对比序列的确定：选取较好反映含油气性的录井参数，建立参考序列 $X_i = \{x_i(1), x_i(2), x_i(k), \cdots\cdots\}$，比较序列 $Y_j = \{y_j(1), y_j(2), y_j(k), \cdots\cdots\}\cdots\cdots$，以图1中数据为例简要介绍优化型灰色关联分析的计算过程。

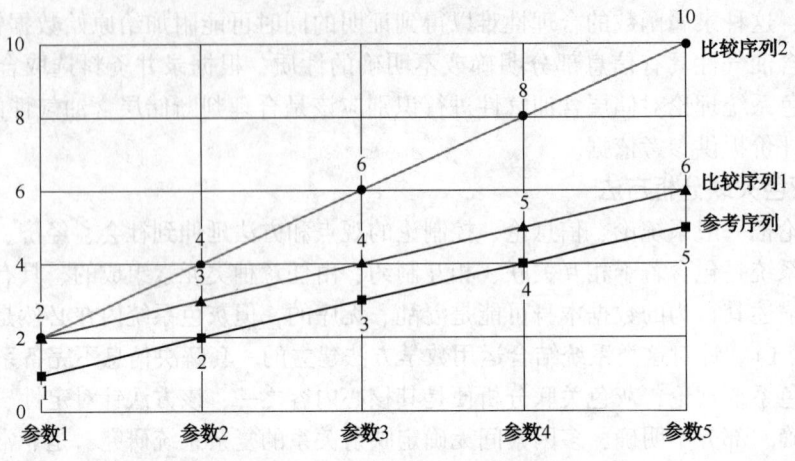

图 1　灰色关联分析参数序列

(2) 归一化处理: 由于参数序列中各因子的物理意义不同, 为了使序列之间能够进行有效对比, 需要对原始数据消除量纲和合并数量级处理。常用的方法为极差变换法, 其计算公

式为: $x'_{ij} = \dfrac{x_{ij} - x_{jmin}}{x_{jmax} - x_{jmin}}$, 图 1 中 $\begin{vmatrix} 1 \\ 2 \\ 3 \\ 4 \\ 5 \end{vmatrix}$ 等三个序列经变换均变为 $\begin{vmatrix} 0 \\ 0.25 \\ 0.5 \\ 0.75 \\ 1 \end{vmatrix}$ 。

(3) 求两极最小差和最大差: 计算每个点标准序列与比较序列差的绝对值 $\Delta_{ij}(k) = |y_j(k) - x_i(k)|$, $\Delta_{max} = \max_i \max_k |y_j(k) - x_i(k)|$, $\Delta_{min} = \min_i \min_k |y_j(k) - x_i(k)|$, 例中两级级差计算结果均为 0。

(4) 求关联系数及关联度:

关联系数 $\varepsilon_i(k) = \dfrac{\min_{min} |x_0(k) - x_i(k)| + \rho \max_{max} |x_0(k) - x_i(k)|}{|x_0(k) - x_i(k)| + \rho \max_{max} |x_0(k) - x_i(k)|}$, 式中 ρ 是分辨系数, $\rho \in [0, 1]$, 一般取 0.5, 由于关联系数数目较多, 信息过于分散, 为了便于比较, 可对关联系数采用加权方法求取关联度 $\varepsilon = \dfrac{1}{N} \sum_{i=1}^{N} \varepsilon_i(k)$ 。本例中两个比较序列与标准序列的关联度计算结果均为 1。

从计算结果中可以看出目前建立各种灰色关联度量化模型的理论基础比较狭隘, 单纯从曲线趋势相似程度出发旨在求取参数序列之间的关联程度, 该方法在数据无量纲化过程中去除了数据大小属性, 而数据相对大小恰恰是录井中非常重要的信息, 本文借鉴评价数学向量相等的思想, 引入模大小关联度对原始的灰色关联分析进行优化, 以建立更完善的参数序列空间相似性的评价体系。

另外, 由于模大小关联度也是旨在评价子序列与标准序列之间相似性的参数, 子序列相比标准序列过大或者过小都会导致计算得到的关联度较小, 为了进一步凸显出子序列模大小的优势, 后期又加入模权重系数实现对该参数的最终完善。

(5) 模大小关联度与模权重系数

$$模大小 = \sqrt{\sum_{j=1}^{N} x_j^2}$$

$$模大小关联度\ \delta_i(k) = \frac{x_i}{x_{i\,max}} \times \frac{min_{min}\,|\,x_0(k)-x_i(k)\,| + \rho max_{max}\,|\,x_0(k)-x_i(k)\,|}{|\,x_0(k)-x_i(k)\,| + \rho max_{max}\,|\,x_0(k)-x_i(k)\,|}$$，引入模

权重系数后两个比较序列与标准序列的模大小关联度分别为 0.280、0.407；

（6）最终关联度

最终关联度为原始灰色关联分析方法的趋势关联度与模大小关联度的乘积。例中计算得到的最终关联度分别为 0.280、0.407。显然，加入模权重之后的关联度能够更好的适用于录井含油气性判别。

2　录井参数处理与优选

在完成对灰色关联分析进行优化之后，需要对大量的录井参数进行分析和优选，参与到上述的计算模型中。考虑到不同油品性质录井参数存在一定的差异性，通过环渤中凹陷 17 口轻质油探井（密度 0.81~0.85）筛选出馆陶组、东营组 1091 组录井参数序列进行分析。

以钻井液为载体的气测录井受钻井情况影响较大（图 2），以 T_g（气测全量）为例在使用气测参数之前需要对其进行校正。本文选用常用的参数比值法对原始气测录井参数进行了处理，筛选出每口井泥岩气测录井参数的数据并去除前 10% 以及后 10% 的极值，利用剩余数据的平均值作为背景值对原始数据进行校正。

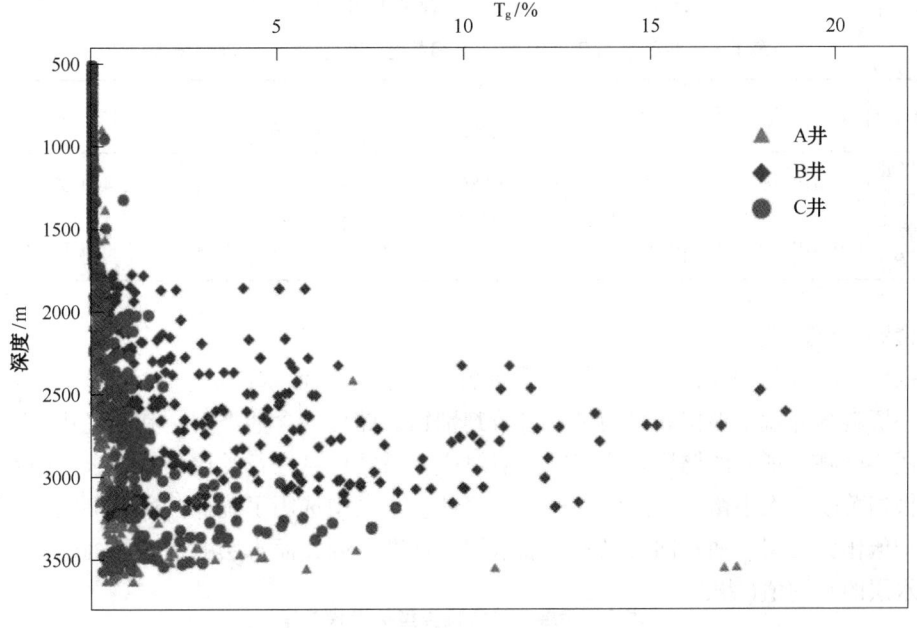

图 2　不同钻井条件下气测录井参数差异性

之后利用 SPSS 软件针对 12 项录井参数与测井解释结果进行相关性回归以及误差分析，最终优选出 5 个与含油气性相关性最大的参数（图 3，表 1），包括 T_g（气测全量）、P_g（生烃潜量）、S_1（液态烃类含量）、OPI（油产率指数）以及地化亮点 $[(S_0+S_1)P_g/S_2]$，参与优化型灰色关联分析计算。

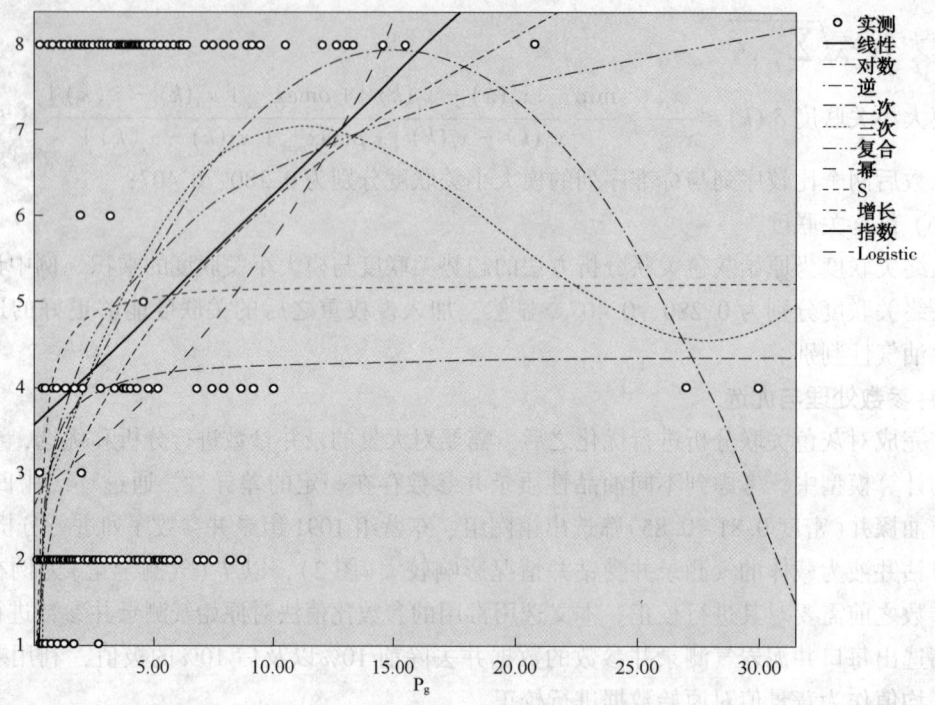

图 3　录井参数与测井解释结果相关性回归图

表 1　录井参数与测井解释结果相关性回归及误差分析数据表

回归分析		T_g	P_g	S_1	OPI	地化亮点	烃气平衡	烃气湿度比	烃气轻密度比值	烃气重密度比值	WH	BH	CH	测井解释
测井解释	皮尔逊相关性	0.590	0.549	0.472	0.485	0.518	0.086	0.208	0.371	−0.157	0.234	0.092	−0.196	1
	显著性(双尾)	0.000	0.000	0.000	0.000	0.000	0.142	0.000	0.000	0.007	0.000	0.117	0.001	

3　录井含油气性判别

　　根据储层的含油程度,可把储层的含油性分为油层、油水同层、含油水层等不同的类型,录井资料解释就是根据获得的录井参数判别钻遇储层的含油类型。利用优化型灰色关联分析方法将已测试证实的储层与待识别储层对应的录井信息进行类比分析,求得两者间的关联度,根据关联度大小衡量待判储层的含油气性。本文中选用了统计井所有测试层位的录井序列平均值作为油层、油水同层以及含油水层的标准序列,而水层的标准序列则选用所有测井解释水层的平均值(表 2)。

表 2　储层含油气性类型标准模式库

储层含油气性	录井参数类型				
	T_g	P_g	S_1	OPI	地化亮点
油层	5.416	8.560	5.824	0.672	3.567
油水同层	3.730	3.359	2.196	0.539	2.831
含油水层	1.615	2.153	1.596	0.467	2.251
水层	0.309	0.433	0.089	0.236	0.450

为了验证优化型灰色关联分析在录井含油气性判别中的效果，本文对蓬莱某构造的后续评价井中进行了应用，并将将识别结果与测井解释结果进行对比分析（表3）。对比分析表明，在121个待判储层中，44个油层中成功识别37层，正判率为84%，且识别错误的层中经统计有4层厚度小于2m，这是由于薄层油层的录井反映较差，录井各项参数的大小和规律性辨识度均较差。与油层相比，油水同层、含油水层的识别效果相对较差，在77层中成功识别出52层，正判率为68%，油水同层与含油水层在录井乃至测井中都较难区分，尤其当其邻近上覆油层时，相邻的含油气类型之间会互相影响，录井结果常朝着含油饱和度更高的倾向偏移。总的来说，优化型灰色关联分析在录井含油气判断中具有良好的识别效果。

表3 判识结果与测井解释结果对比分析

层号	储层含油气性				判识结果	测井结果
	油层	油水同层	含油水层	水层		
1	0.387	0.300	0.142	0.098	油层	油层
2	0.303	0.305	0.302	0.206	油水同层	油水同层
3	0.383	0.300	0.125	0.092	油层	油层
4	0.370	0.311	0.079	0.058	油层	油层
5	0.100	0.121	0.796	0.658	含油水层	含油水层
6	0.074	0.087	0.936	0.800	含油水层	含油水层
7	0.348	0.315	0.313	0.204	油层	油层
8	0.029	0.038	0.608	0.822	水层	含油水层
9	0.054	0.069	0.737	0.547	含油水层	含油水层
10	0.365	0.245	0.303	0.244	油层	油层
11	0.352	0.260	0.089	0.083	油层	油层
12	0.281	0.373	0.251	0.193	油水同层	油水同层
13	0.228	0.372	0.256	0.205	油水同层	油层
14	0.365	0.270	0.102	0.086	油层	油层
15	0.411	0.268	0.172	0.140	油层	油层
16	0.240	0.352	0.353	0.219	含油水层	油层
17	0.369	0.285	0.141	0.126	油层	差油层
18	0.690	0.310	0.085	0.081	油层	差油层
19	0.499	0.236	0.088	0.084	油层	差油层
20	0.327	0.296	0.152	0.126	油层	差油层
21	0.601	0.369	0.070	0.056	油层	油层
22	0.115	0.676	0.563	0.357	油水同层	油水同层
23	0.680	0.388	0.098	0.071	油层	油层
24	0.086	0.126	0.575	0.406	含油水层	含油水层
25	0.653	0.370	0.092	0.076	油层	油层
26	0.467	0.453	0.178	0.097	油层	油层
27	0.497	0.426	0.180	0.107	油层	油层

续表

层号	储层含油气性				判识结果	测井结果
	油层	油水同层	含油水层	水层		
28	0.143	0.229	0.532	0.313	含油水层	油水同层
29	0.163	0.252	0.474	0.247	含油水层	含油水层
30	0.288	0.391	0.244	0.154	油水同层	油水同层
31	0.356	0.452	0.171	0.108	油水同层	油水同层
32	0.542	0.281	0.086	0.076	油层	油层
33	0.316	0.262	0.168	0.143	油层	油水同层
34	0.407	0.370	0.124	0.093	油层	油水同层
35	0.432	0.270	0.061	0.056	油层	油层
36	0.478	0.377	0.126	0.089	油层	差油层
37	0.204	0.454	0.176	0.126	油水同层	油水同层
38	0.041	0.070	0.104	0.101	含油水层	油水同层
39	0.135	0.271	0.329	0.195	含油水层	油水同层
40	0.096	0.188	0.367	0.276	含油水层	差油层
41	0.505	0.226	0.093	0.090	油层	油层
42	0.524	0.237	0.096	0.090	油层	油层
43	0.140	0.300	0.252	0.170	油水同层	油水同层
44	0.163	0.368	0.222	0.150	油水同层	油水同层
45	0.076	0.129	0.539	0.285	含油水层	差油层
46	0.329	0.266	0.205	0.186	油层	油层
47	0.079	0.111	0.596	0.361	含油水层	含油水层
48	0.041	0.053	0.269	0.630	水层	含油水层
49	0.027	0.033	0.222	0.513	水层	含油水层
50	0.084	0.116	0.550	0.309	含油水层	含油水层
51	0.139	0.230	0.390	0.161	含油水层	油层
52	0.069	0.095	0.469	0.451	含油水层	含油水层
53	0.041	0.051	0.365	0.734	水层	含油水层
54	0.077	0.109	0.775	0.266	含油水层	含油水层
55	0.415	0.490	0.080	0.046	油水同层	含油水层
56	0.504	0.449	0.068	0.041	油层	含油水层
57	0.366	0.293	0.132	0.112	油层	含油水层
58	0.080	0.103	0.724	0.470	含油水层	含油水层
59	0.348	0.301	0.070	0.061	油层	油层
60	0.079	0.106	0.754	0.462	含油水层	含油水层
61	0.295	0.280	0.265	0.202	油层	油层
62	0.261	0.272	0.279	0.217	含油水层	含油水层

层号	储层含油气性				判识结果	测井结果
	油层	油水同层	含油水层	水层		
63	0.320	0.281	0.337	0.197	含油水层	含油水层
64	0.385	0.300	0.103	0.091	油层	油水同层
65	0.553	0.343	0.081	0.077	油层	含油水层
66	0.155	0.282	0.368	0.265	含油水层	含油水层
67	0.309	0.463	0.206	0.151	油水同层	含油水层
68	0.221	0.462	0.260	0.198	油水同层	含油水层
69	0.087	0.138	0.768	0.457	含油水层	含油水层
70	0.563	0.402	0.141	0.103	油层	含油水层
71	0.074	0.112	0.734	0.639	含油水层	含油水层
72	0.551	0.376	0.126	0.113	油层	含油水层
73	0.303	0.305	0.387	0.154	含油水层	含油水层
74	0.400	0.431	0.174	0.132	油水同层	含油水层
75	0.107	0.196	0.433	0.217	含油水层	含油水层
76	0.446	0.472	0.093	0.057	油水同层	含油水层
77	0.086	0.151	0.611	0.271	含油水层	含油水层
78	0.041	0.067	0.326	0.644	水层	含油水层
79	0.344	0.504	0.117	0.064	油水同层	含油水层
80	0.344	0.519	0.114	0.069	油水同层	含油水层
81	0.073	0.119	0.564	0.461	含油水层	含油水层
82	0.082	0.137	0.630	0.283	含油水层	含油水层
83	0.524	0.497	0.098	0.066	油层	油层
84	0.595	0.425	0.071	0.049	油层	油层
85	0.301	0.713	0.145	0.083	油水同层	油层
86	0.070	0.141	0.689	0.436	含油水层	含油水层
87	0.389	0.294	0.202	0.145	油层	油层
88	0.130	0.290	0.455	0.178	含油水层	油层
89	0.417	0.329	0.115	0.078	油层	油层
90	0.072	0.138	0.656	0.380	含油水层	含油水层
91	0.146	0.341	0.385	0.159	含油水层	含油水层
92	0.181	0.444	0.447	0.161	含油水层	含油水层
93	0.071	0.095	0.837	0.553	含油水层	含油水层
94	0.090	0.119	0.718	0.434	含油水层	含油水层
95	0.449	0.358	0.173	0.134	油层	油层
96	0.150	0.260	0.294	0.201	含油水层	含油水层
97	0.118	0.171	0.490	0.335	含油水层	含油水层

续表

层号	储层含油气性				判识结果	测井结果
	油层	油水同层	含油水层	水层		
98	0.104	0.168	0.507	0.268	含油水层	含油水层
99	0.077	0.119	0.614	0.396	含油水层	含油水层
100	0.105	0.150	0.562	0.381	含油水层	油层
101	0.466	0.324	0.066	0.059	油层	油层
102	0.602	0.344	0.122	0.101	油层	油层
103	0.436	0.293	0.162	0.132	油层	油层
104	0.196	0.200	0.273	0.211	含油水层	含油水层
105	0.090	0.122	0.518	0.381	含油水层	含油水层
106	0.138	0.199	0.403	0.296	含油水层	含油水层
107	0.257	0.201	0.066	0.055	油层	油层
108	0.138	0.199	0.395	0.287	含油水层	含油水层
109	0.309	0.202	0.171	0.135	油层	油层
110	0.305	0.198	0.169	0.136	含油水层	含油水层
111	0.074	0.098	0.694	0.486	含油水层	含油水层
112	0.253	0.261	0.244	0.187	油水同层	含油水层
113	0.154	0.126	0.389	0.337	含油水层	含油水层
114	0.065	0.071	0.741	0.629	含油水层	含油水层
115	0.036	0.039	0.896	0.853	含油水层	含油水层
116	0.122	0.105	0.507	0.439	含油水层	含油水层
117	0.165	0.136	0.425	0.363	含油水层	含油水层
118	0.040	0.043	0.866	0.737	含油水层	含油水层
119	0.448	0.339	0.253	0.231	油层	油层
120	0.227	0.203	0.078	0.070	油层	油层
121	0.207	0.180	0.151	0.134	含油水层	含油水层

4　结论

储层含油气性是准确地评价和预测油气田开发前景以及制定开发方案的重要评价参数。其中录井技术是直接获取井下信息的可靠手段。为了更有效地利用录井信息来识别储层含油气性，提高资料的定量化水平，区别于利用少量的录井参数进行简单代数组合的方式，本文针对录井参数的特点引入了模大小关联系数以及模权重系数对原始灰色关联分析方法进行了优化，在优选出的能有效反映含油气性参数之后，利用优化型灰色关联分析对储层含油气性进行了多参数信息综合识别。

通过已证实的储层与待识别储层对应的录井资料进行优化型灰色关联分析，可以得到已证实储层与待识别储层的关联度，实现对待识别储层含油气性的识别。在蓬莱某油田的应用结果表明，优化型灰色关联分析的储层含油气性识别方法能够实现快速批量计算，识别效果较好，可以快速为储层含油气性分析提供参考依据。

参 考 文 献

[1] 郎东升，岳兴举．油气水层定量评价录井新技术[M]．石油工业出版社，2004．

[2] 张卫，郑春山，张新华．国外录井技术新进展及发展方向[J]．录井工程．2012(01)：1-4．

[3] 李素梅，庞雄奇，刘可禹，等．东营凹陷原油、储层吸附烃全扫描荧光特征与应用[J]．地质学报．2006，80(3)：439-445．

[4] 方锡贤，王旭波，吴振强，等．不同录井资料在储集层物性和含油气性上的反映[J]．录井工程．2015(01)：40-45．

[5] 侯平，史卜庆，郑俊章，等．应用录井资料综合判别油、气、水层方法[J]．录井工程．2008(03)：1-8．

[6] 宋立春．油气层录井的精细解释方法——以吉林探区为例[J]．世界地质．2009(01)：92-97．

[7] 杨思通，孙建孟，马建海，等．低孔低渗储层测录井资料油气识别方法[J]．石油与天然气地质．2007(03)：407-412．

[8] 朱根庆，黄志林，邹克元．数学录井理论的建立及应用前景探讨[J]．录井工程．2011(04)：5-11．

[9] 孙鹏霄．灰色关联方法的分析与应用[J]．数学的实践与认识．2014(01)：97-101．

[10] 刘思峰，杨英杰，吴利丰．灰色系统理论及其应用[M]．科学出版社，2014．

[11] 连承波，钟建华，李汉林，等．气测参数信息的提取及储层含油气性识别[J]．地质学报．2007(10)：1439-1443．

[12] 连承波，钟建华，李汉林，等．基于气测资料的储层含油气性灰色关联识别[J]．西南石油大学学报．2007(06)：68-70．

[13] 刘洪杰，戴卫华，邱婷．常规稠油油藏初期产能分布规律的灰色关联分析[J]．石油地质与工程．2011，25(2)：49-51．

[14] 潘和平，樊政军，马勇．低阻油气层识别方法研究[J]．天然气工业．2006，26(2)：66-68．

[15] 连承波，李汉林，钟建华，等．基于灰色关联分析的储层含油气性气测解释方法[J]．中国石油大学学报：自然科学版，2008(01)：29-32．

[16] 孙才志，宋彦涛．关于灰色关联度的理论探讨[J]．世界地质．2000，19(3)：248-252，270．

[17] 苏国英．地化气测录井资料在油水层识别中的应用[J]．测井技术．2006(06)：551-553．

[18] 方锡贤，王旭波，吴振强，等．不同录井资料在储集层物性和含油气性上的反映[J]．录井工程．2015(01)：40-45．

[19] 侯平，史卜庆，郑俊章，等．应用录井资料综合判别油、气、水层方法[J]．录井工程．2008(03)：1-8．

[20] 李战奎，罗鹏，苑仁国，等．渤中F油田气测录井中气油界面的识别方法[J]．录井工程．2015(03)：70-74．

基于辫状河储层构型的剩余油富集模式研究与应用

林国松，徐中波，申春生，康　凯，刘卫林，李　林，梁世豪

(中海石油(中国)有限公司天津分公司渤海石油研究院，天津　300452)

摘　要　P油田经过十多年的开发，老区块已进入高含水阶段，如何挖潜剩余油成了目前研究的重中之重。本文以P油田1区L102小层为例，综合利用岩芯与测井曲线，将该小层细分为3个单元，并划分沉积微相，进而统计了各微相的储集物性特征，认为心滩与河道砂体均有高孔高渗的特征。在此基础上，充分利用研究区211口井的密井网，展开储层构型研究，作出3张沉积微相平面图，总结出5种砂体连通模式，4种砂体分隔模式，继而在纵向和横向上划分连通体与渗流屏障。同时，以夹层长度、韵律组合特征、夹层位置三个因素为控制因素，选取了18种组合方式进行水淹数值模拟研究，总结了各组合的水淹规律。将水淹规律与生产实例相结合，总结出了3种最主要的剩余油富集模式。套用该模式，结合连通体与渗流屏障，划分了各个沉积单元剩余油富集区。研究结果表明，各时期，断层根部油井间的位置均为较重要的剩余油富集区；由于重力作用，注入水对砂体叠置区下部的储层驱替程度较高，导致其剩余油较少，对上部储层驱替程度较低，使剩余油大量存在；砂体边缘剩余油，往往成窄条带状展布，规模一般较小。

关键词　沉积微相；储层构型；渗流屏障；连通体；水淹规律；剩余油

高含水阶段油田开发研究工作，重点是挖潜剩余油。由于渗流屏障以及连通体在三维空间内纵横交错，加之注采井网的控制，在地层中形成了一套非常复杂的三维驱替网络，而剩余油便存在于这套三维驱替网络的"死角"中。如何利用现有资料精细刻画三维驱替网络，进而找到这些"死角"是我们的重点研究内容。本文以L102储层为例，以储层构型为基础，刻画了渗流屏障以及连通体，同时展开水淹规律研究、剩余油富集模式研究，最终精细刻画了L102小层各单元的剩余油富集区域，为日后剩余油挖潜打下坚实基础。

1　复合砂体划分单元

复合砂体的发育，伴随着沉积与冲刷，保存与破坏。通过岩芯观察并与测井曲线对比，认为上覆砂体对早期沉积物的破坏改造程度可分为3种：轻微切叠、中等切叠、强烈切叠(图1)。因此，复合砂体划分单元，既需要寻找残留的沉积间歇期沉积物(轻微切叠、中等切叠)，也需要综合利用等高程法与测井曲线形态推断时间界面(强烈切叠)。

通过观察全区211口井目的层段的砂体切叠特征，认为L102小层自上而下可划分为3个单元：L102A、L102B、L102C。

2　沉积微相类型与特征

2.1　沉积微相划分

馆陶组早期，P油田沉积类型为辫状河沉积，主要沉积微相为心滩、河道、废弃河道以及河道间湾。

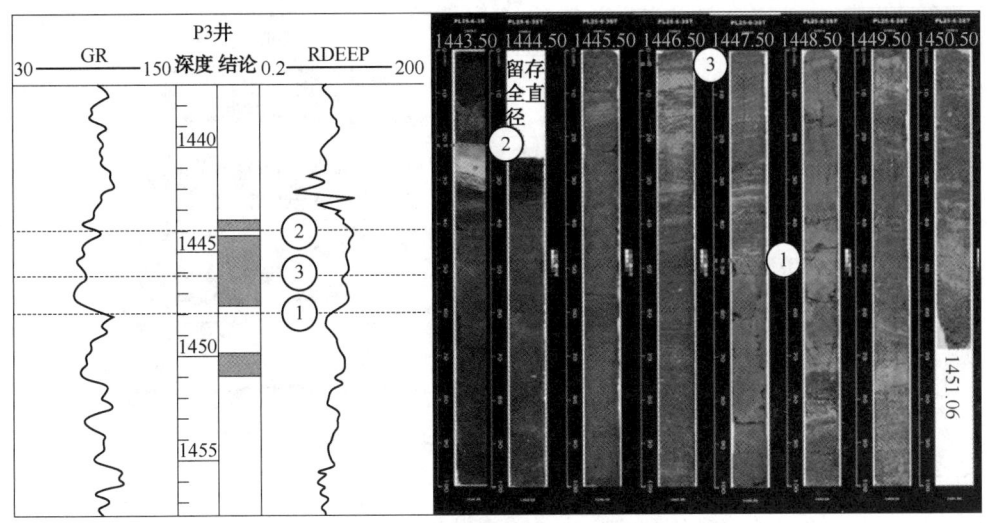

①轻微切叠；②中等切叠；③强烈切叠

图 1　岩芯-测井界面对比图

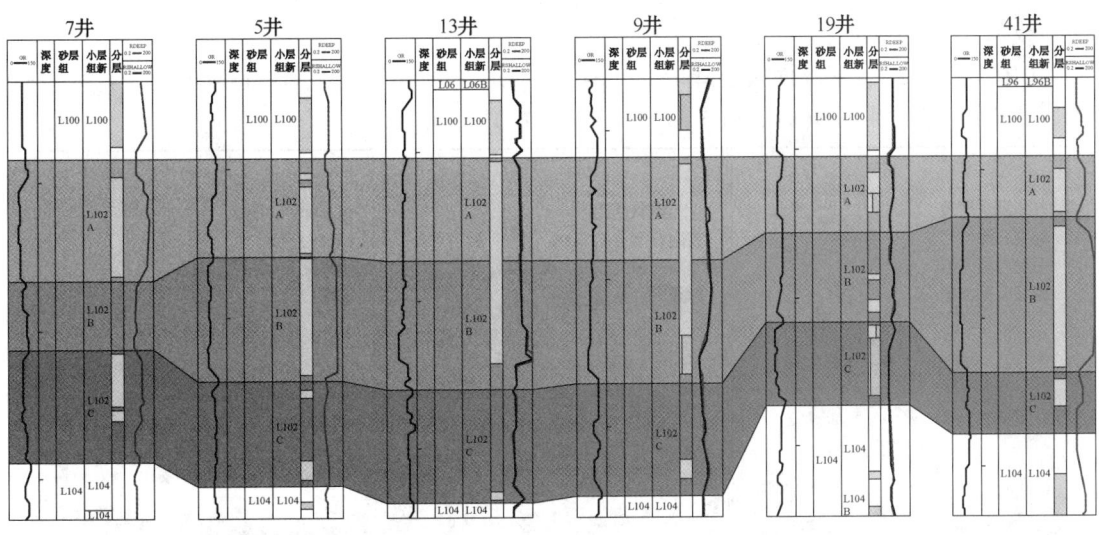

图 2　L102 小层格架图

心滩：由于河床坡度大，水动力强，沉积物粒度较粗，一般为中-粗砂岩，或含砾粗砂岩。沉积构造多样，常见大型槽状、板状、楔状交错层理。韵律特征比较复杂，正韵律、反韵律、均质韵律以及复合韵律均有发育。测井曲线上主要显示为箱形、穹隆形。

河道：二元结构中的底层沉积发育，砂砾沉积为主，沉积构造主要为块状构造，韵律特征主要为正韵律。测井曲线以微齿化的钟型为主。

废弃河道：辫状河中废弃河道多被后期河道冲刷，未被冲刷的废弃河道沉积物以粉砂-泥质粉砂岩为主，主要发育于河道沉积的顶部。韵律特征为正韵律，测井曲线以指形或钟形为主，GR 较高。

河道间湾：以泥质为主，可含薄层粉砂质夹层，测井曲线为高 GR 特征。

通过观察岩芯，并与测井曲线对比，总结出一套沉积微相划分对比图版(图 3)。

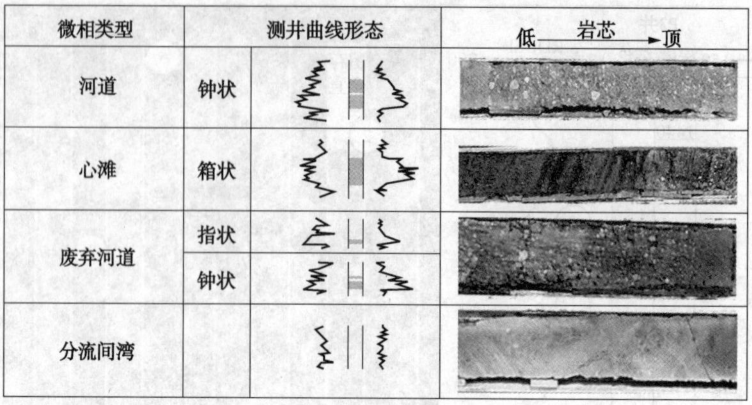

微相类型		测井曲线形态	低———岩芯———顶
河道	钟状		
心滩	箱状		
废弃河道	指状		
	钟状		
分流间湾			

图3　沉积微相岩芯—测井对比图版

2.2　平面沉积特征

以该模板为标准，充分利用研究区内211口井进行单井相分析，结合经典辫状河 A/S 值量化剖面，刻画出该时期的沉积以及演化特征[1]。

L102C：基准面高，$A/S>1$，河道以及间湾微相发育，心滩坝规模小，砂体主要为侧向切叠或孤立[图4(c)]；

L102B-L102A：基准面快速降低，$A/S<1$，河道及间湾发育较少，心滩坝规模较大，砂体切叠连片范围大[图4(a)、(b)]。

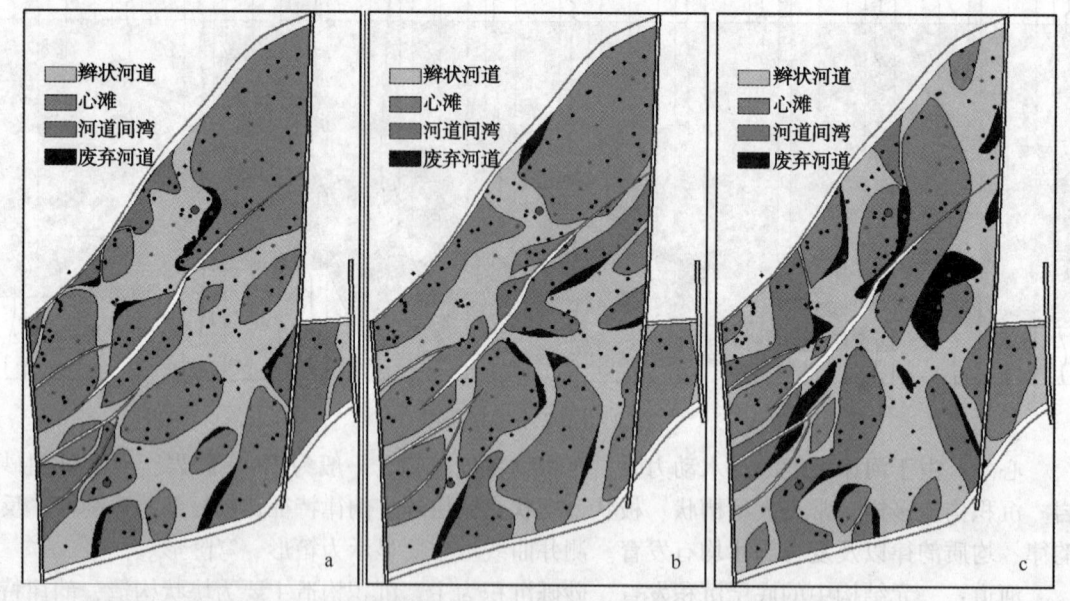

图4　各单元沉积微相平面图

2.3　各微相储集物性特征

通过对目的层段的各个微相孔渗数据进行统计，认为心滩的渗透率区间为500~4500mD，平均2382mD；孔隙度区间为27%~35%，平均孔隙度为29%。河道的渗透率区间为500~2800mD，平均1605mD；孔隙度区间为23%~31%，平均27%。心滩与河道均有高孔高渗的特征。废弃河道物性较差，废弃早期滞留沉积砂体，渗透率区间为50~300mD，平均 207mD；孔隙度区间为 15%~22%，平均 17%，为中孔中渗特征。河道间湾以及废弃河道顶部泥岩，物性差，具有较强封隔性(图 5)。

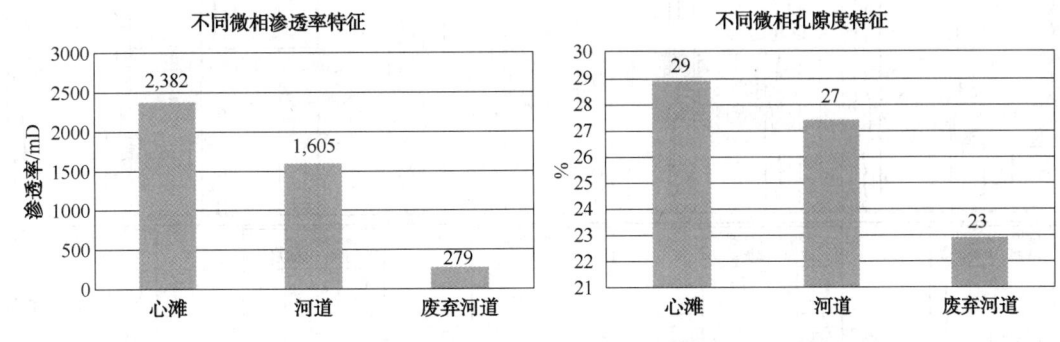

图 5　各微相储集物性对比图

3　储层构型研究

根据 Miall 的 9 级界面的划分方案，本次构型研究以 5 级构型为研究对象。以 L102 小层顶部稳定发育的泥岩为标志层，对连井剖面做拉平处理，参考注水井与采油井的注采连通关系，对河道、心滩、废弃河道、河道间湾的空间展布形态以及接触关系进行刻画[2~5]。通过全区对比，总结出 5 种单砂体连通模式：(1)河道-心滩侧向连通模式；(2)多期河道侧向连通模式；(3)多期河道垂向连通模式；(4)多期心滩侧向连通模式；(5)多期心滩垂向连通模式。总结出 4 种单砂体分隔模式：河道间湾侧向分隔模式；废弃河道侧向分隔模式；断层侧向分隔模式；隔夹层垂向分隔模式。

3.1　砂体连通模式

(1)河道-心滩侧向连通模式：后期河道切叠早期沉积的心滩；或同时期河道侧向切叠心滩。该模式往往伴随强烈切叠，砂体连通性较好(图 6①)。

(2)多期河道侧向连通模式：由于辫状河道摆动频繁，后期河道侧向切叠早期河道，若切叠作用强烈，废弃河道被剥蚀，主河道砂体对接，连通性较好(图 6②)。

(3)多期河道垂向连通模式：由于基准面上升，早期河道废弃，基准面下降后，后期河道在早期河道的基础上强烈切叠。该模式切叠面积一般较大，砂体垂向连通性较好(图 6③)。

(4)多期心滩侧向连通模式：辫状河往往坡度较大，上游水流的侵蚀和下游不断的沉积，往往使心滩逐渐向下游迁移，并伴随左右摆动，导致多期心滩侧向切叠。由于水动力较强，切叠的程度也较强，因此该模式也具有较强的连通性(图 6④)。

(5)多期心滩垂向连通模式：规模较大的心滩，其发育一般较稳定，主要在早期心滩的基础上继承性发育，在经历过强烈的切叠后，各期次的心滩在垂向上叠加，且切叠面积较大，垂向以及侧向连通性较强(图 6⑤)。

3.2　砂体分隔模式

(1)河道间湾侧向分隔模式：河道间湾发育于辫状河道之间，一般成长条带状展布，岩性以泥岩为主。河道间湾泥岩对不同辫流带的砂体具有很强的分隔作用。

(2)废弃河道侧向分隔模式：废弃河道顶部发育泥岩，对砂体的侧向连通性具有一定的影响。但废弃河道底部砂体具有一定的连通性，分隔作用相对较弱。

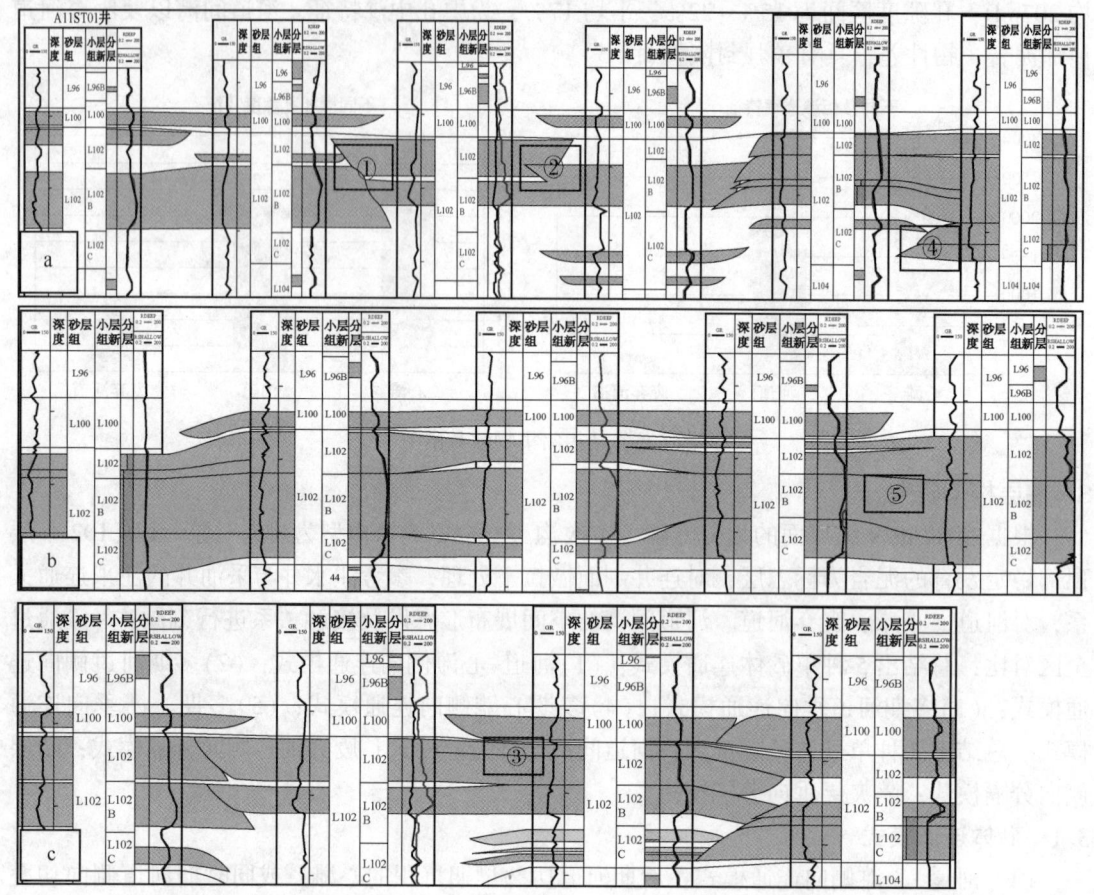

图 6　砂体连通模式图

（3）断层侧向分隔模式：研究区边界以及内部断层均为封闭断层，封堵性强，流体沟通能力弱，分隔了不同断块砂体的连通，是断块间最主要的砂体分隔模式。

（4）隔夹层垂向分隔模式：各个沉积单元末期都伴随着一次沉积间歇期。此时沉积的泥岩虽遭受下一个沉积单元的剥蚀，但是残留的泥岩对垂向上不同沉积单元的砂体仍沟通起到了重要的分隔作用。

4　渗流屏障以及连通体划分

储层系统内，隔挡流体渗流的岩体为渗流屏障。渗流屏障可细分为横向渗流屏障、垂向渗流屏障[6~10]。

横向渗流屏障：基于上述砂体分隔模式分析，认为目的层段横向渗流屏障主要为河道间湾泥岩、废弃河道泥岩、封堵断层(图7)。

L102C 发育大量的河道间湾以及废弃河道，这些横向渗流屏障将 L102C 划分为很多小的横向连通体[图7(c)]。

L102B 河道间湾以及废弃河道发育较少。北部断块整体较为连通，南部断块被分隔为三个连通体[图7(b)]。

L102A 北部断块整体连通性较强，局部废弃河道会阻碍流体运移；南部断块除了边部有规模较大的分流间湾以及废弃河道，主体部位连通性较好[图7(a)]。

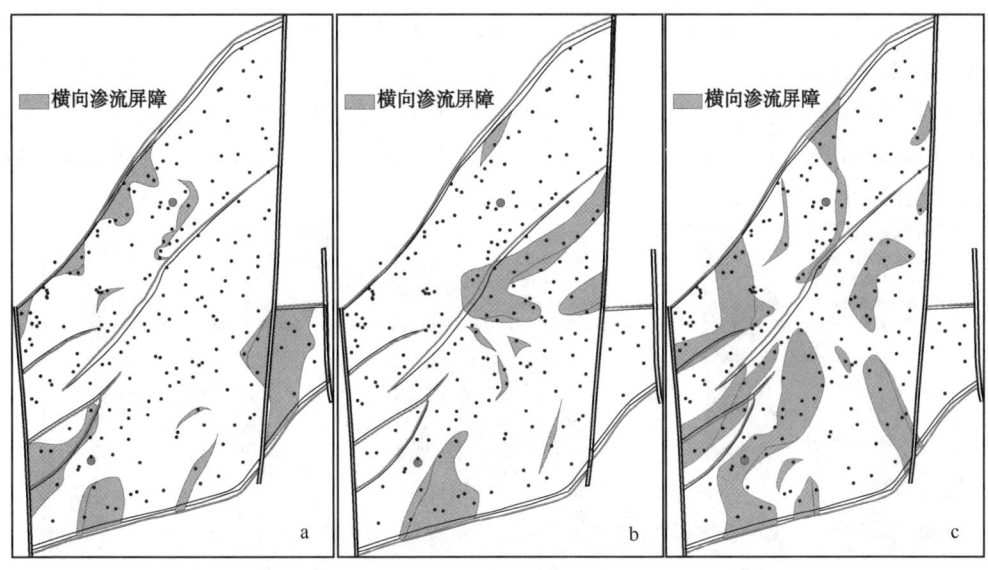

图 7 各单元横向渗流屏障图

垂向渗流屏障：垂向渗流屏障主要为隔夹层。对 L102A、L102B、L102C 之间隔夹层厚度进行统计，做隔夹层厚度等值线图，并在图上标注两套砂体尖灭的范围(图 8)。L102A 对 L102B 的强烈切叠，造成了大片隔夹层被剥蚀，使 L102A–L102B 之间的隔夹层相对较薄，且分布范围相对较小，L102A 与 L102B 砂体垂向上连通范围较大[图 8(a)]；L102B 对 L102C 的剥蚀程度较弱，隔夹层厚度较大，且分布范围广，主要分布在南部断块以及北部断块中部，L102B 与 L102C 砂体在北部断块的东部和西部垂向连通性较强[图 8(b)]。

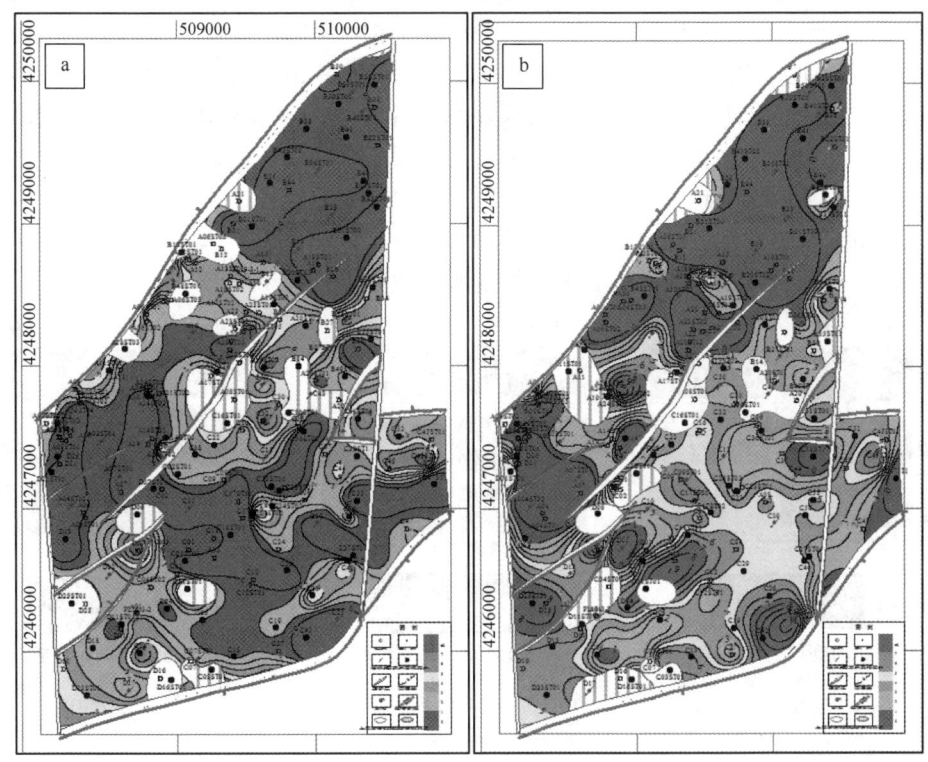

图 8 单元间隔层厚度图

　　横向渗流屏障与垂向渗流屏障共同控制着连通体的形态特征。将二者叠合,可以看出L102A 砂体横向连通性较强,垂向分隔性较强,北部断块东侧和西侧局部,L102A－L102B－L102C 上下连通[图 9(a)]。L102B 砂体横向与垂向分隔性均较弱,纵向上衔接沟通了L102A 与 L102C 砂体[图 9(b)]。L102C 砂体横向分隔性较强,北部断块垂向分隔性较弱,南部断块垂向分隔性强[图 9(c)]。

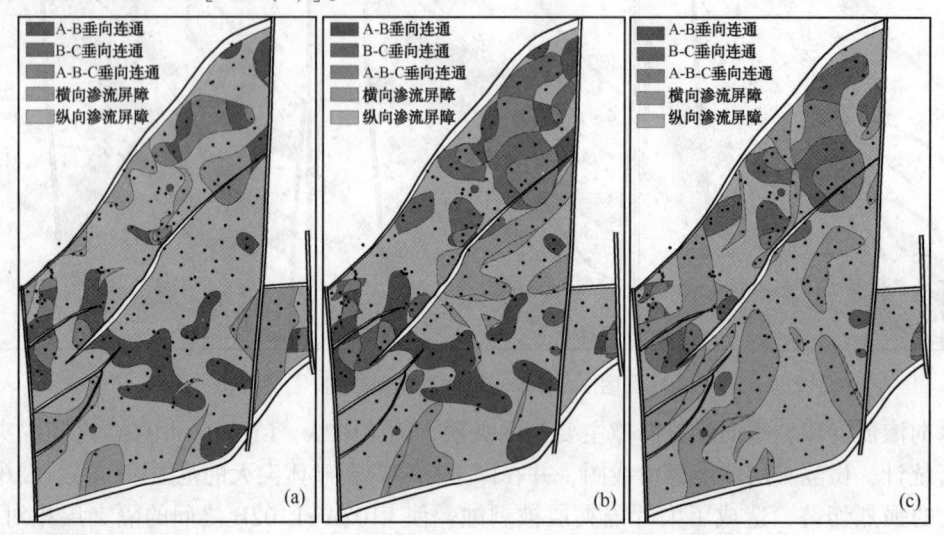

图 9　各单元渗流屏障以及连通体图

5　水淹机理模型(图 10)

　　选取本油田有代表性的 3 类复合韵律砂体开展数模机理研究。机理模型按照夹层长度(1/3 井距、1/2 井距、2/3 井距)、韵律组合特征(上均质下均质韵律、上均质下正韵律、上正韵律下均质韵律)、夹层位置(注水井钻遇夹层、采油井钻遇夹层),细分为 18 类组合,对每种组合的水淹特征进行模拟。模拟结果显示,各韵律组合水淹特征均为底部水淹为主,对于厚层高孔高渗砂体,重力是影响水淹的重要因素。当夹层长度超过 1/2 井距时会产生明显的分层水淹,夹层长度越大,分层水淹越明显,水驱效果越好。当注入水横向运移至砂体切叠区域,由于重力作用,注入水会向下部砂体渗流,影响上层砂体的水驱波及范围。采油井钻遇隔夹层比注水井钻遇隔夹层具有更好的水驱效果。

图 10　水淹机理模型

6 剩余油富集模式

基于 L102 小层实际水淹特征，结合上述水淹机理模型研究，总结出三种剩余油富集模式：砂体边缘剩余油富集模式；断层根部油井间剩余油富集模式；砂体叠前区域上部剩余油富集模式[11]。

6.1 砂体边缘剩余油富集模式

由于辫状河储层非均质性较强，同一微相内不同部位物性存在差异，注入水优先驱替砂体主体区的高孔高渗储层，且极易形成大孔道，致使注入水沿着大孔道进行低效、无效的循环。而砂体边缘物性相对较差，注水很难受效，水淹级别低，剩余油富集(图11)。

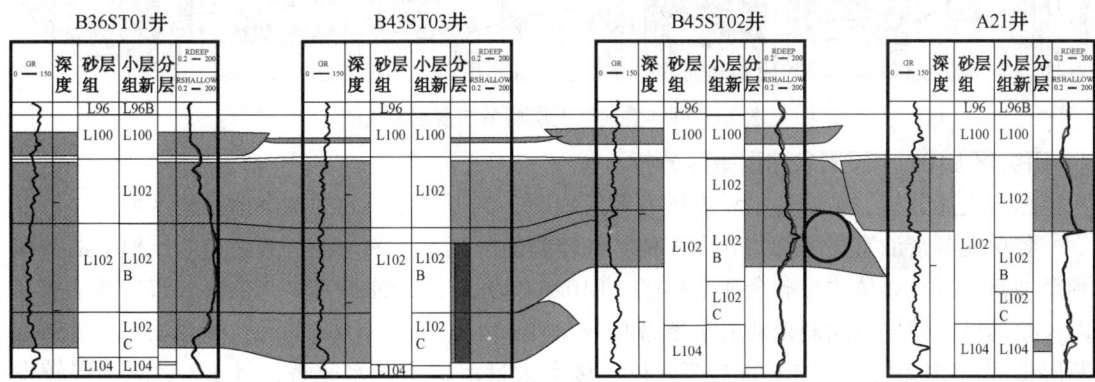

图 11   砂体边缘剩余油富集模式图

6.2 断层根部油井间剩余油富集模式

断层根部油井间的位置，由于断层的侧向分隔作用，且缺少生产井引水，水驱程度低，是重要的剩余油富集区(图12)。

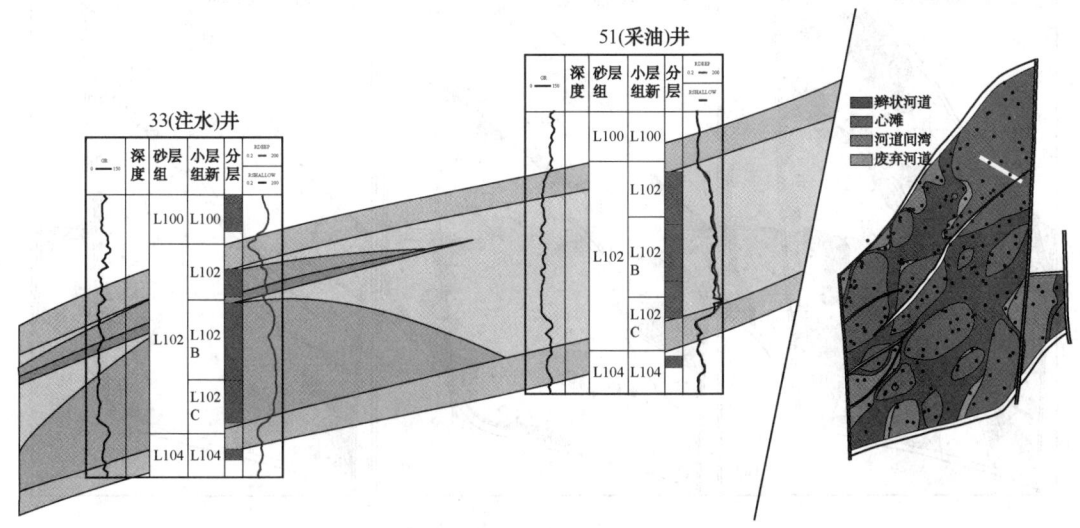

图 12   断层根部油井间剩余油富集模式图

6.3 砂体叠前区域上层剩余油富集模式

通过上述渗流屏障以及连通体划分可以看到，砂体垂向叠置区域分布较为广泛，而砂体叠置区域是沟通上下储层的"天井"。通过实例分析可以看出，在砂体叠置区域，注入水由于重力作用向下部大量分流，造成叠置区前方下层砂体(以下简称叠前区下层砂体)水淹严重；而叠置区前方上层砂体(以下简称叠前区上层砂体)由于注入水分流量较少，水驱效果差，致使未发生水淹或水淹较薄(图13)。

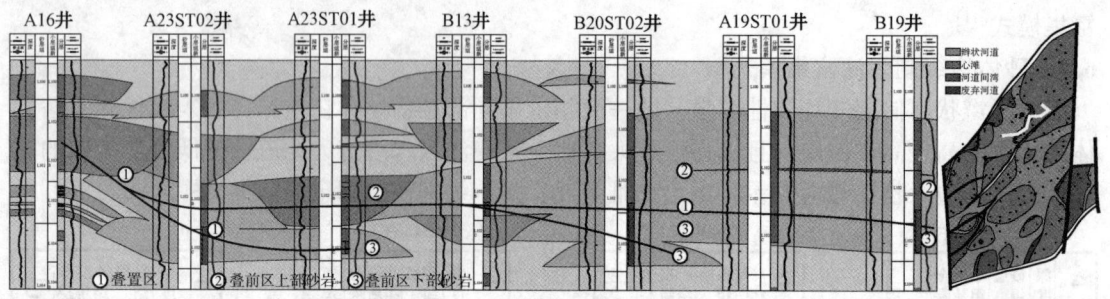

图13　砂体叠前区上层剩余油富集模式图

7　研究区 L102 小层剩余油富集区分析

综合上述分析，结合各单元渗透率等值线图，刻画了各单元的剩余油富集区域。

各单元剩余油富集区域共分为3种：砂体叠前区域上部剩余油富集区、断层根部油井间剩余油富集区、砂体边缘剩余油富集区。L102A 单元，剩余油最富集，主要分布在断层根部以及叠前区，砂体边缘剩余油成窄条带状分布[图14(a)]。L102B 单元，剩余油主要分布在断层根部，L102B 是 L102A 的下部砂体，接受大量上层注入水驱替，且 BC 之间隔层较发育，因此叠前区剩余油大量减少[图14(b)]。L102C 单元，剩余油主要分布在南部断块断层根部，无叠前区剩余油，砂体边缘剩余油零星分布于南部断块[图14(c)]。

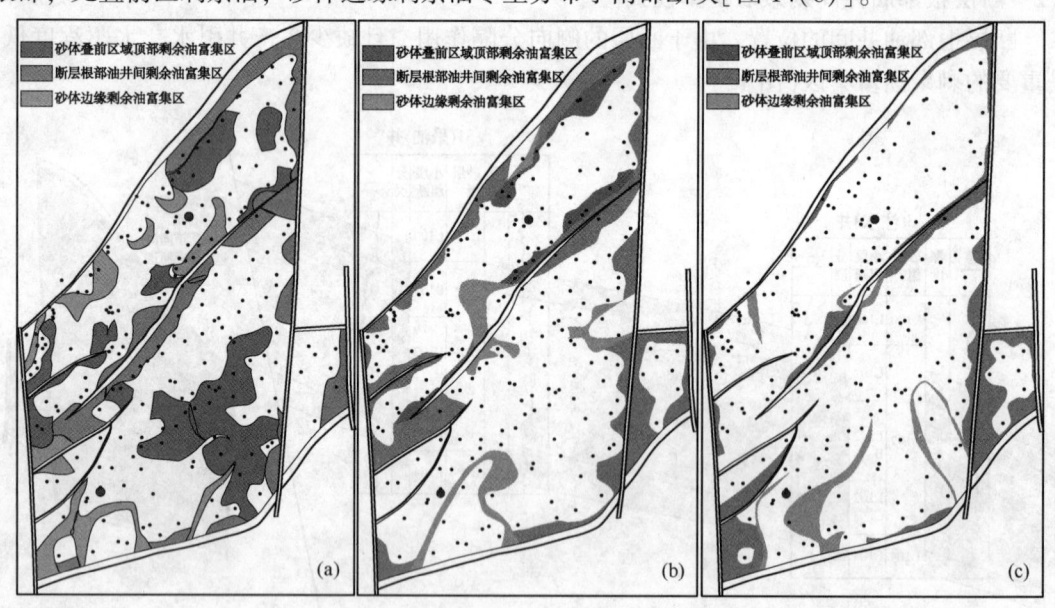

图14　L102 小层各单元剩余油富集区

8　结论

(1) 高含水阶段，剩余油分布主要有3种模式：砂体边缘剩余油富集模式、断层根部油井间剩余油富集模式、砂体叠前区域顶部剩余油富集模式；

(2) 各单元中，断层根部油井间的位置均为较重要的剩余油富集区；

（3）由于重力作用，注入水对砂体叠置区下部的储层驱替程度较高，导致其剩余油较少，对上部储层驱替程度较低，使剩余油大量存在；

（4）砂体边缘剩余油，往往成窄条带状展布，规模一般较小。

参 考 文 献

[1] 苗小龙，王红亮，于波，等．高分辨层序地层学中 A/S 值量化方法的研究与讨论[J]．沉积学报，2013（6）：1088-1092.

[2] 陈玉琨，吴胜和，毛平，等．砂质辫状河储集层构型表征——以大港油区羊三木油田馆陶组为例[J]．新疆石油地质，2012，33(5)：523-526.

[3] 刘钰铭，侯加根，王连敏，等．辫状河储层构型分析[J]．中国石油大学学报：自然科学版，2009，33(1)：7-11.

[4] 李顺明，宋新民，蒋有伟，等．高尚堡油田砂质辫状河储集层构型与剩余油分布[J]．石油勘探与开发，2011，38(4)：474-482.

[5] 崔建，李海东，冯建松，等．辫状河储层隔夹层特征及其对剩余油分布的影响[J]．特种油气藏，2013，20(4)：26-31.

[6] 刘吉余，郝景波，伊万泉，等．流动单元的研究方法及其研究意义[J]．大庆石油学院学报，1998，22(1)：5-7.

[7] 吴胜和，王仲林．陆相储层流动单元研究的新思路[J]．沉积学报，1999，17(2)：252-257.

[8] 张富美，方朝刚，彭功名，等．靖安油田大路沟二区流动单元划分及合理性验证[J]．油气地质与采收率，2013，20(1)：44-47.

[9] 蒋平，吕明胜，王国亭．基于储层构型的流动单元划分——以扶余油田东5-9区块扶杨油层为例[J]．石油实验地质，2013，35(2)：213-219.

[10] 王石，万琼华，陈玉琨，等．基于辫状河储层构型的流动单元划分及其分布规律[J]．油气地质与采收率，2015，22(5)：47-51.

[11] 满维光．储层精细解剖与剩余油分析以大庆油田萨南七东试验区主力油层为例[D]．大庆，东北石油大学，2015.

沙南凹陷东北缘东三段储层差异及其成因研究

庞小军，王清斌，代黎明，万 琳，李 欢

(中海石油(中国)有限公司天津分公司，天津 300459)

摘 要 针对沙南凹陷东北缘东三段砂砾岩储层差异成因不清等问题，综合利用录井、测井、三维地震、岩芯、铸体薄片、扫描电镜、黏土矿物、储层物性等资料，分析了储层的岩石学特征、物性特征、孔隙类型及结构特征，并从源汇体系和成岩作用等方面探讨了它们对储层物性差异的控制作用。研究认为，研究区东三段扇三角洲储层主要以砾岩、砂质砾岩、含砾砂岩、砂岩为主，局部夹薄层粉砂岩，镜下主要由岩屑长石砂岩和长石岩屑砂岩组成，物源岩性均为混合花岗岩。储层物性具有明显的差异性，2600~3260m 之间以原生粒间孔为主、溶蚀孔为辅，具中高孔、中高渗的特点；3260m 以下以溶蚀孔为主、原生粒间孔为辅，具低孔低渗的特点。储层物性差异主要受沉积作用、压实作用、溶蚀作用和胶结作用的共同控制，空间上，压实作用是该区储层低渗的主要原因，胶结作用是深部储层致密化的根本原因。同一位置不同深度，经过一定搬运距离、分选好、发育正粒序以及粒度较粗的扇三角洲前缘水下分流河道砂砾岩体是优质储层发育的主要因素。通源断层以及紧邻的烃源岩为储层的溶蚀作用提供了酸性流体(有机酸、CO_2 等)，长石以及混合花岗岩岩屑为溶蚀作用的发生提供了物质保障。总之，埋藏浅、经历一定距离的搬运和波浪的淘洗作用(分选好、粒度粗)以及溶蚀作用强的扇三角洲水下分流河道砂砾岩为该区优质储层。通过主要控制因素的研究，可以在平面上进行优质储层的预测。该研究为类似构造带油气勘探中的优质储层预测提供一定的借鉴。

关键词 沙南凹陷；曹妃甸；东三段；扇三角洲；砂砾岩

随着渤海海域浅层新近系油气勘探的不断深入，凸起区浅层油气资源有限，为了接替和储备中国东部油气资源储量，油气勘探的阵地逐渐由凸起区向凹陷的中深层转移，近年来，中深层油气勘探取得了重大的突破，并相继发现了秦皇岛 29-2、曹妃甸 6-4 等大型油气田[1,2]。因此，越来越多的学者开始关注渤海海域陡坡带中深层的砂砾岩储层，并将其作为主要的研究对象。钻探证实，中深层砂砾岩储层物性的好坏是制约勘探评价的主要因素。操应长、朱筱敏、赵国祥等通过对东营凹陷车镇北带、车西洼陷陡坡带、渤海海域旅大 21 构造中深层砂砾岩储层成岩演化及储层质量差异性进行了详细的研究[3-5]，并总结了成岩演化对储层物性的影响，认为储层在成岩演化过程中经历了多期的酸性、碱性流体交替作用，进而造成了沉积相带的储层物性具有明显的差异性。庞小军、林潼、马东旭等通过对渤中凹陷、准格尔盆地、鄂尔多斯盆地中深层储层的物源方向及其岩性进行了分析[6-8]，发现物源的岩性对储层的物性以及储层的成岩作用具有明显的控制作用。因此，现今中深层砂砾岩储层的物性是受各种地质因素综合影响的结果，而不同位置储层物性的影响因素具有差异性，查明陡坡带不同位置砂砾岩储层的差异性，以及造成这种差异性的成因，对扇三角洲砂砾岩

作者简介：庞小军(1985—)，男，汉族，硕士，中级工程师，2011 年毕业于中国石油大学(华东)地球科学与技术学院地质学专业，现从事石油地质研究工作。E-mail：pangxiaojun@126.com

优质储层的预测以及油气勘探具有重要意义。

本文以沙南凹陷东北缘曹妃甸18构造陡坡带东三段扇三角洲砂砾岩为研究对象，利用岩芯观察、铸体薄片分析、扫描电镜、黏土矿物分析、储层物性分析等手段，对该构造东三段砂砾岩储层物性的差异进行了分析，并对形成储层差异的原因进行了进一步的探讨，最后对少井区平面优质储层分布进行了预测。

1 研究区概况

渤海海域是渤海湾盆地的一部分，属于新生代裂谷盆地，在中生代末期开始发生裂陷作用，并形成了凹隆相间的格局，隆起区开始剥蚀，凹陷区开始沉积[1,2,6]。沙南凹陷位于渤海海域的西部，南北分别与埕北低凸起、沙垒田凸起相接，东西分别与渤中凹陷、歧口凹陷逐渐过渡[9,10]。研究区位于沙南凹陷东部北缘陡坡带（图1），由曹妃甸18-A、曹妃甸18-B、曹妃甸18-C和曹妃甸18-D构造组成。沙南凹陷新生代地层发育齐全，发育古近系、新近系和第四系，古近系由老到新依次为孔店组、沙河街组（沙四段、沙三段、沙二段、沙一段）、东营组（东三段、东二段、东一段），新近系由老到新依次为馆陶组、明化镇组，第四系发育平原组。该区的烃源岩主要为沙三段、沙一段暗色泥岩，并在沙河街组和东营组发育多套较好的储盖组合[9,11]。经过多年的勘探，在沙南凹陷东北缘东三段发现了大量的凝析油和天然气，揭示该区具有较好的油气勘探前景。研究区东三段主要发育近源扇三角洲沉积[9,11]。

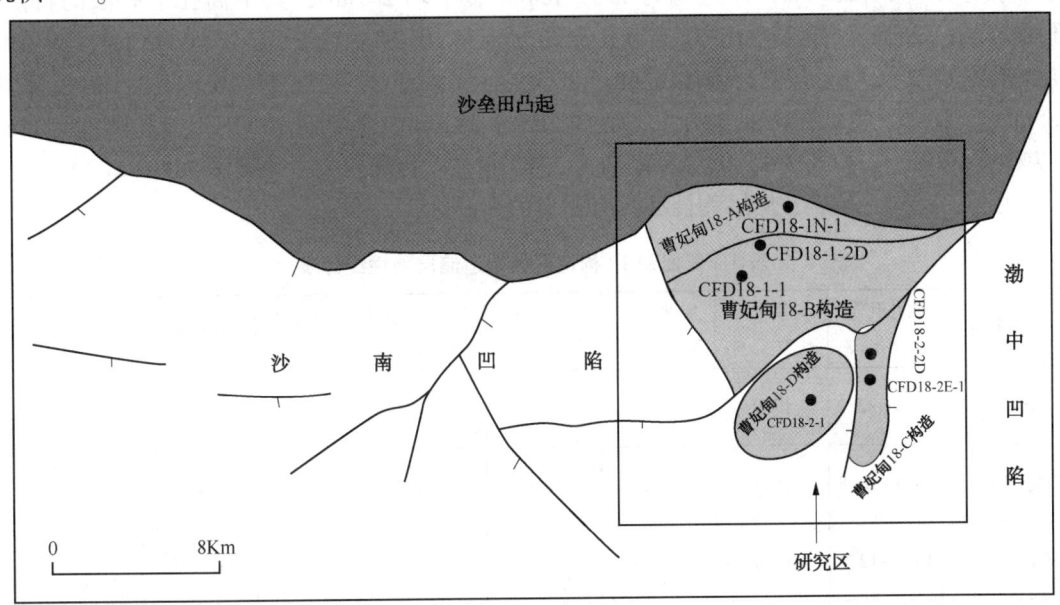

图1 研究区位置

2 储层特征

2.1 岩石学特征

该区储层均分布在基岩混合花岗岩之上[11]，且以细砾岩、砂质砾岩、砾质砂岩为主，夹薄层的粉砂岩及少量中砂岩，顶部与厚层泥岩直接接触，且发育少量薄层的细砂岩。

宏观上，岩芯和壁芯显示该区主要以细砾岩、砂质砾岩、含砾砂岩为主，粗、中、细砂岩次之，局部夹薄层粉砂岩。微观上，对研究区6口井78块样品的岩矿统计发现，研究区东三段砂砾岩的岩石类型主要为岩屑长石砂岩和长石岩屑砂岩。岩石中石英含量分布在22%~40%，平均41.1%；长石含量为37%~57%，平均44.4%，长石以钾长石为主，斜长石次之。岩屑主要为混合花岗岩，含量为4%~38%，平均25.6%。$Q/(F+R)$值分布在0.2~0.7，平均0.3，成分成熟度非常低。碎屑颗粒为棱角-次棱角状，分选差，颗粒支撑为主，颗粒之间呈点、线、凹凸接触。粒间填隙物具有明显的分带性，曹妃甸18-A和曹妃甸18-B主要以高岭土杂基为主，见少量高岭石、方解石等胶结物；曹妃甸18-C和曹妃甸18-D构造主要以高岭石、水云母、方解石、铁方解石、黄铁矿等胶结物为主，见少量的铁白云石。胶结方式以接触式-孔隙式胶结为主。整体上，研究区东三段储层具有成熟度低、胶结物含量呈分带性分布的特点。

2.2 物性特征

研究区分别发育曹妃甸18-A、曹妃甸18-B、曹妃甸18-C和曹妃甸18-D等4个已钻构造(图1)，对曹妃甸18各构造6口井东三段砂砾岩储层的测井和实测物性进行了统计，发现各储层物性在平面上具有明显的分带性(表1)。对上述4个已钻构造的96个测井孔隙度和80余个实测孔隙度进行统计发现，曹妃甸18-A构造东三段储层测井孔隙度分布在11.8%~22.2%，平均17.9%，储层厚度大于376m，埋深2600~3010m。曹妃甸18-B构造测井孔隙度分布在13.5%~20.8%，平均18.3%，储层厚度大约分布在10.5~66m之间；实测孔隙度18.7%~23.5%，渗透率为110~464mD，平均287mD，具中高孔中高渗的特点，埋深2720~3260m。曹妃甸18-C构造孔隙度分布在10.2%~12.3%，平均11.4%，储层厚度分布在14.2~24m；实测孔隙度0.6%~10.4%，平均7.8%，渗透率0.04~3.1mD，平均1.5mD；以低孔-特低孔特低渗为主，埋深3680~3820m。曹妃甸18-D构造孔隙度分布在3.7%~11.2%，平均6.7%，储层厚度约为234.5m，以特低孔为主，埋深3840~4070m。

另外，在同一位置，储层物性亦具有明显的差异性。

表 1 曹妃甸18构造区各构造储层物性统计表

构造名称	测井孔隙度分布/%	测井平均孔隙度/%	实测孔隙度分布/%	实测平均孔隙度/%	实测渗透率分布/mD	平均实测渗透率/mD	储层厚度/m	储层特征
曹妃甸18-A	11.8~22.2	17.9	—	—	—	—	>376	中孔，厚，连续
曹妃甸18-B	13.5~20.8	18.3	18.7~23.5	20.6	110~464	287	10.5~66	中孔中渗，薄，连续
曹妃甸18-C	10.2~12.3	11.4	0.6~10.4	7.8	0.04~3.1	1.5	14.2~24	特低孔特低渗，薄，连续
曹妃甸18-D	3.7~11.2	6.7	—	—	—	—	234.5	特低孔，厚，连续

2.3 孔隙类型及结构特征

研究区各构造东三段储层镜下孔隙类型不同，曹妃甸18-A和曹妃甸18-B构造以原生孔隙为主(占总孔隙的79%)，次生孔隙为辅(占总孔隙的21%)，其中次生孔隙主要以长石的溶蚀为主[图2(a)]。曹妃甸18-C和曹妃甸18-D构造以次生孔隙为主(占总孔隙的87%)，原生孔隙为辅(占总孔隙的13%)，其中次生孔隙以长石的溶蚀为主，石英、碳酸盐胶结物的溶蚀为辅，储层整体较致密[图2(b)]。

3　物性控制因素分析

储层的物性通常受物源、沉积、成岩、构造等因素的共同控制，物源通过控制砂岩的成分来影响储层的原始孔隙度并提供后期溶蚀矿物[6~8]，沉积通过控制砂岩的结构、岩性组合、厚度、沉积微相及沉积构造影响原始孔隙的空间差异[12]，成岩作用通过压实、胶结和溶蚀等作用控制了最终的储层物性，构造作用既可以影响储层原始物性，又可以成为次生孔隙形成的流体通道[12]。下面将从物源、沉积、成岩、构造等讨论它们对储层物性的影响。

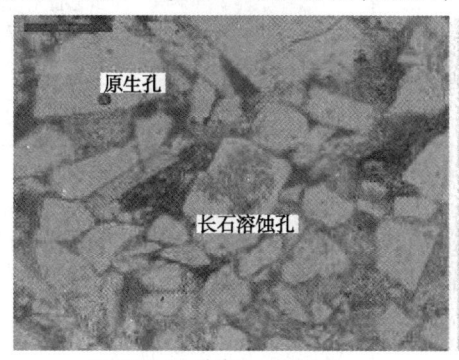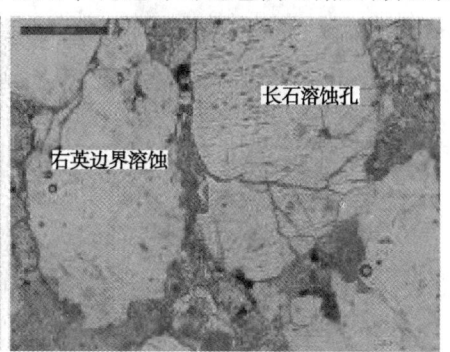

CFD18-1-1，单偏光，2729.72m　　　　　　CFD18-2-2D，单偏光，3801.4m
(a) 曹妃甸18-A构造孔隙特征　　　　　　　(b) 曹妃甸18-C构造孔隙特征

图2　研究区东三段储层孔隙类型

3.1　物源岩性对储层物性的影响

物源岩性为砂砾岩储层提供了骨架颗粒，为后期成岩演化过程中的溶蚀作用提供了物质基础[6~8]，不同的物源岩性对储层物性具有明显的影响。因此，储层研究中对物源岩性的确定及分布刻画是非常重要的，查明物源区岩性及分布，对预测优质储层具有至关重要的作用。

研究区东三段储层的物源来自沙垒田凸起，大量钻井证实沙垒田凸起现今的基岩岩性主要为太古界混合花岗岩、古生界碳酸盐岩和中生界火山岩，其中太古界混合花岗岩为研究区东三段储层提供物源[11]，致使东三段储层中含有大量的石英、长石和花岗岩岩屑，而长石和花岗岩岩屑为后期的溶蚀作用提供了物质基础。因此，研究区优质的物源区岩性为后期储层的溶蚀提供了有利的物质条件。曹妃甸18-A和曹妃甸18-B构造以原生孔为主，次生孔为辅，物源区太古街混合花岗岩为储层提供了大量的石英，提高了储层的抗压是能力，有利于该构造区原生孔隙的保存，而提供的长石对次生孔隙的形成具有一定的贡献。曹妃甸18-C和曹妃甸18-B构造以次生孔隙为主，物源提供的长石对储层物性具有主要的贡献作用。

3.2　沉积作用对储层物性影响

物源提供的碎屑物进入湖盆后，沿着沉积古地貌发生沉积分异作用，使得岩石类型、岩性组合、储层厚度以及分选等发生明显的变化，进而造成储层物性具有明显的差异性。下面主要讨论沉积作用对储层孔隙度和渗透率的影响。

在断陷盆地，构造复杂，埋深差异大，断裂发育，由于储层物性的控制因素非常复杂，因此，单独的沉积微相对不同构造储层物性的控制不是很明显。但是，同一构造，具有统一的断裂系统，埋深差异小，构造单一，沉积微相对储层物性的控制作用非常明显。同一构造，沉积微相及构造对储层原始物性具有明显的影响(图3)，进而造成成岩期储层物性的差异演化以及现今储层物性的差异。

曹妃甸 18-B 与曹妃甸 18-C 处于两个不同的构造，埋深差异较大，前者比后者埋深浅，因此，受压实作用影响，前者储层物性整体比后者好。

沉积微相	曹妃甸18-B构造		曹妃甸18-C构造	
	岩芯照片	储层物性	岩芯照片	储层物性
坡积	CFD18-1-1，2726.21m	孔隙度为19.9%，渗透率为12.1mD	 CFD18-2-2DS，3357.8m	孔隙度为9.0%，渗透率为97.3mD
辫状河道	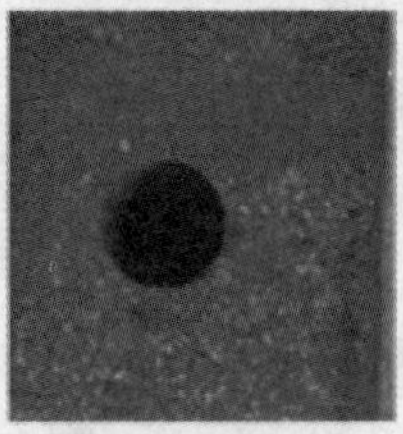 CFD18-1-1，2726.44m	孔隙度为23.5%，渗透率为90.1mD	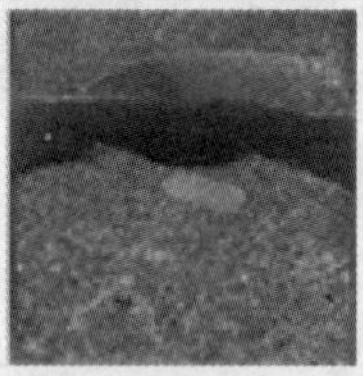 CFD18-2-2DS，3356.2m	孔隙度为11.2%，渗透率为18.8mD
水下分流河道	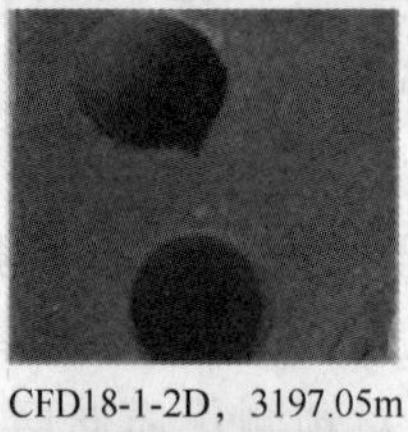 CFD18-1-2D，3197.05m	孔隙度为23.3%，渗透率为1147mD	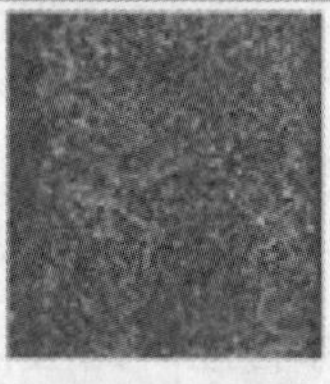 CFD18-2-2DS，3957.3m	孔隙度为13.1%，渗透率为33.7mD
席状砂	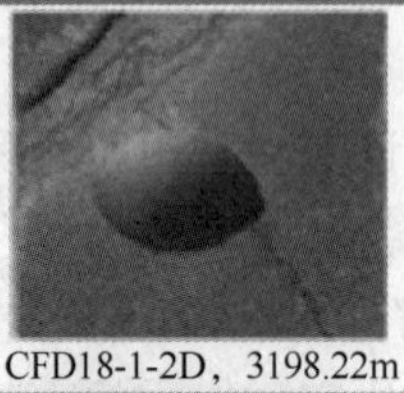 CFD18-1-2D，3198.22m	孔隙度为23.1%，渗透率为494.4mD	CFD18-2-2DS，3957.04m	孔隙度为7.3%，渗透率为0.425mD
分流河道间	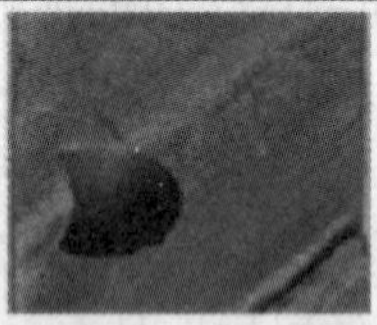 CFD18-1-2D，3198.14m	孔隙度为8.3%，渗透率为0.13mD	CFD18-2-2D，4130.76m	孔隙度为1.1%，渗透率为0.03mD

图 3　曹妃甸 18-B 构造与曹妃甸 18-C 构造东三段储层对比图

研究区均发育坡积、扇三角洲沉积相[9,11]。对于同一个构造，坡积、辫状河道微相以细砾岩、砾质砂岩为主，砾石具漂浮状，底部分选极差、杂基含量高，且没有遭受波浪的淘洗作用，因此储层物性较差；分流河道间微相以泥质粉砂岩、含砾粉砂质泥岩等为主，分选差，泥质含量高，储层物性差；水下分流河道微相以(含砾)中-粗砂岩为主，遭受强烈的波浪淘洗作用，分选好、泥质含量低、发育正粒序层理，储层物性最好；席状砂微相以细砂岩为主，分选好、杂基含量少，储层物性中等-好，但是由于其厚度薄，容易发生碳酸盐胶结作用，局部储层物性会变差；辫状河道主体微相以（含砾）中、粗砂岩为主，分选中等-差、泥质含量高、发育正粒序层理，没有经历波浪的淘洗作用，与水下分流河道微相相比，储层物性变差。另外，对于同一期的水下分流河道微相，中部要比顶、底部储层物性好，这是由于顶部一般与泥岩直接接触，泥岩在成岩过程中容易排出含钙的流体，且顶部储层粒度较细，在成岩过程中易形成碳酸盐胶结物，进而降低储层物性；底部发育砂质砾岩、砾质砂岩，且与下部泥岩直接接触，由于河流的地冲刷作用将泥质搅混到底部的砂质砾岩、砾质砂岩中，使得杂基含量好，且分选差，导致储层原始物性降低。

　　总之，同一位置，从坡积-平原分流河道-前缘水下分流河道-席状砂-水下分流河道间，储层物性表现为差-好-最好-较好-差的特点，这是由于水下分流河道砂砾岩经过波浪淘洗，分选好、杂基含量少导致原始物性好造成的。

3.3　成岩作用及其对储层物性的影响

　　成岩作用主要有压实作用、胶结作用、溶蚀作用和构造作用[3~5]，由于不同构造具有不同的埋深、断裂系统以及所处的地理位置不同，因此成岩作用具有明显的差异性。

3.3.1　压实作用是物性差异的根本原因

　　研究区东三段储层物性随着深度的增加明显降低（图4），且断层活动使得物性差异更明显。持续断层叠加活动导致不同构造之间的断距具有明显的差异，造成断层上下盘的埋深呈迅速递增的状态，最终使得不同构造之间的压实作用强度迅速增强，相应的储层物性明显下降。

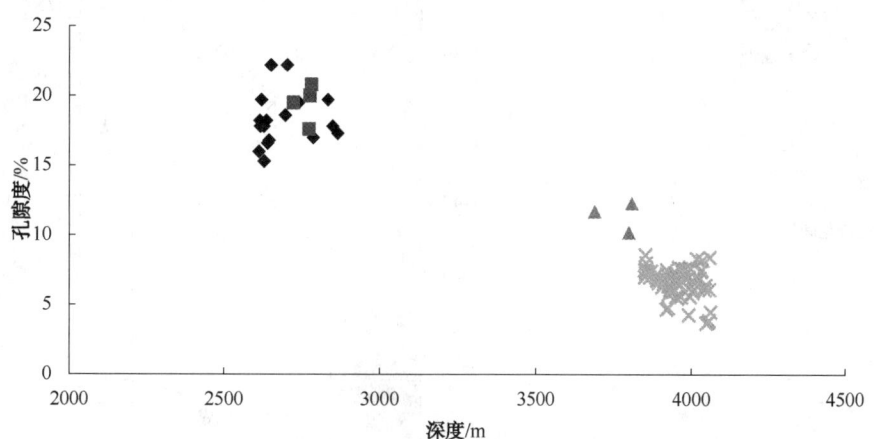

图4　沙南凹陷东北缘东三段储层孔隙度随埋深变化图

　　曹妃甸18-A构造东三段储层埋深2612~3000m之间，测井孔隙度分布在11.8%~22.2%，平均17.9%；曹妃甸18-B构造储层埋深2700~2830m之间，测井孔隙度分布在13.5%~20.8%，平均18.3%；曹妃甸18-C构造储层埋深3680~3820m之间，孔隙度分布在10.2%~12.3%，平均11.4%；曹妃甸18-D构造储层埋深3840~4100m之间，孔隙度分布在3.7%~11.2%，平均6.7%。曹妃甸18-A与曹妃甸18-B构造的平均物性差为0.9%，曹妃甸18-B与曹妃甸18-C构造的平均物性差为6.9%，曹妃甸18-B与曹妃甸18-D构造的平均物性差为11.6%，曹妃甸18-C与曹妃甸18-D构造的平均物性差为4.7%。因此，随着埋深储层物性逐渐变差，且曹妃甸18-C/D构造与曹妃甸18-A/B构造相比，储层物性迅速变差(图2),这是由于两者之间存在一条持续活动的正断层,持续叠加的断层活动越强,其下降盘形成的储层物性越差,上升盘储层物性越好,两盘之间的储层物性差异越大。总之,持续埋深造成的压实作用是不同构造空间上储层物性差异的根本原因。

3.3.2 混合花岗岩硬底板对储层物性具有明显的破坏作用

紧邻储层上、下岩性差异对储层物性具有明显影响(图5)。砂砾岩储层与下部硬度较小的泥岩接触时,由于泥岩呈塑性,易变形,对上覆压力具有分散对储层原始物性具有一定的保护作用,具有减弱压实的作用,对储层物性是有利的。而砂砾岩储层底部直接与混合花岗岩等硬度较大的基岩接触时,由于在压实的过程中,混合花岗岩不易变形,与之紧邻的储层受到的压实作用更强烈,对储层原始物性具有强烈的破坏作用。除此之外,当砂岩储层上、下被以泥岩为主的烃源岩包围时,烃源岩生成油气过程中产生的有机酸会大量进入储层[3,5],对储层的溶蚀更为有利。

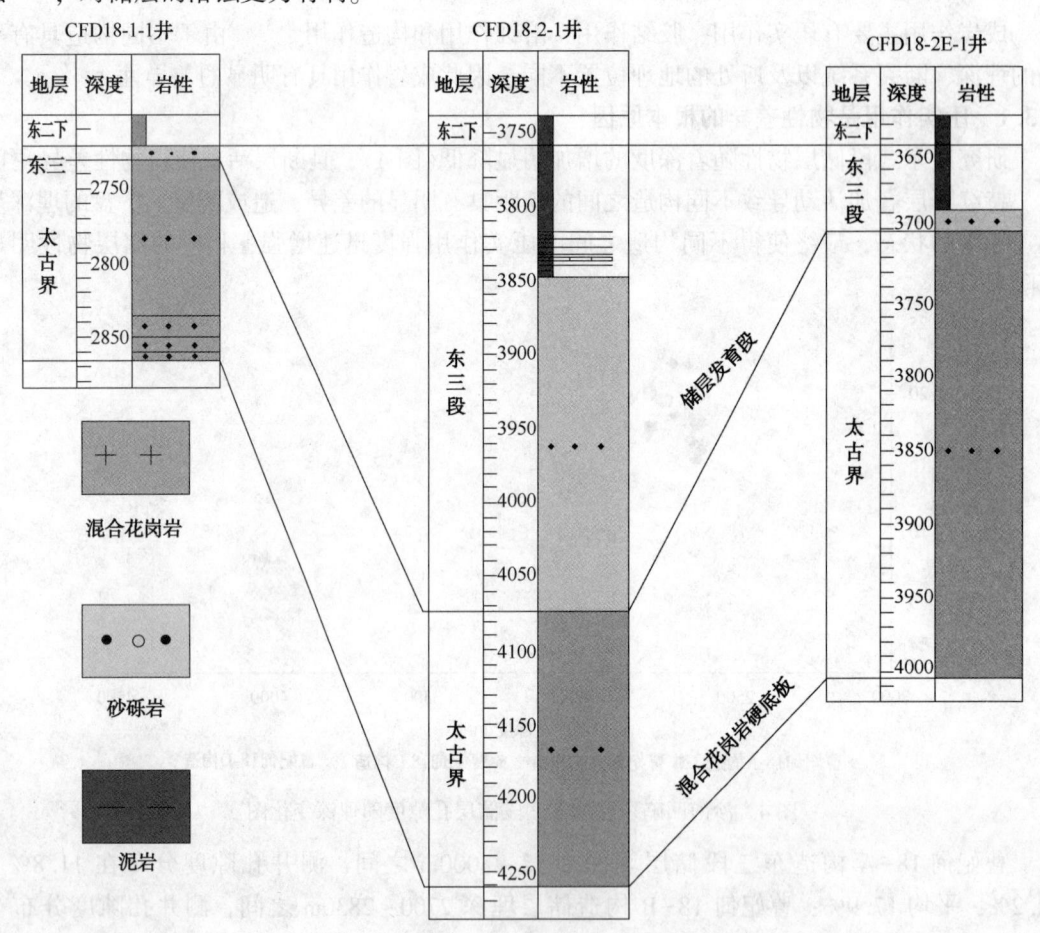

图5　研究区东三段储层及底板发育对比图

3.3.3 胶结作用是储层致密的最终原因

研究区东三段的胶结物以碳酸盐为主,铁质、硅质和高岭石次之(图6)。各类胶结物随着埋深呈递增的趋势;同一构造,岩性越细,碳酸盐胶结越强烈。

碳酸盐胶结物主要为(含铁)方解石[图6(a)],(含铁)白云石次之,局部含有黄铁矿或菱铁矿[图6(b)],主要为碱性成岩环境下形成,在曹妃甸18-C和曹妃甸18-D构造东三段最常见，曹妃甸18-A和曹妃甸18-B构造东三段较少。方解石可在成岩早期、中晚期形成，早期方解石在储层中表现为胶结物支撑颗粒[12]，有利于减弱压实作用，但后期溶蚀作用较弱，整体对储层物性不利；中晚期形成的碳酸盐胶结物以含铁的方解石和白云石为主，主要充填于孔隙之间或交代碎屑颗粒，进一步降低了储层的物性。

硅质胶结物主要以石英次生加大为主，在镜下可见明显的尘线［图6(c)、(e)］。该区东三段储层整体处于碱性成岩环境，不利于硅质胶结物的形成，由于提供硅质来源的长石较少，溶蚀作用整体较弱，因而对储层物性的影响不大。

黏土矿物主要以伊利石、伊/蒙混层和高岭石为主［图6(d)、(f)］。随着埋深的增加，高岭石和蒙皂石向伊利石转化，导致伊利石含量逐渐增加，分别由18%增加到85%以上（图7），进而堵塞孔隙和吼道［图6(d)、(f)］，使得储层物性降低。

另外，黄铁矿胶结物在曹妃甸18-C/D构造局部较发育，呈星点状或团块状分布在颗粒间，往往与有机质相伴生［图6(b)、(g)］，为油气进入储层后形成，由于整体含量较少，对储层物性影响不大。

图6　研究区东三段储层成岩作用镜下特征

(a) 碳酸盐胶结，CFD18-2-2D，3799m，正交光；(b) 碳酸盐胶结，CFD18-2-1，3813m，单偏光；
(c) 硅质胶结，CFD18-2-1，3844m，单偏光；(d) 蠕虫状高岭石，CFD18-1-1，2726.21m，扫描电镜；
(e) 石英次生加大，CFD18-2-2DS，3741m，扫描电镜；(f) 丝片状伊利石，CFD18-2-2DS，3740m，扫描电镜；
(g) 有机质与黄铁矿，CFD18-2E-1，3253.3m，单偏光；(h) 颗粒溶蚀，CFD18-2E-1，3252.9m，单偏光；
(i) 石英加大边溶蚀，CFD18-1-1，2727.08m，正交光

3.3.4 溶蚀作用是深层储层物性改善的重要原因

研究区东三段储层溶蚀主要以长石溶蚀为主[图2、图6(h)],碳酸盐胶结物溶蚀次之,减少量石英边缘溶蚀[图6(i)]。长石溶蚀主要沿着解理缝、颗粒边缘溶蚀,溶蚀后往往形成粒内孔、颗粒边缘溶蚀孔。但是不同构造带的溶蚀作用具有明显的差异性,曹妃甸18-A/B构造东三段储层以原生孔为主,次生孔为辅,形成次生孔的溶蚀作用主要为长石溶蚀,溶蚀后碳酸盐胶结物交代作用不明显,储层物性明显改善;曹妃甸18-C构造东三段储层溶蚀作用较强,以长石边缘溶蚀为主,粒内溶蚀为辅,但溶蚀后有一定的碳酸盐交代和胶结,对储层物性造成一定伤害;曹妃甸18-D构造东三段储层溶蚀作用较强,以长石边缘溶蚀为主,粒内溶蚀为辅,且溶蚀力度有限,但溶蚀后被大量的碳酸盐交代和胶结,致使储层致密。

除上述溶蚀作用形成的次生孔隙外,储层中受差异压实作用或构造活动形成的微裂缝[图6(g)],对储层物性也具有一定的贡献。

3.3.5 强烈的构造活动为储层溶蚀作用提供了有机酸运移的通道

沙南凹陷曹妃甸18构造区东三段扇三角洲砂砾岩直接披覆在花岗岩潜山上,曹妃甸18-A和曹妃甸18-B构造东三段砂砾岩顶部直接过渡到东二段沉积,东三段末期整个渤海海域断层活动比较强烈[13],而曹妃甸18-A和曹妃甸18-B构造处于两条断层夹持地带(图1),因此,砂砾岩储层遭受暴露以及构造活动形成的断层有利于大气水进入储层,有利于储层中的杂基向周围迁移以及长石和早期碳酸盐胶结物的溶蚀,进而改善储层物性;曹妃甸18-C和曹妃甸18-D构造东三段砂砾岩储层上部覆盖东三段厚层暗色泥岩,主要为半深湖-深湖沉积,很难暴露和接受大气淡水的林滤作用,不利于东三段砂砾岩沉积末期的储层物性改善。但是,随着东三段以及邻区的沙河街组不断的埋深,烃源岩开始成熟并生烃,早期生成的有机酸沿着通源断层进入砂砾岩储层中,对储层中的长石和碳酸盐进行溶蚀,由于曹妃甸18-C和曹妃甸18-D构造东三段储层位于3600~4100m之间,压实作用非常强烈,有机酸对储层中长石和碳酸盐的溶蚀作用有限。

通过上述储层控制因素的分析,压实作用是控制研究区东三段砂砾岩储层物性平面差异的主要因素,沉积作用是控制储层物性纵向差异的主要因素。胶结作用受埋深的影响较大,是导致深部储层致密的最终原因,而溶蚀作用是改善储层物性的重要因素。压实作用的差异主要受控于断层和埋深。

4 基于主控因素约束下的优质储层预测

研究区主要发育扇三角洲沉积,前人已经对该区的沉积相展布进行了详细的研究[9,11],这里不再赘述。上面对影响该区储层物性变化的控制因素进行了详细的研究发现:压实作用是平面上储层主要的控制因素;沉积作用是同一构造储层物性重要的影响因素;胶结作用是导致储层致密的最终因素;溶蚀作用对致密储层发育区的影响最大,但研究区烃源岩均非常发育,有机酸运移的路径通畅,该区各构造储层均发生强烈的溶蚀作用,因此,溶蚀作用仅作为该区形成次生孔隙的成岩作用讨论,而不作为优质储层平面预测的因素;同沉积时期的断裂活动控制着砂体沉积的分布,后期的断层活动导致储层埋深的差异化。

压实作用可以利用埋深(即构造等值线)来实现;沉积作用(优质的富砂沉积体)利用"源汇体系"来实现[10,11](图7);胶结作用与埋深呈正相关关系,也可以用埋深来实现;断层可以通过三维地震解释来实现。因此,该区优质储层预测的主要参数为储层的埋藏深度、沉积相展布和断层分布。在明确优质储层预测参数的基础上，就可以进行平面预测。将埋藏深度、沉积相展布以及断层分布进行叠合，再按照储层物性好坏进行分类（表2），就得到了该区的优质储层预测，拓展到研究区周围，进而得到了区域的优质储层分布（图8），即1类最好，4类最差。

表2 曹妃甸16/17/18构造区储层分类

储层分类	孔隙度分布/%	渗透率分布/mD	埋深/m	沉积相	储层评价
1类	>20	>500	<2500	大型扇三角洲前缘水下分流河道砂砾岩	好
2类	15~20	50~500	2500~3200	大型扇三角洲前缘远端水下分流河道、小型扇三角洲前缘砂砾岩	较好
3类	10~15	1~50	3820~3200	小型扇三角洲砂砾岩	差
4类	<10	1~10	>3820	小型扇三角洲砂砾岩	较差

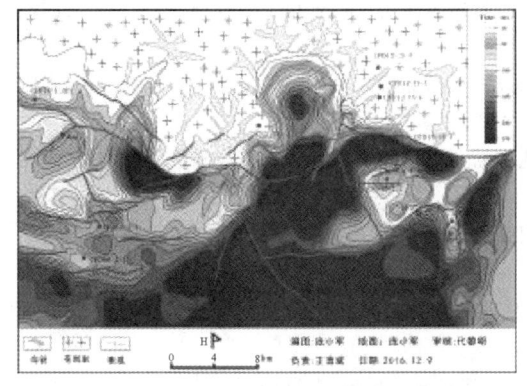
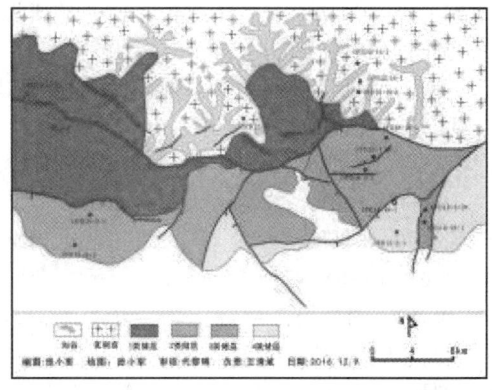

图7 曹妃甸16/17/18构造东三段源汇体系刻画　　图8 曹妃甸16/17/18构造东三段优质储层预测

5 结论

（1）沙南凹陷曹妃甸18构造带东三段主要发育扇三角洲平原砂砾岩和前缘水下分流河道砂砾岩储层，宏观上以细砾岩、砂质砾岩、含砾砂岩为主，粗、中、细砂岩次之，局部夹薄层粉砂岩；镜下以岩屑长石砂岩和长石岩屑砂岩为主，岩屑成分主要为混合花岗岩，成分成熟度和结构成熟度低。储层物性具有明显的分带性。

（2）研究区曹妃甸18-A/B构造东三段储层物性最好，以中高孔中渗-原生孔隙为主；曹妃甸18-C构造储层物性次之，以低孔、特低孔特低渗-次生孔隙为主；曹妃甸18-D构造储层物性最差，碳酸盐胶结强烈，以特低孔特低渗-次生孔隙为主。研究区东三段压实作用是该区储层低渗的主要原因，胶结作用是深部储层致密化的根本原因。曹妃甸18-A/B构造区扇三角洲前缘水下分流河道、分选好、正粒序、粒度粗的砂砾岩体是形成优质储层的原始沉积条件，混合花岗岩的母岩提供的长石为优质储层的发育提供了可供溶蚀的原始物质条件，相对较浅的埋藏、较弱的压实是形成优质储层的主要成岩作用，强压实和强碳酸盐胶结是该区低孔低渗储层发育的最终控制因素。

（3）在源汇约束下，在明优质储层控制因素主要参数的基础上，通过地质-地震相结合的手段，就可以进行优质储层的预测。研究区东三段储层主要受压实、沉积、溶蚀和断层分布的综合影响，研究认为，研究区可以进行储层平面预测的参数为埋藏深度、沉积相展布和断层分布。通过预测，研究区及其围区西部和北部更有利于优质储层的发育。

参 考 文 献

[1] 杨海风，魏刚，王德英，等.秦南凹陷秦皇岛29-2油气田原油来源及其勘探意义[J].油气地质与采收率，2011，18(6)：28-31.

[2] 庞小军，王清斌，张雪芳，等.渤海海域石臼坨凸起西南缘断层特征对油气成藏的控制作用[J].东北石油大学学报，2016，40(3)：32-40.

[3] 操应长，程鑫，王艳忠，等.车镇北带古近系砂砾岩储层成岩作用特征及其对物性的影响[J].沉积学报，2015，33(6)：1192-1203.

[4] 曹刚，王星星，朱筱敏，等.车西洼陷陡坡带沙三下亚段近岸水下扇储层成岩演化及其对储层物性影响[J].沉积学报，2016，34(1)：158-167.

[5] 赵国祥，王清斌，杨波，等.渤海海域旅大21构造沙四段水体环境对储层成岩作用及物性的影响[J].沉积学报，2014(5)：957-965.

[6] 庞小军，王清斌，杜晓峰，等.渤中凹陷西北缘古近系物源演化及其对储层的影响[J].大庆石油地质与开发，2016，(05)：34-41.

[7] 林潼，王东良，王岚，等.准噶尔盆地南缘侏罗系齐古组物源特征及其对储层发育的影响[J].中国地质，2013，40(3)：909-918.

[8] 马东旭，许勇，吕剑文，等.鄂尔多斯盆地临兴地区下石盒子组物源特征及其与储层关系[J].天然气地球科学，2016，27(7)：1215-1224.

[9] 陈昊卫，朱筱敏，吕雪，等.沙垒田凸起南缘沙河街组储层成因及控制因素[J].特种油气藏，2015，22(6)：61-64.

[10] 康海亮，林畅松，牛成民，等.渤海西部海域沙垒田凸起古近系边缘断裂构造样式与沉积充填响应[J].天然气地球科学，2017，28(2)：254-261.

[11] 刘强虎，朱筱敏，李顺利，等.沙垒田凸起前古近系基岩分布及源-汇过程[J].地球科学，2016，41(11)：1935-1949.

[12] 周军良，胡勇，李超，等.渤海A油田扇三角洲相低渗储层特征及物性控制因素[J].石油与天然气地质，2017，38(1)：71-78.

[13] 庞小军，王清斌，张雪芳，等.渤海海域石臼坨凸起西南缘断层特征对油气成藏的控制作用[J].东北石油大学学报，2016，(03)：32-40，3-4.

埕海断裂缓坡区构造特征与油气聚集规律

袁淑琴，赵林丰

（中国石油大港油田分公司勘探开发研究院，天津 300280）

摘　要　黄骅坳陷埕海断裂缓坡区具有优越的成藏背景，具有含油气层系多、油气藏类型多样、纵向叠置、横向连片的复式聚集特征，是油气勘探的主要领域之一。通过系统解剖埕海断坡区构造、沉积储层及油藏特征，明确了阶状断裂斜坡油气成藏主控因素及油气富集规律，提出充足的油气源、良好的储集条件和储盖组合、基岩潜山背景下的断阶构造、长期继承性发育的断层是油气成藏主要控制因素。宽缓斜坡背景始终是油气运移的主要指向区，断裂、不整合面及砂岩输导层三者不同的配置关系，构成了研究区多种油气运聚方式，形成大面积、多层系油气聚集区。高斜坡和低断阶勘探程度低，潜力大，是下一步重点勘探目标区。

关键词　构造特征；油气藏特征；油气聚集规律；断裂缓坡区

埕海断裂缓坡区（埕海断坡区）位于富油气歧口凹陷南缘，为埕宁隆起向歧口凹陷过渡的断阶式斜坡区，其北侧以歧东断层为界与歧口主凹相接，西界以沿岸带走滑断裂与歧南次凹相隔，东侧至与中海油的矿区边界，南北向延伸长约35km，东西宽约30km，勘探面积超过1000km^2（图 1）。目前已经发现明化镇组（Nm）、馆陶组（Ng）、东营组（Ed）、沙一段（Es1）、沙二段（Es2）、沙三段（Es3）、中生界（Mz）、古生界（Pz）等八套含油气层系，探明赵东、张东两个3000×10^{4}t级油田。研究区大部分处于滩海地区，地下、地表条件复杂，成藏主控因素等方面研究不够深入，长期以来勘探未取得重大突破。"十二五"设立中国石油天然气股份有限公司重大科技攻关项目以来，依托歧口3150km^{2}及5280km^{2}三维连片高分辨率地震数据体，在构造重新解释的基础上，深入开展了地层、沉积及成藏研究，明确了油气成藏主控因素及分布规律，并在低断阶及高斜坡实施重点勘探，取得新的重大突破，共计新增3级储量油当量近3×10^{8}t，形成一个亿吨级大型油气富集带[1-3]。本文在系统总结该区构造、地层、储层及油气分布规律的基础上，剖析了阶段断裂斜坡油气成藏主控因素和勘探潜力，为该区下一步勘探优化部署提供有利依据。

1　区域地质背景

1.1　地貌景观

古近纪渐新世沉积前，海中隆起大面积出露元古界，周缘有寒武系、奥陶系呈环带状出露，歧口凹陷出露大面积的石炭-下二叠统，南部埕宁隆起出露大范围的奥陶系，西南为洼地，出露三叠系-上二叠统，埕海断坡区是一片较平坦台地，总体表现为东北高西

基金项目：中国石油天然气股份有限公司重大科技专项"成熟探区油气分布规律与精细勘探技术研究"（编号：2013D-0708）和"大港油区大油气田勘探开发关键技术研究"（编号：2014E-06-01）联合资助。

作者简介：袁淑琴（1964—），女，2001年毕业于石油大学（华东），博士，教授级高级工程师，主要从事油气勘探综合评价工作。E-mail：yuanshqin1@petrochina.com

南低的地貌特征。渐新世早期南部湖盆向北东伸展至黄骅坳陷中北区，周边埕宁、沧东、海中等高地山脉隆起，盆内孔店、北大港、南大港等潜山进一步发育，隔离出多个次级凹陷，形成了南西宽缓、北东开阔的深大箕状湖盆。这种地势从沙三段沉积开始一直延续至东营末期。新近纪之后，歧口凹陷各个次凹形成统一的整体，上升成陆，发育河流相沉积[4]。

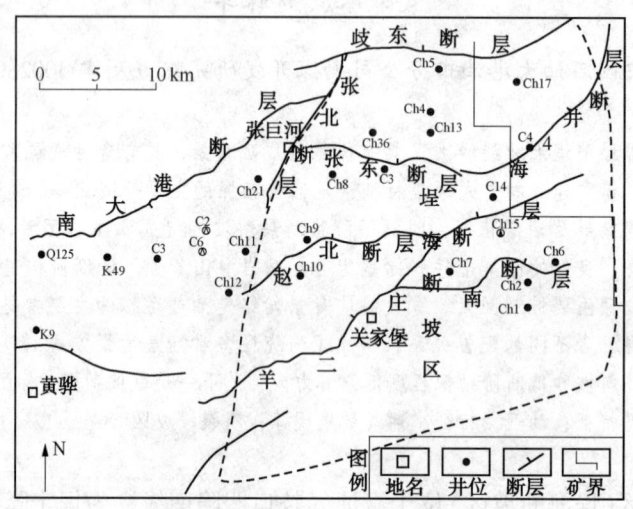

图 1　黄骅坳陷埕海断坡构造简图

1.2　构造景观

歧口凹陷自渐新世以来，经历过断陷湖扩(沙三段-沙一段)、隆起收缩(东营组)和坳陷发育(馆陶-明化镇组)3 个时期，凹陷周边及内部北东向主干断裂发育，如周缘歧东、南大港、黄骅-扣村、羊二庄断裂的长期活动，构筑了湖盆凹陷整体形态和周缘(如歧东-H1、南大港、羊三木、埕宁隆起)构造带的发育定型。内部的张东、张北、赵南、赵北、羊二庄等等断裂长期活动，形成了由埕宁隆起向歧口凹陷过渡的台阶型构造带-即埕海断裂缓坡区(图 2)。埕北断坡区是埕宁隆起向歧口主凹倾伏背景上，经近东西向顺向断裂改造而成的多阶断裂斜坡，其北侧以歧东断裂为界与歧口主凹相接，西侧以张北断层为界与歧南次凹相隔，东侧为沙南凹陷。以羊二庄断层为界，可将埕北断坡区分为两部分，南部为埕宁隆起背景上的大型侵蚀型缓坡~埕北高斜坡，区内坡缓、层薄、斜坡结构简单，沙河街底界埋深仅1700m 左右，沙一段地层超覆在中、古生界之上。高斜坡发育顺坡侵蚀沟槽，沟槽与辫状河三角洲砂体——对应，沟槽输砂、断坡控砂特征明显。羊二庄断层以北，受赵北、张东断层控制，呈现三个顺向断阶构造组合。

1.3　沉积景观

埕海断坡区在其独特的地貌格架下，沉积物主要由埕宁隆起注入湖盆。沙三段早期由南向北发育近岸水下扇沉积，由砂砾岩-砂岩-砂泥岩-泥岩依次发育的多个正旋回组成，目前已经发现张巨河沙三段油气藏。沙三末期构造抬升，陆进湖退，沉积了沙二段，其范围小于沙三段，属缓慢水进式、滨浅湖环境、低位体系域沉积。斜坡扇、沿岸砂滩坝是主要类型，目前已经找到张巨河沙二段主力油气藏。沙一段沉积时期湖盆扩张最为显著，埕宁隆起物源相对贫乏，多数地区以深灰-灰色泥岩为主，间夹粉砂岩条带，属水进体系域近岸水下扇沉

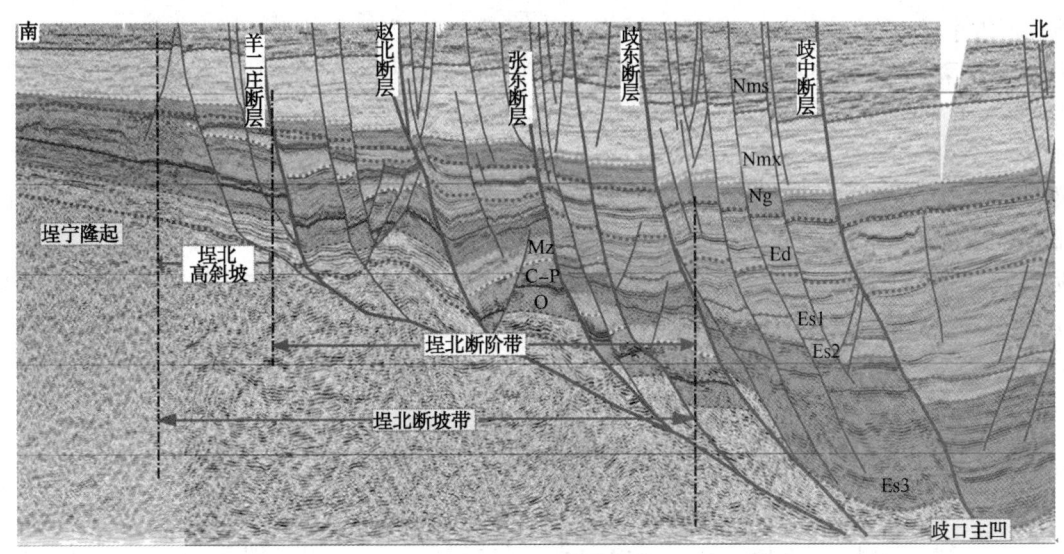

图 2 黄骅坳陷埕海断坡结构剖面

积。扇体自北而南呈带状分布，已找到张巨河、羊二庄等沙一段砂岩油气藏。东营组在本区为正常湖相沉积，东二、三段以泥质岩沉积为主，夹一些砂体，属浊积扇沉积，东一段为小型三角洲，已发现张巨河、高尘头东一段油藏。新近系为河流相沉积，具高砂、泥比特征，砂岩储层发育已找到羊二庄、赵东等较为整装的油气藏。

钻井揭示埕北断坡区地层发育较为齐全，除高斜坡地层有缺失外，地层剖面较为完整，自下而上分别发育古生界、中生界和新生界。下古生界奥陶系主要为互层块状灰岩和白云岩，储集空间主要为风化壳溶蚀缝洞以及构造缝，灰岩溶蚀程度与覆盖层位的多少及新老程度有关，地层越新越少越好；上古生界石炭-二叠系属于海陆过渡环境的煤系地层，主要岩性包括暗色泥岩、炭质页岩、煤层及暗色砂岩，其中储层主要发育在二叠系下石盒子组，物性好。中生界残留地层主要为侏罗系，由上下两个砂泥岩旋回组成，储层物性好，孔隙度在18%~20%之间。古近系为本区主力勘探层系，其中沙三段是由砂泥岩组成的巨型复合旋回，受古地形控制，下超上剥现象明显，地层北厚南薄，孔隙度大部分集中在15%~20%之间，渗透率一般小于$10 \times 10^{-3} \mu m^3$；沙二段为湖泛期沉积，由下粗上细的正旋回组成，地层厚度在60~280m之间，储层物性变化大，孔隙度大致在17%~20%之间，低断阶孔隙度小于12%，渗透率总体上小于$30 \times 10^{-3} \mu m^3$，属于中低孔中渗储层；沙一段与沙二段为一套连续沉积，储层不发育，以泥岩为主，是区域上良好的生油层和盖层。在沙一段底部发育薄砂层，储集体以沿岸滩坝类型为主，孔隙度最大22%，渗透率最大$1 \times 10^{-3} \mu m^3$，为中低孔特低渗型储层。东营组是由开阔期转为收缩期的沉积。东三段时期与沙一段为渐变关系，物源供应少，沉积厚度块状泥岩。中后期湖水变浅，盆地收缩，物源供应逐渐增多，东二段以泥岩为主，在项部发育砂层，东一段以砂泥岩为主。砂岩物性在平面上差异大，北部好于南部，主要为中低孔低渗型储层。

2 构造特征

2.1 区域构造特征

地震和钻井资料揭示，埕海断坡区共发育 3 个构造层(图 3)。古生界构造层为下构造层，下古生界为海相沉积，加里东运动使奥陶系顶部地层遭受剥蚀；上古生界为海陆交互相，海西运动使得三叠系和部分二叠系遭受剥蚀。这两次构造运动造成上古生界厚度发生重大变化，从低断阶 1200m 左右向南逐渐被全部剥蚀。中生界构造层为中构造层，燕山运动时期，白垩系和侏罗系遭受剥蚀，造成中生界厚度从 600m 逐渐减薄为 0。新生界为上构造层，该套地层是在中生界古斜坡的基础上沉积形成，地层厚度变化大，其下部超伏缺失，上部受喜山运动 A 幕影响，在低位部分沙二~三段厚度达 600m，在高位部分，东营组、沙一段~沙三段遭受剥蚀，形成羊二庄断层的上升盘大部分缺失古近系。多期构造运动叠加，造成多套地层剥蚀，总体形成北厚南薄的楔状地层。

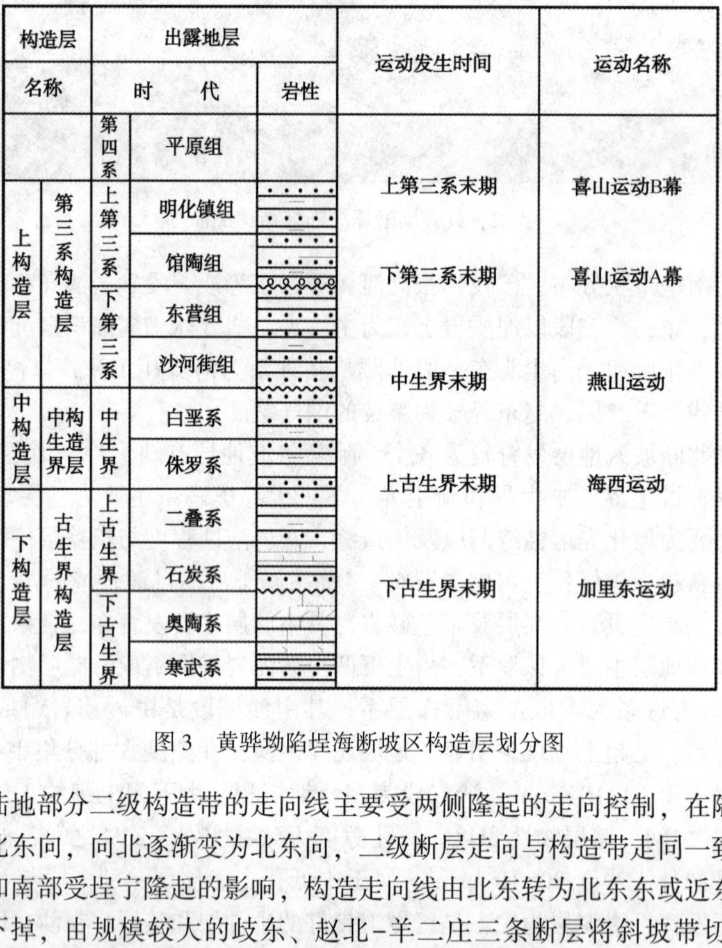

构造层		出露地层		运动发生时间	运动名称
名称		时　代	岩性		
上构造层	第三系构造层	第四系 平原组			
		上第三系 明化镇组		上第三系末期	喜山运动B幕
		馆陶组			
		下第三系 东营组		下第三系末期	喜山运动A幕
		沙河街组			
中构造层	中生界构造层	中生界 白垩系		中生界末期	燕山运动
		侏罗系			
下构造层	古生界构造层	上古生界 二叠系		上古生界末期	海西运动
		石炭系			
		下古生界 奥陶系		下古生界末期	加里东运动
		寒武系			

图 3　黄骅坳陷埕海断坡区构造层划分图

黄骅坳陷陆地部分二级构造带的走向线主要受两侧隆起的走向控制，在陆地的南部，构造走向均为北北东向，向北逐渐变为北东向，二级断层走向与构造带走同一致。埕海断坡区受燕山褶皱带和南部受埕宁隆起的影响，构造走向线由北东转为北东东或近东西走向，断层由南向北节节下掉，由规模较大的歧东、赵北-羊二庄三条断层将斜坡带切割成为三个台阶。由于断层是长期发育控制了各个断阶的地层厚度，以及二级构造带发育，并与派生断层组成不同类型圈闭。

2.2　断裂特征

本区断层较发育，包括三、四级断层在内有百余条。其中断层延伸较长，落差大，控制构造形成和地层厚度变化的二级（或相当于二级）断层有 7 条。由南向北分别为羊二庄南断层、羊二庄断层、赵北断层、海 4 井断层、张东断层、歧东断层张北断层，其特征如表 1、表 2 所示。

表1 黄骅坳陷埋海断坡区主要断层要素表

断层名称	断层性质	走向	倾向	倾角	长度/km	今落差/m					
						Nm	Ng	Es$_1$	Es$_3$	Mz	C
羊二庄南断层	正断层	东西|北东	北|北西	50°~70°	9	25~60				50~150	50~150
羊二庄断层	正断层	北东	北西	40°~60°	24	30~120	50~120		120~350	50~400	150~400
赵北断层	正断层	北东东	北西	50°~65°	8	150~300	50~200	50~400		200~350	200~400
海4井断层	正断层	北东	北西	45°~60°	8.5	120~200	200~300	400~700			
张东断层	正断层	东西	北	40°~60°	20	50~350	50~350	250~800	250~1050		
歧东断层	正断层	东西	北	60°~70°	17	180~400	120~360	1200~1400			
张北断层	正断层	北东	北西	60°~70°	14	100~170	100~170	600~1000	600~1200		

表2 黄骅坳陷埋海断坡区主要断层特征表

断层名称	性质	走向	长度/km	落差/m	发育特征	主要作用
羊二庄南断层	正	NEE	9	古生界-中生界 50~150 馆陶-明化镇组 20~60	前第三系发育,上第三系明末再次活动	控制圈闭的遮挡
羊二庄断层	正	NE	24	古生界-中生界 50~400 馆陶-明化镇组 30~120	长期发育,多期活动	控制下第三系厚度,对圈闭供油和遮挡作用
赵北断层	正	NEE	8	古生界-中生界 200~400 馆陶-明化镇组 50~200	前第三系发育,上第三系明下末再次活动	油气运移通道
海4井断层	正	NE	8.5	沙一段 400~700 馆陶组 200~300	下第三系是主要发育期,上第三系再次活动	形成圈闭的遮挡
张东断层	正	NE	20	沙一段 250~800 馆陶组 75~150	长期发育,下第三系是主要发育期,控制地层厚度	形成圈闭和油气运动通道
歧东断层	正	NE	12	沙一段 1200~1400 馆陶组 225~300	下第三系发育,明下末活动更强烈	油气运移通道,同将形成浅层圈闭
张北断层	正	NEE	14	沙一段 400~1000 馆陶组 100~200	下第三系末期发育,控制地层厚度,上第三系又有活动	油气运移通道,对圈闭起遮挡作用

（1）羊二庄南断层

走向由西部的东西向,向东部转为北东东向。断层长9km,奥陶系顶面至中生界顶面落差50~150m,上第三系馆陶系顶和明化镇下段落差均为20~60m,说明断层第三系沉积前发育,在第三系明下段末期又再次活动。

（2）羊二庄断层

该断层是一条二级断层，走向北东向，在本区延长 24km，一直延伸到埕海的北部地区。倾向北西，倾角 40°~60°，是一条正断层，形成北西下掉，东南抬升。古生界-中生界落差较大，50~400m，第三系落差 30~120m，该断层长期发育明显控制了第三系地层厚度。在上升盘东营组至沙一地层缺失。仅局部地区保留沙三段地层。该断层是一条油源断层。对中生界油气藏的形成和上第三系次生油气藏形成起重要的作用。

（3）赵北断层

位于赵家堡村东侧，走向北东东向，长 8km，东端与羊二庄断层相接。断面倾向北西，倾角 50°~65°。上古生界顶面落差 200~400m，中生界顶面落差 350m，沙一下段底落差 200m，馆陶组落差 50~200m。东部在明化镇组地层中断层两侧产状呈屋脊状，落差达 200m，该断层发育时间长，主要发育在两个时期，一是沙河街组沉积前(古断距 150m)，令一活动期在明下段时期，因此，作为油气运移的通道，起了不可忽视的作用。

（4）海 4 井断层

位于本区北部，走向由西部东西向，向东转为 45°~60°，由张东构造边部一直延伸歧口凹陷中，在本区内延伸长度达 8.5km。为一条长期发育继承性断层，落差规模较大，上古生界顶的落差 300~700m，中生界顶的落差 150m。沙一段底界 400~700m，馆陶组底界 200~300m，明下段 100~200m。该断层控制了下第三系地层厚度，上升盘，东营组至沙一段地层厚度约 150m 左右，西侧下降盘东营组-沙一段地层厚度大于 400m 最厚达 550m。该断层为一条油源断层，使沙三段生成的油气，通过断层的疏导作用，运移上伏东营至上第三系地层储层中聚集。在断层下降盘发现 H11 井明化镇组油田。

（5）张东断层

走向东西向，延伸达 20km，推测潜山顶面落差在 1000m 以上，沙河街组一段落差 250~800m。馆陶组落差 75~150m，该断层为长期发育，多期活动的断层，在沙河街组沉积前开始发育，下第三系为主要发育时期，控制断层两侧地层厚度，沙河街组两侧的厚度差达 400~500m，上第三系明化镇组仍有活动，由于断层活动的差异性，两侧形成逆牵引圈闭，断鼻，断块圈闭。并发现了沙二段为主力油层的油田。

（6）歧东断层

位于本工区北部，走向近东西向，由南向北下掉正断层，断面较陡，断面倾角 60°~70°，在本区长 12km，落差规模较大，沙一下底井落差 1200~1400m，馆陶组落差 225~300km。从目前获得资料分析，沙河街组是断层主要发育期(古生界因埋藏深未获得资料)，断层控制了两侧下第三系的厚度差达 800~900km。上第三系时期又有活动。由于断层活动的不均一性。在断层中部形成屋脊状，形成高低不一背斜构造。该断层既是油源断层，深层生成油气向浅层运移。又对浅层局部圈闭起了遮挡作用，控制油气分布的断层。

（7）张北断层

位于本工区西北部，走向北东向，由陆地向海滩伸长，长达 14km。该断层落差大。在沙河街组底达 600~1200m。在明下段达 100~170m，该断层是长期发育断层，控制两侧地层的厚度，下第三系是主要发育期，两侧的厚度差达 800~1000m。上第三系又有活动断层对油气起控制作用，控制沙河街组及东营组油气藏的分布。

3 油气藏特征与油气分布规律与有利勘探方向

3.1 油气藏形成基本地质条件

（1）多套烃原岩，好母质、演化适中、油气资源丰富

歧口凹陷古近系发育多套烃源岩，其中主力烃源岩主要发育于沙一段和沙三段。埋海断坡区虽然临近物源，沉积物的输入强度大，泥岩单层厚度薄，但在物质输入过程中水体在反复动荡中有间歇，形成砂泥分异性较好的砂泥岩互层，组分中黏土含量高，同样这样的古水体环境也利于有机质的保存。除此之外，古生物构成中虽然高等植物也占有很大比例，但由于水体的间歇和相对的封闭性，低等藻类更为发育，有机质则主要以$II_1 \sim II_2$型为主。该区有机质演化程度适中，镜质组反射率在$0.5\% \sim 1.5\%$，总体处于低熟-成熟阶段，生烃门限大约为2900m，4000m左右进入大量生烃阶段[5,6]。根据中国石油第四次油气资源评价结果，埋海地区石油地质资源量约为$4.2 \times 10^8 t$，目前已探明$2.4 \times 10^8 t$，仍然具有较大的勘探潜力。

（2）单一物源、多沉积环境形成多类型储集体

埋海断坡区新生代经历湖盆扩大-收缩-成陆演化过程，几经水进水退，岸线随之变迁，沉积环境变化较为频繁[9]，如沙三段近岸扇、沙二段水下扇-滩坝、沙一重力流水道-近岸扇、东营组深湖相-浊积扇-三角洲、新近系曲流河-辫状河等多沉积环境，断坡内塑造了多类型的储集体(图4)，其中砂岩储集体是主要的，随供源岸线变迁(堤宁隆起沿岸)，不同岩性相带纵向叠置，平面交结，砂岩储集体广布连片，为油气聚集提供了有利储集空间。

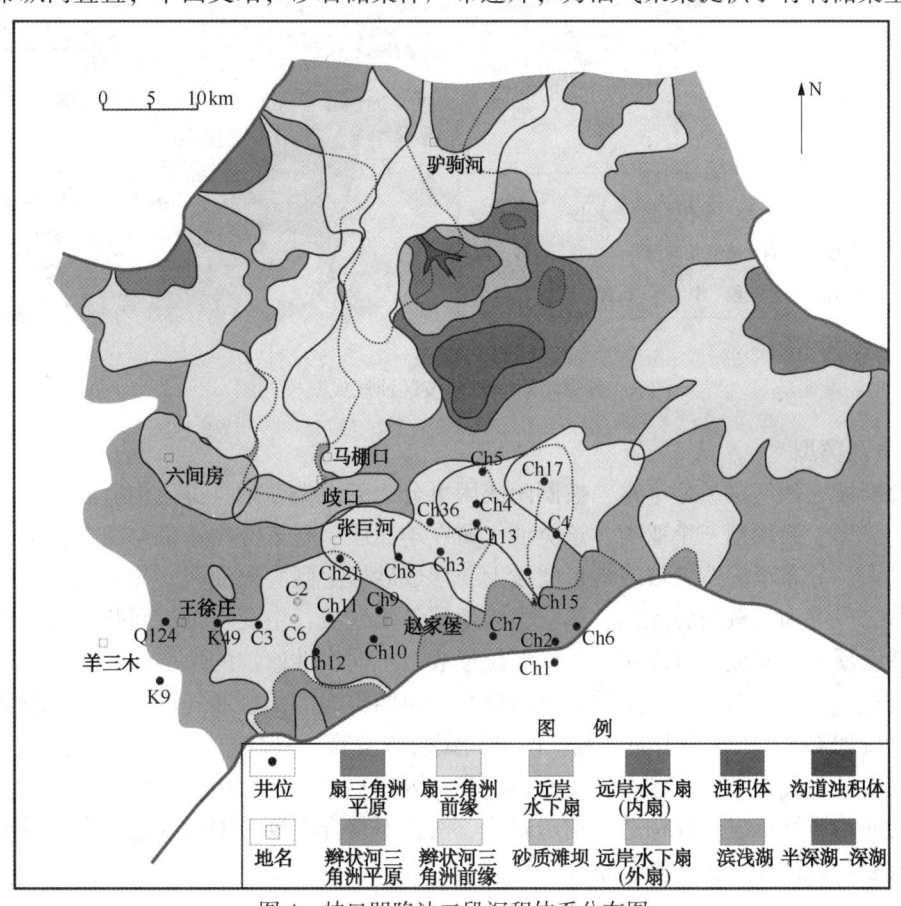

图4 歧口凹陷沙二段沉积体系分布图

（3）构造、砂体、断层、不整合面有利组合形成多类型圈闭

埕海断坡区主要发育歧东、张北、张东、赵北、羊二庄等主要断层，组成歧东构造带、张北构造带、张东构造带、赵家堡造带、羊二庄构造带，这些构造带上发育了多种类型的圈闭，如羊二庄、海 4 井为代表的逆牵引背斜，以张巨河、张东为代表的断鼻型圈闭，构造一沉积斜坡、深凹带背景上形成岩性圈闭、羊二庄断层上升盘地层不整合遮挡及地层超覆圈闭等，为油气成藏创造了有利条件。

（4）油气向低势区长期垂直、水平交替运移

歧口凹陷中心一直是沉积物堆积最厚的地区，流体承压方式的继承性，长期保持油、气、水三势叠加的高压态势，流体总是由高势区向低势区流动，从埕海低断阶到高斜坡流体势逐渐降低。这些低势区的有利圈闭是油气运移的长期指向，构造带是油藏、或气藏、或油气藏的汇聚区[10~13]。断坡内发育两类成藏模式，在中低断阶区，斜坡、砂体与烃源岩具有良好的配置关系，形成近源充注模式；在高断阶区，油气沿断裂、不整合面及砂体组成的复合疏导体系进行阶梯状远距离运行，形成源外次生油气藏(图 5)。

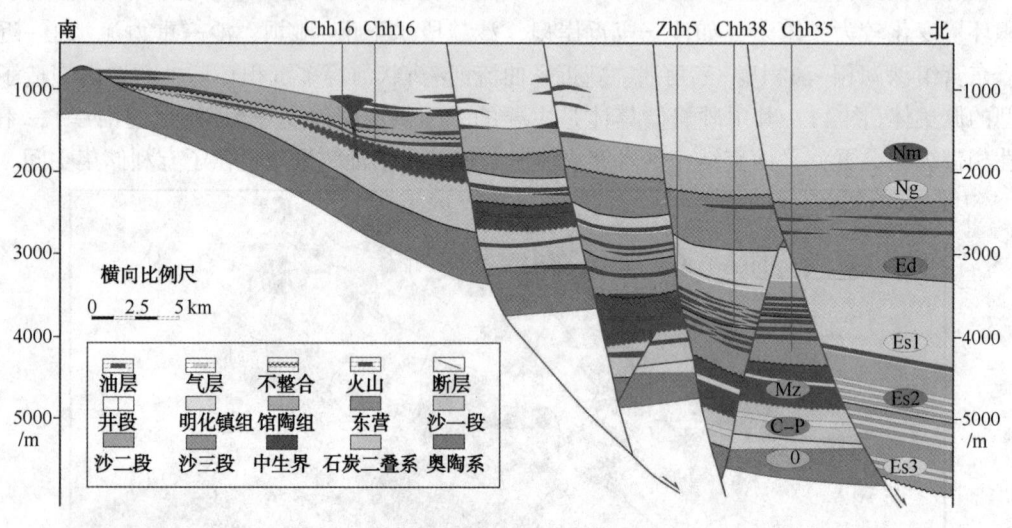

图 5　黄骅坳陷埕海断坡区油气成藏模式图

3.2　油气藏类型

埕海断坡区油气藏类型丰富，按圈闭成因可分为五大类：第一类为构造油气藏，包括背斜型、断鼻型、断块型三个亚类，该类油气藏在羊二庄、赵东等构造带均发育；第二类为岩性型油气藏，分布于构造斜坡或地形斜坡上，形成砂岩上倾尖灭油藏，如羊二庄的沙三段及张巨河沙二段等油气藏均为此类；第三类为地层型油气藏，主要与沉积间断有关，地层剥蚀线与构造线反相交构成有利圈闭，不同部位形成由不同岩性遮挡的地层油气藏，如刘官庄地区发现的东三段、馆陶组浸蚀不整合遮挡油藏；第四类为潜山型油气藏，主要为新生古储型油气藏，例如 C4 下侏罗潜山油气藏，该类油藏底水发育，具缝、孔、洞多重孔隙介质，产能高；第五类为复合型油气藏，常受两种或多种因索控制，一般构造是背景，岩性、不整合面、储层非均质性形成岩性构造、构造岩性、沟造不整合等复合型油气藏。宽而缓断阶型斜坡为形成复合型油藏提供了有利条件。

3.3 油气分布规律及主控因素

（1）优质烃源灶的发育及其生排烃强度控制了油气藏的基本分布格局

埋海断坡区紧邻歧口主凹及歧南次凹两个生油凹陷，歧口凹陷古近系优质烃源岩发育、有机质类型多样、演化序列完整，油气资源丰富。受烃源岩厚度、有机质丰度、母质类型和热演化程度等特征的综合影响，歧口凹陷油气分布"源控"特征比较明显，已经发现的油气藏紧临生烃中心或在油气优势运移通道附近分布。

（2）多套生、储、盖组合形成多个含油气系统

该区主要发育沙三段和沙一段两套主力烃源岩，不同层系烃源岩受埋深及异常地层压力的影响形成多期次、多相态的演化特征，油源对比结果表明该区油气表现为自生、他生及混源的特征。同时，该区发育沙三段上部、沙一中亚段、东营组下部三套区域性盖层以及不同层段内部局部盖层与各个层段砂体形成多套储盖组合，从而形成多源多聚的含油气系统。

（3）斜坡分带性控制油气藏分布序列

埋海断坡区具有明显的分带性，不同带上发育不同类型油气藏，从低断阶到高断阶油藏分布有序。在低断阶区，构造带顶部发育构造-断块油气藏，威胁分布有砂岩上倾尖灭油气藏，深凹区发育透镜状高压封闭油气藏；高斜坡区坡宽而缓，圈闭类型多样，包括断块油气藏、背斜油气藏、断层-岩性油气藏以及地层不整合油气藏等。

（4）深度控制温压场和流体性质

前人研究表明，埋海低断阶区主要发育高温高压系统，到高断阶逐渐变为常温常压系统；地层压力与深度密切相关，2500m以下普遍发育异常高压[14]。同时，原油性质随油藏埋深、层位、地域、油藏类型而发生变化。深度增加，原油密度减小；从低断阶到高断阶，原油密度增大。层位、地域、油藏类型的影响，实质上仍是埋藏深度效应，表现出油气运移路径是从深到钱、从低部位向高部位的运移过程。

3.4 埋海断坡区有利勘探方向

埋海断裂缓坡区具有优越的成藏背景，具有含油气层系多、油气藏类型多样、纵向叠置、横向连片的复式聚集特征，该区沙三段、沙二段、沙一段继承性发育来自埋宁隆起物源的辫状河三角洲砂体，断阶区砂体厚度大，高斜坡埋藏浅，物性好；断坡区北以歧东断层与歧口主凹相连，西以张北断层与歧南次凹相接，供油条件优越。宽缓斜坡背景始终是油气运移的主要指向区，阶梯状断层与多层系砂体、不整合面构成的网状疏导体系利于油气远距离运移，形成大面积、多层系油气聚集区。高斜坡和低断阶勘探程度低，潜力大，是重点勘探目标区。

4 结论

（1）埋北断坡区是埋宁隆起向歧口主凹倾伏背景上，经近东西向顺向断裂改造而成的三阶顺向断裂斜坡，由埋北高斜坡和埋北断阶带两大部分组成，断阶带又分为高、中、低三个断阶。

（2）埋海油气成藏地质条件优越，具有含油气目的层多，油气藏类型多样，纵向叠置、横向连片的复式聚集特征。

（3）油气藏形成的主要控制因素为：充足的油气源、良好的储集条件和储盖组合、基岩潜山背景下的断阶构造、长期继承性发育的断层等，其中，断层和盖层是控制油气纵向成藏的关键因素；基岩潜山背景下断阶构造和输导体系是控制油气横向成藏的关键因素。其中储

层厚度和物性以及砂体类型控制油气富集程度，圈闭的位置与砂体形态控制油气藏的厚度与含油范围，泥岩盖层控制了油气富集的层位，复式输导体系决定了不整合面上下是油气富集的有利部位；

　　（4）埕北断阶带断裂、不整合面及砂岩输导层三者不同的配置关系，构成了研究区多种油气运聚方式，形成大面积、多层系油气聚集区。高斜坡和低断阶勘探程度低，潜力大，是重点勘探目标区。

参 考 文 献

［1］于长华，苏俊青，袁淑琴，等. 大港油田埕北断坡区油气富集主控因素分析［J］. 沉积与特提斯地质，2006，26（4）：86-90.

［2］吴孔友，查明，肖敦清，等. 黄骅坳陷埕北断坡不整合特征与油气成藏［J］. 古地理学报，2008，10（5）：545-554.

［3］袁淑琴，于长华，董晓伟，等. 歧口凹陷埕海断坡区古近系油气成藏条件与富集因素分析［J］. 新疆地质，2011，29（1）：71-74.

［4］周立宏，卢异，肖敦清，等. 渤海湾盆地歧口凹陷盆地结构构造及演化［J］. 天然气地球科学，2011，22（3）：373-382.

［5］姜文亚，柳飒. 层序地层格架中优质烃源岩分布与控制因素——以歧口凹陷古近系为例［J］. 中国石油勘探，2015，20（2）：51-58.

［6］于学敏，何咏梅，姜文亚，等. 黄骅坳陷歧口凹陷古近系烃源岩主要生烃特点［J］. 天然气地球科学，2011，22（6）：1001-1008.

［7］高长海，查明. 埕北断坡区断层对油气成藏的控制作用［J］. 地质找矿论丛，2011，26（1）：74-78.

［8］王家豪，王华，任建业，等. 黄骅坳陷中区大型斜向变换带及其油气勘探意义［J］. 石油学报，2010，31（3）：355-360.

［9］周立宏，蒲秀刚，周建生，等. 黄骅坳陷歧口凹陷古近系坡折体系聚砂控藏机制分析［J］. 石油实验地质，2011，33（4）：371-377.

［10］高长海，查明，张新征. 埕北断坡区断层输导体系与油气成藏模式［J］. 新疆石油地质，2007，28（6）：721-724.

［11］高长海，杨子玉，查明. 埕北断坡区油气成藏组合特征及分布规律［J］. 吉林大学学报：地球科学版，2008，38（1）：63-68.

［12］高长海，查明. 大港油田埕北断阶带不整合与油气运聚［J］. 岩性油气藏，2010，22（1）：37-42.

南堡凹陷碳酸盐岩优质储层识别及分布预测

张　汶，孙凤涛，郭　维，张国坤，柳佳期

(中海石油(中国)有限公司天津分公司，天津 300459)

摘　要　湖相碳酸盐岩是古湖盆从淡水向咸水直到盐、碱湖演变过程的必然产物，其中优质储层的分布及预测关键是在等时地层隔架内分析有利岩相与古地貌古环境的关系，从而确定优质储集层的分布规律。研究表明，南堡凹陷西南端沙一下亚段发育生物碎屑云岩类、白云质砾岩类、泥晶云岩类等 3 大类碳酸盐岩。通过岩芯、薄片、测井、压汞曲线等资料分析，生物碎屑云岩为研究区湖相碳酸盐岩的优质储集层，并根据岩芯刻度测井，建立了不同类碳酸盐岩的电性解释标准。同时，根据研究区各井垂向上岩性组合特征、结合连井剖面相及古地貌特征建立了沙一下亚段碳酸盐岩沉积模式。优质储层生屑云岩发育受古地貌控制，通常发育于古隆起斜坡带，其中斜坡区多期生屑滩叠置厚度较大，而古地貌高点和斜坡边缘生屑滩发育期次较少、厚度较薄，因此，生屑云岩发育形态纵剖面上呈透镜状分布；并依据其沉积模式结合古地貌特征和井上实钻情况，定量预测了生屑云岩的分布范围及变化趋势。

关键词　湖相碳酸盐岩；生物碎屑云岩；优质储层；沉积演化；南堡凹陷

现阶段在渤海范围内，中深层碎屑岩储层物性不佳的背景下，物性相对较好的湖相碳酸盐岩是重要的油气勘探目标，如辽中凹陷的锦州 20-2 油气田和渤中凹陷的渤中 13-1 油田等，均为以湖相碳酸盐岩为储层的中深层优质油气藏。但湖相碳酸盐岩易受古气候和构造影响，相带窄、相变快，使其表现出横向上岩石类型变化快、纵向上岩性组合较为复杂的特点[1~3]。国内学者对于不同水深、不同水动力条件、不同位置及不同湖盆演化阶段所发育的湖相碳酸盐岩相模式已进行过研究总结，其分布样式和沉积过程直接受控于水体(包括河流的流入、流出、大气降水和地下水)、物源输入和温度变化 3 个因素[4~7]。气候和构造则同时影响这 3 个因素，比如河流的流入受水文环境和气候条件的共同控制，同时，气候、湖水化学性质和水深变化都将引起岩相、生物相空间分布的变化，这些环境因素控制了碳酸盐岩的种类、规模及分布状况。因此，同一古水体环境下，古地貌背景对碳酸盐岩类型分布具有控制作用[8~12]。

本文以南堡凹陷西南端曹妃甸 A 油田沙河街组沙一下亚段为例，通过岩芯、薄片、测井、压汞曲线等资料分析，对各类岩性特征、储层特征、单井及多井沉积相进行总结，并综合古地貌特征建立储层地质模式，将地质模式结合沉积演化规律和井上实钻情况，归纳出湖相碳酸盐岩优质储层识别和预测的研究思路及方法，对于本油田及相似油田的勘探开发具有指导意义。

作者简介：张汶(1983—)，男，汉族，硕士，地质工程师，2009 年毕业于长江大学矿产普查与勘探专业，现主要从事沉积储层预测和油气田开发地质研究工作。E-mail：zhangwen7@ cnooc. com. cn

1　研究区概况

曹妃甸 A 油田位于南堡凹陷的西南端，处于南堡凹陷向沙垒田凸起过渡的断阶带上(图 1)。油田范围内已钻探井 5 口，根据钻井揭示，主要含油层段为沙一下亚段底部的一套湖相碳酸盐岩储层，该层段直接批覆于奥陶系古潜山基底之上，油藏埋深 -3500 ~ -3400m，为中深层油藏，通过测试认识到该段油品性质好、产能高，为油气富集的有利区带[16]。

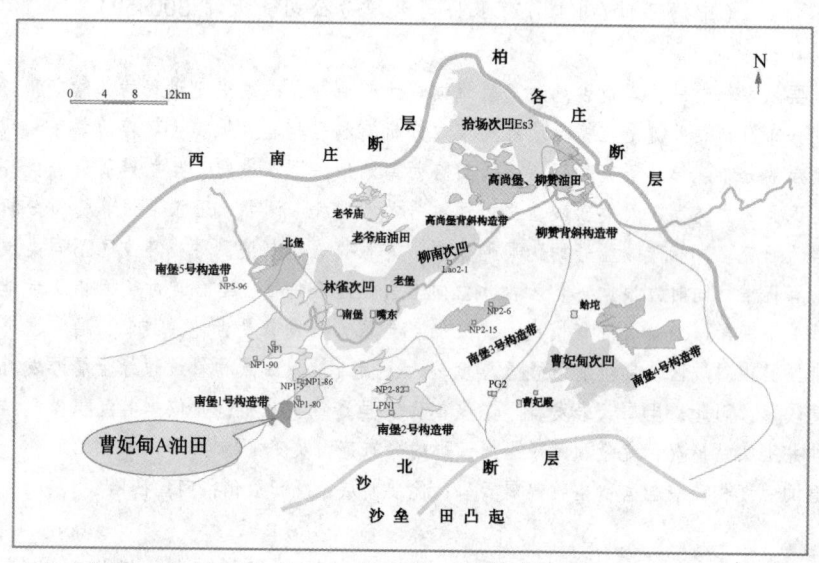

图 1　研究区位置图

1.1　研究区古地貌特征

气候、湖水化学性质和水深变化都将引起岩相、生物相及其空间分布的变化，这些环境因素控制了碳酸盐岩的种类、规模及分布状况[13~16]。因此，湖相碳酸盐岩的平面分布与湖盆岸线的曲折性，湖盆坡度的差异性及岛屿在湖盆中所处位置，水下隆起和水下高地的深浅有明显的依存关系。本次研究通过层拉平技术对研究区古地貌特征进行研究，虽然层拉平恢复的古地貌为相对古地貌，有别于绝对古地貌，但在已知的湖泊环境中，对相对古地貌特征研究，已能够确定湖底的相对起伏，进而可以确定沉积体系整体的分布规律[17~19]。

研究区沙一段地层顶底在地震剖面上均为强反射特征，易于识别，通过将顶面拉平，可以得到沙一段沉积时期的相对古地貌(图 2、图 3)。从图中可以看出研究区发育东西两个高点。1 井和 2 井位于西高点，3 井和 5 井位于古地貌的斜坡区，4 井位于东高点。古地貌西高点相对海拔为 72m，而东高点为 110m，整体显示古地貌西高点高度和面积均大于东高点。古地貌低洼处，相对海拔最低值约为 800m，位于东西高点之间和研究区东北部。其余地区相对海拔高度多介于 100~500m 之间。以上特征反映研究区沙一段沉积时，受基底的影响，相对古地貌相差较大，决定了沙一段时期不同古地貌将出现不同的岩性组合。

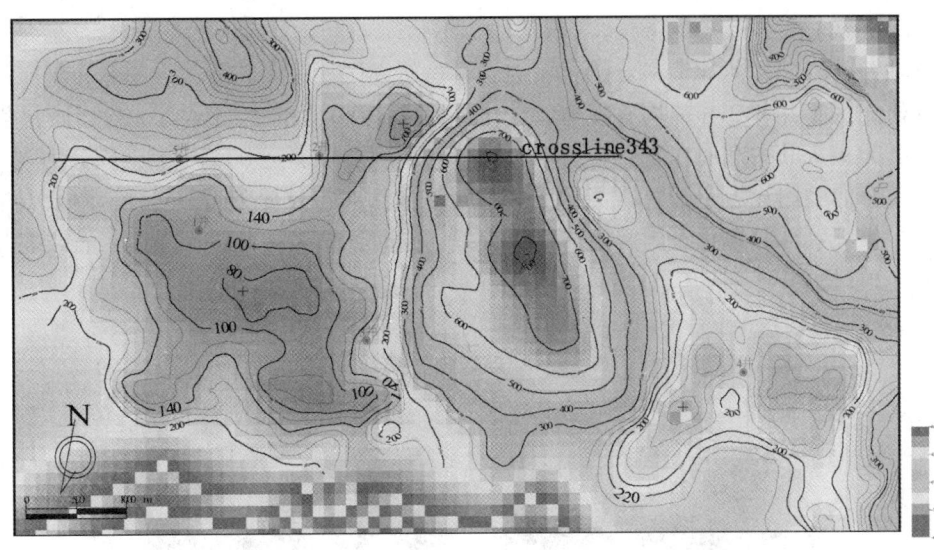

图2 曹妃甸A油田沙一段沉积期古潜山顶面等值线图

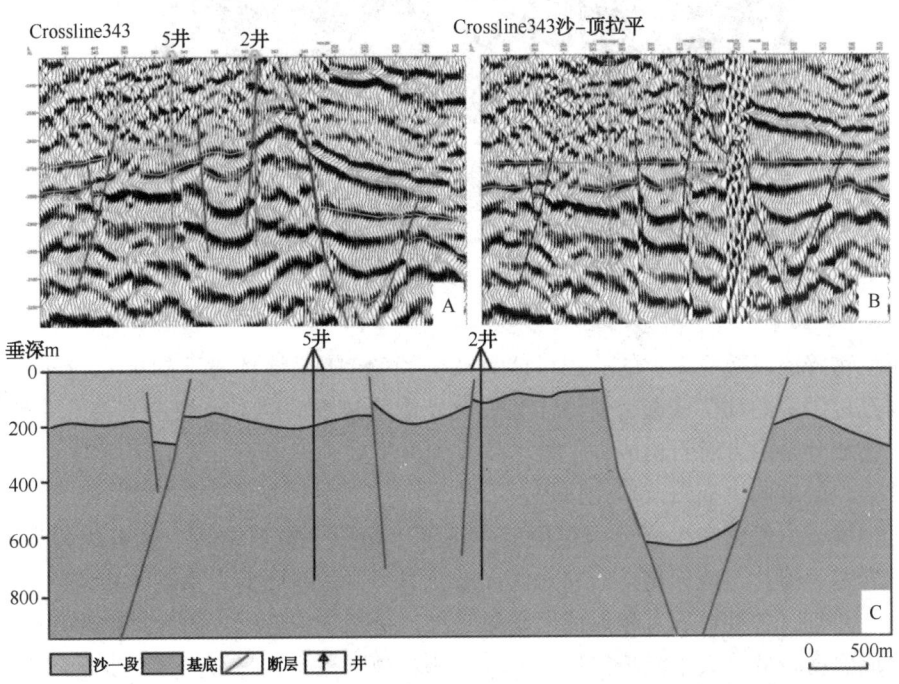

图3 曹妃甸A油田Crossline343测线沙一段古地貌恢复剖面图

(A) 原始地震剖面；(B) 沙一段顶部层拉平后地震剖面；(C) 沙一段古地貌恢复剖面

2 研究区碳酸盐岩岩性特征

湖相碳酸盐岩的结构和成因等基本特征随沉积环境的变化而异。研究区2井在沙一下亚段含油层位进行了连续系统的取芯，通过钻井、测井、岩芯和薄片观察，研究区沙一下亚段碳酸盐岩以白云岩或灰质白云岩为主，通过细分主要发育3大类：生物碎屑云（灰）岩、云质砾岩和泥晶云岩，其中生屑云岩层段的中下部发育含砾生屑云岩。下面对这几类碳酸盐岩分别进行描述。

2.1　生屑云(灰)岩

根据钻井、岩芯、薄片资料分析，该类岩石是研究区沙一段碳酸盐岩中分布较广的岩石类型，在研究区1井和2井中均有发育。构成生屑云(灰)岩的生物碎屑一般以腹足类、介形虫和藻类为主。其中螺屑在岩石粒屑中的百分比最多可以多达60%以上，成分为泥~粉晶白云石，部分体腔内充填完好的石英自形晶，硅质多已被白云石交代，同时，白云石呈栉壳状向孔隙中生长。部分螺化石内腔中空连通较好，同时，螺壳内部被泥晶白云石或亮晶、泥晶方解石充填(图4)。

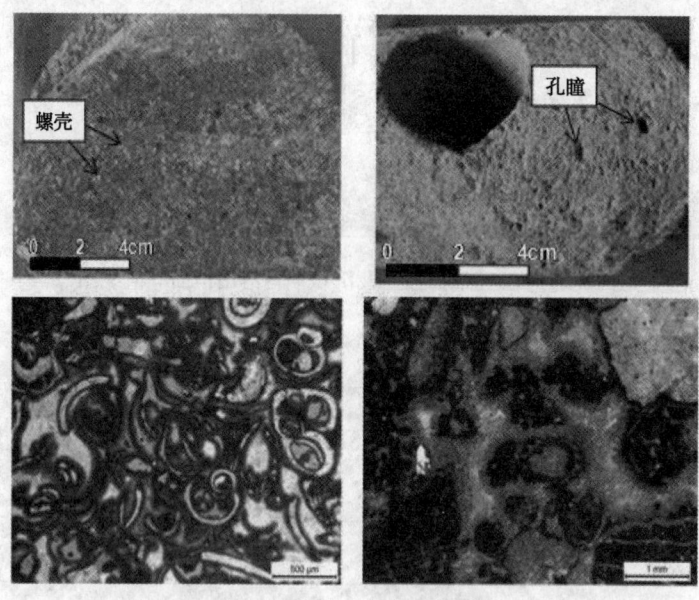

图4　生屑云岩岩石特征

对于生物碎屑以螺壳为主的原因可能有两个：(1)螺是该环境下的主要物种；(2)各类生物碎屑经过湖浪的动荡簸选，使得体型较大且重量较重的螺最终留存富集。一般情况下，螺壳的矿物成分是由方解石构成，但镜下发现螺壳主要为白云石，壳内溶解后可见少量方解石，反映强烈的准同生期白云岩化作用。

含砾生屑云岩发育在生屑云岩层段的中下部，主要为粒屑结构，砾石成分为泥晶白云石。基于岩芯、薄片与地球化学资料对比推断粒屑为下伏基底奥陶系碳酸盐岩原地风化再沉积的产物。并且，各种粒屑有相对成层富集趋势，呈不规则外形，内含生物碎片及隐藻。其中，砾屑成熟度较低，大小混杂，形态不一，填隙物以亮晶方解石为主，少量白云石亮晶呈栉壳状生长。砂屑粒度多在0.2~0.5mm，多数砂屑内部发育球团粒结构，部分挤压变形(图5)。岩石孔隙分布不均匀，裂隙较发育，局部粒间孔隙连通好。

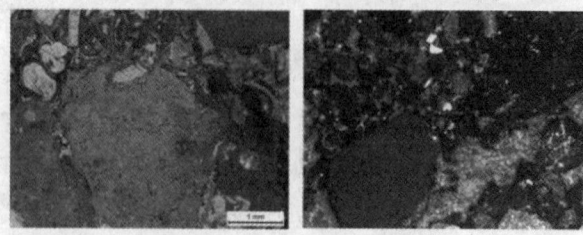

图5　含砾生屑云岩岩石特征

2.2 泥晶云岩

在岩芯观察过程中，可以看到在生屑云岩层段中会夹有薄层的泥晶云岩夹层。可见微弱的水平层理，黄铁矿局部富集，含泥，岩性较致密，并且沿垂直方向发育裂缝(图6)。

图6 泥晶云岩岩石特征

2.3 云质砾岩

云质砾岩主要发育在沙一段底部靠近潜山的部分，砾石、泥晶白云岩发育，夹薄层生屑云岩，岩性较致密，发育中-高角度缝和网状缝，但基本被方解石充填(图7)。根据薄片分析，云质砾岩主要为砂砾屑结构，岩性较致密，储层物性较差。同时，角砾压实破碎现象明显，压实缝发育，反应角砾形成时未固结易破碎的特征。从同位素鉴定可以看出，云质角砾与岩溶角砾具有相似的同位素特征，也反映出云质角砾岩中的砾石为古潜山风化剥蚀原地堆积的产物，为内碎屑角砾(图8)。

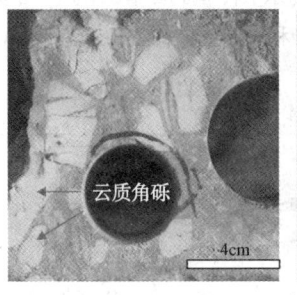

图7 云质砾岩岩石特征

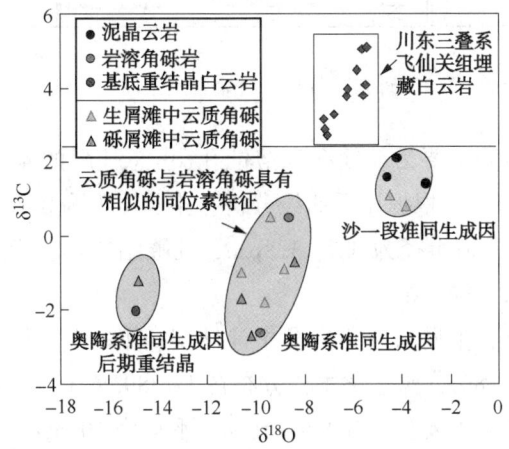

图8 云质角砾与围岩的稳定同位素特征

3　研究区碳酸盐岩测井解释模型

　　从电性特征来看，沙一下亚段生屑云岩和云质砾岩差异明显，利用岩芯标定测井，可对各类碳酸盐岩的电性特征进行统计。从统计情况可以看出，生屑云岩密度曲线取值范围明显小于云质砾岩，同时，生屑云岩声波时差取值明显大于云质砾岩层，表现出生屑云岩层物性好于云质砾岩层的特征，并且两段之间无隔夹层，为突变接触。曹妃甸 A 油田电性特征见表 1，据此可解释各探井钻遇的岩相组合类型。

表 1　曹妃甸 A 油田各类碳酸盐岩电性特征

岩性	自然伽马 API	电阻/(Ω·m)	补偿密度/(g/cm³)	声波时差 US/F	特征
生屑云岩	30~75	40~100	2.15~2.55	55~76	低密度、高声波时差
云质砾岩	20~40	40~400	2.45~2.75	40~52	高密度、低声波时差
泥晶云岩	90~150	6~15	2.50~2.60	60~75	高密度、高声波时差

4　研究区碳酸盐岩孔隙结构和物性特征

　　通过对铸体薄片、扫描电镜、FMI 测井以及岩芯描述等资料综合分析，沙一下亚段生屑云岩层的储集空间主要为粒间孔、粒间溶孔、体腔孔和粒内溶孔(占总孔隙的 86%)以及构造缝和溶蚀构造缝(占总孔隙的 14% 左右)。地层水的溶蚀作用不仅形成大量的溶蚀孔洞，改良储层的储油物性，同时还导致孔隙结构的复杂化，增强储层的非均质性。根据压汞曲线分析，生屑云岩排驱压力为 0.03~0.39MPa，饱和中值压力 0.12~2.49MPa，平均吼道半径为 2.4~15.1μm，孔喉结构以中歪度为主(图 9)。

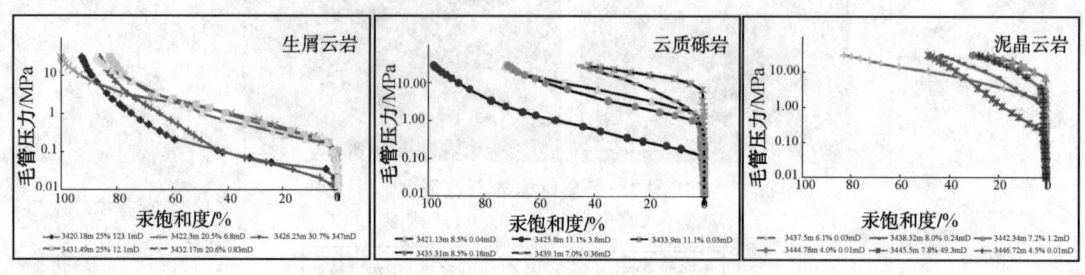

图 9　研究区各类碳酸盐岩压汞曲线特征

　　云质砾岩层的储集空间主要为粒间孔和溶蚀孔(占总孔隙的 46%)以及构造缝和溶蚀构造缝(占总孔隙的 54% 左右)。根据压汞曲线分析，排驱压力为 0.10~9.28MPa，饱和中值压力 0.88~9.95MPa，平均吼道半径为 0.7~3.8μm，孔喉结构具有中-细歪度储层特征。而泥晶云岩不具有储集层孔喉结构特征。

　　根据岩芯和壁芯分析，生屑云岩为中孔中渗储层(图 10)，孔隙度主要分布在 11.1%~32.9%，平均孔隙度为 19.8%，渗透率主要分布在 1~389.8mD，平均为 57.1mD；云质砾岩为低孔特低渗储层，孔隙度主要分布在 8%~15%，平均为 10.5%，渗透率主要分布在 0.1~16.8mD，平均为 3.6mD。

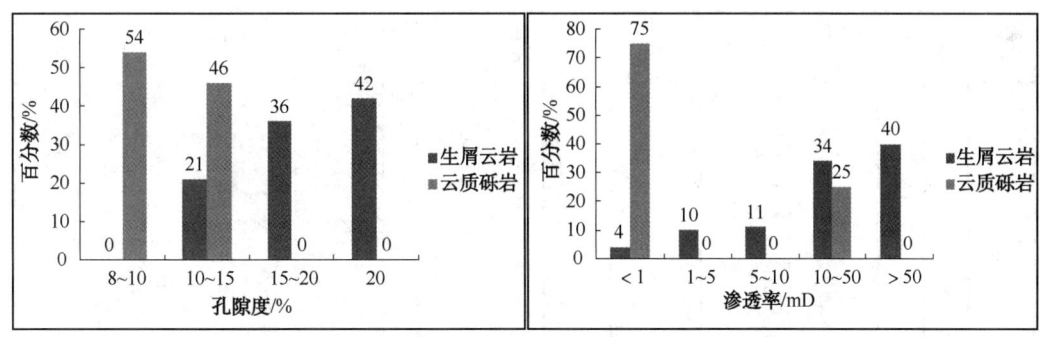

图 10　研究区沙一下亚段储层孔隙度、渗透率直方图

通过上述资料可以分析得知，研究区沙一下亚段储层分为两种岩性的储层，一是生屑云岩储层，二是云质砾岩储层。其中，生屑云岩储层为本区的优质储层，云质砾岩储层物性较差，泥晶云岩为隔夹层。

5　沉积相模式及储层演化规律

生屑云岩是研究区沙一段的优质储层，对生屑滩分布规律的认识是定量预测生屑云岩储层分布的基础，本文通过岩芯、壁芯和薄片资料将沙一下亚段滨浅湖相进一步划分为生屑滩、滩缘、泻湖及砾屑滩等沉积亚相，并对各亚相环境下的岩石学特征及分布规律进行了研究总结。

沙一下亚段底部的云质砾岩为砾屑滩相沉积，由奥陶系古潜山的风化剥蚀原地堆积的角砾经过胶结、溶解和压实等成岩作用而形成；同时，受湖水的周期性涨落的影响，该层段中上部具有生屑滩与砾石滩交替发育成份混积的特征。砾屑滩之上发育生屑滩相，以生屑云岩沉积为主。该岩性与生物活动息息相关，主要发育在水体清洁、温暖、深度适中的浅水区域，薄片中可见大量未充填溶蚀孔和铸模孔，分布广泛，为研究区最优质的储层。同时，生屑云岩层段内部发育泻湖相和滩缘相沉积，其中滩源相是生屑滩向半深湖-深湖或泻湖相的过渡相，岩性以薄层生屑云(灰)岩与泥晶云岩或灰质泥岩互层为主。而泻湖相为生屑滩的生长限制了生屑滩向隆起方向的水体流动，从而形成局限湖泊环境，该环境水体能量弱，以灰绿色泥岩沉积为主(图 11)。

开阔浅湖相沉积以泥灰岩和泥岩沉积为主，夹薄层粉砂岩，反应相对安静的水体环境。主要发育在沙河街组沙一段的中上部，沉积在该套碳酸盐岩之上。

综上所述，研究区沙一下亚段总体上为向上湖平面逐渐变深的正旋回沉积，但储层物性从砾屑滩相向生屑滩相逐渐变好，并在生屑滩亚相内发生次一级的旋回性变化。

根据各亚相沉积特征分析，可将沙一下亚段湖相碳酸盐岩沉积演化过程划分为 4 个阶段：沙一下亚段早期、中期、晚期和末期。

沙一下亚段沉积早期湖平面较低，古隆起大面积暴露，隆起处以碳酸盐岩古潜山的风化壳和原地堆积而成的砾屑滩沉积为主。同时，该时期古地貌相对低洼处开始发育生屑滩沉积，在半深湖-深湖处，由于水体变深，生物逐渐减少，主要发育泥晶灰岩或泥岩沉积[图12(A)]。

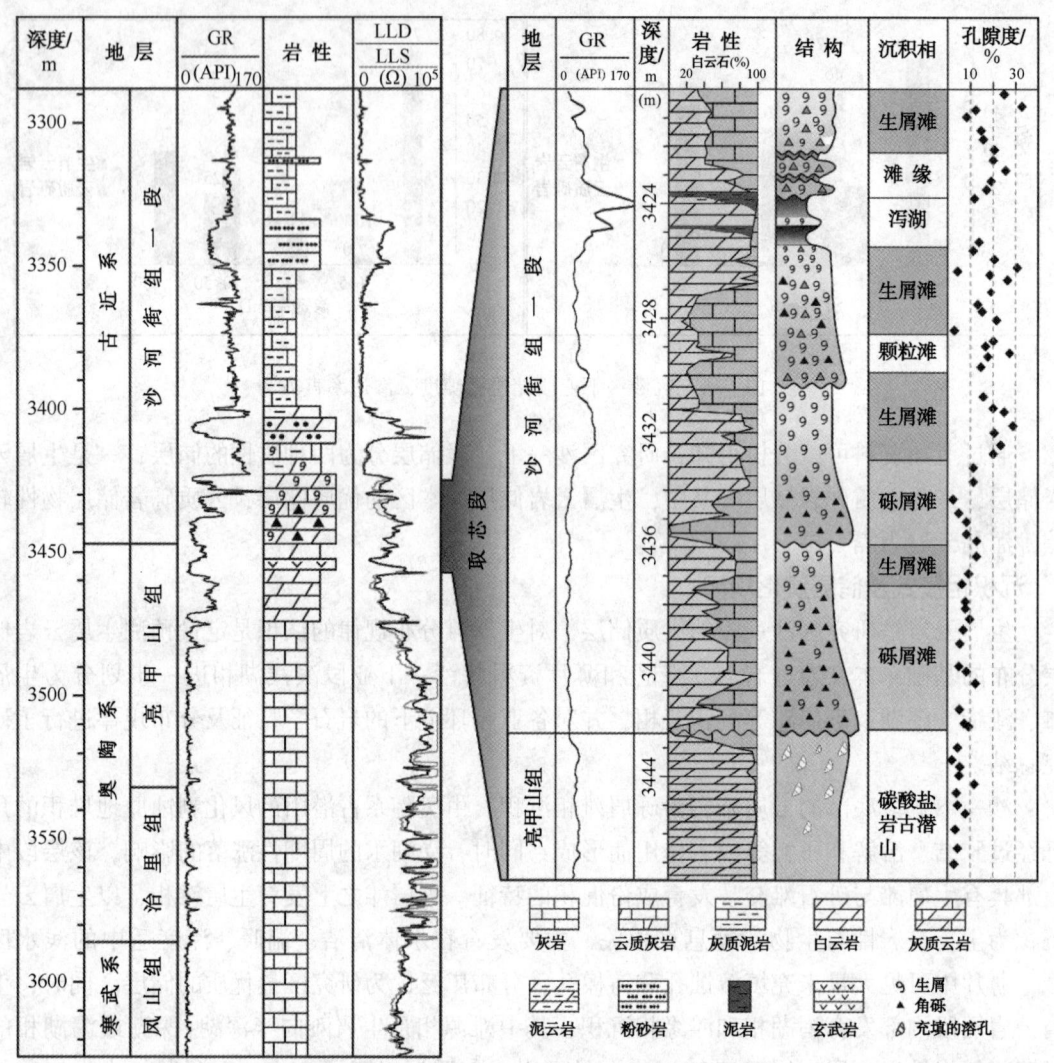

图 11　曹妃甸 A 油田 2 井取芯段沉积相划分与物性分布特征

　　进入到沙一下亚段沉积中期，随着湖平面上升，古隆起范围渐渐缩小，适合生屑滩发育的斜坡范围扩大，生屑滩向古隆起方向迁移抬升，后一期的生屑云岩上超在前期生屑云岩之上。同时，受生屑滩的堆积遮挡影响，在生屑滩与古隆起之间形成了潟湖环境[图 12(B)]。沙一下亚段沉积晚期，随着湖平面进一步上升，古隆起全部淹没于水下，生屑滩也主要发育于水深相对较浅的古隆起顶部及周围[图 12(C)]。从进入沙一下亚段末期以后，随着湖平面进一步加深，已不适合生物的生存繁殖，生屑滩逐渐消亡进而转变为半深湖-深湖相的泥灰岩、泥岩沉积，本区碳酸盐岩沉积结束[图 12(D)]。

　　从沉积演化规律可以看出，生屑云岩层厚度受多期滩体叠置的影响在古隆起斜坡处相对较厚，在古隆起顶部及斜坡边缘发育期次相对较少，沉积厚度较薄，纵剖面上呈透镜状分布。同时向古隆起低洼处生屑滩逐渐相变为半深湖-深湖相，岩性也由生屑云岩转变为泥灰岩、泥岩沉积。

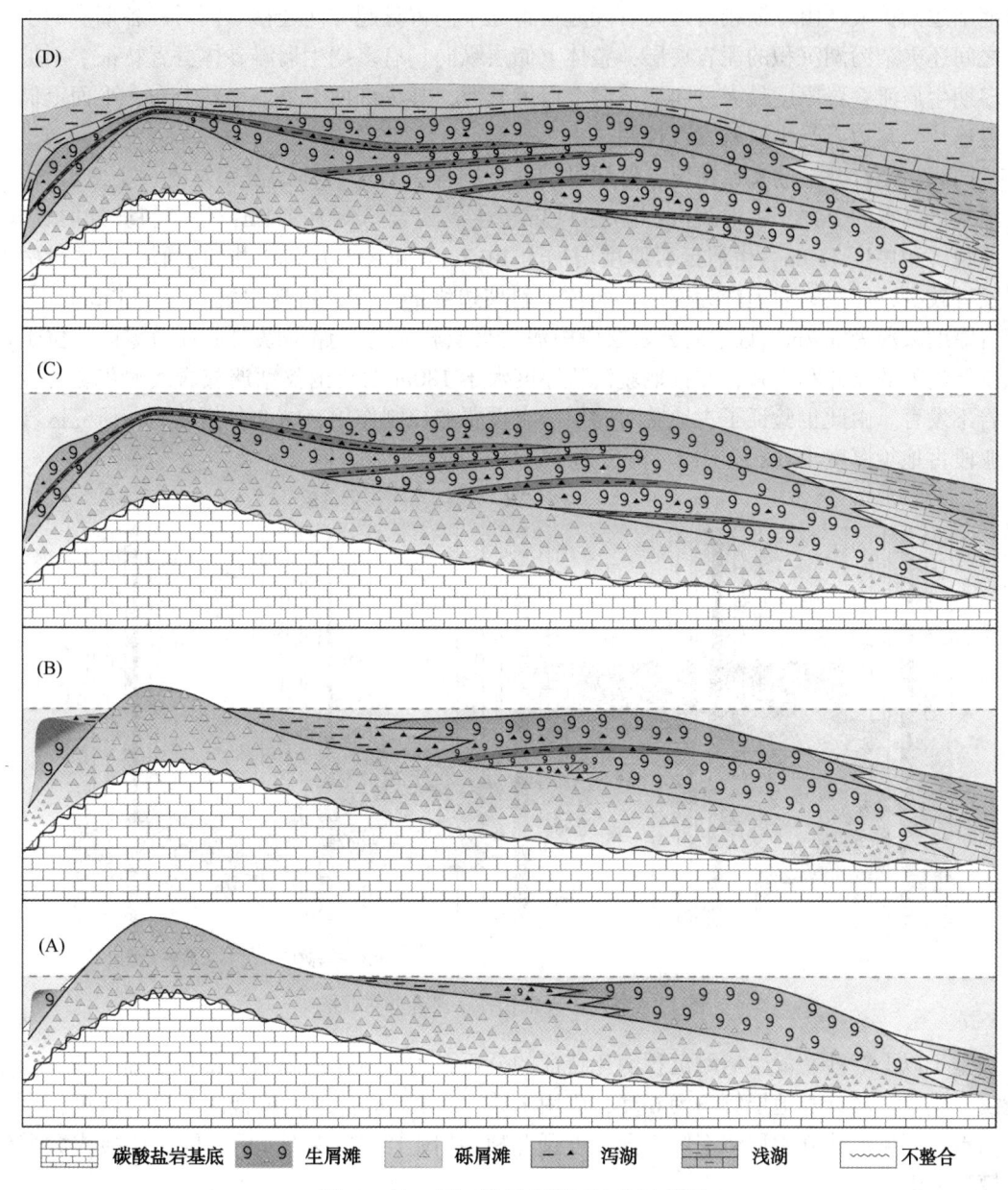

图 12 沙一下亚段沉积剖面演化示意图

(A)沙一下亚段早期；(B)沙一下亚段中期；(C)沙一下亚段晚期；(D)沙一下亚段末期

6 优质储层展布范围

生屑云岩沉积模式只能定性的描述其空间展布形态，由于研究区油藏埋深较深，地震资料品质不佳，无法通过沉积模式结合地震相的方法来定量预测储层的分布。但研究区有较为丰富的钻井资料，本文通过钻井情况结合沉积模式和古地貌的方法分析了生屑云岩储层的分布范围。

基于以上对沙一下亚段古地貌和沉积相演化规律的分析可知，生屑滩发育主要受古地貌的控制，从沙一下亚段早期至末期，随着湖平面逐步上升，古隆起范围逐渐变小，生屑滩发育范围逐渐扩大，由早期相对远离古隆起位置逐步向古隆起方向迁移。同时，各期次的生屑滩之间还夹杂泻湖沉积的泥岩夹层，整体上储层纵向具有多期生屑滩砂体叠置特征。斜坡中部多期生屑滩叠置厚度最大，向下与向上厚度减薄，其纵剖面上呈透镜状分布，平面上储层叠置连片，其边界受生屑滩发育控制。

同时，结合井上的实钻情况，储层纵剖面上同样具有透镜体的沉积形态（图13），位于古地貌最高点的1井，古地貌沉积厚度113m，生屑云岩厚度为9.1m；位于斜坡处的2井，古地貌沉积厚度159m，生屑云岩厚度增加为14.3m，并且1井和2井的生屑云岩层段中夹层发育较少，储层纵向上较为连续。而位于斜坡边缘的3井，古地貌沉积厚度170m，生屑云岩厚度减薄为6.2m，且生屑云岩层段中泥岩夹层较发育，储层纵向上较为零散；位于古地貌低洼处的4井和5井，在古地貌沉积厚度大于180m的范围仅钻遇灰岩或泥灰岩，生屑云岩不发育。由此也验证了古地貌对储层具有重要的控制作用，综合分析认为，研究区沙一下亚段古地貌厚度180m范围内，深度适中，为生屑云岩发育区。

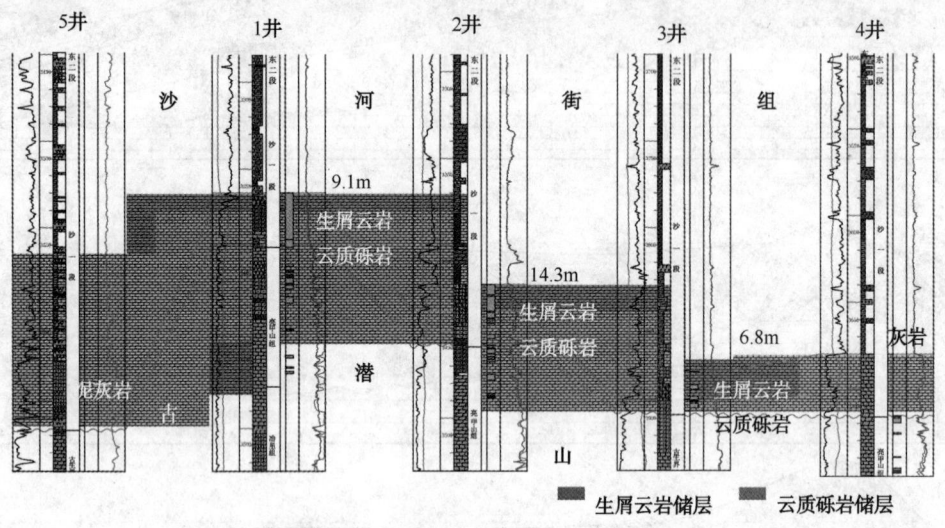

图13　曹妃甸A油田沙一段连井对比图

基于以上对沙一段生屑滩沉积演化特征的分析，生屑滩向古隆起高部位逐渐减薄。依据地震、钻井资料计算地层倾角为6度，应用1井、2井对应古地貌位置的生屑云岩沉积厚度与高点之间关系建立生屑滩上倾方向厚度预测模型［图12（D）、图14］，同时转换成数学计算模型（图15）。

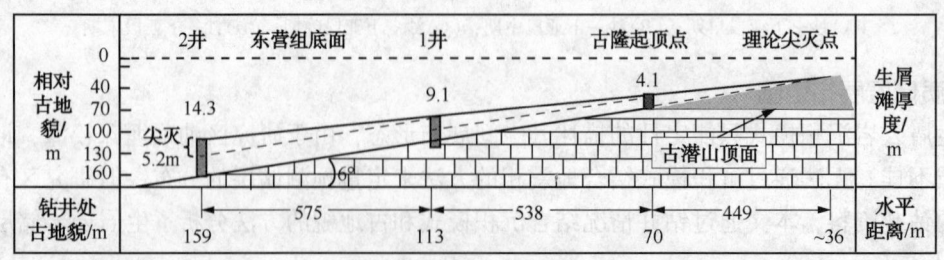

图14　沙一下亚段生屑滩厚度分布特征

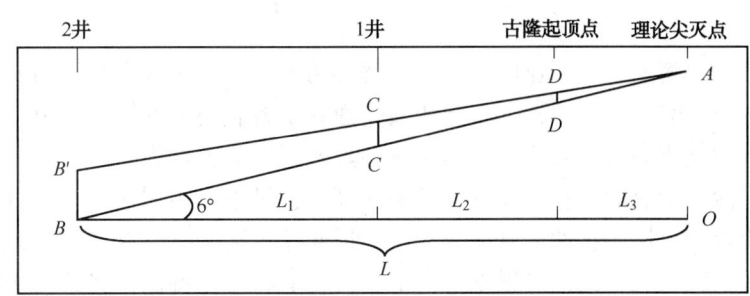

图15　沙一下亚段生屑滩厚度预测的数学模型

在数学计算模型中，A 点为生屑滩的理论尖灭点，B 点为 2 井的位置，BB′ 为 2 井的生屑滩厚度 14.3m，C 点为 1 井的位置，CC′ 为 1 井的生屑滩厚度 9.1m，D 为古隆起最高点的位置，DD′ 为古隆起最高点的预测厚度。古隆起的坡度角 ∠ABO 平均值约为 6 度，坡度较小，因此，2 井和 1 井的水平距离 575m 近似等于 BC 长度 L1，1 井和高点 D 的水平距离 538m 近似等于 CD 长度 L2，以此类推 AD 近似等于 L3，则 AB 的长度近似等于 L=L1+L2+L3。

根据几何运算由公式：

$$CC'/BB' = (L_2+L_3)/(L_1+L_2+L_3)$$

可得 L_3 长度为 449m，因此，L 总长度为 1562m；

同理由公式：

$$DD'/BB' = L_3/(L_1+L_2+L_3)$$

可得 DD′ 长度为 4.1m，即古隆起最高点处生屑滩厚度为 4.1m。

此外，理论模型计算的尖灭点处古地貌沉积厚度为 36m，然而曹妃甸 A 油田古潜山的古地貌最高点沉积厚度为 70m，低于理论尖灭点的高度，因此，本区古隆起处仍普遍发育生屑滩，具有重要的勘探潜力。

综合以上结论和已有钻井资料的分析，绘制了研究区沙一段生屑云岩厚度等值线图（图16）。由图显示，古地貌高点处生屑滩厚度较薄，向斜坡处厚度逐渐增加，至斜坡下部厚度又变薄，至古地貌低洼处由于古水深较深其环境已不利于生物发育，生屑云岩层则逐渐尖灭，岩性转为泥晶灰岩、泥灰岩或泥岩沉积。古隆起斜坡处因多期滩体的叠置，生屑滩厚度最大，为优质生屑云岩储层的有利钻探目标区。

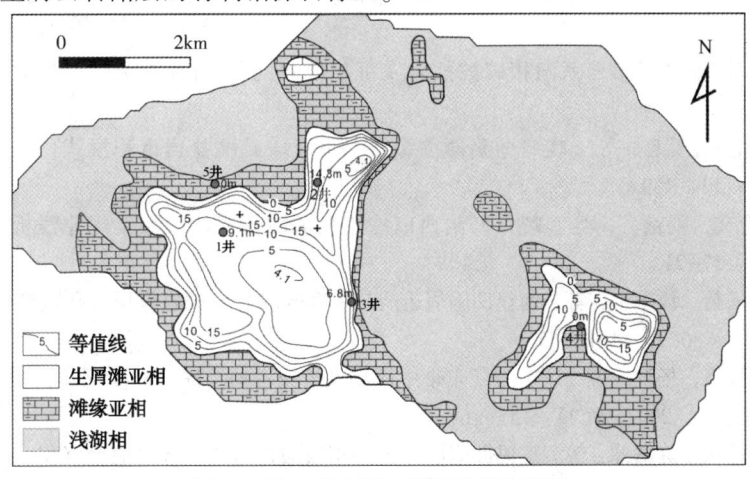

图16　沙一段生屑云岩厚度等值线图

7　结论

（1）南堡凹陷西南端沙一下亚段发育了生物碎屑云岩、云质砾岩和泥晶云岩等三大类湖相碳酸盐岩。各类碳酸盐岩电性特征差异明显，建立了各岩类电性特征模板，并识别出生屑云岩储层为本区的优质储层，云质砾岩储层物性较差，泥晶云岩为隔夹层。

（2）研究区沙一下亚段沉积期发育滨湖和浅湖相，可进一步划分为生屑滩、滩缘、泻湖及砾屑滩等沉积亚相。储层物性从砾屑滩相向生屑滩相逐渐变好，沉积演化整体上为向上湖平面逐渐变深的正旋回沉积，同时根据垂向上各沉积亚相组合特征，将其演化过程划分为沙一下亚段早期、中期、晚期和末期四个阶段；并描述了各时期湖盆内不同构造位置沉积的碳酸盐岩特征，对优质储层生屑云岩的展布形态进行了刻画。

（3）该区生屑云岩层发育受古地貌控制，通常发育于斜坡带，斜坡中部多期生屑滩叠置厚度较大，向下与向上厚度减薄，其纵剖面上呈透镜状分布。同时根据钻井资料结合古地貌特征进行分析，生屑滩发育的范围局限于古地貌厚度180m范围内，通过地质理论模型计算出区域高部位生屑云岩层厚度为4.1m，并且其地层厚度大于理论尖灭点的厚度，说明本区古隆起处仍普遍发育生屑滩，并根据地质模式绘制出生屑云岩等值线图，预测了储层的分布范围及变化趋势，对该区域湖相碳酸盐岩油田的勘探开发具有一定的指导意义。

参 考 文 献

[1] 孙钰，钟建华，袁向春，等. 国内湖相碳酸盐岩研究的回顾与展望[J]. 特种油气藏，2008，15(5)：1-6.

[2] 彭传圣. 湖相碳酸盐岩有利储集层分布——以渤海湾盆地沾化凹陷沙四上亚段为例[J]. 石油勘探与开发，2011，38(4)：435-443.

[3] 金振奎，邹元荣，张响响，等. 黄骅坳陷古近系沙河街组湖泊碳酸盐沉积相[J]. 古地理学报，2002，4(3)：11-17.

[4] 李家康，李俊英. 渤海海域沙河街组生物碎屑灰岩发育特点及典型构造分析[J]. 中国海上油气(地质)，1999，13(1)：23-27.

[5] 邓运华. 试论辽东湾坳陷沙河街组碳酸盐岩形成环境及其特征[J]. 石油勘探与开发，1991，18(6)：32-39.

[6] 闫伟鹏，杨涛，李欣，等. 中国陆上湖相碳酸盐岩地质特征及勘探潜力[J]. 中国石油勘探，2014，19(4)：11-17.

[7] 杜韫华. 渤海湾地区下第三系湖相碳酸盐岩及沉积模式[J]. 石油与天然气地质，1990，11(4)：376-392.

[8] 杨剑萍，晋同杰，姜超，等. 歧口凹陷西南缘沙一下亚段碳酸盐岩沉积模式[J]. 新疆石油地质，2015，36(2)：134-139.

[9] 王振升，周文文，刘艳芬，等. 歧口凹陷西南缘湖相碳酸盐岩油气聚集规律浅析[J]. 石油地质，2012，25(2)：17-21.

[10] 张家政，陈松龄，成永生，等. 南堡凹陷周边凸起地区碳酸盐岩成岩作用与孔隙演化[J]. 石油天然气学报，2008，30(2)：161-165.

[11] 加东辉，徐长贵，杨波，等. 辽东湾辽东带中南部古近纪古地貌恢复和演化及其对沉积体系的控制[J]. 古地理学报，2007，9(2)：155-166.

[12] 董桂玉，何幼斌，陈洪德，等. 惠民凹陷沙一中湖相碳酸盐与陆源碎屑混合沉积--以山东商河地区为例[J]. 沉积学报，2007，25(3)：343-350.

[13] 王国忠. 南海北部大陆架现代礁源碳酸盐与陆源碎屑的混合沉积作用[J]. 古地理学报, 2001, 3(2): 47-54.

[14] 宋章强, 陈延芳, 刘志刚, 等. 渤海海域沙一、二时期碳酸盐岩沉积特征及主控因素分析[J]. 沉积与特提斯地质, 2013, 33(1): 5-11.

[15] 张建林, 林畅松, 等. 断陷湖盆断裂、古地貌及物源对沉积体系的控制作用--以孤北洼陷沙三段为例[J]. 油气地质与采收率, 2002, 9(4): 24-27.

[16] 曹守连. 南堡凹陷断裂带构造演化及成藏条件分析[J]. 断块油气田, 1997, 4(2): 13-16.

[17] 朱筱敏, 信荃麟, 张晋仁, 等. 断陷湖盆滩坝储集体沉积特征及沉积模式[J]. 沉积学报, 1994, 12(2): 20-28.

[18] 徐长贵, 赖维成, 薛永安, 等. 古地貌分析在渤海古近系储集层预测中的应用[J]. 石油勘探与开发, 2004, 31(5): 53-56.

[19] 董艳蕾, 朱筱敏, 滑双君, 等. 黄骅坳陷沙河街组一段下亚段混合沉积成因类型及演化模式[J]. 石油与天然气地质, 2011, 32(1): 98-106.

渤海海域辽西凸起北段新生代构造演化：
磷灰石裂变径迹证据

（中海石油(中国)有限公司天津分公司，天津 300459）

摘　要　辽西凸起作为郯庐断裂带西支构造，是渤海海域最重要的油气富集区带之一，其构造-热演化对该构造带油气潜力深挖及郯庐断裂带活动研究有着重要指示作用。基于实际钻井资料和区域地质背景的约束，本文运用磷灰石裂变径迹对辽西凸起北段开展地温热年代学研究，通过样品径迹年龄和长度的分析研究，反演了该构造带新生代的热-构造演化史。新生代以来，辽西凸起北段整体发生了大规模的隆升和剥蚀，并具有分块性和阶段性抬升剥蚀的特征，西块存在两个剥蚀期 65~46Ma 和 27.3~18.6Ma，平均剥蚀厚度分别为 1737m 和 1020m；东块两个剥蚀期为 65~36.7M 和 22.5~13.7Ma，平均剥蚀厚度分别为 1765m 和 711m。辽西凸起北段新生代构造演化整体可以划分为 6 个阶段，但具有东西分块块的特征。西块：隆升剥蚀期（西块：65~46Ma，东块：65~37.5Ma）、差异断陷期（西块：46~36Ma）、构造稳定期（西块：36~32Ma，东块：37.5~31.5Ma）、断陷沉降期（西块：32~27.3Ma，东块：31.5~22.5Ma）、隆升剥蚀期（西块：27.3~18.6Ma，东块：22.5~15.6Ma）、坳陷沉降期（西块：18.6Ma 至今，东块：15.6Ma 至今）。

关键词　磷灰石裂变径迹；热史模拟，剥蚀量恢复；构造演化；辽西凸起北段

勘探实践表明，辽西凸起是渤海海域辽东湾坳陷最重要的油气富集区，自上世纪 80 年代发现绥中 36-1 油田后，相继又发现了锦州 20-2N、锦州 20-2 和锦州 25-1 等几个大中型油气田，累计发现三级石油地质储量(油当量)4.73×10⁸t，占整个辽东湾探区油气总发现的 39%，含油层系从基底潜山到新近系储层均有分布。但是，近年来伴随勘探程度的不断的深入，锦州 20-5N 构造、锦州 20-1 构造等多个目标相继钻探失利，证实辽西凸起区油气的成藏规律仍缺乏系统性认识。明确辽西凸起新生代构造演化过程将会对深入认识沉积体系形成与展布、圈闭的形成与分布、油气的疏导和封堵等油气成藏要素有着重要的指导意义[1~4]，但是，辽西凸起所在的渤海海域新生代发育演化受控于郯庐断裂带走滑活动、板块(太平洋板块、欧亚板块)之间俯冲碰撞的差异性运动以及深部地幔上涌等多种动力学机制，构造特征整体表现为伸展和走滑的复合效应[5~8]，这对辽西凸起新生代活动演变的分析带来了很大的困难，进而制约辽西凸起带油气勘探的潜力深挖。

磷灰石裂变径迹法(AFT)作为一种在原理、方法及应用都比较成熟的地温热年代学分析技术，已广泛应用于多个含油气盆地热-构造史的分析研究，该方法的优势是基于样品中磷灰石裂变径迹记录的低于退火温度的热史信息，通过选用合适的退火模型反演模拟，重建磷

作者简介：张江涛(1988—)，男，汉族，硕士，勘探地质工程师，2014 年毕业于中国石油大学(华东)地质工程专业，现从事含油气盆地构造解析研究工作。E-mail：zhangjt28@cnooc.com.cn

灰石的热演化史，结合古温差和古地温梯度恢复地层的剥蚀量，并最终建立构造区热-构造史[9~12]。本文以辽西凸起北段为研究靶区，通过运用磷灰石裂变径迹法对主要构造部位的样品进行分析，恢复该构造区新生代的构造演化史，为后续油气勘探提供依据。

1 区域地质概况

辽西凸起位于渤海海域东北部，是辽东湾坳陷内的二级构造单元，自南向北贯穿于整个坳陷内部，连续性较好，辽西凸起根据基底潜山岩性、上覆地层沉积规律和主干断裂切割关系进一步划分为了南段、中段和北段，文研究的重点区带——辽西凸起北段位于辽西凸起北部倾末端，北东向长约 46.8km，东西向宽约 8.2km，并且在凸起末端受断裂控制又分叉为东块和西块，平面展布呈 V 形。辽东湾坳陷是一级构造单元辽河坳陷向渤海海域的延伸部分，NE 向断裂体系控制了盆地的发育演化，空间上具有东西分块的特点，表现为三凹夹三凸的构造格局，自东到西依次为辽东凹陷、辽东凸起、辽中凹陷、辽西凸起、辽西凹陷和辽西南凸起 6 个二级构造单元(图 1)。

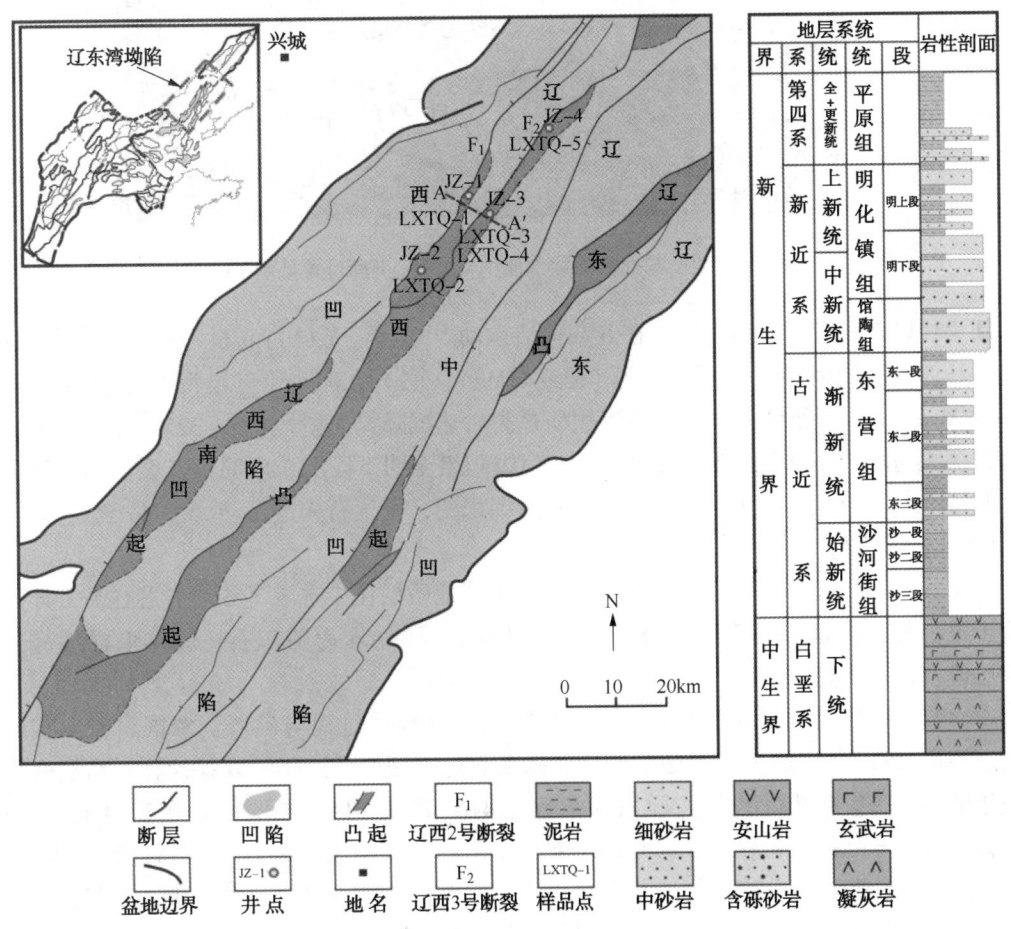

图 1 辽西凸起北段构造位置图及岩性柱状图

辽西凸起北段的发育演化主要受控于辽西 2 号和辽西 3 号两条条主干断裂，均呈 NNE 向展布，两条断裂均属于郯庐断裂带的西支走滑带，具有伸展和走滑的双重力学性质，其中辽西 2 号为西块边界断裂，辽西 3 号为东块边界断裂。基于实际钻井资料揭示，基底主要包括太古宇变质岩和中生代火成岩，不同构造位置基底的岩性和时代不同，新近系自下而上发育了沙河街组(E_2s)、东营组(E_3d)、馆陶组(Ng)、明化镇组(Nm)、平原组(Qp)6套地层，不同构造位置缺失层段和剥蚀厚度存在差异(图2)。

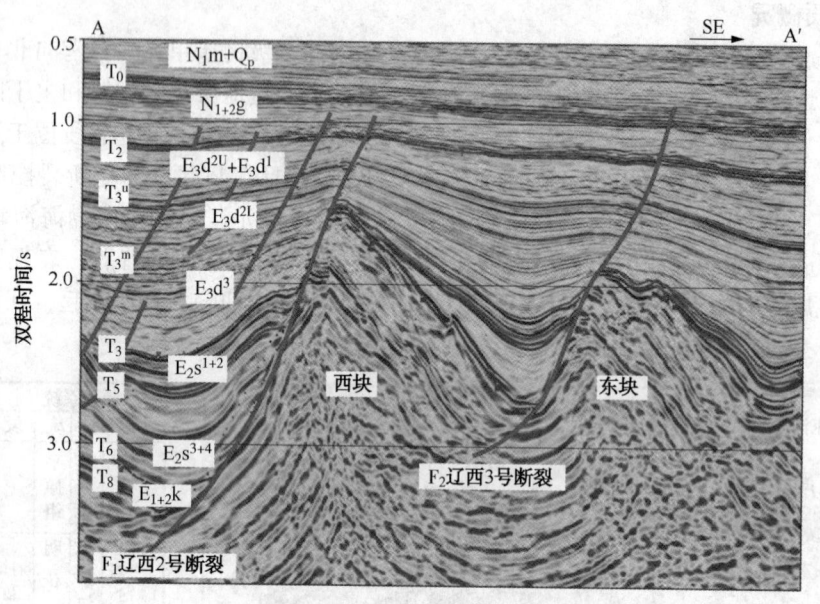

图2　辽西凸起北段地震剖面结构特征(剖面位置见图1)

新生代以来渤海湾盆地主要存在6期构造运动[6,8,13~15]：(1)古新世–始新世早期，即孔店组—沙四段沉积时期发育裂陷I幕(65~42Ma)；(2)始新世沙三段沉积期为裂陷II幕(42~38Ma)；(3)渐新世沙一、二段沉积期是裂后热沉降拗陷阶段(38~32Ma)；(4)渐新世东营组沉积期是裂陷III幕(32~23.3Ma)；(5)馆陶组至明下段沉积期的第二裂后热沉降阶段(23.3~5.3Ma)；(6)上新世明化镇组–第四系沉积期，发生新构造运动(5.3Ma至今)。

2　样品采集及实验方法

本文在辽西凸起北段不同部位5口钻井的不同地质层位中选取了6块岩芯样品，样品点覆盖了整个研究目标，取样深度1808.2~2491.1m，样品均为磷灰石，具体取样编号、深度、层位及岩性详见表1。

本次裂变径迹实验测试是在中国地质大学(北京)地质过程与矿产资源国家重点实验室完成。根据IUGS制定的Zeta常数标定法和磷灰石标准裂变径迹年龄方程计算样品裂变径迹中心年龄，本次实验获得的磷灰石Zeta常数为410±17.6。磷灰石裂变径迹实验采用步骤，将采集的岩屑样品研磨粉碎、分选和热风吹干，运用传统方法对磷灰石矿物进行初步分选，然后通过磁选法和重液分离法对磷灰石单矿物颗粒进行提纯，在双目镜行挑选磷灰石矿物颗粒，将矿物颗粒置于薄片上并应用环氧树脂进行固定，随后进行打磨和抛光。将处理好的磷灰石矿物放置在恒温25℃的7%HNO₃的溶液中蚀刻30s揭示其自发径迹，将低铀白云母外探测器覆于矿物薄片之上，一并置于热反应堆中接受辐照，之后在恒温25℃下40%HF溶液中进行时刻，揭示磷灰石矿物颗粒的诱发裂变径迹[16]。运用AUTOSCAN自动测量装置，选择平行C轴的柱面测出矿物颗粒自发裂变径迹、诱发裂变径迹密度和水平封闭径迹长度。

运用 Green[17] 的技术计算误差，选用 $P(X^2)$[18] 作为评价测量单颗粒年龄属于同一年龄组的概率标准，如果 $P(X^2)>5\%$，样品年龄为池年龄，表明单颗粒年龄属于同一年龄组分，代表样品的磷灰石颗粒来自同一物源，反之 $P(X^2)<5\%$，表明单颗粒年龄不均匀分布，样品年龄为平均年龄，代表样品的磷灰石颗粒来自不同的物源。

表 1　辽西凸起北段磷灰石裂变径迹年龄数据

井号	样品号	采样深度/m	层位	颗粒数 n	ρ_s $10^5/cm^2$ (N_s)	ρ_i $10^5/cm^2$ (N_i)	ρ_d $10^5/cm^2$ (N)	$P(X^2)/\%$	平均年龄/ Ma($\pm1\sigma$)	池年龄/ Ma($\pm1\sigma$)	$L/\mu m$ (N)
JZ-1	LXTQ-1	1897.8	K	35	2.276 (-595)	14.203 (-3623)	10.672 (-6788)	56.2	35 ±4	33 ±2	11.8±2.5 -64
JZ-2	LXTQ-2	1808.2	Ar	35	1.143 (-585)	12.32 (-6305)	11.821 (-6788)	45.5	23 ±1	22 ±1	11.2±1.6 -101
JZ-3	LXTQ-3	2254	Es_3	35	0.885 (-300)	21.67 (-7347)	12.969 (-6788)	6.5	16 ±3	11 ±1	10.7±1.9 -98
JZ-4	LXTQ-4	1810.3	$E_3d_2^u$	35	4.476 (-968)	14.936 (-3230)	12.134 (-6788)	0.1	77 ±5	74 ±4	12.0±2.1 -93
JZ-4	LXTQ-5	2491.1	K	35	1.885 (-863)	6.826 (-3618)	12.448 (-6788)	86.1	63 ±4	63 ±4	12.1±2.0 -107

注：N_s—自发径迹数，ρ_s—自发径迹密度；N_i—诱发径迹数；ρ_i—诱发径迹密度；L—裂变径迹长度。

本次实验获得的磷灰石裂变径迹分析结果详见表1，磷灰石单矿物颗粒年龄直方图和频率曲线如图3所示。

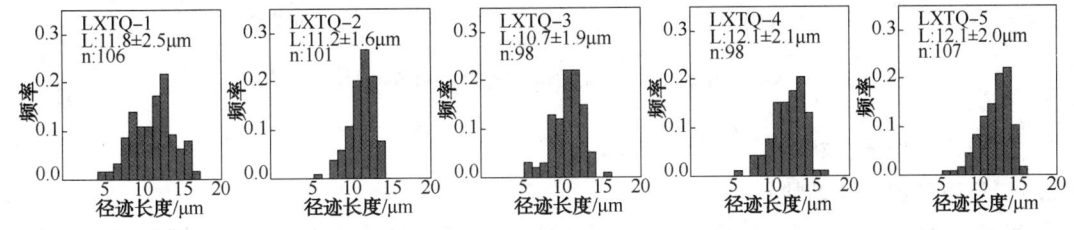

图 3　磷灰石样品裂变径迹长度分布

3　AFT 热史模拟

在 0~100Ma 地质时期内，磷灰石裂变径迹的退火温度为 75~125℃。因此，对于目标区带，部分退火带(PAZ)深度范围为 2500~5000m[19]，并且随深度的加深退火速率明显增大。实验结果中，样品 LXTQ-4 $P(X^2)$ 检验值为 0，小于 5%，样品所在地层沉积物来自不同的物源供给区，主要保存物源的热史信息；其余 5 组样品 $P(X^2)$ 均大于 5%，表明其属于同一物源组分，并且样品的表观年龄均小于取样层位的地质年龄，表明 5 组样品磷灰石均发生过退火，记录了研究区的热史信息。

3.1　热史模拟参数设定

本文采用 Hefty 软件对代表性的样品 LXTQ-1(西块)和 LXTQ-5(东块)测试结果进行了低温热史反演，LXTQ-1 和 LXTQ-5 两组样品的自发裂变径迹条数较多，具有良好的数据统计规律，另外，两组样品均取自中生界，完整的经历了新生代的热演化过程，保存了较多的埋藏升温的热史信息。两组样品分别位于辽西凸起北段的东块和西块，可以表征凸起区不同构造部位的新生代的差异性演化特征。

将初始演化温度值设为 120℃ 左右，在这个温度区间磷灰石可以达到完全退火[20]；演化时间均从晚白垩世开始，演化结束的温度设为现今埋深下的温度；辽东湾坳陷地表年平均气温 15℃，现今地温梯度 27~36℃/km，依据构造位置的不同，各井略有差异[21]；模拟过程中退火模型选用 Ketcham 模型[22]，该模型更加适用于渤海海域复杂热史演化的地质背景；拟合选用限制任意搜索选项方法，选用 Monte Carlo 算法对曲线进行拟合，拟合曲线条数 10000 条。反演模拟的质量根据径迹年龄和径迹长度两个指标的实际数据与模拟结果的比值（GOF 值）来判定。反演结果中，绿色的区域代表"可以接受的"热史演化过程，径迹年龄 GOF 值大于 0.05(5%)；粉色的区域代表"高质量的"热史演化过程，径迹年龄 GOF 值大于 0.5(50%)；黑色曲线为最佳模拟曲线（图 4）。

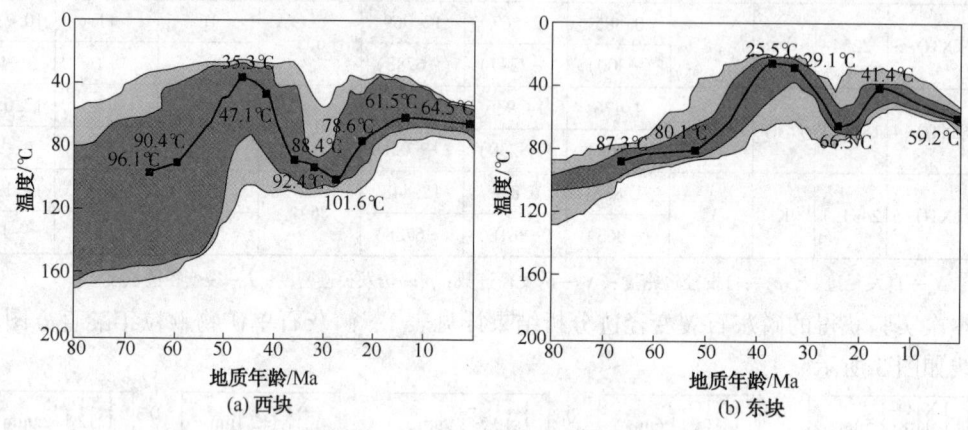

图 4　辽西凸起北段新生代热演化史

3.2　热史模拟结果分析

3.2.1　辽西凸起北段西块

基于 LXTQ-1 样品裂变径迹参数和所处的区域地质背景，确定热史反演模拟的初始约束条件。模拟时间从中生代末期到现今，模拟温度从磷灰石裂变径迹封闭温度 120℃ 到现今地层温度 64.2℃，LXTQ-1 样品获得了高质量热史模拟曲线，其中径迹长度 GOF 值是 0.87，径迹年龄的 GOF 值是 0.96。

热史模拟结果显示，西块新生代整体经历了 4 期温度变化：Ⅰ 期，在 65~46Ma 降温 60.8℃，其中 65~60Ma 降温速率为 1.1℃/Ma，60~46Ma 降温速率为 3.9℃/Ma；Ⅱ 期，46~27.3Ma 升温 66.3℃，其中 46~41.3Ma 升温速率为 2.5℃/Ma，41.3~27.3Ma 升温速率为 3.8℃/Ma；Ⅲ 期，在 27.3~13.5Ma 降温 40.1℃，降温速率为 2.9℃/Ma；Ⅳ 期，13.5Ma 至今升温 2.7℃，升温速率为 0.2℃/Ma。

3.2.2　辽西凸起北段东块

LXTQ-5 样品模拟时间从中生代末期到现今，模拟温度从磷灰石裂变径迹封闭温度到现今地层温度 59.2℃，选取热史反演模拟的初始约束条件，样品获得了高质量的热史模拟曲线，其中径迹长度GOF值是0.87，径迹年龄的GOF值是0.95。热史模拟结果显示，东块新生代同样经历了4期温度变化：Ⅰ期，在65~36.7Ma降温61.8℃，降温速率为2.1℃/Ma；Ⅱ期，36.7~22.5Ma升温40.8℃，升温速率为3.3℃/Ma；Ⅲ期，22.5~13.7Ma降温24.9℃，降温速率为2.8℃/Ma；Ⅳ期，13.7Ma至今升温17.8℃，升温速率为1.3℃/Ma。

热演化史表明，辽西凸起北段的东块和西块在新生代均经历了"降温→升温→降温→升温"四期温度变化，虽然处在同一构造单元，但东块和西块不同地质时期升温和降温的幅度和速率均有所差异，这可能主要是由东块和西块在新生代的差异性埋藏和抬升所导致的。

4 新生代构造演变过程

4.1 剥蚀量计算

在古热流值稳定或者变化相对较小的情况下，地层温度的变化主要与上覆地层沉降埋藏和抬升剥蚀相关：当上覆地层持续埋深加厚时，下部地层的温度会不断升高；反之，当上覆地层持续隆升并遭受剥蚀而变薄时，下部地层的温度会不断降低。

基于上述认识，通过计算古温差，结合古地温梯度(造山带平均地温梯度是3.5℃/hm)可以恢复地层的剥蚀量。根据不同的各层系不同岩性和不同时期的古地温梯度求取了东西块的各层系的剥蚀厚度和速率，计算结果详见图5，阴影面积代表剥蚀的厚度。

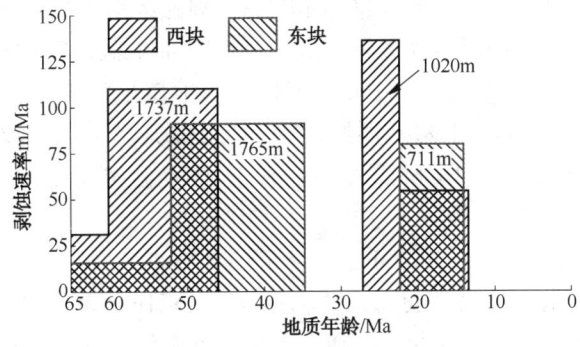

图5　辽西凸起北段新生代剥蚀量

结果表明，基于热史和区域地质背景，辽西凸起北段西块和东块均经历了两期剥蚀作用，但地层剥蚀厚度和速率存在较大差异性：

西块：(1)一期剥蚀(65~46Ma)，基底变质岩在新生代(65Ma)出露地表后，持续处于抬升剥蚀，期间经历一个低速剥蚀期(65~60Ma)和一个高速剥蚀期(60~46Ma)，直至46Ma开始埋藏接受上覆地层沉积，剥蚀厚度为1737m；(2)二期剥蚀(27.3~18.6Ma)，西块发生构造抬升，渐新统出露地表遭受剥蚀，剥蚀厚度为1020m。

东块：(1)一期剥蚀(65~36.7Ma)，基底花岗岩自新生代早期至始新世长达28.7Ma的时间里，一直处在暴露地表遭受剥蚀的构造状态，剥蚀量为1765m；(2)二期剥蚀(22.5~13.7Ma)，古地温表现为单调降温，地层隆升遭受剥蚀，剥蚀厚度至少为711m。

4.2 新生构造演化史

综合热史、埋藏史及该区多口井实钻井资料，辽西凸起北段新生代构造演化整体可以划分为6个阶段，但具有东西分块的特征(图6)。

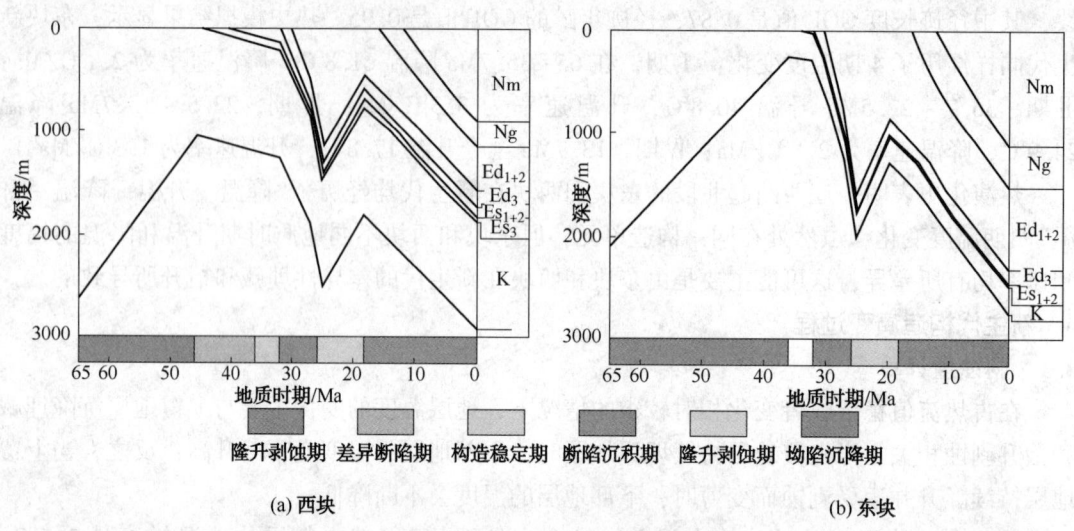

图 6　辽西凸起北段新生代埋藏史图

西块：(1)隆升剥蚀期，65~46Ma，新生代受控于辽西 2 号断裂的强烈活动，上升盘基底变质花岗岩出露水面遭受剥蚀，剥蚀量为 1737m，剥蚀速率为 74m/Ma；(2)差异断陷期，46~36Ma，西块断陷沉降，广泛接受沙三段沉积，不同部位地层沉积厚度有所差异，厚度范围 40~150m；(3)构造稳定期，36~32Ma，沉降接受上覆地层沉积，厚度稳定 90~120m；(4)断陷沉降期，32~27.3Ma，上覆地层厚度为；(5)隆升剥蚀期，27.3~18.6Ma，剥蚀量为 1020m；(6)坳陷沉降期，18.6Ma 至今，整体接受区域性沉积，地层厚度范围为 1000~1300m。

东块：(1)隆升剥蚀期，65~36.7Ma，进入新生代辽西 3 号断裂强烈垂向活动，东块基底黑色玄武岩持续抬升出露地表遭受剥蚀，剥蚀量为 1871m，剥蚀速率为 70m/Ma；(2)构造稳定期，36.7~31.5Ma，区域性稳定沉降接受地层沉积，厚度 40~60m；(3)断陷沉降期，31.5~22.5Ma，接受上覆巨厚地层沉积，厚度为 1520m；(4)隆升剥蚀期，22.5~15.6Ma，东块隆升遭受剥蚀，剥蚀量为 754m，剥蚀速率为 137m/Ma；(5)坳陷沉降期，15.6Ma 至今，发生热沉降，整体接受区域性沉积，地层厚度为 1330m。

5　结论

(1)新生代以来，辽西凸起北段整体发生了大规模的隆升和剥蚀，并具有分块性和阶段性抬升剥蚀的特征，西块存在两个剥蚀期 65~46Ma 和 27.3~13.5Ma，平均剥蚀厚度分别为 1737m 和 1020m；东块两个剥蚀期为 65~34.8M 和 22.5~13.7Ma，平均剥蚀厚度分别为 1765m 和 711m。

(2)辽西凸起北段新生代构造演化整体可以划分为 6 个阶段，但具有东西分块的特征。西块：隆升剥蚀期(西块：65~46Ma，东块：65~37.5Ma)、差异断陷期(西块：46~36Ma)、构造稳定期(西块：36~32Ma，东块：37.5~31.5Ma)、断陷沉降期(西块：32~27.3Ma，东块：31.5~22.5Ma)、隆升剥蚀期(西块：27.3~18.6Ma，东块：22.5~15.6Ma)、坳陷沉降期(西块：18.6Ma 至今，东块：15.6Ma 至今)。

参 考 文 献

[1] 周心怀，刘震，李潍莲．辽东湾断陷油气成藏机理[M]．石油工业出社，2009.

[2] 龚再升，蔡东升，张功成．郯庐断裂对渤海海域东部油气成藏的控制作用[J]．石油学报，28(4)：1-10.

[3] 龚再升，王国纯．渤海新构造运动控制晚期油气成藏[J]．石油学报，2007，22(2)：1-7.

[4] 徐长贵，周心怀，邓津辉，等．辽西凹陷锦州25-1大型轻质油田发现的地质意义[J]．中国海上油气，2010，22(1)：7-11.

[5] 龚再升，王国纯．渤海新构造运动控制晚期油气成藏[J]．石油学报，2001，22(2)：1-7.

[6] 夏庆龙．渤海海域构造形成演化与变形机制[M]．北京：石油工业出版社，2012：58-63.

[7] 余一欣，周心怀，徐长贵，等．渤海海域新生代断裂发育特征及形成机制[J]．石油与天然气地质，2011，32(2)：273-279.

[8] 黄雷，周心怀，刘池洋，等．渤海海域新生代盆地演化的重要转折期——证据及区域动力学分析[J]．中国科学：地球科学，2012，42(6)：893-904.

[9] 向才富，冯志强，庞雄奇，等．松辽盆地晚期热历史及其构造意义：磷灰石裂变径迹(AFT)证据[J]．中国科学D辑：地球科学，2007，37(8)：1024-1031.

[10] 方石，刘招君，黄湘通，等．大兴安岭东南坡新生代隆升及地貌演化的裂变径迹研究[J]．吉林大学学报：地球科学版，2008，38(5)：771-776.

[11] 任健，吴智平，徐长贵，等．辽东凸起北段新生代隆升时间的确定：来自裂变径迹的证据[J]．世界地质，2015，02：408-418.

[12] 吴中海，吴珍汉．燕山及邻区晚白垩世以来山脉隆升历史的低温热年代学证据[J]．地质学报，2003，03：399-406.

[13] 朱伟林，米立军，龚再升，等．渤海海域油气成藏与勘探[M]．北京：科学出版社，2012：38-44.

[14] 徐长贵，任健，吴智平，等．辽东湾坳陷东部地区新生代断裂体系与构造演化[J]．高校地质学报，2015，21(2)：215-222.

[15] 彭靖淞，徐长贵，吴奎，等．郯庐断裂带辽东凸起的形成与古辽中洼陷的瓦解[J]．石油学报，2015，36(3)：274-285.

[16] Yuan Wm，Carter A，Dong J Q. Mesozoic-Tertiary exhumation history of the Altaimountains, northern Xinjiang, China：new constraints from apatite fission track data [J]. Tectonophysics，2006，412(3/4)：183-193.

[17] Green P F. A new look at statisics infission—track dating[J]. Nuclear Tracks，1981，5(1/2)：77-86.

[18] Galbraith R F. On statisticalmodels for fission track counts[J]. Journal of the International Association formathematical Geology，1981，13(6)：471-478.

[19] 康铁生，王世成．地质热历史研究的裂变径迹法[M]．北京：科学出版社，1991.

[20] 贾楠，刘池洋，张功成，等．辽东湾坳陷新生代差异抬升事件的确定及其地质意义[J]．地学前缘，2015，22(3)：77-87.

[21] 邱楠生，魏刚，李翠翠．渤海海域现今地温场分布特征[J]．石油与天然气地质，2009，30(4)：412-419.

[22] Ketcham R A，Donelick R A，Carlson W D. Variability of apatite fission—track annealing kinetics Ⅲ：extrapolation to geological time scales[J]. Americanmineralogist，1999，84(9)：1235-1255.

地震波形指示反演在垦东北部沙三段超覆油藏的应用

王雨洁，潘中华

（中国石化胜利油田分公司物探研究院，山东东营 257000）

摘　要　垦东北地区沙三段储层薄、横向变化快，传统的地震属性及反演技术预测储层效果不理想，无法满足进一步评价勘探的需要。本次研究首次在工区应用波形指示反演技术，从地震资料出发，以沉积规律和地震地质特征为指导，利用波形相似性与空间距离两个因素约束优选地震道参与反演运算，充分利用地震约束测井参数进行高频反演。反演结果研究区砂体结构及展布形态清晰，提高了井间薄储层的预测能力，并很好地刻画了薄层砂岩的超覆边界，对该区下一步勘探部署工作具有指导意义。

关键词　地震波形指示；地震反演；薄储层预测；超覆油藏

垦东北部构造上位于垦东潜山披覆构造带向北部黄河口凹陷倾没的斜坡带，沙三段地层层层超覆于中生界之上，主要形成地层超覆油气藏[1,2]。目前钻遇沙三段多口井获工业油流，油气局部富集高产，具有形成规模油藏的潜力。实际勘探开发中发现，沙三段具有典型的，地形隐蔽性超覆圈闭的特点：沙三段沉积时期，沟谷发育，受古地貌控制，发育来自垦东凸起的扇三角洲，沙三段储层较薄，近似平行超覆于前第三系顶面之上，砂体与不整合面为同一个强反射相位，超覆点位置解释具有很大的人工随机性、多解性，储层识别难；同时，地震资料主频低，目的层段约为 35 Hz，有效频带范围 10~60Hz，常规地震属性及反演技术分辨率低、多解性强，无法应用于薄层预测[3]，亟需探求有效的技术方法以进一步提高地震预测的精度，实现对薄层砂体的定量化预测。本文应用地震波形指示反演方法，取得了良好的地质效果。

1　地震波形指示反演的方法原理

地震波形指示反演（简称 SMI，Seismic Mo-tion Inversion）是在传统地质统计学反演基础上发展起来的一种新的高精度反演方法，用地震波形指示马尔科夫链蒙特卡洛随机模拟（SMCMC）算法[4-6]，在地震波形的驱动下，挖掘相似波形对应的测井曲线中蕴含的共性结构信息（图 1），从而进行地震先验有限样点模拟。其基本思想是在参照地震波形相似性和

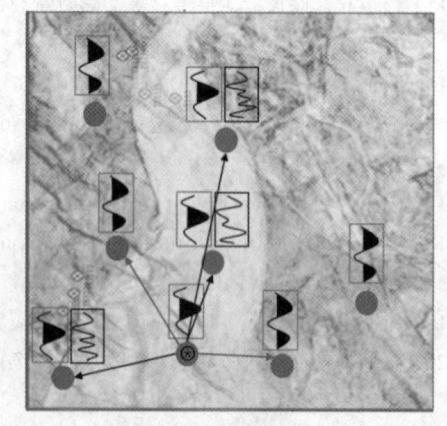

● 已钻井　● 待预测

图 1　波形特征分析示意图

作者简介：王雨洁(1984—)，女，汉族，硕士，工程师，2011 年毕业于中国石油大学(华东)地质学专业，现从事勘探综合研究工作。E-mail：haiyangwangyujie@163.com

空间分布距离两个因素的基础上，优选相似性高、空间距离近的井作为有效统计样本建立初始模型，对高频成分进行无偏最优估计，保证最终反演的地震波形与原始地震特征一致，从而使反演结果在空间上体现地震相约束的意义，实现地震波形约束下的井间储层预测，使反演的纵、横向精度同时提高，平面上更符合地质沉积规律。

2 地震波形反演的技术流程

基于以上反演原理，波形指示反演技术流程如图 2 所示。首先，对测井曲线进行预处理；然后按照地震波形特征对已知井进行分析，优选与待判别道波形关联度高的样本井建立初始模型，统计其纵波阻抗建立先验信息；将初始模型与地震波阻抗进行匹配滤波，计算得到似然函数。最后，在贝叶斯框架下联合似然函数和先验概率得到后验概率密度分布，对其采样作为目标函数。不断扰动模型参数，使后验概率密度值最大，此时的解作为可行随机实现，取多次可行实现的均值作为期望值输出，利用频率域数据体合并功能，将不同数据体各自的优势频段合并在一起，提高反演质量和效果。

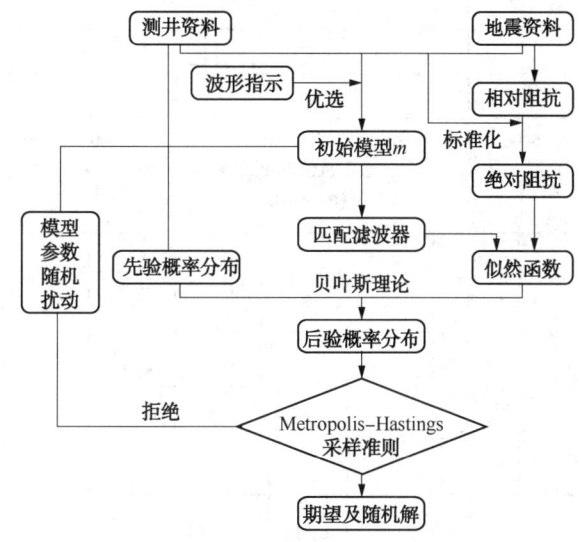

图 2 地震波形指示反演基本流程

3 应用实例

3.1 主要技术环节

3.1.1 特征曲线重构

对研究区测井曲线预处理之后开展了岩石物理特征研究，寻找对目的层岩性变化比较敏感的属性参数。通过交会分析，原始波阻抗曲线对储层区分较弱，砂岩和泥岩部分阻抗值重叠[图 3（a）]，无法用现有波阻抗曲线进行反演，但伽马曲线对砂泥岩区分较好。通过信息融合技术，将声波中体现地层背景速度的低频信息与岩性敏感曲线伽马曲线的高频信息进行融合，重构的声波曲线放大了砂泥岩的速度差异，重构后，波阻抗曲线能很好地识别储层，满足反演要求[图 3（b）]。

3.1.2 有效样本数

有效样本数是井旁地震道波形与待判别道波形相似的井的数量，用来表征地震波形空间变化对储层的影响程度。由于垦东北地区钻遇沙三段的井较少，难以根据样本数和地震相关性确定有效样本数，我们按照与带判别道波形相似井的相似程度进行排序，自定义有效样本数目参与计算。从反演结果来看(图4)，样本数为4时，相关性基本达到最大，此时储层连续性好，纵向分辨率高。调整频率参数多次反演，样本数为4反演质量始终趋于稳定。因此，确定本次反演的有效样本数为4。

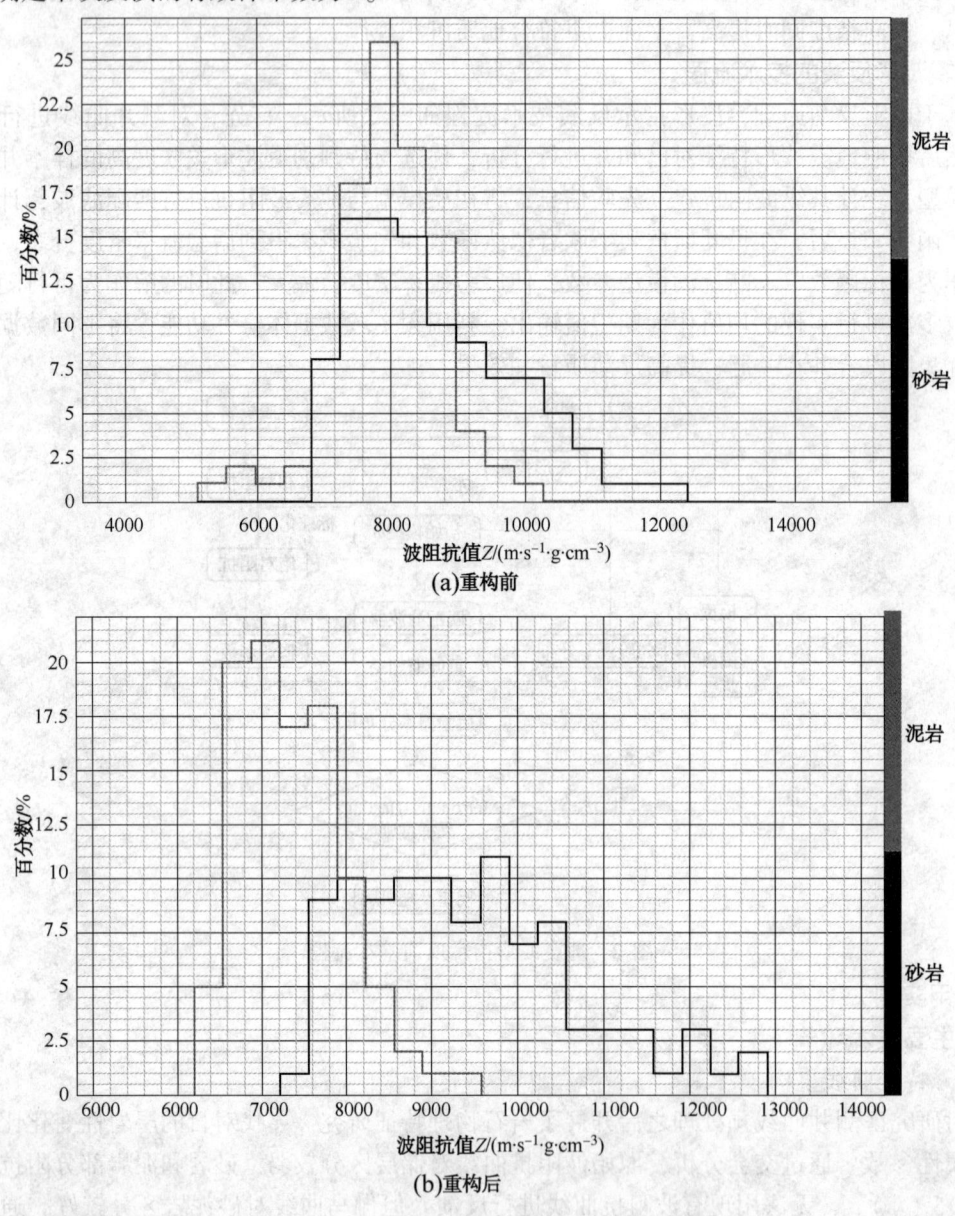

(a)重构前

(b)重构后

图3　垦东北部沙三段波阻抗与岩性关系直方图

3.1.3　频率参数

频率参数控制反演结果的有效频带范围，影响反演的分辨率。该参数由低、中、高三组参数组成，其中，高频参数直接影响反演分辨率。对地震资料分析可知，地震主频在35Hz左右，有效频宽10~60Hz左右，目的层速度约为3850 m/s。同时根据地震勘探原理，地震资料分辨率为λ/4，估算要识别3m左右砂岩，地震频带需要达到320Hz左右。选取垦东北部几条骨架剖面多次调整参数，反演试验，如图5所示，高通高截频率越大纵向分辨率越

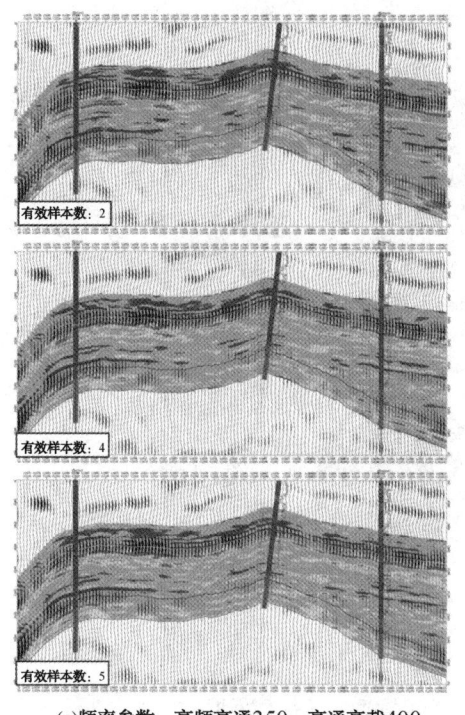

(a)频率参数：高频高通350；高通高截400   (b)频率参数：高频高通400；高通高截400

图4   垦东北部样本数改变反演效果对比图

高，横向连续性越差。优选高频参数：低截频率取45 Hz，低通频率取60Hz；高通频率取350 Hz，高截频率取400 Hz。

3.2   反演效果分析

3.2.1   反演剖面对比

对研究区进行波形指示反演，同时采用相对阻抗反演和约束稀疏脉冲反演两种方法对目的层薄砂体进行预测对比。相对阻抗反演分辨率太低，无法满足薄层需求；稀疏脉冲反演受地震频带宽度的限制反演分辨率一般相对较低，多解性强，对薄储层识别能力较差；而地震波形指示反演在垂向上充分利用了测井信息，分辨率远高于地震，可以清晰地反映细节部分。

从连井剖面上看，低阻值代表泥岩，高阻值代表砂岩。弱仅进行地震频带内反演[图6(a)]，反演的分辨率与地震基本一致，识别砂体厚度均在15m以上，无法有效刻画薄层砂体的展布。约束稀疏脉冲反演和地震波形指示反演的结果整体趋势相同，其中，约束稀疏脉冲反演可分辨砂体厚度9m左右[图6(b)]，反演结果显示，仅垦东893井、垦东894侧的含油储层段可识别，纵向分辨率较低，不能反映储层厚度的变化；而地震波形指示反演剖面，中-高阻发育规律与连井剖面上砂体发育规律基本一致[图6(c)]，垦东893、894侧、894井发育5~10m的储层均可分辨，反演结果与井组抗曲线的对应效果好，横向上砂体展布特征清楚，与地震波形展布趋势和实钻井的吻合度均较高。

从单井效果来看，后验井KD88解释砂体厚度与波形指示反演砂体厚度基本一致(图7)，7m以上的砂体结构清晰，对于3m左右的薄层也有响应，反演结果与地层综合柱状图的对应效果较好。

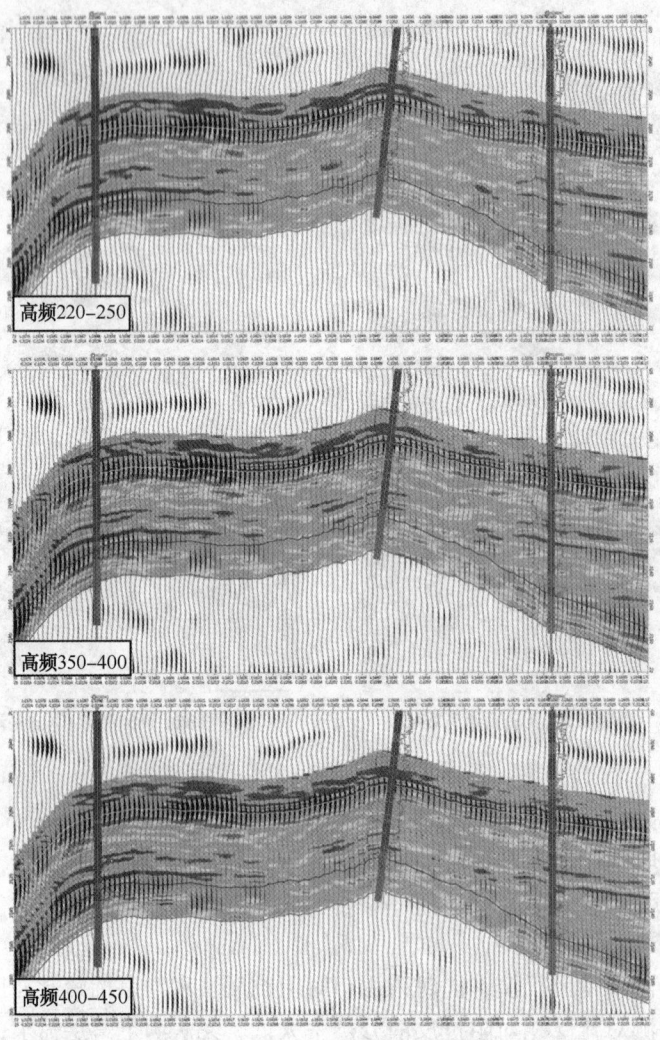

图 5　垦东北部频率改变反演效果对比图(有效样本数 4)

3.2.2　应用效果

　　地震波形反演反映了沉积环境和岩性组合的空间变化,利用地震波形空间变化及距离双向约束随机模拟反演,有效减小了随机性,垂向上利用井的高分辨率,横向上利用地震的高分辨率。通过在垦东北应用,剖面上能够较为准确的反映沙三段薄储层的的横向变化,展布形态清晰,反演结果与实钻井的吻合度高,体现出砂岩的内部结构和沉积演化规律;同时对超覆地层的超覆点能够清楚的反映,可准确的刻画薄层砂岩的超覆边界(图 8),描述储层的展布范围。

　　在研究区利用该套反演资料对垦东北部地区沙三段超覆储层进行描述,共描述有利储层 $5km^2$,预测储量 $600×10^4t$,对该区下一步的勘探部署提供了较好的依据,对其他类似地区储层预测工作有一定指导意义。

4　结论

　　(1)地震波形指示反演技术是在贝叶斯框架下将地震、地质信息有效结合,利用地震波形空间变化及距离双向约束随机模拟反演,有效减小了随机性,较传统的基于变差函数随机

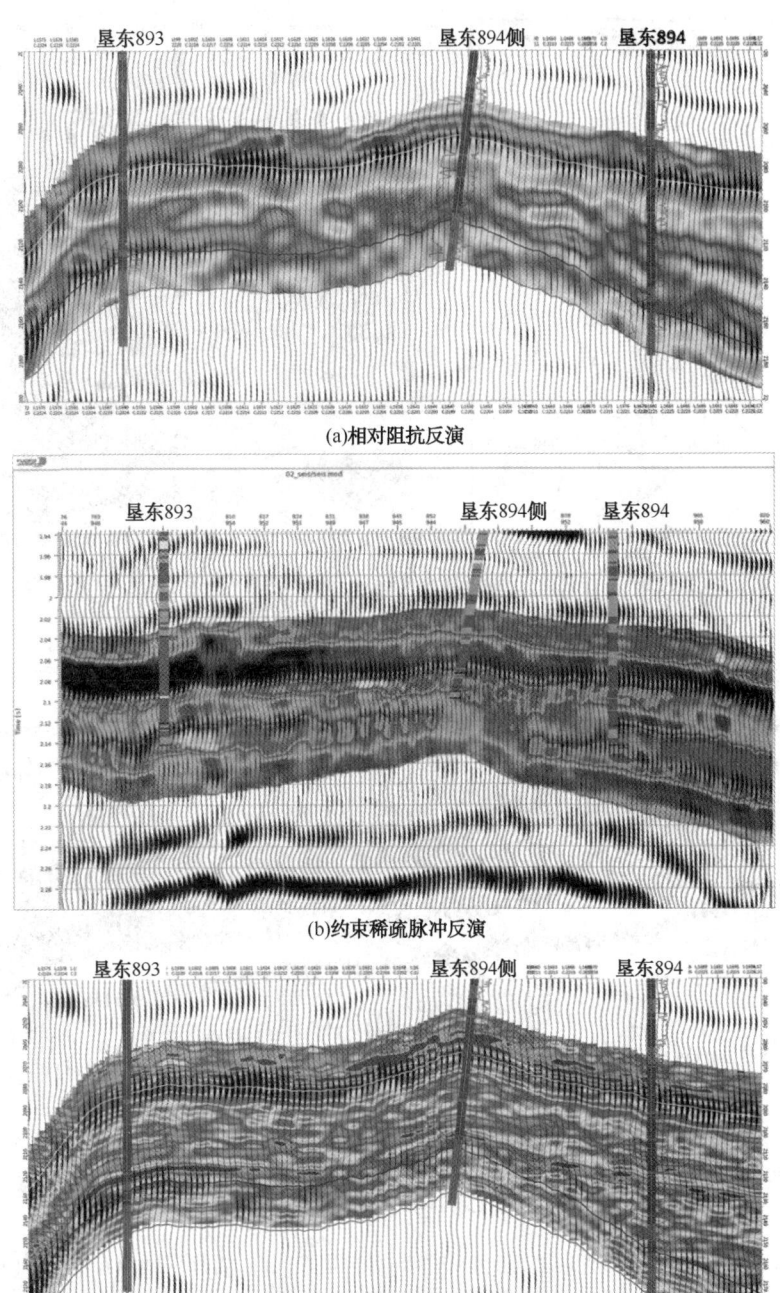

(a)相对阻抗反演

(b)约束稀疏脉冲反演

(c)地震波形指示反演

图6　垦东北部连井相对阻抗反演、约束稀疏脉冲反演与地震波形指示反演结果对比

模拟能更好地体现"相控"思想，提高了反演精度，特别适用于成熟探区和开发区块的薄层精细预测。

（2）波形指示反演提高了垦东北地区沙三段井间薄储层的预测能力，能够识别出单层厚度 3m 以上的薄砂体，并很好地刻画了薄层砂岩的超覆边界，可以进一步指导该区的储层预测与勘探部署工作。

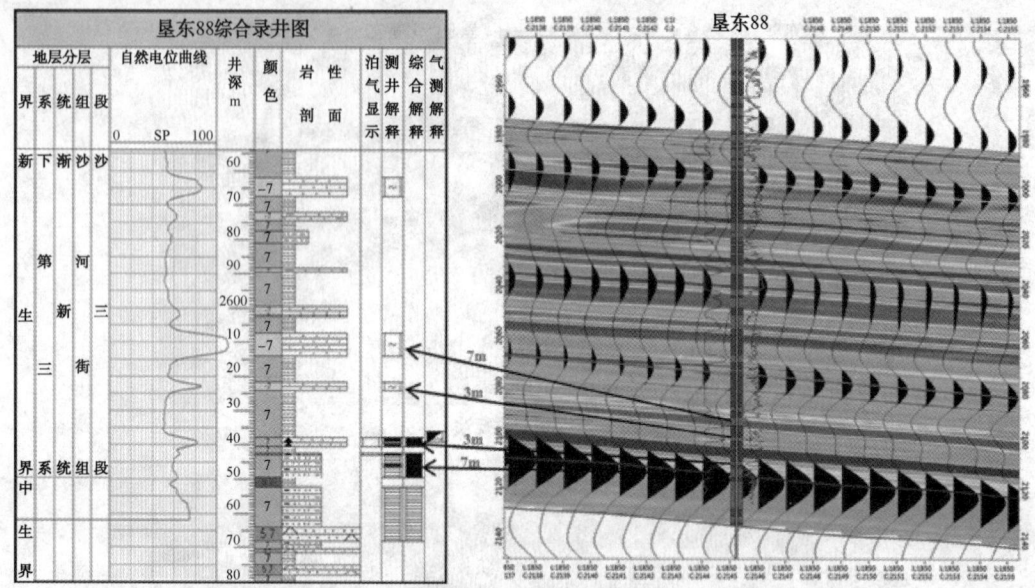

图 7   KD88 井综合柱状图与波形指示反演结果对比

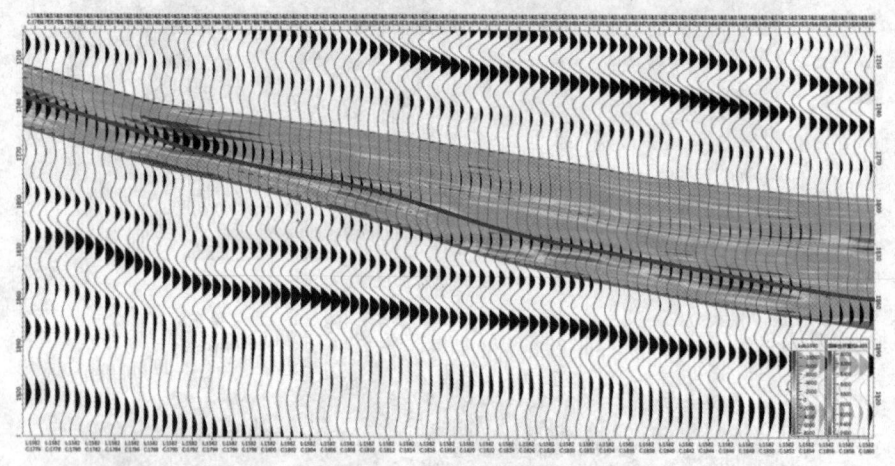

图 8   垦东北部波形指示反演超覆点位置刻画

参 考 文 献

[1] 苏健. 胜利海域长堤-垦东地区古近系地层格架与砂体展布[D]. 青岛：中国石油大学(华东)，2014.

[2] 赵约翰. 垦东北部地区古近系地质特征及油气成藏条件[D]. 青岛：中国石油大学(华东)，2015.

[3] 王淑英. 胜利油田垦东北部油区储层特征与预测技术应用研究[D]. 东营：中国石油大学(华东)，2011.

[4] 顾雯，徐敏，王铎翰，等. 地震波形指示反演技术在薄储层预测中的应用——以准噶尔盆地 B 地区薄层砂岩气藏为例[J]. 天然气地球科学，2016，27(11)：2064-2069.

[5] 张广智，王丹阳，印兴耀. 利用 MCMC 方法估算地震参数[J]. 石油地球物理勘探，2011，46(4)：605-609.

[6] 盛述超，毕建军，李维振，等. 关于地震波形指示模拟反演(SMI)方法的研究[J]. 内蒙古石油化工，2015，(17)：147-151.

砂砾岩储层岩性识别及有利储层预测研究

柳佳期，孙凤涛，吕世聪，刘文超，张国坤，张　汶，谢久安

(中海石油(中国)有限公司天津分公司，天津　300459)

摘　要　CFD油田1井区东三段砂砾岩储层砂体厚度大、岩性复杂、储层非均质性强，优质储层展布认识不清，制约了下一步的开发部署。通过岩芯的详细观察描述将东三段的岩石类型归纳为细砂岩、中粗砂岩、含砾砂岩、砂砾岩四种类型，根据中子、密度、重构中子测井响应特征，建立了岩石相的定量识别标准，利用聚类分析法对1井东三段的岩石类型进行了连续识别，并对不同岩性储层的渗透率优化解释，提高了储层渗透率解释精度。同时在沉积模式的指导下，运用井震结合层序地层划分与对比方法进行扇三角洲沉积期次划分，从而搭建等时地层格架。以地层格架为单元，利用地震多属性分析技术和波形分类的地震相分析技术预测有利储层的空间分布范围。

关键词　砂砾岩；岩性识别；沉积期次划分；储层预测

　　陆相断陷湖盆陡坡带特殊的构造背景，使沉积地层中各种成因的砂砾岩体(扇体)极为发育，成为重要的含油气区域[1]。但实践结果表明，这类储集体结构复杂、侧向变化快，制约了储层研究的精度[2,3]。因此，如何开展储层沉积特征的精细描述及对储层物性的影响研究，对油田的高效开发显得意义重大。

　　渤海湾盆地石臼坨凸起西部的CFD油田1井区古近系东三段储层储量规模大、岩性复杂、隔夹层不发育、储层横向变化快，且受深层地震资料品质以及海上钻井资料有限等因素的影响[4]，优质储层的展布范围认识不清。为此，本次研究通过地质、测井、地球物理等多专业结合，对储层复杂岩性进行识别与分类，并对孔渗关系进行优化重构。同时在沉积模式的指导下，运用井震结合层序地层划分与对比方法进行砂砾岩体沉积期次划分，并利用地震多属性分析技术和波形分类的地震相分析技术预测扇体的空间分布范围。该综合方法不仅能为该区砂砾岩储层描述和砂砾体测井解释提供可靠的地质模型，对下一步开发方案井位部署具有重要指导意义。

1　区域地质概况

　　CFD油田位于渤海西部海域石臼坨凸起西段石南一号大断层下降盘陡坡带，东侧紧邻渤中凹陷西生油次洼，古近系整体表现为大型断鼻构造，划分为陡坡带、断阶带两个构造带，油田主体区位于陡坡带。钻井揭示东三段主要发育砂砾岩油气藏储层，结合岩芯观察及岩相分析表明，东三段砂砾岩体为近物源、快速堆积的扇三角洲成因。东三段的主要油层集中分布在1井，该井东三段油层累积厚度143.0m，最大单层厚度约77.9m。储层平均孔隙度和渗透率分别为14.4%和47.7mD，为低孔低渗储层。1井纵向上由下向上粒度由粗变细，

作者简介：柳佳期(1986—)，女，汉族，硕士，工程师，2011年毕业于中国地质大学(北京)能源地质工程专业，现从事油气储量评价及开发地质研究工作。E-mail：liujq7@cnooc.com.cn

测井曲线上呈典型的正旋回沉积特征，对应着水动力条件逐渐减弱的沉积变化，也反映湖盆水体逐渐变深的过程；在地震剖面上地震反射特征上部界面为削截，下部界面为上超，表现为退积反射结构。

2　岩性识别

2.1　岩石相类型划分

根据岩芯、壁芯、分析化验资料的分析，CFD 油田东三段的主要岩性为泥岩、细砂岩、中粗砂岩、含砾砂岩、砂砾岩(图 1)。泥岩，深灰色，包括泥岩和粉砂质泥岩，为无效储层；细砂岩，碎屑颗粒均匀分布，线接触为主，局部见凹凸接触，粒间填隙物主要为泥质和碳素盐岩，岩石孔隙不发育，孔隙连通性差，孔隙类型主要为溶蚀粒间孔和溶蚀颗粒孔。中粗砂岩，碎屑颗粒均匀分布，短线-长线接触，长石风化强烈，部分颗粒溶蚀或绢云母化强烈，粒间填隙物含量低，发育粒间孔、溶蚀颗粒孔、溶蚀粒间孔，岩石孔隙发育好。含砾砂岩，碎屑颗粒较均匀分布，线接触，部分颗粒溶蚀，粒间填隙物含量低，少量的高岭石及泥质，发育粒间孔、溶蚀颗粒孔、溶蚀粒间孔，岩石孔隙发育较好。砂砾岩，砾石的分选性较差，为颗粒支撑，发育原生粒间孔，粒间填隙物多为泥质和高岭石，堵塞孔隙，物性较差。

图 1　CFD 油田东三段岩石相类型划分

2.2　地质与测井结合识别岩性

对于一般的砂泥岩地层，中子和密度曲线交会可以比较容易地划分出砂岩和泥岩，但对于含砾的地层，中子和密度的测井响应将会变得复杂，含砾或含泥均可能导致曲线出现相反的变化，混淆解释人员的视线，导致难以识别储层的物性发育情况。因此研究中建立了重构中子曲线技术来辅助进行岩相的划分，其原理是基于体积模型，利用黏土矿物的密度响应值与砂岩骨架密度相差不大，而中子响应值相差较大的原理重构一条纯砂岩的中子曲线，与实测的中子曲线作对比来评价储层的含泥质特征，再结合不同岩性对应的中子、密度曲线特征，可以划分区目的层段连续的岩石物理相，并转化成岩相。以中子、密度以及双中子差值为样本数据，结合岩芯、壁芯、录井资料，利用聚类分析法将东三段划分为 5 种岩性，并得到不同岩性的测井响应值(表 1)。利用上述岩性的测井响应特征对 CFD1 井东三段的岩性进行识别。

表 1 不同岩性测井响应特征统计表

岩性	密度响应值/(g/cm^3)	中子响应值/f	双中子差值/f
泥岩	2.48~2.56	0.13~0.17	0.09~0.14
细砂岩	2.40~2.48	0.13~0.17	0.04~0.08
中粗砂岩	2.35~2.40	0.13~0.16	0.01~0.04
含砾砂岩	2.38~2.45	0.09~0.13	0.01~0.03
砂砾岩	2.45~2.57	0.06~0.11	0.02~0.07

2.3 建立岩相分类的渗透率解释模型

在储量评价阶段，东三段渗透率评价垂向上并未考虑内部岩性的变化，利用覆压校正后的岩芯分析孔隙度与渗透率相关关系笼统按一个关系式进行拟合时，整体相关性较差。油藏开发阶段，通过储层岩性的识别为不同岩性段渗透率解释提供了地质依据。研究区目的层存在多种岩性，按统一的渗透率评价模型难以满足渗透率计算精度要求。主要目的层岩性包括细砂岩，中粗砂岩，含砾砂岩，砂砾岩，不同岩性颗粒间接触方式、填隙物含量和胶结方式不同，导致物性差异明显。因此，分别建立了不同岩性储层的孔渗关系(图 2)。

细砂岩：$K = 0.0033 \times e^{0.5598 \times \phi}$ ($R^2 = 0.7308$)

中粗砂岩：$K = 4.6503 \times e^{0.2133 \times \phi}$ ($R^2 = 0.6021$)

含砾砂岩：$K = 0.0566 \times e^{0.369 \times \phi}$ ($R^2 = 0.7258$)

砂砾岩：$K = 0.0618 \times e^{0.3324 \times \phi}$ ($R^2 = 0.8324$)

式中 K——岩芯分析渗透率，mD；

ϕ——岩芯分析孔隙度，%。

根据不同岩性孔渗拟合关系对渗透率进行重新解释，在此基础上，结合岩性与物性关系以及取芯井段孔渗数据的累积概率曲线特征对纵向储层岩相由好到差依次划分为 I 类、II 类、III 类和 IV 类(表 2)。

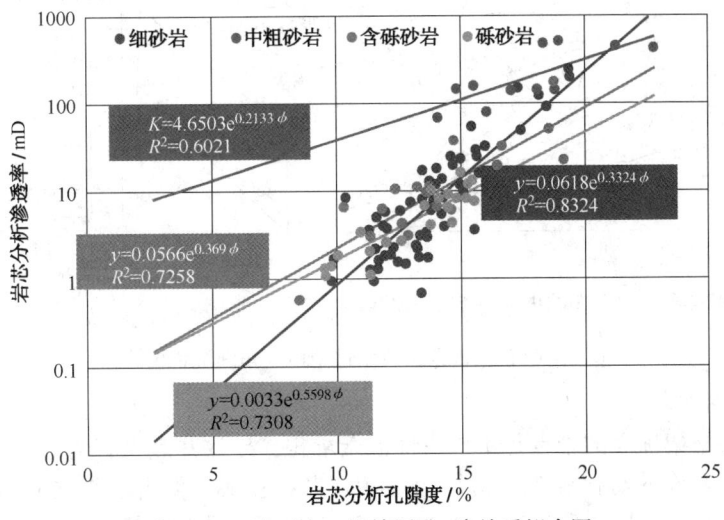

图 2 CFD 油田东三段储层孔-渗关系拟合图

表 2　CFD 油田东三段储层岩相划分依据

储层岩相	主要岩性	物性特征	
		孔隙度/%	渗透率/mD
I	粗砂岩	>20	>200
II	中砂岩，含砾中砂岩	16~20	40~200
III	砂砾岩，含砾细砂岩	10~16	5~40
IV	砂砾岩，粉砂岩	<10	<5

3　砂砾岩体有利储层预测研究

3.1　砂砾岩体沉积模式的建立

CFD 油田位于渤海西部海域石臼坨凸起西段石南一号大断层下降盘陡坡带，有利于扇三角洲的延伸发育，在断陷盆地边缘易形成扇三角洲，由于距离物源较近、搬运距离短、突发性事件强，可形成多期次的扇三角洲沉积，从而组合成厚度较大的扇三角洲复合体。受古气候以及区域构造演化的影响，总体上表现出水体不断加深、沉积体系逐渐向盆地边缘退积的特点，井上以发育向上变细的序列为特征。研究区主要位于扇三角洲相的扇中亚相，砂体在平面上表现为不断向盆地中央推进并形成相互叠置的三角洲朵叶体。泥岩颜色多以反映弱还原环境的浅灰为主。岩性以中、粗粒岩屑长石砂岩和含砾砂岩为主，矿物成分主要为石英、长石、岩屑，碎屑颗粒分选中等，磨圆度次棱~次圆状，反映了较低的成分成熟度和结构成熟度，沉积物没有经历长距离的搬运快速混杂堆积。通过对岩芯观察，层理不是十分发育，以块状砂砾岩沉积为主，总体上表现为混杂堆积的特征，只是在局部取心上可以观察到交错层理、斜层理、并可见波状层理和冲刷面，反映沉积时期沉积物重力流与牵引流并存的水动力条件。在地震剖面中常显示为前积反射地震相。由于沉积环境及物源方向的差异性，东三上段前积层角度较小，前积作用不明显，东三段则多为高角度发散状前积反射结构而底部的杂乱反射结构则显示为盆底扇的存在。分析 CFD 油田东三段沉积成因及沉积特点，总结研究区的沉积模式(图3)。

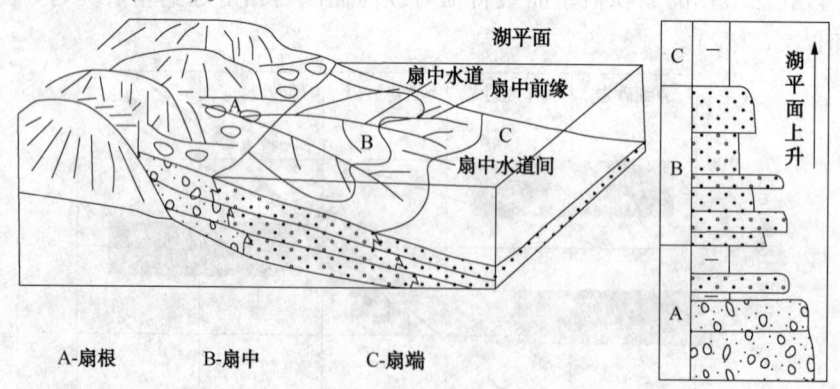

图 3　CFD 油田东三段水进型扇三角洲沉积模式

3.2　砂砾岩体期次划分

砂砾岩地层格架确立的难点是不同岩性混杂堆积，导致井点没有明显的旋回特征而无法细分，井间没有明确的对比标志[5]。综合应用岩芯、壁芯、测井、地震资料，结合沉积模式认识及岩性变化，开展砂砾岩期次划分和对比，在等时界面的基础上确定对比标志，建立相应的对比模式。基于由大到小、逐级细分的思路开展研究区砂砾岩期次划分：①以井点资料为基础，运用地震资料开展层序界面的划分，确定三级层序界面；②在三级界面之间运用井-震结合的方法将地层细分，确定体系域级别地层单元的划分；③在体系域之间运用岩性和岩性组合特征将砂砾岩进行准层序（组）的划分。

建立层序地层学格架的关键在于识别各级层序的边界。层序边界识别的关键是识别和确定不整合面，然后进行等时性追踪对比[6]。根据地震反射终止的方式区分为削截（剥蚀）、顶超、上超和下超4种类型，而这种不整合接触关系正是在地震剖面上识别层序地层界面最为可靠和客观的基础[7]。1井区东三段与上覆东二段岩层为不整合接触，在已经钻达东三段的所有井岩性和电测曲线上看，东三段顶界界面上下岩性存在突变，界面之上为稳定的泥岩和砂质泥岩，而界面之下则为巨厚的砂砾岩粗碎屑沉积。并且在地震剖面上特征明显，东二段地层可见在斜坡部位上超在界面之上，而界面之下的东三段地层与界面的削截、顶超及视削截地震反射终止现象十分普遍，可以确定东三段顶界为典型的局部不整合面（图4），因此，把东三段与东二段地层划分为不同的三级层序地层单元。

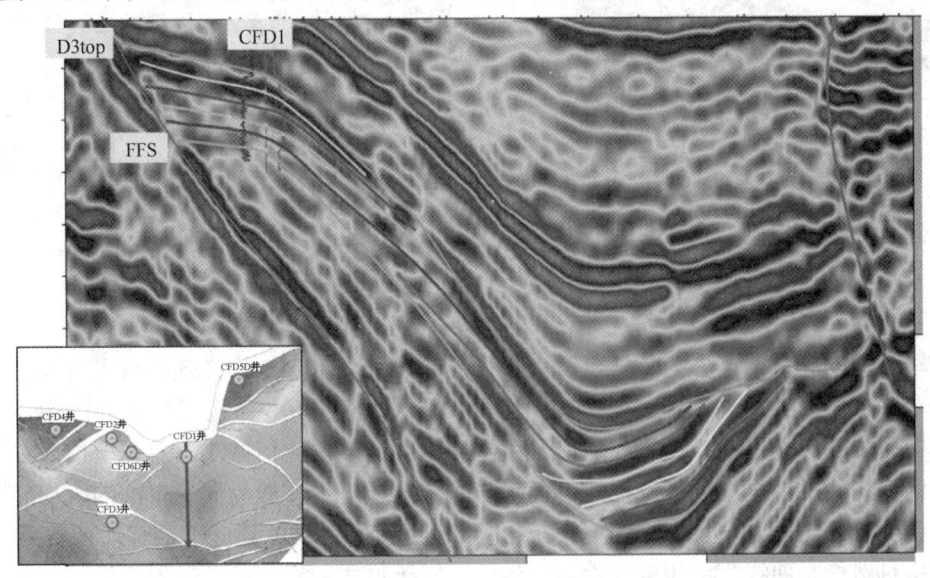

图4　层序界面在地震剖面上的特征表现

在确定三级层序地层单元基础上进行沉积体系域的划分。沉积体系域是由同期的相互连接的一系列沉积体系组成的。本文采用 P. R. Vail 的经典层序地层学陆相湖盆三分法来划分层序，即低位体系域（LST）、湖侵体系域（TST）、高位体系域（HST），这三种体系域的界限是初始湖泛面和最大湖泛面。研究区内，初始湖泛面和最大湖泛面在地震剖面上不易追踪对比。因此选用了与岩性、粒度、泥质含量等关系较为密切的测井曲线对体系域界面进行识别，如自然电位、电阻率、自然伽马、声波等等。从沉积旋回上看，首次湖泛面是以向上变粗的水体变浅的的前积式沉积向向上变细的水体变深的退积式的转换面，因此可以通过识别沉积转换面将其分开。CFD2 井自 3140 ~ 2985m 为一套整体向上变粗的反旋回沉积，而2985~2815m 之间则为向上变细的正旋回沉积，二者之间的界面显示了沉积样式的转变，反映了湖平面相对升降关系的转变，由是解释为该井首次湖泛面的位置。通过标定，CFD2 井识别的首次湖泛面在过井地震剖面上特征明显，在 90°相移地震剖面上表现为峰谷转换面。

界面之上地层表现为整合接触关系,而界面之下地震反射前积特征明显(图5)。在层序界面和首次湖泛面单井识别和地震标定的基础上,开展这些界面的多井对比和地震剖面追踪,同时考虑1井的测井曲线及岩性特征,将1井东三段划分为2个体系域,即低位和湖侵体系域,缺少高位域沉积。

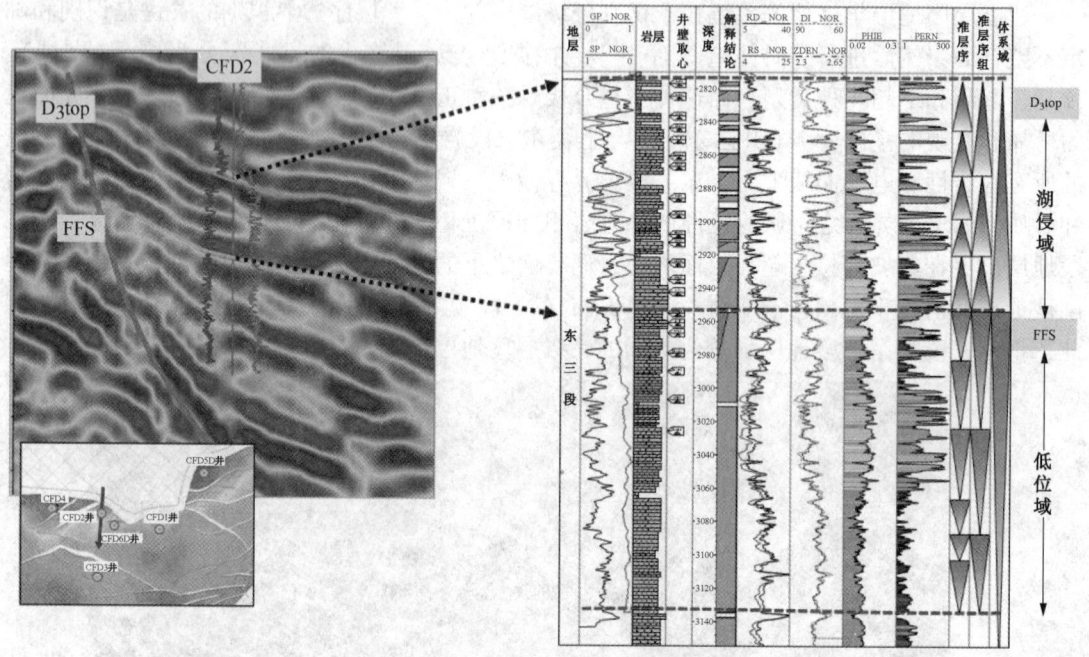

图5 CFD2 井层序界面和首次湖泛面特征

扇三角洲的砂砾岩体多为幕式沉积,根据准层序垂向堆砌结构样式,可以将准层序组划分成3个典型类型,即进积式、退积式和加积式准层序组。1井区以退积式准层序为主,自下而上,砂岩的厚度不断减少,泥岩的厚度不断增大,砂泥比值减小,总体上构成一个向上水体逐渐变深的准层序组的堆砌样式。而对于每个准层序,一般为向上变细的沉积旋回,这种旋回性代表着沉积物供给的变化[8]。因此,按照沉积旋回性划分准层序。研究认为,测井曲线中自然伽马曲线与沉积旋回性对应较好,对于退积型扇三角洲砂砾岩体,每个准层序的自然伽马值多为由大变小的正旋回特征。但对于无稳定泥岩隔层、砂砾岩录井粒度较一致的井段,自然伽马曲线难以反映砂砾岩体的旋回性。利用分岩性建立的孔隙度解释模型,用其求取未取心段砂砾岩体的孔隙度,以此划分准层序。实测资料表明,孔隙度与砂砾岩体(无泥岩隔层且粒度较一致)的沉积旋回性具有较好的对应关系,一个砂砾岩体准层序的孔隙度自下而上由小到大变化,一个突变面可以作为一个准层序界面。根据沉积旋回性和孔隙度的变化,将1井区主力含油层段的湖侵体系域划分为5个准层序,即自上而下划分为了5个期次(图6)。

在单井准层序(组)划分和对比的基础上重点开展了 CFD1 井区准层序界面的地震标定和层位追踪,鉴于地震资料的分辨能力,仅能识别期次1砂体的顶、期次2砂体的底、期次3砂体的顶、期次5砂体的底,因此将这5期砂体在地震资料上合并为2期扇体,即期次1和期次2为第二期扇体,期次3、4、5为第一期扇体,对该井湖侵体系域的这两期扇体顶底界面进行地震标定、层位追踪和三维闭合。受沉积作用的影响,扇体由南向北逐渐迁移,第一

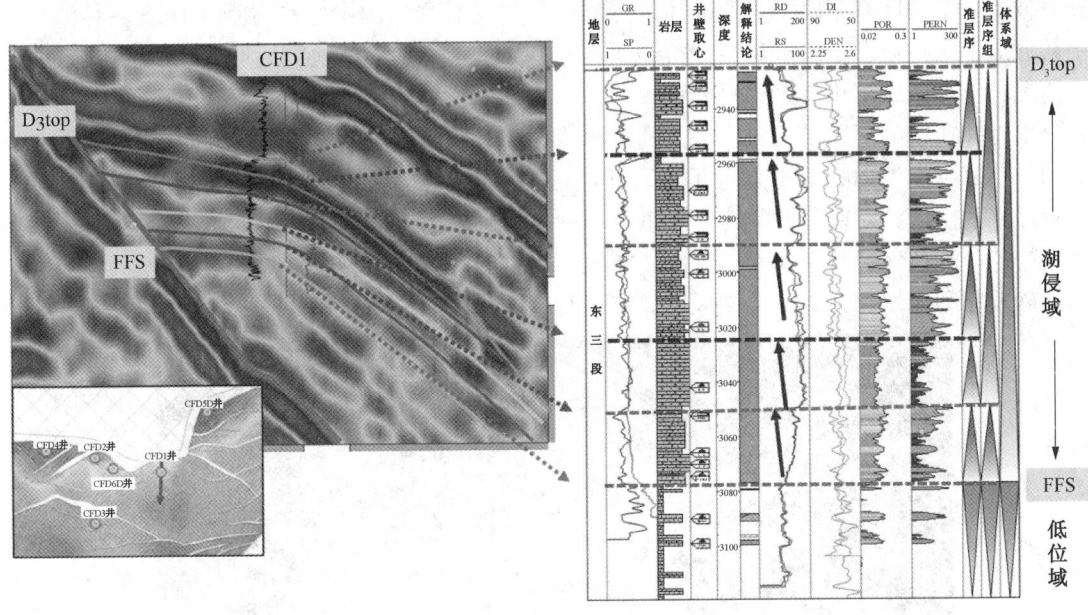

图 6　CFD1 井井震结合层序地层划分与对比

期扇体规模较大，第二期扇体规模较小，表现为沉积范围逐渐减小，砂砾岩体在垂向上具有多期叠置的特点。

3.3　井震结合优质储层预测

　　为落实砂砾岩有效储层展布，对两期扇体开展均方根振幅、最大振幅、原始振幅、主频、平均能量等地震属性进行储集相带及砂体平面分布的研究，认为均方根振幅可以较好的反应岩性和储层分布范围。由井上砂厚和砂地比统计可知，均方根振幅属性与砂厚及砂地比有较好的正相关系，在均方根振幅平面图上(图 7)，红色高值区表示为储层相对较发育地区，与井上的砂岩吻合较好，绿色区域为储层相对较差、岩性偏泥质或储层相对较薄的地方。

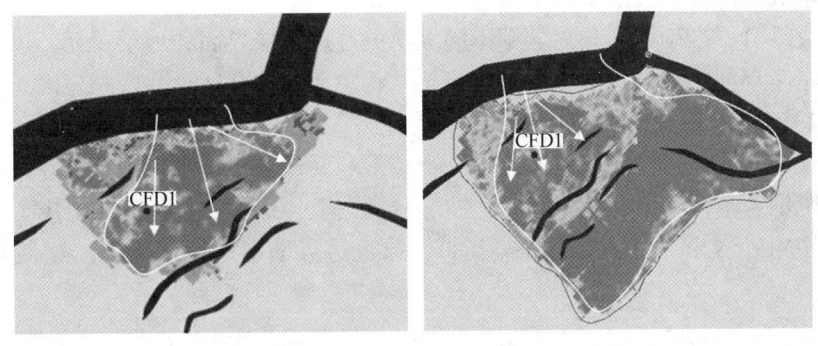

图 7　CFD1 井两期扇体均方根振幅属性

　　另外，进一步结合了波形分类分析技术对砂砾岩储层的分布进行预测。沉积地层的岩性与物性参数的变化与波形形状的变化是紧密相连的。通过对地震波形变化的分析和分类，可以找出地震波形变化的总体规律，从而认识沉积相和岩相的变化规律[9,10]。图 8 为通过波形分类技术对 1 井区东三段第二期扇体进行波形分类的结果，图中每一种颜色代表一种波形，一共分成了 7 种波形。通过观察分类图颜色的分布，了解和评估地震道形状在目标区域的分布情况，结合区域沉积背景，根据测井曲线形态、岩性组合、沉积结构、岩石颜色等信息，划分出 1 井典型的沉积微相。将 1 井的沉积微相类型和地震波形分类进行标定，按照相似性原则，将每一类波形赋予相应的沉积微相类型。其中，绿与黄色区域为能量相对较强、频率相对较高的区域，对应 1 井的扇中水道含砾砂岩相和扇中前缘中粗砂岩相，为储层的优势相带。蓝色与红色区域为频率相对较低、能量相对较弱的区域，对应 1 井的扇根砂砾岩相和扇端细砂岩相和泥岩相，表征了该区域储层相对较差。

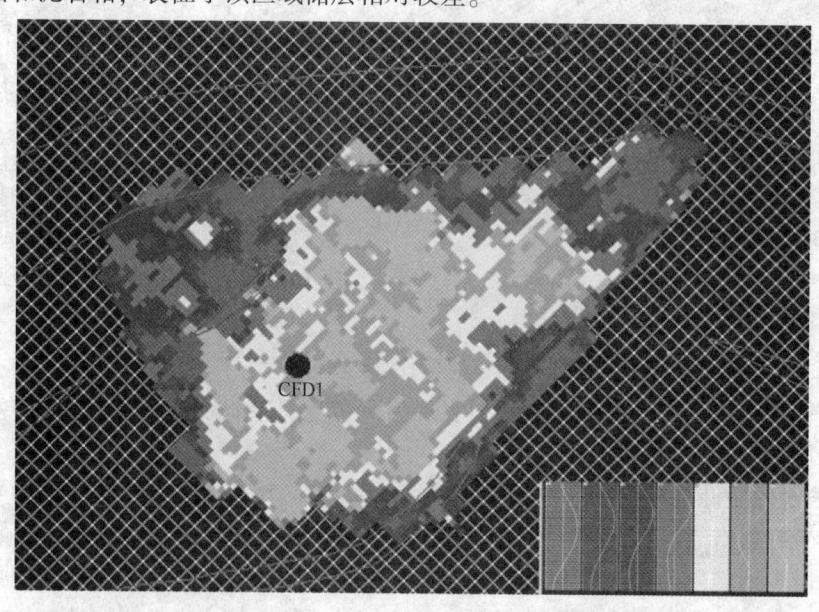

图 8　CFD1 井第二期砂体地震波形分类平面图

4　结论

（1）地质与测井结合识别出了 4 种岩性，建立了岩石相的定量识别标准，并对不同岩性储层的渗透率优化解释，提高了储层渗透率解释精度。

（2）井震结合，准确识别和划分了不同级次的层序地层界面和地层单元，建立了研究区以准层序为基本单元的高分辨层序地层层格架，将主要含油井区 1 井区东三段划分为 1 个个三级层序，2 个体系域，4 个准层序组和 6 个准层序。

（3）在地质模式的指导下，基于波形分类技术和属性分析技术刻画了 1 井区第二期扇体的平面展布范围，扇体的形态呈朵叶状；波形分类图上，绿色和黄色区域对应 1 井的扇中水道砂岩相和中粗砂岩相，为储层的优势相带，靠近边界断层的区域为储层物性相对较差的区域。

参　考　文　献

[1] 王宝言. 断陷湖盆陡坡带砂砾岩体勘探技术——以东营凹陷北部陡坡带为例 [J]. 特种油气藏，2004，11(6)：29-32.

[2] 曹辉兰，华仁民，纪友亮，等. 扇三角洲砂砾岩储层沉积特征及与储层物性的关系——以罗家油田沙四段砂砾岩体为例 [J]. 高校地质学报，2001，7(2)：222-229.

[3] 陈小龙，庄博，张秀芝. 罗家油田沙河街组储集层成岩相与储集特征[J]. 石油勘探与开发，1998，25 (6)：16-19.

[4] 张宇煜，王晖，胡晓庆，等. 少井条件下的复杂岩性储层地质建模技术——以渤海湾盆地石臼坨凸起 A 油田为例[J]. 石油与天然气地质，2016，37(3)：450-456.

[5] 束宁凯，汪新文. 砂砾岩储层期次划分及连通模式——以东辛油田永 1 断块砂砾岩油藏为例[J]. 油气 地质与采收率，2016，23(4)：59-63.

[6] 操应长，姜在兴，王留奇，等. 陆相断陷湖盆层序地层单元的划分及界面识别标志[J]. 石油大学学报 自然科学版，1996，20(4)：1-5.

[7] 蔡希源，李思田，等. 陆相盆地高精度层序地层学——隐蔽油气勘探基础、方法与实践[M]. 北京： 地质出版社，2003.12.

[8] 彭传圣，王永诗，林会喜. 陆相湖盆砂砾岩体层序地层学研究——以济阳坳陷罗家–垦西地区为例 [J]. 油气地质与采收率，2006，13(1)：23-26.

[9] 姚爽，闫建国，李雪峰，等. 波形分类分析技术在复杂岩性储层预测中的应用研究——以准噶尔盆地 风南地区为例[J]. 物探化探计算技术，2011，33(5)：486-490.

[10] 江青春，王海，李丹，等. 地震波形分类技术应用条件及其在葡北地区沉积微相研究中的应用[J]. 石油与天然气地质，2012，33(1)：135-140.

渤海辽东凸起北段分段性
研究与控油气作用探讨

柳屿博，何 京，张金辉，吴 奎，张如才

(中海石油(中国)有限公司天津分公司，天津 300452)

摘 要 辽东凸起北段是渤海重要勘探区域之一。基于三维连片地震资料和钻井资料，对辽东凸起北段构造特征进行了精细分析。认为自北向南可以讲研究区划分为三个亚段，分别归纳为北亚段双断深洼带、中亚段陡坡断阶带和南亚段缓坡断阶带。基于北、中、南分段基础分别恢复了三段相对独立的构造演化过程，认为古-始新世整体处于伸展裂陷阶段，进入渐新世受郯庐断裂带右旋活动影响，各段均表现出显著的走滑特征，进入伸展裂陷-右旋走滑叠加作用阶段，新近纪以来辽东凸起北段整体处于裂后热沉降阶段。在构造演化过程恢复的基础上，建立了辽东凸起北段演化的构造动力学模式。物理模拟实验也揭示了早期伸展-后期走滑的演化过程。基于钻井揭示情况，断裂活动强烈期是圈闭主要形成期，也是主要的烃源岩形成期，持续沉降有利于烃源岩演化，凸起边界断层及其派生调节断层构成主要的油气运移通道。

关键词 差异构造变形；伸展-走滑叠合；辽东凸起北段；辽东湾坳陷；断裂控藏

1 研究背景

辽东凸起位于渤海辽东湾探区东部，是构成辽东湾"三凹两凸"格局的二级构造单元之一。受断裂分割作用，辽东凸起可划分为南、北两段。南段是受控于辽中 1 号大型走滑断裂的单断反转凸起，面积约 $0.12×10^4km^2$；而北段则是在西侧辽中 2 号和东侧辽东 1 号走滑断裂所夹持下发育形成大型凸起构造，平面上整体呈菱形，面积约 $0.23×10^4km^2$。

辽东凸起北段勘探工作始于 1990 年，经过 20 余年勘探，目前已在 12 个构造钻探 24 口探井，发现石油地质储量超过 $1×10^8m^3$。尽管多年来油公司在该区进行持续勘探投入，但受限于该区成藏条件的复杂性，仍缺少规模性大发现，仅在最北部的锦州 23 构造区发现大中型油田。随着渤海勘探程度的提高，走向复杂勘探区成为必然，因而深化对辽东凸起北段的地质研究工作，进而打开这一地区的勘探局面就显得愈发重要。

随着辽东凸起北段的勘探紧迫性日趋加大，许多学者也开展了一系列研究工作，吴智平[1]认为辽东凸起北段的成因可以归纳为走滑双重构造模式；徐长贵[2]对辽东湾坳陷东部地区主干断裂发育特征进行了详细分析，并探讨了研究区新生代走滑构造系统与伸展构造系统的叠加改造过程；任健[3]结合磷灰石裂变径迹分析结果，认为辽东凸起北段新生代经历了孔店组沉积期末和东营组沉积期末 2 次构造隆升过程；彭靖淞[4]提出古辽中凹陷的存在，认为辽东凸起北段是自东营组沉积期以来的新凸起。上述学者的研究揭示了辽东凸起北段基

作者简介：柳屿博(1986—)，男，汉族，硕士，勘探地质工程师，2012 年毕业于中国石油大学(北京)构造地质学专业，现从事油田综合勘探研究工作。E-mail：liuyb12@cnooc.com.cn

本的构造特征，颇具启发意义，但也应看到目前很多研究将辽东凸起北段看作一个整体讨论其构造演化和成因，仍缺乏对辽东凸起北段不同构造位置差异性的细化研究，而这一工作无疑对揭示辽东凸起北段成藏差异性十分重要，因此需要做更细致的讨论。

2 辽东凸起北段基本地质特征

辽东凸起位于渤海辽东湾坳陷东部，由于控制凸起发育的断裂系统不一致，天然地将辽东凸起分为南、北两段，其中，北段展布范围显著大于南段，构造特征也更为复杂，既是低程度研究区，也是渤海重要的勘探潜力区。

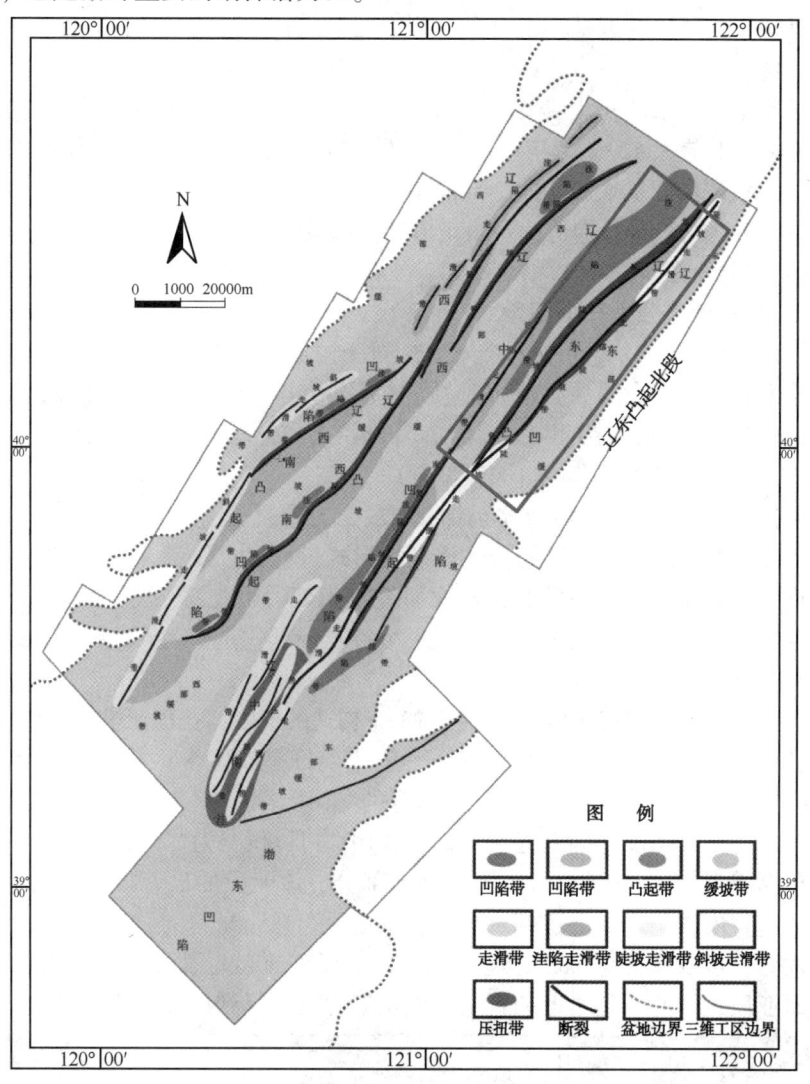

图1　辽东湾坳陷构造单元区划图

平面上，为整体呈北东-南西走向的狭长型凸起，凸起沿走向长约90km，宽约3~8km，其中凸起宽度最大位置出现在中部，向南北两端逐渐收窄。其东、西两侧分别被辽东1号走滑断层和辽中2号断层所限定，构成分隔辽中凹陷和辽东凹陷的独立凸起(图1)。剖面上，虽然凸起东西两侧都被大型断层所限定，但两侧存在差异。受东侧边界辽东1号断层具有显著走滑特征的影响，辽东凸起与东侧的辽东凹陷以陡坡形式过渡；而在凸起的西侧，大致以位于凸起中间位置的锦州 27-2 构造为界，在南部，辽东凸起以缓坡断阶形式向辽中凹陷过渡。在北部，辽东凸起以陡坡断阶形式向辽中凹陷过渡。

辽中 2 号断层为分隔辽东凸起和辽中凹陷的边界断裂，是一条长期活动并且具有右旋走滑性质的大型基底断裂，整体由 NNE 向 NE 走向过渡的弱 S 形弯曲。自北向南辽中 2 号断层整体由陡直的走滑断裂向相对较平缓的伸展-走滑断裂过渡。需要指出的是，辽中 2 号断裂北段是辽中凹陷北次洼(下文简称"辽中北洼")的东侧控边断裂。辽中北洼自古近纪以来就是下辽河坳陷的沉积沉降中心之一[5,6]，因而在这一区域辽中 2 号断层切割深度较大，断裂下降盘一侧沉积了巨厚的古近系，上升盘一侧为辽东凸起，受长期风化剥蚀作用只残留了较薄的古近系。

辽东 1 号断层为辽东凸起北段的东侧边界断裂，控制了呈"西断东超"结构的辽东凹陷的形成。该断裂南起旅大 12-2 南构造，北至锦州 23-2 构造。断裂走向为 NNE 向，平面上断裂面较连续，只在局部发生弱弯曲。剖面上，辽东 1 号断层倾向 SE 向，断面较陡直，倾角范围 65°~80°，以发育花状构造为主，走滑断裂特征明显。

3　辽东凸起北段分段性研究

3.1　辽东凸起北段可划分为三个亚段

由于很多地质体并非整一的刚性块体，在同一构造应力场中会表现为差异化的变形响应，而分段性即是普遍存在的一类地质现象。本次研究认为，辽东凸起北段具有显著的分段性，分别以锦州 27-2 构造和锦州 23-1 构造为分界点，自南向北可以划分为南、中、北三个亚段(图 2)，每个亚段都具有各自的典型特征。

南亚段包括南起锦州 32-4 构造北至锦州 27-2 构造的范围，凸起宽度自南向北逐渐收窄，该亚段的显著特征是向辽中凹陷一侧以缓坡形式过渡，且发育一系列与缓坡倾向一致的顺向断层，将构造缓坡切分为断阶状，本次研究将南亚段概况为"缓坡断阶带"。在该段凸起主控断层辽中 2 号断层和辽东 1 号断层间距小甚至局部构造位置(锦州 27-6)直接搭接在一起，使得凸起宽度变小。

中亚段包括南起锦州 27-2 构造北至锦州 23-1 构造的范围，在该亚段凸起自南向北同样呈现出宽度变窄的特征。与南亚段对比，中亚段的显著特征是以陡坡形式向辽中凹陷过渡，地层同样呈阶梯状节节下掉，类似于伸展背景下发育的"多米诺构造"，且地层陡倾变形强烈，局部地层倾角达 80°，反映出较强的构造应力改造作用。可以概况为"陡坡断阶带"。

北亚段包括锦州 23-1 构造以北的辽东凸起部分，该亚段的显著特征是凸起东西两侧均为陡坡，且凸起宽度较稳定，上述两点与南、中亚段存在明显不同，反映出东西侧主干断层的断面稳定发育，可以概括为"双断深洼带"，目前辽东凸起北段最大的勘探发现锦州 23-2 油田就处于北亚段，因此凸起之上的新生界成藏潜力已经得到勘探证实。

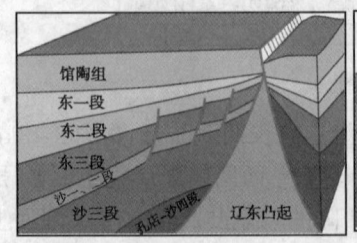 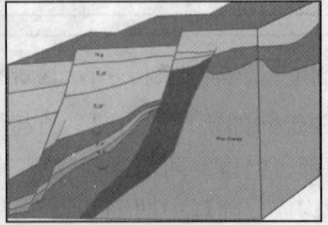 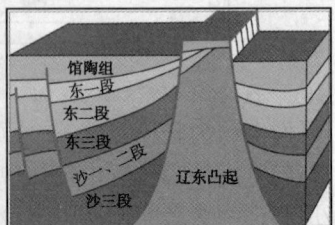

(a) 南亚段，缓坡断阶带　　　(b) 中亚段，陡坡断阶带　　　(c) 北亚段，双断深洼

图 2　辽东凸起北段南、中、北三亚段构造特征模式图

3.2　南、中、北三个亚段构造演化特征

辽东凸起总体呈现串珠状，即凸起平面上连续性不强，为凸起分段提供了天然的依据。本次研究，针对凸起南、中、北段分别开展了构造演化研究，力求通过构造演化分析认识各亚段差异性，同时作为辽东凸起的组成部分，三个亚段的演化过程也必然具有一致性。只有认识到其差异性及一致性，才能对辽东凸起构造特征有进一步的认识。

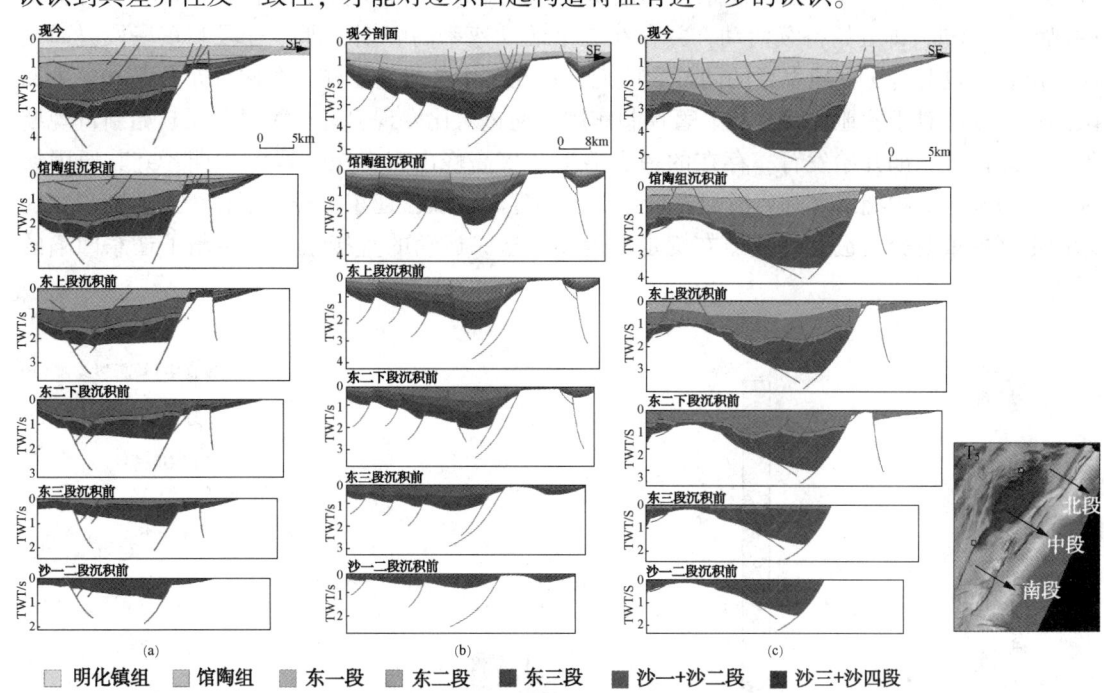

图3　辽东凸起北段南、中、北三亚段构造演化平衡剖面图

分析过南亚段中部的平衡剖面[图3(a)]，可以看到在古新世–始新世早期辽东凸起南亚段还未形成，属于东部胶辽隆起的西部斜坡带，辽中2号断层分隔了这一斜坡带和辽中凹陷。在始新世晚期即沙一二段沉积期，辽东1号断层首先在南亚段开始发育，使得受辽中2号断层和辽东1号断层所夹持的辽东凸起开始形成雏形。渐新世是渤海海域全区性的重要裂陷期，其裂陷作用在辽东凸起区也具有明显响应，表现为渐新世早期辽中凹陷快速沉降，东三段和东二段以发育中、深湖相沉积为主，随着辽东1号断层走滑作用的增强，辽东凸起也进入了主要发育时期。到了渐新世晚期，裂陷作用逐渐减弱，辽中凹陷沉积环境过渡为以扇三角洲和辫状河三角洲沉积为主。在渐新世末期，辽东凸起和辽中凹陷发生了一次区域性整体抬升，剥蚀范围大，裂陷作用随之结束。进入新近纪，发生全区性整体裂后热沉降，盆地进入坳陷沉积阶段，以发育河流相沉积为主，辽东凸起之上沉积较厚的新近系。

与南亚段相比，中亚段在古新世–始新世早期辽东凸起即具有隆起背景，辽东凸起及其东侧的辽东凹陷的雏形已经形成。另一个区别是辽东1号断层在渐新世开始活动，这一特征与区域上走滑活动时间的背景相吻合，在辽东1号断层和辽中2号断层共同作用下辽东凸起逐渐发育成为一个宽缓凸起，辽东1号断层对于沙河街组没有显著控制作用[图3(b)]。

在反映北亚段构造演化过程的平衡剖面中[图3(c)]，可以观察到在古新世–始新世辽东凸起是胶辽隆起的一部分，两者没有分隔开来，这一点与南亚段和中亚段显著不同。正是

由于在古新世-始新世辽东凸起作为胶辽隆起的一部分长期出露,因而没有沉积沙河街组。渐新世以来,随着辽东1号断层的活动辽东凸起作为一个独立的构造单元逐渐形成。在北亚段,辽东凸起宽度较窄且南北向宽度分布稳定。

通过统计断层活动速率能清晰刻画断层的活动历史,也能间接反映盆地的形成演化[7~10](图4)。针对辽中2号断层和辽东1号断层的活动速率分析表明,辽中2号断层自古新世(孔店组沉积期)即开始持续活动,并存在2个活动速率高峰期,即沙三段和东三段,而这两个沉积期也对应了盆地发育的两幕裂陷期,可见辽中2号断层作为分隔辽东凸起和辽中凹陷的边界断层对于盆地发育具有显著控制作用。通过对比发现,辽东1号断层自始新世晚期沙一、二段沉积期开始发育,存在的一个活动速率高峰出现在东三段沉积期,究其原因认为,自东营组沉积期以来郯庐断裂右旋走滑运动逐渐活跃,辽东1号断层作为郯庐断裂在辽东湾地区的重要分支也发育强烈右旋走滑运动,这一运动的直接结果是控制了辽东凹陷的形成。

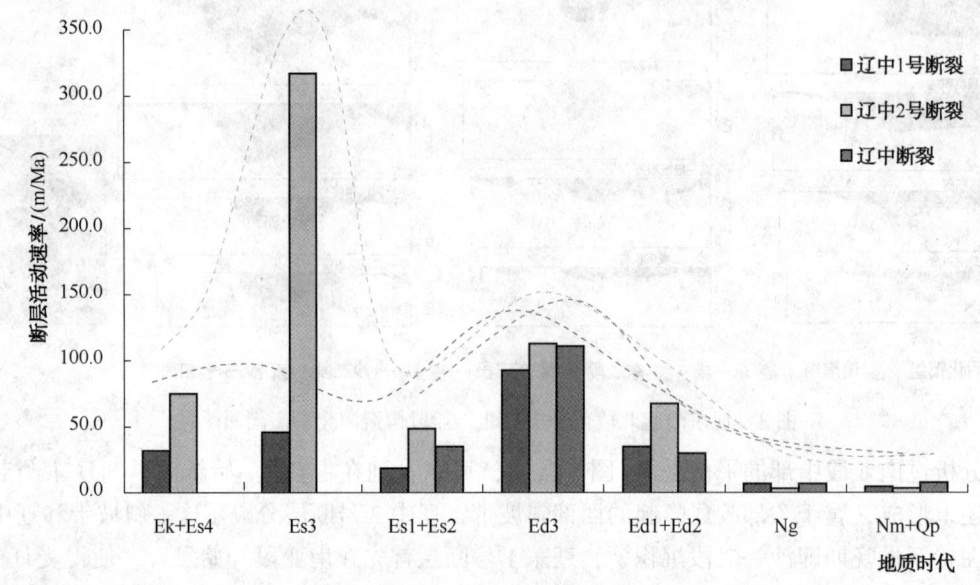

图4　辽东湾东部主干断裂活动速率统计图

3.3　辽东凸起构造演化关键阶段

平衡剖面从垂向上再现了辽东凸起的演化过程,而古地貌研究则能够从平面上反映辽东凸起的隆升特征。本次研究重点针对3个时期古地貌进行了恢复,结果表明在孔店组-沙三段沉积期辽东凸起基本上与胶辽隆起为统一整体,只有在中部地区有早期隆起的雏形,辽东凸起所在位置表现为北部高南部低的古地貌特征。在沙一、二段沉积期辽东凸起与胶辽隆起逐步分离,其中辽东凸起中北亚段同步发育,而南亚段则发育为间隔发育的串珠状小型凸起,在这一时期辽东凸起仍保持北高南低特征。在东三-东二下段沉积期辽东凸起持续隆升,逐步发育为一个独立的构造单元,与前两个沉积期不同的是南亚段和中亚段隆升较高,而北亚段隆升则相对较低,反映出辽东1号断层在南部活动较强,显著塑造了凸起南部的发育,在该时期辽东凸起平面上呈现串珠状(图5)。

综合平衡剖面分析和古地貌分析结果,可以将辽东凸起形成演化归纳为6个阶段(图6)。第一阶段为孔店组-沙三段沉积期,辽东凸起是胶辽隆起的一部分,古辽中凹陷范围覆

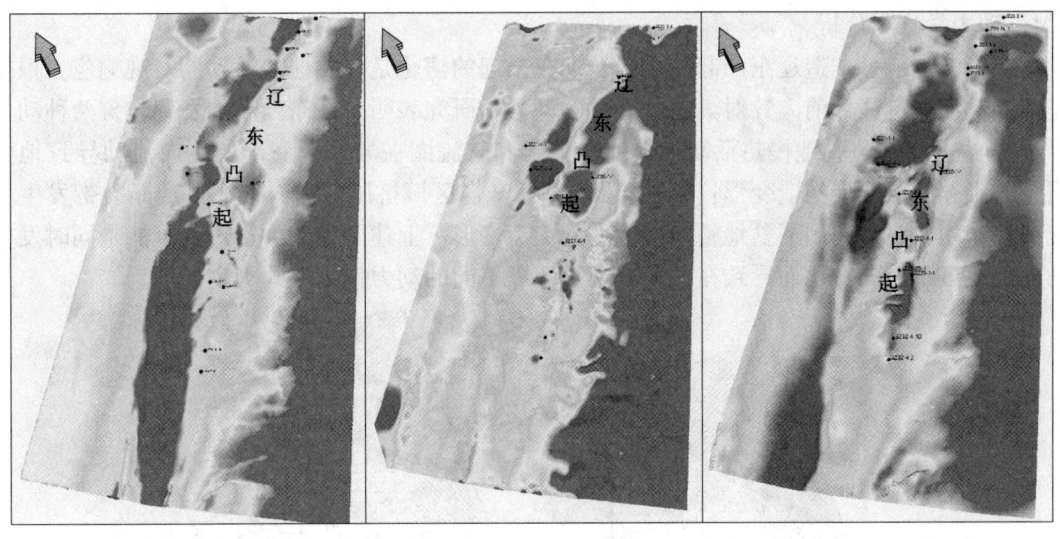

(a) 孔店组–沙三段古地貌图　　　　(b) 沙一、二段古地貌图　　　　(c) 东三–东二下段古地貌图

图 5　辽东凸起北段古地貌图

盖了现今的辽中凹陷、辽东凸起和辽东凹陷这一区域；第二阶段为沙一、二段沉积期，辽东凸起开始从胶辽隆起上分离，辽东凸起发育雏形；第三阶段为东三段沉积期，受郯庐断裂整体发生强烈右旋走滑作用的影响，辽东1号断层显著发育，辽东凸起在伸展–走滑作用下逐渐形成，辽东凸起将古辽中凹陷分隔为现今的辽中凹陷和辽东凹陷；第四阶段为东二段沉积期，走滑作用进一步增强，辽东凸起持续隆升，且串珠状特征更为明显；第五阶段为东营组沉积末期，发生区域性整体强隆升，从凸起到凹陷经受全区性剥蚀过程；第六阶段为新近纪以来，盆地进入坳陷沉降阶段，在古近系之上覆盖较厚的河流相地层，辽东凸起发育定型。

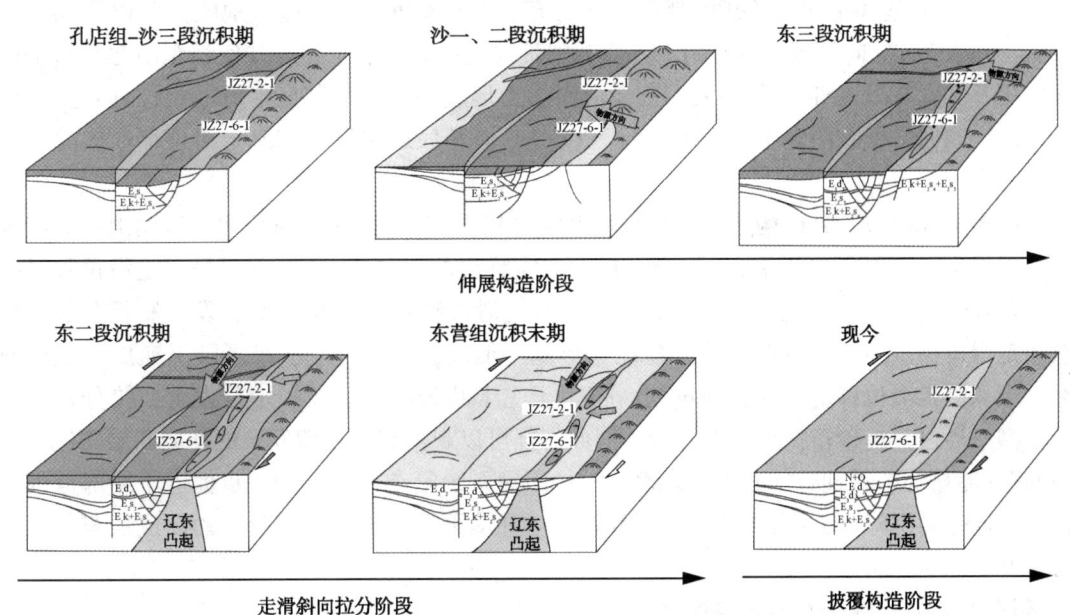

图 6　辽东湾坳陷北部构造演化模式图

3.4　动力学机制分析

郯庐断裂带是塑造辽东凸起的主因，辽东凸起的演化是深层地块活动的宏观响应。根据辽东凸起演化特征和前人针对渤海全区性的动力学研究表明，辽东凸起的发育包含两种动力学过程[11~13]。第一，地幔热活动、上地幔上隆和软流圈在岩石圈底部的侧向流动导致地壳引张破裂，形成伸展构造变形；第二，受 NE-SW 向区域挤压影响，NNE 郯庐断裂带发生右旋剪切作用，在此作用下盆地整体发生右旋走滑变形。上述两种动力学过程可能是同时发生的，但是由于强弱变化而导致在不同时期显示以不同的动力作用方式为主。

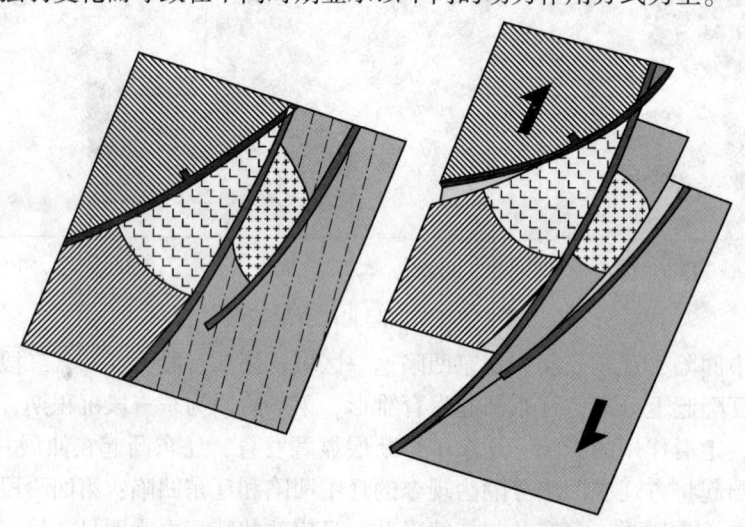

图 7　辽东凸起北段主干右旋走滑断层活动模式图

总体上，始新世时期辽东湾坳陷受地幔热底辟活动驱动地壳发生伸展构造变形，形成大量 NNE-NE 向基底正断层，并控制古近系的充填。渐新世开始，随着地幔热底辟活动逐渐减弱，在 NE-SW 向区域挤压作用下郯庐断裂带发生右旋走滑位移，并使辽东凸起在水平剪切作用下发育 2 条 NNE 向的基底右旋走滑断层，形成一系列与基底走滑断裂位移相关的构造变形。动力学模式图表示了辽东凸起 NNE-NE 向基底断层发生右旋走滑位移形成的构造变形(图 7)。

砂箱物理模拟是分析构造演化的有效手段[14,15]。实验揭示在早期伸展-后期走滑的应力背景下发育大型斜向拉分盆地(图 8)。设置在实验装置上方的镜头记录了随着走滑位移量的增大盆地逐步发育的过程。图中可见，当双侧走滑位移量为 0.8cm 时，发育雁行断裂；当双侧走滑位移量为 1.6cm 时，拉分盆地雏形基本形成；左右两侧次级断裂贯通成为主干断裂；当双侧走滑位移量达到 5.6cm 时，依附于主干断裂的次级断裂十分发育，拉分盆地发育定型。通过分析砂箱物理模拟实验的剖面特征可以观察到，早期发育的伸展断层塑造了盆地的垒-堑格局，后期叠加其上的走滑活动使断裂系统复杂化，也进一步促进了局部范围内发生垂向差异沉降，证明在伸展-走滑构造应力环境下形成的斜向拉分运动促成辽东凸起相对隆升。

4　辽东凸起北段隆升的石油地质意义

由于断裂是辽东湾北部地区构造变形的主要形式[16,17]，辽中 2 号断层对辽东凸起北段和辽中北洼的发育起到了控制作用。特别是在中亚段和北亚段，辽中 2 号断层控制了陡坡带

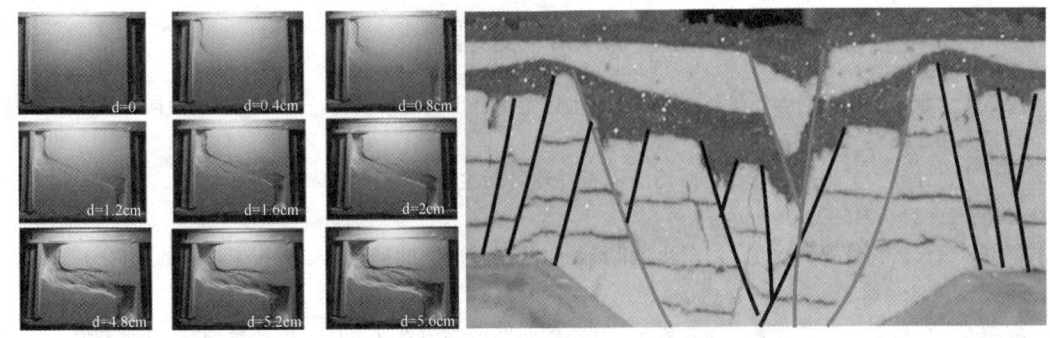

图 8　辽东凸起北段伸展-走滑叠加应力下构造物理模式实验

的发育，进而决定了辽中北洼深洼区的形成。断裂活动对烃源岩成熟演化的影响较为显著。沙三段沉积期是裂陷期，断裂活动强烈，盆地构造沉降快，在洼陷区发育沙三段巨厚沉积，使沙三段早期沉积和沙四段深埋，同时该区处于高热流背景，有利于烃源岩成熟。走滑变形阶段深断裂走滑活动强烈，盆地构造沉降依然巨大，促使洼陷内沙三段和沙四段烃源岩进一步成熟演化。

辽东凸起北段是油气运移指向区。在右旋走滑应力场的影响下，渐新世以后特别是新构造运动以来辽东湾北部地区断裂活动较强，成为油气垂向输导通道。特别是辽中 2 号断层成为主要的油气运移通道，位于凸起北亚段的锦州 23 构造的油气富集即依赖于辽中 2 号断层的运移能力。锦州 23 构造为辽东凸起之上的披覆构造，紧邻辽中北洼，在辽中 2 号断层及其派生调节断层的运移输导作用下，油气沿此垂向通道大量向辽东凸起北段聚集。

随着辽东凸起的隆升主要发育披覆背斜、半背斜和断块型圈闭，为油气聚集提供了有利场所。其中，披覆背斜、半背斜主要发育在辽东凸起之上，凸起东侧的辽东 1 号断层对此类圈闭起到控圈作用。而断块类圈闭主要发育在凸起西侧的斜坡带，受右旋走滑应力场的作用，形成一系列雁列状走滑调节断层，决定了断块型圈闭的定型。

综合研究认为，辽东凸起的隆升与辽中北洼的沉降共同构成了一个盆-山耦合系统，盆地区(深洼区)生成的油气在排烃期经高效运移通道(断裂)向造山带(凸起区)运移，在有效圈闭条件下聚集成藏，因此可以认为辽东凸起北段的成藏潜力依然较大，需要持续地进行研究。

5　结论与讨论

(1) 辽东凸起北段是辽东湾坳陷重要的勘探潜力区，可以划分为南、中、北三个亚段，基于对不同段盆地结构和断层发育特征的认识，分别归纳为南亚段为缓坡断阶带、中亚段为陡坡断阶带、北亚段为双断深洼带，三段既有显著差异，又呈现一定的统一性。

(2) 早期伸展-晚期走滑的叠加应力背景控制了辽东凸起北段形成演化。可以将研究区演化划分为 2 个演化期，细分为 6 个关键演化阶段。分别为古新世-始新世伸展应力演化期和渐新世以来的走滑应力演化期。

(3) 断裂既是控制辽东凸起北段发育的主要构造形式，也构成了控制油气成藏的主要地质条件。研究表明，断裂活动强烈期是主要的烃源岩形成期，持续沉降有利于烃源岩演化，为油气运移提供输导通道，断裂控制下的凸起斜坡区和凸起之上是圈闭的有利发育区。

参 考 文 献

[1] 吴智平, 张婧, 任健, 等. 辽东湾坳陷东部地区走滑双重构造的发育特征及其石油地质意义[J]. 地质学报, 2015(5): 848-852.

[2] 徐长贵, 任健, 吴智平, 等. 辽东湾坳陷东部地区新生代断裂体系与构造演化[J]. 高校地质学报, 2015, 21(2): 216-220.

[3] 任健, 徐长贵, 吴智平, 等. 辽东凸起北段新生代隆升时间的确定: 来自裂变径迹的证据[J]. 2015, 34(2): 408-413.

[4] 彭靖淞, 徐长贵, 吴奎, 等. 郯庐断裂带辽东凸起的形成与古辽中洼陷的瓦解[J]. 石油学报, 2015, 36(3): 274-280.

[5] 徐长贵, 彭靖淞, 柳永军, 等. 辽中凹陷北部新构造运动及其石油地质意义[J]. 中国海上油气, 2016, 28(3): 20-26.

[6] 刘廷海, 王应斌, 陈国童, 等. 辽东湾北部油气藏特征、主控因素与成藏模式[J]. 中国海上油气, 2007, 19(6): 372-376.

[7] 漆家福, 张一伟, 陆克政, 等. 渤海湾新生代裂陷盆地的伸展模式及其动力学过程[J]. 石油实验地质, 1995, 17(4): 318-322.

[8] 陈发景, 汪新文, 陈昭年. 伸展断陷中的变换构造分析[J]. 现代地质, 2011, 25(4): 618-623.

[9] 王海学, 吕延防, 付晓飞, 等. 裂陷盆地转换带形成演化及其控藏机理[J]. 地质科技情报. 2013, 32(4): 103-106.

[10] Swanson M. Geometry and kinematics of adhesive wear in brittle strike-slip fault zones[J]. Journal of Structural Geology, 2005, 27(4): 871-887.

[11] 漆家福, 李晓光, 于福生, 等. 辽河西部凹陷新生代构造变形及"郯庐断裂带"的表现[J]. 中国科学(地球科学), 2013, 43(8): 1330-1334.

[12] 李明刚, 漆家福, 童亨茂, 等. 辽河西部凹陷新生代断裂构造特征与油气成藏[J]. 石油勘探与开发, 2010, 37(3): 281-286.

[13] Mann P. Global catalogue, classification and tectonic origins of restraining- and releasing bends on active and ancient strike-slip fault systems[C]// Cunningham W D and Mann P, Tectonics of Strike-slip Restraining and Releasing Bends, London: the Geological Society of London, 2007: 1-13.

[14] 杨桥, 魏刚, 马宝军, 等. 郯庐断裂带辽东湾段新生代右旋走滑变形及其模拟实验[J]. 石油与天然气地质, 2009, 30(4): 483-489.

[15] Ken McClay, Massimo Bonora. Analog models of restraining stepover in strike-slip fault systems[J]. AAPG Bulletin, 2001, 85(2): 233-252.

[16] 徐长贵. 渤海海域走滑转换带特征及其对大中型油气田形成的控制作用[J]. 地球科学-中国地质大学学报, 2016, 41(10): 1310-1317.

[17] 于福生, 吉珍娃, 杨雪, 等. 辽河盆地西部凹陷北部地区新生代断裂特征与圈闭类型[J]. 地球科学与环境学报, 2007, 29(2): 149-151.

沙东南构造带断裂对油气差异富集的控制作用

许　鹏，徐长贵，李慧勇，于海波，江　涛

(中海石油(中国)有限公司天津分公司，天津　300452)

摘　要　沙东南构造带位于渤海西部海域沙垒田凸起东南部，为一夹持在渤中凹陷主洼与西南洼之间的两组近南北向的构造脊梁，该构造带历经近30年勘探，发现了多个油田和含油气构造，但油气分布层系和富集程度各个构造间存在较大差异，为了揭示研究区断裂对油气分布规律的影响，以三维高分辨率地震资料为基础，依据实际钻探成果，在划分断裂系统的基础上，结合油气成藏特征，深入分析了断裂对新近系油气运聚成藏的控制作用，建立油气垂向运聚模式，指出了下一步有利勘探方向。研究表明：①长期活动断层成藏期活动速率大于10m/Ma可以作为浅层有效油源断层；②沙东南构造带发育多组北东向断裂，其中的长期活动型断裂对东二下段区域性泥岩盖层的破坏程度越大，越有利于油气垂向穿越盖层运移至浅层馆陶组、明化镇组储层中成藏，即盖层断接厚度越小，浅层油气越富集，反之则深层更富集；③构造内各级别油源断裂立体形态影响油气运移能力，断层凸面控制油气汇聚方向，断层凸面是油气汇聚有利部位。综合以上3方面可以在未钻区快速确定油气成藏层系及富集程度，降低勘探风险。

关键词　沙东南构造带；断裂；油气成藏；油气运移

在渤海湾盆地，断裂是油气垂向运移的主要通道，钻井过程中断裂带附近的油气显示及地震资料上的浅层气云等，都直接证实了油气往往围绕油源断裂进行输导和保存[1~3]，然而断裂活动导致断裂带内部结构复杂、断层面通常凹凸不平，油气在断裂带中将沿着某一有限通道空间运移[4,5]，已有前人从断层活动性和流体势分布等方面对断层优势运移通道进行了探讨，取得了一定的成果但都是基于定性-半定量的判断[6,7]，未讨论断裂不同段的活动速率差异以及断面输导脊的有效性，而且主要仅从断裂与烃源岩层的接触关系判定运移通道，没有考虑断层纵向上在各个层系的破坏程度，与此相对应的另一些学者仅从断裂与盖层的匹配关系出发讨论被断裂破坏后盖层的垂向封油气能力忽略了成藏期活动断裂的快速输导能力问题，对于复杂断裂带中的油气藏只有对油源断层横向纵向控藏要素相结合才能较为精细地锁定油气的富集部位，为勘探部署提供依据。同时，成藏时期断层活动强度也在一定程度上控制断层的垂向输导油气的能力，活动强度的大小控制着垂向运移层位。

1　区域地质背景

沙垒田凸起位于渤海西部海域(图1)，四面环凹，沙东南构造带为沙垒凸起东南延伸带，位于渤中主洼、西南洼交汇带。沙东南构造带基岩顶面表现为两组近东西向的构造脊。渤中凹陷内古近系沉积厚度大，主要发育3套(东三段、沙一段和沙三段)生油层系，为周

作者简介：许鹏(1987—)，男，汉族，2013年毕业于东北石油大学，硕士研究生。现为中海油天津分公司工程师，研究方向是石油地质综合分析。E-mail：xupeng17@cnooc.com.cn

边凸起提供了充足的油源，新近系储层主要为馆陶组及部分明化镇组河流相砂岩，区域性盖层为明化镇组泛滥平原相，太古界潜山、古近系沙河街组和东营组皆发育较好的储盖组合，且沙东南构造带断层发育，为油气的运移、聚集提供了有利条件。

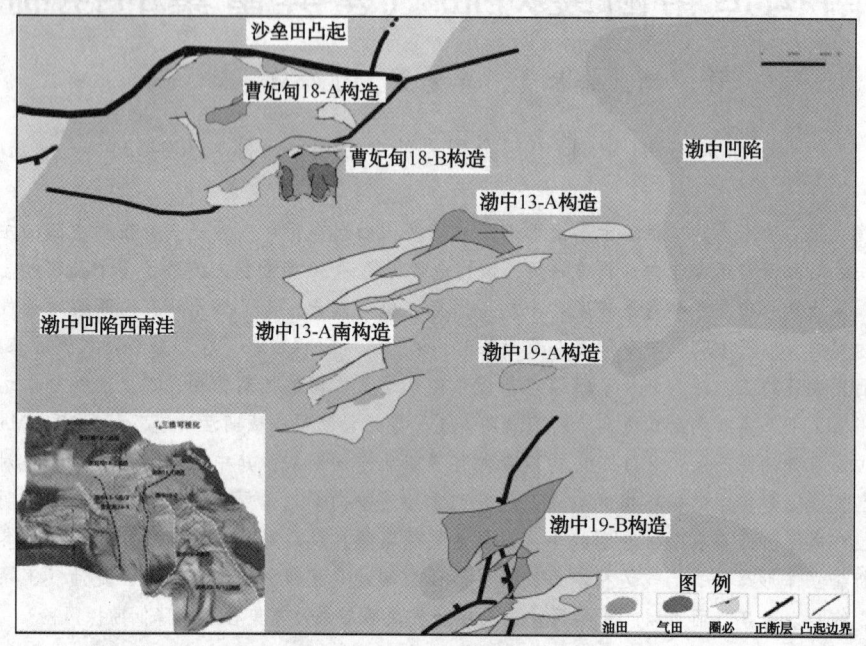

图1　沙东南构造带区域构造位置图

构造形态总体上为两个凹陷之间继承性发育的构造脊，构造格局北部为一从沙垒田凸起向东南倾伏的阶梯式断阶带，具西北高东南低的特征。曹妃甸18-A、曹妃甸18-B油田为第一断阶带，没有沉积中生界和沙河街组地层，渤中13-A油田为第二断阶带，南部从渤中19-A至渤中19-B构造为另一组凹中隆构造脊。研究区共钻探探井18口，但油气富集层位存在较大差异性(图2)，曹妃甸18-A/B构造油气主要富集在潜山和古近系东营组地层中；渤中13-A/A南构造潜山、古近系和新近系都有发现，但已发现储量主要集中在潜山和古近系；而构造带南部的渤中19-B构造目前则是主力含油层位为明下段的油田[8]。

2　断裂系统划分及油源断层厘定

沙东南构造带断裂较为发育，主要为NE-NEE走向，主干断裂规模较大，并且次级断裂也较为发育，延伸长度一般小于10km。典型地震解释剖面显示(图3)，研究区垂向上发育三大构造层，自下而上分别为沙二+三段构成的断陷构造层、沙一段-东营组构成的断拗构造层、馆陶组-明化镇组-第四系构成的拗陷构造层。在构造层划分的基础上，可以按馆陶组底T_2地震反射层为界可分为上下2套断层系，分别为上部断层系(坳陷层)、下部断层系(断陷-断坳层)。不同断层体系间衔接性较好，主要由贯穿性长期发育的断裂沟通。但因不同构造层断裂体系的变形时期及变形性质不同，断裂的几何学特征存在一定差异。在明确各套含油气系统中断裂系统构成的基础上，结合油气成藏关键时刻、断裂活动期次便可厘定油源断层及其分布。油源断层是指成藏关键时刻活动并连接烃源岩层与储层的断裂。据前人研究证实，研究区成藏关键时刻有两个时期，分别是东营组沉积末期和明化镇组沉积末期-现今，在东营组沉积后期-现今活动的断层且与沙三段以及沙一、东三段沟通的源断裂均有可能成为油源断层。

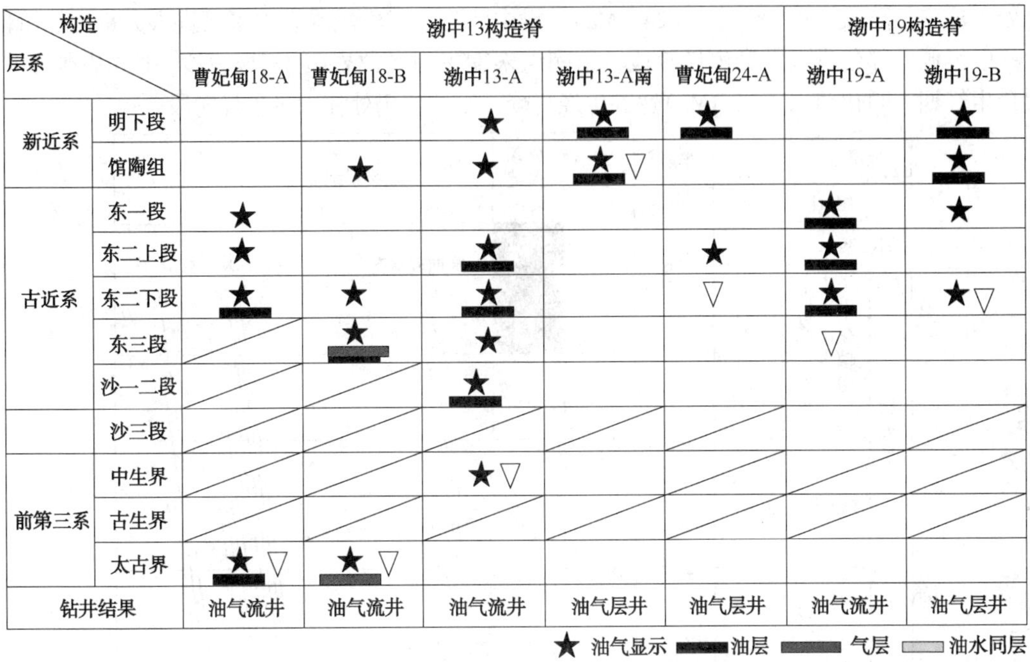

构造 层系		渤中13构造脊					渤中19构造脊	
		曹妃甸18-A	曹妃甸18-B	渤中13-A	渤中13-A南	曹妃甸24-A	渤中19-A	渤中19-B
新近系	明下段			★	★（油层）	★		★（油层）
	馆陶组		★	★	★ ▽			★（油层）
古近系	东一段	★					★（油层）	★
	东二上段	★		★（油层）		★	★（油层）	
	东二下段	★（油层）	★	★（油层）		▽	★（油层）	★ ▽
	东三段		★（气层）	★（油层）		▽		
	沙一二段			★（油层）				
	沙三段							
前第三系	中生界			★ ▽				
	古生界							
	太古界	★ ▽	★ ▽					
钻井结果		油气流井	油气流井	油气流井	油气层井	油气层井	油气流井	油气层井

★ 油气显示　　■■■ 油层　　■■■ 气层　　□□□ 油水同层

图2　沙东南构造带油气显示与含油气层位分布图

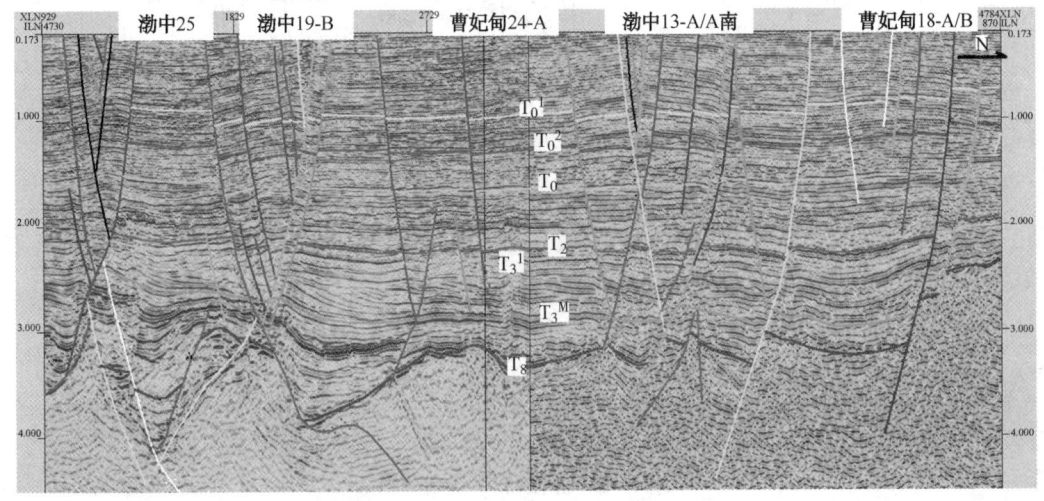

图3　沙东南构造带剖面特征

　　研究发现，对于中浅层含油气系统，长期活动型断裂系统充当油源断裂，但由于晚期活动型断裂系统不直接与源岩沟通，直接与烃源岩沟通的长期断裂系统沟通的源岩不同，其在成藏过程中起到的作用也不同，因此，将研究区中浅层油气系统中的油源断裂分为3种类型，分别为长期活动型、晚期调整型和早期活动型断裂(图4)。

3　断层活动性与油气垂向运聚层位

3.1　油源断层活动性与油气垂向充注层位

　　大量包裹体测温数据和单井热演化史模拟(图5)结果表明现今渤中凹陷沙三段烃源岩大部分已进入高成熟阶段，处于生烃高峰期，沙一段烃源岩处于成熟阶段，东三段烃源岩热演化部分处于成熟熟阶段；东营组末期(24.6Ma)，渤中凹陷沙三段烃源岩大多已进入大量生烃阶段，沙一段烃源岩部分进入大量生烃阶段，馆陶组末期主力烃源岩(沙三段、沙一段)基本已进入大量生烃期，明化镇末期(5.1Ma)达到生烃高峰，第四纪仍处在大量生烃阶段。

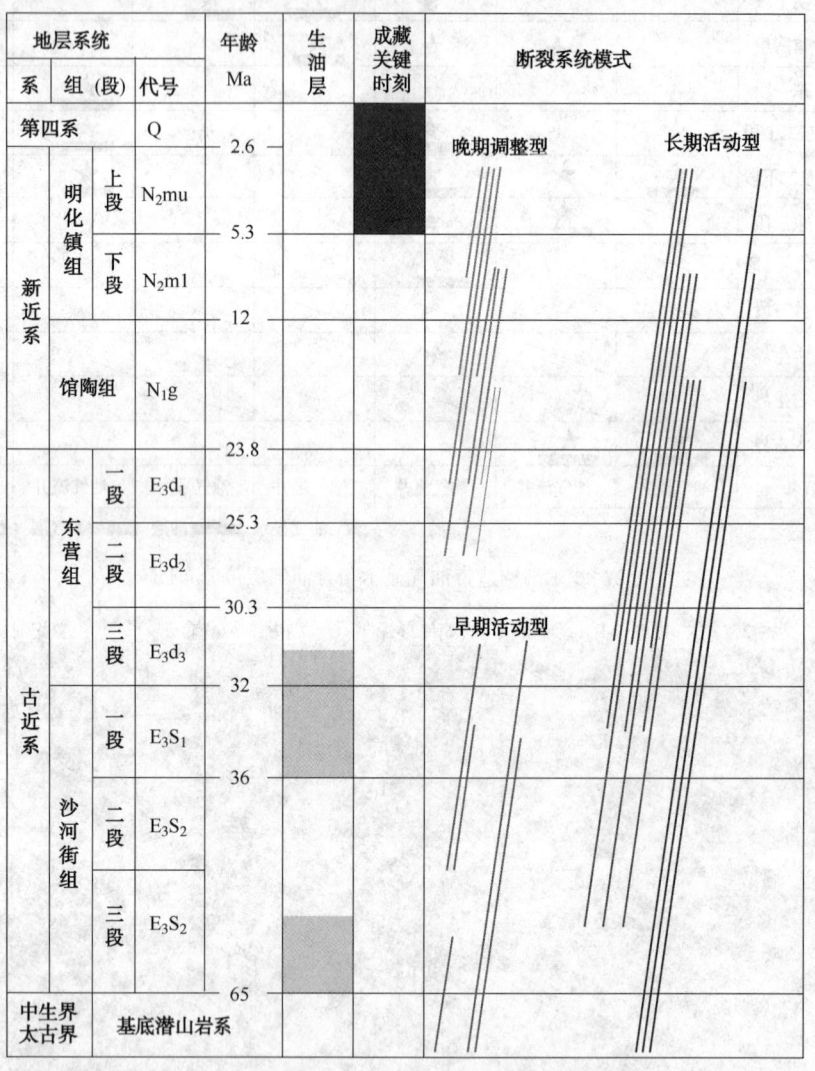

图4　研究区断裂系统划分图

晚期断裂活动的强度和方式大大制约了油气的分布。强烈活动的断层在垂向上常具开启性，使油气沿断裂自深层向浅层运移在适当的圈闭中聚集且对早期形成的油气藏往往起破坏作用。断层活动强度越大释放的能量也越大越易造成油气的垂向运移甚至油气散失。断层活动期后的短时期内断层继续处于开启状况，此后在压应力作用下裂隙会由于岩石蠕变而闭合。一旦断面闭合断层即对油气主要起封闭作用所以多数时间断层均起封闭作用。因而断裂活动性对油气成藏起着至关重要的作用[9~11]。为定量化评价沙东南构造带晚期断裂活动速率对油气输导和保存作用的差异，在一定程度上探讨它们之间的规律性，统计了晚期活动含继承性发育的10条主干油源断层的晚期活动速率[断层活动速率=(上盘厚度-下盘厚度)/时间](图6)。

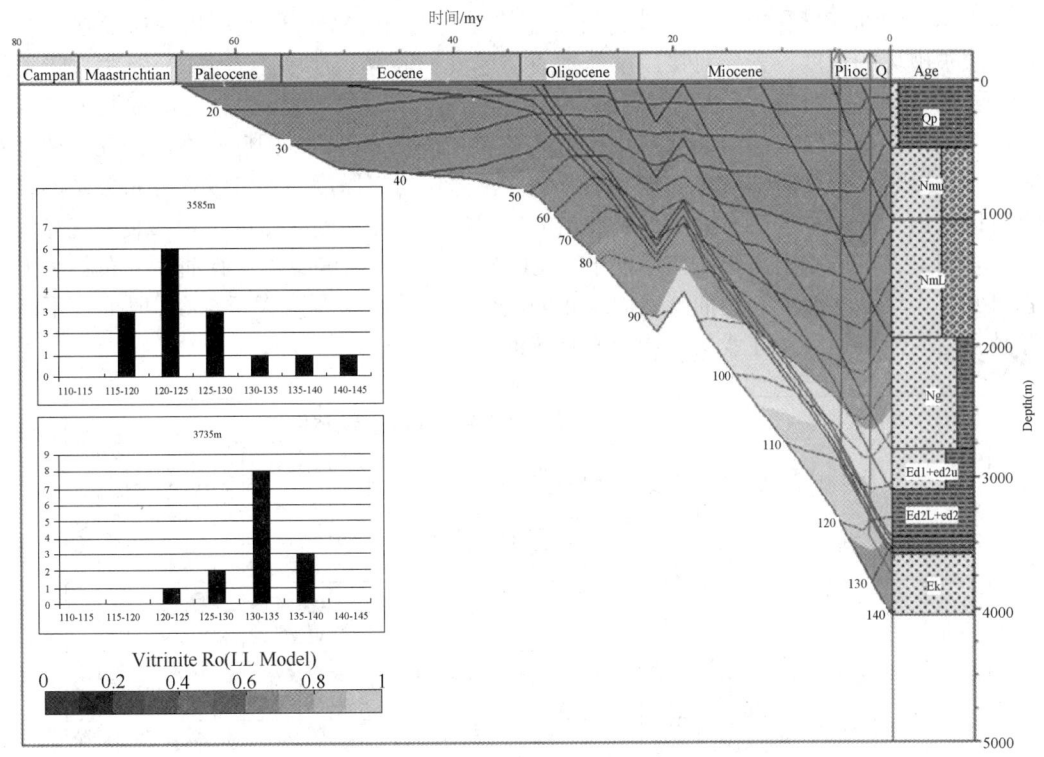

图5 渤中凹陷 BZ19-C-1 井单井热演化史

沙东南构造带的新近系油气差异分布与断裂活动的关系表明(图2、图6)：强烈活动断裂主要起垂向输导作用，油气运移至浅层后进行侧向运移在凸起上成藏或沿强裂活动断裂散失，如渤中 13-A 南构造已发现油气主要聚集在浅层；微弱活动断裂主要起封闭作用油气近距离运移至断层遮挡圈闭成藏，如曹妃甸 18-A/B 构造油气主要集中在深层；中等活动断裂对油气起封闭与输导双重作用油气聚散动态平衡与大量浅层断裂组成主干断裂输导次级断裂控藏油气成藏模式，如渤中 19-B 构造浅层和深层均有油气富集。

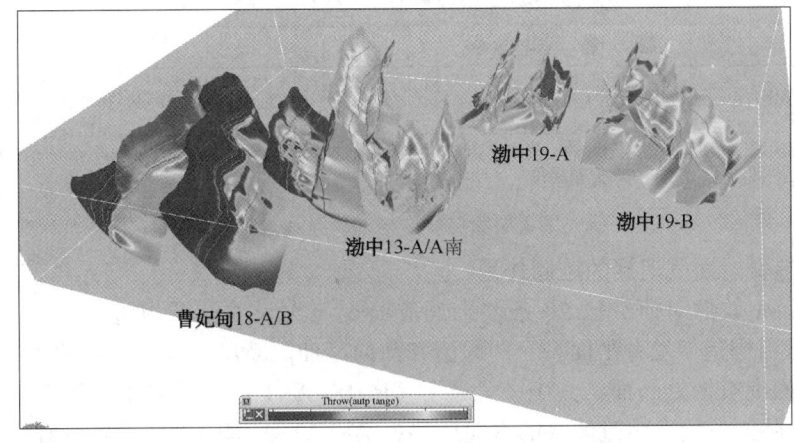

图6 研究区主干油源断裂活动速率(红色代表活动速率高)

3.2 断-盖共控油气运聚层位

盖层对油气具有垂向阻隔作用，但盖层被断裂断穿后，油气能够延断裂跨越盖层向上运移,向上运移的油气量受控于盖层被断裂破坏的程度[12~14]。本次研究利用盖层断接厚度来界定盖层被破坏的程度,盖层对接厚度是指盖层厚度与断穿盖层断距差值(当断距大于盖层厚度时,断接厚度为负值)。沙东南构造带下部发育东二下段区域性泥岩盖层和明下段区域性盖层,其中,东二段盖层与油气向浅层垂向输导关系较为密切。因此,本次研究主要针对这东二下盖层来评价其对油气垂向输导的影响。由盖层对接厚度与油气纵向分布关系的统计结果可以看出,选取全区所有油气井统计出的东二段区域盖层断接厚度投到断裂系统与浅层油气叠合图上,可以看出,当断接厚度小于130m时,在区域盖层之上有油气分布;由上述内容可知,盖层断接厚度控制油气垂向分布的层位,盖层断接厚度大于130m时油气不能大量穿越盖层向浅层运移,在浅层不能形成有效油气层(图6)。

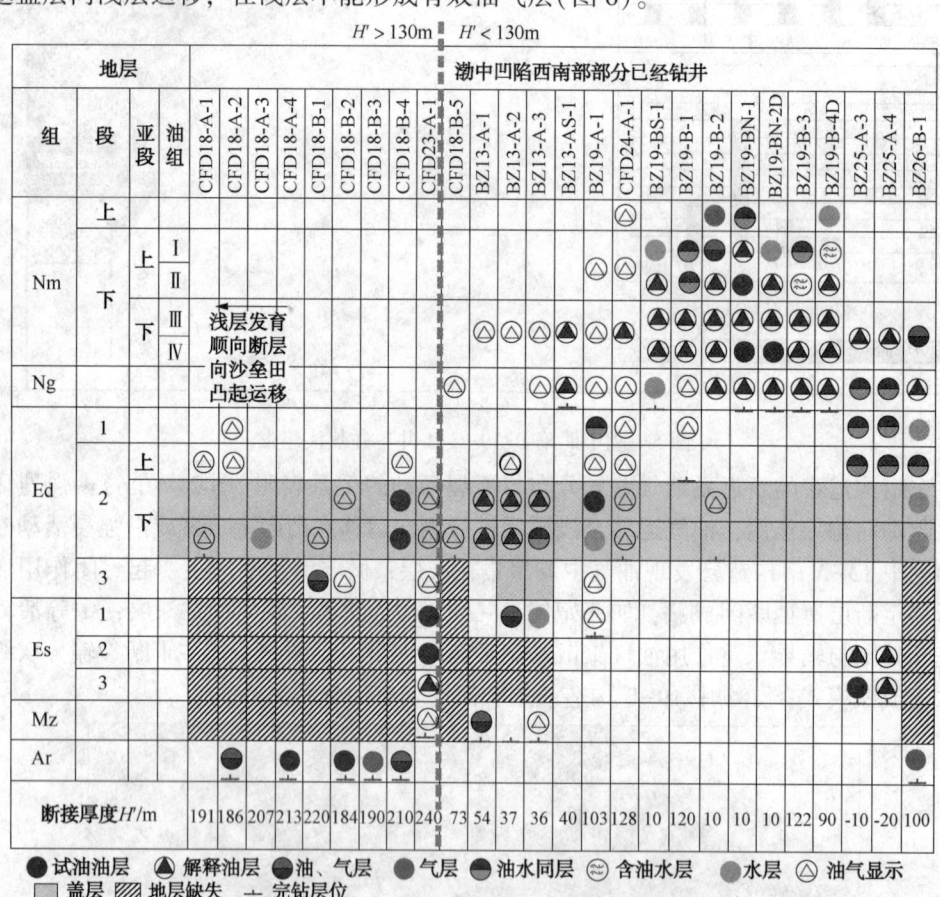

图 7　研究区盖层断接厚度与油气显示之间分布关系

3.3　断面构造脊对油气汇聚的控制作用

用 Traptester 软件对研究区 20 条主干油源断裂与次级油源断裂进行 3 维立体显示(图8),显示沙东南构造带发育平面型、凹面型和凸面型油源断层,其中曹妃甸 18-A/B 构造边界断层 F6 断面上有两处凸面,其中一处紧邻 CFD18-A-1 井,该井馆陶组有油气显示,说明这条断层的凸面位置发生过油气的垂向运移;渤中 13-A 南附近两条断裂存在不同程度的凸面,该区在浅层有油层,凸面运移是有效的。渤中 19-B 构造不仅主干油源断裂发育凸面,在次级油源断裂和晚期调整型断裂处都发育有凸面,所以渤中 19-B 构造断裂对浅层油气成藏的输导效率更高,这与实际的勘探结果是相匹配的。

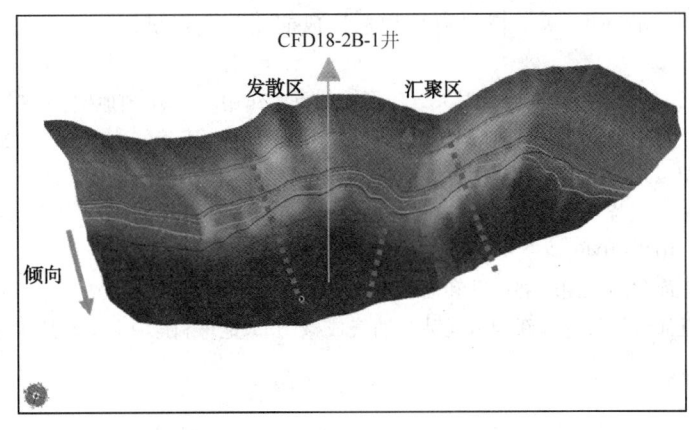

图 8 曹妃甸 18-A 构造油源断层三维可视化图

4 结论

（1）油气能否运移至浅层取决与晚期油源断层活动性，当断层活动速率>10m/Ma 时，油气能够穿越盖层发生垂向运移，而活动速率较小的断层垂向输导能力差，油气更多在深层富集。

（2）断裂垂向运移能力与盖层断接厚度、盖层砂地比和晚期油源断裂活动速率等因素有关：断裂垂向运移能力受到东二段泥岩盖层断接厚度的控制，当盖层断接厚度小于 130m 左右时，油气易于穿越盖层形成垂向输导容易在浅层聚集成藏，反之则在深层富集。

（3）构造内各级别油源断裂立体形态影响油气运移能力，断层凸面控制油气汇聚方向，断层凸面是油气汇聚有利部位。

基于以上认识，建立"断层活动速率控输导+断接厚度控层位+断面形态控部位"油气聚集模式：油气在沙东南构造带油气沿深部输导层(不整合面+砂体)汇聚至构造脊，通过活动断裂断接厚度小的部位运移至馆陶组，在局部高部位先聚集，最后通过晚期调整断裂向浅层有利砂体聚集成藏；若活动断层东二下段盖层断接厚度大则油气在深层富集，模式的建立为进一步明确深浅层有利的油气富集块奠定了基础。

参 考 文 献

［1］Kip Cerveny, Russell Davies, et al. Reducing Uncertainty With Fault-seal Analysis［J］. Oilfield Review, 2004，38-51.

［2］N R Goulty. Mechanics of Layer bound Polygonal Faulting in Fine grained Sediments［J］. The Geological Society, 2001：159，239-246.

［3］Watterson J, walsh J, nicol A, et al. . Geometry and Origin of a polygonal Fault System［J］. Journal of the Geological Society, 2000, 157：151-162.

［4］鲁兵, 陈章明, 关德范, 等. 断面活动特征及其对油气的封闭作用[J]. 石油学报, 1996, 17(3)：33-381.

［5］吕延防, 李国会, 王跃文, 等. 断层封闭性的定量研究方法[J]. 石油学报, 1996, 17(3)：39-451.

［6］郝芳, 董伟良, 邹华耀, 等. 莺歌海盆地汇聚型超压流体流动及天然气晚期快速成藏[J]. 石油学报, 2003, 24：7-12.

［7］郝芳, 邹华耀, 龚再升, 等. 新(晚期)构造运动的物质、能量效应与油气成藏[J]. 地质学报, 2006, 80：424-431.

[8] 夏庆龙，田立新，周心怀，等．渤海海域构造形成演化与变形机制[M]．北京：石油工业出版社，2012.

[9] 戴金星，卫延召，赵靖舟．晚期成藏对大气田形成的重大作用[J]．中国地质，2003，30：10-19.

[10] 宋岩，王喜双．新构造运动对天然气晚期成藏的控制作用[J]．天然气地球科学，2003，14：103-106.

[11] 王庭斌．新近纪以来的构造运动是中国气藏形成的重要因素[J]．地质论评，2004，50：33-42

[12] 邹华耀，王红军，郝芳，等．库车坳陷克拉苏逆冲带晚期快速成藏机理[J]．中国科学D辑：地球科学，2007，37：1032-1040.

[13] 龚再升．中国近海盆地晚期断裂活动和油气成藏[J]．中国石油勘探，2002，4：13-19.

[14] 龚再升．中国近海含油气盆地新构造运动与油气成藏[J]．地球科学-中国地质大学学报，2004，29：513-517.

石臼坨凸起陡坡带边界断裂特征与油气差异富集

江　涛，李慧勇，李德郁，陶　莉，步少峰

(中海石油(中国)有限公司天津分公司，天津 300459)

摘　要　石臼坨凸起陡坡带边界断层受 NE 向黄骅-东明右旋走滑断裂、NW 向张家口-蓬莱左旋走滑断裂的共同影响，是张性与剪张性复合、平直形与弧形交互、活动时间各异的一条复杂断裂带。根据不同段的构造样式、断面形态及活动性的差异，可以分为东段、西段、中部过渡段三段，整体表现为西陡东缓特征，成藏期活动性呈"强-弱"交替变化的规律，整体西强东弱，中段过渡带成藏期活动性适中。成藏期断层活动性对油气成藏具有重要的控制作用。断层活动速率在 40~60m/Ma 左右，断层活动性强，油气垂向疏导能力强，有利于浅层油气聚集，对深层油气保存不利；成藏期断层活动速率 30~40m/Ma，断层活动性相对适中，为复式油气聚集区，油气在新近系相对富集；成藏期断层活动速率 20~30m/Ma，断层活动性相对较小，同样为复式油气聚集区，油气在古近系相对富集。

关键词　石臼坨凸起；陡坡带；边界断裂；断层分段；断层活动性；油气差异富集

石臼坨凸起陡坡带位于渤海西部海域渤中凹陷西北部，石臼坨凸起陡坡带边界断层是渤中凹陷西北缘控凹 I 级断裂，控制了渤中凹陷的凹陷结构。研究区受北西向张蓬断裂和北东向郯庐断裂共同控制，具有叠合走滑特征，断裂系统复杂，特别是边界断层，不同段的断裂构造样式、断面形态及活动性等存在较大的差异，具有明显的分段特征。勘探实践表明，围区大中型油气田的主力产层都位于凸起带新近系储层中，如 QHD33-1 油田、QHD32-6 油田[1,2]。受边界断层控制的陡坡带是石臼坨凸起亿吨级大油田油气运移的必经之路，成藏位置十分有利，但勘探程度相对较低。2015 年，在石臼坨凸起西段南侧陡坡带、边界断裂下降盘 CFD6-4 构造古近系和新近系均获得了很好的油气发现，但不同区带、不同层系油气的富集程度存在较大的差异，油气的差异富集与断层分段差异特征关系密切。边界断层通畅对伸展盆地的构造变形和沉积起控制作用，对于断层与油气差异富集之间的关系，国内外很多学者都进行过多方面的讨论。Allan 于 1989 年提出了"断面剖面图"，首次采用定量的方式研究断层的封闭性[3]；吕延防、付晓飞等通过对断裂充填物的排替压力的研究提出了定量评价断层垂向封闭性的方法[4~6]；然而，前人主要是针对断层对油气的侧向遮挡做了大量细致的研究。2009 年，周心怀等在环渤中地区新构造运动期断裂活动与油气成藏关系研究中提

基金项目：国家重大专项"渤海海域大中型油气田地质特征"(2011ZX05023-006-002)；
　　　　　中海石油有限公司科研项目"渤海西部海域断裂体系与控藏研究"(YXKY-2015-TJ-02)。
作者简介：江涛(1982—)，男，汉族，硕士，高级工程师，2008 年毕业于成都理工大学矿产普查与勘探专业，现从事石油地质综合研究工作。E-mail：jiangtao8@cnooc.com.cn

出，断裂活动影响其流体的输导能力，新近系油气藏主要分布在中等或微弱活动断裂附近，强烈活动断裂主要起垂向输导作用，难以形成浅层的油气聚集，特别是成藏期断层活动性的强弱将直接影响油气的富集程度[7]。因此，本文通过研究断裂的分段特征及成藏期活动性，综合评价边界断层与油气聚集保存之间的关系，总结油气差异富集的规律，为与断层有关圈闭的勘探提供一个新的思路。

1　研究区地质概况

石臼坨凸起陡坡带边界断层整体呈北西向展布，位于渤海西部海域、渤中凹陷的西北缘，往西与冀东油田柏各庄断层为同一断裂体系(图1)。目前在围区已发现了渤中2-1、渤中8-4、曹妃甸12-6等油田，展现了围区良好的成藏条件。围区钻井揭示，该区地层发育较全，包括：孔店组、沙河街组(沙三段、沙一二段)、东营组(东三段、东二下段、东二上段)、新近系馆陶组、明化镇组及第四系平原组。渤中凹陷古近系发育3套优质烃源岩，即沙三段、沙一二段、和东三段，集中沙三段是主要的烃源岩。沙河街组、东营组主要发育近源扇三角洲和辫状河三角洲储层，馆陶组以辫状河储层为主，明化镇组主要发育曲流河与浅水三角洲储层。2015年在石臼坨凸起陡坡带钻探1口井，在古近系和新近系均获得厚层油层，展现了石臼坨凸起边界断层下降盘陡坡带巨大的油气勘探潜力。相继对该区带进行了整体评价，最终发现了曹妃甸6-4大型油田。但从该油田的油气分布情况来看，油气在不同区带、不同层系的富集程度存在很大的差异。因此，本文从陡坡带边界成藏期活动差异性入手，探讨石臼坨凸起陡坡带边界断层与油气聚集保存之间的关系。

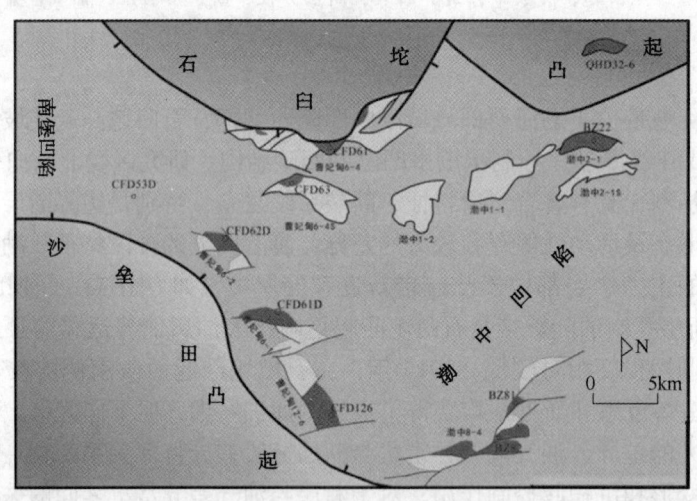

图1　研究区区域位置图

2　边界断层特征

研究区受 NE 向黄骅-东明右旋走滑断裂、NW 向张家口-蓬莱左旋走滑断裂的共同影响[13]，渤中西洼北部边界断层不是一条简单的断裂，它是张性与剪张性复合、平直形与弧形交互、活动时间各异的一条复杂断裂带。

2.1　断层基本特征

整体来看，渤中西洼北部边界断层受先存基底断裂的影响，断至基底，长期活动。石南断层不同段的构造样式不同，分段性明显，可以分为东段、西段、中部过渡段三段(图2)。西段边界断裂长期活动，产状较陡，呈"板式"或"直立"状，受晚期 NW 向强烈左旋走滑作用影响，晚期断裂发育，平面上晚期断层走向近 EW 向，呈 NW 向雁列展布，在剖面上与边界断裂组成"复 Y 形"结构。东段边界断裂长期活动，产状相对较缓，整体呈"铲式"，晚期 NE 向走滑作用相对较弱，晚期断层欠发育。中部过渡段，受 NW 向和 NE 向双向走滑作用的控制，整体呈近东西走向，在剖面上，边界断裂产状上陡下缓，整体为"座椅式"，与晚期断层呈 Y 形结构。总的来看，石臼坨凸起陡坡带边界断层长期活动，东西段构造样式不同，中部过渡段介于二者之间，整体表现为东缓西陡特征。

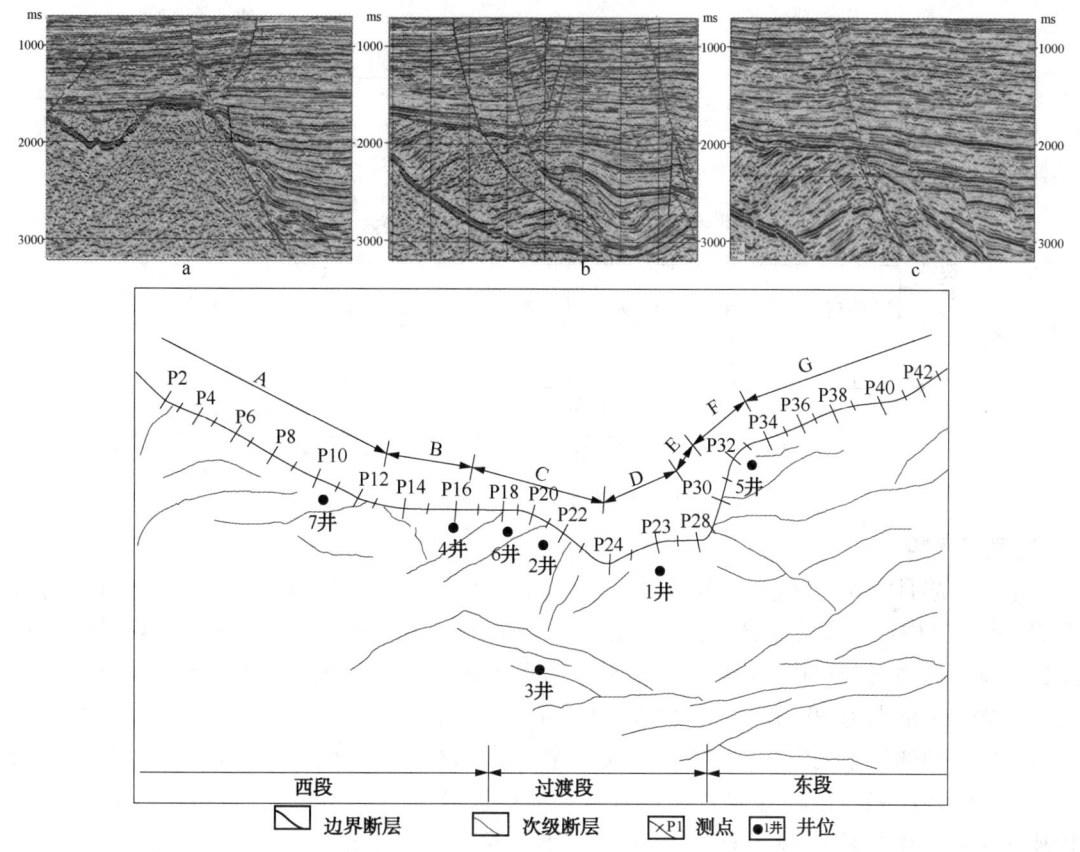

图 2　石臼坨凸起陡坡带断层构造样式

2.2　断层活动性

目前，断层活动性研究方法主要为断层活动速率法，其物理意义为某一地层单元在一定时期内因断裂活动形成的落差与相应沉积时间的比值。断层活动速率法考虑了地质时间的因素，能直接反映某一时期断层活动的强度。由于控盆断层的形成和演化存在阶段性，也就是说不同时期断层活动强度不同。前人在渤海湾盆地成藏年代方面研究成果表明，渤海湾盆地的油气成藏主要为晚期幕式快速成藏[21~24]，以此推断，断层的活动对油气的聚集与保存，只有在油气的充注时期或之后才有意义。因此本文主要通过对处于油气充注期的新构造运动期(5.1Ma 以来)断裂活动的差异性研究，来讨论断裂的活动与油气成藏之间的关系。

运用断层活动速率法，利用三维地震剖面和钻井资料，由西向东，对石臼坨凸起陡坡带边界断裂新构造运动期不同位置的断层活动速率进行了统计和计算，并编制了成藏期断层活动速率曲线图[15~17]。按照断层活动强弱变化规律，将其分为 A、B、C、D、E、F、G7 个变化区，呈现"强–弱"交替变化的规律。根据断层活动性的整体变化规律，整体又可以划分三段，西段、东段、过渡段，其中西段包括 A 区和 B 区，东段包括 E 区、F 区和 G 区，过渡段包括 C 区、D 区(图3)。从成藏期断层活动速率曲线来来，西段断层活动速率明下大于东段，特别是东段的 A 区，最大活动速率大于 50m/Ma。而东段的活动速率尽管同样较强，但整体相对于西段要弱，断层活动速率在 30~40m/Ma 之间。对于处于西段和东段之间的过渡带，断层活动速率大小适中，在 30m/Ma 左右。

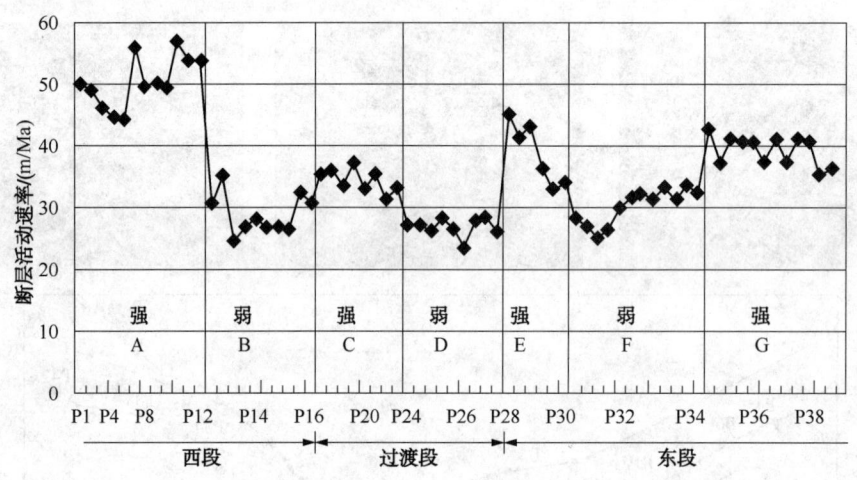

图3　石臼坨凸起陡坡带边界断层成藏期断层活动速率曲线

3　油气成藏期

渤中凹陷是渤海海域富生烃凹陷之一，自下而上发育沙三段、沙一二段和东三段三套烃源岩[1~2]。其中沙三段分布最广且埋深较大，整体已成熟，沙一二段埋深次之且厚度较薄，东三段优质烃源岩分布相对局限，仅洼槽区达成熟阶段。前人研究表明渤中凹陷洼槽区沙三段烃源岩主生油期为 20~14Ma，斜坡带沙三段烃源岩主生油期为 10~5Ma[1,2]。

研究区整体位于渤中凹陷西部斜坡带，主力供烃洼陷为渤中西洼。对其烃源岩热演化史分析表明，该洼陷沙三段烃源岩在东营组末期(约 25Ma)开始成熟，在明化镇组下段(约 10Ma)进入生烃高峰；沙一段在馆陶组早期(20Ma)开始成熟，在明化镇组下段时期(5.3Ma)进入生烃高峰，并持续至今；东三段整体处于未成熟–低成熟阶段。结合埋藏史和包裹体研究成果，发现研究区古近系与新近系成藏期存在差异[1~2]。古近系油气主要经历了 2 期成藏，且以第二期为主，第一期为明化镇组下段时期(7.5~5.3Ma)，第二期为明化镇组上段时期(5.3Ma~今)。而新近系油气为一期成藏，时间为 5.3Ma~今。可见该区的油气成藏时间较晚，与烃源岩生烃期具有较好的耦合关系(图4)。

4　成藏期断层活动性与油气成藏

断裂控藏作用是一个非常复杂的、多因素共同控制的动态过程。周心怀等通过对渤海海域断裂的活动性与油气成藏关系研究发现：断裂的活动速率>25 m/Ma 则具有很强的输导能力，可以起到油气垂向运移的通道作用，断裂的活动速率<10m/Ma 主要起封闭作用，断裂的活动速率>10m/Ma、<25m/Ma 则对油气起封闭与输导双重作用，油气主运移期断层活动速率大小决定了其垂向沟通油气的能力[7]。本文着重从成藏期断层活动性及其与成藏期的匹配关系来分析石臼坨凸起陡坡带边界断裂对油气运聚的控制作用，总结断裂体系与现今油

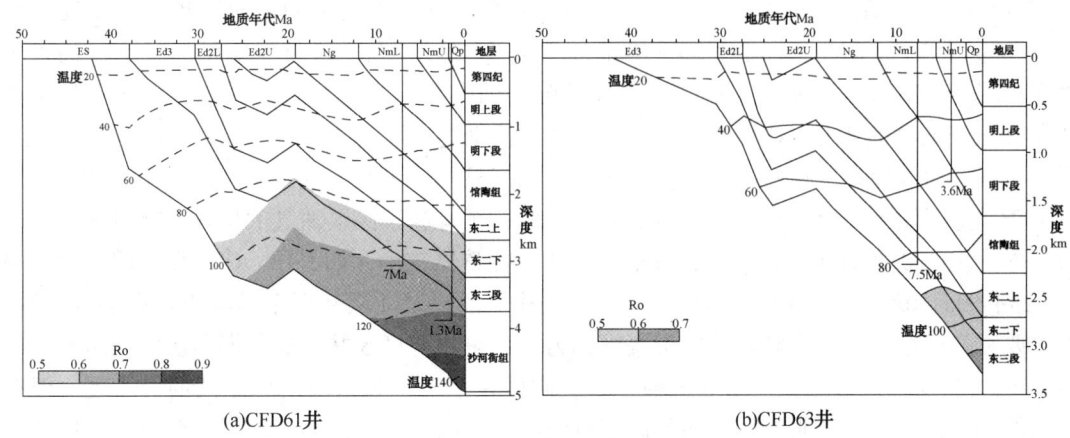

图 4　渤中西洼埋藏史、热演化史

藏分布的关系。成藏期断层活动性决定了不同区带不同层系油气成藏的差异性，强活动断裂利于油气垂向疏导，有利于油气浅层油气聚集，弱活动则利于油气垂向保存，对深层油气成藏相对有利。曹妃甸 6-4 构造的钻探揭示，不同构造带、不同层系油气富集程度具有较大的差异，在西段，油气主要富集在浅层新近系明下段，在东段油气主要富集在深层古近系东三段，浅层新近系馆陶组也有一定的油气发现，而中段油气在中深层古近系东三段、东二段，浅层新近系馆陶组均有较好的油气发现，具有复式成藏特征(图 5)。

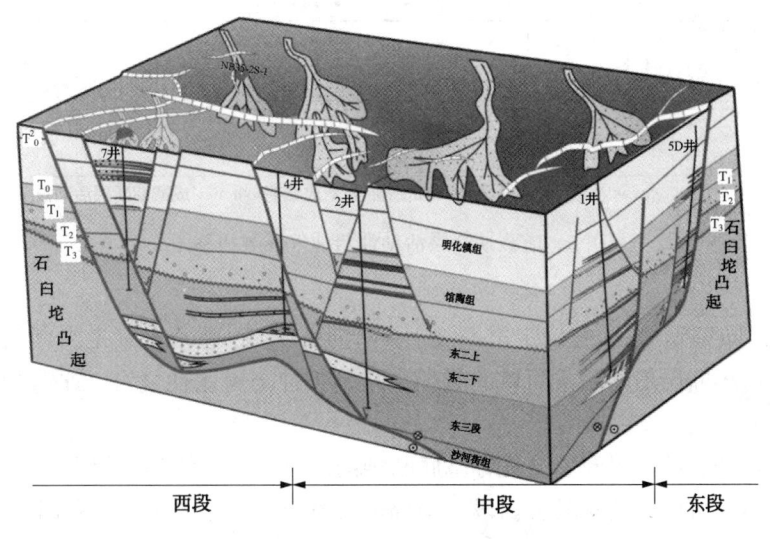

图 5　曹妃甸 6-4 油气成藏模式图

在渤中西洼生烃期、油气成藏期研究基础上，通过对石臼坨凸起陡坡带边界断层成藏期断层活动速率与油气成藏关系研究发现，油气成藏期断层活动速率决定了油气的富集部位与层系，成藏期断层活动性越强，越有利于油气浅层富集，对深层油气保存也存在一定的破坏作用，相反，成藏期断层活动性越弱，越有利于深层油气的保存。石臼坨凸起陡坡带边界断层成藏期活动速率在西段的 A 区、过渡段的 C 区、东段的 F 区活动速率大，在 30~60m/Ma 左右，属于强烈活动性质，垂向疏导能力强，油气更容易通过断层在垂向上作长距离运移，有利于浅层油气聚集，但对深层油气保存不利。如西段 A 区 7 井，成藏期断层活动速率可达 53~56m/Ma，在东二段仅见油气显示，油气主要在浅层新近系明下段富集，过渡段 C 区 2 井，成藏期断层活动速率可达 35~40m/Ma，在东二段、东三段见良好油气显示，油气主要在浅层新近系馆陶组富集，断层活动性越强，油气富集层位越浅；另外，位于西段的 B 区和 C 区交汇处的 4 井、C 区 6 井，成藏期断层活动速率可达 35~40m/Ma，断层活动性强，不利于深层油气保存，在东二段、东三段仅见油气显示，未有油气富集，浅层未有油气发现是由于构造圈闭不发育。成藏期断层活动性越弱，越有利于深层油气的保存。在过渡段，受 NE、NW 两组断裂的共同影响，成藏期断层活动性整体较小，如 1 井，成藏期断层活动速率 23~28m/Ma，断层活动性相对适中，在深层的东三段以及浅层新近系馆陶组均有油气发现，但主要富集在东三段，为复式油气聚集区；另外，东段 F 区 5 井，成藏期断层活动速率 23~37m/Ma，断层活动性相对于 1 井较强，尽管同样在东三段和馆陶组均见到油气发现，但东三段的富集程度较 1 井明显低，油藏高度也较小，说明，断层活动性增强，会影响深层油气成藏的丰度(图 6)。

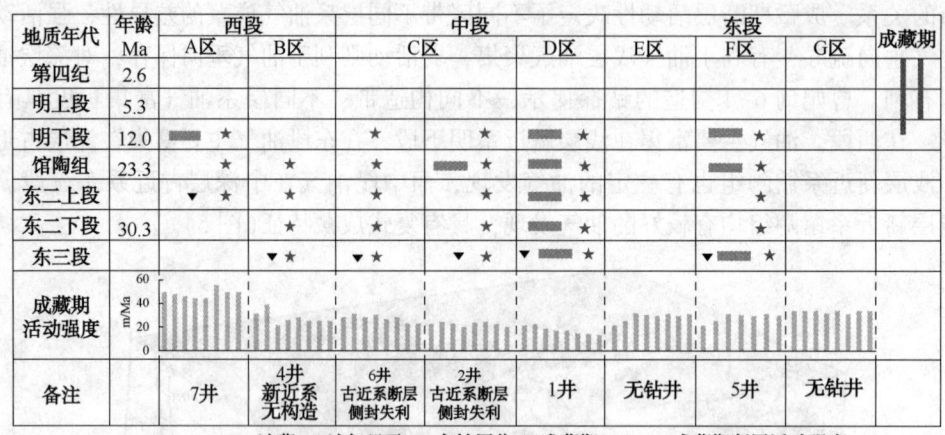

图 6　成藏期断层活动性与油气成藏关系图

5　结论

（1）受 NE 向黄骅-东明右旋走滑断裂、NW 向张家口-蓬莱左旋走滑断裂的共同影响，渤中西洼北部边界断层不是一条简单的断裂，它是张性与剪张性复合、平直形与弧形交互、活动时间各异的一条复杂断裂带。

（2）渤中西洼北部边界断层受先存基底断裂的影响，长期活动，但不同段的构造样式不同，分段性明显，可以分为东段、西段、中部过渡段三段，总的来看，石臼坨凸起陡坡带边界断层长期活动，东西段构造样式不同，中部过渡段介于二者之间，整体表现为东缓西陡特征。

（3）边界断层不同位置的成藏期断层活动速率研究发现，成藏期断层活动速率分段特征明显，整体表现为西段强、东段较弱，中段适中的特征。西段断层最大活动速率大于 50m/Ma；东段断层活动速率在 30~40m/Ma 之间；中部过渡带，断层活动速率大小适中，在 30m/Ma 左右。按照断层活动强弱变化规律，进一步可将边界断裂细分为 A、B、C、D、E、F、G7 个变化区，呈现"强-弱"交替变化的规律。

（4）成藏期断层活动性与油气成藏关系研究发现，成藏期断层活动性对油气成藏具有重要的控制作用。断层活动速率在 40~60m/Ma 左右，断层活动性强，油气垂向疏导能力强，有利于浅层油气聚集，对深层油气保存不利；成藏期断层活动速率 30~40m/Ma，断层活动性相对适中，为复式油气聚集区，油气在新近系相对富集；成藏期断层活动速率 20~30m/Ma，断层活动性相对较小，同样为复式油气聚集区，油气在古近系相对富集。

参 考 文 献

[1] 朱伟林，米立军，龚再升，等 . 渤海海域油气成藏与勘探[M]. 北京：科学出版社，2009.

[2] 夏庆龙，田立新，周心怀，等 . 渤海海域构造形成演化与变形机制[M]. 北京：石油工业出版社，2012.

[3] Allan US. model for hydrocarbon migration and entrapment within fault. AAPG Bulletin, 1989.

[4] 吕延防，付广 . 断层封闭性研究[M]. 北京：石油工业出版社，2002.

[5] 付晓飞 . 张性断裂带内部结构特征及油气运移和保存研究[J]. 地学前缘，2012.

[6] 付晓飞 . 断层侧向封闭性及对断圈油水关系的控制[J]. 地质论评，2011.

[7] 周心怀，牛成民，滕长宇 . 环渤中地区新构造运动期断裂活动与油气成藏关系[J]. 石油与天然气地质，2009，30(4).

[8] 高战武，徐杰，宋长青，等 . 张家口-蓬莱断裂带的分段特征[J]. 华北地震科学，2001，19(1).

渤海海域新生界底不整合内部结构类型划分及其应用

李　飞，韦阿娟，王粤川，陈心路，高坤顺

(中海石油(中国)有限公司天津分公司，天津滨海新区　300459)

摘　要　不整合内部结构是由风化黏土层、半风化岩层、未风化岩层三部分组成，在空间具有三层结构。综合利用岩芯、录井、测井及地化资料，可将渤海海域新生界底不整合内部结构类型划分为Ⅰ型、Ⅱ型和Ⅲ型三种类型，Ⅰ型不整合内部结构发育完整，发育风化黏土层，为典型的三层结构，Ⅱ型不整合缺失风化黏土层，为二层结构，Ⅲ型不整合风化壳不发育或后期被剥蚀。根据渤海海域新生界底不整合内部纵向结构在各种测井资料上的响应特征，应用最优分割、主成分分析等数理统计方法确定不整合面的深度，提取识别不整合内部纵向结构的评价参数，建立交会图技术定量刻化不整合内部纵向结构。对渤海海域新生界底地层37口井的资料进行实际处理，其分析结果与岩芯分析资料相吻合。

关键词　渤海海域；不整合；内部结构类型；主成分分析；测井综合识别

不整合面是一个将新老地层分开的界面，其形成通常是区域性地壳运动、海(湖)平面升降或局部构造作用的结果，代表着区域性沉积间断或剥蚀作用[1~3]。自20世纪90年代以来，随着石油地质理论和油气勘探技术的发展，及大部分含油气盆地勘探程度的提高，我国新发现的油气藏中隐蔽油气藏占有不可忽视的地位，寻找隐蔽油气藏的问题越来越引起石油工作者的重视。

随着渤海海域勘探程度的不断提高，隐蔽油气藏勘探，尤其地层油气藏勘探将会成为未来一段时期内的重要增储目标。渤海海域地层发育了多个明显的不整合面，其中新生界底不整合面是渤海海域重要的不整合面之一。而不整合内部纵向结构及类型是形成不整合圈闭及油气运聚成藏的主要控制因素，笔者认为加强渤海海域新生界底不整合内部纵向结构及类型研究工作，分析对油气输导及运聚起有效作用的结构类型，对渤海海域新生界底不整合面的控圈控藏作用研究及未来渤海海域不整合油气藏勘探具有重要意义。

1　不整合内部结构划分

组成不整合接触关系的要素包括上下岩层及岩层–岩层之间的界面，这些要素的时空组合体可称为不整合体系，不整合体系记录了构造运动或海(湖)平面变动事件，以及后期地质作用对前期地层不同的改造程度[4,5]。在不同深度上其改造的程度体现出较强不均一性，致使不整合在纵向上具有较明显的分层结构。

1.1　不整合纵向结构特征

理论上，岩石遭受风化剥蚀之后，上层最终形成风化黏土层，其下是半风化岩层(风化淋滤带)，再向下为未风化岩层(原始基岩)，因此不整合内部纵向结构为典型的"三层结构"。

作者简介：李飞(1987—)，男，汉族，硕士，助理工程师，2014年毕业于中国石油大学(北京)地质工程专业，现从事油气成藏研究及油气资源评价工作。E-mail：lifei30@cnooc.com.cn

1.1.1　风化黏土层

风化黏土层也称古土壤，位于风化壳的最上部，是识别不整合面的重要标志，是由于物理风化作用和生物化学风化作用共同改造下形成的细粒残积物[4,5]。风化黏土层缺乏沉积构造且无古生物化石，钙元素含量极低，铝、钛、铁等元素相对富集，是识别不整合的重要标志。

1.1.2　半风化岩层（风化淋滤带）

半风化岩层是前期地层遭受风化作用后，受大气水和地层水的溶蚀而形成，是不整合结构中最主要的部分[6,7]。根据大量资料统计其主要岩石类型有砂岩、泥岩、碳酸盐岩、火成岩和变质岩等，其构造及风化裂缝发育，地表水淋滤作用强，次生孔隙、溶孔、溶洞、溶缝发育。

1.2　不整合结构类型划分

基于对钻遇渤海海域新生界底不整合面的22口井岩芯观察，并根据其风化壳结构及其风化黏土层的发育程度，将渤海海域新生界底不整合结构类型划分为三种类型，并命名为Ⅰ型不整合、Ⅱ型不整合、Ⅲ型不整合。

1.2.1　Ⅰ型不整合

Ⅰ型不整合：指不整合面下存在风化壳，而且风化壳内部为"三层结构"，即风化黏土层、半风化岩层和未风化岩层。

其风化黏土层发育，厚度一般小于4m，岩性为杂色泥岩、灰白色铝土质泥岩，块状[图(a)、(b)]。

半风化岩层厚度一般为3~22m，发育网状微细裂缝，部分裂缝被泥、钙质充填，长石遭不同程度溶蚀[图1(c)、(d)]。

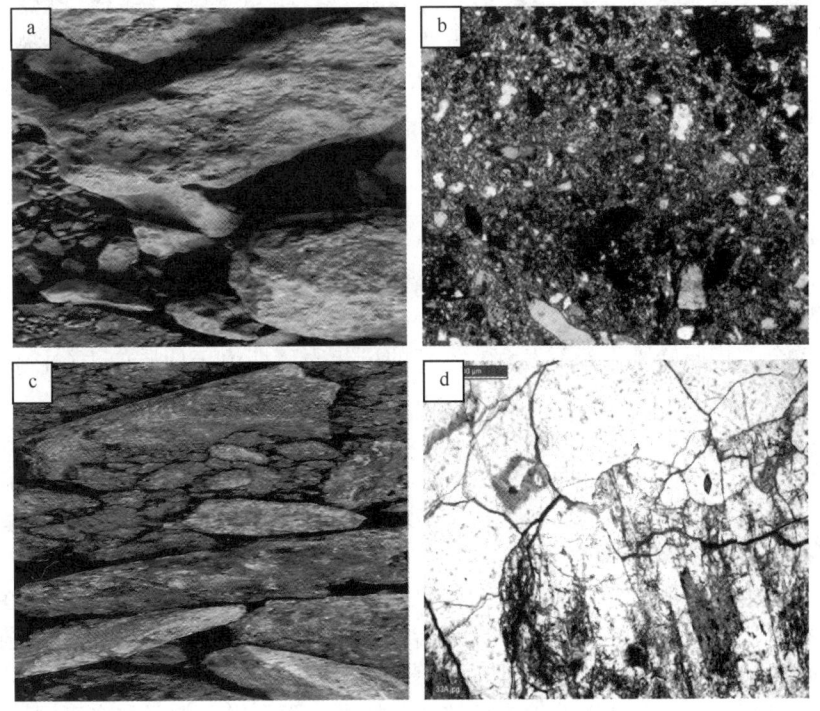

图1　A9井风化黏土层和半风化岩层岩芯及薄片特征

(a、bⅠ型风化黏土层；c、dⅠ型半风化岩层)

1.2.2　Ⅱ型不整合

Ⅱ型不整合：指存在风化壳，但风化壳中风化黏土层不发育或被破坏掉的不整合，即风化壳内部为"二层结构"，包含半风化岩层和未风化岩层。

其半风化岩层发育厚度与基岩岩性相关，基岩为火山岩或变质岩时，其半风化岩层厚度为10~50m，网状裂缝发育，高岭石化、绿泥石化现象明显(图2)。

(a) 安山岩BZ132947.10~2948.88m　　　　(b) 变质岩SZ30-3-12450.0~2452.0m

图2　Ⅱ型不整合半风化岩层岩芯特征

基岩为碳酸盐岩时(B17井)，半风化岩层厚度变化较大，为10~200m，顶部发育网状缝、洞(图3)。其顶部常被泥质、钙镁质充填，物性较差，形成一套厚约2~15m的"硬壳"。

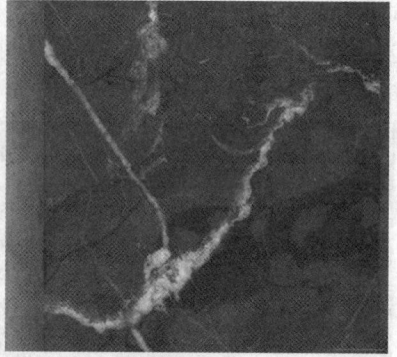

图3　B17井半风化岩层(碳酸盐岩)岩芯特征

1.2.3　Ⅲ型不整合

Ⅲ型不整合：指原始风化壳不发育或发育的风化壳后期由于地质应力(主要是流水、风等)移走的不整合类型。

以J20井为例，该新生界底不整合为古近系沙河街组沙一段与下伏前寒武系之间的不整合面，深度为2346.5m，不整合面上地层为沙一段生物灰岩，不整合面下地层为前寒武系混合岩，致密，未风化(图4)。

2　不整合纵向结构矿物与元素特征

渤海海域新生界底不整合内部不同结构层的矿物学与元素地球化学特征存在较大差异，主要由于岩石风化程度的差异所造成。岩石抬升到地表后，其所含矿物会逐渐受到物理、化学、生物风化而向更为稳定的状态转化[8]。暴露地表遭受风化的岩石不同，所含的矿物成分和化学元素也有差异，都会影响地层抵抗风化能力，而在纵向上不整合不同结构层中岩石遭受的风化程度不同，也会呈现不同的矿物学特征。

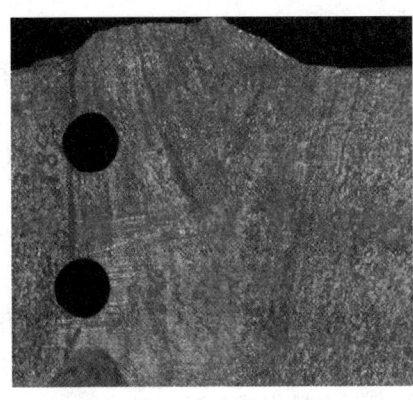

图4　Ⅲ型不整合内部结构岩芯特征

2.1　不整合纵向结构矿物学特征

化学风化可使母岩中长石、方解石等原生矿物溶解、蚀变形成次生矿物，导致风化壳岩石的矿物成分会呈现规律性变化。

对于风化壳而言，随着风化程度的增加，风化岩石中稳定成分含量相对增加，风化黏土层风化作用最强烈，岩石本来结构完全被破坏，矿物成分以石英、黏土矿物为主。而未风化岩层未受到地表淡水的淋滤作用，保持了本来的特征，岩石中长石、方解石占矿物总量40%以上，表明随着离不整合面距离的增加高岭石含量逐渐减少，长石含量增加，这是由于岩石的风化程度的差异引起的，离不整合面越近，风化程度越高。半风化岩层矿物成分含量居于两者之间。

将研究区内具有岩芯观察资料的16口井X射线衍射全岩分析数据进行处理，将数据点投到同一石英–黏土矿物–长石+方解石含量三角图版中进行分析，得出风化黏土层中方解石和长石含量一般小于5%，而石英、黏土矿物含量大于90%；半风化岩层中长石和方解石含量小于40%；未风化岩层中长石和方解石含量大于40%，而黏土矿物含量小于15%（图5）。

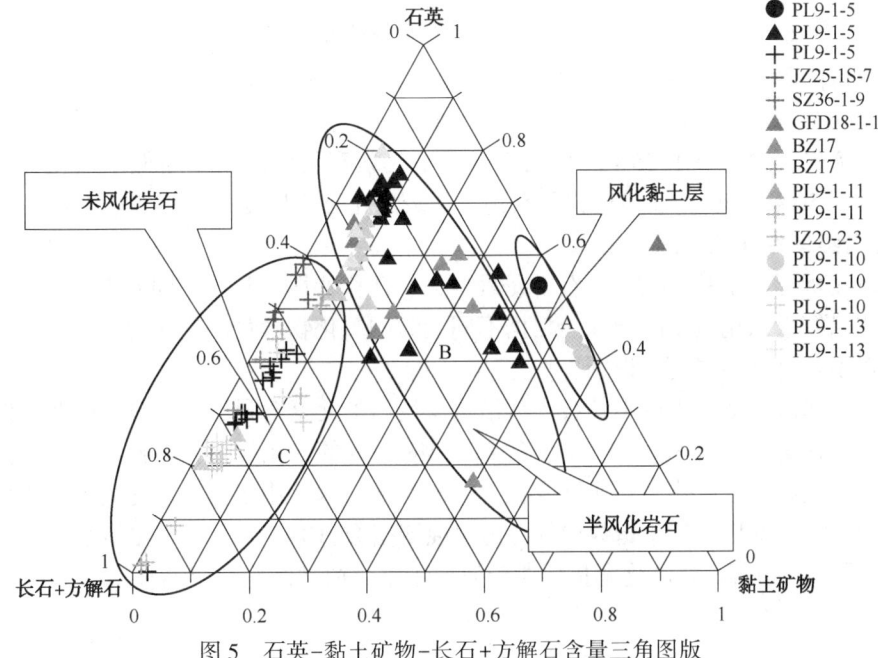

图5　石英–黏土矿物–长石+方解石含量三角图版

2.2　不整合纵向结构微量元素特征

矿物的风化稳定性是由其化学成分的化学活泼性决定。随着母岩矿物的分解和转化，活动性强的元素 Ca、Mg、K、Na 等随风化流体发生显著的迁移，风化壳中该类元素含量减少，而迁移性弱或惰性的元素如 Si、Al、Fe、Mn、Ti 等则残留在风化壳中，相对于母岩富集[8]。因此，风化程度差异会使不整合内部不同结构层出现明显的元素分异现象。

通过对渤海海域新生界底不整合内部结构层岩石元素含量分析发现(图6)，风化黏土层和半风化岩层与未风化岩层相比，难迁移元素 Al、Fe、Ti 等明显富集；易迁移元素 Ca 发生了明显的流失，Mg 元素也相对贫乏；而 Na、K 元素的变化不明显，Ti 元素在风化母岩中含量甚少，但在风化黏土层中相对富集，Mn 元素也有一定程度的富集，半风化岩层元素富集和淋失率略低于风化黏土层。主要是由于半风化岩石中母岩成分部分残留。

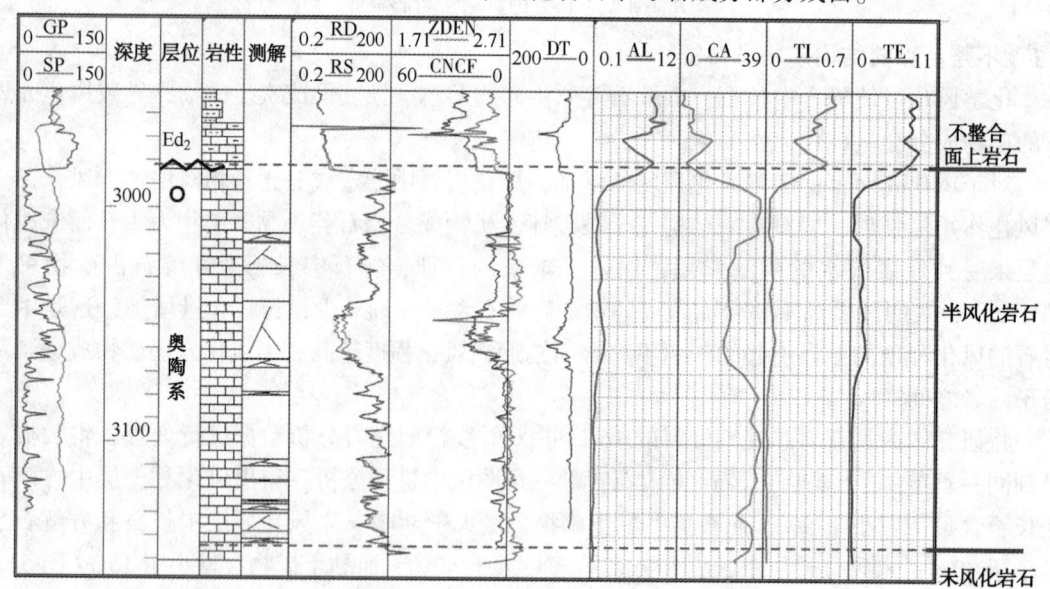

图 6　BZ2 井不整合结构层微量元素测井图

将研究区内具有岩芯观察资料的 18 口井微量元素分析数据进行处理，将数据点投到同一铝–钾–钙元素三角图版中进行分析，得出风化黏土层中铝元素较富集，含量大于 75%，而钙元素易流失，含量小于 25%；半风化岩层中元素富集和淋失率略低于风化黏土层，铝元素含量介于 50%~75%，而易迁移元素钙含量较风化黏土层变高，一般小于 40%(图7)。

2.3　不整合纵向结构化学风化指标

化学风化指标就是基于风化岩石中元素淋失、迁移特性，利用不同元素的氧化物含量计算得出的用以衡量风化程度的指标。根据不同元素的氧化物含量的变化规律拟定一些化学风化指标，对不整合结构层进行识别、划分。

通过对渤海海域新生界底不整合内部结构层岩石的元素含量分析发现，不整合结构层中风化岩石元素含量具有富 Fe、Al、Ti，贫 Ca、Mg、Na 的变化规律，而且以风化黏土层的富集、蚀变程度最高，未风化岩石元素变化规律不明显。因此用于研究风化壳风化程度的帕克风化指数(WIP)、威格特残积指数(V)、化学蚀变指数(CIA)、化学风化指数(CIW)以及斜长石蚀变指数(PIA)等(表1)化学指标对于研究不整合内部结构层仍然适用。

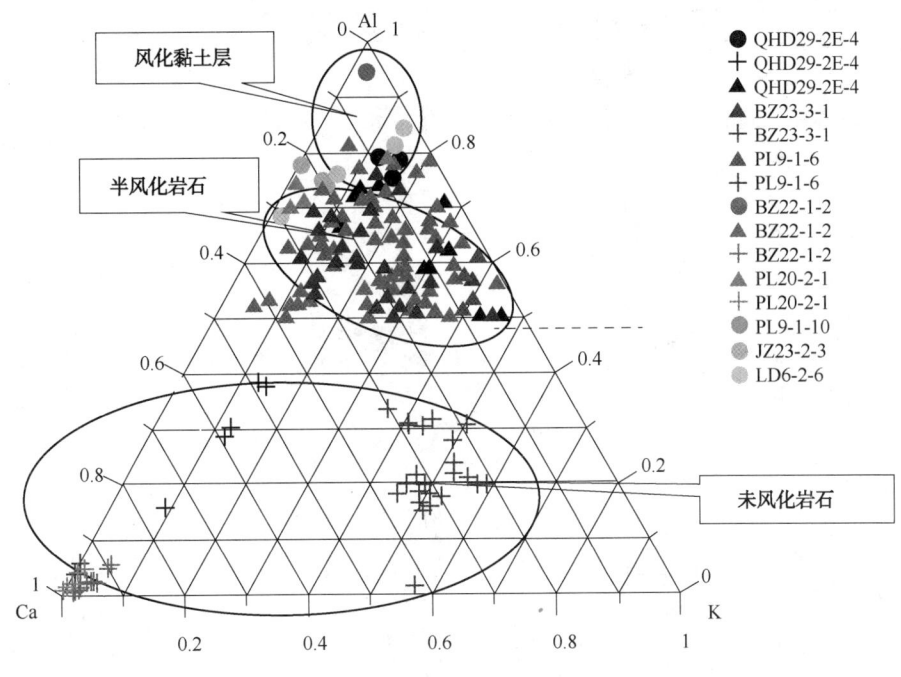

图 7　Al-K-Ca 微量元素含量三角图版

表 1　化学风化指标计算公式及界限值

风化指标	计算公式	未风化	完全风化	资料来源
WIP	$100(2Na_2O/0.35+MgO/0.9+2K_2O/0.25+CaO/0.7)$	>100	0	Parker(1970)
V	$(Al_2O_3+K_2O)/(MgO+Na_2O+CaO)$	<1	无限大	Roaldset(1972)
CIA	$100[Al_2O_3/(Al_2O_3+CaO+Na_2O+K_2O)]$	≤50	100	Nesbitt(1982)
CIW	$100[Al_2O_3/(Al_2O_3+CaO+Na_2O)]$	≤50	100	Harnois(1988)
PIA	$100[(Al_2O_3-K_2O)/(Al_2O_3+CaO+Na_2O-K_2O)]$	≤50	100	Fedoetal.(1995)

　　在研究过程中发现，不整合内部不同结构层，由于风化元素含量的差异，以及风化过程中元素的淋失、富集的差异，导致化学风化指标适应性和界限值不同。不整合结构中的风化黏土层、半风化岩石、未风化岩石在化学风化指标值上具有明显的差别，一般风化黏土层风化程度>半风化岩石>未风化岩石，相应的化学风化指标上，风化黏土层>半风化岩石>未风化岩石。以 P5 井为例，利用化学风化指标进行不整合结构层的定量划分，通过对其岩石元素含量分析，计算化学风化指标，分析不整合面下约 2m 厚地层，其 CIW>85，V>5，说明岩石风化程度较高，为风化黏土层；1287~1388.01m 井段 V 介于 1~5，CIW 介于 50~85，说明岩石遭受了一定程度的风化，但是风化不彻底，为半风化岩石，1388.01m 以下从风化指标上分析表明岩石为未风化岩石(图8)。通过岩芯资料观察分析，其风化指标分析结果与岩芯分析结果吻合。

3　不整合面测井综合识别

　　渤海海域新生界底不整合面之下的风化黏土层较薄，钻井取芯资料有限，其地震资料纵

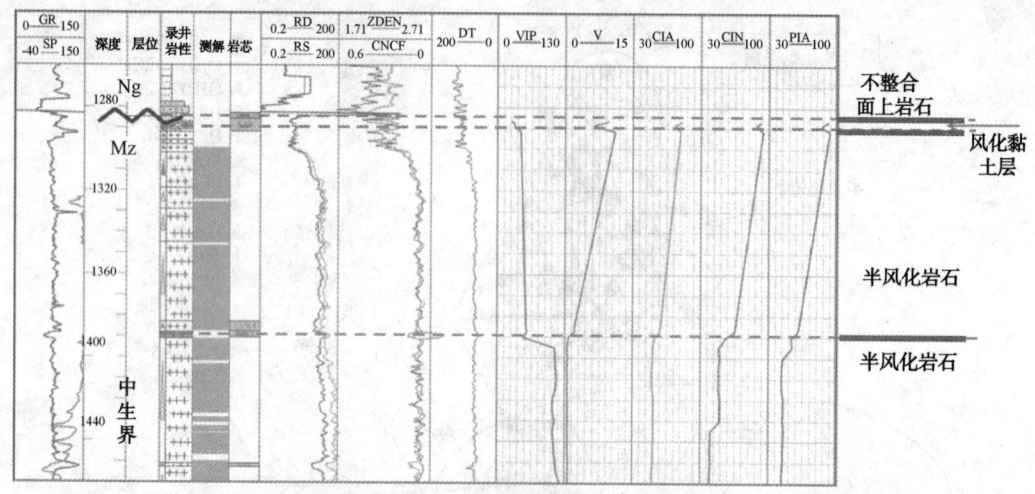

图 8　P5 井不整合结构层化学风化指标

向分辨率较低，在地震剖面上虽然可以清晰识别不整合面，但不整合内部结构层在地震剖面
上很难划分，这就决定了不整合纵向内部结构研究的局限性。由于不整合面上下地层缺失，
测井曲线具有异常响应特征，因此可以利用测井曲线在垂向上的异常变化对不整合面进行识
别及确定其准确深度[11]。对不整合面的识别是进行不整合纵向结构划分的前提和基础。

3.1　不整合纵向结构划分方法与原理

不整合纵向结构在各种常规测井资料上存在着特殊的响应特征，为了更好地反映地层特
征，应尽可能多地采用多种测井参数，但各测井参数之间往往具有一定的相关性，反映的地
层信息具有一定的重复性[11,12]。因此，采用数理统计方法从具有复杂相关关系的测井参数
中提取识别不整合纵向结构的两个综合评价参数 P_{C1} 和 P_{C2}，使其能有效综合原有测井曲线
所反映的地层信息，再通过交会图分析方法评价不整合的结构特征。

3.1.1　测井数据归一化

各测井参数的量纲不同，数值相差很大，不能直接将它们放在一起计算。为此，采用标
准差归一化法处理样本层的测井数据。

设所选的 n 个采样点中第 i 个采样点的第 j 种测井参数值为 x_{ij}，用标准差归一化法处理
后，得出第 i 个采样点第 j 种测井参数归一化值为 x_{ij}'，即

$$x_{ij}' = \frac{x_{ij} - \overline{x_J}}{S_j}, \quad i = 1, 2\cdots\cdots, n; \quad j = 1, 2\cdots\cdots, m \tag{1}$$

其中

$$S_j = \sqrt{\frac{1}{n-1} \sum_{i=1}^{n} (x_{ij} - \overline{x_J})^2}$$

$$\overline{x_{iJ}} = \frac{1}{n} \sum_{i=1}^{n} x_{ij}$$

式中　$\overline{x_J}$——第 i 种测井参数的均值；

S_j——第 j 种测井参数的标准差；

m——测井参数的个数。

经过上述归一化处理后，各采样点的测井数据的均值为 0，标准差为 1，且与量纲无关。

3.1.2　主成分参数提取

具有 m 个测井参数的各采样点均可表示为 m 维随机向量 $\boldsymbol{X} = (x_1, x_2, \cdots\cdots, x_m)^{\mathrm{T}}$，设其协方差矩阵为 Σ，根据渤海海域的地质概况，采用主成分分析方法和岩芯刻度测井的原则，对测井资料进行处理，提取以下的综合参数：

$$P_{c_i} = \boldsymbol{a}_i^T \boldsymbol{X} = a_{i1}x_1 + a_{i2}x_2 + \cdots + a_{im}x_m,\ i = 1、2、\cdots\cdots、p\quad(p \leqslant m) \qquad (2)$$

式中，$\boldsymbol{a}_i$ 为协方差矩阵 Σ 相应于第 i 个特征值 λ_i 的单位特征向量，且 $\boldsymbol{a}_1$、$\boldsymbol{a}_2$、$\cdots\cdots$、$\boldsymbol{a}_m$ 互相正交，$\lambda_1 \geqslant \lambda_2 \geqslant \cdots\cdots \geqslant \lambda_m$。

第 i 个主成分 P_{c_i} 的方差：

$$V_{ar}(P_{c_i}) = \lambda_i$$

前 p 个主成分 P_{c_1}、P_{c_2}、$\cdots\cdots$、P_{c_p} 的累积贡献率：

$$\sum_{i=1}^{p} \lambda_i \Big/ \sum_{i=1}^{m} \lambda_i$$

由此可从原 m 个测井参数中提取前 $p(p \leqslant m)$ 个互不相关的主成分，且 p 个主成分即可有效综合原 m 个测井参数反映的地层信息。

3.1.3　交会图分析

不整合面之下的风化黏土层和半风化岩石在主成分曲线上具有异于未风化岩石的响应特征，因此根据主成分曲线，应用交会图技术，就可识别分析不整合的各层结构[13]。

在主成分参数提取的基础上，将含有风化淋滤带和未风化岩石的资料点投到主成分交会图上，由于响应特征的差异，必然使风化淋滤带的资料点呈现离散的分布状态，因此可以按照点的分布确定风化黏土层和半风化岩石[11~13]。

3.2　主成分标准模板

应用上述方法对渤海海域井资料进行处理分析，提取主成分曲线，并建立渤海海域新生界底不整合内部纵向结构主成分划分标准模板。

3.2.1　特征参数提取

通过分析取心井不整合面上下测井曲线的变化特征可知，GR、SP、AC、CNL、DEN 曲线对不整合结构响应特征明显，为此采用岩芯刻度测井的方法利用主成分分析的原理对研究区的实际资料进行处理，通过对研究区的地质概况、岩芯观察、岩芯分析化验资料、录井数据等的综合统计分析可知，从 5 条曲线中所提取的主成分参数中前两个主成分即可有效地反映渤海海域新生界底不整合内部的纵向结构。

3.2.2　不整合纵向结构定量划分标准建立

应用上述方法对研究区井资料进行处理分析，将具有岩芯观察资料的 17 口井资料点投在同一主成分交会图上(图 9)，通过对交会图资料点的详细对比分析，建立了渤海海域不整合内部纵向结构的测井划分标准(表 2)。

综合实际资料分析可知，P_{c_1} 曲线与地层中黏土含量关系密切，将其定义为黏土化因子，P_{c_2} 曲线则反映了经受风化淋滤作用后地层中的母岩含量，故将其定义为原岩保存因子。

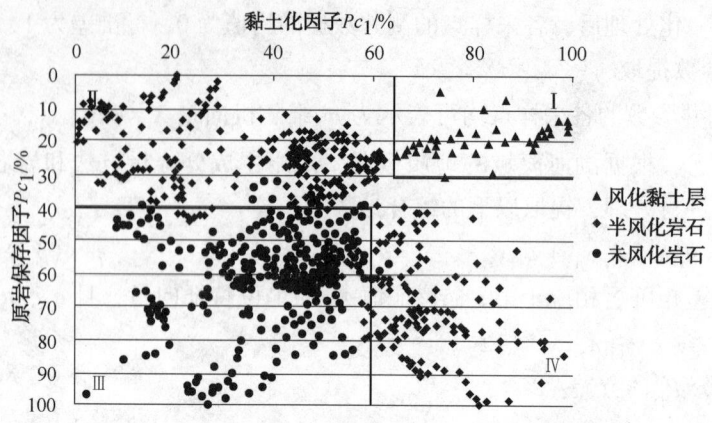

图 9　渤海海域新生界底不整合主成分交会图

表 2　渤海海域新生界底不整合内部纵向结构定量划分标准

不整合内部结构层	主成分范围	
风化黏土层	$Pc_1 \geqslant 62$	$Pc_2 \leqslant 30$
半风化岩层	$Pc_1 \geqslant 60$	$Pc_2 \geqslant 30$
	$Pc_1 \leqslant 62$	$Pc_2 \leqslant 40$
未风化岩层	$Pc_1 \leqslant 60$	$Pc_2 \geqslant 40$

3.3　实例井处理

对渤海海域 37 口井的资料进行了处理，实现了对渤海海域新生界底不整合内部纵向结构的定量刻化，其划分深度与岩芯及分析化验结构具有良好的一致性，取得了较好的地质效果，这为不整合内部纵向结构准确、直观划分提供了一种有效的方法。

以 L9 井(非模型井)为例，由地质资料知，该井为馆陶组与中生界间的不整合，属于 I 型结构，不整合面深度为 1285m，具有风化黏土层，其下为火山岩，裂缝发育，成网格状。经测井数据处理，提取主成分曲线，制成交会图分析(图 10)，确定的不整合面深度为 1285.125m，风化黏土层深度为 1285.125～1287.5m，半风化岩层深度为 1287.5～1385.5m。测井划分的不整合内部纵向结构与岩芯分析结果吻合良好(图 11)，由此证实该方法的准确性和可行性。

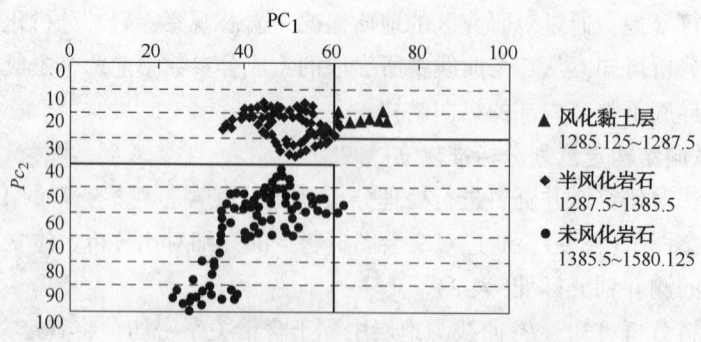

图 10　L9 井不整合主成分交会图

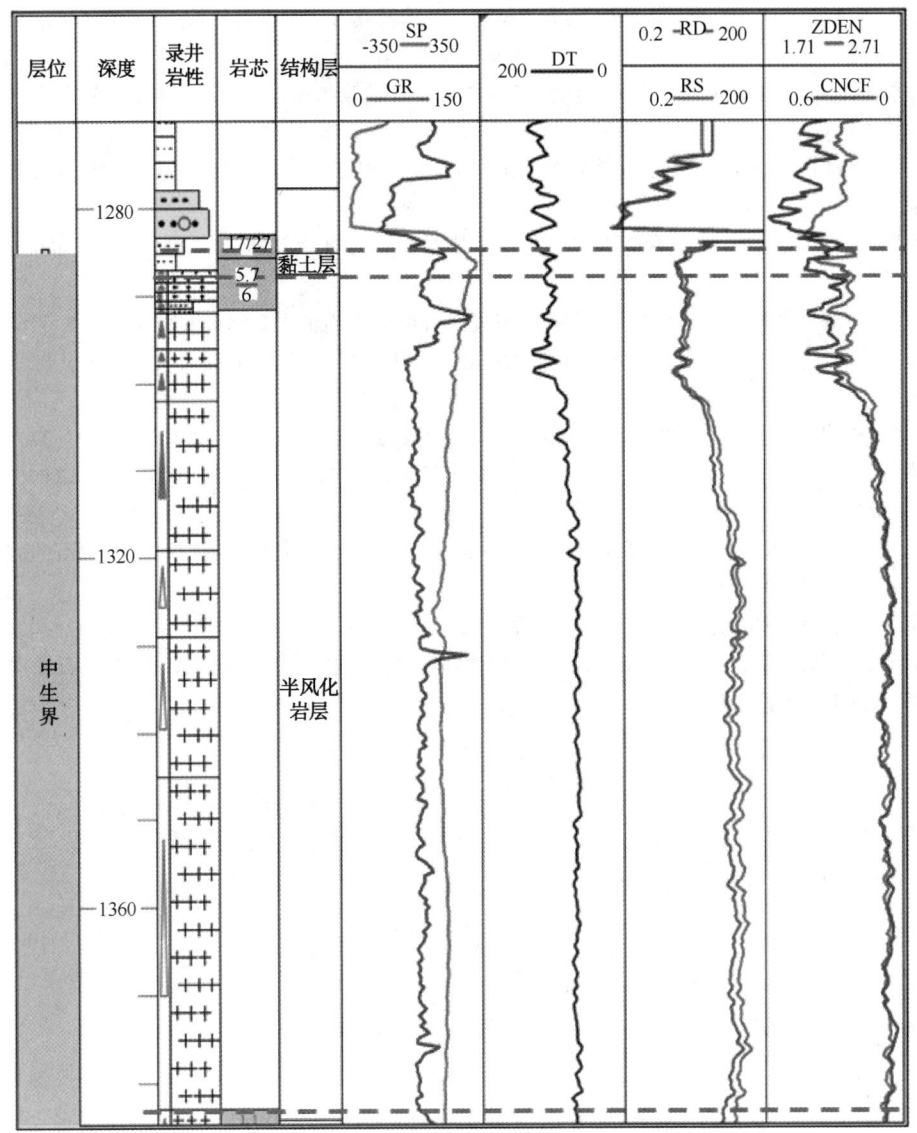

图 11　L9 井 Ng 与 Mz 不整合内部纵向结构划分成果图

4　结论

（1）渤海海域新生界底不整合内部结构类型分为 3 种类型：I 型（发育风化黏土层，为"三层结构"）、II 型（不发育风化黏土层，为"二层结构"）、III 型（风化壳不发育或后期被剥蚀）。

（2）总结渤海海域新生界底不整合内部纵向三层结构的测井响应特征，建立渤海海域新生界底不整合内部纵向结构的测井划分标准，综合多条测井曲线"极小点"确定不整合面；并利用测井曲线"主成分分析"定量刻画不整合内部结构。

参 考 文 献

[1] 何登发. 不整合面的结构与油气聚集[J]. 石油勘探与开发, 2007, 34(2): 142-149.

[2] 付广, 许泽剑, 韩冬玲, 等. 不整合面在油藏形成中的作用[J]. 大庆石油学院学报, 2001, 25(1): 1-4.

[3] 官大勇, 王昕, 刘军钊, 等. 庙西北凸起不整合面结构及其与油气成藏关系[J]. 海洋石油, 2013, 33(1): 29-32.

[4] 王艳忠, 操应长, 王淑萍, 等. 不整合空间结构与油气成藏综述[J]. 大地构造与成矿学, 2006, 30(3): 326-330.

[5] 吴孔友, 邹才能, 查明, 等. 不整合结构对地层油气藏形成的控制作用研究[J]. 大地构造与成矿学, 2012, 36(4): 518-524.

[6] 隋风贵, 赵乐强. 济阳坳陷不整合结构类型及其控藏作用[J]. 大地构造与成矿学, 2006, 30(2): 161-167.

[7] 何琰, 牟中海. 准噶尔盆地不整合类型和分布规律[J]. 西南石油大学学报, 2007, 29(2): 61-64.

[8] 陈涛, 蒋有录, 宋国奇, 等. 不整合研究中的化学风化指标[J]. 西南石油大学学报: 自然科学版, 2009, 31(1): 42-44.

[9] 高长海, 查明. 大港油田埕北断阶带不整合与油气运聚[J]. 岩性油气藏, 2010, 22(1): 37-42.

[10] 尹微, 陈昭年, 许浩, 等. 不整合类型及其油气地质意义[J]. 新疆石油地质, 2006, 27(2): 239-241.

[11] 陈钢花, 张蕾, 宋国奇, 等. 测井资料在地层不整合纵向结构研究中的应用[J]. 中国石油大学学报: 自然科学版, 2010, 34(1): 50-54.

[12] 李浩, 王骏, 殷进埝. 测井资料识别不整合面的方法[J]. 石油物探, 2007, 46(4): 421-424.

[13] 吴孔友, 查明, 洪梅. 准噶尔盆地不整合结构的地球物理响应及油气成藏意义[J]. 石油实验地质, 2003, 25(4): 328-332.

渤海石臼坨凸起油气优势运移路径精细刻画及勘探实践

杨传超

(中海石油(中国)有限公司天津分公司, 天津 300457)

摘 要 综合分析烃源、断裂、构造脊成藏三因素的基础上，利用盆地流线模拟技术刻画了渤海湾盆地石臼坨凸起的油气优势运移路径。研究表明，"源"-"断"-"脊"三因素耦合共同控制了凸起区油气优势运移路径，与烃源岩密切接触的古近系砂体作为烃源供应区(源)；边界断裂活动性大和断层凸面耦合区为油气汇集区(断)；馆陶组构造脊为油气在凸起上的有利运移方向(脊)。基于盆地模拟软件 Petromod，石臼坨凸起区共刻画 13 条油气优势运移路径。在该路径上，目前已发现 2 个亿吨级油田、2 个中小型油田和多个含油气构造，为凸起下步的勘探部署提供有利的依据。

关键词 油气优势运移路径；运移模拟；"源"-"断"-"脊"；石臼坨凸起

　　油气运移是连接油气生成和聚集成藏的枢纽[1,2]，尤其对凸起区油气勘探具有重要意义。而地质历史过程中的油气运移在实验室中很难进行模拟，关于油气优势运移路径的模拟俨然已成为油气勘探中的重点和难点问题。

　　渤海湾盆地石臼坨凸起上油气主要富集于新近系，由于新近系自身无法生油，油气均来源于凹陷中的古近系烃源岩。对于该区的油气运移条件研究前人已做了大量的探索，但研究重点主要集中在凸起上的构造脊和断-砂匹配关系[1-4]，对于油气"从烃源到圈闭"整个运移过程的分析较为薄弱。因此，笔者以渤海湾盆地石臼坨凸起区为例，在烃源、断裂、构造脊等成藏三因素综合分析的基础上，利用盆地流线模拟技术，再现了凸起上油气优势运移路径，以期为研究区下步油气勘探提供地质理论依据，同时为渤海湾盆地类似凸起的勘探开发提供一定的借鉴。

2　油气成藏基本条件

　　石臼坨凸起位于渤海海域西北部，面积约 1000km²，为长期继承性发育的宽缓型凸起，凸起周围被秦南、南堡和渤中凹陷等 3 个生烃凹陷所包围，凸起南侧受近东西向展布的石南一号边界大断裂控制，而凸起北侧表现为超覆特征，整体呈现为南断北超(图 1)。

　　已钻井揭示凸起区地层自下而上，分别为新近系馆陶组(Ng)和明化镇组(Nm)以及第四系平原组，主要含油层系为新近系明化镇组下段(NmL)和馆陶组(Ng)，油源对比结果表明，研究区油气主要来自于渤中凹陷的沙三段烃源岩。

　　受石臼坨凸起南侧的石南一号边界断裂控制，渤中凹陷古近系主要发育扇三角洲和辫状河三角洲沉积，扇体发育范围较大，紧邻石南一号断裂。研究区新近系馆陶组为辫状河相，发育大套含砾砂岩夹薄层泥岩，是油气横向运移的高效输导通道，明化镇组为曲流河相沉积，明化镇组底部和上段稳定发育的泥岩为研究区两套主要的区域性盖层。圈闭类型主要有断块、断鼻、背斜、断背斜等。

　　迄今为止，石臼坨凸起上已发现的油气主要富集在中段和西段，而夹持于中西段之间以及凸起东段位置未获得好的油气发现。

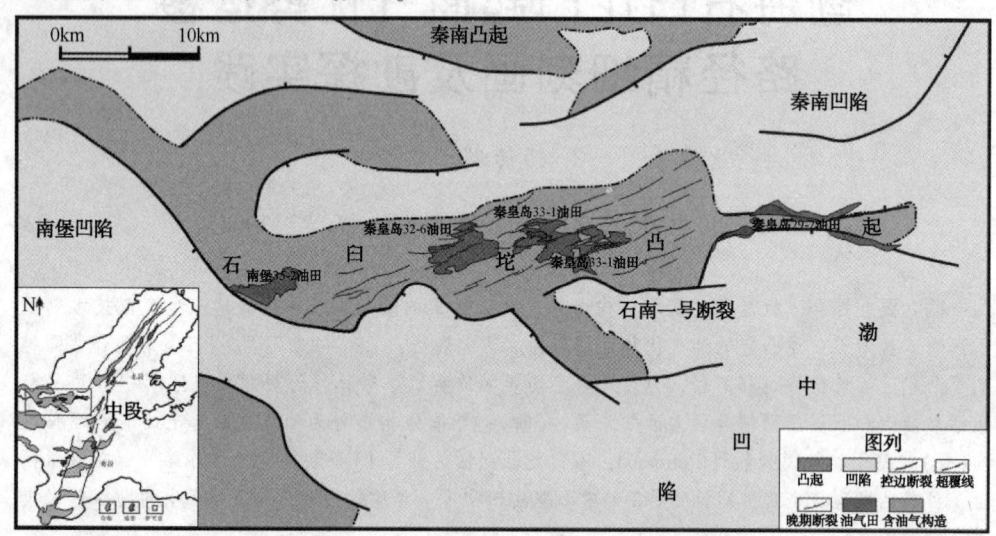

图 1　石臼坨凸起区域位置图

2　油气运移路径模拟

2.1　技术流程

　　目前可用于油气运移模拟的方法主要有渗流力学法、流体势能分析法、流线法等。本文运用流线法，是基于浮力原理，通过模型的几何特征计算流体运移流动轨迹，以此确定流体的运移方向。采用 IESPetroMod 软件对石臼坨凸起油气运移路径进行探讨。

　　在实际模拟中，需要根据盆地模拟的生排烃模拟结果及盆地的一些已知资料，在构造史、沉积史、热史、生烃史和排烃史的基础上，由底到顶不同层位从古至今进行油气运移轨迹跟踪，得到不同期不同层位的油气富集规律，从而实现了油气运移动态过程的定量模拟。

　　本次研究基于假设凸起下方"全盆供烃"，即边界断裂下降盘烃源岩区均能生油，忽略烃源岩生排烃的过程。油气优势运移路径确定的关键在于烃源、边界断裂和横向输导层三因素的耦合关系(图2)。

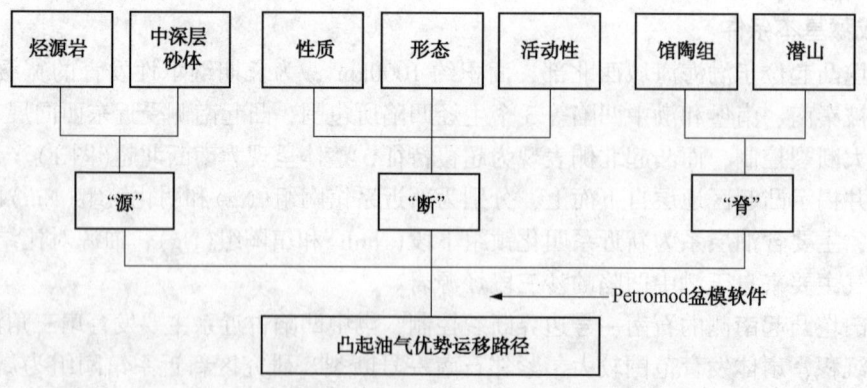

图 2　油气优势运移路径模拟技术路线图

2.2　参数介绍

2.2.1　"源"：油气初次运移

"源"，即烃源，是指油气从生油岩排烃到邻近古近系砂体中的初次汇聚点，是油气的初次运移。根据"全盆供烃"的前提假设，研究区边界断裂下降盘发育的与烃源岩有密切接触关系的古近系砂体均可作为油气的初次汇聚点。烃源岩体与输导层接触将会使油气向输导层运移，并在这些层位中产生侧向或者垂向运移。因此，需要首先刻画出与烃源岩体密切接触的古近系砂体范围。

该参数确定的关键是刻画砂体的具体位置和范围，具体的办法是，利用相分析技术，追踪出数套与凹陷烃源岩密切接触的输导层，结合井资料及区域各层的沉积相图，确定同一层位中的与烃源层密切接触的砂体发育位置和范围(图3)。

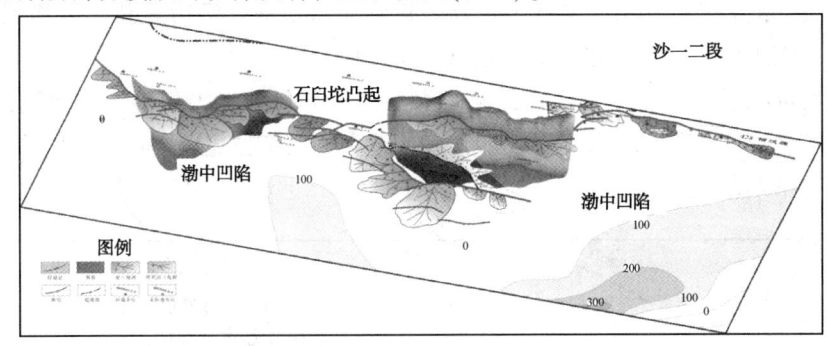

图3　石臼坨凸起下降盘油气初次运移汇聚点分布图

2.2.2　"断"：边界断裂运移

断层是油气二次运移的主要通道之一，而边界断裂是油气从凹陷中心向凸起区运移的关键通道，其过程是一个比较复杂的问题。有许多关于断裂控油、断层封堵的研究，其中涉及很多相关参数提取与计算，甚至包含地震资料的处理，具体原理方法在此不再赘述，而是由地质家或用户通过地质分析或其他途径手段取得的断层属性作为输入，包括断层活动起止时期、启闭性等。

将边界断裂的优势垂向输导区分析结果体现在模拟过程中，使模拟具有真实性与可靠性，同时也具有可调节性．因为地质家对盆地的认识有一个深化过程，判断不一定很准确，需要多次按不同的断层参数加入流线模拟中进行试算，并与已知情况对比，只能在已知情况有较好吻合度的情况下，才能将系统推广到未知区域进行预测模拟。

具体方法是，在油气运移路径追踪过程中，如果遇到断层单元．则需读取断层信息，取得断层的属性信息，这是在模拟之前预先给定的，主要包括断层的启闭性。断层的性质、断层活动性以及断面形态对油气垂向运移程度具有明显的控制作用，而研究区边界断裂性质整体表现为伸展。因此，主要依据边界断裂的活动性和断面形态特征对断层属性进行参数设置。(表1)

表1　边界断裂性质、活动性、断面形态与断层启闭性对应关系参数设置表

性质	伸展断层						挤压断层
活动性	强			弱		无	强或弱或无
断面形态	凸面	平面	凹面	凸面	平或凹面	凸或平或凹	凸或平或凹
启闭性	1	0.5	0	0.5	0	0	0

注：1代表断层开启，0~1代表断层开启程度，0代表断层封闭。

在油气充注模拟过程中，当流体遇到边界断裂后判定此时的时代和断层的启闭性，油气沿最优部位向上运移。

2.2.3 "脊"：馆陶组输导层

油气运移主要受水动力、毛细管阻力和浮力等因素的影响，在输导层中总是沿着阻力最小的一个或数个不规则条带状通道发生"优势运移"。构造圈闭的高部位是油气运移聚集的最终归宿，因此脊移是油气成藏的关键过程，输导体顶面的形态决定了油气运移的轨迹。在输导层的运移分为3个阶段：（1）在浮力作用下垂直向输导层顶面运移聚集；（2）沿输导层顶面向脊汇聚；（3）沿脊作长距离的横向运移。

石臼坨凸起上主要发育馆陶组构造脊。馆陶组发育的大套连通性含砾砂岩配合明化镇组下部稳定分布的泥岩，与构造脊共同形成高效运移通道。油气沿边界断裂运移到凸起上后，优先汇聚到馆陶组构造脊，并在其中长距离横向运移。

利用 Petromod 盆模软件，设定在凸起下方为满凸起供油，模拟油气在馆陶组顶面的运移路径，油气在凸起上的主运移汇聚线即代表构造脊的发育位置（图4）。可以看到，石臼坨凸起上发育数量众多的构造脊。

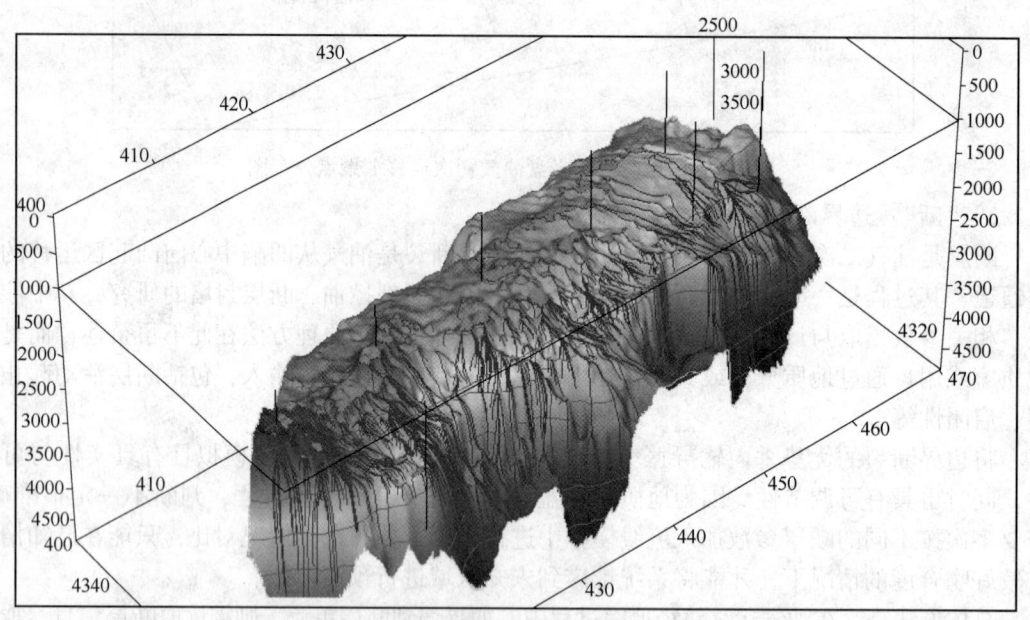

图4　"满凸起"供油示意图

3　模拟结果与讨论

3.1　模拟结果

模拟结果显示，石臼坨凸起边界断裂发育9个油气优势汇聚点（油气在边界断裂的优势汇聚部位），其中凸起西4个、东段5个。凸起上共发育13条优势运移路径，其中西段3条、东段10条（图5）。整体表现为凸起东段油气从凹陷向凸起的垂向运移更为活跃。此外可以明显的看到，油气运移并非"满凸起"运移，而是沿着少数几个构造脊运移，且油气在汇聚到凸起顶部的过程中，显示了多次成藏的特点，形成多个油气聚集点。

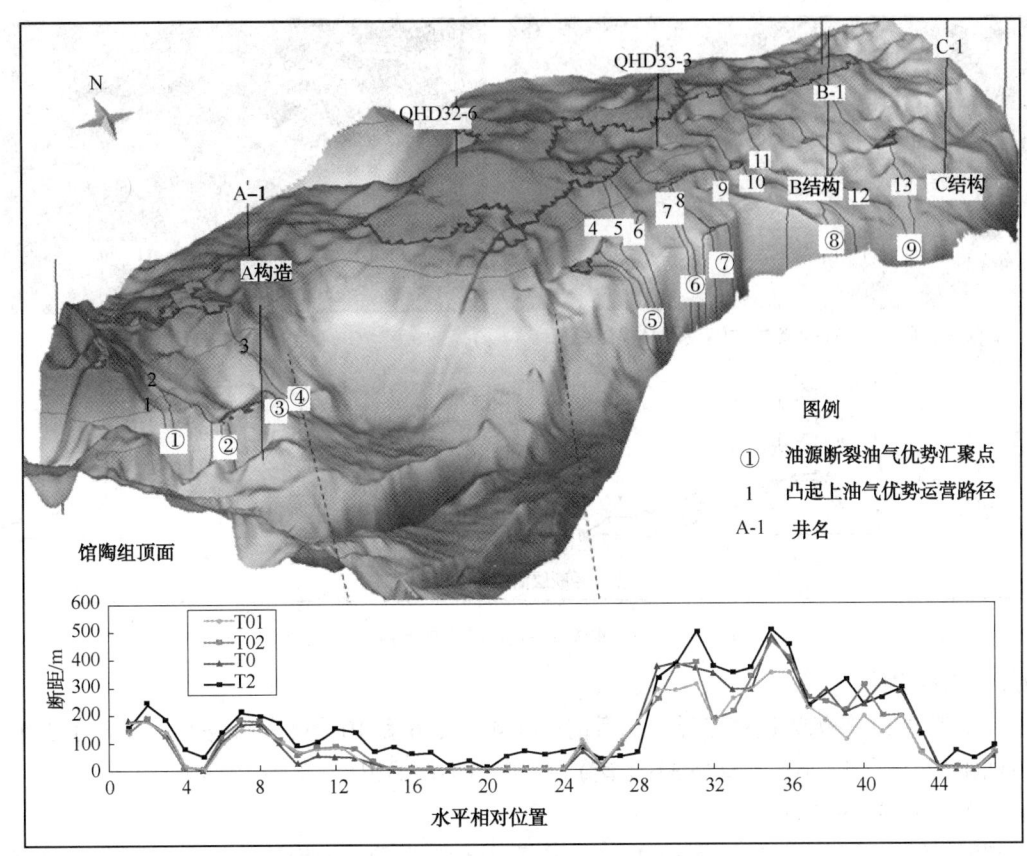

图 5　石臼坨凸起油气优势运移路径模拟图

3.2　结果讨论

3.2.1　油气运移优势路径差异分布及成因

　　总体上，石臼坨凸起自西向东均有油气垂向运移至浅层，但运移能力在横向上存在一定的差异性，呈现为西弱东强的特征。这主要与不同地区的烃源条件、岩相和断裂活动存在明显差异有关(图6)。

　　从与烃源岩密切接触的古近系砂体展布特征来看，沿边界断裂下降盘，中深层砂体均有分布，且与烃源岩有较好的耦合，说明该区的烃源岩与中深层砂体的耦合程度并非影响油气垂向输导能力强弱的主控因素。

　　而边界断裂的断面形态和断裂活动性的耦合程度是造成该差异的关键。从图中可以看出，西段的凸面点与东段发育相当，但从断裂活动强度来看，东段断层活动强度明显强于西段。强断裂活动性与断层凸面点的耦合有利于油气的垂向运移，反之则不利，例如凸起的中部，尽管凸面点发育，但断裂基本不活动，因此该区没有边界断裂油气优势汇聚点的分布。

　　由此得知，油气从凹陷上凸起前，油气汇聚区已发生明显的差别。因此，尽管凸起上发育着数量众多的构造脊，并非所有构造脊上都有大量的油气运移发生。仅仅是与边界断裂油气优势汇聚点耦合的构造脊才是最为有利的横向运移通道即凸起上的油气优势运移路径(图5)。

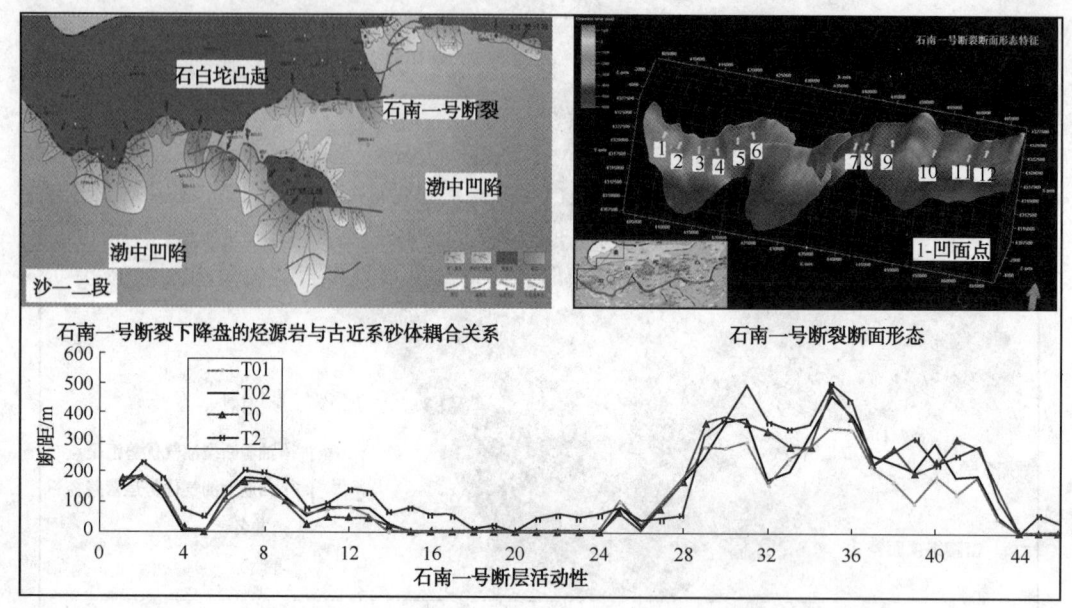

图 6   石南一号断裂特征及其控制下的烃源条件

3.2.2   勘探实践

在模拟的 13 条优势运移路径中，目前已在 4、5、6 和 10、11、12 路径上发现了 2 个亿吨级油田(秦皇岛 32-6、秦皇岛 33-1 南)和 1 个中小型油田(秦皇岛 33-1)，并在 1、2 号路径上发现了南堡 35-2 油田。

同时，结合凸起上最新钻探的 A、B、C 三个构造为例，A 构造位于凸起西段，具有完整的背斜背景，构造形态好，但该构造钻探效果不理想，仅有部分的油气显示。从图中可以清楚看到，A 构造下方的边界断裂基本不活动，没有处于优势运移路径上，导致了该构造的最终失利。B、C 构造同位于凸起的东段，且构造条件(构造位置、晚期断裂发育程度等)相似，两个构造的高部位各钻探了一口井，钻探效果截然不同，B 构造在浅层获得了很好的油气发现，而 C 构造的井没有任何油气显示。通过精细对比发现，C 构造尽管位于构造脊上，但该构造脊未与断裂油气优势汇聚点耦合，而 B 构造与其耦合较好，最终造成了这两口井的油气发现有如此大的差异。在此分析的基础上，紧邻 A 构造的西侧未钻构造，位于油气优势运移路径上，仍具有较大的勘探潜力(图 5)。

4   结论

(1) 本文从"源"-"断"-"脊"三因素耦合控制油气运移方向的角度，实现了石臼坨凸起上油气优势运移路径的模拟。在模拟中，充分结合了目前对油气运移规律的公认的认识和理解，包括众多地质专家的理解，将这些概念模型加入到模拟中，使模拟在一定条件下真实、可靠、直观。

(2) 石臼坨凸起上共发育 13 条优势运移路径，其上已发现 2 个亿吨级油田和 2 个中小型油田。位于油气优势运移路径上未钻的构造、构造-岩性圈闭具有较大的勘探潜力。

(3) 由于油气运移机理的复杂性及地质因素的不确定性，要想建立一个较完美的模型并得到较好的应用效果，对地质家来说仍是一个严重的挑战。作者认为，要想使上述方法得到较好的应用，应注意以下两点：① 断裂开启性的精细研究；② 断层凸面形态的弯曲度对油气垂向汇聚的贡献率。

参 考 文 献

[1] 王德英，于海波，李龙，等 . 渤海海域石臼坨凸起新近系岩性油藏充满度特征及主控因素[J]. 油气地质与采收率，2015，22(5)：21-27.

[2] 王应斌，薛永安，王广源，等 . 渤海海域石臼坨凸起浅层油气成藏特征及勘探启示[J]. 中国海上油气，2015，27(2)：8-16.

[3] 揣媛媛，王德英，于海波，等 . 石臼坨凸起新近系岩性圈闭识别与刻画关键技术[J]. 地球物理学进展，2013，28(1)：365-372.

[4] 李慧勇，周心怀，王粤川，等 . 石臼坨凸起中段东斜坡明化镇组"脊、圈、砂"控藏作用[J]. 东北石油大学学报，2013，37(6)：75-83.

[5] 杨晓敏，罗群，黄捍东，等 . 顺向断坡油气藏分布特征及成藏主控因素——以孤北斜坡为例[J]. 油气地质与采收率，2008，15(1)：10-14

[6] 刘德志，许涛，张敏，等. 准噶尔盆地中部1区块侏罗系三工河组油气输导特征分析[J]. 东北石油大学学报，2013，37(2)：9-16.

[7] 石砥石，王永诗，王亚琳，等. 临清拗陷东濮凹陷新近系油气网毯式成藏条件和特征初探[J]. 地质科学，2007，42(3)：417-429.

[8] 武卫峰，徐衍彬，范立民，等. 断裂对沿不整合面侧向运移油气的聚集作用[J]. 东北石油大学学报，2013，37(3)：11-17.

地 球 物 理

基于正演模拟技术和倾角属性的盐构造边界精细刻画

郭　轩，黄江波，王孝辕，乔　柱，温宏雷

(中海石油(中国)有限公司天津分公司，天津 300459)

摘　要　根据已钻井、地震等资料，对莱州湾凹陷盐岩及正常围岩进行岩石物理参数统计，盐岩具有高速低密特征，受地层埋深影响因素小，而围岩的速度和密度都随地层埋深而增加。结合统计结果，综合利用正演模拟技术对盐构造纵向边界进行分析识别，通过地质模型反复迭代，对比模拟结果和实际地震资料，当盐体边界、内幕和盐下的反射特征这三要素都符合时，认为地质模型符合实际情况，利用"三元分析法"的技术思路对其他盐构造样式进行纵向识别；在横向上利用改进的方差技术刻画盐构造的平面展布，由于该区地层的高角度特征，且陡倾角对一般的方差切片较为敏感，因此对地震资料进行一阶导数求得倾角数据，然后对倾角属性中的振幅或能量分量进行再次求导，得到振幅倾角属性，进行切片处理，发现盐构造边界明显小于原始方差，消除了地层起伏的影响。对盐体横向和纵向上的精细边界识别，有利于落实岩性圈闭边界，规避勘探风险。

关键词　莱州湾凹陷；盐构造；正演模拟；方差切片；振幅倾角属性

盐构造位于渤海海域莱州湾凹陷东南部地区，由于底辟作用形成了一个巨大的南北向盐背斜，紧邻郯庐东支走滑[1]。已经钻遇三口探井揭示该区具有较大的勘探潜力，但由于走滑的平行挤压作用、凹陷的伸展作用、盐岩本身的浮力、易流动特征等多方机制相互影响，使得该区构造异常复杂，盐体构造样式多样[2]，圈闭落实程度较低。前人对该区研究工作已经接近 10 年历史，一直没有突破性进展。经过对该区几轮的地震资料采集和处理，地震成像依然模糊不清，资料分辨率较低，盐下构造真假难辨；对该区盐体边界刻画已经做过多轮解释，即使对同一套地震资料，刻画结果也不尽相同，导致该区构造解释一直未落实。针对这些问题，从岩盐这特殊地质体出发，调研大量国内外文献[6,7]，本文引入正演模拟技术和振幅倾角属性，基于已有纯波数据，统计盐岩岩石物理特性，对盐体纵向和横向进行精细分析刻画，拟为该地区的盐构造精细刻画提供新的技术思路，落实研究区内地层圈闭。这既可促进渤海地区的油气勘探，也可丰富我国盐构造地球物理研究内容。

1　盐岩地球物理特征

通过工区内已钻井岩石物理参数统计，结果表明盐岩主要存在新生界沙河街组沙四段地层，沉积特点以盐泥互层为主，平均盐岩厚度在 10m 左右，最厚为 29m，盐岩的累计厚度是 372m(图 1)，速度稳定为 4293~4482m/s，与深度关系不大；密度偏低 2.03~2.06g/cm³，且不随地层埋深而变化，总体表现为高速、低密，且特别稳定。

作者简介：郭轩(1987—)，男，汉族，硕士，工程师，就职于渤海石油研究院，主要从事地震构造解释和储层预测等方面的研究。E-mail：guoxuan5@cnooc.com.cn

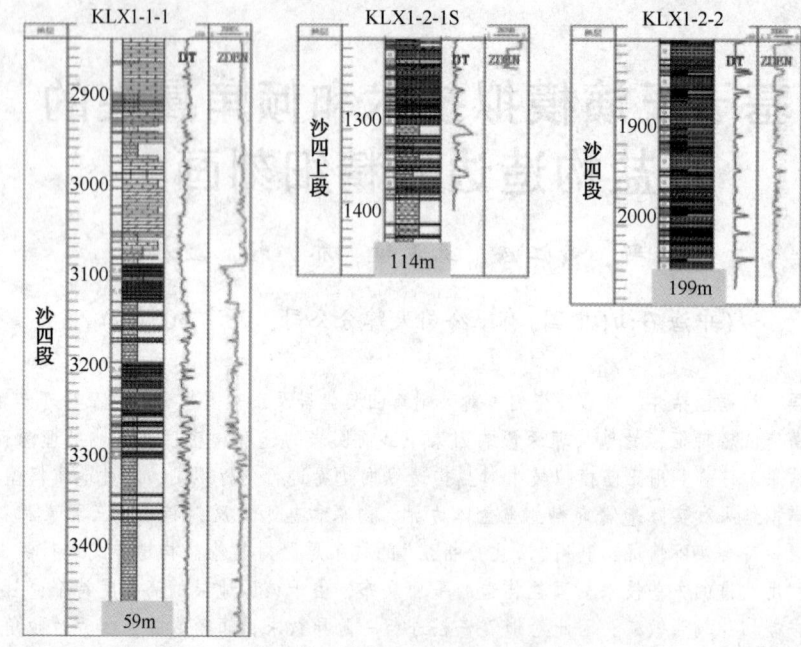

图 1　已钻井沙四段盐岩地层特征

对围岩地层岩石物理参数统计，结果表明平均地层速度和密度都随着地层埋深的加深而依次增加，围岩速度明显低于盐岩，密度大于盐岩(表 1)。围岩的这种正常地层使得和盐岩的特殊岩石物理特性具有较大的差异，从而引起波阻抗差异。

表 1　围岩地层岩石物理参数统计结果

围岩地层	声波/(US/F)	速度/(m/s)	密度/(g/cm³)
明化镇组	135.07	2337.094	2.13
馆陶组	118.24	2577.808	2.14
东一二段	112.55	2708.130	2.21
东三段	107.7	2830.084	2.29
沙一二段	103.02	2958.649	2.36
沙三段	100.00	30480.000	2.41
沙四段	95.32	3197.650	2.450
孔店组	91.03	3348.347	2.49
潜山	84.00	3628.571	2.61

通过研究分析，截取地震工区内不同位置的几种盐构造样式，分析其地震反射特征：①盐体顶部表现为低频强振幅，波组反射具有连续性强特征，盐体两边高陡地层边界反射特征高频弱振幅、不连续；②盐下正常地层有明显被上拉且能量减弱趋势，连续性差，盐上地层反射连续或较连续；③盐体内呈现空白发射，高频弱振幅，连续性好[图 2(A)、(B)]；似层状发射，中低频强发射连续性较好[图 2(D)]和杂乱发射，中高频中强发射，连续性差[图 2(C)]；④盐构造样式复杂多样，盐源层在盐丘构造部位显著增厚，向两边逐步减薄。

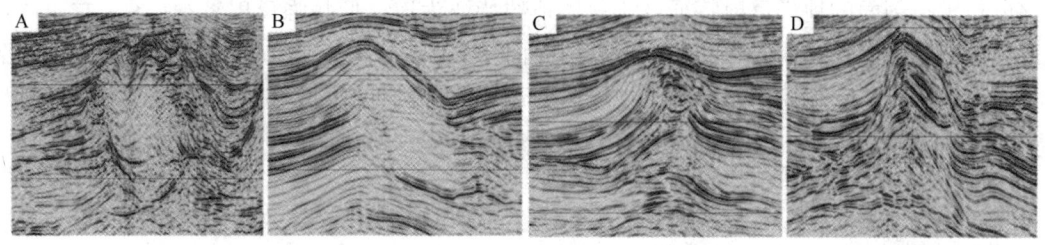

图 2　盐构造区地震发射特征

2　纵向盐体识别

本文利用地震正演数值模拟技术识别盐体纵向边界。假定在地下介质结构模型和相应物理参数统计结果已知情况下，利用全波场模拟地震波传播规律与实际地震响应特征进行分析对比、反复迭代模拟，验证盐体范围解释的合理性。它通过有限差分算子来实现，首先将波动方程离散化，以差分代替微分，将微分方程问题化为代数问题，然后求解相关的线性代数方程组以获得微分问题的数值解。它具有运算速度快，实现简单等优点[3]。

2.1　简单盐拱模型地震响应分析

为了更合理地和实际地震剖面对比，在正演模拟中采用和实际资料采集完全一致的观测系统，炮点采用单边放炮单边接受，子波主频为 25Hz 的正极性雷克子波（根据地震资料频谱分析获得），在处理过程尽量和实际过程统一，以下所示正演模拟结果均经过偏移归位处理（Kirchhoff 叠前时间偏移处理）。

通过实际地震资料分析，首先建立水平层状地层，简单纯盐柱状构造的理论地质模型，并通过有限差分算法进行正演模拟得出偏移剖面（图 3）。

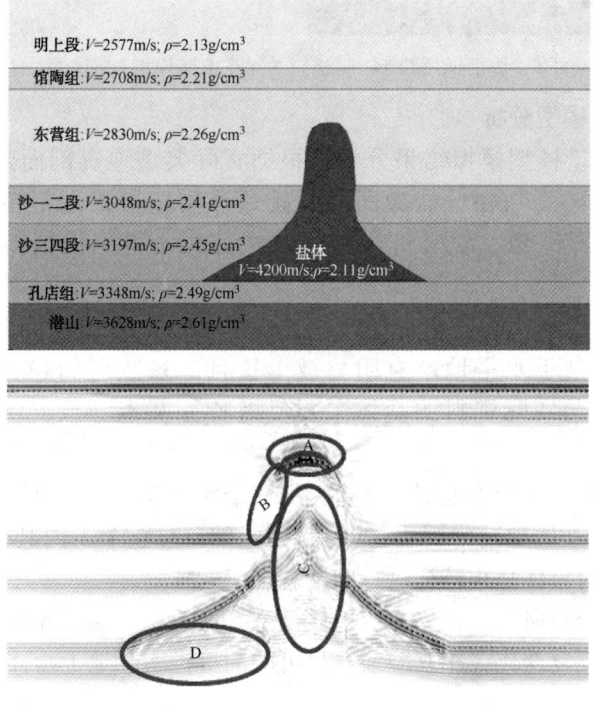

图 3　盐拱（柱状）地质模型（左）及正演模拟剖面（右）

分析模拟剖面的地震反射特征：①盐体顶部特征为连续低频强反射特征(图 3 右图 A)；②盐体两边的陡倾角界面表现为断续弱反射界面(图 3 右图 B)，盐体与水平地层相交位置会出现少量多次波；③盐体两边的水平地层会向盐体内部延伸且延伸的反射轴出现上翘现象，(图 3 右图 C)；④盐下的水平地震反射轴出现严重的上拉现象，且能量明显减弱(图 3 右图 D)，这些现象的形成都是由于岩盐的特殊物理特性，且和正常围岩之间的较大差异引起的。这种特殊的岩性会对地下传播的地震波能量产生屏蔽能量作用，导致盐体内部和盐下地层能量减弱，出现弱反射或空白反射；而盐体两边的高陡边界地层接受较少的反射能量而呈现弱反射。

当地质模型盐体内充填等厚盐泥互层的层状模型时并对其进行模拟分析(图 4)，结果表明：①盐体顶部出现一组连续强反射特征，但盐体内部成像呈现断续弱反射，部分同相轴出现上拉或下拉现象，形成假断层，②盐体两边的 D 区域出现水平强反射轴，但并没有出现一个强的盐体发射边界。

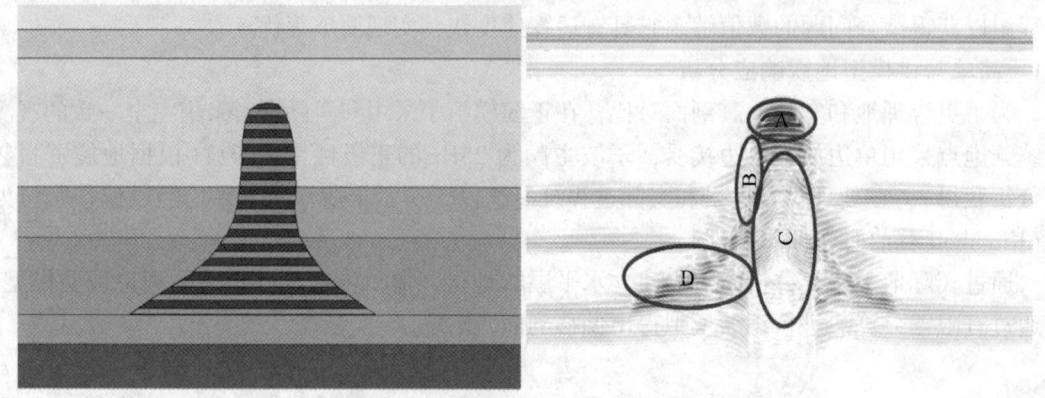

图 4　盐拱地质模型(层状)(左)及正演模拟剖面(右)

2.2　实际资料盐构造模型分析

通过上面简单理论模型模拟结果分析，根据实际典型地震剖面建立具有沉积特点的盐泥互层地质模型。基于盐帽、盐撒凹陷、盐颈等构造样式进行精细刻画建模，岩石物理参数也与实际保持一致，对其进行正演模拟分析，得到模拟剖面(图 5)并和实际纯波资料对比。

由模拟得到的剖面和实际资料对比发现，模拟盐顶边界出现低频强反射界面，内部呈弯曲似层状反射，盐下水平地层有明显被上拉且能量减弱的趋势，两翼地层向盐体内部延伸十分明显，与实际资料的盐体主要反射特征基本一致，认为地质模型符合实际地震资料情况。

当盐体边界、内幕、和盐下地层的反射特征三个元素都和正演模拟一致时，就认为模型盐体和实际资料吻合，以"三元分析法"的思路为基础，对整个工内其他类型盐体进行模型刻画及模拟分析，并对整体盐相特征进行归纳总结(表 2)。

通过对原始资料分析研究，建立初步地质模型，通过正演模拟和和实际剖面的反射特征对比分析，地质模型反复迭代，相互验证，尽可能的接近实际地下盐体构造样式，指导对其边界的纵向识别。

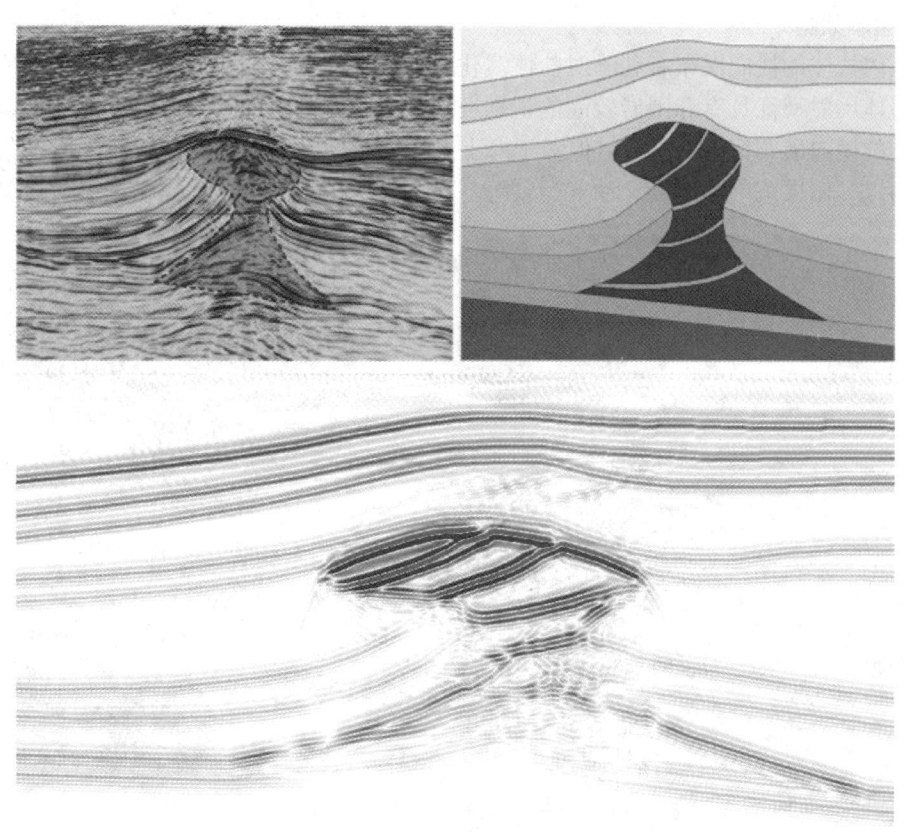

图 5 实际层状盐体模型及正演模拟剖面

表 2 工区内盐相特征

盐构造类型 （区段）	盐源	几何形态	与围岩 混合程度	地震反射特征	典型剖面
整合型 （北段）	以侧向物源为主	柱状盐体规模小	几乎未混合围岩	顶部有成层性反射特征，内部呈杂乱反射，盐体两侧地震上翘严重	
刺穿型 （中段）	以原地物源为主	蘑菇状盐体规模较小	混合少量沙三段、沙一二段地层	顶部发育一套强反射，内部杂乱反射；受盐体底辟作用影响，两侧地层上翘明显	
混合刺穿型 （南段）	以轴向物源为主	丘状盐体规模大	混合大量沙三段、沙一二段地层	顶部发育一套成层性反射；内部呈杂乱发射，受盐体上拱影响，盐体两侧地层产状变陡	

3　横向盐体刻画

　　工区内盐体的横向展布有利于对盐体演化及成因机理进行分析研究。前面对盐体纵向分析发现盐体反射特征具有和围岩较高的识别度，通过常规的时间切片和方差切片可以粗略刻画出盐体的横向展布范围(图6)。但对于海上勘探要求的精度远远不够，盐体边界范围影响着圈闭高点、储层范围和厚度、油气运移等一系列钻井因素。因此盐体横向展布至关重要。

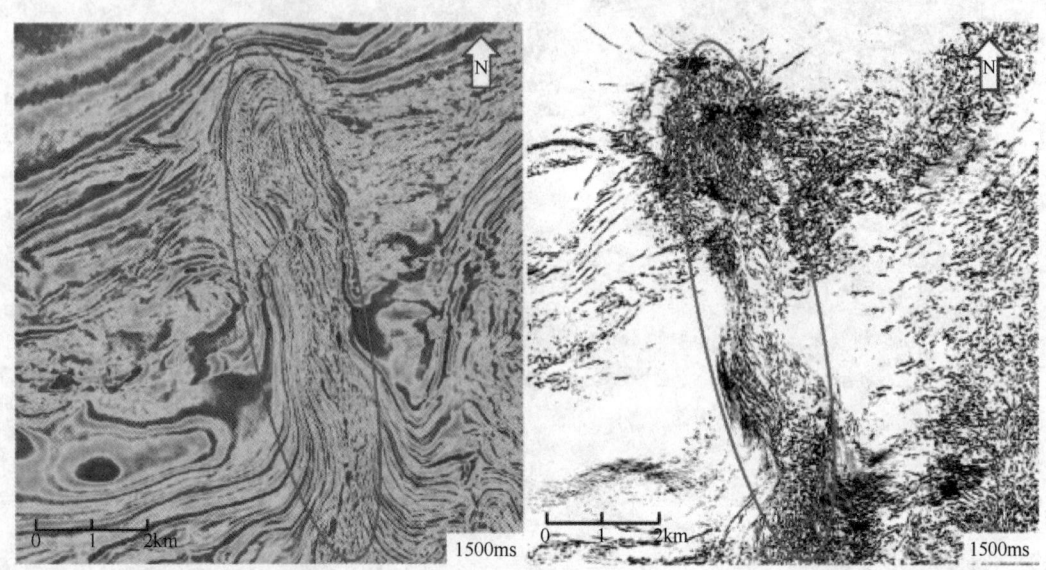

图6　工区资料1500ms时间切片(左)和常规1500ms方差切片(右)

　　通过地震资料的时间切片和方差切片，盐体横向展布呈现"蛇形"NNW向，两边宽中间窄，北部最宽3.6km，中间窄部也有1km，可以粗略刻画盐体边界。由于盐拱底辟作用，使得盐体两侧地层发生翘倾，有些地层倾角已经达到70°以上，这些高角度地层在常规方差上表现为模糊区域；因为常规方差切片是统计窗口内振幅的相关值[4]，对陡倾角地层较为敏感，呈现出模糊的高值异常，这和盐体的方差属性结果混乱不清，进而影响对盐体真实边界的刻画。

　　因此，在常规方差的理论基础上，引入地层倾角属性，它是反映地层弯曲、褶皱发育状态的一种几何属性。在三维地震数据体中，如果以地震波反射同相轴作为地层层面，可以利用地震数据求得地震数据沿着不同方向的一阶导数，利用下面公式求得，作为地震数据体的视倾角属性；然后通过波数域求导的方法对倾角属性中的振幅或能量分量进行再次求导，从而得到振幅倾角属性[5]。发现常规方差属性为统计窗口内的方差值，而振幅倾角属性是在考虑倾角分量的前提下，统计窗口内的振幅一阶导数变化，一般情况下，求导对异常值得敏感程度高于统计数值，因此振幅倾角属性在边界识别上高于常规方差。

$$\nabla u(t, x, y) = \frac{\partial u_{\vec{z}}}{\partial x}\vec{i} + \frac{\partial u_{\vec{z}}}{\partial j}\vec{j} + \frac{\partial u_{\vec{z}}}{\partial t}\vec{k} = p\vec{i} + q\vec{j} + r\vec{k}$$

　　式中，$u(t, x, y)$表示t时刻，位置x，y处所应得地震数据，p、q、r分别表示沿着x，y和t方向的变化量，p、q即对应着x和y方向的视倾角分量。

　　通过对原始地震资料进行属性提取，制作1500ms的常规方差切片及振幅倾角属性切片(图7)，可以看出常规方差切片上存在一些模糊的高值方差异常，即比较黑的地带(图7左

A、B、C处），而这些地方在振幅倾角属性中均表现的比较清楚。从两个属性的对比发现，振幅倾角属性的盐体边界明显的小于常规方差属性，前者更加清晰、明确的表现盐体边界，更有利于落实岩性圈闭，以便规避勘探风险。

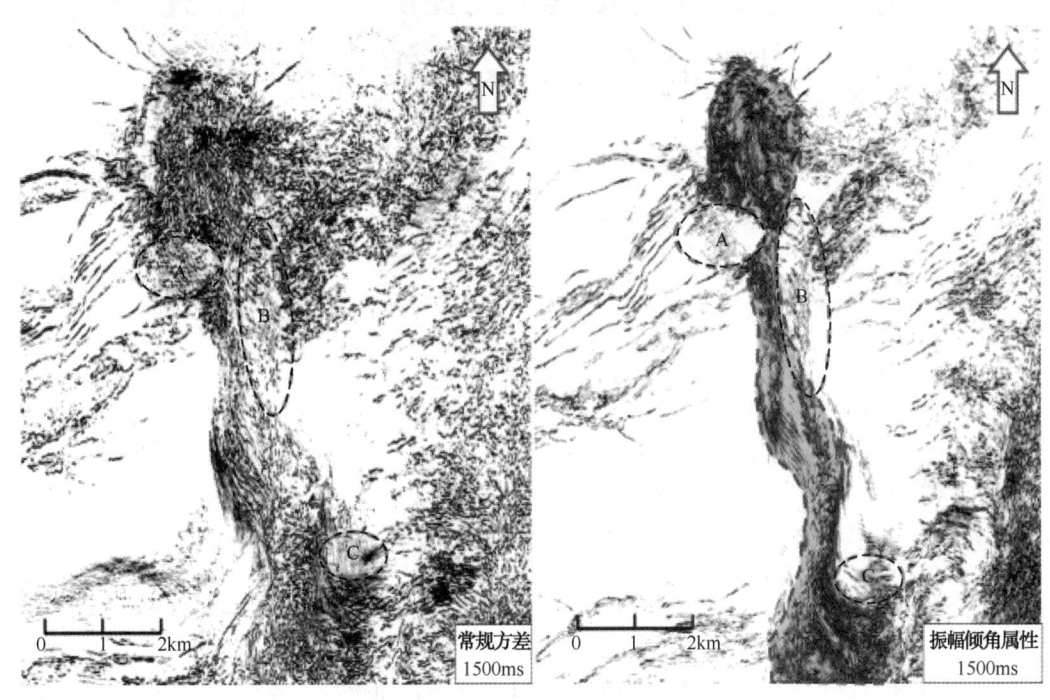

图7　1500ms常规方差（左）和振幅倾角属性（右）

4　结论

通过对莱州湾凹陷盐体边界的研究，探索出一种操作简单、精度高的特殊盐体边界识别思路。以地质认识为导向，以岩石物理特性为基础，以正演模拟技术、振幅倾角属性为指导，提出了盐构造精细解释研究新思路。①通过对该区原始资料的统计，认识盐岩和围岩的地球物理特性，掌握盐体发育的类型；②结合正演模型分析，分析盐体边界反射特征，指导识别盐体纵向样式和边界刻画；③由于盐构造周围高陡地层的存在，因此把倾角和振幅因素引入方差属性中，能更好的消除别的因素引起的异常区，呈现盐体本身的展布范围。通过该目标研究，可以对其他特殊岩性体的研究有很好的借鉴指导作用。

参 考 文 献

[1] 余一欣，周心怀. 渤海海域莱州湾凹陷 KL11-2 地区盐构造特征[J]. 地质学报，2008(06).
[2] 孙和风，彭文绪. 渤海海域莱州湾凹陷盐构造成因探讨[J]. 大地构造与成矿学，2010. 122(33)：352-358.
[3] 李志祥. 地震模型正演在盐下构造中的应用[J]. 海洋地质前沿，2011(03).
[4] 陈凤云. 方差体技术在地震勘探中的应用[J]. 中国煤田地质，2004(04).
[5] 李培培. 构造曲率与振幅曲率在地震资料解释中的应用[J]. 物探与化探，2013.
[6] M. P. A. Jackso, D. G. Roberts. Salt tectonics A Global Perpective[J]. AAPG Memoir 65, 2003(09).
[7] R. McQiillin, M. Bacon, W. Barclay. IntroductiontoSeismicInterpretation[M]. GulfPublishing, 1995(05).

砂泥岩薄互层储层预测方法研究
——以渤海庙西地区馆陶组为例

刘　垒，李文滨，刘学通，周学锋，王　波

（中海石油(中国)有限公司天津分公司，天津 300452）

摘　要　随着勘探开发进程的不断推进，目标油气藏研究日益精细化，薄互层储层预测问题已成为勘探开发过程中的新热点。本文根据渤海庙西地区馆陶组薄互层储层发育特点，针对薄互层储层地震预测难题开展可行性分析，提出一种定性半定量的薄互层储层预测新方法。研究认为，入射波的分数阶导数与薄互层发育情况具有很好的相关性。联合应用钻井和地震资料，并将地震可识别的地质层序界面作为约束，利用入射波分数阶导数构建岩性过渡带的奇异性指数，随后通过匹配追踪算法寻找计算不同地震波形与岩性过渡带奇异性指数间的对应关系，进而确定薄互层储层发育带及其平面展布范围。研究成果成功指导了该区开发评价井的实施，取得较好的效果。

关键词　薄互层储层；分数阶导数；匹配追踪；奇异性指数

　　随着勘探开发进程的不断推进，勘探开发目标逐渐转向包括薄互层储层油藏、岩性油藏等在内的复杂油气藏。其中，新近系馆陶组薄互层储层因埋藏浅、分布范围广，逐渐成为渤海勘探的重点。渤海庙西探区馆陶组储层以薄互层储层为主，储层单层厚度薄，5m 以下砂体占比超过 80%，泥岩盖层薄且发育不稳定，导致薄互层之间调谐干涉严重，现有地震资料表现为杂乱弱连续反射或空白反射，难以开展单砂体尺度的储层预测工作。因此，寻求能够表征薄互层储层发育程度的地球物理参数、破解薄互层储层预测难题，成为渤海庙西探区勘探过程中的一项重要课题。

　　虽然薄互层储层预测研究的历史已有 40 余年，但得益于相关技术的不断进步，如何提升分辨和识别薄互层储层能力这一课题目前仍有广阔的研究空间。多年以来，基于瑞利准则的 $\lambda/4$ 调谐厚度一直都是人们最为广泛接受和应用的分辨率极限，但当单一薄层厚度小于调谐厚度时，厚度信息仍可通过振幅和反射子波形状来予以判断。实际地层中，诸多单一薄层往往并非孤立发育，而是往往以薄互层储层的形式广泛存在，所以当砂岩层很薄时，可将砂岩薄互层看做一个整体。建立双层砂岩薄层间夹页岩薄层模型，通过分析振幅随频率变化（AVF）可以探讨两薄层间厚度的分辨问题。

　　本文将砂泥岩薄互层作为一个整体进行研究。首先，以地震地层学为基础，利用已钻井资料所揭示的沉积旋回特征标定地震资料所揭示的时频旋回特征，并以此来确定薄互层的研究尺度。随后，利用匹配追踪算法，将薄互层的地震波形与反射子波的分数阶导数进行匹配，构造岩性过渡带的奇异性指数，进而寻找薄互层储层发育带及其平面展布范围。

───────────────

　　基金项目：国家重大科技专项"渤海油田加密调整及提高采收率油藏工程技术示范"（2016ZX05058001）。

1 区域地质情况

渤海庙西地区主要含油层段为新近系馆陶组，包括蓬莱19-3油田、蓬莱20-2构造等多个亿吨级油气田及含油气构造。该区储层以大套砂泥岩薄互层为主，具有单层厚度薄、储层横向变化快的特点。从开发评价井的钻探情况可以发现，该区主力砂组平面分布存在一定的差异性(图1)。

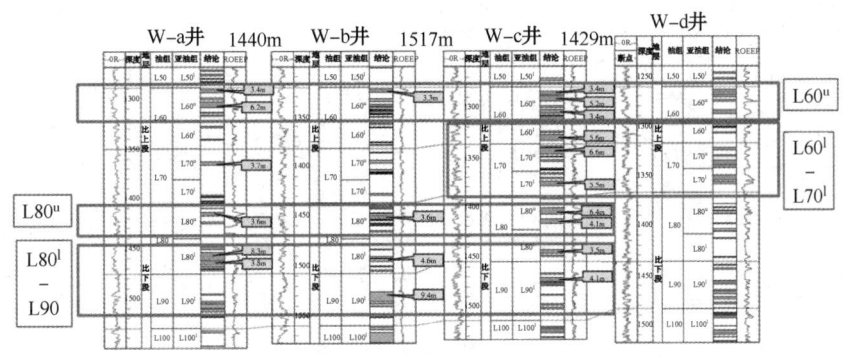

图1 蓬莱M油田3井区连井剖面图

此外，钻井结果显示，渤海庙西地区馆陶组地层埋深在1071~1776m左右，砂泥岩成岩作用弱，属于典型的欠压实未固结地层。从岩石物理统计来看，厚度大于1m的砂岩阻抗小于围岩泥岩阻抗，但在总体上，砂、泥岩间的阻抗差异较小。

目前，本区目的层段地震资料主频约为32Hz，按照层速度2500m/s、分辨率$\lambda/4$计算，地震可识别砂体厚度约为19m，无法满足工区内单砂体平面预测工作的需求。

2 薄互层地震响应分析

通过井震精细对比可发现，薄互层储层顶底界面与地震响应对应关系不明确，薄互层储层厚度与振幅相关性差。正演分析表明，原始地震资料[图2(a)]与合成地震记录[图2(b)]吻合程度高，与泥岩相比，砂岩对应的波阻抗曲线表现为低速低密的特点[图2(c)]。进一步将油层上方水层的波阻抗曲线特征消除，获得消除水层影响的合成地震记录如图[图2(e)]所示。将原始地震资料与消除水层后的合成地震记录进行对比分析，可以发现，此时油层地震响应更加清晰，原始地震剖面所产生的复波主要是由较厚的油层所产生的，薄层所产生反射波的调谐作用导致地震波无法准确反映薄互层的顶底反射，从而造成地震反射振幅与储层厚度的相关性较差。

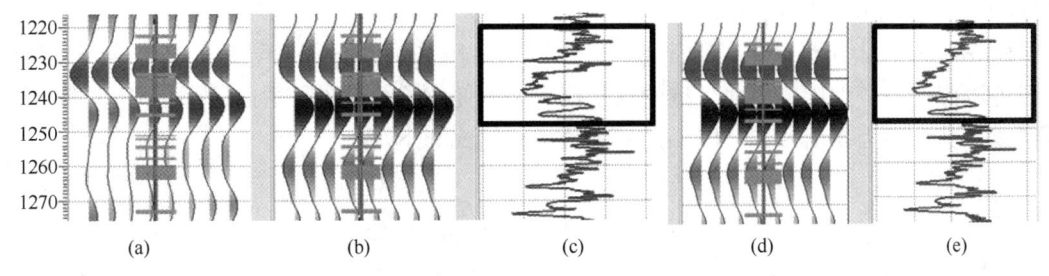

图2 薄互层地震反射正演分析图

从连井地层对比图(图3)上可以看到，根据沉积旋回特征的不同，本区薄互层储层发育大致5套主力砂组(L60U、L70U、L80U、L80L、L90U)。结合过井地震剖面(图4)，可发现地震剖面反射同相轴与沉积旋回特征具有较好的对应关系，L60 油组可进一步分为上下两个研究单元、L70 油组则可以整体作为一个研究单位，进一步在地震资料上追踪、解释描述薄互层储层的可识别界面，以作为薄互层储层研究格架。

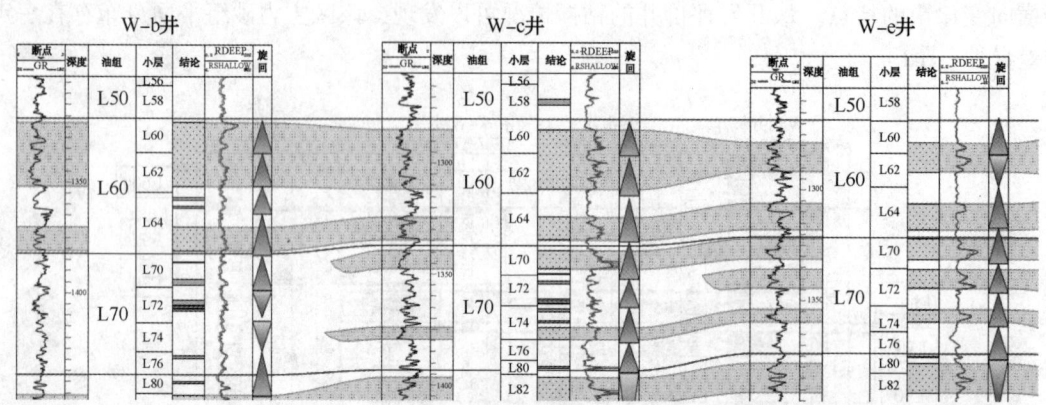

图 3　连井地层对比图

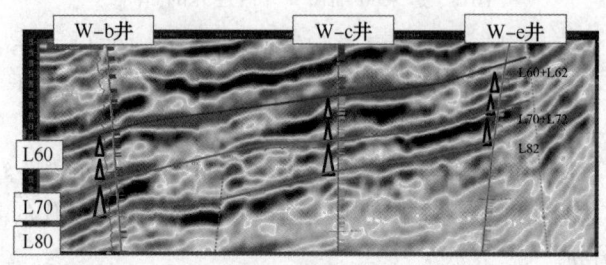

图 4　连井地震剖面

通过井震精细对比分析，薄互层储层的发育情况与相应地震反射的频率和波形属性存在一定对应关系，此时，薄互层储层发育问题就可等价为在地震可识别层析格架下的地震反射波频率和波形问题。

3　薄互层奇异性指数分析

薄互层的地震响应可视作一个或多个单波的叠合响应，这些单波具有不同的频率和波形。结合目的层段波阻抗曲线，薄互层可视作波阻抗变化带。研究表明，岩性过渡带形成的地震反射波不再是简单的入射波波形，而是其分数阶导数，对应的分数阶称为该过渡带的奇异性指数(Lipschitz 指数)。

Herrmann 等人认为地层分界面是由几个具有零阶和一阶分数阶导数的子波合成的[1,2]，因而可以假设一个地层分界面阻抗的数学模型是由任意阶分数阶导数的因果信号和非因果信号组成。其中，因果信号和非因果信号的数学表达式如下：

$$x_+^\alpha(z) = \begin{cases} 0 & (z < 0) \\ \dfrac{z^\alpha}{\Gamma(\alpha+1)} & (z \geqslant 0) \end{cases} \tag{1}$$

$$x_-^\alpha(z) = \begin{cases} \dfrac{(-x)^\alpha}{\Gamma(\alpha+1)} & (x \leqslant 0) \\ 0 & (x > 0) \end{cases} \tag{2}$$

其中 Γ 为 Gamma 函数，其表达式如下：

$$\Gamma(x) = \int_0^\infty t^x e^{-t} \mathrm{d}t, \ x \in R \tag{3}$$

参数深度 z 和分数阶 α 生成了因果信号 $x_+^\alpha(z)$、非因果信号 $x_-^\alpha(z)$ 和均衡信号 $x_*^\alpha(z) = x_+^\alpha(z) + x_-^\alpha(z)$。当 $\alpha = 0$ 时，因果信号变为不连续的突变信号，此时表现为传统的两种介质的波阻抗突变。当 $\alpha \geq 1$ 时，因果信号是可微分的；当 $0 < \alpha < 1$ 时，因果信号是连续但不可微分的；当 $-1 < \alpha \leq 0$ 时，因果信号既不连续又不可微分；由于当 $x < 0$ 时 Gamma 函数是没有意义的，当 $\alpha \leq -1$ 时，不做研究[3]。

不难看出，对于因果信号和非因果信号有如下关系：$\forall x \in R$，$x_-^\alpha(x) = x_+^\alpha(-x)$。在数学上，指数 α 确定了分数阶导数的正规性，是与 Lipschitz 指数一致的[4]，描述了信号的奇异性。分数阶导数的大小反映了信号在某一点处奇异性的强度：分数阶导数越大，表明信号越平滑和规则，奇异性强度越小；相反，分数阶导数越小，信号的奇异性越强，表现为快速突变或脉冲变化。

Herrmann 等人提出信号可被视作子波的各个分数阶波形的加权叠加[5]。一维地震数据模型 f 可用分数阶样条函数表达如下：

$$f(z) = \sum_i a_i x_\pm^{\alpha_i}(z - z_i) \tag{4}$$

其中 a_i 为权系数，z_i 为分数阶导数为 α_i 的位置。

对 f 求导数，即变为模型的的反射系数：

$$r(z) = \sum_{i \in \Lambda_C} K_i x_+^{\alpha_i - 1}(z - z_i) - \sum_{i \in \Lambda_A} K_i x_-^{\alpha_i - 1}(z - z_i) \tag{5}$$

众所周知，合成地震记录是反射系数与子波的褶积，即：

$$s(z) = (r \times \varphi)(z) = \sum_{i \in \Lambda_C} K_i x_+^{\alpha_i - 1}(z - z_i) \times \varphi(z) - \sum_{i \in \Lambda_A} K_i x_-^{\alpha_i - 1}(z - z_i) \times \varphi(z) \tag{6}$$

其中，$K_i = \dfrac{\alpha_i a_i \Gamma(\alpha_i)}{\Gamma(\alpha_i + 1)}$。

数学上，这种表达式称为子波 $\varphi(z)$ 的分数阶导数。函数 f 的分数阶导数的定义如下：

$$D^\alpha f = x_+^{-\alpha - 1} f \tag{7}$$

由式(1)和式(6)可知，合成地震记录可以由子波的各分数阶导数加权而成(图5)，即：

$$s(z) = \sum_{i \in \Lambda_C} C_i D^{-\alpha_i} \varphi(z - z_i) \pm \sum_{i \in \Lambda_A} C_i D^{-\alpha_i} \varphi(z - z_i) \tag{8}$$

应用匹配追踪算法，将不同子波的分数阶导数波形与地震层析约束下的地震波形进行匹配处理，找到地震波形所对应的奇异性指数，以此来表征地震道所对应的波形和频率。

研究结果表明(图6)，L70 小层储层发育呈现窄河道的特点，从沉积区域来看，物源方向与区域物源方向一致，且预测结果与已钻井的钻遇情况吻合。

从北西-东南向地震剖面(图7)上来看，垂直物源方向，存在典型的透镜状反射现象，相同的地震相对应了相同的属性，不同地震相对应了不同的地震属性。利用该技术，成功指导了开发评价井 W-e 井的实施，W-e 井实际钻遇油层 69m。研究成果应用到本区 ODP 方案研究中，取得了较好的成果。

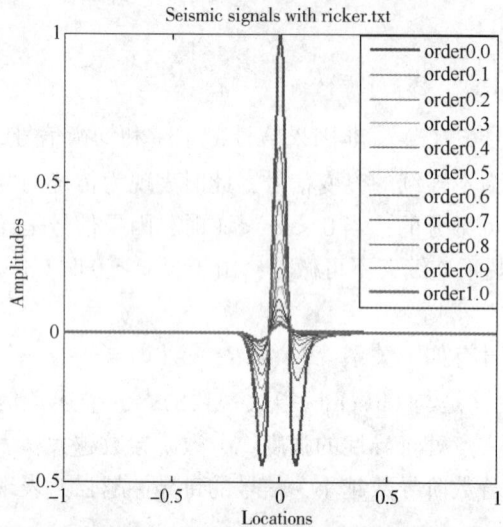

图 5　雷克子波的分数阶导数

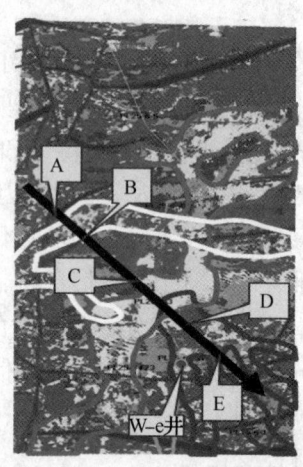

图 6　L70 小层预测平面图

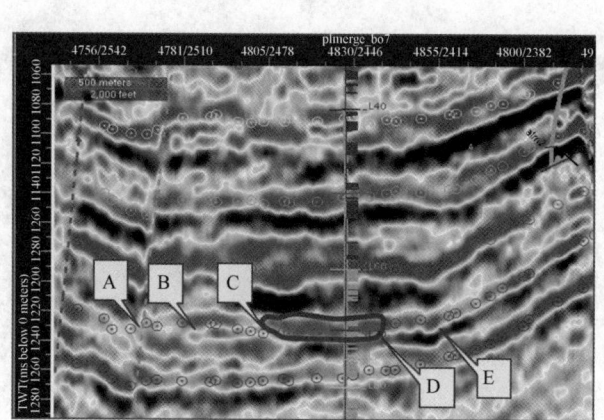

图 7　北西-东南向地震剖面图

4　结论

　　薄互层储层的地震预测是目前渤海勘探开发进程中不可回避的难题。本文详细研究了薄互层储层发育特点，对薄互层储层地震预测的可行性进行了分析。通过井震精细对比分析，地震同相轴与已钻井所揭示的沉积旋回特征有很好的匹配关系，建立井震匹配的地震可识别层序格架，将薄互层储层预测问题转换为层序格架约束下的地震相分析问题，同时将薄互层问题近似看做不同岩性过渡带问题。通过构建雷克子波的分数阶导数集合，利用奇异性指数分析不同岩性过渡带的类型，应用匹配追踪算法，实现薄互层储层的平面预测，取得了较好的效果。

参 考 文 献

[1] Hilteman F. Is AVO the seismic signature of lithology? A case history of Ship Shoal－south addition. The Leading Edge, 1990, 9(6)：15-22.

[2] Taner M T, Koehler F, Sheriff R E. Complex seismic trace analysis. Geophysics, 1979, 44：1041-1063.

[3] Felix J. Herrmann. Singularity Characterization by Monoscale Analysis：Applications to Seismis Imaging. Applied and Computational Harmonic Analysis, 2001, 11：64~88.

[4] Scott Shaobing Chen, David L. Donoho, and Michael A. Saunders. Atomic decomposition by basis pursuit. SIAM Journal on Scientific Computing, 1999, 20(1)：33~61.

[5] Felix J. Herrmann, William J. Lyons, and Colin Stark. Seismic facies characterization by monoscale analysis. Geophysical Research Letters, 2001, 10, 28(19)：3781-3784

羊二庄油田河流相薄储层预测方法
——以一断块 Nm Ⅲ-4-3 为例

田　昀，万永刚，聂国振

（中国石油大港油田分公司勘探开发研究院，天津 300280）

摘　要　本文以羊二庄油田一断块 Nm Ⅲ-4-3 曲流河河道砂体为例，针对河流相储层垂向厚度薄，平面变化大，常规地震资料预测手段难以对其进行有效识别。因此提出了运用测井约束反演为核心的储层预测技术，通过拓高频补低频的方法，达到提升地震资料分辨率的目的，得到的反演体能够满足有效识别、追踪、评价薄储层的需求。借助反演体开展面向储层的二次解释，该项技术的应用，首次实现了对 Nm Ⅲ-4-3 砂体平面及空间展布特征的精细刻画，解决了现有地质认识与生产动态之间的矛盾，达到扩储增储的目的。

关键词　薄储层；储层预测；反演效果分析；二次解释

1　研究区概况

羊二庄油田位于黄骅坳陷羊二庄鼻状构造东北部，区域构造属羊二庄断阶带，区块内部断层继承性较好，整体上为受北东向赵北断层（下降盘）控制的逆牵引背斜构造。数据统计结果表明工区内共有 105 口井钻遇 Nm Ⅲ-4-3 砂体，单井平均钻遇厚度为 4.6 米，属于曲流河沉积环境，储层表现为垂向厚度薄、横向变化快、平面连续性差、储层非均值性强的特点。随着勘探开发水平的不断深入，矛盾日益突出。为了增储上产的需要，油藏需要进一步认识，砂体需要进一步刻画。

2　研究思路

本区目标层位地震资料主频 27Hz，在现有技术条件下，采用单纯提升地震资料主频的方法难以满足该区薄砂体预测需求。根据本次研究的重点和难点，最终决定采用波阻抗反演的方法进行薄储层预测研究。其工作流程（图 1）：以现有地震资料频带宽度为基础，通过拓高频，补低频的方法达到提高分辨率的目的。子波提取是反演成败的关键，通过反复迭代的精细层位标定，得到一个最优的子波，通过优选反演参数，联合约束和趋势完成地震资料反演。在以上工作的基础上开展反演效果分析，完成面向储层的二次解释工作，完成本区薄储层预测研究。

2.1　测井曲线标准化处理

子波的好坏是反演成败的关键，而测井曲线的质量又直接决定了精细层位标定质量的高低，直接影响子波提取结果的优劣。结合井径曲线信息，考虑标志层的测井响应特征及值域范围，完成测井曲线标准化处理，消除不同年代、不同仪器、不同测量环境、不同操作者所

作者简介：田昀（1979—），男，汉族，工程师，2004 年毕业于江汉石油学院勘查技术与工程专业，现从事开发地质研究工作。E-mail：dg_tianyun@petrochina.com.cn

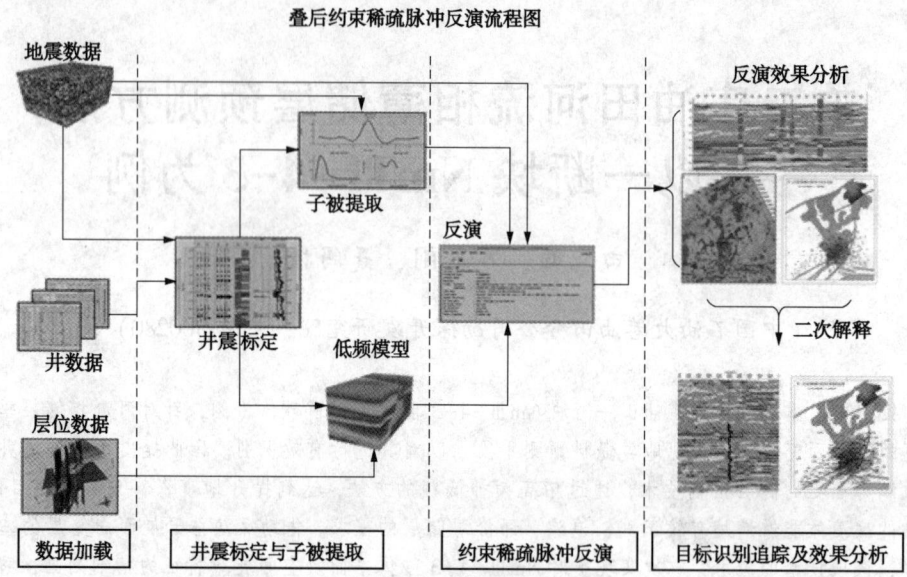

图 1　阻抗剖面与连井剖面对应关系

引起的仪器、环境或人为的误差，曲线值域范围明显改善，为精细层位标定及子波提取打下了良好的基础。

2.2　精细层位标定

对于波阻抗反演来说，对于精细层位标定(图 2、图 3)精度要求更加严格，往往要准确到毫秒级。通过反复迭代的标定过程利用趋势和模型进行质控，最终得到一个与井旁道在频率、相位、比例因子等参数上都具有较好匹配关系的子波，从而提高合成地震记录的精度。

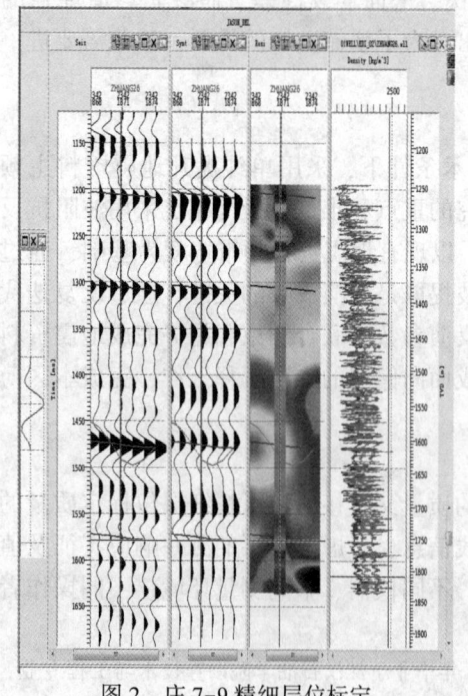

图 2　庄 7-9 精细层位标定

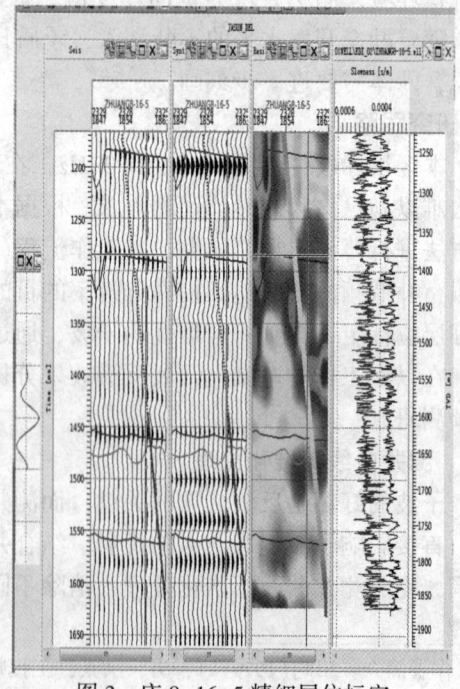

图 3　庄 8-16-5 精细层位标定

2.3 建立低频模型

反演的目的就是要获取反映岩性信息的地震波阻抗剖面。地震波在传播过程中高频成分被地层吸收和衰减,低频成分一部分没有记录下来,另一部分和面波、直达波混在一起,在处理中受到压制,因此地震数据体主要包含中频段信息,缺少低频和高频信息,高频成分决定地震资料的分辨率,低频成分影响砂体边界的精细刻画,因此必须补偿好地震数据中缺失的低频及高频信息。通过使用精细构造解释成果,建立低频模型是为了给出反演的低频趋势(图4)。然后再低频模型的基础利用测井曲线进行井间内插和外推,插值结果要符合地质沉积规律。

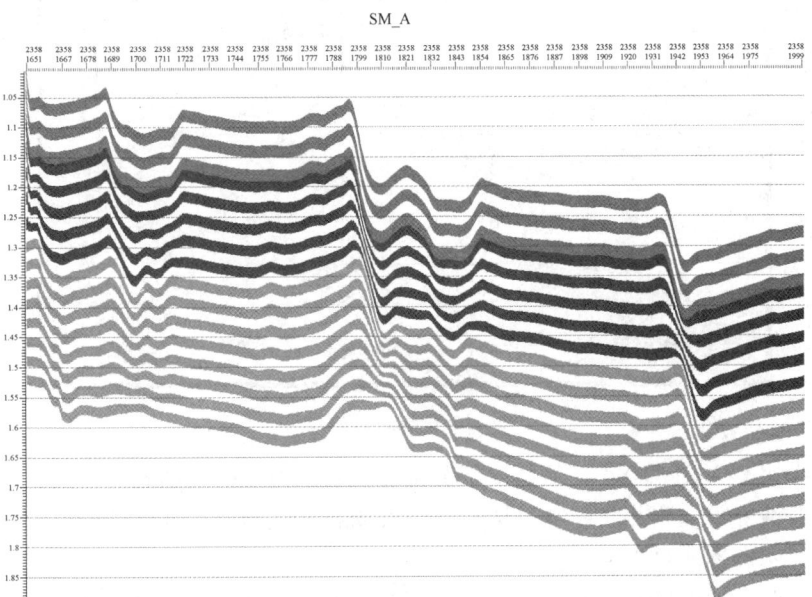

图 4   低频模型

2.4　主要敏感参数测试

在约束稀疏脉冲反演中，主要敏感参数测试是控制反演质量的重要环节(图5)。

地震信噪比：用于约束反演结果与地震数据的相似性，信噪比设置越高，表示从反演结果中转换的合成记录与地震越相关。

稀疏性约束因子：该参数反映的是反射系数序列的稀疏性，稀疏性约束因子值越小，反射系数序列越稀疏。

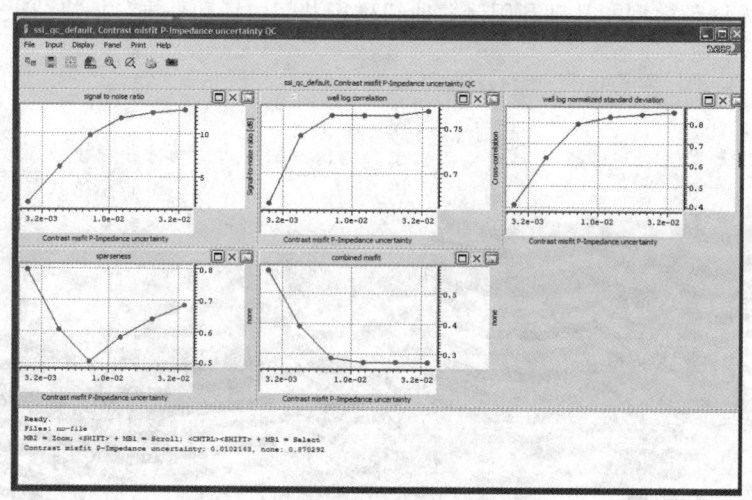

图5　主要敏感参数设置

(1) 信噪比 S/N(上左)：一般情况下随稀疏性约束因子的增加逐渐增大；

(2) 一般情况下，测井曲线波阻抗与反演波阻抗相关性(上中)先随稀疏性约束因子的增加而增大，然后逐渐趋于平缓；

(3) 测井曲线波阻抗的标准偏差与反演波阻抗标准偏差的相关性(上右)变化的规律与(2)选项相同；

(4) 稀疏性(下左)着稀疏性约束因子的增加而减小；

(5) 综合误差(下中)是其他4项指标的综合结果，一般情况下先是呈递减的趋势，然后有一个拐点，再趋于平缓。

函数表的变化规律具有普遍性：

(1)~(3)的变化规律都是先递增的；

(4)、(5)的变化规律则是呈现递减的，根据经验可以取拐点处的值。

2.5　测井约束波阻抗反演

相对与传统地震资料而言，地震反演预测具有更高的精度，它的输入数据包括：地震数据、地震子波、地层格架、声波、岩性曲线等。依靠趋势和模型补充地震资料中所缺乏的0~6Hz 的低频成分，提升对砂体边界的精细刻画；从测井数据得到地震资料中缺乏的高频成分，达到提升地震资料分辨率的目的。

该技术的优势：该技术使常规地震资料中的细节更加丰富，砂体平面及剖面展布特征更加易于识别。在保持地震资料横向分辨率的基础上，提高了纵向分辨率，达到薄储层预测的目的。

2.6　反演效果分析

经过以上步骤得到一个高分辨率、细节更加丰富的三维反演体，通过反演体与单井岩性剖面的对比分析，得到了储层与阻抗剖面的对应关系(图6)。从剖面上看，NmⅢ-5 小层在阻抗剖面上表现为一组全区大部稳定分布，可连续追踪的红色强反射特征(庄11-15)；当NmⅢ-4-3 发育时(庄11-13)反射轴表现为整体加宽变粗的趋势。

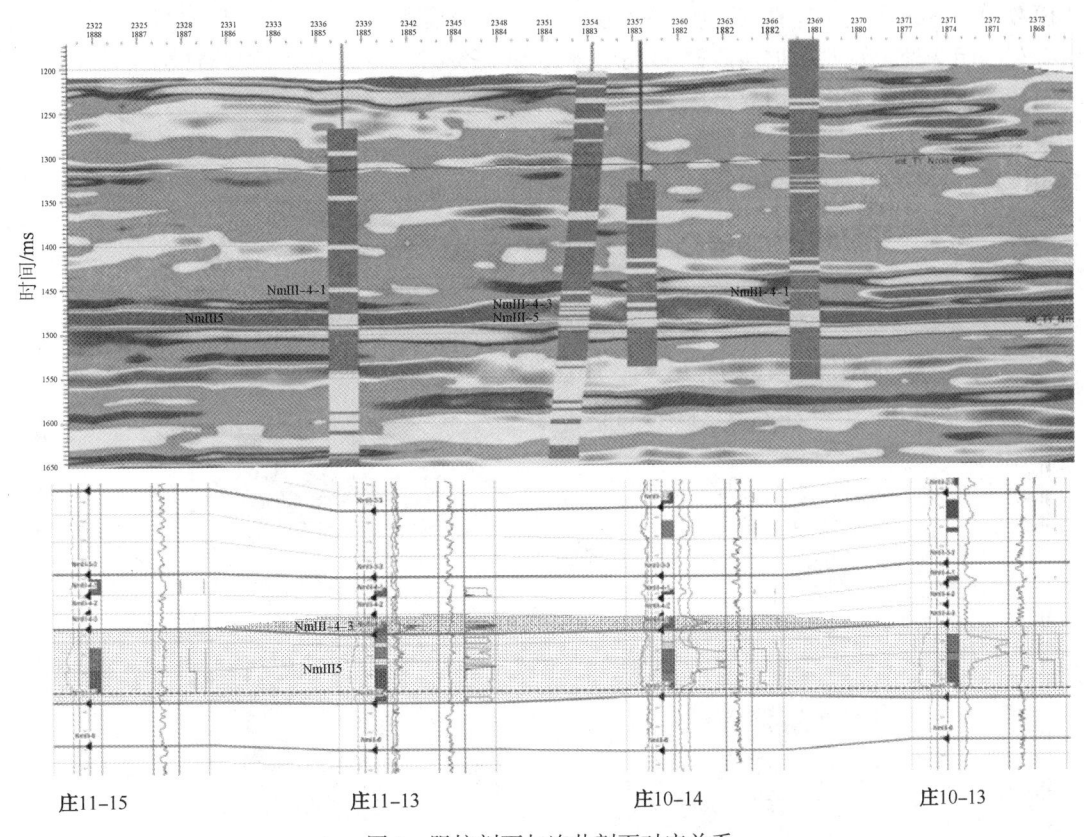

图6　阻抗剖面与连井剖面对应关系

因此，依据以上变化特点，对上下两套储层进行剥离。通过提取阻抗平面属性图，得到NmⅢ-4-3 阻抗属性砂体预测平面图。通过平、剖两方面的相互印证，所有钻遇 NmⅢ-4-3 砂体的井，均落在暖色条带状砂体范围内部，预测吻合率为100%。所以可以得出以下结论：羊二庄一断块砂体平面表现为南北向展布特征，物源方向为正南，内部发育多个点坝，点坝中心部位可形成局部高点。阻抗平面、剖面两方面预测成果表明：砂体平面、剖面反射特征明显，能够满足 NmⅢ-4-3 薄储层识别、追踪、评价的需要。

2.7　面向储层的二次解释

依据叠后约束稀疏脉冲反演得到阻抗预测结果，围绕目标层系，从平面、剖面、单井等多方面资料入手，明确储层与阻抗剖面之间的相互关系及主要目的层的阻抗剖面特征。利用细节更加丰富、分辨率得到大幅提升的反演结果，平、剖结合，以阻抗剖面中红-黄色、加宽同相轴的标志反射，代表 NmⅢ-4-3 薄储层顶面反射特征。采用闭合解释的方法，在该数据体上开展面向储层的二次解释工作，完成该套薄储层的精细刻画。从解释成果上看，NmⅢ-4-3 砂体呈现北高(暖色)南低的构造形态，东西两侧以岩性边界为主，南北两端以断层为界，内部发育多个有利圈闭。庄 11-13 井北部~东北方向新拓展面积和新增有利圈闭是本次扩边增储的主研方向。

3　储层预测效果

经过对反演剖面二次精细解释，得到 NmⅢ-4-3 薄储层砂体顶面构造图。利用阻抗平面属性与单井属性关系建立回归曲线，建立孔隙度、渗透率砂岩厚度等二维地质模型。通过建模数模一体化研究，计算 NmⅢ-4-3 砂体拓展含油面积 0.65km²，地质储量 58×10⁴；新增有利圈闭 2 处，预测增加地质储量 46.38×10⁴。研究成果解决了产量与储量，静态与动态之间的矛盾，明确了岩性边界范围，预测结果符合曲流河沉积规律。

NmⅢ-4-3 开发调整方案(图 7)应用精细构造解释、储层预测、建模数模一体化等手段多角度进行论证，NmⅢ-4-3 储层开发方案设计新井 9 口(采油井 6 口、注水井 3 口)总进尺 1.57×10⁴m，老井转注 2 口，预计新建产能 1.5×10⁴。2017 年 4 月该方案顺利通过油田公司评审。

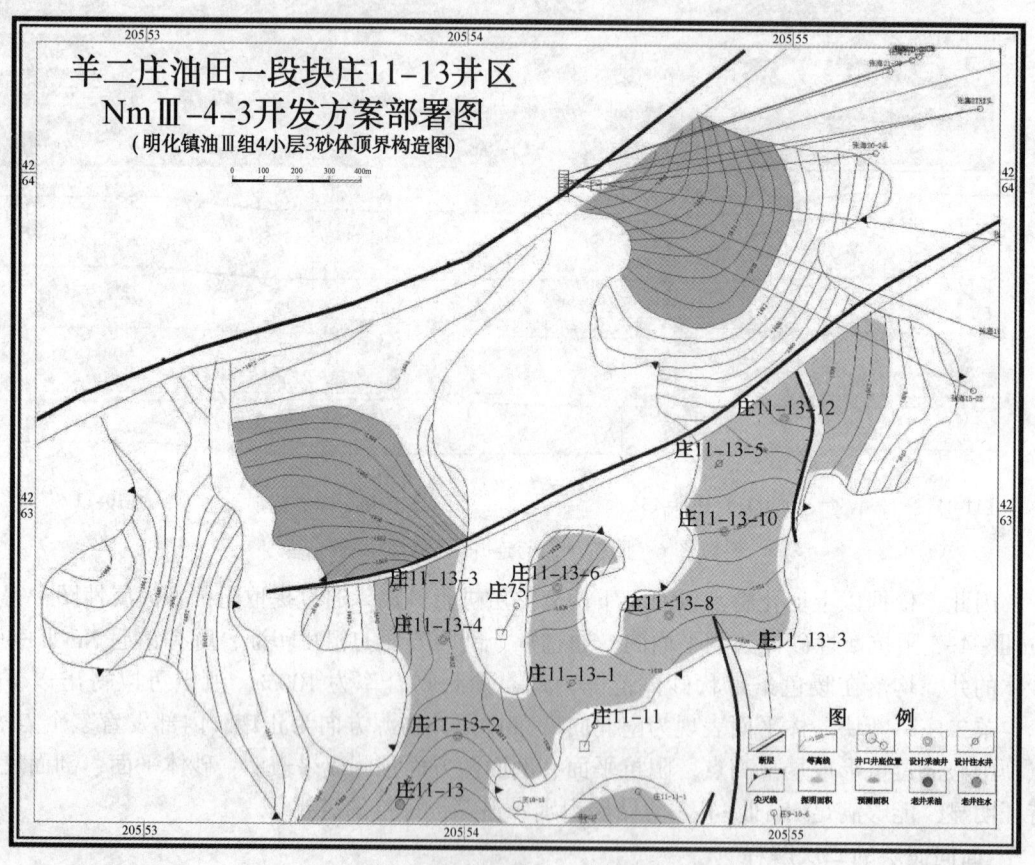

图 7　NmⅢ-4-3 层开发调整方案部署图

4　结论与建议

羊二庄一断块 NmⅢ-4-3 储层是 一个典型的岩性构造油气藏，通过使用未参与反演计算的井进行验证分析，认为该方法预测本区 4.6m 薄储层是可行的。但是在反演预测前一定要对测井曲线进行标准化处理，地震数据要为纯波数据，标定时要明确目的层的地质、地震响应特征。针对目标层系提取最优子波参与储层反演。任何方法都有其局限性，本方法只代表在本区在现有技术条件下，预测效果相对较好的一种方法，有一定的地区局限性。

参 考 文 献

[1] 李占东，赵伟，李阳，等. 开发地震反演可行性研究及应用——以大庆长垣北部油田为例[J]. 石油与天然气地质，2011(05).

[2] 柏冠军，吴汉宁，赵希刚，等. 地震资料预测薄层厚度方法研究与应用[J]. 地球物理学进展，2006(02).

[3] 王西文，刘全新，苏明军，等. 滚动勘探开发阶段精细储集层预测技术[J]. 石油勘探与开发，2002(06).

[4] 黄军斌，高利军，高勇，等. 辫状河流相薄砂体地震子波效应和识别方法[J]. 石油与天然气地质. 2010(02).

[5] 周竹生，周熙襄. 宽带约束反演方法[J]. 石油地球物理勘探，1993，28(5)：523-536.

滩浅海双检资料融合新技术

秦　宁，梁鸿贤，刘培体，高　丽

(中国石油化工股份有限公司胜利油田分公司物探研究院，山东东营 257022)

摘　要　海底电缆(OBC)技术是滩浅海地震勘探的重要手段，其采集特点是将炮点沉放在水下一定深度，而检波器铺设在海底，这就使得地震波在海水层中震荡产生鸣震，因此水陆双检采集方式应运而生。在 OBC 双检数据的资料处理中，如何实现水检和陆检的一致性融合是关键。常规融合技术是基于水检和陆检场相同的假设，将两者进行能量匹配后直接融合或调相位融合，造成有效波受到损害，鸣震压制效果差。根据胜利油田滩浅海 OBC 双检资料特点，在利用地震波波场模拟理清双检资料地球物理特征的基础上，首次提出了双检资料微分融合处理新技术，并研发形成了成熟的 OBC 双检资料融合处理流程。在垦东东、长堤以及垦东北等区块进行了实际应用，验证了其能够在保护有效波的前提下，更好地消除鸣震干扰，取得了明显的应用效果与经济效益，展示了在滩浅海 OBC 双检采集地区的应用前景。

关键词　海底电缆；水检；陆检；双检合并；鸣震

海底电缆(OBC)技术是滩浅海地震勘探的重要手段，其主要采集方式是将检波器铺设在海底。但是，这种观测方式会使有效波到达检波器时进入海水层继续传播产生鸣震等多次干扰，造成频谱陷频现象，严重影响地震资料的有效频带和信噪比。目前，一般利用双检采集对有效波和鸣震的不同响应来压制鬼波。双检采集中，两种类型的检波器集成在一个检波装置中一起沉放到海底，接收时作为两个记录地震道分别进行信号接收，利用压电检波器记录地震波的压力分量，所得的地震记录称之为水检；利用速度检波器记录地震波的垂向速度分量，所得的地震记录称之为陆检。由于双检资料在振幅、相位以及频率等方面存在较大差异，因此合并之前必须进行一致性处理。

有关海底电缆双检资料的研究始于 Barr 等[1]在 1989 年提出的海底电缆双检接收技术压制多次波。多年来，许多专家学者针对海底电缆双检技术做出了有益贡献：Ball 等[2]提出在双检合并处理之前需要进行振幅和相位的匹配，Soubaras[3]研究了海底双检检波器数据的处理技术，Bale[4]根据不同入射角度信息，利用平面波分解计算尺度变换因子并进行双检合并，Lawton 等[5]研究了 OBC 地震资料中不同水深的影响，韩立强等[6]针对海底电缆初至波二次定位技术的应用进行了研究，全海燕等[7]讨论了海底电缆双检接收技术压制水柱混响的问题，王振华等[8]采用双检资料求得海底反射系数，并构建双检资料的最佳组合以达到压制鸣震干扰的目的，Wang 等[9]利用大偏移距的反射和折射能量对双检资料进行校正合并，在水浅地区获得较好效果，陈浩林等[10]研究了水深对 OBC 地震资料的影响分析与对

作者简介：秦宁(1985—)，女，汉族，博士，高级工程师，2013 年毕业于中国石油大学(华东)地质资源与地质工程专业。现从事地震资料处理研究工作。E-mail：qinning692. slyt@ sinopec. com

策，He 等[11]研究了水深变化地区的双检合并处理方法，贺兆全等[12]利用双检资料叠加去除鬼波的基础上应用海底反射系数去除微屈多次波，Alexandrov 等[13]展示了陆检资料尺度变换因子求取方法并测试了其在复杂介质中的应用效果，Sun 等[14]提出了利用上下行波波场分离对双检资料进行校正合并的方法，Zhang 等[15]研究了利用水检资料自适应去除陆检资料噪音并应用水陆检均方根振幅比提高合并效果的方法。综上所述，目前常用的双检合并处理的技术实现可以概括：利用水检和陆检资料进行匹配后求取一个尺度变换因子，然后再进行合并，有的是直接合并，有的是调相位后合并。但是很多资料显示这两种方法的合并效果并不理想。

考虑到水检资料记录的是压力分量，而陆检资料记录的是垂向速度分量，为了使其能够进行一致性合并，首次提出了将双检记录的地球物理量先统一然后再进行融合的新技术。由于陆检与海底之间的耦合较差，资料信噪比低，而水检资料分辨率高，因此确定了将陆检资料进行微分处理后再求取尺度变换因子，与水检资料进行合并的方法，简称陆检微分合并技术，能够在保证有效波能量不受损害的前提下，消除检波点端鸣震，拓宽频带，提高分辨率。目前已经形成成熟的 OBC 水陆双检融合处理流程，能够应用于实际生产。

1 技术原理

地震传感器的响应信号 $x(t)$ 可以表示为：

$$x(t) = x_m \sin(\omega t + \varphi) \tag{1}$$

式中，x_m 为检波器振动的最大振幅，角频率 $\omega = 2\pi f$，φ 是初始相位，t 为记录时间。陆检检波器记录的是垂向速度信息 Z，水检检波器记录的是加速度信息 P，即：

$$\begin{cases} Z = \dfrac{dx(t)}{dt} = \omega x_m \cos(\omega t + \varphi) = \omega x_m \sin\left(\omega t + \varphi + \dfrac{\pi}{2}\right) \\ P = \dfrac{d^2 x(t)}{dt^2} = -\omega^2 x_m \sin(\omega t + \varphi) = \omega^2 x_m \sin(\omega t + \varphi + \pi) \end{cases} \tag{2}$$

由式（2）可以看出：水检和陆检不仅存在相位差，而且能量差异也不是常数，与频率有关，频率越大，能量差异越大。

目前常用的双检合并技术，包括直接合并法以及调 90°相位合并法，没有考虑这种频率差异，其合并的技术原理显示在式（3）～式（4）中：

$$PZ_{sum} = \frac{1}{2}\left(P + \frac{1+r}{1-r}kZ\right) \tag{3}$$

$$PZ_{sum} = \frac{1}{2}\left(P + \frac{1+r}{1-r}kZ_{phase-90°}\right) \tag{4}$$

考虑到能量差异与频率的关系，海底电缆双检资料微分融合新技术是将陆检资料进行微分处理后再与水检融合，能够起到提频的作用，利于储层精细刻画。其表达式可以写为：

$$PZ_{sum} = \frac{1}{2}\left(P + \frac{1+r}{1-r}k\frac{dZ}{dt}\right) \tag{5}$$

式中，PZ_{sum} 是双检合并结果，r 是海底反射系数，k 为 PZ 尺度变换因子，可以通过扫描陆检和水检资料的近偏移距信息进行求取。

2 模型试算

设计简单的层状速度模型如图 1(a)所示，海水深度为 18m，速度为 1500m/s，其他各层速度分别为 2000m/s、2400m/s、2700m/s 和 3000m/s。采用一阶应力-速度声波方程交错网格有限差分法进行海底电缆双检资料的正演模拟,炮点沉放深度为水下 3m、道间距 6m、主频为 40Hz、采样率为 2ms,得到的水检单炮和陆检单炮如图 1(b)和图 1(c)所示。分别利用式(3)~式(5)所示的直接合并法、调 90°相位合并法以及陆检微分合并法对正演双检记录进行合并并叠加,得到的叠加剖面展示在图 2 中。

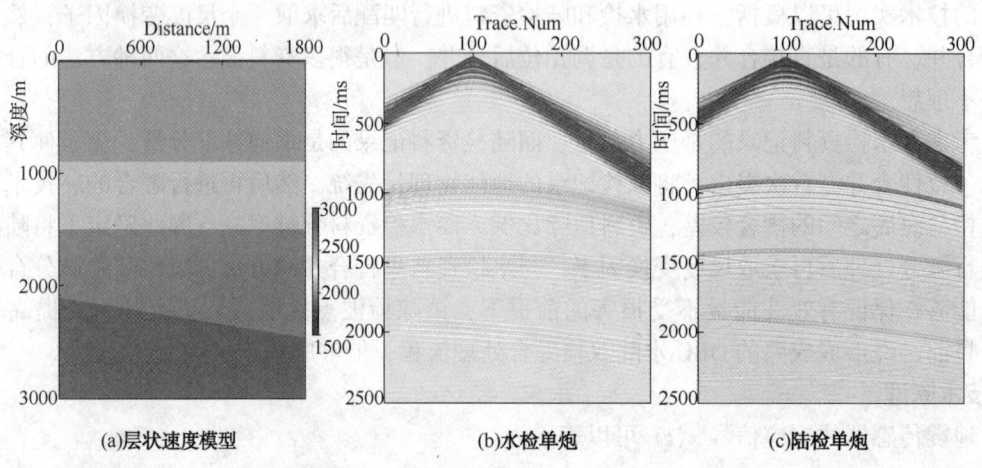

图 1　速度模型及正演模拟的双检记录

对比 3 种方法的叠加结果可以看到:陆检微分合并法得到的叠加剖面,层位同相轴较为干净,去除鸣震的效果最好;调 90°相位合并法得到的叠加剖面,存在一些剩余的鸣震干扰;直接合并法得到的叠加剖面鸣震干扰较多,严重影响了叠加效果和层位分辨率,效果较差。但是,在图 2(c)所示的陆检微分合并法得到的叠加剖面中,仍然存在少许剩余的鸣震干扰,这是由于双检合并方法只能去除检波点端鸣震,剖面中还存在炮点端鸣震,需要利用预测反褶积等方法进行去除。

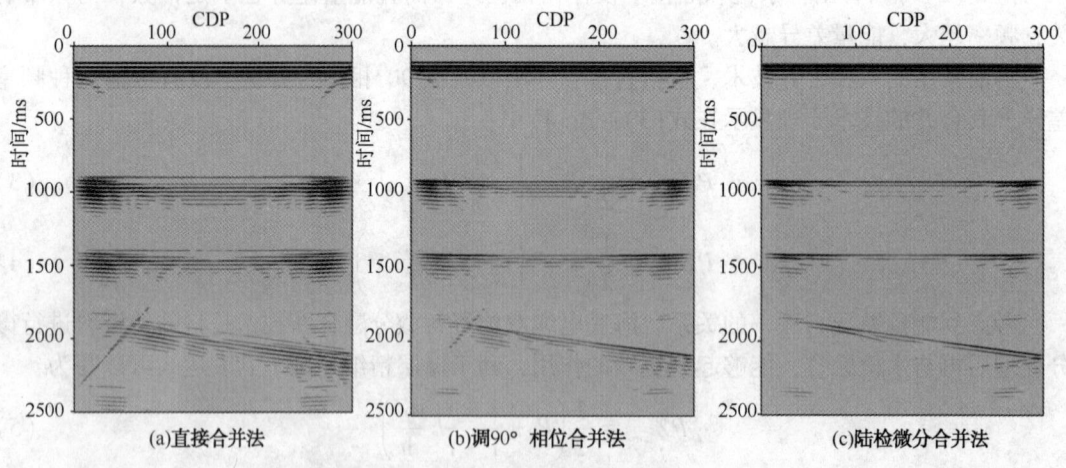

图 2　模型 3 种双检合并方法叠加剖面对比

3　应用实例

应用中国东部滩浅海 KDD 探区三维实际资料验证方法的应用效果。该探区地表条件主要是滩涂和极浅海,海水深度为 0~9m,炮点沉放深度为水下 1.5~3m,道间距为 25m,偏移距12.5m，采样率1ms，图3所示为该区的双检单炮资料对比，图3(a)为水检和陆检单炮并排对比显示，可以发现两者在频率、相位以及振幅中均存在较大差异；将陆检单炮进行微分后再与水检单炮进行对比，发现陆检资料微分后，两者的差异得到了较好的校正。

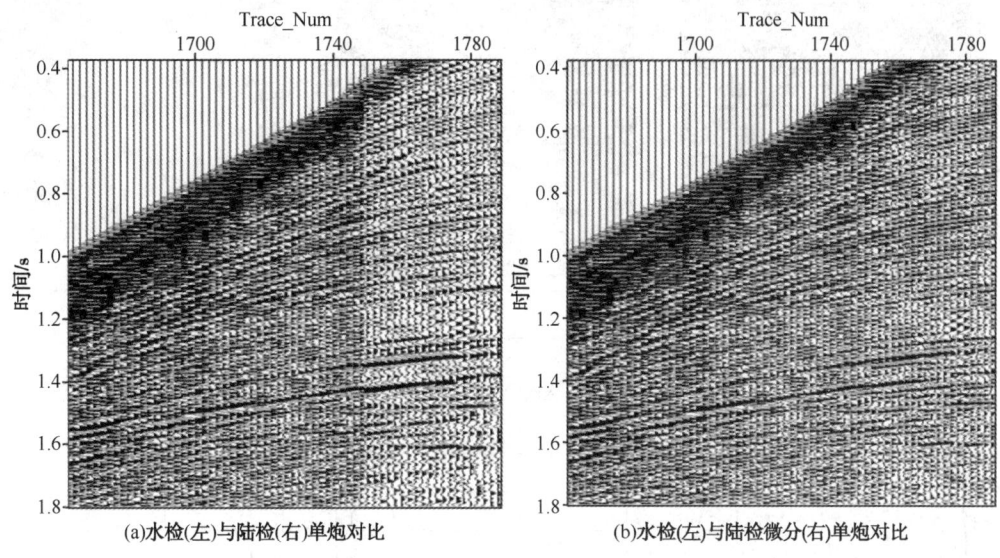

图3　KDD探区双检单炮资料对比

利用3种不同方法对实际资料进行合并得到叠加剖面，如图4所示，可以发现陆检微分合并叠加剖面较前两者分辨率高，浅层频率一致性好，储层识别能力强。图5所示为3种合并方法中合并叠加结果与水检叠加结果的鸣震残差及频谱，可以发现前两种方法的残差中包含很多有效波信息，频带较宽，而陆检微分合并方法的残差主要集中在浅层，不包含有效波信息，并且从频谱上看也主要是高频信息(鸣震是高频干扰)，这些特征都验证了陆检微分合并法的有效性，能够在保护有效波的前提下，消除鸣震干扰，拓宽频带，提高地震资料的分辨率。

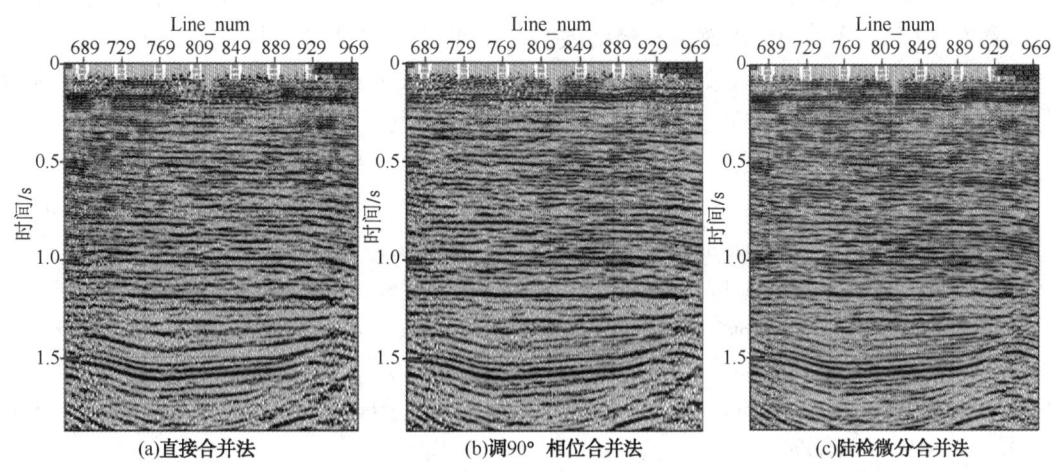

图4　KDD资料不同双检合并方法叠加剖面对比

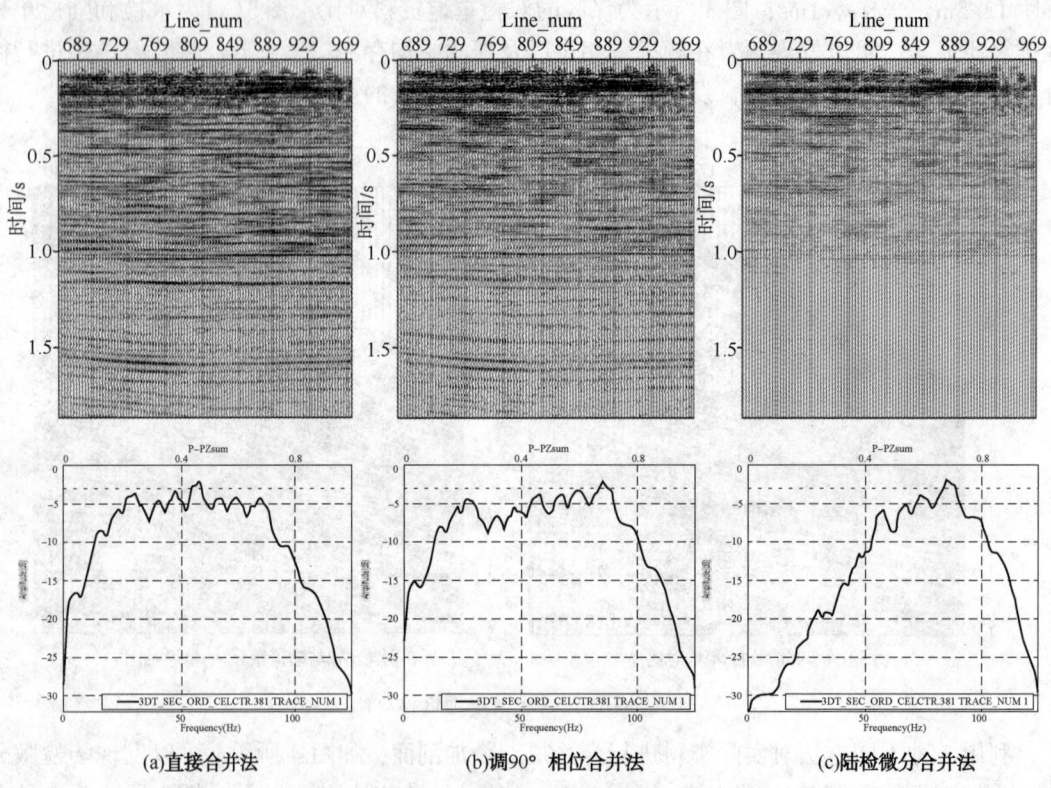

图 5　KDD 资料不同方法水检叠加与合并叠加剖面残差及频谱

4　结束语

　　根据胜利油田滩浅海 OBC 双检资料特点，在利用地震波波场模拟理清双检资料地球物理特征的基础上，首次提出了双检资料微分融合处理新技术，并研发形成了成熟的 OBC 双检资料融合处理流程。在垦东东、长堤以及垦东北等区块进行了实际应用，与常规双检融合技术对比，新技术能够实现水检与陆检的一致性合并，达到了保护有效波、消除鸣震干扰的预期目的，取得了明显的应用效果与经济效益，证明了 OBC 水陆双检融合处理新技术的先进性与实用性。该项技术会在新采集的桩海等双检采集区块实现进一步的研究与应用，展示了其在滩浅海 OBC 双检采集资料地区具有广阔的应用前景。

参 考 文 献

[1] Barr F J, Sanders J I. Attenuation of water column reverberations using pressure and velocity detectors in a water-bottom cable[C]. Expanded Abstracts of 59th Annual Internat SEG Mtg, 1989: 653-656.

[2] Ball, V., and D. Corrigan. Dual-sensor summation of noisy ocean-bottom data[C]. 66th Annual International Meeting, SEG, Expanded Abstract, 1996: 28-31.

[3] Soubaras R. Ocean bottom hydrophone and geophone processing[C]. 66th Annual International Meeting, SEG, Expanded Abstracts, 1996: 24-27.

[4] Bale, R. Plane wave deghosting of hydrophone and geophone OBC data[C]. 68th Annual International Meeting, SEG, Expanded Abstracts, 1998: 730-733.

[5] Lawton Don C and Hoffe Brian H. Some binning issues for 4C-3D OBC survey design[C]. 70th Annual Interna-

tional Meeting, SEG, Expanded Abstract, 2000：19-220.

[6] 韩立强，常稳．海底电缆初至波二次定位技术的应用[J]．石油物探，2003，42(4)：502-504.

[7] 全海燕，韩立强．海底电缆双检接收技术压制水柱混响[J]．石油地球物理勘探，2005，40(1)：7-12.

[8] 王振华，夏庆龙，田立新，等．消除海底电缆双检地震资料中的鸣震干扰[J]．石油地球物理勘探，2008，43(6)：626-635.

[9] Wang, Y., and S. Grion. PZ calibration in shallow waters：the Britannia OBS example[C]. 78th Annual International Meeting, SEG, Expanded Abstracts, 2008：1088-1092.

[10] 陈浩林，张保庆，倪成洲，等．水深对 OBC 地震资料的影响分析与对策[J]．石油地球物理勘探，2010，45(增刊1)：18-24.

[11] He, Z. Q., Zhang, B. Q., Zheng, S. F., et al. Application of the OBC dual-sensor processing technique to a tide developed area in shallow water：a case study from Jinzhou, China[C]. 81st Annual International Meeting, SEG, Expanded Abstracts, 2011：3668-3672.

[12] 贺兆全，张保庆，刘原英，等．双检理论研究及合成处理[J]．石油地球物理勘探，2011，46(4)：522-528.

[13] Alexandrov, D., Boris, K., Andrey, B., et al. Dual-sensor summation with buried land sensors[C]. 84th Annual International Meeting, SEG, Expanded Abstract, 2014：1929-1933.

[14] Sun, F., Yang, K. and Huang, B. A Ghost Prediction Based OBC PZ Summation Method for Complex Seabed [C]. 77th EAGE Conference & Exhibition, Extended Abstracts, 2015：1181-1184.

[15] Zhang, B. Q., Zhou, H. W., Ding, Z. Y., et al. Integrated processing techniques to low signal-to-noise ratio OBC dual-sensor seismic data[C]. 85th Annual International Meeting, SEG, Expanded Abstracts, 2015：2180-2184.

石 油 开 发

分段压裂易钻球座壁面磨损的性能预测研究

张 建，吕 玮，任家敏，田浩然，李玉宝

(中国石化胜利油田分公司石油工程技术研究院，山东东营 257000)

摘 要 对单锥、凹弧、凸弧、双锥段的球座锥段结构等分段压裂易钻球座的内部气固两相流动行为和壁面磨损情况进行数值研究。在数值预测时，气相场采用标准 k-ε 模型，应用拉格朗日方法中颗粒轨道模型来模拟湍流场中颗粒运动轨迹。给出不同锥度结构球座的内部流动特性以及磨损率情况。结果表明，球座的大柱段、小柱段处流场分布较为均匀，由于砂粒的趋壁效应，近壁处流场存在小幅波动。经过优化的双锥段结构能在控制主流速度梯度和砂粒浓度基础上，降低球座锥面磨损程度。同时，也说明了应用计算流体力学来研究压裂球座内部气固两相流动规律的可行性。

关键词 压裂球座；锥段结构；流场分析；磨损率；数值模拟

当前，在低压低渗透油气藏开发中，我国自主研发的水平井裸眼分段压裂技术已经开始推广应用[1,2]，投球驱动滑套分段压裂则是一项关键技术，滑套则能为压裂施工建立流通通道，球座壁面则要经过 $5\sim10\text{m}^3/\text{min}$ 排量的压裂液的反复冲刷而造成密封锥面失效，致使出现压裂滑套开打失败。因此，球座结构以及壁面磨损问题是提高分段压裂成功与否关键。当前有很多针对分段压裂滑套的结构优化以及冲蚀性的研究工作，比如，马明新等[3]利用表面处理技术，对于 4 种不同类型的球座试样进行充实磨损试验；李强等人[4]利用数值模拟的方法找到了球座的最大冲蚀磨损率的分布情况。针对分段压裂投球滑套球座的内部气固两相流动规律具有自身特点，应结合内部流场分析不同结构参数对于分段压裂易钻球座壁面磨损的影响。随着计算机技术和计算流体动力学的快速发展，CFD（Computational Fluid Dynamics）技术在流体机械领域得到广泛应用[5,6]。本文即针对这些问题，在球座内部气固两相流动模拟的基础上，设计构造出单锥、凹弧、凸弧、双锥段结构，利用可靠数值计算模型对压裂球座锥段结构形式对冲刷磨损的影响规律进行分析，以期通过研究不同锥段结构型式下的球座的耐磨损能力，选取合适的锥段结构型式以符合压裂施工的要求。

1 物理模型

分段压裂滑套球座结构如图 1(a) 所示，结构尺寸与工业化应用的分段压裂滑套球座完全相同（传统的单锥段结构），球座入口直径 100mm，出口直径 30mm。结合文献[7]，从球座耐磨性能考虑选择球座锥角为 30°。为了优化球座内部流道设计了凹弧、凸弧、双锥段结构，结构尺寸如图 2 所示。图 1(b) 为分段压裂球座的网格模型，本数值计算建模和网格生成由 GAMBIT 软件实现，网格划分采用 Cooper 方法，生成满足计算要求高质量六面体网格。并进行网格无关性验证，最终确定网格数 30 万左右。

作者简介：张建(1981—)，男，汉族，博士，高级工程师，2009 年毕业于中国石油大学(华东)化工过程机械专业，现从事油气田开采研究工作。E-mail：zhangjian051. slyt@ sinopec. com

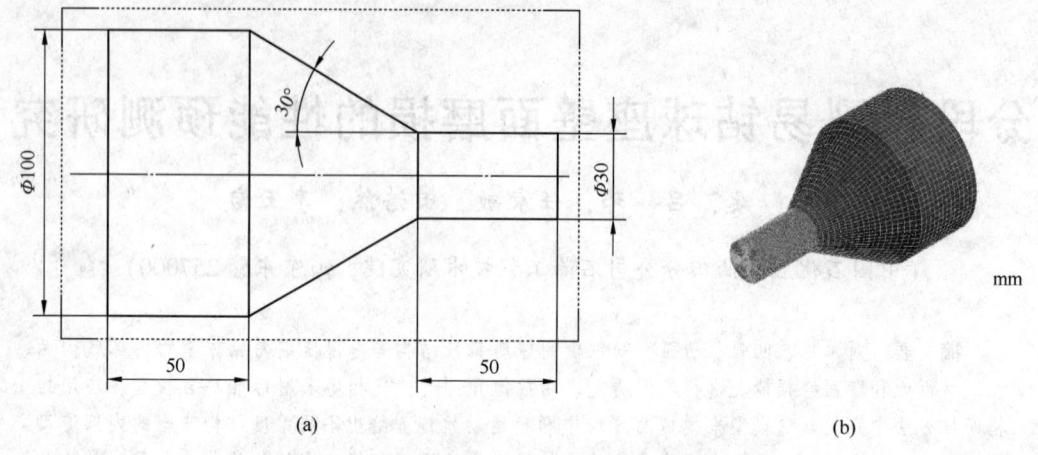

(a)　　　　　　　　　　　　　　　　　(b)

图 1　传统压裂球座结构(单锥形)及网格模型

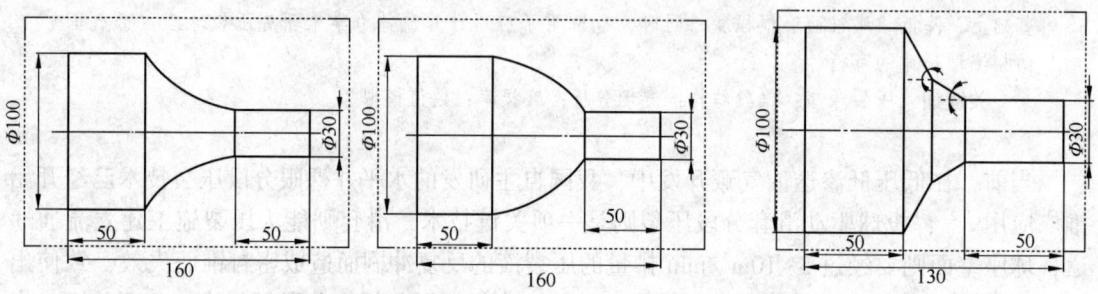

图 2　3 种不同结构(凹弧、凸弧、双锥段)的压裂球座尺寸(mm)

2　计算方法

　　假定旋风管分离器内进行的是一个等温、不可压过程,因此旋风管内气体流动可以由不可压缩流体的连续方程和 N-S 方程来描述,即

　　连续方程

$$\frac{\partial u_i}{\partial x_i} = 0 \tag{1}$$

N-S 方程

$$\rho_g u_j \frac{\partial u_i}{\partial x_j} = -\frac{\partial p}{\partial x_i} + \frac{\partial}{\partial x_j}\left[\mu\left(\frac{\partial u_i}{\partial x_j} + \frac{\partial u_j}{\partial x_i}\right)\right] + \frac{\partial \tau_{ij}}{\partial x_j} \tag{2}$$

　　在本模型的计算当中,我们选用了标准 k-ε 模型。标准 k-ε 模型主要是针对湍流发展比较充分和具有高 Re 数的湍流计算模型。而且从模拟结果和现有的计算机能力来看,它是比较适合的。

　　本次数值模拟所选用的流体为井下使用的压裂液,压裂液的物理性质如表所示密度为 $1030kg/m^3$,黏度在室温 25℃时 300～400mPa·s,井温 40～50℃时,150～200mPa·s,入口边界条件选用速度入口,根据流量和入口几何参数可以计算出入口的平均速度 $\bar{u} = 10.32m/s$(流量为 5m³/s 时)。在该入口条件下,我们认为液相的发展已经很充分,速度在入口端面上是均匀的,并且认为速度的方向为垂直端面的。

当应用 k-ε 模型时，若选择二阶迎风离散格式，则难以得到收敛解，残差曲线出现周期性震荡，意味出现瞬态流型。此时，应改为非稳态算法，一般时间步长取 0.001s 左右，或者取远小于气体停留时间的数值，即采用稳态和非稳态结合方法使气相场收敛。

离散相模型即颗粒轨道模型，该模型利用拉格朗日方法将压裂液视为连续相，固相颗粒视为与连续相之间存在相对滑移的离散相。在欧拉坐标系下计算求得压裂液连续流场后，施加颗粒相，再在拉格朗日坐标系下对固相颗粒的运动轨迹进行跟踪。FLUENT 通过在拉氏坐标系下积分颗粒作用力微分方程来求解离散相颗粒的运动轨道。为了更好地对球座进行计算分析，根据球座的工作情况，选择采用 FLUENT 软件中磨损模型（Erosion/Accretion 模型）对球座的磨损形态及流道两相流动状态进行数值分析。

3 计算结果与分析

3.1 压裂球座液相流场的基本特征

由于在液固两相的情况下，颗粒相是包裹着液相中，由液相进行输运。所以，为了对球座的磨损情况进行分析，我们先要对液相进行速度场、压力场等基本参数的研究。图 3 为球座 $X=0$ 剖面液相流场的径向和轴向速度的分布云图。

由以上速度流场的图片可以看出，轴向速度的数值比较大，径向速度和切向速度都比较小。径向速度是液相在运动过程中发生的涡流运动，产生了这两个方向上的分速度。在压裂过程中，压裂液（液相）是砂粒（颗粒相）运动的携带者，轴向速度为颗粒输运提供了动能。轴向速度的大小在入口处约 10m/s，而在出口处速度则达到 100m/s 左右。这是因为入口处截面面积较大，而在进入球座流道以后，由于球座锥段流道截面积不断缩小，液体不断受压缩，在流量一定的情况下，出口速度必然增大。同时，我们从轴向速度云图也可以看出，并且在 Y 方向上下出现较好的对称性，这说明在球座流道内部流场得到了比较充分的发展。另外，在锥段与小圆柱段交接过渡处的地方，速度的变化较大，出现了局部的最大值。这是由于在锥段处截面流通面积的变化导致了速度流场的变化。

通过分析这些速度场的急剧变化，体现了在这些过渡区域湍流现象。而湍流现象加剧了这些位置的壁面磨损情况。

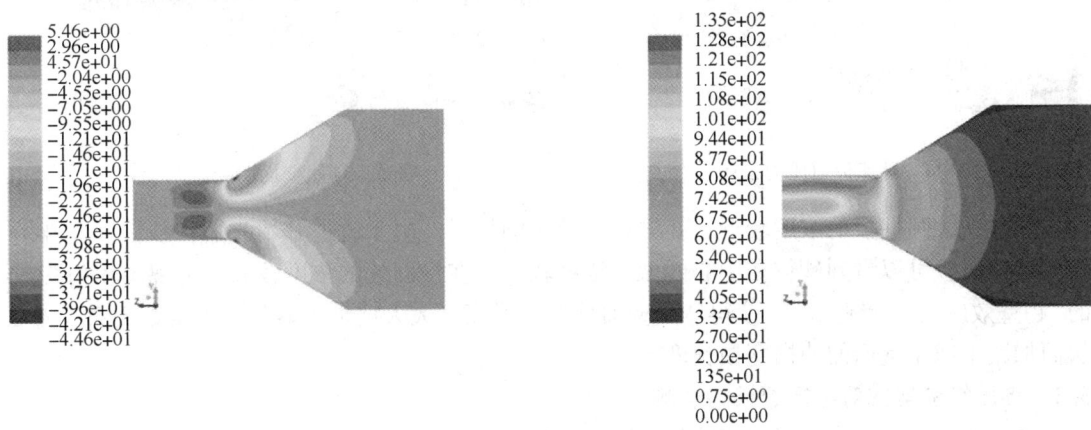

图 3　球座 $X=0$ 剖面液相流场径向速度和轴向速度场分布

图 4 为球座流道的压力云图。在球座入口处的压力达到 36MPa，而在出口处则为设定的 30MPa。球座流道内压力逐渐降低，进出口压差约为 6MPa。液固两相的混合液在流动过程

中的沿程阻力损失主要包括压裂液流动过程中与壁面的摩擦、砂粒与壁面的碰撞冲损作用、压裂液的内摩擦阻力损失等，这些因素共同作用，导致球座流道压力由入口到出口逐渐减小。同时，压力在锥段与小圆柱段交接处变化大，出现较大的压力变化梯度。这是因为在该处由于形状变化大，速度场出现较大的变化从而导致了压力场的变化。

3.2　压裂球座壁面磨损的基本特征

由于压裂液携带大量的砂粒，砂粒在连续相流体的携带作用下，在流动过程中以一定的速度和角度冲击球座的壁面，使得球座壁面产生冲损磨损，磨损部位包括大柱面、锥面及小柱面。然而，实际中则关注球座锥面的磨损状况，而柱面的磨损不会对造成严重影响。因此，数值模拟过程中，仅对球座锥面的磨损状况进行计算。

图5分别给出了球座壁面磨损率分布云图。球座锥段处流道内径减小，混合液流经锥段区域时，流体流线向内收缩，而砂粒密度较大，所受惯性力较大，砂粒仍沿原先流线方向运动，从而不断撞击球座锥段表面，球座锥面受到砂粒的冲损作用产生磨损。由于混合液在流动过程中存在湍动及随机性，因而砂粒在锥段表面的分布也存在高浓区域。由图可知，球座锥段磨损率呈带状分布，即某些区域带内磨损较为严重，磨损率较高[可达 $1×10^{-3}$ kg/($m^2·s$)，云图中呈橙红色]，而某些区域磨损率较低，保持在 $5.0×10^{-5}$ kg/($m^2·s$)以内(云图中呈蓝色)。实际应用中，若局部磨损率过高，将会显著影响球座的密封性能，因此需要改进球座结构，尽可能的降低球座的磨损率。

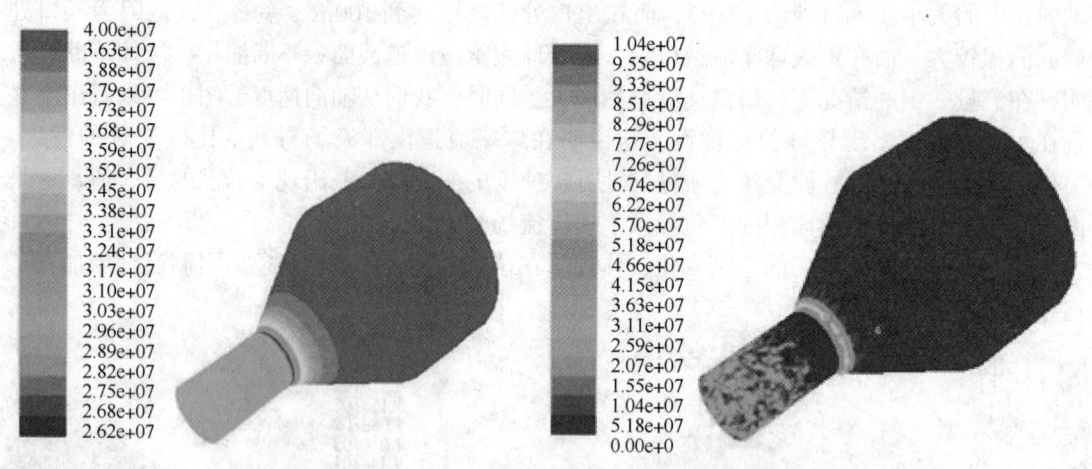

图4　球座流道压力云图　　　　　图5　球座壁面磨损云图

砂粒在大圆柱段的浓度较低，在锥段以及小圆柱段，由于流道开始收缩，砂粒浓度开始增大。同时，可以看到砂粒在中心区域的浓度较低，在壁面处的浓度较高，呈现出较为明显的"趋壁效应"。"趋壁效应"使得球座壁面处浓度增高，大大增加了砂粒与壁面的碰撞几率，从而加剧了球座壁面的冲损磨损程度。

3.3　锥段结构型式对冲损磨损的影响

球座锥段结构形式对两相流动状态以及锥段的冲损磨损也存在显著影响。在锥角一定的前提下(锥角为30°)，通过改变球座锥段的结构形式(单锥、凹弧、凸弧、双锥段)，从球座锥段磨损率、砂粒浓度分布、流场速度矢量、砂粒运动轨迹等各方面进行对比，分析球座锥段结构形式对冲损磨损的影响规律。研究不同锥段结构型式下，球座的耐磨损能力，选取合适的锥段结构型式。

3.3.1 球座锥段磨损率对比

图 6 分别给出了不同锥段结构(单锥、凹弧、凸弧、双锥段)球座锥段磨损率分布图。由图可知,不同锥段结构条件下,球座锥段的磨损形态均呈片状分布,球座锥段磨损率存在局部极值。为考察球座锥段结构型式对球座锥面磨损状况的影响规律,绘制了不同锥段结构型式条件下球座锥段平均磨损直方图如图 7 所示。由图可知,凹弧锥面的平均磨损率最大[$6.24 \times 10^{-4} kg/(m^2 \cdot s)$],直锥面的平均磨损率次之,再到凸弧面的平均磨损率,最后是双锥面的平均磨损率最小[$2.61 \times 10^{-4} kg/(m^2 \cdot s)$]。与单锥和凹弧这两种结构型式相比,凸弧和双锥结构型式下的球座锥段壁面的平均磨损率是比较小的。所以在对球座锥段结构进行选择的时候,可以优先选择这两种结构,以降低球座锥段的平均磨损率。

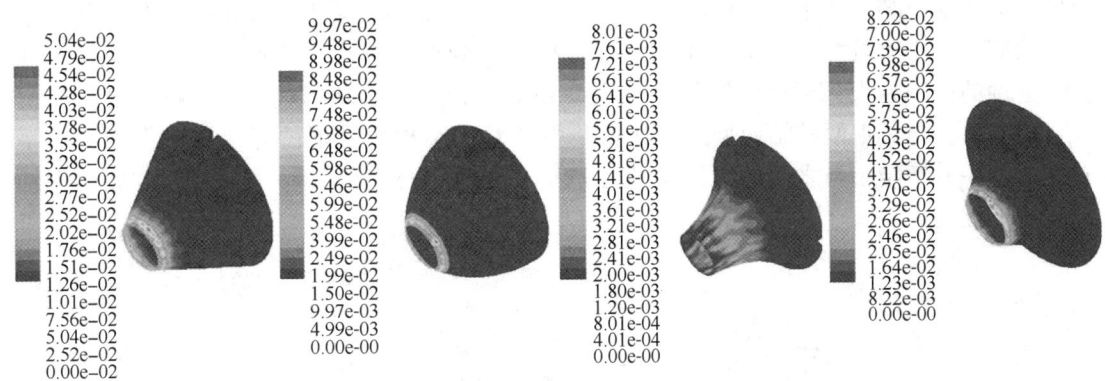

图 6　不同锥段结构的磨损云图

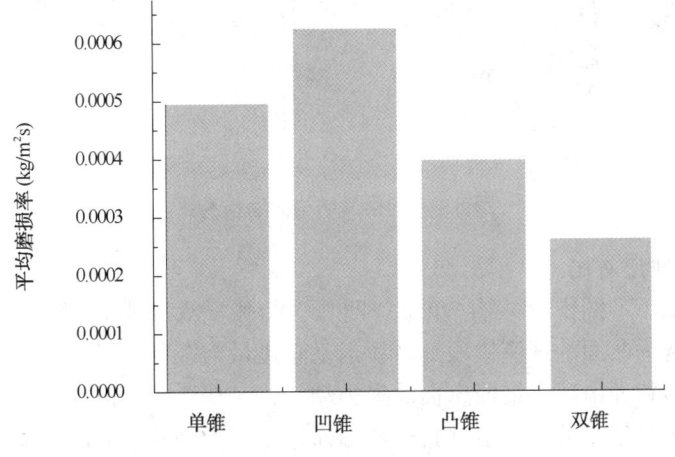

图 7　不同锥段结构的磨损平均率

3.3.2 砂粒浓度分布对比

砂粒对球座的冲损磨损过程中,壁面处的砂粒浓度分布对磨损具有重要的影响。球座壁面处砂粒浓度越高,砂粒与壁面的撞击概率也越大,从而导致较为严重的冲损磨损。因此,有必要对流道壁面处砂粒的浓度分布进行研究。

从流道壁面处砂粒浓度分布云图可以看出,砂粒在球座壁面处的浓度分布并不均匀,这是由压裂液和砂粒两相流动的随机性所决定的。砂粒在大圆柱段和锥段的交界处存在砂粒浓度的极值，其原因在于流道内径变化时，砂粒在惯性作用下冲击锥段表面，从而形成了局部的砂粒高浓度区域。这就说明了在锥段的表面，砂粒与壁面的撞击几率是最大的。这样就会出现在锥段处的磨损率比较大。另外，在小圆柱段处，由于湍流的作用，砂粒的运动存在波动性，运动方向并不是一直沿着 Z 轴方向。运动方向偏离液相水平流线，从而导致了砂粒与球座壁面的撞击，在壁面不同的地方形成了砂粒的聚集带。

　　图 8 分别给出了不同锥段结构(单锥、凹弧、凸弧、双锥段)流道壁面处砂粒浓度分布云图。由分布云图可知，锥段结构为凹弧面的球座锥段壁面处砂粒浓度最高，而且在锥段与小柱段连接区域尤为明显。通过对比分析得知：凹弧面结构的球座锥段近壁面处砂粒浓度在 3 种结构中最高。与之相反，锥段结构为凹面的球座锥段壁面处的砂粒浓度最低。而双锥段结构由于其大锥段阻挡了大部分的砂粒，在大锥段壁面处的壁面砂粒浓度比较高，而小锥段的壁面砂粒浓度较低。壁面砂粒浓度越高，砂粒与壁面的碰撞、冲击、磨蚀的概率越大，球座锥段的磨损程度相应的升高。所以，从壁面砂粒浓度分布情况可以看出：与其他两种结构型式相比，凸弧和双锥结构型式下的球座锥段平均磨损率较低。这一分析结果与之前的不同锥段结构形式条件下球座锥段平均磨蚀直方图所得结果是相一致的。

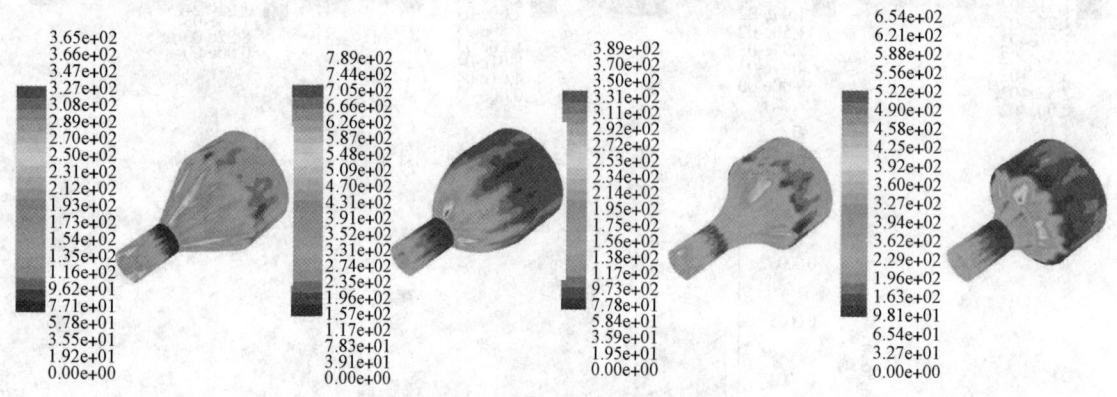

图 8　不同锥段结构的磨损云图

3.3.3　砂粒运动轨迹对比

　　图 9 分别给出了不同锥段结构(单锥、凹弧、凸弧、双锥段)条件下砂粒运动轨迹。由图可知，锥段结构为凸面的球座锥段处砂粒运动轨迹最为杂乱，可见砂粒碰撞壁面后反弹的运动轨迹，表明砂粒冲击球座锥段壁面后失去动量，又在连续相流体带动下向球座出口方向运动。凸弧面和单锥球座的砂粒运动轨迹较凹面球座更为平缓，而凸弧面球座的锥段区域颗粒运动轨迹最为平缓，表明颗粒在锥段区域内具有与主流较好的跟随性，与锥段壁面发生碰撞、冲蚀的颗粒数目较少。而双锥段结构时颗粒运动轨迹，在锥段与大圆柱交接的地方，运动轨迹较变化比较剧烈，这是因为砂粒受到大锥面的阻挡，与大锥面发生碰撞，导致其运动轨迹发生变化。这也解释了前面提到的，双锥段结构型式时候的大锥面上的砂粒颗粒浓度分布高的原因。

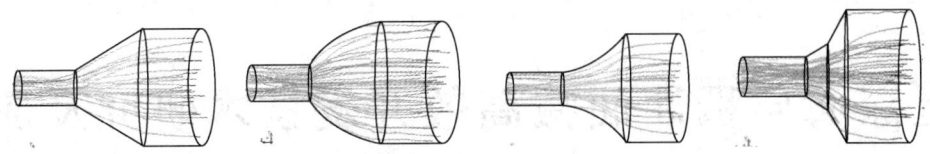

图 9   不同锥段结构的砂粒运动轨迹图

4   加压密封试验

将结构优化后的压裂球座进行井下试验，平均施工排量为 5m³/min，球与球座平均密封压力达 20MPa，施工中滑套打开压力明显，证明滑套球座与憋压球的密封性能及滑套球座的耐冲蚀性能均满足现场要求。取出经过冲蚀后的 30°锥角+双锥段密封球座，再次进行室内试验，低压密封(8MPa)稳定可靠，高压密封压力达 70MPa，3min 降 1~2MPa，满足现场应用要求。

5   结论

利用计算流体动力学软件 FLUENT，对不同结构分段压裂球座内部气固两相流动以及壁面磨损问题进行了数值模拟，说明 CFD 数值仿真计算能够有效预测不同球座结构对压裂滑套的内部流场、压力场以及壁面磨损的影响，得到较为可信的预测数据。在球座锥角一定的前提下(锥角为 30°)，锥段结构为双锥面的球座锥段耐磨性能最优，锥段结构为凸弧面的球座锥段抗磨性能次之，锥段结构为单锥的球座磨损性能排第三，锥段结构为凹弧面的球座锥段抗磨性能最差。在控制锥段区域主流速度梯度和砂粒浓度的前提下，采用双锥段结构型式和流线形锥面结构型式可在一定程度上降低球座锥面磨损程度，平均磨损率可降低 50%以上。

参 考 文 献

[1] 董建华，郭宁，孙渤，等. 水平井分段压裂技术在低渗油田开发中的应用[J]. 特种油气藏, 2011, 18 (5)：117-119.

[2] 朱正喜，李永革. 水平井裸眼完井分段压裂技术研究[J]. 石油矿场机械, 2011, 40(11)：44-47.

[3] 马明新，王绍先，侯婷，等. 分段压裂球座耐冲蚀性能评价[J]. 石油机械, 2016, 44(1)：67-70.

[4] 李强，董社霞，路振兴，等. 投球式滑套球座冲蚀磨损及评价方法研究[J]. 润滑与密封, 2016, 41 (7)：115-119, 142.

[5] 李海锋，吴玉林，赵志妹. 利用三维紊流数值模拟进行离心叶轮设计比较[J]. 流体机械, 2001, (09)：18-21.

[6] 赵兴艳，苏莫明，张楚华. CFD 方法在流体机械设计中的应用[J]. 流体机械, 2000, (03)22-25, 4.

[7] 张峰，张全胜，吕玮，等. 基于 CFD 的压裂球座冲蚀磨损数值模拟[J]. 油气田地面工程, 2016, 35 (5)：14-18.

海上深薄层稠油油藏高效开发技术研究及应用

刘　东，张彩旗，聂玲玲，张　雷，潘广明，罗义科

(中海石油(中国)有限公司天津分公司，天津 300459)

摘　要　受海上稠油开发成本高等因素的影响，很多埋藏深、储层薄的稠油油藏按照稠油注蒸汽开采筛选标准难以投入热采开发。为改善海上稠油开发效果，提出注多元热流体(蒸汽、热水、N_2 和 CO_2 的高温混合物)，利用注入气体溶解降黏等复合机理开采原油。以渤海 NB 油田南区稠油为靶区，从不同原油黏度的稠油渗流规律与稀油渗流规律的不同点出发，从理论上研究了渤海稠油的流变性和非线性渗流规律，考虑启动压力梯度推导了极限井距和生产压差的计算公式，研究结果可指导不同稠油油田在冷采、热采方案设计。同时，通过"温度–吸附量–残余阻力系数"的耦合，结合实验数据研究了邻井注弱凝胶本井热采吞吐的增效新方法，提出了既利用本井热采吞吐加热地层改善原油地下流动能力，又通过邻井注弱凝胶驱提高储量动用程度，开辟了海上稠油热采复合化学挖潜增效的新模式。矿场实践表明，研究成果在 NB 油田实现增油量达到 50 余万吨，同时指导了多个稠油油田的热采方案设计。

关键词　多元热流体；极限井距；水平井；复合增效；弱凝胶

截至 2012 年底，渤海油田探明石油地质储量中有一半是稠油，地层条件下原油黏度超过 350mPa·s 的稠油占探明稠油储量比重较大[1]。以渤海 NB 南区稠油为代表的"深、薄"稠油油藏，埋藏垂直深度为 900~1300m，水平井斜深为 1400~2400m，主力油层单层厚度为 4~6m，地层条件下原油黏度为 450~950mPa·s，投产初期采用天然能量开发，水平井投产初期产能为 35t/d，预测采收率不足 5.0%，难以满足海上油田开发高速高效的要求[2]。按照国内外稠油注蒸汽开采斜深小于 1600m、油层连续厚度大于 10m 的筛选标准[3]，渤海很多"深、薄"稠油难以投入注蒸汽开发。为改善海上稠油开发效果，提出注多元热流体(蒸汽、热水、N_2 和 CO_2 的高温混合物)新技术，在吞吐早期即混注大量的 N_2 和 CO_2，利用多组分的协同作用机理开采原油，弥补"深、薄、稠"油藏常规注蒸汽的不足。

同时由于海上油田开发投资大、经济门槛产量高，无论是注水、注弱凝胶还是热采，海上开发都表现出与陆地不同的特点。NB 油田是渤海较早投入开发的稠油油田，目前正进行弱凝胶调驱、热采吞吐等多项新技术试验。南区原油黏度高，导致地层条件下原油流动困难，开发方式以天然能量开发、弱凝胶调驱、稠油热采为主。海上稠油开发的成本远高于陆地，需要在设计阶段、调整阶段分别进行挖潜：在方案设计阶段，需要针对渤海不同稠油油

基金项目："十三五国家"科技重大专项"海上稠油油田热采实施优化及应用研究"(2016ZX05058–001–008)

作者简介：刘东(1986—)，男，汉族，硕士，油藏工程师，2007 年毕业于中国石油大学(北京)石油工程专业，现主要从事在生产油田管理、开发方案设计、稠油油田热采及化学驱提高采收率研究。E-mail：liudong@cnooc.com.cn

田的渗流介质和流体性质的特点，在冷采、热采开发方案研究时确定极限井距和生产压差，在"少井高产"的模式下尽可能提高稠油动用范围；针对地层条件下具有一定流动能力的稠油，能否通过开发模式的创新，需要进行多种新技术组合挖潜，进一步提升单井累产油指标。本文以 NB 稠油油田南区为靶区，从不同原油黏度的稠油渗流规律与稀油渗流规律的不同点出发，通过理论创新、实验研究、矿场试验等多种研究手段，研究了深薄层稠油多元热流体吞吐的关键技术。

1 稠油非线性渗流规律研究

1.1 非线性渗流理论基础

根据达西定律，渗流速度与压力梯度之间表现为一条过原点的线性关系，只要偏离这种线性关系的渗流过程，都称为非达西渗流[4]，即非线性渗流，它有两种典型的形式，一是渗流速度过高的"上限"非达西渗流；二是渗流速度过低的"下限"非达西渗流。分析表明，在经典渗流理论范畴内，启动压力梯度决定于流体的性质、介质的表面作用和孔隙结构。与低渗透介质一样，在高渗透介质中，稠油也存在低速非达西渗流现象，而启动压力梯度则能够简明扼要地表述稠油低速非达西渗流。

假设地层无限大，生产井以恒定压力生产，则地层中存在内部渗流区域及外部定压区域两个区域[5]。内部渗流区域边界为随时间变化的动边界，运动方程如下[6]：

$$
\begin{cases}
u = 0, & \left|\dfrac{\partial p}{\partial r}\right| \leqslant G \\[2mm]
u = -\dfrac{K}{\mu}\left(\dfrac{\partial p}{\partial r} - G\right), & \left|\dfrac{\partial p}{\partial r}\right| > G
\end{cases}
\tag{1}
$$

由于稠油黏度高，渗流阻力大，液固界面及液液界面的相互作用力大，导致稠油的渗流规律产生某种程度的变化而偏离达西定律。只有当驱动压力梯度超过某一初始压力梯度时，稠油才能流动，为此增加了稠油的开发难度。

1.2 NB 油田稠油流变性分析

开展稠油流变性试验，为判断稠油在油藏温度下流动状态以及流动能力的强弱，为开发方式决策提供依据。流体按流变性可分为牛顿流体和非牛顿流体。牛顿流体的黏度与剪切速率无关，而非牛顿塑性流体的黏度则随着剪切速率的变小而增大。当温度降到一定值后，原油可从牛顿流体变成非牛顿流体。流变特性转变所对应的温度称为"拐点温度"。"拐点温度"低，反映出原油在较低温度下仍保持牛顿流体的流动特征，即黏度与剪切速率（流速）无关（图2）。

图 1 是 NB 油田脱气原油实测的黏温曲线。由图 2 知，在 100℃ 以下，随着温度的升高，原油黏度急剧下降，当温度高于 100℃ 以后，温度对原油黏度的影响较小。由原油黏温曲线的变化规律可知：原油黏度的温度敏感区间在 50~100℃ 之间；温度每升高 10℃，黏度下降一半。在低温条件下，稠油渗流为非达西流；随着温度升高，压力梯度变小。说明高温下原油的结构性易于破坏，且在高温下，增加较小的压力梯度，就能获得较大的渗流速度。可知，稠油冷采开发与稠油热采开发的启动压力梯度不同，不同开发方式的极限井距也不同。

1.3 考虑稠油启动压力梯度的极限井距设计

在目前的模拟热采的商业软件 CMG 的 STARS 模块中，未考虑稠油的启动压力梯度，但对非常规稠油开发的影响不能忽略，因此提出考虑启动压力梯度在井网部署时计算合理

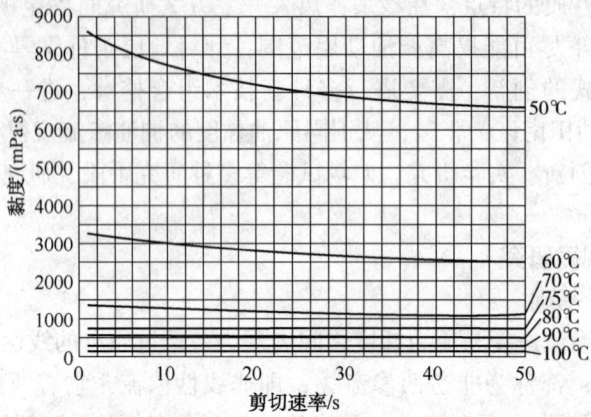

图 1　NB 油田南区稠油流变性分析

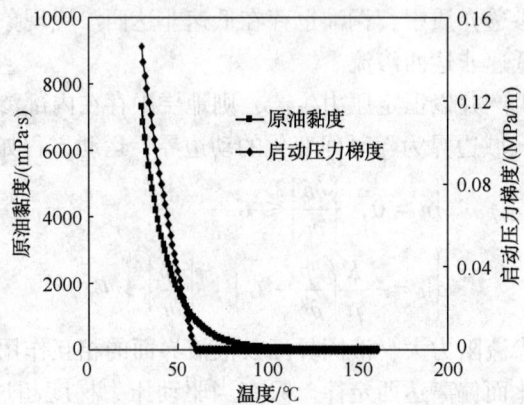

图 2　NB 油田南区稠油启动压力随温度变化图

井距。

根据渗流理论，无限大地层中压力梯度最小值表达式为：

$$\left(\frac{\mathrm{d}p}{\mathrm{d}r}\right)_{\min} = \frac{2(p_{\mathrm{wi}} - p_{\mathrm{wf}})}{d\ln\dfrac{d}{r_{\mathrm{w}}}} \tag{2}$$

通过回归渤海多个稠油油田的启动压力梯度与流度的关系，可得到经验公式[7]：

$$\left(\frac{\mathrm{d}p}{\mathrm{d}r}\right)_{\text{回归}} = 0.0049 \times \left(\frac{K}{\mu}\right)^{-0.1853} \quad (R^2 = 0.9333) \tag{3}$$

对于等产量一注一采情况，在注采井中间位置压力变化最缓，压力梯度最小。要使注水受效，就必须使井间最小压力梯度足以克服启动压力梯度。当启动压力梯度等于注采井主流线中点处的驱替压力梯度时，对应的注采井距即为技术极限井距，其表达式为：

$$\frac{2(p_{\mathrm{wi}} - p_{\mathrm{wf}})}{d\ln\dfrac{d}{r_{\mathrm{w}}}} = 0.0049 \times \left(\frac{K}{\mu}\right)^{-0.1853} \tag{4}$$

根据方程(4)，绘制不同压差下冷采开发的极限井距见图 3。根据热采的复合油藏模式，将热采油藏划分为加热区和冷区，在加热区内原油黏度大幅度降低[7]，启动压力梯度基本

上可忽略,而在冷区范围内原油黏度为地层原油的原始黏度,启动压力梯度较大,热采开发
的极限井距见图4。

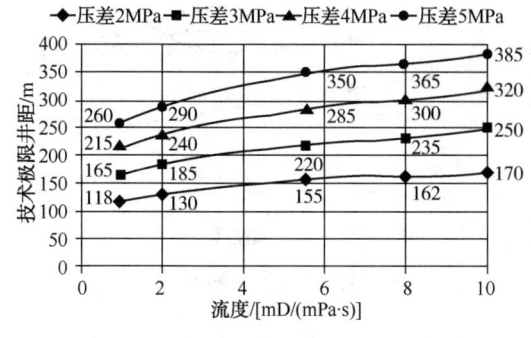

图 3　稠油冷采极限井距和生产压差图版

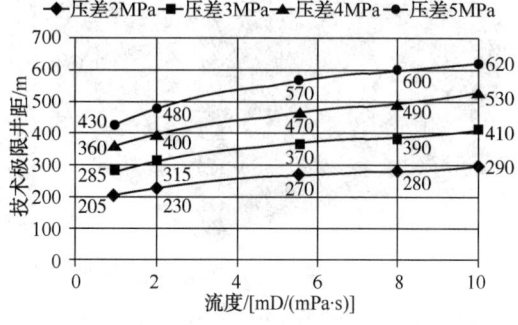

图 4　稠油热采极限井距和生产压差图版

在方案设计时,不要超过极限井距,否则稠油因为启动压力梯度的存在难以被动用。通
过图版,可查询不同流度稠油油藏在目前井网下所需的生产压差,以及在设计压差下的极限
井距。

2　热采化学复合增效研究

通过改变温度、注热量等可以进一步提高加热范围,获得较好的吞吐效果,但是在吞吐
过程中,注入的热量主要加热井筒附近的岩石和流体,见图5。在吞吐的过程中,流动能力
差的稠油不能及时补充到加热区,导致黏度高的稠油日产油快速递减。对于有一定流动能力
的稠油,热区的原油被采出后,远处的原油可渗透到热区被加热,从而减缓了日产油的递减
速度。为此提出邻井注弱凝胶本井热采吞吐复合增效的挖潜新模式,即将稠油驱替到加热范
围内,从而让更多的原油被加热降黏。该方法利用多元热流体吞吐加热地层改善原油地下流
动能力,结合弱凝胶驱提高储量动用程度[8],其优势在于既可以防止注入水快速突破到井
底,又可以依靠注采压差推动弱凝胶驱替原油。该技术的难点在于需要对弱凝胶辅助多元热
流体吞吐过程中物理化学现象进行数学描述,结合一定的物理模拟实验找到特征参数,从而
为方案设计等奠定基础。

2.1　聚合物凝胶体系筛选室内试验

为表征吞吐过程中弱凝胶体系溶液参数的变化,开展了温度对溶液黏度及吸附量的室内
实验研究。实验分别对 3 种聚合物、5 种凝胶溶液体系进行测定。实验结果表明:3 种聚合
物体系和四种凝胶体系初始黏度均随温度升高而减小;而凝胶体系(聚合物Ⅲ+凝胶Ⅱ)的黏
度随温度升高呈现先减小后增大的趋势,见图6。同时开展了三种聚合物、五种凝胶溶液体
系温度与吸附量实验。实验结果表明:随着温度的升高溶液吸附量下降,随着浓度的增加溶
液吸附量增加。

2.2　物理化学现象数学模型表征

通过"温度-吸附量-残余阻力系数"等实现化学驱和热采吞吐的耦合,成功建立物理化
学模型,并表征出吸附量、残余阻力系数等特征参数[9]。

聚合物凝胶体系吸附量表征:

$$C_i^* = \frac{aC_i}{1 + bC_i} + cT \tag{5}$$

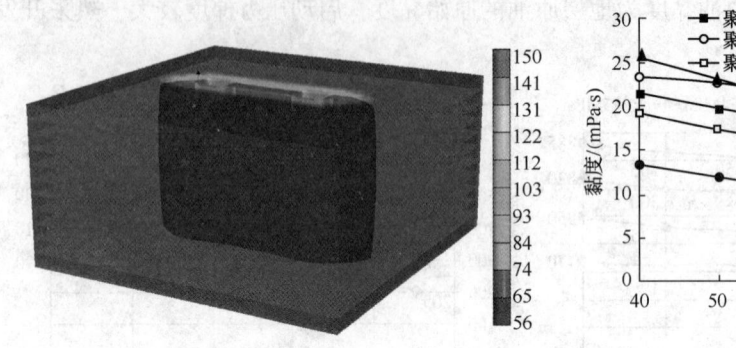

图 5　热采井的加热范围示意图

(热量集中在井筒周围)

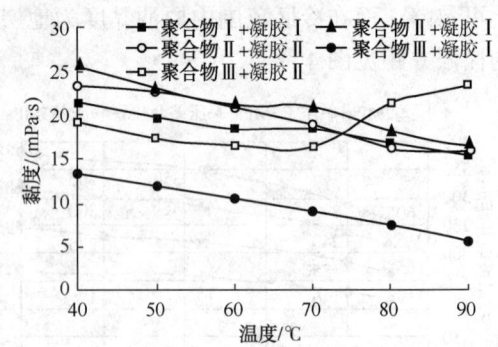

图 6　凝胶溶液黏度随温度的变化图

式中，C_i 为流体 i 相的质量浓度，mg/L；C_i^* 为单位体积岩石中 i 相的累计吸附量，mg/L；a、b、c 为实验常数。

聚合物凝胶体系水相渗透率表征

$$R_{ki} = 1 + (F_{RRi} - 1) \times \frac{C_i^*}{C_{imax}^*} \tag{6}$$

式中，R_{ki} 为 i 相的渗透率降低因子；F_{RRi} 为 i 相的残余阻力系数；C_{imax}^* 为单位体积岩石中流体 i 相的最大吸附量，mg/L。

2.3　单管模拟实验机理研究

设计了单管模拟实验(图 7)，实验基本流程是模型饱和地层水，油驱水，水驱油，注入凝胶段塞。单管模型由石英砂与环氧树脂胶结而成，外观尺寸为：宽×高×长=4.5cm×4.5cm×30cm。岩芯实验中拟通过改变岩芯不同位置原油黏度，进而模拟热流体对原油黏度的影响。当设置热流体作用范围后，该区域内原油黏度为 μ_1，其余部分等于原始原油黏度 μ_o。

利用单管模拟实验研究油井不同加热范围对采收率影响，如图 8 所示。当热作用范围由 1/10 增加到 5/10 时，采收率由 11.4% 增加到 17.7%，而采收率提高幅度逐渐降低。研究结果表明，通过对油井实施多轮吞吐，不断扩大加热半径，利用原油降黏、热膨胀、蒸馏等复合机理，可大幅度改善具有流动能力稠油油田的开发效果。

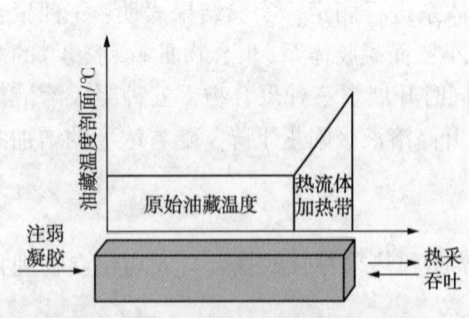

图 7　注弱凝胶辅助热采吞吐示意图

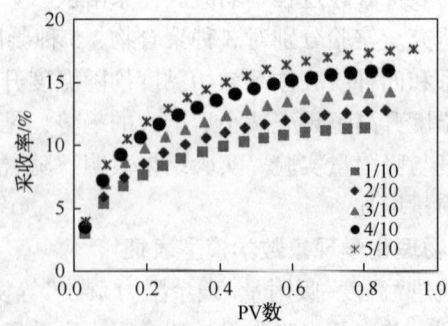

图 8　不同加热范围下采收率与 PV 数关系

2.4　数值模拟定量研究

通过建立油田实际注采井组模型，实现弱凝胶辅助吞吐增油机理量化以及不同提高采收率因子定量表征。通过设计天然能量开发、热采吞吐、弱凝胶驱、弱凝胶辅助吞吐四种方案，研究结果见图9和图10。研究结果表明，天然能量开发、热采吞吐、弱凝胶驱、弱凝胶辅助吞吐四种方案的最终采出程度分别为11.9%、25.9%、20.2%和37.8%。在此基础上，得到了热因子、化学驱因子以及组合增效三个因子对最终采收率的贡献比例分别为54.1%、32.1%和13.8%。

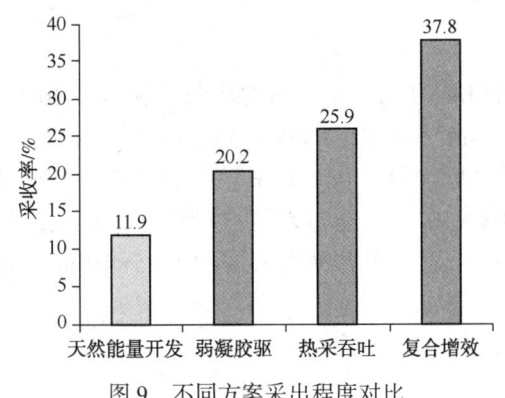

图9　不同方案采出程度对比　　　　图10　组合增效各项机理对采收率的贡献

3　矿场先导试验研究

3.1　基于稠油流变性的多元热流体吞吐方案整体设计

考虑不同稠油油藏的流变性特征，对渤海其他在生产和在建设稠油油田进行计算，得到不同开发方式下的极限井距和生产压差（表1）。

表1　根据不同油田的流度所计算得到的极限井距

油田	流度	生产压差 3MPa		生产压差 2MPa	
		冷采井距/m	热采井距/m	冷采井距/m	热采井距/m
LD	3.13	200	350	140	245
NB	5.56	220	370	155	270
QHD	2.80	195	335	135	240

因此在稠油油藏的开发过程中，要充分考虑原油黏度和油层渗透率对启动压力梯度的影响，通过采取加热降黏和添加表面活性剂等措施改变原油物性，提高流度，从而达到增产的目的。在室内实验和数模研究的充分论证下，以NB油田南区稠油为靶区，开展了热采整体开发方案研究，共设计11口热采水平井，设计水平段长度150~310m，井距200~250m，距内含油边界距离200m范围布井，从2010年开始进行热采先导试验。

3.2　多元热流体矿场注热参数

为保障海上稠油热采的安全进行，同时最大限度的提高热能利用率，采用了高真空隔热油管并加隔热衬套，以及改环空一次注氮气为环空连续注氮气的隔热措施。目前所有热采井均已完成第一轮吞吐，吞吐第一周期单井注热水量为2000~4700m³，平均为3500m³，注 N_2 和 CO_2 量为（104~176）×10^4m³，平均为135×10^4m³，井口注入温度为220~270℃。目前发生器产生的气体中，N_2 和 CO_2 的体积分数分别为12%和88%，注多元热流体气水体积比为300~500m³/m³。

3.3 第一轮吞吐效果评价

热采有效期是多元热流体吞吐井热采的重要参数，是确定热采周期增油量的基础。随着生产的进行，热量随着生产液损失，油井比采油指数下降；当热采的比采油指数下降为冷采的比采油指数时，判断热采失效。对第一轮吞吐效果进行评价，第一周期平均热采有效期从120 天到 450 天不等，平均为 296.5 天，周期累计产油为 $1.5×10^4$t，单井周期平均日产油为 50t/天，周期产能为冷采的 1.6 倍。

3.4 热采化学复合增效实践

截止到目前，NB 油田南区已经实现了 3 井次（B6、B17、B20M）的注弱凝胶驱矿场应用（见图 11），周边共有 6 口冷采井、3 口热采井（B34H、B31H、B43H）呈现明显的增油效果。冷采井注弱凝胶单井平均累增油 $1.01×10^4$m^3，累计增油量 $6.08×10^4$m^3。复合增效井累产油 $(4.0~7.0)×10^4$m^3，而同类热采井单井累产油 $3.0×10^4$m^3。通过对复合增效井进行效果评价，在单纯热采吞吐的基础上，通过弱凝胶辅助热采吞吐单井平均累增油 $1.85×10^4$m^3，可见"热采+化学"复合增效可明显改善油田开发效果（图 12）。

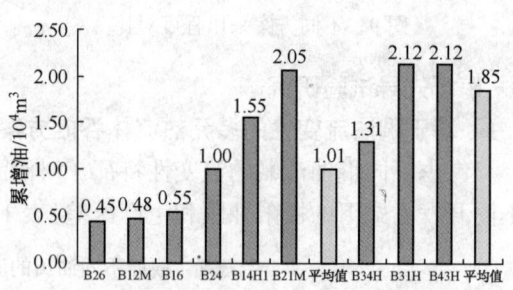

图 11　南堡 35-2 油田复合增效井位图　　　图 12　注弱凝胶受效油井的增油量

3.5 先导试验区热采效果

截至 2016 年 12 月，渤海共实施 11 口多元热流体吞吐热采井，其中 6 口井完成第 2 轮吞吐，4 口井正进行第三轮吞吐，热采井累计产油量达到 $50.0×10^4$m^3。注多元热流体后，南区日产油从 200t/天上升为 600t/天，采油速度从 0.26 上升到 0.67，数模预测目前注入条件下（井底温度为 240℃），热采井控储量采收率可在冷采 14.5% 的基础上提高 8.5%。

4　结论与认识

（1）在油藏温度下，N_2 和 CO_2 溶解度较高，降黏幅度较大，注多元热流体可改善深层和薄层常规注蒸汽热采的效果，弥补注蒸汽热损失大导致加热量不足的问题。

（2）考虑不同流度稠油油藏的稠油启动压力梯度，绘制的冷采、热采的井距和生产压差图版，解决了不同稠油油田在冷采、热采开发方案设计时确定极限井距和生产压差的问题，弥补了热采商业数模软件未考虑稠油启动压力梯度的不足。

（3）通过室内实验确定了非等温条件下凝胶溶液体系参数及函数表征，综合考虑温度对聚合物凝胶体系扩散、吸附的影响，基于"温度-吸附量-残余阻力系数"耦合，定量研究了热因子、化学驱因子以及组合增效因子对提高采收率的贡献程度，开辟了海上稠油复合增效的新模式。

参 考 文 献

[1] 刘东, 李云鹏 张凤义, 等. 烟道气辅助蒸汽吞吐油藏适应性研究[J]. 中国海上油气, 2012, 24(增刊 1): 62-66.

[2] 刘东. 热采水平井加热半径计算新模型 [J]. 中国海上油气, 2015, 27(3): 84-90.

[3] 郭太现, 苏彦春. 渤海油田稠油油藏开发现状和技术发展方向[J]. 中国海上油气, 2013, 25(4): 26-30.

[4] 薛定谔. A. E. 多孔介质中的渗流物理[M]. 王鸿勋, 张朝琛, 孙书琛, 译. 北京: 石油工业出版社, 1982: 174-175.

[5] 王晓冬, 郝明强, 韩永新. 启动压力梯度的含义与应用[J]. 石油学报, 2013, 34(1): 188-191.

[6] 许家峰, 程林松, 李春兰, 等. 普通稠油油藏启动压力梯度求解方法与应用 [J]. 特种油气藏, 2006, 13(4): 53-57.

[7] 郎兆新. 油气地下渗流力学[M]. 东营: 石油大学出版社, 2001: 148-149.

[8] 石立华, 喻高明, 袁芳政, 等. 海上稠油砂岩油藏启动压力梯度测定方法及应用—以秦皇岛 32-6 油田为例[J]. 油气地质与采收率, 2014, 21(3): 82-85.

[9] 刘东, 李云鹏, 张凤义, 等. 弱凝胶提高海上稠油油田采收率影响因素分析[J]. 特种油气藏, 2013, 20(2): 84-86.

[10] 张雷, 陈建波, 李金蔓, 等. 边底水稠油油藏热采吞吐后转弱凝胶驱开发方式[J]. 油气地质与采收率, 2016, 23(1): 124-127.

稠油火驱开发中辅助蒸汽吞吐的应用

柴 标

（中国石油辽河油田公司曙光采油厂，辽宁盘锦 124109）

摘 要 杜66火驱开发自2005年开展先导试验以来，年产油每年增加 2×10^4t，由转驱前 13×10^4t 上升到目前的 25×10^4t，基本上实现常规火驱技术的完善配套。但在火驱开发过程中，仍出现了见效程度低、动用程度低、油汽比低等问题。近年来，随着火驱开发的不断加深，已充分认识到辅助蒸汽吞吐在火驱开发中的重要性，为此通过持续优化注汽井点、注汽层位、注汽时机、注汽参数，有力保障了火驱开发效果持续改善. 取得了较好的效果，阶段采收率提高 14.2%。

关键词 火驱；辅助蒸汽吞吐；完善配套；优化注汽

1 油藏基本概况

1.1 地质概况（表1）

曙光油田杜66块杜家台油层为埋深 800~1200m 的典型薄互层状普通稠油油藏，含油面积 $4.9km^2$，地质储量 3940×10^4t，平均孔隙度为 25.5%，平均渗透率为 781mD，原油黏度为 300~2000mPa·s，原油密度 0.88~0.9g/cm^3，原始地层压力为 10.82MPa，原始地层温度为 47℃，开发目的层为下第三系沙四段的杜家台油层[1]。构造上位于辽河断陷，西部凹陷西斜坡的上倾部位，构造面积 $5.5km^2$，整体构造形态以自北西向南东倾伏的单斜构造，部分地区构造差异较大。

其沉积特征为典型的扇三角洲前缘的亚相沉积，由于近物源、高坡降、水动力条件的变化不稳定等差异性，决定了其沉积物分选差、粗细混杂、结构及成分成熟度低、微相带在纵横向上分布变化大的特点；自上而下发育两套层系，共分为 3 个油层组，10 个砂岩组及 30 个小层，平均油层厚度为 42.1m，单层厚度为 2.2m，一般含油井段为 130~170m。

表 1 杜 66 主要地质参数

油藏埋深/m	-800~-1300	原油密度/（g/cm^3）	0.92~0.94
平均油层厚度/m	42.1	原始地层压力/MPa	11.039
平均孔隙度/%	25.5	原始地层温度/℃	47
平均渗透率/mD	781	含油面积/km^2	8.4
原油黏度/（mPa·s）	1241.6	石油地质储量/10^4t	5629

1.2 开发历程（图1）

区块 1986 年投入热采开发，主要开发方式为蒸汽吞吐，共经历了基础井网上产、加密

作者简介：柴标（1988—），男，汉族，本科，助理工程师，2012 年毕业于长江大学石油工程专业，现从事油田开发研究工作。E-mail：chaibiao@petrochina.com.cn

调整稳产、开发后期递减、火驱二次上产等4个阶段：

基础井网上产阶段：以200m基础井网投入开发，阶段末采油速度1.2%，采出程度4.4%。

加密调整稳产阶段：1990～1997年：调整为100m正方形井网（局部70m），上下两套层系开发。阶段末采油速度1.2%，采出程度14.0%。

开发后期递减阶段：1998～2009年：高周期缓慢递减，期间开展蒸汽驱、热水驱试验，均未取得理想效果。阶段末采油速度0.3%，采出程度21.9%。

火驱二次上产阶段：2010年至今：火驱规模不断扩大，效果持续改善，年产油大幅度上升。

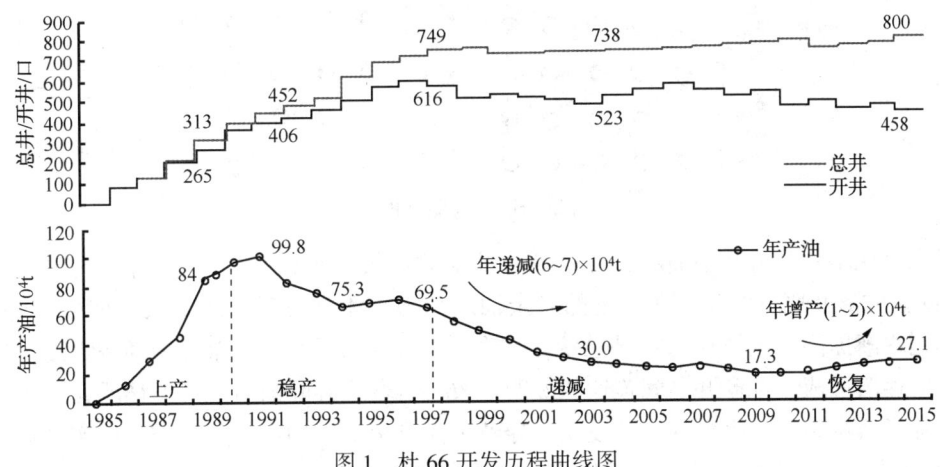

图1　杜66开发历程曲线图

1.3　开发现状及存在问题

截止至火驱开发前，区块油井总数776口，开井481口，日产油474t，年产油17.3×10⁴t，采油速度0.30，地质储量采出程度23.6%，可采储量采出程度85.8%，年油汽比0.30。经过30多年的蒸汽吞吐开发，区块已进入吞吐开发后期，具有"高周期、高采出程度、低压、低产、低油汽比"的特点[2]。

为寻求油藏有效的稳产接替方式，2005年开展了火驱开发先导试验，并获得成功。截止目前，杜66块共有火驱井组105个，控制地质储量3562×10⁴t；油井514口，开井364口，日产液3803t，日产油780t，含水率79.4%；注气井101口，开井84口，日注气74Nm³。年产油25.3×10⁴t，瞬时空气油比949Nm³/t，累计空气油比848Nm³/t。

蒸汽吞吐作为火驱开发的一种重要引效、提效手段，始终贯穿于火驱开发历程中，其对改善油井见效状况、提高平面动用程度以及扩大波及面积具有重要意义。如何注对汽、注好汽已经成为现阶段火驱开发面临的主要问题，同时也是在低油价环境下降本增效的重要手段。而转驱以后，火驱与吞吐开发的注汽模式基本保持一致，导致火驱效果难以改善，为此，有必要对火驱开发中的注汽模式进行深入研究。

2　主要因素分析及做法

从火驱区带划分来看，生产井处于火驱区带的剩余油区也称为冷油带，地层温度没有明显升高，原油不具有自主流动性。从生产实践来看，100m井距的生产井温度普遍为70℃左右，原油黏度在400mPa·s以上，原油不具备流动性，仍需人工补充热能改善流动性[3]。

因此，辅助蒸汽吞吐依然是保障稠油火驱生产的必要手段，也是提高见效程度的重要途径。

针对火驱开发中吞吐引效面临的主要瓶颈，对影响蒸汽吞吐主要因素展开分析，发现注汽井点、注汽层位、注汽时机、注汽参数是影响吞吐好坏的关键，因此开展了相对应的关键技术研究。

2.1　优化注汽井点(图2)

吞吐开发时，依照剩余油分布规律，选择剩余油分布较多的区域单井点注汽；火驱开发后，区块主体采用反九点法注采井网，断块边部采用行列井网，对开发井网上的井点全部注汽。

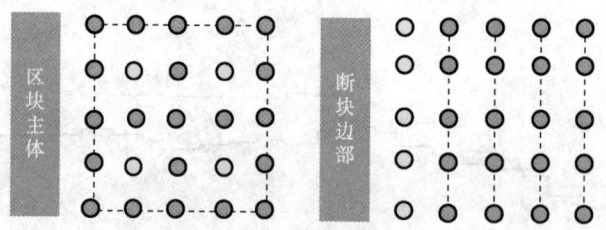

图2　杜66火驱井网图

研究发现曙一区薄互层油藏直井蒸汽吞吐受效区最大半径为36 m，而油藏主体部位均为100m正方形井网，井间存在一定的剩余油。转为火驱开发后，随着火线向生产井推进，驱替作用逐渐提高，区块动用状况也显著改善，大大提高了井间剩余油的动用程度。随着燃烧通道的逐渐形成，生产井之间连通状况明显改善，蒸汽吞吐前后地层温场明显扩大，从而大大增加了蒸汽吞吐时汽窜现象的发生，导致平面见效极不均衡。开发结果证实，初期见效率仅为13.6%。示踪剂监测尾气推进速度的差异性也证实平面差异性大。

分析主要受到井网井距、沉积特征、采出程度因素的影响。主要表现在井网井距小的火驱见效快，井网井距大的火驱见效慢；沉积相位于河道方向的区域火驱见效快，沉积相位于分流间的区域火驱见效慢；采出程度高的区域油井见效速度快，采出程度低的区域油井火驱见效低。而明确油井平面见效不均的主控因素，为其治理提供依据。

在原因分析的基础上，针对油井平面见效不均的主控因素，逐步加大了井网井距大、分流河道间，采出程度低等区域的注汽规模，年实施井次由85井次上升到136井次，所占比例由18%上升到28%，实施后，新增见效井点35个。

2.2　注汽层位优化(图3)

吞吐开发时，生产井采取全井段笼统注汽；火驱开发后，主要对火驱开发的上层系进行注汽，但受到储层非均质性严重，层间渗透率级差，层间矛盾突出的影响，火驱纵向动用程度差异大。全井段笼统注汽方式已不适用于火驱开发的矛盾越显突出。

通过对连通程度、渗透率、油层厚度等因素分析，发现渗透率及油层厚度是影响纵向动用程度的主要因素。研究连通程度发现：杜66块杜家台油层连通程度达到80%以上，具备见效基础。

研究渗透率及油层厚度发现：渗透率和单层厚度是影响纵向动用不均的主要因素：纵向上单层厚度大、渗透率高的层吸气量较大，吸气强度高。储层物性发育不均，导致个别井火线单线突进。

为有效提高纵向动用程度，目前采取2种措施：

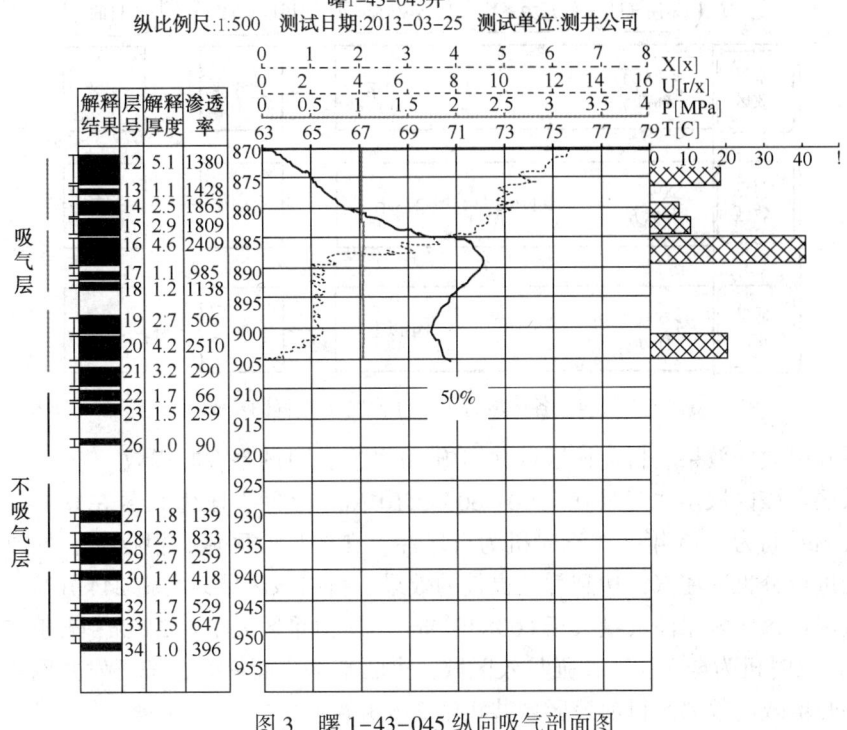

图 3　曙 1-43-045 纵向吸气剖面图

（1）进行选注选采，加大与弱吸气层位对应的生产井段注蒸汽强度。目前已实施 216 井次，纵向动用程度提高 26%。

以曙 1-39-042 为例：该井转火驱初期采用上层系笼统注汽，生产效果不佳，实施选注后，生产效果大幅改善，对比调整前注汽强度上升 23.4t/m，周期日产上升 1.3t。

（2）对个别火线突进的油层采取化学封堵，从而达到抑制火线单向突进的目的。目前累计实施化学封堵 14 井次，有效率 71%。

以曙 1-41-039 井组为例：该井组措施前，井组曙 1-41-39 单井火线突进，实施化学封堵后，单井尾气量大幅下降，对比实施前下降 73%，且井组新增见效方向 3 个。

2.3　注汽时机优化

吞吐开发时，注汽时机为油井进入吞吐周期末；转火驱开发后，初期注汽时机与吞吐开发一致，但吞吐效果没有得到明显改善。

分析认为目前杜 66 火驱以保压增能为主，地层压力上升是实现火驱增产的根本。而地层压力与火驱累注气量密切相关。火驱转驱时间长、累注气量高、见效程度好的区域是最优注汽时机。

而近年实施的更新井也证实了该观点，见效区域内更新井的地层压力高于未见效区域，而周期平均日产能力达到了未见效区域的 3.4 倍。

按照累注空气量及地层压力，将火驱划为 3 个区域，针对各个区域的特点，优选注汽时机（图 4）。

未见效区：该区域累注气量小于 $200×10^4Nm^3$，压力系数小于 0.1MPa，普遍转驱时间小于 1 年，注汽时机为选井注。即在未见效区域，优选动用程度低、地层压力高的油井实施注

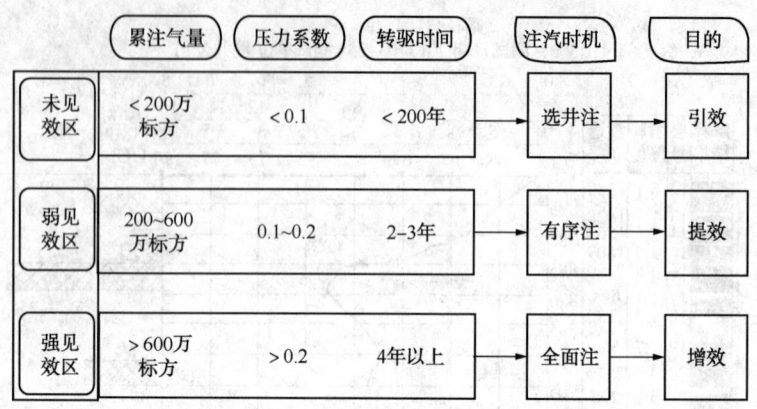

图 4　各区域特征及注汽时机流程图

汽,达到吞吐引效的效果。目前该区域共实施 30 井次,目的是吞吐提效。

弱见效区:该区域累注气量在 $(200\sim600)\times10^4\text{Nm}^3$ 之间,压力系数在 $0.1\sim0.2$ MPa 之间,普遍转驱时间为 $2\sim3$ 年,注汽时机为有序注。在弱见效区域,根据火驱见效程度的不同,有序的进行分批次注汽,达到吞吐提效的效果。目前该区域共实施 244 井次。

强见效区:该区域累注气量大于 $600\times10^4\text{Nm}^3$,压力系数大于 0.2 MPa,普遍转驱时间为 4 年以上,注汽时机为全面注。在强见效区域,火驱基本全面见效,按开发井网实施全面注汽,达到吞吐增效的效果。目前该区域共实施 276 井次。

2.4　注汽参数优化

吞吐开发时,周期注汽强度保持在 60t/m 左右;转火驱开发后,初期注汽强度与吞吐开发一致,但研究先导 7 井组周期规律发现,进入火驱后,吞吐规律发生改变,原有的注汽强度已不适用于火驱开发(图 5)。

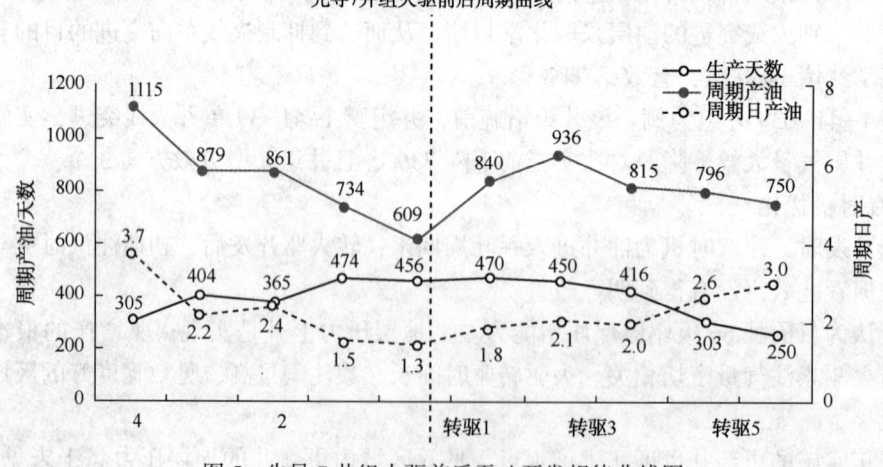

图 5　先导 7 井组火驱前后吞吐开发规律曲线图

开展注汽参数优化摸索发现:转驱后 $1\sim2$ 周期处于火驱引效期,需要加大注汽强度,根据统计规律 75t/m 最佳;$3\sim4$ 周期油井普遍见效,可适当降低注汽强度,根据统计规律 65t/m 最佳。

结合 4 个周期的规律,注汽强度在 65t/m 时,周期产油和油汽比最佳。最低注汽强度应保持在 65t/m 以上，最高注汽强度不超过 75t/m。将先导 7 井组所得的结论推广至 2013 年转驱的 50 井组，取得较好的效果。

以曙 1-46-042 井为例：该井第 11 周期转火驱生产，转驱前注汽强度为 60t/m，转火驱后注汽强度保持不变，周期日产逐渐下降，第 13 周期优化注汽强度后周期日产有明显上升。

3 实施效果

近两年来主要在新增 24 和 50 井组优化实施，取得了较好效果：

3.1 实施井组油汽比逐步上升

新增 24 井组和 50 井组 2015 年油汽比分别为 0.27、0.24，较调整前分别提高 0.01、0.03。

3.2 周期日产油持续提升

新增 24 井组周期日产油对比调整前上升 0.2t，新增 50 上升 0.1t。

3.3 火驱见效率持续上升

新增 24 井组见效率较调整前上升 6%，新增 50 上升 23%。

3.4 推动火驱产量持续上升

调整后，累计增产 2.8×10^4t。其中 24 井组增产 0.5×10^4t，50 井组增产 2.3×10^4t。

3.5 取得了可观的经济效益

实施 4 个优化以来，创效 671 万元。

4 结论及认识

（1）稠油火驱开发，原油在地下要具有流动性。因此，辅助蒸汽吞吐是火驱开发的保证，也是提高见效程度的重要途径。

（2）火驱辅助蒸汽吞吐时，为保证吞吐效果，需进行"四个注汽优化"的匹配。

（3）地层压力上升是实现火驱增产的根本，而地层压力与火驱累注气量密切相关。连续注入保证地下燃烧状态，保证油藏持续燃烧是火驱成功的必要保证。

（4）下步将扩大实施范围，将实现优化注汽覆盖全区域。

参 考 文 献

[1] 张厚福. 石油地质学[M]. 北京：石油工业出版社，1989.
[2] 温静. "双高期"油藏剩余油分布规律及挖潜对策[J]. 特种油气藏，2004，11(4).
[3] 左向军. 曙光油田杜家台油层稠油热采参数优选研究[J]. 石油勘探与开发. 2006.8；79-84.

海上稠油底水油藏注采结构优化调整
——以渤海 Q 油田为例

龙　明，刘英宪，章　威，欧阳雨薇，陈晓祺

（中海石油(中国)有限公司天津分公司渤海石油研究院，天津 300452）

摘　要　针对渤海 Q 油田西区稠油底水油藏注水开发中注入水横向波及范围不高这个特点，通过设计物理模拟，研究了注入水在不同注入条件下的流动形态及样式，并根据注入水不同的流动形态，应用渗流力学基本原理，考虑井距、避射条件、注采比、波及系数、注水强度等参数对注入水形态的影响。结合重力作用研究了稠油底水油藏注水波及系数、注水强度、注采比井距之间的关系。并参考地层破裂压力及工程因素，建立了渤海 Q 油田西区底水油藏注水定量优化调整的技术界限。应用该技术界限对渤海 Q 油田西区进行先导实验，实验调整后单井增油量达到 $10m^3/$天，且日产液缓慢增加，有效减缓了底水油藏的产量递减，为渤海 Q 油田西区稠油底水油藏的综合调整方案提供保障。

关键词　稠油；底水油藏；物理模拟；注水定量优化；波及系数

　　稠油底水油藏进入高含水开发阶段以后，海上油田主要以生产井提液开发为主[1~4]，而底水往往不能满足油井大范围提液所需要的能量，因此，需要通过注水来补充地层能量[5~7]，而如何对底水油藏注水进行优化，提高注水效率是海上油田开发一直关心的问题。在现今稠油底水油藏注水研究中，国内外学者主要都是针对底水油藏生产井含水变化及水淹规律，采用物理模拟、油藏数值模拟或理论推导等方法进行相关的研究工作[8~17]，而关于稠油底水油藏注水定量优化的研究相对较少，仅有初步的定性研究[18]。开展稠油底水油藏精细定量注水研究对深入把握流体运动规律，提高注水利用率及储集层内部剩余油分布至关重要，为油田开发后期制定相应的综合调整方案提供理论依据。

　　因此，本文以渤海 Q 油田稠油底水油藏为例，在模拟注入水流动形态的基础上，从 B-L 渗流理论出发，定量研究了影响注入水波及范围的参数，确定了渤海 Q 油田稠油底水油藏精细定量注水的技术界限，并在渤海 Q 油田综合调整项目中起到了关键指导作用。

1　研究区概况

　　渤海 Q 油田位于渤海湾盆地石臼坨凸起中部，新近系上新统明化镇组砂岩是其主要储集层。属于曲流河沉积的底水稠油油藏，地层原油黏度 $260mPa \cdot s$。该层岩性以中-细砂岩

基金项目：国家重大科技专项"渤海油田加密调整及提高采收率油藏工程技术示范"（2016ZX05058-001）；"海上稠油油田开发模式研究"（2016ZX05025-001）。

作者简介：龙明(1984—)，男，2013 年获中国石油大学(北京)博士学位，现任中海石油(中国)有限公司天津分公司渤海石油研究院油藏工程师，主要从事油气田开发地质及油藏工程方面的研究工作。E-mail：longming@cnooc.com.cn

及粉砂岩为主,结构成熟度与成分成熟度低。

　　渤海 Q 油田西区于 2002 年 6 月投入开发,投产仅 6 个月,综合含水率达到 60%。该区从 2009 年开始进入大范围油井提液开发阶段,目前地层能量存在下降趋势,为了更好地开发该油田,需要开展稠油底水油藏优化注水研究,提高底水油藏注水开发的有效性,为稠油底水油藏注水定量优化及开发后期制定相应的调整方案提供理论依据。

2　恒压物理模拟实验

　　为了研究稠油底水油藏不同注水条件下的水驱效果[7],通过设计恒压注水装置(图 1),利用酵母与糖水发生反应生成二氧化碳,并将水驱动到花泥内部,以此研究了注入水在不同注入条件下的流动形态及样式。但由于水和空气的密度差异要远远大于水和原油的密度差异,因此,该实验在水驱空气过程中,仅可近似根据水的重力作用研究不同注入条件下的波及形态及样式。

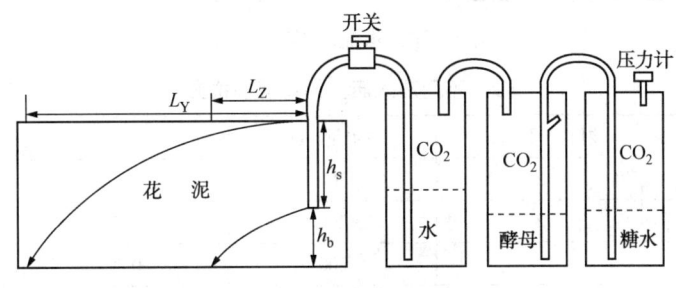

图 1　恒压注水装置示意图

2.1　不同射孔个数对流动形态的影响

　　共设计了 4 种方案(表 1),利用恒压注水装置将水注入花泥中,以此研究不同射孔条件下注入水在花泥(均质条件)中的流动形态及样式,从而确定注入水的波及范围及形态特征。

表 1　不同射孔个数的物理模拟方案

实验	射孔数/pcs	注水量/cm³	注入压力/MPa	埋深/cm
方案一	1	500	0.3	4.5
方案二	2	500	0.3	4.5
方案三	3	500	0.3	4.5
方案四	4	500	0.3	4.5

　　通过观测花泥内横截面图,可以看出注入水在花泥内均存在向下流动的趋势,且随着射孔个数的不同,注入水的波及范围及形态样式存在着明显差异(图 2),以漏斗形为主。射孔个数越多注入水横向波及长度也越大,注入水随着射孔个数的增加,流动形态由漏斗形向钟形转变。

2.2　不同注入压力对流动形态的影响

　　为了研究注入水的横向波及与垂向波及是否随着注入压力的不同而存在差异,共设计了 4 种方案(表 2)。通过模拟不同注入压力条件下注入水的流动形态,从而确定注入水在花泥内的波及范围及形态特征。

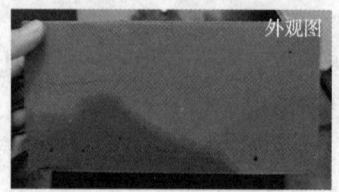
(a) 注入压力：0.3MPa 射孔数：1个

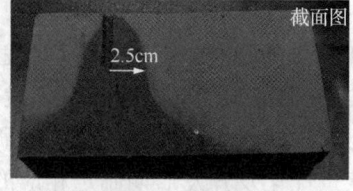
(b) 注入压力：0.3MPa 射孔数：1个

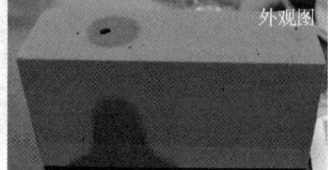
(c) 注入压力：0.3MPa 射孔数：4个

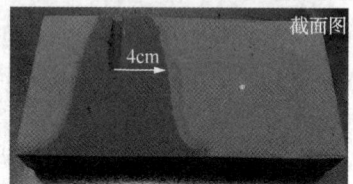
(d) 注入压力：0.3MPa 射孔数：4个

图 2　注入水流动形态对比图

表 2　不同注入压力的物理模拟方案

实验	射孔个数/pcs	注水量/cm³	注入压力/MPa	埋深/cm
方案一	2	200	0.1	4.5
方案二	2	200	0.2	4.5
方案三	2	200	0.3	4.5
方案四	2	200	0.4	4.5

　　通过模拟实验观测花泥内部截面图可以看出注入水的横向波及长度 L 与垂向波及深度 H 存在着差异(图 3)。将不同方案下的横向波及长度 L 与垂向波及深度 H 的比值与注入压力进行交汇，其结果表明注入水的横向波及长度 L 与垂向波及深度 H 的比值随着注入压力的增加而增加(图 4)。当注入压力达到 0.3MPa 时，横向波及长度 L 与垂向波及深度 H 的比值出现拐点，主要是由于横向波及速度随着注入压力增加逐渐减小，而垂向波及速度没发生变化，从而导致了波及长度 L 与垂向波及深度 H 的比值出现拐点。因此，底水油藏注水同样随着注入条件的不同，横向波及与垂向波及存在着差异性。

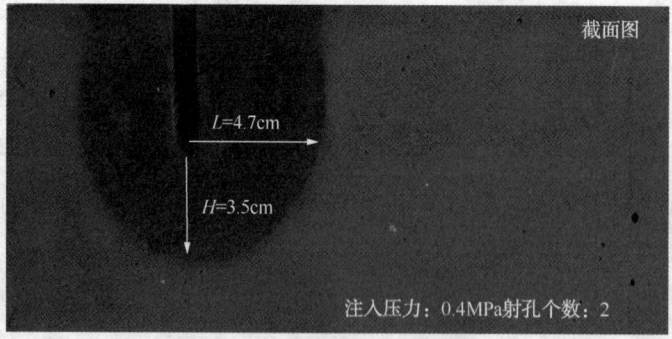

图 3　注入水横向波及示意图

　　通过研究射孔个数、注入压力对注入水流动形态的影响，可知注入水在花泥内部存在着向下流动的趋势。注入水的横向波及与垂向波及的比值随着射孔个数及注入压力的增加而增加，且流动形态由漏斗形向钟形转变。

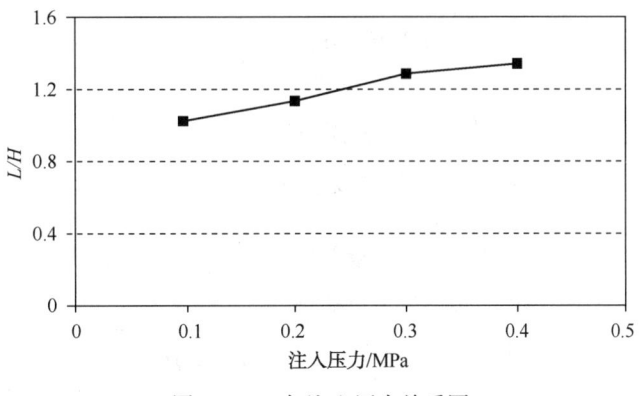

图 4　L/H 与注入压力关系图

3　稠油底水油藏注水定量优化

根据之前模拟实验的结果(根据物理模拟实验的研究成果),并结合油田实际生产情况可知稠油底水油藏在注水开发中存在着两种状况。第一种:当改变注入条件使注入水在垂向上波及到底水时,横向上波及到生产井井底,则该注入水流动形态为钟形,且部分流入底水,以驱油作用为主[图5(a)]。第二种:当注入水垂向上波及到底水时,横向上并未波及到生产井井底,此时该注入水流动形态为漏斗形,且主要流入底水,以保持地层压力为主[图5(b)]。

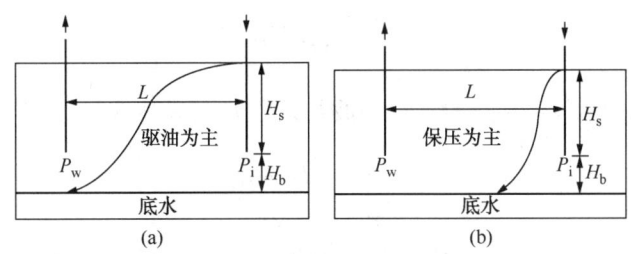

图 5　底水油藏注水开发示意图

3.1　注采比与波及系数

以注入水流动形态为基础,根据 B-L 水驱油理论,考虑注入水的重力作用,定量研究影响注入水波及范围及形态样式的各类参数。假设:①无限大均质地层中有一口生产井及一口注水井;②渗流为油水两相稳定平面径向渗流,流体不可压缩;③考虑水平渗透率与垂向渗透率差异;④不考虑地层伤害;⑤底水稳定且能量充足;⑥忽略毛管压力,考虑流体重力作用;⑦生产井与注水井射孔部位均在油层中上部。

如图 5 所示,令注水井与生产井直接距离为 L,注入水横向流动速度为 V_{xi},垂向流动速度为 V_{zi},地层流体流入生产井的速度为 V_p,生产井射孔厚度均为 H_{sp},注水井射孔厚度均为 H_{si},注水井避射高度为 H_{bi},油层垂向渗透率与水平渗透率分别为 K_v 与 K_h,油相相对渗透率为 $K_{ro}(S_w)$,水相相对渗透率为 $K_{rw}(S_w)$,地层原油黏度为 μ_o,水的黏度为 μ_w,水的密度为 ρ_w。

当注入水流动形态为钟形时[图5(a)],且 $\dfrac{v_{xi}}{v_{zi}} \geqslant \dfrac{L}{H_{si}+H_{bi}}$ 时,则垂向面积波及系数 E_s 为:

$$E_s = \frac{\left[2(H_{si}+H_{bi}) - v_{zi}\dfrac{L}{v_{xi}}\right] \cdot L}{L \cdot (H_{si}+H_{bi})} \Bigg/ 2 \tag{1}$$

将式(1)进行全角积分便可得到体积波及系数 E_v 的表达式:

$$E_v = \frac{V_{波}}{V} = \frac{\displaystyle\int_0^{2\pi} d\theta \cdot \frac{\left[2(H_{si}+H_{bi}) - v_{zi}\dfrac{L}{v_{xi}}\right] \cdot L}{2}}{\displaystyle\int_0^{2\pi} d\theta \cdot L \cdot (H_{si}+H_{bi})} \tag{2}$$

整理简化,得到 $\dfrac{v_{xi}}{v_{zi}} \geqslant \dfrac{L}{H_{si}+H_{bi}}$ 时,体积波及系数 E_v 的表达式:

$$E_v = 1 - \frac{v_{zi}}{v_{xi}} \cdot \frac{L}{2(H_{si}+H_{bi})} \tag{3}$$

当注入水流动形态为漏斗形时[图5(b)],且 $\dfrac{v_{xi}}{v_{zi}} < \dfrac{L}{H_{si}+H_{bi}}$ 时,则垂向面积波及系数 E_s 为:

$$E_s = \frac{\left(v_{xi}\dfrac{H_{si}+H_{bi}}{v_{zi}}\right) \cdot \dfrac{(H_{si}+H_{bi})}{2}}{L \cdot (H_{si}+H_{bi})} \tag{4}$$

同理简化后,得到 $\dfrac{v_{xi}}{v_{zi}} < \dfrac{L}{H_{si}+H_{bi}}$ 时,体积波及系数 E_v 的表达式:

$$E_v = \frac{v_{xi}}{v_{zi}} \cdot \frac{(H_{si}+H_{bi})}{2L} \tag{5}$$

根据达西定律,考虑流体重力对渗流的影响,将注入水的流速分解为横向流速 v_{xi} 与垂向流速 v_{zi} 两部分,则注采比 IWR 表达式为:

$$IWR = \frac{Q_i}{Q_p} = \frac{\sqrt{v_{xi}^2 + v_{zi}^2} \cdot H_{si}}{v_p \cdot H_{sp}} \tag{6}$$

将式(3)、式(5)代入式(6),整理得到注采比与波及系数之间的关系式:

当 $E_v < 0.5$ 时:

$$IWR = \frac{K_v}{K_h} \cdot \frac{1}{1 + \dfrac{K_{ro}(S_w) \cdot \mu_w}{K_{rw}(S_w) \cdot \mu_o}} \cdot \frac{\rho_w g(H_{bi}+H_{si})L}{(P_i - P_{iw})H_{bi}} \cdot \frac{H_{si}}{H_{sp}} \cdot \sqrt{\left(\frac{2LE_v}{H_{si}+H_{bi}}\right)^2 + 1} \tag{7}$$

当 $E_v \geqslant 0.5$ 时:

$$IWR = \frac{K_v}{K_h} \cdot \frac{1}{1 + \dfrac{K_{ro}(S_w) \cdot \mu_w}{K_{rw}(S_w) \cdot \mu_o}} \cdot \frac{\rho_w g(H_{bi}+H_{si})L}{(P_i - P_{iw})H_{bi}} \cdot \frac{H_{si}}{H_{sp}} \cdot \sqrt{\left(\frac{L}{2(1-E_v)(H_{si}+H_{bi})}\right)^2 + 1} \tag{8}$$

参考渤海 Q 油田西区底水油藏实际物性参数,结合式(7)、式(8)建立注采比 IWR、波及系数 E_v 与井距之间的理论图版(图6)。从图7中可知注入水的波及系数随着注采比的增加而增加，并且存在着拐点。当波及系数 $E_v=0.5$ 时，表示注入水垂向流入底水时，横向上刚刚流动到生产井井底。当注采比 $IWR \geqslant 1$ 时，注入水才能有效补充能量。

以波及系数 $E_v=0.5$ 及注采比 $IWR=1$ 为界，将理论图版划分为 4 个区域（图 6）。第一个区域：波及系数 $E_v<0.5$、注采比 $IWR \geqslant 1$，该区域注入水以保压作用为主；第二个区域：波及系数 $E_v \geqslant 0.5$、注采比 $IWR \geqslant 1$，该区域注入水保压作用及驱油作用都较强，属于注水高效区；第三个区域：波及系数 $E_v<0.5$、注采比 $IWR<1$，该区域注入水保压作用及驱油作用都较弱，属于注水低效区。第四个区域：波及系数 $E_v \geqslant 0.5$、注采比 $IWR<1$，该区域注入水以驱油作用为主。

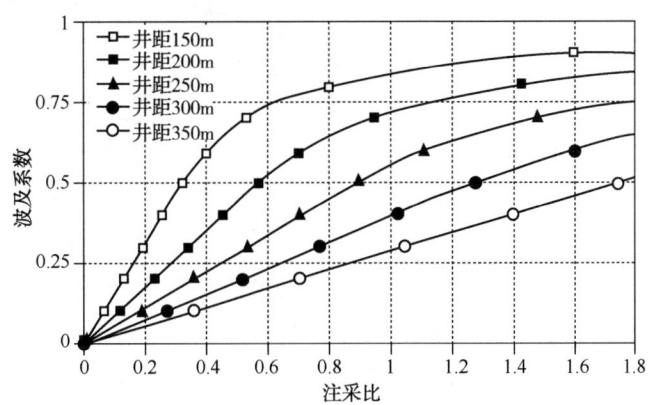

图 6 底水油藏注采比与波及系数理论图版（260mPa·s）

应用该理论图版，可以根据油田目前实际的注采井距，调整油田的注采比，使注入水由保压为主转变为以驱油为主。还可根据目前油田的注采比，结合波及系数对注采井距进行优化，从而得到底水稠油油藏注水开发的最优井网密度，为稠油底水油藏开发后期制定相应的调整方案提供理论依据。

3.2 注水强度与波及系数

根据注水强度的定义，则注水强度 Q_{wh} 为：

$$Q_{wh} = \frac{Q_i}{H_{si}} = \frac{v_i \cdot 2\pi L \cdot H_{si}}{H_{si}} = 2\pi L \cdot \sqrt{v_{xi}^2 + v_{zi}^2} \tag{9}$$

为了更好的研究底水油藏注水开发中的注水强度与波及系数之间的关系，应用与 3.1 相同的方法研究井距、注水强度与波及系数之间的关系，将式（5）代入式（9），并整理简化后，得到注水强度与体积波及系数之间的关系式：

当 $E_v<0.5$ 时：

$$Q_{wh} = 2\pi L \cdot \frac{K_v K_{rw}(S_w)}{\mu_w} \cdot \frac{\rho_w g(H_{bi}+H_{si})}{H_{bi}} \cdot \sqrt{\left(\frac{2LE_v}{(H_{si}+H_{bi})}\right)^2 + 1} \tag{10}$$

当 $E_v \geqslant 0.5$ 时：

$$Q_{wh} = 2\pi L \cdot \frac{K_v K_{rw}(S_w)}{\mu_w} \cdot \frac{\rho_w g(H_{bi}+H_{si})}{H_b} \cdot \sqrt{\left(\frac{L}{2(1-E_v)(H_{si}+H_{bi})}\right)^2 + 1} \tag{11}$$

参考渤海 Q 油田西区底水油藏实际物性参数，结合式（10）、式（11）建立注水强度 Q_{wh}、波及系数 E_v 与井距之间的理论图版（图 7）。

如图 7 所示，波及系数同样随着注采强度的增加而增加，并存在着拐点。以波及系数 E_v =0.5 为界，将图版划分为两个区域。第一个区域：波及系数 E_v≥0.5，该区域为波及高效区；第二个区域：波及系数 E_v<0.5，该区域为波及低效区；应用注水强度与波及系数的理论图版，可以根据目前的井距，调整水井注水强度提高波及系数，使注入水从波及低效区调整至波及高效区，从而达到注好水的标准。

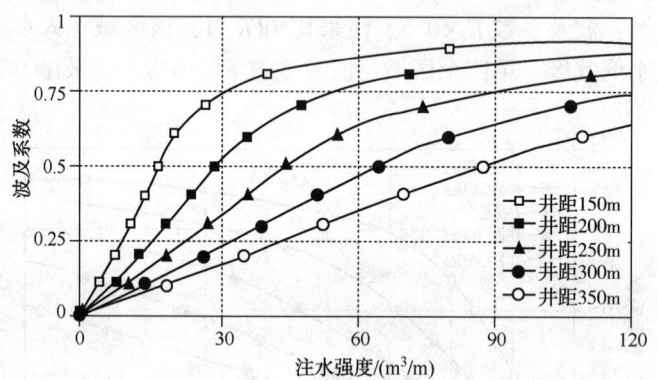

图 7　底水油藏注水强度与波及系数理论图版（260mPa·s）

3.3　稠油底水油藏注水定量调整技术界限

油田在生产开发时，随着开发条件的不同会出现高注采比低注水强度的情况或低注采比高注水强度的情况，为此，注采比与注水强度的理论图版需要相互结合，才能更好的对稠油底水油藏定量注水进行优化调整，从而使注入水驱油作用最大化。

最终，根据注采比及注水强度的理论图版，参考地层破裂压力，并结合 Q 油田工程上的实际情况，建立了渤海 Q 油田西区底水油藏注水定量优化调整的技术界限（表 3）。

表 3　Q 油田西区定量注水优化调整技术界限

项目	井距/m	注采比	注水强度/（m³/m）	波及系数	采收率/%
油田目前状况	350	1	60	0.33	23
参数调整界限	350	1<IWR<1.4	60<Q_{wh}<80	0.33<E_v<0.43	23<EOR<29
井距调整界限	250<L<350	1	60	0.33<E_v<0.54	23<EOR<36

4　应用实例

介于渤海 Q 油田西区底水油藏地质条件比较落实，因此，选取储层发育稳定且连续性较好的 F08 井组，进行底水油藏注水先导试验（图 8）。F08 井组井距 350 m，注采比最高 0.97。根据建立的理论图版可知该井注入水的波及系数为 0.31，小于 0.5 且流动形态为"漏斗型"，表示注入水垂向流入底水时，横向上并未到达生产井井底，大部分注入水仅仅起到保持地层能量的作用，使 F14 与 F29 井的日产液维持稳定。

2015 年 5 月根据底水油藏定量注水理论图版对 F08 井进行增注调整，调整后 F29、F14 与 J10H 的日产液水平较以前均有增加，且 F08 增注初期 F14 与 F29 的单井日增油量达到 10m³（图 9），注水调整效果显著，不仅有效减缓了产量递减，也为后续提液奠定了能量基础。该研究成果，在储层相对落实，且连通性好的区域具有较高的适用性，有效指导了渤海 Q 油田西区稠油底水油藏的综合调整，实现了对该区域稠油底水油藏剩余油的精细挖潜。

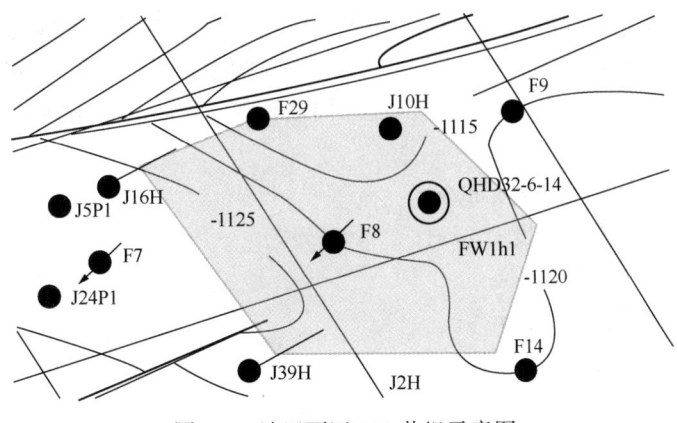

图 8　Q 油田西区 F08 井组示意图

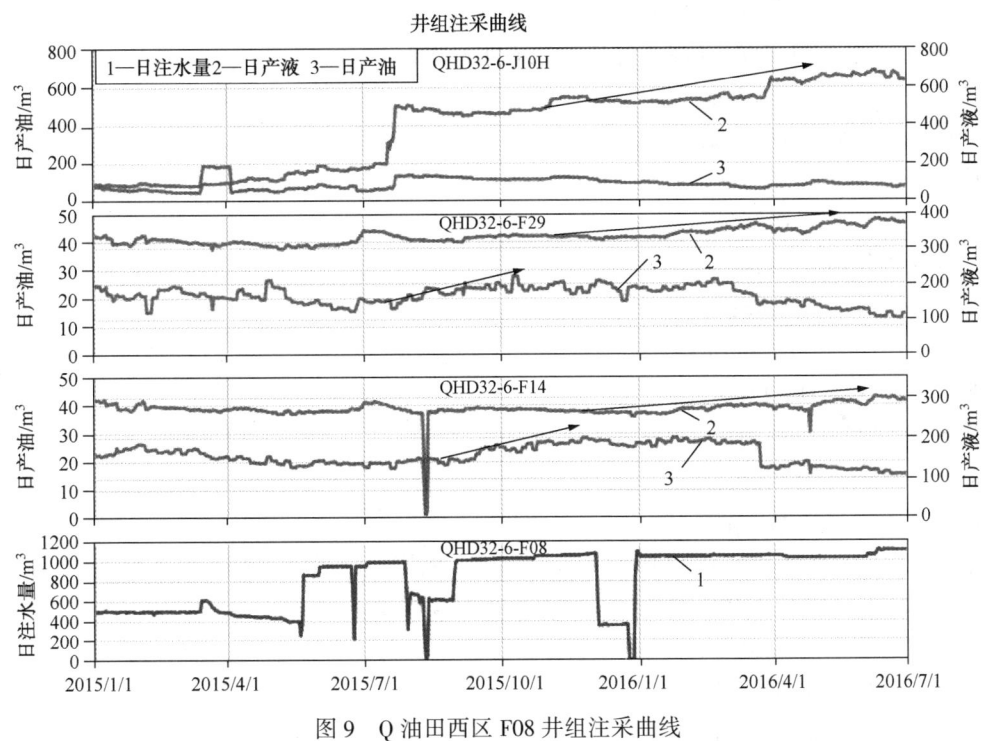

图 9　Q 油田西区 F08 井组注采曲线

5　结论

（1）通过实验研究可知，注入水在花泥内均存在向下流动的趋势，射孔个数及注入压力影响注入水在花泥中的波及范围及形态样式，且流动形态随着射孔个数及注入压力的增加由漏斗形向钟形转变。

（2）以注入水流动形态为基础，根据 B-L 水驱油理论，考虑注入水的重力作用，定量研究了影响注入水波及范围的参数。

（3）根据推导的关系式，建立了渤海 Q 油田西区底水稠油油藏注水定量优化的理论图版，并根据不同的注入水流动形态将理论图版划分了 4 个区域，确定了不同注入条件下注入水的保压作用与驱油作用。

（4）根据注采比及注水强度的理论图版，参考地层破裂压力及工程因素，建立了 Q 油田西区底水油藏注水定量优化调整的技术界限。应用该技术界限对渤海 Q 油田西区进行先导实验,调整后单井增油量达到 10m³/天,且日产液缓慢增加,为后续提液奠定了能量基础,有效减缓了产量递减。为渤海 Q 油田西区稠油底水油藏的综合调整方案提供保障。

符号注释:

v_{xi}——注入水横向流动速度,m/s;

v_{zi}——注入水垂向流动速度,m/s;

v_i——注入水流动速度,m/s;

v_p——地层流体流动速度,m/s;

R——泄油半径,m;

L——井距,m;

L_h——水平段长度,m;

H_{si}——注水井射孔厚度,m;

H_{bi}——注水井避射厚度(注水井底部距底水高度),m;

H_{sp}——生产井射孔厚度,m;

IPR——注水量与产液量之比;

Q_i——注水井日注入量,m³/d;

Q_p——生产井日产液量,m³/d;

E_s——面积波及系数;

E_v——体积波及系数;

Q_{wh}——注水强度,m³/d;

P_i——注入压力,Pa;

P_{iw}——注水井井底流压,Pa;

K_v——垂向渗透率,μm²;

K_h——水平渗透率,μm²;

$K_{ro}(S_w)$——目前含水饱和度对应的油相相对渗流率;

$K_{rw}(S_w)$——目前含水饱和度对应的水相相对渗流率;

μ_o——地层原油黏度,mPa·s;

μ_w——地层水黏度,mPa·s;

ρ_o——地层原油密度,kg/m³;

ρ_w——地层水密度,kg/m³;

g——重力加速度,9.8m/s²;

ϕ——孔隙度,%。

参 考 文 献

[1] 赵靖康,高红立,邱婷. 利用水平井挖潜底部强水淹的厚油层剩余油[J]. 断块油气田,2011,18(6):776–779.

[2] 葛丽珍,李庭礼,李,等. 海上边底水稠油油藏大泵提液增产挖潜矿场试验研究[J]. 中国海上油气,2008,20(3):173–177.

[3] Khan A R. A scaled model study of water coning[J]. Journal ofPetroleum Technology, 1970, 22 (6):
771-776.

[4] Perimadi P, Wibowo W, Erichson J. Optimum stinger length for a horizontal well in a bottom water drive reservoir[C]//the 49th annual Technical Meeting of The Petroleum Society, Calgary, Alberta, Jun 8-10, 1998.

[5] 葛丽珍, 房立文, 柴世超, 等. 秦皇岛 32-6 稠油油田见水特征及控水对策[J]. 中国海上油田, 2007, 19(3): 179-183.

[6] 柴世超, 杨庆红, 葛丽珍, 等. 秦皇岛 32-6 稠油油田注水效果分析[J]. 中国海上油田, 2006, 18 (4): 251-254.

[7] 龙明, 刘德华, 徐怀民, 等. 胶囊型泄油区的水平井产能[J]. 大庆石油地质与开发, 2012, 31(1): 90-95.

[8] Jiang Q, Buller R M. Exerimental and numercal modelling of bottom water coming to a horizontal well[J]. The Journal of Canadian Petroleum Technology, 1998, 37(10): 82-91.

[9] 刘欣颖, 胡平, 程林松, 等. 水平井开发底水油藏的物理模拟试验研究[J]. 石油钻探技术, 2011, 39 (2): 96-99.

[10] 时宇, 杨正明, 张训华, 等. 底水油藏水平井势分布及水锥研究[J]. 大庆石油地质与开发, 2008, 27 (6): 72-75.

[11] Geertsma J, Schwarz N. Theory of dimensionally scaled models of petroleum reservoirs[J]. PetroleumTransactions, AIME, 1955, 207: 118-127.

[12] 龙明, 徐怀民, 陈玉琨, 等. 结合相对渗透率曲线的 KHK 产量劈分方法研究[J]. 石油天然气学报, 2012, 34(4): 114-118.

[13] Permadi P, Lee R L, Kartoatmodjo R S T. Behavior of water cresting under horizontal wells[C]//SPE Annual Technical Conference and Exhibition, Dallas, Texas, October 22-25, 1995.

[14] 龙明, 徐怀民, 江同文, 等. 滨岸相碎屑岩储集层构型动态评价[J]. 石油勘探与开发, 2012, 39 (6): 754-763.

[15] Wibowo W. Behavior of water cresting and production performance of horizontal well in bottom water drive reservoir: a scaled model study[R]. SPE 87046, 2004.

[16] Dikken B J. Pressure drop in horizontal wells and its effect on their production performance[R]. SPE 19824, 1989.

[17] 姜汉桥, 李俊键, 李杰。底水油藏水平井水淹规律数值模拟研究[J]. 西南石油大学学报: 自然科学版, 2009, 31(6): 172-176.

[18] 程秋菊, 冯文光, 彭小东, 等. 底水油藏注水开发水淹模式探讨[J]. 石油钻采工艺, 2012, 34(3): 91-93.

底水油藏特高含水期剩余潜力定量化表征

张 东，侯亚伟，张 墨，孙恩慧，谭 捷，彭 琴

(中海石油(中国)有限公司天津分公司，天津 300459)

摘 要 底水油藏特高含水期时，波及体积趋于定值，提高采收率主要以提高驱油效率为主，而孔隙体积注入倍数是影响波及区域内最终驱油效率的决定性因素。本研究采用相渗指数表达式的渗流方程，推导出驱油效率与孔隙体积注入倍数的半定量关系，并根据 Logistic 增长规律推导了两者的定量关系；同时依据水脊半径和形态的指数关系，实现了特高含水期底水油藏水平井水脊形态的定量描述和水脊体积的定量计算。依据此方法，通过拟合实际生产数据，可以确定特高含水期底水油藏理论采收率条件下的最大孔隙体积注入倍数。随着油田陆续进入高含水阶段，该方法可定量计算老井剩余潜力，可有效指导后续生产井挖潜方向。

关键词 驱油效率；孔隙体积；底水油藏

底水油藏特高含水期时，波及体积趋于定值，提高采收率主要以提高驱油效率为主，而孔隙体积注入倍数是影响波及区域内最终驱油效率的决定性因素[1,3]。在驱油效率方面，针对水驱开发油田，影响开发效果的因素主要有目标采收率、水驱储量控制程度、水驱储量动用程度、含水上升率、递减率、阶段存水率、阶段水驱指数和地层压力等参数，评价中没有考虑孔隙体积注入倍数对驱油效率的影响[4]。在底水油藏波及体积方面，目前较少文献涉及特高含水期的水脊体积大小计算。随着底水油藏陆续进入特高含水阶段，通过定量表征该类型油藏特高含水期的水脊体积及驱油效率，可以有效指导水驱开发中后期开发对策，对挖掘油藏剩余潜力具有一定的指导意义。

1 孔隙体积注入倍数与驱油效率理论关系推导

在相对渗透率理论的推导过程中，对渗流特征方程的基本假设是油水相对渗透率的比值与含水饱和度呈指数关系[5]，该局部经验公式存在以下缺点：一是该方法对于相渗曲线中的低含水饱和度上翘和高含水饱和度 $Ln(K_{ro}/K_{rw})$ 下掉现象无法表征[6,7]；二是由公式(1)推导出的含水上升率与含水率关系中，不同流体性质油藏含水上升规律形态都为正对称，不符合实际油藏的生产情况。因此两相相对渗透率可用以下指数形式的经验公式进行表述：

$$\begin{cases} k_{rw}^* = (S_w^*)^{C_w} \\ k_{ro}^* = (1-S_w^*)^{C_o} \end{cases} \tag{1}$$

式中 $k_{rw}^* = \dfrac{k_{rw}}{k_{rw}(S_{or})}$；$k_{ro}^* = \dfrac{k_{ro}}{k_{ro}(S_{wi})}$；$S_w^* = \dfrac{S_w - S_{wi}}{1-S_{wi}-S_{or}}$，常数 C_w，C_o 为相渗曲线的特征曲线参数。

不考虑重力和毛管力的影响，在水驱稳定渗流条件下，结合相渗指数表达式(1)通过一维水驱油理论推导可以得到

$$WOR = \frac{Q_w}{Q_o} = \frac{\mu_o B_o}{\mu_w B_w} \cdot \frac{k_{rw}(S_{or})}{k_{ro}(S_{wi})} \cdot \frac{(S_w^*)^{C_w}}{(1-S_w^*)^{C_o}} = M \cdot \frac{(S_w^*)^{C_w}}{(1-S_w^*)^{C_o}} \tag{2}$$

式中，$M = \dfrac{\mu_o B_o \gamma_w}{\mu_w B_w \gamma_o} \cdot \dfrac{k_{rw}(S_{or})}{k_{ro}(S_{wi})}$，$Q_w$、$Q_o$ 分别为地面水产量、油产量，m^3/d；μ_o、μ_w 分别为原油黏度和水相黏度，$mPa \cdot s$；$k_{rw}(S_{or})$，残余油饱和度下的水相相对渗透率，无因次；$k_{ro}(S_{wi})$，束缚水饱和度下的油相相对渗透率，无因次；B_o、B_w 分别为原油体积系数和水相体积系数，m^3/m^3。

含水率 f_w 与 S_w^* 的关系：

$$f_w = \frac{M}{M + \dfrac{(1-S_w^*)^{C_o}}{(S_w^*)^{C_w}}} \tag{3}$$

根据 Welge 方程，出口端含水饱 S_w 和度和油藏平均含水饱和度 $\overline{S_w}$ 关系式为

$$\overline{S_w} = S_w + \frac{1-f_w}{f'_w} = S_w + Q_i \cdot (1-f_w) \tag{4}$$

式中，Q_i 为孔隙体积注入倍数。

通过式(3)可以得到含水率 f_w 的导数 f'_w

$$f'_w = \left(\frac{C_o}{1-S_w^*} + \frac{C_w}{S_w^*} \right) \cdot (f_w - f_w^2) \tag{5}$$

驱油效率 E_D 关系为

$$E_D = \frac{\overline{S_w} - S_{wi}}{1 - S_{wi}} \tag{6}$$

以渤海某油田油田明下段943砂体为例，利用相渗曲线指数表达形式，拟合已知相渗得到相应的相渗特征参数 C_w、C_o 值(图1)，通过式(3)计算不同出口端含水饱和度下的含水率值，通过式(4)~式(6)式结合 Matlab 编程，即可得到 Q_i 与 E_D 的半定量关系曲线，如图2所示。

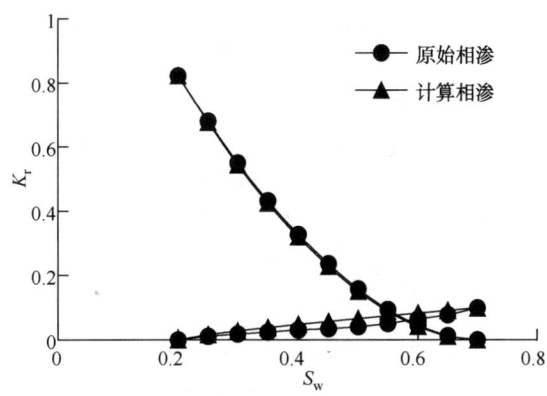

图 1   相渗曲线拟合结果

2   基于 Logistic 模型的 Q_i 与 E_D 的定量关系表征

Logistic 曲线是一种常见的 S 形曲线函数，广义 Logistic 曲线可以模仿人口的增长情况。从图2(b)中可以看出，在半对数坐标系中 Q_i 与 E_D 的关系曲线满足生命旋回理论[8,9]，根据 Logistic 增长规律，可以推导 E_D 与 $\lg(Q_i)$ 的定量关系表达式。

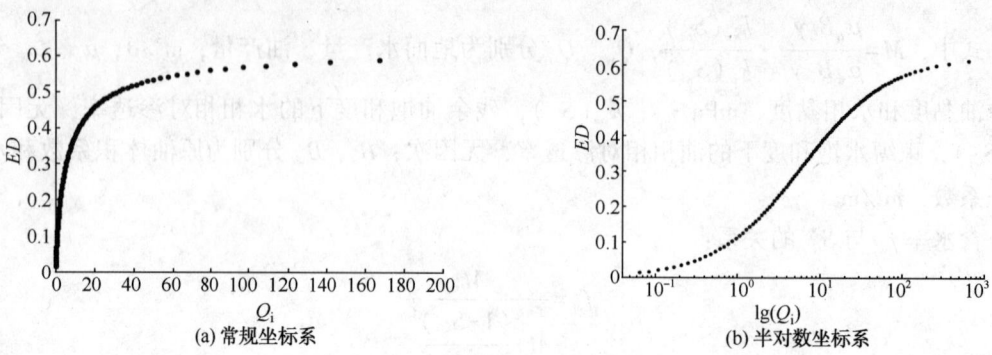

图2　Q_i 与 E_D 的关系曲线

$$\frac{dE_D}{d(\lg(Qi))} = a \cdot E_D \cdot \left(1 - \frac{E_D}{b}\right) \tag{7}$$

式中，a 为与储层物性和井网等开发参数有关的系数，无因次。对式（7）进行分离变量积分可得：

$$\lg\frac{E_D}{b - E_D} - \lg\frac{E_{D0}}{b - E_{D0}} = a \cdot (\lg Q_i - \lg Q_{i_0}) \tag{8}$$

上式可变换为

$$E_D = \frac{b}{1 + \dfrac{b - E_{D0}}{E_{D0}} e^{-a \cdot (\lg Q_i - \lg Q_{i_0})}} \tag{9}$$

式（9）中，初始条件 $Q_{i_0} \to 0$ 时，$E_{D\,0} \to 0$。且 $Q_i \to \infty$ 时，$E_D \to b$，因此 b 值代表水驱油田可采储量理论采收率。

从式（8）可以看出 $\lg\dfrac{E_D}{b - E_D}$ 与 $\lg(Q_i)$ 呈直线关系，斜率为 a，从图3.19中可以看出相关系数较好，得到斜率 $a = 0.8345$，驱油效率与孔隙体积注入倍数的拟合效果如图3所示。

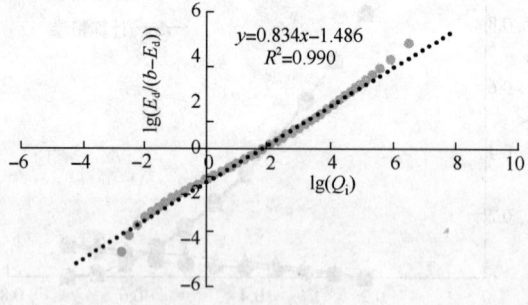

图3　参数拟合结果

通过拟合上述关系即可以得到该砂体驱油效率与孔隙体积注入倍数关系为

$$E_D = \frac{0.625}{1 + e^{-0.8345 \cdot \lg Q_i + 1.4868}}$$

随着水驱油藏开发进入高含水期，目前微观剩余油挖潜程度没有理论支撑，依据本文研究方法，从图4中可以看出，孔隙体积注入倍数由10提高至100，驱油效率可以提高至

15%，因此后续油田可通过提高孔隙体积注入来提高水驱驱油效率，从而得到提高采收率的目的。

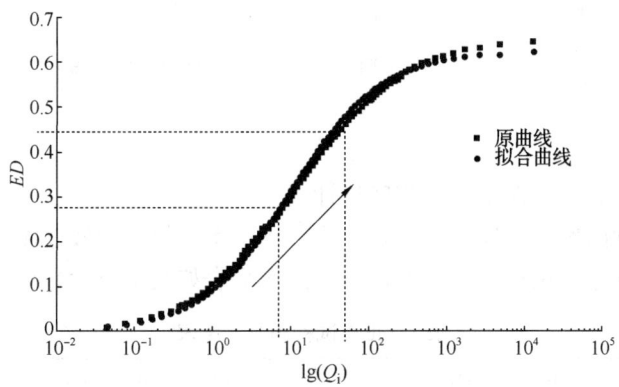

图4 半对数坐标系中 Q_i 与 E_D 定量关系拟合曲线

3 底水油藏水脊形态定量化表征

底水油藏处于特高含水期时，水平井波及体积难扩大，但是大量资料表明，随着孔隙体积注入倍数的增加，波及区域内驱油效率可再提高。因此，底水油藏特高含水期采收率提高主要是以提高驱油效率为主。

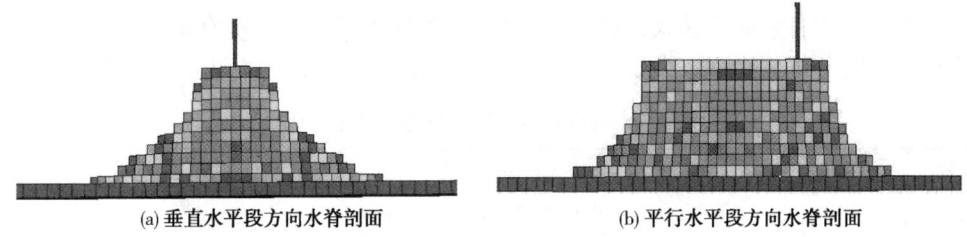

(a) 垂直水平段方向水脊剖面   (b) 平行水平段方向水脊剖面

图5 底水油藏水平井水脊形态

如图5(a)所示，在底水油藏水平井的水脊形态描述方面，目前常用数学方法拟合水脊形态[10]。

$$f(r) = a_1 + a_2 e^{-a_3 r^2} \tag{10}$$

式中，a_1、a_2、a_3 系数与原油黏度、水平与垂向渗透率比值、油层厚度、避水高度、产液情况等因素有关[8,9]，通常利用理论模型进行多因素分析，以确定水脊形态参数的描述公式。

如图5(b)所示，对于水脊的三维形态，可划分为中间脊体、水平井跟端与趾端的体积以及水脊体抬升体积。

中间脊体部分的体积可表达为：

$$V_1 = L \times S \times a_1 + \sqrt{\frac{\pi}{a_3}} a_2 \times L \tag{11}$$

水平井跟端及趾端的水脊体积近似用直井的水脊公式进行计算：

$$V_2 = 2 r_{max} \times S \times a_1 + \frac{a_2}{a_3} \pi \times (1 - e^{-a_3 r_{max}^2}) \tag{12}$$

式中，r_{max} 为最大水脊剖面半径，可以近似为：$r_{max} = (W - L)/2$

因此，水脊的总体积表达式为：

$$V = V_1 + V_2 = W \times S \times a_1 + \sqrt{\frac{\pi}{a_3}} a_2 \times L + \frac{a_2}{a_3}\pi \times (1 - e^{-a_3 r_{max}^2}) \tag{13}$$

式中，S 为井距，m；L 为水平井长度，m；r_{max} 为最大水脊半径，m；W 为单井井控长度，m。

4 方法应用

(1) 底水油藏特高含水期水脊体积定量计算

油藏开发由多种因素共同决定，考虑井距、渗透率比值、产液速度、水平井位置、油水黏度比五种因素，通过运用正交试验设计，得到水平表如表 1 所示。

表 1 正交试验因素水平表

水平	A：井距/m	B：$K_{垂直}/K_{水平}$	C：产液速度/(m³/d)	D：水平井位置	E：油水黏度比
1	100	0.01	100	0.8h	48
2	200	0.05	200	0.67h	177
3	300	0.3	300	0.3h	666

在选定因素水平的试验数值之后，依照 $L_{18}(3^5)$ 正交表排出了正交试验设计的 18 种方案。通过底水油藏机理模型预测了不同参数条件下的最终水脊体积的大小。通过非线性回归确定出公式(10)中各参数表达式，以 $N_1g\text{Ⅲ}$ 砂体 A29H 为例，通过水脊定量描述计算了该生产井的水脊体积，并与数模计算结果对比误差在 5% 以内，验证了方法的可靠性。

表 2 水脊体积定量计算与数模结果对比

参数	取值	计算公式	方法	计算结果
$\Delta\rho_{wo}$	20	$a_3 = 0.12/S + 0.5\Delta\rho_{wo}/(Sq_L\ln\mu_r) +$		
h_b	13	$6.11\times10^{-4}K_v/K_h - 6.59\times10^{-3}$	$V_{数模}$	$230\times10^4 \text{m}^3$
S	220	$a_2 = h_b - 5.52\Delta\rho_{wo}\times10^4/(Sq_L\ln\mu_r) + 0.39$		
q_L	1600		$V_{计算}$	$220\times10^4 \text{m}^3$
$\ln\mu_r$	4.1	$a_1 + a_2 = h$		
K_v/K_h	10			

式中，$\Delta\rho_{wo}$ 为油水密度差，kg/m³；μ_r 为油水黏度比；q_L 为平均日产液量，m³/d；h_b 为避水高度，m；h 为油层厚度，m；K_v/K_h 为垂向与水平方向渗透率比值。

(2) 底水油藏特高含水期最大孔隙体积注入倍数确定

根据相渗曲线，通过分流量方程可以计算出含水 98% 时的理论驱油效率，如图 6 所示，计算含水率至 98% 时，理论驱油效率为 0.37。

结合水脊体积定量描述方法，根据生产井的实际产液情况可以计算波及区域内的平均孔隙体积注入倍数，通过公式(10)拟合生产数据，可以得到符合实际生产规律的孔隙体积注入倍数与驱油效率理论曲线，如图 7 所示。根据理论驱油效率，可由两者的定量关系式反求对应参数下的理论孔隙体积注入倍数，以 $N_1g\text{Ⅲ}$ 砂体 A29H 为例，计算结果如表 3 所示。

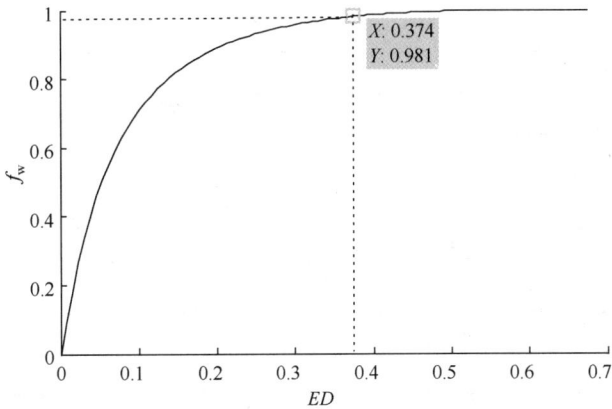

图6 $N_1g\text{III}$ 砂体含水98%时理论驱油效率计算

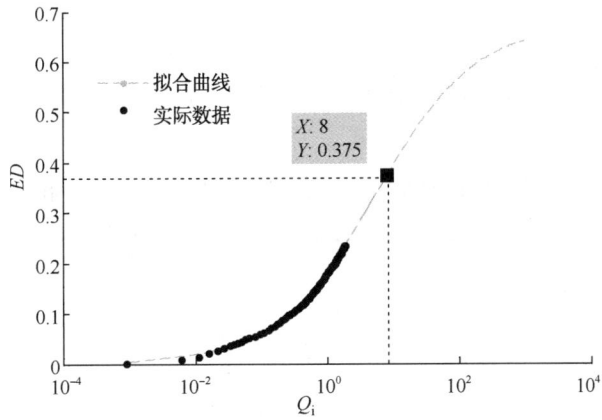

图7 生产井实际动态资料拟合

表3 A29H 理论孔隙体积注入倍数计算结果

水脊体积/$10^4 m^3$	井控储量/$10^4 m^3$	驱油效率	目前累产油/$10^4 m^3$	技术可采储量/$10^4 m^3$	目前 PV注入倍数	含水98%时PV注入倍数
220	128	0.37	35.22	47.36	1.9	8

从表3中可以看出，A29H 目前剩余可采储量 $12.14\times10^4 m^3$，剩余潜力较大，因此该井在2015年年初进行了大幅提液以提高特高含水期底水对孔隙体积的冲刷倍数，从图8中可以看出，日产液从550m^3提高至2000m^3，经过两年多的生产，该井含水率一直维持在96%左右，日产油量提高近4倍。因此，通过该方法可定量计算底水油藏特高含水期老井的剩余潜力，可为后期油田或单井的剩余油挖潜方案提供理论依据。

5 结论

（1）随着水驱油藏开发进入高含水期，后续油田可通过提高孔隙体积注入来提高水驱驱油效率，从而得到提高采收率的目的。基于 Logistic 模型，实现了孔隙体积注入倍数与驱油效率的定量关系表征，以渤海某油田油田明下段943砂体为例，特高含水期孔隙体积注入倍数提高10倍，驱油效率可以提高至15%；

（2）实现了底水油藏特高含水期水平井的水脊形态定量描述，依据水脊的三维形态，定

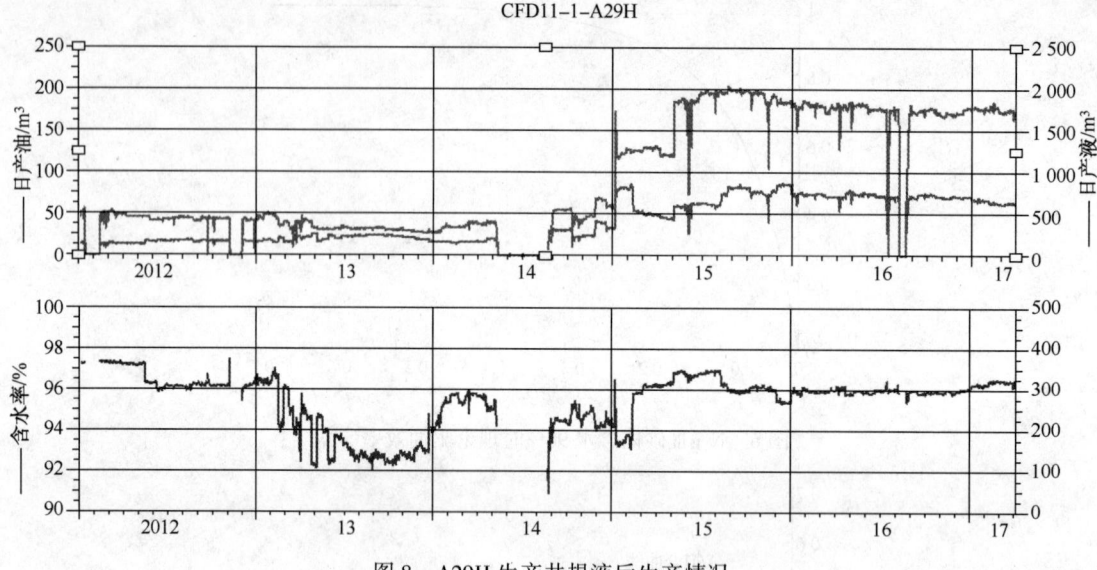

图8　A29H生产井提液后生产情况

量计算了水脊体积;

（3）通过拟合生产数据，可以得到符合实际生产规律的孔隙体积注入倍数与驱油效率理论曲线，结合相渗曲线可反求含水率98%条件下的理论注入倍数，可有效指导后续生产井挖潜方向。

参 考 文 献

[1] 郑可，徐怀民，陈建文. 关于童氏乙型水驱特征经验公式的探讨[J]. 中国石油大学学报:自然科学版，2013，37(1).

[2] 陈元千，陶自强. 高含水期水驱曲线的推导及上翘问题的分析[J]. 断块油气田，1997，4(3).

[3] 邴绍献. 特高含水期相渗关系表征研究[J]. 石油天然气学报，2012，34(10):118-120.

[4] 杨宇，周文，邱坤泰，等. 计算相对渗透率曲线的新方法[J]. 油气地质与采收率，2010，17(2).

[5] 梁尚斌，赵海洋，宋宏伟，等. 利用生产数据计算油藏相对渗透率曲线方法[J]. 大庆石油地质与开发，2005，24(2).

[6] 陈元千，胡建国，张栋杰. Loglsitc 模型的推导及自回归方法[J]. 新疆石油地质，1996，17(2).

[7] 贾晓飞，李其正，杨静，等. 基于剩余油分布的分层调配注水井注入量的方法[J]. 中国海上油气，2012，24(3).

[8] 陈波，百宗虎，吕婧文，等. 沉积微相与水驱倍数及剩余油的关系研究[J]. 西安石油大学学报:自然科学版，2015，30(3).

[9] 闫文华，焦龙. 高注水倍数非均质岩芯驱油效果实验研究[J]. 石油化工高等学校学报，2014，27(4).

[10] 辛翠萍. 底水油藏水锥定量描述技术及水平井井网配置优化研究[D]. 中国石油大学(华东)，2011.

海上油田高含水水平井酸化泡沫 酸体系分流性能研究

黄晓东[1]，刘平礼[2]，李丰辉[1]，黄荣贵[1]

(1. 中海石油(中国)有限公司天津分公司，天津 300459；
2. 西南石油大学，四川成都 610500)

摘 要 水平井酸化的关键是将酸液注入低渗透带或伤害严重井段，达到均匀改善井壁周围地层的渗透率，均匀解堵，最大程度提高油井动用程度的目的。同时对于高含水水平井，有效提高油井产液量的同时降低油井含水率是水平井酸化需要解决的又一技术难题。为此，研制了一种适合于渤海海上油田高含水水平井的泡沫酸液体系，开展了高含水水平井泡沫酸或泡沫段塞分流酸化技术研究，重点考察了泡沫酸液体系的耐温性、抗盐性、稳定性和分流性能。结果证明：泡沫酸体系具有良好的耐温性、抗盐性、稳定性，同时该泡沫酸能够实现有效的封堵水层，对油层无伤害、对水层伤害大，可实现有效分流转向。

关键词 海上油田；水平井；酸化；分流；泡沫酸

渤海 C 油田位于渤海湾盆地埕宁隆起区，沙垒田凸起东高块中部，属沙垒田凸起的斜坡部位。沙垒田凸起东块发育两套储盖组合，这两套储盖组合均发育，油层发育于东营组、馆陶组和明化镇组，以馆陶组和东营组为主，是典型的上下叠置复式油气藏。馆陶组和东营组储层特征以高孔高渗，孔洞发育、岩石骨架较疏松为主。随着开发的深入进行，油井底水突进现象越来越明显，含水率不断升高，产油量下降，储层污染伤害严重，因此迫切需要降水增油措施。另外，由于油田高含水，大量采出水需要通过污水回注井注入地层，另有部分采出水需处理后实施污水排海，为了减轻污水排海压力，需对污水回注井实施酸化降压增注措施。水平井酸化的关键是将酸液注入低渗透带或伤害严重井段，达到均匀改善井壁周围地层的渗透率，均匀解堵，最大程度提高油井动用程度的目的[1-3]。同时对于高含水水平井，有效提高油井产液量的同时降低油井含水率是水平井酸化需要解决的又一技术难题。

化学堵水和分流酸化分别是降水、增油的主要措施[4,5]，并在改善油田开发效益方面发挥了主体作用。但单一的酸化和堵水作业在某些油藏实施具有局限性。对于高含水水平井，传统酸化处理使油井产量增加的同时含水率也会增加，但部分油井含水率增加，而产油量下

基金项目：中国海洋石油总公司"十二五"重大科技专项"海上在生产油气田挖潜增效技术研究"(CNO-OC-KJ125ZDXM06LTD)部分成果。

作者简介：黄晓东(1974—)，男，高级工程师，1998 年毕业于中国石油大学(华东)石油工程专业，现主要从事海上油气田提高采收率采油工艺技术的研究和推广应用工作。E-mail：huangxd@cnooc.com.cn

降；因此，需要一种技术，既能堵住水，又能增加油井产量。

针对渤海 C 油田高含水水平井开采现状和稳油增产技术方面存在的难点和问题，迫切需要研究高含水期的酸液分流技术和配套工艺，为渤海 C 油田降水增油技术措施提供理论指导。

1　泡沫酸体系分流性能研究

1.1　泡沫分流机理分析

泡沫在多孔介质中的流动，采用气相流度来描述气相的运动，并且泡沫的存在不影响液相的相对渗透率与液相饱和度的关系。气相在多孔介质中的大量圈闭是泡沫控制流动的主要原因，气相圈闭受发泡剂性能、泡沫质量、发泡方式和地层孔隙结构等因素影响。泡沫分流是针对不同储层特征而进行的，在大孔道中，泡沫生成相当规则的圆珠形，成群、密集地分布在整个空间内，起到了很好的封堵作用。在小孔隙内泡沫十分拥挤，使其有的呈椭圆状，有的呈扁圆状，有的呈短柱状，互相之间成了整个面的接触，致使小孔隙的每一微小空间都被泡沫占据。

泡沫分流酸化遵循最小阻力层原理，封堵高渗层，以达到均匀布酸的目的。关于泡沫流体在分流酸化中的机理，主要包括以下几个方面：

（1）泡沫流体通过圈闭作用和增加气体黏度的方式来降低气相流度，从而降低水相饱和度、相对渗透率和流度。因此低渗层中的泡沫始终保持不稳定状态，不能起到阻止酸液进入的作用，因此大量的酸液被分流进入低渗透层。

（2）低渗透层的孔隙度相对较小，这就导致泡沫在低渗层中的流速相对高渗透层大，因此产生的剪切变稀作用更加明显，使得在低渗层中泡沫的表观黏度比高渗层更低，酸液更容易进入低渗层。

（3）高低渗透层的孔隙度存在差异，导致泡沫在高低渗透层中的气泡大小明显不同。气泡越大，贾敏效应导致的流动阻力就越大，所以泡沫在高渗透层中流动困难，阻止后续酸液进入的能力越强。

（4）泡沫具有"遇油消泡，遇水稳泡"的特殊性能。低渗层中往往残余油饱和度高，在低渗层中遇油消泡的作用强，降低了泡沫数量和稳定性，因此泡沫会优先进入油层。

1.2　泡沫酸性能要求

（1）良好的起泡性能，发泡量大；

（2）在地层条件下具有较高的稳定性；

（3）泡沫的密度和黏度不能太高，否则地面的施工泵压较高，增加施工难度；

（4）泡沫酸体系与地层流体以及地层配伍性高，不发生敏感反应；

（5）配制原料用量少、来源广、成本低、环境友好型材料，无毒或毒性弱。

1.3　泡沫酸稳定性实验

（1）泡沫液稳定性与温度的关系

实验配方：1.5%起泡剂+3%HCl+3%SA601+4%SA701+2%胶凝乳化剂+1%铁稳剂+1%缓蚀剂+1%黏稳剂作为泡沫酸液配方，分别在常温和90℃条件下通过实验测定泡沫的液相体积与泡沫高度随时间的变化。实验结果见表1。

表1 泡沫液相体积与泡沫高度随时间的变化

常 温			90℃		
液体体积/mL	时间/min	泡沫高度	液体体积/mL	时间/min	泡沫高度/mm
130	4.5	320	130	10.08	370
140	4.83	310	140	11.35	360
150	5.33	290	150	12.67	350
160	6.33	280	160	14.33	340
170	8	270	170	15.5	330
180	10.25	250	180	17.5	320
190	13.17	240	190	19.47	310
200	17	230	200	21.15	300
210	22.67	210	210	24.18	290
220	49	190	220	45.3	250
225	120	125	220	55.12	220
230	150	0	230	150	0

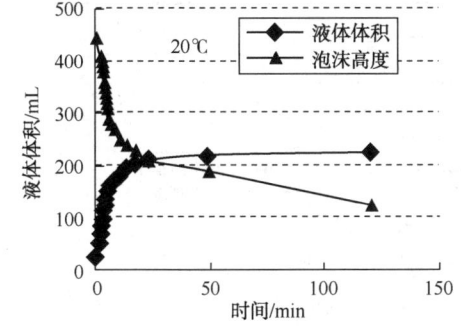 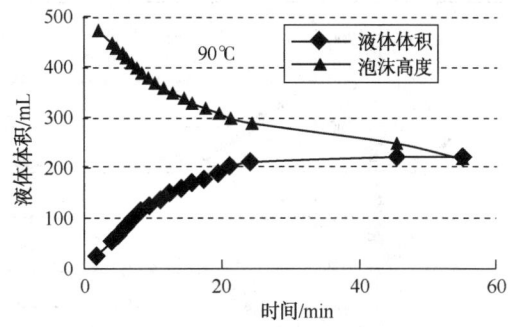

图1 常温、90℃泡沫液相体积与高度随时间变化关系

泡沫半衰期的评价方法分为体积半衰期与析液半衰期，体积半衰期是指泡沫体积减为一半时的时间，析液半衰期是指析出液相体积为一半时的时间。实验结果见表2。

表2 泡沫酸半衰期测定

温度/℃	体积半衰期/min	析液半衰期/min
20	19	4.1
90	48	8.5

由表中数据可以看出，泡沫酸的析液半衰期要比体积半衰期低，而且在90℃时体积半衰期很长，析液半衰期相应比较短，但是比一般的泡沫酸液析液半衰期要高，说明该泡沫酸的稳定性比较强。

（2）在地层水中泡沫酸的稳定性

由于泡沫酸液进入地层后要与地层水接触，而地层水具有一定的矿化度，因此对泡沫酸的耐盐性评价很重要，实验采用之前泡沫稳定性实验的配方，在配方中加入C油田地层水，在室温条件下观察泡沫高度与液体体积随时间的变化。结果见表3及图2。

表3 地层水的泡沫酸稳定性实验

液体体积/mL	时间/min	泡沫高度/mL
0	0	600
50	10.5	550
60	12	540
70	13.5	530
80	15	520
90	16.5	510
100	18.17	500
110	19.67	490
120	21.2	480
130	23	470
140	24.75	460
150	26.33	450
170	30.87	430
180	52.23	430
190	120	400

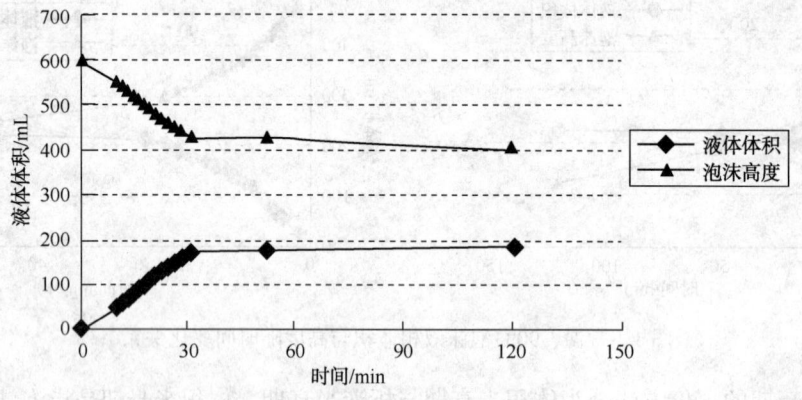

图2 地层水的泡沫酸稳定性实验

根据实验结果，泡沫酸与地层水混合后较长时间内泡沫酸高度变化不大，可见其具有较好的盐稳定性。

1.4 泡沫酸分流实验评价

实验流程如图3所示。

首先进行泡沫酸的分流实验评价，实验采用人造岩芯进行泡沫酸分流实验，实验选取2组岩芯的岩芯渗透率分别为 4mD 和 32mD、67mD 和 197mD、987mD 和 2213mD，实验结果如图4所示。

如图5、图6所示，初始阶段高渗透率岩芯吸液量较多，低渗透率岩芯吸液量较少，因此，高渗透岩芯在注入泡沫溶液后，液量首先降低，降低幅度比较大。低渗透率岩芯流量呈现逐步上升的趋势，说明初期注入泡沫酸液主要是堵塞高渗透岩芯，只有当高渗透岩芯的渗透率值降至低渗透岩芯的渗透率值时，低渗透岩芯的渗透率才开始降低，最终两块岩芯渗透率趋于一致，流量趋于一致，说明注入泡沫溶液后，确实起到了分流作用。

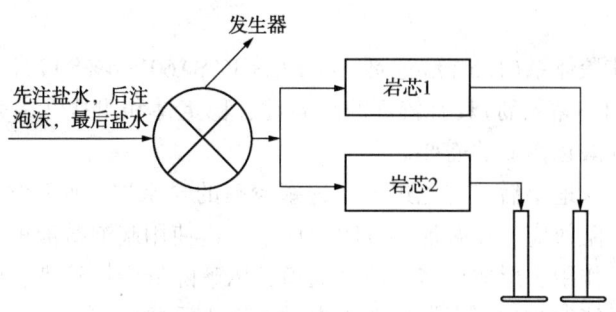

图 3　泡沫酸分流酸化实验装置

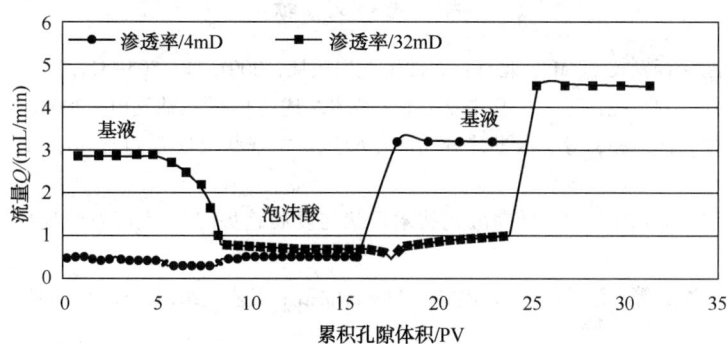

图 4　泡沫酸分流流动实验

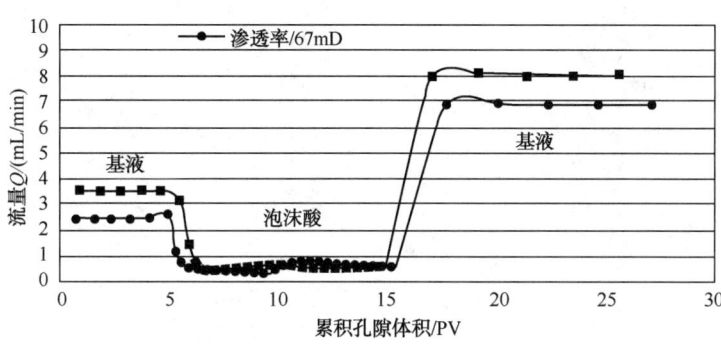

图 5　泡沫酸分流流动实验

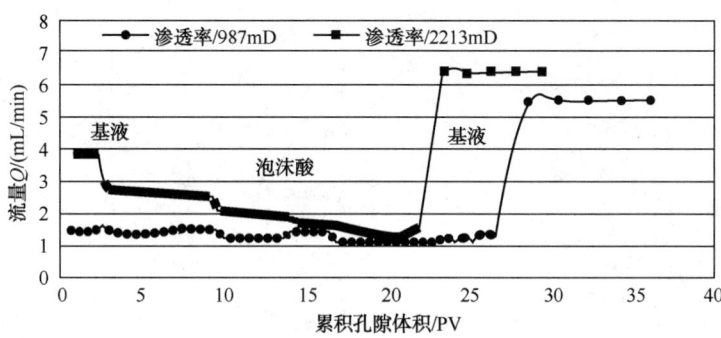

图 6　泡沫酸分流流动实验

2　结论

（1）研制的泡沫酸体系(1.5%起泡剂+3%HCl+3%SA601+4%SA701+2%胶凝乳化剂+1%铁稳剂+1%缓蚀剂+1%黏稳剂)具有较好的耐温性、稳定性和耐盐性，完全能够适合渤海海上油田高含水水平井酸化作业的需要。

（2）泡沫酸在泵入地层后，首先进入渗透率较高的含水层，使流体流动阻力逐渐提高，进而在吼道中产生气阻效应。在叠加的气阻效应下，再使用起泡酸液进入低渗透地层与岩石反应，起到了分流的作用，形成更多的溶蚀通道，以解除低渗层污染、堵塞，改善油井产液剖面。该泡沫酸体系能够为油田现场作业方案设计提供重要依据。

参 考 文 献

[1] 常子恒. 石油勘探开发技术[M]. 北京：石油工业出版社，2001.11：505-511.

[2] 郭富凤，赵立强，刘平礼，等. 水平井酸化工艺技术综述[J]. 断块油气田，2008，15(1)：117-120.

[3] 蔡承政，李根生，沈忠厚，等. 水平井分段酸化酸压技术现状及展望[J]. 钻采工艺，2013，36(2)：48-51.

[4] 赵增迎，杨贤友，周福建，等. 转向酸化技术现状与发展趋势[J]. 大庆石油地质与开发，2006，25(2)：68-71.

[5] 杨浩，陈伟，邓军，等. 泡沫分流特性研究[J]. 石油钻采工艺，2010，32(3)：94-98.

海上多层砂岩油藏中高含水期
定向井产能预测新方法

刘彦成，康　凯，李廷礼，张　章，于登飞

(中海石油(中国)有限公司天津分公司渤海石油研究院，天津)

摘　要　产能评价是伴随油田开发过程中一项十分重要的基础研究。然而，为兼顾开发成本与开采效果，海上油田一般采用多层合采的开发模式，导致多层开采下产能预测十分困难，特别是油井见水后的产能预测。宏观上，受沉积环境、成岩作用和成藏过程中的差异充注等地质因素控制；微观上，受油水渗流、流场分布和压力变化等开发因素影响；同时，产能与工程因素的完井方式相关。为此，本文通过地质、油藏、测井、钻完井等多专业相融合为突破口，采用"单因素解析多因素耦合"的研究思路，深入剖析了蓬莱19-3油田沉积相、成岩作用、成藏过程、水淹规律、波及系数、压力差异和完井方式等主控因素对产能的影响机理，建立由多元主控因素定量耦合的产能预测模型，形成一套系统的海上多层砂岩油藏定向井中高含水期产能预测方法。

关键词　多层砂岩油藏；中高含水期；定向井；影响因素；产能预测新方法

1　前言

渤海油田经历了50余年的勘探开发，累计发现油田或含油气构造167个，共发现探明油当量32.4×10⁸t，已连续5年稳产3000×10⁴t，成为我国北方重要的能源生产基地[1]。

然而，历经多年的开采，目前主力油田大部分进入中高含水期阶段，尤其是以陆相多层砂岩油藏为典型代表的蓬莱19-3油田，进入中高含水期后产能预测面临巨大挑战，而产能预测的精度又是影响油田开发效果至关重要的因素，表现为产能估计过高会造成油田开发的失误和严重损失，估计过低将导致石油资源和勘探投资的积压和浪费[2]。同时，精准的产能预测对油田后续的增储上产和产能建设具有十分重要的指导意义。

目前，前人对于定向井的产能研究较多，但是大部分研究主要集中在物性、流体、干扰系数、完井方式等单因素分析[3-7]，或者是对油田实施后的产能变化进行定性描述[8]，并且主要侧重点在新油田投产初期的产能研究[9,10]，而对于从多因素耦合角度开展多层砂岩油藏中高含水期产能预测的研究相对较少。笔者以蓬莱19-3油田为例，利用丰富的岩芯、重矿物、薄片、扫描电镜、地化、测井、相渗、试采、完井、生产动态等资料入手，从单因素剖析地质、油藏和工程等多专业中各个关键因素对产能的影响机理，建立多因素耦合的定向井产能预测模型。

基金项目：国家重大科技专项"渤海油田加密调整及提高采收率油藏工程技术示范"(2016ZX05058001)。

作者简介：刘彦成(1985—)，男，汉族，陕西榆林人，硕士，油藏工程师，2011年毕业于西南石油大学油气田开发工程专业，现工作于中海石油(中国)有限公司天津分公司渤海石油研究院，主要从事于海上多层砂岩油藏开发领域的研究。E-mail：163lycgt@163.com

2　研究区概况

蓬莱 19-3 油田位于渤海海域渤南凸起中段的东北端,发育在郯庐断裂带的东支(图 1),油田构造类型属于在古隆起背景上发育起来的、被断层复杂化了的断裂背斜。主力油层发育于新近系馆陶组和明化镇组下段,油层厚度 63～151m,石油地质储量为数亿吨级,属于我国海上目前发现最大的陆相多层砂岩油藏,油气分布产状及压力系统较复杂,纵向上存在多套油水系统的层状构造边水油藏[11]。

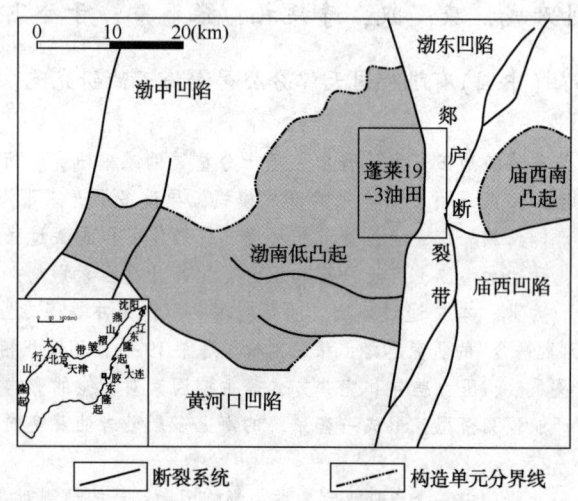

图 1　蓬莱 19-3 油田区域位置简图

随着油田开发的不断深入,目前已进入中高含水期开采阶段,生产形势严峻、层间矛盾突出、水淹规律复杂、完井方式多变、产能预测难度大,具体表现为以下 3 个方面:①受河流相沉积环境影响下的砂体横向变化快,储层物性差异大;同时,受成藏过程中的差异充注影响,导致纵向流体性质不同;表现为初期一套层系大段多层合采井流度与比采回归关系差;②油井见水后,纵向上,受储层非均质性影响,高渗透层形成水窜,屏蔽低渗透层产能发挥,水淹干扰严重;平面上,受沉积微相、开发井网和完井方式等因素影响,造成平面产液结构不均,波及系数难以确定;③特别是,长井段(>500m)多层合注模式下,层间注采不均,纵向超、亏层压间互发育的"三明治"现象明显,导致多层开采过程中压力干扰加剧。

3　定向井产能影响因素

3.1　沉积微相对产能的影响机理剖析

宏观上不同的沉积微相,具有不同的几何和物理特征[12],控制着不同的流动单元,决定着水力单元的轮廓、尺寸和渗流规律。蓬莱 19-3 油田明化镇组下段属于曲流河沉积,馆陶组属于辫状河沉积,表现出不同的沉积环境具有不同的储集层孔、渗特征(表 1),进而影响油井产能。同时,通过对蓬莱 19-3 油田大量的重矿物和古水流研究表明物源方向为北东南西向,并且与初期投产井的产能特征具有较高的吻合度(图 2)。

3.2　成岩作用对产能的影响机理剖析

中国东部中-新生代断陷湖盆多具近源、短源和丰富的花岗质母岩提供的基本地质条件,致使碎屑岩储层多以长石砂岩类(包括岩屑长石砂岩)为主,其储层及储集性能既受沉积相的控制,又受到成岩作用的强烈影响[13]。成岩作用的重要产物之一为黏土矿物,利用蓬莱 19-3

油田丰富的扫描电镜和铸体薄片等资料(图3)，分析蓬莱19-3油田的黏土矿物成分和含量，主要以高岭石为主，伊-蒙混层和伊利石次之，蒙脱石相对较少。而黏土矿物的高低一般与泥质含量具有较好的相关性，泥质含量的高低可以利用自然伽马能谱测井获取，从蓬莱19-3油田实际取芯井的统计表明，泥质含量越高(黏土矿物含量越高)、束缚水饱和度越高、储层孔隙结构越复杂、储层物性越低、油相端点渗透率越低，最终影响油井渗流能力(图4)。

表1　研究区不同微相孔隙度与渗透率数据表

沉积相	沉积微相	岩性	孔隙度/%		渗透率/mD		产能/[m³/(天·MPa·m)]
			一般	平均	一般	平均	平均
曲流河	边滩	中、细砂岩	11.2~26.5	24.2	100.2~620.5	350.1	0.250
	曲流河	中、粗砂岩、砾岩	18.2~29.5	28.1	380.3~2120.6	960.3	0.660
	决口扇	细砂岩、粉砂岩	10.2~25.6	23.2	95.2~420.5	261.2	0.361
	泛滥平原	泥质砂岩	10.1~20.3	17.2	80.6~310.5	180.7	0.280
	废弃河道	中、粗粒砂岩	17.2~29.8	28.5	480.3~1890.6	1105.6	1.005
辫状河	心滩	中、粗粒砂岩	16.8~29.3	28.1	330.3~1420.6	1196.3	1.096
	辫状河道	中、粗粒砂岩	17.2~28.6	27.2	310.3~1320.6	897.5	1.021
	河道边缘	粉砂岩、细砂岩	12.1~21.4	19.3	60.6~260.5	172.4	0.387
	河道间	粉砂、泥岩	10.9~23.5	21.2	42.2~270.5	165.1	0.265

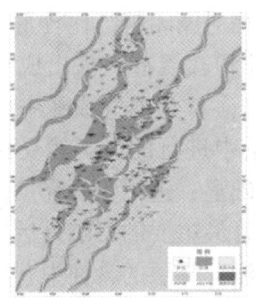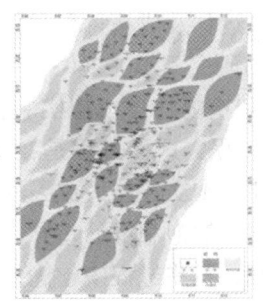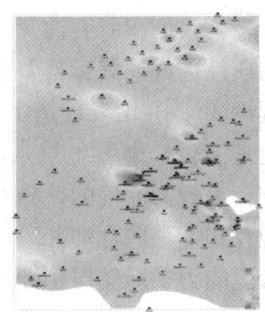

图2　蓬莱19-3油田沉积微相图与产能等值线图

(a)1236.76m　　　(b)1245.39m　　　(c)1267.10m　　　(d)1251.50m

(a)1236.76m　　　(b)1245.39m　　　(c)1267.10m　　　(d)1251.50m

图3　蓬莱19-3油田馆陶组扫描电镜和铸体薄片资料

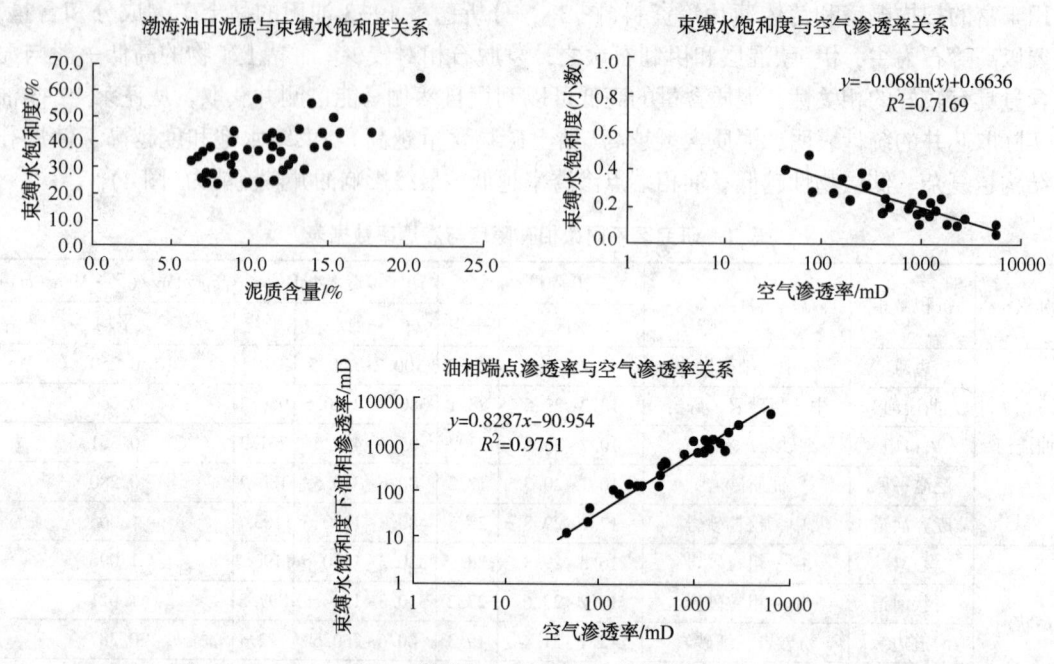

图4　蓬莱19-3油田岩芯分析资料

3.3　差异充注对产能的影响机理剖析

长期以来，人们在研究油气二次运移及成藏过程时，往往对圈闭特征比较重视，对宏观的储层非均质性造成油气运聚差异的研究不够，2003年吴胜和教授首次提出成藏过程中的差异充注理论[14]，并结合矿场实例和室内物理模拟实验验证。认为油气成藏中的二次运移过程实际上是油(气)驱替地层水的过程，这一过程是在储层中进行的，必然受到储层非均质性的影响，表现为油气的差异充注。本文在前人成果的基础上，进一步研究发现，差异充注不仅表现在初期纵向含油井段层间含油饱和度的差异，而且最主要的影响是后期开发过程中油井的渗流能力，即储层物性越好，充注过程中越优先充注，储层的含油饱和度越高，最终影响油井初期产能，表现在油井投产后的产能与含油饱和度呈现一定的正相关性(图5)。

3.4　生产压差对产能的影响机理剖析

生产压差对定向井初期产能的影响主要体现在与启动压力的关系上，即生产压差是否大于流体渗流的启动压力。如果大于启动压力，则表明多层合采条件下，各层都可以参与渗流。反之，则部分难动用储集层中的流体无法参与渗流，影响合采井产能与流度的相关性。统计蓬莱19-3油田已投产井生产压差和启动压力的关系，油田95%的生产井压差大于启动压力，即在多层合采模式下，生产压差对开发井流度与产能相关性的影响相对较小[图6(a)]。

但是随着开发的进行，纵向层间压力差异加剧，纵向超亏压间互发育的"三明治"现象明显[图6(b)]，尤其是亏压层的产能大幅下降[图6(c)]，给定向井合采产能预测带来较大的困难。

3.5　水淹状况对产能的影响机理剖析

矿场实践表明：蓬莱19-3油田主力开发区块近年来实施的47口调整井(生产井)水淹状况绝大部分以底部水淹为主，并且随着层内渗透率级差增大，纵向波及系数减小

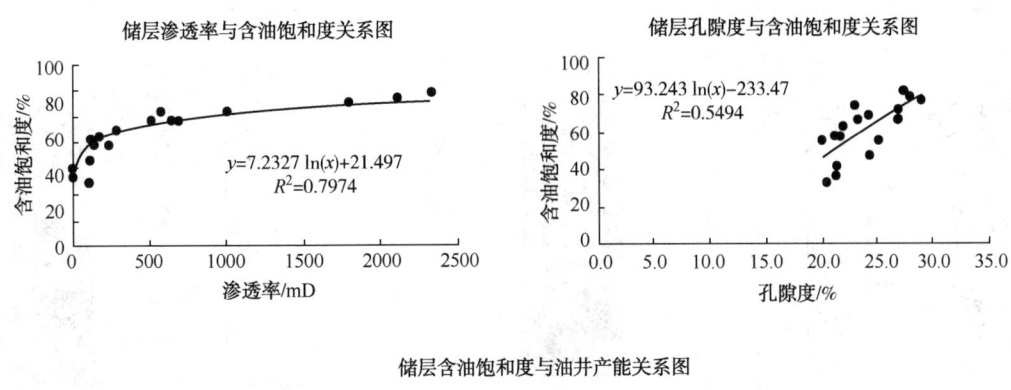

储层渗透率与含油饱和度关系图

储层孔隙度与含油饱和度关系图

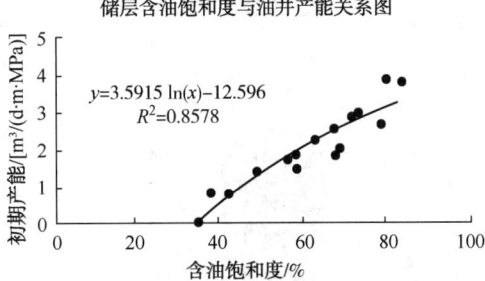

储层含油饱和度与油井产能关系图

图 5 蓬莱 19-3 油田差异充注对油井产能的影响

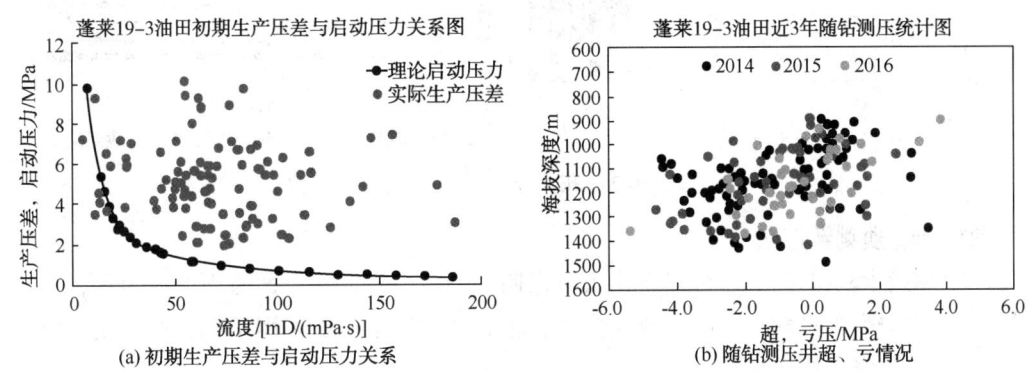

蓬莱19-3油田初期生产压差与启动压力关系图

蓬莱19-3油田近3年随钻测压统计图

(a) 初期生产压差与启动压力关系

(b) 随钻测压井超、亏情况

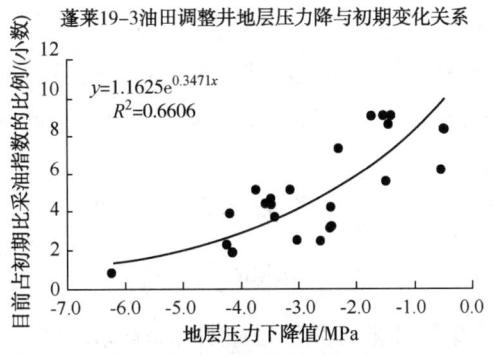

蓬莱19-3油田调整井地层压力降与初期变化关系

(c) 不同压力降下目前比采占初期比采的比例

图 6 蓬莱 19-3 油田压力变化对产能的影响分析图

[图 7(a)、图 7(b) 和图 7(c)]；同时，室内岩芯渗流实验表明：高渗透率层底部强水淹后吸水指数大幅增加，中低渗透率层吸水指数变化相对较小[图 7(d)]，导致油井在一套层系多层合采条件下，层间干扰问题突出，低渗层产能屏蔽作用明显。

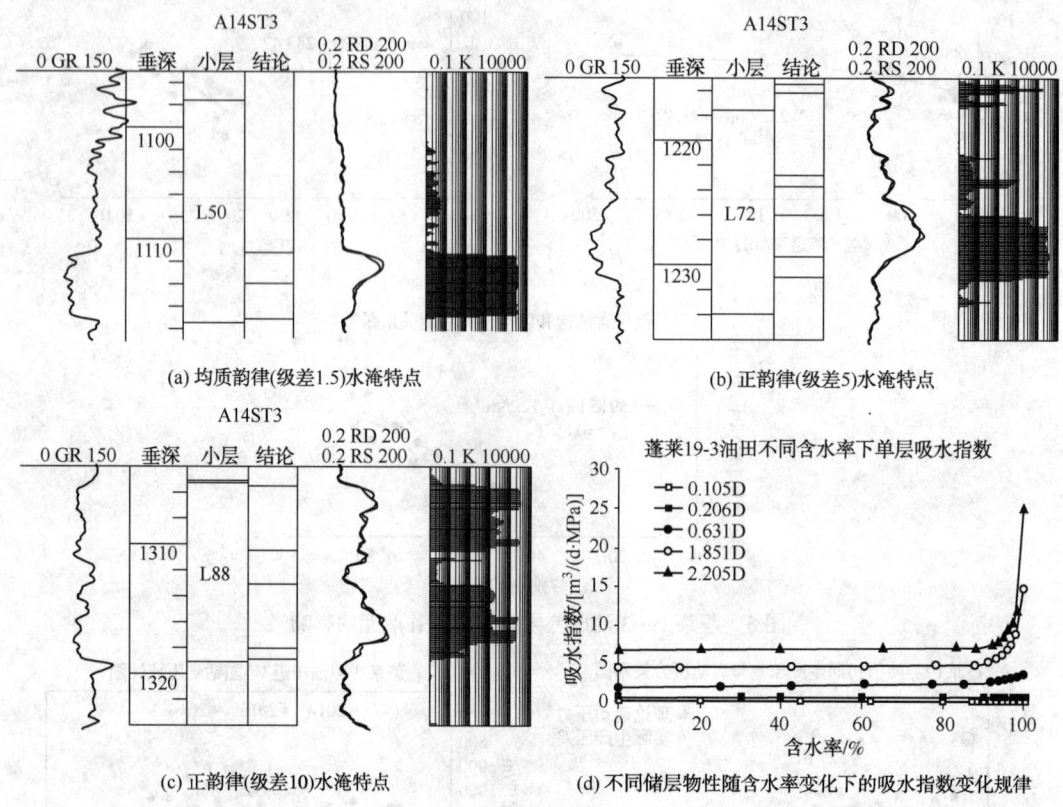

(a) 均质韵律(级差1.5)水淹特点

(b) 正韵律(级差5)水淹特点

(c) 正韵律(级差10)水淹特点

(d) 不同储层物性随含水率变化下的吸水指数变化规律

图7　蓬莱19-3油田水淹状况及吸水指数变化图

4　定向井产能预测新方法

通过上述单因素的剖析，可以看出现有定向井产能公式无法全面考虑上述因素，特别是多层砂岩油藏中高含水期的产能预测。为此，笔者从单因素解析多因素耦合的角度提出一种新的产能研究思路是相对科学的。

4.1　定向井产能模型建立

目前海上多层砂岩油藏通常采用定向井开发，对于初期不含水阶段产能计算公式主要有裘比公式法、Cinco-Ley 公式法[16]、Besson 公式法[17] 和 Vandervlis 公式法[18] 等，其中常用的是 Vandervlis 公式法：

$$Q = \frac{542.87 K_{air} K_{ro} h \Delta P}{\mu_o B_o \left(\ln \dfrac{r_{ev}}{r_{we}} + S_\theta + S_d \right)} \tag{1}$$

由于式(1)仅适用于单层开采，并且是初期开采阶段，没有考虑多层合采下层间渗流差异和油井见水后的复杂情况，对预测多层合采时油井处于中高含水期的产能并不适用。

为此，在建立油井见水后新的产能预测模型时需要考虑上述单因素的影响，并通过多因素耦合实现定向井中高含水期产能的精准预测，具体耦合思路如下：①利用刘彦成 2016 年提出的基于岩相约束下的方法求取多层砂岩油藏 K_{air}[19]，定量表征沉积微相和成岩作用对产能的影响；②引入测井经典的 Archie 公式中电阻增大率参数(含油饱和度相关)，定量表征差异充注对产能的影响；③通过矿场统计蓬莱19-3油田实际生产井总的干扰系数值(水淹干扰和压力干扰两方面)，结合黄世军2015年提出的水淹干扰系数计算方法，反求压力干扰系数值；结合随钻测试压力、储层厚度、生产压差等变量对压力干扰系数的影响规律进行相关性分析，建立了适用于多层砂岩油藏超、亏压间互发育的压力干扰系数表达式；④利用波及系数获取不同井网下的泄油半径参数对产能的影响；⑤引入充填系数描述完井质量对产能的影响。

首先在式(1)的基础上获得多层砂岩油藏的初期产能表达式：

$$Q_0 = \frac{542.87\sum\limits_{i=1}^{m}\dfrac{K_{\text{Airi}}K_{\text{roi}}h_i\Delta P_i}{\mu_{\text{oi}}B_{\text{oi}}}}{\ln\dfrac{r_{\text{ev}}}{r_{\text{we}}} + S_\theta + S_{\text{d}}} \tag{2}$$

并利用基于岩相约束下的 K_{air}，表征宏观沉积作用和成岩作用对产能的影响；在此基础上引入 Archie 公式(适用条件：该公式适应用于多层砂岩油藏储层含油饱和度的预测，故适用于蓬莱19-3油田多层砂岩油藏。)，结合相渗曲线建立油水两相渗流规律下油相渗流能力与电阻增大率之间的函数关系，表征差异充注对产能的影响：

$$\ln\left(\frac{K_{\text{ro}}}{K_{\text{rw}}}\right) = a_{\text{o}} + b_{\text{o}}S_{\text{w}} \tag{3}$$

$$R_{\text{I}} = \frac{R_{\text{t}}}{R_{\text{o}}} = (1 - S_{\text{o}})^{-n} = S_{\text{w}}^{-n} = \frac{1}{S_{\text{w}}^n} \tag{4}$$

$$K_{\text{ro}} = K_{\text{rw}}e^{a_{\text{o}} + b_{\text{o}}R_{\text{I}}^n} \tag{5}$$

$$Q_{\text{o}} = \frac{542.87\sum\limits_{i=1}^{m}\dfrac{K_{\text{Airi}}K_{\text{rwi}}e^{(a+bR_{\text{I}}^n)i}h_i\Delta P_i}{\mu_{\text{oi}}B_{\text{oi}}}}{\ln\dfrac{r_{\text{ev}}}{r_{\text{we}}} + S_\theta + S_{\text{d}}} \tag{6}$$

其次，在对多层砂岩油藏初期不含水阶段渗流能力表征的基础上，中高含水期的关键是描述层间干扰的影响，引用黄世军教授的层间干扰系数研究方法[5](适用条件：该研究主要针渤海油田普通稠油油藏多层合采过程中的干扰系数开展室内物理实验研究，所以可以满足对蓬莱19-3油田多层砂岩油藏干扰系数的预测)，利用蓬莱19-3油田实际生产数据，获取水淹后的层间干扰系数表达式如下：

$$\alpha_{\text{o}} = 0.349\ln\left(\frac{K_{\max}}{K_{\min}}\right) \cdot e^{\frac{\bar{K}-K_{\min}}{K_{\max}-K_{\min}}} \cdot \left[0.491 + \sum_{i=1}^{n}(-1)^{i+1}f_{\text{w}}'\right] \tag{7}$$

同时，结合蓬莱19-3油田纵向层间压力差异的特点，基于矿场统计结果，对储层厚度、生产压差、随钻测试压力等变量对压力干扰系数的影响规律进行相关性分析，确定了适用于蓬莱19-3油田的层间压力干扰系数，其表达式如下：

$$\beta = 0.756e^{\left(\frac{H_{\text{亏}}P_{\text{亏}}}{H_{\text{超}}P_{\text{超}}}\right)} \cdot \left[\frac{\sum\limits_{i=1}^{n}P_{i\text{压差}} - \sum\limits_{i=1}^{n}(\Delta P_i + P_{i\text{压差}})}{\sum\limits_{i=1}^{n}P_{i\text{压差}}}\right] \tag{8}$$

联立式(6)、式(7)和式(8)获得多层砂岩油藏中高含水期后的定向井产能公式:

$$Q_0 = \frac{542.87(1 - \alpha_o)(1 - \beta)\sum_{i=1}^{m}\dfrac{K_{Airi}K_{rwi}e^{(a+bR_1^n)i}h_i\Delta P_i}{\mu_{oi}B_{oi}}}{\ln\dfrac{r_{ev}}{r_{we}} + S_\theta + S_d} \tag{9}$$

在式(9)的基础上,考虑陆相多层砂岩油藏水驱非均质性对见水后油井产能的影响,本文引用胡罡2013年提出的体积波及系数计算方法(适用条件:该方法基于张金庆水驱特征曲线推导所得,由于张金庆水驱曲线可以反映不同类型的 f_w-R^* 曲线,因此该新方法可适用于不同水驱油田的不同含水阶段),具体如下[20]:

$$E_v = \frac{B_{oi}\left[1 - \sqrt{\dfrac{a(1 - f_w)}{f_w + a(1 - f_w)}}\right]}{B_o\left[2a(1 - f_w) + f_w - 2\sqrt{a}\sqrt{1 - f_w + (1 - a)(1 - f_w)^2}\right]} \tag{10}$$

假设纵向各层参与渗流,则平面波及系数与体积波及系数相同,对于中高含水期后的注水油藏,平面水驱波及系数可以认为是生产井泄油面积,则定向井有效半径可以写成:

$$r_{ev} = 1.498\sqrt{\frac{E_v}{C_A}} \tag{11}$$

考虑波及系数影响下的产能公式如下:

$$Q_0 = \frac{542.87(1 - \alpha_o)(1 - \beta)\sum_{i=1}^{m}\dfrac{K_{Airi}K_{rwi}e^{(a+bR_1^n)i}h_i\Delta P_i}{\mu_{oi}B_{oi}}}{\ln\dfrac{1.498\sqrt{\dfrac{E_v}{C_A}}}{r_{we}} + S_\theta + S_d} \tag{12}$$

最后,考虑钻完井过程中的储层改造对产能的影响,本文通过统计蓬莱19-3油田实际生产数据,表明储层改造影响下的产能公式如下:

$$Q_0 = \frac{542.87(1 - \alpha_o)(1 - \beta)\sum_{i=1}^{m}\dfrac{K_{Airi}K_{rwi}e^{(a+bR_1^n)i}h_i\Delta P_i}{\mu_{oi}B_{oi}}}{\ln\dfrac{1.498\sqrt{\dfrac{E_v}{C_A}}}{r_{we}} + (S_\theta + S_d)/\lg S_c} \tag{13}$$

4.2　定向井产能公式验证

通过统计蓬莱19-3油田2016年实施的13口调整井的矿场生产数据来看,多因素耦合的评价方法准确度较高,平均达到89%(表2)。

表 2　蓬莱 19-3 油田生产数据统计表

井号	动静态参数							
	厚度/ m	电阻率/ (Ω·m)	渗透率/ mD	原油黏度/ (mPa·s)	充填系数/ (lbs/ft)	超、亏压/ MPa	产能/ [m³/(天·MPa)]	预测精度/ %
L1	51.2	81.3	1203	20	831	1.220	1.024	85
L2	50.0	51.8	2238	22	993	1.000	2.560	88
L3	47.2	14.4	493	15	814	0.241	0.677	90
L4	34.8	6.7	120	15	1015	0.241	1.502	92
L5	65.2	8.1	430	12	836	-1.220	0.730	95
L6	37.4	9.3	125	12	898	-0.241	0.891	79
L7	47.5	12	287	12	1105	-0.241	0.498	88
L8	41.2	10.6	167	7	1125	-0.621	0.507	80
L9	76.8	49.3	1611	7	969	-0.621	3.500	96
L10	29.6	16.3	485	7	1200	-0.621	1.120	97
L11	34.4	45.5	797	13	1050	-0.641	1.296	95
L12	28.8	10.7	919	13	1230	-0.531	1.430	86
L13	42.0	42.9	2987	13	875	-0.531	4.350	98

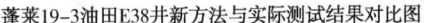

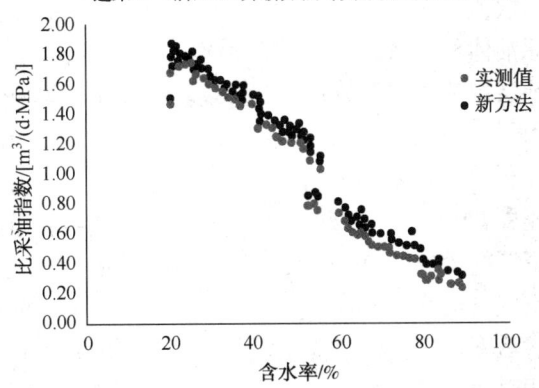

图 8　蓬莱 19-3 油田 E38 井利用新方法计算值与实践测试对比图

由图 8 可见，基于多因素耦合的计算值与实际测试结果吻合度较高，验证了多因素耦合下的产能预测模型适用于多层砂岩油藏定向井产能预测。

同时，对比新方法、传统油藏工程法和数值模拟法等 3 种方法预测 13 口调整井产能数据。结果表明，新方法误差控制在 15% 以内的预测精度较传统油藏工程方法和数值模拟方法分别提高了 23.1% 和 7.7%（表 3），验证了新方法在中高含水期产能预测的可靠性。

表3　蓬莱19-3油田十二五期间已投产调整井产能预测效果对比分析统计表

项　目	多因素耦合法		传统油藏工程法		数值模拟法	
	井数/口	吻合度/%	井数/口	吻合度/%	井数/口	吻合度/%
相对误差范围≤±5%	5	38.5	2	15.4	3	23.1
相对误差范围≤±10%	7	53.8	4	30.8	6	46.2
相对误差范围≤±15%	11	84.6	8	61.5	10	76.9
相对误差范围>±15%	2	15.4	5	38.5	3	23.1
合计	13	100.0	13	100.0	13	100.0

5　结论

（1）地质因素、开发因素和工程因素对中高含水期产能预测的影响是多方面的，包括沉积环境、成岩作用、差异充注、水淹规律、压力分布、波及系数和完井方式等，本文全面地剖析了单个主控因素对陆相多层砂岩油藏中高含水期产能预测的影响机理。

（2）在单个主控因素分析的基础上，通过引入岩相约束下的渗透率、Archie公式中电阻增大率、层间压力和水淹双重干扰系数、波及系数以及充填系数等关键参数，建立了多因素耦合的定向井中高含水期产能预测模型。

（3）经矿场生产实践验证，表明多因素耦合的产能评价模型预测精度较高，比传统的油藏工程和数值模拟研究等方法更科学、可靠。

（4）针对海上油田生产年限短、开发成本高的特点，总结提出了蓬莱19-3油田不同开发阶段下的产能预测模型，为我国海上油田定向井产能评价工作提供了新的研究思路。

符号注释：

a、b、a_o、b_o——比例常数，不同的岩石具有不同数值；

B_o——地层原油体积系数；

B_{oi}——原始地层原油体积系数；

C_A——形状因子，小数；

E_V——水驱体积波及系数，%；

h——有效厚度，m；

K_{max}——最大空气渗透率，μm^2；

K_{min}——最小空气渗透率，μm^2；

K_e——油相渗透率；

K_{rw}——水相相对渗透率；

K_{ro}——油相相对渗透率；

K_{Air}——储集层空气渗透率，μm^2；

f_w——含水率，%；

$H_{亏}$——亏压层厚度，m；

$H_{超}$——超压层厚度，m；

m——总层数；

n——饱和度指数，小数；

Δp——生产压差，MPa；

P_i——单层压力，MPa；

Q_o——合采产油量，m^3/d；

J_o——比采油指数，$m^3/($天·MPa·m$)$；

r_{we}——有效井筒半径，m；

R_I——电阻增大率；

R_o——孔隙中充满地层水时岩石的电阻率，$\Omega·m$；

R_T——孔隙中充满地层原油时岩石的电阻率，$\Omega·m$；

R_W——注采井距离，m；

R_{we}——井筒半径，m；

r_{ev}——供给半径，m；

S_c——完井充填系数，bls/ft；

S_d——完井表皮系数；

S_θ——井身结构表皮系数；

θ——井斜角，rad；

μ_o——原油黏度，mPa·s；　　　　　　　　　β——压力干扰系数；

α_o——产油干扰系数；　　　　　　　　　　下标 i——小层序号。

参 考 文 献

[1] 夏庆龙．渤海油田近10年地质认识创新与油气勘探发现[J]．中国海上油气，2016，28(03)：1-9．

[2] 孙彦达，王永卓．大庆外围低渗透油田产能预测影响因素[J]．石油勘探与开发，2001，(6)．

[3] 王行信．松辽盆地白垩系砂岩储层的黏土矿物特征及其对油层产能的影响[J]．石油勘探与开发，1991，(1)．

[4] 李爱芬，姚军，寇永强．砾石充填防砂井产能预测方法[J]．石油勘探与开发，2004，(1)．

[5] 黄世军，康博韬，程林松，等．海上普通稠油油藏多层合采层间干扰定量表征与定向井产能预测[J]．石油勘探与开发，2015，42(4)：488-495．

[6] 罗宪波，李波，刘英，等．存在启动压力梯度时储层动用半径的确定[J]．中国海上油气，2009，21(4)：248-249．

[7] 梁涛，常毓文，郭晓飞，等．巴肯致密油藏单井产能参数影响程度排序[J]．石油勘探与开发，2013，(3)．

[8] 罗宪波，赵春明，刘英，等．海上稠油油田投产初期产能评价研究[J]．断块油气田，2011，(5)．

[9] 杨思玉，胡永乐，蒋漫旗，等．新油田生产能力确定方法[J]．石油勘探与开发，2008，(6)．

[10] 毛志强，李进福．油气层产能预测方法及模型[J]．石油学报，2000，(5)．

[11] 郭太现，刘春成，吕洪志，等．蓬莱19-3油田地质特征[J]．石油勘探与开发，2001，28(2)：26-28．

[12] 何顺利，郑祥克，魏俊之．沉积微相对单井产能的控制作用[J]．石油勘探与开发，2002，(4)．

[13] 赵澄林．渤海湾盆地早第三纪陆源碎屑岩相古地理学[M]．北京：石油工业出版社，1997：1-20．

[14] 吴胜和，曾溅辉，林双运，等．层间干扰与油气差异充注[J]．石油实验地质，2003，(3)．

[15] 朱九成，郎兆新，张丽华，等．射孔油井产率比计算模型[J]．石油勘探与开发，1995，(5)．

[16] Cinco-Ley H, Ramey H J Jr, Miller F G. Pseudo-skin factors for partially penetrating directionally drilled wells[R]. SPE 5589-MS, 1975.

[17] Besson J. Performance of slanted and horizontal wells on an anisotropic medium[R]. SPE 20965-MS, 1990.

[18] Vandervlis A C, Duns H, Luque R F. Increasing well productivity in tight Chalk reservoirs[C]. Bucharest：WPC, 1979：71-78.

[19] 刘彦成，罗宪波，康凯，等．蓬莱19-3油田多层砂岩油藏渗透率校正与定向井初期产能预测[J]．石油勘探与开发，2016，43，(6)：488-495．

[20] 胡罡．计算水驱油藏体积波及系数的新方法[J]．石油勘探与开发，2013，(1)．

乳液聚合物在线调驱工艺技术

田玉芹，靳彦欣，胡秋平，张冬会

（胜利油田分公司石油工程技术研究院三次采油研究所，山东东营 257000）

摘　要　本文通过反相乳液聚合的方法合成了一种速溶型的油包水型海水基乳液聚合物。在海水中聚合物溶液浓度为 3000mg/L，交联剂浓度为 1000mg/L 时 70℃ 条件下静态交联时间能达到 10h，交联黏度达到 1000mPa·s，交联体系在海水中具有良好的增粘性和粘弹性，能满足深部调剖的要求。通过粒度分析、核磁共振等方法对该乳液聚合物的分子粒度分布、结构形态等进行分析，探讨了速溶机理。同时研制了一种不受气候影响、可实现长期连续施工的乳液聚合物在线调剖工艺。油包水的海水基乳液聚合物，在一定射流速度下与高压水形成紊流后，黏度可瞬间完全释放，为实现在线配注奠定了基础。针对乳液聚合物的性质设计的在线注入流程简单，占地空间小，可满足海上平台或小空间安装的要求。该技术目前已在小断块油田、胜利滩海油田使用，并取得了一定的试验效果。该技术有望成为改善此类油田水驱开发效果的一条有效途径。

关键词　乳液聚合物；在线调驱

前埕岛油田馆陶组开发中面临的主要矛盾是非均质严重、含水处于上升阶段，在这种情况下，采取注水补充地层能量等方法，会加速含水上升速度；同时海上平台设计有效使用期只有 15 年，而采油速度只有 1.18%，采油速度与平台寿命之间出现的矛盾突出，需要提高采油速度，这也将会加重油层的非均质性。因此应在改善非均质的前提下，再采用强化注水，防止含水上升速度更快。聚合物驱技术和以聚合物为主剂的二元复合驱技术是今后海上油田提高采收率重要发展方向，可以在平台有效使用年限内使开发效果达到最佳。

复杂断块油田构造复杂，多为河流相砂岩沉积被多级断阶切割，断层多、断块小，大部分断块小于 0.2km²，复杂断块油田目前综合含水已达到 92.7%，开展提高采收率技术研究势在必行。但由于油藏比较小，井网完善程度差，实施目前提高采收率技术无法开展大规模的应用。

对于平台空间小的海上油田和井点少、有井网的复杂断块油藏提高采收率，由于常规聚合物溶解时间长(2h)；注入流程庞大、复杂；建站投资高等因素限制，使用常规的聚合物驱或以常规聚合物为主剂的驱油技术不可行。为此本文研制了一种可速溶于海水中的乳液聚合物，该聚合物与传统使用的聚合物干粉不同，其特殊的油包水型结构在一定射流速度下与高压水形成紊流后，黏度可瞬间完全释放，为实现在线配注奠定了基础。此类聚合物不仅能为海上深部堵调提供支持，也能为目前陆上采油所用聚合物提供新的选择。

作者简介：田玉芹(1971—)，女，汉族，博士，工程院专家，高级工程师，2013 年毕业于长江大学油气田开发专业，一直从事三次采油、堵水调剖领域的研究工作。E-mail：slcyytyq@sohu.com

1 乳液聚合物的合成与评价

1.1 乳液聚合物的合成研究

1.1.1 聚合方法

采用反相乳液聚合的方法，所谓反相乳液聚合是将水溶性单体溶于水中，然后借助于乳化剂分散于非极性液体中形成 W/O 型乳液而进行的聚合。

准确称取一定量的乳化剂和助剂放入定量的白油中，搅拌均匀后通氮气 30 min，同时将准确称取一定量的丙烯酰胺、异丙醇、表面活性剂等溶解在定量的去离子水中后缓慢滴加在白油中，通氮气 25 min 后，加入一定量的引发体系。将三口瓶放入一定温度下的恒温水浴中反应一定时间后取出冷却，取出乳液聚合物，评价。

1.1.2 聚合参数的研究

本产品的设计要求：能快速地分散于海水中，并能与醛、三价铬等金属离子发生交联，形成一定强度的粘弹性交联体系。从设计要求出发，聚丙烯酰胺需要具有一定的水解度，交联反应主要是酚醛、三价铬等金属离子与聚丙烯酰胺高分子链上的羧酸根离子发生分子间的反应，形成一定的网状体系，增大了流体力学的体积，相应的黏度和强度得到了增加。

部分水解聚丙烯酰胺反相乳液聚合体系主要包括：水溶性丙烯酰胺类单体、油相等。

（1）连续相（油相）的选择

油相的黏度过高，聚合过程中产生的大量聚合热不能及时散失掉，容易造成颗粒聚并，形成凝胶从体系中沉淀出来。油相的黏度过低，形成的反相乳液不易稳定，同样会由于含单体的水相聚并而造成颗粒团聚，形成凝胶[1]。本产品选用白油，黏度适中，无毒且遇火不燃烧，生产过程安全。并且其低温性能极佳，制备出的乳液产品 -20 ℃ 仍有良好的流动性，适合于低温情况下的储存与注入施工。

（2）单体的选择

本产品选用阴离子单体共聚反应，水解度 10%。水解度过高，高分子链条中的羧酸根离子受海水中钙、镁离子的影响就越大，高分子链不能充分舒展，同时过多的羧酸根离子容易与三价铬离子造成分子内的交联，而使高分子链进一步卷曲收缩，相应的黏度难于增加。水解度过低，其高分子链条中的羧酸根离子相应的减少，与三价铬离子不能形成足够多的交联点，而使体系黏度难于增加。本产品水解度为 10%，70 ℃ 下能形成有效交联。

（3）W/O 型乳化剂

过去曾有人提出 W/O 型乳液选用 *HLB* 值在 4~6 之间的乳化剂较为稳定，近年来有人根据内聚能理论提出，选用乳化剂 *HLB* 值在 7~10 之间胶乳更为稳定，通常选用非离子型乳化剂。根据以上理论传统的反相乳液聚合中单体水溶液浓度较低（<40%），进而最终产品中有效固含量也较低（<20%），选用高 *HLB* 值的乳化剂对于最终产品的稳定性确有贡献，但随之带来的是产品的成本增加，从工业放量生产的角度考虑并不经济。本设计中单体水溶液浓度为 55% 以上，最终产品有效固含量 28% 以上。单体丙烯酰胺（*HLB* 值约为 12）含量较大，它对于产品整体 *HLB* 值的贡献不能忽略，这样如果仍然选用高 *HLB* 值的乳化剂，会使单体在聚合过程中发生聚并，产生凝胶沉淀出来。故本产品选用 *HLB* 值较低的乳化剂进行乳化，制备出的产品稳定性良好。

对于乳化剂的加入量，根据文献及实验结果显示：乳化剂用量较低（<3%），乳液制备过程中容易聚并形成凝胶，产品的稳定性也相应变差。乳化剂用量较高（>10%）乳液制备过程的可控性和最终产品的稳定性都得到了提高。但带来的是产品相对分子质量的降低，生产成本的增加。综合以上考虑，本产品选用乳化剂用量为7%左右。

（4）引发剂

反相乳液聚合生产部分水解聚丙烯酰胺，所用引发体系一般分为氧化-还原型水溶性引发剂、热分解型油溶性或水溶性引发剂两种。氧化-还原引发体系具有价格便宜、可低温引发反应，聚合过程相对安全，但由于其链转移常数较大，导致聚合物产品分子量不可能太高。同时，聚合过程如采用单一水溶性氧化-还原引发剂，大量自由基短时间产生于水相，乳液粒子由于相互碰撞而迅速增大，在聚合体系中极易生成沉淀，形成块状物，即使不生成沉淀，最终产品的稳定性也会变差，放置数日后就会出现分层，水相部分粘连沉降。热分解型油溶性引发体系链转移常数极小，分解速度较慢，可以制备出超高相对分子质量聚丙烯酰胺。考虑到本产品的应用要求，聚合过程选用油溶引发剂。由于其较低温度下分解速度慢，聚合过程中适当的增加了引发剂的加入量，这样可使聚合在较低的温度下仍能较快速的进行，可缩短反应时间，从工业放量角度考虑更为经济。虽然提高反应温度能加快反应速率，缩短反应时间，但同时也易造成乳液粒子的聚并，产生支化交联，使反应不易控制。本聚合反应温度为50℃左右。

（5）单体水溶液加入方式

本聚合反应单体水溶液分次加入，相对于一次加入可以有效的分散聚合反应热，使反应更易于控制。同时，油溶性引发剂在第一次加料时一次性加入，第二次加入单体后，具有引发活性的单体自由基仍然可以继续引发聚合，使高分子链增长，相对分子质量增加。

（6）反相剂的加入

加入反相剂可以使制备好的乳液在搅拌状态下快速分散于海水中，反相剂的选择通常是高HLB值的乳化剂。本产品选用E，加入了反相剂后，乳液体系相对于不加变得不稳定，这是由于反相剂的加入使油包水的体系发生了部分反转，水相体系部分连通，同时油水由于密度的差别，容易发生分层现象。建议在乳液使用时，再同时注入反相剂反相或使用前再反相。

1.2 乳液聚合物的评价

将参数优化后合成的乳液聚合物与国外较为成熟的产品2#进行了性能对比评价。

1.2.1 溶解速度

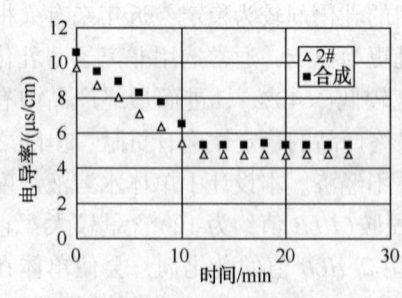

图1　电导率法测试溶解速度

由电导率测试法测得的乳液聚合物的溶解速度结果见图1。从图中可知，合成的乳液聚合物在海水中的溶解时间低于15 min，有利于实现在线注入。

1.2.2 耐温性

用海水配制3000mg/L的聚合物溶液，测试在不同温度下溶液的黏度，结果见图2。实验结果显示：随着温度的升高，乳液聚合物黏度呈下降趋势，但在80℃时较25℃时的黏度保留率大于70%，说明该聚合物耐温性较好。

1.2.3 流变性

乳液聚合物浓度为3000mg/L时，随着剪切速率的变化的流变曲线见图3。从图中可以看出，该乳液聚合物呈现出明显的剪切变稀的假塑性流变特征，有利于聚合物现场注入。

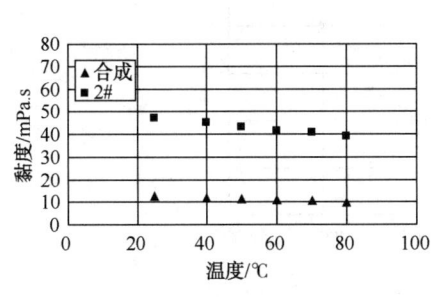

图 2　乳液聚合物黏-温对比曲线

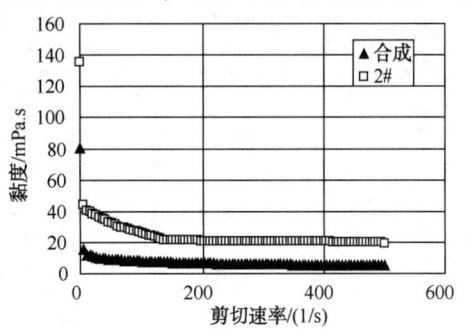

图 3　乳液聚合物流变性对比曲线

1.2.4　合成乳液聚合物抗剪切性

将海水配制的 3000mg/L 的 2#、合成乳液聚合物溶液通过防砂器材，测量经防砂器材剪切后的溶液在 6r/min 下的表观黏度。结果见表 1。结果表明乳液聚合物具有较强的抗剪切性，2#乳液聚合物剪切黏度保留率 82.69%，合成乳液聚合物为 80.27%。

表 1　乳液聚合物抗剪切性试验

聚合物浓度/（mg/L）	2#/（mPa·s）			合成/（mPa·s）		
	过防砂器材前	过防砂器材后	黏度保留率/%	过防砂器材前	过防砂器材后	黏度保留率/%
3000	40.9	33.82	82.69	10.34	8.3	80.27

1.2.5　交联性能评价

（1）交联增黏性

将乳液聚合物母液分别稀释为不同聚合物浓度，加入 700mg/L 研制的 CL-1 交联剂，混合均匀后封存置于 70℃ 恒温箱，72h 后测试交联黏度，结果见图 4。从图中可以看出，合成的乳液聚合物与交联剂的交联增黏性与 2# 相近，呈现出良好的交联增黏性。

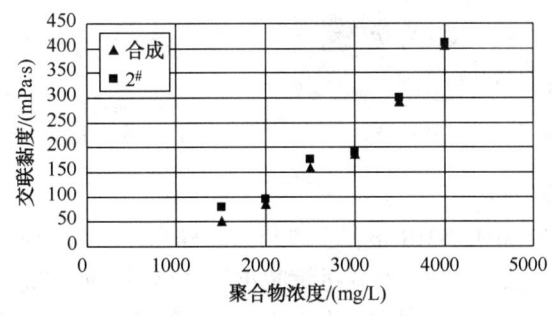

图 4　交联增黏性对比曲线

（2）交联体系的黏弹性

堵调体系的弹性对于体系在地下的稳定性至关重要，储存模量 G' 与样品的弹性行为有关，使用同轴圆筒测量系统对加入 700mg/L 交联剂的交联体系的弹性模量进行了测试，结果见图 5。表中数据表明：随着聚合物浓度的增加，弹性模量呈现出明显的上升趋势，弹性聚合物提高微观驱油效率的机理是由于聚合物大分子在孔喉中产生拉伸应力，造成局部压力梯度升高, 有利于驱动孔喉处的残余油。

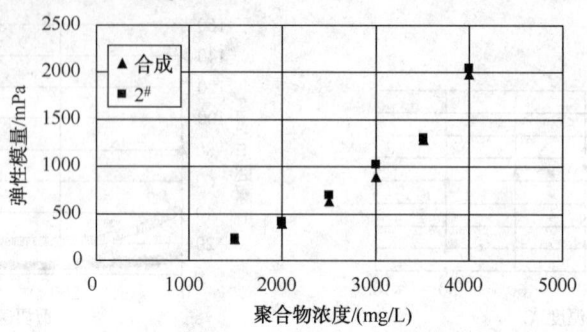

图5　交联体系弹性模量对比曲线

2　乳液聚合物结构表征

2.1　乳液聚合物的电性、平均粒径及粒度分布

使用马尔文电位仪来测试乳液聚合物的电性、平均粒径及粒度分布。平均粒径及粒度分布结果见图6、图7。据测量, 聚合物粒径为 350~500nm, 通常乳液的颗粒大小在 0.1~10μm 之间, 乳状液易于反相, 但稳定性偏差; 微乳液的颗粒大小在 0.01~0.2μm 之间, 微乳液不易于反相, 但产品稳定性好[2]。测试结果显示, 两种聚合物趋向于乳状液, 但粒径偏小, 因此体系即具有良好的稳定性, 又易于反相, 这也是其能速溶的原因重要原因之一。

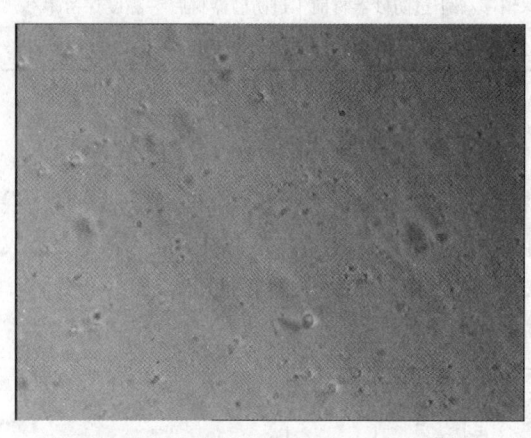

图6　聚合物平均粒径(放大 1000 倍)

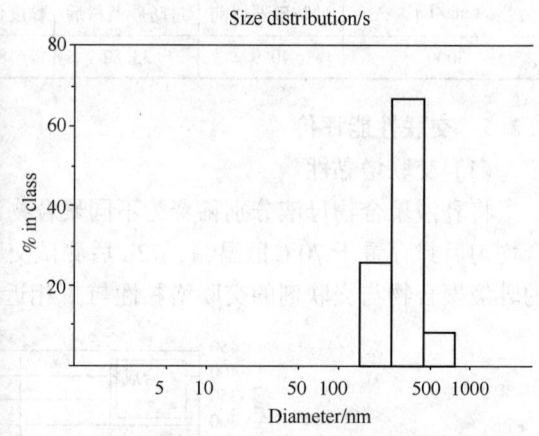

图7　聚合物平均粒径(放大 1000 倍)

2.2　乳液聚合物的核磁分析

实验在 Unity INOVA-300MHz NMR 谱仪上进行。将样品以 3% 的质量浓度在核磁管中和重水配成溶液, 在超声波中放置 30min, 并尽量防止其过热, 因而在超声波水容器中放置一些冰块。核磁结果见图8、图9。由谱图可以看出, 该乳液聚合物与常规聚合物具有相同的分子结构。由碳谱中羧基与酰胺基的面积比例可以算出该聚合物的水解度为 10%。

3　在线调剖工艺技术

采用有效快速的破乳设备, 能使乳液破乳是产品应用的重要单元。流程设计应达到在短短几分钟内完成 100% 阴离子乳液聚合物破乳溶化过程并释放黏度。

乳液聚合物溶解速度快, 可采用快速混合式(适于任何平台, 示意图见图10)或静态混合式(适于宽平台, 示意图见图11)。

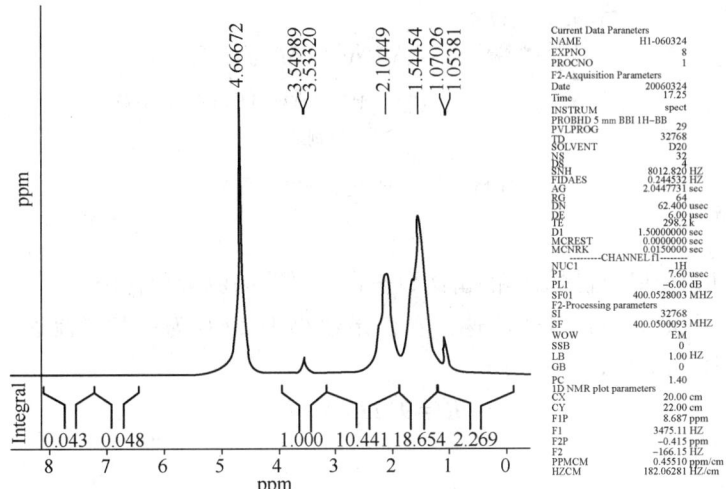

图 8　聚合物的氢谱

注：聚合物的化学位移：CH_2：1.62ppm

CH：2.21 ppm

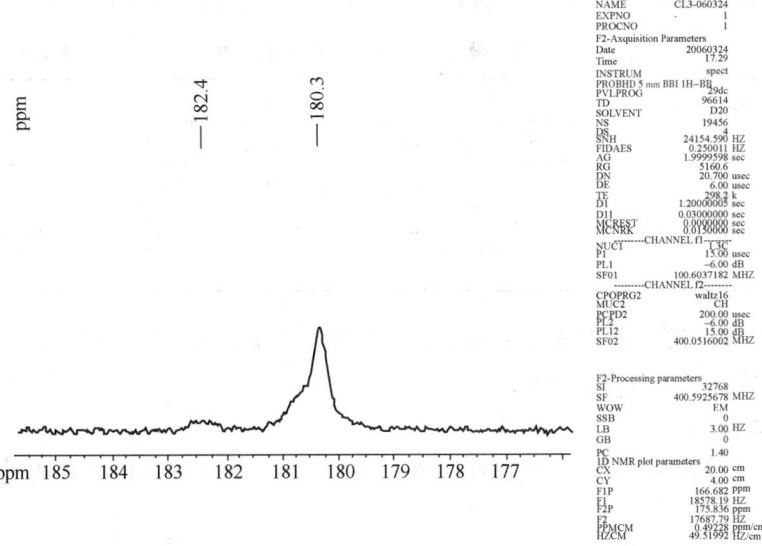

图 9　聚合物的碳谱

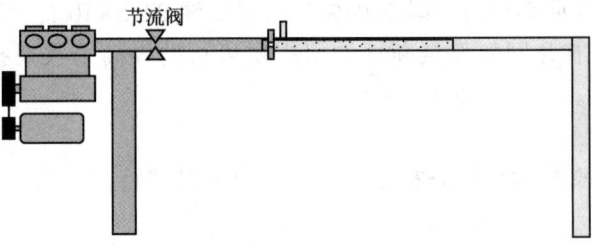

图 10　快速混合式流程示意图

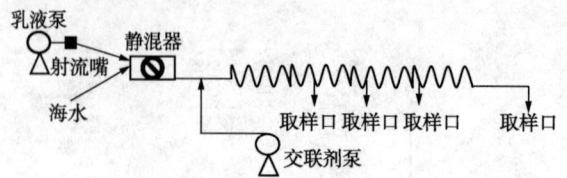

图 11　静态混合式流程示意图

3.1　快速混合式

使用的评估值是基于流体力学的雷诺数来设计管路的流量和管径。

若雷诺数大于 3000 为狂暴式流速，若雷诺数小于 2000 为温和式流速。在预定雷诺数下，孔径的计算遵从下公式。

$$R_e = 9.283 Q\rho/d\mu$$

式中　Q——流量，m^3/d；

ρ——密度，g/cm^3；

d——管径，cm；

μ——黏度，$mPa \cdot s$。

为了验证乳液聚合物的速溶性，室内自行组装了如下装置进行试验验证。

改变泵速，测试 2000mg/L 聚合物乳液经过混调破乳装置后溶液的黏度，结果见表 2。

表 2　聚合物乳液速溶性试验结果　　　　　　　　黏度单位：$mPa \cdot s$

溶液黏度 聚合物	泵速/(mL/h)						
	300	350	400	450	500	550	600
2#	13.8	14	14.1	14.2	14.4	14.6	15.2
3#	41.9	42.2	42.9	43.3	43.8	44.3	45
4#	54.6	54.9	55.3	56.1	56.7	57.2	58

由图中数据可以看出：聚合物乳液只要瞬时破乳完全，溶液黏度可以达到最大值，因此使用乳液聚合物是完全可以实现在线配注的。

3.2　静态混合式

静态混合式主要采用静态螺旋搅拌设备，根据公式可以计算反向破乳速率、静混器结构的直径等。

4　现场应用

2005~2016 年，在海上、陆上试验 70 井组。试验后，注入井压力明显上升，平均升高 2.25MPa，对应油井含水率平均下降 3.04%，已累增油 22.5×10^4t，经济效益明显。同时，该项目为海上油田、有井网的复杂断块油田提供可行的提高采收率技术储备，社会效益显著。

5　结论

(1) 研究的乳液聚合物粒径分布相对集中，溶解时间短，注入性好，粒径小产品稳定期长。

(2) 乳液聚合物形成的调剖体系具有增粘性好，弹性特征明显等特征，为确保调剖效果提供了保障。

（3）研制了适合胜利油田海上平台条件及陆上小断块油藏的小型化在线调剖流程，其核心为在有限的空间实现乳液聚合物破乳、在有限管线中完成乳液聚合物熟化过程。

（4）现场应用证明，乳液聚合物在线调剖技术是一项改善海上油田、陆上小断块油藏水驱开发效果的有效技术。

参 考 文 献

［1］ RAYMONDS. FARINATO，SUN－YI HUANG，and PETER HAWKINS. Polyelectrolyte－Assisted Dewatering. ISBN 0-471-24316-7 1999.

［2］ CAROL L. DONA，DON W. GREEN，G. PACL WILLHITE. A Study of the Uptake and Gelation Reactions of Cr(Ⅲ) Oligomers with Polyacrylamide. CCC 0021 8995/97/071381-11.

高含水期非均质油藏周期注水室内实验研究

赵 军，翁大丽，陈 平，郑继龙，张 强，胡 雪

（中海油能源发展工程技术公司，天津 300452）

摘 要 准确了解周期注水影响因素及对采收率的影响，开展室内物理模拟实验研究。根据非均质砂岩油田地质特点，设计了非均质岩芯实验物理模型，进行了常规注水和周期注水驱油实验。实验结果表明，两组周期注水方案的驱油效率在水驱基础上分别提高 3.67% 和 2.94%。周期注水有效地改善了非均质砂岩油藏的开发效果，提高了注水开发效率，为油田开发技术决策、目标采收率研究等提供实验依据。

关键词 周期注水；采收率；非均质油藏；水驱效果

海上油田已进入中高含水期，为进一步挖潜油田剩余油，控制油田含水上升速度，减缓产量递减，需要开展改善水驱效果技术研究；周期注水是改善油田注水开发效果的有效途径之一，具有投资小，见效快，简单易行的优点[1]。

近些年国内对周期注水适用性和特点进行了数学模型研究、实验室研究及矿场试验等[2]。对周期注水提高开发效果的机理进行专门研究，主要包括油藏特性分析、注水制度分析及流体势变化分析等方面，全面地阐述了周期注水过程中，毛管力、弹性力改善非均质砂岩油藏开发效果的宏观作用机理和微观作用机理[3-6]。但由于目前尚未见到周期注水在海上油田应用的文献资料，为了验证该方法在海上油田的可行性，分析并评价其开发效果，采用物理模拟方法进行了实验研究，为油田开发技术决策、目标采收率研究等提供实验依据。

1 周期注水机理及影响因素分析

1.1 周期注水机理

周期注水就是油水井通过周期性的提高和降低注水量，利用压力波在不同渗透率介质中的传递速度不同，在油层内部产生的不稳定的压力场，使流体在地层中不断的重新分布，从而使注入水在层间压力差的作用下发生层间渗流，促使毛细管的吸渗作用，增大注入水波及系数及洗油效率，从而提高原油的采收率[7,8]。

周期注水一般可分为 2 个阶段，2 个阶段交替进行：①升压阶段。该阶段为周期注水的前半周期，常规做法是注水井注水强度加大，生产井关井，直至地层压力恢复到原始地层压力附近[9]；②压降阶段。该阶段为周期注水的后半周期，注水井停注生产井生产，直至地层压力接近饱和压力附近。

1.2 周期注水影响因素

影响周期注水的因素很多，既有油层本身的原因，又有开发上的因素，主要包括油层的

作者简介：赵军（1984—），男，辽宁大连，中海油能源发展工程技术公司工程师，主要从事提高采收率相关工作。E-mail：druidzhao@sina.com

非均质性、岩石的润湿性、毛管力、原油物性、开发井网、注水工艺、注水参数(周期数、总注水量、周期方式、注水量以及注水压力等),这些参数应以油层特性及油井反应情况确定,并结合油田开发指标加以校正,使之切合实际,获得较高的经济效益[10]。本文针对影响周期注水的因素,结合油田油藏情况及室内实验条件,开展周期注水物理模拟实验研究,为油田水驱开发效果提供基础数据。

2 周期注水实验

2.1 实验设备

实验使用大型物理模拟驱替设备,实验装置为国内制造多功能驱替系统,系统具有计算机自动控制实验过程、实验数据采集和处理功能,其设备如图1所示。

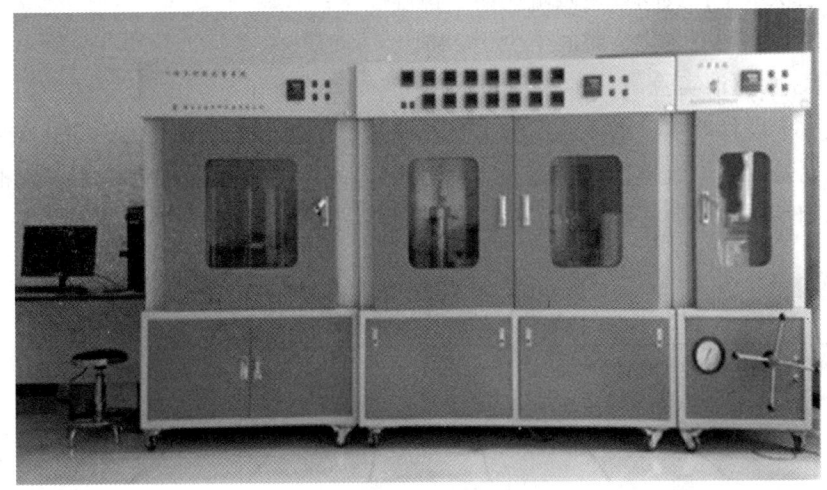

图1 物理模拟驱替实验设备

2.2 实验材料

(1) 实验用油:旅大4-2油田模拟原油(3.5mPa·s/70℃);

(2) 实验用水:按地层水分析资料配置模拟地层水;

(3) 实验模型:采用环氧树脂胶结岩芯模型,尺寸为45mm×45mm×300mm;上半部分渗透率为1000mD,下半部分为300mD,厚度比例为1:1。

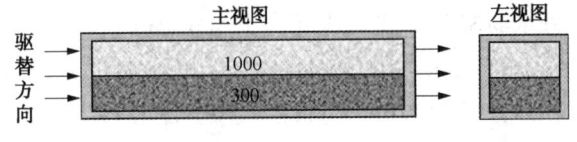

图2 岩芯模型

2.3 实验方案

2.3.1 气测渗透率

岩芯连接气测渗透率流程,测量岩芯渗透率。岩样气测渗透率采用N_2,按照岩芯分析方法》(《SY/T 5336—2006)方法进行测量。

2.3.2 饱和水,测量孔隙体积

岩芯孔隙体积的测定步骤如下:

（1）称量饱和水之前水容器质量；

（2）将烘干后的岩芯抽真空，真空度达到 133.3Pa 后，再连续抽空 2~5h，饱和模拟地层水；

（3）称量饱和水之后水容器质量。

2.3.3　饱和油

（1）开启恒温箱，将岩芯加热到实验温度，当恒温箱温度到达实验温度后，恒温 4h；

（2）将实验用油以恒定的速度（1mL/min）注入岩芯进行油驱水建立束缚水。驱替至岩芯出口不出水为止，提高速度至实验设定驱替速度，待压差稳定后，记录此时的压差及从岩芯中驱替出的累积水量，关闭模型两端阀门，恒温放置；

（3）在实验温度下老化，时间不少于 24h。

2.3.4　周期注水驱油实验

实验过程中设计的水驱注入速度为 1.5mL/min，周期注水注入速度为 3mL/min，注入速度的确定依据是岩芯中流体的渗流速度与油层中部流体的渗流速度近似相等。根据设计要求，开展基础水驱和周期注水对比实验，研究周期注水的提高采收率值。具体实验参数如表 1 所示。

表 1　周期注水实验方案

项目	基础水驱注入速度/ （mL/min）	周期注水速度/ （mL/min）	转注时 含水/%	周期数	半周期长度/ min	备注
	1.5					含水 99.95%停止
1#	1.5	3	80	5	3	方案 1
2#	1.5	3	90	4	10	方案 2

（1）基础水驱实验

注水速度选择为 1.5mL/min，水驱至 99.5%，压力平稳后，停止实验，记录实验过程数据。

（2）周期注水实验

1#方案岩芯，先进行水驱实验，注入速度为 1.5mL/min；含水达到 80%转为周期注水；周期注水阶段，注入速度 3mL/min，注水时间 3min，停注 3min，进行 5 个轮次的周期注水后恢复恢复正常注水，注入速度为 1.5mL/min，驱替至含水 99.5%以上且压力稳定，计算最终采收率。

2#方案岩芯，先开展水驱实验，注入速度为 1.5mL/min；含水达到 90%转为周期注水；周期注水阶段，注入速度 3mL/min，注水时间 10min，停注 10min，进行 4 个轮次的周期注水后恢复正常注水，注入速度为 1.5mL/min，驱替至含水 99.5%以上且压力稳定，计算最终采收率。实验全程记录驱替过程中的时间、产油量、产液量、压差等参数。

3　实验结果分析

将实验记录数据整理、绘图，从图 3、图 4 中可以看出，两组方案在实验过程中都呈现注水压力的波动随着周期数的增大呈现逐渐递减的趋势。

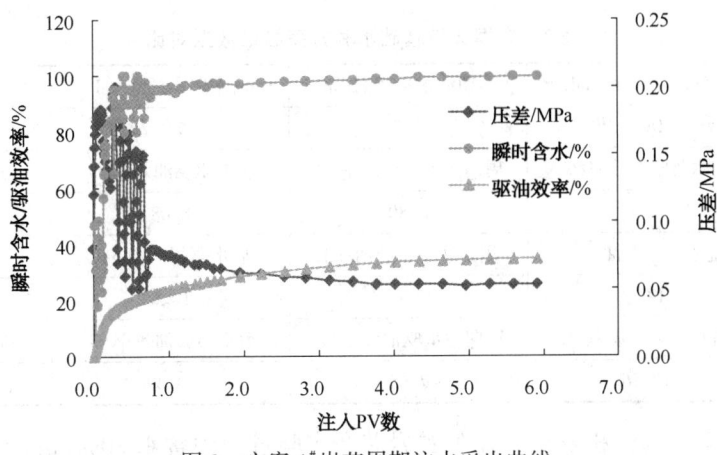

图 3 方案 1# 岩芯周期注水采出曲线

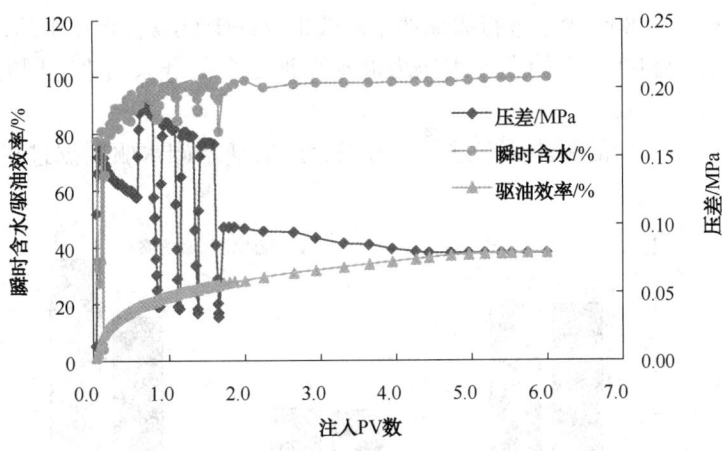

图 4 方案 2# 岩芯周期注水采出曲线

分析原因为：停注阶段，低渗透部位连续注水时难以采出的油进入高渗透部位，降低了高渗透部位的含水饱和度；在复注阶段，这部分油被采出，岩芯含水率下降．随着周期次数的增加，高低渗透部位间的饱和度差逐渐减小，窜流量降低，效果变差。

将案 1# 和 2# 实验结果数据进行对比，方案 1# 岩芯提高采收率值较基础水驱提高 3.67%，方案 2# 岩芯提高采收率值较基础水驱提高 2.94%。具体实验数据如表 2 和表 3 所示。

表 2 方案 1# 岩芯与基础水驱方案结果数据对比

	前水驱累产油/mL	周期注水累产油/mL	后水驱累产油/mL	产油合计/mL
基础水驱	13.4	7.7	12.7	33.8
	前水驱驱油效率/%	周期注水驱油效率/%	后水驱驱油效率/%	驱油效率合计/%
	13.96	8.04	13.27	35.27
方案 1# 岩芯	前水驱累产油/mL	周期注水累产油/mL	后水驱累产油/mL	产油合计/mL
	15.8	9.2	18.6	43.6
	前水驱驱油效率/%	周期注水驱油效率/%	后水驱驱油效率/%	驱油效率合计/%
	14.10	8.22	16.61	38.94

表3　方案2与基础水驱方案结果数据对比

	前水驱累产油/mL	周期注水累产油/mL	后水驱累产油/mL	产油合计/mL
基础水驱	16.5	6.5	7.8	30.8
	前水驱驱油效率/%	周期注水驱油效率/%	后水驱驱油效率/%	驱油效率合计/%
	17.37	6.80	8.08	32.25
方案2#岩芯	前水驱累产油/mL	周期注水累产油/mL	后水驱累产油/mL	产油合计/mL
	17.5	7.8	10.6	35.9
	前水驱驱油效率/%	周期注水驱油效率/%	后水驱驱油效率/%	驱油效率合计/%
	17.16	7.65	10.39	35.2

通过两者方案数据分析发现，方案1#岩芯在实验过程中含水80%进行5轮次周期注水的最终采收率高于方案2#岩芯在实验过程中含水90%进行4轮次周期注水的最终采收率0.72%。通过实验看出80%含水进行周期注水的效果要好于90%含水注水的效果，这主要是因为岩芯中剩余油饱和度由于周期注水压力波动而被更多的开采出来；同时注入轮次的多少，也会影响周期注水效果。

将两组方案不同时期的驱油效率进行划分与相应时期基础水驱数据进行对比，如图5、图6所示。

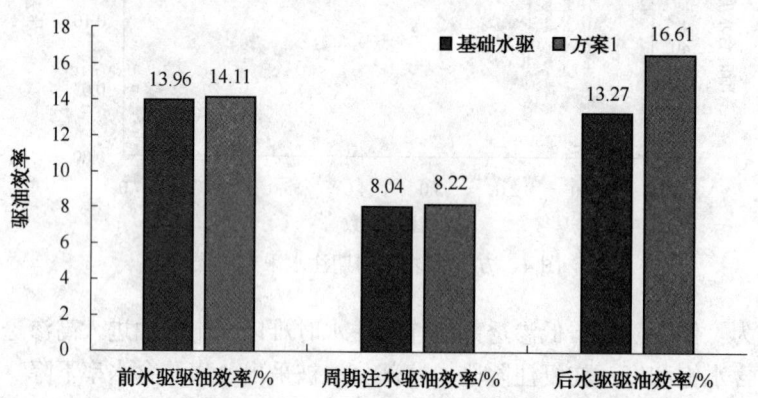

图5　方案1#岩芯周期注水与基础水驱阶段驱油效率对比图

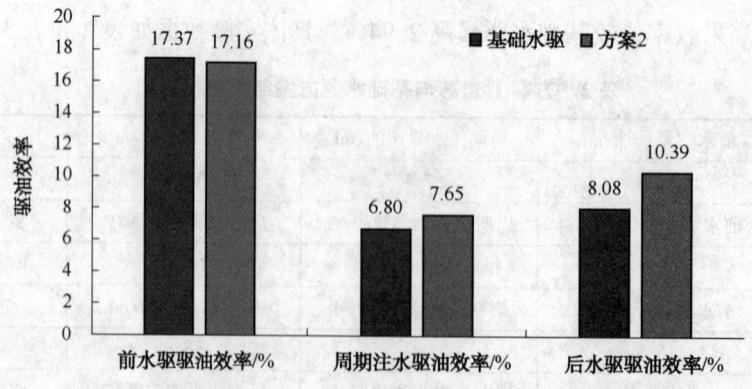

图6　方案2#岩芯周期注水与基础水驱阶段驱油效率对比图

根据上面结果可以看出，周期注水前期及周期注水过程中，提高采收率幅度与水驱差别较小，提高采收率主要提高区域是在周期注水后期；方案2周期注水期间的驱油效率高于方案1周期注水期间的驱油效率，这主要是方案2的半周期长度较长，驱替的PV数也相应高一些，适当的提高半周期长度，也会提高周期注水驱油效率。

4 小结

（1）通过周期注水机理研究，综合考虑海上油田特点及目前存在的问题，建立并设计出周期注水实验方法，并通过物理模拟实验验证海上油田周期注水的可行性。

（2）周期注水一定程度上能够提高采收率，但随着周期数的增加效果逐渐变差，通过室内实验数据分析，方案1#岩芯提高采收率值较基础水驱提高3.67%，方案2#岩芯提高采收率值较基础水驱提高2.94%。

（3）通过室内实验两种周期注水实验方案对比，方案1#岩芯的提高采收率比方案2#岩芯的提高采收率提高0.72%，周期注水的周期数越多，相应半周期长度，越早进行周期注水，水驱的提高采收率值越高。

参 考 文 献

[1] 朱志香. 高含水后期周期注水实践与认识[J]. 石油地质与工程, 2010(06).

[2] 王学武, 杨正明, 徐轩, 等. 注水对中低渗透储层伤害研究[J]. 石油地质与工程, 2009(06).

[3] 赵春森, 吕建荣, 杨大刚. 大庆油田葡北二断块南部周期注水应用方法研究[J]. 油气地质与采收率, 2008(06).

[4] 赵瑞春. 周期注水改善油田开发效果的研究与应用[J]. 中国石油和化工标准与质量, 2013(16).

[5] 李文涛. 苏德尔特油田贝12断块周期注水实践与认识[J]. 科技与企业, 2012(11).

[6] 于家义, 张佳琪, 张德斌, 等. 周期注水技术在温西六区块开发中的应用[J]. 重庆科技学院学报：自然科学版. 2008(01).

[7] 袁昭, 杨淑萍. 周期注水技术在温西六区块开发中的应用[J]. 新疆石油天然气, 2008(01).

[8] 王辉, 刘国旗, 崔秀敏. 周期注水技术在严重非均质高含水油藏开发中的应用[J]. 重庆科技学院学报, 2006(02).

[9] 王全红, 李良华, 李剑, 等. 高含水期开发期周期注水提高采收率机理研究[J]. 内蒙古石油化工, 2006(05).

[10] 姜泽菊, 安申法, 于彦, 等. 注水油田转周期注水开发影响因素探讨[J]. 石油钻探技术, 2005(06).

[11] 孟翠萍, 韩新宇, 汪惠娟, 等. 周期注水提高采收率研究及应用[J]. 内蒙古石油化工, 2005(01).

[12] 何芬, 李涛. 周期注水提高水驱效率技术研究[J]. 特种油气藏, 2004(03).

辽河稠油蒸汽驱中后期低成本开发技术

郑利民，周 旭，符永江，董 娟

（中石油辽河油田公司欢喜岭采油厂，辽宁盘锦 124114）

摘 要 齐 40 块蒸汽驱属于中石油重大试验项目之一，10 年开发过程中，虽取得了较好的开发效果，但采出程度已达 47.4%，距最终采收率仅差 12.7%，如何在蒸汽驱中后期减缓采油井汽窜的基础上扩大平面、纵向波及，保证蒸汽腔均匀扩展，在达到最终采收率的基础上提高经济效益成为目前研究的主攻方向。

针对各类中后期开发问题，通过油藏工程法、热力学公式计算、数值模拟法、蒸汽驱室内实验等方法，通过"各阶段系统热能研究"、"油水运移规律研究"、"汽窜规律研究"等三项研究，优化了"注采参数优化技术"、"间歇汽驱技术"、"地面工程及配套工艺技术"等三项汽驱中后期技术调整，获得了两项提高，即开发效果提高和经济效益提升。利用该项研究，通过优化注汽，近两年来齐 40 块蒸汽驱共计节约注汽量 46.5×10⁴t，阶段增油 2.86×10⁴t，总计创经济效益 7652.7 万元，取得了较好的社会效益及经济效益。

关键词 中后期蒸汽驱；系统热损失；热利用率；采注比；低成本

齐 40 块蒸汽驱开采层位莲花油层，油层埋深 -625~-1050m，高孔、高渗稠油油藏，区域含油面积 7.9km²，地质储量 3774×10⁴t，属于中深层、中~厚互层状、高孔高渗普通稠油油藏。该块于 1987 年蒸汽吞吐开发，1998 年进行 4 个井组蒸汽驱先导试验，2007 年 12 月完成 150 个井组工业化转驱。自汽驱项目成立以来，截至 2016 年年底，累计完成商品量 511.98×10⁴t，实现销售收入 157.1 亿元，建设投资 18.3 亿元，操作成本 62.2 亿元，投入产出比 1∶1.44，累积上缴税金 18.6 亿元，取得了较好的经济效益和社会效益。

但是经过 9 年开发，各项开发矛盾随开发阶段进入蒸汽驱中后期而逐渐突出，系统设备老化导致蒸汽驱热能系统利用率逐年降低，同时受近年来国际油价影响，蒸汽驱开发效果、经济效益越来越差，油汽比由最高的 0.16 降至目前的 0.13 针对蒸汽驱中后期面临各类问题，通过"各阶段系统热能研究"、"油水运移规律研究"、"汽窜规律研究"等研究，优化了"注采参数优化技术"、"间歇汽驱技术"、"地面工程及配套工艺技术"等 4 项汽驱中后期调整技术。

通过应用，各项开发矛盾得到一定的缓解，蒸汽驱 2015 年自然递减率由 13.1% 降至 2016 年的 12.3%，综合递减率由 10.4% 降至 8.2%，油汽比由 0.13 升至 0.15，2015 年以来节约注汽量 46.5×10⁴t。取得了较好的经济效益，为同类同开发方式油藏技术调整提供一定的技术借鉴。

受篇幅限制，本文将重点阐述辽河油田在蒸汽驱中后期开发中特色研究及较为成熟取得

作者简介：郑利民，男，汉族，2008 年毕业于中国石油大学地质学专业，工程师，目前在辽河油公司欢喜岭采油厂地质研究所汽驱室担任主任。E-mail：294890246@qq.com

面积推广技术，而常规研究如"汽窜规律及油水运移规律研究"在此则不再赘述。

1　蒸汽驱各阶段热能损失研究

从开发阶段热能变化来看，热连通阶段由于转驱初期设备温度低导致热损失较大[1]，在连续稳定注汽后热损由最大逐渐开始降低，经过数年汽驱之后热损失下降到一定值，而随着设备老化，热损失又开始逐渐升高。开发中后期较高的热损失率造成蒸汽驱井组在平面蒸汽非主力方向地层温度开始下降，而已形成高温驱替通道方向则影响较小，进而造成了井组蒸汽平面波及差异进一步加大。

通过建立热能平衡，锅炉出口蒸汽热量主要消耗在以下 4 个方面：井筒、管线热损失，加热上下围岩热损失，流体携带热损失，以及加热油层。通过不同阶段热损失变化分析，参考不同汽腔体积不同采注比流体携带热能，才能得出该条件下注入热量加热油层比例，进而判断该阶段井组蒸汽腔是否持续扩大。

1.1　地面管线热损失研究

齐 40 区块地面注汽管线采用绝热材料（硅酸钙）隔热，再用铝外壳包裹的方式降低地面热损失。通过近十年来同一口注汽井吸汽剖面解释报告中，对管线距离和蒸汽热损失数据当中可以看出，管线越短，热损失越小，压力、温度、干度降低幅度较低。而管线越长，热损失越大，压力、温度、干度降低幅度较大。这是由于管线在直径相同条件下，单位长度热散失面积是一定的，而管线越长，热散失面积越大，且两者之间存在线性关系，因此在同一口井某一时间测试数据中，管线距离与热损失存在线性关系。

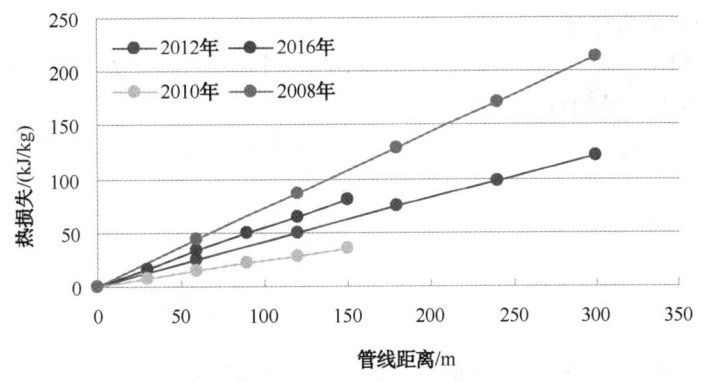

图 1　同注汽井不同时间不同管线距离对应热损失曲线

在转驱初期，蒸汽驱设备系统温度较低，注入管线未达到散热平衡，进而造成热损失较高，随着长期温度蒸汽持续注入，管线系统温度达到一定温度，减少了蒸汽流加热管线热量，从而降低了该部分热损，而随着管线设备逐渐老化、保温涂层逐渐失效，该部分热损失又开始逐渐加大，截至目前当管线距离为 150m 时，热损失已上升至 81kJ/kg。

1.2　注汽井筒热损失研究

常规条件下，注汽井隔热管隔热性能等级决定了注汽井筒热损失率[2]。该块开发方案中，设计汽驱管柱使用年限为 3~5 年。然而，长期高温高压注入导致注汽井井况问题复杂，连续注入三年后，注汽井均存在不同程度的套变或套坏，进而影响隔热管柱的更换。十年来，蒸汽汽驱后共更换注汽管柱 26 口 29 井次，其中成功更换注汽管柱的仅为 5 井次，大部分注汽井均无法正常更换注汽管柱。目前区块注汽井 164 口，使用寿命 7 年以上井 132 口。

因此针对注汽管柱使用时间与热损失关系的研究就显得尤为重要。

表 1　不同级别隔热管视导热系数

隔热等级	A	B	C	D	E
视导热系数 λ	0.08>λ≥0.06	0.06>λ≥0.04	0.04>λ≥0.02	0.02>λ≥0.006	0.006>λ≥0.002

通过一直使用隔热管井筒热损失率与时间关系曲线中可以看出(图3),汽驱后3年隔热管热损失快速升高,持续4年缓慢下降后,汽驱第7年隔热管热损失率又快速上升,目前已达到24.6%。

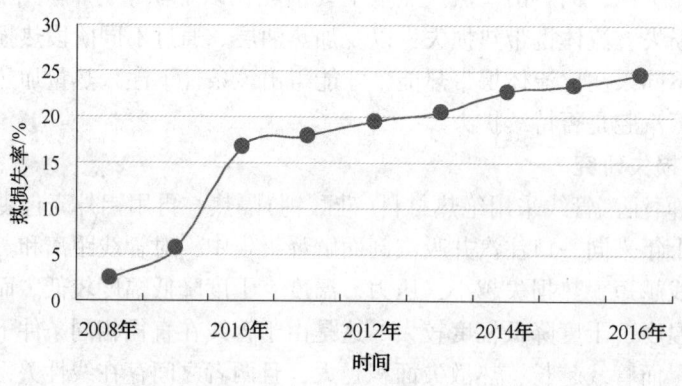

图 2　井筒热损失率与注入时间关系

1.3　加热上下围岩热损失研究

通过计算,储层热损失率即加热上下围岩热损失符合一定条件,具体计算方法如下:

总热损失占注入热量的百分数为:

$$\eta_r = \frac{Q_L}{Q_{it}} = 1 - \frac{AhM\Delta T}{Q_{it}} \tag{1}$$

利用马克斯-兰根海姆(Marx-Langenheim)求解,可得

$$\eta_r = \left\{ 1 - \frac{\lambda^2}{t_D} \left[e^{\frac{t_D}{\lambda^2}} \cdot erfc\left(\frac{\sqrt{t_D}}{\lambda}\right) + \frac{2}{\sqrt{\pi}} \cdot \frac{\sqrt{t_D}}{\lambda} - 1 \right] \right\} \tag{2}$$

式中　η_r——地层热损失,小数;(油层中顶底层的热损失量与注入油层热量比值);

　　　t_D——无因次时间;

　　　M_{ob}——上下盖层的热容,kJ/(m³·℃);

　　　K_{ob}——上下盖层的导热系数,kJ/(d·m·℃);

　　　t——累积注汽时间,d;

　　　h——油层厚度,m;

　　　λ——油层热容与上下盖层热容之比值,$\lambda = M/M_{ob}$;

　　　M——油层的比热容,kJ/(m³·℃)。

利用现有公式和齐40区块数据计算热损失率:

$$\Delta T = T_S - T_r$$

总的注入热量为 $Q = (Q_i + Q_w) \cdot t$

总的热损失量为: $Q_{损失} = Q\eta_1$

在计算热损失的公式中，没有考虑边底水、隔夹层及高倾角对热损失率的影响。本次研究，只计算了主体部位围岩热损失，可以看出蒸汽驱在转驱初期围岩热损失急剧上升，随开发时间的延长热损失率上升速度逐渐变缓，在开发后期可作为定值计算。

1.4　采出流体热损失及加热油层热利用研究

采出液体热能可以用采出水相对温度下热焓乘以采水量和采出原油相对温度下热焓乘以采油量计算得出。与上述三项热损失相加，即可求得注采系统热损失量。

通过计算不同汽腔体积条件下，不同采注比携带出的流体热量，可以得出，随着汽腔体积增大，流体携带热量也增大，当采注比过大时，注入热量难以补充系统损失热量，造成非主力受效方向汽腔缩小。表中蓝色部分是注采热能达到平衡，也就是维持汽腔体积不变，而红色部分则是热损失之和大于注入热量，这个时候汽腔开始缩小。通过计算可以看出，当汽腔体积达到50%以上时，维持1.2以上采注比会造成注入热量小于损失热量。

通过对144个汽驱井组进行统计，汽腔体积在20%以下为热连通阶段，20%～50%之间为驱替阶段，50%以上则为突破阶段。因此，在汽驱后期，地层压力降至3Mpa以下，应维持1.0左右采注比，以免造成汽驱波及不均。

表2　不同采注比以及不同汽腔体积对流体携带热能的影响

采注比	汽腔体积					
	10%	20%	30%	40%	50%	60%
0.6	1	2.4	4.1	6.3	8.5	10.5
0.8	1.3	3.1	5.5	8.4	11.4	14
1	1.7	3.9	6.8	10.5	14.2	17.5
1.2	2	4.7	8.2	12.6	17	21
1.4	2.3	5.5	9.5	14.7	19.9	24.5
1.6	2.7	6.3	10.9	16.8	22.7	27.9

2　技术优化界限研究

在辽河油田蒸汽驱开发技术系列中，包括"蒸汽驱热采储层评价技术"、"蒸汽驱比例物理模拟技术"、"多层汽驱蒸汽腔描述技术"、"回型井网蒸汽驱技术"、"直平组合蒸汽驱技术"、"中后期间歇汽驱技术"、"注采参数调控技术"等近15项研究、操作技术。本文主要以通过明确系统各阶段热损失，提高热效益3项主要技术(中后期间歇汽驱技术、注采参数调控技术、地面工程及配套工艺技术)来进行介绍。

2.1　间歇汽驱技术界限优化研究

间歇汽驱因不需额外设备投资，同时具备能够减缓汽窜、提高热利用率、扩大蒸汽波及等优势，在试验阶段取得一定成功，所以作为重点研究项目。然而间歇汽驱在停注阶段存在温场下降问题、供液能力降低问题和汽腔缩小问题。如何制定合理操作参数解决或降低该类问题的影响成为该项技术成败的关键。

2.1.1　停注时间研究

针对间歇注汽方式特点，间歇停注期间井组蒸汽腔避免严重收缩成为了间歇注汽方式下首要保障目标。根据间歇方式机理研究表明停注时间越长则井组地层压力降低幅度越大，压力的下降有利于蒸汽腔扩展，从而该井组油汽比越高，但是随着停注时间增加，井组汽腔随着地层压力的降低会出现短暂扩大直到温度下降至温压蒸汽饱和度曲线临界点之后汽腔消失。针对温压参数进行综合考虑，在维持地层温度下降幅度较小条件下，停注阶段主要受两个方面影响：

汽腔波及体积：汽腔体积越大，热焓值越大，抵消掉热损失用于加热油层的热量越多，维持地层温度时间越长。

采注比：采注比越大，流体携带热损失越大，地层温度和压力下降幅度越大。

通过监测得出的温度和时间关系曲线可以得出不同波及体积条件下井组温度变化存在以下规律：

(1) 汽腔体积系数越大，温度下降越慢。

(2) 汽腔体积系数小于等于 5% 时，因汽腔热能较低，温度下降趋势接近热水放热曲线。

(3) 同汽腔体积系数条件下，采注比越大，地层温度下降速度越快。

利用 86 井次监测资料，对汽腔波及体积和采注比温压规律影响进行了研究，应用统计作图法得出，在采注比相同条件下，汽腔体积越大，温度下降越慢，当汽腔体积为 5% 时，放热曲线近似与热水放热。而在汽腔体积相同条件下，采注比越大，温度下降越快，而汽腔体积为 20% 以上时，周期采注比为 1.6，汽腔基本能够持续 35 天以上，而剥蚀井组汽腔体积一般在 20% 以上，因此停注时间确定为 30 天。

2.1.2　注汽强度研究

为了弥补停注阶段造成的热损，需要一定的注汽强度保证多周期开发效果[4]，通过建立热能平衡方程式：

注汽阶段热能平衡：

注入热焓=管线井口损失热焓+加热上下围岩热焓+采出流体热焓+加热油层热焓

停注阶段热能平衡：

停注损失热焓(汽腔消失)=加热上下围岩热焓+采出流体热焓-汽腔潜热

间歇井组大部分为剥蚀阶段井组，井组汽驱时间长，PV 数高，通过热损失率曲线认识到汽驱阶段后期加热围岩热损失为定值(图3)，且停注阶段时间相对之前汽驱时间短，因此将停注阶段热损失约为定值，如此则可简化热能平衡计算步骤：

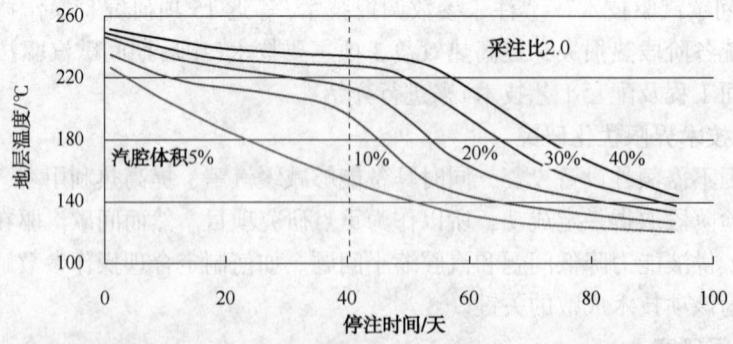

图 3　停注期间不同汽腔体积系数温度变化曲线

下一轮注入热量=间歇周期地层损失热量=加热上下围岩热焓(定值)+采出流体热焓(依据产出流体估算)

计算得出要保持汽腔体积不变,地层温度恢复至第一轮停注前状态,同时考虑到管线和井筒热损失,计算得出目前需要注入量是原注入量的1.2~1.7倍左右。

2.2　采注比优化调控技术研究

采注比既反映了注入系统热量,又关系到采出流体热量;阶段采注比影响到油藏开发的压降程度,瞬时采注比则关系到压降速度。在蒸汽驱系统热能研究中,已对不同汽腔体积不同采注比条件下热量的损失进行了研究,得出随着设备老化热损失增加,井组汽腔体积越大,采注比越大系统热损失将会超过注入热量,进而导致汽腔被动缩小。

在热连通阶段时,汽腔体积小于20%,压力5MPa以上,开发方案以降压为主,最好维持在1.2以上采注比,形成压力快速下降,有利于汽腔扩展。

当汽腔体积在20%~50%之间时,压力在2~4MPa左右,一方面要缓慢降压,一方面又要补热,同时还要考虑蒸汽均匀波及。通过热能平衡以及压降速度计算,应用驱动压差和蒸汽推进速度的关系,利用正交法,得出井组目前受效状态下最优注入方式,具体做法如下:通过周期性调控,周期性增加或减少井组注汽量。该方法优点在于:减少注汽量阶段,保持地层温度维持在合理区间,避免汽腔缩小,采注比在1.0左右,以补热为主。增加注汽量阶段,缓慢降低井组压力,采注比达到1.2。通过脉冲式注汽提高受效差方向汽驱动用。

当汽腔体积大于50%时,高温井数约占总数的60%左右,通过控液或关井导致井组液量不足,采注比小于1.0,油汽比小于0.1,这时因采液量少,注汽量降低至60t以下,无法保证井底干度,常规连续注汽不能满足开发需求,这时可以采用间歇注汽。

2.3　地面工程及配套工艺技术

2.3.1　井筒隔热及分层注汽技术,保证注汽质量

(1)氧化铁干法脱硫,保证硫化氢浓度达标。

针对齐40块伴生气H_2S含量高,安全隐患大的问题,采用固体氧化铁干法脱硫技术进行硫化氢处理,建成硫化氢处理装置8座,日处理伴生气能力$12×10^4Nm^3$以上,处理后硫化氢含量在$10mg/m^3$以下,达到安全浓度指标要求。

技术原理为脱硫过程:$Fe_2O_3 \cdot H_2O + 3H_2S$,$Fe_2S_3 \cdot H_2O + 3H_2O$。再生过程:$2Fe_2S_3 . H_2O+3O_2+2Fe_2O_3 \cdot H_2O+6S$。

技术特点:硫容高,穿透硫容20%以上,工作硫容30%以上;抗水性好,适合在高CO_2含量体系中应用;工艺灵活,可选用单塔、双塔或多塔串并联工艺。

(2)联合站污水深度处理,实现了热污水、伴生气循环利用。

欢四联污水深度处理站建于2004年3月,2004年10月31日建成投产。该站设计规模为$12000m^3/$天,目前运行水量为$9700m^3/$天。全站下设除油、软化、加药、化验、外输和维修班6个生产岗位,主要工作是对欢四联合站和欢一联合站原油脱水的污水进行深度处理,合格后达到热采锅炉用水标准,供齐40块、齐108块吞吐热采锅炉用水。

研发了整套以预处理、变压吸附、液化、提纯等为核心的伴生气无害化处理工艺,提纯的二氧化碳全部用于回注油井,富甲烷气直接进入采油厂燃气系统作为燃料,从而实现了全部伴生气的有效回收和合理利用,实现了节能减排、降本增效。

在齐40汽驱区块建立1座伴生气回收利用处理站,2011年投入运行,回收甲烷气1.8×

$10^4 m^3$/天，进行回掺；回收液态 CO_2 100t/天，用于辅助稠油吞吐。

2.3.2 配套工艺技术

（1）井筒隔热及分层注汽技术，保证注汽质量。

1998 年齐 40 块蒸汽驱先导试验主要采取笼统注汽方式，2006 年工业化转驱针对笼统注汽存在吸汽不均(仅为 58.1%)的问题，开展了分层注汽试验，并获得成功，后进行了推广应用，共实施偏心分层注汽 139 井次，同心管分层注汽 14 井次。

（2）高温举升工艺技术，确保油井产液量达标。

齐 40 蒸汽驱产出液具有温度高、腐蚀性强等特点，普通抽油泵生产时易发生变形、脱碳、结垢等问题，针对这一情况，转驱以来，根据不同油井情况，配套应用了以金属泵、非金属泵为主的系列抽油泵，并在应用中对泵型进行优选，形成了适合齐 40 块蒸汽驱高温举升的特种泵系列。

3 现场应用

针对处于驱替阶段平面波及不均汽驱井组，通过注采集合调控、阶梯式调控、脉冲式注汽等平面组合调控方法，扩大蒸汽波及，保证汽腔均匀扩展。针对驱替末期油井全面蒸汽突破井组，通过实施间歇汽驱，延缓采油井汽窜，保证井组经济效益得到较大提升。近年来实施效果较好：2016 年以来先后实施抽稀式间歇注汽 66 井次，注汽调控 312 次，阶段增油 $2.86 \times 10^4 t$(16 年增油 $1.68 \times 10^4 t$；17 年增油 $1.18 \times 10^4 t$)、阶段节约注汽量 $46.5 \times 10^4 t$。合计该成果创经济效益 $7652.7 \times 10^4 t$。

从单井效果上看，汽窜井得到缓解 35 口，单井日产液由 10t 恢复至 35t，日产油由 0.5t 上升至 3.6t。

井组产量递减变缓，油汽比由 0.08 上升至 0.12，蒸汽波及系数提高 0.06。

4 结论与认识

（1）将工程方面与地质方面热量变化进行一体讨论，有效保证了热能计算结果的准确性，进而优化注汽量，保障汽驱井组各阶段达到合理采注比，有效保证了汽腔扩展的均匀性，同时避免低效注汽，取得了较好的经济效益。

（2）目前部分计算参数因近年来保持稳定，所以采用定值进行注采参数优化，但随调控轮次的增加，部分参数需进行调整，进而保证临界操作效果。

（3）该项目及计算方法，可以进一步推广应用到其他汽驱区块，对实现蒸汽驱高效开发具有较好的借鉴意义，并适应目前低油价形势的需要。

参 考 文 献

[1] Chung Frank T H, Jones Ray A, Nguyen Hai T. Measurements and correlations of the physical of CO_2/heavy crude oil mixtures[J]. SPE Reservoir Engineering, 1998, 40(8)：822-828.

[2] 岳清山. 稠油油藏注蒸汽开发技术[M]. 北京：石油工业出版社，1996：23-24.

全封闭高压浅层钻塞装置的研制

黄建生，王晓宏

（中石化胜利石油工程有限公司井下作业公司工艺所，山东东营 257077）

摘　要　目前油田在重新启用封闭的油气井进行钻塞时，井筒内封闭的高压油气极易瞬间释放，钻具极易被"发射"出去，造成设备损坏、环境污染甚至人员伤亡等重大安全事故。通过技术研究，另辟蹊径，应用全封闭理念和自动化控制技术对钻塞的进尺及钻压，提升管柱，防喷器及防顶开关等作业过程实行全封闭作业及实现智能控制。创新发明了防喷管，双向承载卡瓦，智能控制系统，防旋离合装置，位移测量等装置。促进了现场的安全生产作业。

关键词　浅层钻塞；全封闭；位移测量；钻压

目前油田在进行老井再利用或隐患井治理时，所注水泥塞的位置距井口较近，长期封井后，由于地层压力恢复、下部灰塞渗透等原因，在浅层灰塞底部聚集高压油气。采用常规钻塞工艺，由于灰塞太浅，钻具重量太轻，一旦钻透灰塞，井筒内封闭的高压油气瞬间释放，钻具极易被"发射"出去，高速喷出的油气带着钻屑，容易引起井口着火，造成设备损坏、环境污染甚至人员伤亡等重大安全事故。国外一般采取大尺寸连续油管钻磨，也可以采用带压作业设备。小套管的浅层钻塞一般采用连续油管方式，但连续油管易顶弯、顶断，大套管较深层灰塞大都采用带压作业设备钻塞，但油管内防喷和循环驱动存在很大的问题，人员操作平台太高，不易逃生。而且存在的共同问题是对工具要求高，相关费用也很高。国内对此也有很多研究，大港油田研制井口钻塞加压装置[1]，利用小修作业工具进行钻塞作业，濮阳油田采用三级防顶技术[2]，胜利油田综合采用了快速分流降压工艺、环空封闭、管柱防顶工艺、地面流程设计等技术解决新疆地区浅层钻塞防喷防顶问题，但是此类防顶防喷设施需要人工操作，一旦反应不迅速、操作不及时，就会发生人身伤害和设备事故风险。此类井仅凭现有技术手段，施工存在严重的安全隐患。为实现浅层灰塞的安全钻除，研制了全封闭钻塞控制装置。

1　全封闭钻塞控制装置介绍

全封闭钻塞控制装置是控制钻塞过程中发生意外井喷的装置。在井控方面除了安装防喷器，还在井口上部安装了防喷管，钻进时采用密封加压及防旋离合装置保证钻头正常进尺，一旦水泥塞钻透或是即将钻透时，封闭在井筒内的高压油气突然上窜，高压油气给管柱很大的上推力，再由管柱通过上腔液体传到防喷管，同时在防喷管上打压口安装有压力传感器，一旦监测到异常高压，控制系统置可立即自动关闭双向双级卡瓦装置和 2FZ18-70 安全防喷器。即使异常高压突破双向双级卡瓦装置和 2FZ18-70 安全防喷器继续上窜，由于上部连接

作者简介：黄建生（1969—），男，汉族，高级工程师，1990 年毕业于重庆石油学校矿场机械专业，现从事井下工具和探井试油设备的研究工作。E-mail：sldthjs@sina.com

有防喷管，高压也将被封闭在防喷管内。

1.1 实现的功能

1.1.1 钻进

钻进是整个装置的主要功能，用水泥车打压进防喷管柱，通过中空的外六方管给螺杆钻加压进尺，同时推动柱塞及管柱下移，将灰塞磨掉。

1.1.2 防旋

钻进时整个管柱不转，接单根时地面以上管柱可以旋转。

1.1.3 位移测量

测量管柱活动情况，包括钻进位移和提升距离，及时掌握钻塞进度，预防无功作业。

1.1.4 防喷

防喷是装置要解决的主要问题，防止钻具遇到瞬间高压时发生井喷危险事故。将地面上的钻塞装置设计成一个密闭结构，钻塞加压系统和管柱提升系统以及防顶防喷系统全部置于这个密闭结构中，这个密闭结构与井筒连接共同构成一个完整的封闭体系，这样钻塞全过程就不会井喷和管柱飞出井口。

1.2 设计要求

1.2.1 压力设计

装置额定工作压力 35MPa，试验最大耐压 70MPa。

1.2.2 单根长度要求

钻塞单根行程 4.2m，极限行程 4.7m。

1.2.3 提升能力

对管柱额定提升能力 120kN，试验最大提升载荷 249.2kN。

1.2.4 承载及防顶能力

卡瓦悬挂、防顶载荷能力 400kN，试验最大载荷 625.4kN。

1.2.5 钻具尺寸要求

装置可容纳钻头最大直径 152mm。

1.3 装置的构成

全封闭钻塞控制装置主要由地面加压钻进及举升系统、防旋系统、防喷防顶系统、PLC控制系统及辅助作业平台等构成(图1)，智能控制点位如图2所示。

2 研究的主要内容

2.1 滑动密封加压系统和管柱提升系统研究设计

2.1.1 防喷管的设计

防喷管是钻塞过程全密闭结构的核心部件，采用了液压缸套+压裂井口法兰的设计方法，防喷管及上下连接结构如图3所示。防喷管采用整体优质合金钢锻件，总长 6.5m，内径 120mm、外径 182.6mm、壁厚 31.3mm。两端连接法兰采用 130.2(5)×70MPa 标准法兰(压裂井口法兰)。防喷管内孔加工执行液压缸的相关标准，深孔钻镗后进行珩磨。为保证防腐性能及耐磨性能，内部整体镀铬，表面粗糙度 Ra0.16~0.32。

(1) 防喷管结构

(2) 系统作用于防喷管的受力分析

假设灰塞位于井口附近，管柱重量忽略不计，在灰塞与套管粘接发生松动，灰塞发生整

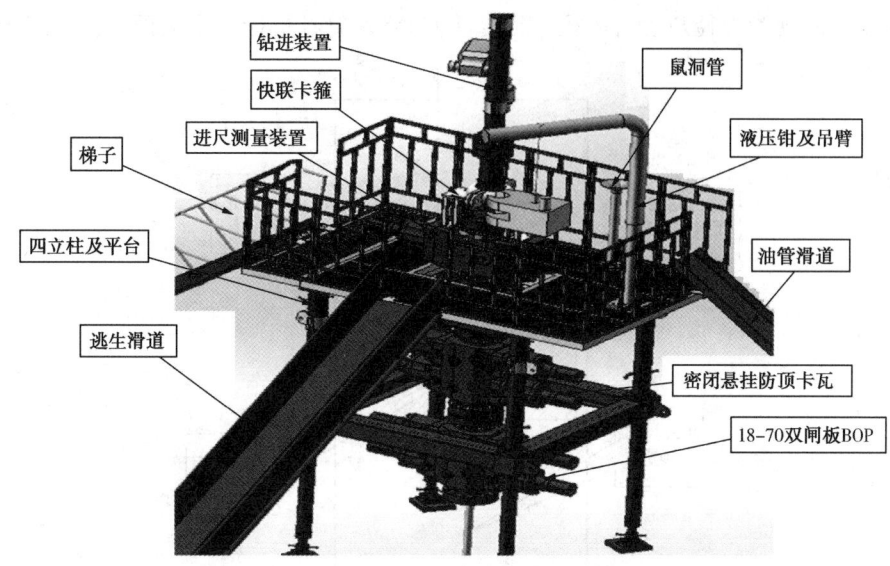

图1　井口以上结构及辅助平台

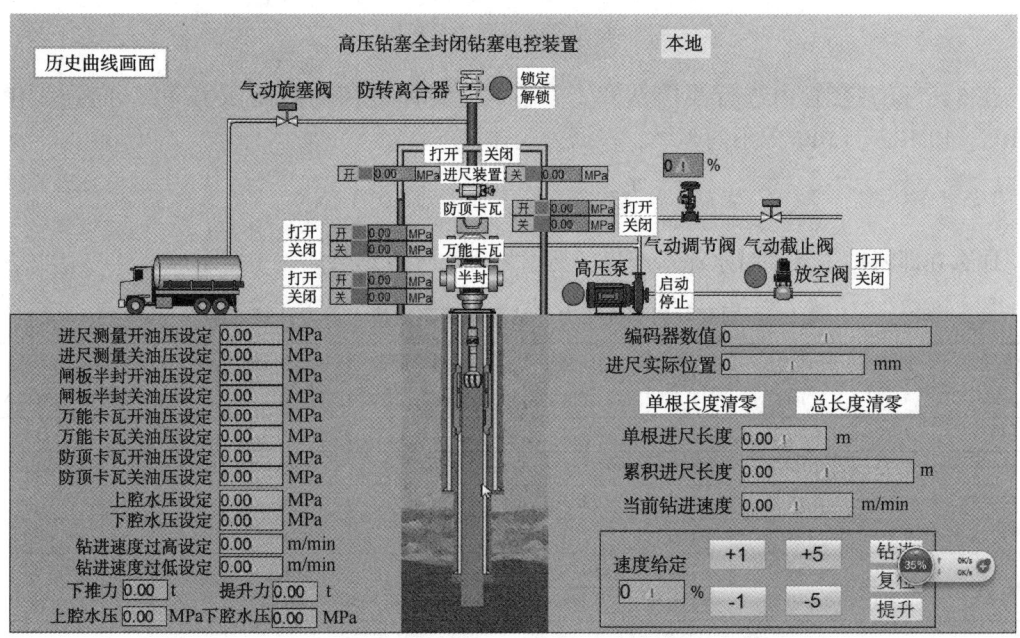

图2　控制系统点位分布示意图

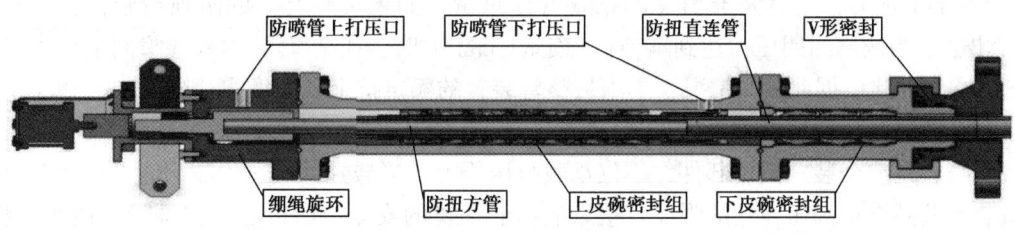

图3　防喷管及法兰连接

体上移时(将灰塞视为外径与套管内径一致的活塞)将对管柱可能产生上顶力,如图4所示。

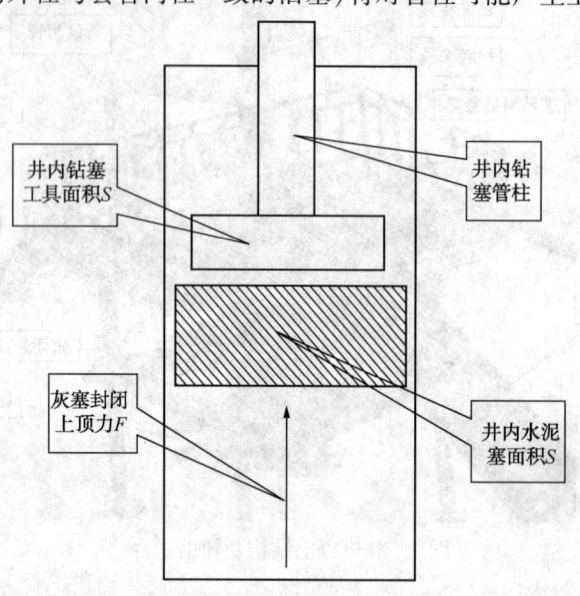

图4　钻塞管柱受力分析图

在5½″和7″套管内进行浅层钻塞,假若灰塞封闭井筒内封闭压力等级分为35MPa、20MPa、10MPa、1MPa等不同等级,根据公式计算:

$$F_{上顶力} = \frac{\pi}{4}d^2_{套管内径}gp_{灰塞底部压力} \times 10^{-4}(\text{kN})$$

那么在即将钻透灰塞时水泥塞产生的活塞举升力计算结果如表1所示。

表1　不同套管内不同压力下钻塞的活塞效应上顶力计算结果

套管外径/mm	壁厚/mm	套管内径/mm	钢级	抗内压强度/MPa	灰塞下部预测压力/MPa	灰塞位置/m	管柱质量/kN	管柱受上顶力/kN
139.7	7.72	124.26	P110	73.3	35	10	2	414
139.7	7.72	124.26	P110	73.3	10	10	2	117
139.7	7.72	124.26	P110	73.3	1	10	2	10
177.8	9.19	159.4	P110	77.4	35	10m	2	682
177.8	9.19	159.4	P110	89.8	10	10m	2	194
177.8	9.19	159.4	P110	68.7	1	10m	2	18

从表1中可以看出,灰塞下部封闭的压力只有1MPa时,释放的瞬间会使管柱将受到约10~18N的上顶力,这远大于2kN的钻塞管柱重量,如果没有有效的防顶措施,管柱极易"飞"出去。当灰塞封闭压力达到本项目确定的35MPa时,在7″套管内灰塞瞬间上顶力将达到682kN,因此根据此极端情况,本项目整套装置的额定抗上顶强度需达到682kN以上。

(3)防喷管的数值模拟受力分析(图5)

防喷管是整个装置关键部件,不仅承载打压压力,当遇到井底压力喷出时,防喷管要与井口装置共同承担高压,它的强度直接影响作业环境的安全,所以必须保证设计的可靠性,为此进行了数值模拟受静应力分析,模拟对象为带压钻塞装置-油缸体,模拟软件:Solidworks,算例名称:SimulationXpress Study。

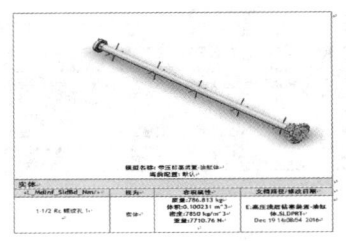

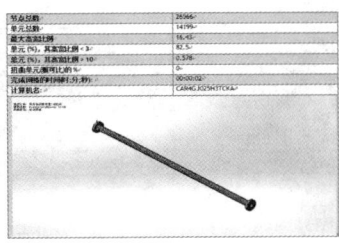
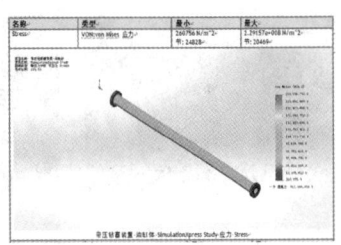

(a) 模拟信息　　　　　　　(b) 网格信息-细节　　　　　　(c) 算例结果(10000psi)

图 5　防喷管模拟受力分析

设计许用应力由以下准则限定[3]：

$$S_t \leqslant 0.9S_y \text{ 和 } S_m \leqslant 2/3S_y$$

式中　　S_m——额定工作压力下的设计应力强度；

　　　　S_t——静水压试验压力下总的最大许用主薄膜应力强度；

　　　　S_y——规定的材料最小屈服强度。

模拟计算结果(耐压 10000psi)：

$$S_m = 229.2\text{MPa} \leqslant 2/3S_y = (2/3) \times 517 = 344.7\text{MPa}$$
$$S_t = 343.7\text{MPa} \leqslant 0.9S_y = 0.9 \times 517 = 465.3\text{MPa}$$

结论：满足设计要求。

2.1.2　双级皮碗封的研制

双级皮碗封是滑动密封加压系统和管柱提升系统的关键部件。分为上腔皮碗与下腔皮碗组。

（1）双级皮碗封技术特点

钻进加压和管柱提升结构借鉴了液压缸的原理，但现场施工工作液不是很洁净，会有很多的油、蜡或固相颗粒；同时"活塞杆"采用直连管，但丝扣连接接口和油管表面并不光滑，完全采用液缸的密封可能使用周期不长、很快就会损坏，不具有可行性。借鉴皮碗式封隔器的特点，皮碗在一定过盈配合情况下，对配合件的表面粗糙度不是很敏感，所以采用自封皮碗作为密封件。为了提高密封可靠性，每组设计了 3 个皮碗。为了提高皮碗的高压密封性能，在皮碗内部设计了高密度弹性加强筋。皮碗裙部是初始密封的主体，也是磨损的主要部位，为了保证皮碗全程密封可靠，采用了过盈配合方式，过盈量 2mm。

（2）双级皮碗封结构

上皮碗密封组相当于液压缸的"活塞"，需要反复上下双向移动工作如图 6 所示，所以设计了双向两组外圈密封皮碗。下皮碗组液压缸"下端盖"与"活塞杆"的密封，工作时不需要移动，所以设计了一组单向内圈密封皮碗如图 7 所示。

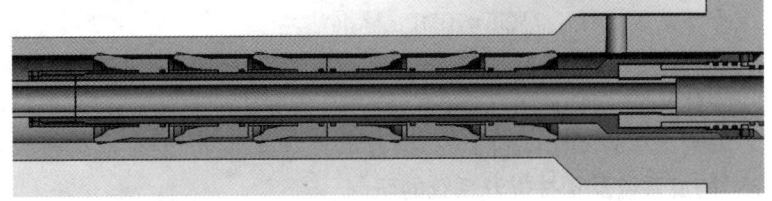

(a) 上皮碗实物　　　　　　　　　　　　(b) 上皮碗组

图 6　上皮碗组结构图

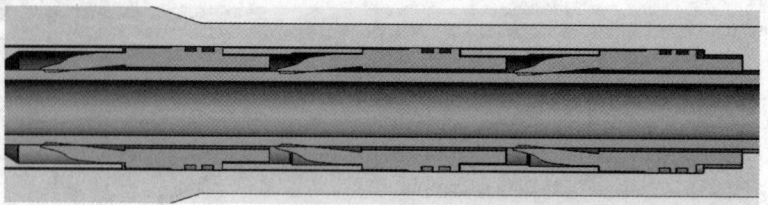

(a) 下皮碗实物　　　　　　　　　　　　　　　　　(b) 下皮碗组

图 7　下皮碗组结构图

2.2　管柱悬挂及防顶-双向双级卡瓦装置研制的研制

2.2.1　双向双级卡瓦装置原理

常规的防顶卡瓦及承重卡瓦只有单向作用，而且都是非密闭结构，而在下单根过程及灰塞钻透瞬间，需要既能防顶又能承重的卡瓦，而且密闭承压需要达到70MPa。针对这些要求所研制的卡瓦闸板总成和卡瓦，利用标准的2FZ18-70防喷器壳体，将其中半封闸板闸板总成更换为卡瓦闸板总成，结构如图6(a)所示。卡瓦闸板总成装双向卡瓦，结构见图6(b)所示，既能悬挂管柱，又能防止管柱上顶，卡瓦体采用优质合金钢锻造，经热处理，卡瓦牙采用低合金钢20CrMo，经调质及表面渗碳，以增加卡瓦的硬度及韧性，两级卡瓦一起工作，防顶力和承重力均达到690kN。

2.2.2　双向双级卡瓦结构

以防喷器的高压封闭结构为本体，装置耐压70MPa。重新设计闸板结构，闸板前部镶嵌高强度卡瓦(图8)，双级防顶和承重载荷625.4kN。由装置控制系统驱动液压控制双向双级卡瓦，紧急情况下快速关闭。

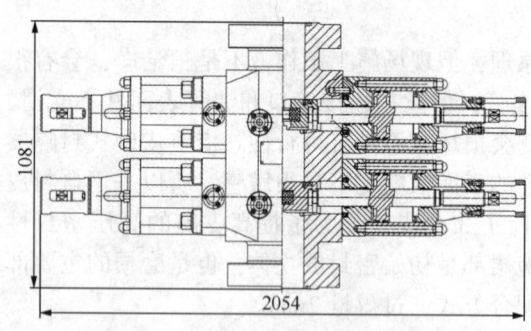
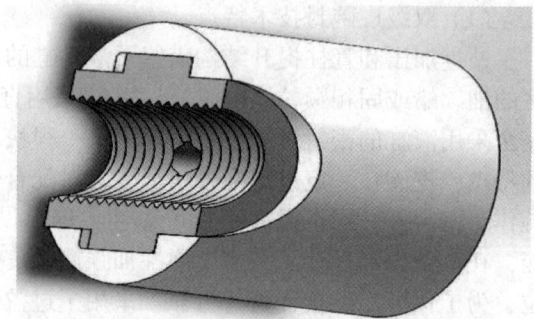

(a) 双向双级卡瓦装配图　　　　　　　　　　　　　(b) 卡瓦牙

图 8　双向双级卡瓦结构

2.2.3　双向双级卡瓦技术参数

上下法兰连接：$7\frac{1}{16}$in×70MPa 标准法兰

通径：ϕ179.4

壳体额定工作压力：70MPa

安装 $2\frac{7}{8}$in 双向卡瓦两级，设计承载力400kN，测试承载力达到625.4kN。

2.3　防旋系统及管柱提升系统的研制

螺杆钻在工作时会产生反扭矩，引起管柱的转动，如果不能对反扭矩进行制约，螺杆钻将无法实现钻进。通常解决的方法是将螺杆钻产生的反扭矩通过管柱传递到井口进行约束，这样管柱将成为一个整体。但在接单根时，必须上卸扣，管柱的在上卸扣部位以上必须可以旋转。为此研制了防旋离合系统，既可以在钻进时制约反扭矩，也可以在接单根上卸扣时管柱旋转，很好的解决此问题。

2.3.1　防旋系统结构组成

防旋系统主要包括防旋离合器(图 9)、防旋方管(图 10)和防旋直连管等。防旋离合器是该系统的核心部分，主要由气缸、花键套、花键轴及气缸固定架等组成。防旋离合器固定在上防喷短接上部。花键套内外均有花键，内花键与花键轴配合，外花键可以在固定在防喷管上的提升短接内滑动，通过此结构，花键套可以将扭矩传递到防喷管上。

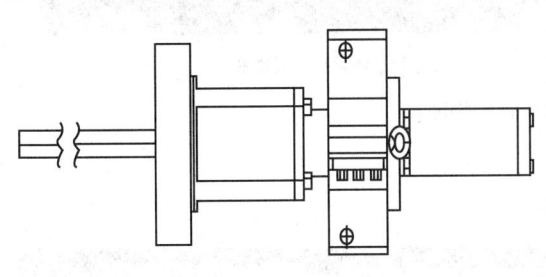

(a)气动式防旋离合器结构示意图　　　　　　(b)气动式防旋离合器实物图

图 9　防旋离合器

2.3.2　防旋系统工作原理

钻进前，控制系统给防旋离合器气缸上腔供压，推动花键套下行与花键轴套合，防旋方管锁定，螺杆钻产生的反扭矩通过管柱、直连方管、防旋方管、反转离合器传递到防喷管，防喷管间接连接到井口，给反扭矩制约，使螺杆钻正常工作。在接单根时，控制系统给防旋离合器的气缸下腔供压，推动花键套下行与花键轴分离，防旋方管解锁。直连方管、防旋方管可以自由旋转，利用液压钳或管钳可以上卸扣。

(1)防旋方管结构组成

防旋方管外壁是外六方形状如图 10(a)所示，与防旋直连管顶部的内六方配合如图 10(b)所示，防旋方管也是活动密封皮碗的滑道。

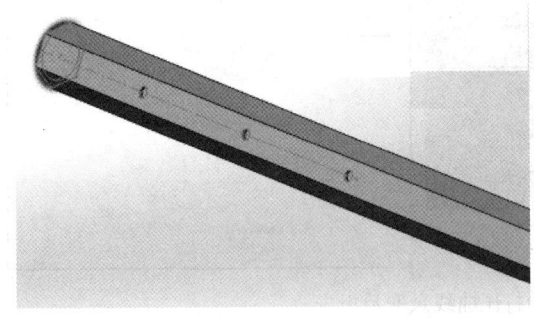

(a)防旋方管　　　　　　　　　　　　(b)防旋直连管顶部的内六方

图 10　防旋方管

(2)防旋直连油管研制

采用无接箍连接，G105 选择梯形扣，标准的梯形扣是 5 扣/in，牙高是 1.575mm，缺点是减少了壁厚，抗拉强度低。通过实验，在法国 VAM 扣的基础上改进研制了一种气密封梯形扣，8 扣/in，牙高 1mm。

(a) 直连油管扣型

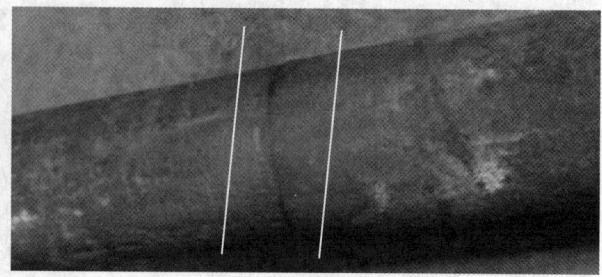

(b) 直连油管扣连接效果

图 11　直连油管实物图

2.3.3　直连油管密封、抗脱扣强度试验

试验过程如图 12、图 13 所示。

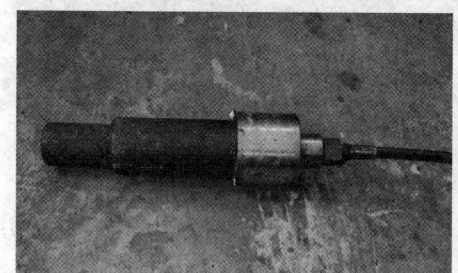

图 12　直连油管扣试验

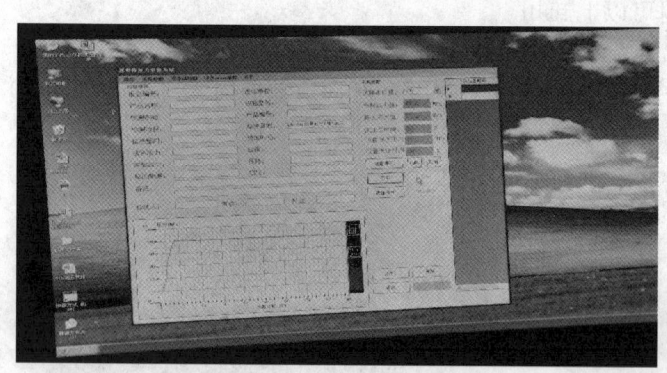

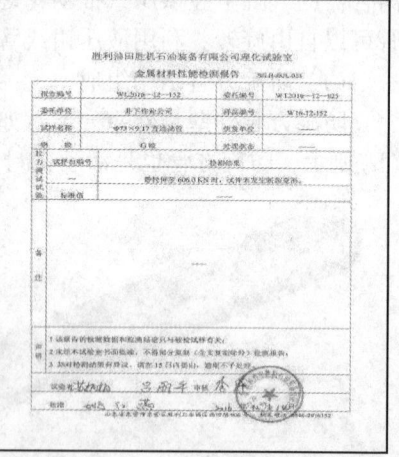

图 13　直连油管扣试验打压曲线录取及报告

试验结果：拉拔试验 606.0kN，螺纹无滑脱和断裂；试压 80MPa 无刺漏。

2.4　位移测量装置的设计

2.4.1　位移测量装置的研制

位移测量装置用于测量管柱活动情况，包括钻进进尺和提升距离，及时掌握钻塞进度，预防无功作业。

由于项目课题全封闭的要求，位移测量装置也设计为全封闭形式。

2.4.2 技术性能

额定压力：35MPa；

连接形式：上部 $7\frac{1}{16}$in×10000psi 栽丝法兰，下部 $7\frac{1}{16}$in×10000psi 标准法兰；

适用管材：外径 73mm 无接箍管材。

2.4.3 位移测量装置组成

该装置主要由本体、检测门、滚轮系统、液缸、锁紧轴等组成。

2.4.4 工作原理

液缸带动滚轮系统的滚轮闸板和测量滚轮轴一起夹紧油管，管轮上硫化有橡胶。油管上下移动带动测量管轮转动，滚轮带动轴转动，通过轴上安装的编码器测量轴的转动信号，将信号传递到控制系统，控制系统计算后可显示单根进尺量、累计进尺量和提升距离。油管下行计量为正数，油管上行计量为负数。

该装置测量滚轮由钢骨架，外部硫化橡胶的方式组成，既保证了与直连油管足够的摩擦力，又可有效保护油管表面。

2.4.5 位移测量装置性能测试

（1）测量精度测试

试验初期，将位移测量装置夹紧轮液缸推紧压力从 0.8MPa 逐步增加到 10.5MPa，上提载荷达到 30kN，多次试验显示滚轮无转动。分析认为尽管滚轮输出轴安装了装轴承，但为确保足够的密封承压能力，设计的密封件过盈量大，且因轴密封直径大，造成滚轮输出轴初始转动扭矩大，管柱移动的摩擦力不足以带动转轴转动，实现不了转动输出。

经研究进行改进，在滚轮输出轴的两端增加设计一个细轴，在细轴部分设计密封结构。输出端与输出轴之间由十字形联轴器连接，非输出端细轴用外凸端盖进行密封、固定。由于细轴密封的转动摩阻小，并有联轴器传动，对长轴传动的同心度要求降低，大大减小了滚轮输出轴的转动摩阻，提高了测量滚轮的转动灵活性。在直连管外壁分别涂水和液压油，对推紧液缸分别充入压力 0.8MPa 的压缩空气、压力为 5MPa 和 10MPa 的液压油进行测量精度。试验数据见表2。

表2 位移测量装置试验数据记录表

直连管涂抹介质	推紧液缸工作压力/MPa	误差/（cm/m）
水	0.8(气)	−2
水	5	−1
水	10.5	−2
液压油	0.8(气)	−5
液压油	5	−3
液压油	10.5	−4

（2）装置整体试压测试

对位移测量装置整体试压 70MPa、稳压 10min 无刺漏，试压合格。

2.5 控制系统的设计

控制系统主要由水控、油控、气控和电控多种控制于一体的控制系统。可以由作业防喷器的地面控制装置提供液压油动力，并进行液压蓄能。可对双向液压卡瓦及防喷器液路供给进行控制。并对位移测量装置提供 0~10.5MPa 可调节的液压推紧力。对气动防旋离合器进

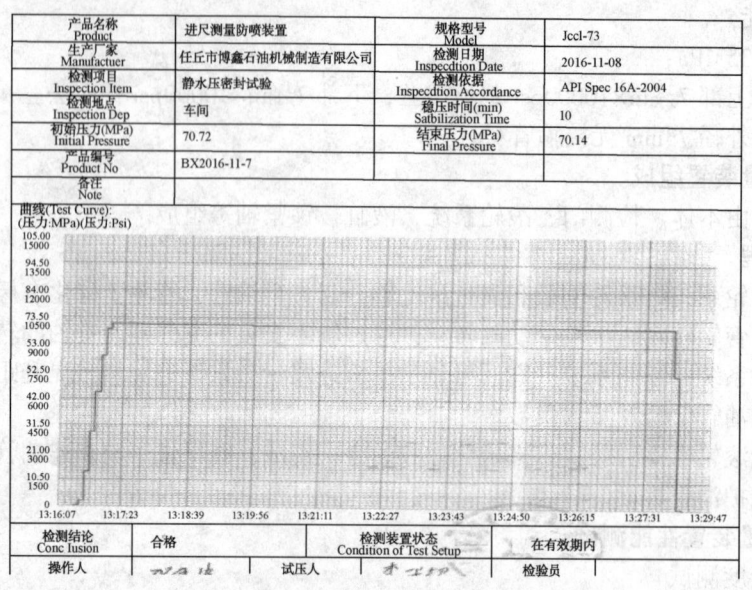

产品名称 Product	进尺测量防喷装置	规格型号 Model	Jccl-73
生产厂家 Manufactuer	任丘市博鑫石油机械制造有限公司	检测日期 Inspecdtion Date	2016-11-08
检测项目 Inspection Item	静水压密封试验	检测依据 Inspecdtion Accordance	API Spec 16A-2004
检测地点 Inspection Dep	车间	稳压时间(min) Satbilization Time	10
初始压力(MPa) Initial Pressure	70.72	结束压力(MPa) Final Pressure	70.14
产品编号 Product No	BX2016-11-7		
备注 Note			

检测结论 Conc Iusion	合格	检测装置状态 Condition of Test Setup		在有效期内
操作人		试压人		检验员

图14　位移测量装置整体试压测试报告

行气动离合控制。调至远程控制模式，可实现井场 50m 范围内的远程无线控制。对进尺换算系数随时修正并确保位移测量的准确性。压力-载荷的即时换算，便于及时掌握管柱的载荷及钻压变化。同时具有自动急停、声光报警等功能，具体控制结构如图15所示。

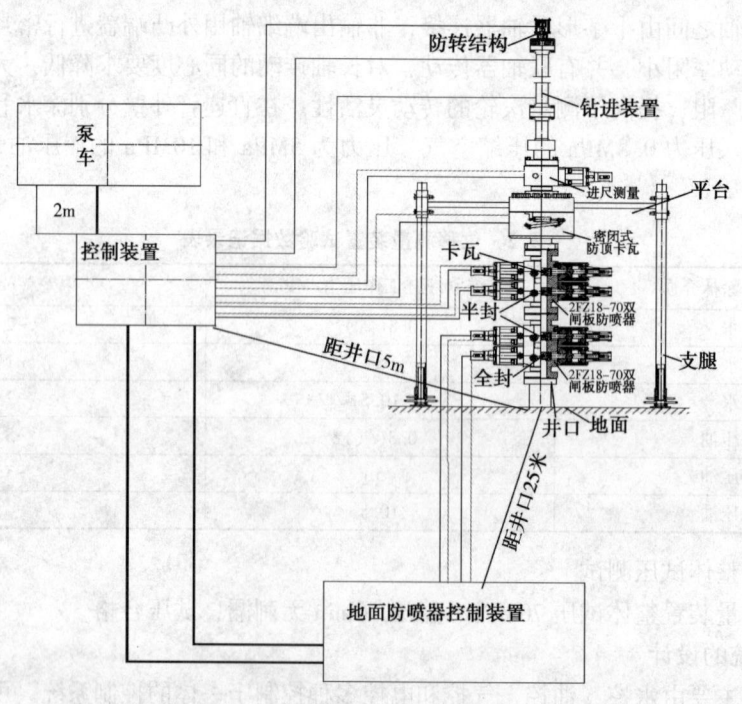

图15　控制系统控制线路

2.5.1　控制系统结构

设计由控制柜、空气压缩机、截止阀、高压水泵、蓄能器、控制阀及各种传感器等设备组成。

2.5.2　具体功能

（1）数据记录和存储

通过上位机软件将位移测量、压力检测、进给速度等实时数据进行后台存储记录，记录的数据以表格的形式存储在硬盘中，用户可以自行拷贝。

（2）手动操作

在手动状态下，可根据旋钮的名称进行单体设备手动操作，通过上位机的压力检测，实现设备的打开和关闭状态，如图 16 所示为设计关系。

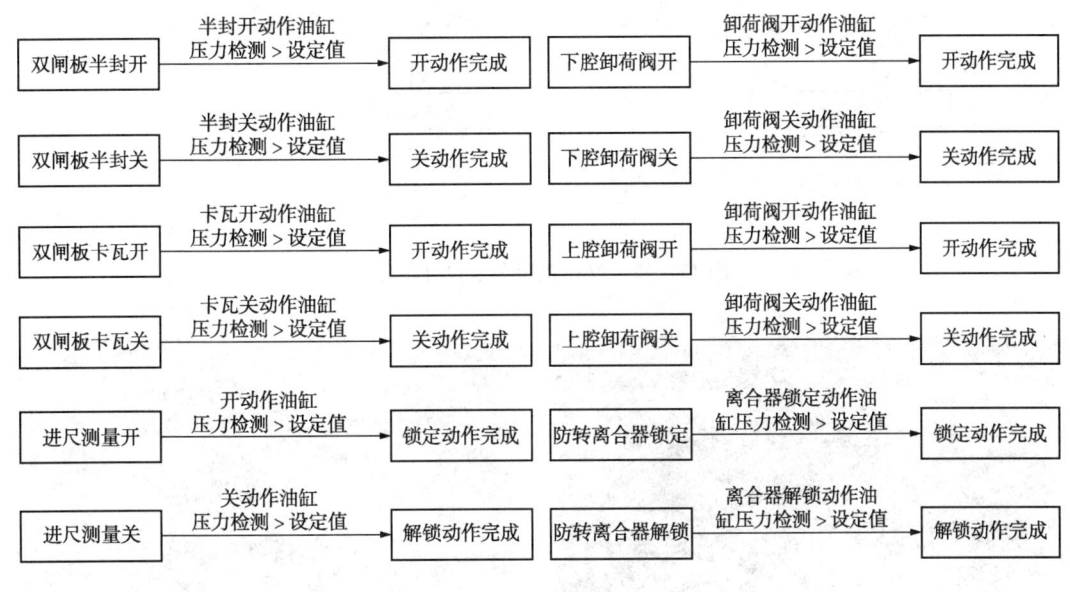

图 16　控制动作设计

（3）自动操作

在自动状态下，操作旋钮钻具钻进时，上腔卸荷阀自动关闭、放空阀自动打开、下腔卸荷阀自动打开。操作旋钮钻提升时，放空阀自动关闭、下腔卸荷阀自动关闭、上腔卸荷阀自动打开，自动逻辑关系设计如图 17 所示。

（4）安全控制

任何状态下，当检测到钻具上腔水压突然升高时，自动关闭所有卡瓦和半封。

（5）急停控制

当遇到紧急情况下，人工按下急停按钮，自动关闭所有卡瓦和半封，设计如图 2-36 所示。

（6）位移测量及速度功能

通过旋转编码器的测量数值，实现秒、分、时的速度换算；在钻具钻进时根据读取的脉冲自动换算进给距离，当更换钻具时，自动累计。编码器安装在钻进测量装置上，编码器设计采用德国原装配件，图 18 为现场安装。

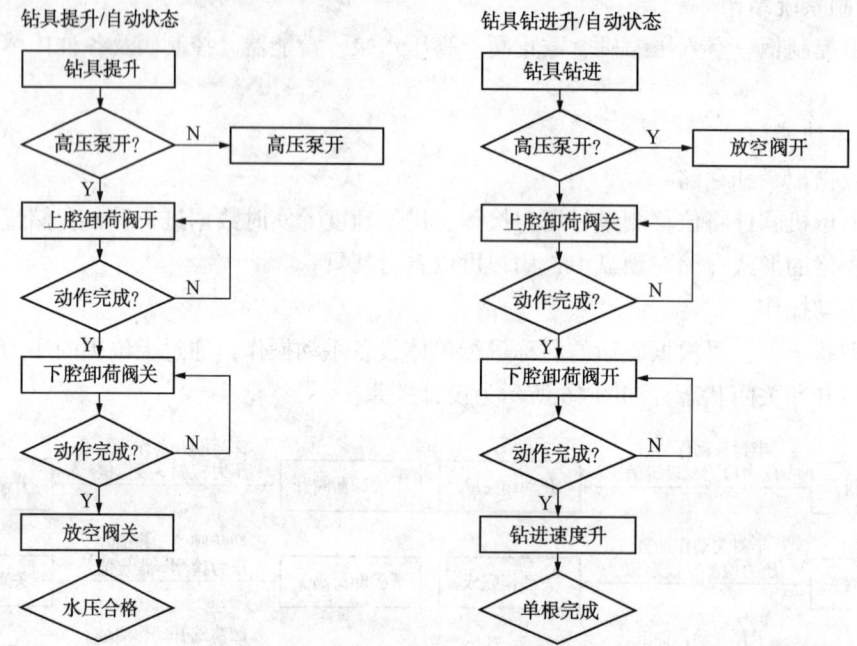

钻具提升/自动状态　　　　　　钻具钻进升/自动状态

图 17　自动操作逻辑关系设计示意图

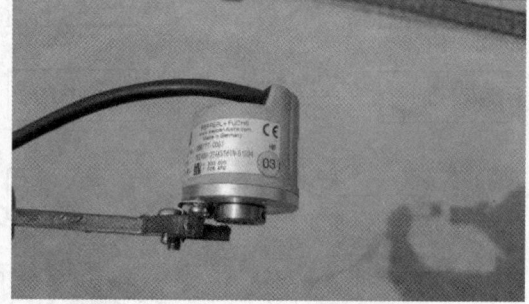

图 18　编码器现场安装位置

（7）执行机构的动作控制

当操作执行机构进行打开或关闭时，通过执行机构的油压或气压数值来自动判断执行机构的打开和关闭状态。

（8）报警功能

设备处于某种联锁状态时，当出现不正当操作或者某个机构没有联锁到位，系统会发出报警，报警指示灯闪烁，并在上位机显示报警信息。

（9）钻进速度控制

钻进速度控制阀为一个气动调节阀，通过调节阀芯的开启度控制上下皮碗组之间密封腔的液体泄流量，达到控制上皮碗组的钻进速度的目的。在上提时，也可通过流量调节仪控制气动调节阀的开启度控制上提速度。

（10）手动/联动控制

手动控制：所有阀、防喷器、卡瓦的开关、防旋杆的锁定和解锁等都可以进行手动操作。联动控制：实现螺杆钻的上提和下钻时的联动控制。

（11）自诊断功能

当系统出现故障时，故障灯点亮，同时显示屏上显示故障信息。

（12）各项参数的显示和录取

螺杆钻工作压力、下腔压力和通过下腔压力换算出的载荷、单根进尺、累计进尺、系统工作压力、卡瓦的工作压力、钻进速度（接位移测量编码器）显示、防旋杆的锁定和解锁状态显示。万能卡瓦的关闭（油压传感器）压力显示，上腔水压与下腔水压（水压传感器）压力显示，这些参数全部在同一个页面内显示（按照设备安装树显示各部分参数，有异常情况时用红色显示提醒）。

3 现场应用

2017 年 3 月在胜利油田义 104 井废弃井封井施工中应用本装置进行了钻塞施工。

该井为 1987 年 12 月完钻的一口详探井，完钻地层为中生界。油层套管为 139.7mm，壁厚 9.17mm，下入深度 4196.03m。1992 年 2 月试油东营组 2461.6~2464m，日产油 5.1t，日产气 186388m³，地层压力系数 1.0。预测最大关井压力 9.8MPa。根据中国石化《废弃井封井处置规范（2015 修订）》，该井当前封闭情况达不到规范要求，存在风险隐患，为降低安全环保风险，决定实施风险井治理，重新注灰封井。

2017 年 3 月 1 日~3 日，作业队下 73mm 加厚油管底带 100 型螺杆钻及 116mm 三牙轮钻处理井筒至 100.3m 后，因考虑钻穿灰塞存在高压油气上顶管柱风险，3 月 4 日换用全封闭钻塞装置进行钻穿灰塞施工。

将双向双级卡瓦安装在作业防喷器上，在作业油管顶部装止回阀后接直连管，用双向双级卡瓦卡住直连管，继续安装进尺测量装置和变径法兰和钻塞驱动装置。对灰面以上井筒及全密闭钻塞装置试压 20MPa 合格后试提放两次，校核进尺测量和悬重载荷。施工泵压 4MPa，排量 400L/min，管柱悬重 42kN（下打压口举升泵压 6.3~6.8MPa），钻压 10kN（加压后管柱悬重 32~35kN，对应下打压口压力（4.5~4.9MPa）。由 100.5m 钻至 145.3m 时，停泵继续下放管柱无钻压，出口带出灰屑 0.5m³，判断为灰塞完全钻除。

按照全封闭高压浅层带压钻塞控制工艺技术施工及作业规范的要求和程序进行施工，完成了义 104 井 100.5~145.3m 水泥塞钻塞施工，连接并钻下外径 73mm 长度 4.2m 的直连扣油管单根 12 根，井口两人操作，地面场地工 1 人，1 人操控控制台。直连管单根接入时间 7~10min 不等，最大管柱举升载荷 60kN，进尺测量误差 1cm/m，卡瓦开关正常，施工过程顺利。施工效果表明，本装置的防顶防喷、液力加压、防止管柱反转、接入直连油管单根、提放管柱等各项功能可以满足现场浅层钻塞所需。

4 结论

本项目研究为浅层钻塞作业工艺技术提出一个全新的概念，可实现钻塞全过程压力和上顶力安全可控。实现了：

（1）浅层钻塞全封闭控制装置全封闭钻带压水泥塞技术，将井口以上油管安装在一个封闭空间，防止油管喷出。

（2）加压钻进的系统，可以对突然产生的上顶力进行缓冲，智能控制对检测到的高压及时作出反应，令承压防顶及防喷装置瞬间关闭，防止井喷及油管上顶憋弯，比以往快速泄压防顶技术有着结构和操作更加安全可控的优势。

（3）能够安全有效实现浅层钻水泥塞，解决了现场的安全生产难题。

<h2 style="text-align:center">参 考 文 献</h2>

［1］陈冬，李志广，李川，等．井口钻塞加压装置的研究与应用［J］．石油机械，2012，40（2）．

［2］卢艳军．钻顶塞工艺在油田的应用［J］．中国高新技术企业，2014：29．

综合系数法和图版法确定地层测试设计参数

（中石化胜利石油工程有限公司井下作业公司，山东东营 257000）

摘　要　在调查济阳坳陷高压低渗储层地质特征的基础上，统计胜利油田高压低渗储层测试资料，明确高压低渗储层地层测试现状，揭示高压低渗储层测试过程中测试压差及开关井时间的确定这两大难点。在测试压差研究方面：通过资料统计，找到回收量、孔隙度及测试压差之间的关系，引入综合系数的概念，通过绘制综合系数与回收量图版确定最优测试压差；在开关井时间研究方面：通过测试资料统计，找到径向流稳定出现时间 t_n，绘制 $t_n(t'_n)/t_p - \Phi - k_h$ 关联图，从而确定合理的开关井时间。

关键词　高压低渗储层；地层测试；测试压差；综合系数；开关井时间；关联图

济阳坳陷油气资源十分丰富，随着勘探工作的不断深入，勘探领域由中浅层逐步转向中深层，勘探对象往往是具有高压、低渗特征的油气藏，该类油气藏因为普遍具有较高的压力系数和地层温度，再加上较差的渗透率，因此在地层测试设计时，测试压差及开关井时间难以准确拿捏，易出现获得的测试资料没有出现径向流，无法解释参数的情况。本文以济阳坳陷高压低渗储层为例，主要对高压低渗储层地层测试资料展开研究，从而确定该类储层地层测试参数。

1　高压低渗储层特征

1.1　储层地质静态特征

高压低渗储层大多具有如下基本静态特征：

（1）储层物性差，渗流孔道复杂，自然产能低；

（2）地层压力高、埋藏深、压力系数高；

（3）储层横向非均质性严重，砂岩和砂砾岩油藏尤甚；

（4）储层与大地构造背景密切相关，砂砾岩、灰岩和火山岩油藏一般具有潜在的裂缝；

（5）砂岩和砂砾岩油藏泥质含量较高，一般具有水敏、速敏及压力敏感性等潜在伤害；

（6）油层水动力作用差，边、底水不活跃，油层压力和产能递减快；

（7）原油黏度低，密度小，油性相对较好。

1.2　储层渗流特征

研究发现低渗透油藏的渗流机理有其特殊性，由于低渗透油藏的渗透率低，油气流动的通道细小，渗流阻力大，液固界面及液液界面的相互作用力显著，它将导致渗流规律产生变化而偏离达西定律，产生非达西流，存在启动压力梯度（图1），其数学简化模型见图2。

作者简介：姜红梅（1982—），女，汉族，工程硕士，工程师，2007年毕业于中国石油大学（华东）石油工程专业。现任中石化胜利石油工程有限公司井下作业公司地质研究所测试评价室主任，主要从事勘探井地层测试设计及测试资料解释评价工作。

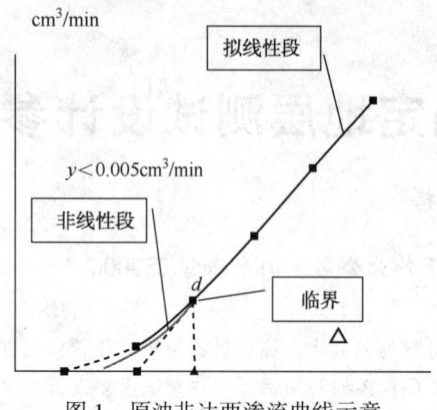

图 1　原油非达西渗流曲线示意

$$\begin{cases} v = 0 & \left|\dfrac{\partial p}{\partial r}\right| < \lambda \\[2ex] v = -\dfrac{k}{\mu}\left(\dfrac{\partial p}{\partial r} - \lambda\right) & \left|\dfrac{\partial p}{\partial r}\right| > \lambda \end{cases}$$

图 2　低渗透非线性渗流数学简化模型

从理论上讲，流体在多孔介质内流动时，均不同程度地存在启动压力梯度。但对于中高渗透性稀油油藏，由于油层中孔道半径较大，原油边界层的影响微弱，压力梯度值极小，用一般的实验手段，不易测到启动压力梯度。因此，在实际工作中，启动压力梯度对渗透率的影响可以忽略。但当原油在孔道半径很小，特别是在小于 $1\mu m$ 的孔道占的比例很大的低渗透油层中流动时，原油边界层的影响显著，在流动过程中出现启动压力梯度。启动压力梯度与渗透率成反比，渗透率越低，启动压力梯度越大。

1.3　高压低渗储层测试曲线特征

大量试井测试压力卡片资料显示，高压低渗地层测试卡片反映的压力曲线特征具有两种基本类型，如图 3 所示。

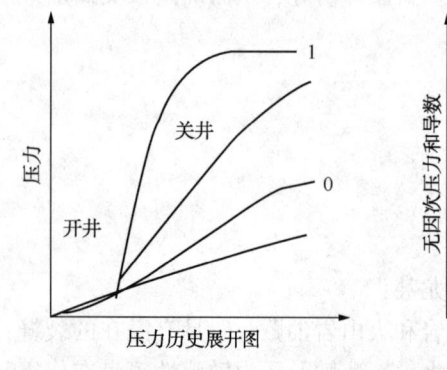
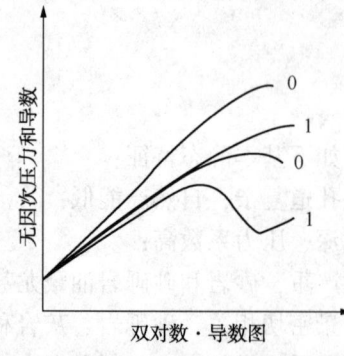
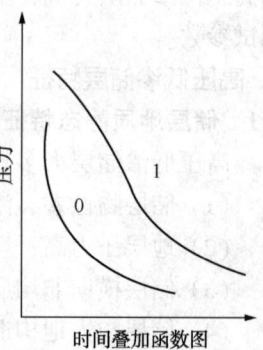

图 3　低渗储层曲线特征

Ⅰ类：试井曲线特征表现为流动曲线上升较缓慢，但关井压力恢复相对较快，一般呈高角弧度上升；对应的双对数-导数曲线续流期较长，但能出现较短的径向流直线段；若关井时间足够长，也能够出现晚期特征，但其导数因启动压力梯度的影响往往发生上翘；在时间叠加函数曲线图上，曲线形态类似刀把形，有较短的径向流直线段出现。因此，该类层通过常规或现代试井分析方法能够获得地层参数。

Ⅱ类：试井曲线特征表现为流动曲线上升缓慢，关井压力恢复缓慢并呈低角弧度或直线上升；对应的双对数-导数曲线续流期更长，往往不出现径向流直线段；在时间叠加函数图上，曲线呈"双曲线函数"图形特征，只出现续流期，无径向流直线段。

2 高压低渗储层测试压差的确定

地层测试时必须使测试管柱内的压力小于地层压力，这样才能使地层中的流体流入管柱。若测试压差过小，就可能会导致地层中的流体流不出来或流出很少，造成对油藏扰动小，测试资料反映不出油藏的基本特征。从有利于地层液体产出或诱喷的角度考虑，测试压差越大越好，但测试压差过大又会损害地层或压扁测试管柱等，造成测试失败。正确地设计测试压差，确定测试垫的类型和垫量是搞好测试的重要环节。

2.1 合理测试压差确定应考虑的因素

影响测试压差的主要因素有储层岩性、地层压力、物性、液性等。砂岩胶结类型对测试压差比较敏感，弱胶结砂岩层颗粒间的胶合程度比较差，地层流体在大负压下的高速流动容易破坏孔隙结构，引起出砂，是导致测试失败的主要原因。

2.2 传统的测试压差确定方法

测试压差指座封封隔器打开测试阀后，地层压力与管柱内液(气)柱回压之间的瞬时压差。测试压差的设计主要采用两种方法，即经验法和理论计算。前者沿用区域测试经验值或负压射孔经验公式，比如美国岩心公司经验公式，这类方法多是区域性统计意义上的经验公式，对同一沉积环境下形成的储层(岩性、埋深、压力系统较为接近)有着很好的适用性，另一种方法就是理论计算，通过计算可获取压力、流速与位置、时间、负压差、孔眼尺寸、压实程度、地层渗透率、流体粘度等参数的关系。

2.3 综合系数法确定测试压差

根据一维情形及二维情形(径向流动情况)的达西定律可知，见图4、图5。

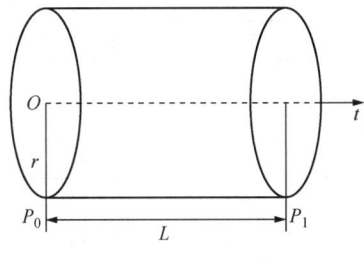 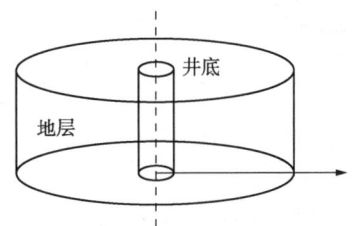

图4　一维渗流示意图　　　　　　　图5　径向(二维)渗流示意图

$$V = Q/S = -\mathrm{d}p/\mathrm{d}r = -K\mathrm{d}p/u\mathrm{d}r \quad 或 \qquad \upsilon_y = \frac{q}{S} = -\frac{K\partial p}{\mu\partial r}$$

或 $q = Vs = -\pi r^2 K\mathrm{d}p/u\mathrm{d}r = -\pi r^2 K(P_0 - P_1)/uL$

$$q = \upsilon_r S = \frac{2\pi rhK}{\mu}\frac{\mathrm{d}p}{\mathrm{d}r}$$

或(积分上式得)：$q = \dfrac{2\pi Kh(p_i - p_r)}{p\ln\dfrac{r}{r_w}}$

影响回收量的因素不仅与测试压差有关，还跟流体物性、储层厚度、孔隙度及有效渗透率等参数有关。

因此本文统计了胜利油田高压低渗储层地层测试资料，共有成功计参的高压低渗层56层，其测试中的液垫高度、地层压力、孔隙度、渗透率及地层有效厚度等参数，见表1。

表 1　高压低渗储层测试参数统计

序号	井号	井段/m	孔隙度/%	渗透率/$10^{-3}\mu m^2$	地层厚度/m	测试压差/MPa	回收量/m^3
1	滨 442	3912.90~3937.50	10.2	0.0024	8.4	36.81	2.12
2	渤页平 1	3665.00~3703.00	5.00	0.07	74.0	31.25	0.72
3	高 943	3641.00~3647.40	7.36	0.004	6.4	34.12	0.41
4	高 944	3772.50~3785.90	12.0	0.002	7.5	37.66	0.16
5	利 674	4014.70~4101.00	10.0	0.24	10	10.99	2.92
6	梁 119	3249.60~3282.70	9.95	0.007	9.9	39.09	0.73
7	梁 756	3057.30~3068.70	6.59	0.007	6.9	31.98	0.25
8	梁 756	3156.10~3170.60	9.44	0.029	1.8	36.00	0.27
9	梁 758	3415.50~3432.20	13.0	0.0006	5.30	34.60	0.14
10	罗 681	3493.60~3496.30	16.0	0.8	2.7	55.78	2.86
11	罗 69	3040.00~3066.00	4.50	0.14	21.0	34.82	1.18
12	营斜 941	3636.20~3659.90	14.1	0.33	4.6	38.51	3.74
13	桩 167	3505.75~3554.64	0.50	0.0056	9.7	38.49	1.78
14	桩 781	3621.60~3636.00	8.95	0.0058	12.4	47.07	1.41
15	桩 838	3685.90~3689.70	19.9	0.02	2.5	57.37	2.43
16	桩斜 844	3936.60~3942.90	16.7	0.92	5.3	39.24	4.77
17	桩斜 844	3989.50~3992.10	13.4	0.16	2.6	35.35	5.58
18	桩斜 844	4060.20~4064.00	17.2	0.0053	3.8	40.52	1.98
1	樊页 1	3199.00~3210.00	2.40	0.05	11.00	33.98	7.98
2	高斜 947	3138.90~3156.40	9.6	0.03	7.80	35.80	1.42
3	河 185	3216.00~3271.00	4.8	0.01	8.00	50.07	0.38
4	河 185	2767.50~2770.00	15.5	0.64	1.80	41.34	1.95
5	莱斜 117	3288.50~3300.00	21.0	0.77	6.90	33.47	8.14
6	莱斜 88	3540.00~3575.20	14.6	0.06	11.80	35.13	5.2
7	利 678	3583.63~3675.10	5.3	0.02	40.00	27.78	1.49
8	利 988	3382.26~3442.90	10.0	54.7	30.32	44.24	13.07
9	利页 1	3872.60~3899.90	14.0	0.72	4.30	63.01	11.51
10	梁 125	3465.40~3473.10	22.0	0.006	5.20	50.45	0.72
11	梁 755	3841.10~3844.90	10.3	0.21	3.00	44.13	4.25
12	梁 759	3993.70~4000.00	15.0	0.0057	6.30	48.01	0.29
13	梁 760	3571.23~3595.60	15.4	0.0157	3.77	46.28	0.89
14	梁页 1HF	3211.79~3242.81	5.00	0.03	20.00	32.72	1.62
15	罗 683	3240.70~3243.00	16.9	0.61	0.90	42.60	6.41
16	罗 683	3291.00~3297.00	16.8	0.06	6.00	37.63	6.82
17	牛 52	3141.95~3240.50	9.00	0.50	20.00	23.86	4.96
18	坨 724	3438.16~3506.00	7.00	1.06	13.20	48.64	3.21
19	王 126-斜 5	3019.00~3029.00	6.50	1.56	5.30	30.15	7.58
20	义 180	3293.00~3309.80	17.6	0.315	14.70	31.44	115
21	义 180	3969.50~3973.00	10.0	0.02	1.60	30.03	0.37

续表

序号	井号	井段/m	孔隙度/%	渗透率/10⁻³μm²	地层厚度/m	测试压差/MPa	回收量/m³
22	义184	4034.00~4044.00	9.88	1.50	9.00	38.13	9.46
23	义186	4147.25~4250.00	6.32	0.002	30	20.04	0.64
24	义186	3844.80~3847.50	10.3	0.0119	2.70	54.62	0.9
25	桩斜844	3779.70~3806.40	15.8	0.29	7.50	45.25	84.01
1	滨443	3479.70~3498.10	14.7	0.034	8.00	34.96	0.97
2	滨443	3871.97~3891.78	9.79	0.007	19.81	42.62	1.23
3	埕北斜821	4024.00~4045.60	8.93	0.10	10.10	52.04	17.6
4	利678	3469.00~3472.00	10.0	0.027	58.87	51.02	0.36
5	利678	3218.20~3241.30	9.60	0.11	3.90	41.76	1.84
6	利988	4121.80~4128.70	7.90	0.003	6.90	69.83	0.53
7	坨斜723	3083.50~3095.00	19.0	0.71	6.00	43.77	58.09
8	义185	4495.30~4522.20	10.0	0.025	13.9	54.57	1.49
9	义193	3941.40~3949.00	12.6	0.0004	7.60	50.05	0.42
10	营926	3531.50~3537.60	5.20	0.14	5.30	51.97	2.59
11	营926	2972.10~2991.00	20.0	0.51	4.90	34.06	3.89
12	桩251	3914.20~3964.40	17.0	0.0005	6.10	54.77	1.39
13	桩845	4598.00~4635.00	11.0	0.004	8.60	53.27	0.72

通过统计分析，区分压差范围，绘制孔隙度与回收量关系图，见图6。

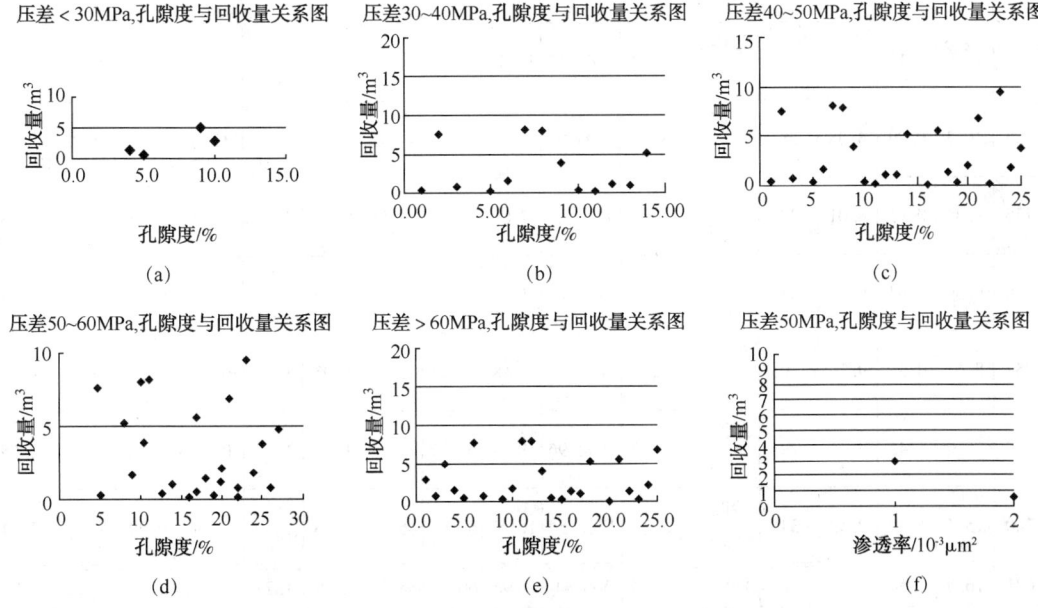

图6　不同测试压差下孔隙度与回收量关系图

通过绘图发现，孔隙度与回收量在区分测试压差范围内并无良好对应关系，在此基础上，考虑地层流体物性，去掉稠油及回收为水的储层，并引入综合系数概念，根据储层层位进一步绘制综合系数图表。所谓综合系数就是孔隙度系数与测试压差系数之和。孔隙度系数等于本井孔隙度与本层位平均孔隙度之比，测试压差系数等于本井测试压差与本层位平均测试压差之比，首先绘制沙四段综合系数统计表，见表2。

表 2　高压低渗储层沙四段综合系数统计表

井号	孔隙度	系数	黏度	凝固点	层位	厚度	液垫高度	液垫压力	地层压力	测试压差	压差参数	压力系数	回收油	回收水	回收量	综合系数
滨435	7.00	0.68	5.53	17	沙四上纯下	6.30	499.12	4.89	47.77	42.88	0.98	1.46	2.34	1.03	3.37	1.66
滨443	14.7	1.42	6.07	35	沙四上纯下	8.00	805.20	7.89	42.85	34.96	0.80	1.25	0.17	0.80	0.97	2.22
滨687	6.93	0.67	10.0	34	沙四上纯下	8.20	403.10	3.95	46.25	42.30	0.97	1.40	0.91	0.00	0.91	1.64
车66-斜3	3.69	0.36	2.74	1	沙四下	104	4473.06	43.85	70.12	26.27	0.60	1.65	31.7	0.00	31.7	0.96
利674	10.0	0.96	2.11	14	沙四	86.3	3914.09	38.37	49.36	10.99	0.25	1.24	2.92	0.00	2.92	1.22
利885	5.36	0.52	7.23	20	沙四上纯下	11.2	402.60	3.95	47.53	43.58	1.00	1.43	0.05	0.00	0.05	1.51
利988	7.90	0.76	3.73	30	沙四上纯下	6.90	1204.99	11.81	81.64	69.83	1.60	2.02	0.53	0.00	0.53	2.36
利页1	14.0	1.35	3.82	27	沙四上纯下	19.2	1006.58	9.87	72.88	63.01	1.44	1.91	0.41	11.1	11.5	2.79
梁119	9.95	0.96	20.0	33	沙四上纯下	14.0	809.85	7.94	47.03	39.09	0.89	1.47	0.07	0.66	0.73	1.85
梁125	22.0	2.12	9.13	29	沙四上纯下	7.70	1507.15	14.78	65.23	50.45	1.15	1.92	0.20	0.52	0.72	3.28
梁755	10.3	0.99	3.58	28	沙四上纯下	3.80	1804.04	17.69	61.82	44.13	1.01	1.64	1.36	2.89	4.25	2.00
梁756	9.44	0.91	8.01	35	沙四上纯下	3.00	803.55	7.88	43.88	36.00	0.82	1.42	0.14	0.13	0.27	1.73
梁756	6.59	0.64	8.35	33	沙四上纯下	8.00	801.61	7.86	39.84	31.98	0.73	1.33	0.12	0.13	0.25	1.37
梁757	8.63	0.83	9.76	30	沙四上纯下	7.70	803.93	7.88	53.66	45.78	1.05	1.59	0.27	0.27	0.54	1.88
梁759	15.0	1.45	3.36	29	沙四上纯下	6.30	1998.96	19.60	67.71	48.11	1.10	1.73	0.03	0.26	0.29	2.55
梁760	15.4	1.49	9.58	34	沙四上纯下	5.77	1700.54	16.67	62.95	46.28	1.06	1.79	0.39	0.50	0.89	2.54
罗681	16.0	1.54	15.3	32	沙四下	2.70	506.41	4.96	60.74	55.78	1.28	1.77	0.54	2.32	2.86	2.82
青东32	9.12	0.88	12.4	27	沙四上	1.80	806.76	7.91	42.95	35.04	0.80	1.20	0.04	0.80	0.84	1.68
青东古1	3.69	0.36	17.4	36	沙四上	10.5	699.20	6.85	35.46	28.61	0.65	1.30	1.81	0.00	1.81	
王126-斜5	6.50	0.63	21.3	27	沙四上纯下	5.30	608.07	5.96	36.11	30.15	0.69	1.26	5.93	1.65	7.58	1.32
义178	5.3	0.51	4.95	28	沙四上	11.2	1503.34	14.74	63.81	49.07	1.12	1.71	0.21	3.60	3.81	1.63

续表

井号	孔隙度	系数	黏度	凝固点	层位	厚度	液垫高度	液垫压力	地层压力	测试压差	压差参数	压力系数	回收油	回收水	回收量	综合系数
义184	9.88	0.95	4.18	24	沙四上	9.00	2407.81	23.61	61.74	38.13	0.87	1.56	6.86	2.60	9.46	1.83
义185	10.0	0.96	0.97		沙四下	13.9	1001.77	9.82	64.39	54.57	1.25	1.46	0.94	0.55	1.49	2.21
义186	10.3	0.99	3.30	15	沙四上	2.70	1006.61	9.87	64.49	54.62	1.25	1.72	0.44	0.46	0.90	2.24
义193	12.6	1.22	5.03	40	沙四下	7.60	1004.53	9.85	59.90	50.05	1.15	1.55	0.14	0.28	0.42	2.36
营926	5.20	0.50	3.50	27	沙四上纯下	5.30	1022.95	10.03	62.00	51.97	1.19	1.79	2.33	0.26	2.59	1.68
桩251	17.0	1.64	6.75	48	沙四上	6.10	798.85	7.83	62.60	54.77	1.25	1.62	0.00	1.39	1.39	2.89
桩781	8.95	0.76	7.52	49	沙四	12.4	1007.69	9.88	56.95	47.07	1.08	1.60	0.62	0.72	1.41	1.94
桩845	11.0	1.06	5.34	70	沙四下	11.3	1209.10	11.85	65.12	53.27	1.22	1.44	0.00	0.72	0.72	2.28
桩斜844	15.8	1.52	8.01	34	沙四上	9.40	1701.50	16.68	61.93	45.25	1.04	1.72	78.5	5.51	84.0	2.56
桩斜844	16.7	1.61	6.68	46	沙四上	6.30	1810.19	17.75	56.99	39.24	0.90	1.53	2.92	1.85	4.77	2.51
坨724	7.00	0.68	12.9	29	沙四上	67.8	3366.78	33.01	68.25	35.24	0.81	2.00	3.16	0.05	3.21	1.48

绘制沙四段回收量与综合系数折线图，见图7。

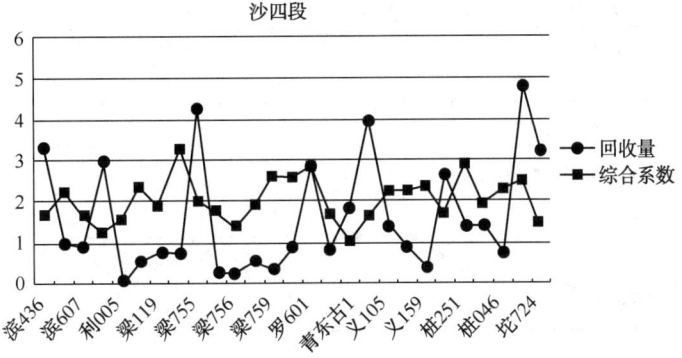

图7 沙四段回收量与综合系数折线图

同理，得到沙三中与沙三下回收量与综合系数折线图。

通过绘图，发现储层物性、测试压差和回收液量，局部相关性明显，统计过程中因其具有明显的区域特征，于是转变思路，以区块分类统计分析：储层物性、测试压差和回收液量，有较好的相关性。

以东营凹陷沙四上滩坝砂高字号井和桩西地区桩子号井为例绘制折线图，详见表3、表4、图8、图9。

表3 滩坝砂高字号井综合系数统计

井号	层位	顶界深度	底界深度	孔隙度	测试压差	回收油	回收水	回收液	综合系数
梁119	沙四上纯下亚	3249.60	3282.70	9.95	39.09	0.07	0.66	0.73	1.72
梁121	沙四上纯下亚	2985.40	3000.10	10.4	40.39	1.25	0.00	1.25	1.78
梁125	沙四上纯下	3465.40	3473.10	22.0	50.45	0.20	0.52	0.72	1.58

续表

井号	层位	顶界深度	底界深度	孔隙度	测试压差	回收油	回收水	回收液	综合系数
梁 756	沙四上纯下	3057. 30	3068. 70	6. 59	31. 98	0. 12	0. 13	0. 25	1. 29
梁 756	沙四下纯下	3156. 10	3170. 60	9. 44	36. 00	0. 14	0. 13	0. 27	1. 60
梁 757	沙四上纯下	3447. 70	3458. 00	14. 5	45. 78	0. 27	0. 27	0. 54	2. 22
梁 758	沙四上纯下亚	3415. 50	3432. 20	130	34. 60	0. 00	0. 14	0. 14	1. 84
梁 759	沙四上纯下	3993. 70	4000. 00	15. 0	48. 11	0. 03	0. 26	0. 29	2. 32
梁 760	沙四上纯下亚	3571. 23	3595. 60	15. 4	46. 28	0. 39	0. 50	0. 89	2. 30

表 4　桩西桩字号井综合系数统计

井号	层位	顶界深度	底界深度	孔隙度	测试压差	回收油	回收水	回收液	综合系数
桩 251	沙四上	3914. 20	3964. 40	17. 0	54. 72	0. 00	1. 39	1. 39	2. 53
桩 451	沙四段	3648. 20	3669. 20	9. 10	43. 61	2. 29	0. 00	2. 29	1. 69
桩 781	沙四段	3631. 70	3636. 00	6. 60	46. 87	0. 00	0. 27	0. 27	1. 58
桩 781	沙四段	3621. 60	3636. 00	11. 3	46. 84	0. 62	0. 79	1. 41	1. 93
桩 838	沙四下	3685. 90	3689. 00	19. 9	56. 19	0. 87	1. 56	2. 43	2. 78
桩 843	沙四上	3852. 30	3872. 70	12. 0	22. 36	0. 00	0. 37	0. 37	1. 40
桩 853	沙四段	3120. 00	3138. 00	18. 0	38. 25	0. 55	0. 00	0. 55	2. 22
桩 853	沙四段	3088. 70	3098. 00	15. 0	31. 24	0. 34	0. 00	0. 34	1. 83
桩深 4	沙四上	3709. 50	3717. 00	11. 0	37. 90	0. 07	0. 00	0. 07	1. 70
桩斜 836	沙四段	4209. 00	4233. 00	13. 2	50. 41	0. 88	0. 00	0. 88	2. 15

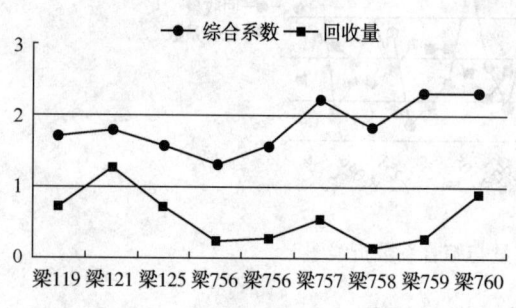

图 8　回收量与综合系数折线图

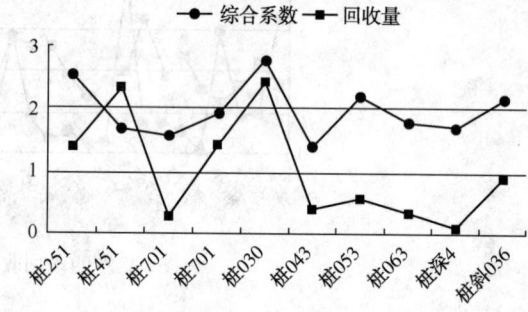

图 9　回收量与综合系数折线图

通过绘图发现, 回收量与综合系数相关性较好。绘制回收量与综合系数散点图, 去掉偏差较大的散点做线性回归, 见图 10。

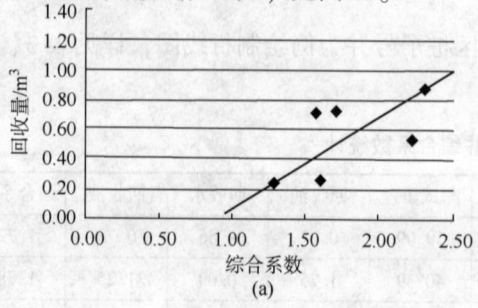

(a)

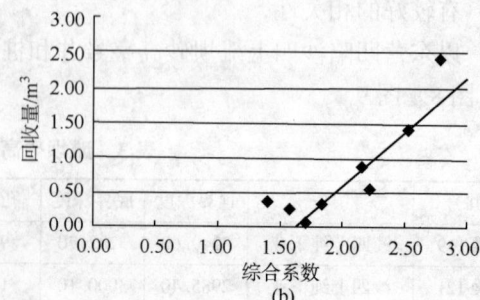

(b)

图 10　回收量与综合系数回归图

在此图版的基础上，结合区块邻井资料确定本井理论回收量，放入图版回归得到综合系数，根据综合系数公式，在已知孔隙度的情况下便可确定测试压差。

3　测试工作制度的确定

测试工作制度主要包括开关井制度和开关井时间，开关井时间分配是测试成败的关键，直接影响测试效率。开关井时间太短，地层产液量很少，测试流动所能影响的范围往往尚未通过钻井泥浆侵入和射孔二次污染所形成的污染带到达地层深部，关井时间有限，关井压力恢复曲线的特征往往不能反映地层深部的真实情况，只能反映井筒周围污染带的特征。而开井时间太长，压降漏斗过大，要测得地层压力所需的关井时间也太长，从而不必要的延长了测试周期，因此合理安排开关井时间非常重要。

3.1　测试开关井制度

测试开关井次数应根据不同类型测试的目的要求和储层特征来确定。

中途裸眼测试，由于测试风险大和测试时间短，一般只进行一次开井和一次关井。一次开井求产能液性，一次关井获得地层压力和参数。对座封在套管内测试裸眼段时，可进行二开二关或三开二关的测试方法。一次开井流动主要是为了消除液柱压力对地层的影响，并有诱喷和解堵作用；一次关井是为了取得储层的原始地层压力；二次开井流动是通过较长时间的流动来扩大泄油半径，求准产层的产量和取得合格的样品；二次关井是为了测取压力恢复曲线，计算油层参数；三次开井流动是观察地层流体能否喷出地面，并进一步落实产能液性。对于自喷层，应按常规试油标准录取产能和液性资料；对于非自喷层能抽汲的，可进行抽汲排液，准确确定液性和油水比例。

3.2　图版法确定开关井时间

本文通过统计分析高压低渗储层测试资料，找出稳定径向流出现时间 t_n，若某井没有出现径向流，则记录该井的最大关井时间 t'_n 及有效渗透率，见表5。

表5　高压低渗储层稳定径向流与有效渗透率统计

井号	开井时间 T_p	出现径向流时间/未出现径向流量大关井时间 $t_n(t'_n)$	关井时间	渗透率	地层厚度	地层系数 kh	$t_n(t'_n)/t_p$	孔隙度	kh
滨442	661	1894	4035	0.0024	8.4	0.02	2.86	10.2	0.200
渤页平1	368	1440	1440	0.07	74.0	5.40	3.91	5.00	54.00
高943	422	4233	4233	0.004	6.4	0.03	10.03	7.36	0.300
高944	500	766	5486	0.002	7.5	0.024	1.53	12.0	0.240
利674	613	309	309	0.24	10	2.4	0.50	10.0	24.00
梁119	703	3947	3947	0.007	9.9	0.068	5.61	9.95	0.680
梁756	810	2515	4893	0.007	6.9	0.05	3.11	6.59	0.500
梁756	614	2738	4889	0.029	1.8	0.05	4.46	9.44	0.500
梁758	542	4193	4193	0.0006	5.30	0.003	7.74	13.0	0.030
罗681	543	2740	4251	0.8	2.7	1.21	5.05	16.0	12.10
罗69	250	3508	3508	0.14	21.0	2.94	14.03	4.50	29.40
营斜941	600	2266	3682	0.33	4.6	1.52	3.78	14.1	15.20

井号	开井时间 T_p	出现径向流时间/未出现径向流量大关井时间 $t_n(t'_n)$	关井时间	渗透率	地层厚度	地层系数 kh	$t_n(t'_n)/t_p$	孔隙度	kh
桩 167	243	186	186	0.0056	9.7	0.054	0.77	0.50	0.540
桩 781	641	2261	4923	0.0058	12.4	0.072	3.53	8.95	0.720
桩 838	462	572	3962	0.02	2.5	0.05	1.24	19.9	0.500
桩斜 844	415	387	3847	0.92	5.3	4.88	0.93	16.7	48.80
桩斜 844	1059	1500	4296	0.16	2.60	0.42	1.42	13.4	4.200
桩斜 844	420	583	3757	0.0053	3.8	0.02	1.39	17.2	0.200
樊页 1	330	2700	3061	0.05	11.0	0.55	8.18	2.40	0.550
高斜 947	243	1680	3004	0.03	7.80	0.23	6.91	9.60	0.230
河 185	420	3510	3903	0.01	8.00	0.08	8.36	4.80	0.080
河 185	253	1306	3036	0.64	1.8	1.16	5.16	15.5	1.160
莱斜 117	245	4080	4080	0.77	6.90	5.35	16.65	21.0	5.350
莱斜 88	425	2053	4225	0.06	11.8	0.70	4.83	14.6	0.700
利 678	240	382	180	0.02	40	0.60	1.59	0.20	0.600
利 988	578	736	375	54.7	30.32	1659	1.27	10.0	1659
利页 1	704	2438	4343	0.72	4.30	3.10	3.46	14.0	48.49
梁 125	560	3926	3926	0.006	5.20	0.03	7.01	22.0	0.030
梁 755	661	3600	4228	0.21	3.00	0.63	5.45	10.3	0.630
梁 759	640	2488	4537	0.0057	6.3	0.036	3.89	15.0	0.036
梁 760	603	2400	4021	0.0157	3.77	0.059	3.98	15.4	0.059
梁页 1HF	376	912	912	0.03	20.0	0.60	2.43	5.00	0.600
罗 683	463	2052	3946	0.61	0.9	1.41	4.43	16.9	1.410
罗 683	613	4816	4816	0.06	6.00	0.36	7.86	16.8	0.360
牛 52	301	2219	225	0.5	20	9.98	7.37	9.00	9.980
坨 724	371	192	192	1.06	13.2	14.0	0.52	7.00	14.00
王 126-斜 5	390	2047	4070	1.56	5.3	8.27	5.25	6.50	8.270
义 180	376	1584	3803	0.315	14.7	4.63	4.21	17.6	4.630
义 180	655	4200	4827	0.02	1.6	0.03	6.41	10.0	0.030
义 184	509	619	4721	1.5	9.00	13.5	1.22	9.88	13.50
义 186	365	186	186	0.002	30	0.06	0.51	0.20	0.060
义 186	446	2107	5074	0.0119	2.70	0.032	4.72	10.3	0.032
桩斜 844	403	1259	3122	0.29	7.50	2.71	3.13	15.8	2.710
滨 443	743	3162	3302	0.034	8.00	0.272	4.26	14.7	0.272
滨 443	692	2345	3320	0.007	19.81	0.139	3.39	9.79	0.139
埕北斜 821	462	1230	1230	0.1	10.10	1.03	2.66	8.93	1.030
利 678	311	3007	3007	0.027	58.87	0.059	9.67	10.0	0.059
利 678	312	2083	3012	0.11	3.9	0.43	6.68	9.60	0.430
利 988	719	2563	4209	0.003	6.90	0.02	3.56	7.90	0.020
坨斜 723	307	1875	2527	0.71	6.00	4.26	6.11	19.0	4.260

续表

井号	开井时间 T_p	出现径向流时间/未出现径向流量大关井时间 $t_n(t'_n)$	关井时间	渗透率	地层厚度	地层系数 kh	$t_n(t'_n)/t_p$	孔隙度	kh
义185	819	1487	3836	0.025	13.9	0.348	1.82	10.0	0.348
义193	615	4562	4562	0.0004	7.6	0.003	7.42	12.6	0.003
营926	517	4010	4010	0.14	5.3	0.74	7.76	5.20	0.740
营926	520	3000	3650	0.51	4.9	2.5	5.77	20.0	2.500
桩251	763	5138	5138	0.0005	6.1	0.003	6.73	17.0	0.003
桩845	604	2400	4500	0.004	8.6	0.034	3.97	11.0	0.034

根据表5的统计结果，绘制 $t_n(t'_n)/t_p$-ϕ-kh 关联图，图中 t_n 为稳定径向流出现时间，t'_n 为未出现径向流时的最大关井时间，ϕ 为测井解释孔隙度，kh 为地层系数，详见图11。通过图11发现，获得径向流的层坐标多在左上方，未获得径向流的层则多分布于右下方。将其划分为 A、B 两个区域，见图12。

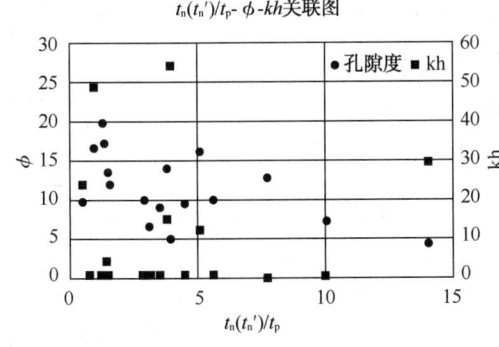

图11 $t_n(t'_n)/t_p$-ϕ-kh 关联图

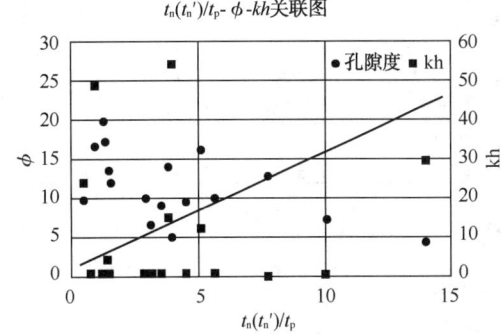

图12 $t_n(t'_n)/t_p$-ϕ-kh 区域划分图

处于 A 区的测试层，孔隙度在 8.6%～20% 之间，渗透性也较好（地层系数 kh 普遍在 $20\times10^{-3}\mu m^2 \cdot m$ 以上）；t_n/t_p 在 1.0～5.0，开井时间在 200～600min，关井时间在 3000min 内。

处于 B 区的测试层，孔隙度在 1.5%～10% 之间，渗透性则普遍较差 [地层系数 kh 在 $(0.5～5)\times10^{-3}\mu m^2 \cdot m$]；$t_n/t_p$ 在 5.0～15，开井时间在 500～700min，关井时间 3300～5000min。

4 应用效果分析

通过营斜941、梁119和坨斜723三口井例验证，其综合系数与回收量相关性较好，且开关井时间与 $t_n(t'_n)/t_p$-ϕ-kh 关联图结论一致，效果较好，通过优化地层测试参数，使预测参数及产能与实际情况相吻合，提高了测试工艺成功率。

（1）实例1：营斜941（出现径向流）

表6   营斜941测试参数统计

井号	综合系数	回收量/m³	孔隙度/%	地层系数/ ($10^{-3}\mu m^2 \cdot m$)	一开/min	一关/min	$t_n(t'_n)$/min	$t_n(t'_n)/t_p$
营斜941	21.7	3.74	14.1	15.2	600	3682	2266	3.78

注：按 ϕ 与 kh 判断，渗流性能较好，根据 A 区适当降低开关井时间，测试压差及回收量相关性较好。

(2) 实例 2：梁 119(将要出现径向流)

表 7　梁 119 测试参数统计

井号	综合系数	回收量/m³	孔隙度/%	地层系数/ ($10^{-3}\mu m^2 \cdot m$)	一开/min	一关/min	$t_n(t'_n)$/min	$t_n(t'_n)/t_p$
梁 119	18.2	0.73	9.95	0.68	703	3947	3947	5.61

注：按 ϕ 与 kh 判断，渗流性能一般，属于 A、B 过渡期，适当延长开关井时间，测试压差及回收量相关性较好。

(3) 实例 3：坨斜 723(未出现径向流)

表 8　坨斜 723 测试参数统计

井号	综合系数	回收量/m³	孔隙度/%	地层系数/ ($10^{-3}\mu m^2 \cdot m$)	一开/min	一关/min	$t_n(t'_n)$/min	$t_n(t'_n)/t_p$
坨斜 723	27.3	58.1	19.0	4.26	307	2527	2527	8.23

注：按 ϕ 与 kh 判断，渗流性能较差，根据 B 区应该延长开关井时间，测试压差及回收量相关性较好。

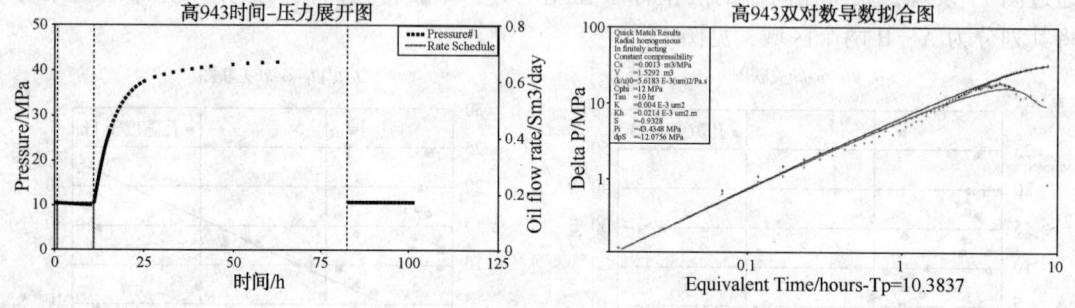

图 13　坨斜 723 压力史展开图及双对数导数拟合图

5　结论

(1) 通过对测试资料统计分析，同区块的井测试回收量与该井综合系数相关性较好，可通过已有区块邻井资料，对测试井综合系数进行分析，确定测试压差。

(2) 开井时间对于关井测稳压力时间有一定的制约关系，开井时间越长，压力越不容易测稳。渗透率越低，开井时间对关井测稳压力的影响越大，渗透率相对较好的则影响小，开关井时间可以通过图版法确定。

(3) 对于低渗、特低渗储层来说，一开井产量与二开井产量相差不大，即一开井解除井底污染的作用不大，所以一开井应该尽量降低开井时间，使关井测稳时间达到最短。

(4) 缩短开井时间必须收集好动静态油藏地质资料，了解油藏特征，掌握油藏动态，这样才能确定合理的开关井时间，兼顾求产、测压和解释参数的目的。

流线法模拟在埕岛油田中区的应用研究

林　博，王优杰，李现根，刘　超，于情情

（中石化胜利油田海洋采油厂，山东东营257237）

摘　要　目前埕岛油田注采调配过程中存在的来水方向不明，吸水剖面数据有限，注采调配过程不直观等问题。针对这些问题，利用 Eclipse 软件，建立了中区流线模型。缩短计算时间，提高拟合效率。中区流线模型见水时间、趋势拟合较好。误差均在5%以内，拟合精度较高。利用流线直观显示并寻找剩余油分布规律，发现在平面，垂向和井间流线波及不到的区域剩余油富集。在1FA-P1井区，利用流线模型，提出了降低对应水井1A-4和1FA-7的配注量，从而降低1FA-P1井含水，同时迫使流线分布范围扩大，从而扩大1FA-9，1FA-4周边区域波及范围的建议。结果显示扩大了水井的波及面积，增加了相应油井的日油能力，降低了含水。认为应用流线模型能够提高计算和拟合效率，使注采关系可视化，直观显示地下流场，能够明确注采关系，弄清主流线方向，指导下一步的注采调配。

关键词　流线法；数值模拟；地下流场；注采调配；埕岛油田；剩余油分布

海洋采油厂目前主要使用的是利用黑油模拟器建立的油藏数值模型。黑油模型运算周期较长，严重影响计算和拟合效率。用于确定注采关系时，结果不直观，过程较繁琐，需要综合多个场图来判定。本文针对埕岛油田注采调配过程中存在的来水方向不明，吸水剖面数据有限，注采调配过程不直观等难点，利用 Eclipse 软件，建立了中区流线模型，使得地下流场直观可视化，并以中区为例，阐述油藏数值模拟流线法模型应用效果。

1　埕岛油田中区概况

中区位于埕岛油田主体馆陶中部，地质储量 $1.15×10^8$t，可采储量为 $0.31×10^8$t。主要开采层位为馆上段；整体呈西高东低趋势，构造简单，地层平缓，倾角1-2度左右，为曲流河沉积属高孔高渗常规稠油岩性构造层状油藏。

截至2017年6月底，埕岛油田馆上段主体中区共投产井379口，其中油井总井数234口，开井222口，区块日液能力 $2.74×10^4$t，平均单井日液能力 123.5t，区块日油能力 4299t，平均单井日油能力 19.4t，含水率84.3%，采油速度1.34%，采出程度21%；水井总数145口，开井142口，区块日注能力 $2.75×10^4$m³/d，平均单井日注能力194m³，月注采比1.0，累积注采比0.79。

2　建立中区流线模型

中区流线模型网格步长 50m×50m，规模为 126×137×93，超过 160 万个网格，属大型模

作者简介：林博(1978—)，男，汉族，博士，高级工程师，2007年7月毕业于中国石油大学(华东)地质资源与地质工程专业，目前从事油田开发生产和建模数模一体化工作。E-mail：linbo107. slyt@ sin-opec. com

型。直接使用了地质细模型，避免了由于细网格模型向粗网格模型转化过程中的出现的数据误差。采用黑油模拟器进行模拟时，运算一次时间为 5h，数据所占空间为 70G，使用流线模拟器计算时，运算时间为 23~40min，数据所占空间仅为 4.1G，极大地缩短了计算时间，节省了硬盘空间。

中区流线模型计算的地质储量为 $1.125 \times 10^8 t$，实际地质储量为 $1.15 \times 10^8 t$，误差为 0.33%。计算地层压力为 13.5MPa，实际观测地层压力为 11.8MPa，差值为 1.7MPa，压力拟合误差为 14.4%。含水率拟合如图 1 所示。见水时间、趋势拟合较好。误差均在 5% 以内，拟合精度较高。

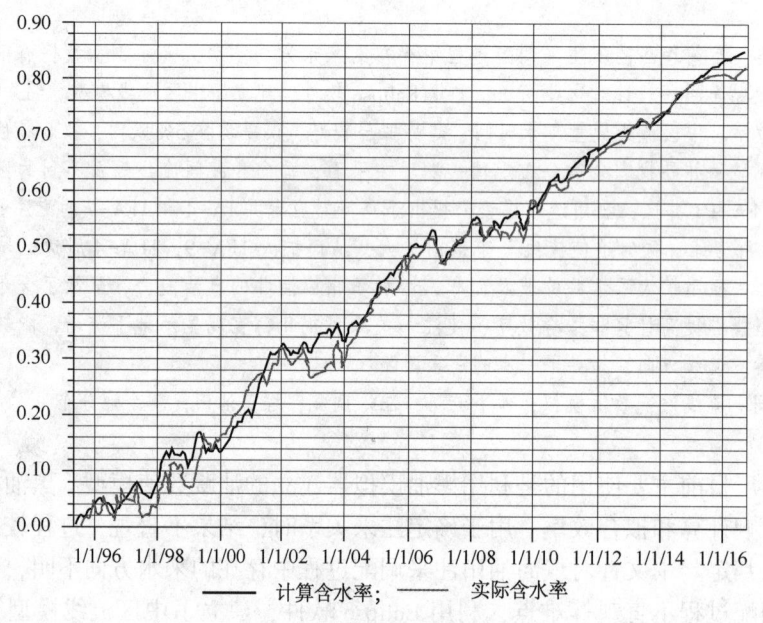

　　　　　　　　── 计算含水率；　　── 实际含水率

图 1　中区流线模型含水拟合图

3　中区流线模型应用研究

目前，中区流线模型主要应用在部分井的注采调配中，并且已经初步见到一定效果。将在后续研究中进一步提高模型的拟合精度，为选择最优配产配注方案，建立注采调配技术体系，探索形成海上特色的调配效果跟踪分析评价体系奠定基础[1~5]。

3.1　利用流线直观显示并寻找剩余油分布规律

应用流线模型，叠合剩余油饱和度分布和流线分布图(图 2)，可以很直观的发现剩余油分布规律。认为在平面上，注入水波及不到的地方，流线分布稀疏，剩余油大面积富集。在纵向上：层间动用差异大，剩余储量集中分布在主力层，使用流线模型可以较好地找出剩余油分布区域；受注入水及边水推进影响，层内剩余油主要富集在储层顶部及未动用井段，在这些区域流线分布也是非常稀疏。井间：井网不完善区域、二线受效区域、非主流线区域、油层尖灭区域和注入水波及不到区域剩余油富集。

3.2　构建地下流场使注采关系可视化

通过建立中区流线模型，可以获得不同时间步 Ng42 层的流线分布图。可以直观显示在这一时刻，中区 Ng42 层各注采井之间的连通关系，油井受效状况和对应的注水井注入量多少的情况。如图 3 所示，将流线图与含油饱和度分布图叠合在一起，可以直观看出地下流场

流线法模拟在埕岛油田中区的应用研究 ·357·

对剩余油分布的影响，可以根据流线分布进行注采调配，人为调配油井液量或水井水量，达到均衡驱替目的。

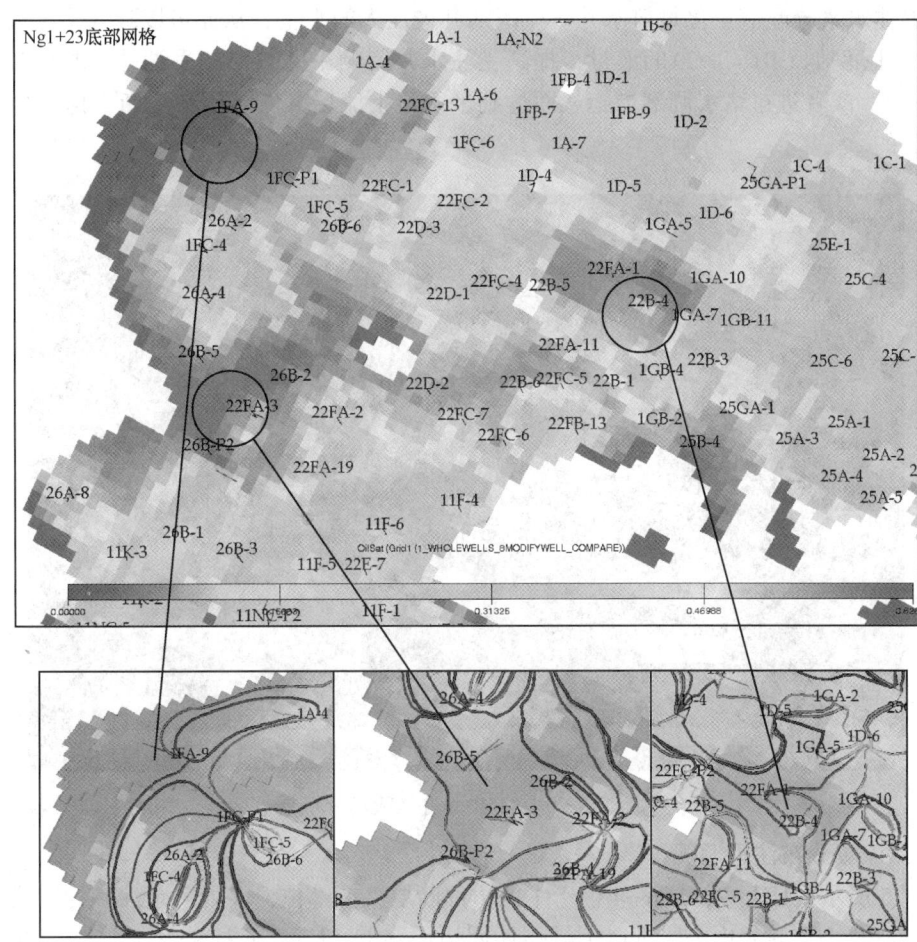

图 2　Ng1+23 层剩余油富集区域图

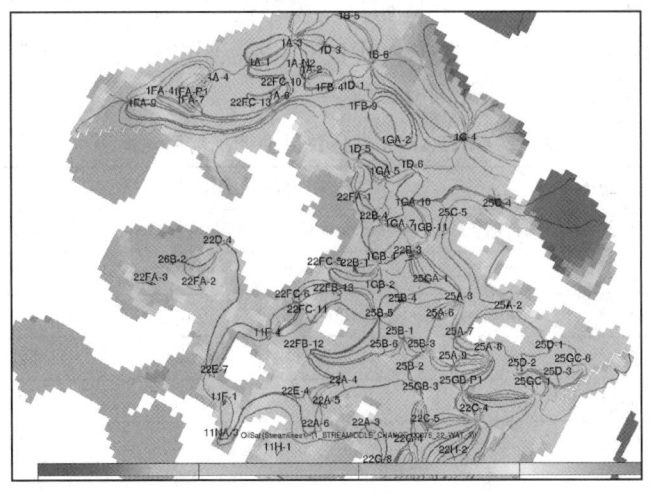

图 3　中区 Ng42 层流线分布与含油饱和度叠合图

Ng33 层注水井 25B-5、25B-6、22A-4 附近油井较多,不好确定受效井以及受效的程度。利用中区流线模型,如图 4 所示,通过观测注水流线分布,明确注采关系,通过模型计算得到的注水量分配值量化每口水井对应的油井被注入的水量,从而可以降低受注水井影响大的采油井(例如 CB1GB-2)的液量,提高受注水井影响小的方向的采油井(例如 CB25B-1井)的液量,或者进行堵水调剖措施从而达到平衡地下流场,恢复压力平衡,抑制含水上升速度的目的。

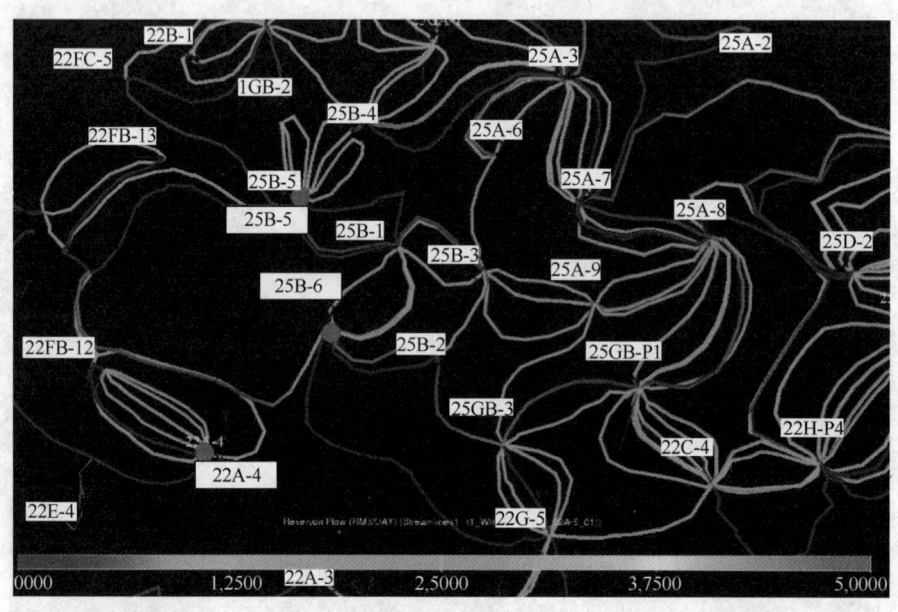

图 4　Ng33 层 25B-5 井区流场分布图

3.3 应用流场分布注采调配

如图 5 所示,1FA-9,1FA-4 位于中区边部断层夹持部位,该处剩余油较为富集,但注入水难以波及。常规分析手段难以定量描述周边注水井 1A-4 和 1FA-7 对这两口井的注水效果。同时 2016 年 2 月,动态监测发现 CB1FA-P1 井含水上升较快,于是在 2016 年 3 月 12日开始对该井进行限产关井测压,并应用流线模型进行了动态分析,提出了降低对应水井1A-4 和 1FA-7 的配注量,从而降低 1FA-P1 井含水,同时迫使流线分布范围扩大,从而扩大 1FA-9,1FA-4 周边区域波及范围的建议。

表 1　CB1FA-P1 井区注采井调配前后对比表

	注采调配前(201603)		注采调配后(201605)		前后对比	
水井井号	日配注量	日注能力	日配注量	日注能力	日配注量	日注能力
CB1A-4	215	226.9	155	162.52	-60	-64.38
CB1FA-7	150	110.5	110	96.32	-40	-14.18
油井井号	日油能力	含水率	日油能力	含水率	日油能力	含水率
CB1FA-P1	20.03	90	25.06	88	5.03	-2
CB1FA-4	8.43	71	8.51	72	0.08	1
CB1FA-9	28.29	16	32.23	14	3.94	-2

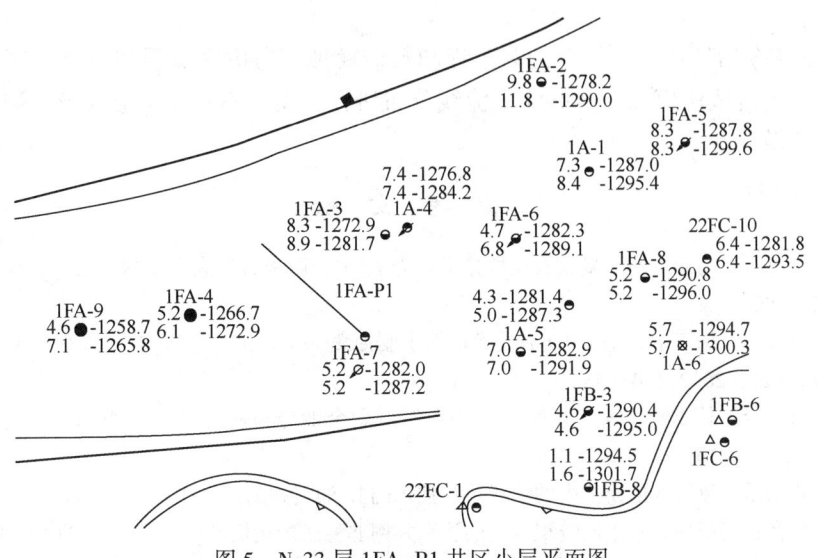

图5 Ng33层1FA-P1井区小层平面图

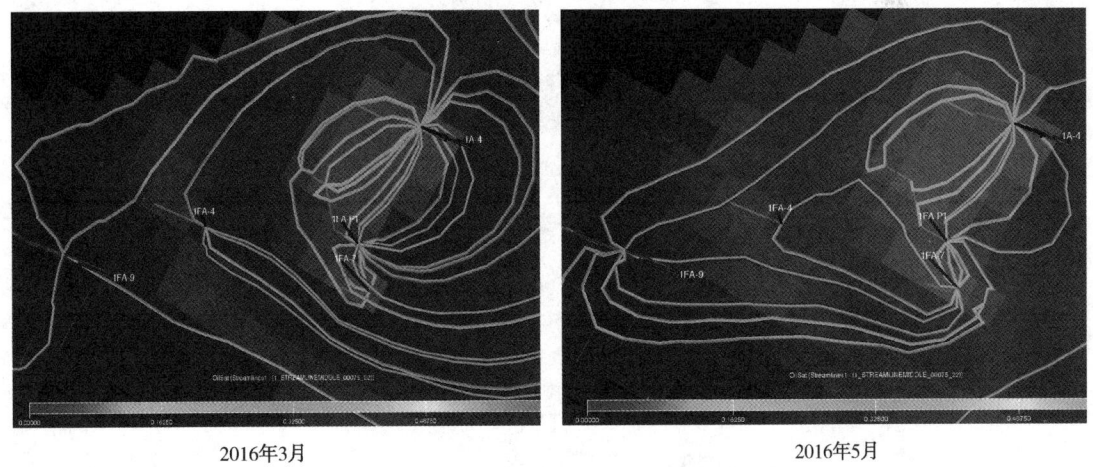

2016年3月　　　　　　　　　　　　　　　　2016年5月

图6 中区Ng33层流线与含油饱和度叠合图

通过对比如图6和所示的不同时间步流场分布与含油饱和度叠合图，结合表1所示的数据，发现在注采调配和对CB1FA-P1井限产关井测压前后，流场变化非常明显：关井前，CB1A-4井和CB1FA-7井对CB1FA-P1井注水流线较密，并且对CB1A-4井的注入量比CB1FA-9井多，关井测压完成后较短时间内，两口注水井对CB1FA-P1的注入量大幅减少，同时减少了对CB1FA-4的注入量，波及范围扩大到了CB1FA-9并且注入量大幅提升。直接结果就是扩大了两口水井的波及面积，增加了相应油井的日油能力，降低了含水。截至2016年5月31日，如表1所示，3口生产井一共增加日油能力9.05t/天，含水率下降1.99%。

4 结论和建议

（1）中区流线法数值模型计算时间短，计算精度较高，历史拟合较好，能够实现注水井和采油井之间流动的可视化，有利于直观定量描述注采关系。

（2）使用中区流线法数值模型进行动态分析，注采调配和措施决策，直观简捷，效率高，效果好。

(3)建议在今后工作中，结合油藏工程和数值模拟，考虑平面层间含水、压力、水体等差异，推广应用流线法模拟，开展注采流线分布研究，模拟不同井网形式及水淹状况下改变流场的思路和做法。

参 考 文 献

[1] 魏兆亮，黄尚军. 高含水期油藏数值模拟技术和方法[J]. 西南石油大学学报：自然科学版. 2008，30
　　(1)：103-106.
[2] 吴军来，刘月田，杨海宁. 基于3D流线模拟的水驱油藏动态评价新方法[J]. 西安石油大学学报：自
　　然科学版. 2011，26(2)：43-48.
[3] 刘志云，宋晓峰，林成岭，等. 井间示踪法在储层剩余油分布研究中的应用[J]. 江汉石油学院学
　　报. 1999，21(4)：76-79.
[4] 罗二辉，胡永乐. 流线数值模拟中的流线追踪技术[J]. 油气井测试. 2013，22(3)：10-13.
[5] 蒲军，刘传喜，尚根华. 基于流线积分法的注水井网非稳态产量模型[J]. 西南石油大学学报：自然科
　　学版. 2016，38(5)：97-107.

粉细砂岩储层油井防砂技术研究

郑英杰，唐　林，邵现振，王　冠，李　栋

（中石化胜利油田分公司河口采油厂，山东东营257200）

摘　要　论文从河口采油厂高泥质粉细砂岩储层特点出发，利用渗流规律物模实验，开展高泥质粉细砂岩储层渗流堵塞规律和防砂参数研究，认识高泥质粉细砂岩储层油井防砂效果差的主要原因，同时开展了防砂设计参数的研究，选择合理粒径的充填砂，优化充填半径，提高防砂效果。基于研究成果，转变防砂思路，有针对性的改进防砂工艺，提高了高泥质粉细砂岩储层油井的防砂效果，延长了防砂有效期。

关键词　高泥质粉细砂岩；堵塞；渗流；防砂

河口采油厂管理的埕东西区、飞雁滩、邵家沽38块等区块存在储层泥质含量高、地层粉细砂的特点。存在油井防砂有效期短，作业频繁的问题。为提高高泥质粉细砂岩储层油井的防砂效果，根据储层特点，开展高泥质粉细砂岩储层油井堵塞规律研究、储层处理技术研究和防砂参数研究，提高高泥质粉细砂岩储层油井防砂效果，实现高泥质粉细砂岩储层油井的效益开发。

1　概况

埕东西区、飞雁滩油田、邵家沽38块等油田储层以粉细砂岩、细砂岩为主，胶结类型一般为泥质胶结，胶结疏松，储层易出砂。

表1　高泥质粉细砂岩储层区块油层参数表

序号	油田区块	储层埋深/m	孔隙度/%	渗透率/10^{-3}	泥质/%	地层砂粒径/mm
1	埕东西区 Ng33	1110~1135	33~35	1192~7098	25.8	0.11
2	飞雁滩	1250~1350	34	3017	22	0.10
3	邵家沽38块	1200~1300	32~37	1000~2000	33.7	0.12

2　高泥质粉细砂岩储层防砂井渗流堵塞规律研究

通过物模实验平台，开展高泥质粉细砂岩储层地层堵塞规律的相关的实验研究。

2.1　物模实验平台组成

根据实验要求，设计了组装式分级测压驱替物模实验平台（图1），该实验平台主要包括动力系统（平流泵）、中间容器、大尺寸多点测压填砂管、数据采集系统、沉砂容器、环压系统（40MPa）、回压系统、采出液回收系统。

作者简介：郑英杰(1981—)男，汉，2005年毕业于长江大学石油工程专业，获得学士学位，高级工程师，主要负责防砂、压裂工艺技术的研究与推广工作。E-mail：zhengyingjie.slyt@sinopec.com

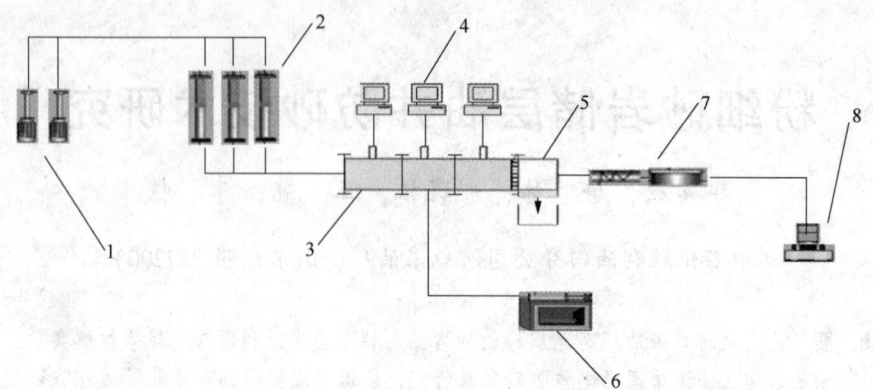

图1　组装式分级测压驱替物模实验平台结构设计图

1—动力系统(平流泵)；2—中间容器；3—大尺寸多点测压填砂管；4—数据采集系统；
5—沉砂罐；6—环压系统(40MPa)；7—回压系统；8—采出液回收计量系统

该实验平台主要技术参数：岩芯填砂管长度 $\phi = 38\text{mm}$，五点测压；模拟近井地带范围：20~40cm；模拟充填层厚度：20~60cm；驱替泵排量：0~80mL/min；承压范围：1~40MPa；测量精度：1MPa、0.001MPa；40MPa、0.1MPa。

2.2　泥质粉细砂运移对渗流影响规律研究

（1）模拟地层砂成分的确定

河口采油厂高泥质粉细砂岩储层储层具有高孔、高渗特点，胶结类型大多为接触式胶结，接触-孔隙式胶结为主，砂岩粒度中值为0.11~0.17之间，出砂状况严重，主要层系均易出砂，而且以粉细砂、细砂为主。

（2）地层微粒运移对渗流能力影响模拟实验

利用组装式分级测压长填砂管模拟地层砂运移对砾石充填防砂层渗流能力造成的影响，试验模型示意图(图2)，从注入端开始依次填装70cm模拟地层砂(模拟地层砂粉细砂含量（≤67μm)18.5%，黏土含量15%，粒度中值117.3μm，分选系数1.71，砾砂中值比 $D_{50}/d_{50} = 5.33$)，10cm采用石英砂(粒径0.4~0.8mm)，每隔10cm取压力值，测定各段压差和渗透率，研究微粒侵入造成的渗透率变化规律。

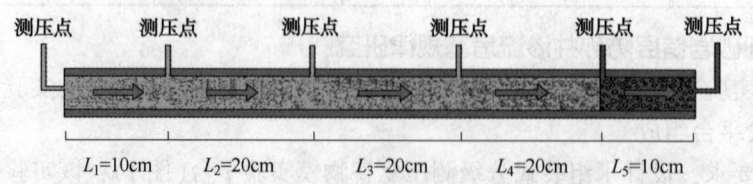

图2　地层砂运移对渗流能力影响模拟实验示意图

实验结果：

L_1 段：初始阶段渗透率比值下降至0.75，随注入量增加到35PV后，渗透率逐渐上升，达到初始渗透率的1.6倍。

L_2 段：10PV之前，渗透率略有下降，约为初始渗透率的0.9，10PV后渗透率逐渐上升,达到初始渗透率的 1.4 倍。

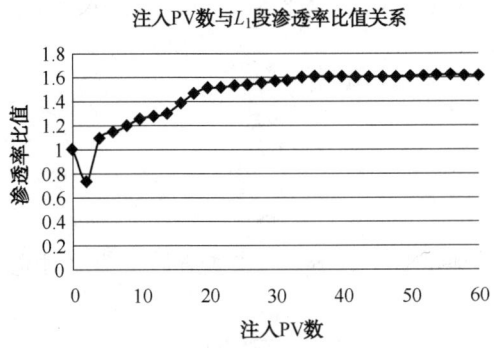

图 3 L_1 段注入 PV 与渗透率比值关系   图 4 L_2 段注入 PV 与渗透率比值关系

L_3 段:在注入 14PV 之前,渗透率呈下降趋势,达到 14PV 后渗透率逐渐上升,最终接近初始渗透率。

L_4 段:该段与砾石段相邻,其渗透率随流体注入量增加而不断降低,由于该段不断接受来自 L_3 段运移的砂粒,而 L_4 段向 L_5 段(砾石段)运移空间小,因此 L_4 段在运移入砂量大于运移出砂量的情况下孔隙结构逐渐变差,渗透率逐渐下降至初始渗透率的 0.35。

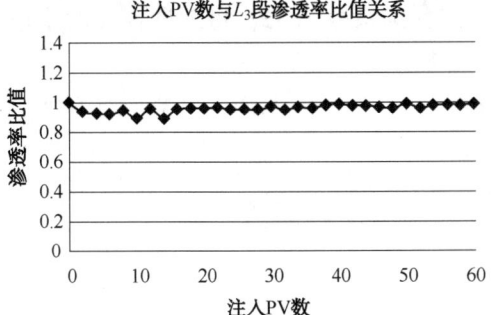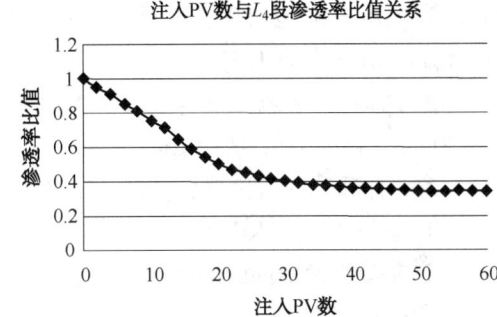

图 5 L_3 段注入 PV 与渗透率比值关系   图 6 L_4 段注入 PV 与渗透率比值关系

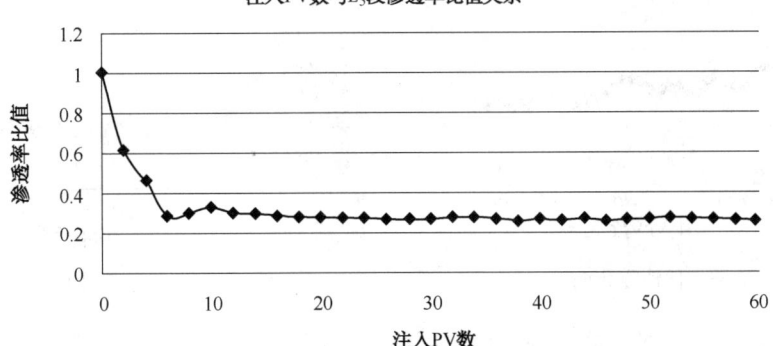

图 7 L_5 段注入 PV 与渗透率比值关系

L_5 段(砾石段)：该段渗透率随注入量增加而下降，且初期下降幅度大，由于地层砂呈非均质性，小粒径颗粒大量运移至 L_5 段，造成严重混砂，渗透率大幅下降。当注入 20PV 时，渗透率下降至初始值的 0.3，随后渗透率趋于平稳。

由实验可知，泥质粉细砂运移导致充填砂带的地层渗透率大幅度下降。

3 防砂参数研究

3.1 砾砂中值比对充填带堵塞程度影响实验

（1）实验方案

实验填砂模型如图 8 所示，改变砾砂中值比，其他试验参数不变，考查砾砂中值比对充填层渗流能力的影响。

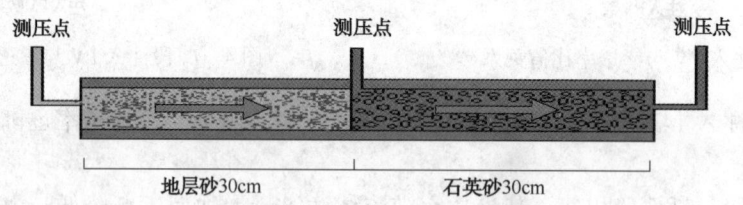

图 8　砾砂中值比对充填带堵塞程度影响实验模型

实验参数：

① 两种模拟地层砂：细砂：粒度中值 124.5μm，分选系数 1.32；粉细砂：粒度中值 95.4μm，分选系数 1.37；

② 两种规格石英砂：规格 0.425 ~ 0.850mm，粒度中值 625.0μm；规格 0.600 ~ 1.180mm，粒度中值 936.9μm；

③ 3 种砾砂中值比：$D_{50}/d_{50} = 5.02$、7.55、9.83；

④ 驱替液：2%KCl；

⑤ 驱替排量 10mL/min。

（2）实验结果

由上述实验结果(图 9、图 10)分析可知：

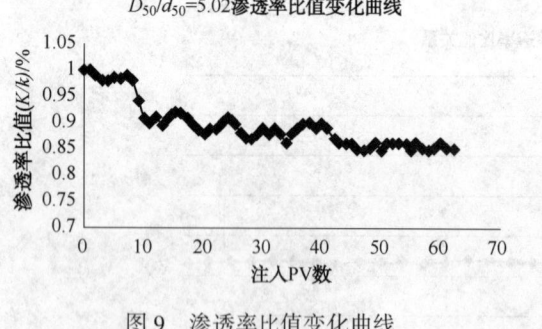

图 9　渗透率比值变化曲线

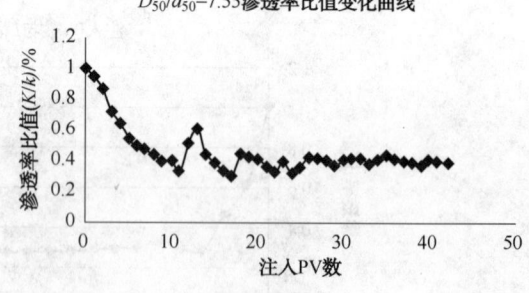

图 10　渗透率比值变化曲线

砾砂中值比 = 5.02 时，能够形成稳定的砂桥，注入 45PV 后渗透率比值下降至 0.85 左右，出口端无细砂排出，砾石能完全地阻挡地层砂。

砾砂中值比 = 7.55 时，初始阶段砾石层渗透率降低很快，当注入 25PV 左右时，由于砂桥的形成，砾石层渗透率比值稳定在 0.4，出口端含砂量 0.36‰。

3.2 充填层厚度参数优化

砾石充填带厚度受施工条件和成本的影响，只能适当增加，当不断增加充填砾石层厚度时，模拟近井地带压降曲线明显的变化，实验方案见图11，分别做20cm、40cm、60cm充填层厚度驱替实验，取的充填段各点的压力值，得到充填段上压力分布曲线图。实验结果见图12~图15。

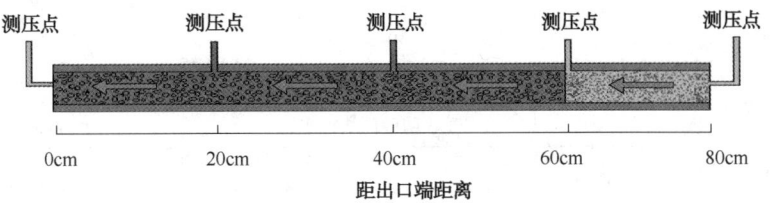

图 11 充填砾石厚度优化实验模型

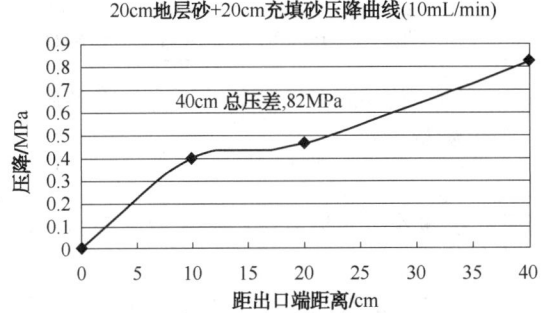

图 12 40mm 装置充填砂压降曲线（10mL/min）

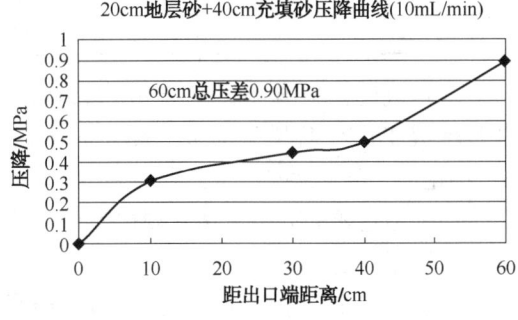

图 13 60mm 装置充填砂压降曲线（10mL/min）

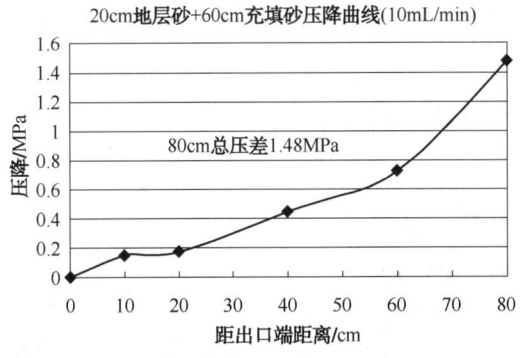

图 14 80mm 装置充填砂压降曲线（10mL/min）

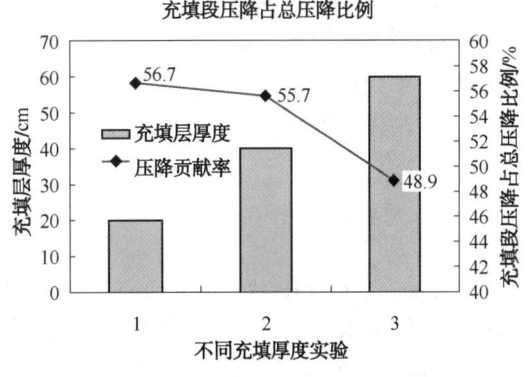

图 15 充填层厚度对压降的贡献率

由上述实验结果分析可知：

在同排量不同充填层厚度驱替对比中，增加充填层厚度，虽然总压差上升，但充填段压差占总压差比例下降，即增大充填层厚度可降低近井地带单位厚度的附加压差。防砂施工过程加大施工规模，提高近井地带施工效果。

4 现场应用情况

由实验可知，泥质粉细砂运移导致充填砂带的地层渗透率大幅度下降，是造成产量下降的主要原因，防砂前首先要排出近井地带的堵塞物，疏导地层；二是充填砂作为挡砂屏障的纯度决定防砂效果。因此，制定了高泥质粉细砂岩储层油井防砂采取"近排、远稳、高密实"的防砂思路，提高防砂效果。在原防砂技术基础上做了以下改进。

表2　原防砂工艺和改进后高密实充填防砂工艺对比

项　　目	原防砂工艺	改进后高密实充填防砂工艺
排量/(m³/min)	1.0~1.2	1.5~2.5
加砂强度/(m³/m)	0.5~1.0	3.0~6.0
挡砂半径/m	0.5	1.0以上
携砂液体系	防砂区块污水	40~60mPa·s 携砂液
施工最高砂比/%	20	40
充填砾石/mm	0.6~1.2	0.4~0.8
地层预处理工艺	气举排砂	氮气泡沫
优缺点	充填半径小、充填层密实程度低、充填砂与地层砂易混合、高产期短	增大充填半径、提高密实程度、防砂有效期长；单井施工成本较高

　　通过改进，2016年实施56井次，初期平均单井日增液33m³，日增油5.3t，年底平均单井日增液29m³，日增油2.5t，累增油18625.9t，效果较好。

5　结论

　　(1)通过防砂井渗流堵塞规律实验，认识到泥质粉细砂堵塞是造成挡砂屏障渗透率下降的主要因素；

　　(2)混砂带大幅度降低近井地带渗透率，因此，防砂充填带的纯度决定防砂质量；

　　(3)结合油藏特点，砾砂中值比为5.02时，能够形成稳定的砂桥，根据各区块地层砂粒度中值，充填砂选择0.4~0.8mm石英砂；

　　(4)增大充填层厚度可降低近井地带单位厚度的附加压差，结合工具性能和现场实际，要求充填半径达到1m以上；

　　(5)高泥质粉细砂岩储层油井防砂采取"近排、远稳、高密实"的防砂思路，提高了防砂效果。

参 考 文 献

[1] 董长银.油气井防砂技术[M].北京：中国石化出版社，2009：80-103.

[2] 何生厚，张琪.油气井防砂理论及应用[M].北京：中国石化出版社，2003：143-150.

[3] 刘春苗，李志芬，董长银，等.充填类防砂砾石尺寸设计方法的对比分析[J].承德石油高等专科学校学报，2011，13(3)：20-24.

[4] WANLTON LAN C, ATWOOD DAVID C, HALLECK PHILLIP M, et al. Perfora-ting unconsolidated sand: An expenrimental and theortical investi-gation[J]. SPE Drilling and Completion, 2002, 17(3): 141-150.

[5] 王利华，邓金根，周建良，等.适度出砂开采标准金属网布优质筛管防砂参数设计实验研究[J].中国海上油气，2011，23(2)：107-110.

海上稠油底水油藏规模化热采开发界限研究

王树涛，李云鹏，李彦来，张占女，郑　华

(中海石油(中国)有限公司天津分公司，天津 300450)

摘　要　海上稠油底水油藏开发难度较陆地油田更大，目前单纯数值模拟研究出的开发界限指导海上热采方案的编制风险很大。首先，设计了稠油底水油藏热采三维物理模型，创新通过气压驱动实现了水体倍数可调节，模拟得到了不同水体倍数下的稠油底水油藏蒸汽吞吐及转驱阶段的生产动态数据。然后，建立了与室内实验等比例的数值模拟模型，在室内实验生产动态数据拟合的基础上，开展了不同水体倍数、原油黏度和油柱高度下的蒸汽吞吐转驱开发效果研究。最后，根据海上热采作业的投入产出比要求绘制了热开发界限图版，为筛选符合海上规模化热采要求的稠油底水油藏提供了可靠依据。

关键词　三维物模实验；底水油藏；规模化热采；开发界限

稠油底水油藏开发是目前亟待解决的难题，虽然国内学者早在 20 世纪 60 年代就开始针对稠油底水油藏蒸汽吞吐转驱方面进行了研究[1,2]，但稠油底水油藏的现场实践很少。渤海稠油储量规模大，并且底水油藏比例高达 70%，需要不断深化探索海上稠油底水油藏热采开发的规律[3,4]。为降低海上稠油底水油藏热采开发方案的实施风险，需要形成一套满足海上稠油热采作业投入产出比的热采开发界限，油田开发过程中仅通过油藏数值模拟研究是不够的，必须通过结合物理模拟实验研究[5]才能得到更可靠的结果。

1　稠油底水油藏热采三维物理模拟

选取渤海油田某典型稠油底水油藏为原型，设计底水油藏水平井井网蒸汽驱三维物理模拟模型，该物理模型选择长方形釜，边长为 100cm，宽度为 32cm，内部深度为 20cm，油层厚度为 9cm，模型本体底水层厚度为 5.5cm，油层中部深度处距离模型内腔壁面 2cm 处各布置一口水平井。采用 P-B 相似准则将实际油藏参数转化为三维物理模型参数，如表 1 所示。

表 1　油藏原型与三维物理模型参数转换表

参数名称	注采水平井井距/(m/cm)	水平井长度/(m/cm)	生产井至油藏底部距离/(m/cm)	油层厚度/(m/cm)	绝对渗透率/$10^{-3} \mu m^2$	油藏温度原油黏度/(mPa·s)	油藏温度/℃	原始地层压力/MPa
原型	200	250/4	3	18	1300	1000	50	13
模型	100	125/4	1.5	9	60000	1000	50	13
相似比例	1/200	1/200	1/200	1/200	46	1	1	1

基金项目："十三五"国家科技重大专项"渤海油田加密调整及提高采收率油藏工程技术示范"(编号：2016ZX05058-001-008)

作者简介：王树涛(1986—)，男，油藏工程师，2013 年毕业于中国石油大学(华东)油气田开发工程专业，现从事稠油热采科研生产工作。E-mail：wangsht8@cnooc.com.cn

常规三维物理模型只能模拟一定水体倍数的底水油藏，为了实现底水模型水体能量可调节化，设计了如图1所示的实验装置，通过气体能量来代替部分水体能量。

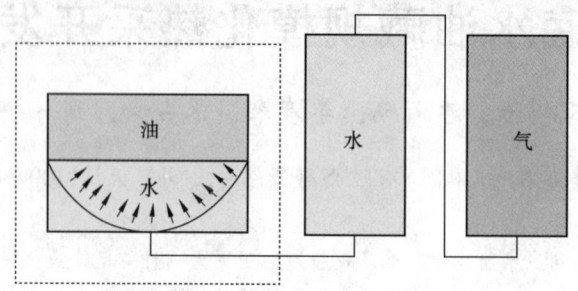

图1　底水油藏水体能量三维物理模拟实现示意图

选取不同的容器总容积 C_{onst}，在满足外部水体体积和气体体积之和等于已有的容器总尺寸条件下，由公式1计算获得不同的外部水体体积和外部气体体积。

$$\begin{cases} V_g + V_{w2} = C_{onst} \\ p\left[(n-n_0) - \dfrac{V_{w2}}{V_o}\right]C_w = \dfrac{V_g}{V_o} \end{cases} \tag{1}$$

式中　V_g——外部气体体积，m^3；

　　　V_{w2}——外部水体体积，m^3；

　　　n——水体倍数，无因次；

　　　n_0——操作水体倍数，无因次；

　　　C_w——地层水压缩系数，MPa^{-1}；

　　　p——气体压力，MPa；

　　　V_o——原油体积，m^3。

2　室内实验级别数值模拟研究

选取渤海油田某典型稠油底水油藏为原型，设计底水油藏水平井井网蒸汽驱三维物理模拟模型，该物理模型选择长方形釜，边长为100cm，宽度为32cm，内部深度为20cm，油层厚度为9cm，模型本体底水层厚度为5.5cm，油层中部深度处距离模型内腔壁面2cm处各布置一口水平井。采用P-B相似准则将实际油藏参数转化为三维物理模型参数，如表1所示。

根据稠油底水油藏蒸汽吞吐转蒸汽驱实验数据，对建立的数值模拟模型进行历史拟合。通过历史拟合结果可以看出，日产油、含水率、累产油和温度场分布拟合都满足要求，如图3、图4所示。

3　稠油底水油藏热采开发界限研究

室内实验级别的油藏数值模拟模型经过实际实验数据拟合后，较没有经过历史拟合的油藏数值模拟概念模型更具有代表性。在此油藏数值模拟模型基础上，开展了不同地层原油黏度、油柱高度和水体倍数下底水油藏热采指标研究。通过60个方案的数模计算，得到了5、30和60倍水体下的底水油藏热采指标，通过对应相似比例转换后如图5所示。

在海上油田一定的投入产出比要求下，假设单井经济极限累产油为 $5.0×10^4 m^3$ 时，就可以得到不同水体倍数和原油黏度下底水油藏热采开发的油柱高度界限，并据此绘制了底水油藏热采开发油柱高度界限图版(图6)。

图 2　室内实验级别油藏数值模拟模型图

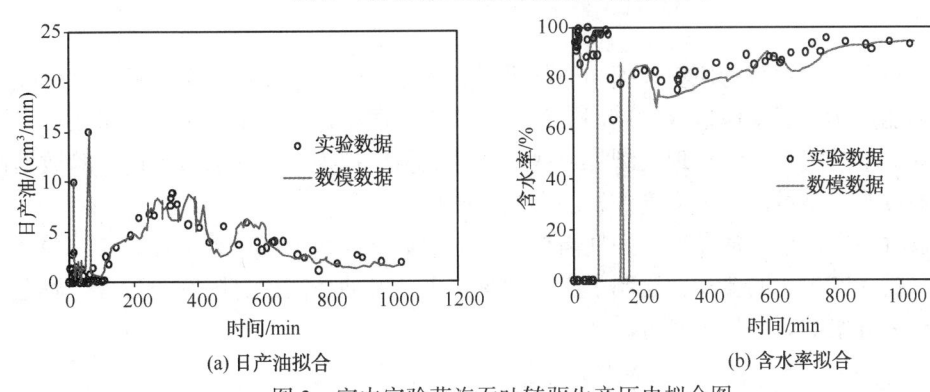

(a) 日产油拟合　　　　　　　　　(b) 含水率拟合

图 3　室内实验蒸汽吞吐转驱生产历史拟合图

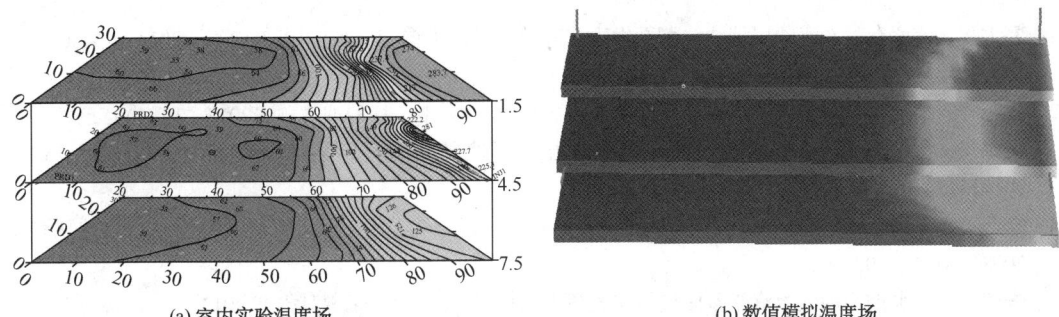

(a) 室内实验温度场　　　　　　　(b) 数值模拟温度场

图 4　室内实验与等比例数模分层温度场分布对比图

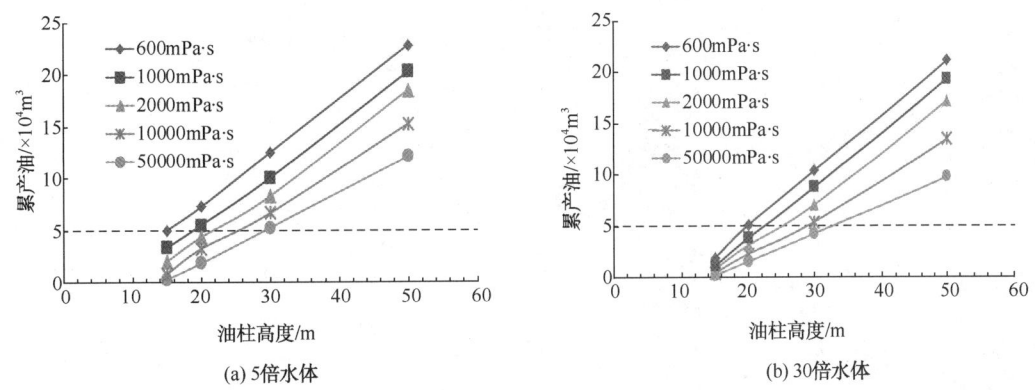

(a) 5倍水体　　　　　　　　　(b) 30倍水体

图 5　不同原油黏度和油柱高度下底水油藏热采累产油图

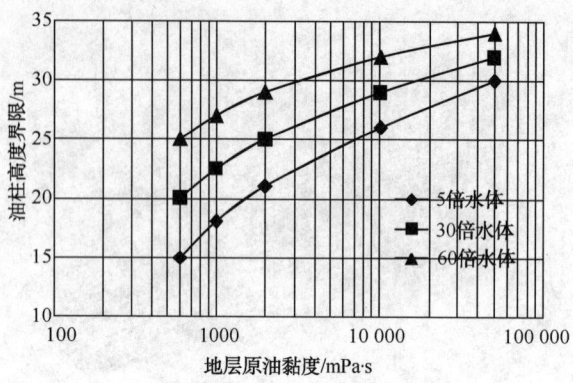

图 6　底水油藏热采开发的油柱高度界限图版

4　结论

（1）以实际底水油藏为原型根据相似准则设计了三维物理模型，并创新通过气体能量代替部分水体能量实现了水体倍数的可调节化，为模拟不同水体倍数下热采提供了条件；

（2）建立了与室内三维物理模型等比例的油藏数值模拟模型，并通过室内实验数据进行了拟合，通过该模型可以更为准确的开展参数敏感性分析；

（3）通过不同地层原油黏度、油柱高度和水体倍数下底水油藏热采指标研究，并结合海上油田热采投入产出比的要求，绘制了底水油藏热采开发油柱高度界限图版，可为海上稠油底水油藏热采方案的研究提供参考。

参 考 文 献

[1] 郭太现，苏彦春. 渤海油田稠油油藏开发现状和技术发展方向[J]. 中国海上油气，2013，25(4)：26-30，35.

[2] 任芳祥，孙洪军，户昶昊. 辽河油田稠油开发技术与实践[J]. 特种油气藏，2012，19(1)：1-8.

[3] 吴永彬，李松林. 海上底水稠油油藏蒸汽吞吐可行性研究[J]. 钻采工艺，2007，30(3)：76-77，90，152.

[4] 李葵英，陈辉，杨东明，等. 边底水稠油油藏开发规律研究[J]. 西南石油大学学报：自然科学版，2008，30(3)：93-96.

[5] 朱建红. 底水稠油油藏蒸汽驱室内模拟实验研究[D]. 西安：西安石油大学，2012.

储层精细表征技术
在稠油区块开发后期的研究与应用

赵国光，周　旭，刘　影，杨晓强，张利宏

（中油辽河油田公司欢喜岭采油厂，辽宁盘锦 124114）

摘　要　欢喜岭油田欢 17 块主要开发目的层为古近系沙河街组沙一、二段的兴隆台油层，发育扇三角洲前缘沉积，储层变化快，砂体连通关系复杂，本次通过对扇三角洲砂体展布规律与地震资料的匹配性关系研究，开展了基于沉积模式的储层表征技术研究，为该块的剩余油挖潜带来了良好的效果，并将该技术成果推广应用，取得了良好的应用效果。

关键词　沉积；储层；砂体；剩余油

储层表征是指应用多学科信息预测和描述地下非均质储层的一个过程，属于油气藏开发地质研究的范畴。

随着油气勘探开发的不断深入，储层地质学的理论和方法也愈来愈多，单纯的沉积学手段已经落后于时代的步伐，储层地质学也逐渐从原来的储层描述向预测储层特征方向发展。碎屑岩储层研究由定性转为定量，在更加精细的尺度上进行，由此产生了储层表征技术，储层表征伴随着油田开发的全过程，随着油气田开发程度的提高，不可避免出现油田含水率的升高，但是油田仍然存在可供挖掘的巨大潜力，因为存在大量未发现或未动用层、动用不充分或未射孔层等。提高对储层表征的精度，对油田开发中后期挖潜或寻找剩余油有着重要的作用。

储层精细表征的研究方法很多，如高分辨率层序地层、储层地震表征、精细沉积微相和储层随机建模研究等，通过研究与实践发现，综合运用上述方法对保证储层表征的精度和准确性具有重要意义，因此总结出一套以高分辨率层序、沉积微相分析、储层随机建模和开发动态分析为主的方法体系和研究流程。

1　研究背景

1.1　地质概况

欢 17 块构造上位于渤海湾盆地辽河坳陷西部凹陷西斜坡带南段，处于欢喜岭油田的西南部，南邻锦 16 块，北接锦 612 块，西邻锦 17 块，东至欢 20 块（图 1），开发发目的层为兴隆台油层，油层埋藏 1091～1170m，1986 年上报含油面积 0.7km²，平均有效厚度为16.6m，石油地质储量 192×10⁴t，原始地层压力 11.7MPa，饱和压力 11.07MPa。

作者简介：赵国光（1988—），男，2012 年毕业于东北石油大学资源勘查工程专业，助理工程师，主要从事地质研究及井位部署工作。

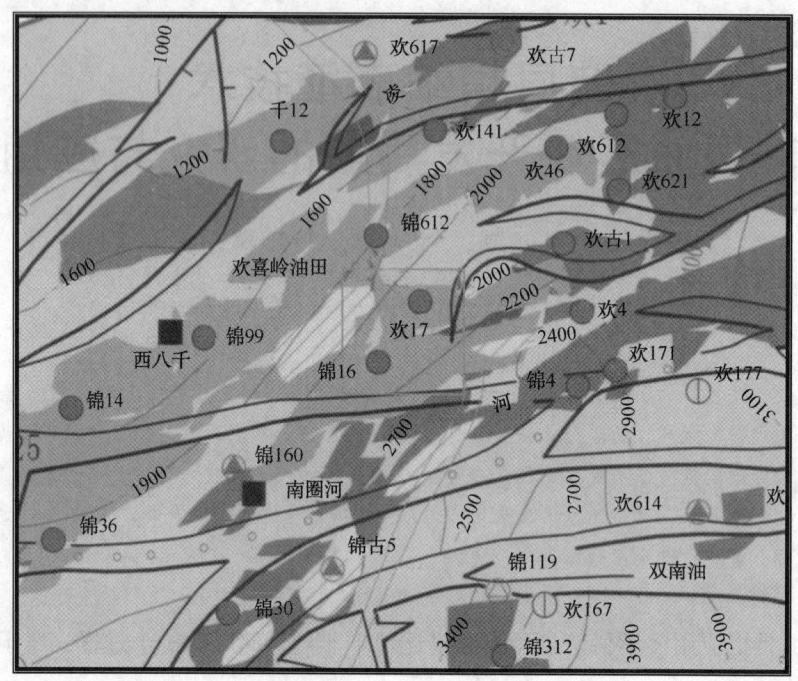

图 1　欢 17 块兴Ⅱ油层顶面构造图

1.2　开采现状

该块兴隆台油层开发历程主要分为以下 6 个阶段：(1)冷采阶段(1979~1983)，其开采特点为采油速度低，含水低；(2)上产阶段(1984~1987)，其开采特点为注蒸汽开采，产量高；(3)快速递减阶段(1988~1995)，其开采特点是受水淹影响含水快速上升，年产液量上升，年产油量下降；(4)加密调整阶段(1996~1998)，该阶段加密部署 17 口井，开井数由 14 口增加到 29 口，年产油由 $1.2×10^4$ t 上升到 $5.3×10^4$ t；(5)二次快速递减阶段(1999~2002)，年产液量上升，年产油量下降，含水率上升；(6)高含水生产阶段(2002~目前)，年产液量有所下降，年产油量趋于稳定，综合含水率趋于稳定且居高不下。

1.3　存在问题

欢 17 块砂体连接关系复杂，隔夹层较多，纵向上多层沉积，非均质性强，多层合采，层间采出程度差异较大，储层横向变化快，追踪刻画难，平面上断层发育较复杂，低序级小断层解释组合难度大，油水关系复杂，水淹认识不清，因此急需寻求新的技术方法对该块进行精细地层研究。

针对以上问题，在高含水开发后期，以高分辨率层序地层学和储层构型为指导，开展了基于沉积模式的储层表征技术研究，指导剩余油挖潜。

2　技术方法研究及应用

2.1　采用高分辨率层序地层学进行小层对比和沉积模式预测

欢 17 井区沙二段地层属于扇三角洲前缘亚相沉积，物源来自西北方向的西八千扇体

（图2），该区扇三角洲属近物源搬运沉积，水下分流河道曲率低、迁移能力强，横向相变快、岩性粗，区内水下分流河道频繁分叉、交汇、叠合，是在辽河裂谷的收缩期即湖退期形成的一套以中粗碎屑为主的沉积。

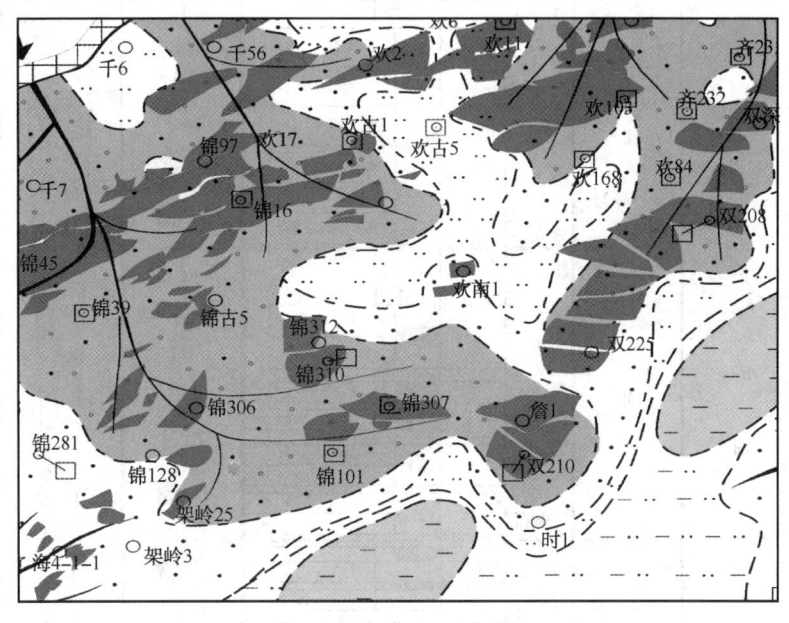

图 2　欢 17 块兴隆台油层沉积相平面分布图

欢 17 块兴隆台油层总体上是一套水退沉积，兴 I 油层组在锦采发育，向欢采方向逐渐变差，通过高分辨率层序地层学在兴 II 油层组识别出 4 个中期旋回，8 个短期旋回（图 3），其中：

兴 II$_4$ 砂岩组：主要包括 7、8 小层，总的特点是由下至上为明显的反韵律，底部为泥质粉砂岩，向上逐渐变为细砂岩，反映了水动力条件逐渐增强的过程。

兴 II$_3$ 砂岩组：包括 5、6 小层，由下至上为反韵律，底部为细砂岩，向上变为含砾砂岩，反映了水动力条件逐渐增强的过程。

兴 II$_2$ 砂岩组：包括 3、4 小层，由下到上粒度变细，为正韵律，底部为砂砾岩，向上变为细砂岩、粉砂质泥岩，反映了水动力条件的逐渐减弱过程。

兴 II$_1$ 砂岩组：包括 1、2 小层，同样由下到上粒度变细，为正韵律，底部为砂砾岩，向上变为泥岩，反映了水动力条件的逐渐减弱过程。

从地震剖面上可以看出兴 II$_{1~4}$ 的砂体发育范围：兴 II$_4$ 时期，反韵律，湖平面下降，砂体发育范围变小。兴 II$_3$ 时期，反韵律，湖平面下降，砂体发育范围变小。兴 II$_2$ 时期，正韵律，湖平面升高，砂体发育范围变大。兴 II$_1$ 时期，正韵律，湖平面升高，砂体发育范围变大（图 4）。

从平面上来看，兴 II$_4$ 时期，河道发育范围较大，兴 II$_3$ 时期水体变浅，河道范围在东部区域变窄，兴 II$_2$ 时期湖平面升高，但是河道摆动、改道，在锦 8-14-40 井附近形成废弃河道，之后直到兴 II$_1$ 时期，湖平面升高，砂体较厚，发育稳定，河道分布范围变大。

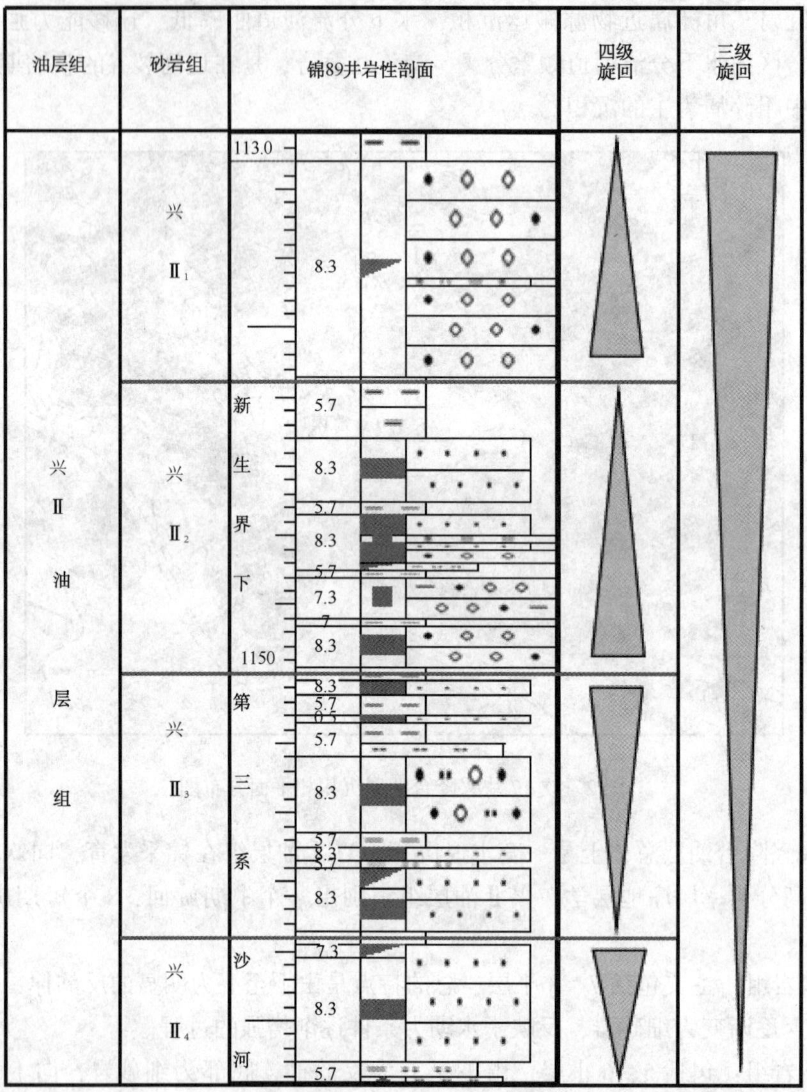

油层组	砂岩组	锦89井岩性剖面		四级旋回	三级旋回
兴Ⅱ油层组	兴Ⅱ₁	113.0	8.3		
	兴Ⅱ₂ 新生界下	5.7 / 8.3 / 5.7 / 8.3 / 5.7 / 7.3 / 7 / 8.3 1150			
	兴Ⅱ₃ 第三系	8.3 / 5.7 / 5.7 / 8.3 / 5.7 / 8.3			
	兴Ⅱ₄ 沙河	7.3 / 8.3 / 5.7			

图 3　锦 89 井岩性柱状图

15-41 15-042 14-42 13-44 12-45

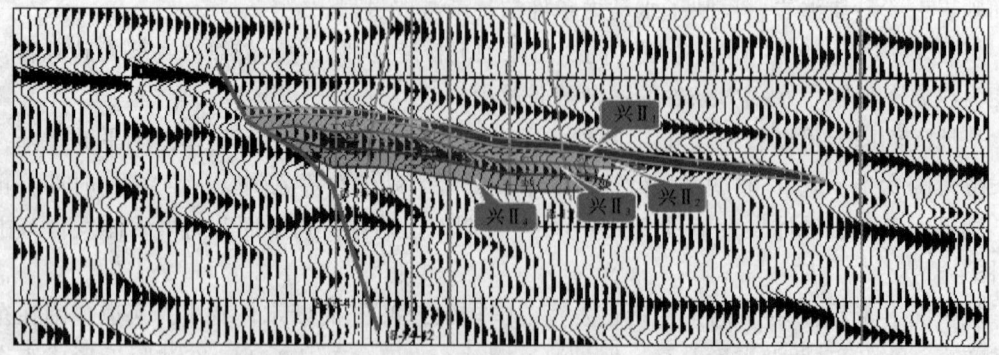

图 4　锦 8-15-41 井~锦 8-12-45 井地震剖面图

2.2 三维精细地震解释精细刻画砂体边界

采用平面分扇体，纵向分期次的方法，平面上通过地震相结构解析，刻画出扇体边界（图5）。

纵向上：以物源和沉积为基础，匹配测井与地震资料，进行层序划分，精细小层对比，在以上研究的基础上，最终通过10条地震剖面和油藏剖面落实了该块的构造及砂体展布情况。

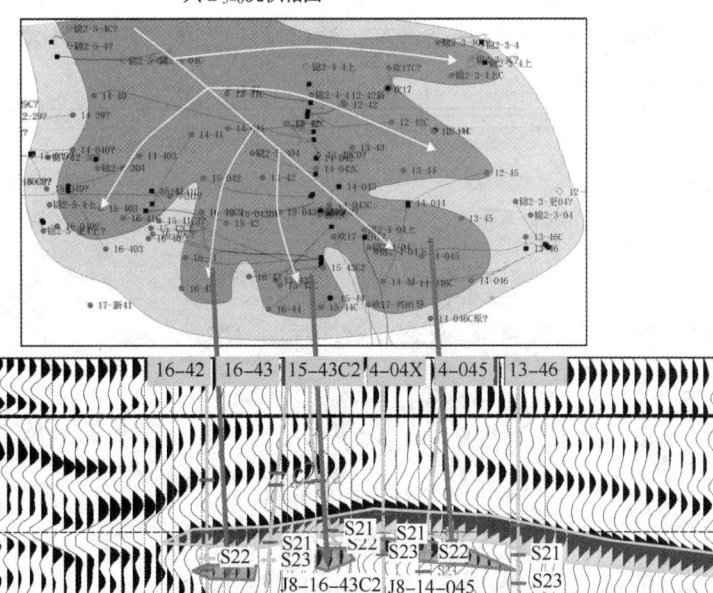

图 5 锦 8-16-42 井~锦 8-13-46 井地震剖面与沉积相匹配图

2.3 沉积构型建立边水侵入水淹模式

该区兴隆台油层纵向上多层叠加，平面上受构造和砂体分布的控制，油层由西向东过渡到边水，是具有边水的层状岩性-构造油藏。

从2013年完钻的锦 8-14-046C 井和2015年新完钻的锦 8-12-42C 井的综合图上可以看出，虽然该区存在边水水淹并且水淹程度较高，但仍然存在水淹不均衡的现象，注入水仍然会沿着渗透率好的砂层突进，形成水锥现象。如锦 8-14-046C 井的测井解释14、16号层已经完全被水淹，视电阻率曲线大幅度降低，砂体油气显示变弱，甚至消失，12号层水淹程度中等，视电阻率曲线幅度明显降低，而其他13、15、17、18号层从电性上看，并没有被水淹；锦 8-12-42C 井顶部的14号层视电阻率曲线幅度有所下降，已被轻度水淹，而其下部15-20号层，视电阻率曲线幅度没有下降，没有被水淹的电性特征。从这两口井可以看出，该区的水淹程度不均衡，存在边水单层突进的现象，也说明该区油藏没有被边水整体上升完全淹没，仍然存在剩余油分布。

　　通过研究分析,该区边水沿层推进,边部水淹程度高,层内构造较高及沉积边界部位水淹程度低,该区的边水推进主要受构造和沉积的双重控制。

　　沉积微相对水淹的控制:沉积相带控制着储层的岩性、物性及非均质性,而储层岩性、物性及非均质性又控制着边水在油藏中的运动,该块水侵主要是以指型、线型优先侵入采出程度相对较高、压降梯度较大的高渗油层,指进方向基本与沉积主流方向一致。东部沉积相的分流河道垂直于边水,储层物性好,地层倾角小(4°~6°),边水沿着河道快速推进,造成水淹较重,因此储层沉积微相控制着边水推进。

　　此外,该区的边水推进还受构造影响,通过储层建模,发现边水沿着槽部绕脊推进,因此,槽部地区先水淹(图6)。

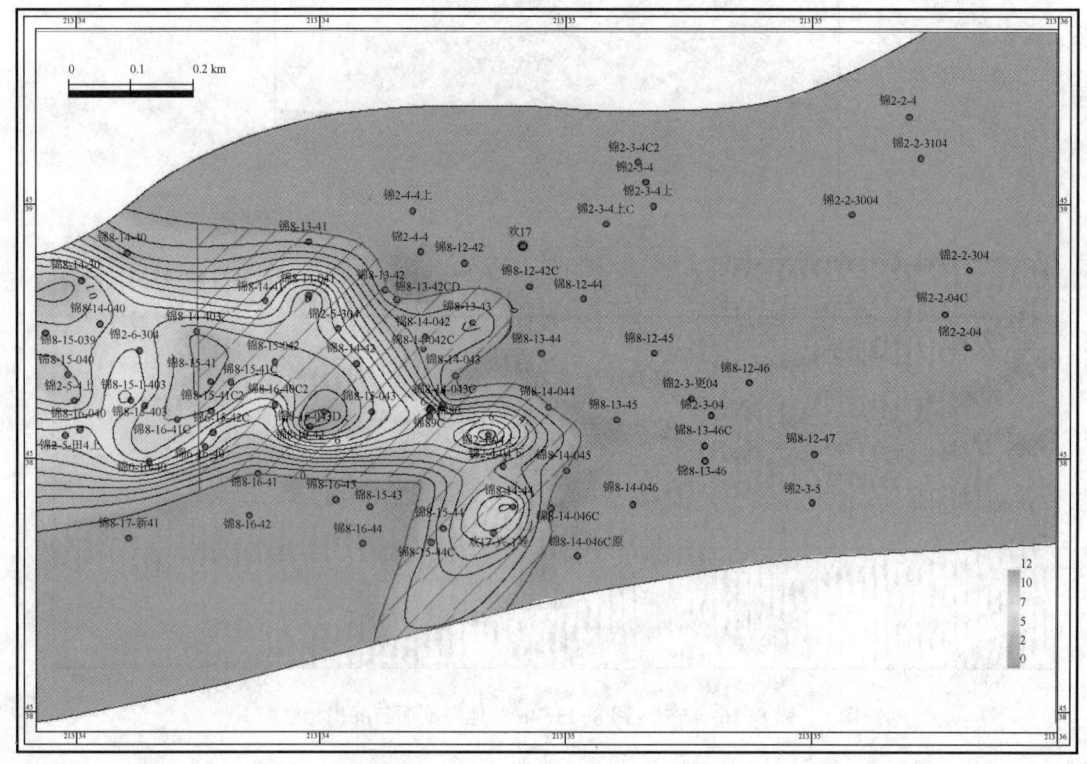

图6　欢17块兴Ⅱ4油层水淹图

2.4　储层建模分析剩余油分布特征

　　通过该区的精细储层表征及建模技术的应用,总结出了该区的剩余油分布规律,平面上:

　　(1)有效厚度大、原始储量大的主体部位,剩余地质储量和剩余可采储量依然丰富;

　　(2)构造高部位剩余油较为富集;

　　(3)油藏动用不均衡,平面上井间存在未动用或动用较差的区域,为剩余油富集区;

　　(4)断层及沉积边界附近存在滞留的剩余油;

　　(5)井网不完善区域剩余油较为富集。

　　纵向上:

　　剩余储量主要分布在兴Ⅱ$_1$、Ⅱ$_2$和兴Ⅱ$_3$砂岩组,其中:

兴Ⅱ$_1$储量为 91.26×10^{4}t，已采出 22.86×10^{4}t，剩余储量 68.4×10^{4}t；

兴Ⅱ$_2$储量为 78.84×10^{4}t，已采出 23.71×10^{4}t，剩余储量 55.13×10^{4}t；

兴Ⅱ$_3$储量为 50.63×10^{4}t，已采出 17.6×10^{4}t，剩余储量 33.03×10^{4}t；

其余的 5 个小层只是在构造高部位发育油层，油层有效厚度小，并且离边底水较近，剩余储量较低，今后调整挖潜的主力仍然是上面 3 个层位(图 7)。

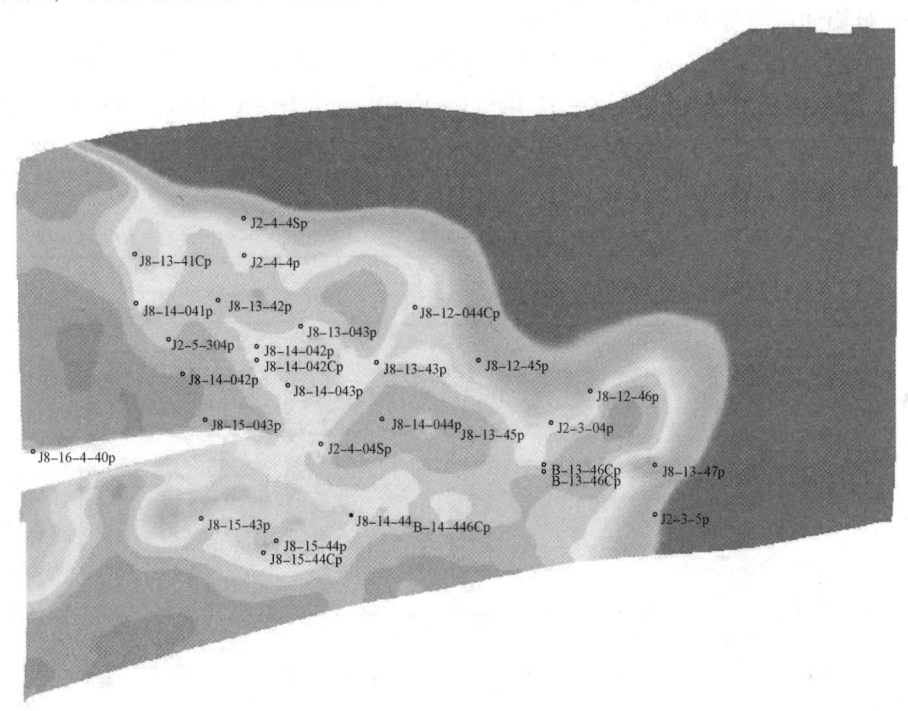

图 7　兴Ⅱ1 油层剩余分布图

2.5　建立产能与地震响应特征匹配模式

通过对全区采油井的产能进行统计，总结规律，建立了该区的产能与地震响应特征的匹配模式(图 8)。

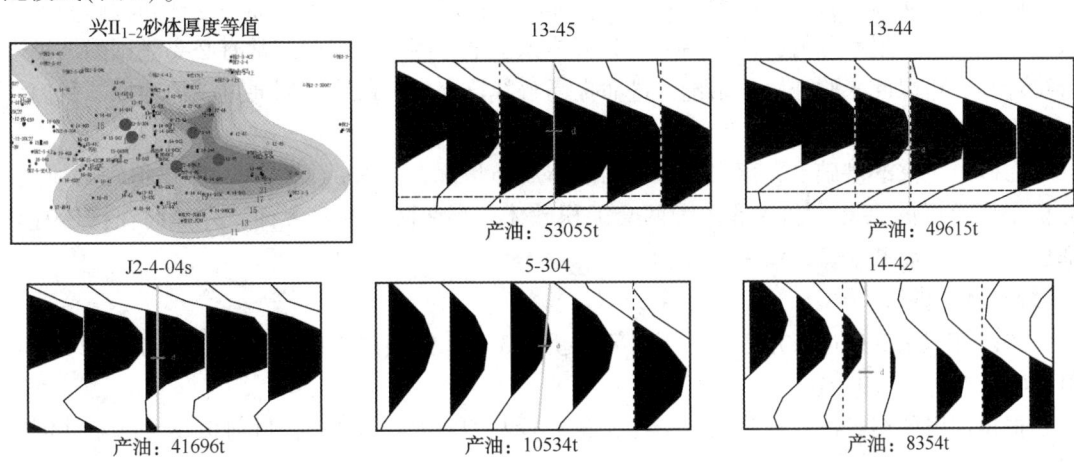

图 8　欢 17 块产能与地震剖面匹配图

兴Ⅱ$_{1-2}$水体比较平稳，地震震反射同向轴比较连续，通过振幅的越饱满处产量较高。

兴Ⅱ$_{3-4}$处于过渡时期，地震振幅较为连续，强弱相间，中强反射，在相变处产量较高

兴Ⅱ$_{5-6}$时期水体能量较大，地震反射连续性差，振幅强弱相间，在砂体叠加或者相变处产量较高。

通过以上的研究与分析，最终在构造有利部位实施了措施井3口，取得了良好效果。

2.6　提出低阻油层解释新对策

我们将该种方法应用在欢2-20-7块同样取得了好的效果，在沉积模式研究的基础上，井震结合，细分小层，发现欢2-19-07井与欢2-20-7井为一套砂体，且构造高度基本相同，而相同层位欢2-20-7井为油层，但是欢2-19-07井测井却解释为水层（图9），分析认为，该低阻层应为油层。

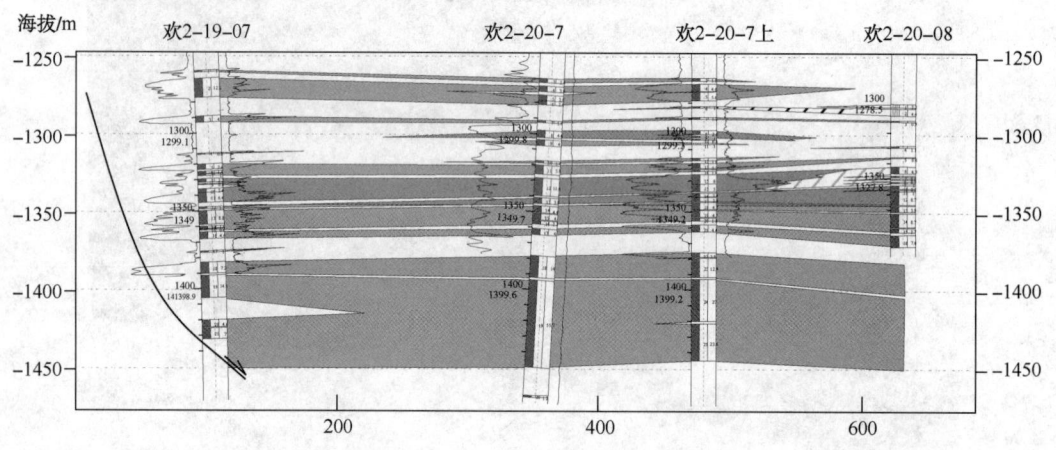

图9　欢2-19-07井～欢2-20-08井油藏剖面图

分析产生这种沉积方面：欢2-20-7块兴隆台油层物源方向来自区块北东部，沉积类型为扇三角洲前缘亚相，岩性主要为含砾砂岩，其沉积环境为弱水动力低能环境，泥质含量普遍偏高，频繁的砂泥岩互层沉积导致发育薄互层型的低阻油层，此类低阻油层主要发育在兴Ⅱ油组的中上部。

储层非均质性面：储层的物性变化大，非均质性严重，黏土的附加导电性和较高的束缚水导致油层的电阻率降低，使得储层划分流体识别十分困难。因此非常有必要对试油结果进行统计和分析以此来验证解释结论，进而提高解释符合率，最终我们通过试油验证了我们认识的准确性。

在以上研究的基础上，落实了该区的砂体展布情况，通过沉积模式与砂体追踪的研究，分析出了该区的兴Ⅱ$_{1-4}$和兴Ⅱ$_{5-8}$为两套沉积砂体，存在两个油水界面，并最终在构造有利部位部署了产能井3口，效果显著。

3　经济效益评价

2014年以来，通过该方法的应用，部署新井3口，措施井2口，增加地质储量22×10^{4}t，目前已累计增油0.94×10^{4}t。

根据油田公司经济效益公式：$E=(1-30\%)\times F\times Q\times(P-T-C)-I$，目前该技术已累计创效408.7万元。

4 结论及认识

（1）通过对该区扇三角洲沉积体系储层表征研究，实现了该区兴隆台油层的精细对比，可为剩余油挖潜提供较好的依据。

（2）层序地层学及地震沉积相的应用，加深了对该区的沉积规律认识，为开发后期的井位部署和措施挖潜提供有利保障。

认识：该项技术方法能有效的实现对复杂断块的储层对比识别，为精细油藏描述提供新的技术方法及有利保障，建议下步继续将该项技术应用于欢60块、欢127、齐108块等稠油区块的地质体研究中。

参 考 文 献

[1] 张延玲，杨长春，贾曙光．地震属性技术的研究和应用[J]．地球物理学进展．2005(04)．

[2] 陈波，胡少华，毕建军．地震属性模式聚类预测储层物性参数[J]．石油地球物理勘探．2005(02)．

[3] 侯伯刚，杨池银，武站国，等．地震属性及其在储层预测中的影响因素[J]．石油地球物理勘探．2004(05)．

[4] 王永刚，乐友喜，刘伟，等．地震属性与储层特征的相关性研究[J]．石油大学学报：自然科学版．2004(01)．

[5] 于建国，姜秀清．地震属性优化在储层预测中的应用[J]．石油与天然气地质．2003(03)．

[6] 张玉芬，李长安，钱绍湖，等．薄互层地震反射特征研究[M]．武汉：中国地质大学，2002．

[7] 姚爽，阎建国，李雪峰，等．波形分类分析技术在复杂岩性储层预测中的应用研究——以准噶尔盆地风南地区为例．物探化探计算技术，2011，33(5)：486-490．

[8] 张明学，雷江平，刘伟伟，等．90°相位转换和波形分类技术在贝西北地区储层预测中的应用．科学技术与工程，2010，6(10)：4376-4380．

[9] 关达，张秀容．利用地震属性预测河道砂体[J]．石油物探，2004，43(增刊)：56-57．

[10] 李国发，岳英，国春香，等．基于模型的薄互层地震属性分析及其应用[J]．石油物探，2011，50(2)：144-149．

复杂断块油田"二三"结合提高采收率技术

孟立新[1]，蔡明俊[2]，张　津[1]，李　健[1]，张志明[1]

（1. 中石油大港油田勘探开发研究院，天津 300280；2. 中石油大港油田公司）

摘　要　复杂断块油藏特高含水期剩余油分布异常复杂、井网不完善、储量控制程度低，在目前低油价下实施二次开发重新完善层系井网经济效益差；而在没有完善井网的油藏实施三次采油增油效果差，必须探索新的开发调整模式。"二三结合"就是在高含水开发后期充分发挥"二次开发"与"三次采油"的协同效应。通过研究逐步落实了"二三结合"的有效方法、合理衔接时机，"二"和"三"分别提高采收率评价技术方法；通过北大港油田典型区块方案研究与现场实施，提高采收率效果和经济效益显著。实践证明"二三结合"是复杂断块油藏高含水开发后期有效提高采收率的有效方法和必由之路。

关键词　高含水期；二三结合；层系井网重组；分注层段；构型刻画

"二三结合"是在近几年二次开发的基础上逐渐发展起来的。所谓"二三结合"，就是统筹考虑，综合利用一套开采系统将二次开发和三次采油紧密结合，在二次开发重建注采井网结构过程中充分考虑后续三次采油对层系井网的需求，在三次采油之前对剩余油富集区进行水驱挖潜，尽量发挥水驱潜力的开发调整思路。这样既避免了二次开发重建层系井网中部分井含水高、产量低带来的经济效益差，又避免了三次采油实施过程中缺乏完善的井网、增油效果差，或是由于井况老化致使部分油井见效即套变停产或报废的难题。利用该思路针对北大港油田主力区块开展"二三结合"方案研究和现场实施，取得好的效果。

北大港油田位于大港油区东北部，是大港油区发现和投入开发最早的油田，含油层位主要为明化镇、馆陶、沙河街油组。投入开发后年产油保持在 $135 \times 10^4 t$ 以上已稳产 30 余年，采出程度已达 29.2%，油田综合含水已高达 93%，进入了特高含水开发阶段。之后产量出现快速递减，每年减产 $10 \times 10^4 t$ 以上。受高含水和井况等问题等影响井网瘫痪，主力开发区水驱储量控制程度不足 40%。为此，开展了二次开发方案研究并进行先导试验，待二次开发效果充分发挥后适时转入了三次采油，使区块采收率在特高含水开发阶段得到了大幅提升，在近几年的低油价形势下实现了效益开发。目前"二三结合"开发调整模式得到快速推广，在研究过程中也取得了很多好的技术成果。

1　储层精细刻画及剩余油量化研究

1.1　储层精细刻画与解剖

通过储层构型精细刻画与解剖，解决了复杂断块油藏强非均质性的认识难题。砂体构型成因识别精度为微构造幅度小于 2m，断层断距小于 10m，识别出 9 级构型单元（内部增生

作者简介：孟立新（1966—），女，高级工程师，1989 年毕业于大庆石油学院开发系油藏工程专业，2004 年毕业于中国石油大学（北京）地质工程专业，获硕士学位，现从事油藏描述、油藏工程等研究工作。
E-mail：menglxin@petrochina.com.cn

体)1m韵律层；岩芯描述到纹层级(12级构型单元)，可识别出7~26cm的泥岩侧积(垂积)夹层。针对北大港油田明化镇组曲流河沉积、馆陶组辫状河沉积和沙河街组远岸水下扇沉积均开展了储层内部构型解剖。解剖层次分为：单一曲流带/单一辫流带(7级构型)→单一点坝/心滩坝/朵叶体(8级构型)→单一增生体(9级构型)。地质研究深化了曲流河、辫状河及冲积扇砂体储层构型的研究，建立了2000口井的构型知识库，进一步表征储层构型内部非均质特征，识别出侧积体/垂积体/朵叶体内部不到1m的构型界面。在储层构型表征的基础上建立三维地质模型，并针对各开发单元的不同研究重点建立了不同级次的油藏地质模型。在三维地质模型中对不同级次的构型单元属性进行精细刻画，重点刻画出河道、点坝/心滩坝/朵叶体、侧积层/落淤层的属性差异。8级构型建模的精度为10m×10m×0.5m，9级构型建模的精度为5m×5m×0.3m，单井符合率达到95%，模型符合率达到92%，为高含水期精细数值模拟提供了依据。通过研究形成了曲流河、辫状河、三角洲构型研究模式(图1)。

1.2 构型因素控制剩余油分部研究

随着将认识对象更加细化，技术手段更加丰富，使得对剩余油主控因素的认识更加清晰。在河道级(7级)构型单元控制下，剩余油主要分布在砂体河道边界的渗流遮挡部位和河道交切泥质界面附近。在点坝/心滩坝(8级)构型单元控制下，平面上的剩余油主要分布在不同构型要素导致的相变区，纵向上主要分布在层间物性相对较差的构型单元中。在点坝/心滩坝级内部增生体级(9级)构型单元控制下，受层内构型界面导致吸水和产液差异，顶部剩余油富集；受射开部位和注水方向影响，逆向注水时部分侧积层存在剩余油。垂积体的存在对注水井水驱效果影响较大，在单个点坝(或心滩坝)内，往往有多期侧积体(垂积体)叠置形成，由于各期增生体形成时沉积环境不同导致其物性存在差异，从而导致夹层控制下的多个9级构型砂体(内部增生体)在注水影响下存在不同的水淹特征，如心滩坝内部各垂积体水驱均受波及，整体驱油效率高，受正韵律影响顶部剩余油相对富集。

为了进一步量化剩余油，针对北大港油田明化镇、馆陶和沙河街油组的储层构型特征，利用4类11种点坝模型和3类6种单一辫流带模型的室内水驱油物理模拟实验，12类24种点坝、心滩坝、辫流水道、朵叶体精细油藏数值模拟研究，以及3口密闭取芯井剩余油饱和度分析，落实了点坝、心滩坝及辫流水道内部构型因素约束下的剩余油形成机理、富集规模，定量建立剩余油分布模式。以港东开发区明化镇组曲流河和馆陶组辫状河储层为例，在目前井网和开采方式下，到达极限含水后，点坝内部仍有20%~25%的油气没有受到很好驱替，主要位于点坝顶部及侧积层上部；心滩坝内部有23%~29%的油气没有受到很好驱替，主要位于落淤层下部并呈多段式分布；辫流水道内部有23%~31%的油气没有受到很好驱替，主要位于油层顶部和侧积泥岩附近。以港中开发区沙河街组储层为例，在目前井网和开采方式下，到达极限含水后，远岸水下扇内部有25~36%的油气没有受到很好驱替，主要分布于辫流水道以及辫流水道与朵叶体之间(图1)。

2 层系、井网重组技术方法研究

复杂断块油藏表现为构造复杂、强非均质性、含油层系多、剩余油高度分散等特点，特高含水阶段逐渐暴露出注采井网不完善、含水上升快、层间干扰严重等问题。通过探索特高含水期最佳层系重组技术方法，进行层系精细调整，释放动用较差层段的产能，控制动用较好层段的无效注采，可以有效改善油藏开发效果。在二次开发重组注采井网之时充分考虑三次采油对层系井网的需求。

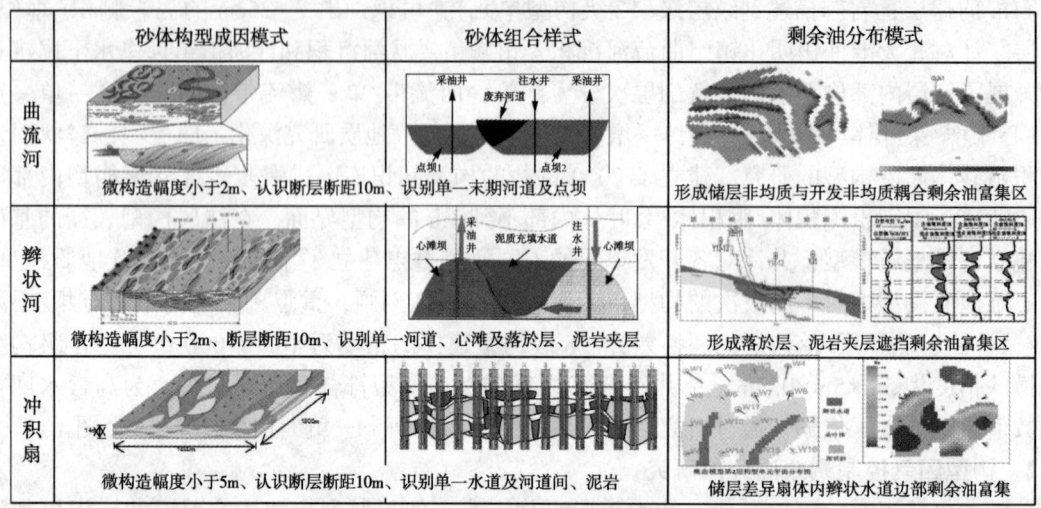

<table>
<tr><td></td><td>砂体构型成因模式</td><td>砂体组合样式</td><td>剩余油分布模式</td></tr>
<tr><td>曲流河</td><td>微构造幅度小于2m、认识断层断距10m、识别单一末期河道及点坝</td><td>点坝1　废弃河道　点坝2
采油井　注水井　采油井</td><td>形成储层非均质与开发非均质耦合剩余油富集区</td></tr>
<tr><td>辫状河</td><td>微构造幅度小于2m、断层断距10m、识别单一河道、心滩及落於层、泥岩夹层</td><td>采油井　泥质充填水道　注水井
心滩坝　　　　　心滩坝</td><td>形成落於层、泥岩夹层遮挡剩余油富集区</td></tr>
<tr><td>冲积扇</td><td>微构造幅度小于5m、认识断层断距10m、识别单一水道及河道间、泥岩</td><td></td><td>储层差异扇体内辫状水道边部剩余油富集</td></tr>
</table>

图1　不同沉积模式内部构型刻画与剩余油分布量化模式图

2.1　开发层系重组技术方法

　　高含水开发后期油藏水淹严重，层间、层内矛盾日益加剧，为了实现均衡水驱，最大限度的提高油藏整体驱油效率，需要对开发层系进行重新组合。针对明化镇曲流河沉积储层，油层连片性较差的特点，采取重点考虑各层水淹特点的"镶嵌式"层系重组技术方法，即油层发育相对富集的区域，根据油藏类型、地层能量补充方式并重点水淹状况细分开发层系；油层发育稳定性差、连片程度低的区域，局部细分层系，并用局部相对完善的注采井网作为后期的层系补充。针对馆陶和沙河街组油层连片性较好的特点，采用"多因素变权矢量决策"开发层系重组方法，即优选出与高含水开发后期层系重组密切相关的单层动、静态指标，包括地质储量、油层发育状况、纵向非均质性、单层渗流阻力、注水启动压力、油层水淹状况、动用程度、吸水情况、含水等因素共计12项，结合油藏特点及层系划分原则，完成各区块的层系重组。改变了以往就近组合、细分的层系重组方法。

　　为了更好的体现各因素对层系重组的影响，首先将各因素采用公式进行标准化[式(1)]，将各因素的参数值转化为为0~1之间的数值：

$$f_{ij}(x) = \frac{x_{ij} - a_{i1}}{a_{i2} - a_{i1}} \tag{1}$$

$$F_{ij}(x) = f_{ij}(x) \tag{2}$$

$$F_{ij}(x) = 1 - f_{ij}(x) \tag{3}$$

　　式中，$i = m$，m 为影响因素个数；$j = n$，n 为油层数；$f_{ij}(x)$ 第 j 层 i 因素的归一化值；F_{ij}，其中第 j 层的 i 个因素的值表示为 x_{ij}，第 i 个因素中的最大值表示为 a_{i2}，最小值表示为 a_{i1}。

　　通过计算各因素参数0~1之间的数值后，再根据各因素对层系划分影响的作用进行分类，划分为正向影响因素和负向影响因素两类，通过公式进行矢量化，值高与开发效果正相关的因素矢量化应用式(2)；值低与开发效果负相关的因素矢量化应用式(3)；这样各影响因素将转换为具有方向性的矢量化可比较的0~1之间的数值，然后根据各影响因素对层系划分的影响程度采用专家权重打分法确定各影响因素的权重分值，各因素分值与总分值的比值即为该因素的影响权重系数，通过向量计算，即各因素与其权重系数的乘积之和形成每一层的层系重组综合因子，综合因子相近的层开发效果接近，根据量化后的综合因子值，结合储层纵向分布情况，与实际生产操作可行性进行层系重组。

2.2　分注层段合理确定方法

分层注水作为层系重组的补充，以减缓层间矛盾、实现均衡水驱为目的。本文提出了一种以静态参数为基础，动态参数作为约束，计算分注系数，确定合理分注系数级差，最后确定出合理分注层段，充分考虑井间因素影响的先进的分注段确定方法，该方法将注入端、井网及采出端建立有效联系，动静结合，使得分注段的确定更加科学合理。

（1）影响分注效果的主要参数确定

影响注水井分注效果的地质因素是多方面的，且各个因素之间互相联系、互相制约。以以北大港油田 1533 个注水井组作为研究对象，对影响注水井注水效果的参数进行矿场统计分析，以油层动用程度作为评价标准，进行相关性分析，最终确定了对注水影响最为敏感的3 类 10 项影响参数。包括：

① 注入端 4 项参数：注水井小层渗透率、射开厚度、启动压力、油层中深；

② 井网 3 项参数：注水受益方向、注采井距；

③ 采出端 4 项参数：采油井小层渗透率、射开厚度、采液量、单砂层累计注采比。

（2）分注系数的计算

分注系数是指在注采井网中反映注水井单层吸水能力的特性动态参数。影响注水井组分注效果的每项参数的量纲不同，数量级相差较大，为了便于对比分析，对 10 项相关参数分别进行归一化处理，将每个小层经过归一化处理后的各项注水指标参数值进行加权平均得到每个小层的分注系数；各项相关参数的权重值之和为 1，并本着注入端指标权重大于井网指标权重，也大于采出端指标权重的原则给定权重值。具体可以采用式（4）所示的变权矩阵来计算每个小层的分注系数。

$$\begin{pmatrix} FZ_{11} \\ FZ_{21} \\ \vdots \\ FZ_{m1} \end{pmatrix} = \begin{pmatrix} F_{11} & F_{12} & \cdots & F_{1n} \\ F_{21} & F_{22} & \cdots & F_{2n} \\ \vdots & \vdots & \cdots & \vdots \\ F_{m1} & F_{m2} & \cdots & F_{mn} \end{pmatrix} \cdot \begin{pmatrix} \mu_{11} \\ \mu_{21} \\ \vdots \\ \mu_{n1} \end{pmatrix} \tag{4}$$

式中　　　　　　　m——小层数；

　　　　　　　　　n——参数个数；

FZ_{11}、FZ_{21}、$\cdots$、FZ_{n1}——每一层的分注系数；

　μ_{11}、μ_{21}、$\cdots$、μ_{1m}——各项参数的权重；

　F_{11}、F_{12}、$\cdots$、F_{1n}——第 1 层的各项参数；

　F_{m1}、F_{m2}、$\cdots$、F_{mn}——第 m 层的各项参数。

（3）合理分注段的确定

通过合理分注系数级差来确定合理分注层段。分注系数级差是指分注段内最大分注系数除以最小分注系数，反映分注段内的非均质性。分注系数级差与油层动用程度具有一定相关性，其规律是随着分注系数级差增大，油层动用程度降低，以某一断块为例，按注水井分注段统计分注系数级差及吸水厚度百分数，做出分注系数级差与吸水厚度百分数关系图，并进行回归，求得分注系数级差与吸水厚度百分数关系式，利用回归出的关系式，计算出如果吸水厚度百分数要达到 80% 以上，分注系数级差应控制在 1.25（该值可变）以内。可以在与待确定分注层段的分层注水井所在区块中，选择多个具有吸水剖面测试资料的注采井组，分别计算每个注采井组中每个分注层段的分注系数级差，同时获取每个分注层段对应的吸水厚度百分数，这样可以获取多组分注系数级差与吸水厚度百分数的值，从而使最终得到的分注系数极差与吸水厚度百分数之间的函数关系式更加准确。以计算机软件计算作为辅助手段，列举出所有可能的分注段划分方案，优选分注系数极差最小且满足分注系数极差界限要求的分段方法最为最优分段方法，所有可能的分注方案均没有满足界限要求的方案，则在不满足的方案中找分注系数级差最小方案作为最优方案。同时，使分注段的确定满足分注工艺技术限制的约束条件，即最大分注段数为 5、最小层间距 2.5m、层间压差小于 7MPa。在计算机软件中工艺技术限定条件可选、数值可变。

2.3　井网重组技术方法

（1）井距的合理选择

高含水开发后期剩余油分布极其分散，调整井井距的确定要综合考虑油藏潜力及经济效益。首先可以利用式（5）得到潜力区剩余可采储量与剩余油富集区范围、剩余油饱和度、油层厚度之间的关系；利用式（6）得出单井所需经济极限累计产油量（投入产出比为 1）与钻井费用、采油成本、原油售价等之间的关系；在通过式（7）就可以做出剩余油饱和度、油层厚度与经济极限井距之间的关系图版（图 2），从而"疏密结合"部署不同级别潜力区的调整井。

$$N_P = \rho_0 \cdot S \cdot H \cdot (S_o - S_{or}) \cdot \phi / B_o \times 10^2 \tag{5}$$

$$\lambda = \frac{\sum Q_o \times \eta \times l_p}{\sum Q_o \times P + I_d + I_b} \tag{6}$$

$$d = \sqrt{\left(\frac{S}{0.866}\right)} \times 100 \tag{7}$$

式中　Q_o——剩余可采储量，10^4t；

ρ_0——原油密度；

S——潜力区面积，km²；

H——油层厚度，m；

S_o——剩余油饱和度，小数；

S_{or}——残余油饱和度，小数；

ϕ——孔隙度，小数；

B_o——原油体积系数；

λ——投入产出比；

$\sum Q_o$——单井经济累计产油量，10^4t；

l_p——原油销售价格，元/t；

P——原油操作成本，元/t；

η——原油商品率，%；

S——潜力区面积，km²；

I_D——单井钻井（包括射孔压裂等）投资，10^4 元；

I_B——单井地面建设（包括系统工程和矿建等）投资，10^4 元；

d——井距，m。

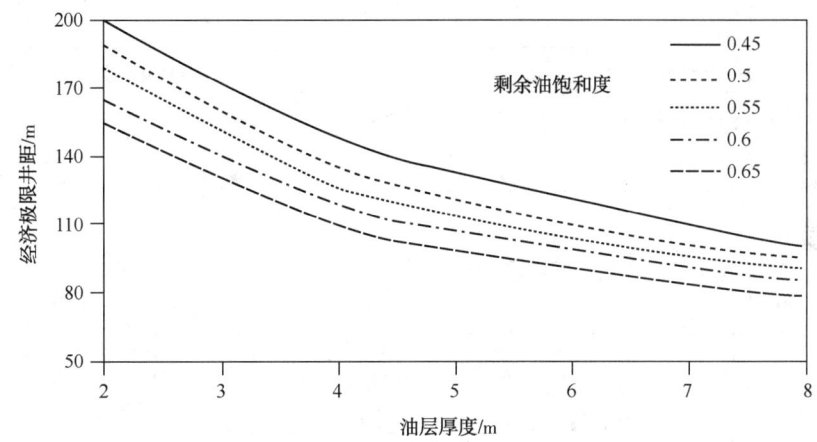

图2　注采井距与油层厚度、剩余油饱和度关系图

（2）井网的合理选择

① 砂体具有一定的储量规模

二三结合注采井网的采油井应尽量多向受益，以使井网波及体积最大，因此要求井网重构的主力砂体面积应具有一定的规模。按所控制的井数将复杂断块油田的油砂体分为5级（表1），当油砂体面积达到 0.102km² 时（二级砂体），可以部署一个规则的5点法单井组，因此以一级砂体（面积>0.252km²）作为骨架，兼顾二级、三级砂体重构二三结合注采井网。

表1　港西六区二三结合井网砂体分级数据表

分类	砂体面积/km²				
	<0.045	0.045~0.075	0.075~0.102	0.102~0.252	>0.252
砂体级别	五级	四级	三级	二级	一级
控制井	一口井控制	二口井控制	三口井控制	五点单井组	五点多井组

② 强调井网的均衡性

为了评价井网的均衡性，引入井距偏移系数的概念，用于衡量不规则井网相对规则井网的偏移程度。假设注水井的注水方向数为 m，每个注水方向的井距为 b_i，注水井组平均井距：

$$B = \sum_{i=1}^{m} b_i / m \tag{8}$$

注水井组偏移系数：

$$A = \sum_{i=1}^{m} |B - b_i| / m / B \tag{9}$$

利用数值模拟方法研究五点法注采井组偏移程度对采收率的影响，结果见图3。从图3可以看出，当注入速度相同时，不规则井网与规则井网相比，偏移系数大于 0.07 后，聚驱采收率明显降低；井组偏移系数达到 0.3 时，聚驱采收率相对于均衡井网降低了 8.7 个百分点，因此要求重新构建的注采井网时应尽量考虑为规则井网。

③ 不同类型油藏二三结合井网形式

岩性-构造油藏：为了提高采油井多向受益率，采用面积井网的同时尽量保证砂体边部为注水井。

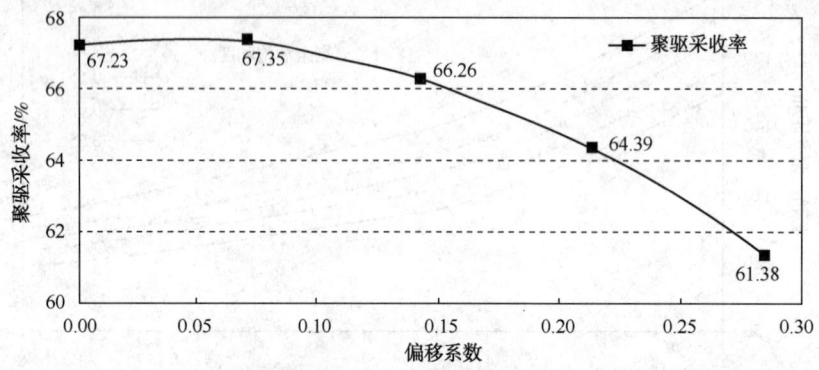

图 3　不同偏移系数聚驱采收率对比曲线

底水油藏：建立水驱井网，而不建立三次采油井网。

边水油藏：油藏边部用采油井控制，避免化学药剂注入水层。

3　"二三结合"合理衔接时机研究

转入三次采油之前要充分发挥二次开发挖潜剩余油富集区的作用，同时为了提高水淹区整体驱油效率需要适时转入三次采油。二次开发转入三次采油时机的影响因素较多，不同油田主控因素会有所不同，但主要因素集中在 3 个方面：二次开发实施后上产或稳产以及出现递减的时间段、二次开发经济效益情况、二次开发井网完好维持时间段。

例如，北大港油田港东开发区、港西开发区实施二次开发的区块，随着井网的构建均出现 3 年左右的稳产、上产时期，3 年后产量开始出现递减趋势(图 4、图 5)，为了保持好的开发效果需要采用新的技术方法。

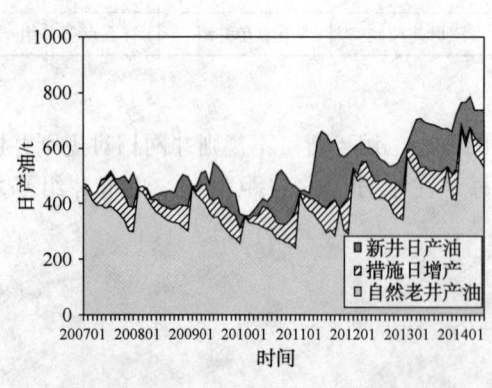

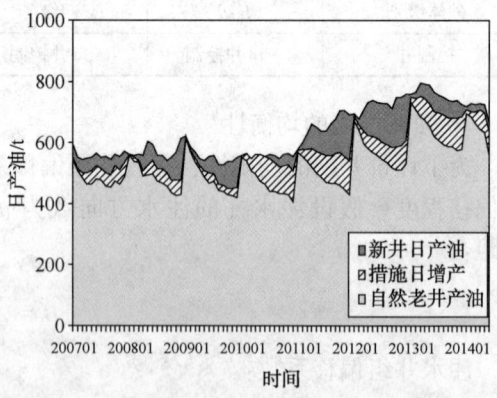

图 4　港东二次开发实施区产量构成图　　　　图 5　港西二次开发实施区产量构成图

北大港油田港西开发区按照目前钻井费用及采油成本等测算，实施二次开发初期平均单井日产油为 5.2t、油价为 50 美元(阶梯油价)的情况下，方案内部收益率为 8.0%，投资回收期 6.5 年；当初期单井日产油低于 5.2t 时，内部收益率将低于 8.0%，达不到行业标准及实施二次开发的要求。当二次开发与三次采油相结合后，方案内部收益率得到提高(图 6)，但随着二次开发转三次采油时间逐渐向后推移，方案内部收益率将逐渐下降，当实施二次开发8年以后再转成三次采油，财务内部收益率将降到8%以下，也就是说转三次采油的时间极限为8年，并且在8年内越早实施三次采油经济效益越好。

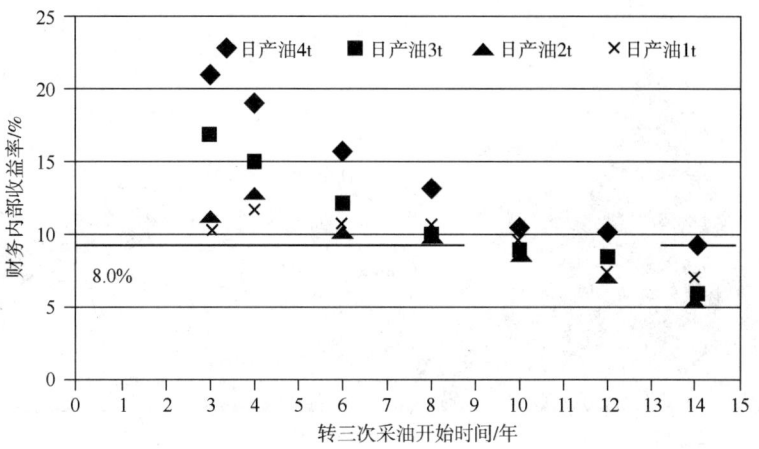

图6　二次开发转三次采油时机与经济效益关系图

具有良好注采井网的基础，三次采油效果才能更好发挥。复杂断块油藏断层多、断块小、构造复杂，受断层蠕动、地层出砂及注水等影响，套变井较严重。统计港西开发区历史上402口套变井的套管寿命，发现最短不到1年，最长近50年。在只考虑套变这一单因素的情况下，10年内井网的损失率将达到5%，随着时间延续井网完好程度将快速下降（图7），如果再考虑水淹关井等一些其他开发因素，还将加速井网的损失，使得维护井网（钻更新井）的费用将大幅增加，二次开发转三次采油的时间应控制在10年以内。

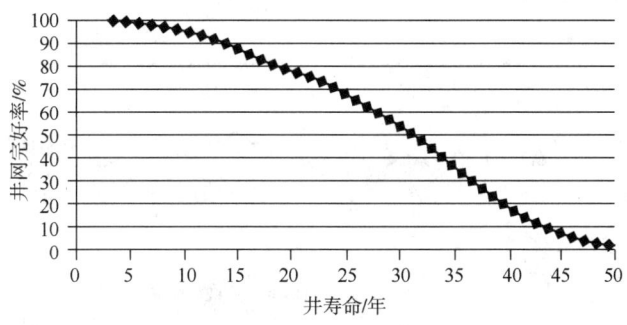

图7　港西开发区井网完好率与时间关系曲线

可以根据以上三种因素，结合油田实际特点，综合考虑二次开发转三次采油的合理时间。

4　应用及效果

在"二三结合"技术思路的指导下，北大港油田已有$1.12×10^8$t地质储量实施二次开发，在此基础上已有$7451×10^4$t地质储量已实施三次采油，目前已累计增产原油$195.37×10^4$t，增产天然气$3.480×10^8$m³。主力油田的含水上升率下降1.38%；自然递减率下降4.12%。使北大港油田的年产油量止跌回升，稳定在$112×10^4$t（图8）。6年来共新增产值69.62亿元，新增利润35.35亿元，新增税收14.81亿元，在低油价形式下取得了非常好的经济效益。

例如，北大港油田港西二区2009年逐步实施二次开发，纵向上重新组合成三套开发层系，通过补钻48口新井，平面上形成了47注65采相对完善的非规则三角型注采井网，水

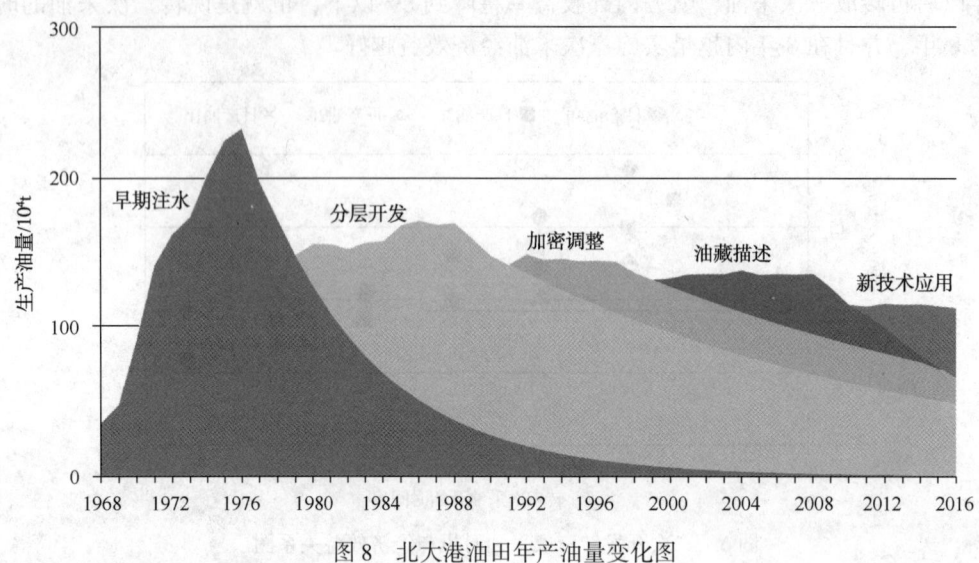

图 8 北大港油田年产油量变化图

驱储量控制程度达到 83%，另外实施细分注井 35 口，加上单注井，细分注比例达到 85%，有效缓解了层间、层内及平面矛盾。实施二次开发后日产油量逐步上升，含水上升速度减缓。2014 年后区块产量又出现递减，为此及时转入聚合物驱油，2015 年注聚开始陆续见效，年产油量大幅上升(图 9)，含水率下降 10%。目前已提高采收率 10.33%，其中二次开发提高采收率 6.1%，三次采油提高采收率 4.23%，聚合物驱仍继续有效。"二三结合"使复杂断块油藏在高含水开发期重新实现了生产活力。

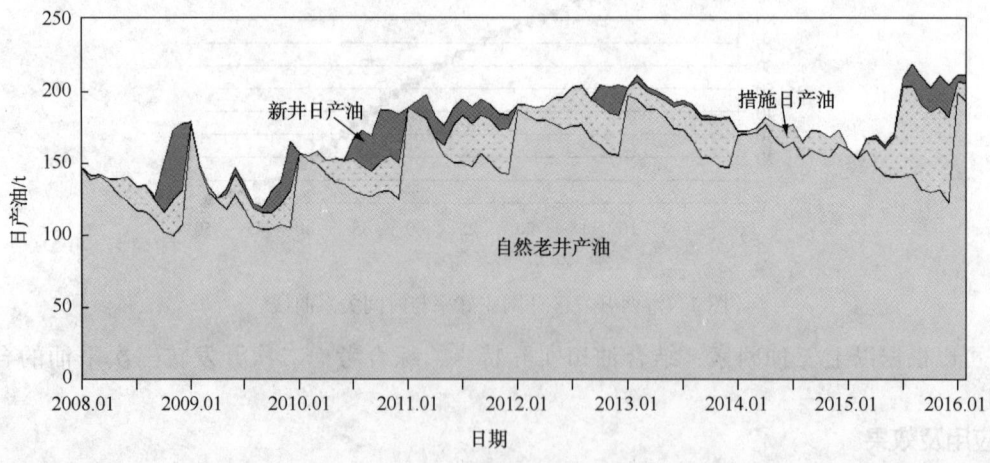

图 9 港西开发区二断块年产油量剖面图

5 结束语

二次开发是复杂断块油田高含水期精细开发的重要载体和技术支撑，特别是二三结合技术的综合应用，为有效应对低油价和油田开发提质增效，发挥有效作用。研究成果落实了复杂断块油藏高含水期潜力研究方法、二三结合层系井网重组方法以及二三结合的时机等。形成复杂断块油藏高含水开发期进一步提高采收率的思路与方法，有针对性的给出进一步提高采收率的关键技术，研究成果有效指导了方案编制与实施，并取得了很好的稳油降水、提高采收率的效果。认为该方法较适合低油价下保持老油田可持续发展的技术需求，可进一步推广应用到类似油田改善开发效果、提高采收率的实践中。

参 考 文 献

[1] 胡文瑞. 论老油田实施二次开发工程的必要性与可行性[J]. 石油勘探与开发, 2008, 35(1)：1-5.

[2] 王德民. 大庆油田"两三结合"的试验情况及扩大实施建议[J]. 大庆石油地质与开发, 2004, 23(1)：18-23.

[3] 韩大匡. 关于高含水油田二次开发理念、对策和技术路线的探讨[J]. 石油勘探与开发, 2010(05).

抑砂工艺的改进与应用

邵现振，秦延才，唐 林，郑英杰，李 栋

（胜利油田分公司河口采油厂工艺研究所，山东东营 257200）

摘 要 河口采油厂疏松砂岩油藏分布广泛，出砂井数占到总开井数的 2/3 以上。面对低油价、高含水、泥质、粉细砂等不利因素的挑战，笔者从重防砂原因入手，深入分析得到泥质粉细砂运移是造成重防砂的主要原因，并通过室内试验认识了泥质粉细砂运移以及混砂带对挡砂屏障造成的影响；在此基础上，针对部分堵塞不严重的出砂井，提出了不动机械防砂管柱的低成本抑砂工艺，并优选抑砂剂，确定了施工用量计算方法和"一洗、二疏、三稳、四焖"的四步质量控制法，显著降低了作业时率和费用，提高了开井时率，单井可节约费用 12 万元以上，截止到目前实施 197 井次，实现累增油 10.6×10⁴ t，投入产出比 1：6 以上。实践证明，低成本抑砂工艺以其施工方便、作业周期短（2 天以内）、成本低，成为高含水后期疏松砂岩油藏机械防砂后延长防砂有效期的重要手段，具有广阔的推广前景。为提高抑砂工艺的应用范围，目前正在研制抑砂强度更高的荷电分子膜固砂剂，以达到高低搭配，进一步提高抑砂工艺效果。

关键词 疏松砂岩；粉细砂；堵塞；抑砂

1 概况

河口油区疏松砂岩油藏分布广泛，主要区块有埕东油田西区、陈家庄油田、邵家油田、飞雁滩油田等，总出砂井数达到 1600 余口。该类疏松砂岩油藏具有胶结疏松、易出砂的特点，防砂工艺主要采用机械防砂工艺，由于大部分区块存在泥质含量高、粉细砂堵塞问题，河口油区每年的防砂工作量达到 250 井次左右。面对国际油价持续低迷，原有的防砂费用居高不下，为创本增效，扭转这一不利局面，笔者通过对重防砂原因深入研究入手，得到地层微粒运移造成堵塞是重防砂的主要原因，由此优选了抑砂剂配方，优化了施工工艺，探索出一条机械防砂后延长防砂有效期的低成本工艺，取得了良好的效果。

2 重防砂井原因分析

为得到重防砂井主要原因，以 2014 年数据为例，2014 年全年共实施重防砂 245 井次，其中由于液量下降、作业探冲砂无砂、为保证产量而进行重防砂的井共 137 口，占总井数 55.9%；因补孔改层而重防砂的井共 52 口，占总井数 21.2%；因筛管损坏、封隔器失效出砂而重防砂的井共 50 口，占总井数 20.4%；其他原因造成的重防砂的井共 6 口，占总井数 2.5%。由此得到重防砂的主要原因为近井地带堵塞造成的液量下降。由此对堵塞的机理进行研究。

3 储层堵塞机理研究

通常情况下，疏松砂岩在采油过程中容易造成地层微粒的剥落，而微粒随流体在运移或

作者简介：邵现振（1983—），男，汉族，硕士，高级工程师，2012 年毕业于中国石油大学（北京）油气田开发专业，现从事防砂、压裂、修井等研究工作。E-mail：sxz_ 20032003@ sina.com

聚集过程中，堵塞地层孔道，造成渗透率的降低，最终导致产量下降。

为更加细致的观察地层微粒对储层渗透率的影响，我们进行了多组单点和多点测压试验。

3.1 单点测压模型试验

通过单点测压模型发现，随着地层砂比例的增加，渗透率下降明显，近井地带堵塞严重。

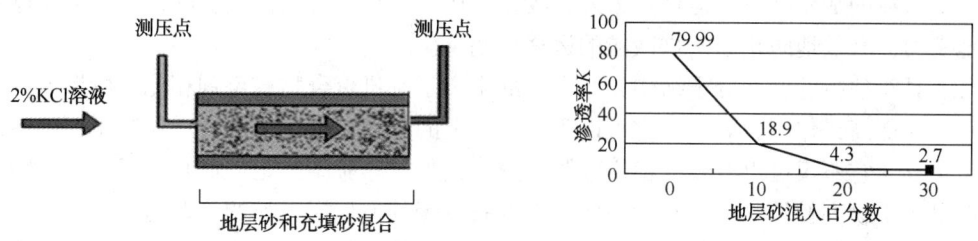

图 1 单点测压模型试验数据

3.2 多点测压模型试验

通过多点测压模型明确了地层砂运移的规律和各个段塞渗透率的变化，明确粉细砂、黏土等地层颗粒运移是输送砂岩油藏防砂失效的主要原因。因此，需要抑制地层砂的运移，保持近井地带高渗透率。

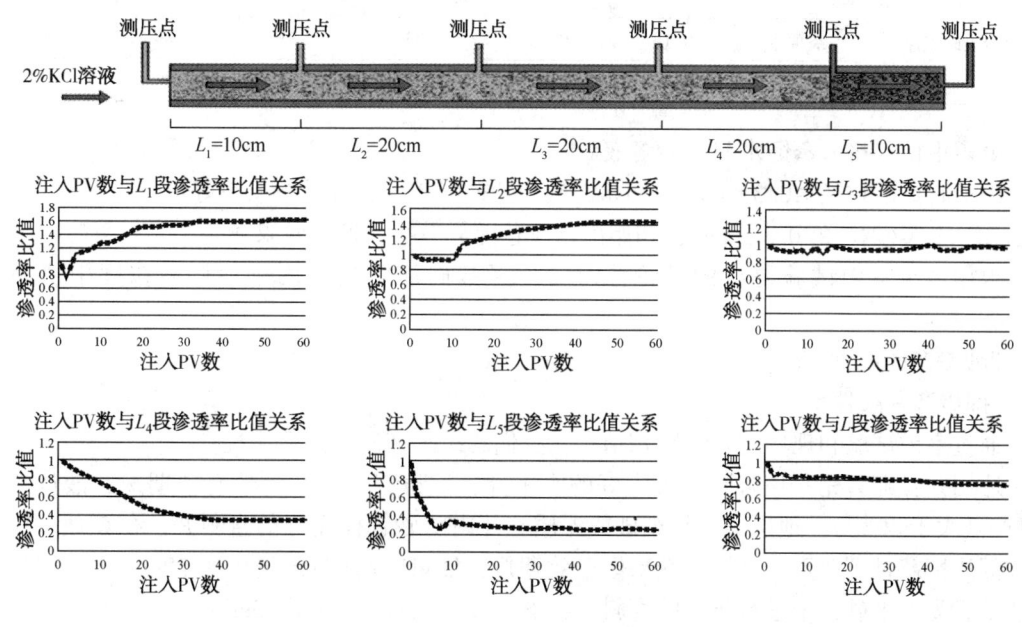

图 2 多点测压模型试验数据

4 抑砂剂优选及机理研究

4.1 抑砂剂优选

防膨抑砂剂分为无机和有机两种。无机类货源广、价格低、使用维护简单，但是，只能暂时起到防膨效果，对微粒运移没有效果。有机类吸附能力强，耐冲刷，对微粒运移有较好的抑制作用，但费用较高[1~8]。通过室内岩芯实验优选有机类抑砂剂——阳离子羟基硅油乳液。

4.2 抑砂剂机理

阳离子羟基硅油乳液为属于季铵盐型阳离子聚合物，相对分子质量$(15\sim20)\times10^4$，其聚合物长链同时被吸附到多个晶层间和微粒上，从而有效抑制了黏土的分散和微粒的运移，达到抑砂目的。其具体作用体现在如下几个方面：

（1）吸附于黏土矿物和其他地层微粒的表面上，形成多点吸附膜，可有效地防止黏土矿物和地层微粒的膨胀分散和运移。另外，改变了矿物微粒的表面性质，降低了运动流体对微粒的拖曳力，有效地防止了矿物微粒的运移堵塞。

（2）具有独特的网状分子结构，与常规的阳离子有机聚合物稳定剂相比，所形成的吸附膜密集程度更高，作用力更强，它可以和 2 个以上的矿物微粒联结，使微粒结团，不易被流体夹带运移。它不仅可以有效地稳定蒙脱石这样的见水膨胀型黏土，而且可以有效地防止非膨胀型黏土矿物高岭石、伊利石、绿泥石以及石英等其他地层微粒的分散运移。

（3）分子结构中的多羟基可以和羟基化的地层表面上的羟基形成大量的氢键，使两者结合的更加牢固，对黏土矿物和其他地层微粒起到更强更久的稳定作用。

4.3 抑砂剂评价

利用实验仪器对不同粒径石英砂初始出砂流速进行测试，实验结果如下表：

表 1　不同粒径石英砂初始出砂流速

石英砂粒径/mm		<0.05	0.05~0.1	0.1~0.15	0.15~0.3	0.3~0.5	0.5~0.8
初始出砂流速/(m/h)	蒸馏水	0.18	0.42	0.83	1.79	3.98	7.61
	抑砂溶液	3.40	3.35	3.50	3.74	4.11	7.73

由表中得，挤入蒸馏水和抑砂溶液后：

（1）石英砂粒径≤0.3mm 时，初始出砂流速差异较大，抑砂效果较好；

（2）石英砂粒径>0.3mm 时，初始出砂流速差异较小，抑砂效果较差。

根据多次室内试验得出的结论，阳离子羟基硅油乳液适用于地层砂粒度中值小于0.3mm 油藏。

5　抑砂参数优化

5.1　抑砂选井条件

通过室内试验和现场实施情况相结合，我们总结了抑砂井的适用性。

适用井：筛管完井且防砂筛管完好的水平井，试挤有一定效果但有效期短，液量较高（日产液大于 $40m^3$），地层存在粉细砂或泥质。井内防砂管柱完好的直斜井，存在地层粉细砂或泥质堵塞且不严重，试挤有效果但有效期短，液量较高（日产液大于 $30m^3$）。地层出砂不严重且为粉细砂，未进行防砂的直斜井，液量较低（日产液小于 $20m^3$）。

不适用井：地层砂粒度中值较大（≥0.3mm）、边底水活跃油井；生产压差较大、出砂严重，多轮次防砂油井；开发时间较长、地层骨架破坏严重油井。

5.2　施工参数

5.2.1　抑砂半径

主要根据油井正常生产时的产量确定，计算其压降漏斗半径，得出一个合理的供液半径。根据统计，确定以下标准：针对直斜井，油层产液强度<$10m^3/m$，抑砂半径：2.0～

2.5m；油层产液强度≥10m³/m，抑砂半径：2.5~3.0m；针对水平井，水平段长度<60m，抑砂半径：1.0~1.2m；水平段长度≥60m，抑砂半径：0.5~1.0m。

5.2.2　抑砂剂用量及注入速度

由于区块间存在物性差异，为提高抑砂溶液的波及面积和利用效率。依据地层孔隙度、油层射孔厚度、抑砂处理半径等不同因素确定了抑砂剂用量计算方案，制定了抑砂剂和抑砂溶液用量公式。

$$Q_1 = \pi R^2 H \varphi \tag{1}$$

$$Q = \pi R^2 H \varphi k \tag{2}$$

式中　Q_1——抑砂溶液用量，m³；

　　　　Q——抑砂剂用量，m³；

　　　　R——抑砂半径，m；

　　　　H——油气层厚度（m，射孔井段厚度附加1~2m）；

　　　　φ——孔隙度，%；

　　　　k——抑砂剂溶液浓度，一般取15%。

为使防膨抑砂剂均匀进入施工井段，排量一般控制在0.3~0.5m³/h。

5.2.3　抑砂工序

为使防膨抑砂剂在油藏内充分发挥其特性，确定了抑砂工艺"一洗、二疏、三稳、四焖"的施工模式。

一洗：油井生产过程中，井筒内存在大量死油，通过洗井洁净井筒，避免因死油挤入地层，造成油层污染。

二疏：随着生产周期延长，出砂油井近井地因地层砂及泥质混合物产生堵塞，挤入前置液可以解除堵塞为后续抑砂剂疏通道路，而且前置液的处理半径大于油井的供液半径，防止部分堵塞物再次遭层堵塞。

三稳：挤入抑砂溶液，进而对地层起到防膨稳砂的作用。

四焖：将井筒内抑砂溶液顶入预定位置，抑砂剂与地层中的泥质及游离砂充分接触。由于在室内实验条件下，反应室温1~2h即可完成，所以反应无需太长时间，只要施工压力释放为零即可，一般关井24h完全能够满足现场要求。

6　工艺实施情况

2015年5月至今，河口厂共实施抑砂工艺197井次，成功率达到85%以上，实现累增油10.6×10⁴t，与重新防砂相比，单井节约作业周期4~6天，单井节约费用12万元以上，节约总费用2000余万元，投入产出比达到1:6以上，效果显著。

7　结论与认识

（1）通过单点测压和多点测压模型试验得到，地层微粒的运移是造成近井地带堵塞的主要原因。

（2）根据河口厂的油藏状况，优选抑砂剂，并对参数进行优化，见到了较好的效果，是一种低油价条件下延长防砂有效期的有效手段。

（3）根据不同油藏不同井况的特点，还需要继续发展由单一抑砂向复合抑砂转变，探索荷电分子膜固砂，实现高低搭配，同时对抑砂时机，抑砂与其他工艺复合，提高抑砂效果。

参 考 文 献

[1] 赵福麟. 采油化学. 第2版[M]. 东营: 石油大学出版社, 1994.

[2] 王海波, 卫然. 浅析胜利油田疏松砂岩浅气层的伤害与保护 [J]. 油气采收率技术, 2000, 7.

[3] 赵福麟. 采油用剂[M]. 东营: 石油大学出版社, 1997.

[4] 崔桂陵. 多羟基阳离子聚合物黏土防膨剂的研究 [J]. 石油大学学报: 自然科学版, 1990, 14.

[5] 卫 然, 董海生, 高 斌, 等. 中高渗透稠油油藏新型防膨抑砂剂的研制及应用[J]. 大庆石油地质与开发, 2006, 12.

[6] 刘音, 曹骒骒, 贾培娟, 等. 油气开发用防膨抑砂剂技术[J]. 石油化工应用, 2013, 12.

[7] 张森, 田承村. 阳离子聚合物防膨抑砂剂的合成与性能评价[J]. 断块油气田, 2004, 11.

[8] 张利平, 邓士奇, 黄敏. 阳离子聚合物ＡＥＥ用作防膨抑砂剂的研究[J]. 油田化学, 2002, 19(3): 208-209, 226.

海上油田高含水期综合调整后提高采收率研究

司少华，贾晓飞，田　博，邓景夫，王公昌

(中海石油(中国)有限公司天津分公司，天津 300459)

摘　要　SZ 油田是渤海油田规模最大的自营油田，1993 年投入开发，进入高含水期后，平面和纵向矛盾更加突出，油水分布规律愈发复杂，纵向和平面动用不均，油田产量递减及含水上升加快。为提升油田开发效果，实施了海上首个整体加密综合调整项目。但是，随着开发的不断深入，剩余油分布规律越发复杂、总体呈现"整体分散、局部富集"的特征，油田进一步提高采收率面临前所未有的挑战。以 SZ 油田整体加密综合调整资料为基础，理论与实践相结合，紧紧围绕高含水期综合调整后剩余油进一步精细描述和挖潜，及进一步调控流场、提高水驱效果这两条主线，形成了海上大井距多层合采三角洲相油田基于储层构型的双高阶段剩余油描述技术、多层合采砂岩油藏动态干扰程度定量表征新技术和海上油田基于流场重构的行列井井网高含水期变强度交错注采技术等 3 项创新技术，指导渤海 SZ 油田 2014～2016 年开发效果持续提高，含水上升率控制在 1% 左右，自然递减率控制在 9% 以下，连续 3 年稳产 500×10^4 t 产能规模，采收率提高 3.5%。新技术与实践为海上高含水油田综合调整后持续提高采收率提供了重要的借鉴经验。

关键词　海上油田；高含水期；综合调整后；提高采收率

SZ 油田是渤海油田规模最大的自营油田，开发分 I 期、II 期两期进行。I 期于 1993 年投产，II 期于 2000 年开始投产。进入高含水期后，平面和纵向矛盾更加突出，油水分布规律愈发复杂，纵向和平面动用不均，油田产量递减及含水上升加快。为提升油田开发效果，实施了海上首个整体加密综合调整项目。但是，随着开发的不断深入，剩余油分布规律越发复杂、总体呈现"整体分散、局部富集"的特征，油田高效开发挑战巨大。为了进一步改善油田综合调整后高含水期的开发效果，开展了高含水期提高采收率技术研究。

1　基于储层构型的海上油田双高阶段剩余油描述技术

为了满足油田双高阶段的剩余油精细认识及挖潜，面对井距较大的局限性，创新提出了利用地震、水平井及水淹层测井解释等资料开展储层构型解剖的研究方法。研究发现层间相带干扰、层内夹层及平面构型单元接触关系是高含水期控制剩余油分布的主要因素。该认识为油田双高阶段的调整挖潜奠定了基础。

1.1　海上三角洲相油田储层构型研究思路与方法

1.1.1　构型界面识别方法及刻画技术

针对海上油田大井距及三角洲相储层的沉积特点，首先通过取心井夹层岩电标定，按照构型研究的层次性原则，对研究区的隔夹层亦进行了层次划分，共分为 3 个级别的隔夹层，

作者简介：司少华(1988—)，男，汉族，硕士，2014 年毕业于中国石油大学(北京)油气田开发专业，现从事油气田开发工作。E-mail：sishh2@cnooc.com.cn

分别对应构型界面的 3~5 级(图 1)。

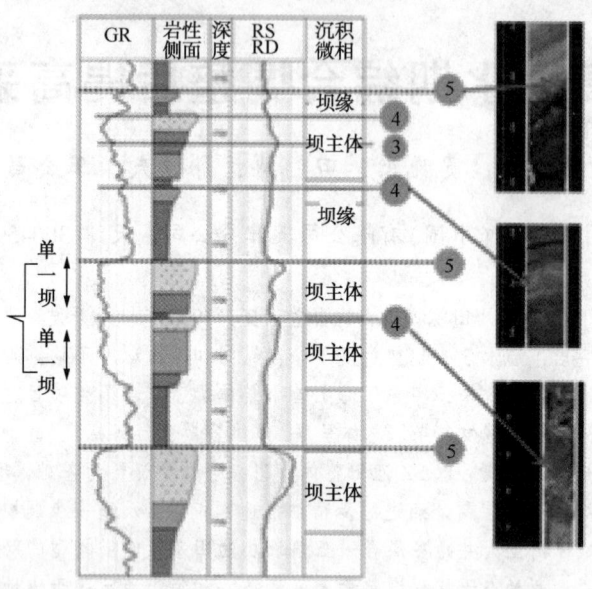

图 1　不同级次构型界面识别图

1.1.2　水平井模式验证

　　针对海上油田大井距的局限性,充分利用大量实钻的水平井资料,对夹层在井间的分布模式进行了精细刻画及验证。如图 2 所示,第 5 小层为两套砂体叠置而成,水平井依次钻遇了复合砂体的各个界面,验证了钻前对夹层井间展布的认识。

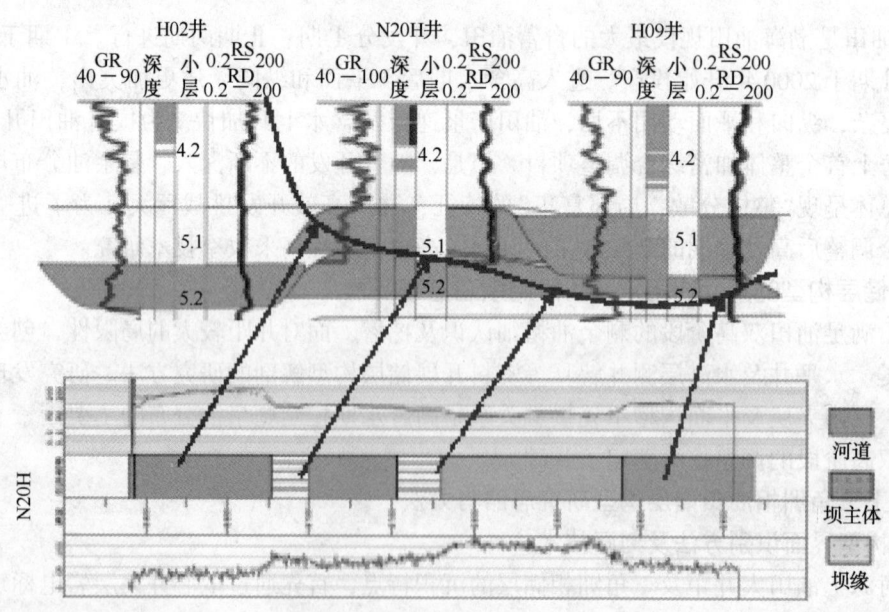

图 2　水平井夹层模式验证图

1.1.3　多维互动、夹层分布立体表征

　　根据 SZ 油田单层砂体微相平面展布样式,平剖结合,对各级夹层分布进行立体表征。

研究认为河口坝内部泥质夹层在切物源和顺物源方向上表现为不同的样式。顺物源方向，夹层发育前积式。夹层产状与河口坝的发育过程密切相关，一般而言，水下分流河道向前"伸展"的程度越大，前积夹层的倾角越陡。切物源方向河口坝倾向于垂向加积，夹层位于河道两侧近对称分布，因而泥质夹层往往表现为上拱式(图3)。

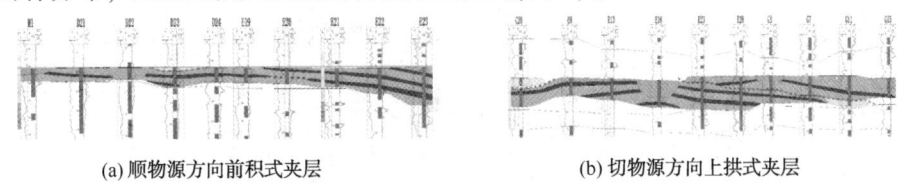

(a) 顺物源方向前积式夹层　　　　　　　　　　(b) 切物源方向上拱式夹层

图 3　单层河口坝内部夹层解剖图

1.2　海上三角洲相油田双高阶段剩余油赋存模式

从平面、层间、层内三大矛盾出发，明确了剩余油分布的控制因素；油田进入高含水、高采出阶段后，剩余油分布日趋复杂，而其赋存模式则主要表现为以下3个方面：

(1) 平面剩余油主要受不同构型单元之间的注采接触关系控制，当注采井位于主力构型单元(河道、坝主体)内部时，注采连通程度较高，水淹较强；当注采井位于非主力构型单元(坝缘)内部时，注采连通程度较差，水淹较弱。

(2) 层间剩余油主要受不同构型单元之间的储层质量差异控制，注入水会优先进入厚度较大的高渗层，储层质量较差的砂体吸水强度小或不吸水，在采油井上则表现为储层质量较差的坝缘沉积剩余油较为富集。

(3) 层内剩余油除了受沉积韵律、重力等常规因素的影响外，厚层砂体内部的构型界面也起到了关键作用。主要表现为层内夹层在垂向上能够对注入水起到较好的遮挡作用，从而造成层内局部存在弱势水驱区域，剩余油饱和度较高。

1.3　海上三角洲相油田双高阶段剩余油挖潜模式

1.3.1　主力厚层水平井挖潜策略

高含水期厚油层层内水淹规律复杂，部分砂体水淹程度很低，而另一部分砂体水淹程度很高，且强水淹砂体分布位置各异，导致层内存在大量剩余油无法采出。在构型研究的基础上，SZ 油田形成了不同水淹类型砂体水平井挖潜模式，包括底部强水淹砂体水平井挖潜顶部剩余油模式、顶部强水淹砂体水平井挖潜底部剩余油模式、顶底强水淹砂体水平井挖潜中部剩余油模式(图4)。

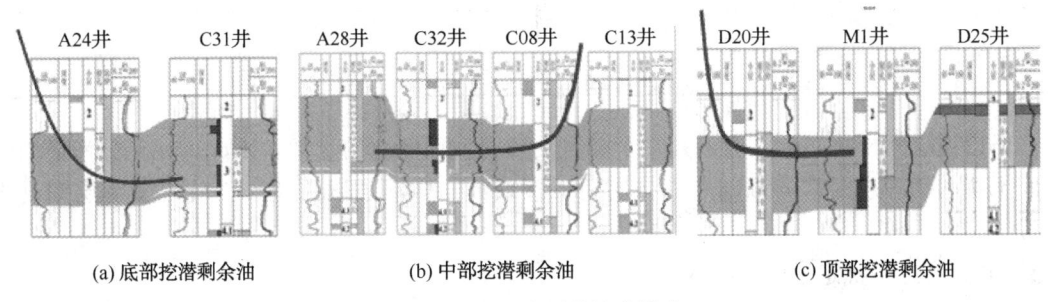

(a) 底部挖潜剩余油　　　　　　(b) 中部挖潜剩余油　　　　　　(c) 顶部挖潜剩余油

图 4　SZ 油田水平井挖潜模式

1.3.2　非主力薄层水平井挖潜策略

通过剩余油分析，油田进入高含水期后，厚度较薄，物性较差的坝缘相带内部依然富集大量剩余油。以 E14H1 井为例(图5),该井部署于厚度只有 4m,渗透率为 900mD 的坝缘砂体处,投产后生产效果较好,产量维持在 40m³/天,且含水较低。该井的成功实施证明了薄层的开发将是油田后续剩余油挖潜的新方向。

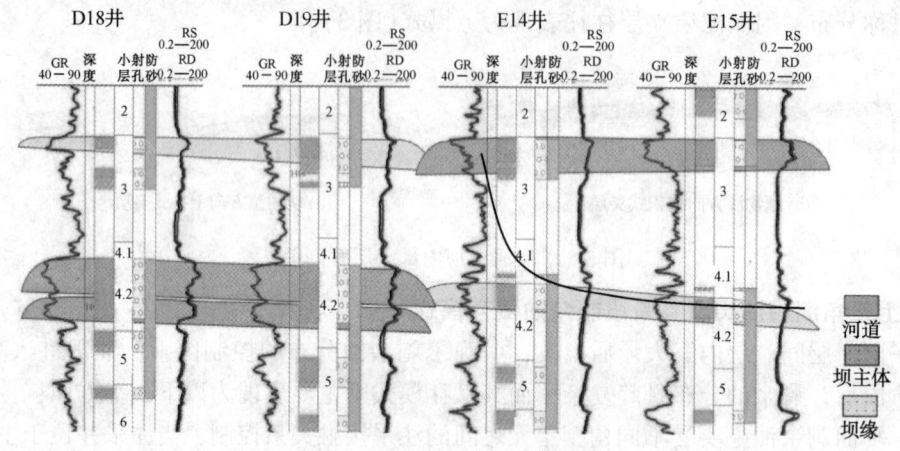

图5　高含水期薄层挖潜实践图

1.3.3　挖潜效果

该项挖潜技术体系在油田的调整中取得了良好的应用效果。2014~2016 年期间,SZ 油田共部署实施 43 口水平井及 28 口定向井对不同储层类型剩余油进行挖潜,进一步完善了注采井网,增加动用储量 2890×10⁴m³。在取得较好经济利益的同时,也为海上其他处于双高阶段的相似油田提供了宝贵经验。

2　层间动态干扰新理论与高含水期细分层系实践

2.1　层间动态干扰新概念

对于多层合采砂岩油藏,纵向各层的物性差异,即储层纵向非均质性是造成层间矛盾的内因,这一点已经取得了广泛的共识。而实际上,除物性差异外,随着油田开发的深入,纵向各层的压力和含水等差异也越来越大,并且这些参数相互影响、相互制约,使干扰进一步加剧,进而影响着油井的产能[1,2],SZ 油田油井分层产能测试也证实了这一点(表1)。

表1　SZ 油田 G16 井历年分层产能测试对比

测试时含水率/%	干扰系数
37.5	0.34
80.0	0.46

所以说层间干扰实际上应该是一个随着油田开发而变化的参数。因此,在充分考虑引起层间干扰的动静态因素的基础上,将层间干扰系数的内涵加以深化,将其定义为层间动态干扰。

2.2　层间动态干扰定量表征技术

假设无限大水平均质等厚圆形地层定压边界单层油藏中心一口定向井,结合干扰系数定义,假设各小层的泄油半径、井筒半径和表皮系数均相同,可以推导得到利用合采生产资料动态反演层间干扰系数的计算公式:

$$\alpha_{o} = 1 - q_{o} \frac{\ln \dfrac{R_{ev}}{r_{we}} + S}{542.87(P_{e} - P_{w}) \sum\limits_{i=1}^{n} \dfrac{K_{i}h_{i}K_{roi}(f_{wi})}{\mu_{oi}B_{oi}}} \qquad (1)$$

式中，α_o 为层间干扰系数，无因次；q_o 为单层油藏中心一口定向井日产油量，m^3/d；R_{ev} 为定向井泄油半径，m；r_{we} 为定向井井筒半径，m；f_{wi} 为表皮因子，无因次；p_e 为地层压力，MPa；p_w 为井底流压，MPa；K_i 为第 i 层渗透率，μm^2；K_{roi} 为第 i 层油相相对渗透率，无因次；h_i 为第 i 层厚度，m；μ_{oi} 为第 i 层原油黏度，$mPa \cdot s$；B_{oi} 为第 i 层原油体积系数，无因次。

从式(1)可以看出，层间动态干扰系数主要受各层渗透率、含水及压力的影响，在高含水阶段，多层合采砂岩油田除物性差异外，随着油田开发的深入，纵向各层的压力和含水动态因素差异也越来越大，因此，高含水期细分层系界限研究应综合考虑渗透率、含水率、压力的影响。

2.3 基于层间动态干扰的海上油田高含水期层系调整界限

由动态干扰系数公式可知，干扰系数影响因素主要是渗透率级差、含水级差、压力级差[3,4]。选取 SZ 油田实际流体、相对渗透率等参数建立油藏数模模型，研究适合油田细分层系的合理界限。共设计 28 个方案，分别模拟计算在不同渗透率级差、含水级差、压力级差下实施细分层系的采收率。模型网格数目为 30×18×10，X、Y 方向网格大小为 50m，Z 方向网格厚度 10m。

结果显示：采收率随渗透率级差、含水率级差、压力级差的减小而增大；渗透率级差降至 5 时，采收率提高幅度明显增大；含水率级差大于 1.7 时，采收率降低幅度明显增大；压力级差大于 1.7 时，采收率降低幅度增加，但幅度较小(图 6~图 8)，压力级差的影响作用相对较小。因此，初步确定 SZ 油田细分层系界限为渗透率级差为 5，含水级差为 1.7，压力级差为 1.7。在确定 SZ 油田高含水期层系调整技术界限的基础上，开展细分层系先导试验。

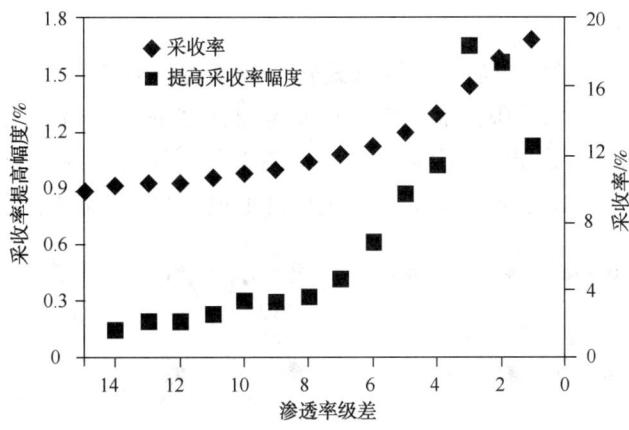

图 6　渗透率级差与采收率关系曲线

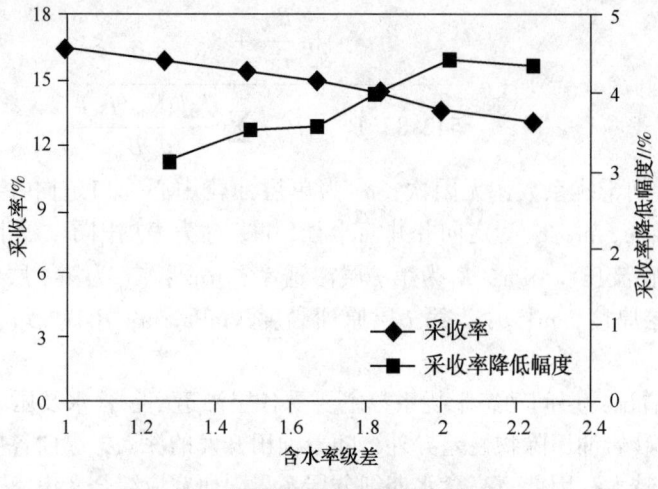

图 7　含水级差与采收率关系曲线

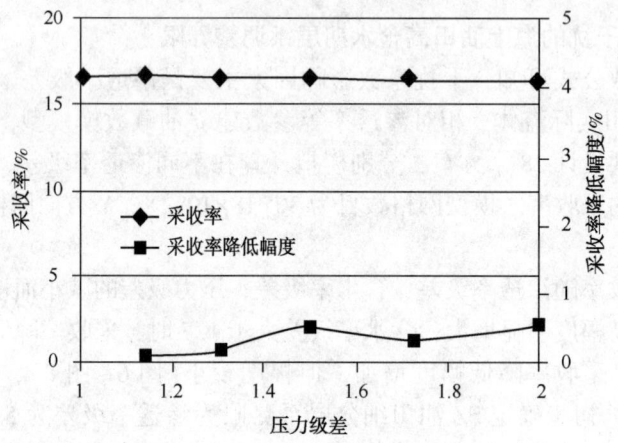

图 8　压力级差与采收率关系曲线

2.4　SZ 油田高含水期层系调整先导试验

2.4.1　细分层系方式

SZ 油田 B 区综合调整实施后，井网形式转变为正对行列注采井网(排距 350m、井距 175m)。根据细分层系技术界限，优选确定试验区层系划分方式为 1~3 小层为一套层系，4~8 小层为一套层系，实施层系细分后，由一套正对行列注采井网转变为两套交错注采井网(排距 350m、井距 350m)，层系细分后，试验区形成"平面变流线，纵向分层系"的开发模式(图 9)。

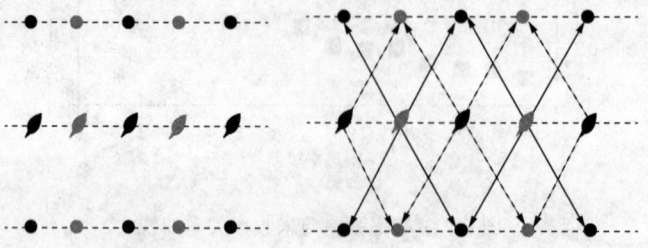

图 9　细分层系前(左)和细分层系后(右)试验区井网示意图

2.4.2 细分层系试验实施效果

SZ 油田细分层系试验自 2013 年 8 月开始实施。实施层系细分后，层间干扰显著降低，试验区细分层系后比采油指数从 0.36 m³/(d·MPa·m)提高到 0.53 m³/(d·MPa·m)，提高了 47%，初期采液强度提高 1.4 倍，采油强度提高 2.3 倍。细分层系后试验井组平均日增油 20%，含水率降低 10.1%，取得显著的降水增油效果(图 10)，根据童宪章曲线预测试验井组提高采收率 5%(图 11)。

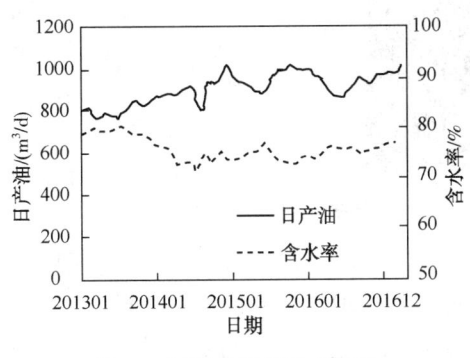

图 10　试验井组开采曲线图

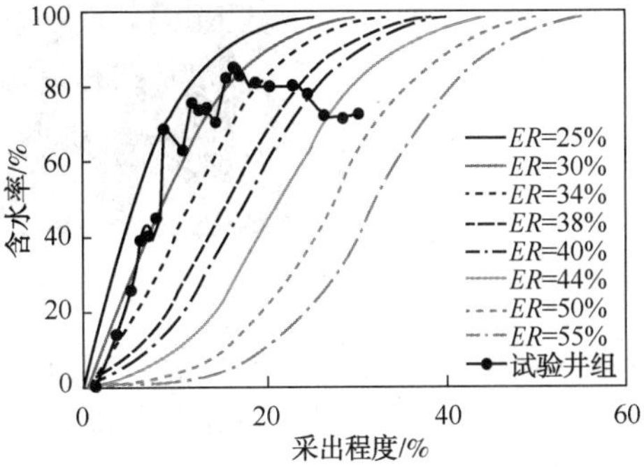

图 11　试验井组采出程度与含水率关系曲线

3　基于流场重构的行列井网变强度交错注采技术

3.1　高含水期行列井网地下流场分布特征研究

为改善油田开发效果，SZ 油田自 2009 年开始实施加密调整，调整策略主要采取井间加密的方式，即"油井排加密油井，水井排加密水井"。通过实施综合调整，井网形式由反九点基础井网转变为行列注采井网(图 12)。

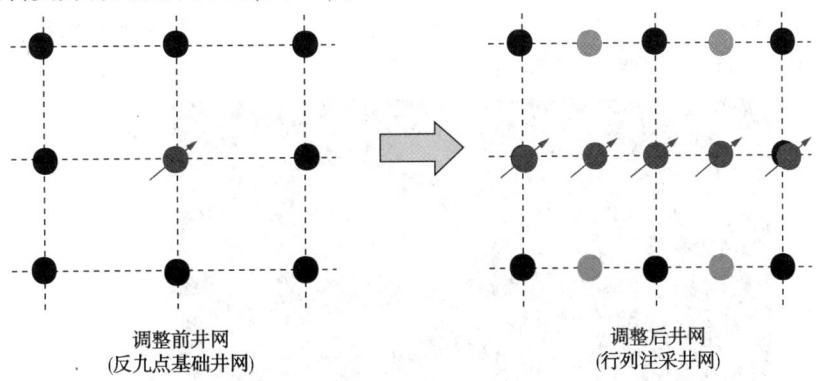

调整前井网
(反九点基础井网)

调整后井网
(行列注采井网)

图 12　SZ 油田井网演变示意图

SZ 油田Ⅱ期高部位自 2013 年开始实施综合调整，至 2015 年上半年调整结束，历时共两年，实施综合调整后，井网形式由反九点基础井网转变为行列注采井网，调整前后地下流场状况发生了巨大变化。

行列注采井网的一个典型特点是同质井之间(流线稀疏区)存在剩余油滞留现象，图 13 为行列井网注采模式下流线分布图，其中黄色椭圆形区域为流线稀疏区，即弱驱部位。

为最大程度地发挥综合调整效果，适应双高油田复杂的剩余油分布状况，开展了行列注采井网的潜力挖掘方法。研究从流场重构的角度出发，以数值模拟为手段，结合调整井实钻储层展布、水淹状况等，开展基于流场重构的注采结构调整研究，形成行列井网强弱交错注

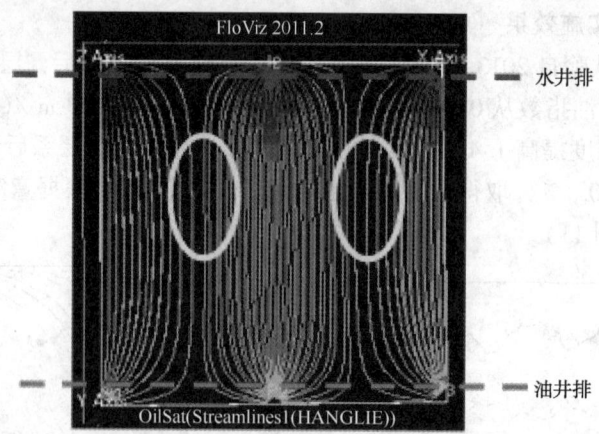

图 13　行列注采井网下流线分布图

采技术。该技术的核心思路是通过判断优势流场与弱驱流场分布区域，针对性地采取"抑制优势流场，增强弱驱流场"的调整策略，在油田实际应用中取得良好的增油效果[5]。

　　为客观、有效地了解 SZ 油田高含水期行列注采井网的地下流场分布特点，研究通过建立反映油田地质特点、井网特征、开发规律等因素的机理模型，进而分析行列井网的地下流场空间分布特征。

　　数值模拟模型以 SZ 油田 F 区地质情况为依据，通过抽提该区域典型井组的储层参数，建立行列注采井网数值模拟机理模型。模拟井网为行列正对井网，流体和相对渗透率参数为油田实际数据。通过开展机理模型研究，发现当注水井排采用同等注水强度注入时，在井间区域将形成剩余油滞留区(图 14、图 15)，该区域由于为压力平衡区，导致储层中原油难以移动，为弱驱部位。在注水井排等强度注采模式下，老油井主要受效于老水井、新油井主要受效于新水井，降低了调整井对剩余油的波及效果。

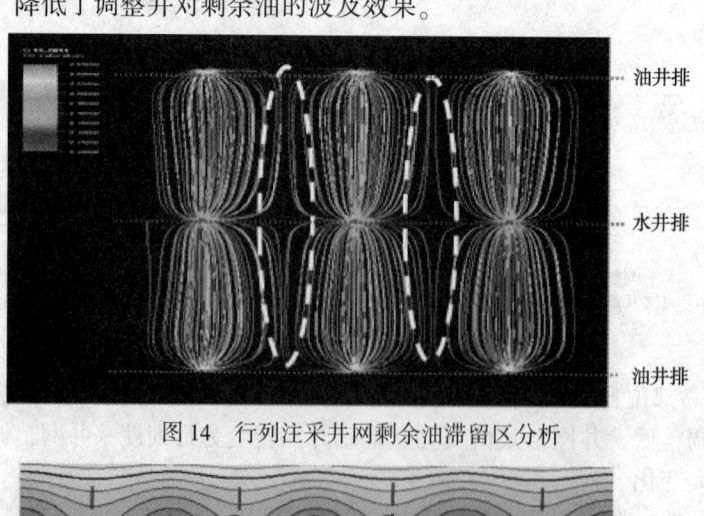

图 14　行列注采井网剩余油滞留区分析

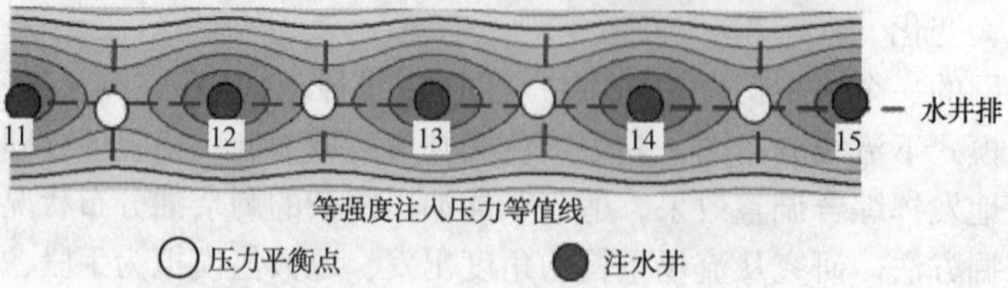

图 15　行列注采井网水井排等强度注入时压力分布

3.2 高含水期行列井网变强度交错注采技术

在分析行列注采井网流场分布特点的基础上，提出通过改变注水井注入强度，打破固有的压力平衡状态，进而动用弱驱部位剩余油的流场重整思路，即行列井网变强度交错注采技术。该技术通过改变相邻注水井之间的注入强度，使原注采流线发生转向，进而动用原滞留区剩余油。

SZ 油田加密后形成了新老井相间分布的特征，因此变强度交错注采技术的做法主要有两种：加强"老注新采"方向的注水强度、加强"新注老采"方向的注水强度。图 16 和图 17 为变强度注采情况下行列井网的流场分布和压力分布状况，虚线箭头指示为流线发生偏转方向。

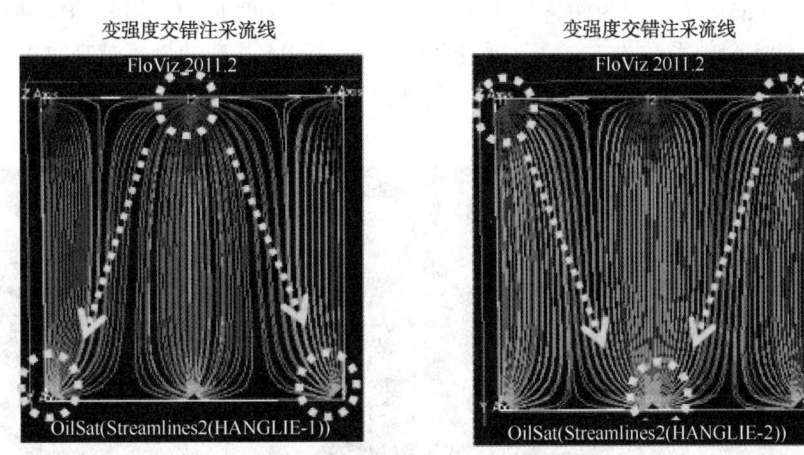

图 16 行列井网变强度交错注采模式下的流场分布

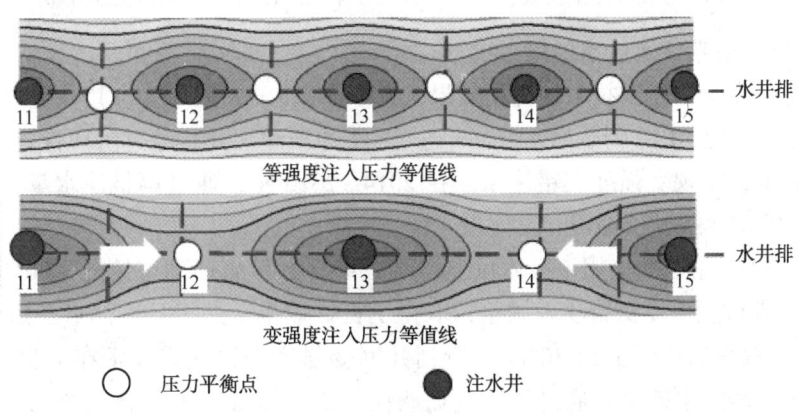

图 17 行列井网变强度注采情况下的压力场分布

为使变强度交错技术准确地指导油田流场重构，研究了相邻注水井注水强度级差与流线转向数目之间的关系，定义为相邻两口井注水强度之比为注水强度级差，用于指导水井注水量调配工作。利用数值模拟技术，开展注水强度级差与流线转向数目的定量化研究，发现 SZ 油田 F 区注水强度级差达到 1.25~1.50 时，流线即可出现明显偏转（表 2）。

表 2　注水强度级差与流线转向情况

注水强度级差	转向流管数/条	转向流管数比例/%
1.00	0	0.0
1.25	6	23.1
1.50	8	27.2
1.75	10	30.7
2.00	12	33.5

为更清楚、直观地体现变强度交错注采对液流转向的影响,研究运用 Petrel RE 软件中流线模型计算器,对比了等强度注采模式和变强度注采模式下,水井对油井产油量的贡献比例。以油井 P4 井的产出情况为例进行说明,在注水井等强度注采模式下,P4 井产油量贡献主要来自于 I4 井(受效系数为1),而变强度注采模式下 P4 井产油量贡献来自 I3、I4、I5 等三口井(贡献系数为 0.25、0.5、0.25),即变强度模式下 P4 井的受效方向增加,将使驱替更加均匀(图 18)。

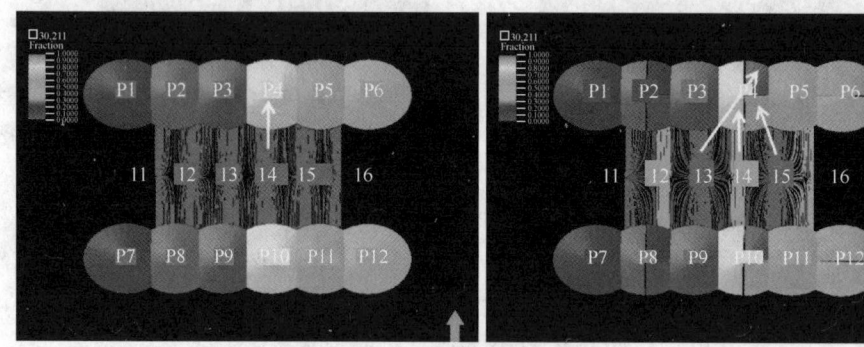

图 18　等强度注采模式(左)和变强度注采模式(右)下油水井流线分布

3.3　变强度交错注采技术应用效果

为验证变强度交错注采技术的应用效果,选取 SZ 油田 F 区 F13~F17 井组为例开展矿场试验。该井组中 F13、F17 为老注水井、N30、N31 为新注水井。通过阶段性地调整相邻油、水井的注采强度,实现变强度交错注采。在 2014~2016 年,通过调整注水量,该井组增油量达到 $2.3×10^4 m^3$,提升了油田开发效果。

在 F13~F17 井组成功应用该技术的基础上,结合区域生产动态情况,2015~2016 年在 F22~F26 井组进行变强度交错注采调整,取得了良好效果。井组日增油量超过 $40m^3/d$,截至 2016 年底,累增油达到 $1.5×10^4 m^3$。行列井网变强度交错注采技术在 F 区的推广应用,有效改善了该区域开发效果。通过开展流场调控措施,2016 年 F 区在高含水阶段实现了产量负递减。

2014~2016 年,SZ 油田双高阶段开发效果持续提高,远远优于相似油田,其中含水上升率控制在 1% 左右,自然递减率控制在 9% 以下,可采储量增加 $1026.5×10^4 t$,采收率提高 3.5%。

4　结论

(1)提出了基于储层构型研究的双高阶段剩余油描述技术,研究发现层间相带干扰、层内夹层及平面构型单元接触关系是高含水期控制剩余油分布的主要因素。该认识也为 SZ 油田双高阶段层内水平井挖潜、平面流场调控及层系调整奠定了基础。

（2）提出了层间动态干扰的新概念，并运用油气渗流理论，建立了层间动态干扰系数定量表征数学模型。针对高含水期层间动态干扰的特点，提出了高含水期细分层系的定量界限，指导了 SZ 油田高含水期的层系调整。

（3）建立了基于流场重构的变强度交错注采技术，通过定期变化注采强度来改变等势区的位置，使得平面驱替更加均衡；提出了"行列井网注入强度级差"新概念，建立了注入强度级差与流场转向的定量关系，实现了流场的定量化重构和调控，指导了 SZ 油田变强度交错注采调控流场方案的制定及实施。

参 考 文 献

[1] 贾晓飞，苏彦春，邓景夫，等．多层合采砂岩油藏动态干扰及其影响因素[J]．断块油气田，2016，23（3）：334-337.

[2] 苏彦春，贾晓飞，李云鹏，等．多层合采油藏层间动态干扰定量表征新技术[J]．特种油气藏，2015，22(6)：101-103.

[3] 贾晓飞．基于系统稳定性的水驱曲线合理直线段选取新方法[J]．断块油气田，2017，24(1)：40-42.

[4] 邓景夫，吴晓慧，王刚，等．绥中油田各项措施增油效果劈分方法[J]．油气地质与采收率，2017，24（2）：107-110.

[5] 王公昌，刘英宪，贾晓飞，等．变形洛伦兹曲线在识别优势渗流通道方面的应用[J]．复杂油气藏，2016，9(3)：50-54.

河流相油田的水平井产能预测方法研究

杨 明，黄 琴，刘美佳，王 雨，陈存良

(中海石油(中国)有限公司天津分公司，天津 300459)

摘 要 渤海某油田明化镇组沉积模式主要为曲流河沉积，由于河流相储层横向变化快，多期河道叠置导致储层夹层发育，采用水平井开发时多钻遇泥岩夹层。采用传统方法确定的水平井产能未考虑泥岩夹层对产能影响，误差较大。本文针对河流相储层泥岩夹层发育的特点，建立了概念模型，并通过有限元数值模拟方法，模拟了储层泥岩夹层发育影响下水平井产能变化情况。针对砂岩钻遇率、泥岩夹层数量、渗透率级差等因素对水平井产能影响进行了定量分析，建立了考虑砂岩钻遇率的水平井产能校正公式。利用该方法对实际投产调整井进行了产能预测，与实际产能进行对比结果表明该方法可更全面考虑泥岩夹层对水平井产能的影响，对水平井产能预测更为准确。

关键词 河流相；水平井；砂岩钻遇率；产能预测

渤海油田南部油区多为河流相沉积，因曲流河道不断侧移，曲率增大，内岸砂体沉积不断侧向加积增长，形成多个侧积体，中间有侧积夹层相互分隔，这种层内侧向沉积夹层对油水渗流具有重要影响和控制作用[1,2]。

目前渤海油田对水平井配产一般采用两种方法：传统公式法和类比法。传统公式法常用Joshi公式[3]和陈元千公式[4]确定水平井稳态产能，两者计算结果相差不大[5]。类比法主要通过类比邻井实际投产平稳产能确定比采油指数，进而确定新井产能。

Joshi公式：

$$Q = \frac{2\pi k_n h(p_i - p_w)}{\mu_o B_o \left\{ \ln\left[a + \sqrt{a^2 - (L/2)^2}/(L/2)\right] + (h/L)\ln(h/2r_w) \right\}} \tag{1}$$

式中　$a = \dfrac{L}{2}\sqrt{0.5 + \sqrt{0.25 + (2R_{eh}/L)^4}}$

陈元千公式：

$$Q = \frac{2\pi k_h h(p_i - p_w)}{\mu_o B_o \left[\ln\sqrt{(4a/L-1)^2 - 1} + (h/L)\ln(h/2r_w) \right]} \tag{2}$$

式中　$a = \dfrac{L}{4} + \sqrt{(L/4)^2 + A/\pi}$

式中　Q——水平井产能，m^3/d；

　　　R_{eh}——拟圆形驱动半径，m；

作者简介：杨明(1987—)，男，硕士，油藏工程师，2013年毕业于中国石油大学(华东)油气田开发专业，现主要从事油气藏动态分析和数值模拟方面的研究。E-mail：yangming18@ cnooc. com. cn

r_w——水平井半径，m；

L——水平井长度，m；

k_h——水平渗透率，m^2；

h——油层厚度，m；

a——椭圆形长轴半长，m；

B_o——地层原油体积系数，m^3/m^3；

μ_o——地层原油黏度，mPa·s；

p_i——地层压力，Pa；

p_w——井底流动压力，Pa。

河流相油田水平井多钻遇泥岩夹层，采用传统的水平井产能确定方法对水平井进行产能预测时，未考虑泥岩夹层对产能产生的影响，因此存在较大误差。本文针对砂岩钻遇率、泥岩夹层数量、渗透率级差等因素对水平井产能影响进行了定量分析，进一步研究了多因素影响下的水平井产能预测方法，建立了考虑泥岩钻遇率的水平井产能校正公式，为渤海油田水平井产能配产提供依据。

1 河流相储层水平井产能的影响因素

通过 Joshi 公式和陈氏公式可知，影响水平井产能的因素主要有：水平井的排驱面积、水平段长度、油层厚度、渗透率各向异性等参数。水平井的排驱面积、水平段长度、油层厚度均与水平井产能成正相关关系，而渗透率各向异性则与水平井产能成反相关关系。此外，通过对实际生产数据的统计分析结果表明，对于河流相沉积储层中钻遇砂泥岩互层的水平井产能还存在以下影响因素：砂岩的钻遇率、砂岩渗透率级差、泥岩夹层个数等。

在其他因素校正到同一水平的条件下，在对水平井实际产能数据统计分析表明，3 个因素与水平井产能存在以下定性关系：①水平井砂岩钻遇率越高，产能越高[图 1(a)]；②砂岩渗透率级差越大，对平井产能的影响越大[图 1(b)]；③钻遇的泥岩夹层个数越多，对产能的不利干扰越大，产能越低[图 1(c)]，但是对产能的影响程度相比前两个因素较低。

2 河流相储层水平井产能研究

2.1 河流相储层水平井模型建立

结合河流相储层特征及水平井开发特点，建立了盒状油藏中心一口水平井的简化模型[图 2(a)]，水平井渗流区域分布两种渗流介质：渗透性砂岩及低渗透性或非渗透性的致密层及泥岩，砂岩储层各向均质，泥岩夹层垂向上贯穿整个储层。两种介质均匀分布，水平井垂直穿过两种介质，位于油藏中心生产，油藏边界为稳定的定压供给边界，水平井以恒定井底流压生产。油藏内渗流规律符合达西渗流。

应用有限元数值模拟软件建立了有限元模型(为了提高模拟速度，选择模型的1/2建立模型)，选择渗流模块中的达西渗流模块进行了研究。通过可对复杂边界精细网格划分，可对地层的渗流规律进行更为精确和有效地模拟[图 2(b)]。

首先应用该模型计算了均质盒装油藏中心一口生产井生产情况下的产能，油藏泄油面积 0.36km²，水平井长度 300.0m，油藏渗透率 1700.0mD，厚度 8.0m，地层原油黏度 8.8mPa·s，原油体积系数 1.2，井径 0.1m。将模型计算结果与传统的 Joshi 公式及陈元千公式的计算结果进行对比(表 1)，结果表明应用该有限元软件计算的结果与 Joshi 公式计算结果基本一致，从而验证了该模拟方法的合理性和可用性。

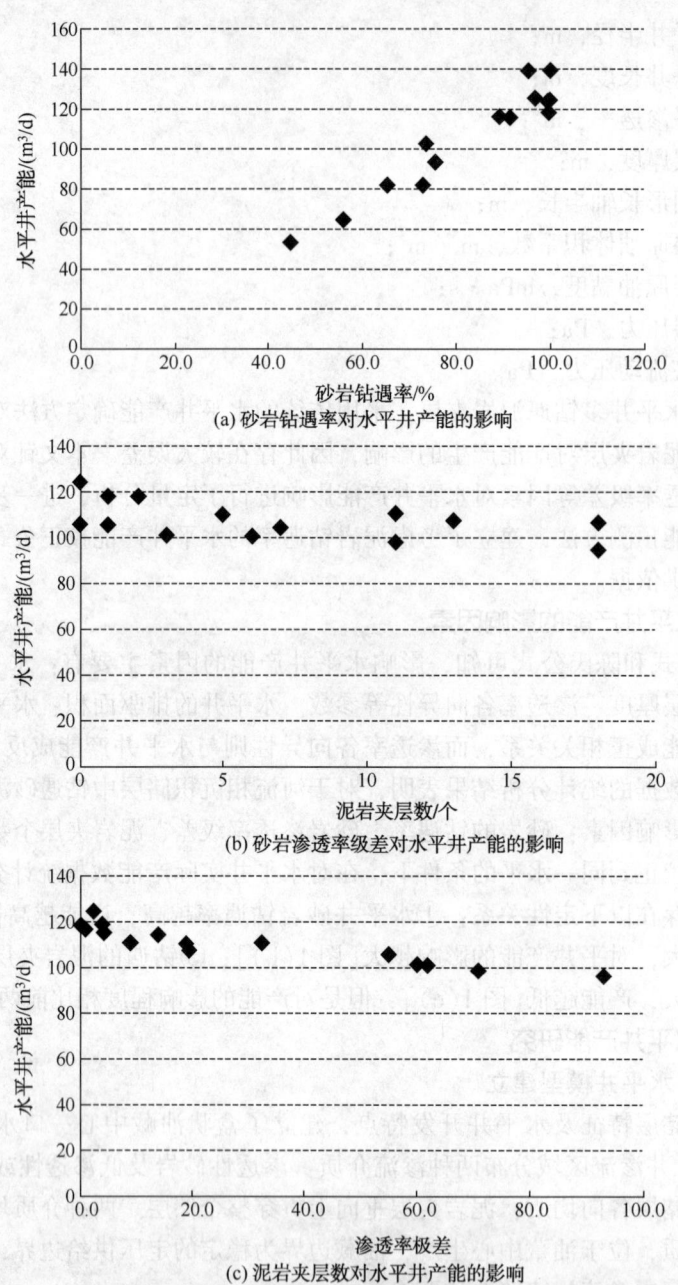

(a) 砂岩钻遇率对水平井产能的影响

(b) 砂岩渗透率级差对水平井产能的影响

(c) 泥岩夹层数对水平井产能的影响

图 1　各因素对水平井产能的影响

表 1　三种方法计算的水平井产能对比表

计算结果	Joshi 公式	陈元千公式	有限元模型
$Q/(m^3/d)$	434.9	435.2	439.5

2.2　河流相储层水平井研究

本文针对河流相储层的 3 个主要地质油藏因素(砂岩钻遇率、泥岩段个数、砂岩段渗透率级差)对产能的影响进行了定量化的研究。

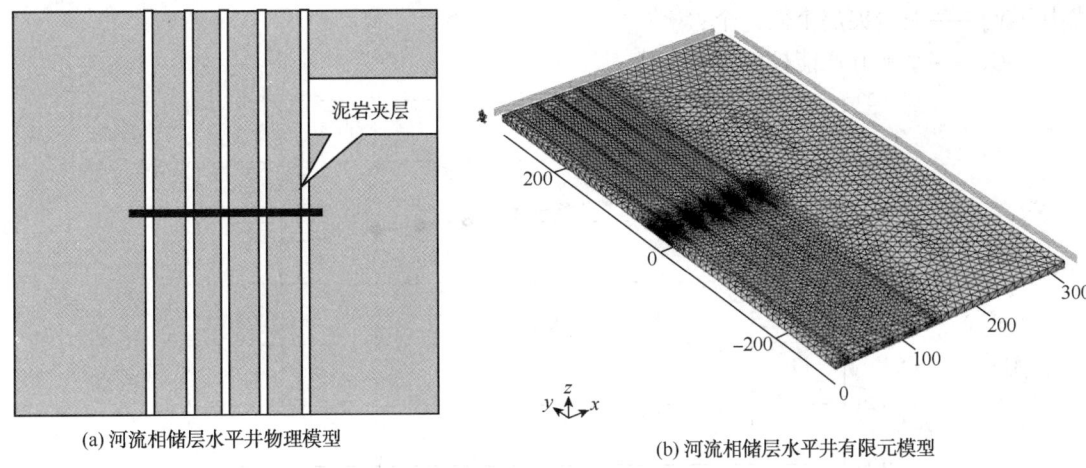

(a) 河流相储层水平井物理模型   (b) 河流相储层水平井有限元模型

图 2   有限元软件模拟水平井产能模型示意图

（1）砂岩钻遇率对水平井产能的影响

在其他条件一致的情况下（水平段长度、泥岩夹层个数、砂岩渗透率），针对砂岩钻遇率对水平井产能的影响进行了模拟研究，结果表明：砂岩钻遇率越小，即钻遇的泥岩夹层越厚，水平井产能越小，并且水平井产能影响程度与砂岩钻遇率存在以下关系（图3）：

$$C_1 = \frac{Q}{Q_0} = e^{-0.0093(100-SPR)} \tag{3}$$

式中 SPR——水平井砂岩钻遇率，%；

C_1——水平井产能校正系数，f。

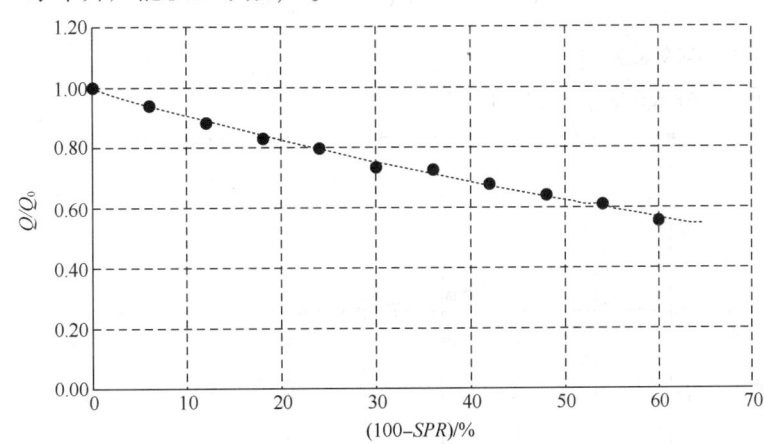

图 3   水平井产能与泥岩钻遇率的关系曲线

（2）泥岩夹层数量对水平井产能的影响

在其他条件一致的情况下（水平段长度、砂岩钻遇率、砂岩渗透率），针对泥岩夹层数量对水平井产能的影响进行了模拟研究，结果表明：水平井钻遇泥岩夹层数量越多，水平井产能越小，并且水平井产能影响程度与泥岩夹层个数存在以下关系（图4）：

$$C_1 = \frac{Q}{Q_0} = e^{-0.0241N_m} \tag{4}$$

式中　　N_m——泥岩夹层个数，个；

　　　　C_2——水平井产能校正系数，f。

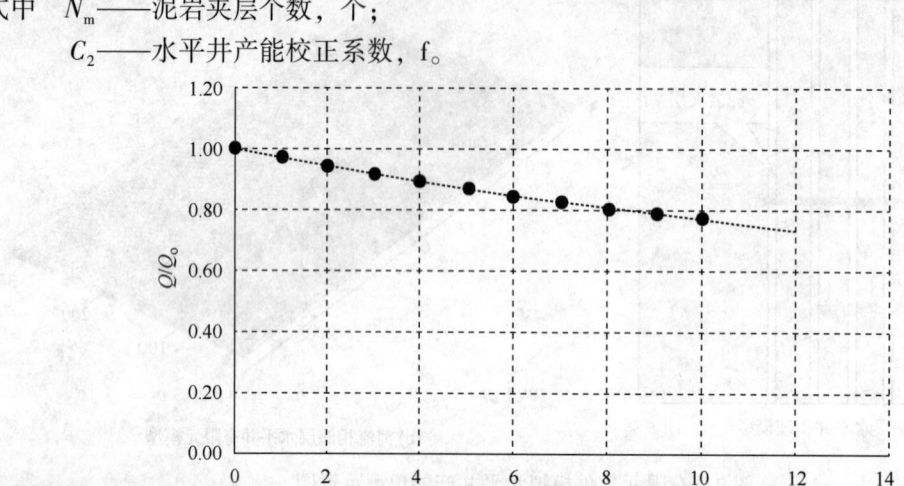

图4　水平井产能与泥岩夹层数量的关系曲线

（3）砂岩渗透率级差对水平井产能的影响

在其他条件一致的情况下（水平段长度、砂岩钻遇率、泥岩夹层个数），针对砂岩渗透率的级差对水平井产能的影响进行了模拟研究，结果表明：在平均渗透率一定的情况下，水平井钻遇的砂岩渗透率级差越大，水平井产能影响越大，并且水平井产能影响程度与渗透率级差存在以下关系（图5）：

$$C_3 = \frac{Q}{Q_0} = -0.026\ln(\alpha_K) + 1 \tag{5}$$

式中　　α_K——砂岩渗透率级差，f；

　　　　C_3——水平井产能校正系数，f。

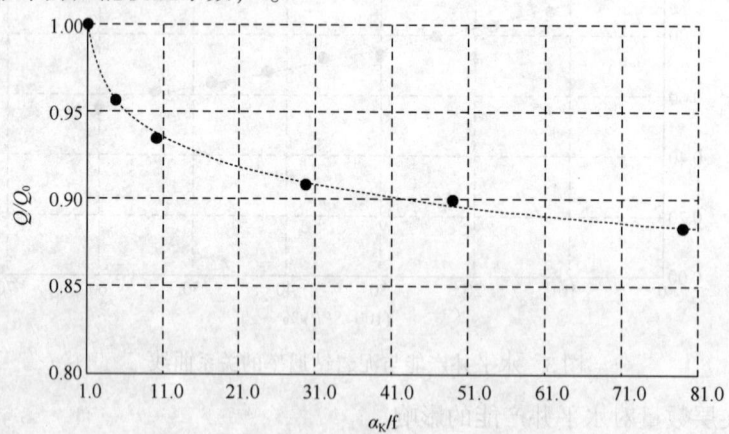

图5　水平井产能与砂岩渗透率级差的关系曲线

2.3　考虑泥岩夹层影响的水平井产能公式

由于水平井产能公式往往是在理想化油藏参数条件下推导得出的，对于既存在隔夹层的又存在平面非均质性的油藏，若要采用水平井产能公式预测水平井产能，所得结果需要乘以相应的修正系数 C，以使计算结果更加接近真实值。结合上述各影响因素对水平井产能影响的研究，以陈元千公式为基础，最终得到了河流相储层水平井产能校正公式：

$$C = C_1 C_2 C_3 \tag{6}$$

$$Q = \frac{2\pi k_h h (p_t - p_w)}{\mu_o B_o \left[\ln\sqrt{(4a/L-1)^2 - 1} + (h/L)\ln(h/2r_w) \right]} C \tag{7}$$

3 应用及效果

以渤海 A 油田的一口水平井为例，该井泄油面积 0.36km²，水平段长度为 340.0m，井径 0.1m，储层厚度 8.0m，钻遇泥岩夹层数量 13 个，砂岩钻遇率 91.4%，砂岩平均渗透率 1385.0mD，砂岩渗透率级差 19.4，原油体积系数 1.2，地层原油黏度 8.8mPa·s。分别采用传统的陈元千公式和校正公式所得产能计算结果见表 2。由表 2 可见，对 Joshi 公式进行夹层和渗透率非均质性校正后，预测产能低于 Joshi 公式计算值，根据该井校正的产能对该井进行了钻后配产。该井投产后实际产能与预测一致(图 6)，进一步验证了该方法的合理性与可行性。

表 2 水平井产能预测对比表

砂岩钻遇率/%	泥岩段数量/个	渗透率级差/无因次	生产压差/MPa	陈元千公式计算产能/(m³/d)	校正系数/f	校正系数计算产能/(m³/d)
91.4	13	19.4	0.5	132	0.62	82

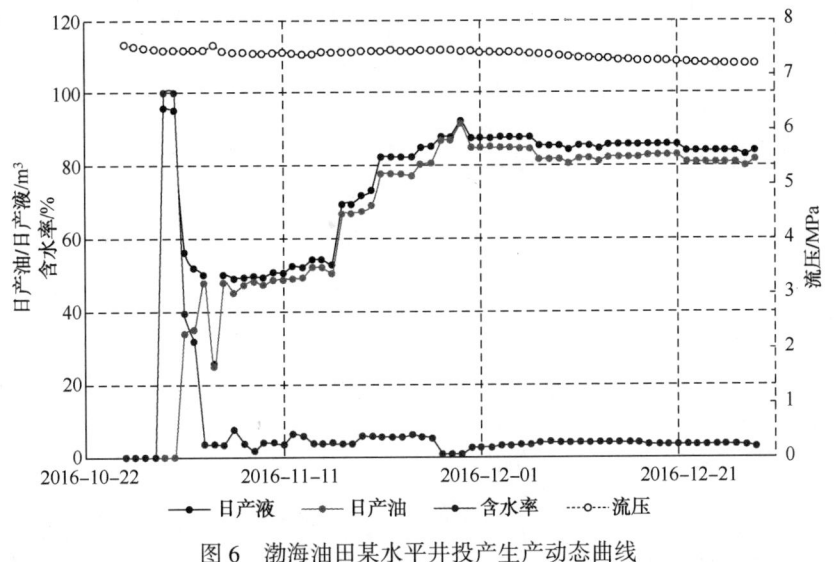

图 6 渤海油田某水平井投产生产动态曲线

应用该方法进一步指导了油田 10 余口井的钻后配产，实际投产产能均与预测产能一致，从而大大增强了河流相水平井产能预测的准确性，为水平井合理开发奠定了基础。

4 结论

(1) 河流相储层水平井多钻遇泥岩夹层，而传统的 Joshi 公式和陈元千公式预测水平井产能未考虑泥岩夹层影响，不能准确的预测河流相储层的水平井产能；

(2) 本文对河流相储层中影响水平产能的三个主要因素进行了分析，并应用有限元数值模拟软件针对各因素对水平井产能的影响进行了定量化研究，得到了水平井产能的校正

系数;

（3）应用校正后的公式对河流相水平井钻遇多段泥岩夹层情况下的产能进行预测，结果更准确，为水平井的合理的配产提供了可靠依据。

参 考 文 献

[1] 张善严, 刘波, 陈国飞, 等. 水平井岩芯侧积夹层初探[J]. 大庆石油地质与开发, 2007, 26(6): 57-60.

[2] 张义堂, 阎玉林, 张仲宏, 等. 陆相沉积油层水平井水平段轨迹对产能及采收率影响的研究[J]. 石油勘探与开发, 1999, 26(2): 68-72.

[3] Joshi S D. Augmentation of Well Production Using Slant and Horizontal Wells [J]. SPE15375, 1986: 729-739.

[4] 陈元千. 水平井产量公式得推导与对比[J]. 新疆石油地质, 2008, 29(1): 68-71.

[5] 张枫, 赵平起, 陈元千, 等. 两种水平井产能公式对比研究[J]. 油气井测试, 2008, 17(6): 16-18.

差异液流控制下高含水油藏注采结构调整研究
——以歧口17-2油田西高点为例

李金蔓，李　根，刘建国，刘春艳，黄建廷，石　鹏

(中海石油(中国)有限公司天津分公司，天津 300452)

摘　要　歧口 17-2 油田西高点处于"双特高"阶段，采出程度 42.3%，含水大于 95% 的高含水井数比例高达 53.3%，产液比例达 30.1%。各层系间含水差异仅有 6.6%。为进一步改善水驱开发效果，本文通过建立基于复势函数的流线模型，定量表征渗流通道级别，应用差异液流控制思想，对不同级别渗流通道进行差异化控制，实现液流定向转向，改善注采结构。应用该技术后，2016 年歧口 17-2 油田西高点综合递减率为 -8.7%。实践表明差异液流控制下油藏注采结构调整技术可有效改善"双特高"油田水驱开发效果。

关键词　差异控制；渗流通道；流线分布；两相渗流；注采结构

歧口 17-2 油田西高点采用注水开发，中高含水阶段以提高水驱波及体积为工作核心，通过井网调整、分层配注等工作，采收率大幅度提高(主力油组从 42% 提高至 50%)，开发形势良好。目前，歧口 17-2 油田西高点含水率高达 94.4%，采出程度 42.3%，处于"双特高"开发阶段。随着含水的不断上升，高含水井数逐年上升，各层系间含水差异缩小。目前含水大于 90% 的井数比例为 93.3%，产液比例为 96.1%，其中含水大于 95% 的高含水井数比例高达 53.3%，产液比例达 30.1%。各层系间含水差异由"十一五"末期 28.3%，到"十二五"末期缩小到 6.6%。因此，以往依靠各层系的含水差异进行结构调整控制含水上升的余地越来越小，针对这种矛盾，为了更好的优化产液、注水结构，最大限度地减少低效注入水、无效水循环，本文建立了基于复势函数的流线模型，根据流线分布疏密定量表征渗流通道级别，并应用差异液流控制思想，对不同级别渗流通道进行差异化控制，通过改变油井产液量实现液流定向转向，改善注采结构。

1　方法推导

在均质条件下，利用流函数法可求出流场流线分布，液流方向，各井点流量分布，从而得到整个流场内流体运移规律。

1.1　利用流函数求取流线分布

若同时存在 n 个点源(汇)时，并且它们分别位于复平面 Z 上的点 a_1、a_2、a_3、……、a_n 时，运动叠加原理可得到多井干扰时的复势为[8,9]：

$$W(Z) = \sum_{j=1}^{n} \left[\pm \frac{q_j}{2\pi} \ln(Z - a_j) + C_j \right] \tag{1}$$

作者简介：李金蔓(1986—)，女，汉族，2012 年毕业于西南石油大学油气田开发工程专业，获硕士学位，油藏工程师，目前主要从事渗流力学研究工作。E-mail：lijm17@ cnooc. com. cn

式中　a_j、C_j——复常数。

此时，势函数为：

$$\phi = \sum_{j=1}^{n} \phi_j = \sum_{j=1}^{n} \left[\pm \frac{q_j}{2\pi} \ln(r_j) + C_{j1} \right] \tag{2}$$

流函数为：

$$\psi = \sum_{j=1}^{n} \psi_j = \sum_{j=1}^{n} \left[\pm \frac{q_j}{2\pi} \ln(\theta_j) + C_{j2} \right] \tag{3}$$

式中　q_j——第 j 个点源（汇）液量，m^3/s；

　　$\vec{r}_j$——矢量 $Z\text{-}a$ 的模，$r_1 = |Z\text{-}a|$；

　　θ_j——辅角，矢量 $Z\text{-}a$ 与 x 轴夹角；

　　C_{j1}——复常数 C_j 的实部；

　　C_{j2}——复常数 C_j 的虚部。

1.2　推导含水率与井在流线上位置的关系

式（1）~式（3）流函数计算适用于均质各向同性模型，考虑到实际油藏的非均质性[5]，因此均质各向同性所计算出的流线分布应进行校正[6,7]。已知含水率、流线上某位置 x 与含水饱和度分别存在单调关系，故可建立含水与某位置 x 的关系式。本文利用复势函数求解整个油藏在假设为均质条件下的流线分布；对油水两相渗流理论进一步推导得到含水率与流线内位置的对应关系，通过代入含水率得到各井点在流线中所处的先后位置，从而对均质条件下的流线分布进行纠正。

以一维水驱油模型为基础，忽略毛管力、重力，利用复势函数求解整个油藏在假设为均质条件下的流线分布；对油水两相渗流理论进一步推导得到含水率与流线内位置的对应关系，通过代入含水率得到各井点在流线中所处的先后位置，

从而对均质条件下的流线分布进行纠正。具体研究过程如下：

等饱和度面移动公式为：

$$x - x_0 = \frac{f'_w(S_w)}{\phi A} \int_0^t Q \mathrm{d}t \tag{4}$$

式中　x——流线内某位置，m；

　　x_0——初始位置，m；

　　$f'_w(S_w)$——含水率相对于含水饱和度导数；

　　φ——孔隙度，%；

　　A——横截面，m^2；

　　Q——注水速度，m^3/s。

建立流线内某位置 x 与该位置含水率 f_w 关系，可通过式（4）给定 x，计算得到 f'_w[8~11]，再由分流函数及其导数函数图找到对应 S_{wf}，由于 f'_w 有两个单调区间，故 S_{wf} 具有双解，应用数学中过单调函数起点作切线具有唯一性的原理，对于单调递增的函数 f_w 而言，过 S_{wi} 作 f_w 切线，切点位于导数曲线峰值的右边，从而确定 S_{wf} 唯一解，通过 f_w 曲线，即可得到含水率 f_w 与流线上某位置 x 的对应关系，f_w 关于 x 单调；当前缘未达到的区域，$f_w = 0$（图1、图2）。

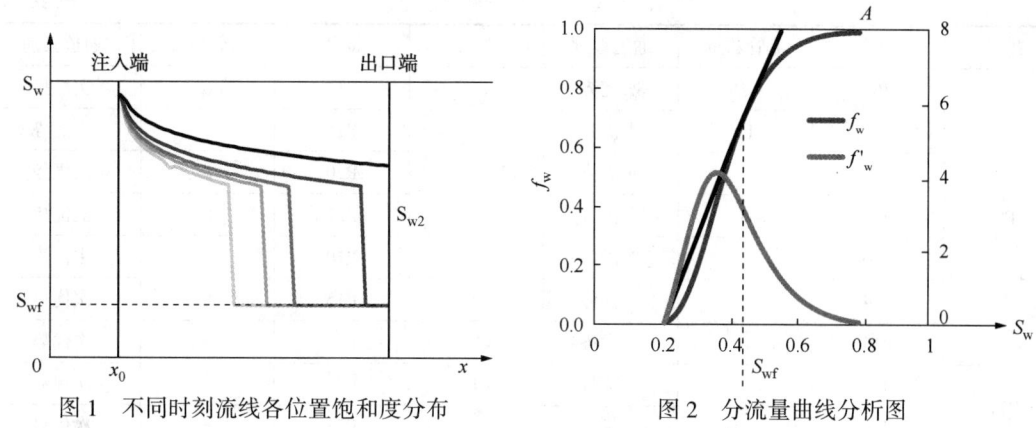

图 1 不同时刻流线各位置饱和度分布   图 2 分流量曲线分析图

1.3 渗流通道定量表征

基于复势函数与油水两相渗流理论，建立新的流线模型，提出了渗流通道判别新方法。即通过绘制流线图，统计单位面积区域内流管数，按照累积频率分布 25%、75% 为依据，划分渗流通道级别。具体思路如图 3 所示。

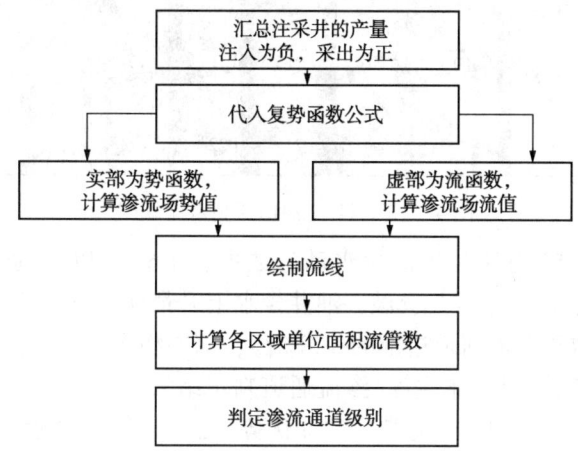

图 3 判定渗流通道级别思路框图

通过渗流通道判别新方法，歧口 17-2 油田主优势通道 9 条(表 1)，以南北方向为主(图 4)。

表 1 歧口 17-2 油田优势渗流通道判定结果

井组	油井	流管数量	通道级别	井组	油井	流管数量	通道级别
P7	P1	12	主优势	P18	P17	8	次优势
	P2	8	次优势		P23	5	非优势
	P8	9	主优势		P24	7	次优势
	P13	10	主优势	P19	P13	11	主优势
	P14	4	非优势		P14	8	次优势
	P26	3	非优势		P20	4	非优势
	P27	5	次优势		P26	7	次优势

续表

井组	油井	流管数量	通道级别	井组	油井	流管数量	通道级别
P9	P2	7	次优势	P21	P14	6	次优势
	P3	13	主优势		P15	12	主优势
	P4	6	次优势		P20	8	次优势
	P8	8	次优势		P22	8	次优势
	P10	7	次优势	P16	P10	10	主优势
	P14	8	次优势		P15	8	次优势
	P15	6	次优势		P17	7	次优势
P11	P4	9	主优势		P22	8	次优势
	P5	10	主优势		P23	6	次优势

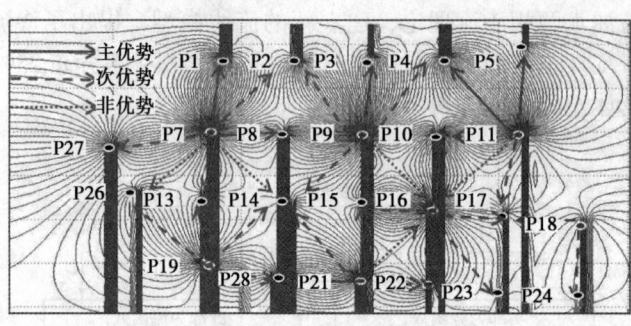

图 4　歧口 17-2 油田西高点流线图

结合沉积相图(图 5)与油井生产含水动态数据(图 6)可以得到,位于河道沙坝的井(P1),储层物性性好,注入水首先突破,油井含水上升最快,该生产动态与"主优势"渗流通道判定结果相符;位于分流河道边部的井(P27),储层物性较差,注入水推进困难,油井含水上升最慢,该生产动态与"非优势"渗流通道判定结果相符;而处于"次优势"渗流通道的油井(P8)生产动态特征界于"主优势"和"非优势"之间,含水呈现缓慢上升特征。

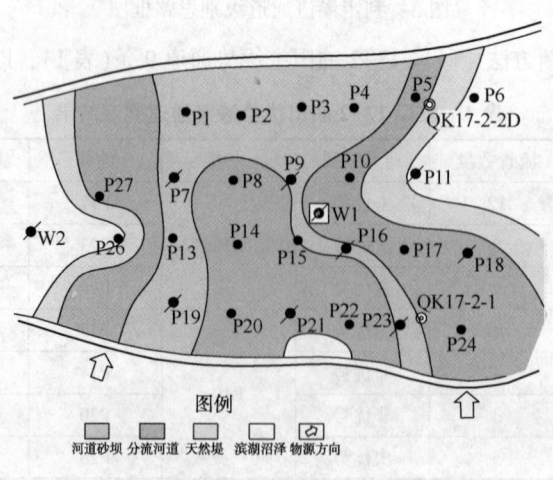

图 5　歧口 17-2 油田西高点沉积相图

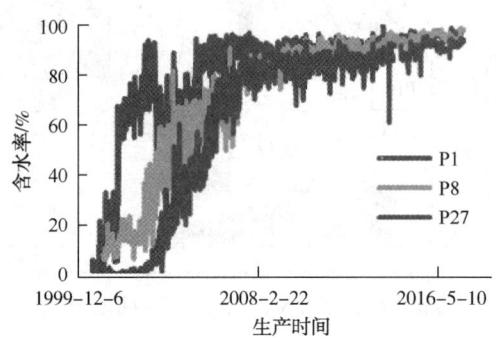

图 6　不同级别液流通道含水变化特征

1.4　液流定量转向

依据渗流通道分类结果，对主优势、次优势、非优势 3 级通道，提出对不同级别渗流通道的液流"转、限、提"差异控制理论。对于剩余油主要滞留区，生产井转注，提高压力梯度，增加剩余油滞留区流线簇，降低油井含水；主优势通道周围井区，限制注采强度，降低压力梯度，减少剩余油滞留区流线簇，降低油井含水；对非优势渗流通道，提高围绕该井区的注采强度，增大压力梯度，加密滞留区流线簇，降低油井含水，重新规划油水流线，实现液流定向转向。

以歧口 17-2 油田西高点 P23 井组为例进行说明。利用复势函数能够描述流体运动的特点，计算油田的流线分布(图 7)，得到注水井 P23 井与边井(生产井 P17 井)之间为非优势渗流通道，通过优选井组边角井产液量比例(2.5∶1.0)，改变流线分布，使剩余油滞留区产生压力梯度，让流线穿过滞留区，驱替剩余油(图 8)。调整产液比例后，P23 井与 P17 井之间流线加密，驱油效率提高，含水下降 6%。

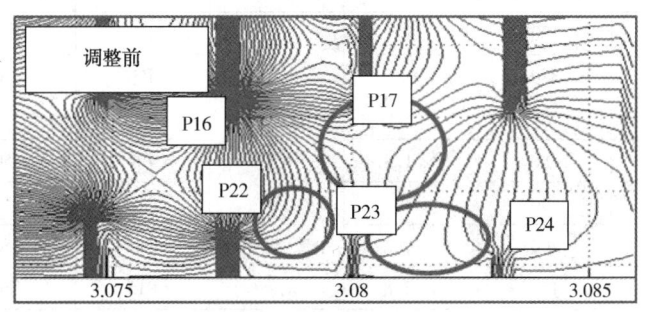

图 7　歧口 17-2 油田 X 油组液流方向示意图

2　实例应用

2016 年，以歧口 17-2 油田为靶区，利用渗流力学与数值模拟相结合，进行全油田边角井产液量比例与液流偏转角度关系研究(表 2)，实现油田液流从近南北向转为北西向，转 30°~45°。油田在无资本性支出的情况下，日产油提高 20%，实现负递减(图 10)，油田主力油组最新标定采收率达到 51%。

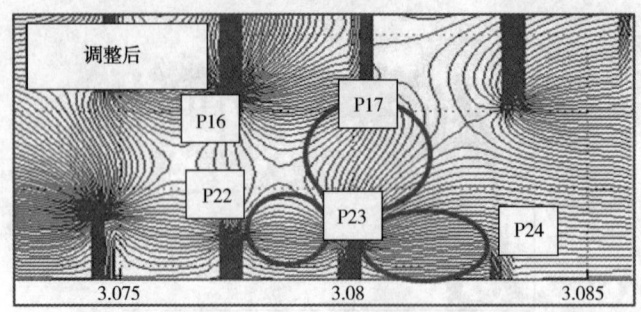

图 8　歧口 17-2 油田 X 油组液流方向示意图

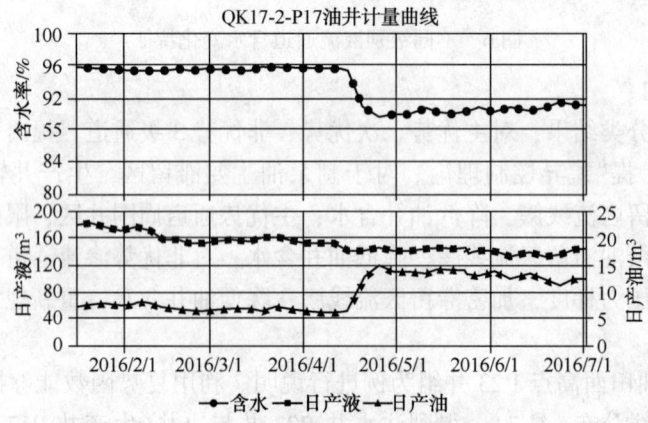

图 9　歧口 17-2 油田 P17 井生产曲线

表 2　不同井组生产井产液量确定表

井组	井号	产液量/(m³/天)	边角比例	井组	井号	产液量/(m³/天)	边角比例
P7	P1	180	1∶2.1	P9	P2	390	—
	P2	390	—		P3	180	1∶2.2
	P8	150	1∶2.6		P4	370	—
	P13	180	1∶1.9		P8	150	1∶2.6
	P14	350	—		P10	170	1∶2.1
	P26	400	—		P14	350	—
	P27	140	1∶2.8		P15	150	1∶2.3
P19	P13	180	1∶1.9	P21	P14	350	—
	P14	350	—		P15	150	1∶2.3
	P20	130	1∶2.7		P20	130	1∶2.7
	P26	420	1∶2.3		P22	200	1∶1.8

3　结论

(1)本文建立基于复势函数的流线模型,通过绘制流线图,统计单位面积区域内流管数,按照累积频率分布 25%、75% 为依据,划分渗流通道级别为主优势、次优势及非优势三

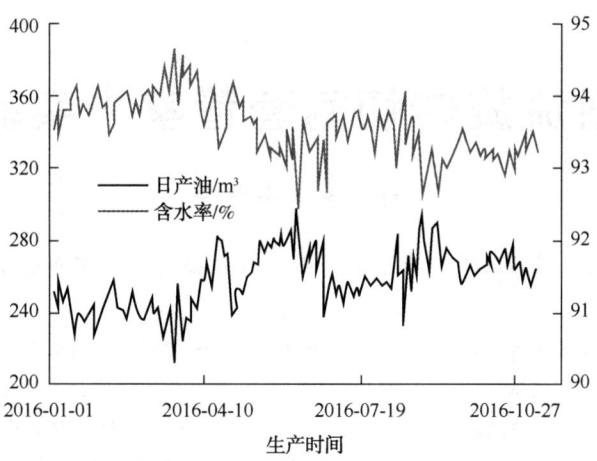

图 10 歧口 17-2 油田西高点开采曲线

级，定量表征歧口 17-2 油田渗流通道。

（2）应用差异液流控制思想，通过改变边角井产液比例，使更多流线通过剩余油富集区，实现液流定向转向，有效改善特高含水期油田注采结构。

（3）与商业数模软件对比，与常规判别方法对比，该方法可靠、快速、定量。

参 考 文 献

[1] 付德奎，冯振雨，曲金明，等. 剩余油分布研究现状及展望[J]. 断块油气田，2007，14(2)：39-41.

[2] 靳彦欣，林承焰，贺晓燕，等. 油藏数值模拟在剩余油预测中的不确定性分析[J]. 石油大学学报：自然科学版，2004，28(3)：23-29.

[3] 焦霞蓉，江山，杨勇，等. 油藏工程方法定量计算剩余油饱和度[J]. 特种油气藏，2009，16(4)：48-50.

[4] 郑浩，王惠芝，王世民，等. 一种研究高含水期剩余油分布规律的油藏工程综合分析方法[J]. 中国海上油气，2010，22(1)：33-36.

[5] 闫宝珍，许卫，陈莉，等. 非均质渗透率油藏井网模型选择[J]. 石油勘探与开发，1998，25(6)：51-53.

[6] 李才学，沈曦，贾卫平，等. 高含水期油藏液流方向优化及流线模拟[J]. 断块油气田，2015，22(5)：641-646.

[7] 杨勇. 高含水期水驱特征曲线上翘现象校正方法研究[J]. 石油天然气学报，2008，30(1)：120-127.

[8] 程林松. 高等渗流力学[M]. 北京：石油工业出版社，2011：23-24.

[9] 李晓平. 地下油气渗流力学[M]. 北京：石油工业出版社，2008：127-135.

[10] 杨胜来，魏俊之. 油层物理学[M]. 北京：石油工业出版社，2004：239-249.

[11] 张金庆. 水驱油田产量预测模型[M]. 北京：石油工业出版社，2013：1-2.

[12] 罗水亮. 扇三角洲相储层开发中后期剩余油分布规律研究[D]. 北京：中国石油大学，2010.

[13] 党胜国，黄保纲，王惠芝，等. 三角洲前缘储层非均质性及剩余油挖潜研究[J]. 海洋石油，2015，35(2)：66-71.

磨料射流旋转切割套管室内实验研究

吴　昊，吴艳华

（中石化胜利石油工程有限公司井下作业公司，山东东营 257000）

摘　要　针对浅海采油平台退役后需要在泥面以下 5m 切割套管的工程需求，进行了在淹没条件下对套管切割有影响的关键因素室内实验。采用单因素实验法，得出室内切割 N80 材质，外径 244.5mm 套管的实验数据。通过绘制关系曲线及简要原因分析，对磨料射流切割套管的参数进行了优化，为浅海地区采油平台弃井时，磨料射流切割套管施工参数选择提供理论参考。

关键词　磨料射流；旋转切割；套管

1　引言

近年来，随着浅海地区部分早期建设的采油平台退役，平台拆除技术成为一项工程热点。平台拆除时，许多钢铁部件需要水下切割后分段吊运，因此水面以下导管架、平台桩腿、套管等管柱的切割技术迅速发展，在现有的切割技术中，磨料射流切割技术以其环保、高效的优点被公认为最有效的切割手段，尤其是在泥面以下 5m 切割套管时不需要清泥作业，多层套管可一次性切割完成，简化了施工流程，大幅降低作业成本。

目前磨料射流对钢板、岩石等材料进行直线切割的研究较多，但对于磨料射流切割导管架、平台桩腿、套管等管柱的旋转切割研究相对较少，同时，在泥面以下进行切割作业时，管柱是否切断无法精准判断。本文以磨料射流切割套管为例，针对磨料射流独特的旋转切割方式，对可能影响切割效果的众多因素进行了实验研究，如淹没条件下的泵压、喷距、切割装置转速和持续切割时间、磨料种类、粒径以及质量浓度等，对现场作业提供了有价值的参考。

2　磨料射流切割套管实验

2.1　实验设备与实验方法

进行磨料射流切割套管实验时，实验设备包括高压泵、磨料射流掺混装置以及磨料射流切割装置等。实验过程中，切割装置中的旋转轴带动切割头上的喷嘴匀速转动，与此同时，混合液（由磨料颗粒和水掺合而成）借助喷嘴提速后形成磨料射流，喷射到套管内表面，实现对套管由内至外的磨蚀切割。实验采用 N80 钢级的套管，外径 244.5mm，壁厚 11.99mm；除考察磨料种类和磨料粒径对切割深度的影响规律外，本实验所使用的磨料均为粒径 0.3～0.6mm 的石英砂，相对密度 2.61。

实验采用单因素法，将切割深度作为切割效率的评价指标。由于本研究针对的是浅海地区的套管切割，切割深度仅在水面以下 15m 左右，因此忽略围压的影响，实验参数的选取

作者简介：吴昊（1977—），男，汉族，工程师，2007 年毕业于石油大学（华东）石油工程专业，现从事油气田井下工具研发工作。E-mail：1136344087@qq.com

见表1。

表1　实验参数表

实 验 参 数	参 数 取 值	实 验 参 数	参 数 取 值
泵压/MPa	12，13，14，15，16*，18，20	磨料质量浓度/%	13.8，15.4，18.7*，23.2，26.1，29.6
切割时间/s	180，360*，540，720，900，1080，1260	磨料粒径/mm	0.216，0.3，0.4，0.44，0.56，0.67，0.78
切割装置转速/rpm	3*，7，15，29.5，62.5	喷嘴直径/mm	2.8*
喷距/mm	10*，15，20，25，30	喷嘴个数	4*

注：带 * 的为采用单因素实验时的固定值。

2.2　实验结果与分析

2.2.1　泵压的影响

泵压是影响磨料射流切割性能的重要参数，由图1看出，随着泵压增大，切割深度相应增加。这是因为在喷嘴直径固定的情况下，泵压升高的实质是流体速度增大后节流压力变大引起的，即流速越快，节流压力越大，泵压越高。而磨料颗粒在流体的带动下，其速度也会越来越快，动能也会越来越大，进而导致单位时间内传送到套管内表面的能量增大，使磨料颗粒对套管的磨蚀破坏能力增强。

另一方面，由图1左下可以看出，并不是所有的磨料射流都能有效切割套管，只有当泵压达到一定压力值后，磨料射流颗粒才会对套管产生刺蚀作用。当泵压过低，磨料颗粒所获得的动能就会小于引发套管破坏的临界动能，此时，磨料颗粒对套管的影响只是导致套管变形，不能有效磨蚀套管；随着泵压的逐渐升高，磨料颗粒的速度会越来越快，其获得的动能也会越来越多，磨料颗粒对套管的磨蚀破坏能力越来越强，因此切割深度也会随之增加。

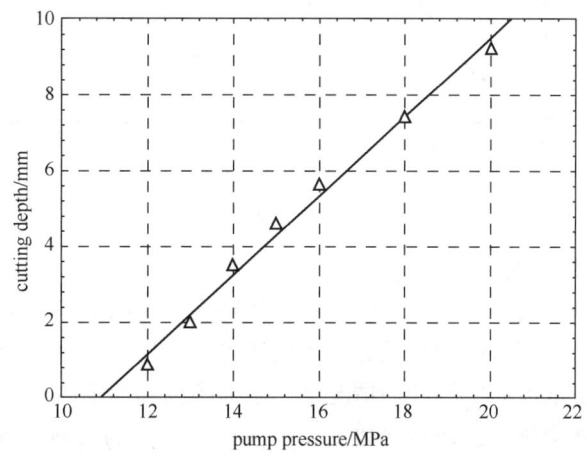

图1　泵压与切割深度的关系曲线

2.2.2　持续切割时间的影响

持续切割时间与切割深度的关系曲线如图2所示，可明显看出，切割深度随着切割时间的延长而逐渐加大，但增幅在逐渐变小。

这是由于持续切割时间的本质是重复切割次数，如图3所示。随着重复切割次数的增加，切割深度也会相应变大；随着切割时间的增加，切割深度越深，留存在割缝内刺蚀套管后损失能量的磨料颗粒就会越多，使磨料射流受到的干扰越来越大，进而降低了后续磨料颗粒磨蚀破坏性能,所以切割深度的增幅会随着持续切割时间的延长而降低。

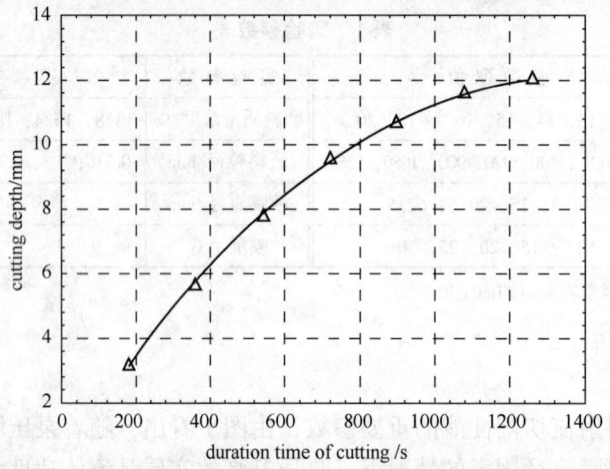

图 2　持续切割时间与切割深度的关系曲线

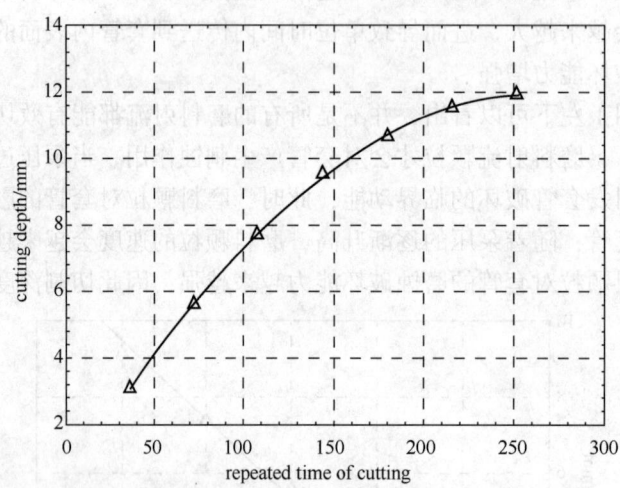

图 3　重复切割次数与切割深度的关系曲线

2.2.3　切割装置转速的影响

　　切割装置旋转切割是由喷嘴横移速度和重复切割次数这两个因素组成。这两个因素相互影响,且对切割深度的作用是完全相反的。从前述可知,切割深度随着重复切割次数的增多而增大;而在磨料质量浓度固定不变的情况下,当喷嘴横移速度越快时,单位时间内喷射到某一固定点的颗粒量就会越少,切割次数变少,使套管受到的磨料颗粒磨蚀作用也就越小,其结果就是切割深度变小,如图 4 所示。

　　既然喷嘴横移速度和重复切割次数共同影响切割深度,而且作用还是相反的,那么就会存在一个最佳结合点,也就是说切割装置转速存在一个最优切割参数。切割装置转速与切割深度的关系曲线如图 5 所示,从图上可以看出,在本次研究实验中,切割装置转速的最佳值为 7r/min。

2.2.4　喷距的影响

　　喷距与切割深度的关系曲线如图 6 所示。从上图可以看出,随着喷距的增大,切割深度

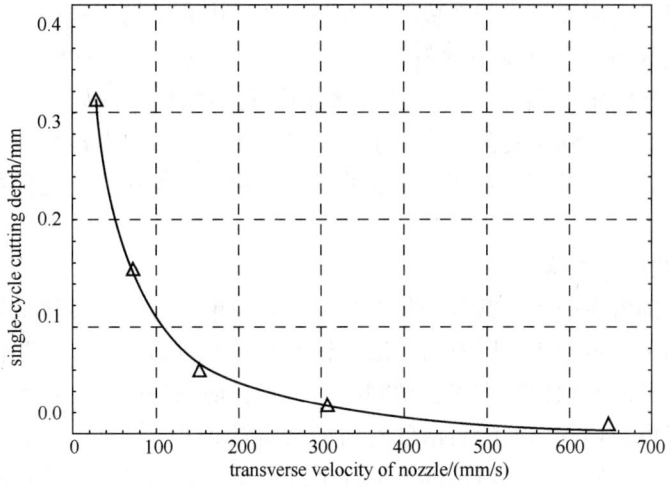

图 4　喷嘴横移速度与单圈切割深度的关系曲线

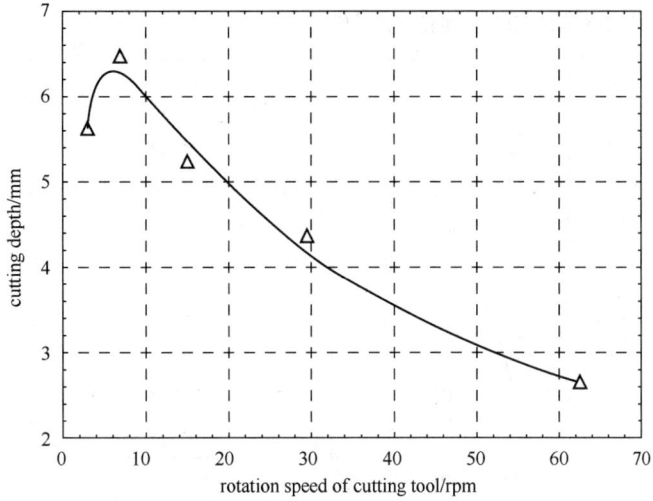

图 5　切割装置转速与切割深度的关系曲线

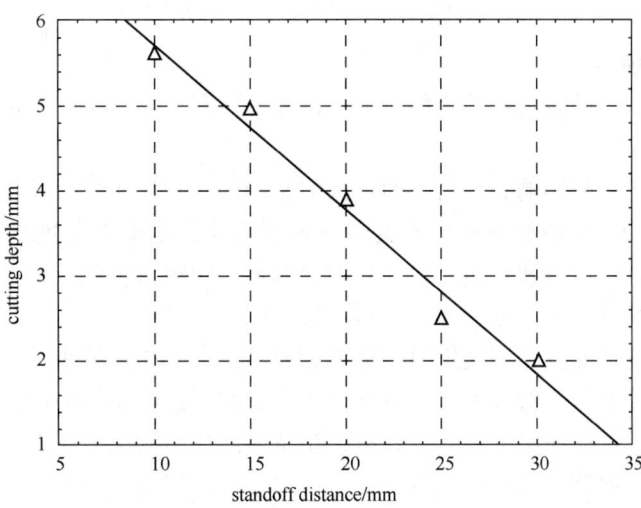

图 6　喷距与切割深度的关系曲线

反而减小,这主要是由两方面原因造成。一方面,套管内介质对射流的干扰随着喷距的增大而增大,随着干扰的增大,射流中磨料颗粒的能量就会减少,磨蚀能力快速减弱;另一方面,在切割装置转速固定的条件下,切割横移速度随着喷距的增大而增大,从前述分析可知,切割横移速度增大,则切割深度会减小。所以,在实施磨料射流旋转切割套管时,随着切割时间的推移,切割装置应随着切割深度的增大而相应降低转速,这样可以获得更高的切割效率。

2.2.5　磨料质量浓度的影响

磨料质量浓度即射流中所含磨料颗粒的多少,它与单位时间内磨料颗粒冲击套管内表面的次数多少息息相关。由图7可以看出,浓度较低时,磨料切割套管深度较小,随着浓度的增加,射流单位体积内的颗粒数变多,切割次数增多,切割深度增加;继续提高浓度,当质量浓度超过临界点后,切割深度随着浓度的增加反而降低了,这是由于随着磨料射流中磨料质量浓度达到一定浓度后,磨料射流的流动性下降较快,射流在喷出喷嘴时的磨阻变大,导致颗粒能量损失增加,降低了颗粒对套管的磨蚀破坏能力,因此切割深度反而下降了。在本次研究实验中,磨料质量浓度的最佳值为21%。

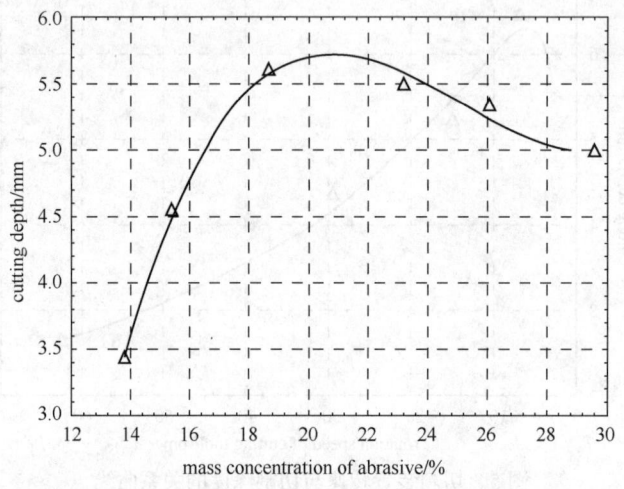

图7　磨料质量浓度与切割深度的关系曲线

2.2.6　磨料粒径的影响

由图8可以看出,随着磨料粒径的增加切割深度逐渐增大,达到一定粒径值后,切割深度又逐渐变小。

磨料粒径大小产生的影响有3个方面:(1)影响磨料颗粒质量,粒径大,质量就大,粒径小,质量就小;(2)影响磨料颗粒对套管的冲击频率,当磨料浓度一定时,磨料粒径越小,射流中所含的颗粒数量就会越多,磨料粒径越大,颗粒数量就会越少;(3)影响磨料的圆球度,圆球度的高低一定程度上影响磨料磨蚀性能。

磨料颗粒随射流加速到相同速度时,磨料颗粒粒径小,质量就小,在射流中获得的动能就少,冲击切割性能就差,粒径大,质量就大,达到相同速度获得的动能就大,冲击切割性能就好;粒径小,单位体积中磨料颗粒就多,单位时间内切割次数就多,切割性能就好,反之,当粒径很大时,射流中的颗粒数就会很少,单位时间切割次数就少,切割性能就差;粒径小,磨料颗粒圆球度相对较差,有尖锐棱角的磨料颗粒磨蚀性能就好,粒径越大,磨料颗

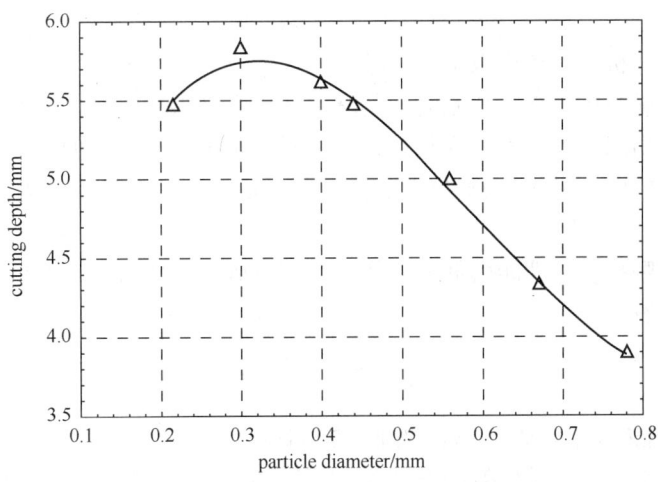

图8 磨料粒径与切割深度的关系曲线

粒圆球度就会越高，越圆滑的磨料颗粒磨蚀性能就会越低。

综合上述分析，针对颗粒粒径，必然存在一个最优值，使得颗粒既能获得足够多的动能，又能使得射流中具有足够多的颗粒数，以达到最佳切割套管的效果。从上图图8可以看出，在本次研究实验中，磨料颗粒粒径的最佳值为0.3mm。

2.2.7　磨料种类的影响

分别采用了石英砂、金刚砂、石榴石、铁砂4种磨料颗粒做了套管切割实验。

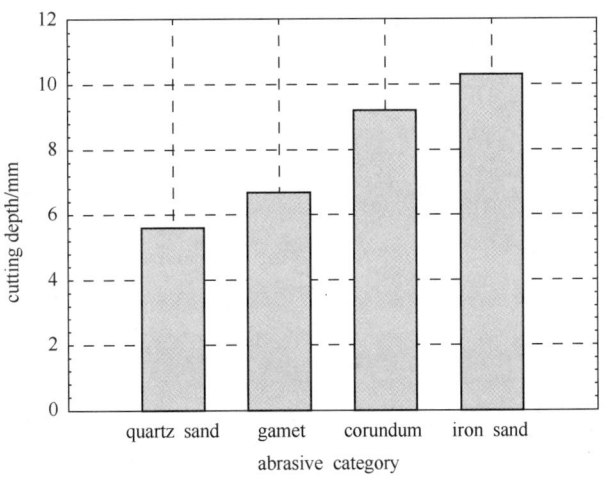

图9 磨料种类与切割深度的关系

由图9可以看出，切割性能由低到高依次为石英砂、石榴石、金刚砂、铁砂。与石榴石和石英砂相比，铁砂和金刚砂一方面硬度高，有尖锐的棱角，对套管刺蚀能力比石榴石和石英砂强，另一方面铁砂比其他磨料的密度要高出很多，经射流加速后获得的动能最大，对套管的刺蚀能力最强，所以其切割深度最大，效率最高。但在现场应用中，铁砂和金刚砂因密度较大，不容易和海水搅拌均匀，采用其他添加剂提高携砂性能容易造成海洋环境污染，另外石榴石和石英砂价格相仿，比金刚砂和铁砂便宜很多，切割作业时性价比更高。综合以上各种因素，在现场施工建议使用石榴石作为磨料射流的颗粒材料。

3 结论

由实验及简要分析可以得出以下 3 点结论：

（1）切割深度随泵压与持续切割时间的增大而增大；随着喷距的增大而迅速减小；

（2）持续增大切割装置转速、磨料粒径和磨料质量浓度，均会使得切割深度先增大后减小。在本次研究实验中，最优切割装置转速为 7r/min，最优磨料粒径为 0.3mm，最优磨料质量浓度为 21%；

（3）四种磨料颗粒切割性能由低到高依次为石英砂、石榴石、金刚砂、铁砂。在现场施工中建议使用石榴石。

参 考 文 献

[1] 沈忠厚. 水射流理论与技术[M]. 东营：石油大学出版社，1998.

[2] 周卫东，等. 水利参数和磨料参数对前混式磨料射流切割套管的影响研究[J]. 石油钻探技术，2001，29(2)：10-12.

[3] 王瑞和，等. 磨料射流旋转切割套管试验及工程计算模型[J]. 石油大学学报：自然科学版，2010，34(2)56-61.

稠油油藏组合式蒸汽吞吐决策方法研究

赵文勋，李　辉，邱　锐，宋清新，魏勇舟

（中国石化胜利油田分公司滨南采油厂，山东滨州 256600）

摘　要　针对单家寺稠油蒸汽吞吐开发后期温度场、压力场以及饱和度场分布不均、开发效果变差的问题，应用物理模拟技术对该块组合式蒸汽吞吐进行优化研究，建立了考虑目前加热范围、纵向可动用程度以及目前汽窜通道数的组合吞吐选井决策方法。研究表明组合吞吐的最佳组合吞吐周期为 2~3 周期，有效吞吐为 3~5 周期，组合吞吐加入氮气或氮气泡沫后波及范围进一步加大，受效期延长，有利于进一步改善油藏的"三场"分布及吞吐开发效果。

关键词　组合式蒸汽吞吐；物理模拟；决策指数

单家寺稠油经过 30 多年的开发，蒸汽吞吐轮次平均已达到 15 个周期以上，总体上处于高轮次吞吐阶段。由于平面、层间吸汽不均衡、地层压力下降、井间热连通等因素影响，致使温度场、压力场以及饱和度场分布不均、油井汽窜加剧、油汽比逐年降低。低油价下不具备进行转换开发方式的条件，通过组合注汽等技术可有效调整蒸汽流场、解决井间热干扰的矛盾，改善开发效果。但是对于组合式蒸汽吞吐的选井及组合方式的选择，目前矿厂的做法普遍是根据注汽管网走向以及锅炉运行情况来决定，没有充分考虑油藏地质情况、汽窜通道以及平面汽窜方向等重要因素，对于组合的时机也缺乏科学的依据。因此，在单家寺油田单 56 块进行组合式蒸汽吞吐优化研究，建立选井组合的决策方法。

1　汽窜井组合吞吐三维物理模拟研究

利用 30cm×30cm×20cm 的九点蒸汽吞吐三维物理模型，根据单 56 块油藏特征设计三维物理模拟参数，通过多轮次蒸汽吞吐构造多方向汽窜状态，然后对已经形成汽窜通道的井进行组合式蒸汽吞吐，根据采集的温度场变化分析汽窜井组扩大波及体积状况，根据产油量分析组合式蒸汽吞吐改善开发效果的状况。

1.1　注蒸汽组合吞吐实验

以经济极限油汽比 0.2 作为评价条件，从实验结果可以看出（图 1），当单井轮流蒸汽吞吐效果变差时，同样的注汽量，实施组合式蒸汽吞吐后，开发效果均能得到改善，平均单井周期产油量、油汽比有了明显增加。

对比不同汽窜条数的平均单井周期产油量、油汽比曲线可知，汽窜条数越少，单井产油量、油汽比越高且生产周期越多；而汽窜条数较多的油藏平均单井效果较差；实施组合吞吐后，汽窜条数越多，周期间递减越大，且有效轮次越少。

基于不同汽窜通道物理模拟结果表明，组合吞吐的有效吞吐为 3~5 周期，最佳组合吞

作者简介：赵文勋（1986—），男，汉族，2010 年毕业于中国石油大学（北京）油气田开发专业、硕士研究生，工程师，现从事油气田开发科研工作。E-mail：zhaowenxun. slyt@ sinopec. com

吐周期为 2~3 周期。

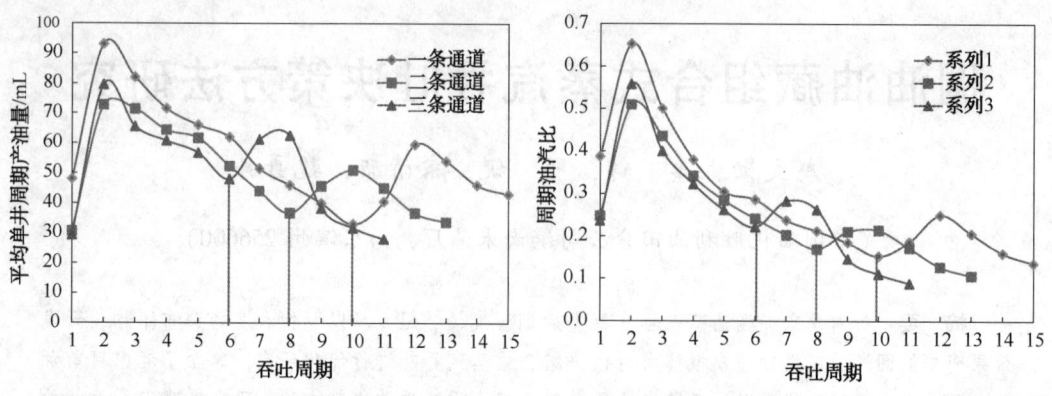

图1 不同汽窜通道条数平均单井周期产油量、油汽比对比曲线

1.2 温度场分布对比

由温度场分布图(图2)可以看出,实施组合式蒸汽吞吐之后,由于同时注汽、焖井、生产,高周期蒸汽吞吐之后产生的汽窜通道得到了很好的抑制与封堵,窜流现象减轻,因此平面上热波及范围明显扩大,而且井附近的温度明显提升。从温度场发育情况也可以看出,汽窜通道数越多,组合蒸汽吞吐之后,产油量增加越明显,而且热波及范围越多,注汽效果越好。

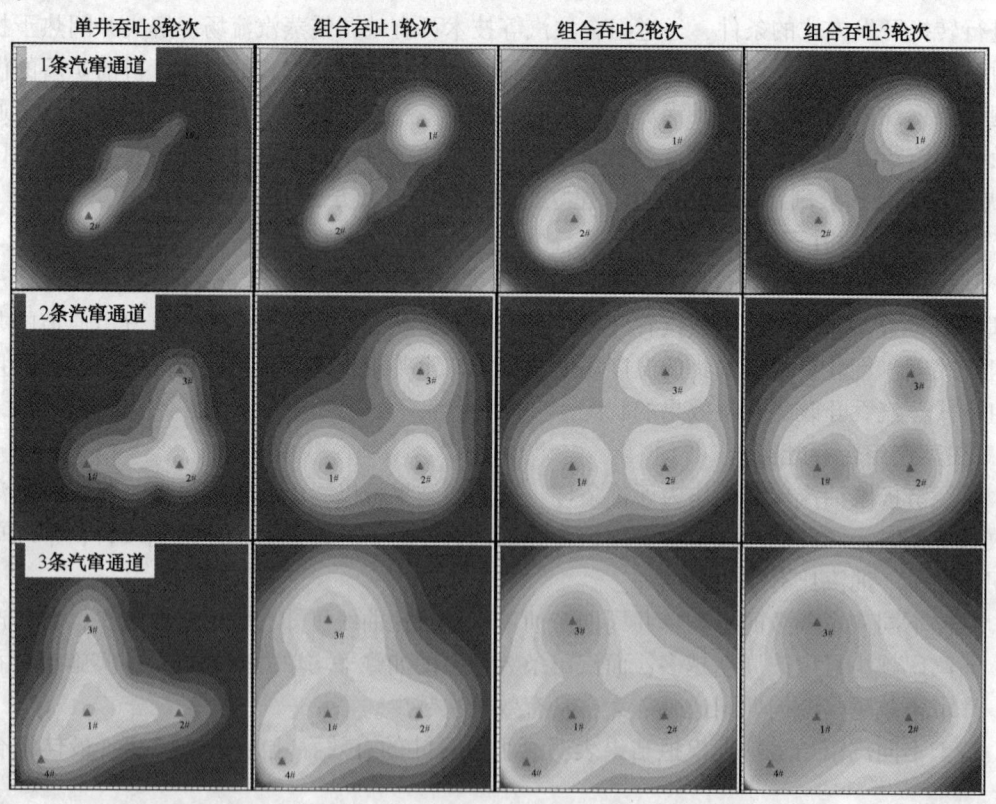

图2 单井吞吐与组合吞吐加热范围对比

因此组合式蒸汽吞吐对于高周期蒸汽吞吐井封堵汽窜通道，扩大热波及体积，改善注蒸汽开发效果具有非常大的意义。

1.3　氮气、泡沫辅助注蒸汽实验

相比于单纯的组合蒸汽吞吐(图3)，氮气辅助组合蒸汽吞吐能够更加有效的扩大蒸汽的纵向上的波及，减少了蒸汽的热损失，提高蒸汽的热利用率；氮气泡沫辅助组合蒸汽吞吐可以更好扩大蒸汽的热波及，能有效封堵汽窜通道，改善流度比，使得蒸汽更好的加热剩余油，驱动流体能均匀的推进，提高油层的波及面积。三种组合方式中以氮气泡沫辅助组合吞吐周期产油量与油汽比最高。

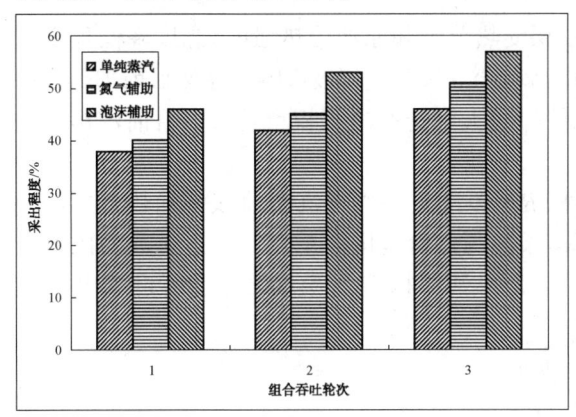
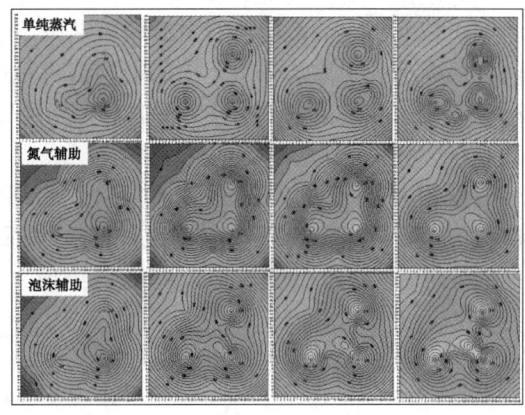

图3　不同组合吞吐方式效果对比图

2　组合式蒸汽吞吐选井条件研究

2.1　汽窜井组合吞吐选井决策

考虑目前加热范围 r_h、纵向可动用程度 h_t 以及目前汽窜通道数 n_c，建立面积汽窜组合吞吐选井决策量化指标。

蒸汽吞吐注入的水蒸汽混合物进入油层后，油层分为明显的热区和冷区两部分，焖井结束后，进入油层的水蒸气全部冷凝为水，生产过程中油层为油、水两相渗流，油层中的流体饱和度基本保持不变，原油黏度降低是维持油井生产的主要机理。可以推导出油井的增产效应为：

$$\bar{J}_o = \frac{\ln \dfrac{r_e}{r_w} - \dfrac{1}{2}\left(1 - \dfrac{r_w^2}{r_e^2}\right) + S_c}{\dfrac{\mu_{oh}K_{oc}}{\mu_{oc}K_{oh}}\left[\ln \dfrac{r_h}{r_w} - \dfrac{1}{2}\left(1 - \dfrac{r_w^2}{r_h^2}\right) + S_h\right] + \ln \dfrac{r_e}{r_h} - \dfrac{1}{2}\left(1 - \dfrac{r_h^2}{r_e^2}\right)} \tag{1}$$

式中　μ_{oh}——受热原油黏度；

　　　μ_{oc}——未受热原油黏度；

　　　K_{oh}——受热区原油有效渗透率；

　　　K_{oc}——未受热区原油有效渗透率；

　　　r_e——泄油区半径；

　　　r_h——受热区半径；

　　　r_w——油井半径；

S_h——注蒸汽油井的表皮因子;

S_c——未注蒸汽时油井污染因子。

由于加热区温度较高,受热原油黏度远小于原始状况下的原油黏度,因此最大增产效应为:

$$\overline{J}_{omax} = \frac{\ln \dfrac{r_e}{r_w} - \dfrac{1}{2}\left(1 - \dfrac{r_w^2}{r_e^2}\right) + S_c}{\ln \dfrac{r_e}{r_h} - \dfrac{1}{2}\left(1 - \dfrac{r_h^2}{r_e^2}\right)} \tag{2}$$

可以看出,油藏受热后增产效应取决于油层受热范围和原油受热强度(黏度降低程度)。因此所有有利于增加受热范围的措施都将对提高增产效果产生积极影响;显然目前加热范围 r_h 越大则选井决策权重越小。纵向可动用程度 h_t 越大则选井决策权重越大,目前汽窜通道数 n_c 越大则选井决策权重越大。

根据以上原则,可以计算无因次汽淹面积 R_h(即汽淹面积与汽窜前该井加热范围的比值),无因次汽窜通道数 n_c(即该井的汽窜通道条数与评价范围内总汽窜通道条数的比值),净总比 h_t(即有效厚度与地层厚度的比值)。于是得到了构造面积汽窜组合吞吐选井决策指数:

$$A_{di} = \frac{h_t n_c}{R_h} \tag{3}$$

选井决策指数 A_{di} 越大,则选井优先级越高,依次类推,形成面积汽窜组合吞吐的选井顺序。

2.2 单56块组合吞吐井区选井

根据滨南稠油单56块的单56-13XN5井区预选面积组合吞吐井区油藏、生产动态和汽窜数据计算组合吞吐选井决策指数,选井优选顺序如表1所示,结合注蒸汽地面管线约束条件,对各井区内可能的组合吞吐井组进行优化设计。

表1 单56-13-XN5井区组合吞吐决策结果表

一线井	汽淹面积/ m²	加热半径/ m	汽窜通道	无因次汽淹面积	无因次汽窜通道数	净总比	决策指数	优选顺序
SJ56-12X6	13001	45.5	2	1.998	0.182	0.805	0.073	2
SJ56-12X4	7589	23.8	3	4.258	0.273	1.000	0.064	3
SJ56-13N3	3673	25.6	1	1.784	0.091	1.000	0.051	6
SJ56-15-5	7435	36.5	1	1.774	0.091	1.000	0.051	4
SJ56-13XN5	5256	26.4	1	2.389	0.273	0.748	0.085	1
SJ56-14X6	6550	38.8	1	1.382	0.091	0.778	0.051	5

3 应用效果

以单56块单56-13-XN5井组为例,该井区6口井,平均有效厚度15.9m,吞吐16个周期,采出程度35.4%,汽窜通道11条,实施氮气辅助组合吞吐。截止目前,已实施2轮次氮气辅助单元注汽,区域采出程度由35.4%提高到41.3%,实现增油4571t,取得较好的效果。随着吞吐周期增加,通过优选工艺及优化参数,能较好的改善单元开发效果,减缓周期递减。

4 结论

（1）物理模拟结果表明，组合吞吐同时改善了注入蒸汽的平面和纵向波及；由于高渗油层为汽窜层，组合吞吐后注入蒸汽主要发生平面转向，改善汽窜层的平面波及范围，尽管组合吞吐后注入蒸汽发生纵向转向，但纵向波及改善幅度不大。组合汽窜井数越多，改善效果越明显。

（2）建立了考虑目前加热范围、纵向可动用程度以及目前汽窜通道数的面积汽窜组合吞吐选井决策量化指标，并计算预选吞吐各单井决策量。

（3）基于不同汽窜通道物理模拟结果表明，组合吞吐的有效吞吐为 3~5 周期，最佳组合吞吐周期为 2~3 周期。

（4）相比于单纯的组合蒸汽吞吐，氮气（泡沫）辅助组合蒸汽吞吐能够更加有效的扩大蒸汽的纵向上的波及，减少了蒸汽的热损失，提高了蒸汽的热利用率。

参 考 文 献

[1] 岳清山，赵洪岩. 蒸汽驱最优设计方案新方法[J]. 特种油气藏，1997，4（4）：19-23.

[2] Gros R P. Steam soak predictive model[C]. SPE 14240，1985：155-156.

[3] 郎兆新. 油藏工程基础[M]. 东营：石油大学出版社，1991：24-25.

[4] 刘慧卿. 热力采油技术原理与方法[M]. 东营：石油大学出版社，2000：55-56.

[5] 张红玲，非等温溶解气驱流入动态研究[J]. 石油钻采工艺，2001，23（4）：46-49.

齐 108 块蒸汽吞吐后转火烧油层适应性研究

谢建波

(中石油辽河油田分公司欢喜岭采油厂，辽宁盘锦 124000)

摘　要　在分析齐 108 块稠油油藏蒸汽吞吐后的温度、压力、流体及储集层特征的基础上，结合辽河油田近几年火烧油层数值模拟、火驱跟踪效果评价及调控研究取得的成果，分析了蒸汽吞吐后油藏的特点及对火驱的影响，对多轮次蒸汽吞吐后火驱油藏的筛选标准、井网选择以及火驱过程调控问题进行了研究。针对齐 108 块现场情况，在火烧机理与室内物理模拟实验基础上，确定了油藏筛选函数及相关匹配性研究。并分析了蒸汽吞吐后的复杂气窜通道对火驱前缘推进的影响及其控制因素。综合研究表明，齐 108 块蒸汽吞吐后期油藏转火烧油层开采是可行的，也为稠油油藏转换开发方式提供了有力的技术支持。

关键词　蒸汽吞吐；齐 108 块；火驱

齐 108 块经过二十多年的滚动勘探开发，目前采油速度 0.40%，采出程度 33.6%，已经进入吞吐开发后期的"双高、双低"阶段，常规蒸汽吞吐已经不能满足油井生产的需要，继续吞吐的潜力小，需要转换开发方式来改善齐 108 块生产效果，实现区块规模产量的接替。火烧油层油藏适应性强，具有明显技术优势，已经在辽河、新疆蒸汽吞吐后油藏试验成功。对于蒸汽吞吐后油藏，通过国内外火驱开发方式油田的应用与实践，来研究火驱机理，进行齐 108 莲花油层火驱可行性研究，并初步优选出火驱试验井区和火驱目的层。通过火驱技术研究，可进一步改善油藏开发效果，提高区块采出程度，保持区块稳产上产，同时对同类型稠油油藏开发进行技术储备。

1　齐 108 块稠油油藏基本特点

齐 108 块位于辽河盆地西部凹陷西斜坡南部，欢喜岭上台阶中段上倾部位，总体构造形态为斜坡背景下发育的、被断层复杂化的断裂背斜构造，开发目的层为沙三下莲花油层，油藏埋深为 950~1250m。与国内外其他稠油油田对比，具有以下几个基本特点。

(1) 含油层系多，构造复杂。辽河盆地陆上发育块内发育了 10 条断层(其中三级断层 2 条，四级断层 8 条)。纵向上发育多套含油层系，沙三段莲花油层、大凌河油层、沙一下-沙二段兴隆台油层。

(2) 油藏类型多，非均质性严重。按照油气水组合关系划分，主要有纯油藏、块状底水油藏、层状边水油藏、油水互层状油藏等 4 种主要类型。欢喜岭稠油资源中多层状稠油油藏储量占 1/3 左右。齐 108 块属于典型的多层状砂岩油藏。

(3) 稠油成因类型多，原油黏度涵盖范围广。稠油成因类型主要有边缘氧化、次生运移、底水稠变 3 种主要类型。原油黏度跨度大，为 $(100 \sim 1 \times 10^6) \, \text{mPa} \cdot \text{s}$。

作者简介：谢建波(1985—)，男，辽宁盘锦人，硕士，工程师，研究方向：油田地质开发及动态分析。E-mail: jianbo1004@163.com

2 火驱开采原理及特点

火烧油层就是利用地层原油中的重质组分作为燃料，空气或富氧气体作助燃剂，通过人工点火等方法使油层原油达到燃点而燃烧，产生的热量使油层温度上升至 600~800℃，重质组分高温下裂解生成的轻质油，注入的气体、燃烧生成的气体以及水蒸汽可以驱动原油向生产井流动并采出。主要机理是高温裂解、气体驱动和加热降粘。稠油的燃烧过程分为低温氧化、燃料沉积和燃烧 3 个阶段。

从火驱采油机理和燃烧过程可以看出，火驱具有以下驱油特点：①注气保持地层压力；②兼有蒸汽驱、热水驱的作用，热利用率高；③具有混相驱降低原油界面张力的作用，驱油效率高；④井网和井距不受到严格的限制。对于稠油油藏火驱开发，在高温氧化燃烧模式下，可以产生大量的热，大幅度降低产出原油黏度，实现火驱高效开发，同时高温氧化燃烧形成的油墙具有调剖作用，可以提高火驱的波及体积。

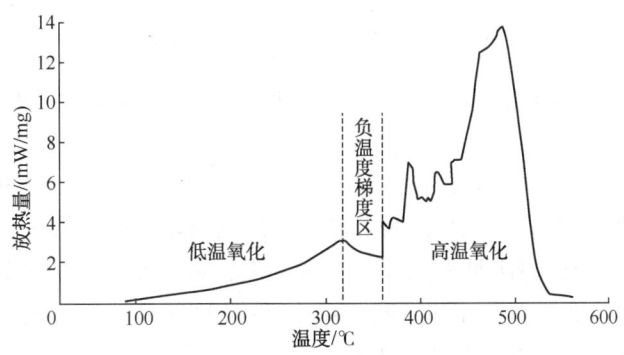

图 1　辽河油田典型稠油热分析曲线

3 蒸汽吞吐后油藏的特点及对火驱的影响

（1）齐 108 块平均单井吞吐周期为 16 轮次。高轮次的蒸汽吞吐生产使得地层压力下降较快，目前主力产油带所测得的压力大多在 2MPa 左右，较低的油藏压力对开展火烧驱油是有利的，使得注入空气时不必克服过大的阻力，能够提高注气效率，减少注气成本。

（2）经多年的注蒸汽吞吐，地层不断注入蒸汽，使地下补充了大量的热能，齐 108 块油层原始温度 44~49℃，残余热的存在可以缩短点火时间，降低原油黏度，对于火驱的形成有利。

（3）齐 108 块综合含水 88.5%，高的含水饱和度会直接影响到火驱前缘的温度，而且具有一定含水饱和度的油层进行火烧驱油时会伴有湿式燃烧的特征，热利用率高，有助于提高火烧驱油效果。

（4）齐 108 块蒸汽吞吐后期油藏的剩余油富集，只有蒸汽波及到的范围内含油饱和度比较低（约 35%），在井间部位则高达 40%~65%，通过对该块原油物性的分析表明沥青质含量高达 50% 以上，轻质成分减少，导致原油的黏度和密度增加，这部分胶质沥青质为后续火驱提供了燃料来源。

4 蒸汽吞吐后实施火驱的可行性研究

4.1 蒸汽吞吐后火驱单元的筛选

火烧热采区块筛选标准，是判别一个给定油藏采用火烧热采工艺进行开发，在技术上是否会成功，经济上是否合算的一个经验判据。

表1　齐108块齐109井区火烧油层筛选标准对比表

筛选标准	参 数	条 件	齐109井区
油藏筛选标准	孔隙度/f	≥0.18	0.27
	初始含油饱和度/f	≥0.45	0.48
	$\varphi So/f$	≥0.13	0.21
	渗透率(10~3μm²)	200~1000	720
	油层有效厚度/m	≥6	28
	净总厚度比/f	>0.7	0.72
	地层温度下脱气油黏度/mPa·s	≤10000	4950
	油层深度/m	150~2000	1175
工艺技术筛选标准	Y(综合参数)	≥0.27	0.53
经济技术筛选标准	AOR(空气油比)	≥3500	6958

在火驱筛选标准中，y 函数是油藏埋深、温度、渗透率、流度、注气速度和储量系数的多元线性函数。

$$y = -2.257 + 0.0003957z + 5.704\Phi + 0.1040K - 0.2570Kh/\mu + 4.600\Phi S_o$$

式中孔隙度 Φ 和含油饱和度 S_o 是两个最大的影响因素。通过将齐109井区参数与火烧筛选标准匹配性研究发现(1)满足火烧油层筛选标准，且油藏埋深相对较浅；(2)目前油汽比、地层压力、采油速度低，吞吐开发经济效益差；(3)油品性质及油层连通性好，隔层发育，在10m左右。可见齐109井区莲花油层符合火驱开发的条件。

4.2　室内物模实验结果验证了火驱的可行性

为了进一步的分析评价火驱技术在齐108块稠油的可行性，从符合火驱技术筛选标准的井区中优选齐109井区开展了室内物模实验。采用与区块地层参数一致的岩芯模型，用原始地层原油进行了室内火烧物模实验，来确定点火温度、通风强度、氧气利用率、视 H/C 原子比、燃烧率、驱油效率等火烧基础燃烧参数，确定地层与原油性质是否适合吞吐后期转火烧油层开采方式。

(1)通过室内一维火烧试验，原油点燃温度：450~500℃，一维驱油效率：85%~91%，能够实现成功点火和保持稳定燃烧，燃料生成量(焦炭)：21.47~29.88kg/t。

(2)燃料含量11.02%~16.17%，空气耗量偏高(483.5~443.01Nm³/t)，但可以在方案设计中考虑采用湿式燃烧法，减少空气耗量(湿式燃烧的空气耗量仅为干式燃烧的1/3~1/2)。

(3)气油比为：1500~2000 Nm³/t，火烧油层经济可行性上限为 $AOR=4200$Nm³/t，减少空气耗量，降低气油比，保证开发效益的最大化。

4.3　火驱井网和井型的选择及问题

目前火驱主要是采用直井注采的方式，根据油藏倾角等特征规划线性驱替或者面积井网形式，因为油层厚度的不同，在设计井网时还要考虑射孔位置等因素。针对油藏具有倾角的特点，设计行列井网"移风接火"式开发。注气井顶部射开、生产井底部射开的生产模式，目的是尽量利用火驱热效应，发挥人工重力驱的作用。容积驱替效率有很大的改善，空气需求量较小，已燃区原油重新饱和的可能性小，所有生产井都用来采油，便于追踪评价，易于控制。

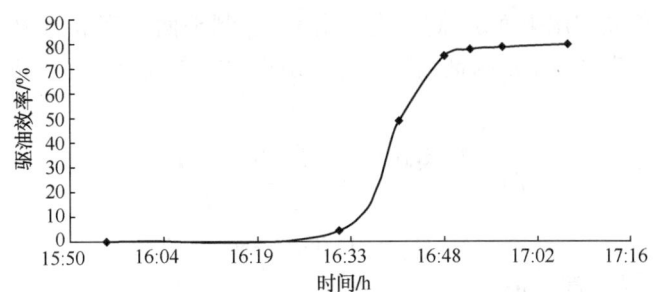

图 2　室内模拟驱油效率曲线

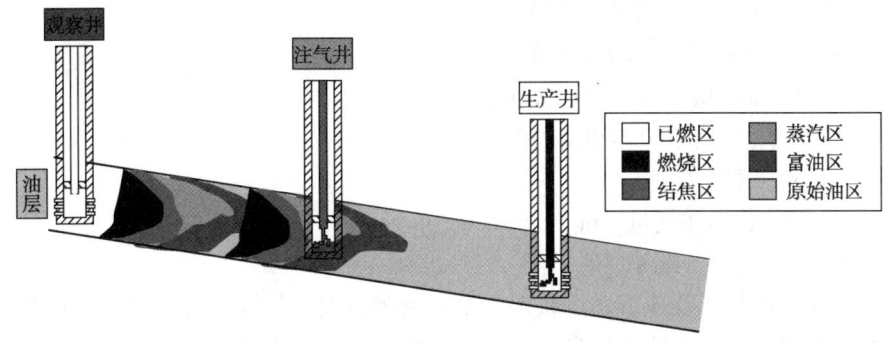

图 3　移风接火示意图

利用现有井网，设计合理的井排井距。综合对比采油速度、采出程度、经济效益等多项指标，最终确定采用行列井网，注气井排距为 210m，井距为 105m 井网形式。

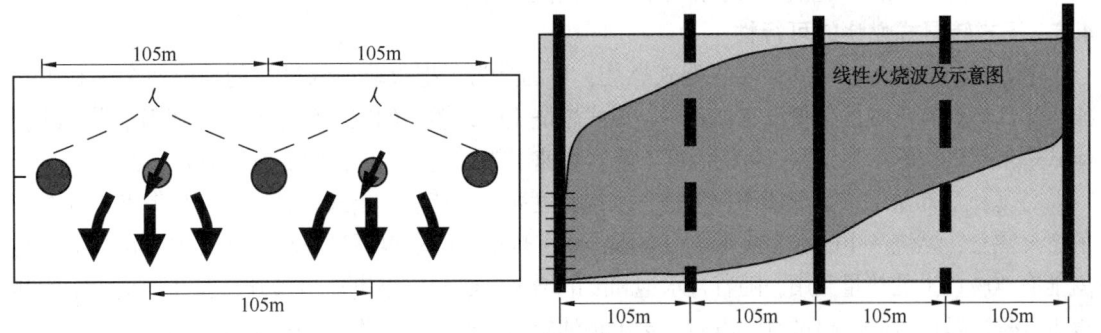

图 4　火井井距及部署

采用 CMG 软件的 STARS 进行数值模拟研究，设置为直井注气和水平井生产的典型重力火驱模式进行注空气干式火驱，对于火烧油层常规的直井注气直井开采，排状布井比反九点井网布井的采油效果好；对于中深厚层稠油油藏进行火烧油层开采，如果采用水平井采油，应将生产井与注气井距离缩短，并且适当加大注气量，否则火烧前缘到达生产井时间长采油效果不好。在高采出程度的注蒸汽油藏上进行火驱，不建议钻长水平段的水平井，特别是在油藏下倾部位，最为经济有效的办法是对原井网进行更新、侧钻等。

4.4　气窜通道复杂性及对策

气窜是火驱过程中面临的主要问题，正确判断气窜方向和燃烧前缘位置，是掌握火驱动态调整火驱政策的重要依据。井温测试、示踪剂及经验公式三种方法是综合分析燃烧前缘

(火线)判断技术,首先利用平面上监测井温剖面,绘制平面温度等值图,粗略显示火线推进优势及劣势方向;其次根据示踪剂结果,计算出见效方向及分配注气量;最后利用经验公式进行定量分析。

$$R = \sqrt{\frac{360V}{\pi \cdot \alpha \cdot H}} = \sqrt{\frac{360Q_\text{分} Y}{\pi \cdot \alpha \cdot H \cdot A_\text{s}}}$$

$$Q_\text{分} = (1-\beta) \times Q \times \gamma$$

式中　R——火线前缘位置,m;

　　　δ——各井方向分配的注气量,m^3;

　$Q_\text{分}$——各井方向的分配角度,(°);

　　　Y——各井方向的氧利用率,小数;

　　　H——各井方向的油层燃烧厚度,m;

　　　A_s——燃烧率(燃烧单位体积空气耗量);

　　　β——油藏存气率,%;

　　　Q——注气井总的注气量,m^3;

　　　γ——示踪剂测试分配率,%。

准确客观地掌握气窜及地下燃烧状态需要对火驱机理进行深入的研究,并且要根据火驱特点借助油藏监测方法取得地下信息,按目前的井网部署,生产井应该以多向受效为主。为了控制注入气大量单向气窜,需要对火驱实施管控措施,使火线均匀推进。注气井上要调整注气量、火井注水、高温泡沫调堵、固体颗粒封堵;生产井上主要调整工作有:调整排气量与工作制度、增加产液量、和封堵气窜层等措施。

4.5　干式转湿式燃烧的可行性

在火驱进行到一段时间后转入湿式燃烧,目的是为了把火驱前缘过后的油层残余热利用起来,干式燃烧有70%的热量没有被利用,湿式燃烧比干式燃烧的驱油效果好,热利用率高,随着湿式燃烧水气比的增加,蒸汽带的温度下降,加速了热对流的传导,驱油效率增大。

注蒸汽后储集层参数取值需要考虑含水饱和度高这一特点。干式燃烧时空气只带走21%左右的燃烧热量,燃烧产生的水生成水蒸汽有限,系统热量利用率也不过30%。而含水率在10%左右就能有40%以上的热量利用,随着含水饱和度的增加,热利用率也逐步攀升,但并不是含水饱和度 S_w 越高越好,在 S_w 超过50%以后,会出现油层温度过低,无法维持燃烧的情况。

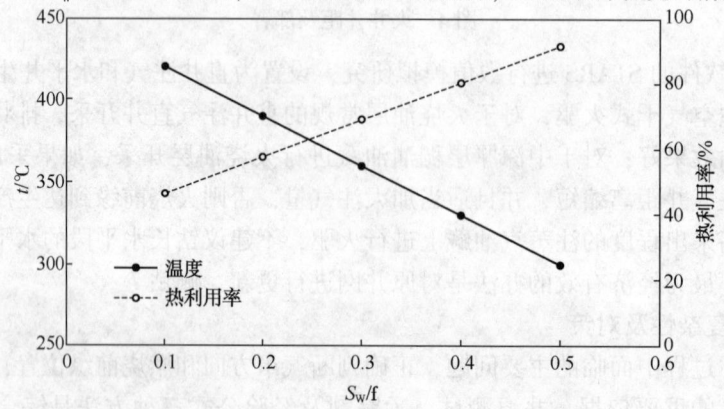

图 5　不同可动含水饱和度下火驱温度与热量利用率

高轮次蒸汽吞吐后油层内存在大量的次生水,这部分水可以降低火驱前缘的整体温度,火驱使这部分水加热为蒸汽,伴随注入空气超越火驱前缘,形成湿式燃烧,因此,高轮次蒸汽吞吐后的干式火驱是没必要转湿式火驱的。

5 结论

(1)齐108块稠油油田区块油藏条件和原油物性符合火驱热采筛选标准。室内物模实验结果

证实该块地层孔隙介质和流体条件下可以实现成功点火,且能够实现稳定连续燃烧,油层燃料量足以在油层内建立稳定的燃烧。

(2)在稠油油藏多轮次蒸汽吞吐后期转火驱过程中,储集层敏感性参数对火驱过程会产生影响,在火驱机理研究基础上,在油藏筛选、井网与井型的选择、气窜通道的防治以及后续转湿烧等方面机理进行深入的分析,并通过前导试验加以检验与完善。

(3)通过齐108块火驱可行性研究,表明目前国内火驱技术及设备可以满足区块火驱开采的需要。可在火驱技术前期研究工作的基础上,开展1-2个井组的普通稠油火烧热采先导试验。解决齐108块常规热采难以动用的技术难题,提高稠油老区的采收率。

参 考 文 献

[1] 关文龙,席长丰,陈亚平,等. 稠油油藏注蒸汽开发后期转火驱技术[J]. 石油勘探与开发,2011,28(4):452-461.

[2] 柴利文,金兆勋. 中深厚层稠油油藏火烧油层试验研究[J]. 特种油气藏,2010,17(03):67-69.

[3] Cheih C. State-of-the-art review of fireflood field projects[J]. JPT,1982,34(1):19-32.

[4] 关文龙,马德胜,梁金中,等. 火驱储层区带特征试验研究[J]. 石油学报,2010,31(1):100-109.

[5] 潘竟军,周杨平,陈龙,等. 火烧油层注气加热过程的模拟计算研究[J]. 西南石油大学学报:自然科学版,2012,34(1):97-102.

[6] 付美龙,张鼎业,朱忠云,等. 超稠油多轮次蒸汽吞吐后残余油组分分析[J]. 石油天然气学报,2006,28(6):140-141.

[7] 岳清山,王艳辉. 火烧驱油采油方法的应用[M]. 北京:石油工业出版社,2000:16-18.

大港油田难采储量有效动用技术对策研究

张祝新，刘东成，姜玲玲，于　新，姚　芳

（大港油田勘探开发研究院，天津 300280）

摘　要　为了盘活难采储量资源，实现储量向产量的效益转化，大港油田通过攻关研究，形成有效动用难采储量技术对策。通过经济效益分类评价方法，实现难采储量快速、有效的筛选评价；通过储量归位、测井参数重构约束反演优势砂体预测，有效优选有利建产区域，部署合理效益方案，结合新型高效压裂储层改造增产技术提高单井产能。实现千万吨难采储量有效动用，为大港油田难采储量效益开发探索出一条切实可行的有效途径。

关键词　难采储量；储量效益分类评价；测井约束反演；合理井网系统；储层改造

1　研究背景

大港油田难采储量总体表现为"三低一深"的特点，即渗透率低、产能低、流度低、埋藏深[1]。难采储量的评价与开发动用一直在低位徘徊，储量资源长期大量闲置、难以开发。因此开展难采储量评价[2]，提高储量的动用程度，盘活储量资源，实现储量向产量的效益转化，对支撑油田稳产和可持续发展具有重要的现实意义。

2　存在问题

2.1　油藏与产能需要再评价认识

难采储量区块上报时间早、时间跨度长（1980～2010 年），受早期资料限制，对构造、储层、油藏等方面认识精度不够，需要应用新的地震地质资料和先进的技术手段进一步深化油藏认识，重新归位储量，核实储量规模。

2.2　中、深层低渗透油藏储层刻画精度低

地震资料分辨率低，储层精细刻画、落实程度低。沉积相类型多，相变快，砂体预测程度低，不能满足油藏细化研究评价的要求，砂体刻画预测的精度制约着对油藏的细化认识。

2.3　缺乏提高单井产能的适应性技术

难采储量中低渗透储层占到 63%，物性差，单井自然产能低，油井压裂后仅依靠天然能量开发，产量递减快。即使注水开发，由于储层渗透率低，也难以形成有效驱替系统，存在注不进，采不出的问题。

3　有效动用技术对策

3.1　储量效益分类评价技术方法

大港油田难采储量具有单元规模小，数量多的特点，通过难采储量经济效益评价方法，综合油藏参数、经济参数、开发参数，按不同油价、不同模式下开展分类评价，实现对难采

作者简介：张祝新（1982—），女，汉族，硕士，工程师，2009 年毕业于东北石油大学油气田开发工程专业，现从事油气田开发开采工作。E-mail zhangzhxin@ petrochina.com.cn

储量快速、有效的筛选评价。

根据百万吨产能投资和内部收益率，把难采储量每个区块油藏工程方案经济评价结果投到交叉筛选模板上，把这些储量分成5类。第一类为可直接动用，投资受控，效益达标，70美元情况下内部收益率达到12%；第二类为具有较大潜力，投资受控，方案优化后效益可达标；第三类为具有一定潜力，通过降投资、方案优化后效益可达标；第四类为有一定动用难度，需要进一步评价；第五类为动用难度大，需油价上升或技术进步才能动用。通过区块经济效益快速分类评价实现了难采储量序列化管理，对难采储量效益开发有序动用具有重要意义。

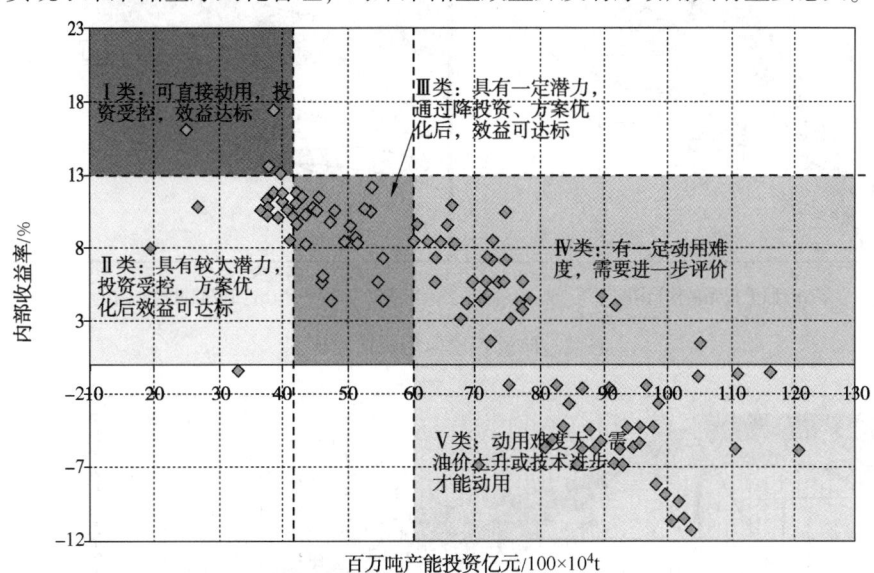

图1　百万吨投资与内部收益率交叉判别散点图

3.2　基于储量归位的油藏再评价技术

针对难采储量区块原始资料差异大，产能认识不清的关键问题，明确了难采储量评价的关键技术环节，形成以储量归位为核心的油藏再评价技术，重新认识储量，落实产能。

如在沈家铺评价区研究过程中，井震结合，通过精细对比和断点精细解释，准确归位油层、落实构造，为认识油藏打下基础。按照新的构造、测井评价及生产数据资料，重新划分储量单元，重新核实储量，拔出"钉子井"家2、官18井，为储量整体评价动用创造了条件。经现场实施，投产28口井，平均单井日产油达到13~15t/天，有效地解决了难采储量产能评价的技术难题。

3.3　测井参数重构约束反演优势砂体预测技术

针对大港油田低渗透难采储量优势储层的精细刻画难题，发展完善了测井参数重构反演技术[3]。其技术原理是：利用自然伽马（GR）、自然电位（SP）、电阻率（RT），与声波时差（AC）进行多参数重构，拟合出ACNH曲线，确定渗透性砂岩门槛值，达到有效区分优势储层。

常规测井约束反演仅能反映大段砂岩（>30m）的发育及横向变化，参数重构井约束反演能够分辨小于5m渗透砂岩的发育及横向变化。如在舍女寺评价区，应用该项技术，准确识别孔二1和孔二2两套主力砂体，并在有利砂体部位实施30口井，均钻遇较厚的油层，投产后单井日产油达到20t/天以上，成效显著。

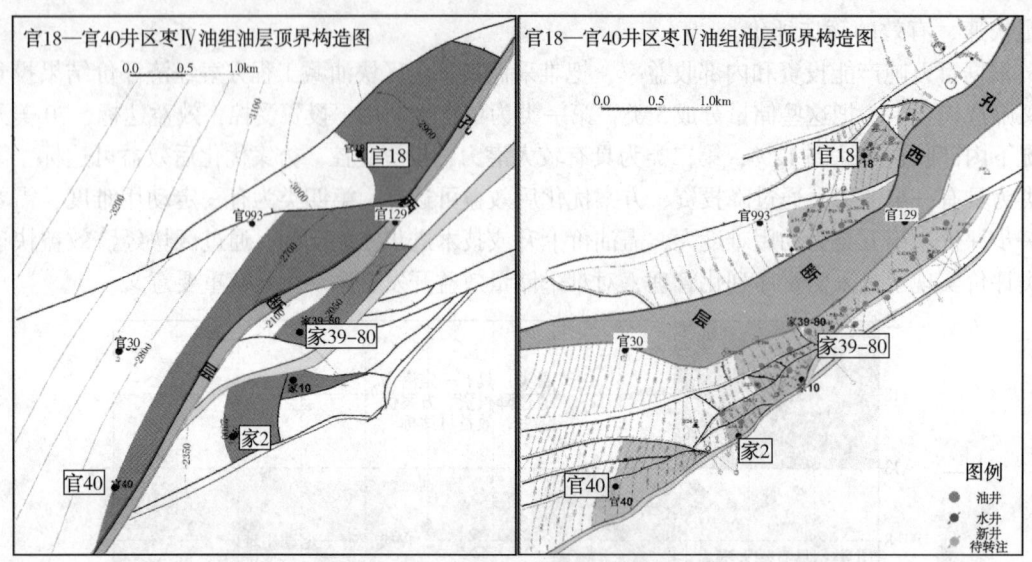

(a) 原上报储量构造图　　　　　　　　　　(b) 归位储量构造图

图 2　储量归位前后构造对比图

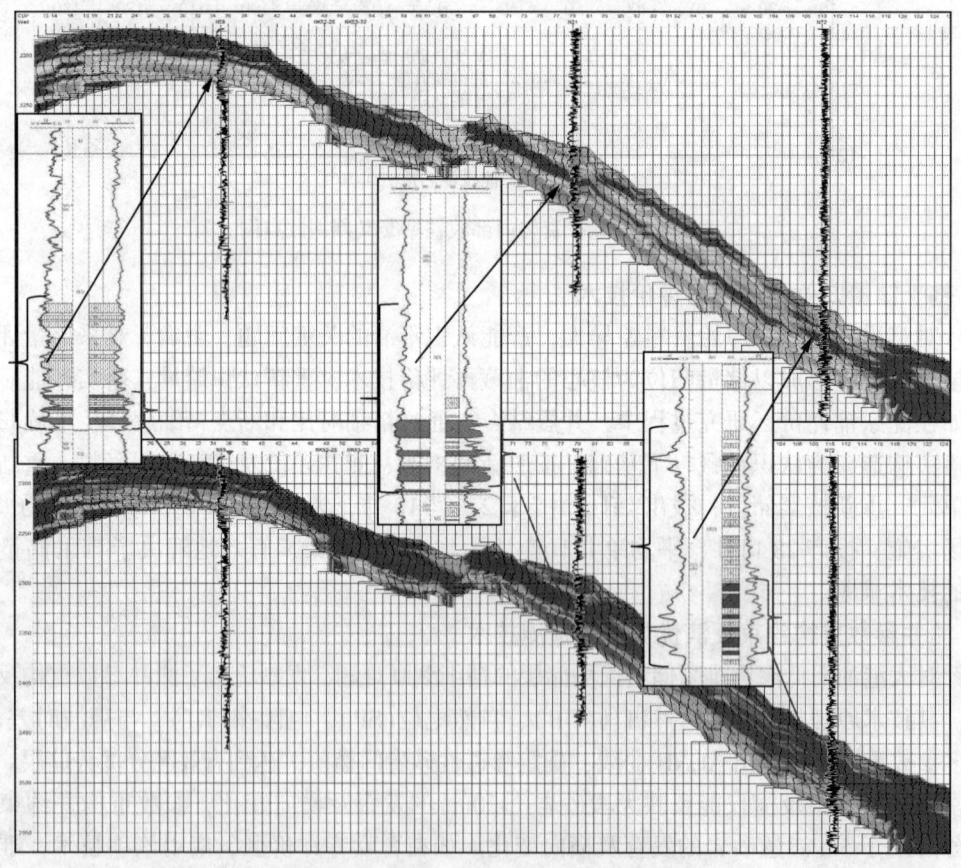

图 3　常规井约束反演与参数重构井约束反演对比

3.4 优化开发方式、合理部署井网系统技术

难采储量存在多种油藏类型，主要包括低渗透油藏、复杂断块油藏、特殊岩性油藏以及高凝稠油油藏，相同的油藏类型一般存在较共性的生产特征。开发方式的选择要因油藏类型不同而不同，因驱动类型不同而不同。难采储量中，板桥1区块为气藏，储量规模较小，采用天然能量驱动进行开发方案部署，其余地区难采储量均采用人工补充能量开发。注水开发低渗透油藏时，考虑注水困难，开发中要对地层进行压裂改造，因此部署井网类型和方向时均要考虑天然裂缝和人工压裂的方向和大小。方案部署中注采井的连线方向应与主应力方向垂直或有一定夹角，减少裂缝对注水开发的不利影响。

同时针对不同的油藏类型，制定不同的提高采收率方案，通过采用改变驱替介质、改造渗流条件等方式提高低渗透油藏采收率；稠油油藏应用井筒增温加药降粘技术，提高原油流动性，提高稠油油藏采收率。特殊岩性(火成岩)油气藏，根据火成岩油藏的产能特征及影响因素，在储层适应性分析的基础上，采用水平井开发火成岩油藏。

3.5 新型高效压裂储层改造增产技术

低渗砂岩以微细孔喉为主，平均孔喉半径 $1.64\mu m$，储层容易造成伤害。通过攻关多簇射孔压裂完井施工方法，研发新型复合助排剂、高温交联剂，形成了低浓度低伤害压裂液体系，研究出低粘滑溜水压裂液，解决了多簇射孔与大排量体积压裂施工工艺复杂及低渗储层改造的关键技术问题，可满足大港油田 3~5 级多簇射孔压裂完井的需要，施工费用降低10%，实现对低渗透储层进行多簇射孔压裂改造的目的，大幅度提高单井产能，提高了低渗难采储量的开发效果[4,5]。

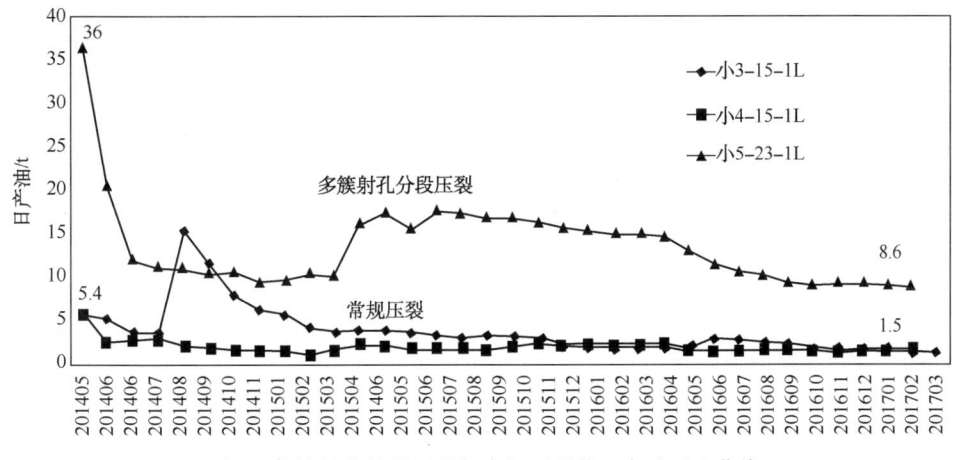

图4 多簇射孔分段压裂与常规压裂井日产油对比曲线

4 结论

(1) 通过开展难采储量评价研究，动用难采储量千万吨以上，实施新井近百口，日产水平近 700t/天，应用成效显著，为大港油田难采储量效益开发探索出一条切实可行的有效途径。

(2) 大港油田难采储量规模大，研究中形成的难采储量有效动用技术对策对同类油藏难采储量评价动用研究具有借鉴和指导意义。

参 考 文 献

[1] 王怀忠. 大港油田未动用储量评价形势分析及动用构想[J]. 内蒙古石油化工，2013，(15).

[2] 何鲜，石占中，周宗良，等. 难采储量油藏评价方法[M]. 北京：石油工业出版社，2005.

[3] 车延信，黄延章，刘赫. 基于测井敏感属性重构的随机模拟地震反演[J]. 石油地球物理勘探，2013，48.

[4] 王晓梅. 可钻桥塞多簇射孔分段压裂完井技术在大港油田的应用[J]. 化工管理，2016，2：96.

[5] 张平，王娟. 难采储量压裂技术研究与应用[J]. 石油钻采工艺，2000，22(3).

桩 106 块曲流河窄河道砂体构型研究

盖　峰，马永达，吴永红，牟仁成

（中石化胜利油田分公司桩西采油厂，山东东营 257237）

摘　要　河道砂是曲流河单砂体沉积单元中最重要的储集砂体，末期河道可以控制河道砂体发育的规模及形态，末期河道内部的不同沉积可以遮挡其两侧河道砂，使其相互间呈不连通或弱连通状态。曲流河单砂体刻画的核心是对末期（废弃）河道的识别。本项目在曲流河沉积相控模式约束下，多种方法相结合，通过岩芯、测井、地震识别标志，辅以动态监测资料，进行了曲流河单砂体和末期河道的精细刻画，明确了末期河道在剖面上和平面上的分布特征，总结了河道砂体的 2 大类 6 种配置关系，可为认识油藏提供精确的地质模型。

关键词　曲流河；单砂体；末期河道；配置关系

1　工区概况

老河口油田区域构造位于埕东凸起北部缓坡带上，为下第三系超覆沉积背景上形成的北低南高的单斜，构造较平缓，地层倾角约 0.2°~0.5°。断裂系统不发育，仅发育南北边界断层。其西南部为飞雁滩油田，东北部为埕岛油田（图 1）。沉积特点为曲流河沉积，河道分布窄，一般河道砂体宽度 200~500m，主要含油层系馆上段，油藏埋藏浅，一般 1300~1460m，累计上报探明含油面积 28.17km²，地质储量 3171×10⁴t，累计建成 43×10⁴t 的生产能力。典

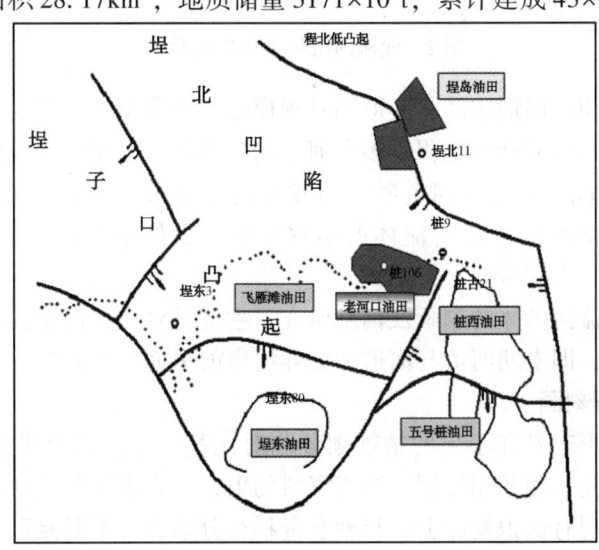

图 1　老河口油田区域位置图

作者简介：盖峰（1984—），男，汉族，工程师，2007 年毕业于大庆石油学院石油工程专业，现从事油气田开发开采研究工作。E-mail：gaifeng. slyt@ sinopec. com

型的窄河道砂体为桩 106-54、桩 106-43 块 Ng2^1 层以及老 168 块 Ng2^3 层，动用含油面积 6.1km^2，地质储量 759×10^{4}t，标定采收率 28.5%，可采储量 216.6×10^{4}t。1989 年注水开发，采用不规则面积井网，边外加内部点状注水，井距 300m 左右。截至 2017 年 6 月，Ng2^1 层采出程度 42.8%，综合含水 97.5%，平均单井日油 1.9t。Ng2^3 层采出程度 15.4%，综合含水 87.3%，平均单井日油 5.9t。目前已进入特高含水开发后期，为了进一步挖潜剩余油，提高采收率，有必要开展储层构型研究，为下步开发对策的选择奠定地质基础。

2　相控模式下的曲流河砂体刻画

曲流河砂体微相类型丰富，包括(废弃)河道、天然堤、决口扇等，其中(废弃)河道是曲流河最主要的砂体类型，而天然堤、决口扇等溢岸成因砂体，为曲流河的次要砂体类型[4]（图 2）。

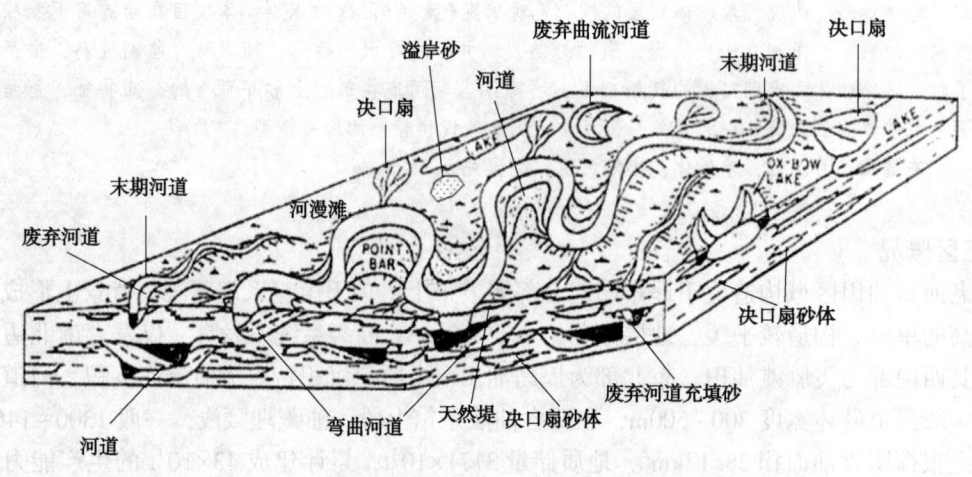

图 2　曲流河沉积微相平面模式

河道砂是河流侧积作用形成的，其形态及规模受河流曲率及流量的控制，末期河道是单个河道砂体的边界。曲流河砂体沉积是多个河道的砂体组合，它们在成因上受控于主流水道（末期河道）的发育情况。曲流河河道砂之间发育的连续末期河道沉积是有效的遮挡条带，能部分或全部遮挡两侧河道砂体内流体的运移互换[1]，使单个河道砂体形成独立的流动单元。

本次对研究区曲流河砂体的刻画及构型研究，主要是对末期河道的精细刻画，优化组合末期河道的平面展布，即末期河道与河道和废弃河道的平面构型研究。

2.1　单砂体形态精细刻画

单砂体平面展布形态是在小层的精细划分和对比基础上，以现代曲流河沉积模式为指导，以砂体厚度为依托，测井相控制，地震资料约束，结合末期河道地震响应，完成曲流河砂体的精细刻画。在现有认识基础上，与动态资料充分结合，不断修正上述认识，达到动静统一[1]。

首先，依据相控沉积旋回对比法，采用等高程、等厚对比原则，以稳定的泥岩隔夹层作为对比标志层(图 3)；以砂岩底部冲刷面为等时界面，确定地层单元分界面，构建"点-线-面-体"相结合的地层对比控制体系，完成全区单砂体的精细刻画。

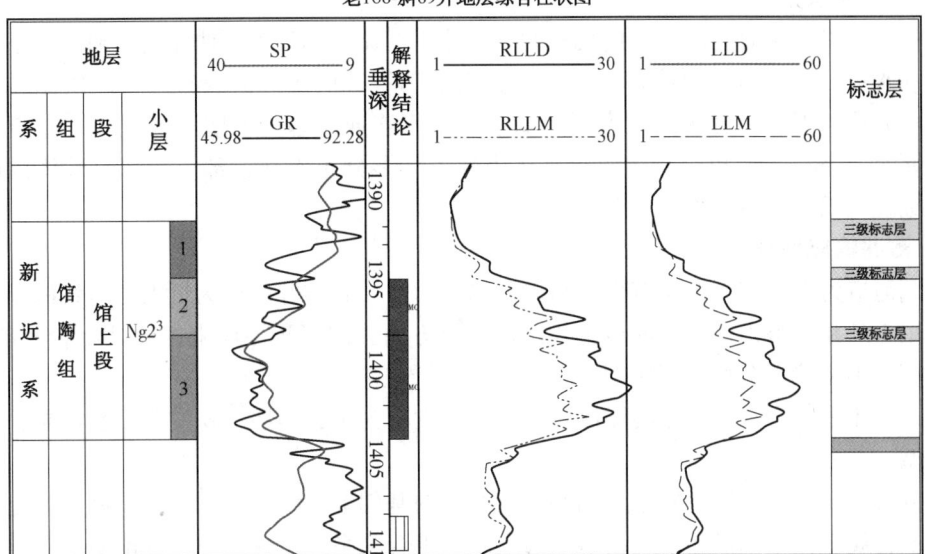

图 3　河道砂单井识别标志

其次，根据现有的三维地震资料，提取目的层段油砂组 5 种沿层属性(均方根振幅、最大振幅、能量振幅、瞬时频率、瞬时相位等属性)。综合分析，认为本区均方根振幅和最大振幅属性能较好的反映砂体展布形态，而且与实际钻探结果吻合性最好，振幅强值显示研究区发育南北向和近南北向河道砂体，主要呈"条带状"展布(图4)。

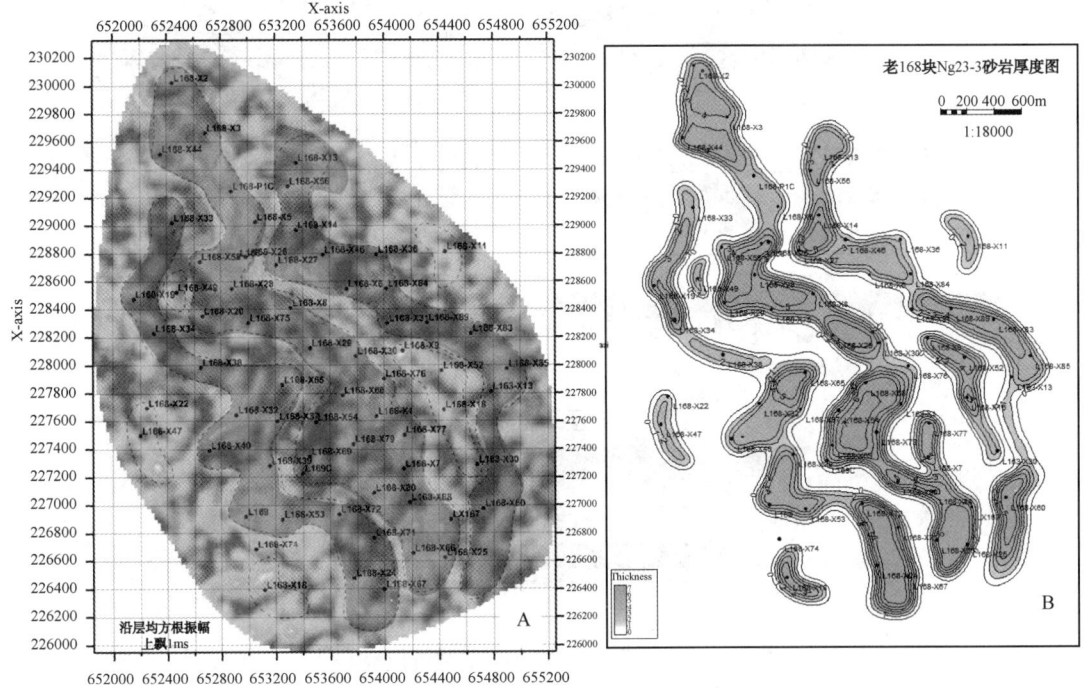

图 4　老 168 块 Ng2^3 小层沿层均方根振幅属性平面图(A)及砂岩厚度平面分布图(B)

2.2　末期河道识别

根据薛培华教授对曲流河现代沉积的解剖分析，无论那种类型曲流河，对于地下储层而言，活动水道(末期河道)最终都将废弃，其内部都将被低渗透的泥岩、粉砂质泥岩或泥质粉砂岩所充填，末期河道两侧河道间呈弱连通或不连通状态。末期河道主要分布于曲流段(河道)的凹岸部位。它可分布于河道砂体内部，大多分布于其边部。当河道砂体内部出现较厚的细粒沉积时，一般指示末期河道[5]。

2.2.1　测井响应特征

末期河道为以泥质为主夹有少量粉砂质的沉积体，其测井曲线为近泥岩基线的小型锯齿状，应用生产井资料识别末期河道主要包括2个方面，即沉积层序上的岩性组合及韵律性，砂体厚度大小及砂泥沉积厚度比例。

河道砂体垂向上表现为正韵律沉积，以砂岩发育为主，顶层沉积发育小套泥岩，测井曲线为箱型。

在分析末期河道和河道砂单井测井响应特征的基础上，结合连井剖面上砂体变化及平面上河道演化规律，精细描述末期河道与河道砂的组合关系，在横切河道的剖面上，从河道到末期河道的方向，末期河道细粒沉积增厚，连续横切河道剖面，末期河道连线方向指示曲流河摆动方向(图5)。

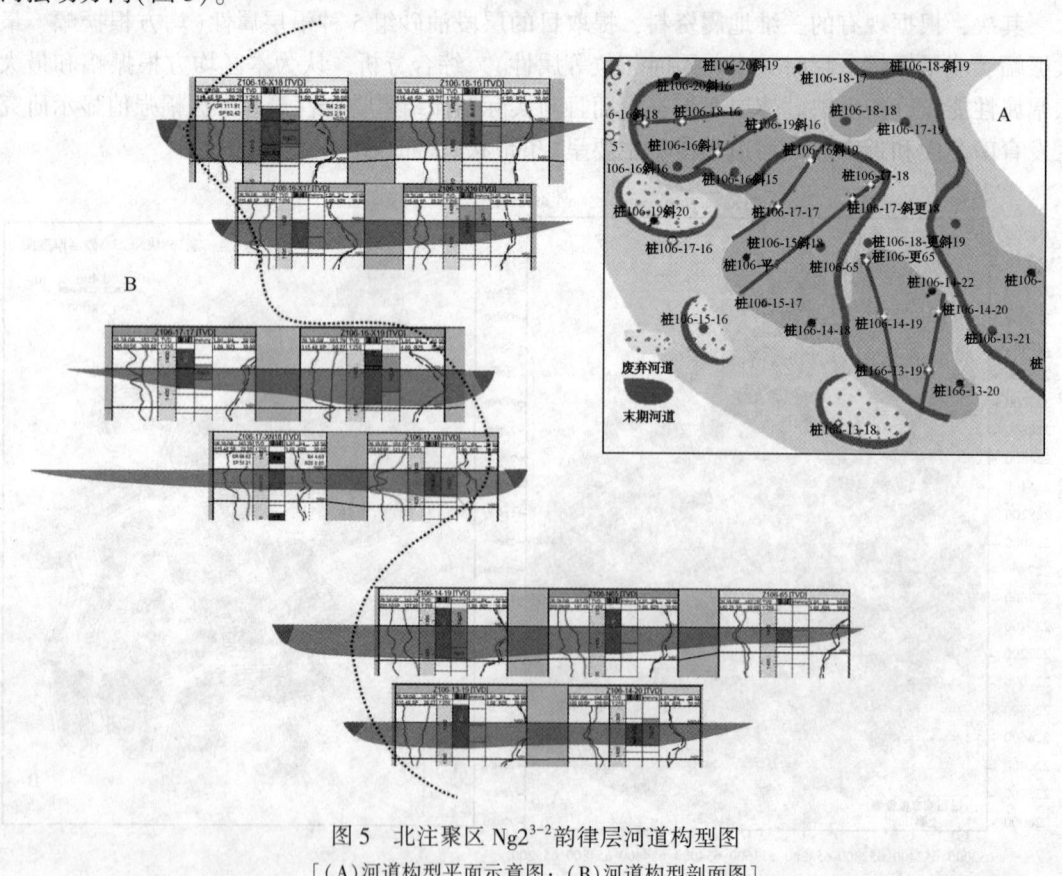

图 5　北注聚区 Ng2$^{3-2}$韵律层河道构型图

[(A)河道构型平面示意图；(B)河道构型剖面图]

2.2.2 地震识别标志

研究区围岩以高速砂质泥岩为主，含油砂层与砂质泥岩传播速度之间差值一般大于300m/s，形成较强的波阻抗界面，河道砂以低频、短轴特征为主，随着储层厚度变薄，振幅强度随之变弱，末期河道附近波阻抗差异非常小，难以形成反射界面，表现为地震波振幅减小、波形变缓、反射界面模糊不清[1]。因此通过岩石速度特征及不同岩性地震反射特征分析，结合已完钻井过井剖面对比分析，确定了不同岩性地层的地震反射特征，砂岩到泥岩在地震剖面上表现为强同相轴的反射强度减弱，从而可以很好的刻画末期河道展布(图6)。

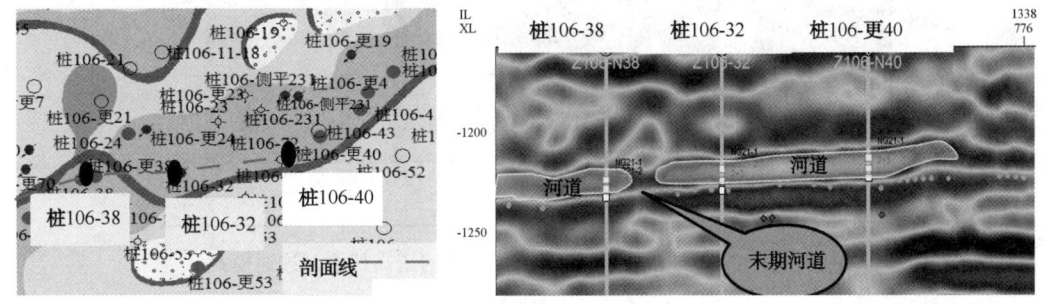

图6 桩106-5443井区$Ng2^1$小层末期河道地震响应特征

2.3 曲流河砂体配置关系

通过单砂体和末期河道的精细刻画，总结了2类6种砂体配置关系(表1)。

(1)不连通型即孤立型，可进一步分为同期孤立型和不同期孤立型(单期河道砂体层位相差不可能超过厚度的1/3，若超出这一范围，则推测存在不同期次的河道[2])。两个单期河道中间有泥岩相隔，河道之间的渗透性由好到差再到好，或是邻井间砂体变薄尖灭[3]，这样便构成孤立式接触模式。

表1 研究区曲流河砂体配置关系

序号	砂体连通模式		定义	模式	河道砂连通模式
1	不连通	孤立型	同期河道的不对接		同期孤立型
2			不同期河道的不对接		不同期孤立型
3	连通	强连通	同期砂体连通 位于同一河道中部主流线方向		主河道连通型
4		中等连通	同期砂体连通 位于同一河道，非主流线方向		河道中部与河道边部
5			砂体侧向切叠 同一河道，不同期次砂体叠置		切叠型
6		弱连通	同期砂体连通 河道被末期河道所分割		末期河道分割

(2)连通型分为强连通型、中等连通型及弱连通型。强连通型主要有2种分布模式，同一河道的强连通：即位于同一河道中部主流线方向，河道砂体厚度变化不大，测井曲线形态相似；不同期次河道的高切叠：在同一时间单元内，可发育不同期次的河道，由于不同期次的河道发育的时间不同，因此其河道砂体顶面距地层界面的相对距离会有差别，即河道顶面层位的相对高程会有差异。在工区内还出现了在同一沉积单元内，后期沉积的河道对前期形

成的河道进行侧向切割，认为是两期河道侧向切叠。当两期河道接触面较大时即为高切叠(图7)。

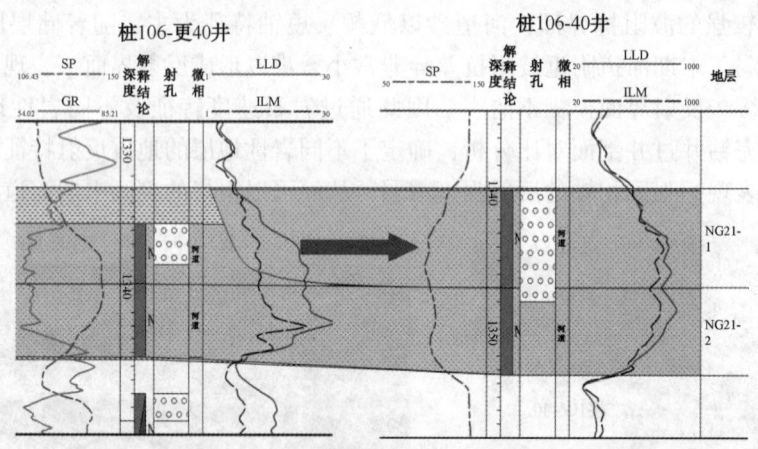

图7　桩106-54~43井区Ng2^{1}小层两期河道高切叠型连通模式

　　(3)中等连通型主要有2种连通模式，主河道与河道边部连通：即位于同一河道，非主流线方向，河道砂体厚度变化较大，测井曲线形态差异较大，多分布于不同的沉积微相，多为河道相变型；两期河道低切叠：两期河道接触面较小时连通性相对较弱(图8)。

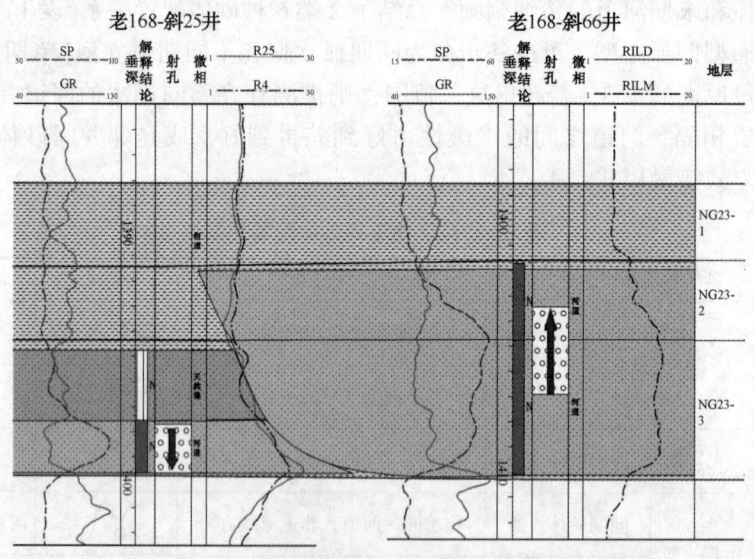

图8　老168块Ng2^{3}小层两期河道低切叠型连通模式

　　(4)弱连通型：末期河道沉积对流体可以起到一定的遮挡作用，末期河道分割的河道砂体之间是不连通或弱连通。

3　曲流河砂体平面构型认识成果及连通性验证

3.1　曲流河砂体平面构型成果

　　根据上述研究建立的曲流河砂体模式，结合现代沉积反映的不同微相单元叠置模式，完成研究区目的层段沉积微相构型平面分布特征研究。

　　研究区曲流带砂体呈条带状展布，宽度介于150~450m，主要为小型窄河道曲流河沉积。3 个区块各韵律层曲流河砂体多呈南北向或近南北向分布，这些曲流带砂体长介于 3～5km，每一条曲流河由 3～5 个河道组合而成，这些河道大小不一，单个河道分布面积最大的大于 0.5km²，最小的不足 0.1km²（图 9）。单一河道形态总体上呈"条带状"，同一曲流河河道之间发育末期河道沉积，末期河道将河道分割成油水系统相互独立的砂体单元，河道之间呈"串珠状"组合，不同曲流带砂体间发育大套的河漫滩泥岩沉积。

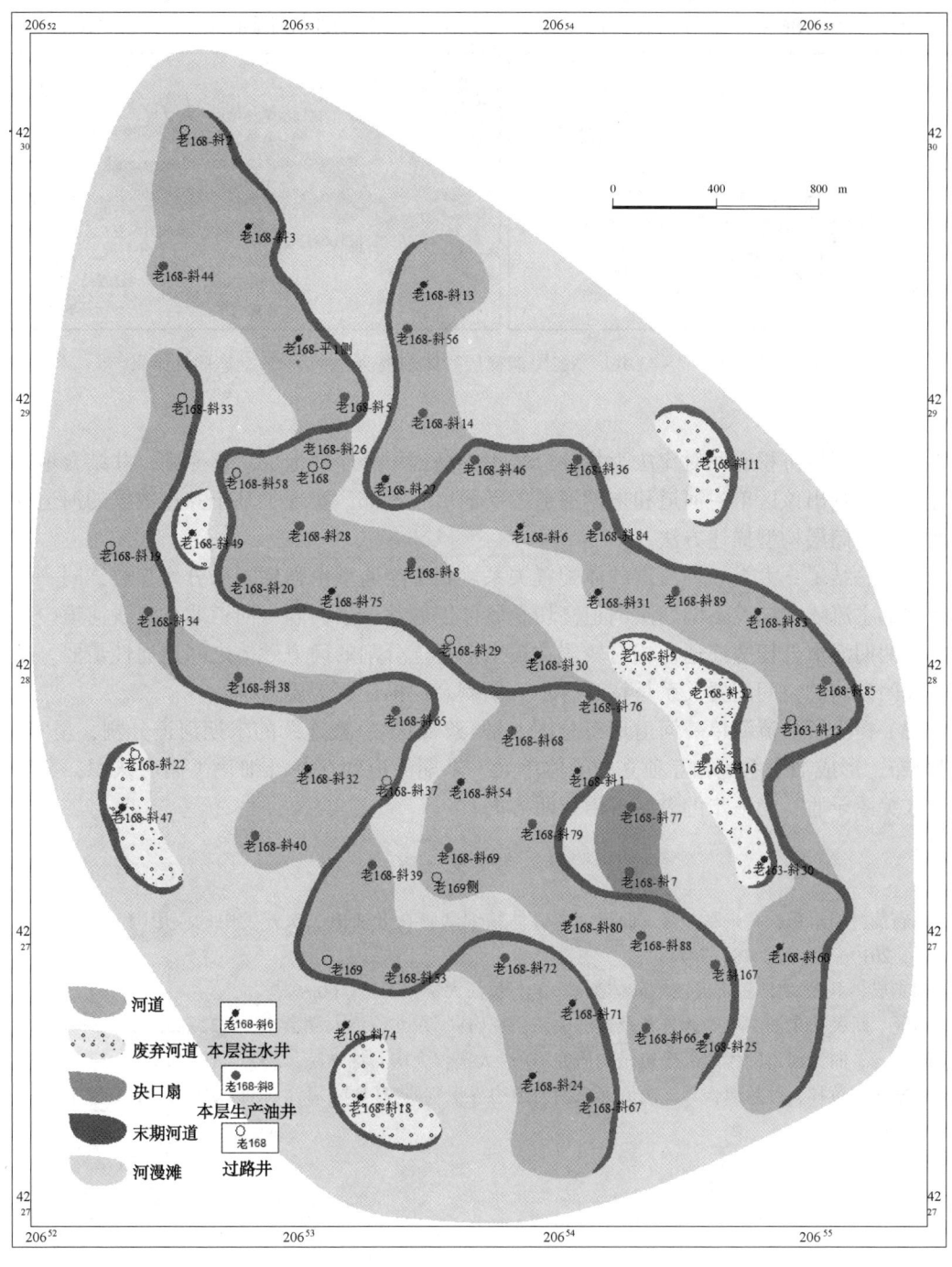

图 9　老 168 块 Ng$_{上}$2$^{3-3}$沉积微相构型平面图

3.2 曲流河砂体间连通性验证

河道砂体间的末期河道沉积对流体可以起到遮挡作用,曲流河单砂体间是不连通或弱连通的。所以被末期河道分隔成相互独立的河道砂体,可以形成相对独立的油水系统[1]。

如桩106-43砂体,原认为是一条南北向展布的曲流河河道砂体,通过单砂体刻画后认为该区被末期河道分割为多个砂体,砂体之间不连通。现场注水证明桩106-32井转注,桩106-38井、桩106-24井不见效,而桩106-更40井见效如图10所示。

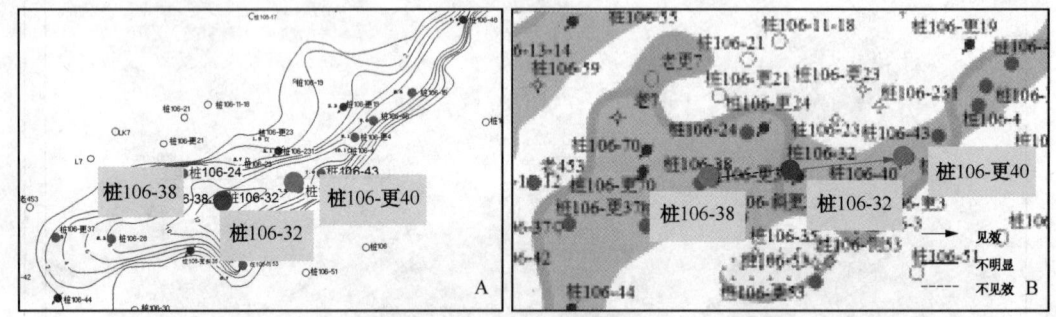

图10　桩106-54~43井区Ng2$^{1-1}$韵律层砂体刻画前(A)后(B)动态验证结果

4　结论

(1)以相控沉积旋回对比法为指导,采用等高程、等厚度地层对比原则,并结合地震属性分析,刻画出该区单一河道和末期河道的平面展布特征,实现了基于井点数据的河道砂与末期河道的储层构型描述方法。

(2)总结了2大类6种河道砂体配置关系。其中连通型由强到弱可分为3类,同一河道砂体中部主流线方向及不同期次河道高切叠砂体连通性最强;同一河道非主流线河道中部与边部及两期河道低切叠连通性相对较弱;被末期河道分割的河道砂体之间连通性最弱。这种单一成因砂体的空间配置关系是特高含水后期剩余油描述的地质基础。

(3)提出了曲流河单一河道形态总体上呈"条带状",被连续的末期河道分割,呈"串珠状"分布,形成油水系统相互独立的砂体单元,末期河道的存在既细化了储层认识,又解决了油水关系矛盾,为下步的老区挖潜指明方向。

参　考　文　献

[1] 周新茂,胡永乐,高兴军,等.曲流河单砂体精细刻画在老油田二次开发中的应用[J].新疆石油地质,2010,31(3):284-287.

[2] 胡志成.卫22块沙三下亚段单砂体刻画[D].长江大学,2015:60-62.

[3] 路遥.新民扶余油层单砂体分布及连通关系研究[D].东北石油大学,2011:22-23.

[4] 隋新光.曲流河道砂体内部建筑结构研究[D].大庆:大庆石油学院,2006:18-19.

[5] 窦松江,黄林,孙超囷,等.曲流河末期河道边界识别研究[D].海洋石油,2014,34(1):1-4.

杜 99 块大凌河油层二次开发实践

王玉玲

（中油辽河油田公司，辽宁盘锦 124010）

摘　要　曙光油田是一个开发 30 多年的老油田，大部分区块已进入开发中后期，可采储量采出程度平均达到 80% 以上，但受地质条件的影响及开发方式的制约，部分复杂断块仍具有一定的开发潜力。近年来，曙光油田按照"三重"技术路线，综合利用 VSP 测井、地震精细解释、油藏数值模拟、储层评价等多种技术手段，在重构地下认识体系的基础上开展二次开发研究。其中杜 99 块废弃原直井井网，分两套层系，采用交错叠置式井网进行水平井整体开发，共实施水平井 15 口，取得显著效果，使一个濒临废弃的老区块重现生机。

关键词　复杂断块；二次开发；井网；水平井

1　概况

1.1　地质特征

杜 99 块位于辽河断陷西部凹陷西斜坡中断。开发目的层为下第三系沙河街组三段大凌河油层。含油面积 0.6km²，地质储量 222×10⁴t。

区块大凌河油藏顶面为一三面受断层遮挡，由北西向南东倾没的单斜构造，油藏埋深 -800 ~ -950m，地层倾角 8° ~ 12°，油藏类型为受构造、岩性控制的边底水油藏。地面脱气原油黏度（50℃）9851mPa·s，原油密度（20℃）0.961g/cm³，属稠油油藏。

1.2　开发简况

区块 1993 年投入开发，采用 100 ~ 200 井距不规则热采吞吐井网。2006 年底区块总井数 17 口，开井 9 口，日产油 10t，采油速度 0.17%，累产油 11.65×10⁴t，采出程度 5.25%，可采储量采出程度 37.5%，累计油汽比 0.42。

2　二次开发前存在的主要问题

2.1　地质体认识程度低

（1）构造认识程度低

早期技术手段单一，主要依据钻测井资料进行的构造认识相对简单，虽然区块边界断层较为落实，但未能发现内部次级断层，对微构造的认识也十分欠缺。

（2）油水关系复杂

在相对简单的构造背景下，区块油水关系极为复杂，存在多套油水组合，油水界面均不统一，且构造较高部位存在边底水，不符合油藏成藏规律。

（3）储层研究程度不够

作者简介：王玉玲（1968—），女，高级工程师，1991 年毕业于中国地质大学（武汉）石油地质勘查专业，现从事水平井规划设计工作。E-mail：wangyuling@petrochina.com.cn

主要表现在两个方面：一是储层研究不够精细。受油藏条件限制，直井采用一套层系吞吐开发井网，地层仅划分到油层组，未进行精细储层研究。二是储层含油性认识不清。大凌河油层储层测井解释具有一定偏差，局部相同层位解释结果极不一致，试采过程中存在解释油层出水和水层出油的现象，这给区块油水关系的认识带来一定的困扰，使生产层位的拟定难度较大。

2.2 直井开发井网不适应

（1）直井蒸汽吞吐开发效果差

总体上看，区块平均吞吐 6.0 周期，平均单井产油仅 4660t。从单井看，生产效果差异较大，其中正常生产井只有 8 口，点总井数 32%，平均单井前三周期产油 4131t，油汽比 0.70，效果较差油井 17 口，占总井数 68%，平均单井前三周期产油 1007t，油汽比 0.19。

从区块井网分布和油井生产情况分析，影响吞吐效果的主要因素有 3 个方面：

① 井网不规则、不完善。生产过大凌河油层的 25 口井中，只有区块较高部位 9 口井为大凌河油层规划井，为 100m 井距井网，其余为其他层系上返井，井距 100~200m。

② 出水现象严重。区块共有 8 口井出水，占总井数 32%，平均单井产油 1023t，产水 20761t，综合含水率 95%。从分布位置看，出水井主要分布在西部、北部油水关系复杂区域和东南部边底水发育区域。

③ 出砂现象普遍。出砂严重油井共有 6 口，占总井数 24%，平均单井产油仅 1670t，油汽比 0.18。

（2）油藏条件限制了直井井网部署

杜 99 块大凌河油层储层为快速堆积的浊积体，区块油层分布受储层和构造双重影响，平面变化快，有效厚度大于 20m 区域仅在在曙 1-31-0356~曙 1-32-53 一线呈狭窄的条带状分布，且东南部受边底水影响，直井开发过程中容易出现管外窜槽现象，使直井井网部署受到较大局限。

受上述两种因素制约，二次开发前区块一直处于低速开发状态，最高采油速度只有 0.63%，2004 年以来日产油更下降到了 20t 以下，区块濒临废弃。

3 二次开发主要做法

针对原有地质认识的局限性及开发过程中出现的问题，2006 年以来，利用多种技术手段，结合开发新技术的发展，完成了杜 99 块水平井二次开发的方案研究。

3.1 利用多种技术手段重构地下认识体系

3.1.1 精细地层划分对比

为便于精细油藏特征研究，在对区块钻测井资料重新分析的基础上，依据大凌河油层隔夹层的发育情况，结合产状特征开展地层划分，将大凌河油层 2 个油层组进一步细分为 6 个砂岩组（图 1）。

3.1.2 精细构造解释

（1）区块整体构造的重新认识

通过 VSP 测井及地震资料精细解释对区块内部构造重新认识，增加 4 条次级断层，并对局部微构造进行了较精细的识别（图 2、图 3）。

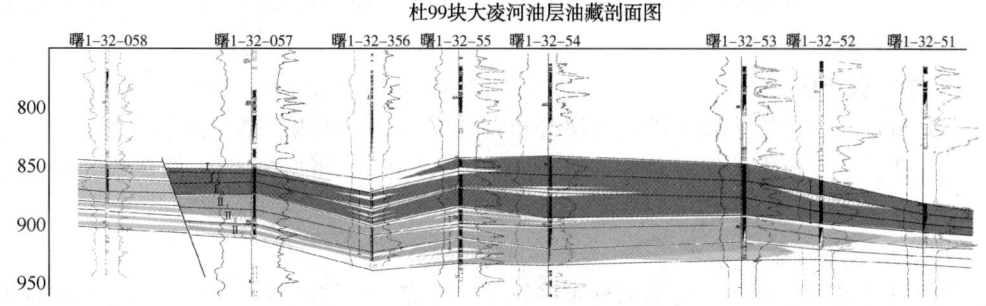

图 1　杜 99 块大凌河油层地层划分对比图

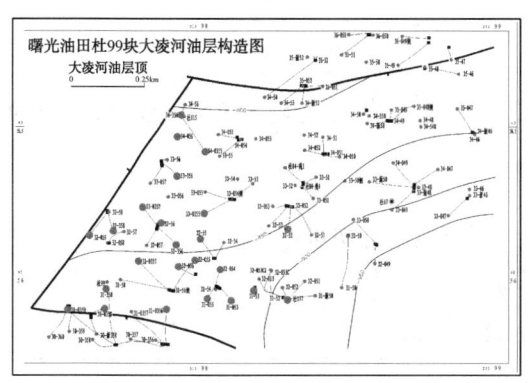

图 2　杜 99 块大凌河油层重新认识前构造

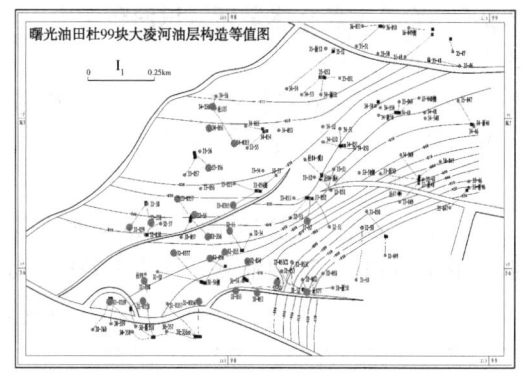

图 3　杜 99 块大凌河油层重新认识后构造

（2）数值模拟精细刻画三维特征

运用 Petrel 建模软件进行构造建模，在地层划分对比的基础上，进行 3D 网格化，完成三维构造模型，对油藏三维空间展布形态进行精细刻画。

3.1.3　精细储层特征研究

（1）储层分布

以沉积微相划分为依据，对各砂岩组的分布特征进行综合研究，确定大凌河油层为北西向南东延伸的近源快速堆积的扇三角洲沉积体系，储层砂体主要为分流河道及河口坝。以此为基础对各砂岩组及隔层分布情况进行精细追踪。

（2）储层评价

从区块储层含油性认识不清的实际出发，通过 2 种手段对储层进行重新评价。

① 测井二次解释。根据试油和生产数据，对区块油井重新进行分析，选取部分 S_3^2 段经试油、生产证实具有代表性层段的测井值，制定 S_3^2 段的电性解释标准。共对区块 59 口油井进行了测井二次解释，修改解释结论 49 层/22 口井。

② 试采可疑储层。在测井二次解释基础上，通过针对性试采对局部可疑储层进行落实，共试采一井次，3 小层，修改可疑解释结论 1 小层，将原解释油水同层改为油层。

通过上述研究，大凌河油层有效厚度由 23.6m 提高到 25.9m。

（3）储层建模

运用 Petrel 建模软件完成地层模型的基础上，根据井间插值的方法计算出井间储层的孔隙度和渗透率，通过三维网格化模拟出储层属性的三维空间模型，建立储层三维地质模型，为有利目标区确定提供依据。

3.1.4　精细油层展布研究

在储层分布及储层评价基础上进行油层分布特征的研究，认为各砂岩组油层平面分布具有一定的一致性，厚度较大的区域集中在曙 1-31-0358 井区，向东、北方向尖灭，向南过渡为水层。

3.1.5　精细油水分布研究

在新的构造背景下，对区块的油水分布进行重新研究。区块内部一条南西—北东走向的次级断层控制了大凌河油藏的油水分布，使其成为相对独立的两个油水系统，符合区域成藏规律。

3.2　结合开发新技术重新认识油藏潜力

3.2.1　技术基础

随着水平井钻井技术的成熟和成本的降低，利用水平井提高复杂断块开发水平成为可能。

（1）油藏条件

根据目前较为成熟的筛选标准对水平井开发的可行性进行初步评价(表1)，认为水平井技术在杜 99 块大凌河油藏开发中有较强的适应性。

表1　水平井适宜油藏参数表

项　　目	标准参数	目标区参数
埋藏深度/m	800~4000	870~950
油藏厚度/m	>6	23.6
地层系数/($10^{-3}\mu m^2 \cdot m$)	>100	27282
千米井深日产油/(t/km)	>2.5	8.5
单井可采储量/10^4t	>1.5	1.5~2.0

（2）技术优势

从油藏特征及水平井技术特征分析，区块采用水平井开发具有 3 大技术优势：(1)利用增加井眼轨迹在油层中的穿行距离，扩大蒸汽吞吐的加热范围，提高热效率，同时也增强了导流能力，可以获得较高产能；(2)防止底水锥进，减缓水体侵入；(3)通过控制生产压差，在保证相对较高产量的同时能抑制地层出砂。

（3）风险分析

大凌河油藏复杂的地质特点使水平井开发存在一定风险：(1)储层变化快，钻井风险较大；(2)水平井对纵向储层的动用有一定的局限性；(3)地层出砂可能使水平井无法实现持续高产。

从目前水平井在各类油田开发中的成功经验分析，通过合理的导眼井设计和井网井距、水平段轨迹、完井方式的优化可以大大降低上述风险。

3.2.2　物质基础

区块具有提高采收率的空间。杜 99 块大凌河油藏探明地质储量 222×10^4t，复算后地质储量提高到 244×10^4t，区块标定采收率仅为 14%，相对曙一区同类油藏(37.5%)明显偏低。

剩余可采储量较高。以上报地质储量($222×10^4$t)和目前标定采收率计算，可采储量采出程度只有 37.5%，剩余可采储量 $19.5×10^4$t，如按同类油藏标定采收率计算，可采储量高达 $71.7×10^4$t。

3.2.3　能量基础

区块原始地层压力 8.68MPa，压力系数 0.99；2006 年平均地层压力 7.16MPa，压力系数 0.82，具有较高的地层能量。

3.2.4　产能基础

（1）正常生产油井具有较高产能。

虽然总体生产效果较差，但能够正常生产油井表明油层具有较高产能。

（2）目的层单层具备一定产能

为落实目的层单层产能，单独射开曙 1-32-55 井（I₃）13.5m/1 层，投产初期日产油达 20t，一周期内平均日产油 6.5t，油汽比 0.40。

3.3　细化水平井部署研究重建二次开发井网

3.3.1　细化部署方案

（1）层系划分

水平井钻井揭露地层单一，纵向多套油层发育时，必须进行分层系规划才能达到整体动用，高效开发的目的，原则有 4 点：①独立的开发层系必须有一定的储量基础；②考虑目前水平井工艺水平，油层必须有一定厚度；③不同层系间有一定隔层发育；④能最大限度动用区块储量。根据目的层储量、厚度和隔层发育条件，将区块划分为 2 套开发层系 6 套井网。

（2）井网井距

数值模拟结果表明，曙一区普通稠油吞吐开采加热半径约为 40m，水平井采用 100m 井距较适宜。

井网规划时主要考虑降低注汽干扰和提高对储量的控制程度。大 I 组采用交错叠置式井网，即大 I₁ 与大 I₃ 平面上重合并与大 I₂ 距离 50m 交错排列，使相邻层系间平面上有最大距离。大 II 组各砂岩组油层分布具有较大差异，水平井依据各自油层发育情况独立部署。

（3）轨迹优化

根据 Borisov 稳定流状态下的水平井产能公式：

$$J_h = \frac{0.543K_h h/(\mu_o B_o)}{\ln(4r_{eh}/L + (h/L)\ln[(h/(2\pi r_w)]}$$

结合储层的发育，确定水平段长度为 250~300m 最优。

对于稠油油藏，由于存在蒸汽超覆现象，水平段的垂向位置尽可能部署在靠近油层底部以减少储量损失，但考虑钻井轨迹的控制精度，一般选择离油层底面 2~3m。

（4）部署结果

共部署水平井 16 口，其中 I 油层组 11 口（图 4）、II 油层组 5 口（图 5）。

根据区块的采出状况及同类油藏水平井与直井的产能关系，预测水平井百万吨产能投资 45.8 亿元，投资回收期 4.87 年，经济效益较好。

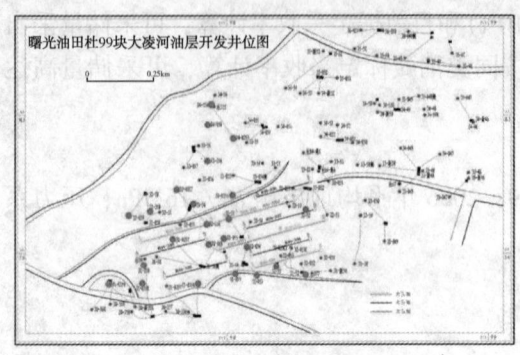 

图 4　杜 99 块大凌河油层 I 油组井位部署图　　　　图 5　杜 99 块大凌河油层 II 油组井位部署图

3.3.2　细化实施方案

（1）导眼井设计

尽管目标区构造认识已较落实，但局部控制井点少，微构造发育和储层相变会给水平井钻井带来风险，实施导眼井正是为了降低这种风险。按照最大限度降低成本并有利于对构造和储层整体认识的设计原则，共部署导眼井 4 口。

（2）完井方式选择

由于区块地层出砂问题突出，水平井选用防砂筛管完井。大凌河油藏储层粒度中值达到 0.39mm，从目前水平井筛管完井工艺来看，激光割缝筛管可以满足该类油藏开发需要，且成本相对较低。

3.4　优化配套采油工艺，重塑油藏管理模式

3.4.1　优化注汽参数

合理的注汽参数是保障注汽质量，提高热利用效率，实现油井高效生产关键，对注汽参数的优化主要包括注汽干度、速度、强度及焖井时间等。

根据现有技术条件、现场经验及数值模拟结果综合分析，认为区块井口注汽干度应在 75%以上，注汽速度大于 15t/h，首轮注汽强度 10~13t/m，焖井时间 5~7 天。上述具体参数应根据实际实施情况进行及时调整。

3.4.2　优化注汽管柱

为缓解水平段动用程度不均的矛盾，根据水平段储层发育情况设计分段注汽管柱或调整出汽口位置。

3.4.3　优化注汽方式

虽然各套砂岩组间隔层较为连续，但厚度相对较薄，且局部为物性隔层，水平井生产过程中仍然会存在汽窜及能量外溢等相互干扰现象，因此，在水平井投产前，根据隔层发育情况，按水平井所处油藏的不同部位、不同层位优化同注同采井的组合方式，尽量减少井间干扰。

3.4.4　优选配套措施

针对大凌河油层原油黏度大、注汽压力高，油井投产后产量递减快的特点，优选 CO_2 助排、复合解堵等相关配套措施，有效地提高了水平井吞吐效果。

4　实施效果

按照方案整体规划，区块 2007 年实施第 1 口水平井，2008 年开始规模实施，共完钻

投产水平井 15 口，初期平均单井日产油 36.8t，截止 2016 年底开井 13 口，日产油 102t，平均单井日产油 7.8t，累计产油 16.9×10⁴t，平均单井 11286t。

实施水平井整体开发后区块日产油由实施前 10t 上升到最高 156t，采油速度由 0.17% 上升到 2.57%，阶段采出程度提高 7.61%，预计采收率提高 27%，新增可采储量 60×10⁴t。

5 几点认识

（1）观念创新，勇于怀疑，敢于否定，重构地下认识体系是二次开发得以实践的前提。

（2）依托精细地震资料，井震结合，开发与地震的有机融合是油藏得以重新认识的关键。

（3）精雕细刻，集成应用多学科技术，准确描绘地下地质体，是水平井部署与实施成功的基础。

（4）地质工艺相互依存，应用成熟配套技术，完善适应油藏特点的开发模式是区块实现高效开发的保障。

参 考 文 献

[1] 岳清山. 稠油油藏注蒸汽开发技术[M]. 北京：石油工业出版社，1998：50-55.

[2] 刘文章. 热采稠油油藏开发模式[M]. 北京：石油工业出版社，1998：152.

[3] 刘显太. 胜利油区水平井开发技术[J]. 油田地质与采收率，2002，9(3)：47.

[4] 万仁溥. 中国不同类型油藏水平井开采技术[M]. 北京：石油工业出版社，1997：45-57.

[5] 刘永华. 曙光油田水平井开发潜力及部署方向研究[J]. 特种油气藏，2006，13(增刊)：82.

[6] 张方礼. 辽河油区水平井开发技术[A]//辽河油田勘探开发优秀论文集[C]. 北京：石油工业出版社，2005：125.

[7] 黄伟. 水平井技术在小构造油藏挖潜中的应用[J]. 断块油气藏，2005，12(1)：45-60.

[8] 许国民. 水平井技术在老区剩余油挖潜中的应用[J]. 特种油气藏，2007，14(6)：95.

[9] 骆发前. 塔里木油田水平井设计[M]. 北京：石油工业出版社，2005.

[10] 王家宏. 中国水平井应用实例分析[M]. 北京：石油工业出版社，2002：18-48.

边底水油藏夹层定量表征及开发意义

党胜国，刘卫林，黄保纲，宋建芳，叶小明

(中海石油(中国)有限公司天津分公司，天津 300459)

摘　要　馆陶组辫状河储层作为渤海海域的一类重要储层，表现为砂地比高，夹层发育，油藏类型以底水为主，构造幅度低等特点。随着进入高含水开发阶段，亟需理清夹层分布模式，指导剩余油研究和挖潜。以曹妃甸油藏为例，从储层构型研究思路出发，创新应用大量生产动态资料，结合静态资料综合确定了对生产影响较大的主力夹层(四级构型界面)平面展布特征，开展基于含水阶段、地层压力、试井资料、生产压差、供液能力等生产动态资料多参数统计分析，定量评价四级构型界面遮挡底水脊进能力，设计油藏机理模型对构型界面各项异性与生产井底水脊进关系进行定量描述。形成了海上大井距水平井开发储层四级构型界面分布和遮挡能力定量描述技术，在油田调整挖潜中效果显著，对渤海海域类似油藏的调整挖潜具有较高的推广应用价值。

关键词　辫状河；储层构型界面；水平井；生产动态；机理模型；定量评价

馆陶组辫状河储层在渤海海域广泛分布，探明石油地质储量占渤海油田探明储量的29%(2016年底)。由于储层厚度大、砂地比高、构造幅度低的特点，油藏类型以底水为主。近年来随着油藏进入高含水开发阶段，通过精细研究辫状河储层构型，尤其是加强对开发调整影响较大的储层四级构型界面研究，指导剩余油挖潜，优化开发模式，逐渐成为此类油藏稳产挖潜的攻关方向[1-4]。

针对渤海海域广泛发育的巨厚近源砂质辫状河储层，以处于高含水阶段采用细分层系规模水平井网开发的曹妃甸油藏为例，利用 Miall 储层构型研究思路，应用大量生产动态资料和油藏机理模型正演分析，克服海上油田大井距、稀井网、水平井开发、过路井少导致静态资料缺乏的特点，综合研究储层构型界面分布及其遮挡底水脊进能力，指导油田高含水阶段剩余油分析和挖潜调整。

1　四级构型界面精细研究技术

Miall 的储层构型研究思路主要是对于五级、四级、三级构型界面及成因单元的层次解剖研究。限定复合河道沉积体的五级界面通过井震结合比较容易识别，单一心滩坝内部三级界面对油田开发影响较小，仅能在局部井区研究。四级界面是制约储层构型研究、指导油田高含水阶段剩余油分析和制定调整挖潜策略的关键，可通过小层对比、层次解剖、动静结合的方法逐步剖析。

1.1　小层对比定框架

应用钻井、测井、录井、地震资料，通过骨架剖面对比、井震标定、框架约束，采

作者简介：党胜国(1980—)，男，汉族，硕士，高级工程师，2007年毕业于西北大学矿产普查与勘探专业，现从事油气田开发地质研究工作。E-mail：dangshg@cnooc.com.cn

用等时对比、标志层拉平等对比方法进行小层精细划分，综合确定四级构型界面纵向发育期次和空间分布总体框架[11,12]。研究目的层馆Ⅲ上和馆Ⅲ下油组各主要发育2期四级构型界面，垂向厚度为0.5~5.0m，平均为2.1m，其约束下的单期辫流带厚度为6~8m（图1）。

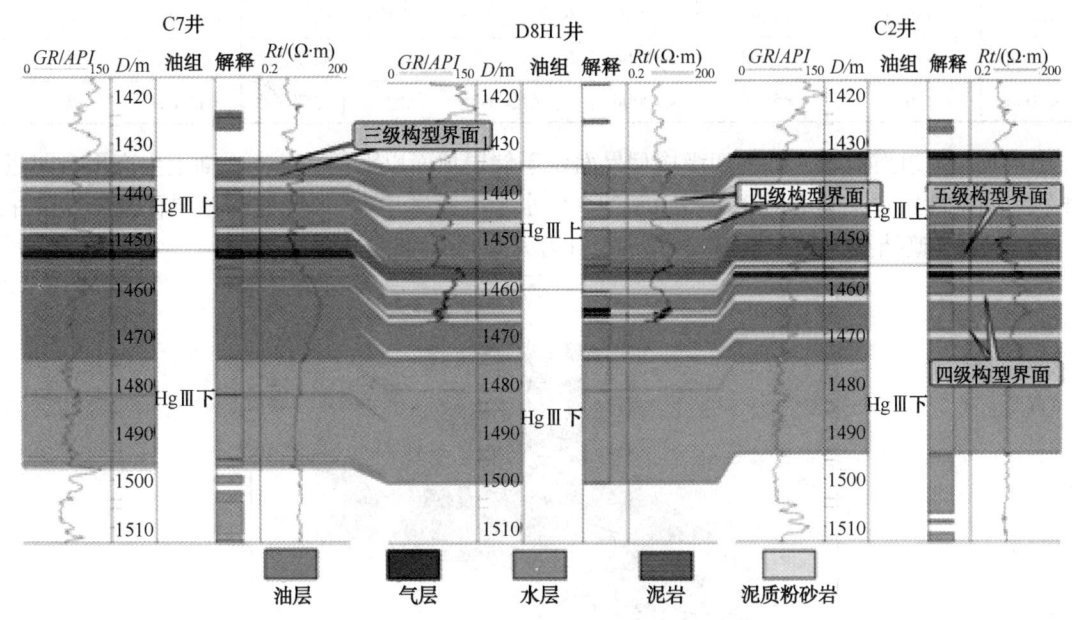

图1　储层构型界面对比

1.2　层次解剖定模式

通过资料调研，综合应用岩芯、随钻录井、测井资料，分析岩性、岩相、物性特征，总结四级构型界面沉积模式。界面主要由泥岩、泥质粉砂岩、致密含砾粗砂岩及其复合形式组成，其中含砾粗砂岩中砾石含量为20%~40%，砾径为2~6mm。泥质粉砂岩岩芯孔隙度为7.8%~12.5%，平均为10%，岩芯渗透率为$(0.5~2.5)×10^{-3}\mu m^2$，平均为$1×10^{-3}\mu m^2$，比同期沉积储层渗透率低2~3个数量级，是延缓底水脊进的重要原因。

辫状河沉积受季节性洪水的影响，主要表现为向上加积式沉积，粉砂质泥岩在平水期末期沉积形成，泥岩形成于枯水期；致密含砾细砂岩形成于高能洪水期初期，随着洪水能量减弱，砾石含量逐渐减少。高能洪水期沉积往往会剥蚀下伏平水期、枯水期沉积，剥蚀程度弱，形成粉砂质泥岩–泥岩–致密含砾细砂岩复合夹层，剖面表现为纵向独立型河道；剥蚀程度强，形成粉砂质泥岩–致密含砾细砂岩复合沉积或仅保留致密含砾细砂岩夹层，剖面表现为纵向切叠型河道[13]。

1.3　范围与遮挡能力评价

结合生产井水平段位置、避水高度、方位电阻率探边资料和大量生产动态资料（包括不同阶段含水上升规律、历年地层压力、压力恢复试井资料、产液能力和生产压差分析），综合确定四级构型界面分布范围，多参数定量评价夹层遮挡底水能力强弱，将其划分为强遮挡、中遮挡和无遮挡3类（表1）。

表1　多参数定量评价四级储层构型界面遮挡底水能力标准

含水阶段				供液能力	压力状况	初期试井分析	生产压差	夹层遮挡能力
低含水 <30%	中含水 ≤30%,<60%	中高含水 ≥60%,<90%	高含水 ≥90%					
>300d	>500d	>500d	难达到	不足或充足	下降或稳定	初期边水	3~7MPa	强
>100d	>100d	>500d	>1000d	充足	稳定	初期边水	1~2MPa	中
<100d	<100d	<500d	<1000d	充足	稳定	初期底水	<1MPa	无

　　馆Ⅲ下油组辫流带2下部四级构型界面位于储层顶面以下约20m，平面上生产平台附近和砂体西南部发育，厚度为0.4~5.0m。16口水平生产井中13口受益于该界面遮挡，其中4口表现为强遮挡型，9口为中遮挡型，3口为无遮挡型(图2)。

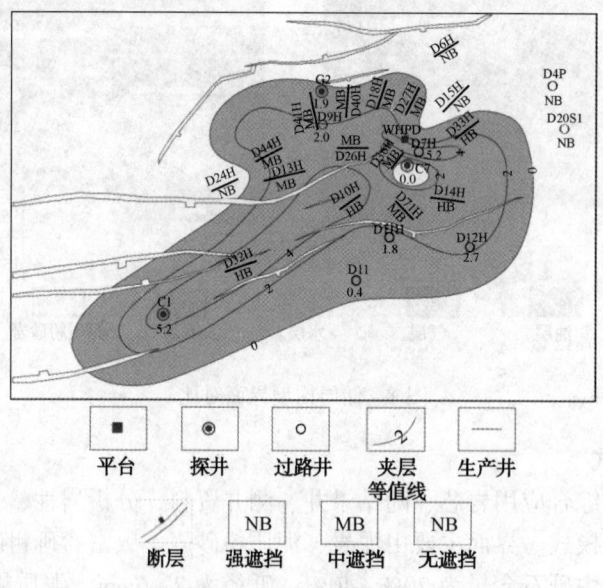

图2　馆Ⅲ下油组辫流带2下部四级储层构型界面分布

　　以表现为强遮挡型的D10H和D14H井为例，平面离水较远，同时受断层遮挡，后期供液能力不足，生产压差较大(3~7MPa)，地层压力下降约1MPa，试井资料分析判断油藏类型为边水油藏，低含水期生产时间分别为308d和1059d，中含水期生产时间分别为1092d和586d，中高含水期生产时间分别达1520d和771d，目前含水率分别为75%和84%，难于达到高含水阶段。

　　该方法应用了大量水平井生产动态资料辅助确定储层四级构型界面分布范围，关键是必须在地层框架约束下做好小层精细划分，将生产井水平段精确匹配到每一个小层上。然后再分析每口井的生产动态特征，将动态响应特征与四级构型界面匹配起来，确保动态资料能正确反映下部界面的分布范围和遮挡情况。

2　各向异性与底水脊进关系

　　依据四级构型界面分布特点和底水脊进特征，设计机理模型定量表征构型界面宽度、厚度、渗透性、水平段距构型界面距离、地层倾角与底水脊进关系[14,15]。

2.1 宽度与水脊范围

图 3 设计构型界面宽度为 45~400m，长度为宽度 2 倍，厚度为 1m，水平段距构型界面 6m，地层原油黏度 3.5mPa・s，渗透率为 1mD（低渗透）和 0.01mD（不渗透）。模拟结果表明低渗透构型界面随着宽度增加，油井含水上升速率变缓，开发效果变好，界面外水脊半径 60~80m；构型界面宽度大于水脊范围越大，开发效果提高幅度越来越小，大于 200m 后开发效果差别不大；构型界面过宽且不渗透时（400m 黑色线），由于能量补充过慢，表现为衰竭开采，开发效果变差[图 4(a)]。

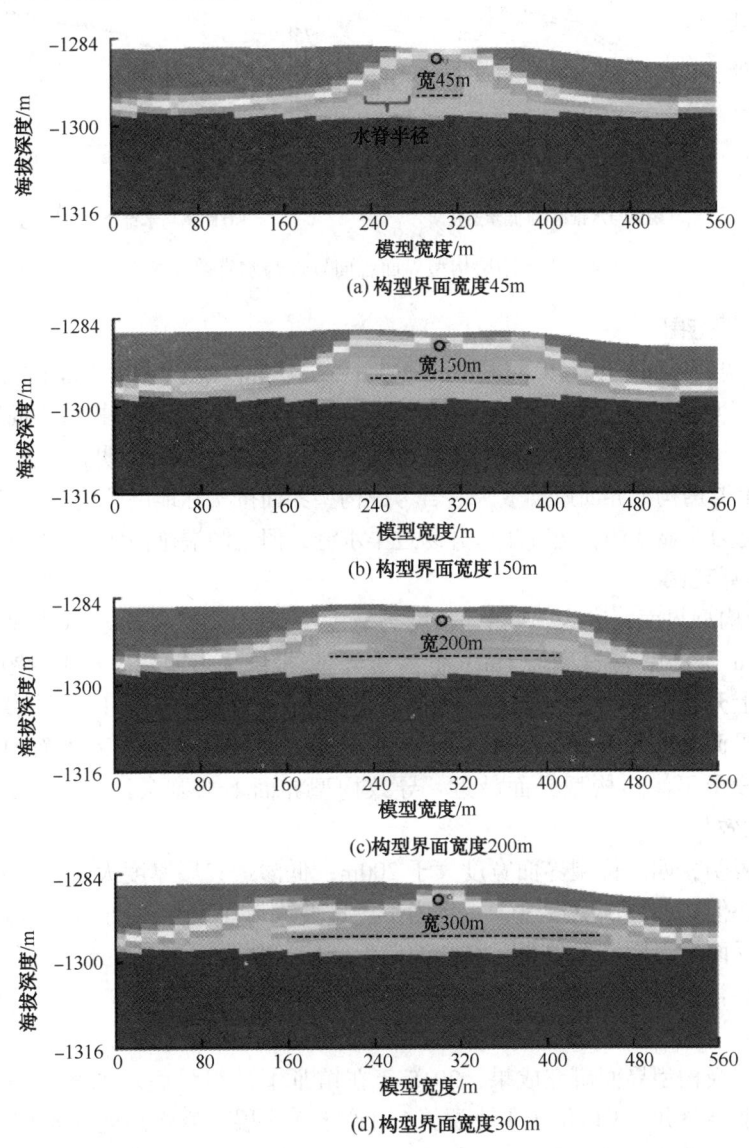

图 3 四级储层构型界面宽度与水锥范围关系

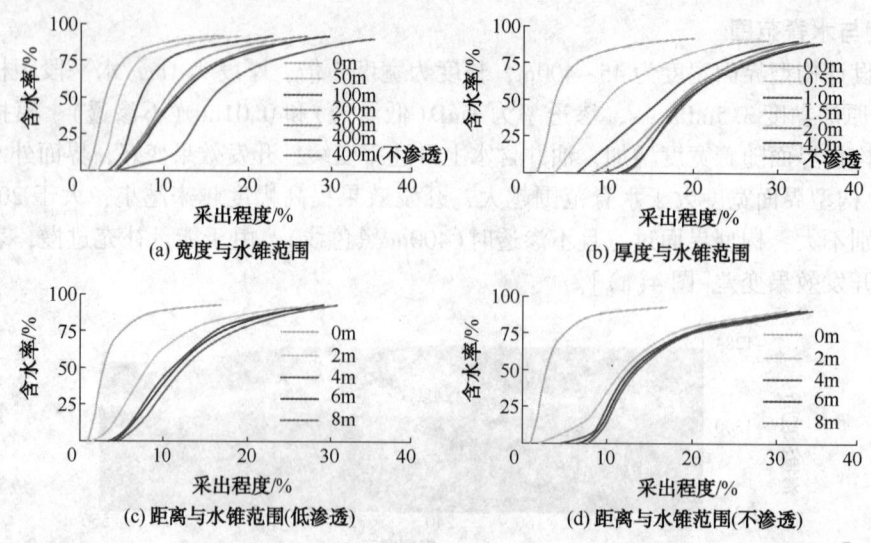

图 4　四级储层构型界面各向异性与水脊范围关系

2.2　厚度与水脊范围

图 4b 设计构型界面厚度为 0.5m、1m、1.5m、2m、4m，渗透率为 1mD(低渗透)，宽度为 300m，长度为宽度的 2 倍，水平段距离夹层 6m。模拟结果表明低渗透构型界面厚度大于 1.5m 时，底水突破时间延长，曲线由凸型变为平缓的 S 形，遮挡底水能力明显增强，大于 2m 后遮挡效果近似于不渗透构型界面遮挡效果。若考虑构型界面按实际地层倾角 2°设计，则其倾覆端遮挡底水脊进能力明显变弱，边部生产井易过早水淹，但上倾端遮挡底水能力明显增强。

2.3　距离与水脊范围

图 4c 设计构型界面宽度为 300m，长度为宽度 2 倍，厚度为 1m，水平段位于构型界面上 2m、4m、6m 和 8m，渗透率为 1mD(低渗透)。模拟结果表明随着水平段距构型界面距离增加，含水率上升速率变缓，大于 6m 后遮挡效果趋于一致。图 4(d) 设计参数同图 4(c)，区别在于构型界面为不渗透型(0.01mD)，模拟结果表明较低渗透构型界面抑制含水上升效果好，但水平段距不渗透构型界面越近，导致构型界面下部剩余油难于驱替，形成"屋檐油"，影响开发效果。

正演结果表明，四级构型界面宽度大于 200m，低渗透夹层厚度大于 1.5m，可显著抑制底水脊进速度，但构型界面宽度过大，且为不渗透性或者厚度大于 2m 时，由于衰竭开发导致能量不足，反而会影响开发效果。结合油田生产特征认为，生产井水平段位于构型界面上 6~8m，即单期辫流带储层顶部，开发效果最好。

3　应用效果

根据储层四级构型界面研究成果，2015 年在馆 III 下油组强底水油藏中强遮挡区域部署实施了 8 口水平调整井，3 口位于 1 小层，5 口位于 2 小层，避水高度为 4.6~7.0m。4 月开始陆续投产，前 3 个月平均产能为 80~400m³/d，含水率为 2%~20%，生产气油比为 40~120m³/m³，调整效果非常好。钻前分析 8 口调整井水平段下部均有夹层分布，生产特征也证实 8 口调整井含水上升缓慢，表现为边水生产特征。如 D46H 井，初期日产油为 400m³/d，当年累计产油量为 4.5×10⁴m³，生产 2 个月含水率为 2%，避水高度仅为 4.6m，邻井钻遇 4m 厚夹层，动态资料显示分布范围广，表现为强遮挡型，高产能也表明单一辫流带横向连通性好。截至 2016 年年底，8 口井累计产油量为 $41.9 \times 10^4 m^3$，含水率为 14%~90%，部分遮挡较好、周边邻井含水较低的井，仍保持中、低含水状态生产。

4 结论

（1）辫状河储层四级构型界面主要由弱水动力条件下平、枯水期沉积的泥岩、泥质粉砂岩和强水动力条件下沉积的致密含砾粗砂岩复合沉积构成，比同期沉积储层渗透率级差小 2~3 个数量级。结合生产动态资料综合确定平面展布特征，定量评价遮挡底水脊进能力，分为强遮挡、中遮挡和无遮挡型。

（2）油藏机理模型正演结果表明，四级构型界面宽度大于 200m，低渗透夹层厚度大于 1.5m，可显著抑制底水脊进速度，但宽度过大，反而影响开发效果，生产井水平段位于构型界面上 6~8m，开发效果最好。

（3）研究成果形成了渤海海域巨厚近源砂质辫状河储层大井距水平井网开发特点的储层四级构型界面定量描述技术，在高含水阶段剩余油调整挖潜中取得了高效应用，在类似油藏调整挖潜中具有较高的推广价值。

参 考 文 献

[1] 束青林. 孤岛油田馆陶组河流相储层隔夹层成因研究[J]. 石油学报，2006，27(3)：100-103.

[2] 刘建民，徐守余. 河流相储层沉积模式及对剩余油分布的控制[J]. 石油学报，2003，24(1)：58-62.

[3] 陈程，孙义梅. 厚油层内部夹层分布模式及对开发效果的影响[J]. 大庆石油地质与开发，2003，22 (2)：24-27.

[4] 苏彦春. 海上大井距多层合采稠油油田剩余油定量描述技术及其应用[J]. 中国海上油气，2012，10 (1)：82-85.

[5] 金振奎，杨友星，尚建林，等. 辫状河砂体构型及定量参数研究[J]. 天然气地球科学，2014，25(3)：311-317.

[6] 何宇航，宋保全，张春生. 大庆长垣辫状河砂体物理模拟实验研究与认识[J]. 地学前缘，2012，19 (2)：41-48.

[7] 吴胜和，翟瑞，李宇鹏. 地下储层构型表征：现状与展望[J]. 地学前缘，2012，19(2)：15-23.

[8] 薛永超，程林松. 滨岸相底水砂岩油藏开发后期剩余油分布及主控因素分析[J]. 油气地质与采收率，2010，17(6)：78-81.

[9] 饶良玉，吴向红，李香玲. 夹层对不同韵律底水油藏开发效果的影响机理[J]. 油气地质与采收率，2013，20(1)：96-99.

[10] 刘超，廖新武，李廷礼，等. 海上特低幅构造稠油底水油藏水平井开发策略[J]. 特种油气藏，2013，20(4)：81-84.

[11] 党胜国，冯鑫，闫建丽，等. 夹层研究在水平井开发厚层底水油藏中的应用[J]. 油气地质与采收率，2015，22(1)：63-67.

[12] 党胜国. 低幅强底水油藏规模水平井网微层系开发技术[J]. 特种油气藏，2015，22(6)：118-121.

[13] 王玥，陈小凡，邹利军，等. 带夹层底水油藏油井底水锥进影响因素分析[J]. 油气藏评价与开发，2013，3(6)：24-27.

[14] 刘振平，刘启国，王宏玉，等. 底水油藏水平井水脊脊进规律[J]. 新疆石油地质，2015，36(1)：86-89.

[15] 刘新光，程林松，黄世军，等. 底水油藏水平井水脊形态及上升规律研究[J]. 石油天然气学报，2014，36(9)：124-128.

多元注水技术在中高渗油藏中的应用

姜艳艳

（辽河油田欢喜岭采油厂，辽宁盘锦 124010）

摘　要　辽河油田中高渗典型区块欢 26 兴于 1979 年投入注水开发，目前已进入开发后期，至 2012 年底区块综合含水达到 90% 以上，常规水驱潜力较小。为此，以"注好水、注够水、精细注水、有效注水"为目标，在欢 26 兴块大力发展多元化注水，全面推广注水新技术。通过采取多种注入介质、多样注采关系以及多期注水时机为主要内容的注水开发对策，在区块西部强水淹区开展了 4 个井组的深部调驱试验，目前已从先导试验阶段进入规模扩大阶段；在区块东部的欢 2-8-21 井区采用细分小层，纵向上分段，平面上对应的组合注水模式，较好较快地补充油藏能量；在区块东部的欢 2-9-21 上井区实施超前注水，实现开发部署与开发方式同时完成。欢 26 兴多元注水技术的实施后改善了高含水油藏开发效果，实现了区块产量的稳定，为同类型油藏积累经验。

关键词　中高渗；多元注水；油田开发；高含水

1　前言

伴随油藏开采年限的逐年增加，注水开发进程的逐渐深入，中高渗油藏最终将进入高含水、高采出程度的"双高"开发阶段，常规水驱开发效果逐年变差，提高采收率空间变小。辽河油田中高渗典型区块欢 26 块兴隆台油层注水开发 30 余年，目前已经进入开发后期，区块综合含水高、储层动用程度高、可采储量采出程度高、剩余油高度分散，调整挖潜的难度加剧，稳油控水的难度也越来越大。针对该块目前存在的问题，在欢 26 兴全区开展了多元化注水，并形成了较为系统的中高渗油藏后期注水开发技术。经现场实施后取得了较好效果，进一步说明多元化注水可以改善中高渗油藏开发效果[1]，具有广阔的推广应用前景。

2　油藏概况

2.1　区块地质概况

欢 26 断块构造上位于辽河断陷盆地西部凹陷西斜坡南段，主要开发目的层为下第三系沙河街组沙一、二段的兴隆台油层，含油面积 9.07km²，石油地质储量 1697×10⁴t，标定采收率 36.3%。该块 1979 年投入注水开发，至 2012 年底区块综合含水率达到 90% 以上，继续水驱潜力较小。

2.2　区块存在问题

区块综合含水高、储层动用程度高、可采储量采出程度高、储采平衡系数小、剩余油高

作者简介：姜艳艳（1989—），女，2013 年 7 月毕业于东北石油大学油气田开发专业，获硕士学位，目前在辽河油田欢喜岭采油厂地质研究所担任技术人员，主要研究稀油油藏高含水开发阶段提高采收率技术。E-mail：jy_881122@126.com

度分散，调整挖潜的难度和成本投入越来越大，稳油控水的难度也越来越大。

此时区块开发存在以下 4 个矛盾：

(1)储层非均质性严重，主体部位层间矛盾突出；

(2)注水低效无效循环逐步严重，存在水流优势通道，注水调整难见效；

(3)油藏水淹状况逐步加剧，剩余油分布零散；

(4)特高含水井多，常规油井措施效果逐年变差。

因此，有必要采取多元注水新技术有效控制含水上升，保障区块稳产。

3 多元注水技术在现场的应用

3.1 多种注入介质

3.1.1 深部调驱试验及存在问题

2012 年编制了欢 26 块深部调驱方案，在区块西部强水淹区开展了 4 个井组的深部调驱先导试验(图 1)，目的是利用弱凝胶堵水技术封堵大孔道，限制高压高含水层，启动低压层，缓解层间矛盾，同时实现平面液流转向，提高波及面积，有效动用井间剩余油，缓解平面矛盾[2]。

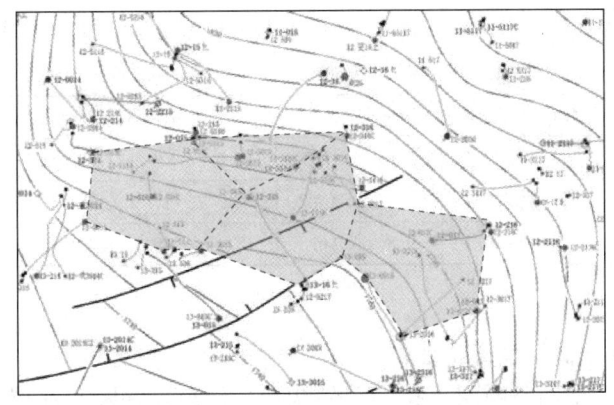

图 1 欢 26 兴深部调驱先导试验井组图

深部调驱先导试验取得了一定效果，4 井组日产油由调驱前的 4t 上升至最高 40t，并稳定至 20t 左右，但伴随调驱进程的推进，深部调驱也暴露出了以下 3 方面的问题：

(1)调驱井网不完善，延缓了调驱见效进程

其中 12-315C 井 2013 年 1 月层系归位，2013 年 9 月调驱见效，日产油由见效前的 0.2t 上升至 8.5t，后因套管错段报废。

13-16 上井 2013 年 7 月大修完善调驱井网，因套管错段大修未成报废。

(2)调驱井组见效情况差别较大，见效井主要集中在 13-2116 井组，其他井组油井见效不明显。

针对以上调驱存在问题，开展深部调驱方案优化研究。

3.1.2 调驱方案优化研究

(1)完善先导试验井组调驱井网

根据欢 26 兴阶段调驱效果来看，调驱解决了储层纵向动用不均问题，实现了平面液流转向，强水淹区井间剩余油得到了有效动用。为充分发掘调驱潜力，2014 年底部署 2 口侧钻井，完善调驱井网。

（2）调驱层位优化

先导试验井组调驱层位为兴Ⅲ1-5，其中兴Ⅲ1-4为中低渗层（平均渗透率为65.9mD），吸水能力较弱；兴Ⅲ5为中高渗层（平均渗透率为221.7mD），吸水能力强。通过调驱，先导试验井组4口注入井吸水剖面得到显著改善，有效解决了纵向吸水不均问题。

但2015年新增井组欢2-13-2316由于非均质性过强，兴Ⅲ5为强吸水层，药剂封堵困难。对此，将5个井组储层参数进行统计对比（表1），对比发现储层吸水能力主要受渗透率影响，与孔隙度关系不大[3]。进一步研究表明，渗透率级差小于0.96时，调驱可以实现纵向调剖，大于1.26时调驱药剂无法实现对大孔道的有效封堵。因此取其中值，将渗透率级差小于1.1作为调驱层位优选条件。按照该条件，2016年3月将新增井组调驱目的层改为兴Ⅲ1-4。

表1　欢26兴调驱井组储层参数统计

井号	兴31		兴32		兴33		兴34		兴35		级差	
	孔隙度/%	渗透率/mD	孔隙度/%	渗透率/mD	孔隙度/%	渗透率/mD	孔隙度/%	渗透率/mD	孔隙度/%	渗透率/mD	孔隙度	渗透率
12-016C	尖灭		12.8	118.4	17.9	242.3	9.2	95.4	19.0	295.0	0.27	0.44
12-5015	尖灭		10.3	82.8	6	13.3	4.8	19.3	11.9	55	0.36	0.66
13-2116	差油层		4.1	25.4	10.1	58.4	8	127.8	18.3	394.8	0.68	0.96
13-3216	5.3	9.7	9	74.7	5.6	7.3	13.6	139.1	12.6	115.2	0.37	0.78
13-2316	3.3	34.1	5.1	25.4	3.3	18.2	8.1	27.9	16.3	248.5	0.67	1.26
13-218	13.4	5.6	4.9	20.3	9.8	16.5	18.1	49.7	20.1	175.8	0.55	1.17

3.2　多样注采关系

3.2.1　欢2-8-21井区储层发育特征

欢2-8-21井区为受两条断层夹持的单斜构造（图2），兴隆台油层划分为3套油层组、10个砂岩组、20个小层。主要出油层为兴Ⅲ油层组。井区内兴Ⅲ4为第1套厚层砂体，储量丰度高，砂体发育稳定，大部分区域厚度在25m以上。内部发育稳定夹层。

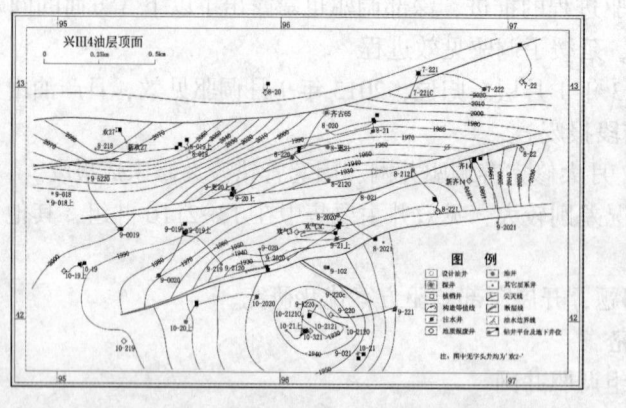
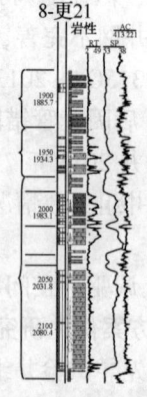

图2　欢26兴8-21井区构造图

3.2.2　实施层内细分注水技术

2012年在欢26块东部欢2-8-21井区部署1口产能井欢2-8-2120，通过精细划分小层，结合高部位生产井产能特征，将该井区兴Ⅲ4小层细分为上中下三套开采。欢2-8-2120井与欢2-8-2121井开采层位为兴Ⅲ4下，液量在10t左右。2016年在两井间再次部署一口产能井欢2-8-2220，测井解释曲线证实了层系划分的可靠性，该井兴Ⅲ4下发育较差，因此向上投产兴Ⅲ4中，取得较好效果，初期日产油18t，目前日产油10t，含水率低，稳产时间长。井区高部位三口井生产情况表明，兴Ⅲ4小层内产能规律并不相同，可以实施层内细分注水技术，由传统思想上的层间注采关系转变为层内注采关系，纵向上分段、平面上对应，使注水更具有针对性，更快更好地补充地层能量。因此将水井欢2-8-220以及欢2-8-21兴Ⅲ4中下分层配注，并将产能较低的兴Ⅲ4下提高配注量，加强注水，实现层内细分注水开发。

3.3 多期注水时机

3.3.1 欢2-9-21上井区产能规律

欢2-9-21上井区为受两条断层夹持的单斜构造（图3），分布注水井2口，油井7口。井区产能规律有以下3点：

(1) 位于构造高部位，油层厚度大于20m的油井产能高，平均单井累产油2.6×10⁴t；

(2) 低部位油层发育薄(5~15m)，且受边水和注入水水淹，油井投产即高含水，累产油较低；

(3) 注水井处于构造低部位，油井基本依靠天然能量开采。

3.3.2 部井区域实施超前注水

因此在该井区部井前，通过精细小层对比，在底部位选择两口油井转注，为部署目的层实施超前注水，提前补充地层能量，确保新井效果。

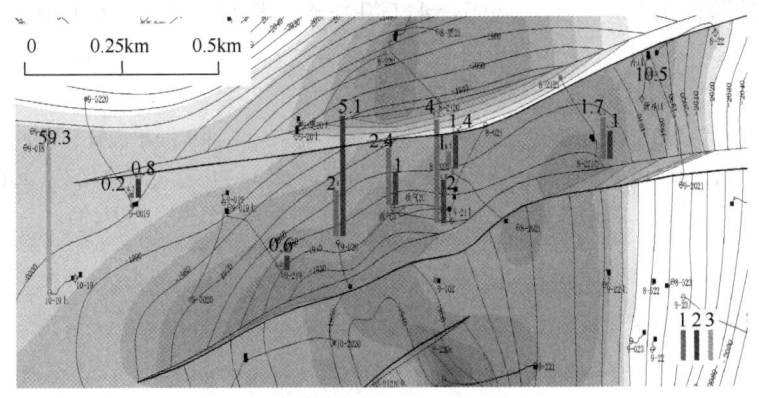

图3 欢26兴9-21上井区开采现状图

1—累产油1×10⁴t；2—累产油1×10⁴m³；3—累产气10×10⁴m³

4 应用效果分析

(1) 深部调驱效果：2014年底在欢26块调驱井组部署的2口侧钻井，取得了较好效果，两口井初期日产油18.2t，目前日产油4.0t，截止目前累积产油9707t(图4)。

2015年至2016年新增两个井组经层系调整后，注入井吸水剖面发生变化，生产井初步见到调驱效果，其中13-2316井组中1口生产井(13-3016C2)产量有所上升，最高日增油2.2t。综合以上分析，该成果实施后，欢26块兴隆台油层深部调驱已累积增油15320t。

(2) 层内细分注水技术效果：8-21井区实施细分注水后，高部位3口油井液量油量能够

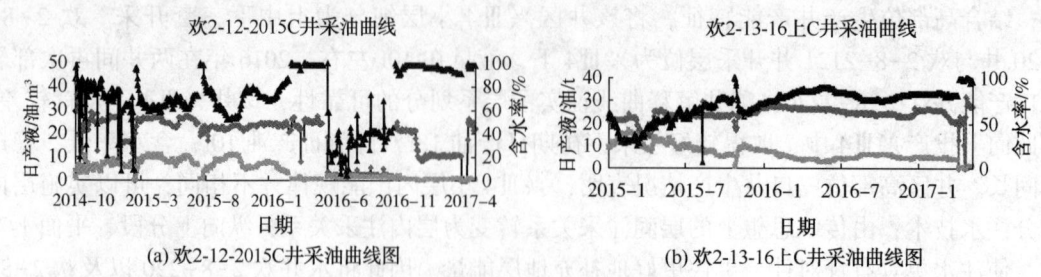

图4　调驱井组侧钻井采油曲线

长期保持稳定，地层压力系数 0.95，井区已累积增产油 30845t。

（3）超前注水效果：2014 年 6 月在 9-21 上井区转注两口油井，2015 年初在北断层附近部署两口产能井，投产初期日产液为 45.5t，日产油 34.7t，目前日产液 44t，日产油 16.1t，油井仍保持较强的供液能力，地层能量保持较好。

5　结论与认识

通过在全区开展多元注水技术，形成了多项新的认识：

（1）利用深部调驱技术，可以调整吸水剖面扩大水驱波及体积，从而提高区块采收率。在优选层位时应考虑渗透率极差影响。

（2）储层发育较厚，层内发育稳定夹层的井区区，可实施层内细分注水，使注水更具有针对性。

（3）部署产能井前，实施超前注水，及时补充地层能量，确保新井效果。

欢 26 块开展多元化注水且现场实施取得了较好效果，进一步说明多元注水技术能够有效改善中高渗油藏注水开发效果，减缓含水上升速率，具有广阔的推广应用前景。

参 考 文 献

[1] 冈秦麟. 高含水期油田改善水驱效果新技术(上)[M]. 北京：石油工业出版社，1999：87-93.

[2] 赵梦云，张锁兵，欧阳坚，等. 国内深部调驱技术研究进展[J]. 内蒙古石油化工，2010(6)：73-75.

[3] 吴楠，姜玉芝，姜维东. 调剖参数优化设计理论研究[J]. 特种油气藏，2007(3).

欢喜岭油田地震相与沉积及砂体的匹配性研究

李子华

（中油辽河油田公司欢喜岭采油厂，辽宁盘锦 124114）

摘　要　欢喜岭油田出油层位主要集中在沙河街组 1-4 段，本文也着重分析了 S1-2、S3 段、S4 段各自不同的沉积类型在地震上的响应特征。认为地震波相位信息主要反映地层横向连续性，对地层尖灭、河道、断层等可以引起反射轴特征变化的地质现象反映敏感，可与地质认识相结合划分沉积区域。从地震波振幅与薄互层储层厚度的理论关系可知，在某沉积区域地层结构特征（薄互层内单层厚度及总厚度的厚度级别）及储层物性特征较稳定的情况下，由于储层厚度位于某区间内而使储层信息与地震振幅属性的数学关系可近似为简单的线性关系。2014 年以来，欢采厂利用地震属性预测储层的研究，在齐 2-11-9 块 VSP 资料判断沉积特征，追踪预测砂体部署产能井，根据地震振幅与波形定性欢 623 馆陶流体性质，欢 2-7-20 块地震波形特征预测砂体厚度，欢 616 块利用振幅与砂体关系回归线性公式等，部署井位 31 口，共实施新井 15 口。

关键词　地震相；欢喜岭油田；沉积特征；砂体追踪；井位部署

地震相与沉积相的匹配性研究是从现有的、有限的、尺度不同的地震资料，来推测地下未知沉积特征、储层的存在与否、空间形状如何、物性情况、是否含有油气等。但由于储层预测精度不够、预测结果的多解性，导致储层预测技术在实际应用存在许多问题，该技术就是从地震数据中拾取隐藏在这些数据中的有关岩性和储层物性的信息，从而加强地震数据在油田开发领域的应用。

地震波相位信息主要反映地层横向连续性，对地层尖灭、河道、断层等可以引起反射轴特征变化的地质现象反映敏感，可与地质认识相结合划分沉积区域。具有相似储层结构的某个沉积区域内（储层厚度位于特定区间内），储层厚度与地震振幅、频率、相位有着较好的对应关系，并可进一步近似为线性关系。以往人们所统计的样本点大都没有按沉积特征及储层结构分别考察，因此不会呈现很好的线性关系。

1　沉积及砂体变化在地震上的响应特征

1.1　沉积相与地震及砂体的关系

地震相与沉积及砂体的匹配性研究即地震数据中拾取储层物性的信息。沉积相对储层性质有决定性影响，储层性质变化必然影响地震波属性的改变。通过分析大量的砂泥岩薄互层模型的正演模拟结果可知，薄互层与地震波振幅具以下关系：当薄储层（薄层或薄互层）总厚度 $\Delta h < \lambda/4$（λ 为主波长）时，振幅值与地层中净砂岩厚度成正相关，而与砂层的层数、空间分布、顶底面过渡类型（突变或渐变）无关。当 $\Delta h = \lambda/4$ 时，无论是均质砂岩，还是砂泥岩薄互层，其反射振幅均最强；当 $\lambda/4 < \Delta h < \lambda/2$ 时，振幅随薄互层组内砂岩含量增加而变

作者简介：李子华（1982—），男，2006 年毕业于西南石油大学勘查技术与工程专业，工程师。

弱；当 $\lambda/2<\Delta h<\lambda$ 时，振幅稳定[2]。

1.2　不同沉积类型的地震响应特征

欢喜岭油田出油层位主要集中在沙河街组 1-4 段，本成果也着重分析了 S1-2、S3 段、S4 段各自不同的沉积类型在地震上的响应特征。

S1-2 段兴隆台、于楼油层由于湖盆处于收敛期-扩张期，大范围的出现以浅水环境为主的扇三角洲沉积，沉积面积大、连续性好，且埋藏较浅，地震反射能量强地震与砂体匹配性好，在研究中重点根据地震振幅和波形的变化来判断沉积及储层发育特征。

兴隆台砂体在地震上响应特征为连续性较好、呈似席状反射。具体表现为：如果反射波连续性好、振幅较强，则认为砂体是连续的，若反射波弱而不断，则可能是河道侧缘反射特征，但个别单层砂体仍是连续的，若反射波间断或叠加，则是河道间反射特征，一边表现为多条河道引起的砂体尖灭或纵向叠加。在沉积稳定区域，对于楼砂体分布范围追踪时，可以通过已知区域一定厚度下的地震波波形特征规律，来推测未知区域砂体厚度，最终实现井位部署。

S3 段大凌河、莲花油层，由于湖盆处于深陷期，形成水下扇浊积岩发育的环境，一般沉积厚度大、表现为多套物源叠加沉积，在地震上表现为顶底反射界面清晰，内部无明显发射界面。由于浊流沉积体与周围湖相泥岩的差异压实作用，导致其表现为清晰的丘状反射结构，丘状体内部由一系列中低振幅、中频率、中等连续性的同相轴组成。浊积体一般表现为块状沉积，欢喜岭区域地震 S3 段可分辨砂层厚度为 20 m 左右，若沉积沉积厚度大于 $\lambda/4$ 即 20m，顶底具有明显反射界面。

第三是 S4 段杜家台油层，湖盆初陷，处于张裂期河道频繁摆动，砂体平面和纵向变化较大，且埋藏较深，表现出来地震反射杂乱，连续性差，可以借助目的层上下地震同向轴特征判断沉积连续性。如果同向轴连续，地震匹配性较好。一般变现为强振幅为主河道、弱振幅为河道间，如果同向轴出现相位反转、错断、上下几组同向轴振幅、波长都有明显变化，一般可以认为是由于河道摆动引起的砂体变化。

2　地震相与沉积及砂体的匹配性研究与应用

2.1　利用地震波形分类技术划分沉积区域

欢喜岭油田杜家台油层沉积过程中，河道频繁摆动，砂体平面和纵向变化较大，且埋藏较深，表现出来地震反射杂乱，连续性差，可以借助目的层上下地震同向轴特征判断沉积连续性。地震波形分类技术提供了快捷的以地震数据为基础的沉积区域划分方法，主要根据不同沉积特点在波形上体现的差异，将研究区目的层各地震道划分为不同的类型。由于实际沉积地层的横向延续性，使相邻地震道波形表现为类似特征，因此地震波形分类最终结果表现为具有不同类型的若干平面区域。该法将地震资料中包含的丰富的振幅、频率、相位及波形信息用于地质分析，获得的地震微相划分结果客观、准确，且相变带清晰、可靠。采用地震波形分类技术，将研究区划分为具有不同储层结构的若干个沉积区域，有助于按储层结构对地震属性与储层信息进行分类统计，从而精确拟合符合实际的数学关系[4]。

以齐 2-11-9 块杜家台为例，2013 年通过齐 2-11-9 块三维地震及 VSP 非零偏资料可以看出齐 2-11-9 至齐 2-11-5008 之间地震反射特征明显变弱，属于河道间微相反射特征，分析认为该块有两条河道组成，各套砂体叠加沉积，总体上成条带状分布。利用 13 个方向非零偏 VSP 剖面反射特征与沉积微相对应关系，重新绘制了 6 个小层的沉积微相。在主河道沉积区域部署油井 6 口，2013 年已实施 2 口，目前累增油 4550t，取得了良好的经济效益，预计新井实施后区块采油速度从 0.27% 提高到 0.6%，采收率提高了 15%。

分析齐 2-11-9 块油井储层、生产情况与非零偏地震剖面属性之间的定性关系，利用 VSP 地震属性识别产能规律。

（1）强振幅、厚储层、高产能：杜家台油层在 VSP 剖面上为正相位的强反射界面，地震振幅属性均为饱满形（D 形），时间长度大于 40ms，储层厚度在 15~30m 之间，油井有效厚度均大于 10m，平均单井产能大于 10000t，定为高产能。

（2）弱振幅、薄储层、低产能：杜家台油层在 VSP 剖面上为正相位的反射界面，地震振幅属性均为拉伸形，时间长度小于 30ms，储层厚度在 5~15m 之间，油井有效厚度均小于 10m，单井产能小于 4000t，定为低产能。

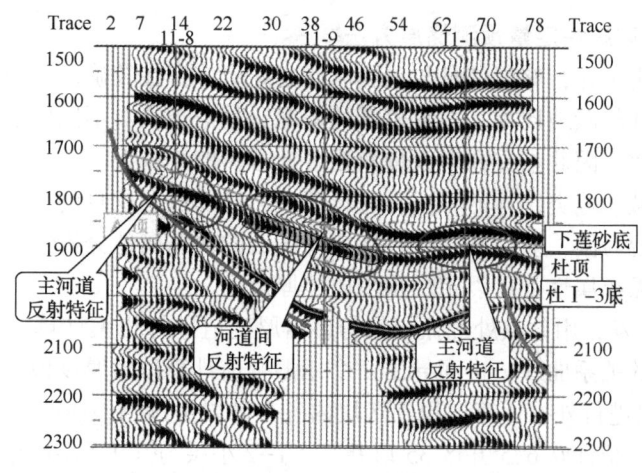

图 1　齐 2-11-9 块非零偏 VSP 剖面

2.2 基于沉积特征分区域的储层预测方法

首先利用地震波形分类技术（地震相）将研究区划分为不同区域，然后在分区域进行统计分析、回归计算，最后综合成图。该法的理论根据在于，不同沉积特点的储层在波形上具有差异，并按沉积规律呈区域分布，根据波形划分的区域内储层特征具有较好的一致性，因此区域内储层与地震属性的数学关系较为简单且容易准确拟合。

以欢 2-7-20 于楼为例，通过对波形形状的研究分析，得出了波形形态的成因及结论：于 I 油层组砂岩顶面位于地震波正相位中-强振幅同相轴顶部，说明正相位中-强振幅同相轴是砂岩顶界面形成的反射，由于油页岩与砂岩之间的泥岩较薄，因此油页岩与泥岩不能形成独立的地震反射，而是与砂岩顶界面形成的反射相互叠加，又因为页-泥与泥-砂的反射系数相反，故二者叠加消减，若砂岩层越厚，叠加消减效果就越弱，则波形越接近饱满的 D 形，反之砂岩层越薄，消减效果越强，波形越接近 b 形。同理，于 II 油层组砂体顶面位于地震正相位中-强振幅同相轴中下部，而上部的油页岩-泥岩形成的反射界面位于地震波正相位中-强振幅同相轴的顶部，说明正相位中-强振幅同相轴是由油页岩-泥岩反射经泥-砂反射消减后得到的波形，由于泥砂反射起到消减的作用，故砂岩层越厚，底部消减越明显，波形越接近于 P 形，反之，砂岩层越薄，消减作用越弱，波形越接近于 D 形。

运用这一方法，我们对于楼油层的砂体展布情况进行了追踪落实，利用地震波形、振幅形态及经验公式预测未知区域的砂体厚度，并在此基础上，对该区的油层分布和水淹有了重新认识，最终在剩余油富集区域部署产能井 2 口。预测砂体厚度与实际砂体厚度仅相差 0.5m，进一步证明了此方法的可行性与可靠性。

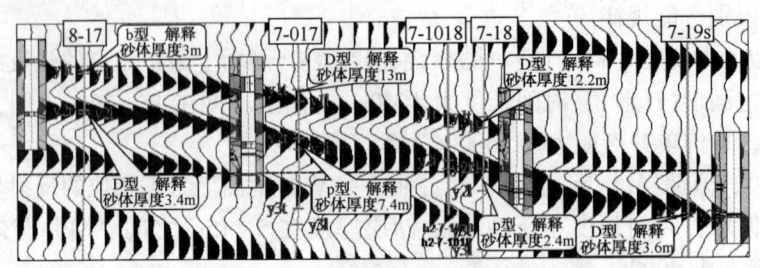

图 2   欢 2-7-20 块地震相预测砂体厚度剖面

2.3   分区域多元地震属性定量预测储层方法

由前文理论分析可知，储层信息与地震属性之间应该存在较确定的数学关系，在研究区之所以出现地震属性与砂地比相关系数较低的情况，是由于未对不同储层特征沉积区域的样点进行分类统计所致。因此本文在对大量数据统计分析的基础上，结合实际地质情况采用按储层沉积特征分区域、分类统计的方法，进行地震属性的储层信息的回归预测。

以欢 625 兴隆台为例，应用不同沉积特征分区域的地震属性分析经验，结合钻井、测井资料，确认在本区振幅属性类可以定性预测砂体厚度。

（1）从已知井出发，用井点处的振幅值与砂岩厚度值进行相关计算，拟合出反射波振幅值与砂岩厚度之间的关系曲线，进而导出一个用振幅值计算砂岩厚度值的计算公式。

（2）用这个公式进行外推计算，得到区块内各个砂岩组预测砂体厚度平面分布图。

结合以上特征，统计欢 625 井区 35 口井兴 Ⅰ1-2 小层与兴 Ⅰ3 小层地震波振幅幅度特征与砂体厚度值，分别拟合出欢 625 井区兴 Ⅰ1-2 小层与兴 Ⅰ3 小层地震波振幅幅度与砂体厚度关系式。

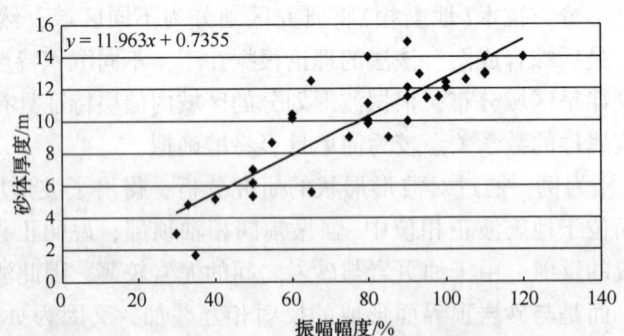

图 3   欢 625 井区兴 Ⅰ1-2 小层振幅幅度与砂体厚度关系图

兴 Ⅰ1-2 小层地震波振幅幅度与砂体厚度关系为：$y = 11.963x + 0.7355$

兴 Ⅰ3 小层地震波振幅幅度与砂体厚度关系为：$y = 18.309x + 0.407$

式中 x——地震振幅幅度，%；

y——砂体厚度，m；

利用公式验证完钻井砂体厚度，误差小于 1m，证实其结果可靠。

2.4　定量预测储层基础上，定性分析油水性质

在测井信息约束下，利用地震属性特征参数进行目标对象的分类，识别岩性圈闭并预测其含油气性，已成为常用方法。但是，储集层物性和含油气性变化引起的地震属性的变化相当微弱，并且各属性对是否含油气的反映往往重叠交叉[5]。

本次通过研究已知含油气性砂体的不同储集层地质模式，建立在该模式约束下的多地震属性参数学习模式，综合分析未钻井地带储集层含油气性的地震属性识别结果，可以预测砂体的含油气性。

以欢 626 馆陶为例，在相同的激发条件、接受条件、噪声干扰情况下，反射系数越大，振幅越强，其中反射系数决定于岩石的波速 V 和密度 ρ，而波速 V 和密度 ρ 又与岩石的孔隙度和孔隙中流体有密切关系。当 ρ_2 大于 ρ_1 时，反射系数 R 是正的，反射波振幅与入射波极性一样，反之，当 ρ_2 小于 ρ_1 时，反射系数 R 为负，反射波振幅与入射波极性相反。

对于欢 623 块，油的密度平均是 $0.9945g/cm^3$，跟水接近，但是水的传播速度是 1680m/s，而油仅为 1080m/s。反射波系数为负，地震振幅显示为负相位强振幅，砂体含油饱和度越高，振幅越强。

馆陶组分四套，其中主力产油层为馆 III_2 油层组，含油砂体在地震波反射为方形波，而不含油砂体(油浸～不含油)的为圆形波，或者为尖形波。其中方形波为强振幅，波形长，在地震资料处理过程中剪切掉过长的波峰，处理成方形波。而圆形波和尖形对比方形波，能量弱，振幅弱。

3　结论与认识

(1)针对不同时期沉积相的区别，势必导致地震属性的改变，由此可以总结地震与沉积及砂体的规律。

(2)可以利用振幅和波形的变化来判断主河道、河道侧缘、河道间等沉积特征。

(3)对于连续性好的区域、从已知井出发，用井点处的波性特征、振幅值强弱可以定量判断砂体厚度。

(4)很多区块地震反射杂乱，连续性差，某一方向上表现出透镜体状，分析原因不仅仅是由于地震分辨率低，更多是由于沉积复杂，多套砂体不连续性叠加引起的。

参 考 文 献

[1] 廖兴明，张占文．辽河盆地构造演化与油气[M]．北京：石油工业出版社，1996：56-58.
[2] 曾允孚，夏文杰．沉积岩石学[M]．北京：地质出版社，1989：106-125.
[3] 李彦芳，王文广．沉积岩与沉积相[M]．北京：石油工业出版社，1998：103-104.
[4] 张厚福．石油地质学[M]．北京：石油工业出版社，2003：126-128.
[5] 胡明姣，邓军强．普光气田主体须家河组储层特征研究[J]．内蒙古石油化工．2011 (16).
[6] 詹书超．下二门油田沉积物源方向探讨[J]．石油地质与工程．2011 (06).

基于波及系数评价的水平井
变井网矢量注采研究

周焱斌，许亚南，龙明，李军，杨磊

(中海石油(中国)有限公司天津分公司，天津 300459)

摘　要　本文通过引用等饱和度前缘界面来定义体积波及系数，利用数值模拟技术，建立了一套体积波及系数的评价方法。基于该方法进行了反九点井网转五点井网条件下的矢量注采波及系数评价定量化研究，明确了平面均质储层水平井加密油井高液量生产、原水井降低注采比、新转注水井增大注采比的矢量注采结论，并绘制相应图版，以指导井组矢量注采优化。渤海油田先导试验井组表明，该矢量注采技术能够有效改善水驱波及，提高水驱采收率，对于经历类似井网调整的海上油田具有很好的推广应用价值。

关键词　体积波及系数　反九点井网；五点井网；矢量注采；提高采收率

目前，关于矢量注采[1~3]的文献并不多，且大多以定性或策略性结论为主，刘丽杰、赖书敏等提出了平面相控矢量开发调整模式[4~6]：针对水窜严重的高渗区，应采取高注采强度的大井距井网，辅以矢量注采参数调整，提高驱替压力梯度、扩大波及体积、控制含水率上升；针对储量动用程度低的低渗区，应采取高控制强度的小井距井网，同时提高注采比，补充地层能量，进而提高采收率，但这些成果缺乏对矢量注采的定量表征。因此，笔者基于研究区反九点转五点的井网调整(加密水平井，边角井转注)背景，通过引用等饱和度前缘[7,8]建立的体积波及系数评价方法，对水平井变井网矢量注采做了定量化研究，优化了采油井和注水井的矢量注采工作制度，并在渤海油田某区块进行了实际应用，取得了良好效果。

1　体积波及系数评价方法的建立

在计算体积波及系数之前，需要确定某一时刻前缘含水等饱和度界面的位置，进而将每一个网格中的同一个前缘含水饱和度点连成面，所连面包围的区域就是波及区域，圈起的区域体积就是波及区的体积[9,10]。

前缘含水等饱和度界面的确定：

利用油水相对渗透率曲线，结合贝克莱-列维尔特驱油理论完成前缘含水饱和度的确定。具体步骤为：

（Ⅰ）根据油水相渗曲线和含水率的定义式[11]，得到含水率与含水饱和度的关系式；

油水相对渗透率曲线可用下式表征：

基金项目：国家科技重大专项(2011ZX05024-002-007)海上油田丛式井网整体加密及综合调整油藏工程技术应用研究。

作者简介：周焱斌，男，助理工程师，硕士，2014 年毕业于中国石油大学(北京)油气田开发专业，目前主要从事油藏工程方面的研究。

$$K_{ro} = \alpha_1 (1-S_{wD})^m \quad K_{rw} = \alpha_2 S_{wD} \tag{1}$$

式中

$$S_{wD} = \frac{S_w - S_{wc}}{1 - S_{or} - S_{wc}}$$

根据含水率的定义结合式(1)，可得出含水率 f_w 与无因次含水饱和度 S_{wD} 的关系：

$$f_w = \frac{S_{wD}^n}{S_{wD}^n + A (1-S_{wD})^m} \tag{2}$$

（Ⅱ）水驱前缘含水率对含水饱和度求导数，结合步骤1得出水驱前缘含水饱和度计算表达式：

$$\left(\frac{\partial f_w}{\partial S_w}\right)_{S_{wf}} = \frac{f_w(S_{wf})}{S_{wf} - S_{wc}} \tag{3}$$

根据式(1)得到：

$$\frac{\partial f_w}{\partial S_w} = \frac{AB\left[nS_{wDn-1}(1-S_{wD})^m + mS_{wD}^n(1-S_{wD})m-1\right]}{\left[S_{wD}^n + A(1-S_{wD})^m\right]^2} \tag{4}$$

结合式(1)、式(2)和式(3)得到：

$$S_{wDf}^n + A(1-S_{wDf})^m = An(1-S_{wDf})^m + AmS_{wDf}(1-S_{wDf})m-1 \tag{5}$$

（Ⅲ）用迭代的方法计算出式(5)中无因次前缘含水饱和度值，进而确定水驱前缘含水饱和度值。确定前缘含水等饱和度界面之后，可以很方便地在数值模拟软件 Eclipse 中计算出不同时刻波及区域的体积，依照上述定义，再计算井网控制体积，进而可得到任意时刻的体积波及情况。

2　水平井变井网矢量注采研究

Q油田是渤海典型的复杂河流相稠油油田，针对油水系统复杂、流体性质差异大的特征，油田成功实施了高含水期水平井分层系开发调整，层间矛盾突出问题得到解决，开发效果明显改善。

针对低幅边水油藏特征及开发特点，油田开展水平井变井网调整，井网类型由反九点井网转为五点井网。2014~2016年主力砂体转注14口井，平面矛盾大幅改善，开发效果明显好转。

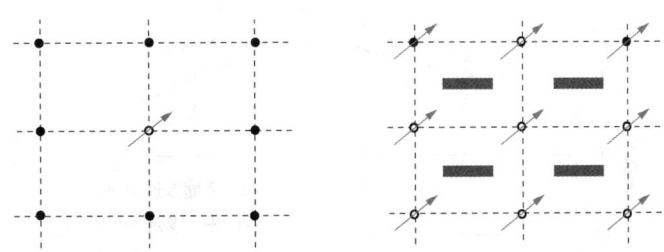

图1　水平井加密调整模式(反九点-五点)

然而，储层内部结构复杂性及长期注水开发造成的高含水期平面水驱不均问题，常规注采调整方法无法解决，同时也没有类似可供借鉴的海上注采调整经验。因此，开展高含水期水平井变井网条件下的矢量注采研究，明确水平采油井和定向注水井矢量注采制度对高含水油田剩余油挖潜具有重要意义，对类似海上经历井网调整的油田具有重要的借鉴意义。

2.1　开发效果影响因素分析

研究区储层正韵律性比较发育，平均油层厚度为 12m，平均渗透率为 $3000×10^{-3}\,\mu m^2$，地层原油黏度为 74mPa·s，初期采用反九点井网，井距为 350m。井组含水 80%时加密水平井，同时将边角井转注，井网转为水平井-定向井五点井网。基于目标区储层流体特征，建立数值模拟模型，开展影响因素分析及矢量注采研究。

(1) 纵向渗透率级差

研究区储层具有明显的正韵律性，下部渗透率较高。纵向渗透率级差对开发效果影响较大，随着纵向渗透率级差的增大，下部吸水量增大，底部无效水循环增多，注采井间驱替效率降低，顶部剩余油富集；井组总体最优注采比在 1.0 左右，注采比增大，加快注入水突进。

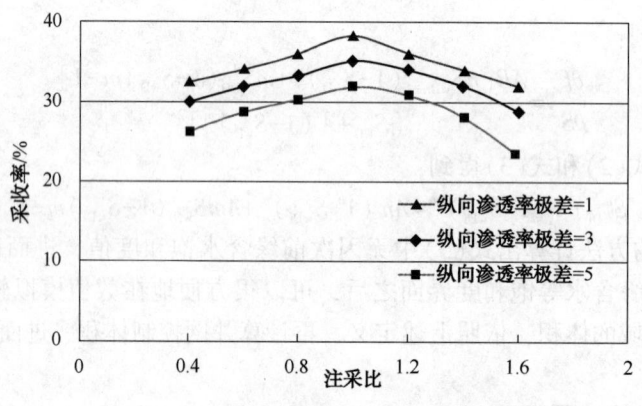

图2　纵向渗透率级差对采收率的影响

(2) 平面渗透率级差

平面渗透率级差对开发效果影响较大，随着平面渗透率级差的增大，高渗区无效水循环增多，注采井间驱替效率降低，剩余油在高渗区顶部富集；井组总体最优注采比在 1.0 左右，高渗区注水井注采比增大，注入水突进加快，无效水循环增多，因此要控制高渗区注水井注入量。

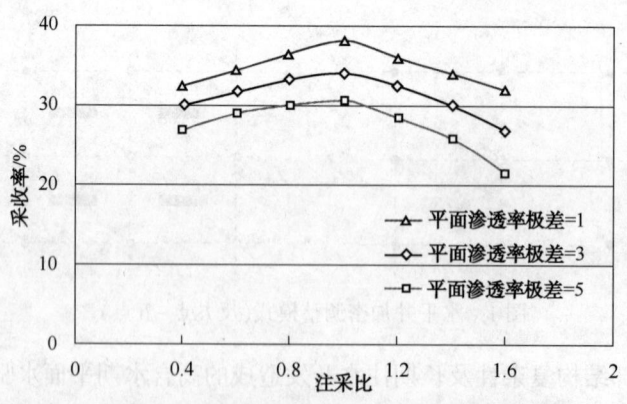

图3　平面渗透率级差对采收率的影响

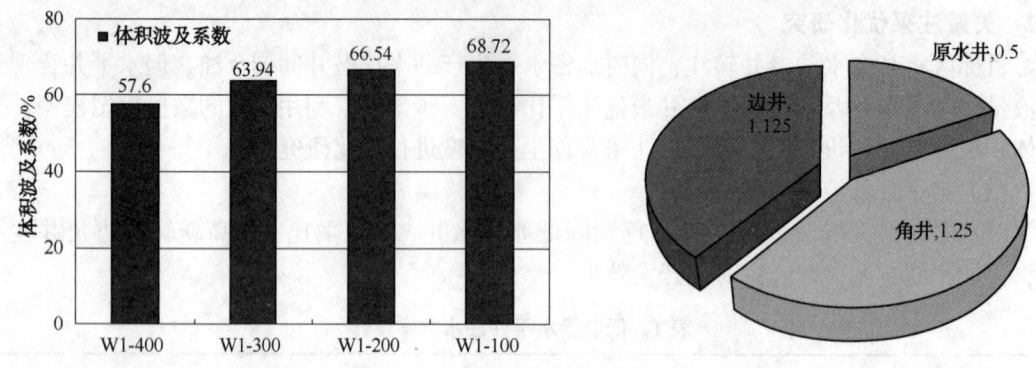

2.2 矢量注采优化研究

目标区将高含水的老井转注，同时加密水平生产井来挖潜井间剩余油，但水平井合理生产液量、老注水井及新转注边角井最优注采比需进一步研究。利用建立的数值模拟模型，基于体积波及系数评价方法，对矢量注采合理生产制度进行优化研究。

(1) 水平井低液量(200m^3/天)

对水平井最大液量200m^3/天，逐渐降低原注水井W1注采比，提高新转注边角井注采比，设计不同方案(表1)，对比开发效果。

表1 低液量水平井注水方案设计

平面均质模型	低液量生产-H200	最优配注量	最优注采比
W1-400	角100/150/200	角150边250	角0.75 边0.625
	边300/250/200		
W1-300	角100/150/200/300	角200边300	角1.0 边0.75
	边400/350/300/200		
W1-200	角100/150/200/300/400	角200边400	角1.0 边1.0
	边500/450/400/300/200		
W1-100	角100/150/200/300/400/500	角250边450	角1.25 边1.125
	边600/550/500/400/300/200		

研究表明，降低原注水井W1注采比，提高新转注边角井注采比，可提高注入水利用率，改善开发效果，提高采收率5.56%。通过矢量注水，体积波及系数提高11%，最优注采比为原水井0.5，新转注角井1.25，新转注边井1.125。

(a) **原注水井日注**400m^3　　(b) **原注水井日注**100m^3

图4 波及体积分布图(蓝色代表波及，红色代表未波及)

图 5　不同注采比下体积波及系数及最优注采比

（2）水平井高液量（600m³/天）

对水平井最大液量 600m³/天，逐渐降低原注水井 W1 注采比，提高新转注边角井注采比，可提高注入水利用率，改善开发效果，提高采收率 2.46%。研究表明，矢量注水可提高体积波及系数 4.2%，最优注采比为原水井 0.67，新转注角井 1.33，新转注边井 1.0。

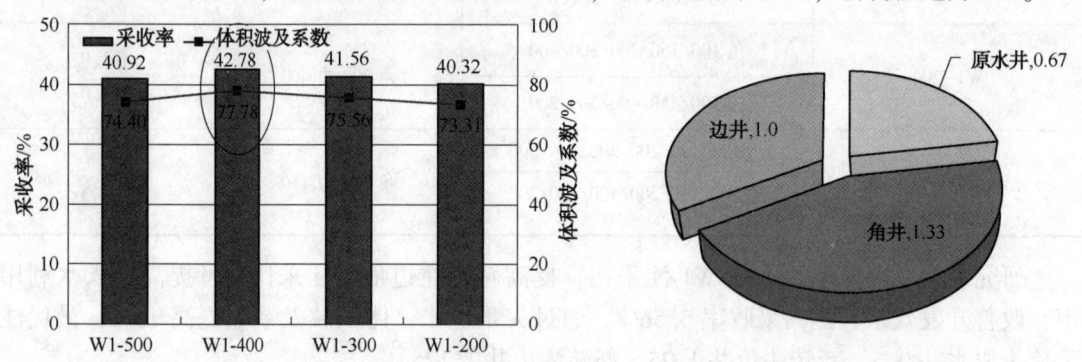

图 6　不同注采比下体积波及系数及最优注采比

2.3　矢量注采波及系数图版

根据以上基于加密水平井不同液量（低、中、高）的注水制度优化，绘制出矢量注采波及系数图版，可指导目标区变井网后采油和注水，持续改善开发效果。

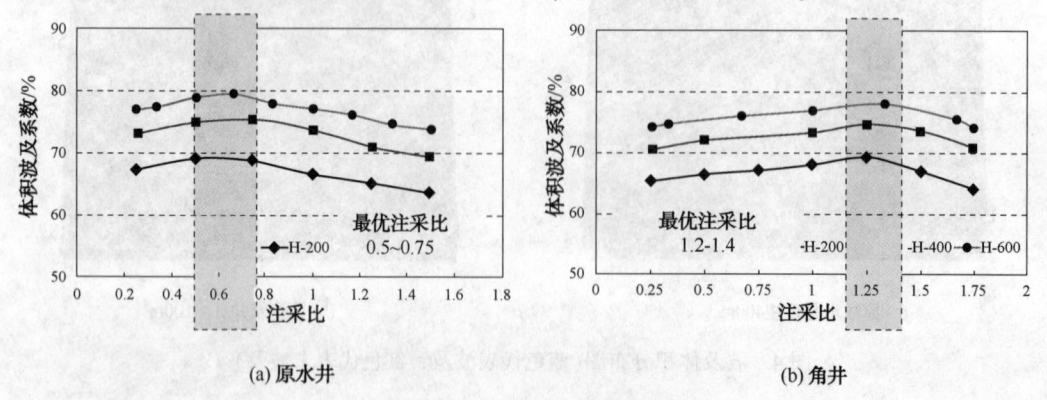

图 7　矢量注采波及系数图版

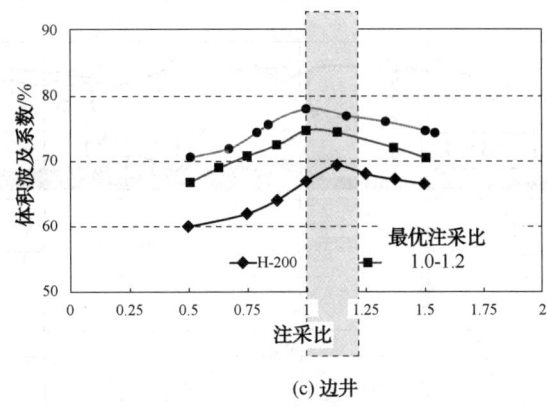

图 7 矢量注采波及系数图版(续)

矢量注采波及系数图版表明,目标区高液量"强注强采"有利于提高水驱波及,提高水驱采收率。加密水平井提液至 600m³/天以上,原水井降注至注采比 0.5~0.75,新转注角井 1.2~1.4,边井 1.0~1.2,波及系数最高。

3 矿场实例验证

以 H1 井组为例,H1 井自 2014 年 8 月投产至 2016 年 2 月期间,周边原有 3 口注水井(W1、W2、W3),为恢复和保持地层压力,对应的注采比维持在 1.2~1.5 之间,H1 井采用低液量(日产液 150m³ 左右)生产,日产油 35m³。

2016 年 3 月,在地层能量恢复基础上,发挥井网优势,同时结合矢量水驱研究成果,H1 井实施提液,周边 W4 井实施转注,注采比在 1.2 左右,原有 3 口注水井(W1、W2、W3)平均注采比由 1.3 降低到 0.85,有效动用井组剩余油,增大波及体积,减少无效水循环,日产油量达 120m³ 以上,含水率下降 5%,增油控水效果十分显著。

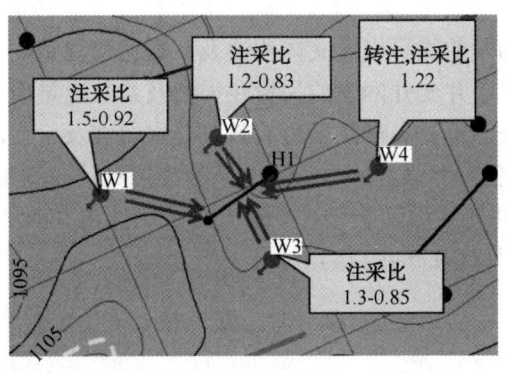

图 8 H1 井组井位图

高含水期油田平面矢量注采策略,在注水过程中,既考虑方向,又兼顾大小。通过调整不同方向上注水井配注量,达到平面均衡驱替,深化挖潜平面剩余油,解决平面矛盾。通过平面矢量注采,油田 2016 年优化注水增油量达 $4.6 \times 10^4 m^3$,截至目前 2017 年产量维持负递减,取得了良好的稳油控水效果。

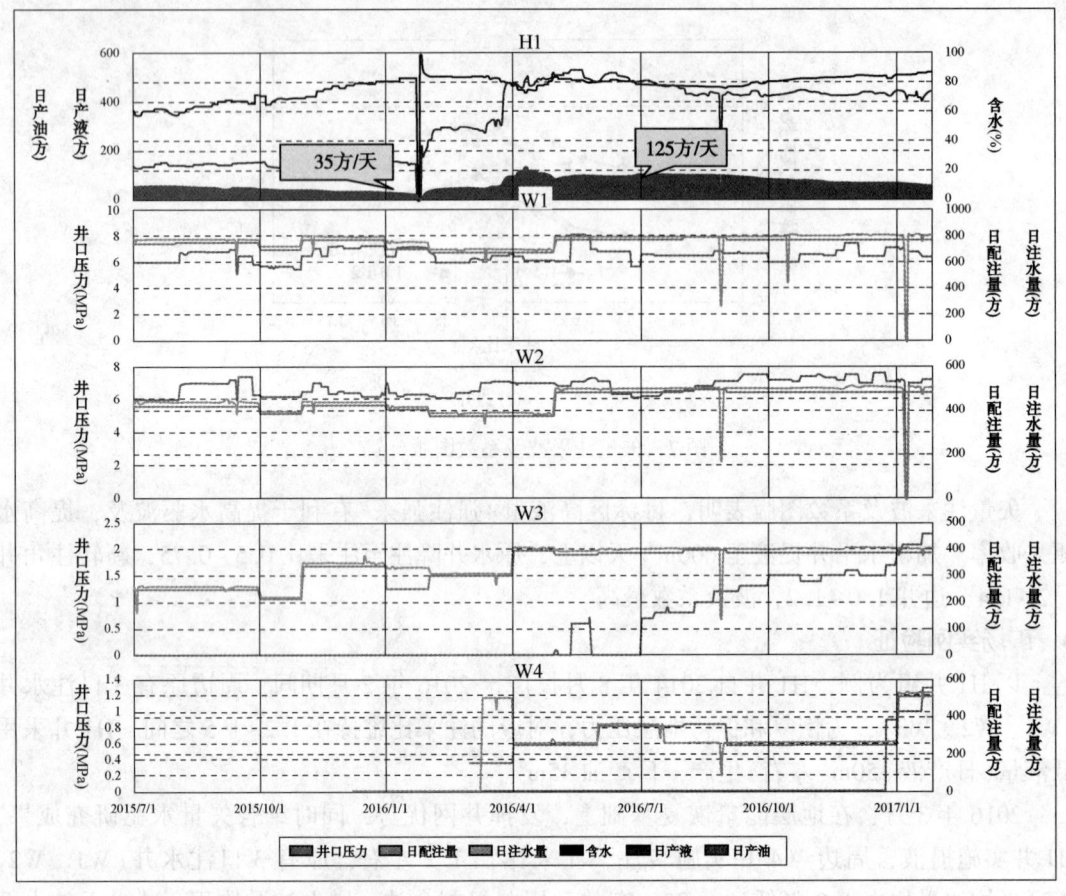

图9　H1 井组动态曲线

4　结论

（1）本文引用等饱和度前缘界面定义体积波及系数，建立了一套体积波及系数的评价方法，基于该方法完成了水平井变井网下的矢量注采波及系数定量研究；

（2）水平井变井网条件下，矢量注采可有效改善水驱波及，提高水驱采收率；

（3）对于平面均质储层，"强注强采"模式开发效果更佳，新加密水平采油井最佳液量在 $600m^3$/天以上，边角井转注后适当增注（最优注采比：角井 1.2～1.4；边井 1.0～1.2），原水井适当减注（最优注采比 0.5～0.75）。

参 考 文 献

[1] 张俊廷，张雷，陈建波，等. 海上水驱油藏注水量公式及影响因素研究[J]. 数学的实践与认识，2016，(10)：98-104.

[2] 贾晓飞，李其正，杨静，等. 基于剩余油分布的分层调配注水井注入量的方法[J]. 中国海上油气，2012，(3)：38-40.

[3] 王新华，黄建林，敖科，等. BP 神经网络在井组配注中的应用[J]. 钻采工艺，2006，29(2)：112-113.

[4] 李玲，黄炳光，谭星平，等. 多元回归方法确定井组配注量[J]. 新疆石油地质，2006，27(3)：357-358.

［5］刘丽杰. 胜坨油田特高含水后期矢量开发调整模式及应用［J］. 油气地质与采收率，2016，（3）：111-115.

［6］赖书敏，魏明. 特高含水后期矢量开发调整技术研究及应用［J］. 科学技术与工程，2015，（7）：50-52.

［7］程林松. 渗流力学［M］. 北京：石油工业出版社，2011.

［8］武兵厂，姚军，吕爱民. 水平井与垂直井联合井网波及系数研究［J］. 石油学报，2006，27（4）：85-88.

［9］姜汉桥，姚军. 油藏工程原理与方法［M］. 中国石油大学出版社，2006.

［10］曹仁义，周焱斌，熊琪，等. 低渗透油藏平面波及系数评价及改善潜力［J］. 油气地质与采收率，2015，（1）：74-77.

［11］杨胜来，魏俊之. 油层物理学［M］. 北京：石油工业出版社，2004.

边底水稠油油藏水平井分段防砂
分段控水技术研究及应用

李　辉，赵文勋，邱　锐，宋清新，魏勇舟

（中国石化胜利油田分公司滨南采油厂，山东滨州 256600）

摘　要　目前单家寺边底水稠油油藏水平井开发大部分采用筛网式滤砂管完井、底部全井段砾石充填防砂工艺，局部出水后即发生全井高含水。为解决该类型油藏经过多轮次开发后，边底水局部入侵，造成全井高含水的难题，研制了水平井分段防砂、分段控水技术。其原理是一趟管柱实现分段充填，实现全井段均匀改造，同时利用密封件将各层段间完全隔离，可实现水平段封隔、分段开采或某一段单独开采。该工艺可实现精确防砂，避免压开水层或水淹层；各层独立作业，降低施工风险，开采后期可分段注采、分段测调、分段控水。生产实践表明，该技术实现了长井段水平井均匀改造、分段均匀吸汽，局部见水后采用卡封技术有效控水，对实现水平井精细开发提供了新的技术思路。

关键词　边底水稠油油藏；水平井；分段防砂、分段控水

滨南采油厂单家寺边底水稠油油藏目前投产水平井 188 口，主要采用筛网式滤砂管完井、底部全井段砾石充填防砂。其中水平段较长井在防砂注汽过程中，不能控制充填砾石在水平段的分布情况，导致吸汽剖面不均匀的现象，影响了水平井的开发效果；多轮次吞吐后，易发生边底水锥进。如何使得长井段水平井得到合理有效的均衡动用已成为当务之急。通过实施水平井分段防砂、分段控水技术，可实现长井段水平井均匀改造、分段均匀注采，使水平井得到均衡动用；同时，利用封隔装置，开采后期可实施分段注采、分段测调、分段控水，实现水平井精细开发。

1　分段防砂、分段控水技术可行性

近年来，水平井分段压裂改造已经成为胜利油田提高低渗、特低渗透油藏储量动用程度和采收率的重要手段，借鉴水平井分段压裂技术，在稠油水平井实施分段挤压充填是可行的。

为有效提高长井段水平井的动用程度，2012 年在单 2 块西区油藏评价井单 2-平 5 井，进行了分段充填改造防砂试验。由于当时没有成熟的一趟管柱分段充填工艺，采用了最为直接的分段充填方式，即将套管分三段进行射孔、分三段光油管地层充填，最后对全井段悬挂滤砂管防砂的方式。该井目前已生产 3 个周生产，累计产油 5294t，取得了较好的投产效果。但存在以下两方面的问题：一是作业占井时间长：占井时间长（20 天）、作业费用高（40 万元）、施工工序复杂；二是适用范围小：该工艺只适合于套管完井水平井，局限性大。需要

作者简介：李辉（1982—），男，汉族，2014 年毕业于中国石油大学（华东）油气田开发专业、硕士研究生，高级工程师，现从事油气田开发科研工作。E-mail：lihui196@ sinopec.com

针对简易可行的分段防砂、分段控水技术进行研究。

2　分段防砂、分段控水管柱设计及优化

水平井分段防砂、分段控水管柱设计思路主要包括以下几个方面：借鉴水平井分段压裂技术，利用一趟管柱，实现由下至上依次挤压充填施工；充填滑套由服务管柱上的专用开关实施开启和关闭动作；服务管柱设计定位装置，给施工操作定位提供信号；层间密封采用服务管柱与留井密封筒配合密封；利用留井密封筒，实施开采后期分段注采。

2.1　分段充填管柱结构及主要部件设计

2.1.1　外管柱结构优化设计

外管柱为实现裸眼分段完井；预置留井滑套，提供加砂通道；预置留井密封筒、定位节箍，实现与服务管柱配合密封、定位等功能。设计为由固井管外封隔器总成、充填滑套总成、定位接箍、筛管、丝堵等组成(图1)，其中充填滑套总成由密封筒+滑套+密封筒组成。该管柱设计主要包括以下几个优点：①裸眼充填滑套技术，两级关闭防止回吐砂；②可验滑套技术，确保滑套关闭；③大通径：留井管柱通径大，便于后期处理。

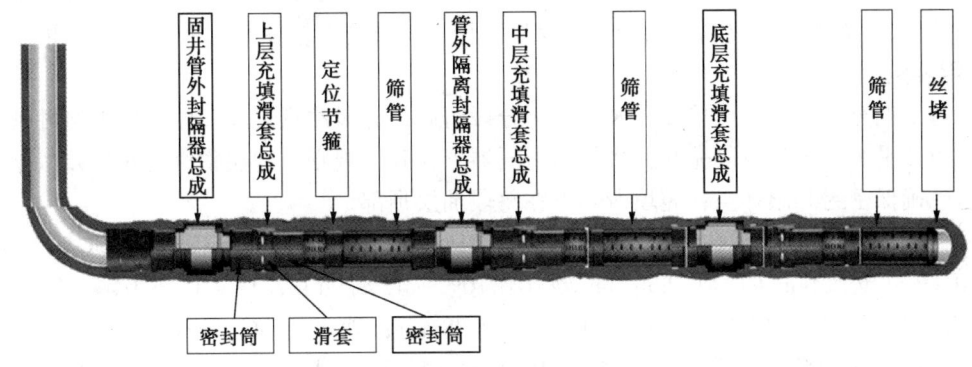

图1　外管柱结构示意图

2.1.2　内管柱结构优化设计

内管柱设计主要由换向工具、充填管、隔液管、充填工具、定位工具、单向开关、双向开关、隔离密封装置等组成(图2)。实现了管柱定位、对充填滑套的开启和关闭、层间隔离、实施每一层单独挤压充填施工等功能。该管柱设计主要包括以下几个优点：①水平井精准定、测位；②隔液管与换向工具配合使用，反洗液体走隔液管与充填管的夹壁，防止地层漏失，导致洗井不彻底；③各层独立作业，避免层间干扰；④双开关设计，可实现滑套二次关闭。

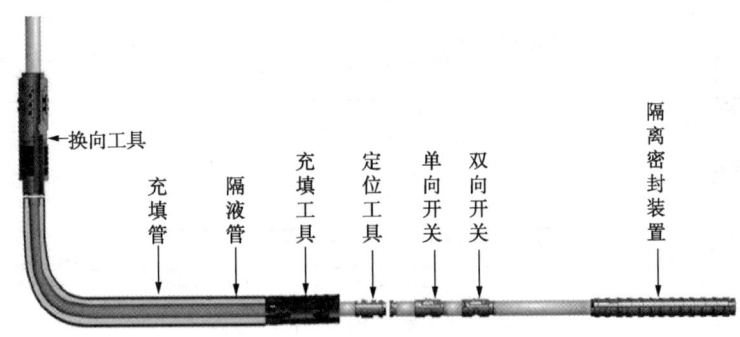

图2　内管柱结构示意图

2.2　高压隔离密封设计

高压隔离密封主要采用服务管柱密封件与留井密封筒配合密封。密封部件采用金属硫化密封，从而提高密封件的耐磨性能，同时优选耐高温高压密封材料，满足注汽时320℃的高温需求。进入现场实施前，采用水平方向拖动磨损后密封件耐压实验，验证密封件性能，确保高压隔离密封满足施工要求。

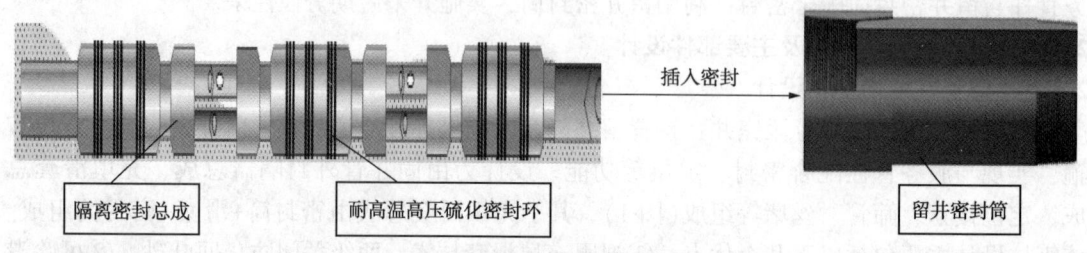

隔离密封总成　　　耐高温高压硫化密封环　　　　　留井密封筒

图3　高压密封结构示意图

通过对几种常用橡胶及复合材料进行耐高温实验后的外观、硬度等进行比较，筛选出全氟橡胶+柔性石墨复合材料作为密封件材质。该项材质具有较好的抗磨、耐压性质。

3　应用实例

通过前期充分准备，在单2平8进行了分段防砂、分段注汽现场实验。根据测井解释结果，将单2平8井分为两段完井，将隔离封隔器下在井径规则、地层物性相对较差、钻时较慢层段，确保密封井眼环空；充填滑套下在每段油层顶部。

根据设计结果进行了现场实施。1349.8～1415.38m 段：排量：2m³/min；压力：15.5～11.5MPa；砂量：24m³(设计22m³)；砂比：10%～42%。1427.12～1516.04m 段：排量：2m³/min；压力：15～10MPa；砂量：40m³(设计38m³)；砂比：10%～40%。

该井第一周期含水上升较快，生产45天后，日产47.4t/4.5t/90.6%，含水率上升到90.6%，后期一直高含水生产。周期生产97天，累采油554t，累采水2627吨，油汽比0.19。通过测试分析认为下部油层段局部出水，导致该井含水快速上升。第二周采取了密封插杆，封下部水平段，单注单采上部水平段。开井后峰值液量73.7t/天，峰值日油13.5t/天，累计生产262天，累油2291t，累增油2040t，平均日增油7.8t/天(图4)。措施后生产规律明显与上周不同，总体呈现出高液量，含水稳步下降的趋势，取得良好的控水增油效果。

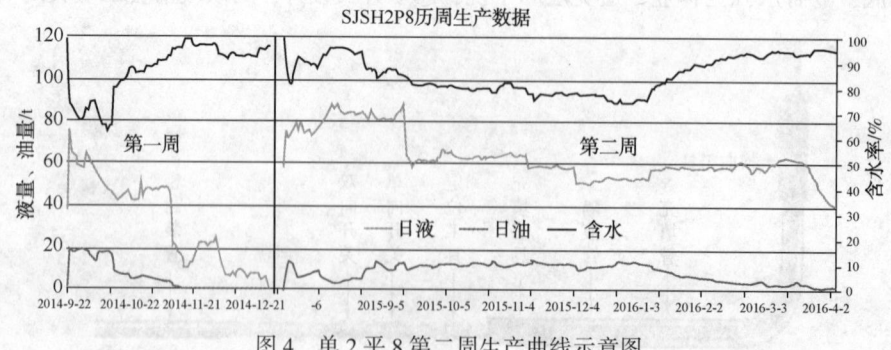

图4　单2平8第二周生产曲线示意图

4 结论

（1）该技术可实现长井段水平井均匀改造。实现精确防砂，避免压开水层或水淹层。

（2）利用密封服务管柱，管外裸眼封隔器、管内密封筒，可实现任意一段注汽、采油，为后期实现分段注采提供了井筒条件。

（3）根据测井解释资料，利用生产密封与留井密封筒配合密封，下入后期分采管柱实现分段控水采油。通过控制生产滑套开启程度，人为增加高含水层流动压差。

（4）利用测试及动态分析资料，通过实施注汽井分段注汽、生产井分段采油，可进行水平井蒸汽驱平面调整，实现水平井均匀汽驱。

（5）底水稠油油藏水平井见水后，利用管外封隔器、隔层的隔离作用，更有利于层间卡、堵水措施的实施。

参 考 文 献

[1] 杨海波，余金陵，魏新芳，等. 水平井免钻塞筛管顶部注水泥完井技术[J]. 石油钻采工艺，2011，33（3）：28-30.

[2] 朱骏蒙. 水平井裸眼砾石充填防砂完井工艺在胜利海上油田的应用[J]. 石油钻采工艺，2010，32（2）：106-108.

[3] 杨喜柱，刘树新，薛秀敏，等. 水平井裸眼砾石充填防砂工艺研究与应用[J]. 石油钻采工艺，2009，31（3）：76-78.

[4] 杨立平. 海洋石油完井技术现状及发展趋势[J]. 石油钻采工艺，2008，30（1）：1-6.

[5] 危礼华，栾红，王津. 埕岛油田水平井裸眼防砂完井配套技术[J]. 石油天然气学报，2007，29（3）：302-304.

[6] 王金铸. 裸眼水平井阻流酸洗充填一体化管柱的研制[J]. 石油机械，2013，41（4）：72-75.

高压带压作业配套技术研究及应用

卢云霄，胡尊敬，李　勇

（胜利石油工程有限公司井下作业公司，山东东营 257064）

摘　要　随着涪陵页岩气田大规模商业化开发，与之相配套的完井技术仍未成熟。为了最大限度发挥页岩气井开发潜力，保护和维持地层的原始产能，避免产层污染，引进高压带压作业设备，优化配套装备及研制关键工具、研究带压作业工艺技术、开发模拟软件和仿真培训系统，满足井口压力 35MPa 以下气井带压作业完井技术的要求；建立带压作业安全评价方法，形成了技术规范。涪陵工区现场应用 31 井次，施工成功率 100%，效果明显，在其他工区可以推广应用。

关键词　高压页岩气井；带压作业配套技术研究；现场应用

目前涪陵地区页岩气开发是压裂、试气后由带压作业下入完井管柱后投产，井口压力高（20MPa 以上），施工难度大，风险高，国内没有成熟施工技术和经验。通过引进 HRS-225K 独立式带压作业设备，开展页岩气井完井技术研究，优化了带压作业设备配套，研发了具备自主知识产权的关键设备部件及井下工具、开发了带压作业模拟软件及仿真培训系统，制定了带压作业技术标准和操作规范，建立了带压作业安全评价方法，形成了一整套完善的高压气井带压作业配套技术，满足高压气井带压作业完井技术要求，填补了中石化该项技术空白。

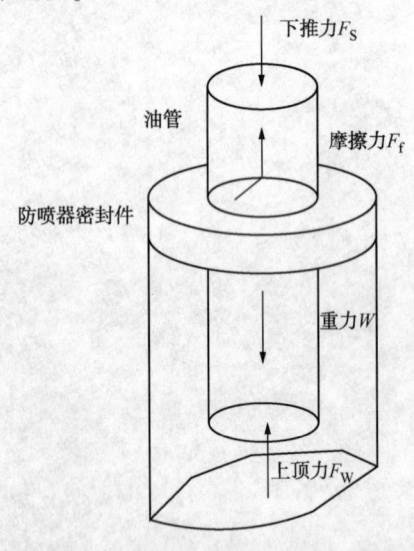

图 1　带压作业管柱受力分析图

1　页岩气井带压作业工艺技术研究

1.1　带压作业力学分析方法研究

对带压作业进行管柱力学研究，分析计算有效控制举升机液压压力范围安全值，从而做到防止因升降机主液压系统压力不确定而造成管柱无法推入井内或下推力太大造成管柱发生弯曲变形等事故的发生，为带压起下管柱作业奠定安全保障。

1.1.1　管柱在举升机作用下下入井内的受力分析

当管柱刚开始下入井内时，直至到达平衡点之前下推力 F_S 与重力 W（流体中浮力抵消后的重力）的合力始终等于摩擦力 F_f 与上顶力 F_W 的合力，受力分析（图 1）。

管柱下行时所受的下压力：$F_S = F_W + F_f - W$

作者简介：卢云霄（1970—），男，汉族，高级工程师，1993 年 7 月毕业于华东石油学院石油地质专业，现从事井下作业研究工作。E-mail：lyx2046@126.com

其中管柱截面受力计算：

$$F_w = 0.7854 \times D^2 \times P$$

式中　F_w——管柱的截面受力，kN；

　　　D——防喷器密封油管的外径，mm；

　　　P——井口压力，psi。

油管通过防喷器时所受的摩擦力大小与防喷器类型、井内温度、井内液体及井口压力油管有关，根据经验通常取井内压力对管柱上顶力的20%~30%为摩擦力，这里取30%，所以 $F_f = 0.3 \times F_w$，则 $F_s = 1.3 F_w - W$。

重力作用在管柱上时，表现为对管柱向井筒内的下推力，当第一根管柱被下推进井筒内时，管柱的重量可以忽略不计。此时，在油管刚进入井筒的情况下下推力有最大值：$F_S = F_W + F_f = 1.3 F_w$。

1.1.2　管柱下推举升时举升机所需液压动力分析

当管柱下入一定深度时，管柱在井筒内的自重等于作用在管柱截面上的压力，该举升机通过作用在液压缸上的液压动力实现对管柱的举升和下推，当下推管柱时，液压动力作用在液缸的活塞杆一侧；当起出管柱时，液压动力作用在另外一侧（图2）。

计算举升机下推管柱所需要的液压压力，首选要计算举升机在液压压力下的有效作用面积 $A_{下推}$，由图1知 $A_{下推} = 0.7854 \times (液缸内径^2 - 活塞杆直径^2) \times 工作液缸数量$。

同理，计算举升机举升管柱所需的举升力，要先计算举升机在液压压力下的有效作用面积 $A_{举升}$，由图1知 $A_{举升} = \pi/4 \times 液缸内径^2 \times 工作液缸数量$。

由此，可以计算出举升机所需的下推压力和举升压力分别为：

所需下推液压压力 $= F_{下推}/A_{下推}$；所需举升液压压力 $= F_{举升}/A_{举升}$。

1.1.3　油管受力变形屈曲状态分析

屈曲分析主要用于油管在特定载荷下的稳定性以及确定油管失稳的临界载荷，屈曲分析包括：弹性屈曲和非弹性屈曲分析，管线在地面的弯曲分析（图3）。

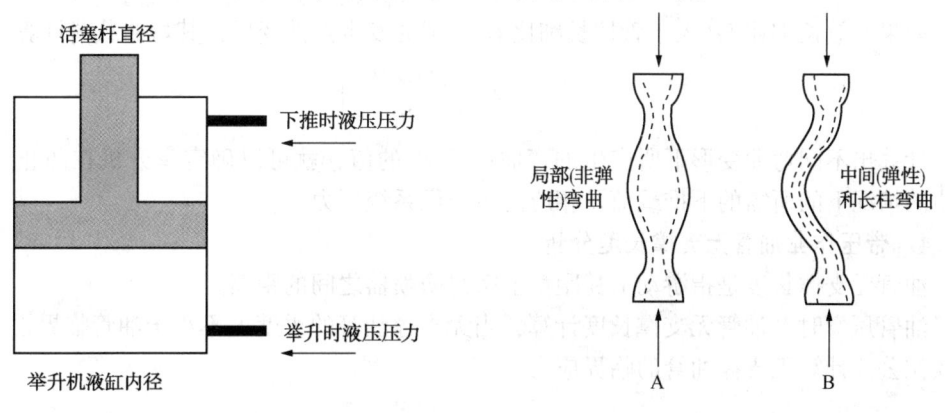

图2　举升机液缸受力分析模型　　　　图3　油管屈曲状态

管线的发生弯曲状态取决于管柱的长细比与有效长细比的比较，相关计算如下：

（1）管柱长细比的定义

$$C_c = \pi \sqrt{\frac{2 \times E}{F_Y}}$$

式中 C_c——管柱的长细比；

  E——杨氏模量，钢的弹性系数 $30×10^6$，psi；

  F_Y——屈服强度，psi。

（2）回转半径的定义

$$r=\sqrt{\frac{1}{A_s}}$$

式中 r——回转半径，in；

  i——转动惯量，$i=\pi×\left(\dfrac{OD^4-ID^4}{64}\right)$，$in^2$；

  A_s——截面积，$A_s=0.7854×(OD^2-ID^2)$，in^2。

（3）有效长细比的定义，取两种计算结果的最大值

（a）
$$SR=\frac{L}{r}$$

式中 L——油管最大无支撑长度，in；

（b）
$$SR=\sqrt{\frac{R}{t_w}}×\left(4.8+\frac{R}{225×t_w}\right)$$

式中 t_w——油管厚度，in。

取上述两种公式计算结果的最大值为有效长细比。

管柱的弯曲状态分析计算，对 SR 与 C_c 的值进行比较，如果 SR 小于 C_c，且 $SR≤250$，则会发生非弹性弯曲。如果 SR 大于 C_c，且 $SR≤250$，则会发生弹性弯曲。

不管发生那种形式的变形，压缩的载荷都要引起管柱的变形，这个载荷称为弯曲载荷，记为 P_B。由以上这些条件，可以计算出弯曲载荷 P_B 的值，其计算公式为：

$$P_B=F_Y×A_s×\left[1-\left(\frac{SR^2}{2×C_C{}^2}\right)\right]$$

如果有效长细比 SR 大于管柱长细比 C_C，则会发生弹性变形，其弯曲载荷计算公式为：

$$P_B=A_s×\left(\frac{286×10^6}{SR^2}\right)$$

计算出不同弯曲变形下所产生的弯曲载荷 P_B 的值，就可以确定举升机在防止管柱发生弯曲的情况下的所需的下推载荷及相应的主液压系统压力。

1.1.4 带压作业油管无支撑长度分析

油管无支撑长度是指游动卡瓦距最上密封防喷器之间的距离。

油管压弯时，油管无支撑长度计算，当无支撑油管的柔度 λ 不小于油管临界柔度 λ_c 时，按欧拉公式计算无支撑油管的临界应力。

$$\sigma_{cr}=\frac{\pi^2 E}{\lambda^2}$$

式中 σ_{cr}——无支撑油管的临界应力，如支撑油管受到的应力大于临界应力油管就会发生弯曲，MPa；

  E——油管的杨氏模量，MPa；

  λ——无支撑油管的柔度，反映了无支撑油管长度和尺寸相关的量，无量纲。

油管压堆时，油管无支撑长度计算，当无支撑油管的柔度 λ 小于油管临界柔度 λ_c 时，按经验公式计算无支撑油管的临界应力(图4)。

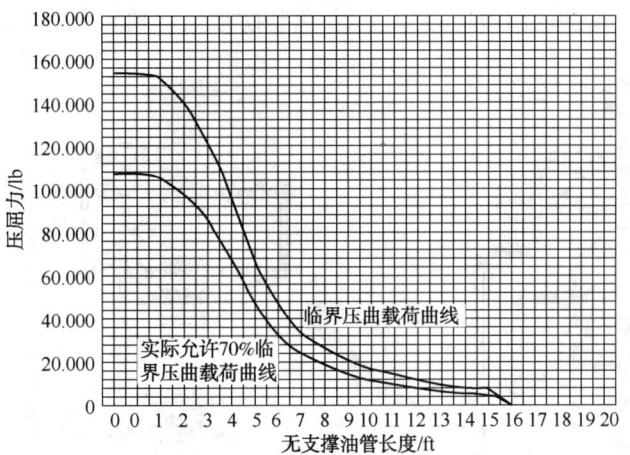

图4 无支撑长度与压曲力关系曲线

$$\sigma_\alpha = \sigma_s\left[1-\alpha\left(\frac{\lambda}{\lambda_c}\right)^2\right]$$

式中　α、λ_c——与油管材质有关的常量；

　　　　σ_s——油管的屈服强度，MPa。

1.2 带压作业防喷器组合优化研究

根据涪陵区块带压下管柱工具串的特点，经过不断实践摸索，改进了带压作业设备的组合形式，最终在下工作防喷器和上安全防喷器之间增加1根1m升高短节，在最底部安全防喷器上部安装了四通及平板阀组合。

1.2.1 旁通泄压机构优化

在环形防喷器与上部工作防喷器之间增加三通、高压管线并与防喷管线相连，防止环形防喷器胶芯因压力增大无法密封，可通过底部的高压管线可快速释放压力，确保施工安全(图5)。

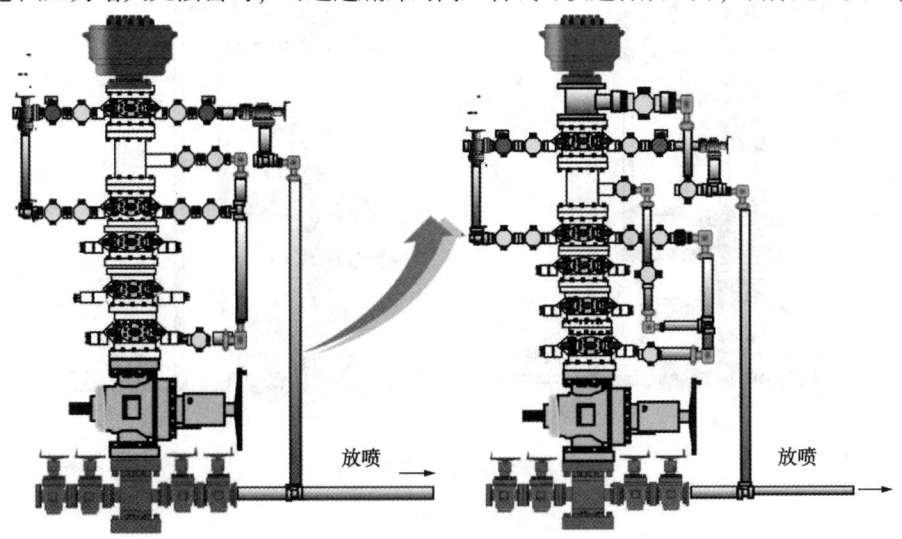

图5 设备结构改进图1

1.2.2　升高短接的优化

　　增大工作防喷器与全封/剪切防喷器之间的距离，当发生意外情况需起出工具时，可以将工具提至全封/剪切防喷器上部，关闭全封/剪切防喷器，顺利起出工具(图6)。

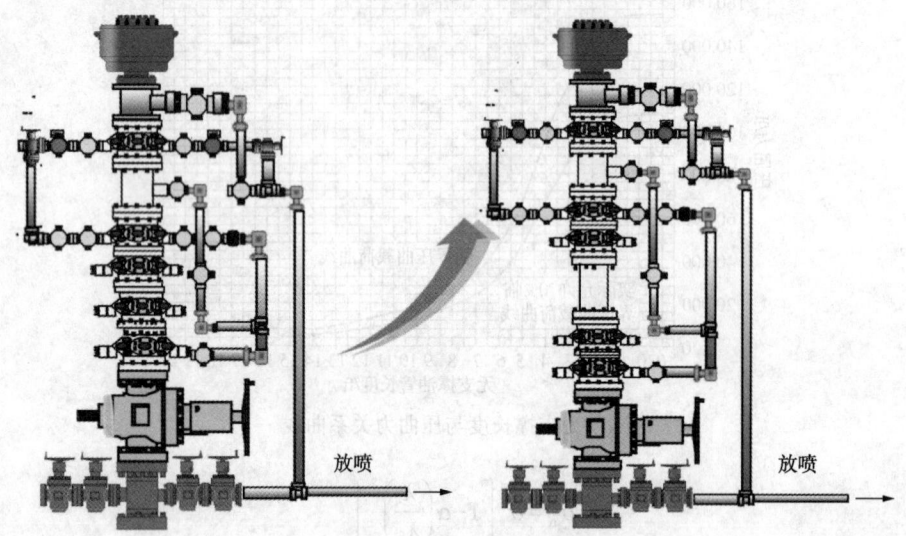

图 6　设备结构改进图 2

1.2.3　悬挂座封安全机构优化

　　在安装全封/剪切防喷器与底部安全防喷器之间增加钻井四通及平板阀组合，方便在压力平衡和坐悬挂器时的安全便捷操作；将安全防喷器安装在升高短节下，在设备的拆装方面也起到了便捷的作用(图7)。

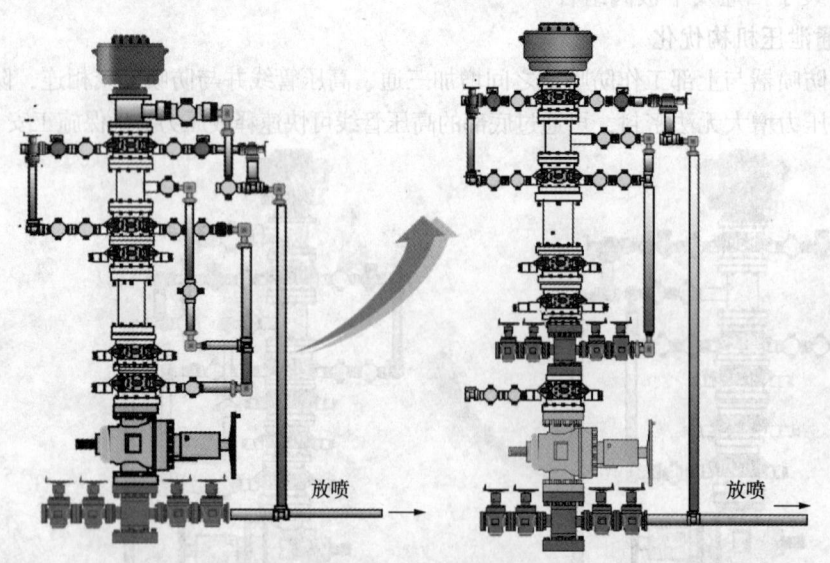

图 7　设备结构改进图 3

1.3 带压作业关键工具的研制

1.3.1 带压作业卡瓦总成的研制

双向承载卡瓦是带压作业的关键装备，作用是在作业过程中夹紧管柱，防止管柱掉入井内或从井中飞出，保证整个作业过程安全可靠，通过研制出 KW110 型带压作业卡瓦，实现带压作业关键工具的国产化，填补国内技术空白(图8)。

结合国外带压作业装备液压卡瓦的设计理念，通过三维模拟软件建模，对卡瓦关键部位及整体结构进行有限元受力分析，优化力学性能。主要开展：(1)卡瓦座、卡瓦体力学性能分析；(2)卡

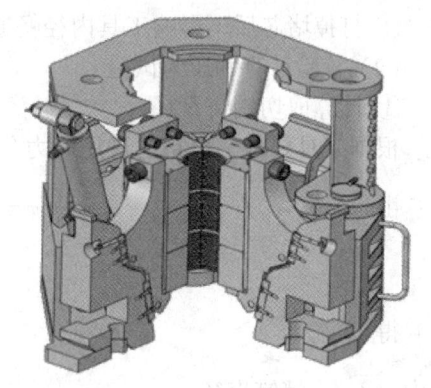

图 8　带压作业卡瓦总成

瓦液压控制系统计算分析；(3)卡瓦夹持管柱表面强度分析；(4)卡瓦牙板失效分析。对关键承载部位及焊缝薄弱点进行设计改进、结构优化，从而确保整体结构的安全可靠性。利用三维建模及有限元受力分析结果，选取分别满足卡瓦座、卡瓦体、卡瓦牙力学性能要求的特殊材质并进行试样拉伸、冲击等性能测试，结果满足卡瓦各部位力学性能要求，且优于国外同类产品。

卡瓦双向承载结构，实现卡瓦正装时具有承重功能，反装时具有防顶功能。将卡瓦体及卡瓦座滑动锥面设计成变径式结构，使具有良好的管柱夹持性能，在卡瓦牙完全打开时，增加卡瓦体的横向位移，达到增加卡瓦整体通径的目的。通过微压痕卡瓦牙型、锥角卡瓦牙型及等腰形卡瓦牙型夹持性能研究，同时结合现场实测效果，确定卡瓦牙型设计为等腰形。加工完成后，卡瓦整机及部件进行试验，包括：卡瓦油缸密封试验、卡瓦寿命检测试验、卡瓦开合频率检测试验、卡瓦型式试验等，通过试验，KW110 型液压卡瓦型式试验载荷 160t，最大负荷 210t，性能超过进口 FO550 型卡瓦。

1.3.2 带压作业内堵塞工具的研制

带压作业油管内堵塞工具是目前急需的关键井下工具，其作用是在下完井管柱过程中油管内密封，防止高压气体从井内喷出造成灾害事故，并在井下完井管柱之后通过向管柱内正向打压方式使堵塞材料破碎形成油套连通，从而实现页岩气井正常排液和采气生产。由于国外进口价格昂贵，采购周期长，为了降本增效、加快施工周期，研制出内堵塞工具--定压接头。带压下完井管柱时，定压接头随底部工具组合下入井内，用于实现油管内密封，正打压额定值时可实现油套连通，现场应用表明，该工具结构合理，使用方便，性能稳定可靠。

(1) 工具结构及特点

工具由上接头、下接头、堵芯、销钉、密封橡胶圈等组成。带压下完井管柱后，通过正向打压的方式向油管内打压 7~15MPa 左右，将定压接头内部堵塞材料打掉，实现油套的连通。其特点：

① 堵塞工具实现油管内密封；

② 反向承受 10000psi(70MPa)压力，正向承受 1000psi(7MPa)左右压力不发生破裂；

③ 堵塞材料不随井内介质及温度变化影响发生失效。工具上接头、下接头采用 42CrMo 超高强度钢材质，销钉和堵芯采用 35CrMo 合金钢材质；密封橡胶圈采用丁腈橡胶(NBR)合成材质。

④ 打掉堵芯后不影响工具内径畅通，确保井内生产顺畅。

(2) 校验计算和压力试验

① 计算剪切销钉直径

根据工具要求，由销钉许用应力公式(1)形变得销钉直径公式(2)：

由

$$\tau = \frac{F}{s} = \frac{ps}{n\frac{1}{4}\pi d^2} \leqslant [\tau] \tag{1}$$

得

$$d \geqslant \sqrt{\frac{4ps}{n\pi[\tau]}} \tag{2}$$

式中　d——销钉直径，mm；

　　　　p——销钉剪切压力，MPa；

　　　　s——作用面积，mm²；

　　　　n——销钉个数；

　　　　$[\tau]$——销钉最大许用剪应力，MPa。

计算销钉直径，销钉材质为35CrMo；取销钉许用应力临界值 $\tau = [\tau]$；则销钉许用应力为 $[\tau] = 367.5$MPa；取正向打压压力 $p = 7 \sim 15$MPa 之内剪短销钉。

当 $p = 8$MPa 时，$2\frac{7}{8}''$EU 定压接头销钉直径：

$$d \geqslant \sqrt{\frac{4ps}{n\pi[\tau]}} = \sqrt{\frac{4\times8\times10^6\times\frac{1}{4}\pi\times61^2}{2\pi\times367.5\times10^6}} = 6.36\text{mm}$$

当 $p = 8$MPa 时，$2\frac{3}{8}''$EU 定压接头销钉直径：

$$d \geqslant \sqrt{\frac{4ps}{n\pi[\tau]}} = \sqrt{\frac{4\times8\times10^6\times\frac{1}{4}\pi\times48^2}{2\pi\times367.5\times10^6}} = 5.01\text{mm}$$

② 压力试验与应用

根据气井带压作业常用的 $2\frac{3}{8}$in EU 和 $2\frac{7}{8}$inEU 油管尺寸，加工出型号匹配的定压接头。经过压力测试，定压接头正向打压 7.01MPa 剪断销钉，反向打压 73.8MPa 无渗漏，试验合格。

利用定压接头和破裂盘封堵油管内部的压力，使用 HRS-225K 带压作业装置下入完井管柱到预定深度后，泵车向管柱内打压，打开定压接头，建立油套连通通道。目前累计施工31 口井，施工成功率100%。

1.3.3　卡瓦互锁系统研制

在带压作业设备中进行油管起、下作业时需要用到固定承重卡瓦、移动承重卡瓦、固定防顶卡瓦以及移动防顶卡瓦，其中固定承重卡瓦和移动承重卡瓦在井下压力不足以抵消油管自重的情况下配套使用(重管柱状态)，固定防顶卡瓦和移动防顶卡瓦在井下压力大于油管自重时配套使用(轻管柱状态)。卡瓦互锁装置用于承重卡瓦对和防顶卡瓦对互锁的液压系统，能有效消除目前卡瓦互锁过程中所存在的安全隐患。

卡瓦互锁安全系统装置是由一些液压阀、液压管汇、和液压管组成，可以作为功能加强组件被安装在任何带压作业机的液压系统回路里。一旦安装之后，它便成为了带压作业机卡瓦液压控制回路的一部分，使得卡瓦液压控制阀与卡瓦液压缸之间的油路被其所控制。

通过一个液压先导阀组来实现逻辑控制功能，以控制承重卡瓦和防顶卡瓦的打开和关闭，使得在轻管柱状态下移动防顶卡瓦和固定防顶卡瓦始终有一个保持在关闭位置，在重管柱状态下移动承重卡瓦和固定承重卡瓦始终有一个保持在关闭位置。

实现对管柱上升或下降的安全控制，避免了人为误操作及由此造成的安全事故。

当施工进行到某些阶段时，需要将一个或两个卡瓦对同时打开。这时，通过旁通控制阀，可以将卡瓦互锁功能临时解除，待施工进入正常状态时，再恢复卡瓦互锁功能。

将卡瓦互锁装置安装在主操作台下，连接在液压回路中，现场调试合格，确保管线无泄露，卡瓦开关正常。经过 10 口井现场测试，设备安全可靠性达 100%。

1.4 页岩气井带压作业力学分析设计软件的开发

通过带压作业参数数据库建设、带压作业参数数据管理模块研发、带压作业综合分析计算模块研发、分析数据图形化展示模块研发和系统维护管理模块五大部分的研究，研发出具有自主产权的带压作业设计软件系统。

带压作业设计软件主要由 7 个逻辑模块组成，具体包括：（1）数据管理模块；（2）带压作业分析计算模块；（3）分析结果管理模块；（4）图形化数据展示模块；（5）数据输出模块；（6）数据服务模块；（7）数据交换接口模块。具体逻辑结构如图 9 所示：

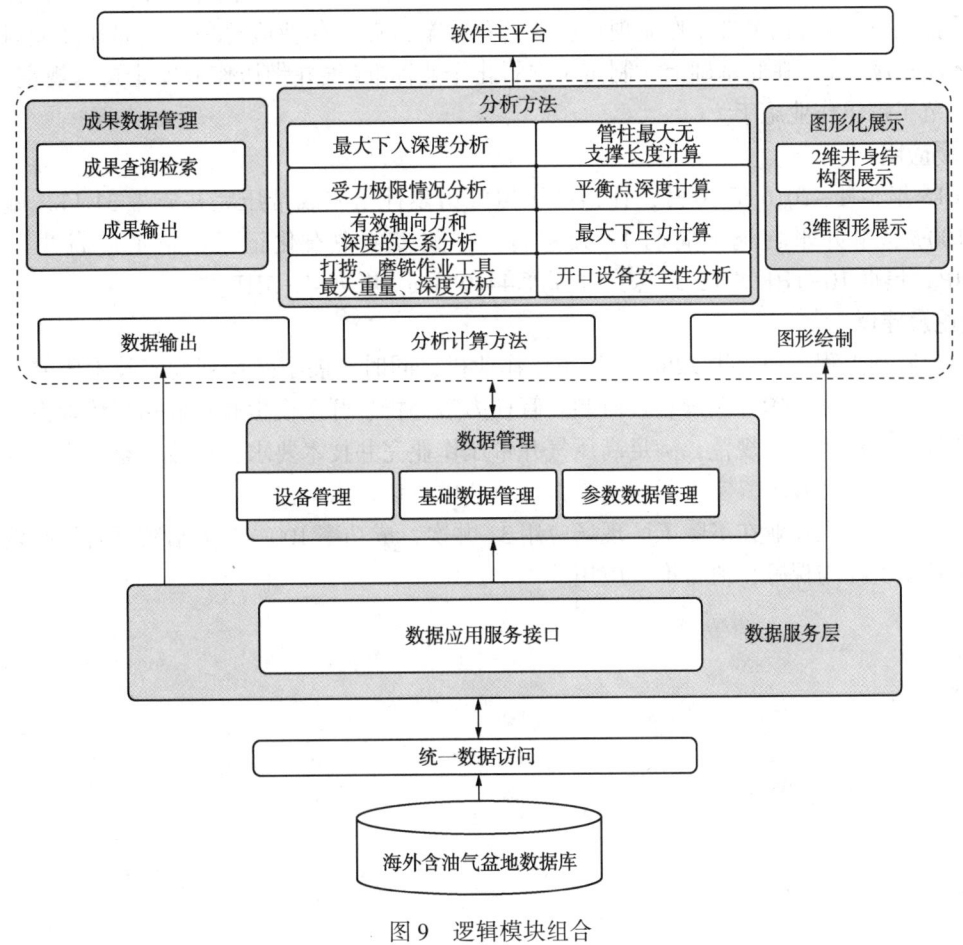

图 9　逻辑模块组合

1.5　研制带压作业仿真模拟培训系统

针对国内缺乏带压作业培训，尤其是针对高压气井的带压作业仿真模拟培训系统，无法有计划的对带压作业施工人员进行系统培训的现状，研制带压作业仿真模拟系统。主要包括4大部分：(1)硬件控制系统；(2)软件分析及三维模拟系统；(3)培训、考试系统；(4)故障应急管理系统。

通过分析研究带压作业的各个施工环节与步骤，采用全三维立体虚拟现实模拟技术，进行带压作业场景构建、场景优化及交互控制等功能和技术，配套建设带压作业仿真模拟培训系统。真实再现页岩气井独立式设备带压作业的各项工艺、设备原理及操作过程，为主、副操等关键岗位人员提供新式安全培训方式，使其能够在短期内掌握带压作业的关键技术和操作规程，完成独立式带压作业设备的日常训练工作和应急处理培训，促进带压作业技术的推广应用，实现高压带压作业技术发展。

1.6　制订页岩气井带压作业安全评价方法和技术规范

目前，气井带压作业在国内的发展刚起步，没有相关的技术标准可供参考。针对现状，通过借鉴国外带压作业操作规程和标准，并结合实际的现场生产，编写了《带压作业操作规程》《带压作业技术规范》《涪陵页岩气带压作业指导书》；同时为了保障施工安全，确保施工处于受控状态，编制了《带压作业现场应急处置方案》《带压作业应急预案》《带压作业风险评估及削减措施》等。在此基础上，制定了中石化企业标准《气井带压作业安全技术规定》，进一步规范了带压作业施工。

2　现场应用

2015年5月~2016年10月，在涪陵页岩气田累计已完成带压完井施工31口，施工成功率100%，单井平均施工周期12天左右，打破多项中石化记录：施工最高井口压力24.2MPa(焦页10-1HF井)，最深完井深度4449.81m(焦页47-5HF井)。

3　结论及建议

(1)胜利工程公司引进225K高压带压作业机，同时开展了一系列配套技术研究，包括内堵塞工具、卡瓦互锁等关键装置研制、管柱力学分析、开发模拟软件和仿真培训系统、形成安全评价方法及技术规范，满足高压气井带压作业完井技术要求，形成一整套完善的高压气井带压作业配套技术，实现了自主操作，填补中石化技术空白。

(2)高压带压作业在涪陵工区现场应用31井次，成功率100%，为涪陵页岩气高效开发提供了技术支撑与保障，值得推广应用。

基于地震沉积学的储层三维地质建模

王鹏飞，叶小明，杨建民，徐　静，李俊飞

(中海石油(中国)有限公司天津分公司，天津300459)

摘　要　渤海海域KL油田明下段是主力含油层段。因钻井资料少，储层横向变化快，导致储层分布规律难以把握，储层三维地质建模遇到挑战，严重制约着油田开发方案的部署。为了解决该问题，在地震沉积学理论的指导下，进行多属性综合分析。通过优选能够区分砂泥岩的地震属性，获得砂体分布范围，采用协同模拟方法，以测井解释结果作为硬数据，建立三维地质模型，能够较为准确地预测储层平面分布及物性变化规律。该研究结果为少井条件下的海上油田开发井部署提供了地质依据。

关键词　地震沉积学；三维地质建模；储层预测；浅水三角洲；渤海海域

目前，渤海南部海域浅层明下段发现了丰富的石油资源，沉积类型多为浅水三角洲相[1]。由于海上油田开发成本高，实现这类油田的高效开发，建立准确的三维地质模型，合理预测开发指标是关键。但钻井资料少，同时该类储层河道宽度较窄，横向变化快，储层三维地质建模遇到了挑战。以渤海海域KL油田为研究对象，开展海上油田少井条件下基于地震沉积学的储层三维地质建模。

针对上述问题，结合KL油田浅层高分辨率地震资料，以等时地层格架建立为基础，地震属性综合分析及三维地质建模为技术手段，采用协同模拟方法，在地震属性解释砂体分布模式的约束下，选择序贯高斯模拟算法，进行随机模拟，预测储层砂体展布特征及物性变化规律，为油田开发方案的编制提供重要的地质依据。

1　研究区概况

渤海海域KL油田位于莱西构造带西部、垦东凸起东部斜坡带，东侧以走滑断裂带与莱州湾凹陷相隔，为依附于郯庐走滑断裂发育的呈东西向展布的断块、半背斜构造，具有良好的地理优势，成藏条件优越。油田已钻探井、评价井5口，均位于构造局部高点，在明下段发现了具有一定储量规模的石油资源。储层岩性为细砂岩、含砾细砂岩，泥岩颜色为红褐色、黄褐色、灰绿色。孔隙度分布范围为25.2%~37.4%，平均值33.1%；渗透率分布范围为$(95.2~4075.5)\times10^{-3}\mu m^2$，平均值为$1373.2\times10^{-3}\mu m^2$，属于特高孔、特高渗储层。地层原油黏度为910.3~2799.9mPa·s，属于稠油油藏，流体性质较差，为油田开发增加了难度。前人区域沉积研究认为，油田范围内明下段发育浅水三角洲沉积[2-4]。

2　储层三维地质建模思路

由于研究区仅有5口钻井，而且井距在800~3000m之间，显然井资料无法满足海上油田浅水三角洲相窄河道储层三维地质建模的需求。但研究区目的层段地震资料进行了叠前时间偏移处理，品质较好，地震资料有效频宽10~70Hz，主频约45Hz，平均层速度约2250m/s，纵向分辨率约为12.5m，地震资料对于砂体预测能起到很好的效果。

　　针对研究区资料特点，制定渤海海域 KL 油田少井条件下浅水三角洲储层三维地质建模思路：(1)采用标志层约束、井震结合、分级控制、三维闭合的原则，建立研究区目的层段等时地层格架；(2)运用 90°相位转换、地层切片技术，提取多种地震属性，并优选能够分辨储层的地震属性，建立砂体平面分布规律；(3)采用协同模拟方法，应用序贯高斯模拟算法，在砂体平面分布的约束下，以井点单井相划分结果为硬数据，建立储层分布及物性变化规律三维模型。

3　储层砂体分布预测

3.1　等时地层格架建立

　　在渤海海域 KL 油田明下段等时地层格架建立时，综合应用岩芯、测井及地震资料，采用标志层约束、井震结合、分级控制、三维闭合的原则，以明下段顶和馆陶组顶两个相对稳定分布的泥岩段作为标志层，通过制作合成地震记录，选取地震标志同相轴，建立地震层序划分与测井资料层序地层划分之间的关系，保证地震和测井层序划分方案的一致性[5]。

　　为了更好地利用地震资料，对目的层段进行了频谱分析，通过不同主频地震资料的提取，发现 45Hz 地震反射界面更加清晰。以该资料为基础，在标志层控制下，井震结合进行砂组划分，最终将分层结果进行三维闭合。研究区目的层段从上到下共划分为 5 个砂组，建立起等时地层格架(图 1)。各砂组砂岩百分含量在 12.6%~70.7%，其中 I 、II 、III 砂组砂岩百分含量高，储层发育。

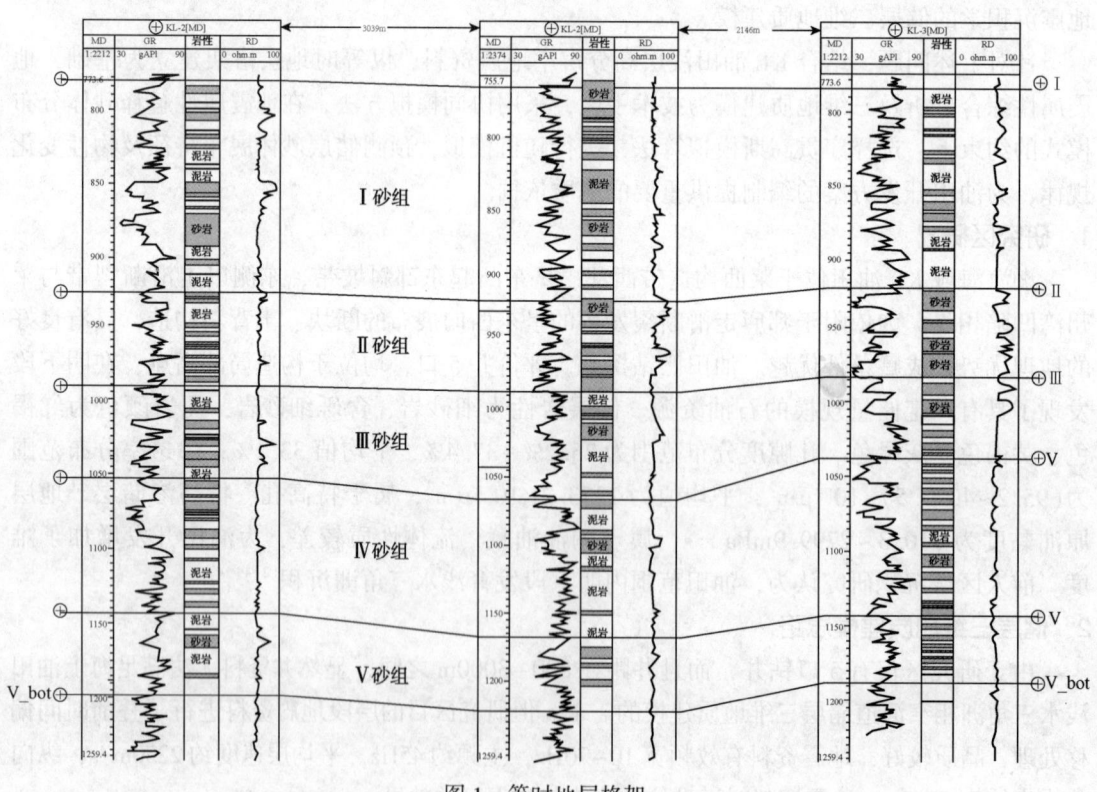

图 1　等时地层格架

3.2 地震属性分析

3.2.1 90°相位转换

研究区砂体厚度较薄,由于薄层砂体所对应的地震反射与地震同相轴之间的关系较差,所以通常使用的零相位地震数据不能解释薄层砂体的岩性[6~10]。然而,采用90°相位转换后的地震同相轴与测井曲线吻合度高,所钻遇砂体几乎都对应于地震波谷,而自然伽马曲线高值基本对应于地震波峰(图2)。以相位转换后的地震资料为基础,进行地震三维体属性提取,共提取振幅类、频率类、时间类和相位类地震属性12种。将各种地震属性井旁道曲线与反映岩性的自然伽马曲线对比标定(图3),发现原始振幅属性能够有效地反映岩性,原始振幅负值代表泥岩,正值代表砂岩。

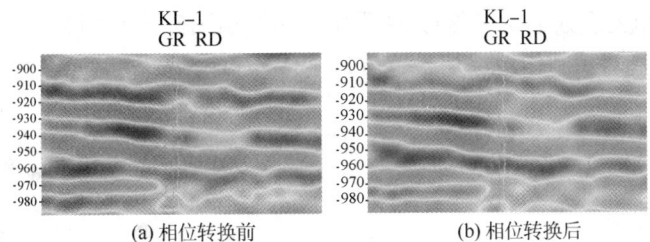

图2 KL油田明下段地震剖面相位转换前、后对比示意图

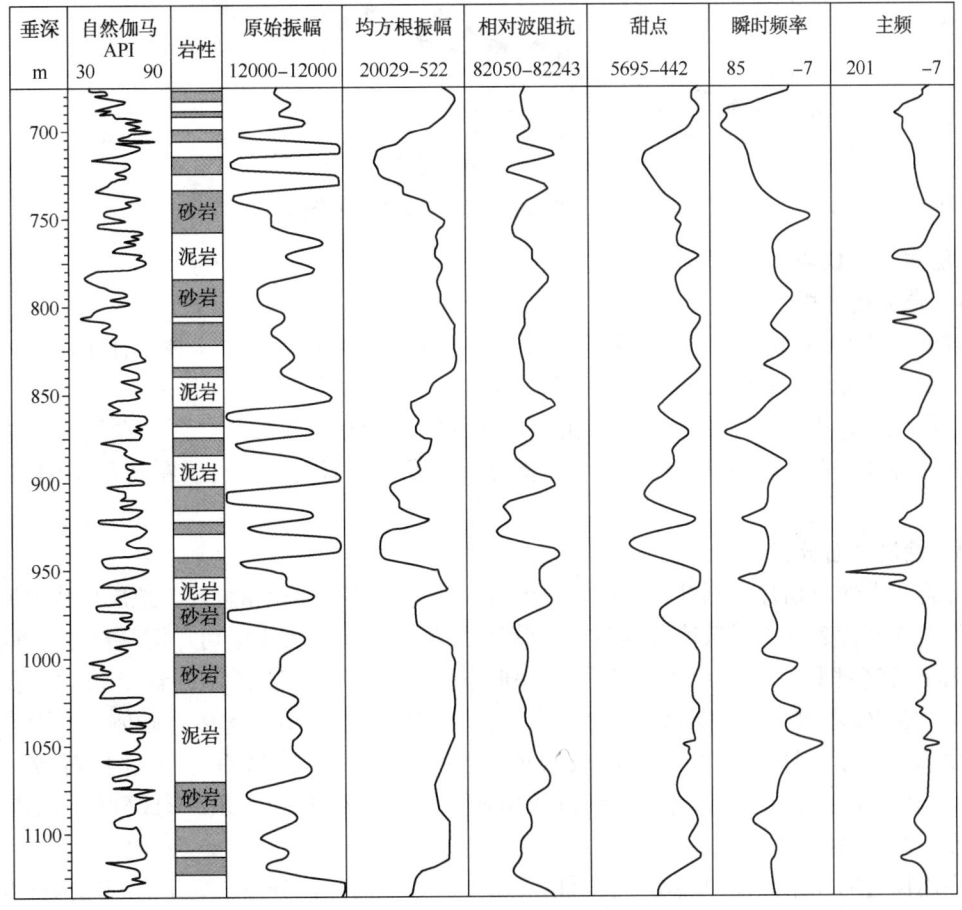

图3 KL-1井井旁道地震属性提取及岩性标定

3.2.2　地层切片

以优选的原始振幅属性为基础，进行平面属性提取。在地震平面属性提取之前，首先要选取切片方法。通常采用的切片方法有时间切片、沿层切片和地层切片。在 3 种切片方法中地层切片具有等时意义，能够反映同一时期内砂体的平面分布。同时地层切片要在具有等时对比意义的地震参考同相轴内按线性比例内插产生[11~15]。因此，以每个砂组的解释层面为基础，以 4ms(对应的地层厚度约 9m)为时间间隔制作地层切片，提取平面地震属性，分析地震属性与储层岩性的定量关系，获得储层预测精度。提取原始振幅属性地层切片，并优选能够反映每个层段砂体分布的典型切片，统计主力含油层井点处原始振幅值与切片所代表层段的砂岩厚度值，并做原始振幅与砂岩厚度交会图(图 4)，从图中可以看出，二者呈正相关，$R^2=0.7848$，相关系数 R 为 0.89，说明用该属性预测砂体平面分布精度为 89%。因此，以原始振幅属性为基础，制作地层切片，解释砂体分布规律。

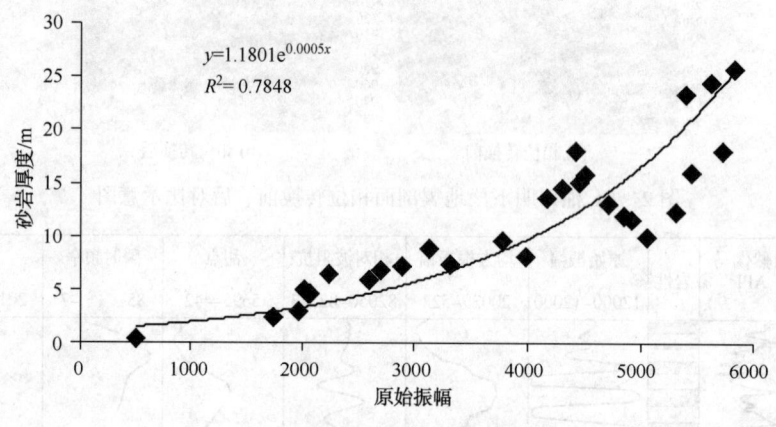

图 4　原始振幅属性与砂岩厚度交会图

3.3　储层分布规律

3.3.1　单井相分析

渤海海域 KL 油田明下段测井相自下而上表现为一个水退过程，水体整体由深变浅。测井曲线形态为钟形、箱形、漏斗形和指状(图 5)。其中钟形和箱形的代表水下分流河道相，占总数的 70% 以上，漏斗形的河口坝相和指状的席状沙相发育较少。测井曲线形态常见多个正韵律叠置，在靠近湖盆中央的井，正韵律中间发育泥岩夹层，夹层厚度在 0.64~1.38m 之间。

3.3.2　储层平面分布

综合考虑地层切片、测井相解释和水流方向认识，进行沉积相解释，地层切片上振幅高值区红色部分代表砂体，低值区蓝色部分代表泥岩，多个典型地层切片解释结果表明：KL油田明下段底部Ⅳ、Ⅴ砂组处于水体较深时期[图 6(a)]，砂岩百分含量相对较低，在12.6%~36.2%之间，该时期湖泊发育宽广，河流作用弱，河道分叉多，砂体平面形态呈枝状。顶部Ⅰ、Ⅱ、Ⅲ砂组处于水体较浅时期[图 6(b)]，砂岩百分含量相对较高，在21.4%~70.7%之间，由于水体浅，河流作用强，河道不断迁移摆动，形成砂体范围广，砂体平面形态呈朵叶状。

应用优选的原始振幅地层切片，可以看出优势砂体的平面分布，确定有利勘探开发目标砂体的大致轮廓，但是受地震品质的影响及地震属性解释的多解性，这种方法的精度是有限

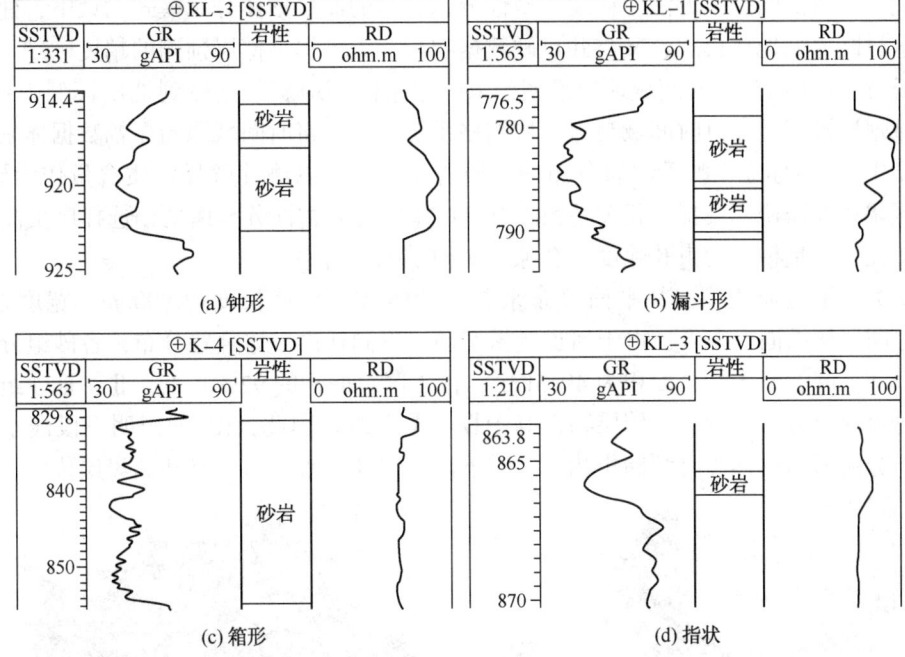

图 5　测井相特征

的，仅能提供砂体的平面分布模式，不能准确反映优质砂体的分布规律，不能达到开发方案部署的要求。所以要应用该模式作为指导，结合随机建模技术，建立砂体分布模式约束下的地质模型，进一步预测储层砂体的分布范围，为油田开发井位部署提供更精确的地质依据。

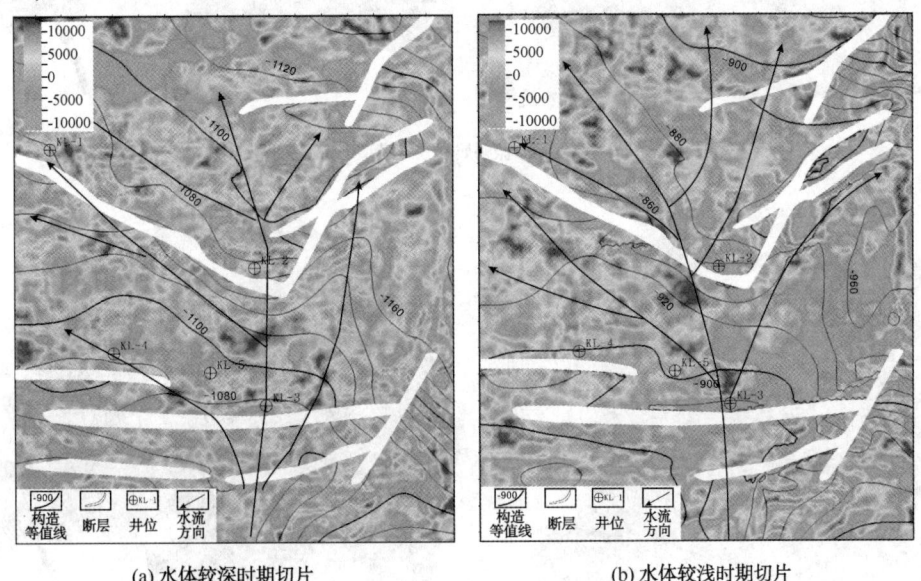

图 6　典型地层切片属性图

3.4　储层随机建模

储层随机建模是一项利用地质统计学理论，应用随机模拟算法，反映储层砂体随机分布的有效技术。但是在钻井较少的情况下，仅仅利用井点数据进行随机模拟，结果是不可靠的。因此，采用协同模拟方法，在地震属性分析获得的储层砂体分布模式约束下，建立地质模型，这样既遵循地质模式，又与井点硬数据吻合，大大提高储层预测的精度[16~20]。

建模方法：(1)建立时间域地质模型，采样原始振幅地震数据体到地质模型中；(2)建立深度域地质模型，注意时间域与深度域网格系统一致，将时间域原始振幅数据体采样到深度域模型中；(3)建立反映砂泥岩分布的泥质含量模型，以测井解释泥质含量作为硬数据，用原始振幅属性做协同模拟，相关系数选0.89；(4)建立物性分布模型，选择序贯高斯模拟算法，用泥质含量模型约束孔隙度，孔隙度协同模拟渗透率。

图7为三维地质模型，从平面分布来看，砂体最大延伸长度达8000m，宽度在300~1200m之间。从纵向上来看，由于河道频繁摆动，不同期次砂体叠置分布，各砂组分流河道砂体叠合在一起，最大叠合面积为49.5km²，占工区总面积的92%。Ⅰ、Ⅱ、Ⅲ砂组由于发育水下分流河道分布范围广，储层物性好于Ⅳ、Ⅴ砂组。因此，KL油田明下段浅水三角洲前缘水下分流河道砂体为有利储集相带，明下段Ⅰ、Ⅱ、Ⅲ砂组为有利储集层位。

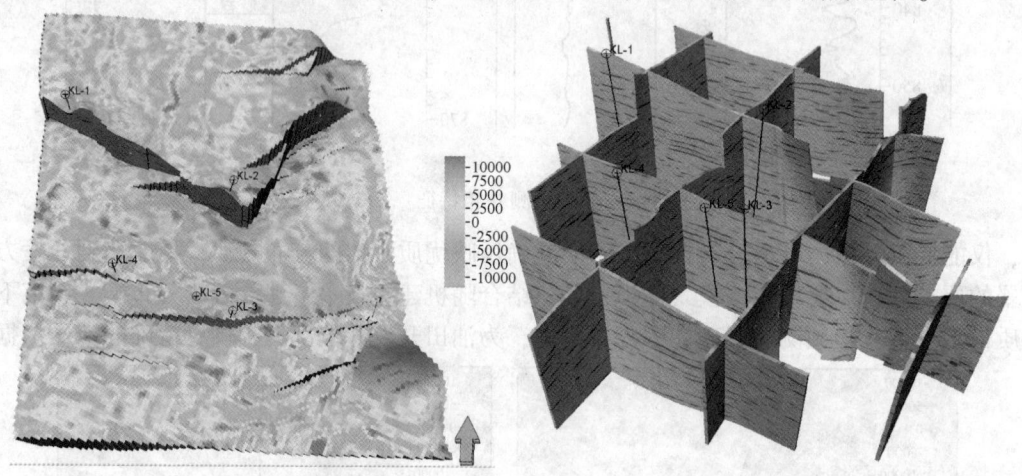

(a) 原始振幅属性三维模型

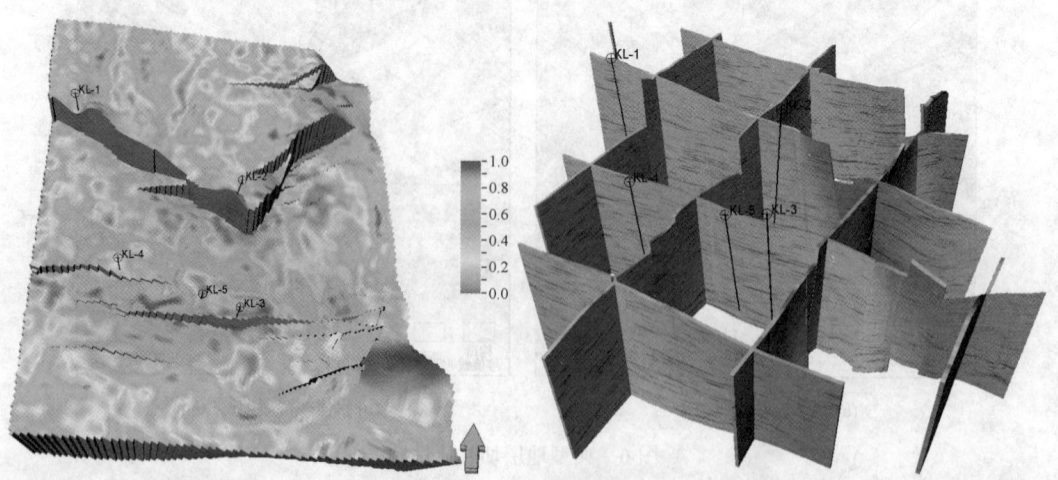

(b) 泥质含量三维模型

图7　三维地质模型

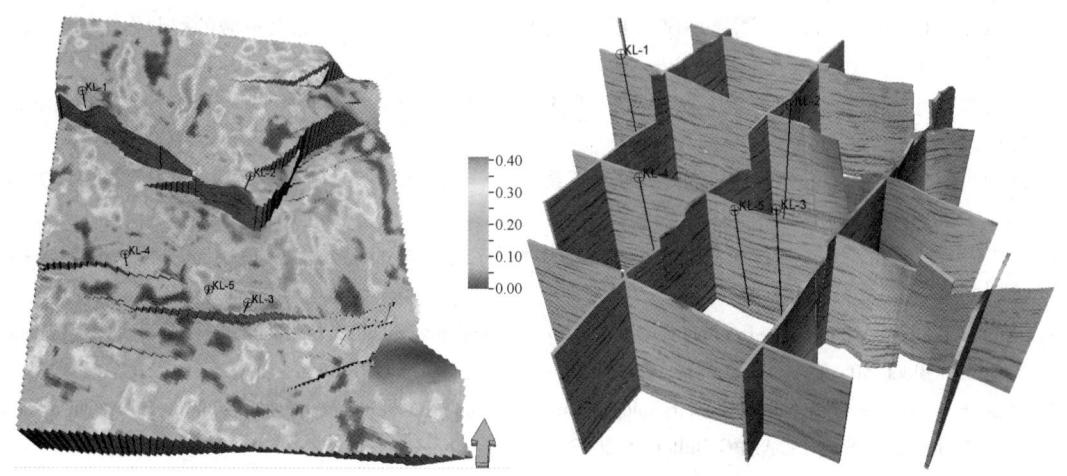

(c) 孔隙度三维模型

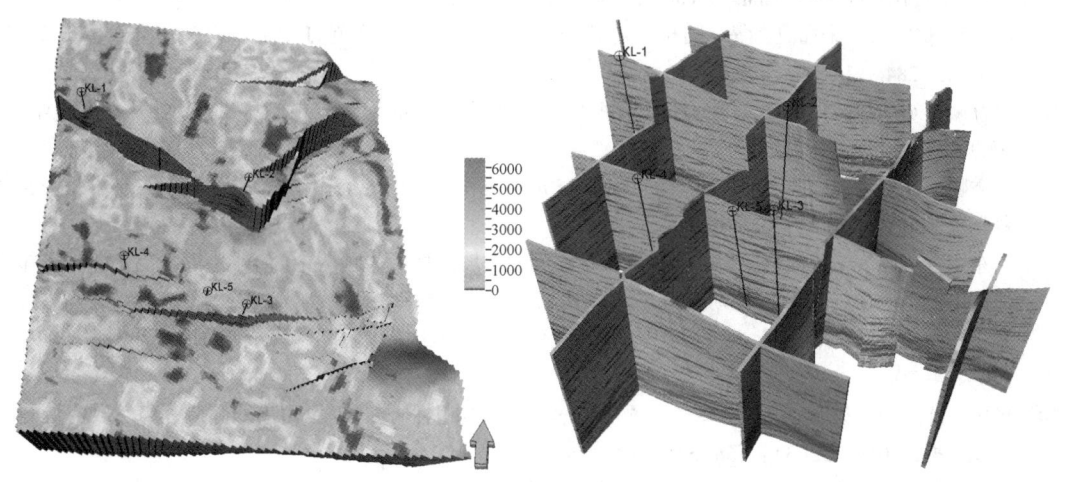

(d) 渗透率三维模型

图7　三维地质模型(续)

4　结　论

　　(1) 应用地震沉积学理论，通过频谱分解、90°相位转换、地层切片及多属性综合分析等多种地球物理手段，能够解决海上油田少井、大井距情况下，砂体分布规律预测，具有良好的应用前景。

　　(2) 地震属性综合分析和随机建模技术相结合，能够预测砂体展布，将其应用到浅水三角洲砂体分布预测中，对于开发成本较高的海上稠油油田开发方案编制具有重要意义。

　　(3) 浅水三角洲前缘水下分流河道砂体受湖平面变化控制，在水体较深时期，形成的砂体呈枝状，在水体较浅时期，形成的砂体呈朵叶状，水下分流河道砂体储层物性好，为研究区的有利储集相带。

参 考 文 献

[1] 朱伟林，李建平，周心怀，等. 渤海新近系浅水三角洲沉积体系与大型油气田勘探[J]. 沉积学报，2008，26(4)：575-582.

[2] 于海波，王德英，牛成民，等. 层序-构造对黄河口凹陷新近系油气分布及成藏的控制作用[J]. 油气地质与采收率，2012，19(6)：42-46.

[3] 张新涛，周心怀，李建平，等. 敞流沉积环境中"浅水三角洲前缘砂体体系"研究[J]. 沉积学报，2014，32(2)：260-269.

[4] 代黎明，李建平，周心怀，等. 渤海海域新近系浅水三角洲沉积体系分析[J]. 岩性油气藏，2007，19(4)：75-81.

[5] 吴常玉，肖淑明，王立军. 井震约束下的高分辨率层序地层学对比方法及其应用[J]. 油气地质与采收率，2009，16(3)：61-64.

[6] Zeng H L, Hentz T F. High-frequency sequence stratigraphy from seismic sedimentology: Applied to Miocene, Vermilion Block 50, Tiger Shoal area, Offshore Louisiana[J]. AAPG Bulletin, 2004, 88(2): 153-174.

[7] Carter D C. 3 - D seismic geomorphology: insights into fluvial reservoir deposition and performance, Widurifield, Java Sea[J]. AAPG Bulletin, 2003, 87(6): 909-934.

[8] Posamentier H W, Kolla V. Seismic geomorphology and stratigraphy of depositional elements in deep-water settings[J]. Journal of Sedimentary research, 2003, 73(3): 367-388.

[9] 曾洪流，朱筱敏，朱如凯，等. 陆相坳陷型盆地地震沉积学研究规范[J]. 石油勘探与开发，2012，39(3)：275-284.

[10] 朱筱敏，刘长利，张义娜，等. 地震沉积学在陆相湖盆三角洲砂体预测中的应用[J]. 沉积学报，2009，27(5)：915-921.

[11] 李秀鹏，曾洪流，查明. 地震沉积学在识别三角洲沉积体系中的应用[J]. 成都理工大学学报：自然科学版，2008，35(6)：625-629.

[12] 赵东娜，朱筱敏，董艳蕾，等. 地震沉积学在湖盆缓坡滩坝砂体预测中的应用-以准噶尔盆地车排子地区下白垩统为例[J]. 石油勘探与开发，2014，41(1)：55-61.

[13] 张义娜，朱筱敏，刘长利. 地震沉积学及其在中亚南部地区的应用[J]. 石油勘探与开发，2009，36(1)：74-79.

[14] 杨帅，陈洪德，侯明才，等. 基于地震沉积学方法的沉积相研究-以涠西南凹陷涠洲组三段为例[J]. 沉积学报，2014，32(3)：568-575.

[15] 曾洪流. 地震沉积学在中国：回顾和展望[J]. 沉积学报，2011，29(3)：418-426.

[16] 吴胜和，李宇鹏. 储层地质建模的现状与展望[J]. 海相油气地质，2007，12(3)：53-59.

[17] 裘怿楠，贾爱林. 储层地质模型 10 年[J]. 石油学报，2007，12(3)：101-104.

[18] 霍春亮，古莉，赵春明，等. 基于地震、测井和地质综合一体化的储层精细建模[J]. 石油学报，2007，28(6)：66-71.

[19] 高博禹，孙立春，胡光义，等. 基于单砂体的河流相储层地质建模方法探讨[J]. 中国海上油气，2008，20(1)：34-37.

[20] 孙立春，余连勇，柳永杰，等. 三角洲沉积砂体骨架模型及储层属性地质模型的实现[J]. 中国海上油气，2006，18(3)：178-182.

泡沫性能新型微观方法研究及应用

翁大丽[1,2]，郑继龙[1,2]，张　强[1,2]，赵　军[1,2]，胡　雪[1,2]，陈　平[1,2]，朱成华[2]

(1. 中海油能源发展股份有限公司工程技术分公司，天津 300452；
2. 海洋石油高效开发国家重点实验室，天津 300452)

摘　要　泡沫驱及泡沫复合技术已广泛应用在在石油开采领域，多与三次采油提高采收率有关，本文利用高温高压泡沫扫描仪对泡沫的发泡能力、泡沫稳定性能、以及泡沫含水率、气体流量、发泡剂浓度、气液比对泡沫质量的影响进行了研究。根据研究结果，形成了筛选三次采油用起泡剂的新方法。这种新方法比传统的 Waring Blender 评价法对起泡剂的优选更先进。第一评价参数更全面，多考虑了泡沫的湿度；第二获取参数的精度更高、泡沫起泡高度等实验参数可随时自动化采集；第三过程直观可视，泡沫形成、破灭至聚并的全过程可通过高清摄像头实时观察和采集图像。利用该方法为 S 油田泡沫复合凝胶技术优化的泡沫体系，在现场进行泡沫复合凝胶调驱施工后，动态跟踪效果表明，含水由 98% 下降到 95%，降幅 3%，取得了预期的增油降水效果。

关键词　泡沫微观扫描仪；Waring Blender 法；泡沫优选

泡沫作为一种特殊的分散体系在工业和日常生活中有着广泛的应用[1~3]。起泡剂是泡沫的主要组份，起泡剂的起泡和稳定性能评价对对泡沫研究具有十分重要的意义。对泡剂评价所使用的仪器有多种：室内起泡剂性能筛选用的装置主要是采用 Waring Blender 搅拌器、罗氏泡沫仪、泡沫扫描仪[4~6]。其中，高温高压泡沫扫描仪对泡沫起泡剂的发泡能力、携液能力、泡沫稳定性等能做直观的、全面的、准确的测试。泡沫用在石油开采上，多与三次采油提高采收率有关。石油作为战略资源，其开采和利用十分重要，且石油是非再生资源，进一步提高已探明、已开发油藏的采收率已经成为十分迫切的工作，提高采收率技术越来越受到人们的关注。随着聚合物驱的推广应用，适合聚合物驱的优质资源基本动用完毕，聚合物驱后地下仍有大量的剩余油，但聚合物驱后油藏的非均质性更强，剩余油分布更分散，需要采用封堵及驱油能力更强的驱油体系；四类油藏由于非均质严重，不适合聚合物驱，因此，对于四类大孔道油藏和聚合物驱后油藏开展新的化学驱油技术研究十分必要。泡沫作为一种良好的驱油剂已逐渐为人们所认识，它能够极大的提高注入流体的表观黏度，增加波及面积，提高采收率，是一种很有发展前途的提高采收率的新方法。泡沫驱是一项成本低，应用广泛，很有发展前途的方法。泡沫流体是一种可压缩的非牛顿流体，在钻井和油气田开发中有着广泛的应用，被誉为油田中的"智能流体"。常见的泡沫用法有注气与泡沫、化学驱与泡沫复合技术，有大量的室内研究，也有不少矿场实践[7~9]。这些技术的关键是优选出与油藏匹配的起泡性能与稳定性都好的起泡剂，传统常用的是用 Waring Blender 搅拌器评价起泡

作者简介：翁大丽(1965—)，女，油藏高级工程师，1988 年毕业于西南石油学院石油地质专业，获硕士学位，长期从事油田开发与提高采收率方面的研究工作。E-mail: wengdl@ cnooc. com. cn

剂[10]，受价格的局限泡沫扫描仪用的不是很普遍。本文以筛选与 JZ 油田储层流体配伍的起泡剂为例，利用海油能源发展工程技术公司新购置的高温高压泡沫扫描仪研究评价起泡剂性能的方法，为 JZ 油田优化出了合适的三次采油用起泡剂。

1 泡沫的理论和定义

泡沫是圆的或"多面体"气泡被同等尺寸的薄膜分开，膜厚远小于泡沫直径。或"湿"泡沫或"干"泡沫。

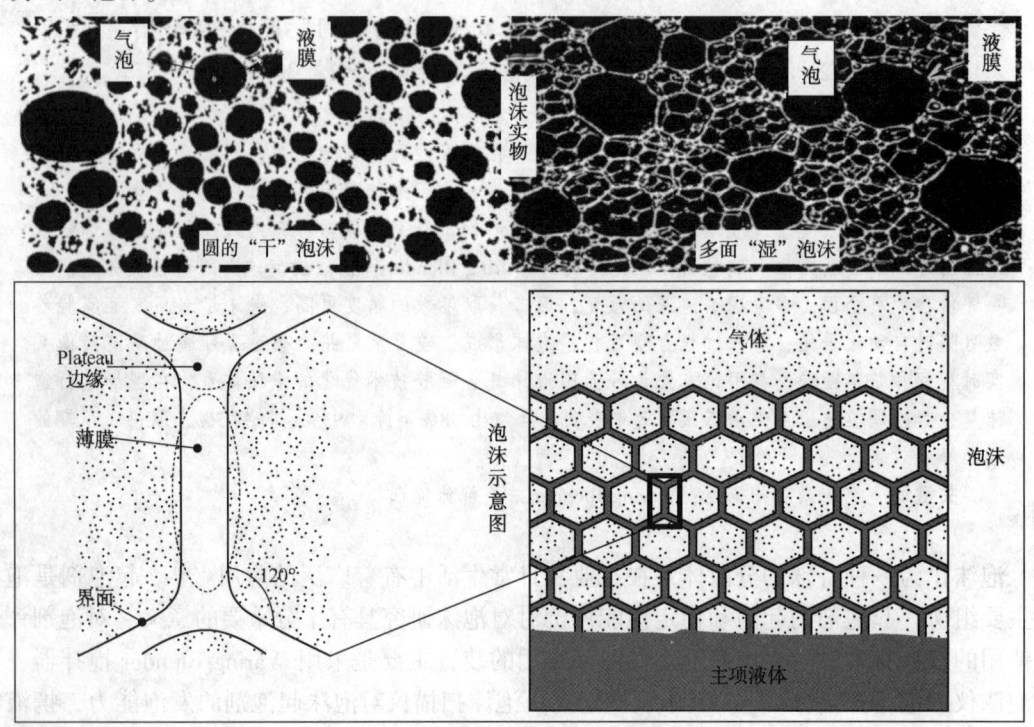

图 1　泡沫示意和液气边界放大图

2 泡沫扫描仪简介

2.1 泡沫扫描仪组成

泡沫扫描仪是由电脑主机控制部分、泡沫产生及光学检测部分、软件操作界面显示三部分组成，加上附属的气源，如图 2 所示。

2.2 设备特点

2.2.1 泡沫剂的光学性能

鼓气至样品液体内，通常会产生均匀的泡沫，泡沫黑度一致。泡沫黑度可以用灰度量化，此灰度是相对于没有泡沫时的玻璃管图像的对比度。对灰度的分析使得软件计算出泡沫的高度，由此得出泡沫体积。当泡沫的上端面既不平，也不水平时，图像的上部显示不很黑的水平条，如下面结构描述的，光通过的泡沫厚度较薄。原理：在鼓泡区，当玻璃管内的泡沫上升，假定泡沫在管子底部部分非常均匀。软件将它的不透明性定为参考标准。操作者指定泡沫灰度的百分数，以定义软件在做图像分析时区分玻璃管中哪些是泡沫。一般在开始试验之前一定要确定光学系统的放大倍数，这是一个很关键的参数用于计算泡沫的体积。这个过程即是光学标定。执行此标定之前，CCD 必须已经设置好了。尤其是环境光发生变化，

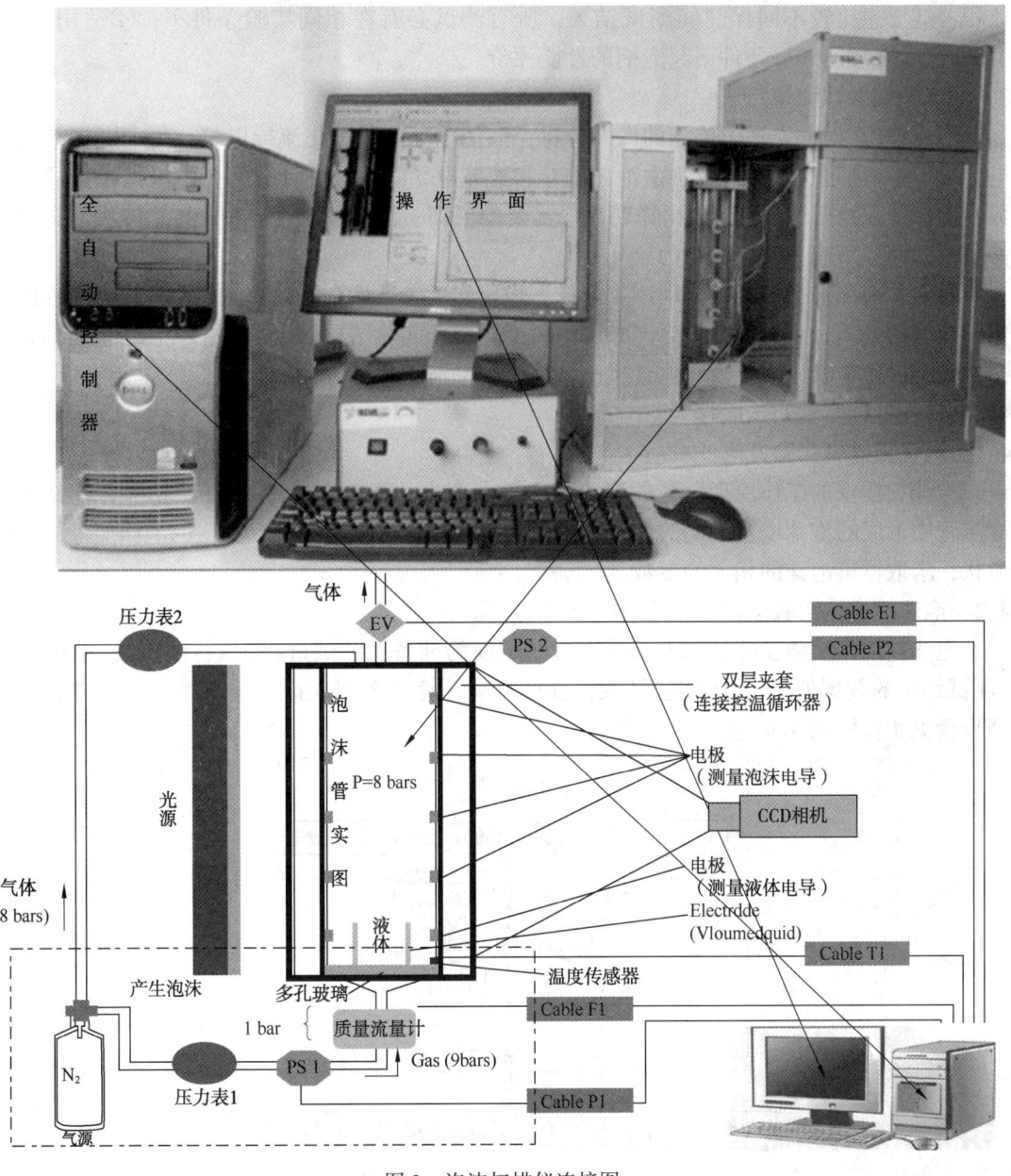

图 2　泡沫扫描仪连接图

就要检查此设置。常压玻璃管样品池和高压玻璃管样品池中的 CDD 照相机都要此设置。

2.2.2　泡沫扫描仪测量研究的内容及特点

　　泡沫扫描仪产生的泡沫具有很好的重复性；能测量泡沫产生的效率；测量泡沫稳定性、泡沫湿度；120℃以内温度条件下起泡剂性能评价：起泡剂起泡高度、稳泡时间、半析水期、泡沫含液量、泡沫大小分布等。

2.2.3　泡沫特性评价实验条件选择

　　泡沫特性评价实验需要的条件有如下几点：①所有泡沫稳定性数据都同产生泡沫的实验参数有关；②测试可变因素包括初始液体体积、液体温度、气体流速、起泡时间或最终泡沫体积；③要想比较不同样品间测试结果，所有测试必有在相同实验条件下；④适用范围：0~120℃、0~0.8MPa 条件下起泡剂的性能评价。

3 泡沫特性参数测量方法

泡沫体积–时间：通过泡沫的图像分析；液体电导：通过交流导电仪；每个电极处泡沫电导–时间：通过交流导电仪；由泡沫电导和液体电导间的关系计算每个电极处液体的百分数；泡沫体积稳定性=泡沫体积降到50%需要的时间；液体稳定性=50%的液体从泡沫排除需要的时间；所有数据单位均为 s。

总之，泡沫扫描仪具有自动产生泡沫，设定实验参数后全自动控制实验过程，能够以图像和视频的方式直观再现泡沫生产和破灭的全过程，实验结果以定量为主、且结果表达方式图文并茂，便于实验结果的对比，实验结束可自动清洗，节省人力。

4 泡沫扫描仪实验方法流程

4.1 泡沫扫描仪实验方法

泡沫扫描仪的工作原理：是由泡沫产生部分产生的泡沫，通过 CCD 照相部分把储存在泡沫管中形成的泡沫以及塌陷的全过程拍摄，再用软件分析不同时刻拍摄的泡沫照片的几何形状，求取评价泡沫的相关的参数。

4.2 泡沫扫描仪实验步骤

泡沫扫描仪实验步骤分三大部分，即测试前的准备、测试过程(执行测试)、测试结束(测试结果的数据处理)，当实验结束，软件自动计算一系列表征泡沫特性的物理参数，细分步骤见实验框图 3。

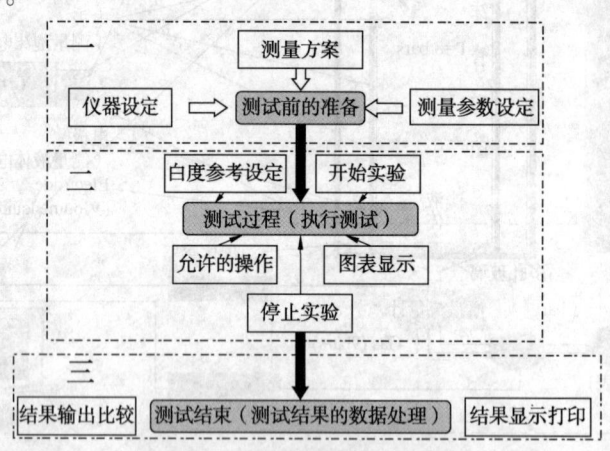

图 3　泡沫扫描仪实验流程框图

5 泡沫扫描仪应用实例

以渤海 JZ 油田 F 区块为例。用泡沫扫描仪从已准备的 6 种不同类型起泡剂中优选出与渤海 JZ 油田 F 区块配伍的调驱用起泡剂。JZ 油田 F 区块油藏参数：试验温度 57℃，地层水矿化度 5062.43mg/L。

5.1 泡沫扫描实验方案

从事先了解到的 6 种相对较好的种起泡剂：AOS、CNS、QP–11、HD、NK631、WZJ013中优选出 2 种适合目标区块的起泡剂。

准备检测样品：用 JZ 油田 F 区块注入水经过滤，把上述准备的 6 种起泡剂均配置成

0.5%的泡剂溶液 200mL 备用。

设定实验参数：设定试验温度 57℃，鼓泡时间 40s，试验时间 500s。

泡沫扫描实验：根据上述泡沫扫描仪的实验方法及实验步骤，按照实验方案开展泡沫扫描实验，实验结束后处理实验资料。

5.2　实验结果与分析

从 6 种起泡剂评价的结果中抽提归纳出泡沫的性能表征参数：泡沫起泡高度及半衰期（表1）。

表 1 是 6 种起泡剂生成的泡沫通过泡沫扫描仪评价求得的起泡高度及半衰期参数表，从表中可以看出，起泡高度最好的是 CNS、NK631、WZJ013，半衰期较长的是起泡剂 CNS、AOS、WZJ013、NK631。

表 1　6 种起泡剂生成泡沫的起泡高度及半衰期表

起泡剂类型	AOS	CNS	QP-11	HD	NK631	WZJ013
起泡体积/mL	157.5	158.7	148.1	127.4	158.5	154.5
泡沫半衰期/s	65	69	51	53	61	62

5.2.1　泡沫生产与破灭趋势

图 4 是 6 种泡沫自生成开始随时间变化的关系曲线，从图 4 看出，6 种起泡剂很快（50s 左右）就达到了最大的起泡高度，接着就快速下降至平稳。起泡剂 NK6310、WZJ013 起泡高度相对高些，HD 起泡高度最低；除起泡剂 QP-11 外都比较稳定。综合起泡高度和半衰期（表征稳定性）推荐 NK6310，其次是 WZJ013 和 AOS。

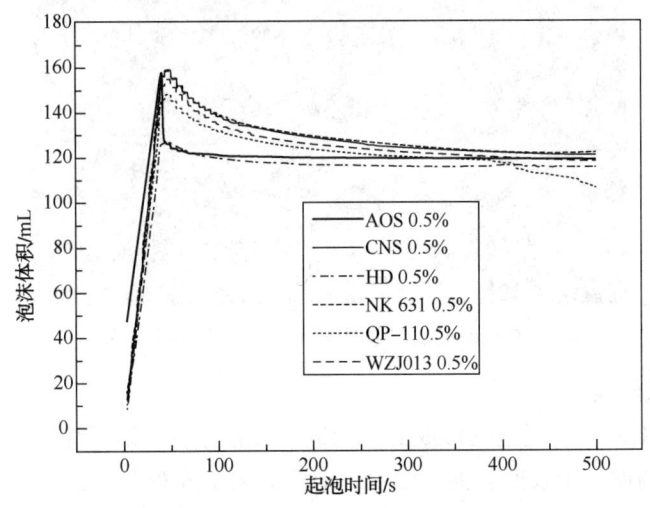

图 4　泡沫自生成开始随时间变化的关系

5.2.2　泡沫湿度

图 5 是 6 种起泡剂溶液体积自泡沫生成开始随时间变化的关系曲线，从图 5 看出，自泡沫生成开始随时间的增大，形成泡沫所用的起泡剂溶液剩下的溶液逐步变少，也就说是在这 6 种起泡剂中泡沫形成 50s 后，所剩下的液体均最少，对应图 4，泡沫形成 50s 时，泡沫起泡高度最大，泡沫含水最多，湿度最大。可以看出，同等条件下，泡沫湿度从高到低的顺序：CNS＞WZJ013＞NK631＞HD＞QP-11＞AOS。泡沫湿度越大，泡沫相对越稳定。按泡沫湿

度应推荐 CNS、WZJ013、NK631 起泡剂。

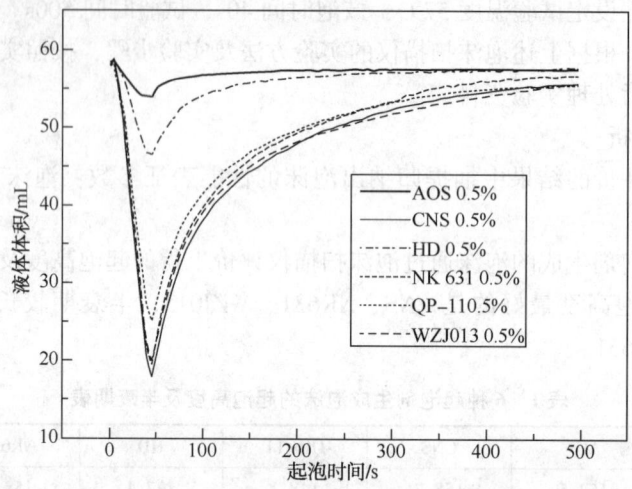

图 5　表活剂溶液体积自泡沫生成开始随时间变化的关系曲线

5.2.3　泡沫大小分布

起泡相同时刻泡沫的大小及分布如图 6 所示,设定泡沫生成 400s 后,从图 6 看出,同样气液比等实验条件下,在开始起泡至 400s 的时间段内起泡剂 AOS、CNS 和 WZJ013 形成的泡沫比其他几种的要致密、分布较均匀,说明泡沫质量较好。

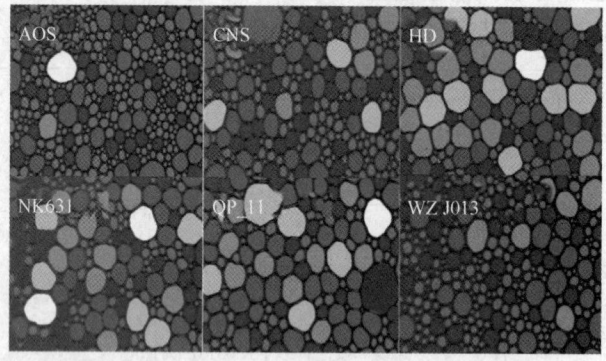

图 6　6 种起泡剂起泡至 400s 时刻泡沫的大小分布

5.2.4　起泡剂优选结果

用泡沫扫描也对对 6 种起泡剂形成的泡沫进行实验分析,结果综合分析认为起泡剂 CNS 和 WZJ013 的起泡高度、半衰期、泡沫湿度、泡沫的大小分布形态比其他几种的相对好。建议推荐为起泡剂 CNS 和 WZJ013 作为 JZ 油田 F 区块泡沫技术备用起泡剂,再结合这两种起泡剂所形成泡沫的动态物摸实验确定最终所选用的起泡剂。

6　泡沫扫描仪和 Waring Blender 法对比

综合分析 Waring Blender 法和泡沫扫描仪实验检测及可得到的结果内容(表 2)可以看出,用泡沫扫描仪法比 Waring Blender 法对泡沫的检测可得到的结果多 3 项,分析内容全面些。同时从上述内容看,其检测结果的展示方式图文并茂,实验结果的精度高,还可直观展示泡沫的生成和塌陷过程。用泡沫扫描仪筛选评价和优选起泡剂可提供的检测内容、实验结果的表达形式和精度都比较好。

表 2　Waring Blender 法和泡沫扫描仪实验检测及可得到的结果内容

分析方法	分析内容					分析项目数量
	泡沫高度/cm	半析水期/s	泡沫含液量/%	泡沫变化过程图像	泡沫大小分布参数	
Waring Blender 法	可以	可以				2
泡沫扫描仪法	可以	可以	可以	可以	可以	5

7　结论与认识

（1）泡沫扫描仪比传统的 Waring Blender 法能更全面地评价泡沫的起泡性和稳定性。泡沫扫描仪评价的结果能够以图像和视频的方式直观再现泡沫生产和破灭的全过程，实验结果以定量为主、且结果表达方式图文并茂，便于实验结果的对比。

（2）利用泡沫扫描仪从泡沫的起泡性、稳定性、泡沫光学性角度全面对初步选取的 6 种起泡剂综合分析评价，结果推荐了与 JZ 油田 F 区块匹配的起泡剂是 WZJ013。

（3）建议把用泡沫扫描仪这种图文并茂的优化起泡剂的方法应用在三次采油与泡沫有关泡沫驱研究中。为提高油田采收率所采用的泡沫技术提供相配伍的起泡剂。

参 考 文 献

[1] 何飞，雷丹，徐超航，等. 基于泡沫扫描仪对矿用降尘泡沫性能的关键因素分析[J]. 煤炭技术，2015（3）：145-147.

[2] 潘广明，侯健，郑家朋，等. 冀东油田高浅北油藏天然气泡沫驱泡沫体系优选[J]. 油田化学，2013（1）：37-40.

[3] 张祎，王德明，徐超航，等. 矿用泡沫降尘剂的试验研究[J]. 煤炭技术，2015(6)：179-181.

[4] 刘宏生，王景芹. α-烯烃磺酸钠复配体系的泡沫性能[J]. 青岛科技大学学报：自然科学版，2013（1）：12-16.

[5] 马跃，唐晓旭，刘晖，等. 海上底水稠油油藏氮气泡沫压锥技术研究与应用[J]. 中国海上油气，2012（1）：45-50.

[6] 刘宏生，吕昌森，杨莉，等. AOS 与 CHSB 复配体系的表面扩张性质和泡沫性能[J]. 西安石油大学学报：自然科学版，2012(5)：54-57.

[7] 刘宏生，孙刚，韩培慧，等. 发泡剂表面扩张性质与泡沫性能的关系[J]. 大庆石油地质与开发，2015（1）：121-125.

[8] 刘宏生，许关利，杨莉，等. 抗盐表面活性剂及其复配体系的泡沫性能[J]. 烟台大学学报：自然科学与工程版，2012(2)：150-151.

[9] 刘宏生，高淑玲，高晓宇，等. 非离子 Gemini 表面活性剂与聚合物二元泡沫性能研究[J]. 石油化工高等学校学报，2014(6)：62-66.

[10] 汪庐山，曹嫣镔，于田田，等. 气液界面特性对泡沫稳定性影响研究[J]. 石油钻采工艺，2007(1)：75-78.

渤海稠油高温渗流特征研究与认识

孙 君[1]，翁大丽[1,2]，林 辉[1]，彭 华[1]

(1. 海洋石油高效开发国家重点实验室，北京 10000；
2. 中海油能源发展股份有限公司工程技术分公司，天津 300452)

摘 要 本文通过开展渤海稠油高温渗流实验，应用高温高压多功能驱替装置，测定不同温度下的油–水和油–汽相对渗透率、热水和蒸汽的驱油效率，分析稠油高温相渗和驱油效率的变化规律，得到渤海稠油高温渗流的特征和认识。实验研究结果表明，渤海不同类型稠油的相渗曲线和特征参数值以及高温驱油效率随温度的升高，有不同变化规律。这些变化特征为渤海各类稠油热采实际开发生产，数值模拟研究提供了一种真实的实验数据，为渤海稠油油藏热采开采及方案设计提供实验参数和依据。

关键词 高温实验；不同类型稠油；相对渗透率；驱油效率；渗流特征

渤海油田稠油资源量丰富，渤海湾共发现稠油油田共20多个，稠油总地质储量丰富[1]。目前动用很少，且常规注水开发产能低、采收率低。因此需要依靠提高采收率新技术。热采[2]是重要的开采方式：如蒸汽吞吐、蒸汽驱、多元热流体等热采技术来实现油田的稳产、增产[3]。渤海油田在稠油热采方面需求较大，因此稠油热采的市场前景广阔。油田开发过程中，准确测定不同驱替方式的驱油效率是正确认识该种开发方式过程中的开发动态的基础[4]。相对渗透率曲线[5,6]可以较好地反映出油–水两相在多孔介质内渗流过程的基本特征。稠油高温驱油效率实验研究主要是开展不同注水或注蒸汽的温度、速度对热水或蒸汽驱油效率的影响。在制定热采开发方案过程中，需要认识高温条件下油、气、水三相在油藏中不同开发条件下的油水或油汽在储层中的渗流特征[7]。利用高温实验来研究流体稠油热采的高温相渗和驱油效率特征[8,9]，具有费用少、时间短、有重复性和预见性等优点。可为稠油油藏数值模拟及方案优化设计提供相关参数和依据。对稠油油油田热采研究和开发具有重要意义。

1 实验准备

1.1 实验仪器

所用设备主要有：高温高压多功能驱替装置、高温高压流变仪、高温烘箱、差压传感器、采集控制系统、产出液计量系统、流体注入系统、原油脱水仪、恒温水浴、烧杯、天平、搅拌器等。

1.2 实验岩芯及油水样准备

(1) 岩样

① 若取岩芯胶结成型，根据实验要求钻取合适的岩芯，进行洗油、烘干，最后测定孔

作者简介：孙君(1986—)，男，汉族，硕士，工程师，2011年毕业于中国石油大学(北京)提高采收率专业，现从事稠油油田开发研究工作。E-mail：sunjun2@cnooc.com.cn

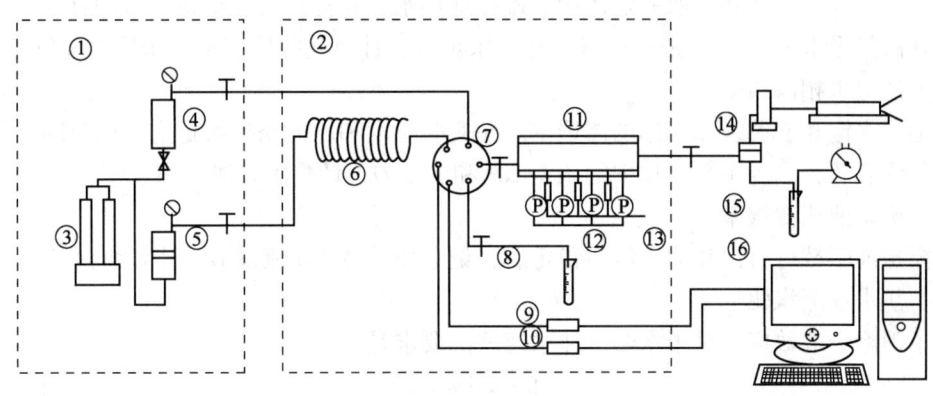

图 1　高温高压多功能驱替装置流程图

①—高温烘箱；②—常温烘箱；③—驱替系统；④—注油系统；⑤—注水系统；⑥—加热盘管；
⑦—六通阀；⑧—排空系统；⑨—压力传感器；⑩—压差传感器；⑪—一维模型；⑫—压力传感器；
⑬—温度传感器；⑭—回压系统；⑮—产出计量；⑯—数据采集

隙度和气测渗透率。

②若取岩芯，不成型，需要制作填砂岩芯：首先，对天然油砂进行洗油、烘干、分选，根据油砂的组成配比配置制备填砂岩芯用砂样，接着，按照目标油藏储层特征制备模拟岩芯。

（2）油样

①脱水：采用脱水仪进行脱水。

②过滤：用孔径 0.045mm 的不锈钢筛网在低于 80℃下进行过滤备用。

（3）水样

①取自现场的地层水：在实验室用滤纸分别过滤 8 次。

②采用地层水分析结果，配置模拟地层水。

2　实验方法

2.1　高温渗流实验技术

（1）高温相对渗透率实验技术

相对渗透率是描述多孔介质中多相渗流的一个有用的工具，其数据对许多油藏工程计算是一重要参数，可以提供油藏中流体渗流的基本描述。

（2）高温驱油效率实验技术

油田开发过程中，准确测定不同驱替方式的驱油效率是正确认识该种开发方式过程中的开发动态的基本。尤其是对注蒸汽开发的油藏，由于注入的热量，引起原油及岩石等物性发生变化，测定不同驱替条件下的驱油效率显得尤为重要。

2.2　实验步骤

根据《稠油油藏高温相对渗透率及驱油效率测定方法》（SY/T 6315—2006）制定实验步骤。

（1）抽真空：利用抽真空系统为岩芯抽真空。将其连接到抽真空流程上，依次打开总电源、真空压力表阀门、真空泵阀进行抽真空，时间大于 4h，压力为 -0.1MPa，关闭抽真空系统，关闭岩芯夹持器两端阀门，结束抽真空。

（2）饱和水：用烧杯量取一定体积的模拟地层水，并称量其总重量。将抽真空后的模型缓慢打开阀门吸水，约 1h，最后称量烧杯及水重量，计算孔隙度，饱和水后恒温放置 24h。

（3）测定水相渗透率

用地层水饱和岩芯，测岩芯的渗透率。在实验温度和压力条件下稳定一段时间，使岩芯得到充分饱和后，测定驱替过程中的压差 ΔP 和流量 Q，计算水相渗透率。

（4）测定油相渗透率

用模拟油驱替进行饱和油，压力稳定后，记录压差 ΔP 和流量 Q，计算油相渗透率。

（5）热水或蒸汽驱

为了消除末端效应，对于水驱、注水速度的要求是：

$$L \cdot \mu \cdot v > 1$$

式中　L——岩芯长度，cm；

　　　μ——驱替介质黏度，mPa·s；

　　　v——渗透速度，cm/min。

3　实验方案

3.1　渤海稠油类型

渤海稠油的黏度分布范围广，依据中国的稠油分类标准分类。

表1　中国的稠油分类标准

稠油分类			主要指标
名称	类别		黏度/(mPa·s)
普通稠油	I		50*(或100)~10000
	亚类	I-1	50*~150*
		I-2	150*~10000
特稠油	II		10000~50000
超稠油	III		>50000

注：* 指原油的地层黏度。

3.2　实验方案

本研究选代表普通 I-1 类、普通 I-2 类、特稠油的 3 个类型的稠油样品分别进行高温相对渗透率和驱油效率曲线测试。实验方案如下：

（1）不同温度条件下油-水相对渗透率曲线测定；

（2）不同温度条件下油-汽相对渗透率曲线测定；

（3）不同温度条件下水驱油效率曲线测定；

（4）不同温度条件下蒸汽驱油效率曲线测定。

4　实验结果及分析

4.1　油-水、油-汽相对渗透率特征

4.1.1　油-水相对渗透率曲线特征

（1）不同类型稠油的油-水相对渗透率特征随温度升高的变化规律。从图 2~图 4 可看出：

① 油-水相对渗透率曲线特征均表现为随着含水饱和度的增加，油的相对渗透率急剧下

降，水的相对渗透率增加缓慢的特征。

② 油水两相流动区间较窄，说明稠油一见水，油的流动就受限制。

③ 随着温度的升高，交点向右偏移，残余油饱和度降低，说明油相流动能力增强。

（2）不同类型稠油的油-水相对渗透率特征在相同温度（150℃）下的变化规律。从图5可看出：

随着稠油黏度的增加，共渗区间稍变大，等渗点时的相对渗透率值升高，等渗点含水饱和度稍变大，残余油饱和度降低。

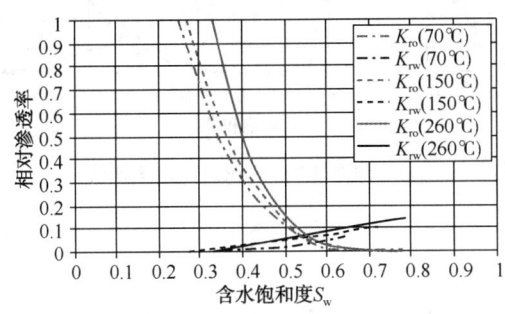

图2　普通 I-1 类稠油油-水相对渗透率曲线

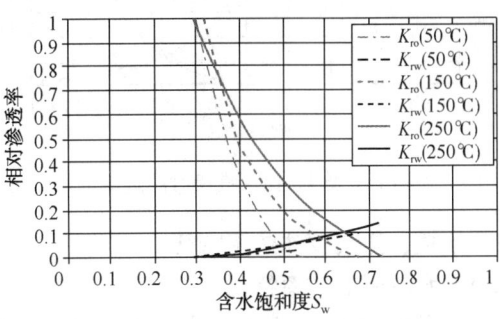

图3　普通 I-2 类稠油油-水相对渗透率曲线

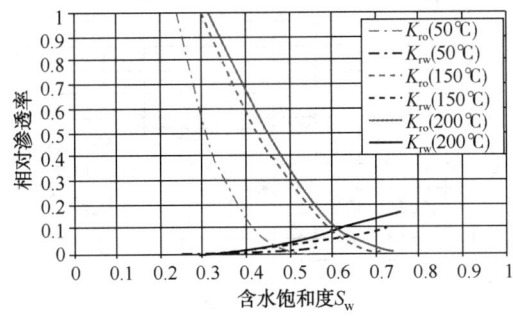

图4　特稠油油-水相对渗透率曲线

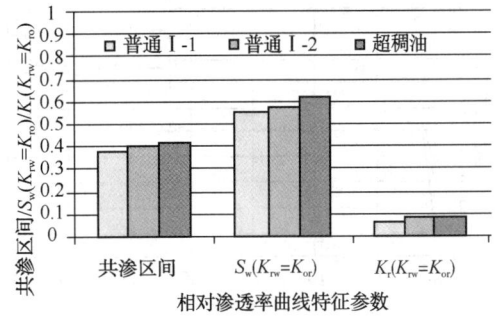

图5　不同类型稠油特征值对比（150℃）

4.1.2　油-汽相对渗透率曲线特征

（1）不同类型稠油的油-汽相对渗透率特征随温度升高的变化规律。从图6~图8可看出：

① 蒸汽驱的相对渗透率均反映出油相相对渗透率随液相饱和度的增大而下降，蒸汽相相对渗透率随着液相饱和度的降低而增加；

② 随着温度的升高，两相交点液相饱和度略有降低；

③ 随着温度的升高，两相共渗区间范围变大，两相的等渗点相对渗透率逐渐升高，相对渗透率曲线整体上向左偏移；

（2）不同类型稠油的油-汽相对渗透率特征随稠油黏度增加的变化规律。从图6~图8可看出：

① 随着原油黏度的升高，两相交点液相饱和度略有升高。

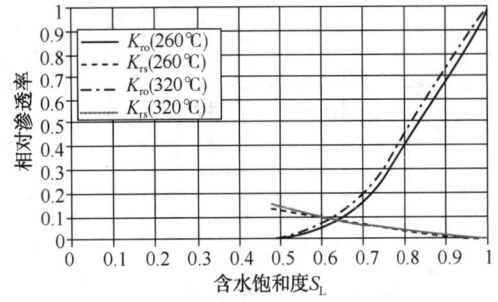

图6　普通 I-1 类稠油油-汽相对渗透率曲线

② 随着原油黏度的升高,两相交点相对渗透率逐渐升高,相对渗透率曲线整体上向左偏移。

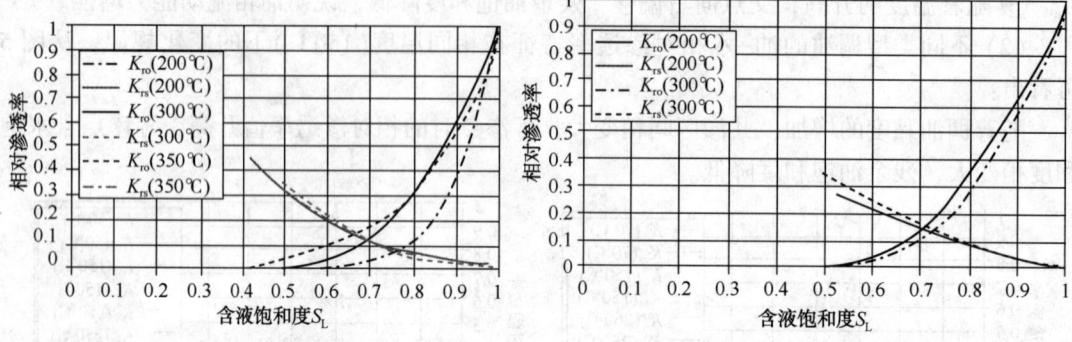

图 7　普通 I-2 类稠油油-汽相对渗透率曲线　　　　图 8　特稠油油-汽相对渗透率曲线

4.2　水驱、蒸汽驱油效率特征

4.2.1　水驱驱油效率特征

从不同温度下水驱驱油效率曲线(图 9~图 11)看出:随温度升高,水驱驱油效率增加,温度高于 150℃ 和低于 150℃ 时变化增幅最大。

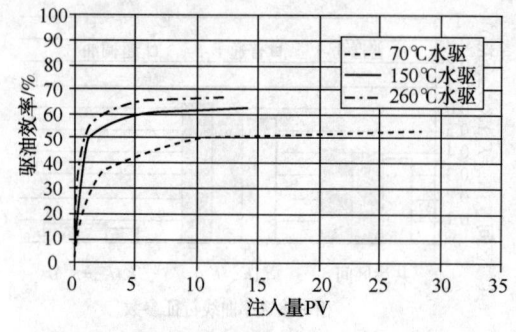

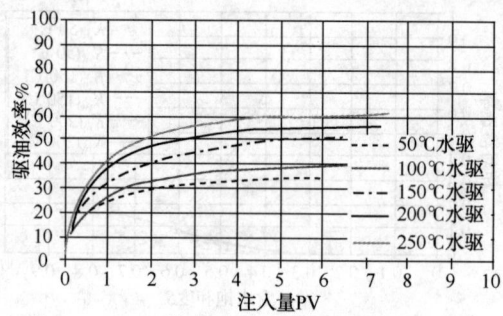

图 9　普通 I-1 类稠油水驱驱油效率曲线　　　图 10　普通 I-2 类稠油水驱驱油效率曲线

4.2.2　蒸汽驱驱油效率特征

从不同温度下蒸汽驱驱油效率曲线(图 12~图 14)看出:随温度升高,蒸汽驱驱油效率增加。温度相对低时增幅大,温度较高时增幅小。

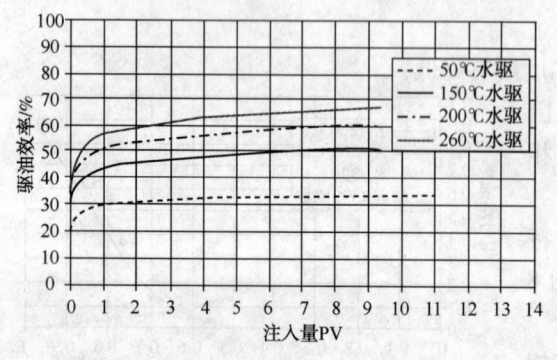

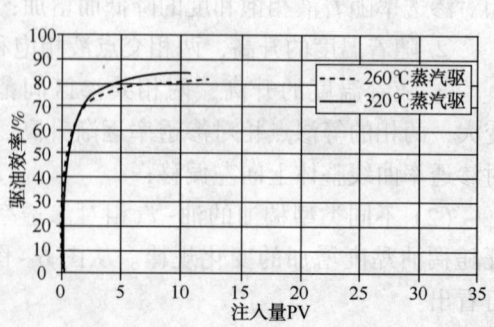

图 11　特稠油水驱驱油效率曲线　　　　　图 12　普通 I-1 类稠油蒸汽驱油效率曲线

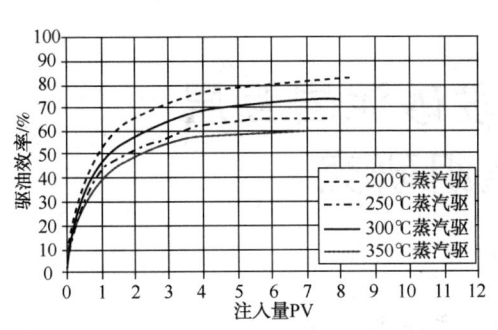

图 13 普通 I-2 类稠油蒸汽驱油效率曲线

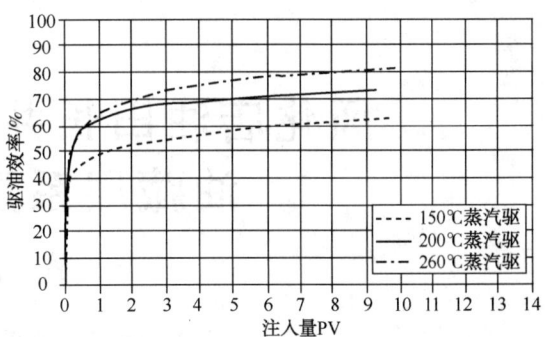

图 14 特稠油蒸汽驱油效率曲线

4.2.3 水驱和蒸汽驱驱油效率对比

水驱和蒸汽驱驱油效率综合对比（图 9~图 14）可以看出：

（1）相同温度下，蒸汽驱比热水驱的驱油效率高；

（2）温度越高，蒸汽驱比热水驱的驱油效率增加越大。

5 结论

（1）不同类型稠油油-水、油-汽相对渗透率曲线均随着液相饱和度的增大，油相相对渗透率降低，水相相对渗透率增加。随着原油黏度增加，共渗区间变化不大，等渗点时的相对渗透率值稍有所升高，等渗点的含水饱和度稍变大，残余油饱和度降低。

（2）根据油-水相对渗透率曲线结果。随着温度的升高，交点向右偏移，残余油饱和度降低，油相流动能力增强。随着稠油黏度的增加，共渗区间稍变大，等渗点时的相对渗透率值升高，等渗点含水饱和度稍变大，残余油饱和度降低。

（3）根据油-汽相对渗透率曲线结果。随着温度的升高，两相交点液相饱和度略有降低。两相共渗区间范围变大。等渗点相对渗透率逐渐升高。曲线整体上向左偏移。随着原油黏度的升高，两相交点相对渗透率逐渐升高，相对渗透率曲线整体上向左偏移。

（3）相同温度下，蒸汽驱比热水驱的驱油效率高。温度越高，驱油效率越高。随温度升高，蒸汽驱比热水驱的驱油效率增加幅度大。

参 考 文 献

[1] 周守为. 海上油田高效开发技术探索与实践[J]. 中国工程科学, 2009 (10).

[2] 刘广顺. 新蒸汽吞吐模型及其应用研究[D]. 东北石油大学, 2011.

[3] 桂烈亭. 锦 45 区块 II 类稠油油藏蒸汽驱试验研究[D]. 东北石油大学, 2011.

[4] 刘冬青, 王善堂, 白艳丽, 等. 胜利稠油渗流机理研究与应用[J]. 内蒙古石油化工, 2012 (2).

[5] 王子强, 张代燕, 杨军, 等. 普通稠油油藏渗流特征实验研究——以新疆油田九_4 区齐古组油藏为例[J]. 石油与天然气地质, 2012 (2).

[6] 谢坤, 卢祥国, 姜维东, 等. 稠油油藏聚合物驱相对渗透率曲线及驱油效率影响因素[J]. 油田化学, 2014 (4).

[7] 戴胜群, 付波, 洪秀娥, 等. 油藏综合相渗曲线拟合方法[J]. 油气藏评价与开发, 2011 (03).

[8] 郑惠光. 非牛顿原油渗流流变特性及其在油田开发中的应用[J]. 江汉石油学院学报, 2003 (03).

[9] 孙建芳. 胜利油区稠油非达西渗流启动压力梯度研究[J]. 油气地质与采收率, 2010 (06).

风化店油田长井段砂泥岩互层油藏层系重组研究

季 静

（中国石油大港油田公司，天津 300280）

摘 要 风化店油田地质情况异常复杂，经过三十多年的勘探开发，进入高含水阶段，存在开发层系混乱，层间、层内矛盾突出，井网破坏等一系列问题，且宏观剩余油分布高度分散，调整挖潜的难度越来越大。针对这种情况，开展二次开发方案研究工作，合理组合开发层系，平面上建立新的注采关系，先导试验取得了较好的效果，并形成孔南地区长井段砂泥岩互层油藏层系重组技术方法。

关键词 风化店油田；长井段；砂泥岩互层；层系重组；二次开发

风化店油田是枣园油田主体开发区，是一个多油藏类型组成的复式油气藏，投入开发30余年，处于开采的中后期阶段，多数开发单元处于低速开采阶段，采出程度低、采油速度低、采收率低。通过层系井网重建技术研究，开展风化店开发区二次开发方案编制及实施跟踪，2015年在枣南孔一段的枣1266-枣1270断块整体实施，取得了较好的效果，为保持南部油田稳产提供了技术支撑。

1 油田基本特征

1.1 地质概况

风化店油田位于黄骅坳陷南部孔店构造带上，主要含油层位为孔一段的枣Ⅱ、Ⅲ、Ⅳ、Ⅴ油组、孔二段，是一个多油藏类型组成的复式油气藏。储层含油井段长，砂泥岩互层。孔二段储层属于扇三角洲平原亚相沉积、孔一段枣ⅣⅤ为扇三角洲平原亚相，枣ⅡⅢ为冲积扇扇中辫状河亚相。孔二段储层岩性主要以细砂岩、粉砂岩为主，孔一段储层岩性以细-粗砂岩、砂砾岩、粉砂岩为主，总体上储层岩性疏松，成岩性较差，为岩性构造油藏。油藏埋藏深度较浅(1600~2830m)，储层物性中等，原油性质差，属中低渗重质稠油油藏。

1.2 生产特征

1978年3月以300m井距正方形井网开发枣北枣Ⅱ、枣Ⅲ油组，之后相继投入开发枣南孔一段枣Ⅳ、枣Ⅴ油组及孔二段油藏，历经了全面开发产能建设、全面注水、联合攻关、产量稳升、综合治理阶段，逐步建立起风化店油藏开发模式。目前开发区已进入"双高"开采阶段。随着长期注水开发和各种调整措施的实施，油田的剩余可采储量逐年减少，剩余油分

作者简介：季静(1975—)，女，汉族，高级工程师，1997年毕业于华东石油大学采油工程专业，现从事油气田开发研究工作。E-mail:dg_jijing@petrochina.com.cn

布状况日益复杂，综合治理难度愈来愈大，稳产基础薄弱。

2 地质再认识

2.1 精细构造解释

采用 2010 年重新处理的 100km² 地震数据体，连片解释枣南、枣北、孔二段、孔一段各层系构造。利用复杂断块地震差异速度场研究技术，选取有代表性的井进行标定，建立多井标定速度模型，建立时间域与深度域的关系桥梁，动静结合识别小断层、认识断层封闭性。重点解释枣Ⅱ、枣Ⅲ、枣Ⅳ、枣Ⅴ、孔二1、孔二2、孔二3、孔二4层位。完成风化店的 37 层的构造精细解释，实现了构造解释的全区域、全层系覆盖，构造落实程度较高，基本解决了区块间、层系间的矛盾问题，解释精度 50m×50m。

2.2 单一河道及层间非均质性研究

针对风化店多沉积类型特点，完成了孔一段、孔二段不同层系、不同沉积类型储层沉积体系与沉积微相研究，重点开展储层的平面分布及内部构型研究，综合判断优势通道，为剩余油研究奠定基础。识别出枣南孔一段辫状河三角洲前缘亚相微相单元，主构型单元河口坝细分为坝主体、坝内缘与坝外缘，单砂体微相组合为多个单一水道与单一河口坝的复合。风化店各油组储层整体呈现非均质性较为严重的特征，层位上表现为孔二段非均质性略强于孔一段，区域上呈现枣北非均质性略严重于枣南的特征。

2.3 精细地质建模

风化店油田断层多、组合关系复杂，断块切割破碎；储层类型多、单砂层厚度变化大，多套油水系统，采用地震属性目标约束、变差函数差异设置、相模式约束、属性相关性约束、含水变化趋势约束等手段；多信息融合进行孔渗饱模拟，并结合新井跟踪检验修正。完成枣北枣Ⅱ Ⅲ、枣Ⅳ Ⅴ、枣南枣Ⅳ Ⅴ、枣北孔二段的三维建模工作，建模面积 43.3km²。三维地质建模采用嵌入式建模技术，将构型模型与整体模型有机结合。

2.4 剩余油定量描述

2.4.1 油藏工程方法认识剩余油

应用油藏工程方法动静结合，综合分析密闭取芯、动态监测等资料，认识单井剩余可采储量潜力；单砂层潜力分布；单砂体潜力分布；长停井、套变井潜力；低动以及未动储量潜力。由于井网不完善，采收率较标定值低，风化店损失可采储量 49.68×10⁴t。受储层纵向非均质性及砂体岩性变化影响，油层动用程度呈下降趋势。层内剩余油受水洗程度、水淹程度的不同而变化，河口坝层内油层顶部剩余油饱和度较高。

2.4.2 数值模拟方法认识剩余油

应用数值模拟-建模一体化技术量化剩余油潜力，分析剩余油富集区分布的位置、类型、规模，重点研究渗流屏障及渗流差异控制的剩余油的分布。剩余油主要有以下 4 种类型：主力砂体水淹严重、非主流线；断层遮挡的构造高部位剩余油相对富集；井网不完善区域，只采不注区域由于水驱程度低，故动用程度、水淹程度低，可进一步完善井网进行挖潜；无井控制区域，未动用，可根据储量丰度钻新井或采取补孔措施。剩余油主要集中在前 3 种类型(表 1)。

表 1　风化店油田控制剩余油砂体分布类型统计

类　型	砂体个数	个数所占百分数/%	地质储量/10⁴t	储量所占百分数/%
主力砂体控制	322	35.15	2064.93	41.05
断层控制	161	17.58	1012.5	20.13
井网不完善控制	247	26.99	1499.74	29.81
无井网控制	186	20.28	453.09	9.01
合计	916	100	5030.26	100

3　层系重组经济井网论证

应用油藏工程方法在单砂层潜力评价的基础上论证层系重组的可行性，优化最佳的层系组合方案，创新长井段多层系砂泥岩互层油藏层系重组技术。平面上完善井网，注水井优先部署断块中央；依托工艺技术水平，注水井分层系注水，采油井能分则分。

3.1　层系重组论证

据油藏地质特点和纵向上层间水淹状况、压力保持水平和采出程度差异以及分注技术条件，重组注水开发层系。利用"半梯形多因素变权法"动态与静态指标结合，进行参数矢量化处理，计算开发层系专家权重，优先考虑：采出情况、地层含水、储层物性、地质储量，根据层系重组原则和综合因子相近者开发效果类似特征，进行层系组合。最终确定枣南孔一段 6 个单元 2 套层系，枣南孔二段 2 套层系，枣北孔一段 3 套层系，枣北孔二段 1 套层系。同时分析了小层内部渗透内部极差对吸水性的影响，吸水储层的极差主要集中在 1~5 之间，确定分注单层注水厚度不超过 30m，井段控制在 60m 内以内，分注层间距大于 3m。

3.2　重建井网技术对策研究

针对不同剩余油分布特点，采用钻新井、侧钻井、更新井、大斜度井等挖掘剩余油潜力，实施分注、卡层堵水、调剖调驱、重复压裂等技术手段部署井网。针对采出程度低、砂体发育的主力砂体，避开水线钻新井和老井恢复利用，实现整体动用。中小砂体结合大砂体井网，在剩余油富集区局部加密，老井恢复利用。剩余油富集厚层，部署水平井，增大钻遇油层范围，提高油层动用程度。油层单一、厚度较大、分布稳定的砂体，部署大斜度井增加泄油面积提高油层动用程度。利用老井侧钻，挖掘单井剩余油高值区的潜力。层系内分注提高油层动用程度。长期注水冲刷部分层形成高渗带、大孔道，进行调剖，增加波及系数。

4　二次开发方案研究与实施

4.1　二次开发方案部署

依据地质模型、剩余油分布及井网层系研究成果，以经济有效为原则部署多套二次开发方案，优化部署先导实施区块，为方案的整体实施奠定基础。共部署新井采油井 184 口(大斜度 5 口水平井 1 口)、注水井 91 口(大斜度 1 口)、侧钻井 20 口，进尺 62.95×10⁴m³、产能 41.09×10⁴t，共设计老井措施 318 井次。方案分 5 年实施，在二次开发完善井网基础上实施聚-表二元驱，进一步提高采收率 5%~8%。

4.2　实施效果

风化店油田在方案井位初步实施的情况下，水驱控制程度稳中有升、注采井网趋于完善、油层动用程度基本保持稳定、含水上升率略有上升、自然递减率呈下降趋势，开发形势保持了基本稳定。2015 年在剩余油相对富集区先期实施新井 5 口，进尺 1.58×10⁴m³，建产

能 $1.52 \times 10^4 t$，平均初期含水 60% 左右，效果较好。

5　结论

通过研究重构风化店油田地下认识体系、重建层系井网，形成孔南地区长井段砂泥岩互层油藏二次开发的配套技术方法，开发方案先导试验的成功不仅为风化店开发区稳产 $20 \times 10^4 t$ 提供了科技支撑，也为同类型油藏提高采收率起到先导示范作用。

应用油藏工程、数值模拟、动态监测等多方法落实剩余油潜力分布，动静态指标结合，重组开发层系，针对储层特点重建层系井网，深化储层非均质研究，制定层内细分注界限，指导二次开发方案编制，是改善长井段砂泥岩互层油藏进入高含水后期开发效果的的直接手段。

参 考 文 献

[1] 胡文瑞. 论老油田实施二次开发工程的必要性与可行性[J]. 石油勘探与开发，2008，35(1).

[2] 陶自强. 港西油田重建井网结构研究与应用[M]. 北京：石油工业出版社，2008.

[3] 江艳平. 复杂断块油藏地质建模难点及对策[J]. 断块油气田，2013，20(5).

利用低效井侧钻挖潜老油田剩余油策略及实践

金宝强，胡　勇，舒　晓，邓　猛

（中海石油(中国)有限公司天津分公司渤海石油研究院，天津 300450）

摘　要　随着渤海 Q 油田进入特高含水阶段，部分水平油井出现低产低效现象，考虑海上油田工程条件及经济性原则，实施低产低效井有效治理是一项非常重要的工作。通过统计分析，Q 油田油井低产低效主要原因是储层物性差、井筒出砂和高采出程度，根据剩余油分布采取开窗侧钻和同层侧钻方式挖掘井点附近或相邻层位剩余油，是恢复油井产能的一种"短、平、快"方式。根据海上疏松砂岩防砂方式选择标准及储层韵律特点，分析 Q 油田砂岩粒度中值及泥质含量数据表明，正韵律储层顶部的水平井采用砾石充填防砂方式为宜。Q 油田实施的 2 口侧钻井表明，老井侧钻适合海上油田低产低效井治理，且在实践中取得较好效果，具有较大的推广价值。

关键词　水平油井；低产低效；剩余油；开窗侧钻；同层侧钻；防砂方式

侧钻井作为一种油田增产手段已被广泛应用，特别是在油田开发中、后期，进一步实施井网调整的余地不断减小。为了提高采收率，充分挖掘井间剩余油，油井侧钻不断被推广、应用。老井侧钻较新井节约成本，较常规大修手段可以更为有效地恢复老井油气产量[1]，实现最佳投入产出比。

海上油田开发初期采用稀井网、大井距、多段合采的开采方式[2]，后期会根据油田特点进行井间加密、分层系等调整，提高油田采收率。受工程条件限制井轨迹在空间上呈现出"丛式"形态，后期再实施调整井通常存在难度大，加之平台井槽数有限，增加新井缺乏工程作业条件。近几年，受国际油价影响，经济效益成为油田开发重要的衡量指标，如何实现小投入大产出是国内外油田开发的主要目标。渤海 Q 油田针对油井低产低效现状，从分析原因出发，积极寻找应对措施，深入开展了 17 口低产低效井侧钻可行性分析，2 口井实践结果表明，开发效果好，是老油田挖潜剩余油的有效手段。

1　油田概况

Q 油田是一个大型海上复杂河流相砂岩油藏，其主要含油层位为明下段和馆上段。明下段为曲流河沉积，砂岩较为疏松，胶结程度低，平均孔隙度为 31.2%，平均渗透率为 $2133\times10^{-3}\mu m^2$，属高孔高渗储层，沉积以正韵律为主，储层顶部物性略差，油藏埋深 $-1380\sim-964m$，地下原油黏度为 $74\sim260mP\cdot s$。馆上段为辫状河沉积，砂岩较为疏松，胶结程度低，平均孔隙度为 32.3%，平均渗透率为 $3701\times10^{-3}\mu m^2$，属高孔高渗储层，沉积以复合正韵律为主，储层顶部物性略差，地下原油黏度为 $22\sim65mP\cdot s$。Q 油田 2001 年投入生产，早期开发采用定向井多层合采，含水上升快，产量递减快。2013 年，油田开展了大规模细

作者简介：金宝强(1979—)，男，河北承德人，硕士，2006 年毕业于成都理工大学矿产普查与勘探专业，主要从事油气田开发建设及油田生产管理工作。E-mail：jinbq@cnooc.com.cn

分层系水平井加密调整，共实施水平油井 163 口（占总井数的 48%），将定向井注水或转注，形成水平井采油定向井注水的五点井网。近几年，部分油井受储层物性差、出砂及高采出程度等因素的影响，逐渐出现低产低效的状况，对油田稳产造成较大影响。所以有必要需找有效的应对措施，恢复油井产能，改善油田开发效果。

2 油井低产低效原因分析

低产低效井是根据成本计算的效益界限与低产低效井界限共同确定的[3]。根据效益界限和现场操作，渤海油田通常将产量长期低于 $10m^3/d$ 的油井归为低产低效井。现场实践表明，一般由管柱、电泵及地面设备故障等原因造成油井低产低效，可以通过常规措施解决；但由储层物性、井点采出程度及井筒出砂等因素造成油井低产低效，常规措施效果不佳，老井侧钻成为一种"短平快"的解决方案。

2.1 水平段储层物性因素

通常由于水平井具有泄油面积大、生产压差小的优势，所以广泛应用于底水油藏的开发[4]。Q 油田储层为河流相沉积，具有正韵律沉积特点，正韵律砂体由下至上岩石粒度逐渐变细，物性逐渐变差，考虑底水油藏油柱高柱低（总体小于 20m），部分油井水平段通常设计在储层顶部（入储层 1~2m），油田的密闭取芯井 A31 证实，正韵律储层内部渗透率极差在 5~10 之间，储层顶部电阻率在 $10\Omega \cdot m$ 左右，泥质含量重，最高可达 40%（图 1），这类井生产上表现出液量不足、压力下降快的特点，后期提液效果不明显，开发效果较差。例如，馆陶组二段的 J30H1 井水平段入储层 0.6m，油柱高度 14m，水平段电阻率在 $10\Omega \cdot m$ 左右，水平段储层物性较差。该井 2014 年 9 月投产，初期日产油 60 m^3，投产后液量和油量递减快，压差达到 4MPa，无法进行提液，3 个月后油量快速递减到 $10m^3$ 以下，维持低产低效运行，生产实践表明，常规措施无法解决。

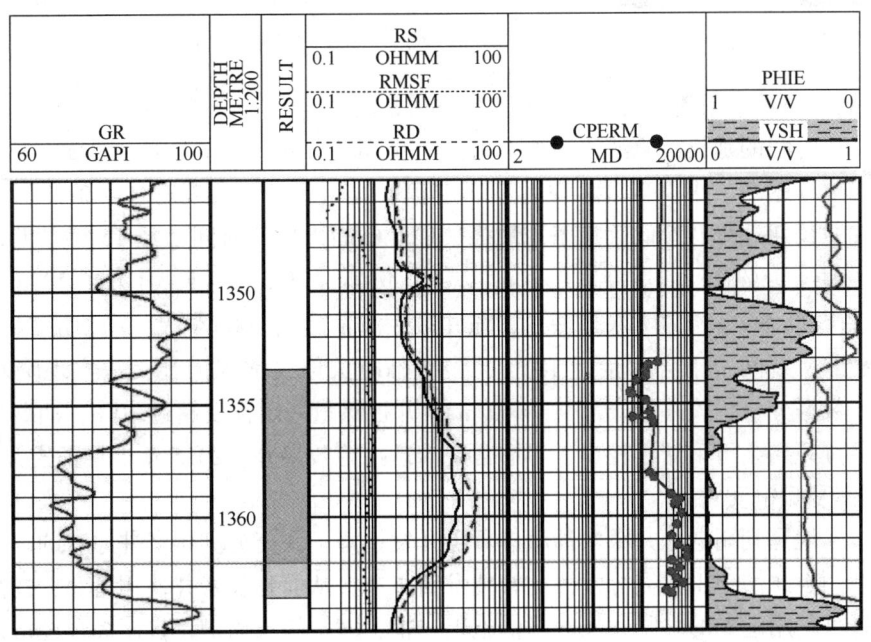

图 1 Q 油田密闭取芯井 A31 取芯段测井及岩芯分析图

2.2 油井出砂因素

出砂使得油井生产管理难度加大,作业工作量增大,生产成本上升[5]。对 Q 油田 112 口水平油井进行统计,58 口井有不同程度出砂,对油井出砂情况、生产特征并结合油藏特点进行了分析,主要原因有两点:1)Q 油田储层埋深浅,在海拔−1500m 以内,砂岩疏松,胶结程度差,且部分水平井水平段处在正韵律储层顶部,储层物性差,通常易造成出砂;2)油田水平油井普遍采用优质筛管简易防砂方式,无法形成地层与井筒的有效阻隔,随着油井生产,储层内部的微粒随流体开始运移到井筒中,长期聚集堆积造成砂埋,油井产量急剧下降,提液效果不佳,只能维持低产低效运行,当出砂量达到一定程度时,油井就会关停。例如,明化镇组的 J22H 井为水平分支井,该井 2014 年 9 月投产,初期日产油 40m³,投产后即有出砂现象,液量迅速降低到 20m³/d,压差达到 3MPa,2016 年 10 月出砂关停(图 2、图 3)。针对出砂井治理措施证实,检泵冲砂、环空补液、小筛管防砂等常规措施仅能短期缓解油井生产状况,但有平均效期在 3 个月左右,且每次措施效果逐步减弱。

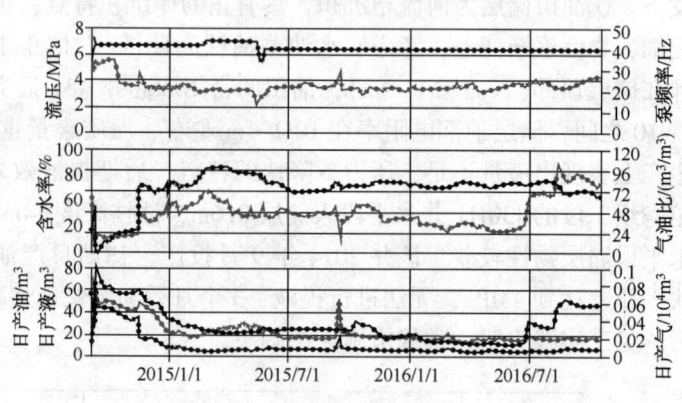

图 2 J22H 井出砂照 　　　　　　图 3 J22H 井生产曲线

2.3 油井高采出程度因素

随着生产时间的延长,原油逐渐被采出,油井含水率也会逐步增加,油藏中剩余油可采储量随含水上升逐渐减小,当含水率达到一定程度时,剩余油在现有技术条件下很难被采出,这种油井长期处于低产低效状态,最终关停。Q 油田生产时间已经 15 年以上,部分老井含水已经超过 98%,产油量维持在 10m³ 以下。例如,馆二油组 F33H 井于 2006 年 8 月投产,目前含水 99.5%,经过大泵提液后,该井最大液量达到 800m³/天,产量量 9m³/天,且效果越来越差,期间由于含水接近 100%,多次临时关停,常规措施无法实现降水增油效果,据生产数据分析,该井累产油 9.9×10⁴m³,井控储量采出程度超过 30%,油藏数值模拟分析认为井点处剩余可采储量较少,考虑常规治理措施效果差,2015 年 1 月正式关停。

3 治理对策及侧钻实践

侧钻技术就是利用老井井眼对油藏进行再开发挖潜,并充分利用老井原有的一些采输设备,使原井的生产潜力得以充分发挥的新技术新工艺,从而延长老井使用寿命,提高原油产量,同时还可利用老井的井眼大幅度降低施工成本,缩短施工周期,提高综合经济效益。由储层物性差、出砂及高含水等因素影响,造成油井低产低效,需根据井点处剩余油情况,结合最佳的防砂方式,选择合理的侧钻方式。

3.1 套管开窗侧钻

套管开窗侧钻是老井再开采，事故井处理普遍采用的工艺技术，为老油田增产. 新钻井施工成功提供了技术支持[6]。对于高含水、剩余可采储量较少的油井，投入产出比较低，经济性差，需要结合油藏及储层情况，需寻找新的井位，采取套管开窗侧钻的方式治理低产低效井。针对馆二油组 F33H 井高含水、高采出程度的情况，结合井轨迹方向及潜力井位位置，设计利用 F33H 井套管开窗侧钻至馆一油组 F33H1 井位（图4），设计初期日产油 $45m^3$，较侧钻前增油 $45m^3$，预计累产油 $8.2×10^4m^3$。

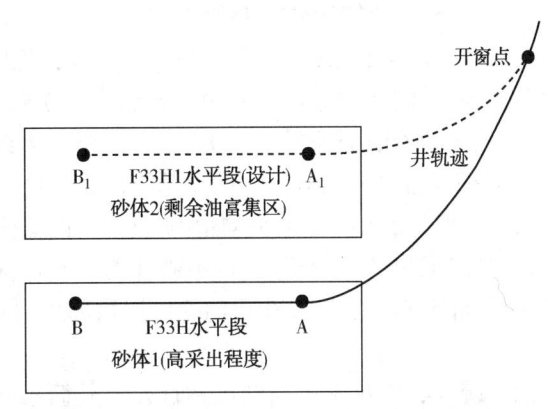

图 4　F33H 井开窗侧钻示意图(设计)

3.2 同层侧钻

同层侧钻是悬空侧钻的一种，通常针对水平油井来说，侧钻层位与老井相同，侧钻点在水平段根部，不需要套管开窗，拔除一段筛管后，回填水平段，直接将钻具提至侧钻点(水平段根部)进行施工，这种方式能大大减少所需时间，降低钻井成本[7]。

钻遇储层物性差造成低产低效的油井产液量低，压差大，无法进行提液等常规措施，采出程度较低，井点附近剩余油富集。该类低产低效井需结合地质认识重新设计井轨迹，使水平段处于较好储层位置，增强泄油能力，释放油井产能。针对 J30H1 井实钻情况，分析认为该井入储层深度较小，水平段钻遇储层物性差。结合地质认识设计将 J30H1 井同层侧钻，水平段根部与老井相同，指部设计加深 5m 左右，使水平段尽量多钻遇优质储层[图5(a)]。2016 年 12 月，J30H2 井同层侧钻证实，水平段后半段电阻率达到 $20Ω·m$ 以上，储层物性好，初期日产油 $45m^3$，日产液 $600m^3$，日增油 $35m^3$。

井筒出砂造成低产低效的油井生产压差大，液量和油量递减快，很快就维持低产低效生产，出砂严重的井会造成关停，油井产油量较少，地下剩余油富集。现场常规措施治理说明，优质筛管简易防砂井治理有效期短，且效果越来越差，侧钻是该类井的最优治理方案。针对 J22H 井生产特征及出砂情况，认为该井出砂原因主要为防砂方式不合理，设计该井同层侧钻，侧钻水平段轨迹与原轨迹扭 10°方位角[图5(b)]，完井方式改为砾石充填防砂。2016 年 12 月，J22H1 井同层侧钻实施并投产，平均初期日产油 $65m^3$，日增油 $65m^3$。

3.3 防砂方式选择

根据邓金根等对中国四大海域典型疏松砂岩储层特性统计分析及四大海域不同防砂方式下的产能评价结果，同时以室内大量不同防砂方式下的出砂模拟试验为依据，提出了防砂方式选择的 4 个主要参数初步定量了国内海上疏松砂岩油田防砂方式选择的参考标准：（1）d_{50}

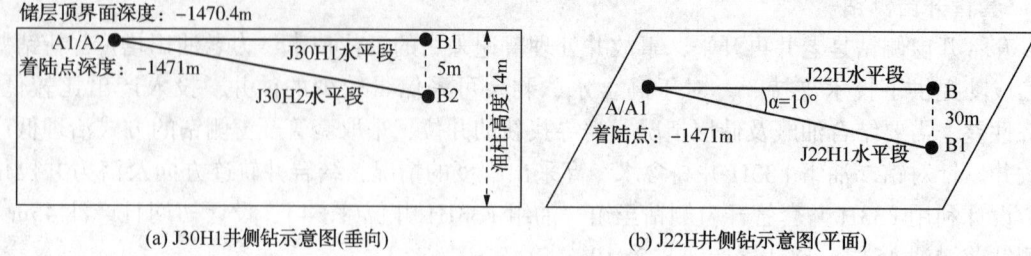

(a) J30H1井侧钻示意图(垂向)　　　　　(b) J22H井侧钻示意图(平面)

图5　低产低效井同层侧钻模式图

$<50\mu m$，砾石充填；（2）$50\mu m \leqslant d_{50} \leqslant 250\mu m$：泥质含量$V_{sh}<10\%$，优质筛管；泥质含量$V_{sh}>$
25%，砾石充填；$10\% \leqslant$泥质含量$V_{sh} \leqslant 25\%$：当蒙脱石含量小于7%，优质筛管；当蒙脱石含量大于10%，砾石充填；当蒙脱石含量在$7\% \sim 10\%$之间，属于边界区域，由出砂模拟试验确定[8]。统计Q油田14口探井岩芯分析数据，明化镇组砂岩粒度中值为$100\mu m$，馆陶组砂岩粒度中值为$170\mu m$[9]，主力砂层泥质含量平均值为11%，正韵律储层顶部物性差，泥质含量最高可达40%左右，易造成出砂，油田58口出砂井的实际情况也证实了这一点。砂岩粒度中值及泥质含量数据分析表明，水平段在正韵律储层顶部采用砾石充填防砂为宜。

4　结论

（1）通过112口水平油井统计，指出水平段储层物性差、井筒出砂和高采出程度因素是造成的油井低产低效的主要原因，侧钻是恢复油井产能的最有效的效治理手段。

（2）开窗侧钻及同层侧钻是海上油田常用的两种侧钻方式，老井井点处剩余油富集程度是确定合理侧钻方式的关键，考虑砂岩粒度中值、泥质含量及水平油井生产状况，建议Q油田正韵律储层水平油井采用砾石充填防砂。

（3）研究成果在J22H1和J30H2井侧钻中进行了应用，实践证实增油效果明显，具有较好的现场推广应用价值。

参 考 文 献

[1] 夏惠芬. 利用已钻井和卡箍式加密井提高采收率[J]. 国外油气田工程，2001，8(8)：52-55.

[2] 苏彦春，李廷礼. 海上砂岩油田高含水期开发调整实践[J]. 中国海上油气，2016，28(3)：83-90.

[3] 何奉朋，李书静，张洪军，等. 安塞油田低产低效井综合治理技术研究[J]. 石油地质与工程 2009，23(6)：62-68.

[4] 曾晓晶，同登科. 水平井水平段最优长度设计方法改进[J]. 石油勘探与开发，2011，38(2)：216-220.

[5] 白延峰. 石油沟油田出砂机理研究及防砂方法优选[J]. 内蒙古石油化工，2010，24：181-182.

[6] 陈财政，张强，许磊. 苏东15-36H井大斜度段开窗侧钻技术[J]. 中国石油和化工标准与质量，2012，32(5)：137-138.

[7] 马庆涛，范光第，刘程，等. 悬空侧钻技术在常规水平井中的应用[J]. 钻采工艺，2016，39(3)：1-3.

[8] 邓金根，李萍，周建良，等. 中国海上疏松砂岩适度出砂井防砂方式优选[J]. 石油学报，2012，33(4)：676-680.

冀东高温低渗油藏注水井压裂增注技术

卢军凯，吴　均，颜　菲，徐建华，刘　鼐

（冀东油田分公司钻采工艺研究院）

摘　要　冀东油田低渗油藏储层物性差，注水开发难度大，需要通过注水井压裂改造，实现低渗透储层有效注水。注水井压裂返排率平均48.7%，未返排破胶液和残胶会进一步降低储层基质渗透率，影响注水井压裂效果。针对水井压裂伤害、效果差等问题，开展水井压裂设计优化、弱交联低伤害胍胶压裂液体系优化、胍胶压裂液残胶复合降解技术和VES表活剂型清洁压裂液试验研究及技术推广，千方百计减少水井压裂对低渗透储层造成伤害，改善冀东油田低渗油藏注水开发效果。

关键词　注水井；压裂；生物酶；VES；效果评价

冀东油田高温低渗油藏埋深（3.0~3.9km），储层物性差［(5.7~43.8)×10^{-3}μm^2］，平面和层间非均质强，孔喉结构复杂，天然裂缝不发育，给油田注水开发带来极大困难[1~3]。油田针对低渗储层水井注水效果差的问题，开展地面增压注水试验，解决了部分断块注不上水的问题，但由于层间物性差异大，部分增注井出现单层突进，影响注水开发效果；同时也开展了酸化增注实验，整体效果较差（有效率61%）、有效期短（平均21天），无法满足低渗储层能量补充的急切需求。2014年针对低渗储层实施注水井压裂，达到补充储层能量，改善油层动用状况，降低油井产量递减的目的[4]。

1　注水井压裂增注机理分析

注水井压裂增注机理和油井压裂增产机理相似，都是通过压裂形成具有一定几何尺寸和高导流能力的支撑裂缝，降低井底附近地层中流体的渗流阻力，增大裂缝到储层渗流面积，"缩短"油水井有效距离。

但是，注水井压裂和油井压裂相比又有明显区别，主要体现在压后返排和生产方式上。油井压后返排采用放喷排液、气举排液或下泵排液，返排率能达到95%；压后采油，在生产压差作用下，裂缝趋于闭合，为确保产量，裂缝规模通常设计较大，采油过程将压裂液不断返排出，储层伤害相对较小。水井压后以放喷排液为主，返排率平均48.7%；压后注水，在注水压力作用下，裂缝趋于开启，裂缝尺寸相比油井设计小一些，同时破胶液随注水进入储层深部，对储层造成更大伤害。

因此，通过注水井压裂优化设计、低伤害胍胶压裂液体系、生物酶复合破胶、表活剂型清洁压裂液等研究及应用，千方百计减少水井压裂过程中对低渗透储层造成的伤害，提高注水井压裂增注效果。

作者简介：卢军凯（1984—），男，工程师，2010年毕业，中国石油大学（北京），油气田开发工程，从事油气田压裂技术研究工作。E-mail：lujunkai@ petrochina. com. cn

2　注水井压裂技术

2.1　注水井压裂优化设计

2.1.1　水力裂缝长度优化

人工裂缝缝网构建容易受到现有井网分布的制约，在设计水井人工裂缝尺寸时，充分考虑井距和最大水平主应力方向耦合关系。通过黑油模型数值模拟研究，注水井裂缝半长超过40m后对方案影响不大，且仅在 $K<5\times10^{-3}\mu m^2$ 时有影响，通常水井裂缝尺寸设计40~60m。

2.1.2　泵注程序优化

压裂施工中按不同泵注阶段，压裂液主要分为前置液、携砂液和顶替液，前置液用于压开地层和延伸扩展裂缝，携砂液用于进一步扩展裂缝和输送支撑剂。针对低渗透储层水井压裂，在前置液阶段用线性胶替代冻胶造缝，减少冻胶用量45%，降低冻胶对储层造成的伤害。通过 FracproPT 压裂设计软件进行参数优化，前置液阶段注1-2段砂比为5%~8%段塞，打磨井眼附近扭曲裂缝，能降低2~5MPa摩阻。优化砂液比，起步砂液比由5%提高至8%，砂液比阶梯由3%提高至4%~5%，平均砂液比由14%提升至20%，进一步减少冻胶用量。

2.2　低伤害胍胶压裂液体系

2.2.1　压裂液对储层伤害因素分析

通过电镜扫描不同压裂破胶液驱替后的岩样断面，发现低浓度胍胶压裂液储层伤害主要因素是残胶、残渣物理堵塞造成的，而聚合物型压裂液储层伤害主要因素是高分子聚合物残留在孔隙及岩石表面的吸附滞留造成的。

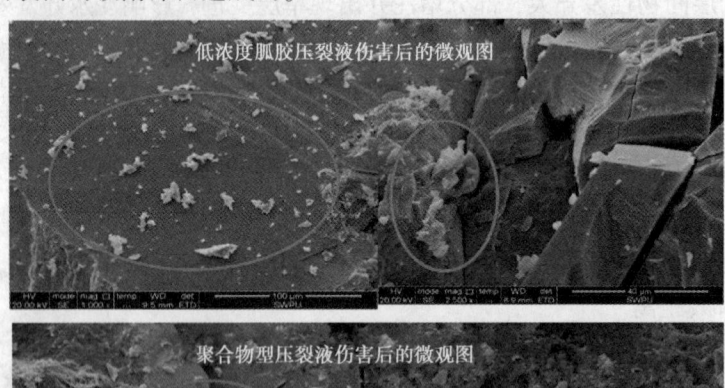

图1　不同类型压裂液伤害后微观图

选取气测渗透率 $(10.8~18.8)\times10^{-3}\mu m^2$ 的标准岩样，抽真空后用 KCl 盐水饱和，用 KCl 盐水驱替测试水相渗透率 K_{w1}，利用破胶后的压裂清液反向驱替10PV，再用 KCl 盐水反向驱替测岩芯伤害后渗透率 K_{w2}，通过伤害率 I_{r1} 评价压裂液对储层造成的伤害。

表1 不同类型压裂液岩芯伤害实验

岩芯编号	Φ/%	K_g/mD	K_{w1}/mD	K_{w2}/mD	I_{r_1}/%	液体类型
3-2	15.38	10.80	1.69	1.23	26.80	低浓度胍胶压裂液
4-1	12.82	12.13	3.93	2.62	28.60	
3-2	13.57	12.12	4.27	2.84	33.47	聚合物型压裂液
1-2	12.43	18.85	4.12	2.19	46.84	

低浓度胍胶压裂液对岩芯伤害率平均27.3%，比聚合物型压裂液对低渗储层伤害小，因此淘汰聚合物型压裂液，水井压裂主要采用胍胶压裂液体系。

2.2.2 低浓度胍胶压裂液优化

针对低渗透水井压裂，最大程度降低压裂液对储层的伤害至关重要。通过优化胍胶压裂液配方，减少稠化剂（低0.05%）和交联剂（0.1%）用量，形成弱交联低伤害压裂液体系，在满足携砂性能前提下，大幅降低压裂液残渣伤害。通过室内岩芯伤害评价实验，弱交联低伤害胍胶压裂液对岩芯伤害率平均19.1%。

表2 弱交联低伤害胍胶压裂液岩芯伤害实验

岩芯编号	Φ/%	K_g/mD	K_{w1}/mD	K_{w2}/mD	I_{r_1}/%	液体类型
6-1	13.01	15.51	6.78	5.18	23.60	弱交联低伤害胍胶压裂液
6-2	13.36	18.96	4.11	3.51	14.59	

2.2.3 生物酶复合降解

水井压后放喷返排，平均返排周期7天，最终返排率平均48.7%，投注后未返排的破胶液会进入储层深部，对储层造成更大伤害。通过胍胶压裂液残渣实验，0.01%APS破胶后残渣319mg/L，0.008%生物酶破胶后残渣164mg/L，0.008%生物酶+0.005%APS破胶后残渣133mg/L，通过APS和生物酶复合降解，胍胶压裂液残渣含量最低，见图2。

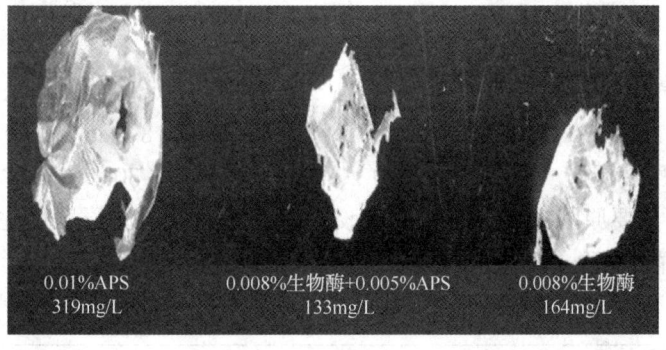

图2 复合降解技术残渣含量对比

通过岩芯伤害实验，APS破胶后岩芯渗透率恢复到70.5%，注入生物酶后，岩芯恢复率为88.9%，恢复水相渗透率18.4%，见图3。因此可采用压裂注水后，伴注生物酶或注入生物酶段塞等方式，降低水井压裂残渣伤害，恢复低渗透储层水相渗透率。

2.3 VES表活剂型清洁压裂液体系

针对小于$20\times10^{-3}\mu m^2$的特低渗储层水井压裂，建议使用VES表活剂型清洁压裂液，减少储层伤害。VES 表活剂型清洁压裂液分子间靠化学键结合成胶,不使用交联剂和破胶剂,遇油气破胶自动破胶,不含任何聚合物,无水不溶物,残渣含量为零。地层多带负电,阳离子活性剂进入地层后极易吸附于孔隙表面,使孔喉半径变小,依据同性相斥的的原则,阴离子表面活性剂压裂液更易返排,降低伤害。通过岩芯伤害实验,优选出双生阳离子型 VES 表活剂型清洁压裂液。

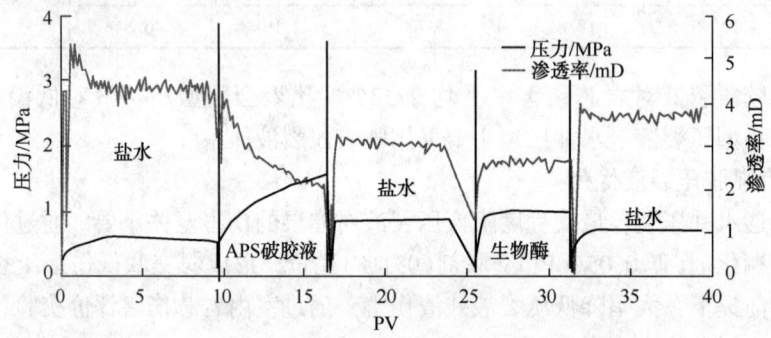

图 3   复合降解技术岩芯伤害实验

表 3   不同压裂液体系压裂液滤液岩芯伤害实验

压裂夜体系		岩芯编号	伤害前渗透率/$K_1/\mu m^2$	伤害后渗透率/$K_2/\mu m^2$	伤害率/%
VES 表面活性剂	双生阳离子型	A-111	0.43	0.39	9.84
	复合阳离子型	A-92	1.95	1.49	23.60
疏水缔合物	在线型	A-72	2.80	1.76	37.60
	乳液型	A-62	2.10	1.43	32.10
	干粉型	A-144	1.00	0.77	23.00
低浓度胍胶体系		A-88	1.60	1.26	21.30

3   应用情况

3.1   生物酶复合降现场试验

高尚堡 X 井,井深 3500~3600m,储层渗透率$(1.1~13.8)\times10^{-3}\mu m^2$,该井高压欠注,2016 年 11 月实施压裂措施,压后注水压力 27.5MPa,日配注 30m³,日注水 18m³,压裂增注效果较差,分析主要原因为胍胶压裂液破胶不彻底影响低渗储层压后注水效果。2016 年 12 月开展生物酶解堵试验,焖井 48 小时后注水,初期注水压力 13.9MPa,日注水 30m³,有效降压增注 5 个月,累计增注 6000m³。

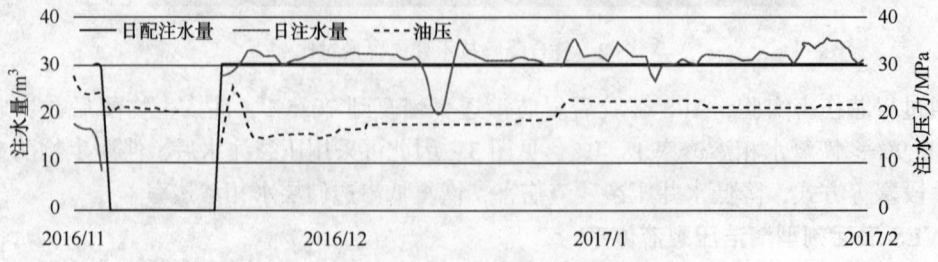

图 4   X 井生物酶复合降解试验注水效果

3.2 注水井压裂效果

2014 年底，在南堡 403X1、高 12、高 94 和高 5 等 12 个断块实施注水井压裂，截止 2016 年 8 月，共计实施水井压裂 42 口，压后正常注水 33 口，其中老井 26 口，累计增注 263 天，累计增注量 $6.87×10^4 m^3$，7 口新井压裂投注，累计注水 441 天，累计注水量 $3.56 ×10^4 m^3$。

4 结论及建议

采用"线性胶造缝+冻胶加砂"压裂工艺，减少冻胶用量，减少压裂液残渣对低渗储层造成伤害，有效增长水井压裂有效期。

水井采用常规胍胶压裂液施工后，建议采用生物酶复合降解技术，伴注生物酶或注入生物酶段塞，降低水井压裂残渣伤害。

针对小于 $20×10^{-3} \mu m^2$ 的特低渗储层水井压裂，建议使用 VES 表活剂型清洁压裂液，减少储层伤害。

参 考 文 献

[1] 姚洪田，周洪亮，窦淑萍，等. 低渗透油藏注水井有效压裂技术探索[J]. 特种油气藏，2014(01).

[2] 才博，丁云宏，卢拥军，等. 提高改造体积的新裂缝转向压裂技术及其应用[J]. 油气地质与采收率，2012(05).

[3] 尚文涛. 榆树林特低渗透油田注水井清水压裂技术研究[J]. 中国石油和化工标准与质量，2012(04).

[4] 许志赫，吴均，姚飞，等. 柳北低渗区注水井压裂增注技术[J]. 石油钻采工艺，2007(03).

[5] 李宪文，凌云，马旭. 长庆气区低渗透砂岩气藏压裂工艺技术新进展[J]. 天然气工业，2011，2(31)：20-24.

[6] 凌云，李宪文，慕立俊. 苏里格气田致密砂岩气藏压裂技术新进展[J]. 天然气工业，2014，11(34)：66-72.

[7] 春兰，何骁，向斌. 水力压裂技术现状及其进展[J]. 天然气技术，2009，1(3)：44-47.

[8] 李文洪，王吉文. 分层压裂工艺技术研究[J]. 吐哈油气，2006，3(11)：258-274.

[9] 王晓泉，丛连铸. 分层改造中压裂液优化研究[J]，钻井液与完井液，2007，2(24)：60-62.

[10] 刘彝，李良川，刘京. 低浓度胍胶压裂液在高温大斜度井中的应用研究[J]. 钻采工艺，2015，4(40)：89-92.

[11] 谢远伟，李军亮，廖锐全. 压裂井裂缝参数优化研究[J]. 断块油气田，2010，17(6)：762-764.

[12] 李勇明，赵金洲，岳迎春. G43 断块油藏整体压裂技术研究与应用[J]. 断块油气田，2010，17(5)：611-613.

稠油老区水平井分层开发技术研究与应用

于俊宇

（中油辽河油田公司，辽宁盘锦 124109）

摘 要 曙光油田以稠油开发为主，其中薄互层稠油油藏储量占稠油总储量的 68%，目前采出程度高、吞吐周期高、剩余可采储量开采难度大，加之开发成本逐年上升，如何高效开发稠油老区成为各大油田开发的难题之一。杜 48 块是薄互层稠油油藏的典型区块之一，1987 年投入开发至今已 30 余年，可采储量采出程度为 74.3%，其中主力储层杜 I ～杜 III 可采储量采出程度 89.4%，而上覆油层杜 0 组储层物性差、原油黏度高，可采储量采出程度仅有 7.5%，长期未得到有效动用。科技人员创新开发思维，运用多种技术手段，按照"分层开发"的理念，精细地质体刻画及追踪储层展布，深入开展二次评价，成功构建分层开发井网，运用水平井分层开发技术，新增动用地质储量 $376×10^4$t，新增可采储量 $105×10^4$t，使稠油老区难采储量得到高效开发。

关键词 曙光油田；分层开发；水平井技术

1 研究背景

1.1 地质概况

杜 48 块位于曙一区北部，辽河断陷西斜坡中段，开发层系为第三系沙河街组四段杜家台油层，含油面积 $3.5km^2$，有效厚度 31.02m，地质储量 $1689×10^4$t，可采储量 $358×10^4$t，为典型的薄互层状稠油油藏（图 1、图 2）。

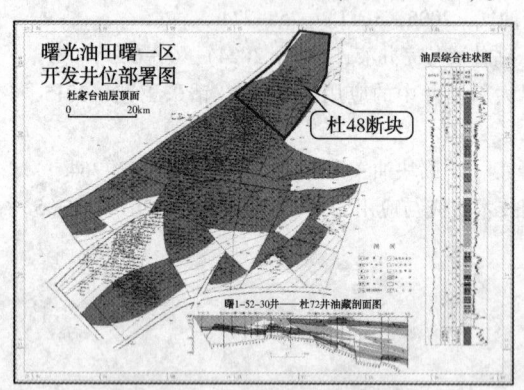

图 1 曙一区开发井位部署图

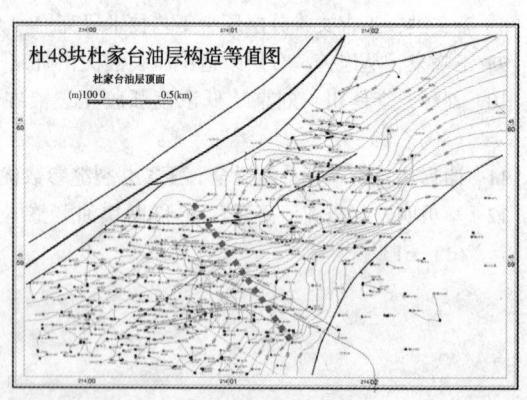

图 2 杜 48 块油层构造图

区块构造为一个北西向南东倾斜的单斜构造，地层倾角 7°～14°，油藏埋深 850～1350m。储层是在斜坡缓慢抬升背景下，超覆形成的三角洲前缘沉积，岩性为砂砾岩及不等

作者简介：于俊宇（1981—），男，中级工程师，2009 年毕业于长江大学勘查技术与工程专业，现从事油田稠油开发研究工作。E-mail：yujy3@ petrochina. com. cn。

粒砂岩，孔隙度 28.1%，渗透率 555×10^{-3} μm^2，属高孔中渗储层（图3、表1）。

表1 油藏基本情况表

含油面积	地质储量	可采储量	油藏埋深	有效厚度	孔隙度
3.5km^2	1689×10^{4}t	315×10^{4}t	850~1350m	31.02	28.10%
渗透率	含油饱和度	原油黏度	原油密度	原始地层压力	目前地层压力
0.555μ$_2$	64.20%	3593mPa·s	0.9492g/cm^3	10.23MPa	1.2MPa

1.2 开发历程

杜48杜家台油层于1987年10月采用100m正方形井网投入开发，共经历了上产阶段，稳产阶段，递减阶段和二次开发阶段（图3）。

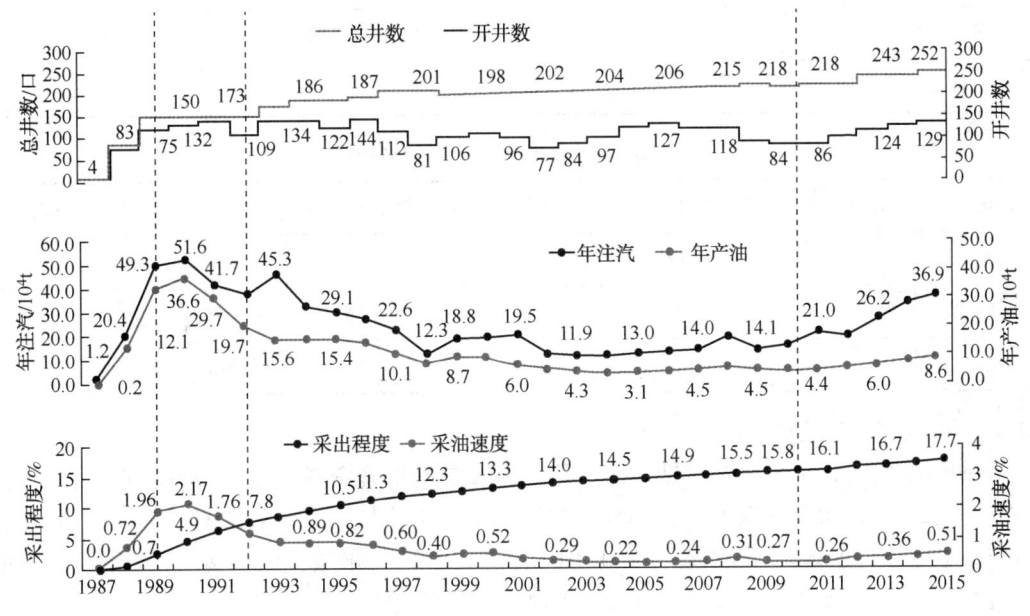

图3 杜48块开发历程图

上产阶段（1987~1989年）：杜48块杜家台油层于1987年10月开始投入开发，年产油迅速上升到33×10^{4}t，采油速度达到了1.96%，年注汽49.3×10^{4}t，年油气比0.67。

稳产阶段（1990~1992年）：杜家台油层进入稳产阶段，年产油最高为36.6×10^{4}t，1992年，杜48块年产油下降到19.7×10^{4}t，年注汽37.6×10^{4}t，年油气比0.52。

递减阶段（1993~2010年）：杜家台油层进入了递减阶段，一直到2010年底，年产油从19.7×10^{4}t下降到4.5×10^{4}t，采油速度下降到0.24%，年注汽15.3×10^{4}t，年油气比只有0.3。

二次开发阶段（2011~今）：阶段共实施油井49口，其中水平井26口，年产油由4.2×10^{4}t上升到8.6×10^{4}t，采油速度从0.25%上升到0.51%。

1.3 开发现状

截止到2016底，杜48块总井数254口，开井数113口，日产油163t，单井日产油

1.3t,采油速度0.51%,采出程度17.7%,累产油301×10⁴t,累注汽687×10⁴m³,累计油气比0.4。

1.4　杜0组未动用主要因素

投入开发以来,杜48块可采储量采出程度达到74.3%,而其上覆的杜0组可采储量采出程度只有7.5%(表2),其生产效果差的主要原因是杜0组(孔隙度26%,渗透率350×10⁻³μm²,地面脱气原油黏度9731mPa·s)对比下覆油层组油藏条件相对较差(表3),导致杜0组开发难度大,重视程度相对较低,主要体现在4个方面。

表2　杜48块杜0组与杜Ⅰ～Ⅲ采出程度对比图

油层组	地质储量/10⁴t	可采储量/10⁴t	采出程度/%	可采储量采出程度/%
杜0组	311	66	1.6	7.5
杜Ⅰ～Ⅲ	1378	292	18.9	89.4
对比	1067	226	17.3	81.9

表3　杜48块杜0组与杜Ⅰ～Ⅲ物性对比图

油层组	孔隙度/%	渗透率/10⁻³μm²	含油饱和度/%	泥质含量/%	密度/(g·cm³)	黏度/(mPa·s)
杜0组	26	350	60	11.7	0.9402	9731
杜Ⅰ～Ⅲ	29	959	65	9.6	0.9576	1832
对比	3	609	5	-2.1	0.0174	-7899

1.4.1　构造研究不精细

早期对构造的认识主要基于钻、录、测资料及二维地震资料,地震资料品质差、分辨率低导致对储层发育状况认识不清,部分油井储层解释结论与生产结果偏差较大,例如:区块曙1-50-021、曙1-50-020和曙1-50-019井测井解释为水层,而构造低部位的曙1-50-018井杜家台解释为油层,与正常油水分布规律相违背(图4、图5)。

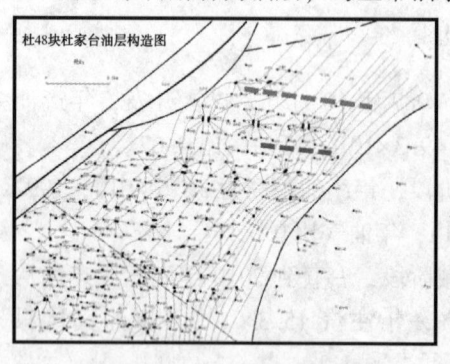

图4　杜48块构造等值图

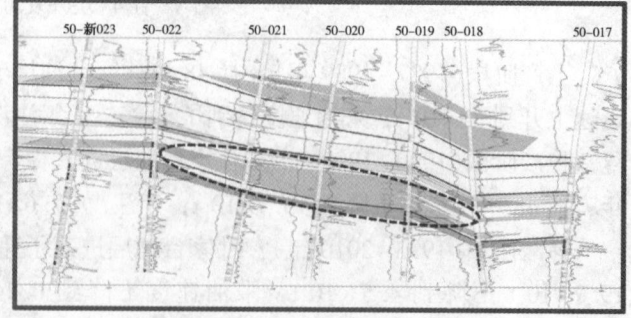

图5　杜48块北部油藏剖面图

另一方面,区块整体构造平缓,但局部落差较大,不符合区块整体构造背景,可能存在次级断层。例如,曙1-52-026～曙1-52-017剖面,倾角在曙1-52-022处有较大变化,推测该部位可能存在断层(图6)。

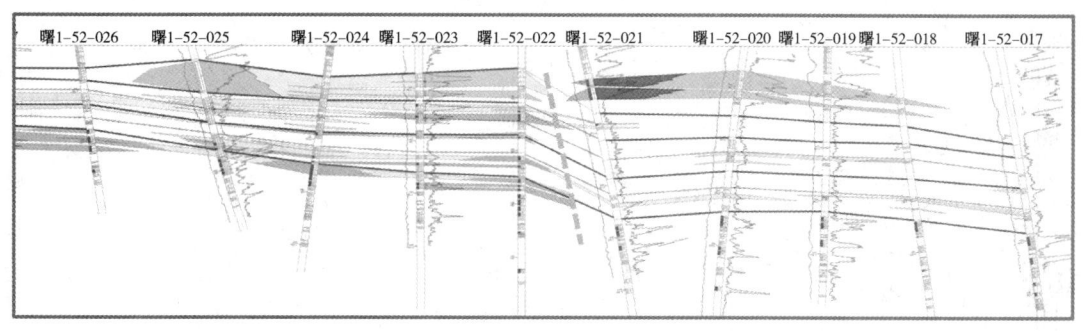

图 6　杜 48 块油藏剖面图

1.4.2　砂体展布不清晰

杜 0 组纵向上发育多套小层，多年来仅研究过整体的油层展布状态，而对各小层的砂体展布及油层发育状况并不了解(图 7)。

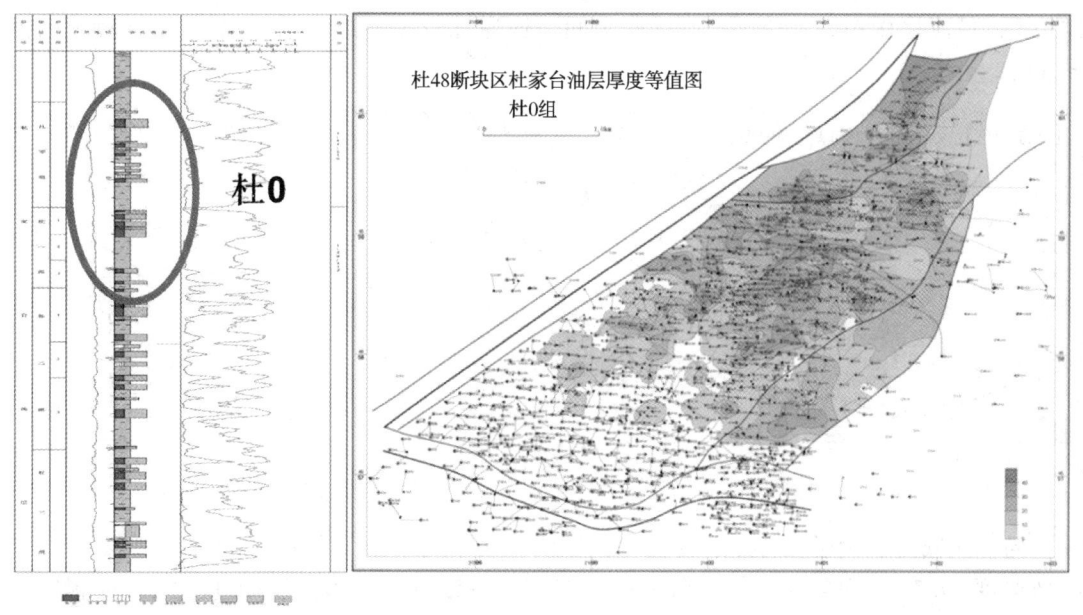

图 7　杜 48 块杜 0 组纵向发育情况和油层发育图

1.4.3　油层产能不落实

早期试采的 15 口井地层压力系数均在 1 左右，但周期产量只有 317t，周期日产油不到 4t，油气比只有 0.19，与杜Ⅰ~杜Ⅲ相比差距较大。

2009 年 10 月试采的曙 1-53-021 井，压力系数达到 0.91，但是周期产量只有 155t，2008 年 11 月试采的曙 1-51-25 井，压力系数也高达 1.02，但周期产量只有 321t(图 8、图 9)。与射开相同厚度和层数的杜Ⅰ~杜Ⅲ相比，曙 1-53-021 井周期产油量从 1328t 下降到 155t，油气比从 0.56 下降到 0.09，都相差很多，证明杜 48 块杜 0 组具有一定的产能，需要继续落实。

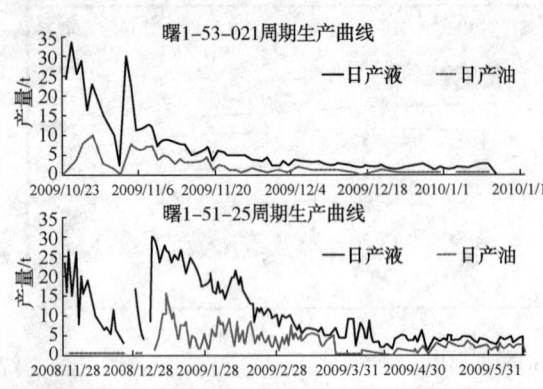

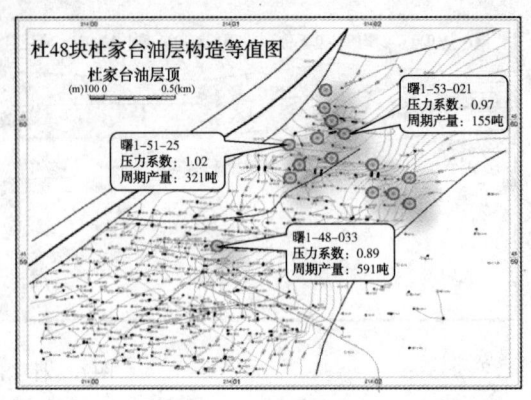

图 8　典型井周期生产曲线　　　　　　　图 9　典型井位图

1.4.4　开发井网不匹配

杜 48 块区杜 0 组油层受砂体和物性控制，平面及纵向分布极不稳定，最大厚度是 64.3m，最薄是 0.6m，一般在 5~15m 之间，连通性较差，连通系数只有 56.5%（图 10、图 11）。

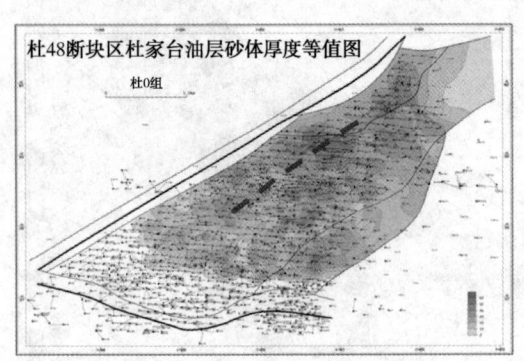

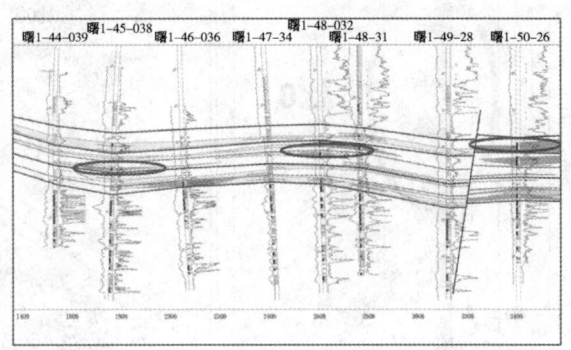

图 10　杜 48 块杜 0 组砂体厚度图　　　图 11　平面分布不连续剖面图

局部区域由于储层发育差、物性差，导致有效厚度减少，曙 1-52-022 井杜 0 组油层有效厚度 29.5m，而与其相距不到 200m 处的曙 1-52-020 井油层厚度仅为 2.9m（图 12、图 13）。

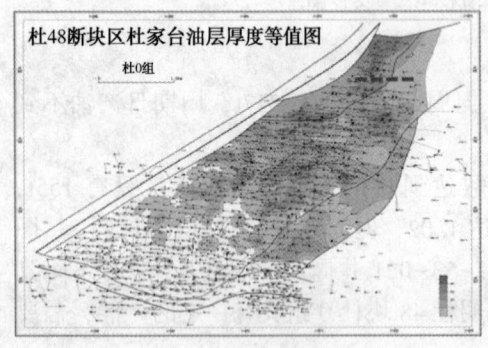

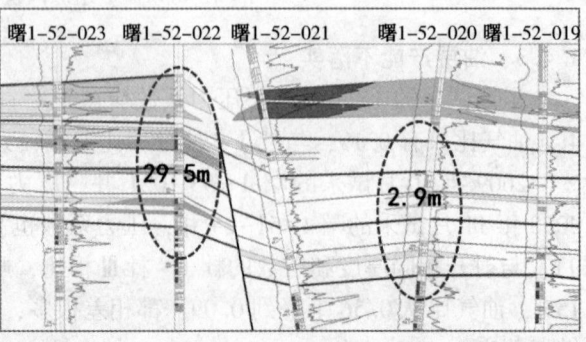

图 12　杜 48 块杜 0 组油层厚度图　　　图 13　纵向上油层厚度对比图

由于油层存在平面分布的不连续性和厚度差异大，直井无法动用薄油层储量，无法形成有效的开发井网。

2　水平井分层开发技术研究

近年来，随着直井、水平井技术的不断完善，我们研究了新的思路解决开发中遇到的问题，同时对构造、砂体、产能、井网进行精细研究并成功应用了水平井分层开发井网。

2.1　应用多种技术精细刻画构造

地质体认识是否符合客观实际，是区块分层开发能否成功的基础。新技术、新方法为深化地质体的认识提供技术支持。

2.1.1　地层划分

在精细地层对比研究的基础上，运用日趋完善的地震技术，将杜 0 组油层划分为 3 个砂岩组、5 个小层(表 4)。

表 4　杜 0 组油层精细划分表

油层组	杜 0				
砂岩值	杜 0_1	杜 0_2		杜 0_3	
小层	杜 0_1^1	杜 0_2^1	杜 0_2^2	杜 0_3^1	杜 0_3^2

2.1.2 构造认识

近几年来，由于地震采集、处理和解释技术的提高，高分辨率的地震技术得到广泛应用，形成了一整套成熟的构造解释技术。根据区块主体与边部钻井资料完善不同，采取主体区域以钻井资料为主，参考地震资料；边部区域以三维地震资料为主，辅以钻井资料两相结合的研究方法。以这样的研究思路，满足了精细油藏描述(图 14)。

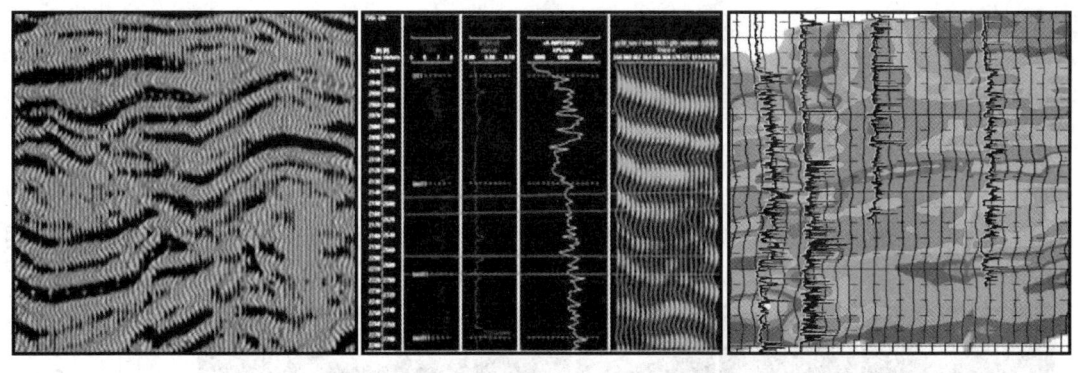

图 14　各种先进技术的应用图

通过在区块主体区域建立主干剖面 31 条，结合三维地震资料，认为区域内部发育一条北西-南东走向的次级断层。

同时，区块北部井控程度低，钻录测资料较少，无法通过常规手段落实边界断层，而通过精细三维地震资料解释，对北部边界断层有了新的认识，原有北部断层位置向北偏移(图 15~图 17)。

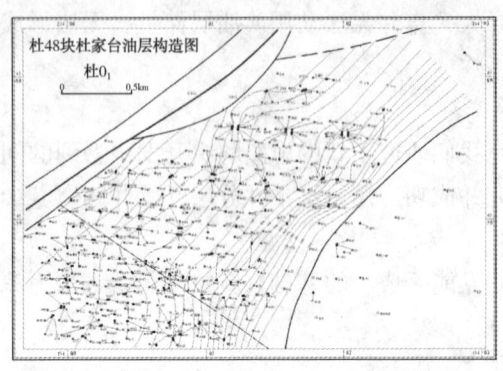

图 15   杜 48 块原构造图

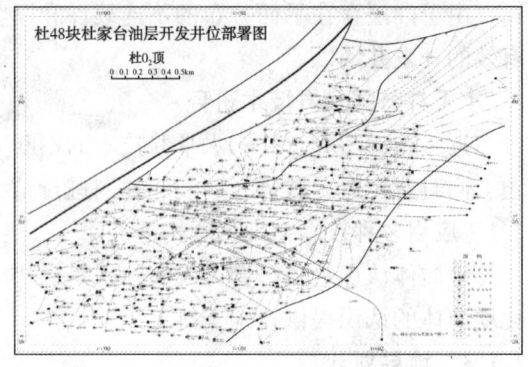

图 16   杜 48 块新认识构造图

曙1-51-028井~曙1-51-017 油藏剖面图

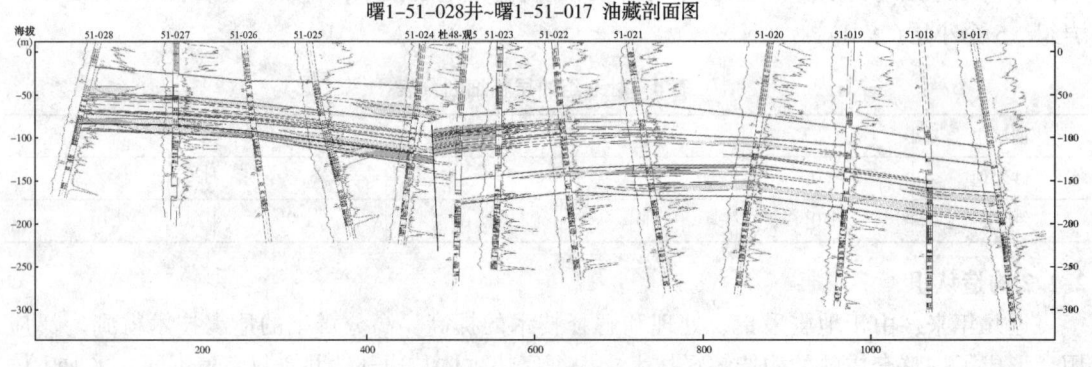

图 17   杜 48 块地震精细解释前后构造

2.2   利用小层对比追踪储层展布

2.2.1   砂体展布特点

边部井距相对较大，利用测井资料追踪储层困难较大，而地震资料的准确性有待证实，因此引入合成地震记录尤为必要。合成地震记录是用声波测井或垂直地震剖面资料经过人工合成转换成的地震记录，作为连接测井资料和地震资料的桥梁，使抽象的地震数据与实际的地质模型连接起来，为地震资料的可靠性提供了依据(图 18)。曙 1-54-023 井合成人工地震记录显示，三维地震解释与测井解释基本吻合，证实了应用三维地震资料预测储层展布的可行性及准确性。

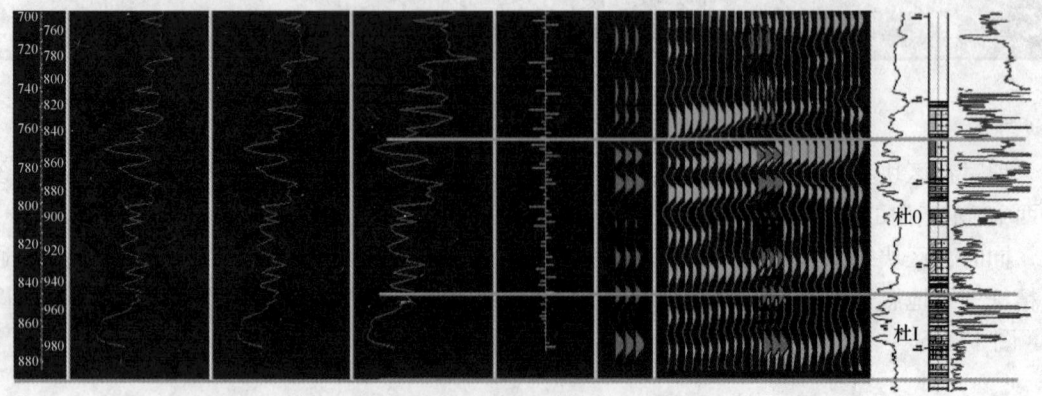

图 18   曙 1-54-023 井合成人工地震记录

从杜 48 块北部边界南北向剖面图中可以看出，杜Ⅰ～杜Ⅲ组油层厚度随基底变化向北逐渐减薄(图 19)。

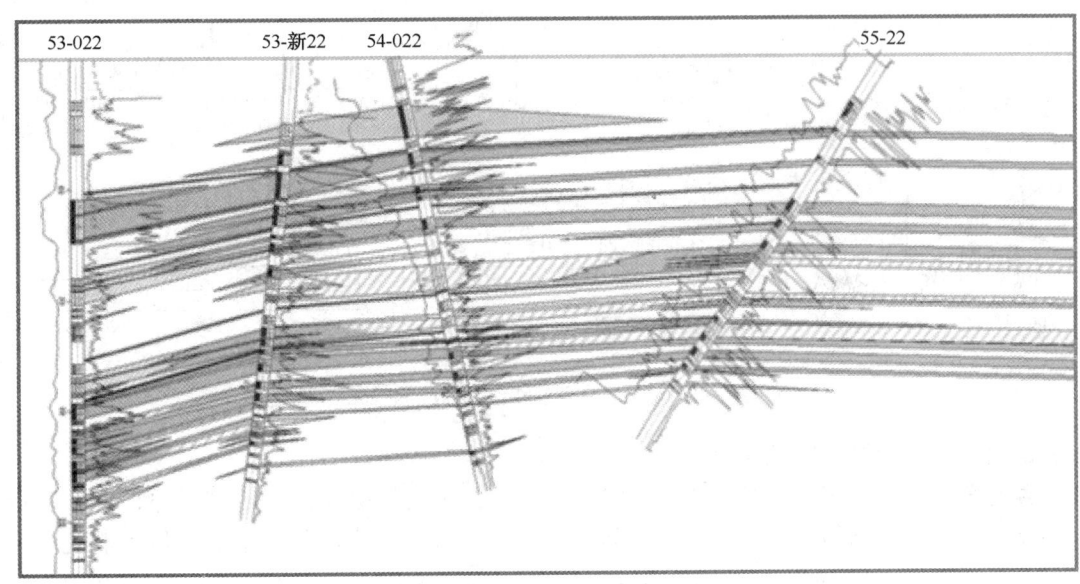

图 19　杜 48 块北部边界南北向剖面图

杜 0 组砂体厚度呈跌加状连片分布，储层厚度变化较大，储层厚度最大是 64.3m，最小 0.6m，一般是 5~15m 之间。其中是杜 01 和杜 031 为主力小层，平面连续分布。

2.2.2　油层分布规律

杜 0 组含油井段 50~100m，但油层发育受砂体及油水关系控制，平面变化大。最小厚度 2.5m，局部最大厚度达到 45m，平均厚度 8.2m。

2.3　系统开展低阻储层二次评价

早期生产能力不能代表储层真实产能，重新评价油层潜力是分层开发的一项重要工作。

2.3.1　老井资料复查

通过老资料复查初步认识油藏潜力，分别对杜 0 组的含油性、岩性、测井资料、吸气能力和产能情况进行分析：含油性上，电阻和含油饱和度与杜Ⅰ～杜Ⅲ组相比较差；岩性上，杜 0 组的岩性分选性差，多为大粒石，细砂岩，浊流相沉积，而杜Ⅰ～杜Ⅲ组为细砂岩和粉砂岩为主，层间差异较大；测井解释上，杜 0 组多为差油层、干层，杜Ⅰ～杜Ⅲ组油层、水层居多；吸气能力上，杜 0 组的吸气能力较杜Ⅰ～杜Ⅲ组差很多；在产能上，初期产能低，产能下降快。

以上结果表明杜 0 组尽管储层物性较差，与杜Ⅰ～杜Ⅲ组有一定差距，但通过合理的试采方式，合理的测井二次解释，仍可有效动用这部分储量。

2.3.2　试采评价

以可靠性、代表性为原则，优选井况条件好的油井，进行渐进式的试采评价，逐步落实 3 个砂岩组的产能状况，重新评价油层潜力(图 20)。

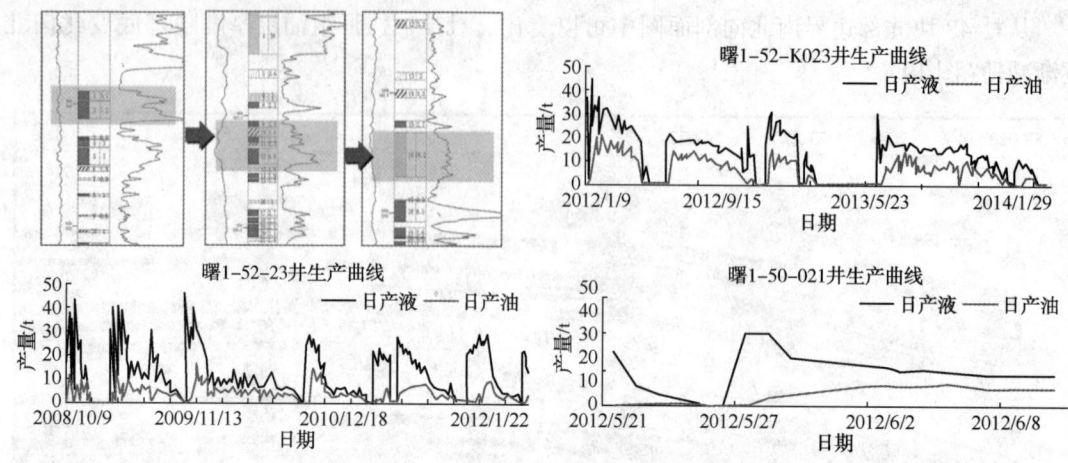

图 20　试采评价 3 个砂岩组的产能状况

2.3.3　测井二次解释确定下限

结合杜 0 组直井试采情况和储层认识上的偏差，对储集层进行"四性"关系研究，制定油水关系图版。重新确定杜 0 组的测井解释标准。研究结果表明杜 0 组油层最小电阻率为 8Ω·m，最小孔隙度 14%，对比早期解释，分别下降了 3Ω·m 和 7%。

2.3.4　复算解释结果

根据新的研究成果，对杜 0 组进行重新解释，对比原解释成果，油层厚度增加了 167.4m，层数新增 18 个，总体油层达到 253.8m/27 层。储量复算结果表明杜 0 组含油面积 4.3km^2，地质储量 508 万吨，对比原储量参数分别增加 0.8km^2 和 197×10^{4}t(表 5、表 6)。

表 5　杜 48 块杜 0 组油层二次解释对比表

厚度/层数	油层	差油层	水层	干层
早期解释结果	84.4/9	19.3/5	165.8/13	3.1/1
重新解释结果	253.8/27	18.5/1	17/1	0
对比	-167.4/18	0.8/4	148.8/12	3.1/1

表 6　杜 48 块杜 0 组储量复算表

层位	A/km^2	h/m	f/%	S_{oi}/%	r_{oa}/(g/cm^3)	B_{oi}	N/10^{4}t
杜 0$_1$	1.8	3.4					89
杜 0$_2$	3.2	4.1	26	60	0.958	1.039	190
杜 0$_3$	3.5	4.5					229
杜 0	4.3	8.2					508

2.4　优化方案重建水平井开发井网

常规传统的直井开发技术，难以适应杜 48 块杜 0 组难采储量开发的需要。随着钻井技术，尤其是水平井钻井及配套技术的逐步成熟完善、成本的降低，采用水平井分层开发，提高难采储量油藏的开发效果成为一种可能。

近年来，与油藏构造、储层展布紧密结合，选择平面上分布范围大于 200m、纵向上油层厚度大于 4m、单控储量大于 5×10^{4}t 的区域，共部署水平井 29 口新增动用地质储量 376×10^{4}t，其中杜 01 组部署 1 口水平井；杜 02 组部署 7 口水平井，其中杜 021 小层 4 口，杜 022

小层部署3口；杜03组部署11口水平井，其中杜031小层在杜48南部部署6口，杜032小层在北部部署5口水平井。

3 实施效果及经济效益

3.1 分层开发取得较高产能

区块日截至2016年12月，已投产水平井19口，取得了较好的效果。单井初期日产油23.9t，目前累产油10.8×10⁴t，阶段日产能力6.9t(图21、图22)。

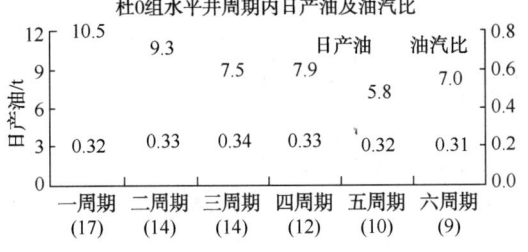

图21 杜0组水平井周期内日产油及油气比

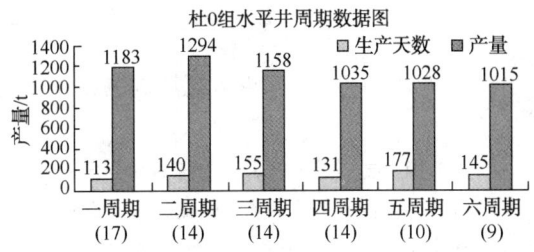

图22 杜0组水平井周期数据图

3.2 突破低阻油藏获得较好效果

杜48-杜H037、038井目的层厚度平均13.1m，电阻率平均9.5Ω·m，原解释为低产油层或水层。两口井投产初期日产油44.4t，平均单井日产油22.2t；阶段累产油8667t，平均单井累产油4333t，平均单井日产油6.4t。

3.3 难采储量得到有效开发

通过水平井分层开发的规模实施，杜0组共新增动用地质储量376万吨，预计新增可采储量105×10⁴t，同时带动区块产量快速上升。2011年新井投产以来，区块年采油由4.2×10⁴t上升到8.6×10⁴t，其中杜0组年采油由0.6×10⁴t上升到4.5×10⁴t。区块日产油从112t上升到242t，杜0组日产油由26t上升到了128t。

4 结论及认识

通过对稠油老区杜0组砂体展布、油层构造、小层划分等方面入手，应用三维地震解释、小层追踪、试采评价等研究方法及水平井技术的应用，进一步优化杜0组水平井整体分层开发开发部署方案，有效激活了稠油老区难动用储量，在当今油价持续走低的不利形势下，取得了高效开发的效果，对同类型油藏下一步可持续开发提出指导意见。

参 考 文 献

[1] 岳清山. 稠油油藏注蒸汽开发技术[M]. 北京：石油工业出版社，1998：50-55.

[2] 刘文章. 热采稠油油藏开发模式[M]. 北京：石油工业出版社，1998：152.

[3] 刘显太. 胜利油区水平井开发技术[J]. 油田地质与采收率，2002，9(3)：47.

[4] 周鹰. 海外河稠油油田注水开发效果评价[J]. 特种油气藏，2001，8(3)：44-48.

[5] 刘永华. 曙光油田水平井开发潜力及部署方向研究[J]. 特种油气藏，2006，13(增刊)：82.

[6] 张方礼. 辽河油区水平井开发技术[A]//谢文彦. 辽河油田勘探开发优秀论文集[C]. 北京：石油工业出版社，2005：125.

[7] Ahmed，T. 油藏工程手册[M]. 北京：石油工业出版社，2002：361-386.

[8] 许国民. 水平井技术在老区剩余油挖潜中的应用[J]. 特种油气藏，2007，14(6)：95.

[9] 骆发前. 塔里木油田水平井设计[M]. 北京：石油工业出版社，2005：10.

[10] 王家宏. 中国水平井应用实例分析[M]. 北京：石油工业出版社，2002：18-48.

稠油油藏新型低成本化学降黏冷采技术探索与应用

高　鹏，朱学东，田云霞，贺　慧，于兴业

（中石化胜利油田河口采油厂，山东东营 257200）

摘　要　热力开采是传统的稠油开采方法，其技术核心是通过对油藏或井筒加热以降低原油黏度，提高原油的流动性能，以达到提高油井产量的目的。河口厂稠油油藏主要是陈南薄层稠油油藏和沾 18 块底水稠油油藏，其具有单层厚度薄、高孔高渗、小层普遍具有边底水等特点，随着开发的进行，油井普遍出现含水上升快、周期时间短、套损井增多等特点，这使得热采工艺难度越来越大，成本也越来越高，而效果确是逐步降低，难以满足油田经济开发的需要。为实现当前低油价下稠油降本增效开发，自主研发了活性高分子降黏剂，并形成了稠油油藏新型储层降黏冷采技术，成功突破目前常规降黏冷采的技术瓶颈，现场应用证明该技术是集"储层—井筒—集输"降黏一体化的低成本高效益稠油开采技术，为以后的稠油低成本稠油冷采工艺积累了经验，可以实现稠油降本增效。

关键词　稠油；活性高分子；低成本；降黏冷采

稠油黏度高，牛顿流体性质差，储层流动阻力大，对于绝大多数稠油油藏，除了蒸汽吞吐和蒸汽驱等热采技术外，常规冷采的采收率非常低，仅为原始储量的 5% 以下。但是，单次措施费用 70~80 万元左右的蒸汽吞吐在目前低油价下过高而难以实现盈利，同时，高轮次吞吐后期，含水上升，产量下降严重，这使得热采工艺难度越来越大，成本也越来越高，而效果确是逐步降低，难以满足油田经济开发的需要。此外，由于近几年国际油价的低迷，注汽开采成本过高已经成为制约稠油产量的重要因素。

稠油冷采工艺是采用物理或化学方法改善稠油的流动性，而不需要向油层内注蒸汽。冷采方法不仅可以降低开采成本，而且可以减少对地层的伤害。面对蒸汽吞吐成本高，后期开发难度大，常规冷采效益差等问题，河口采油厂积极探索，大胆实践，以稠油冷采工艺作为突破口，积极探索出以油藏差异化为前沿，集"储层—井筒—集输"一体化的新型降黏冷采技术，实现了稠油油藏原油生产稳定增长和石油资源接替的良性循环，取得了产量和效益的双赢，为采油厂原油生产稳中求上夯实基础。

1　技术背景

1.1　油藏概况

河口厂油区面积 5300km²，管理着 14 个油田，其中稠油区块 10 个，探明储量 5841×10⁴t，动用储量 5249×10⁴t，占采油厂动用储量的 12%，标定采收率 17.8%，可采储量 936×10⁴t。

作者简介：高鹏（1990—），男，汉族，助理工程师，2012 年毕业于中国石油大学（北京）石油天然气工程学院石油工程专业，现从事采油工程研究工作。E-mail：gaopeng772.slyt@ sinopec.com

稠油油藏主要分布于埕东油田、陈家庄油田、义东油田、太平油田等，开发层系为馆陶组、东营组。河口采油厂稠油按油藏特征可分为三类：一是深层超稠油，主要分布在埕东油田埕南 91 块和埕 911 块；二是薄层特稠油，主要分布在陈家庄油田，具有原油黏度高、油层厚度薄、易出砂、含油饱和度低的显著特点，低于经济极限厚度，开采难度极大；三是边底水稠油，主要分布在太平油田的沾 18 块和埕古 13 块等区块，主要特点为：一是储层埋藏较浅；二是储层较发育；三是储层物性好；四是原油性质较稠，为普通稠油。

1.2 稠油井热采现状及存在问题

河口厂稠油资源动用地质储量为 $5298×10^4$ t，可采储量为 $837×10^4$ t，采收率为 15.8%，累积产油 $540×10^4$ t，采出程度 10.2%。截止 2017 年 6 月，稠油油井总数为 596 口，开井 410 口，日液水平 $1.6×10^3$ t，日油水平 $1.12×10^3$ t，单井日油水平 2.7t，综合含水 93%，累积油汽比 0.69。

河口厂的稠油资源均为边际稠油油藏，油藏类型多，原油黏度差异大，开发难度大。目前存在以下几个问题：

1.2.1 多轮次吞吐后期，产量递减大，含水上升快，稳产难度高

稠油油藏在蒸汽吞吐过程中热量利用率低，蒸汽在油层扩散效率低，有效动用水平低，生产周期短。常规蒸汽吞吐只能加热油井周围 30~50m 的油藏，加热半径有限，导致油井井底含水饱和度和油水渗透阻力加大，这也决定了随着吞吐周期的增加，生产效果必然越来越差。目前河口厂热采开井 410 口，整体已进入多轮次吞吐后期阶段，其中有 152 口油井达到第六周期以上，占总井数的 37%，日产油量占 37.5%；有 39 口井在十轮次以上，最高周期为 17 轮次，平均周期产油 540t，平均周期油汽比仅为 0.25，产量递减大，稳产难度高。河口采油厂稠油油藏大都存在边水或底水，油藏高轮次吞吐后，油藏压力下降，边底水水侵加剧，多轮次吞吐后期含水上升快，影响了吞吐效果。

1.2.2 套损井、套漏井增多，热采无法转周，转常规冷采效果差

河口厂目前的套损井、套漏井总数在 70 口，稠油区块大规模转注汽热采后，一方面由于受注汽井热交变应力作用或是油层出砂形成空洞引起套管失稳变形，另一方面是因为固井质量问题引起的在注汽过程中因为热胀位移引起的套管与水泥环剥离引起的套漏等原因，我厂套损井、套漏井现在正以每年 10 口的速度增长。而发生套损或者套漏后，因为技术条件等的限制，无法继续进行热采转周作业，直接转常规冷采效果很差，急需在冷采技术上做出突破。

1.2.3 稠油热采环节多，能耗与成本高，投入产出比差

蒸汽吞吐开采在工艺、注汽、作业、采油等各个环节的消耗造成生产成本高，投入大，主要表现在：

（1）作业质量要求高。稠油井通常需要二次作业，较常规井作业成本大大提高，作业质量的好坏直接关系到原油产量能否稳产增产和作业成本能否得到有效控制。

（2）锅炉注汽成本高。固定站锅炉可以对管辖范围内的油井进行直接注汽，而外围井注汽需要锅炉搬家，受井场、道路制约搬家困难；锅炉运行成本高，在稠油井前期还能保证较为合理的投入产出比，但是对于目前多轮次后期，产量递减大的井，投入产出比严重不均。

（3）投入产出比差。进入多轮次吞吐后期产量递减大等问题的制约，决定了稠油开发必须保证合理的投入产出比，方能取得良好的经济效益，所以急需在降本增效上下足功夫。

1.2.4　油价新常态下，急需低成本稠油增效技术

面对当前低油价新常态，针对热采井多轮次后失去经济效益及套损井无法转周的问题，为了延长生产周期，确保开发效益，急需一种低成本稠油增效技术，解决原油生产任务，保证各系统和原油产量的均衡运行。

2　稠油冷采技术前期发展历程

从 2010 年开始，针对稠油油藏吞吐后期产量递减大、含水上升快、经济效益差等的问题，探索稠油冷采方式，主要经历以下两个阶段：

第一阶段：稠油冷采方式调研阶段，对国内外常用的冷采方式进行总体调研，总结其适用条件，筛选适合本厂稠油油藏的合适冷采技术；

第二阶段：通过调研筛选，选择化学降黏方式进行冷采。通过对筛选、评价，选择现有的合适的降黏剂进行现场试验，并总结经验，深化认识。

2.1　稠油冷采技术方式调研

2.1.1　物理法冷采

（1）出砂冷采技术

出砂冷采技术不采取防砂措施，通过诱导非胶结砂岩稠油油藏的地层大量出砂和形成泡沫油而获得高产油流，具有产油量高和开采成本低的特点。该技术适用于泥质含量较低（小于 20%）、油层埋深小于 1000m、油层厚度 3m 以上、孔隙度大于 30%、脱气黏度一般在 $500\sim50000$mPa·s 之间（以 $2000\sim25000$mPa·s 为好）、与边水和气顶距离大于 200m 的稠油油藏。

（2）低频脉冲采油技术

该技术利用的是低频波或次声波。低频振动采油技术所使用的设备有井下低频脉冲波发生器和地面震源两种，产生声波的频率在 50Hz 以内。因振动产生的声波波长大，在地层中传播衰减小，这种波能在较大半径范围内引起地层的振动，扩大、疏通储层连通孔隙，有助于改善其内部流体的渗流状况，降低原油黏度，促使残余油流动，提高油层原油采收率。

2.1.2　化学法冷采

（1）井筒化学降黏

向生产井井底注入表面活性物质，在井下与原油相混合后产生乳化或分散作用，原油以小油珠的形式分散在水溶液中，形成比较稳定的 O/W 型乳状液体系。在流动过程中变原油之间内摩擦力为水之间的内摩擦力，因而流动阻力大大降低，达到了降黏开采的目的。其优点是适用性广、施工简单、一次性投入较少、可以解决地面集输难题，同时降低生产运行成本。

（2）化学吞吐

化学吞吐即向稠油油藏中注入化学吞吐液，利用吞吐液与原油之间的低界面张力特性，使高黏度的稠油乳化，产生低黏度的水包油型乳状液，增加原油流动性能，提高地层渗透率。

化学降黏吞吐具有工艺简单、单井投入较小、可以大剂量使用进行地层深部降黏；对油藏物性不敏感，适用范围比较广及增产有效期较长等优点。

2.2　稠油冷采技术前期探索与试验

面对蒸汽吞吐成本高，后期开发难度大，常规冷采效益差等问题，通过前期国内外

冷采技术的调研研究，认为化学吞吐降黏冷采是符合河口厂稠油油藏特点，解决上述问题的有效方法。通过筛选评价，前期选择了自扩散降黏剂和水溶性稠油冷采剂进行了现场试验。

2.2.1　自扩散降黏体系

自扩散降黏体系通过油水界面由水相渗透、扩散至油相，利用和稠油"分子"之间的相互作用将稠油聚集体解聚，降低稠油黏度。

该降黏剂的主要特性：

（1）水溶性自扩散降黏体系在温度50℃时，200~400ppm条件下，原油黏度$1~10×10^4$mPa·s降为300mPa·s。

（2）适于温度160℃。

（3）水溶性自扩散降黏体系的注入浓度为400~600ppm提高热水驱替效率10.0%以上。

（4）400~600ppm水溶性自扩散降黏体系加氮气提高热水驱替效率30.0%以上。

水溶性自扩散降黏体系2010年共试验4口井，平均周期累油150t，平均周期日油仅为1t，效果不明显。

该体系存在的问题在于自扩散降黏体系的降黏机理是在于应用需要给油层一个外力剪切作用，通过外力剪切加上降黏剂的分散乳化作用，才能很好地将稠油降黏，如果没有外力剪切作用，效果不是很好。

2.2.2　水溶性稠油冷采体系

该降黏剂主要成分是表面活性剂，通过降低油水界面张力，使稠油分散于水中，形成油水连续相，提高稠油流动性。降黏剂通过扩散、渗透作用使重质组分溶于水相，在油层孔隙表面吸附后，通过与稠油分子间的氢键相互作用，使稠油解聚后，黏度大大降低，提高了稠油流动性。

该体系的出现使我们进一步了解了稠油降黏的机理，并进入现场试验4口井，平均单井增油260t，增油量和成功率较之前均有提升。

在此之后，在2015年针对黏度10000mPa·s以上稠油油藏，原油塑性强、储层流动性差，常规乳化难以实现储层条件下降黏的问题，又选择了一口井进行现场试验。

陈45-斜75井1245-1247m处套漏，不能进行注汽生产。目前13.0/0.9/93.0%。设计分3个段塞注入，施工过程中，排量平均$10m^3/h$，压力7.5MPa，溶液温度49℃。施工完后关井扩散5天，并于4月1日开井低冲次生产，三个月未见油。

经分析认为，该种降黏剂存在的问题是：在储层条件下，稠油主要为假塑性流体，流动性极差，难以与水形成混相，仅以降低界面张力为目的的常规化学降黏剂难以渗入稠油内部分散稠油，实现乳化降黏所以没有见到好的效果。因此，该降黏剂不能很好的适应现场的需要，需要另辟蹊径，通过筛选复配形成更符合现场特点的降黏剂类型。

3　新型低成本化学冷采降黏体系的研发

通过对常规化学冷采技术的应用，发现常规化学降黏冷采技术面临着巨大的困难：室内降黏效果明显，注入地层低效。为有效克服这一技术瓶颈，首先需要削弱稠油内部重质组分之间的相互作用，令降黏剂进入稠油内部分散油相，最终实现乳化降黏。在此思路指导下，与北京石勘院合作成功研发了活性高分子稠油冷采降黏剂，并最终形成了新型化学降黏冷采技术。

3.1　活性高分子稠油冷采降黏剂结构(图1)

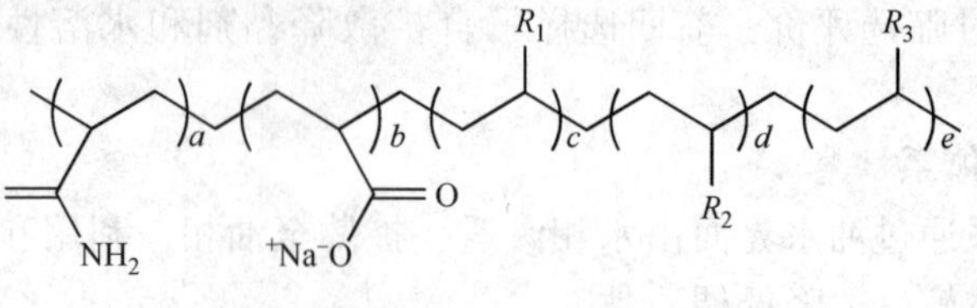

图 1　活性高分子结构示意图

3.2　活性高分子稠油冷采降黏剂降黏机理

利用分子模拟软件 Gromacs 建立稠油/水混相界面分析稠油高黏度的原因，可以看到纯油/水混合时，即便加热到 80℃，依然为油水两相，无法进行混合形成大量的油/水界面，因此，蒸汽吞吐后期随着温度的下降，稠油再次聚并黏度反弹，产量会大幅度下降。对油水接触面的进一步分析可以看到，稠油中的沥青质主要通过 T 作用、π−π 堆积作用形成如"三合板"一样的结构，胶质缠绕在沥青质周围对轻质组分形成了包裹，导致水无法进入稠油中，同时里面的轻质组分也无法释放，从而导致了稠油高黏度。因此，只有削弱或破坏沥青质分子之间的 π−π 作用，分离沥青质的同时在稠油内部引入极性基团，令其内部产生各项异性才能有效的实现特稠油的降黏。

在该思路下，以丙烯酰胺为骨架，通过氧化还原体系引发的自由基反应将丁烯苯(PB)、强极性的丙烯酸(AA)和 2−丙烯酰胺−2−甲基丙磺酸(AMPS)功能性单体结合生成了直链状功能高分子。如图 4 所示，活性高分子中的 PB 单体中的苯环通过相似相容原理可以嵌入沥青之的层间结构，同时将 AA 与 AMPS 两个极性单体带入稠油内部，引起稠油内部的各向异性，从而降低稠油的黏度使水分子进入稠油内部。由于 AMPS 中的磺酸根基团具有极强的亲水性，可有效防止进入稠油内部的水分子形成油包水的反相乳液，而保持水包油状态，保证稠油的流动性，实现特稠油的低温降黏。

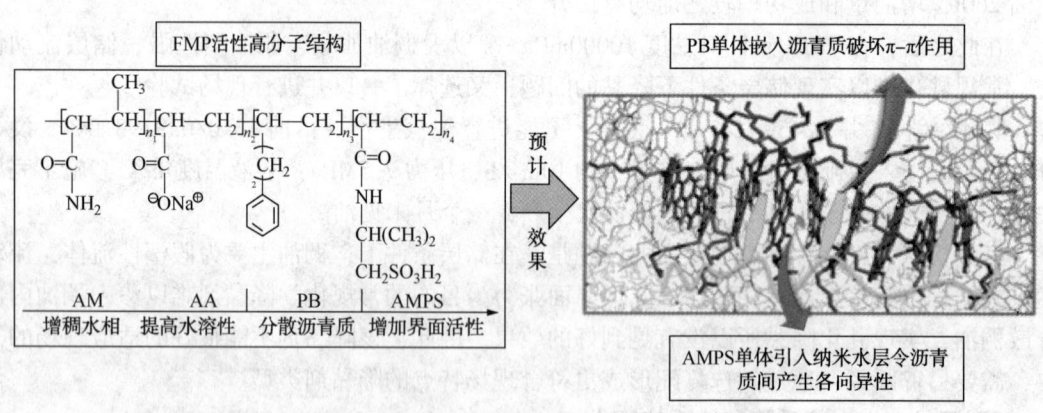

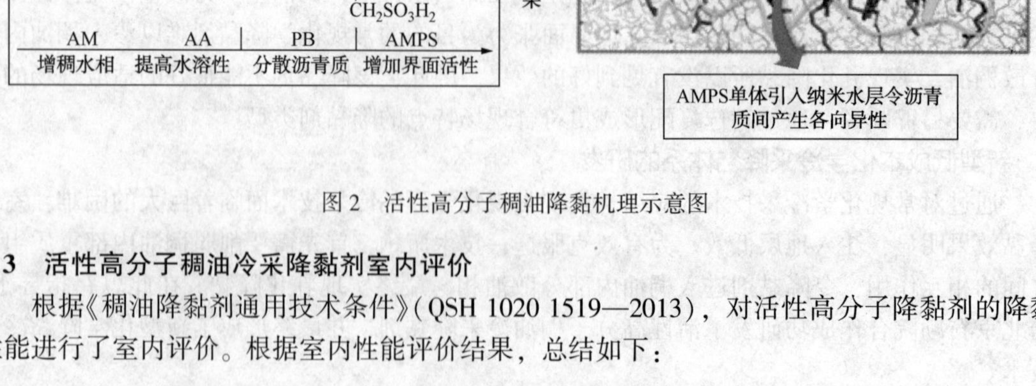

图 2　活性高分子稠油降黏机理示意图

3.3　活性高分子稠油冷采降黏剂室内评价

根据《稠油降黏剂通用技术条件》(QSH 1020 1519—2013)，对活性高分子降黏剂的降黏性能进行了室内评价。根据室内性能评价结果，总结如下：

（1）作用条件：80℃下，纯水无降黏作用，随着降黏剂用量的增加降黏效果逐步提升；O/W＝1∶1时，可降黏形成良好的油水乳液，注剂性价比最好。

（2）有效浓度：500~1200ppm，最佳浓度为1000ppm，降黏效果最好；超过1200ppm高分子本身会存在过多的交联缠绕导致降黏活性下降，最低有效浓度为500ppm，可有效减小地层水对注剂带来的稀释影响。

（3）油水比例：7∶3亦有降黏效果，1∶1最佳，3∶7效果虽好但是成本过高。

（4）适用温度：50~180℃，35℃以上可保持良好流动性，为井筒举升提供保障。

（5）耐矿化度：Ca^{2+}、Mg^{2+}浓度增加，降黏效果降低，Mg^{2+}对降黏剂影响更大；

（6）pH值影响：pH值>11的碱性条件下，降黏效果增强；pH值＝5~11时，降黏效果无影响 pH值<5的酸性条件下，油水分离实现彻底破乳。

3.4 活性高分子稠油冷采降黏剂现场应用

根据所要施工油井动用油层的有效孔隙度、油层厚度和处理半径，利用体积法（水平井应用立方体模型计算/直斜井利用圆柱体模型计算）计算注入量，其计算公式为：

$$Q = HL_1W\Phi / \pi r^2 L_2 \Phi$$

式中　　　　H/L_2——油藏有效厚度 m；

L_1——水平井段长 m；

W/r——预计处理距离/距离 m；

Φ——孔隙度；

油∶降黏剂＝1∶1——有效降黏剂量，确定施工总注液量。

在确定完总液量后，采用大排量、高浓度的思路，使药剂尽可能的多接触油层，同时清洗近井死油和重质组分并将之向远端推，提高稠油流动性。

选取了不同区块有代表性的井，进行了现场实验应用，以点概面，探索低成本稠油冷采技术的适用情况。

3.4.1 产量效果评价

自2016年7月~2017年6月期间，该技术一共实施6井次，除陈29-75井由于油井本身套漏问题以外，其余5口井均取得预期增油效果。目前，6口油井累计产油 $4.37×10^3$t，累增油 $3.46×10^3$t，平均单井增油577t，效果明显。

表1　稠油冷采降黏措施效果统计

序号	井号	措施前产量/t	措施后峰值产量/t	当前产量/t	日增油/t	累计产油/t	累增油/t
1	陈371-平14	21/2.7/87%	29.5/7.5/74.3%	27.9/3.7/86.5%	5	1707	856.5
2	陈29-75	5.2/0/100%	37.8/2.4/93.4%	39.5/1.7/95.6%	1	179	179
3	陈371-平29	19.9/0.9/95.3%	40.7/7.6/87.2%	38/6.4/82.9%	6	445	389.4
4	沾18-5-侧平12	6.9/4.4/35%	24.6/13.7/44%	22.5/12.4/44.6%	9	1104	1104
5	沾18-平35侧	新投	16.5/13.2/19.5%	15/12.3/18%	10	787	787
6	沾18-7-侧平12	6.3/2.5/60.1%	21/7.3/65%	15.3/1.6/89.3%	2	146	146

2016年7月至今，于胜利河口采油厂推广应用储层降黏冷采6井次，均取得预期增油效果。总结分析，该技术主要有以下几点技术优势：

(1) 施工便捷：无须作业，热污水配液，套管注入，减少占井周期；

(2) 成本低廉：与热采相比，单井费用节约 50~70 万元；

(3) 产量稳定：周期内产量递减慢，接近或持平蒸汽吞吐工艺。

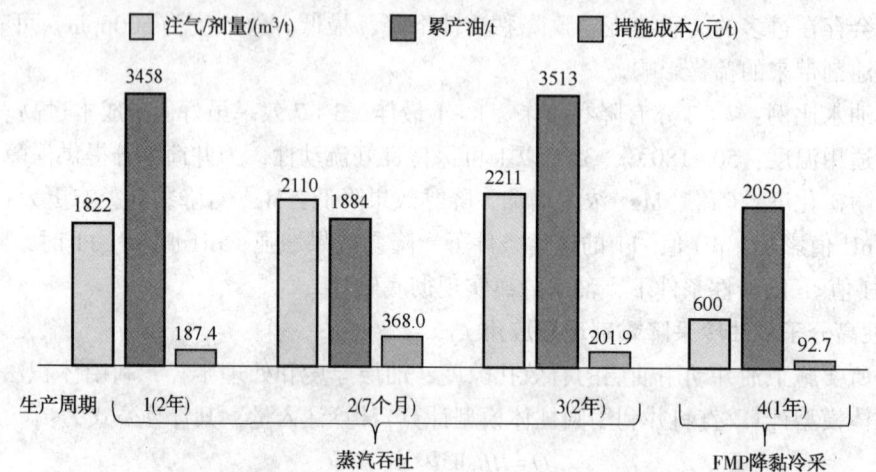

注：单周期内，FMP降黏冷采措施成本较蒸汽吞吐成本至少降低50%。

单周期措施成本对比(措施成本=措施费用/周期累油)

图4　CJC371-P14 井蒸汽吞吐与 FMP 降黏冷采的措施成本对比

3.4.2 效益评价

以沾 18-5-CP12 井而言，降黏冷采后产量从 4.4t/天增加到了 13.7t/天，持平河口采油厂目前热采产量最高井沾 18-平 25 的 14t/天。同时，稠油黏度降低明显，开采过程中停止了掺水辅热措施，进一步节约了生产运行费。

现场应用证明，通过 FMP 活性高分子储层降黏可有效实现近井解堵，远端洗油的效果，同时兼具调剖和增能作用，是集"储层—井筒—集输"一体化的降黏冷采技术，可实现措施周期内稠油油藏的长期有效增油效果。截止目前的增油效果，FMP 降黏冷采增产效果接近甚至持平蒸汽吞吐，单次措施成本仅为其 30% 左右，后续取缔井筒辅热可进一步节约生产运行成本，投入产出比为 1∶4。如图 6 所示，以 CJC371-P14 特稠油的降黏效果进行对比，与目前报道应用的常规化学降黏剂相比，FMP 活性高分子的体系成本仅为 235 元，降黏效果达到 90% 以上，性价比优势明显。可作为目前低油价下稠油降本增效开采的有效方法。

4　结论与认识

(1) 稠油油藏认识的深化是稠油冷采降黏技术的基础，必须因地制宜，实现一井一时一策。

(2) 活性高分子冷采降黏技术具有操作工艺简单、成本低廉、产量稳定等特点，可有效实现近井解堵，远端洗油的效果，可实现措施周期内稠油油藏的长期有效增油。

(3) 通过现场试验，确立了新型冷采降黏技术的初步选井标准：

① 油藏条件要求：油藏厚度 3m 以上，未有明显的边底水突破(含水率在 95% 以下)，泥质含量<12%，最好为中高渗储层，剩余油饱和度较高(保证地层仍然有油)，尽量不选强敏感性储层。

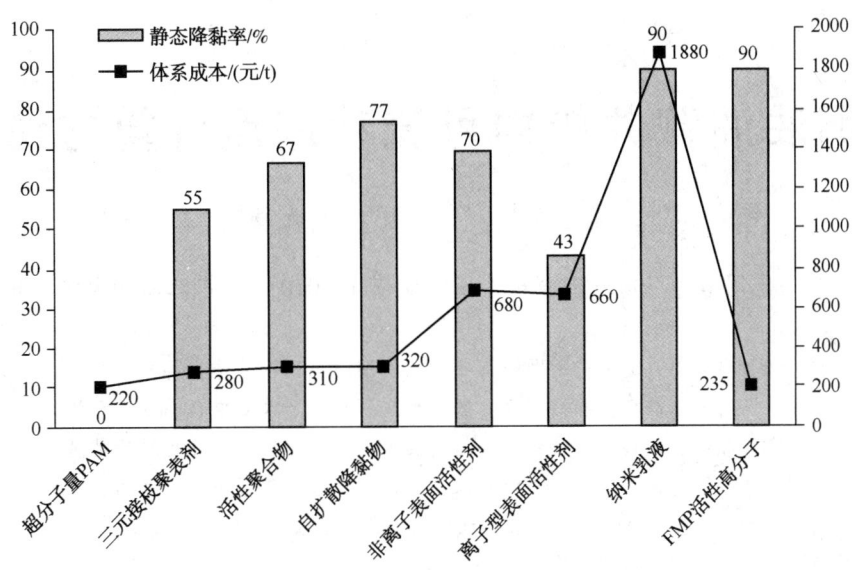

图 5 FMP 活性高分子与其他常规化学降黏剂的性价比对比
（以 CJC371-P14 稠油降黏效果为例）

② 原油黏度要求：50℃下脱气黏度<50000mPa·s；储层条件下，要保证有流动性，判断方法：正常注汽生产周期内有峰值产量，在决定降黏冷采之前仍有一定产量(1t/d 以上)。

③ 油井类型：套管必须完好(如此前有封堵，措施前必须要试压合格)，选择有井筒降黏辅助举升的井(空心杆掺水、内循环、电热、加药降黏均可)。

参 考 文 献

[1] 凌建军，黄鹂. 稠油油藏冷采技术[J]. 特种油气藏，1997，4(3).
[2] 张锐，薄启亮. 稠油开采的前沿技术[J]. 世界石油工业，1998，5(9).
[3] 黄立信，田根林. 化学吞吐开采稠油试验研究[J]. 特种油气藏，1996，3(1).
[4] 董本京. 国内外稠油冷采技术现状及发展趋势[J]. 特种油气藏，2002，6(2).
[5] 刘彦成. 稠油开采技术的发展趋势[J]. 重庆科技学院学报，2010，2(1).

稠油油藏井筒内可流动深度计算方法

许　鑫[1,2]，尚　策[1]，孙　念[1]，吴迪楠[1]，孟　菊[1]

（1. 中国石油辽河油田公司，辽宁盘锦 124010；2. 东北石油大学）

摘　要　稠油开采时，通常采用井筒加热的方法解决稠油无法流出井口的问题。但是加热装置下入深度的确定一直缺少完善的计算方法。对这一问题，本文在 Ramey 模型的基础上建立了井筒温度场数学模型，通过计算得到了井筒的温度剖面，然后结合分析原油粘温曲线和井筒温度剖面，最终得到了井筒内原油的可流动深度。即井筒加热装置下入深度的计算方法，为稠油热采中井筒加热装置下入深度提供必要的理论依据和工程佐证。

关键词　井筒；可流动深度；稠油油藏

在稠油开采时，通常采用注入蒸汽的方法解决地下稠油能流到井底，但却无法流出井口的问题。这时又引出了另一个问题，即井筒加热装置下入深度的问题。人们的往往根据经验做法和直观判断选择和确定下入深度。下深了会导致加热装置加热能量的浪费，造成经济损失；下浅了加热装置未能加热底部的稠油，会造成加热措施的失败和加热能量的浪费。因此，本文通过井筒温度场的研究和计算解决井筒温度剖面问题，并结合稠油的粘温特性，最终得出井筒内稠油的可流动黏度、可流动温度的计算方法，进而解决稠油热采中井筒加热装置下入深度问题。

1　井筒温度场数学模型

1.1　假设条件

在建立油井井筒温度场的数学模型之前，首先要做出如下假设：

（1）在径向方向上，井筒内的热量由井筒中轴传导到地层中；

（2）油管与套管同心；

（3）流体为不可压缩流体；

（4）地层的传热方式服从 Ramey 推导出的无因次时间函数。

1.2　数学模型的建立

油管中流体的平衡方程：

$$\frac{\mathrm{d}T_\mathrm{f}}{\mathrm{d}z} = \frac{1}{c_\mathrm{pf}}\left(\frac{1}{w}\frac{\mathrm{d}Q}{\mathrm{d}z} - v_\mathrm{f}\frac{\mathrm{d}v_\mathrm{f}}{\mathrm{d}z} - g\sin\theta\right) + C_\mathrm{J}\frac{\mathrm{d}p}{\mathrm{d}z} \tag{1}$$

根据动量守恒方程：

$$\frac{\mathrm{d}p}{\mathrm{d}z} = \rho g - f\frac{\rho v_\mathrm{f} v_\mathrm{f}}{2r} - \rho v_\mathrm{f}\frac{\mathrm{d}v_\mathrm{f}}{\mathrm{d}z} \tag{2}$$

作者简介：许鑫（1990—），男，助理工程师，2015 年毕业于东北石油大学油气田开发工程，东北石油大学石油与天然气工程在读博士。现从事稠油热采工作。E-mail：xuxinxuxian@126.com

在井筒的径向方向上，热量从井筒内的流体传递到井壁处，利用传热原理，有：

$$\frac{dQ}{dz}=-\frac{2\pi r_{to}U_{to}(T_f-T_{to})}{w} \tag{3}$$

在井筒的径向方向上，热量经由井壁处传递到地层，并渐渐向外扩散，有：

$$\frac{dQ}{dz}=-\frac{2\pi k(T_{to}-T_e)}{wf(t)} \tag{4}$$

联立式（3）、式（4），得到：

$$\frac{dQ}{dz}=-2\pi\left(\frac{r_{to}U_{to}k}{k+f(t)r_{to}U_{to}}\right)(T_f-T_e) \tag{5}$$

为了方便结算

令

$$X=-\frac{2\pi}{wc_{pf}}\left(\frac{r_{to}U_{to}k}{k+f(t)r_{to}U_{to}}\right)$$

令

$$Y=C_J\frac{dp}{dz}-\frac{v_f}{c_{pf}}\frac{dv_f}{dz}$$

则式（1）可以变形为：

$$\frac{dT_f}{dz}=X(T_f-T_e)-\frac{g\sin\theta}{c_{pf}}+Y \tag{6}$$

假设地层温度为线性变化的，那么可以得到公式：

$$T_e=g_G z+T'_e \tag{7}$$

那么式（6）变形为：

$$\frac{dT_f}{dz}=X(T_f-g_G z-T'_e)-\frac{g\sin\theta}{c_{pf}}+Y \tag{8}$$

在$10^{-10}\leqslant t_D\leqslant1.5$时，有：

$$f(t)=1.1281\sqrt{t_D}(1-0.3\sqrt{t_D}) \tag{9}$$

在$t_D>1.5$时，有：

$$f(t)=(0.4063+0.5\ln t_D)\left(1+\frac{0.6}{t_D}\right) \tag{10}$$

通过对井筒传热机理的研究，求解出井筒传热系数U_{to}

$$U_{to}=\left(\frac{1}{2\pi h_o r_{ti}}+\frac{\ln\left(\frac{r_{to}}{r_{ti}}\right)}{2\pi h_{tub}}+\frac{\ln\left(\frac{r_{to}}{r_{ci}}\right)}{2\pi h_{cas}}+\frac{\ln\left(\frac{r_h}{r_{co}}\right)}{2\pi h_{cem}}+\frac{1}{2\pi r_{to}(h_c+h_r)}\right)^{-1} \tag{11}$$

1.3　井筒温度场数学模型的求解方法

（1）井筒网格划分。

（2）从深度为0处开始计算，确定第一段中井筒流体状态、参数。

（3）迭代计算下一段的流动状态、参数。

（4）采用第二步和第三步迭代计算，直到计算至井底处。

（5）对计算结果进行验证，判断收敛性。如果满足要求则计算结束，如果不满足则重新计算。

2　黏温拐点的计算

　　稠油黏温拐点是稠油开采的重要参数，在分析井筒加热装置下入深度的问题时，稠油的黏温拐点更是不可或缺的。通过实验测定原油的黏温特性可以发现，在黏温曲线上存在着一个拐点，即当原油的温度达到某一温度时，原油的黏度会急剧下降，把这个拐点称之为黏温拐点。

　　稠油黏温拐点的测定通常采用：

$$T = 8.6 \lg^{\mu} + 22.5 \tag{12}$$

式中　T——稠油的拐点温度；

　　　μ——井筒原油在脱气情况下，温度在50℃时的黏度值。

3　实例分析

3.1　井筒温度剖面实例分析

　　以辽河油田欢喜岭采油厂的试验井为例，井筒基本数据见表1。

表1　基础数据

基本井况			
油层/m	822.6~843.2	人工井底/m	893
完钻井深/m	904	产量/(m³/d)	27.3
套管规格/mm	Φ177.8	内管外半径/m	0.0365
含水率/%	75.2	套管外半径/m	0.09
内管内半径/m	0.031	内表面黑度	0.8
套管内半径/m	0.0805	外管外半径/m	0.0572
外表面黑度	0.8	地层导热系数/(W/℃)	1.72
外管内半径/m	0.0509	大地导温系数/(m²/s)	0.0000007361
水泥环外径/m	0.12	地层地温梯度/(℃/m)	0.04
视导热系数/(W/℃)	0.007	水泥环导热系数/[W/(m·℃)]	0.35

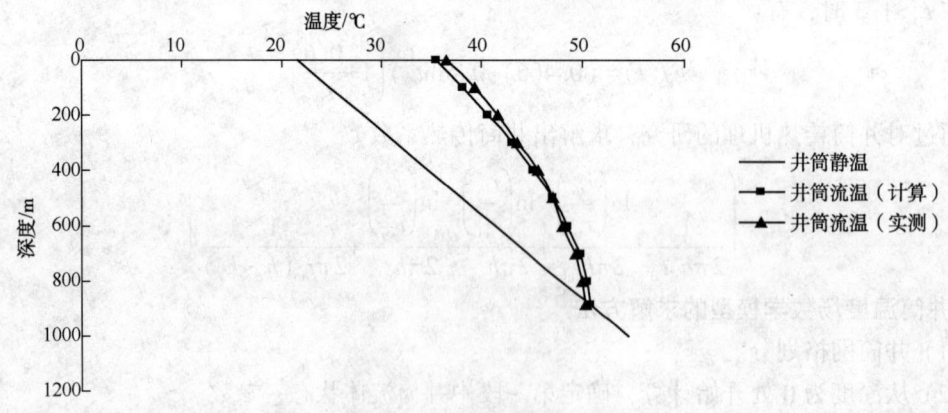

图1　试验井井筒温度剖面

　　由图1可以看出通过本文建立的数学模型计算出来的井筒温度剖面与实测的井筒温度剖面吻合良好，可以通过本文建立的数学模型来进行计算。

　　如图2所示，试验井井筒内原油黏温曲线。

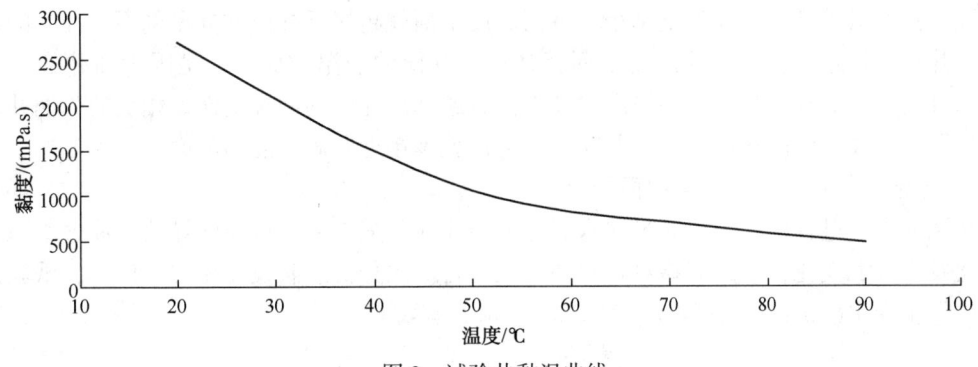

图 2 试验井黏温曲线

通过对试验井井筒原油黏温曲线的测定，计算出试验井井筒内的原油的黏温拐点处的温度为 48.5℃。结合试验井井筒温度剖面可以看出试验井的可流动深度为 588.75m，那么井筒加热装置的下入深度为 588.75m。

3.2 影响井筒温度剖面因素分析

3.2.1 原油产量对井筒温度剖面的影响

原油的产量是影响井筒温度剖面的重要因素之一。假设在相同条件下，试验井的产量发生变化($17.6m^3/d$、$27.3m^3/d$、$40.6m^3/d$)，那么有：

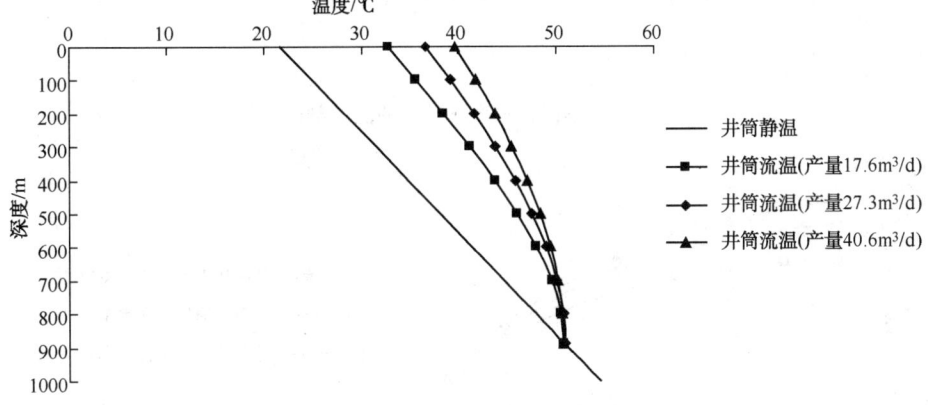

图 3 不同产量下井筒的温度剖面

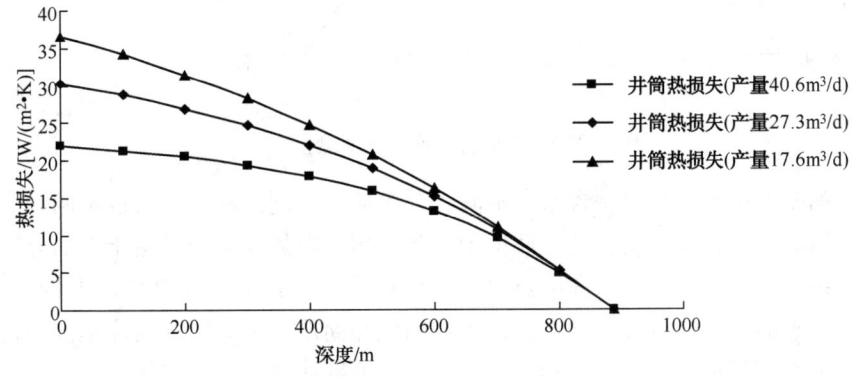

图 4 不同产量下井筒热损失

从图 3 和图 4 中可以看出：油井的产量不同，井筒的温度剖面不同，井筒的热损失也不同。油井的产量越低，热损失量越小，井筒温度剖面就越接近井筒的静温剖面。油井的产量越高，热损失量越大，井筒的温度剖面就越远离井筒的静温剖面。这是因为油井的产量越高，从井底携带的热量越大，井筒的温度剖面就越远离井筒的静温剖面。相反的，油井的产量越低，从井底携带的热量越少，井筒温度剖面就越接近井筒的静温剖面。

3.2.2　原油含水量对井筒温度剖面的影响

在油井生产过程中，需要通过注水的方式将原油开采上来，这样就导致原油含水率与前期相比发生很大变化，所以需要对含水率变化进行对比分析。假设在相同条件下，试验井的含水率发生变化(40.2%、60.4%、75.2%)，那么有：

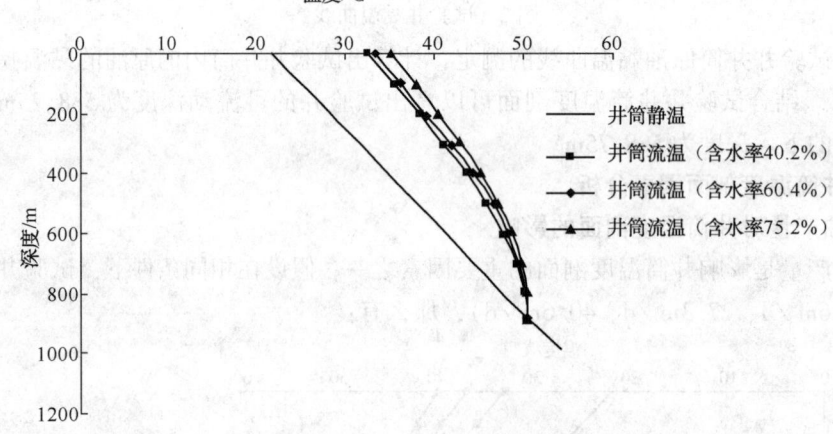

图 5　不同含水率下井筒的温度剖面

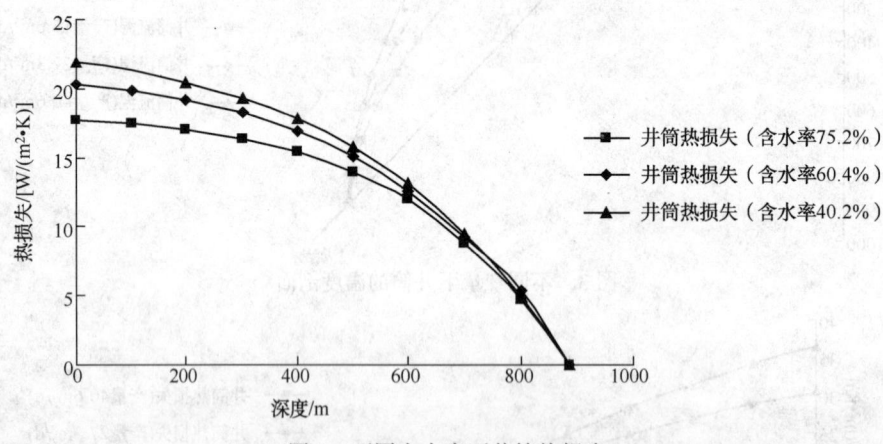

图 6　不同含水率下井筒热损失

从图5和图6中可以看出，含水率不同，井筒的温度剖面和热损失也不同。这是因为水的比热高于原油，即含水量高，从井底携带的热量多。但另一方面，由于水的导热系数高于稠油的导热系数，也就是说含水高散热也快，所以含水率越大，井筒热损失量越大。，在含水率较低时，水的高导热特性起到主要作用，因此井筒温度剖面离井筒静温剖面近；含水率较高时，水中所携带更多的热量起到主要作用，温度剖面离井筒静温剖面远。

4　结论

(1) 本文根据热力学基本理论、Ramey 模型，考虑井下相应位置的热传导方式，建立了井下温度场的数学模型。

（2）对井筒温度剖面进行测试，其理论计算值与实际测试值吻合良好。

（3）通过对计算实例分析，研究了原油产量、原油含水率对井筒温度剖面的影响。

（4）通过实例计算出了试验井的加热装置下入深度。

参 考 文 献

［1］Ramey, H. J. Jr. Wellbore Heat Transmission［C］. JPT, April, 1962, 427-435.

［2］A. R. Hasan, C. S. Kabir. Heat Transfer During Two-Phase Flow in Well bores：Part II-Well bore Fluid Temperature［J］. SPE22948, 1991：695-708.

［3］A. R. Hasan, C. S. Kabir. Modeling Changing Storage During a Shut-in Test［J］. Spe, 24717, 1994.

［4］李志明，汪泓 . 超深稠油井筒温度场研究及井筒温度剖面计算模拟, 2008.

［5］唐海雄 . 海上高温油井的井筒温度剖面预测［J］. 大庆石油学报, 2010.

［6］夏洪权 . 稠油拐点温度测算方法研究［J］. 特种油气藏, 2006.

优化高含水区域防砂配套提升区域采收率

苏　帅

（中国石化胜利油田分公司滨南采油厂工艺研究所，山东滨州 256606）

摘　要　尚店油田、林樊家油田为低粒径中值疏松砂岩油藏，油水井投产投注前均需防砂。随着近几年两个油田注采井网的调整完善，部分区域含水逐年上升，防砂有效期降低，目前两个油田采收率平均 11.5%，需要进一步优化配套油水井防砂工艺，进步提升区域采收率。

通过前期高含水区域出砂机理研究，对防砂存在的六类难点，差异化配套了分级充填、分子膜稳砂、抽吸泵排砂、返排掏砂等预处理工艺，同时加强对防砂工具优选，利用 PNN、SPN 曲线针对性优化防砂封卡工艺。水井改进了目前防砂工艺，加强地面管理，延长了防砂有效期，进一步提升了区域采收率。

关键词　高含水；防砂；采收率

尚店、林樊家油田属于疏松砂岩油藏，出砂严重，油层温度 50℃左右。尚店油田含油面积 17.9km²，地质储量 2953.31×10⁴t，可采储量 627.04×10⁴t，剩余可采储量 149.7×10⁴t；林樊家油田含油面积 38.85km²，地质储量 3059.79×10⁴t，可采储量 600.17×10⁴t，剩余可采储量 118.26×10⁴t。两个油田均属疏松砂岩油藏，油层埋深浅，胶结疏松，出砂严重，尚店地层砂粒度中值为 0.11mm，林樊家油田为 0.09mm。

经过 20 年的开发两个油田已进入了中后期的高含水开发阶段，目前平均单井日产液 20.2t，日产油 3.0t，含水率 85%。油井近井地带的油层骨架遭到严重破坏，地层亏空，水淹加剧，防砂难度进一步加大，直接影响到区域采收率，2015 年底该区域采收率 11.5%。

1　尚林油田高含水期出砂机理研究

高含水期的油井生产主要有两个特点，一是含水率高，另一个是排液量大。研究发现，含水率高，对于浸泡的岩石骨架能够产生一定的侵蚀作用，造成岩石骨架胶结度下降。排液量大，会产生两个效果：一个是提高了液体的携砂能力，使更多的粉细砂向井筒运移；同时大排量生产容易加大生产压差，甚至在近井地带形成压降漏斗，加剧对岩石骨架的冲蚀作用，引起油层渗透率不可逆降低的同时，加剧油井地出砂。

1.1　含水率上升对油藏出砂的影响

研究表明，随着地层水的产出，储层岩石的毛细管压力、胶结状况等发生变化，初始含水饱和度较低的岩石随着含水饱和度升高，水对岩石浸泡的物理化学作用使岩石强度降低，出砂加剧。

将粉砂岩、细砂岩和中砂岩三种岩石进行不同饱和水时间的抗拉强度测试，按照给定的含水饱和度饱和多个相同岩芯，测量饱和水后不同时间的岩芯强度，得到砂岩不同饱和水时

作者简介：苏帅（1983—），男，毕业于中国石油大学（华东）机械工程专业，工程硕士，现任滨南采油厂工艺研究所防砂室副主任，工程师，主要研究防砂技术研究及应用。E-mail：sushuai.slyt@sinopec.com

间的抗拉强度测试结果，见图1。

从图1中我们可以看出，对于疏松砂岩原始含水饱和度较低的岩石，一旦水淹后，岩石的抗拉强度会明显降低。

油砂颗粒周围一般都包有极薄的黏土膜，砂层之间的微孔道非常多，油层内部还有很薄的黏土夹层。当含水升高时，砂粒周围的黏土发生体积膨胀，使得油流通道变小，降低了油相渗透率，极大地增加了油流阻力，变相的增加了液体对砂砾的拖曳效果，加剧出砂。

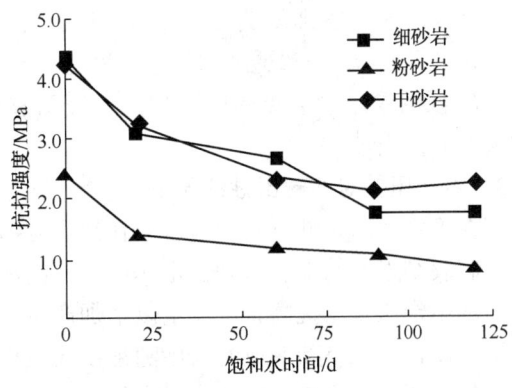

图1　砂岩不同饱和水时间的抗拉强度测试结果

1.2　驱替排量对油藏出砂的影响

胜利油田石油工程院曾做过相关的研究，利用组装式分级测压长填砂管模拟地层砂运移对砾石充填防砂层渗流能力造成的影响，从注入端开始依次填装70cm地层砂，10cm石英砂，每隔10cm取压力值，测定各段压差和L5段渗透率的变化，研究驱替排量对携砂能力的影响。试验参数如下：

模拟地层砂：粉细砂含量（≤67μm）18.5%，黏土含量15%，粒度中值117.3μm，分选系数6.71。地层砂70cm，石英砂（0.425~0.850mm）10cm。驱替液：2%KCl溶液，砾砂中值比D50/d50=5.33。实验曲线如图2所示。

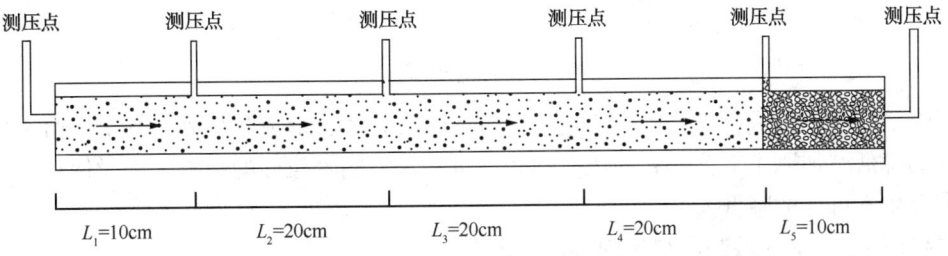

图2　地层砂运移对渗流能力影响模拟实验示意图

测得 L_5 段渗透率变化结果如图3所示。

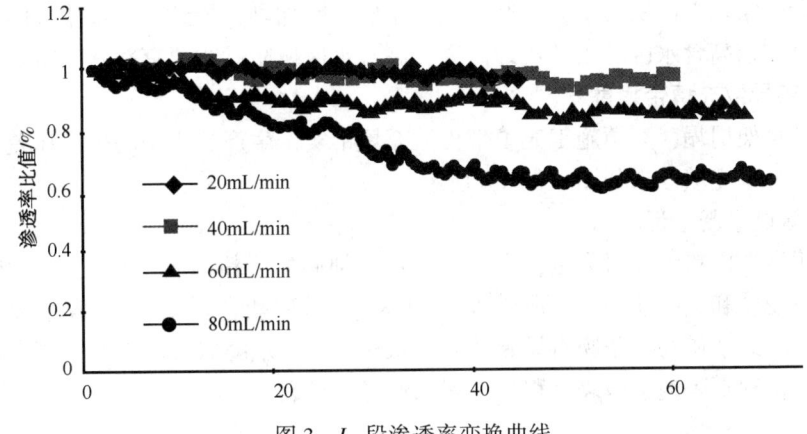

图3　L_5 段渗透率变换曲线

驱替排量为 20mL/min 时，渗透率下降幅度较小，当排量达到 40mL/min 时，渗透率比降至 0.9，当驱替排量为 60mL/min 时，充填层渗透率比下降至 0.8 左右，当排量达到 80mL/min 时，L_5 段渗透率渗透率下降近一半。从曲线图中可以很明显地看到，驱替排量越大，L_5 段的渗透率下降幅度就越大，证明驱替排量越大，其携带微粒运移的能力就越大，加大油井的出砂。

1.3　生产压差对油藏出砂的影响

在稳定生产条件下，游离砂会在孔道处形成砂拱，砂拱可以对砂粒之间胶结强度很小或者没有胶结强度的地层起到稳定作用。提高注入井的注入压力，减小生产井的井底流压，可以增加生产压差，提高日产液量以增加产量。但是这种方式，很容易破坏地层孔道处形成的砂拱，使得砂拱重新变成游离砂随采出液运移到生产井周围，加剧油井的出砂。

生产压差的增加，可加剧对岩石骨架的正面冲击强度

对于近井地带有亏空的井，过高的生产压差，很容易在井筒周围处形成压降漏斗，如图 4 所示。

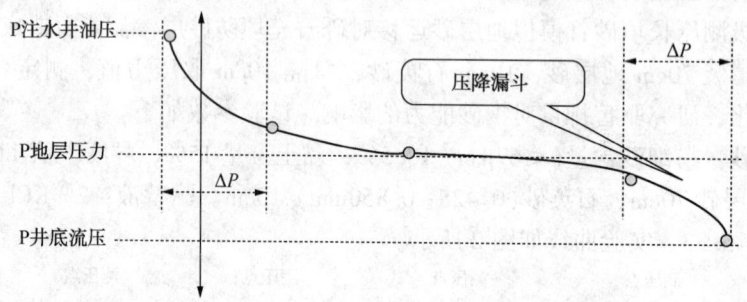

图 4　压降漏斗示意图

压降漏斗一旦形成，将严重破坏近井地带的岩石骨架，形成骨架砂；其次，由于岩石骨架强度的降低，加剧了上覆岩石的压实作用，进一步加剧骨架砂的形成，同时使近井地带的渗透率发生不可逆的降低。

2　尚林油田高含水区域油水井防砂存在的难点

前期尚林油田油井普遍采用复合防砂工艺，水井采用 HY 网状纤维砂工艺，油井平均防砂有效期 6.4 年，水井平均防砂有效期 1000 天以上，在油田开发的初、中期该工艺有较好的适应性。近些年随着区域含水的提升，注采矛盾不断加剧，导致部分油水井防砂有效期显著下降，通过前期高含水区域出砂机理研究，高含水区域防砂主要存在六大难点。

2.1　充填不实导致充填带堵塞

近井地带骨架坍塌，充填施工充填带松散充填不实，生产过程中高生产压差导致地层砂浸入充填带，影响充填效果如图 5、图 6 所示。

2.2　高含水区域细粉砂运移

尚林油田岩性以粉细砂岩为主，主要为深灰色细砂岩、粉砂岩，颗粒间以点接触为主，粒间填隙物以泥质和碳酸盐为主，泥质含量 14.8%，碳酸盐含量 4.6%，胶结方式以孔隙式和基底式为主。黏土矿物中蒙脱石呈膜状或片状充填，遇水膨胀破坏后对储层孔渗的伤害最大，高岭石、伊利石等遇水破碎运移后易堵塞油层，见表 1。

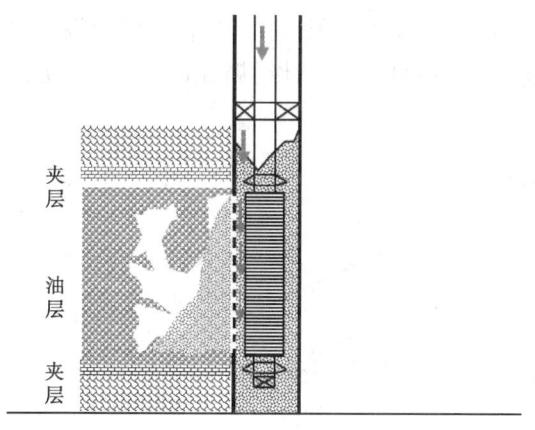

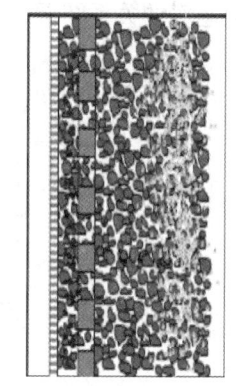

图 5　充填带充填不实　　　　　　　　图 6　地层砂浸入充填带

表 1　林樊家油田高、伊、蒙含量对比

高岭石	伊利石	蒙脱石
16%~20%	18%~22%	9%

　　通过调研分析认为，该区域黏土矿物组分主要以高岭石、伊利石为主，高岭石含量16%~20%，伊利石含量18%~22%，细粉砂运移问题是该区域的主要问题，见图7，随着生产制度的改变，液量的提升，该问题变得更加突出。

粗喉式运移　　　　　　　　细喉式运移　　　　　　　　孔隙式运移

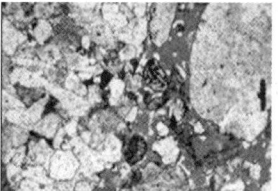

图 7　黏土矿物质微粒不同运移方式

2.3　高液量对防砂管柱的腐蚀

　　通过近些年对大修井的跟踪，防砂失效原因由于防砂管基管腐蚀以及连接油管腐蚀井占60%，最少在井2年就发生严重腐蚀，见图8。

图 8　大修过程捞出防砂管及连接油管腐蚀图

矿化度与腐蚀速率有着重要关系，溶解盐类中一般 Cl^-、SO_4^{2-} 的腐蚀性较强，根据 Cl^- 浓度与腐蚀速率的关系图看，Cl^- 浓度达到 18000mg/L，此时腐蚀速率最大，见图9。

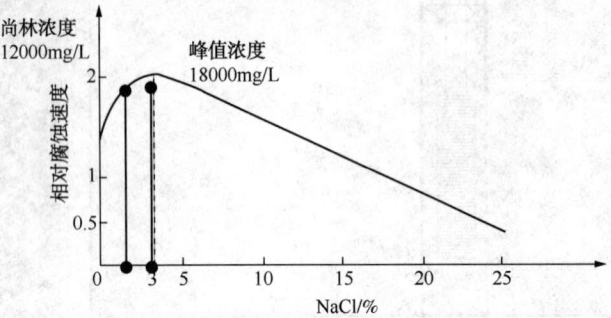

图9　氯离子浓度与腐蚀速度的曲线图

目前，尚林油田采出水 Cl^- 浓度在 12000~22000mg/L 左右，属于腐蚀严重区域。通过取样测试，平均腐蚀速率能达到 0.0025 mm/a，见表2。

表2　尚林油田取样腐蚀速率

取样点	挂片时间	天数	动态腐蚀速率/(mm/a)	平均
LFLN102-3	2014.9.27~2014.10.27	30	0.0091	0.0056
		30	0.0021	
LFLZ15-18	2014.9.27~2014.10.27	30	0.0017	0.0017
		30	0.0017	
LFLN102-17	2014.9.22~2014.10.27	35	0.0022	0.0016
		35	0.0011	
LFLN102-15	2014.9.22~2014.10.27	35	0.0011	0.0011
		35	0.0011	
LFLZ13-18	2014.9.17~2014.11.4	48	0.0003	0.0007
		48	0.0011	
LFLN9P10	2014.9.17~2014.11.4	48	0.0015	0.0016
		48	0.0016	
LFLZ14N16	2014.9.30~2014.11.4	35	0.0033	0.0032
		35	0.0031	
LFLZ14-018	2014.9.30~2014.11.4	35	0.0045	0.0054
		35	0.0063	
LFLZ15-14	2014.9.30~2014.11.4	35	0.0017	0.0011
		35	0.0005	
平均				0.0025

2.4　生产压差放大防砂工具选择

目前防砂工具均采用胶筒式，前期弹性开采，生产压差较小，该工具有较好的适应性。

随着含水的升高，生产液量的提升，生产压差逐渐加大，同时新钻井大斜度井增多，导致目前胶筒式防砂工具适应性逐渐变差，见图10、图11。

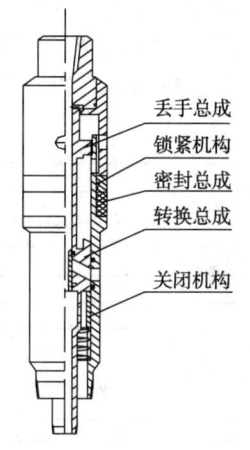
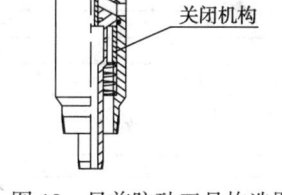

图 10　目前防砂工具构造图

丢手总成
锁紧机构
密封总成
转换总成
关闭机构

图 11　大修起出胶筒失效图

2.5　高含水层段封卡防砂

高含水层、水淹层、注水层内指进导致单井高含水层，防砂无有效封卡手段，导致防砂效果不明显。

层位	电测序号	射孔井段顶/m	射孔井段底/m	厚度/m	孔隙度/%	渗透率/$10^{-3}\mu m^2$	泥质含量/%
Ng2、Ed2-3	001	1072.0	1080.4	8.4	36.8	1457.1	6.442
	003	1101.6	1103.6	2.0	42.51	2474.0	12.363
	004	1116.0	1119.1	3.1	25.2	242.0	8.55
	007	1145.4	1147.1	1.7			
	008	1148.9	1151.9	3.0			
	013	1191.1	1193.1	2.0	31.534	589.71	8.518
合计	共6层			20.20			

图 12　SDBN47 井 PNN 曲线及物性统计

以 SDBN47 为例，见图12，该井投产后一直高含水，PNN 测井显示 1 号层为高含水层，而该层位于 Ng2 井网上，地质要求不封层，给下步防砂封堵造成了较大的难度。

2.6　水井防砂难以满足注水要求

水井正常注水对于提升区域波及系数、洗油效率有着重要作用。随着注采井网的完善，区域油压提升较快，水井压力不稳频繁波动以及突然间激动导致压力回吐出砂，化学防砂有效期逐年降低。目前化学防砂采用 HY 网状纤维砂工艺，该工艺处理半径小，固结强度低，压力波动极易造成地层砂返吐，防砂失效。

3　尚林油田高含水区域油水井防砂技术配套及应用

针对高含水阶段防砂难点,差异化配套了四套防砂工艺,优化了两套配套工艺。

3.1　大排量、高砂比、分级充填工艺

针对充填层不实的问题,首先实施大排量、高砂比充填,根据渗透率的差异配套了 $2.0\text{m}^3/\text{min}$、$2.3\text{m}^3/\text{min}$、$3.5\text{m}^3/\text{min}$ 的大排量充填,最高砂比由起初的40%提升70%。

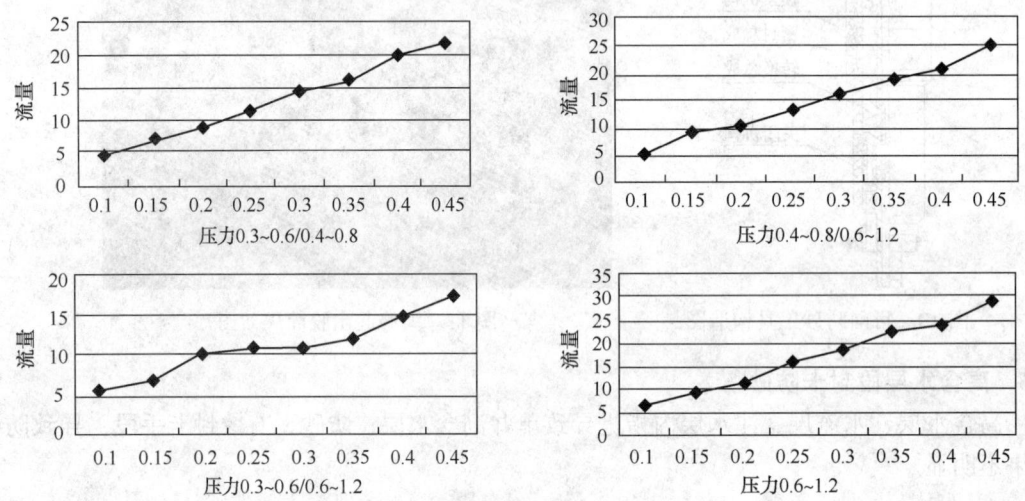

图13　不同粒径组合流量和压力的关系

其次优选粒径组合实施分级充填,从实验结果得出不同地层粒径中值下最佳充填粒径组合,针对尚林油田储层粒径中值主要为 $0.10\sim0.15\text{mm}$,推荐采用 $0.4\sim0.8/0.6\sim1.2$ 充填粒径组合,见图13。大排量、高砂比、分级充填提升充填层压实程度,实现高导低阻,延长防砂有效期。目前实施井数3口,累油2300t,平均单井日油增加1.5t,取得了较好的效果。

3.2　前置分子膜稳砂工艺

分子膜是指一定浓度的高强度分子膜防砂剂溶液进入地层后,与地层砂发生反应,导致固液界面pH值升高,引发高分子发生缩聚反应,在固体(砂粒)表面形成了一层致密、高强度的体型高分子膜,从而起到稳砂作用,见图14、图15。

图14　分子膜防砂示意图　　　　　图15　分子膜稳砂效果图

通过室内试验,未使用分子膜在生产压差的作用下细粉砂轮廓全散,而使用分子膜固砂剂的骨架整体完好,无散砂,分子膜能有效地稳定地层砂。60℃时耐冲刷能力大于等于7000mL/h,油层渗透率保留率大于等于70%。目前该工艺实施4口井,累油10893t,单井

日油增加 2.2t，见图 16。

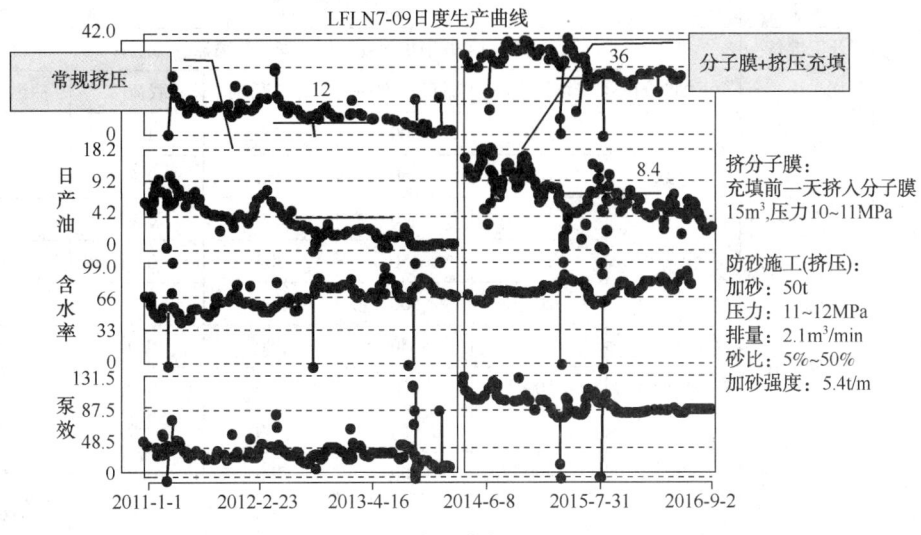

图 16 分子膜应用对比图

3.3 抽吸泵排砂预处理工艺

该工艺先下入油管至油层上部，通过缆绳车用缆绳将抽吸管柱下入油管内，达到液面后，继续下入，沉没度保持 200~300m，通过抽吸泵将井筒内细粉砂举升排出，通过多次举升达到排砂的目的，见图 17。

图 17 抽吸泵工艺示意图及排出的细粉砂

目前该工艺实施 3 井次，累油 1200t，平均单井日油 4.5t，取得了较好的效果，排液效果见表 3。

3.4 防砂管柱及工具的优选

3.4.1 防砂管柱的选择

针对高液量对防砂管基管腐蚀以及连接油管腐蚀的问题，通过挂片试验显示环氧粉末防腐油管能够有效地缓解腐蚀，见表 4，同时准备积极与防砂管厂商结合，生产以防腐油管为基管的防砂管。目前使用防腐油管 1 井次，见图 18。

表3　LFLN6X011 排液施工表

日期	工序	施工详细内容					
4月20日	开工准备	7:00~7:30细化现场三标,安装防喷器、防喷管					
	抽吸排液	下抽时间	液面深度/m	抽吸深度/m	沉没度/m	载荷/T	抽出液柱/m
		8:00~15:00	100	300	200	0.8	200
			100	350	250	0.81	250
			140	400	260	0.85	260
			150	450	300	0.88	300
			200	500	300	0.9	300
			270	550	280	0.91	280
			300	600	300	0.93	300
			250	650	300	0.95	300
			400	700	300	0.99	300
			400	700	300	1.02	300
			400	700	300	1.02	300
			410	700	290	1.02	290
			400	700	300	1.03	300
4月23日	开工准备	13:00~14:30细化现场三标,安装防喷器、防喷管					
	抽吸排液	下抽时间	液面深度/m	抽吸深度/m	沉没度/m	载荷/T	抽出液柱/m
		14:30~19:00	50	350	300	0.8	300
			90	370	280	0.82	280
			130	400	270	0.84	270
			270	450	280	0.85	280
			190	500	310	0.9	310
			250	550	300	1	300
			320	600	280	1.08	280
			350	700	350	1.12	350
			410	750	340	1.25	340
			480	800	320	1.3	320
			450	850	400	1.34	400

表4　普通油管与环氧粉末管腐蚀率对比

取样点	天数	普通油管平均腐蚀速率/ (mm/a)	环氧粉末油管平均腐蚀速率/ (mm/a)
LFLN102-3	30	0.0056	0.0006
LFLZ15-18	30	0.0017	0.0002
LFLN102-17	35	0.0016	0.0002
LFLN102-15	35	0.0011	0.0001

续表

取样点	天数	普通油管平均腐蚀速率/（mm/a）	环氧粉末油管平均腐蚀速率/（mm/a）
LFLZ13-18	48	0.0007	0.0001
LFLN9P10	48	0.0016	0.0002
LFLZ14N16	35	0.0032	0.0003
LFLZ14-018	35	0.0054	0.0005
LFLZ15-14	35	0.0011	0.0001
平均		0.0025	0.002

3.4.2 防砂工具的选择

针对生产压差增大影响胶筒式防砂工具的寿命的问题，选用卡瓦牙工具保证防砂工具有效期，目前高液量选用卡瓦工具20口，见图19。

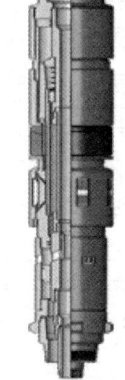

图18 环氧粉末防腐油管　　　　图19 带卡瓦牙防砂工具

3.5 高含水层的封卡工艺

高含水层封卡，目前采用绕防盲管密实填砂封堵以及封隔器卡封封堵两种工艺，见图20、图21，目前实施2口井，含水由前期99%，稳定在85%，累油1006t，平均单井日油3.1t，取得了较好的效果。

3.6 水井防砂工艺的优化

针对目前化学防砂处理半径小的问题，首先对施工排量进行优化。通过数值模拟和物理模拟研究得到不同排量下缝长及不同储层物性下的进液情况，通过模拟看出对于纵向差异比较大的井采用排量1000L/min，对于渗透率差异不大的井采用排量800L/min，见图22、图23。

第二对化学药剂的使用进行优化。采用树脂固砂剂为液相水溶液，该药剂与地层砂固结好。同时适当加大药剂浓度，增强地层砂与固砂剂的固结强度。

在防砂工艺配套完善的情况下，对频繁出砂井，加强地面管理，减少地面管线等压力激动，同时配套新式单流阀，见图24，延长注水周期。自去年下半年以来实施水井配套防砂工艺40口井，目前防砂均有效，累注水12.2×10⁴m³，取得了较好效果，工艺的改进挖潜，有效提升了波及系数及洗油效率，为尚林油田的稳产奠定了基础。

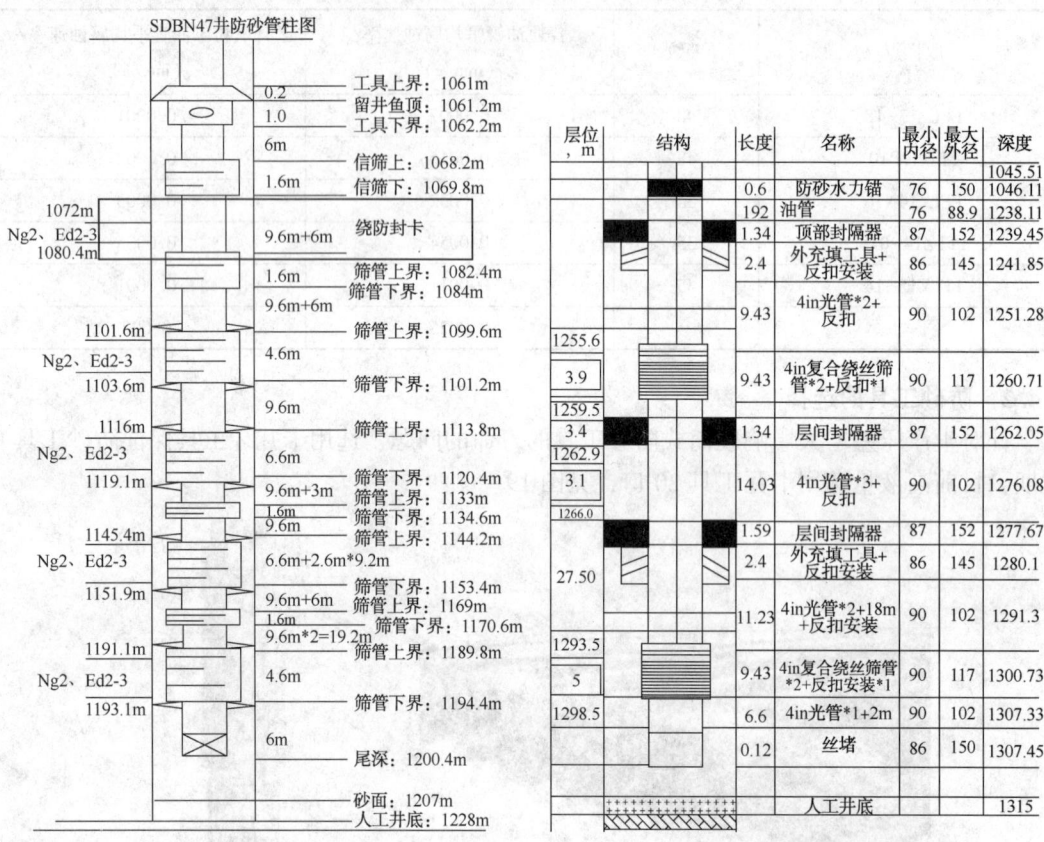

图 20　SDBN47 绕防封卡　　　　　　　图 21　SDS28X16 封隔器封卡水层

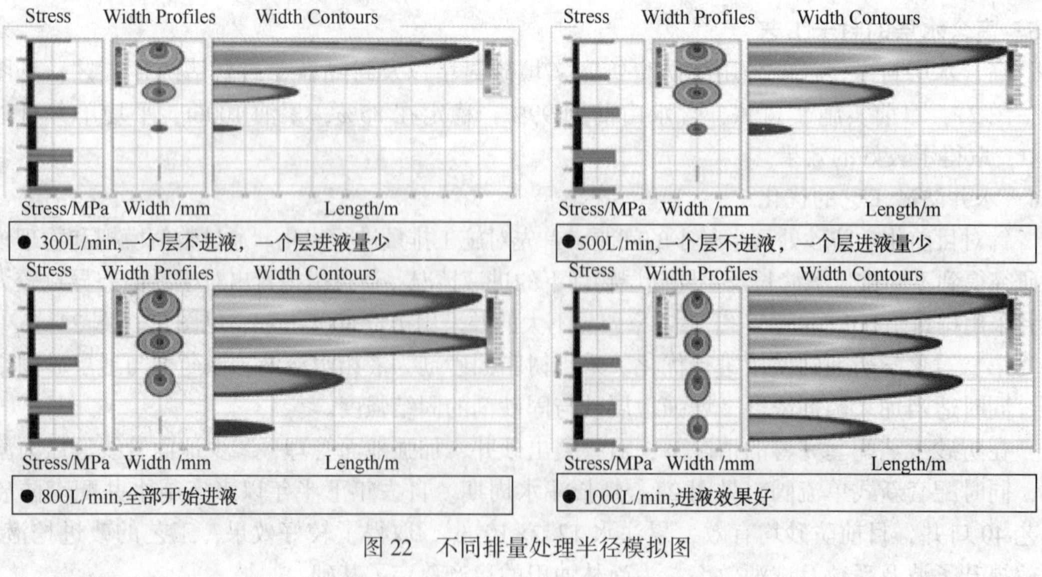

図 22　不同排量处理半径模拟图

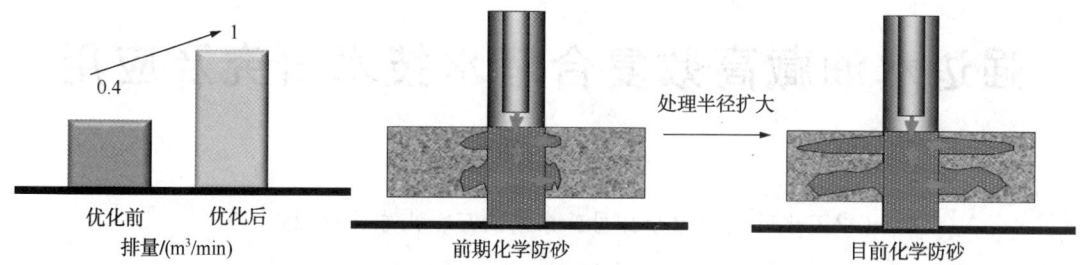

图 23　化学防砂改进效果图

图 24　新式单流阀

4　小结

　　通过尚林油田高含水出砂机理及防砂存在的难点分析，对尚林油田油水井差异化配套了四套防砂工艺，优化了两套配套工艺，从现场应用看工艺有较好的适应性，通过一系列的配套优化，进步提升了高含水防砂的适应性，原油采收率由 11.5% 提升至 13%，每年采油率由 1% 增加至 1.5%，有效提升了区域采收率。

参 考 文 献

[1] 马金玉．有关注水开发油田高含水期的开发技术[J]．中国化工贸易，2013，042(4)．

[2] 张贤松．水驱油藏特高含水期非线性渗流产生条件[J]．中国石油大学学报，2009，(2)：90-93.

[3] 曾辉勇．高含水油田面临的主要问题及提高采收率研究[J]．石油地质，2011，149(5)．

强边水油藏高效复合堵水技术研究及应用

纪　超，孙沙沙

（中石化胜利油田分公司孤东采油厂，山东东营 257237）

摘　要　孤东采油厂近年来在边水稠油油藏高含水井采用了氮气泡沫调剖工艺，见到了一定效果，但对于边水能量强的一线油井，由于泡沫封堵强度低、封堵效果较差，有效期短。而冻胶封堵强度高，但没有选择性封堵性能，为此考虑结合泡沫和冻胶的优点，达到不仅具有一定的选择性，且封堵强度高，能有效提高堵水效果。

关键词　强边水；复合堵水

1　评价背景

常规孤东 KD521、KD53、KD18 等区块，属强边水稠油油藏，在开发过程中不可避免的遇到边水入侵问题，到开发后期，区块含水大幅上升，大多数油井进入高含水期，区块整体含水已大于 90%，严重影响区块产量，开发效果差。对于这部分井，采取过如打排水井强化排水、隔板等方法，初期有一定效果，但有效期短。近年来采用氮气泡沫调剖工艺，通过改善吸汽剖面，见到了一定效果，但随着调剖轮次增加，效果变差明显，为了提高堵水强度，针对孤东强边水稠油油藏采用蒸汽吞吐方式开采，地层温度高、边水能量强的特点，经大量文献调研，优选木质素冻胶体系，与氮气泡沫复配，提高堵水效果。本文主要研究对象是木质素冻胶泡沫体系，能够更好的封堵高渗水窜通道，提高原油采出程度，满足现场的堵水需求。

2　木质素冻胶泡沫体系研制及性能评价

2.1　木质素冻胶体系配方优化

实验药品：木质素、对苯二酚、乌洛托品。

实验设备：玻璃杯、电磁搅拌器、电子天平、玻璃棒、安瓿瓶、高温老化罐、恒温箱。

以冻胶强度为指标，通过实验优化木质素–对苯二酚–乌洛托品体系配方，实验过程中保持对苯二酚与乌洛托品的浓度比为 1：2。

实验方法：在 150℃ 条件下，研究木质素浓度对木质素–对苯二酚–乌洛托品冻胶体系成胶影响，实验中 ω（对苯二酚）= 0.03g/mL，ω（乌洛托品）= 0.06g/mL，木质素的浓度分别为 0.02g/mL、0.04g/mL、0.06g/mL、0.08g/mL、0.1g/mL，按照以上浓度配置溶液，将溶液装入安瓿瓶密封，然后放入高温氧化罐，放入恒温箱，调节恒温箱至 150℃，记录冻胶成胶时间和成胶强度。

实验结果如表 1 和图 1 所示：

作者简介：纪超（1982—），男，汉族，工程师，2006 年毕业于中国石油大学（华东）石油工程专业，现从事油气田开采研究工作。E-mail: gdgysjc@163.com

表1 木质素浓度对体系成胶时间和成胶强度的影响

序号	木质素浓度/(g/mL)	对苯二酚浓度/(g/mL)	乌洛托品浓度/(g/mL)	成胶时间/h	成胶强度/MPa
1	0.02	0.03	0.06	23	0.044
2	0.04	0.03	0.06	20	0.068
3	0.06	0.03	0.06	17	0.077
4	0.08	0.03	0.06	15	0.074
5	0.1	0.03	0.06	14	0.066

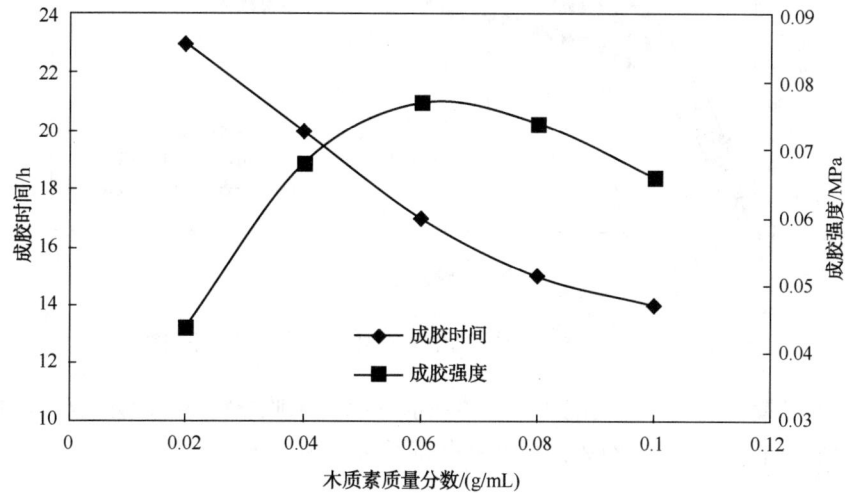

图1 木质素浓度对体系成胶时间和成胶强度的影响

由图1可知，随着木质素浓度的增大，冻胶强度先增大后减小，在木质素浓度为0.06g/mL时，冻胶强度达到最大，且具有合适的成胶时间，因此优选木质素浓度0.06g/mL。用同样方法可得出对苯二酚和乌洛托品最佳浓度分别为ω(对苯二酚)=0.035g/mL，ω(乌洛托品)=0.07g/mL。

通过以上实验可得出木质素–对苯二酚–乌洛托品体系最优配方为：ω(木质素)=0.06g/mL，ω(对苯二酚)=0.035g/mL，ω(乌洛托品)=0.07g/mL。

2.2 氮气泡沫/常规冻胶泡沫/木质素冻胶泡沫调驱性能对比

实验条件：(1)实验用冻胶：木质素–对苯二酚–乌洛托品体系，Cr冻胶体系；

(2)实验用起泡剂：孤东采油厂提供；

(3)实验用起泡剂浓度：5%；

(4)实验用油：胜利油田油田提供脱水脱气原油样品；

(5)实验用气：N_2；

(6)蒸汽温度：250℃；

(7)恒温箱温度：60℃；

(8)填砂模型：尺寸$\phi25×600mm$；

（9）实验用油：胜利油田油田提供脱水脱气原油样品；

（10）填砂管渗透率：低渗管约 $300×10^{-3}\mu m^2$，高渗管约 $600×10^{-3}\mu m^2$。

实验结果：

（1）实验中低渗管渗透率 $300×10^{-3}\mu m^2$，孔隙体积 87mL，饱和原油 76mL，高渗管渗透率 $610×10^{-3}\mu m^2$，孔隙体积 92mL，饱和原油 82mL，驱油实验数据表如图 2 所示。

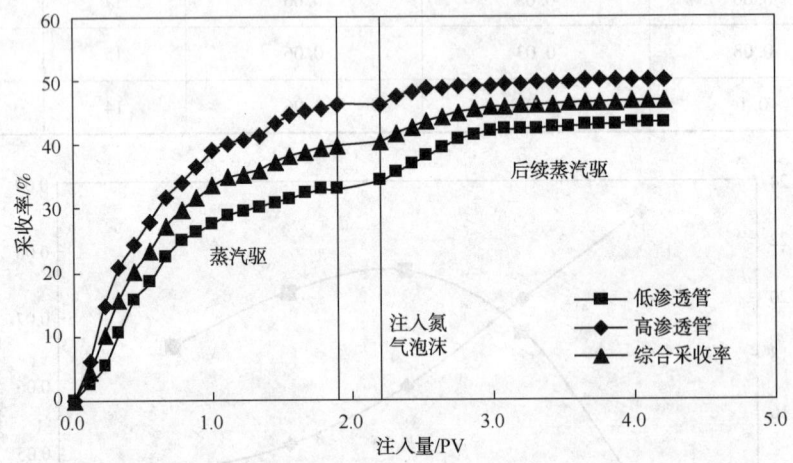

图2　氮气泡沫调驱体系驱油的采收率与注入量关系曲线

由图 2 可以看出，注入氮气泡沫调驱体系前的综合采收率为 39.87%，注入氮气泡沫调驱体系后的综合采收率为 46.84%，采收率提高了 6.97%。

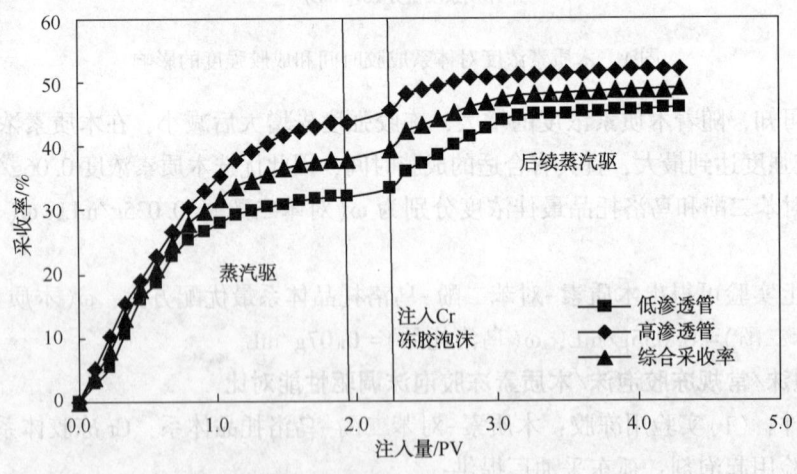

图3　常规冻胶泡沫调驱体系驱油的采收率与注入量关系曲线

由图 3 可以看出，注入常规冻胶泡沫调驱体系前的综合采收率为 37.34%，注入常规冻胶泡沫调驱体系后的综合采收率为 49.03%，采收率提高了 11.69%。

由图 4 可以看出，注入木质素冻胶泡沫调驱体系前的综合采收率为 38.46%，注入木质素冻胶泡沫调驱体系后的综合采收率为 55.13%，采收率提高了 16.67%。

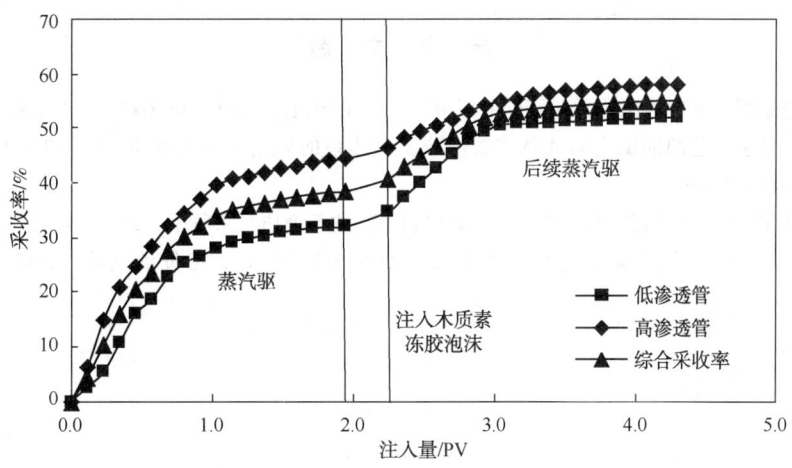

图4　木质素冻胶泡沫调驱体系驱油的采收率与注入量关系曲线

通过对比实验，得出不同调驱方式调驱效果对比数据如表2所示。

表2　不同调驱方式调驱效果对比

调驱方式	调驱前采收率/%	调驱后采收率/%	提高采收率/%
氮气泡沫	39.87	46.84	6.97
常规冻胶泡沫	37.34	49.03	11.69
木质素冻胶泡沫	38.46	55.13	16.67

通过以上对比实验可以得出，采用木质素冻胶泡沫的调驱效果要比氮气泡沫和常规冻胶泡沫的效果要好，能更高的提高原油的采收率。通过具体的数模试验数据，可以看出，不同的调驱方式挖掘的主要是低渗层的产能，因此，产生差异的原因主要在于低渗层。冻胶泡沫相对于氮气泡沫能够更好地封堵高渗水窜通道，而常规冻胶泡沫不耐温，即使暂时封堵住低渗孔道，由于高温蒸汽的作用，很快又将被封堵住的孔道突破。因此，能耐高温的木质素冻胶泡沫体系能够更好地挖掘低渗产能，提高采收率。

3　应用效果

自2014年以来，现场实施堵水5井次，措施前平均日产液59.8m³，日产油1.8t，含水96.9%，措施后平均日产液37.3m³，日产油4.3t，含水88.5%，平均单井日增油2.5t，含水下降8.4%，阶段累增油2282.1t。

4　结论

（1）通过对木质素冻胶体系中木质素含量、对苯二酚含量以及乌洛托品含量对冻胶成交时间以及成胶强度的影响研究，筛选出的高温堵剂木质素冻胶泡沫的最优配方为：ω(木质素)=0.06g/mL，ω(对苯二酚)=0.035g/mL，ω(乌洛托品)=0.07g/mL，起泡剂浓度5%。

（2）木质素冻胶泡沫体系由于具有耐高温的特性，相对于氮气泡沫和普通冻胶泡沫能够更好的封堵高渗水窜通道，提高原油采出程度。

（3）原油种类对氮气泡沫抑制边水的效果有很大影响，原油越稠，边水水侵速度越慢，注冻胶泡沫后提高采收率效果越差。

参 考 文 献

[1] 徐国瑞，杨丽媛. 冻胶泡沫体系封堵性能评价[J]. 应用化工，2013，42(04)：584-586.

[2] 王建勇，王思宇. 赵凹油田高温油藏冻胶泡沫调剖体系的研制及性能评价[J]. 油气地质与采收率，2013，20(04)：58-61.

[3] 张广卿，刘伟. 泡沫封堵能力影响因素实验研究[J]. 油气地质与采收率，2012，19(02)：44-46.

[4] 李兆敏，张东. 冻胶泡沫体系选择性控水技术研究与应用[J]. 特种油气藏，2012，19(04)：1-6，151.

蒸汽驱后期调剖驱油技术研究与应用

蒋　硕，张恒嘉，张　瑞

（中油辽河油田公司，辽宁盘锦 124010）

摘　要　针对某蒸汽驱区块进入"剥蚀调整阶段"，已处于蒸汽驱开发后期，平面和纵向矛盾突出，含油饱和度降低，原油黏度升高，蒸汽驱替效率大幅下降的问题，研究设计了调剖驱油复合技术。通过理论创新、技术研究与现场实践，在注汽井上实施后，达到了蒸汽驱纵向及平面深部调剖和驱油的目的，提高了动用程度，降低了原油黏度，提高了洗油效率。现场实施 9 井次，累计增油 11656t，取得了明显增产效果。应用结果表明，调剖驱油技术可以有效改善蒸汽驱后期开发效果，提高蒸汽驱采收率。

关键词　蒸汽驱；深部调剖；驱油；表面活性剂

某区块历经 10 年蒸汽驱开发，目前进入"剥蚀调整阶段"，已处于蒸汽驱开发后期，产量呈现出快速递减趋势。开发矛盾主要表现：汽窜井数增多，注采井间大孔道明显，油层动用不均严重，剩余油主要分布在储层物性较差部位和油层中下部；早期分层注汽工艺投捞成功率低，目前环形可调式分层注汽技术虽然解决了投捞问题，但大部分注汽井井况变差，管柱无法更换，导致注汽工艺调配能力差；含油饱和度降低，原油黏度升高，油水流度比增大，蒸汽驱替效果变差。

针对蒸汽驱后期开发中存在的问题，通过室内实验，研制出了适合于蒸汽驱特点的高温调剖剂和复合驱油剂，有效解决了蒸汽驱后期油层纵向动用不均、蒸汽驱油效率差的难题，井组生产效果得到明显改善。

1　高温调剖驱油技术研究

1.1　高温调剖技术研究

1.1.1　高温调剖剂筛选

目前常用高温调剖剂主要有颗粒型高温调剖剂、高温三相调剖剂和高温发泡剂 3 种，从封堵率来看颗粒型高温调剖剂最好，其他两种由于泡沫存在半衰期不能实现持久封堵，为保证封堵效果，选择颗粒型高温调剖剂作为蒸汽驱注汽井用调剖剂[1]。

颗粒型高温调剖剂是针对蒸汽吞吐井而研制的，要作为蒸汽驱注汽井用调剖剂，其成胶骨架耐温性低，耐温最高只能达到 200℃，无法满足高温蒸汽长期冲刷要求。

蒸汽驱注汽井用高温调剖剂的成胶骨架耐温必须达到 260℃以上，并且具有长期固化性能[2]，才能确保现场实施后，蒸汽不再进入被封堵的层位。因此设计热固性树脂+交联剂作为成胶骨架。热固性树脂种类繁多，通过优选，确定由耐温性能好、成本低、原料易得的 PF 树脂+交联剂作为成胶骨架，成胶后耐温可达 520℃，满足蒸汽驱注汽井要求。

作者简介：蒋硕（1979—），男，汉族，高级工程师，2001 年毕业于西南石油学院石油工程专业，现从事采油工艺技术研究与推广工作。E-mail：3385571@qq.com

　　为实现深部注入，施工时间会相对较长，为此要求成胶时间也相应延长，成胶时间在24~72h可控。通过正交实验法，模拟地层温度220℃条件下，对PF树脂和交联剂浓度进行了优选，确定PF树脂使用浓度为8%~12%，交联剂使用浓度为3%~6%。

表1　PF树脂与交联剂浓度对成胶时间的影响

成胶时间/h　交联剂浓度/% PF树脂浓度/%	1	2	3	4	5	6
3	不固化	不固化	不固化	不固化	不固化	不固化
5	不固化	不固化	不固化	不固化	不固化	不固化
8	98	89	71	67	60	56
10	90	73	67	61	53	45
12	81	67	47	44	41	32
15	76	62	23	22	20	19

1.1.2　固相颗粒粒径设计

　　利用区块取芯获得的孔喉资料，遵循1/3架桥理论，同时考虑蒸汽长期对近井地带的冲刷，优选出3种不同粒径颗粒开展室内实验，确定了某块油田远井地带选用颗粒粒径0.15~0.30mm，近井地带使用颗粒粒径0.5~1.5mm最适宜。

1.1.3　性能测试

　　(1)工作液黏度测试

　　在室内将浓度10%PF树脂+浓度5%交联剂配制成高温调剖剂溶液，利用旋转黏度计测定工作液黏度为70~100mPa·s。

　　(2)成胶温度测试

　　在室内将配制好的高温调剖剂溶液分别倒入特制不锈钢试管内并密封，然后分别置于设定温度为60℃、80℃、100℃、120℃、140℃、160℃的恒温箱中，依次定期取出，测量成胶强度，观察温度对成胶的影响。实验结果显示，高温调剖剂100℃开始成胶，120℃成胶强度达到要求。

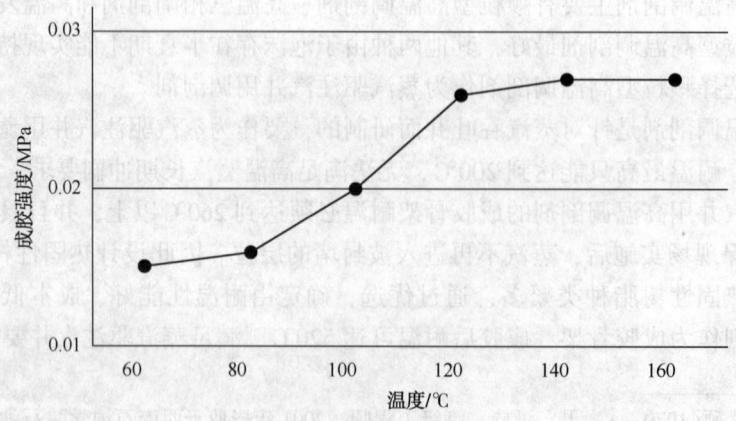

图1　高温调剖剂成胶温度测试图

（3）耐温性能测试

按凝胶体系基本配方配制基液，将其置于300℃烘箱中恒温30天，考察其耐温性能。从成胶体在300℃下老化实验（表2）可以看出，成胶体耐温性好，损失量低，30天内失重率小于10%，收缩率小于5%。

表2　成胶体300℃高温老化能力实验

老化时间/天	1	3	5	10	15	20	30
形态	完整	完整	完整	完整	完整	完整	完整
失重率/%	7.5	8.2	8.5	8.8	8.9	8.9	9.5
收缩率/%	3.1	3.8	4.0	4.1	4.2	4.2	4.4

（4）岩芯封堵性能测试[3]

选用直径2.5cm，长30cm的填砂管，用不同目数的石英砂充填得到表3所示2种不同的渗透率，分别以1mL/min的流速注入0.2PV的固含量5%粒径0.15~0.3mm的颗粒型调剖剂后，再用模拟地层水测定渗透率，考察凝胶调剖剂的封堵性能。

表3　高温调剖剂封堵性能

渗透率/μm²		封堵率/%
封堵前	封堵后	
3.06	0.122	96
2.05	0.059	97.1

由表3可见，凝胶型颗粒调剖剂调剖后，渗透率下降幅度均很大，封堵率96%以上。

（5）耐高温蒸汽冲刷性能测试

选用直径2.5cm，长30cm的填砂管，渗透率为2.55μm²，以1mL/min的流速注入0.2PV固含量5%粒径0.15~0.3mm的颗粒调剖剂，再连续注入高温蒸汽30天，考察颗粒型调剖剂的耐冲刷性。由图2可见，注入压力保持稳定，说明颗粒型调剖剂有很强的耐冲刷性能。

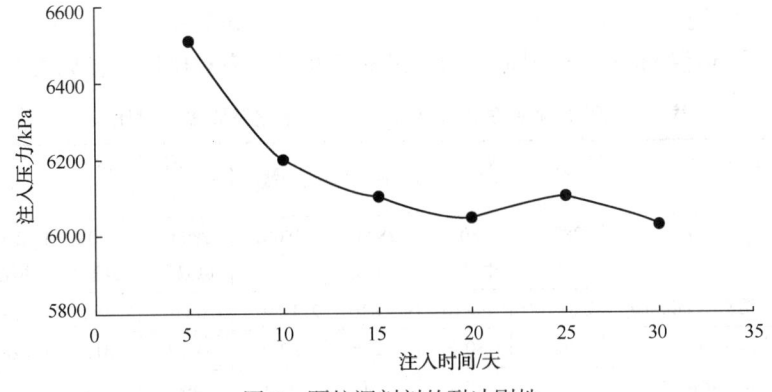

图2　颗粒调剖剂的耐冲刷性

1.2　高温复合驱油剂研究

1.2.1　技术机理

高温复合驱油剂主要是利用注入到地层内的化学驱油体系，在地层条件下发生反应生成

的 CO_2 和 NH_3，与表面活性剂作用产生泡沫，起到调剖作用，CO_2 和 NH_3 还能与表面活性剂形成良好的驱油体系，降低岩油水界面张力，剥离油膜，提高驱油效率。

1.2.2 药剂组份的筛选

（1）CO_2 气体生成剂的筛选

含有羧基的有机物和含有碳酸根离子的无机物在一定的条件下均能释放出 CO_2 气体，地层条件下单位质量释放最多 CO_2 气体的物质将是最佳选择。

把所要筛选的物质按照 50% 的浓度配制 500mL，取 200mL 放入高温高压反应釜内，按高压釜操作步骤升温至 280℃，且恒温 8h，记录高压釜压力。然后关闭反应釜加热系统，待其冷却至 25℃ 时，记录高压釜压力。根据气态方程可计算出 CO_2 的生成量（表 4）。

表4 几种物质 CO_2 生成量对比数据

名称 项目	尿素	尿素衍生物	尿素与硝石的混合物	尿酰胺
150℃恒温时间/h	8	8	8	8
150℃时压力/MPa	3.8	3.5	3.6	3.7
25℃时压力/MPa	1.4	1.2	1.8	1.3
生成 CO_2 质量（25℃）/g	24.13	21.61	32.41	23.41

从表 4 可以看出，尿素与硝石的混合物是最好的气体生成剂。

（2）表面活性剂的筛选

①实验步骤

首先配制浓度为 50% 的尿素水溶液，并加入 0.5% 的硝石；

分别将重烷基苯磺酸钠、α-烯烃磺酸盐、烷基酚聚氧乙烯醚磺酸盐、AEO、AEO+AOS 加入到 a 配制的溶液中，浓度为 1.0%，各配制 1000mL 待用。

取 b 已配制好的溶液 300ml 放入高温高压反应釜内，在 280℃ 条件下恒温 8h 后，关闭电源，放置至室温。打开放气阀，放出釜内气体，然后倒出水溶液待用。

②表面活性剂性能评价

重烷基苯磺酸钠、α-烯烃磺酸盐、烷基酚聚氧乙烯醚磺酸盐、AEO+AOS 四种表面活性剂在 280℃ 条件下恒温 8h 前后的界面张力、发泡量及降黏率对比情况，见表 5。

表5 四种表面活性剂的界面张力、发泡量及降黏率对比表

名称	重烷基苯磺酸钠		α-烯烃磺酸盐		烷基酚聚氧乙烯 醚磺酸盐		AEO+AOS	
条件	280℃ 恒温前	280℃ 恒温后	280℃ 恒温前	280℃ 恒温后	280℃ 恒温前	280℃ 恒温后	280℃ 恒温前	280℃ 恒温后
界面张力，1%水溶液/（mN/m）	6.5×10^{-2}	6.9×10^{-2}	9.1×10^{-2}	2.1×10^{-1}	4.6×10^{-1}	5.2×10^{-1}	7.1×10^{-3}	7.8×10^{-3}
表面张力，1%水溶液/（mN/m）	30.5	30.3	32.4	32.1	31.8	31.6	28.9	28.6
发泡量/mL（200mL 水溶液）	320	220	630	610	490	320	680	660
降黏率/%	52	63	90	91	86	88	95	96

通过表 5 可以看出，280℃ 恒温 8h 后与恒温前比较，界面张力普遍降低，发泡量减少，降黏率升高。综合界面张力、发泡量、降黏率 3 种性能，AEO+AOS 性能最好。

（3）稳泡剂筛选

稳泡剂是泡沫体系的重要组成部分，常用的稳泡剂包括盐、聚合物、醇类等。用浓度为1%的表面活性剂 AEO+AOS，通过在常温和280℃条件下，进行稳泡剂的筛选，见表6。

表6　稳泡剂效果对比实验

稳泡剂	室温下		280℃恒温48h	
	发泡体积/mL	半衰期/min	发泡体积/mL	半衰期/min
无	680	53	660	46
六磷酸钠	670	220	640	210
十四醇	440	32	400	42
CMC	575	280	600	68
改性胍胶	620	370	630	48
聚丙烯酰胺	645	360	635	52

实验结果表明：高分子聚合物在常温下均有显著的稳泡效果，但是在高温条件下容易被破坏失效，无机盐类的耐温性好，化学性质较稳定，因此选择六磷酸钠作为稳泡剂。由此确定高温复合驱油剂的组成为：尿素+硝石+表面活性剂（AEO+AOS）+六磷酸钠。

1.2.3　驱油效率测试

利用双管模型，模拟油藏压力为4MPa，温度为280℃，先进行蒸汽吞吐和蒸汽驱，再进行蒸汽+驱油剂复合驱，考察驱油效率。

表7　岩芯模拟吞吐实验测试数据

样号	长度/mm	直径/mm	孔隙度/%	渗透率/mD	蒸汽吞吐+蒸汽驱采出程度/%	蒸汽+高温复合驱油剂采出程度/%
1	500	30	33.6	2742	46.7	60.7
2	500	30	21.2	1536	43.4	56.8

从7可以看出，与蒸汽吞吐+蒸汽驱相比，高温复合驱油剂驱油1、2管岩芯原油采出程度分别提高了14%、13.4%，提高驱油效果明显。

2　施工参数设计

2.1　颗粒使用浓度设计[4]

利用填砂管渗透率模拟该区块高渗层渗透率，选用不同目数的石英砂充填填砂管，测定其孔隙度33.4%，渗透率2.56μm²。考察了2#调剖剂不同固含量（A 剂浓度3%，B 剂浓度5%，C 剂浓度8%）对注入压力的影响，结果见图4。

由图4可见，由于固相含量增加，颗粒在入口端的堆积量增加，入口端孔喉处的桥塞作用加强，注入压力大幅增加，因而固相含量为8% 的 C 剂适宜近井调剖，不适宜用作深部调剖。比较分析后认为，固相含量5%以下，粒径范围0.15~0.30 mm 的颗粒调剖剂最适宜该块深部调剖的需求。现场实施过程中，颗粒使用浓度确定为由低到高原则，并根据现场施工压力、排量变化情况进行动态调整。

2.2　调剖剂用量设计

研究表明，调剖剂用量为12%汽腔体积时，蒸汽波及效率达到最佳值，由此确定调剖剂用量计算公式：

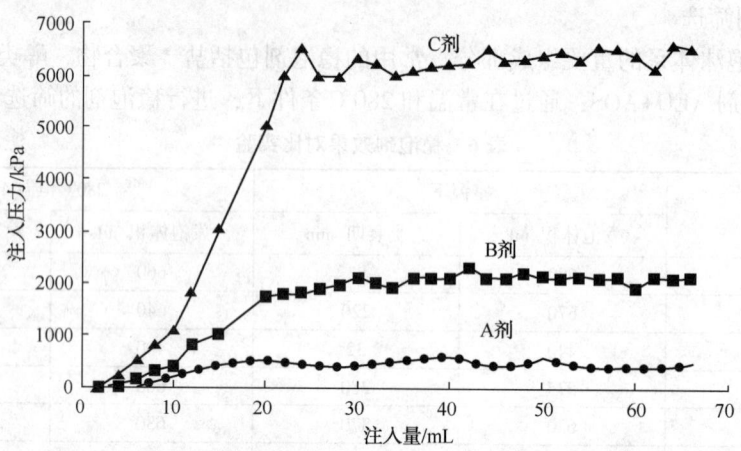

图 4　调剖剂不同固含量对注入压力的影响

$$Q = \pi \times (R_1^2 - R_2^2) \times h \times \phi \times \beta$$

式中　Q——堵剂总用量，m；

R_1——汽腔半径，m；

R_2——在高渗透层中过顶替液到达的半径，m；

h——高渗透层厚度，m；

ϕ——高渗透层孔隙度；

β——堵剂用量优化系数，12%。

2.3　施工排量及压力设计

为保证调剖剂能够有效地进入高渗层，采取低压低排量注入方式，注入排量控制在 8 ~ 10m³/h。根据当前某块注汽压力在 5MPa 左右，设计高温调剖后注汽压力提高 2 ~ 3MPa，即高温调剖剂注入压力控制在 8MPa 以内，并在施工中根据注入压力情况适当调整配方浓度，保证封堵效果。

3　现场应用情况及效果

现场实施注汽井高温调剖驱油 9 井次，措施后井组生产情况表现为"一升三降"，即产油量上升，产液量、井口温度、综合含水下降，截止目前，共计增油 11656t，取得了明显增产效果。

4　结论

(1) 注采井间大孔道明显、汽窜严重、分注工艺调配能力差导致了油层动用不均，而原油黏度升高、含油饱和度降低影响了蒸汽驱替效果，上述因素是引起蒸汽驱中后期驱油效率大幅下降的主要原因。

(2) 高温调剖驱油技术能有效改善注汽井吸汽剖面，提高蒸汽驱油效率，提高汽驱后期开发效果，增油显著。

参 考 文 献

[1] 刘清华，裴海华．高温调剖剂研究进展[J]．油田化学，2013，30(1)：145-149.

[2] 龙华，王浩，赵燕．GH-高温调剖剂的研究与应用[J]．特种油气藏，2002，9(5)：88-90.

[3] 张弦，王海波，刘建英．蒸汽驱稠油井防汽窜高温凝胶调堵体系试验研究[J]．石油钻探技术，2012，40(5)：82-86.

[4] 舒俊峰，张磊，陈勇．凝胶颗粒调剖剂评价及矿场应用[J]．精细石油化工进展，2013，14(1)：15-18.

渤中油田水平井着陆瓶颈问题的井场应对措施

么春雨[1]，邓津辉[2]，曹　军[1]，苑仁国[1]，张向前[1]，禹岩泉[1]

(1. 中海油能源发展股份有限公司工程技术分公司，天津 300459；
2. 中海石油(中国)有限公司天津分公司)

摘　要　渤中油田为渤海黄河口凹陷在产的复杂断块油气田之一。为了提高采收率，获得更大的产出剖面和供给范围，该类油气田开发、调整井大多设计为水平井。安全、高效、成功地实施水平井着陆对于该类油田开发生产至关重要。黄河口凹陷明化镇组地层为浅水三角洲沉积，储层厚度薄且受断层复杂化作用明显，导致水平井着陆作业难度加大。其中，面临的主要问题为：1、着陆目的层预测精度有限；2、受随钻测井工具限制，井底存在盲区；3、一旦需要调整，井轨迹调整空间有限。针对以上问题，本文创新应用一系列主要技术组合，如井场精细对比技术等，在渤中油田水平井着陆井场作业中获得了显著的应用效果。

关键词　黄河口凹陷；复杂断块油田；水平井着陆；精细对比及预测；综合录井先锋导向

渤中油田为渤海黄河口凹陷在产的复杂断块油气田之一。黄河口凹陷位于渤海海域南部(图1)，在郯庐走滑断裂作用下，深浅层断层均较发育，致使该地区复杂断块构造十分发育，且表现为复式油气成藏的特点，油气水系统复杂，储-断耦合关系决定着油气运移和聚集[1~5]。

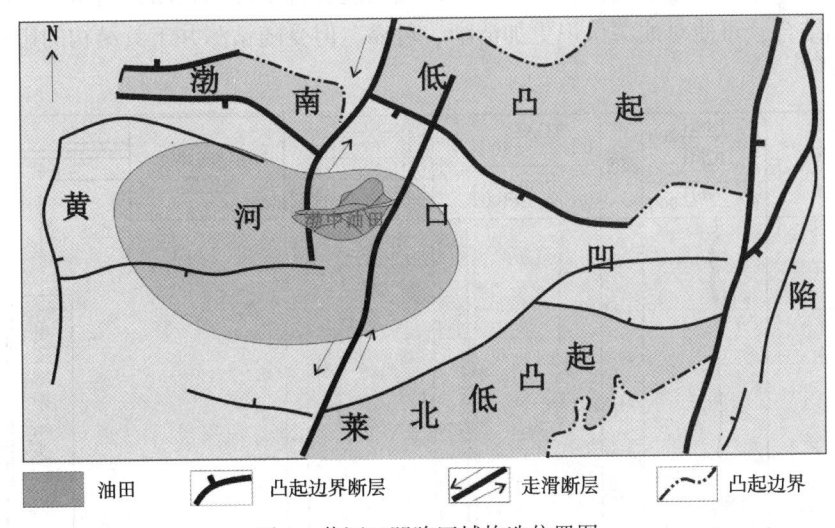

图 1　黄河口凹陷区域构造位置图

该凹陷的主要产层以明下段浅水三角洲沉积为主，岩性组合为厚层泥岩夹薄层砂岩，储

作者简介：么春雨(1987—)，男，汉族，工程师，2009 年毕业于大庆石油学院资源勘查工程专业，现从事海上地质录井管理及技术工作。E-mail：yaochy@cnooc.com.cn

盖组合条件好，但砂体厚度较薄，一般为5~15m[6~8]。为实现该类薄储层油气田的高效开发生产，开发井和调整井大多设计井型为水平井，以获得更大的产出面积和供给范围、降低生产压差、提高单井产量和最终采收率以及达到少井高产的目的[9]。

1　复杂断块油气田水平井着陆存在瓶颈

该类型油田水平井着陆成功实施难度非常大。一是海上因为作业成本高，水平井着陆在没有邻眼井情况下实施；二是由于油藏变化较大，需要井场第一时间做好调整轨迹方案，既要满足井场施工要求，又要满足油藏需求。因此如何在海上一次性且高效地成功着陆是一项高难度的技术工作[10]，以下剖析着陆时经常遇到3个关键问题。

1.1　着陆目标砂体预测精度有限

明下段目标砂体预测精度有限，一方面受其储层自身特点决定。渤海新近系浅水三角洲沉积时，由于湖底地形十分平缓，湖水的加速扩张和收缩，加上河控作用的特点，造成砂体厚度薄且泥岩发育，垂向上河道叠加复杂性；三角洲前缘上分流河道分叉，改道频繁，造成单砂体不连续，平面上呈朵状、片状分布[11]。因此，目标砂体沉积厚度薄，垂向及平面上变化快，预测难度大。

另一方面，受目前储层预测技术瓶颈限制。储层预测技术主要为常规地层对比技术[12,13]及地震剖面解释技术。由于海上作业费用高造成井网较稀，加上储层变化较快及断层影响，常规地层对比技术对目标砂体预测不适用。目前渤海油气田目标砂体的预测一般采用地震剖面解释，但其分辨率达不到油气藏开发阶段描述单砂体和薄泥岩夹层的要求[14~16]。

1.2　随钻测井仪器在井底存在盲区

对地下油藏认识主要通过两种井筒技术，一种是综合录井；另一种是随钻测井。其中，综合录井对储层划分不够精确，及对含油性识别只能进行定性的判断，通常利用随钻测井与综合录井相结合，可使对油藏认识更加清晰、可靠。但受随钻测井工具结构的影响，井底存在测井盲区[17]。

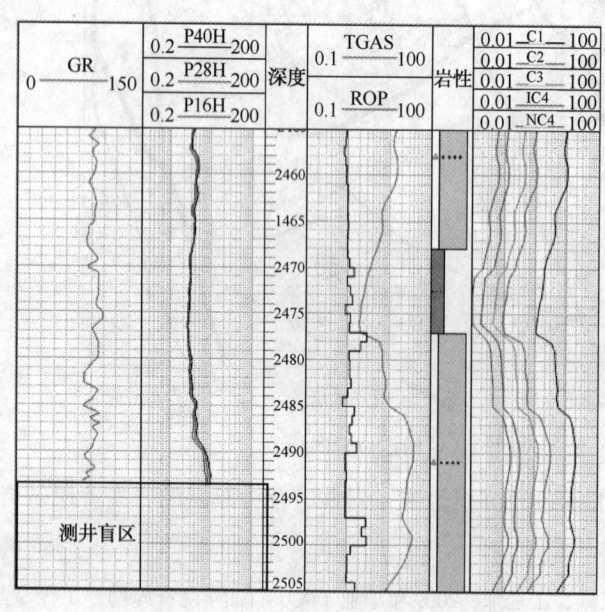
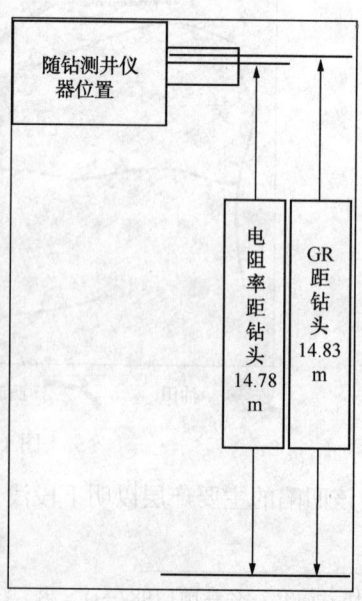

图2　录测井曲线成果图及仪器结构图

黄河口凹陷渤中油田水平井着陆一般采用 SLB 的 ARC 工具，带电阻率和 GR 两条线（图2）。该工具在井底产生约 15m 井段的测井盲区，无法及时地通过测井识别储层及含油气性。

1.3 井轨迹调整空间有限

在储层变化超出预期，及随钻测井仪器存在盲区情况下，实时轨迹调整变化显得紧急且迫切。实钻中常遇到两种情况：

（1）应对储层加深，立即降斜找油，造成"板凳型"井眼轨迹（图3）。

（2）应对储层提前，立即增斜至储层合理位置，造成局部狗腿度较大（图4）。

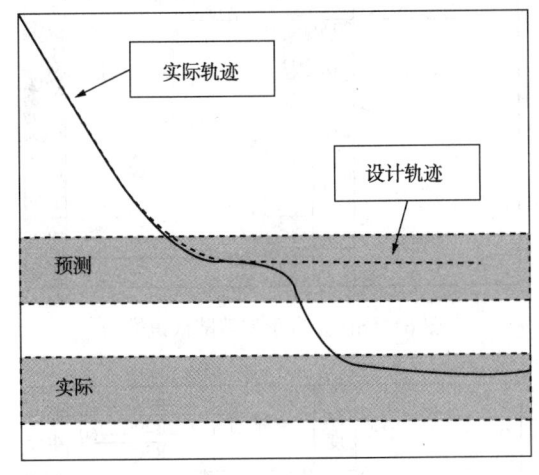

图3 "板凳形"井眼轨迹　　　　图4 局部狗腿度较大井眼轨迹

总之，以上 3 个问题若处理不当，一方面，会造成油藏损失有效水平段，进而影响单井产能；另一方面，会造成井场施工成本或是风险的增加，如回填侧钻或是后期钻完井作业不顺畅等。

2 井场应对措施及技术创新

针对上述三个问题，本文解决技术思路是，首先必须以在加大研究储层预测及随钻测井盲区识别为基础，使储层预测及识别在可控范围内。其次需要选择科学的找油模型，应对储层微小变化。通过研究找到稳斜找油角度与造斜率之间变化关系，选择合理稳斜角度找油度。最后，达到既能降低井场工程作业风险，又能满足地质油藏需求的目的。

2.1 井场快速精细对比及预测技术

井场快速精细对比技术是在常规地层对比及地震解释预测的基础上，通过建立目标砂体精细识别模型，然后与邻井进行目标砂体特征精细对比，从而达到准确预测目标砂体埋深的目的。

2.1.1 目标砂体的精细划分及建立认识模型

黄河口凹陷渤中油田明下段主要发育浅水三角洲沉积，平面上呈朵叶状分布，垂向上表现为河流相砂体叠加特征。周边已钻井数据分析表明，垂向上电阻率数据对岩性变化敏感，并结合测井相中的箱形、钟形及漏斗形等的地质意义及沉积旋回特征，建立了 4 种电阻率曲线着陆认识模型，即陡升型、缓升型、台阶型及夹层型（图5~图8）。其中，陡升型对应的岩性组合为泥岩+细砂岩组合，储层预测上精度高及着陆点选择比较容易；而其他 3 种着陆认识模型在泥岩盖层与甜心区（好储层）之间都存在过渡岩性，会造成储层预测误差值大，需要通过井场精细对比使轨迹在储层最优位置着陆。过渡岩性在沉积微相上存在渐变或是多期沉积叠加的沉积过程，岩性主要为粉砂质泥岩、泥质粉砂岩、粉砂岩及其与泥岩组合，其特征是厚度薄且粒度细。这3种类型与岩性组合对应关系为，台阶型对应岩性组合为泥岩+粉砂岩+细砂岩组合；缓升型对应的岩性组合为泥岩+泥质粉砂岩+粉砂岩+细砂岩组合；夹层型对应的岩性组合为泥岩+粉砂岩或是泥质粉砂岩+泥岩+细砂岩组合。

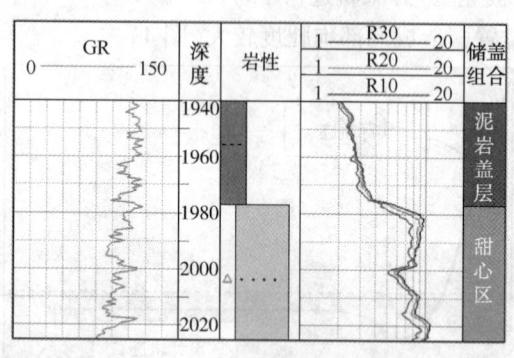

图5　F2H井陡升型着陆认识模型

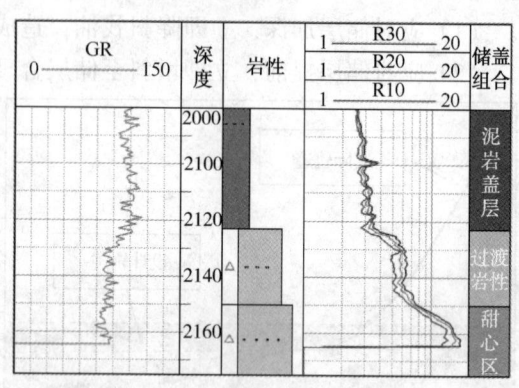

图6　F6H井台阶型着陆认识模型

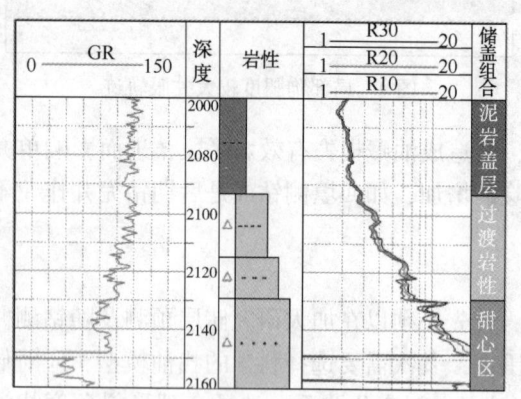

图7　F10H井缓升型着陆认识模型

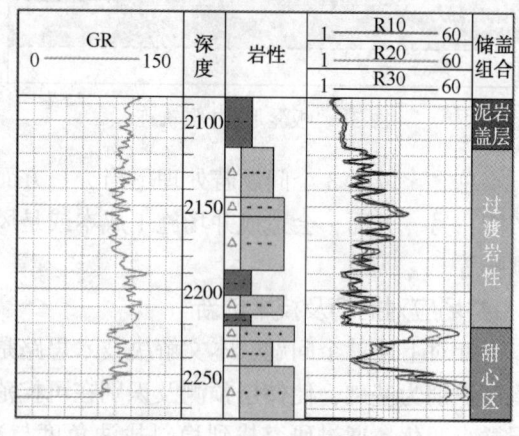

图8　F12H井夹层型着陆认识模型

2.1.2　井场快速精细对比

该方法在井场水平井着陆过程中操作快速简便，首先通过多井数据分析对比，优选相同沉积微相的邻井；其次依据邻井目的层段的电阻率曲线特征，建立本井的着陆认识模型，并在该模型指导下，突出以井场岩性识别为手段，快速建立目的层段岩性组合，及模拟出着陆认识模型形态；最后与邻井目的层段岩性组合及模型形态进行精细对比，准确预测着陆目标砂体甜心区顶部埋深。从而达到适应海上优快钻井节凑，及为着陆过程中轨迹实时调整提供依据。

渤中油气田F1H井常规地层对比(标志层对比法、泥岩等厚度法)，对比尺度范围较大，加之断层的影响，预测误差在10m以上，无法满足近着陆目的层轨迹实时调整需求；而精细对比技术具有近目的层、对比尺度小及预测精度高(误差1~2m)的优势，能够为近着陆目的层轨迹实时调整提供依据(图9、图10)。

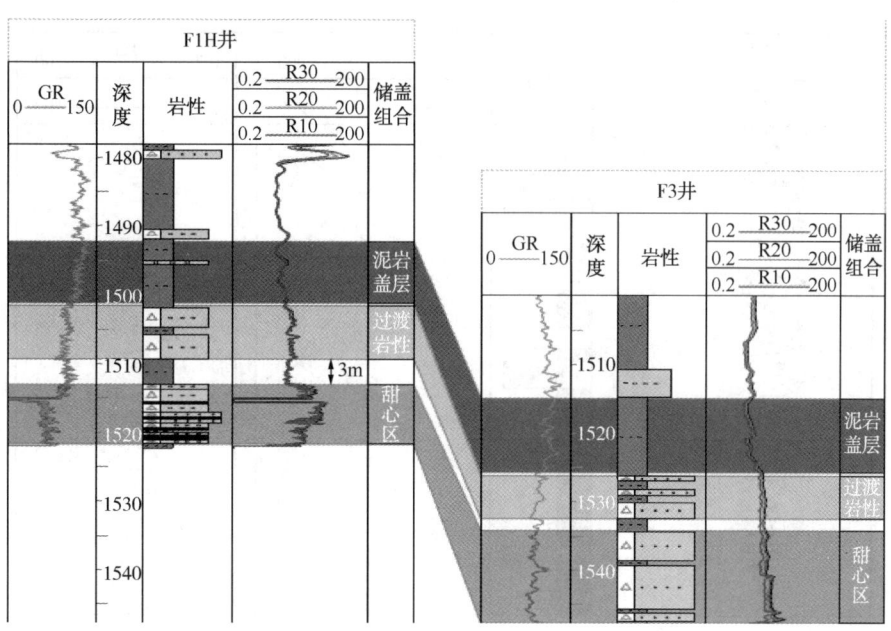

图 9　F1H 井与邻井的井场快速精细对比图

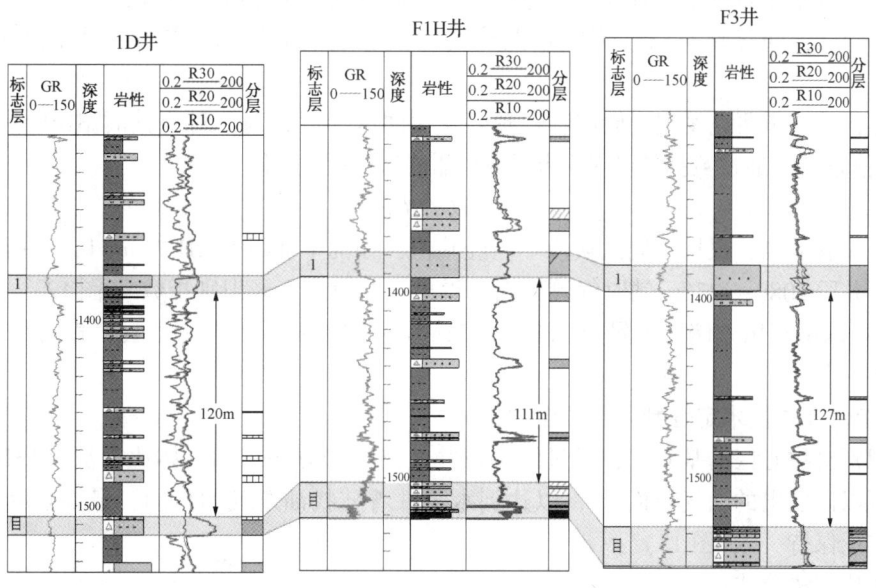

图 10　F1H 井与邻井常规地层对比

2.2　随钻测井盲区综合录井先锋导向技术

该技术是指利用研究区录井资料，找出钻井参数及气测曲线与岩性对应关系，从而指导测井盲区岩性、物性及含油气性的定性判断，为及时认清油藏变化及调整轨迹做出第一时间判断[18,19]。

2.2.1　综合录井技术识别储层及定性判别储层物性

研究区测井数据与钻井参数及气测数据分析对比表明，钻井参数 ROP（钻时）与随钻测井 GR、气测曲线 TG（全量）与随钻测井电阻率曲线 R30 具有很好的拟合关系（图 11）。

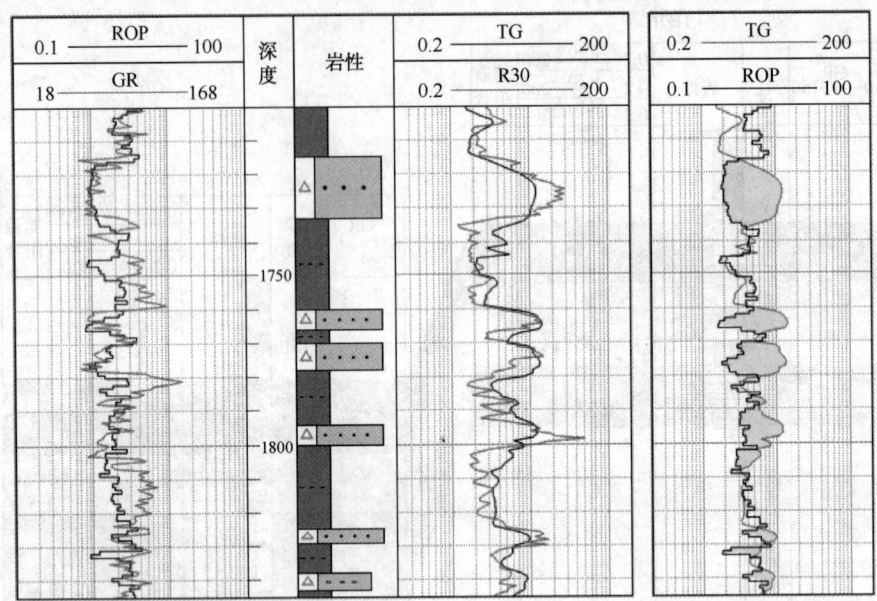

图 11　F24 井录测曲线拟合关系及交会图

　　既然随钻测井曲线能够有效识别储层,那么从拟合关系上看,钻时和气测全量曲线也能很好识别储层,通过钻时与气测全量曲线交汇图识别出储层与岩屑录井及测井解释结果一致。

　　此外,进一步研究发现,储层物性越好及含油饱和度越高,对应钻时 ROP 越低及气测全量 TG 值越高。通过数据统计及分析得到"甜心区"识别指数:

$$y = TG/ROP^n$$

　　其中 n 取 1~2,根据不同区块取不同经验值,如渤中油田 F12H 井 $n=1$,依据着陆目标砂体上下井段 2080~2276m 钻时气测数据,得出该井段甜心区识别指数 y(图 12),进而根据 y 值大小可以识别出差储层界限为 2117~2221m,从 2221m 开始为甜心区。解释结论与测井解释结果一致。

2.2.2　综合录井技术定性判别储层含油性

　　在识别出甜心区的基础上,通过综合录井气测解释方法,如气体比率法、"3H"比值法等方法可以识别出的油气界面[20],以达到水平井着陆找油避气的目的。最终解释结果与测井解释结论保持一致(图 13)。

　　气体比率法公式:

$L_H = 100 \times (C_1 + C_2)/(C_4 + C_5)^3$;

$L_M = 10 \times C_1/(C_2 + C_3)^2$;

$H_M = (C_4 + C_5)^2/C_3$。

　　"3H"比值法:

$W_h = \sum (C_3 + C_4 + C_5)/$ 全烃 $\times 100\%$;

$B_h = (C_1 + C_2)/(C_3 + C_4 + C_5) \times 100\%$;

$C_h = (C_4 + C_5)/C_3 \times 100\%$;

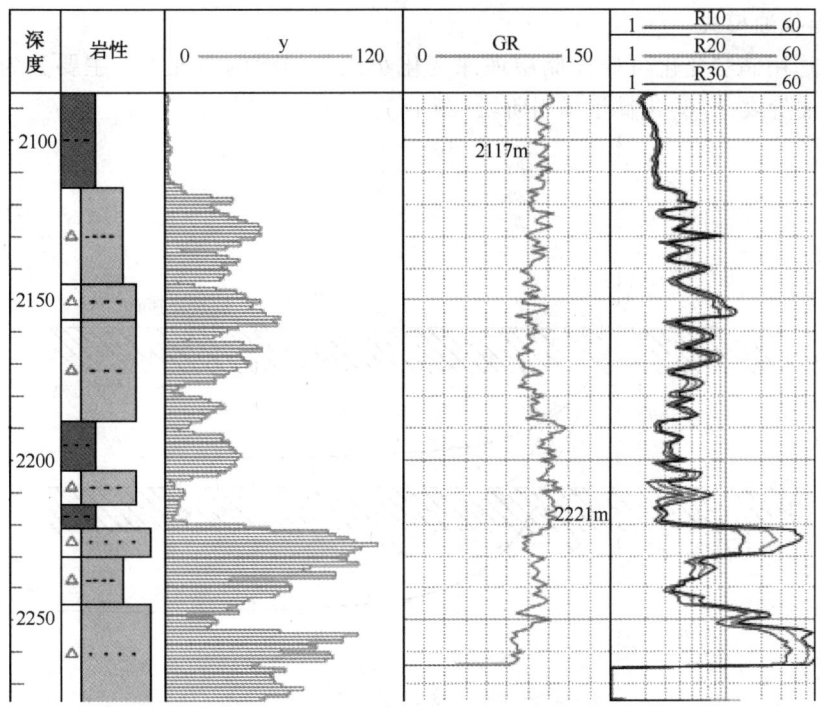

图 12　甜心区指数"y"成果图

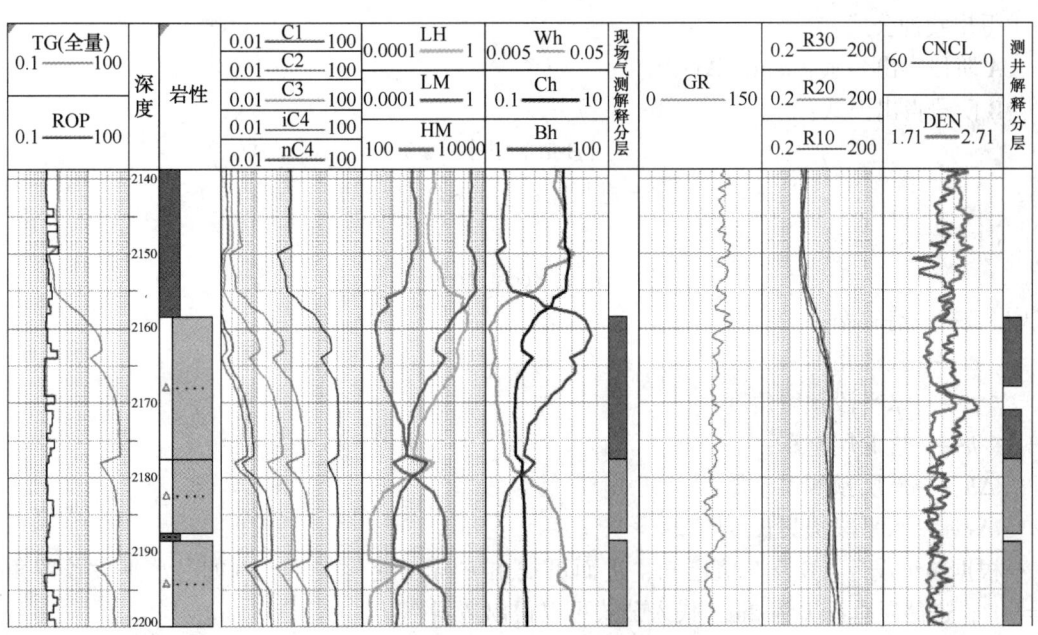

图 13　F15H 井气测解释方法成果图

2.3　合理平滑化轨迹控制技术

该技术是在储层预测精度高及测井盲区可以定性判别的基础上，采用国内比较成熟稳斜找油理论[20]，使井场井眼轨迹平滑，减低后期作业难度。

2.3.1　稳斜找油模式

该模式适用储层变化可控即储层埋深变化小或是加深的情况下，主要分为 2 个阶段，(A)稳斜找油阶段；(B)进储层增斜阶段(图 14)。

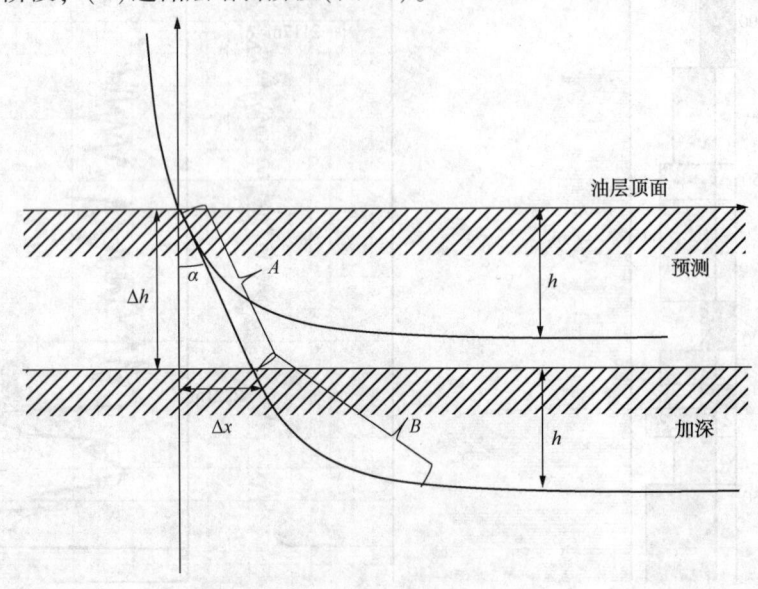

图 14　稳斜找油模型

得出找油公式：

A 阶段得出公式：$\tan\alpha = \Delta x/\Delta h$

B 阶段得出公式：

$$k = [(\beta-\alpha)/\text{进尺}] \times 30$$
$$h = \text{进尺} \times \cos[(\alpha+\beta)/2]$$

消去进尺

$$k = 30 \times (\beta-\alpha) \times \cos[(\alpha+\beta)/2]/h$$

式中　k——造斜率；

　　　α——找油角度；

　　　β——水平段预留角度；

　　　h——进储层垂深；

　　　Δh——储层预测误差值；

　　　Δx——水平段损失长度[22]。

根据施工设计，β 及 h 值已知，进而可找出 k 与 α 变化关系。例如，水平段预留角度 $\beta=90°$，进储层垂深 h 为 2m，代入公式可以得出造斜率：

$$k = 15 \times (90°-\alpha) \times \cos[(\alpha+90°)/2]$$

从而得到造斜率 k 与找油角度 α 的变化规律曲线(图 15)：

依据上面曲线变化关系，在井场可控造斜率 $k=3.27°/30\text{m}$ 下，选择较小的找油角度 $\alpha=85°$，可以使井眼轨迹平滑；且 α 值越小，根据 A 阶段公式，同样储层埋深变化量 Δh 下，水平井损失的长度 Δx 越少。

渤中油田 F9H 井通过计算采用稳斜角 86° 找油，在目标砂体加深 0.64m 的情况下，实现了安全顺利着陆。设计着陆进储层垂深3m，实际进储层垂深1.77m中完，节省稳斜找油进尺；设计水平井预留角度91.71°，实际着陆角度91°，达到设计要求；着陆时井眼平滑度上，进目标砂体后最大狗腿度为3.71°/30m，在井场可控范围内（图16）。

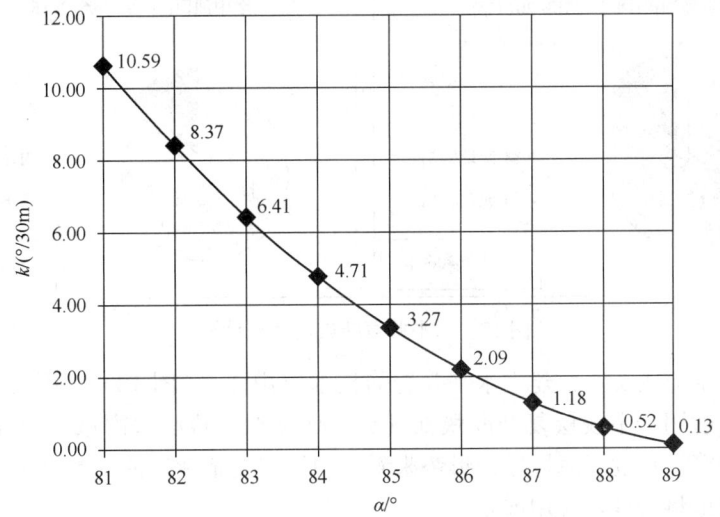

图15　造斜率 k 与找油角度 α 的变化关系图

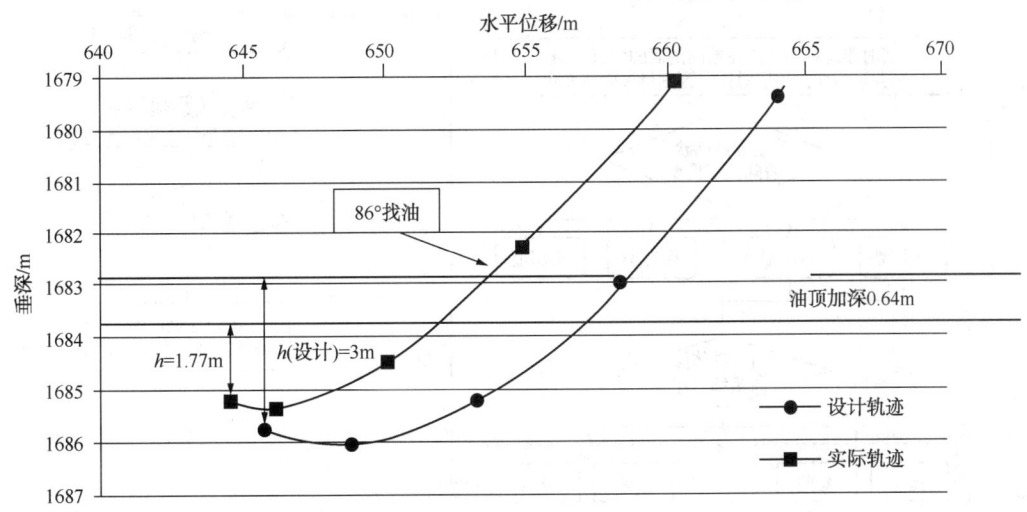

图16　轨迹控制

2.3.2　非常规着陆补救措施

针对发生着陆目的层变化不可控，即目的层提前较多或是储层含油有效厚度变薄的情况，可采用非常规着陆的补救措施[23~25]。此时轨迹调整无法满足井场安全作业要求，在以实现油藏地质目的的前提下，优化井型、井别及完井方式，如将水平井优化为大斜度井，以避免回填侧钻作业。

3　应用效果

复杂断块油气藏水平井着陆技术在黄河口凹陷渤中油田获得了良好的应用效果。以渤中油田 F 平台为例，2015~2016 年该油田明下段共实施 17 口水平井，水平井实施成功率为100%，无一口侧钻井，较 2013~2014 年秦皇岛油田 H 平台 20 口井水平井实施成功率提高了 15%，具有良好经济效益(图 17)。渤中油田水平井成功实施后，投产效果良好，17 口井平均日产油 132m³，是配产 1.6 倍，最高达 2.7 倍。

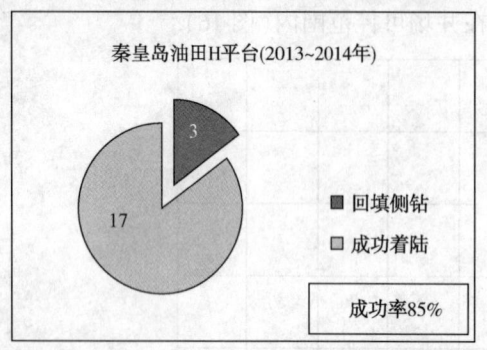

图 17　水平井着陆成功率统计图

依据本文技术应用实践，建立水平井着陆技术应用体系(图 18)，用以指导以后类似井作业。该项技术适用于中浅层复杂断块油气藏，该类油气藏渤海海域广泛存在，如南堡油田、秦皇岛油田等。从渤海海域勘探形势来看，中浅层复杂断块油气藏也是将来主要勘探发现之一，在未来也将有良好应用前景。

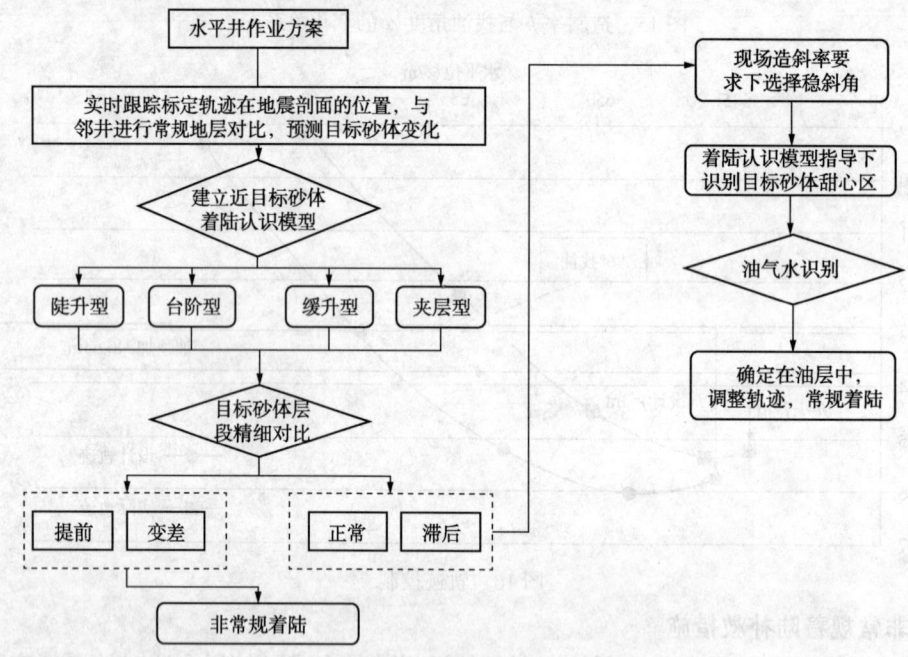

图 18　水平井着陆技术应用体系

参 考 文 献

[1] 薛永安，杨海风，徐长贵. 渤海海域黄河口凹陷斜坡带差异控藏作用及油气富集规律[J]. 中国石油勘探，2016，21(4)：65-74.

[2] 胡广义. 渤海海域黄河口凹陷新近系多油水系统油藏成因分析[J]. 地质前缘，2012，19(2)：95-101.

[3] 傅强，刘彬彬，徐春华，等. 渤海湾盆地黄河口凹陷构造定量分析与油气富集耦合关系[J]. 石油学报，2013，32(2)：112-119.

[4] 张新涛, 周心怀, 牛成民, 等. 渤海湾盆地黄河口凹陷油气成藏模式[J]. 石油天然气学报, 2014, 36 (4): 30-37.

[5] 张新涛, 牛成民, 黄江波, 等. 黄河口凹陷渤中 34 区明化镇组下段油气输导体系[J]. 油气地质与采收率, 2012, 19(5): 27-30.

[6] 加东辉, 吴小红, 赵利昌, 等. 浅水三角洲相沉积构成特征[J]. 河南石油, 2005, 19(2): 4-8.

[7] 姚光庆, 马正, 赵彦超, 等. 浅水三角洲分流河道砂体储层特征[J]. 石油学报, 1995, 16(1): 26-31.

[8] 吴小红, 吕修祥, 周心怀, 等. BZ34 油区明下段浅水三角洲沉积特征及其油气勘探意义[J]. 大庆石油学院学报, 2009, 33(5): 32-40.

[9] 朱高明. 水平井在海上稠油油田综合调整中的应用[J]. 重庆科技学院学报: 自然科学版, 2013, 15 (4): 51-53.

[10] 吴福邹. 水平井地质导向的难点与技术对策[J]. 内蒙古石油化工, 2012, 18: 104-107.

[11] 代黎明, 李建平, 周心怀, 等. 渤海海域新近系浅水三角洲沉积体系分析[J]. 岩性油气藏, 2007, 19(4): 75-81.

[12] 陈建琪, 鲍春革. 地震资料和测井资料相结合的地层对比[J]. 吐哈油气, 2000, 3(5): 15-18.

[13] 史长林, 纪友亮, 刘灵童, 等. 自旋回-异旋回控制的扇三角洲相高精度层序地层对比模式[J]. 石油天然气学报, 2013, 35(3): 6-11.

[14] 吴健, 李凡华. 三维地质建模与地震反演结合预测含油单砂体[J]. 石油勘探与开发, 2009, 36(5): 623-627.

[15] 姜勇, 张雷, 邹玮, 等. 西湖凹陷 B 构造水下分流河道预测技术及应用[J]. 海洋石油, 2015, 35 (2): 35-39.

[16] 孙明江, 于正军, 张建芝, 等. 复杂断块油气藏地震解释技术研究[J]. 断块油气田, 2006, 13(6): 13-15.

[17] 高晓飞, 闫正和, 曾显磊. 新型地质导向技术在薄层油藏中的应用[J]. 石油天然气学报, 2010, 32 (5): 214-218.

[18] 南山, 顾文建. 新型地质导向技术在渤中 25-1 油田的应用[J]. 录井工程, 2006, 17(3): 1-5.

[19] 秦宗超, 刘迎贵, 邢维奇. 水平井地质导向技术在复杂河流相油田中的应用[J]. 石油勘探与开发, 2006, 33(3): 378-382.

[20] 王守君, 刘振江, 谭忠健等. 中海油勘探监督手册地质分册[M]. 北京: 石油工业出版社, 2013: 56-64.

[21] 窦松江, 赵平起. 水平井随钻地质导向方法的研究与应用[J]. 海洋石油, 2009, 29(4): 77-82.

[22] 罗万静. 水平井着陆控制模型探讨[J]. 2006, 13(6): 55-57.

[23] 孟鹏, 苏彦春, 冯鑫, 等. 曲流河废弃河道识别及其对低油柱油藏水平井着陆的影响[J]. 新疆石油地质, 2015, 36(4): 475-479.

[24] 罗鹏. 渤海油田水平井着陆实时决策方案的研究及应用[J]. 2016, 27(1): 28-32.

[25] 马猛, 殷凯, 刘朋. 渤海油田水平井非正常着陆补救措施研究[J]. 录井工程, 2011, 22(1): 26-31.

水平井体积压裂在低渗砂岩油藏的研究与应用

吴玲玉

（中油辽河油田茨榆坨采油厂，辽宁沈阳 110206）

摘　要　强 1 块储层物性差，自然产能低，直井开采经济效益差，边部储量一直未能得到有效动用。随着长井段水平井及体积压裂技术日趋成熟，技术人员认为水平井可以增大泄油面积提高产能，大型体积压裂可以增大渗流面积及导流能力，提高单井初期产能及最终采收率[1]。2016 年，为有效动用北部地质储量，充分论证了强 1 块水平井体积压裂的可行性，方案初步部署水平井 4 口，优先实施强 1-H203 井，该井于 2016 年 1 月 2 日完钻，5 月 20 日压裂完放喷，7 月 21 日采用 Φ57 泵下泵生产，初期日产液 49.3t，日产油 14.8t，含水率 70%，目前日产液 38.7t，日产油 20.6t，含水率 46.8%，累产液 1.3930×10⁴t，累产油 0.6460×10⁴t。该井的成功实施为强 1 块其余水平井的实施提供有利的依据，同时为强 1 块稳定、提高产量规模开辟新的通道。

关键词　水平井；体积压裂

1　区块概况

1.1　油藏概况

强 1 块 2011 年上报沙海组下段探明石油地质储量 631.88×10⁴t，含油面积 6.09km²。其中 Ⅰ 油组地质储量 134.43×10⁴t，Ⅱ 油组地质储量 497.45×10⁴t。Ⅰ 组动用 88.49×10⁴t，集中在 1-4 块，未动用区主要在强 5 块主体区内部；Ⅱ 组动用 384.89×10⁴t，强 1-4 断块及强 5 块南部，未动用区主要在北部强 1-30-18 井与强 2 之间。

1.2　存在问题

1.2.1　注水开发水驱方向性强，平面矛盾突出

注水开发初期，为保持原始地层压力，注采比控制在 1.1。根据岩芯速敏试验临界流量（0.5mL/min），确定注水强度应控制在 1.3m³/(d·m)。受裂缝及构造影响，注水见效主要表现为主裂缝方向油井见效快，见效即见水，见水即水淹，侧向油井递减减缓。统计初期见效明显的 9 口采油井，日产油由 66.5t 上升至 76.9t，但平均见效 59 天后即有 7 口油井出现水淹水窜，日产油由 57.7t 下降至 24.4t，含水上升至 52.1%，见水井中 6 口与主裂缝方向一致，且 5 口位于构造低部位。

1.2.2　深部调驱未达到预期效果，油藏矛盾依然突出

为改善区块开发效果，2012 年 5~10 月，优选区块南部强 1-46-18、强 1-50-16 两个井组开展深部调驱试验，自然递减率由 29.2% 下降至 21.3%，取得一定效果。2013 年 5

作者简介：吴玲玉(1985—)，女，汉族，开发工程师，2009 年毕业于大庆石油学院，目前工作于中国石油辽河油田茨榆坨采油厂地质研究所，主要从事油田动态研究及开发管理工作。E-mail：970164814@qq.com

月~2014年3月扩大调驱至4个井组，南部主体部位实现调驱，覆盖含油面积1.20km²，石油地质储量200×10⁴t。设计总注入量为3.54×10⁴m³，累计注入量3.6957×10⁴m³。因注入井优势水驱通道未得到有效封堵，水驱动用程度由调驱前的52.5%下降至48.5%，控制区域内的19口采油井中，8口井含水上升，日产油由35.9t下降至21.9t，含水由7.9%上升至45.3%，产油量平均月递减率由1.5%上升至3.5%。

1.2.3 油田产量持续递减，难以达到标定采收率。

受开发矛盾限制，油田注采比无法提高，累计注采比仅0.48，区块地层能量得不到有效补充地层压力持续下降，油井动液面由初期925m下降至目前的1624m，产液量持续下降，年自然递减率均在20%以上，按目前开发方式预测采收率仅为11.3%，难以达到标定采收率20%。

2 主要研究内容

2.1 体积压裂技术机理及应用状况研究

2.1.1 体积压裂机理

体积压裂技术(SRV, stimulated Reseroir Volume)，通过水力压裂对储层实施改造，使天然裂缝不断扩大和脆性岩石产生剪切滑移，实现对天然裂缝和岩石层理的沟通，同时在主裂缝的侧向上强制形成次生裂缝，最终形成天然裂缝和人工裂缝相互交错的裂缝网络，将有效储集体"打碎"，实现对储层在三维方向的立体改造，增大渗流面积及导流能力，提高初始产量和最终采收率[2]。

2.1.2 体积压裂优点

一是体积压裂缝以复杂缝网状态扩展，打碎储层，实现人造"渗透率"，渗流模式发生改变，使基质向裂缝的"最短距离"渗流，裂缝向井筒实施最佳距离渗流，实现有效流动的驱动压力大大降低。二是射孔方式及压裂参数优化设计是技术关键。水平井压裂技术从分段压裂、多级分段压裂发展到大规模分段多簇体积压裂，实现了致密油低成本高效开发"技术可采"与"经济可采"的统一。常规水平井分段压裂，研究段间距的优化，采用单段射孔，单段压裂模式，避免缝间干扰，而体积改造优化段间距，采用"分段多簇"射孔，多段一起压裂模式，利用缝间干扰，促使裂缝转向，产生复杂裂缝网。三是体积压裂是补充油藏能量的一种有效方式[3~5]。

2.2 水平井体积压裂可行性分析

2.2.1 区块未动用储量规模大，物质基础丰富

Ⅰ油组储量未动用区主要在强5块主体区内部，Ⅱ油组储量未动用区主要在北部强1-30-18井与强2之间。统计全区未动用储量共151.95×10⁴t（Ⅰ组39.39×10⁴t，Ⅱ组112.56×10⁴t）。

2.2.2 块状砂岩和砂砾岩体，适合体积压裂技术

根据区域地质研究，结合本区完钻井情况，沙海组下段(K1sh下)为本区含油目的层。

根据岩电特征及地震反射特征可将沙海组分为上、下两段。下段为本区主要含油层段，内部分布有稳定的煤层，以煤层为对比标志，将沙海组下段划分为两个油层组，煤层上为Ⅰ油组，岩性以油斑-油迹粉砂岩、细砂岩为主，有利区域叠加厚度可达50m以上，煤层下为Ⅱ油组，岩性以油斑-油浸砂砾岩体为主，平面分布稳定，叠加厚度120m以上。

表1　强1块剩余储量统计表

计算单元	层位	含油面积/km²	有效厚度/m	有效孔隙度/%	含油饱和度/%	原油密度/(g/cm³)	体积系数	石油地质储量/10⁴	储量动用情况/10⁴t	
									已动用	未动用
强1	$K_1sh_2^1$	0.16	3.2	14	55	0.901	1.05	6.55	6.55	
强5	$K_1sh_2^1$	0.07	6.5	12	55	0.901	1.05	39.39		39.39
强1-4	$K_1sh_2^1$	1.25	12.5	12	55	0.901	1.05	88.49	88.49	
小计	$K_1sh_2^1$	2.48	9.5	12.1	55	0.901	1.05	134.43	95.04	39.39
强5	$K_1sh_2^1$	3.97	17.9	11	55	0.894	1.066	360.56	248	112.56
强1-4	$K_1sh_2^1$	1.9	14.2	11	55	0.894	1.066	136.89	136.89	
小计	$K_1sh_2^1$	5.87	16.7	11	55	0.894	1.066	497.45	384.89	112.56
合计	$K_1sh_2^1$	6.09	20	11.2	55	0.896	1.064	631.88	479.93	151.95

2.2.3　储层中脆性矿物石英含量较高，脆性指数较大，利于形成网状缝

Ⅰ油组粉砂岩脆性指数在59.1%~76.9%之间，平均为73.6%，适合体积压裂。Ⅱ油组脆性指数在78.8%~88.3%之间，平均为84.1%，有利于体积压裂技术。

2.2.4　储集空间以溶蚀孔为主，发育微裂缝，有利于实施体积压裂

通过岩芯、薄片、扫描电镜观察分析，发现研究区内碎屑岩储层孔隙类型有原生孔隙、粒间溶蚀孔隙、粒内溶蚀孔隙和微裂缝，其中以粒间溶蚀孔和微裂缝为主。填隙物内溶孔和晶间孔，微孔极小，数量多，孔隙结构为细喉、极细喉道，连通性差，孔喉连通性差，有孔无道的现象比较普遍。

图1　强1-K2，粒间溶蚀孔，1603.30m　溶蚀孔，1604.70m　溶蚀孔，1609.30m

2.2.5　储层属于低-中孔、低渗储层，局部发育中孔、中渗层带

Ⅰ油组平均孔隙度11.7%，有效储层平均孔隙度14.8%；平均渗透率为$4.5×10^{-3}\mu m^2$，有效储层渗透率$7.4×10^{-3}\mu m^2$；Ⅱ油组平均孔隙度8.7%，有效储层平均孔隙度11.1%；平

均渗透率为 $8.7×10^{-3}\mu m^2$，有效储层渗透率 $12×10^{-3}\mu m^2$。总体上 I 油组和 II 油组表现为低-中孔、低渗储层，但是在局部地区具有高渗层带。

2.2.6 最大水平主应力为近东西向，水平井尽量垂直该方向

近两年对区块主体部位 4 口井进行压裂裂缝监测，裂缝展布方向为 85°~100°，基本近东西向分布。

2.2.7 储层产能落实，压裂效果明显（表2）

I 组有 5 口油井自然投产，平均单井初期日产油 6.2t，压裂后日产油由 2.2t 上升至 13.7t，产量提高 6.2 倍；

II 组井均为压裂投产，试油压裂前平均单井初期日产油 1.21t，试油压裂后日产油 14.0t，产量提高 11.7 倍。

表 2　强 1 块常规投产与压裂后产能对比

层位	井号	射孔厚度/（m/层）	常规投产		压　裂		
			日期	日产油/t	实施日期	实施前日产油/t	实施后日产油/t
I 油组	强 48-22	25.6/6	10.12.27	10.4	12.10.27	2	8.02
	强 52-17	29.9/10	10.12.28	4.2	12.7.24	1.9	12.8
	强 54-20	26.8/7	10.5.22	11.2	12.10.27	2.6	10.8
	强 56-19	40.3/18	11.3.4	3.3	11.8.5	2.9	21
	强 58-22	27.6/17	12.4.4	1.8	12.5.30	1.6	15.5
	合计 5 口		平均值	6.18		2.20	13.66
II 油组	强 2	8.5.2	2008.2	0.539	2008.2	0.538	6.52
	强 5	123.4. 裸	2008.8	1.67	2008.8	1.67	8.96
	强 1-K2	33.9/11	2009.1	0.95	2009.1	0.95	10.78
	强 1-4	22.6/10	2008.9	1.68	2008.9	1.68	29.82
	合计 4 口		平均值	1.21		1.21	14.02

3 水平井方案部署及实施效果

3.1 方案部署

为恢复强 1 块产能、为今后致密砂岩油藏的勘探开发提供有益的探索，充分论证强 1 块水平井体积压裂的可行性，探索外围盆地低渗砂岩油藏有效开发方式，在强 1 块部署水平井 4 口，其中 I 油组 1 口，II 油组 3 口，优先实施强 1-H203 井。

3.2 设计与实施情况

该井于 2015 年 11 月 28 日实施，次年 1 月 2 日完钻，完钻井深 2392.0m，设计 A 点井深 1715.57m（垂深 1565.0m），B 点深度 2387.78m（垂深 1602.0m），水平段长度 672.21m，实际 A 点井深 1720.0m（垂深 1564.65m），B 点深度 2392.0m（垂深 1598.02m），水平段长度 672m，实际钻遇参数与设计参数基本相符，实钻轨迹与设计轨迹基本相符，油层钻遇率 96.8%。

3.3 压裂及监测情况

根据岩性组合、物性特征及压裂工艺要求，优选速钻桥塞分段压裂方式，分 9 段 24 簇（实际 9 段 25 簇）进行压裂，共注入压裂液 $1.3800×10^4 m^3$、加砂量 $0.1028×10^4 m^3$，在外围

盆地首次达到了千方砂、万方液的压裂规模。

强 1-H203 井压裂段横跨近 700m，单井监测无法保证所有压裂段均能取得较好监测效果，选取强 2 井和强 1-30-18 井作为监测井双井监测。压裂设计主裂缝长度 175~206m，平均 191m，裂缝高度 53~80m，平均 64m，裂缝宽度 3~5.1mm，平均 3.4mm。裂缝监测结果显示裂缝网络长 244~366m，平均 301m，裂缝网络宽 73~209m，平均 148m，裂缝网络高 76~155m，平均 115m，裂缝网格走向基本为北偏东方向。监测结果显示所有破裂事件均发生在井轨迹周围，且压裂缝高均在沙海组下段 II 油组内。

3.4 取得的认识

（1）微地震监测到的有效距离 500m。综合强 1-30-18 与强 2 监测信号，强 1-30-18 监测到的较明信号最远距离在第五段 484m，强 2 能监测到的较明信号最远距离在第六段 396m，因此该地区能监测到的最远有效距离为 500m。

（2）缝网扩展与主应力方向基本保持一致。为下步水平井方位设计提供了依据。根据区块裂缝监测资料，强 1 块最大主应力方向为近东西向。大部分缝网扩展与井轨迹呈现一定夹角，缝网整体方位在北偏东 65°~104°，与主应力方向基本保持一致。

（3）向上缝网高度基本保持在 65~130m 左右；平面上单边缝长 100~200m 左右，为下步水平井的调整和部署提供了依据。

（4）体积压裂模式适合强 1 块特低渗储层，能够获得好的产能，为有效动用该区低品位储量提供了新思路。2016 年 5 月 20 日采用 3mm 油嘴放喷，初始压力 14.0MPa，放喷时最高日产液 102t，日产油 60.4t。7 月 10~18 日作业钻塞，7 月 10~18 日作业钻塞，7 月 21 日下泵（$\Phi 57 \times 1503.53m$），初期日产液 49.3t，日产油 14.8t，含水 70%，目前日产液 36.9t，日产油 20.1t，含水率 45.5%，井口累产液 $1.4400 \times 10^4 t$，累产油 $0.6700 \times 10^4 t$。

（5）借鉴强 1-H203 的成功经验，下步继续部署水平井 10 口，其中 I 油组 1 口，II 油组 9 口。

4 结论及建议

（1）水平井强 1-H203 体积压裂的成功实施，为强 1 块恢复产能奠定基础，对探索外围盆地低渗砂岩油藏有效开发方式有着重大意义，为今后致密砂岩油藏的勘探开发提供有益的探索。

（2）借鉴该井的成功经验，及时分析总结，为剩余水平井部署提供有利依据。

参 考 文 献

[1] 宗文明，马常军. 水平井的应用[J]. 内蒙古石油化工，2010(8)：218-220.
[2] 张秦汶. 水平井压裂产量预测理论研究 [D]. 西南石油大学，2014.
[3] 凌宗发，胡永乐，李保柱，等. 水平井注采井网优化[J]. 石油勘探与开发，2007，(01).
[4] 赵冬梅，武兵广，姚军，等. 水平注水井与直井联合井网见水时间研究[J]. 石油大学学报：自然科学版，2005，(05).
[5] 蔡田田，低渗油藏体积压裂数值模拟研究[D]. 东北石油大学，2013.

千米桥潜山油藏阶段性酸压开发技术探讨与实践

蔡晴琴，杨太伟，程诗睿，杨　扬，郭树召

（中国石油大港油田石油工程研究院，天津 300280）

摘　要　本文通过对千米桥潜山储层的研究，结合以往该类储层的酸压工艺及措施效果，总结了不同单井的储层改造适应情况。对于非均质性较强的潜山储层，提出了应用阶段性酸压开发的理念并在板深 16-17 井成功实施，取得良好的开发效果和经济效益。此阶段性酸压开发方式的提出为今后非均质性较强油藏的开发提供借鉴意义。

关键词　非均质；潜山；阶段性酸压

1　千米桥潜山概况

千米桥奥陶系潜山凝析气藏位于天津市大港区大港油田的千米桥~板桥地区。独流碱河穿过工区中部，地表条件复杂，公路交错，人口密集，经济发达。该气田于 1998 年 10 月由板深 7 井钻井过程中途测试产出高产油气流而发现。

千米桥潜山奥陶系凝析气藏属于黄骅坳陷中区北大港构造带，潜山顶面宏观表现为夹持于大张坨、港西断层之间的北倾大型半背斜圈闭构造，其东侧以港 8 井断层为遮挡，西侧以千米桥潜山西断层为边界。其高点埋深 4100m，闭合幅度 600m，总圈闭面积 57.5km²。

埕海张东背斜潜山属张东潜山构造带，位于张东断层上升盘，是被张东、张北断层夹持的，在前第三系基岩隆升长期继承性发育的大型背斜构造，其圈闭规模大，形态完整。埕海潜山海古 1 井背斜是位于张东断层上升盘的大型背斜构造，其圈闭规模大，形态完整。海古 101 位于潜山背斜高部位，主要目的层奥陶顶面高点埋深 4400m，圈闭幅度 550m，圈闭面积 26.2km²。断块上发育数条近东西向的正断层，断距 100m 左右，断层切割至奥陶系以下。

先前认为该潜山油藏受奥陶系顶面古风化壳岩溶影响，高渗储层发育在距离潜山顶面 50~250m 范围内，但后期钻探证实，千米桥潜山中油气分布非常复杂，油气混合程度很低[1]。同时对储集单元的认识不全面也影响了潜山油气藏的勘探与开发。

2　千米桥潜山增产措施效果分析及对策

千米桥潜山采用的酸压工艺主要有普通酸压、降滤闭合酸压技术、多级交替注入酸压技术和大型前置多级注入转向闭合酸压技术。2003 年前，千米桥潜山区块酸压措施实施的较多，已完钻的 19 口井，共进行了 45 井次的酸压改造（表 1），无效低效 26 井次。通过千米桥前期酸压工艺基本情况分析，发现千米桥潜山油气藏前期酸化改造增产效果大多不明显，

作者简介：蔡晴琴（1983—），女，汉族，工程师，2013 年毕业于西南石油大学应用化学专业。现在大港油田石油工程研究院压裂酸化技术服务中心，主要从事酸化工艺技术研究与应用工作。E-mail：caiqingqin@ vip. qq. com

每口井的工艺差异小，但获得的效果却有很大差异。

表 1　千米桥前期酸压工艺基本情况表

井号	酸压工艺	施工液名称	酸量/m³	酸前产量/(m³/天)	酸后产量/(m³/天)
板深7	普通酸压	稠化降阻酸	60	—	—
	闭合酸压	胶凝酸降滤液	140	气 190	气 3299
	闭合酸压	胶凝酸	200	油 12.7/气 27233/水 7.4	油 76.0/气 168321
	闭合酸压	胶凝酸	160	无	油 14.5/气 110030
	闭合酸压	胶凝酸降滤液	150	油 0.649/17525/水 7.4	油 24.1/气 132851/水 14.1
	闭合酸压	胶凝酸降滤液	164		
板深8	闭合酸压	胶凝酸降滤液	190+20	日产液 1.5/气 527	油 53.5/气 214146
板深4	闭合酸压	胶凝酸降滤液	160	油 5.24/气 111637	油 5.42/气 127304
	交替注入	有机胶凝酸+有机乳化酸+压裂液	140	无	油 0.92/气 39602
板701	闭合酸压	胶凝酸	80	日产液 0.49	气 127
	闭合酸压	胶凝酸降滤液	160	液面 H2376	少量/气 28389
板深6	闭合酸压	胶凝酸降滤液	160	—	气 5110
	闭合酸压	胶凝酸	260		气 170612
千12-18	闭合酸压	胶凝酸降滤液	203	油 1.06 水 0.238	油 28.9 气 130490 水 46.2
	闭合酸压	胶凝酸降滤液	248		油 41.2 气 192958 水 77
	闭合酸压	胶凝酸降滤液	162		油 11.2 气 134931 水 148
千10-20	闭合酸压	胶凝酸	229		气少量/水 13.88
	闭合酸压	胶凝酸	371		水 0.672
千16-24	闭合酸压	胶凝酸降滤液	360		
	闭合酸压	胶凝酸降滤液	360	660 气	5253 气 61.7 水带油花
	闭合酸压	胶凝酸降滤液	320	5253 气 61.7 水带油花	—
	闭合酸压	胶凝酸降滤液	305	6608 气 66 水带油花	10.1 水
	闭合酸压	胶凝酸降滤液	130	—	
	闭合酸压	胶凝酸降滤液	120		
板702	闭合酸压	胶凝酸降滤液	186	水 0.442	水 14.3
	闭合酸压	胶凝酸降滤液	188	不上升	水 10.5
	闭合酸压	胶凝酸降滤液	188	不上升	水 10.5
板703	闭合酸压	胶凝酸降滤液	260	水 3.46	水 60.8
	闭合酸压	乳化酸	180+20	水 63.0	水 49.0
	闭合酸压	胶凝酸降滤液	200	水 1.59	油 34.3/气 204680/水 15.8
板深31	闭合酸压	胶凝酸降滤液	120	气 125	气 1110/水 8.16
	闭合酸压	胶凝酸降滤液	160	—	折日产液 32.5
	闭合酸压	胶凝酸降滤液	160	—	气 5063
	闭合酸压	胶凝酸降滤液	260	气 2312	折日产液 2.27
	闭合酸压	胶凝酸降滤液	260		气 1280
	闭合酸压	胶凝酸降滤液	360		气 606
	闭合酸压	胶凝酸降滤液	100	气 148	气 20238/水 0.68

续表

井号	酸压工艺	施工液名称	酸量/m³	酸前产量/(m³/天)	酸后产量/(m³/天)
板深 32	闭合酸压	胶凝酸降滤液	260	4h 不上升	液 11.8
	闭合酸压	胶凝酸降滤液	160	液 5.93	液 10.9
千 18-18	基质酸化	胶凝酸	160	气 6.74×10^4	油 21/气 10.9×10^4
板 22	闭合酸压	胶凝酸降滤液	260	—	气 11.5×10^4
千 17-17	闭合酸压	胶凝酸	230	—	气 1.5×10^4
	闭合酸压	胶凝酸	160	—	—
千 18-19	泡沫分流酸压	胶凝醇酸	700	简化试油	—
千 16-16	泡沫分流酸压	胶凝醇酸	600	简化试油	30.6t/气 70460

根据不同单井情况,油层情况进行分析,选择适合的酸压工艺进行改造。

千米桥潜山奥陶系储层直井开发主要采用胶凝酸闭合酸压工艺,效果较好,用酸量 3~9.7m³/m,排量 2~3m³/min。结合地质资料,对前期工艺适应性进行了初步分析:

(1)胶凝酸酸压工艺有较强的适应性,酸压后增产效果明显,并一直保持高产稳产;

(2)胶凝酸酸压工艺具有一定局限性,对于地层连通性不好,胶凝酸酸压工艺作用距离有限,无法沟通远井地带的裂缝,效果有限;

(3)针对地层渗透率低,连通性不好的地层,需要建立长的酸蚀裂缝,采取深度酸压工艺;

(4)胶凝酸酸化工艺不能有效降滤,从而造成酸液在井筒附近很快滤失,无法作用到远井地带。

前期酸压实施的情况表明:储层非均质性较强,纵向连通情况差异大(板深 8 井、板深 7 井),平面非均质性强,有高产井(板深 8),有多口地质报废井,潜山储层缝洞发育,导致排量、滤失等施工参数不确定性大,储层非均质性强,纵向物性差异大,部分措施井大段合压的储层动用程度有限。

针对千米桥潜山油藏特点,探索最优的开发方式,提出采取阶段性酸压的理念,研究并选择适合单井条件的工艺,分步、分阶段开发潜山地区储层,阶段性酸压开发步骤如下:

(1)选择目标储层,优选低含水,油气显示较好的层位。

(2)采取合适的酸压工艺措施(分段、分层方式),保障改造深度与精度。

(3)选择适合的酸压规模与施工工艺参数,对于探井,初次酸压在保障压开储层的前提下,控制缝长、缝高。

(4)重复酸压改造井,如不含水或低含水,可提高改造规模,采取多级注入转向闭合酸压技术,多次重复压开并溶蚀储层岩石,大限度产生渗流通道,提高产量;如酸压后含水逐步升高,建议封层。

3 例井分析

板深 16-17 井为千米桥潜山高部位井,目的层奥陶系(表 2)4630.9~4653.4m,孔隙度 0.1%~8.6%,渗透率 $(0.1~3.8)\times10^{-3}\mu m^2$。

表 2　板深 16-17 酸压目的层测井解释

层位	层号	井段/m	厚度/m	孔隙度/%	渗透率/$10^{-3}\mu m^2$	泥质含量/%	解释结果
奥陶系	231-3	4630.9~4635	4.1	2.86	0.1	6.5	三类裂缝层
奥陶系	232	4636~4637.5	1.5	0.1	0.1	8.9	干层
奥陶系	233-1	4641~4644.6	3.6	5.54	0.4	12.4	三类裂缝层
奥陶系	233-2	4644.6~4651.8	7.2	8.69	3.8	6.6	一类裂缝层
奥陶系	233-3	4651.8~4653.4	1.6	1.87	0.4	4.5	干层

　　板深 16-17 井进行了三次酸压(表 3),奥陶系层段第一次酸压前考虑到该地区储层非均质性较强,测井未见水的井大规模改造亦出水(如板深 7),故优选 18m 油层进行试探性的酸压改造,模拟缝长 33m,缝高 23m;由于该井含水较低,具备重复酸压改造潜力,故在 2015 年与 2017 年又进行了两次酸压改造,并且改造规模逐步增大,并且每次酸压措施后效果良好。

表 3　板深 16-17 酸压施工情况

序号	施工日期	施工工艺	酸量/m^3	最高排量/(m^3/min)	最高泵压/MPa	缝长/m	缝高/m
1	2013.4.10	前置多级注入转向闭合酸压	230	4.1	82.97	33	23
2	2015.2.10	前置多级注入转向闭合酸压	350	5.6	82.5	46	29
3	2017.2.18	前置多级注入转向闭合酸压	460	6.02	83.9	52	33

　　现场施工情况见图 1~图 3。

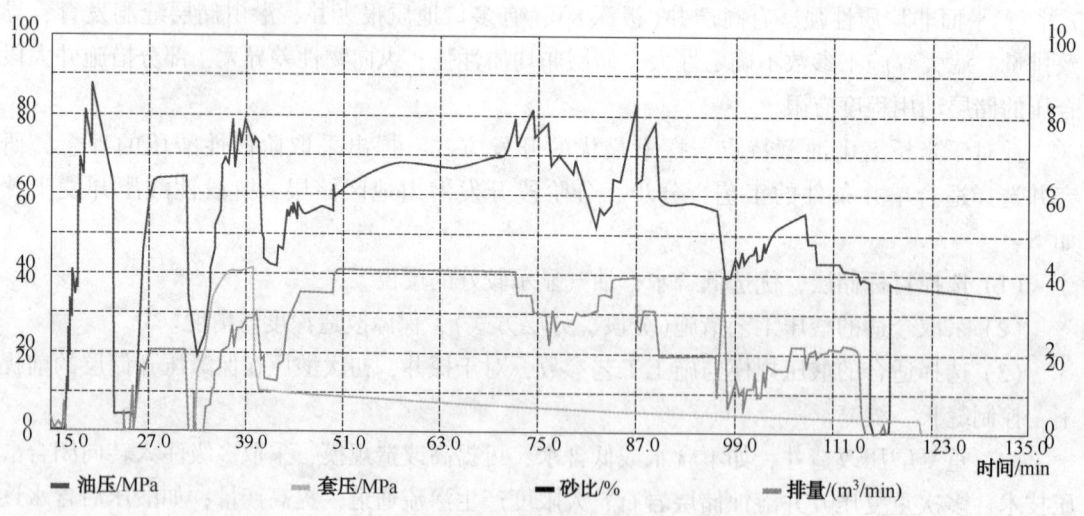

图 1　板深 16-17 第一次施工曲线图

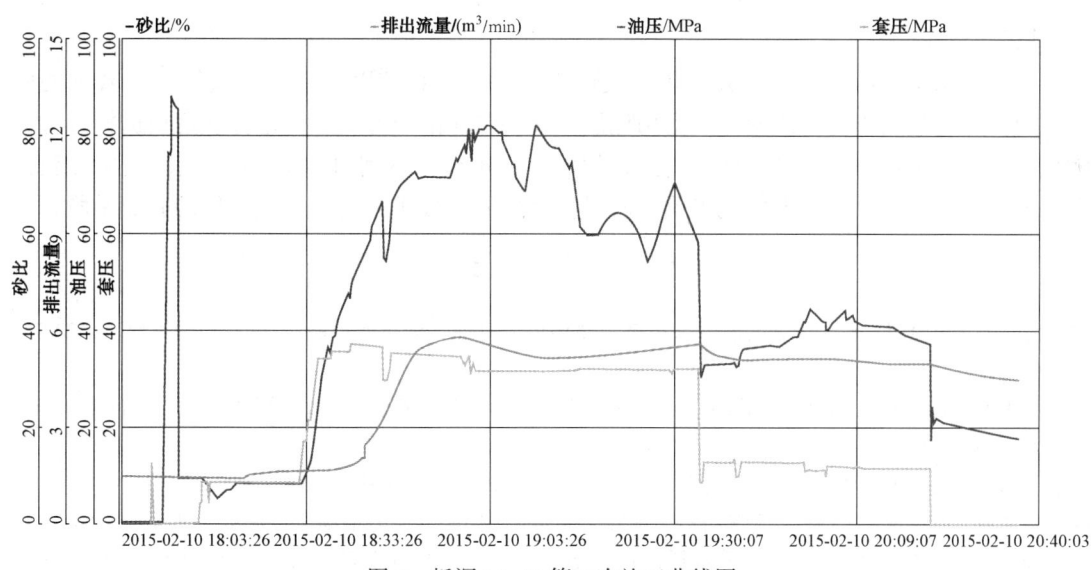

图 2 板深 16-17 第二次施工曲线图

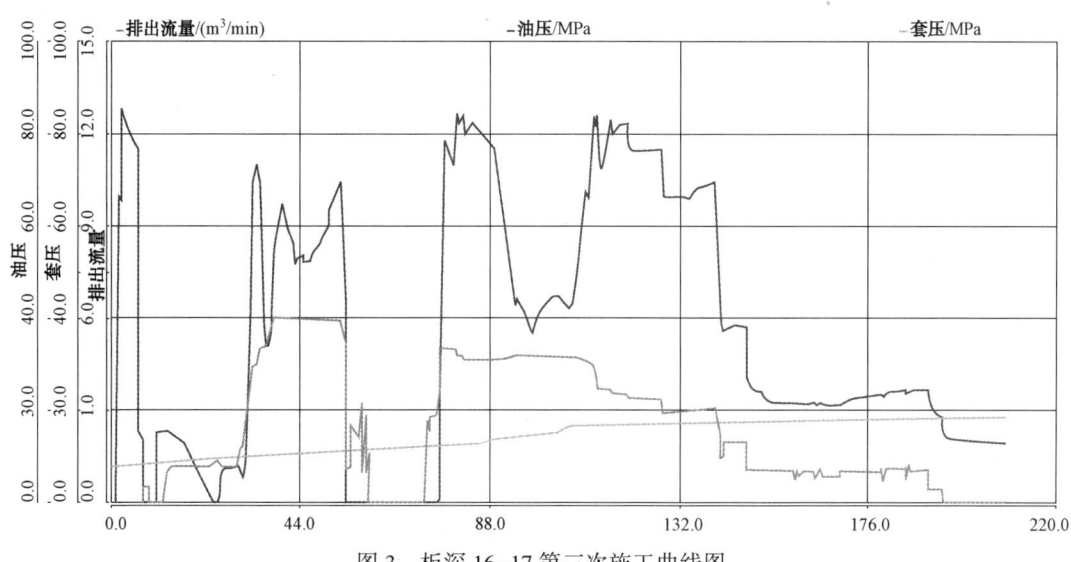

图 3 板深 16-17 第三次施工曲线图

三次酸压施工都成功多次压开储层，施工中最高泵压均达到 82MPa。酸压效果（表 4）分析表明对于难以控制及预测的强非均质性储层采取相对保守与安全的阶段性酸压开发技术，能够保障千米桥奥陶系潜山储层的开发要求。

表 4 板深 16-17 井三次酸压效果统计

序号	酸量/ m^3	酸压前			酸压后			累计增油/t	累计增气/ ($\times 10^4 m^3$)
		日产液/t	日产油/t	日产气/ ($\times 10^4 m^3$)	日产液/t	日产油/t	日产气/ ($\times 10^4 m^3$)		
1	230	0	0	0	38.55	9.98	10.6	3610	2869.37
2	350	7.34	6.03	3.76	37.82	20.31	9.6	6798	4336.86
3	460	0.13	0.11	0.0341	27.33	21.65	5.43	708.36	384.59

4　认识与结论

　　针对千米桥潜山储层变化大，非均质性强的特点，总结以往酸压改造经验与教训的同时，提出合适酸压工艺阶段性开发潜山储层。重视首次酸压井的层位选择、规模选择、参数优化工作，对于适合进行重复酸压的井，加大改造规模，做到"防水"不"怕水"，最终获得良好的开发效果。潜山开发实践表明了阶段性酸压开发技术是潜山油藏开发的有效手段。

参 考 文 献

[1] 付立新，杨池银，肖敦清. 大港千米桥潜山储层形成对油气分布的控制[J]. 海相油气地质，2007. 2 (12).

[2] 吴永平，杨池银，王喜双. 渤海湾盆地北部奥陶系潜山油气藏成藏组合及勘探技术[J]. 石油勘探与开发，2000，27(5).

[3] 吴永平，杨池银. 渤海湾盆地北部奥陶系潜山[M]. 北京：石油工业出版社，2002.

[4] 于学敏，苏俊青，王振升. 千米桥潜山油气藏基本地质特征[J]. 石油勘探与开发，1999，26(6).

[5] 陈恭洋，何鲜，陶自强，等. 千米桥潜山碳酸盐岩古岩溶特征及储层评价[J]. 天然气地球科学，2003，14(5).

薄互层稠油油藏火驱开发实践及效果分析

杨依峰

（中国石油辽河油田分公司曙光采油厂，辽宁盘锦 124109）

摘　要　曙光油田以稠油开发为主，其中薄互层油藏储量占 68.4%，主力油层可采储量采出程度达到 85%以上，在不转换开发方式的情况下，进一步挖潜难度较大。为寻求薄互层稠油油藏有效的稳产接替方式，于 2005 年 6 月在杜 66 块首先开展火驱采油技术现场试验。针对杜 66 块多层发育特点，通过前期方案设计的论证，现场实施参数的设定，深化火驱机理，优选开发层段、优化井网配置关系，建立多层火驱开发技术界限，形成评价调控技术，完善辽河特色火驱技术系列，实施规模持续扩大，火驱开发取得较好效果，截至目前实施井组达 105 个，年产油由 13.6×10⁴t 上升到 25.3×10⁴t，增幅近一倍，初步建成国内最大的火驱试验基地，成为曙光油田持续稳产的重要组成部分。

关键词　薄互层；火驱开发；调控技术；蒸汽吞吐；配套技术

1　油藏基本概况

1.1　地质概况

杜 66 断块区构造上位于辽河断陷西部凹陷西斜坡中段，开发目的层为下第三系沙河街组四段杜家台油层，属扇三角洲前缘相沉积。含油面积 4.9km²，地质储量 3940×10⁴t。为典型的薄互层状稠油油藏。吞吐标定采收率为 27.2%，可采储量 1071×10⁴t。

杜 66 断块杜家台油层纵向上划分为杜Ⅰ、杜Ⅱ、杜Ⅲ三个油层组，10 个砂岩组，30 个小层（局部发育杜 0 组）。杜家台油层划分为上、下两套开发层系，上层系为杜Ⅰ~杜Ⅱ₄，下层系为杜Ⅱ₅~杜Ⅲ。含油井段 100~150m，油层层数多，平均单井 30~40 层；单层厚度薄，平均只有 2.2m，为典型的薄互层状稠油油藏[2]。

杜 66 断块杜家台油层顶面构造形态总体上为斜坡背景下的单斜构造，由北西向南东方向倾没，地层倾角一般为 5°~10°，油藏埋深 800~1300m。储层岩性主要为含砾砂岩及不等粒砂岩，分选中等偏差；属于中高孔、中高渗储层，平均有效孔隙度 25%，平均渗透率 0.781μm²。油层平均有效厚度 42.1m，属薄~中厚层状边水油藏。

杜家台油层原油物性资料统计结果为 20℃时，原油密度 0.92~0.94g/cm³。50℃时，地面脱气原油黏度一般为 300~2000mPa·s，平均 1241.6mPa·s。凝固点 15.7℃，含蜡量 7%~12%，平均含蜡量 5.93%，胶质加沥青质 31.3%，属于普通稠油。

原始地层压力为 11.04MPa，地层压力系数 1.02，饱和压力 7MPa。原始地层温度为 47℃。地温梯度为 3.7℃/100m。

基金项目：国家科技重大专项"辽河、新疆油田稠油/超稠油开发技术示范工程"（2016ZX05055）。

作者简介：杨依峰（1984—），男，汉族，工程师，2008 年毕业于西南石油大学石油工程专业，现从事油田开发研究工作。E-mail：chaibiao@petrochina.com.cn

1.2　开发历程(图1)

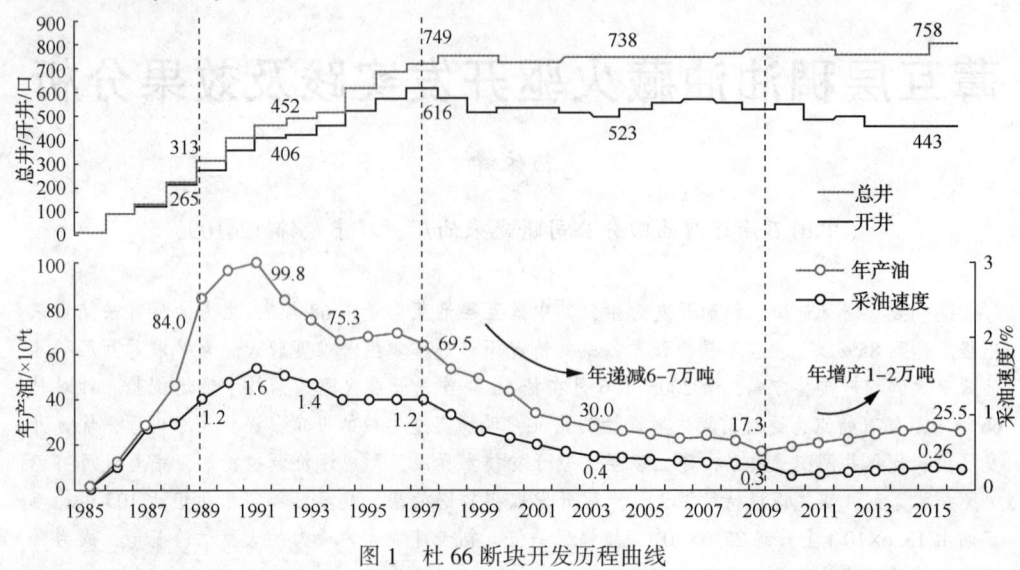

图1　杜66断块开发历程曲线

区块1986年投入蒸汽吞吐开发,共经历了基础井网上产、加密调整稳产、开发后期递减、火驱二次上产等4个阶段:

基础井网上产阶段:1986~1990年,200m基础井网,阶段末采油速度1.39%,采出程度4.4%。

加密调整稳产阶段:1990~1997年,实施整体加密调整,100m正方形井网,局部70m。阶段末采油速度1.28%,采出程度14.0%。

开发后期递减阶段:1998~2009年,高周期缓慢递减,蒸汽驱、热水驱先导试验均未取得理想效果。阶段末采油速度0.3%,采出程度21.2%。

火驱二次上产阶段:2009年至今,随着火驱规模不断扩大,产量呈上升趋势。

1.3　开发面临主要问题

截止至火驱开发前,区块油井总数776口,开井45口,日产油412t,年产油13.6×10⁴t,采油速度0.32%,可采储量采出程度85.8%,年油汽比0.29。经过30多年的蒸汽吞吐开发,区块已进入开发后期,具有"高周期、高采出程度、低压、低产、低油汽比"两高三低的特点,常规吞吐难以进一步提高采收率。为探索薄互层稠油油藏吞吐开发后期有效的接替技术,先后进行蒸汽驱、热水驱等多种试验,均未见到明显效果。

2　火驱方案设计

为寻求薄互层稠油油藏有效的稳产接替方式,借鉴国内外火驱先进经验,2005年杜66块火驱开发先导试验取得成功的基础上,开始着手编制杜66断块区火驱开发整体方案[3]。

2.1　设计原则

(1)以先导试验为依据,以油藏工程研究为基础,确定合理的开发井网;

(2)以经济效益为目标,尽可能利用现有井网及地面配套设施,减少投资风险;

(3)以数值模拟为手段,确定火驱最佳注采参数配置,进行方案部署及指标预测;

(4)完善注采系统及配套监测系统,为开发效果评价及调整部署提供依据。

2.2 开发层系(表1)

火驱驱替层位确定为上层系,采油井层系内分注合采。统计净收益与采出程度的关系曲线,得出最佳火驱层段组合厚度18~25m。

表1 杜66断块上层系储层物性对比表

层系	层组	含油面积/ km²	地质储量/ 10⁴t	平均有效 厚度/ m	孔隙度/%	渗透率/ μm²	原油黏度 50℃脱气/ (mPa·s)
上	杜Ⅰ~Ⅱ4	6.02	2426	25.0	20.7	0.921	300~2000

2.3 井网井距(图2)

根据油藏条件差异,在主体部位采用100m反九点面积井网、边部区域采用100m行列井网,注气井与采油井均采用老井。

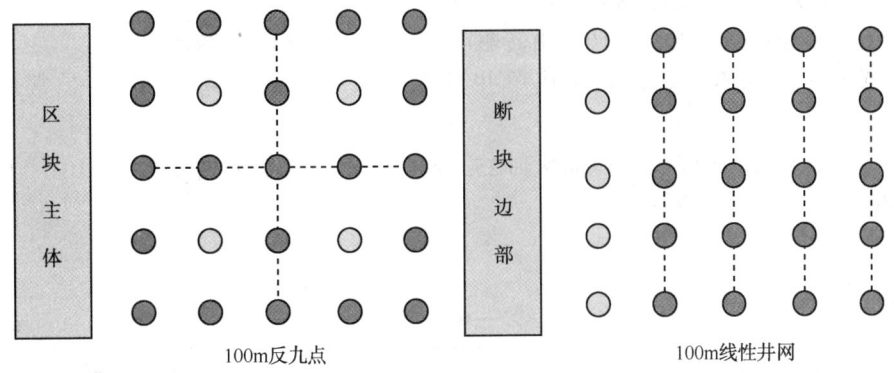

图2 杜66断块火驱开发井网示意图

2.4 火驱操作参数优选

(1)点火温度。区块的原油燃烧性能比较好,空气耗量较低,前缘推进较快,并且驱油效率比较高,经济效益比较好。推荐电点火的方式,点火温度大于400℃。

(2)注入压力。根据反九点面积井网气体注入压力方程,注入压力应高于地层压力30%~50%生产效果好。目前已转火驱井组日注1900~7400Nm³,平均日注4400Nm³,注气压力0.6~4.4MPa,该块地层压力1~2MPa,初步确定注气压力为3~6MPa。

(3)燃烧方式。根据数值模拟结果,干式燃烧+湿式燃烧采出程度最高。统计转湿式燃烧时机与采出程度关系曲线发现,随着转湿式燃烧时间的延长,采油速度在第2年达到最大值,随后逐渐下降;采出程度初期逐步上升,在第6年达到最大值,确定湿式燃烧6年转湿式燃烧。

(4)注空气量。初期日注4000~6000 Nm³/d,注气速度月增量1000~3000 Nm³/d,最高日注(2~3)×10⁴ Nm³/d。

(5)单井采液量:10~20t/d。

2.5 方案整体部署

为寻求薄互层稠油油藏有效的稳产接替方式,2005年在杜66块开展了火驱先导试验,并获得成功。2012年编制了杜66断块区火驱开发方案,共批复了上层系火驱井组141个。

3　火驱进展及效果

火驱开发先后经历了先导试验、扩大试验、规模实施等三个阶段：自 2005 年开始，在 7 个井组先后进行了单井单层、多井单层、多井多层的火驱先导试验；2010 年 10 月，外扩试验 10 井组，试验井组达到 17 个；2012 年规模实施 24 个井组，2013 年再转 50 个井组，2015 年以来新转 14 个井组，目前已累计转火驱 105 个井组，火驱开发目前初具规模。

目前 105 个火驱井组，注气井开井 86 口，日注气 $85×10^4 Nm^3$，生产井 514 口，开井 381 口，开井率 74%，日产油 836t，瞬时空气油比 915，累积空气油比 879。火驱开发至今已 10 多年时间，整体取得了较好的效果。

3.1　油井普遍见效，开井率大幅度提高

转驱三年后火驱效果逐步显现，火驱目前见效率达到 73%；随着火驱见效程度的逐步改善，油井开井率不断提高由 38% 提高到 74%，提高了 38%。

3.2　增产效果明显，产油量大幅度提高(图 3)

(1) 日产油量持续上升。日产油由转驱前 330t 上升到 836t，增加 506t。

(2) 单井日产油不断提高。区块单井日产由 0.9t/d 提高到 2.2t/d，是常规吞吐的 2.4 倍。

(3) 年产油量稳定回升。年产油达到 $25.3×10^4 t$，较常规吞吐增加 $16.9×10^4 t$；阶段增产 $59.3×10^4 t$。

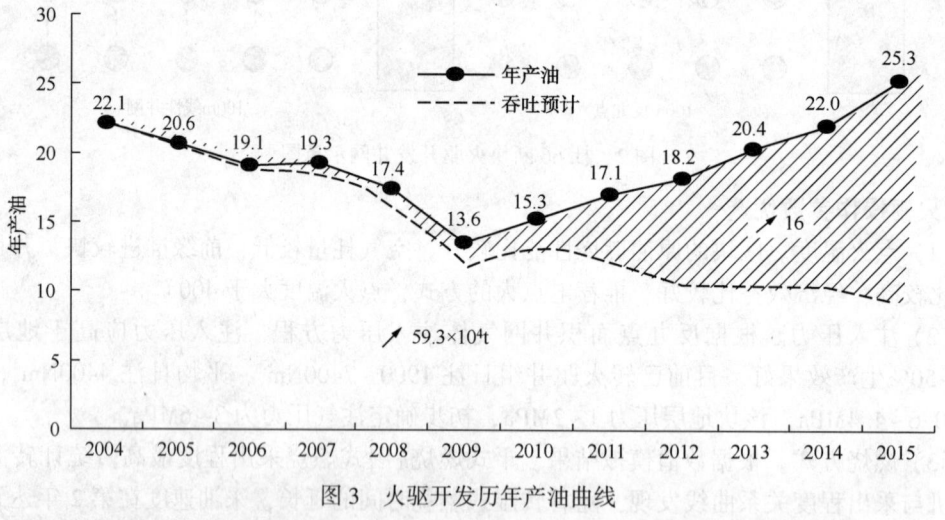

图 3　火驱开发历年产油曲线

3.3　指标明显改善，采油速度大幅度提高

(1) 空气油比保持在较好的水平。整体上火驱空气油比始终保持在 $1037 Nm^3/t$。

(2) 油汽比保持持续上升。火驱开发油汽比为 0.25，较吞吐开发提高 0.02。

(3) 采油速度呈持续上升趋势。火驱总体采油速度目前达到 0.63%，较吞吐开发提高 0.42%。

3.4　符合火驱规律，采收率大幅度提高(图 4)

火驱开发转驱以来产量呈持续上升趋势，目前先导试验 7 井组采出程度已达到 39.6%，预计最终采收率可达到 54.2%，较常规吞吐采收率提高 27%。

图 4　先导试验 7 井组产量预测曲线图

4　主要做法及成效

在十多年来的火驱开发实践中，通过完善注采井网、强化动态调控、辅助蒸汽吞吐、强化配套技术等工作，火驱效果不断改善。

4.1　完善注采井网，奠定了火驱开发基础

完善的注采井网是油田开发的基础，其完善程度直接影响火驱效果的好坏、采收率的高低。火驱以来，通过实施更新、大修、复产等手段使井网的完善程度不断提高，阶段共恢复停产井 271 口，其中新井 62 口、大修 119 口、复产 90 口。

4.1.1　优化井位部署

按照"二三结合"的开发思路，以老井更新为手段，不断完善注采井网，一方面以提高火驱波及体积为目的，与火驱见效程度紧密结合，完善已转驱注采井网；另一方面在待转区提前实施一批注气井和采油井，为全面转驱做准备。阶段共实施更新井 62 口，其中注气井 24 口，采油井 38 口。

从生产效果来看，随着火驱见效程度不断增加，对火驱见效见效程度较好的区域实施更新，取得了较好效果。①初期日产较高：挖潜区日产 12t、已转区 8t，是吞吐老井的 2 倍左右；②年产油能力较高，当年单井产油达 100t 以上，形成年产油达 2×10^4t 的规模；③递减规律明显具有区域性，见效区域新井产量保持稳定，非火驱新井递减大且维持较低水平，造成区域产能差异的主要因素是地层压力。

4.1.2　优化复产时机

根据转驱进度及见效情况，以提高火驱见效程度为目的，综合考虑经济效益，根据火驱开发所处阶段，利用大修及吞吐等手段有序实施长停井复产，不断提高开井率，完善注采井网。

随着注采井网的完善，储量控制程度不断提高，火驱井组注采井数比由 1∶2.5 降低到 1∶3.1，接近标准井网的 1∶3.8；储量控制程度由 60% 提高到 70% 左右。井组见效程度不断提高，由 65% 提高到 73%，见效方向逐步增加。

4.2　强化动态调控，改善了火驱开发效果

受井网井距、沉积相、储层非均质性、采出状况等因素的影响，火驱见效差异较大。针对油井平面见效差异大、纵向动用程度不均的矛盾，主要采取了注气量调整、排注比调整等平面火线调控技术；调剖、分注等纵向剖面调整技术，有效改善了火驱开发效果。

4.2.1 平面火线调控技术

(1) 注气量调控，不断探索合理的注气强度(表2)

合理的注气强度是火驱注气量调控的核心，根据不同的火驱开发阶段，需相应调整合理的注气强度，保障井组的持续高温氧化燃烧状态。

目前处于热效驱替稳产阶段的主要为先期实验17个井组，注气强度应保持在320Nm³/(m·d)以上；处于火线形成上产阶段的主要为新增24井组及新增50井组，注气强度应保持在300Nm³/(m·d)左右；2015年新转入的7个火驱井组处于建立燃烧阶段，注气强度应保持在200Nm³/(m·d)左右。

表2 火驱开发各井组所处阶段及注气强度优化表

所处阶段	转驱时间	井组	注气强度/[Nm³/(m·d)]
建立燃烧阶段	1年	新增10井组	200
火线形成阶段	2~3年	新增24井组	300
		新增50井组	
热效驱替阶段	3年以上	外扩17井组	350

(2) 排气量调整，排气量调整主要以控制排注比为核心。

根据现场生产情况，在不同火驱阶段，应控制较为合理的排注比。建立燃烧阶段以低排注比为主，在0.1~0.5；火线形成上产阶段需快速提高排注比达到0.8左右并保持稳定；热效驱替稳产阶段应控制合理的排注比在0.8~0.9之间。

针对部分单向气窜严重的油井，主要采用气窜封堵和关井控气两种方式。

① 气窜封堵。受吞吐阶段汽窜影响，转驱后个别生产井尾气排量过大(大于井组注入量的50%)，造成火线单向突进。针对该类生产井采取了化学封堵技术，抑制火线单向突进。阶段火驱生产井调堵技术共实施14井次。

② 关井控气。当井组内发生空气严重单向突进时，控制同向生产井的排气量，甚至关井，以调整火线推进方向。

4.2.2 纵向剖面调整技术

(1) 分层注气技术

主要包括同心管分层注气和单管柱分层注气两种技术，现场采用同心管分注技术，共实施11井次，实施后注气量及排气量明显增加，动用程度提高26%。

(2) 化学调剖技术

针对注气井吸气不均的矛盾，通过注入高温化学调剖剂，可有效改善吸气状况。共实施调剖5井次，纵向动用程度由43%提高到66%。

4.3 辅助蒸汽吞吐，提高了火驱见效程度

从火驱区带划分上看，生产井附近为剩余油区，也称为冷油带，地层温度没有明显升高，原油不具有自主流动性，仍需辅助蒸汽吞吐开发。

火驱的见效程度和产液量密切相关，产液量调整主要靠吞吐引流来实施。共实施吞吐引流361口井占总井数的76%，火驱见效率大幅度提高，由13.6%提高到73%，油井周期生产效果明显改善。

(1) 吞吐引效。针对转驱后油井见效率低的矛盾，采取高强度(强度大于70t/m)蒸汽

吞吐引效，加快火驱见效速度，提高见效率，阶段共实施 520 井次，新增见效 223 口井，见效率提高 61.7%，单井日产液由 4.2t 上升到 8.2t。

（2）吞吐提效。对已见到一定火驱效果但增产不明显的油井，采用连续吞吐方式不断提高火驱见效程度，阶段共实施 295 井次，单井日产液由 8.1t 上升到 10.2t。

（3）吞吐增效。对火驱见效程度较高的井，继续实施低强度（强度在 50~70t/m）蒸汽吞吐引流，进一步提高生产效果，阶段共实施 152 井次，单井日产液由 10.5t 上升到 12.5t。

4.4 强化配套技术，为火驱开发提供保障

经过多年的科研攻关和现场实践，目前已形成了火驱点火、注入工艺、地面配套、油藏监测等火驱特色技术。

（1）配套火驱点火技术。目前已形成了注蒸汽预热自然点火、注蒸汽预热化学点火和等通径移动式电点火等 3 项技术，其中以注蒸汽预热化学点火为主。

（2）注气管柱配套技术。注气井口要求采用双卡瓦八条螺丝固定、双阀组控制的 KR（Q）-21/370 型井口，安全性高；注入管柱要求采用笼统注气和同心分层注气两种注气工艺；注气井注入空气湿度大、点火阶段温度高，长期的化学腐蚀、高温氧化作用，导致注气管柱腐蚀严重。目前已设计研发了耐腐蚀、耐高温氧化的镍基合金复合电镀特种注气管柱。

（3）配套地面工艺技术。注气管网形成了主支结合、辐射单井的地面注气系统。注入设备由早期的低压力、小排量的空压机转变为高压、大排量的空压机，满足规模注入需求。

（4）配套尾气处理技术。针对火驱尾气中 H_2S 含量超标的问题，利用羟基氧化铁干式处理工艺，脱硫后 H_2S 含量低于 10ppm，达到排放标准。处理工艺由早期单井处理变为集中脱硫处理。目前已建成处理站 11 座，日处理尾气 $40×10^4 Nm^3$。

（5）动态监测技术。建立了从注-采、点-面、纵向-平面的动态监测系统，初步掌握了火线前缘监测技术，为火驱动态调控提供了较为齐全的资料。

4.5 强化项目管理，稳步推进了火驱开发

为确保火驱开发科学、安全、有序推进，我们专门成立了涵盖公司领导、主要处室、科研院所到基层班组的组织机构，形成了高效的项目运行模式，规范了火驱现场管理标准。

（1）健全的组织管理。研究单位成立项目组，负责方案优化和配套技术攻关，采油厂组建成立重大试验项目部，全面负责项目协调组织工作。

（2）规范的制度管理。完善制定了五项管理规定及五项操作规程，开展了火驱知识培训及应急演练，确保火驱安全可控。

5 火驱开发取得认识及思考

（1）地层压力上升是火驱增产的灵魂；

（2）辅助蒸汽吞吐是火驱开发的保证；

（3）系列技术配套是火驱开发的关键。

参 考 文 献

[1] 张厚福. 石油地质学[M]. 北京：石油工业出版社，1989.

[2] 温静. "双高期"油藏剩余油分布规律及挖潜对策[J]. 特种油气藏，2004，11(4).

[3] 左向军. 曙光油田杜家台油层稠油热采参数优选研究[J]. 石油勘探与开发. 2006.8：79-84.

小集油田未动储量典型区块储层预测研究

黄金富，王啊丽

（大港油田公司勘探开发研究院，天津 300280）

摘　要　小集油田是油藏类型与地质条件相当复杂的断块油田，不同级次的断层纵横交错，断块分割零乱，油藏埋深差异大，储层横向变化快，地震资料品质较差等诸多因素给未动储量综合评价带来一定难度。本文针对未动储量典型区块小 5 断块，利用新处理的高分辨率地震资料进行精细构造解释、地震属性提取及储层反演技术，对该区砂体分布进行预测，为储层评价及井位部署提供了可靠依据。

关键词　综合评价；属性提取；储层反演；砂体预测

　　储层预测是储集层地质学及油藏描述的国际前沿研究方向，对切实提高油田勘探开发效益有着十分重要的实际[1]。综合应用地震属性提取及储层反演进行砂体预测，不仅可以提高对地层的垂向识别能力和砂体预测的精度，而且可以指导井位部署。小集油田小 5 断块属于未动储量典型区块，井区井少储层特征尚不清楚。本文主要针对该区进行属性提取及储层反演，预测砂体分布，为井位部署提供可靠依据。

1　油田地质概况

1.1　地质背景

　　小集油田位于黄骅坳陷，孔店构造带南端的小集构造带上。小 5 断块位于小集油田西南部，是被官 938 和官 935 断层夹持的断阶块油藏，被多个断层夹持的自然块，构造北高南低，紧邻官 162 主体开发区，面积约 2.5km^2，主力含油目的层为孔一段枣 Ⅱ、Ⅲ 油组。本区断层较为发育，整体构造面貌为一被 4 条边界断层夹持的封闭断块构造，整体构造北高南低，西高东低。

1.2　地层与沉积特征

　　本区研究目的层为孔一段枣 Ⅱ、Ⅲ 油组，砂体主要集中在枣 Ⅱ 油组下部及枣 Ⅲ 油组（图1），枣 Ⅱ 油组上部为暗紫红色泥岩、泥质粉砂岩夹灰色、灰绿色细砂岩。含油性差，自然电位幅度小，电阻率值低。下部为灰褐色、棕褐色层状中细砂岩、含砾砂岩与紫红色泥岩、泥质粉砂岩互层组成，整体上为一向上变细的正旋回，电性特征：SP 曲线形为钟形或箱形，Rt 曲线呈高阻状。枣 Ⅲ 油组地层发育，厚约 180m 左右，为一套灰褐色、灰绿色块状、厚层状含砾砂岩夹紫红色泥岩、泥质粉砂岩。顶部有 10~15m 厚的稳定泥岩与枣 Ⅱ 油组相隔，向下砂岩极为发育，厚度大，岩性较粗，单层厚度最厚达 20m 左右。电性特征：SP 曲线幅度大，为箱形，Rt 曲线呈高阻状。

作者简介：黄金富(1984—)，男，汉族，工程师，2007 年毕业于西安石油大学资源勘查工程专业，现从事油气田开发研究工作。E-mail：huangjinfu0211@163.com

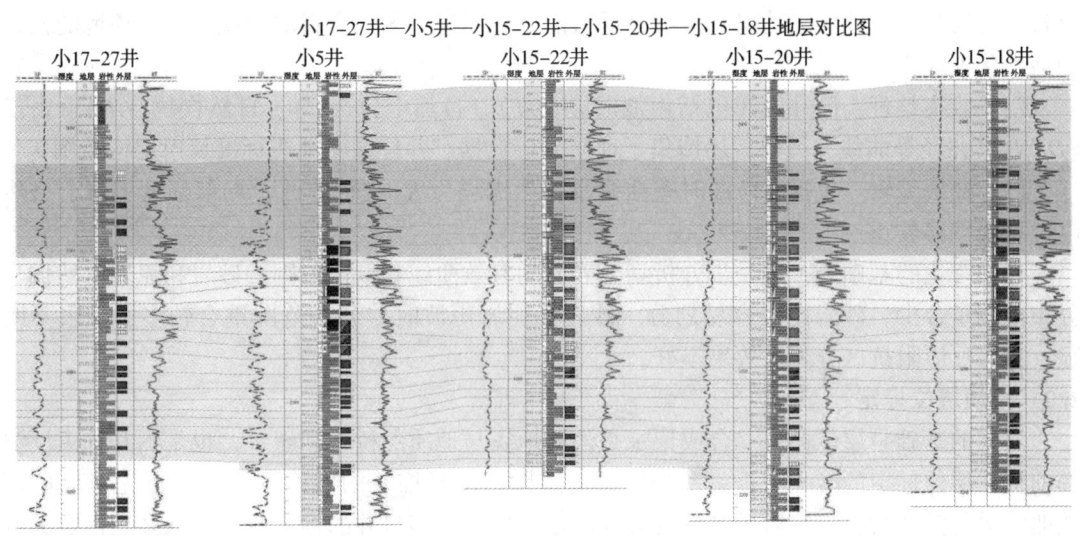

图1 小集油田小5断块地层对比图

研究区砂岩岩性偏细，以灰色、褐色粉砂岩-细砂岩为主，泥岩为紫红色。小集为冲积扇辫状河沉积，枣Ⅲ油组以辫状河道沉积为主，其次是心滩沉积，河漫滩沉积少见，形成为数不多的一些泥岩夹层。枣Ⅱ油组以泛滥平原沉积为主，剖面上反映泥质含量很高，砂体形态特征多为窄的透镜体状，横向延伸不好，多呈孤立状存在。从枣Ⅲ到枣Ⅱ水体能量减弱，沉积粒度变细，物性变差。

1.3 油藏特征

本区枣Ⅱ、Ⅲ油组油藏受沉积环境及物源影响，油藏类型受构造、岩性双重因素的控制，油层埋藏深度为3000~3180m，物性总体较差，孔隙度一般为10%~20%，渗透率一般为4~8mD，渗透率低是胶结和压实强烈造成的，非均质性较强主要是成岩作用差异导致的。

2 测井约束反演

测井约束地震反演技术是储层描述中一项较为成熟的技术，该技术成功地将低频丰富的地震资料与高频丰富的测井资料相结合，充分发挥了地震在平面上连续采集、测井在纵向上分辨率高的优势，使点与面达到和谐的统一，把用于构造解释的常规地震资料转换成可与钻井资料直接对比的岩层型测井剖面，在薄互层追踪、储层描述、储层预测等方面具有重要的应用价值[2]。在本区应用了Jason软件进行测井约束反演。

Jason采用约束稀疏脉冲反演(C.S.S.I)，它假设反射系数是由一系列大的反射系数叠加在高斯分布的小反射系数的背景上构成。为了得到可靠的反射系数估计值，可以输入波阻抗的低频趋势信息作为约束条件。当反射系数得到后，我们就可以求得相对波阻抗，为了求得绝对波阻抗，在井点处根据井的绝对波阻抗曲线(极低频)，在趋势线两边再定义两条约束线作为约束，将这个趋势和约束加到相对波阻抗后就得到了(C.S.S.I)绝对波阻抗。

2.1 测井资料标准化

测井资料是多井地震约束反演的基础资料，其质量直接影响储层横向预测结果的准确性。但在实际测井中，往往由于井眼跨塌、泥浆侵泡等环境因素以及测井仪器、测井时间、操作人员本身素质不同等，随机因素给测井资料带来混合特殊误差，甚至造成曲线畸变，不能较好地反映地层的实际情况，所以在反演前，必须进行测井资料的曲线编辑、环境的校正和标准化处理[3]。

(1)收集整理：测井曲线包括声波时差(DT)、自然电位(SP)、自然伽玛(GR)、密度(DEN)、井径等曲线。另外，还搜集了地质分层数据、井位图、地震标准反射层构造图等。

(2)曲线编辑：包括对声波时差曲线及自然伽玛(GR)进行滤波、局部幅度编辑、自然电位基线偏移校正。

在归一化的基础上，进一步分析划分砂岩的有效曲线和取值范围。砂岩和泥岩自然伽马分布范围重合少，砂岩比较容易划分。砂岩和泥岩声波时差分布范围重合较多，界限不明显，直接反应阻抗区分岩性效果不好。

2.2　地质层位标定

反演的基础是层位标定。合成记录是沟通地震与地质的桥梁和纽带，也是测井约束反演的前提。层位标定的准确与否关系到储层的追踪、油藏描述的准确程度[4]。首先对原始声波曲线进行曲线编辑，然后再进行合成地震记录标定。多口井的标定我们采取多元标定的方法进行标定。多元标定充分发挥测井资料的优势，充分的把地震、测井、地质资料结合起来，为储层的标定提供了可靠的依据。同时应用重构声波也进行合成地震记录标定，把两者进行对比。

在目的层段，声波合成地震记录波组特征和原始声波记录基本一致的同时，与地震剖面相似性更好。本次多井测井约束反演对本区井进行了精细的合成记录标定(图2)。通过多元标定后，目的层段的相关系数得到提高。多井时深曲线图(图3)表明：该区平均速度随地层埋藏深度的增加而增大，各井的速度曲线趋势一致，不存在较明显的速度异常。

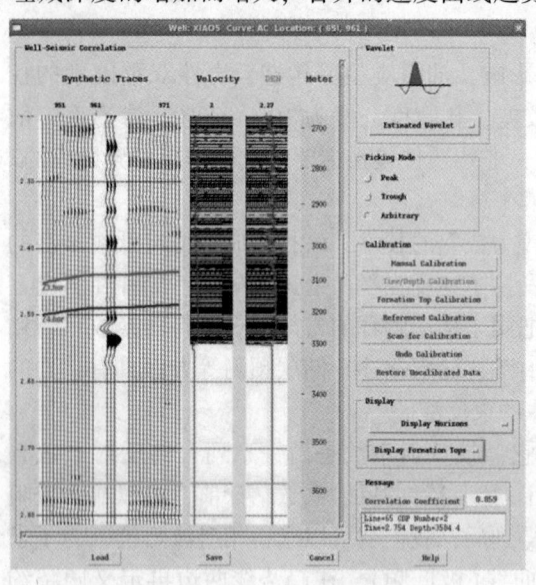

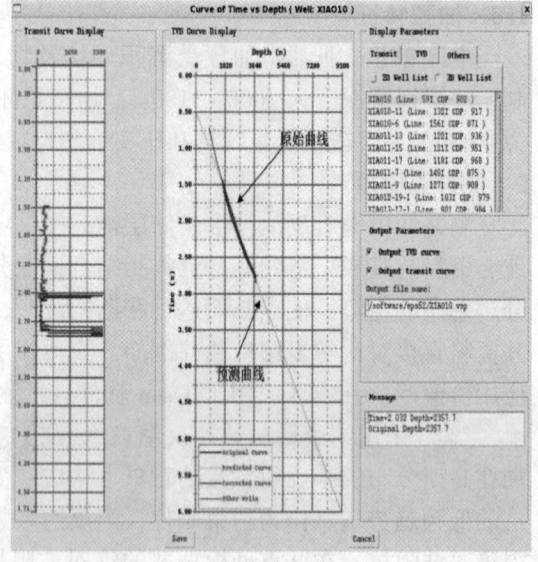

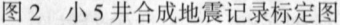

图2　小5井合成地震记录标定图　　　　　图3　小5断块多井时深曲线图

2.3　初始模型建立

地质模型的建立在于充分利用地震、测井和地质资料。从地震资料出发，以测井资料和钻井数据为基础，建立基本反映沉积体地质特征的初始模型。Jason软件的建模是在Earthmodel中完成的。具体做法是根据地震解释层位，按照地质沉积规律在层序之间内插出很多小层建立一个地质框架结构。在这个地质框架结构的控制下，根据一定的插值方式对测井数据进行内插和外推，产生一个平滑、闭合的实体模型。

（1）地质框架结构的建立

建立地质框架是通过地质框架结构按沉积体的沉积顺序，从下往上逐层定义各层与其他层的接触关系（可以是整合、断层、上超、底超、削截、河道等）。当遇到断层时，为了合理的封闭层位，必须要单独处理，这样得到的地质框架模型才是一个平滑闭合的地质模型。

模型的建立是反演下一步工作的基础，对于地震反演，它的作用是提供一个准确的背景速度（低频分量模型）。时深关系正确才能使地震解释结果与地质分层一致，才能得到一个好的框架模型。正确细致的框架模型加上好的井资料和子波才能产生一个好的波阻抗模型。

（2）内插模式的定义

模型的参数内插是要根据层位的变化，对测井曲线进行拉伸和压缩，因此模型的内插是在层位约束下的具有地质意义的内插。Jason 软件提供了反距离加权法、本地权法、三角网格法这 3 种插值方式。这几种方式都遵循这样一个准则：任何一口井的权值在本井处为 1，在其他处为 0，其中三角网格法只适应于规则分布的开发井网间的插值。加权法的选择不应单纯根据井间的距离，同时应考虑地下地层的变化规律，通常情况下对于岩性变化加快的地区采用反距离加权法，对于岩性变化趋缓的地区采用本地加权法。对于沉积规律比较明确的地区，利用地质统计学规律，可以采用全局可理金加权法。本次反演采用的是反距离加权法。

2.4　反演流程及参数选取

在反演中使用了下面目标函数：

$$\sum (r_i) p + \sum \lambda q (d_i - s_i) q + \alpha_2 \sum (t_i - z_i)_2$$

式中　　r_i——反射系数采样点值；

　　　　d_i——地震记录采样点值；

　　　　s_i——合成记录采样点值；

　　　　z_i——波阻抗离散点值，$z_{li} < z_i < z_{ui}$，z_{li} 为波阻抗最小值，z_{ui} 为波阻抗最大值；

　　　　t_i——波阻抗约束趋势采样点值

　　　　α——加权因子；

　　p、q——L 模因数；

　　　　i——地震道采样点值。

该方法以约束反演过程中求得的正演合成地震数据与实际地震数据最佳吻合为最终迭代收敛的标准。既充分考虑了将地质构造框架模型和三维空间的多井约束模型参与反演来限制反演结果的多解性。又使反演结果比较尊重于地震资料所具有的振幅、频率、相位等特征[5]。

2.5　反演效果分析

本区反演结果所示，纵观反演结果，其具有以下显著特点：常规地震剖面，其波峰、波谷的极值点对应地层的分界面，是界面型剖面；而测井反演处理的资料，其波峰、波谷对应岩层即岩层型界面，实质是层速度剖面，它具有以下特点：

（1）横向上的外推是可靠的

利用综合测井曲线与反演剖面进行对比，二者吻合很好，说明测井约束反演技术是可信的。

（2）纵向上储层反映直观

在处理的彩色剖面上（图4），用色标指示速度变化。剖面上砂体的横向展布、厚度和物性的变化，以及各井之间砂体的连通情况都一目了然。自然伽马反演纵向上较好地反映了砂岩特征，和井解释基本符合。横向上和地震波组特征的变化基本一致，能够反映出砂体横向上尖灭和叠置的组合关系。

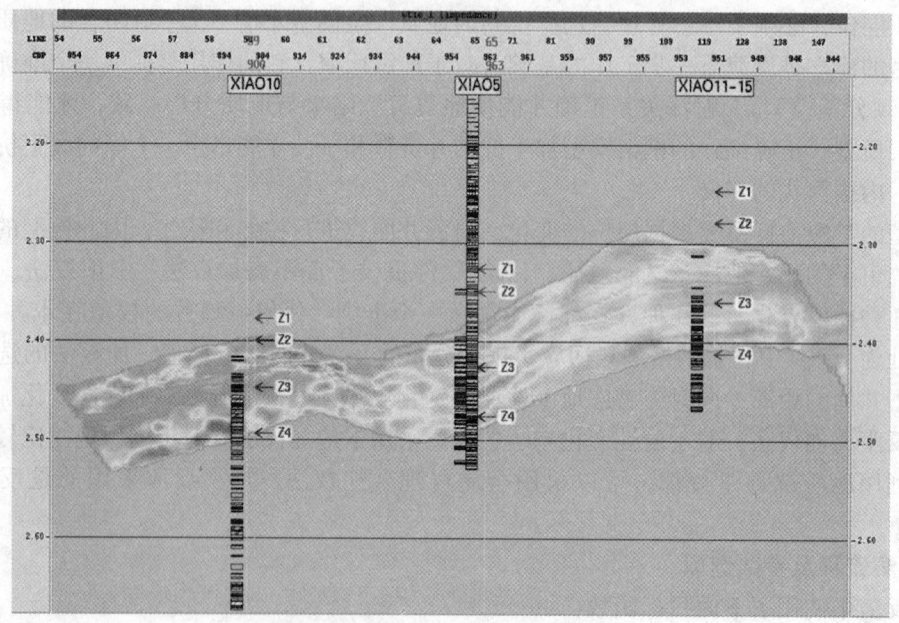

图4　小5断块储层反演剖面图

（3）对于无井控制区，应用反演结果进行预测

以井点插值和反演相结合，提高了勾绘砂体图精度（图5），反演预测平面图上，小5断块向官162断块砂岩厚度变大，与砂岩厚度等值线（图6）趋势基本吻合。

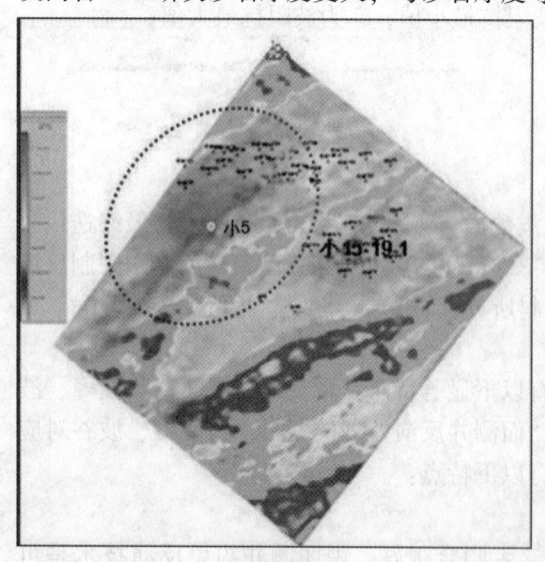

图5　小5断块储层反演平面图

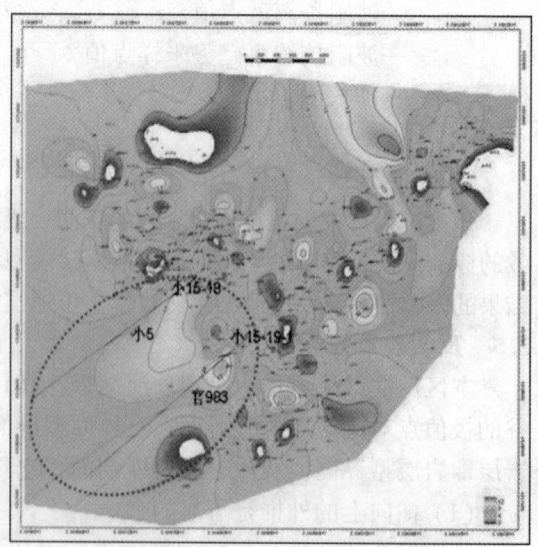

图6　小5断块砂岩厚度等值线图

3 地震属性提取及井位部署

为了提高储层预测的准确性，在储层约束反演的同时，我们利用地震属性提取技术对小5断块进行了相关层位各类属性提取，包括平均绝对属性、总能量、均方根振幅等[6]，从属性图(图7)上可以看出，枣Ⅱ底界辫状河沉积的砂体分布特点，砂体呈现带状-交织条带状分布。根据储层反演及属性反映的砂体分布特点对小5断块进行了开发方案部署(图8)，在砂体有利部位部署5口井，形成2水3油的注采井网，预计年建产能0.9×10⁴t。

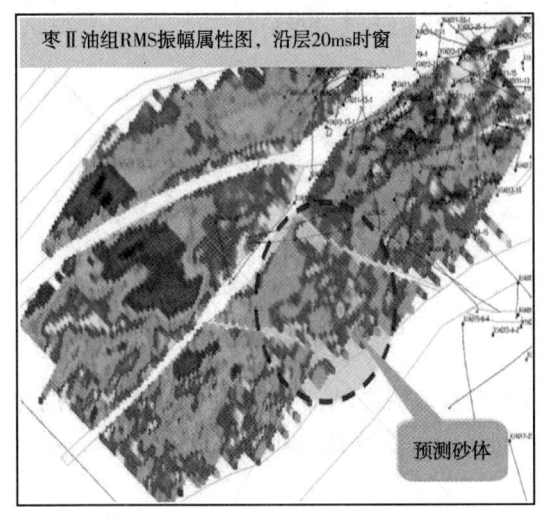

图7 小5断块均方根振幅属性图

图8 小5断块方案部署图

4 结论

在对研究区综合地质研究的基础上，利用Jason软件进行了测井约束反演，反演的结果在平面上与砂岩厚度等值图趋势基本相似、纵向上与综合曲线吻合程度高，说明测井约束反演的结果是可靠可信的，测井资料的标准化、层位标定的准确性及算法是保证反演结果准确性的重要影响因素。在约束反演的技术上，进行地震属性提取预测砂体分布提高了储层砂体预测的精准性，为断块开发方案部署起到了指导作用。

参 考 文 献

[1] 裘怿楠，贾爱林. 储层地质模型10年[J]. 石油学报，2000，21(4)：101-104.

[2] 刘建明，徐守余. 河流相储层沉积模式及对剩余油分布的控制[J]. 石油学报，2003，24(1)：58-62.

[3] 孙素琴，杨玉杰，杜伟维. 塔中顺9区块柯坪塔格组下段储集层预测[J]. 新疆石油地质，2012，33(4)：444-446.

[4] 于兴河. 碎屑岩系油气储层沉积学. 第2版[M]. 北京：石油工业出版社，2008.

[5] 张国一，侯加根，刘钰铭等. 大港油田西58-8稀井网区河道砂体预测[J]. 中国石油大学学报：自然科学版，2011，35(1)：7-12.

[6] 张会卿，聂国振，燕云. 基于拓频的地质统计反演技术在马东东地区的应用[J]. 石油地质与工程，2014，28(2)：52-54.

海上中深层油田井震一体化储层预测新方法

江远鹏，张建民，王西杰，郭　诚，岳红林

(中海石油(中国)有限公司天津分公司，天津 300459)

摘　要　渤海油田近年来相继发现一批古近系油气藏，中深层油田储量规模逐步攀升，成为油田增储上产的重要保障，中深层储层预测也成为重要研究方向。本文以渤中 35 油田古近系储层为例，在精细地层格架划分基础上，从叠后地震属性研究入手，优选出与地质认识拟合程度高的上半周面积属性表征储层，并识别出河道主体及边部；针对该油田中深层储层多期河道叠置特点，逐步解剖复合砂体内部单一期次砂体的空间展布特征，有效表征储层非均质性，从而形成了一套适合中深层油田储层精细预测的新方法，并成功应用到油田高效开发实践中。

关键词　井震一体化；轨迹类属性；属性优选；上半周面积；中深层

渤海油田位于渤海海域，区域构造上属于渤海湾盆地的海域部分。经过 40 多年的勘探开发，在古近系中深层储层中获得了丰厚的石油储量[1]，实现此类油藏的高效开发，对于渤海油田上产稳产意义重大。

由于渤海湾复杂的地质油藏条件及海上开发的特殊性，陆上油田密井网、小井距的研究思路和技术路线无法复制到海上油田[2]，复杂中深层油田高效开发技术研究无成熟经验可借鉴。海上中深层储层预测，主要面临以下几方面的挑战：

（1）海上油田探井密度低、井资料相对少，开发井网部署难度大。我国陆上油田的开发井网，是一个不断调整完善的过程，先实施基础井网，在此基础上开展综合地质油藏研究，再确定整体开发井网与加密井网。而海上油田，由于受到高开发成本的制约，致使探井密度低、资料相对少，同时受平台空间、寿命及井槽资源限制，不具备多次调整的条件。要实现油田高效开发，必须加强前期研究，在精细地质油藏认识的基础上部署开发井网。

（2）渤海中深层油田储层埋深一般大于 2500m，地震资料品质差、分辨率低[3]，并且中深层地下地质条件复杂，常规储层预测方法难以满足储层精细描述的需求，目前渤海已开发中深层油田储层预测缺乏经验、研究技术手段较单一，需进一步提高中深层储层预测和描述的精度。

据此，本文以渤中 35 油田为目标油田，针对中深层油田的储层预测及开发难题，探索并创新形成了一套适合海上中深层油田储层定量预测的新方法。

1　研究区地质背景

渤中 35 油田位于渤南低凸起与莱北低凸起之间的渤中 29~35 构造带上。钻井揭示地层自上而下依次为第四系平原组，新近系明化镇组、馆陶组和古近系东营组、沙河街组地层，油田的主要含油层系发育于东营组和沙河街组地层。东营组和沙河街组地层主要发育辫状河三角洲平原和前缘两个亚相，在辫状河三角洲平原上发育辫状河道、废弃河道充填沉积和堤

作者简介：江远鹏(1987—)，男，汉族，硕士，开发地质工程师，2011 年毕业于长江大学矿产普查与勘探专业，现从事开发地质研究工作。E-mail：jiangyp3@cnooc.com.cn

岸沉积；三角洲前缘发育水下分流河道、河口砂坝、滨湖砂坝、前缘席状砂和分流河道间沉积。流体性质中等，地面原油具有轻-中等密度、中等黏度、高凝固点、高含蜡量、胶质沥青质含量中等、含硫量中等的特点；地层原油具有饱和压力低、地饱压差大、溶解气油比中等、原油黏度低等特点，属于正常的温压系统。

2　井震一体化的中深层储层预测技术

针对海上中深层储层预测难点，基于地震资料目标处理进一步强化地震资料的应用，在区域沉积演化研究及高精度层序地层格架划分基础上，通过层位多重精细标定、地震属性优选，实现对储层的精确表征和描述，并且在多期砂体叠置模式的约束和指导下，逐步解剖复合砂体内部的非均质性，创新形成一套适合中深层油田储层预测的新方法。

2.1　基于背景岩性约束下的高频层序单元划分

层序地层学经过了几十年的发展，已经形成了一套完整的理论及应用体系，并被证实是预测储集体的有效方法[4~7]，在油气的勘探开发中发挥重大作用。在层序格架的基础上，利用高精度层序地层学对比的方法，能够很好的解决地震时间界面和沉积单元之间的等时关系，解决利用传统对比手段容易出现的"穿时"问题，实现更加接近真实地层的"等时"划分。

层序界面在地震反射特征、测井曲线、录井、古生物、测试分析等一般都具有典型特征。本文利用高精度层序地层学的划分准则，通过合成地震记录进行井震标定以及测井、录井结合地震综合对比的方法来进行东营组、沙河街组的层序界面的识别与划分。

本文在背景岩性约束下展开多重精细标定，其主要有泥岩标志层标定、沉积现象标定、岩性组合标定、波组特征标定。最终将东营组地层划分出 7 个高频层序单元，储层主要形成于三角洲前缘沉积环境，盖层为前三角洲泥(图 1)。这些高频层序地层格架提供了等时沉积界面，在该格架内展开地震属性及沉积体系分析，提升研究精度。

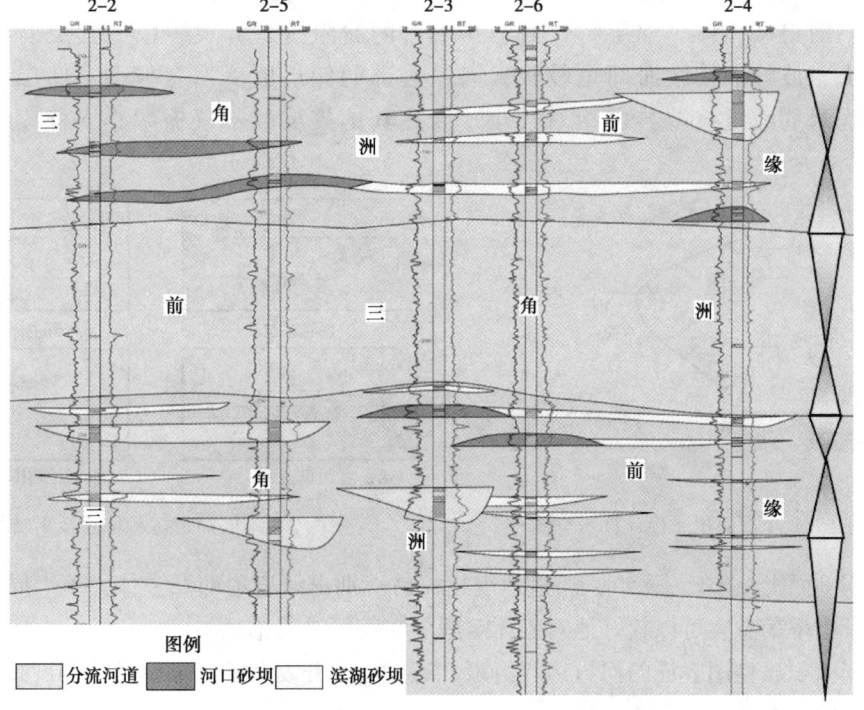

图 1　研究区目的层段层序单元划分

2.2　地震属性优选

原始地震资料中隐含大量的地下地质信息, 对这些隐含的地质信息必须经过一些特殊处理才能显现出来。通过地震属性综合地质信息, 有效的揭示地震资料中的异常信息, 可以从平面判别沉积边界以及储层参数预测, 为地震资料解释提供可靠的证据。虽然从地震数据体上面提取的属性越来越多, 得到的信息量越来越大, 但很多属性都只具有数学上的意义而没有实际的地质意义; 各种参数之间还存在着不同的相关性, 每种地震属性适用的范围也并不一样。因此, 为了能够去除地震属性的冗余度, 提取各种属性中的真实信息、去除外界噪音, 需要对提取的地震属性进行优选[8~10]。

本次研究思路是利用井约束来建立地震属性与储层岩性之间的关系, 优选出对所求解问题最敏感、最有效、最有代表性、属性个数最少的地震属性或地震属性组合。本文通过砂体厚度和属性值交会, 选取出相关系数高的属性作为能表征储层的敏感地震属性, 通过交会轨迹类上半周面积属性与砂体厚度拟合度最高, 实钻储层钻遇率达到 95% 以上, 所以轨迹类属性能够很好地表征储层。

上半周面积属性属于轨迹类属性, 数学意义是上半周期振幅所圈定的梯形面积总和。

$$U_{ar} = \sum_{i=1}^{n} \frac{(T_{i+1} - T_i)(a_{i+1} + a_i)}{2}$$

式中　U_{ar}——上半周面积;

　　　T——持续时间, 与地震频率相关;

　　　a——振幅值, 与地震振幅相关; 故上半周面积属性综合体现振幅与频率属性信息
　　　(图 2)。

通过正演模拟河道不同位置的地震响应特征, 并区分河道主体及河道边部。在河道主体位置, 河道砂体厚、储层物性好、与泥岩的波阻抗差异大, 因此其反射特征不仅是振幅较大、波峰的持续时间也较长; 河道边部的储层厚度发育较薄、储层物性也较差, 其与泥岩的波阻抗差异也相对较小, 因此其地震反射不仅振幅小、持续时间也短(图 3)。

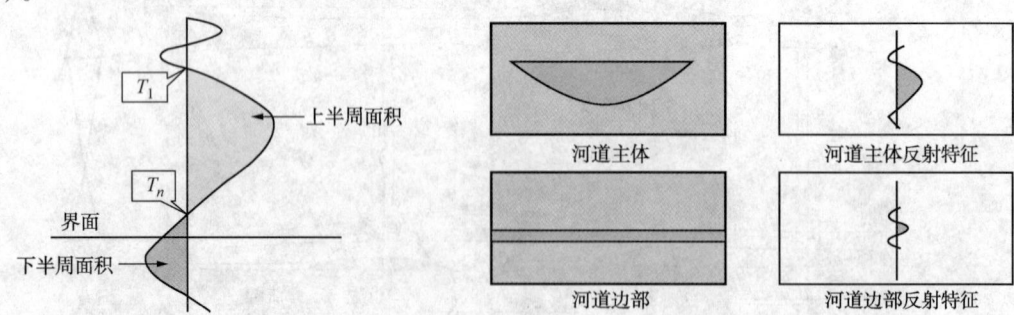

图 2　上半周面积属性计算示意图　　　　图 3　不同河道沉积体系反射特征

在地震剖面上(图 4、图 5), 通过地震相较易识别出河道边部及主体, 上半周面积属性综合振幅及频率信息, 可以较好地对砂体空间展布特征进行描述。

上半周面积属性图表征的河道边界清晰, 通过实钻开发井证实储层预测精度高, 较好的表征了河道的展布特征(图 6)。

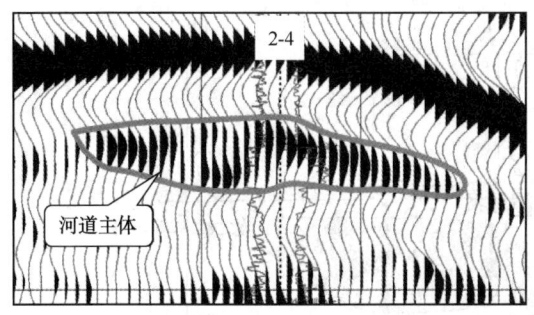

图4 地震剖面上河道主体识别

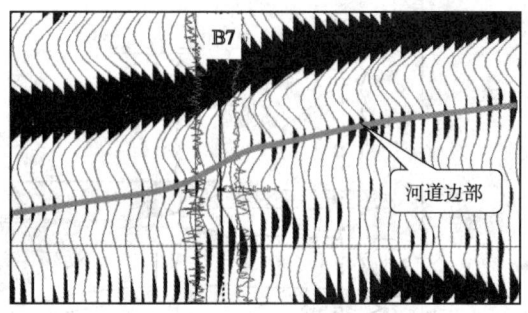

图5 地震剖面上河道边部识别

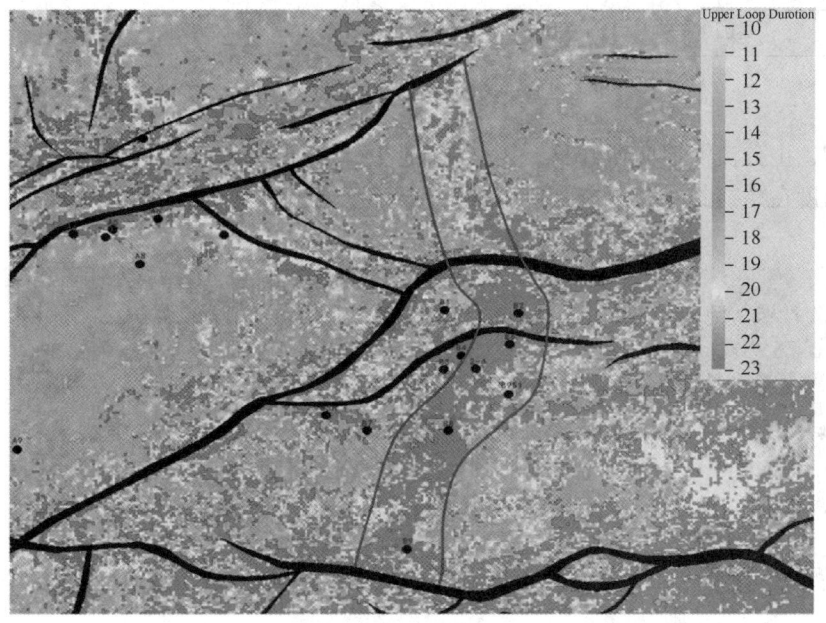

图6 轨迹类属性河道展布刻画

2.3 叠移模式约束的复合砂体储层精细解剖

沉积单元的划分与对比是进行储层研究的基础,按照"旋回对比、分级控制、不同相带区别对待"的原则[11],由于分流河道发生河流的切割冲刷作用,不同相带沉积的砂体厚度不等,所以采用不等厚对比方法进行沉积单元划分,在细分单元的基础上,在垂向上进一步开展期次划分,并识别出单一期次河道砂体。

本文通过以测井曲线形态为基本依据,以不同沉积模式为理论指导,把相互叠置的分流河道厚砂层细分至可追溯的单一分流河道沉积单元,因此垂向上可以将上半周面积属性表征的复合砂体再细分为三期单河道叠置砂体(图7)。

综合测井相研究,在地震属性资料表征基础上,平剖结合,对各期单河道砂体边界和沉积相平面展布特征进行描述。在研究井区范围内第一期主要发育三角洲前缘砂坝沉积,物源方向为近北向,储层厚度较薄,但平面分布稳定;第二期主要发育水下分流河道和前缘砂坝沉积,B2及B9井钻遇主分流河道,河道延伸方向较远;第三期主要发育水下分流河道和前

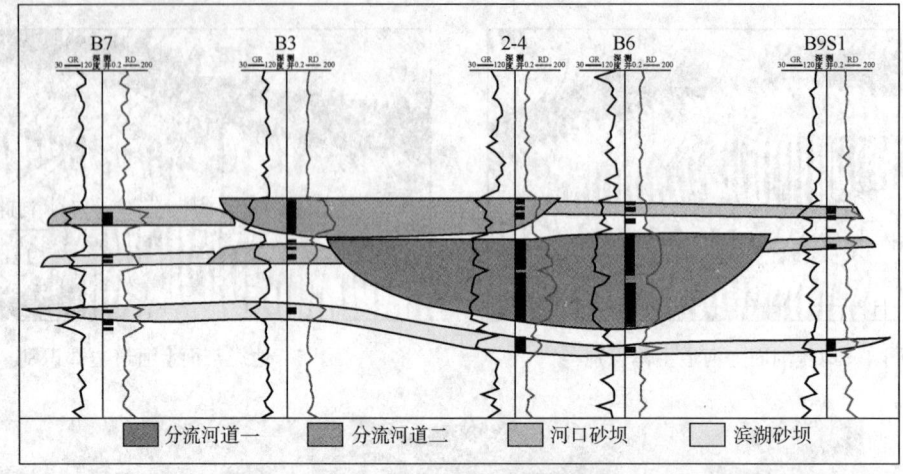

图 7　复合砂体垂向沉积期次划分

缘砂坝沉积，主分流河道向西迁移，B4 井钻遇主分流河道。三期河道在平面上相互叠置，单期河道厚度在 7~12m，宽度在 400~500m，复合河道厚度约 20m，河道宽度为 800m 左右（图 8）。

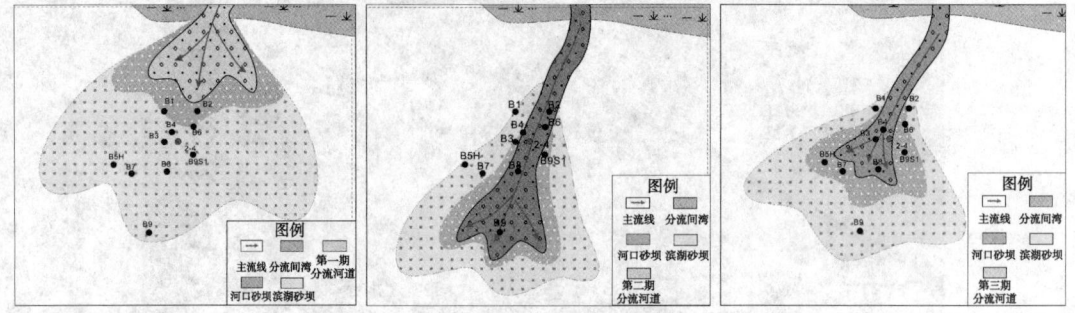

图 8　三期单砂体的平面沉积微相图

基于叠移模式约束的中深层储层精细刻画技术，有效指导渤中 35 油田开发井井位的部署和优化，提高了开发井一次井网注采连通性。

3　结论

针对海上中深层储层预测难题，创新了一套针对性强、适用性好的技术方法，并应用于渤海中深层油田的储层预测，在海上油田低密度探井、疏开发井网的条件下，形成了一套中深层储层预测新方法，有效指导了中深层油田的高效开发。

（1）针对以往中深层储层研究手段单一、储层预测难等问题，探索在地层结构、岩性组合及井震精细标定基础上，对中深层储层进行地震属性优选，研究表明上半周面积属性综合了振幅及频率信息，能够较好的表征中深层储层展布特征，并形成了一套中深层油田储层预测研究新方法。

（2）油田主力油层形成于辫状河三角洲前缘，沉积微相主要以水下分流河道为主，砂体展布特征具有明显的方向性，沉积相带窄且储层横向变化比较明显；因河道迁移频繁，纵向上可进一步细分为三期成因砂体。通过储层精细描述，为中深层油田开发井的高效实施、注采井网的优化部署以及细分层系开发夯实了基础。

参 考 文 献

[1] 田晓平，陈国成，杨庆红，等．渤海海域古近系碎屑岩储层展布定量研究[J]．中国海上油气，2012，24(1)．

[2] 郭太现，杨庆红，黄凯，等．海上河流相油田高效开发技术[J]．石油勘探与开发，2013，40(6)．

[3] 徐长贵，赖维成．渤海古近系中深层储层预测技术及其应用[J]．中国海上油气，2005，17(4)．

[4] 林畅松，张燕梅，刘景彦，等．高精度层序地层学和储层预测[J]．地学前缘，2000，7(3)．

[5] 吴因业，顾家裕，郭彬程，等．油气层序地层学-优质储层分析预测方法[M]．北京：石油工业出版社，2015．

[6] 项华，徐长贵．渤海海域古近系隐蔽油气藏层序地层学特征[J]．石油学报，2006，27(2)．

[7] 杨波．渤中凹陷北坡古近系层序地层与岩性圈闭预测[D]．北京：中国石油大学地质工程系，2009．

[8] 陆基孟．地震勘探原理[M]．山东：中国石油大学出版社，2006．

[9] 季敏，王尚旭，陈双全．地震属性优选在油田开发中的应用[J]．石油地球物理物探，2006，41(2)．

[10] 王彦仓，秦凤启，杜维良，等．地震属性优选、融合探讨[J]．中国石油勘探，2013，18(6)．

[11] 刘波，赵翰卿，于会宇．储集层的两种精细对比方法讨论[J]．石油勘探与开发，2000，27(6)．

开窗一体式斜向器及通刮一体式工具在大 31-侧斜 18 井的应用

李 宁

（胜利石油工程有限公司井下作业公司，山东东营 257000）

摘 要 开窗侧钻技术是降低钻井成本投入，增加采出产量的常用有效措施。而目前胜利油田的侧钻井施工已经形成一套很规范的流程，在工艺上基本已经无法改进，只有在工具上进行改进，从而缩减侧钻井施工的成本。针对侧钻井实施过程中用于前期处理井筒及开窗的常规工具因施工工序多影响侧钻井时效与施工成本问题，大 31-侧斜 18 井施工时试验开窗一体式斜向器及通刮一体化工具。这两种工具使用中的优缺点及改进地方在本文中进行整理。

关键词 侧钻；开窗工具；通刮一体工具；斜向器

1 技术分析

1.1 工具结构

开窗一体式斜向器主要由分段式铣锥、连通管、斜面部分、封隔器部分、保护套部分组成（图1）。

通刮一体工具主要由刮削器部分、通井规部分组成（图2）。

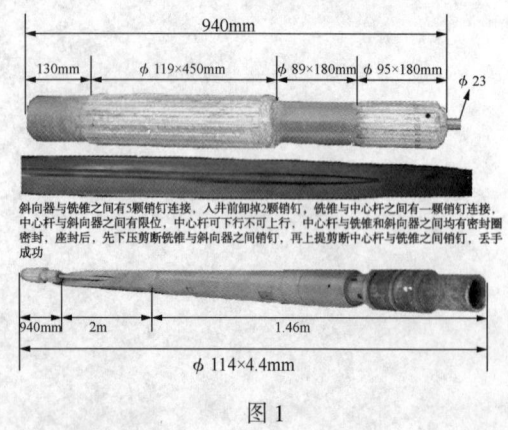

斜向器与铣锥之间有5颗销钉连接，入井前卸掉2颗销钉，铣锥与中心杆之间有一颗销钉连接，中心杆与斜向器之间有限位，中心杆可下不可上行，中心杆与铣锥和斜向器之间均有密封圈密封，座封后，先下压剪断铣锥与斜向器之间销钉，再上提剪断中心杆与铣锥之间销钉，丢手成功

图 1

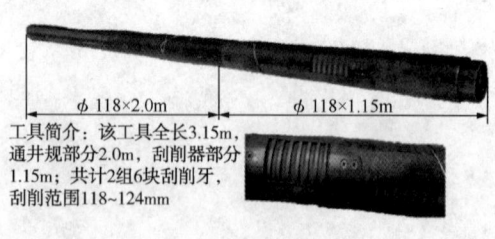

工具简介：该工具全长3.15m，通井规部分2.0m，刮削器部分1.15m；共计2组6块刮削牙，刮削范围118~124mm

图 2

1.2 工作原理

通刮一体工具：该工具根据设计需要，选择合适的尺寸，下至通井深度，开泵循环正常后，投入配套金属球，当金属球进入工具内球座后，循环通道堵死，这时泵压升高，当达到

作者简介：李宁（1987—），男，汉族，工程师，2010 年毕业于东北石油大学石油工程，现从事油水井大修及侧钻工作。E-mail：289815956@qq.com

刮削器销钉剪断压力时，销钉剪断，刮削器牙张开，上提钻具对设计位置进行刮削。这样达到通井刮削一趟钻具完成。

开窗一体式斜向器：该工具下到预定位置后，直接开泵憋压，使工具上下活塞同时移动，推动卡瓦牙直径增大，直至与套管内部接触，泵压升高至设计压力，现场连续憋压 3 次以上，这时卡瓦牙与套管内壁卡死，保证一体式斜向器完全做挂在套管内壁上，同时在该工具坐封的过程中，下面封隔器胶皮部分也工作，胶皮扩张与套管实现密封。上提下放 50kN 检查坐封是否成功，成功后，下压 150kN 剪短销钉，铣锥和斜向器本体脱开；再上提 80kN 剪断销钉，铣锥和中心杆脱开。开泵循环可进行开窗作业。

分段式铣锥其设计原理：前段 $\phi 95 \times 180mm$ 段用来开出套管以及磨掉中心杆剩余部分，后段 $\phi 119 \times 450mm$ 部分用来扩大窗口，中间 $\phi 89 \times 180mm$ 部分只起承接作用。

2　现场使用情况

2.1　通井规使用

大 31-侧斜 18 井设计通井深度 1270m，刮削 1070~1270m，该工具下入深度 1270m 后，开泵循环畅通，泵压 1MPa，投球，待球入座后，正打压 5MPa，后迅速泄压至 1MPa，刮削器张开，上提钻具对 1070~1270m 范围反复刮削 3 次，起出工具，其刮削器有 2 个牙未张开，张开牙后其刮削范围最大 124mm，刮削效果不好(图 3)。

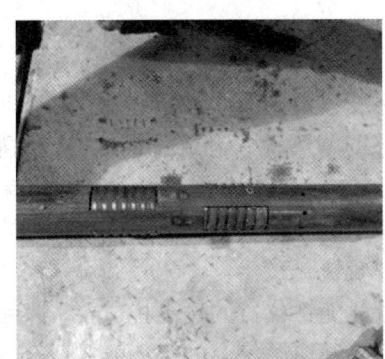

图 3　起出工具情况

2.2　开窗一体式斜向器的使用

斜向器坐封：大 31-侧斜 18 井下入一体式斜向器，调整上斜面为设计深度 1170.6m，正打压 25MPa 三次坐挂斜向器，上提下放悬重保持原悬重 240kN 没有变化，斜向器坐挂未成功，厂家询问该公司专家，决定增大正打压压力至 27MPa，反复打压后上提下放显示坐挂成功；下压 200kN 至才将铣锥与斜向器之间的销钉剪短，比设计剪切吨位增加 50kN；上提 60kN 至悬重 300kN，剪断中心杆与铣锥之间的销钉，丢手成功，比设计剪切吨位小 20kN。

铣锥开窗：丢手成功后，开泵替泥浆进行开窗作业，该井自 8 月 15 日 17:00 开始开窗，初始钻压为 5kN，至 16 日 8:00 开窗井段 1170.9~1172.1m，进尺 1.2m，期间泵压自 11MPa 升至 18MPa，间歇出现憋泵现象，至 10:00 开窗基本无进尺，现场分析铣锥出现问题，可能中间 89mm×180mm 部分在前段开出窗口后一直骑在窗口位置，窗口一直磨损中间部分，进尺缓慢，长时间在窗口磨铣可造成铣锥磨断，造成严重工程事故。起钻更换老式铣锥开窗，起出分段式铣锥，检查铣锥中间段磨损严重(图 4)。改为老式铣锥仅用 9.5h 就开窗及修窗完毕。

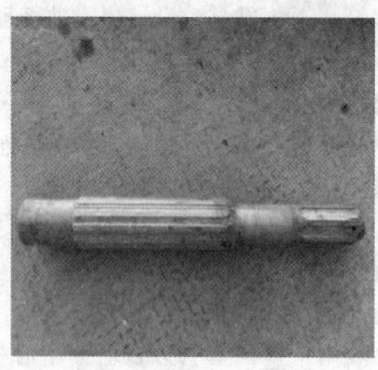

图4　铣锥中间段磨损情况

3　关键技术及结构的需完善部分

针对该一体式斜向器及通刮一体工具在本井的使用工程中存在的问题及工具的薄弱环节，提高工具的使用效率及成功率，有如下意见。

3.1　连接销钉的剪切力及销钉的合理配备

根据使用地区的开窗点深度，使用钻具的悬重，设计合理的剪切销钉材质和剪切力，这样能保证不因钻具重量过大造成销钉意外剪短，也不因销钉剪切力过大导致剪切泵压过高，或造成剪切失败。

3.2　合理设计铣锥的构造

衡量铣锥好坏的主要技术指标就是磨铣的速度，窗口的效果。铣锥在开窗时，要承受斜向器及套管对其磨损，因此磨铣的材料要有足够的耐磨性，老式铣锥的磨铣材料就很合理，建议将分段式铣锥该为老式铣锥样式，取消其分段样式，选择中心管直接连接斜向器的方式。铣锥最好能改变其合金块的排列方式，由原来的竖排，改为左螺旋结构形式，这样能连续接触斜向器及套管，开窗时更平稳，切削速度较快。

通常情况下，开窗完成后，为避免老井套管对随钻仪器的磁干扰，要下入钻具试钻15m左右。所以我设想，能否设计合理的铣锥，使其除开窗及修窗外，还能在适合的地层，钻进至试钻的深度，这样又能减少一趟起下钻。

3.3　通刮一体式工具的改善及现场应用情况

该井使用的通刮一体工具长3.15m，剪切力设计也不合理，根据后期9口井使用工艺所的通刮一体工具，其工具长度仅1.3m，即去掉该井工具通井规部分，剪切力在5~7MPa，卡瓦牙可以稳定的全部张开，张开后最大刮削范围128mm，刮削效果也有所增强，平均每口井减少施工周期8~12h。

4　结论

(1)一体式开窗工具是随着侧钻井技术不断创新而发张起来的一项新技术，工具更加完善后，可明显减少起下钻更换工具的次数，缩短施工周期，降低钻井成本。

(2)通刮一体化工具的应用，目前技术很成熟，可根据不同尺寸的套管选择工具，在油田修井行业中可大范围推广，缩短施工周期，降低施工成本。

吞吐稠油区块油井套管损坏机理研究

刘 影，周 旭，杨晓强

（中油辽河油田公司欢喜岭采油厂，辽宁盘锦 124114）

摘 要 油井套管损坏问题是世界范围亟待解决的问题，世界各油田都不同程度的发生了套管损坏。油、水井套管管材的机械性能不同，几何参数不同，在井下的腐蚀程度不同，它的承载能力也不同。在油田生产过程中，由于高压注水、高温注汽、泥岩膨胀、地质因素、生产动态变化等因素对套管产生的载荷超过套管承载能力时，套管则产生变形、破裂、错断等特点的破坏，即套管损坏。本文对欢喜岭油田稠油油井套管损坏机理进行研究，提出防治方法。

关键词 套管损坏；轴向力；外挤力；稠油

欢喜岭油田稠油区块套变部位集中在生产井段和生产井段之上，是长期热应力作用套管的结果，同时油井套变发生在多轮次吞吐周期以后，在长期频繁热应力作用下，水泥环胶结疏松，造成套管损坏变形，因此，需要对套管损坏机理进行研究，寻找有效防治方法。

1 开发简况

欢喜岭油田（东）吞吐稠油目前主要开发单元有齐108块和欢127块等8个区块，探明含油面积21.22km²，石油地质储量7526.08×10⁴t。动用含油面积11.68km²，动用石油地质储量5211.88×10⁴t。欢东稠油构造位置均位于欢喜岭油田上台阶，相对高垒带和下台阶含油层系较少，主要发育莲花油层、大凌河油层、兴隆台油层及馆陶组油层4套含油层系。油藏以中深层稠油油藏为主，其中72.8%储量油藏埋深在600~900m。油藏类型丰富，有层状边水油藏、块状底水油藏、油水互层状油藏等多种类型，油水关系复杂。

稠油欢17块于1984年最早投入开发，1989~1991年欢127和齐108先后投入开发，之后在100×10⁴t左右稳产6年，经历了4年的快速递减，目前吞吐稠油处于缓慢递减阶段。

稠油目前总井数1006口，开井395口，日产液5755t，日产油588t，采油速度0.41%，采出程度26.5%，累积油汽比0.49。

2 热采井套管损坏原因

造成套管损害的原因有许多种，在大多数情况下是若干个因素综合作用的结果。由于地层情况复杂，从理论上对诸因素作出定量评价比较困难。通过对欢喜岭油田套损井资料的统计分析，可将该套损原因概括为8个方面：①蒸汽吞吐对套管强度的影响；②封隔器卡封部位易套损；③油井出砂量大，尤其是坍塌性出砂损坏；④完井质量影响套管寿命；⑤氮气隔热井补氮不连续，造成套变、套损；⑥油井井斜或全角变化率大的井段易套变、套损；⑦固井质量差，注汽后易发生套变、套损；⑧套管材质及加工制造质量问题造成套管早期

作者简介：刘影（1973—），女，高级工程师，1996年毕业于大庆石油学院石油地质专业，现从事石油地质工作。E-mail：liuying9970@sina.com

损坏[1,2]。

3　热采井套管损坏机理研究

3.1　轴向力的计算及分析

注汽井所受的轴向力主要由三部分组成：套管本身的自重引起的拉应力、注汽使套管温度变化引起的附加拉应力、砂岩吸水膨胀引起的附加拉应力。

3.1.1　套管本身能够承受的轴向力

套管本身能够承受的轴向拉力即管体材料在该温度下的的最小屈服强度（Y_p），由实验或各种岩石的弹性模量和泊松比获得。当套管受到的轴向拉力大于套管本身的能够承受的轴向拉力时，套管就会在轴向力的作用下破坏。

即：$Y_p > T_b'$　则套管完好；$Y_p < T_b'$ 则套管在轴向力的作用下损坏。

3.1.2　套管实际受的轴向力

（1）下部自身重力引起的轴向应力

$$T_b = q \int_z^l dz$$

式中，z 为所计算处套管的深度，m；T_b 为套管自重产生的轴向力，kg；q 为套管名义单位平均重量，kg/m；l 为套管长度（井深），m。

把 T_b 的单位化为 kPa：

$$t_b = (9.8 \times 0.001 \times T_b) \div [(\pi/4) \times (D^2 - d^2)]$$

式中，t_b 为套管自重引起的轴向应力，kPa；D、d 分别为套管的外直径和内直径，m。

（2）温度变化引起的轴向力

为了满足采油工艺的需要，在稠油开采的井，通常采用间隔或长期注热蒸汽来提高单井产量。因而会带来套管温度的变化，从而导致套管柱的伸长，由于套管两端固定，不让其伸长，则温度引起的套管的附加轴向力可用虎克定律求得。

$$\sigma = \alpha \times \Delta t \times E$$

式中，σ 为温度变化引起的附加拉应力，kPa；α 为套管材料的膨胀系数，1/℃；Δt 为注汽引起套管温度的变化，℃；E 为套管的弹性模量，kPa。

（3）砂岩膨胀引起套管承受附加拉应力

在高压下岩石骨架膨胀，在水泥环胶结良好时，穿过该油层的套管随之伸长，因而对套管产生了较大的附加拉应力。近似认为套管伸长量等于岩石的厚度变化，根据材料力学理论，可求出对应的拉应力 σ。

砂岩引起的附加拉应力作用在注汽井套管上和作用在注液井套管上的大小是一样的，即

$$\sigma = C_f \times (p_1 - p_i) \times E / (1 + \Phi)$$

式中，C_f 为砂岩的体积压缩系数，1/MPa；p_1 为砂岩吸水后孔隙压力，MPa；p_i 为砂岩原始地层压力，MPa；E 为套管钢材杨氏模量，MPa。

考虑最危险的情况，套管实际受的拉应力 T_b' 为：

$$T_b' = t_b + \sigma$$

3.2　内压力的计算及分析

3.2.1　套管有效内压力的计算

注汽井的套管实际受到的内压力应当是井口注入压力和汽柱产生的压力之和，由于汽柱

产生的压力很小，所以忽略汽柱所产生的压力，则套管实际所受的内压力就等于井口的注入压力[3]。套管实际所受到的内压力（P'）= 井口注入压力（P_i）。

3.2.2 套管的三轴抗内压强度

根据套管的三轴应力设计方法，作用在套管上的轴向力将会影响到套管的抗内压强度，套管的三轴抗内压强度为

$$P'_{ba} = P_{bo} \times \left[\frac{a^2}{\sqrt{3b^4 + a^4}} \times \left(\frac{T_{b'}}{Y_p} \right) + \sqrt{1 - \frac{3b^4}{3b^4 + a^4} \times \left(\frac{T'_b}{Y_p} \right)^2} \right]$$

式中，P'_{ba} 为套管三轴抗内压强度，kPa；P_{bo} 为套管 API 抗内压强度，kPa；T'_b 为套管所受的轴向拉应力，kPa；Y_p 为套管材料的最小屈服强度，kPa；a 为套管的内半径，m；b 为套管的外半径，m。

如果套管实际所受到的内压力大于套管的三轴抗内压强度，那么套管将会在内压力的作用下损坏。即 $P'_{ba} < P'$ 则套管在内压力的作用下损坏；$P'_{ba} > P'$ 则套管完好。

3.3 外挤力的计算及分析

3.3.1 套管本身能够承受的外挤力

按照受力形式的不同，将外挤力分为均匀外载和非均匀外载[4]。

（1）均匀外载

根据套管的三轴应力设计方法，套管受的轴向力和内压力将会影响套管的抗外挤强度。

套管三轴抗外挤强度：

$$P'_{ca} = P_{co} \times \left[\sqrt{1 - 0.75 \times (P' + T'_b)^2 \div (Y_p^2)} - 0.5 \times (P' + T'_b)/Y_p \right]$$

式中，P'_{ca} 为套管三轴抗外挤强度，kPa；P_{co} 为套管 API 抗挤强度，kPa；P' 为套管所受的内压力，kPa；T'_b 为套管所受的轴向力，kPa。

（2）非均匀外载

由于受力形式的不同，套管在承受非均匀外挤力的时候，其抗外挤强度将会降低 $1.5/(D/t-1)$ 倍。

套管抗外挤强度（$P_{cas'}$）：

$$P_{ca'} = P_{co} \times \left[\sqrt{1 - 0.75 \times (P' + T_{b'})^2 \div (Y_p^2)} - 0.5 \times (P' + T_{b'})/Y_p \right]$$

$$P_{cas'} = P_{ca'} \times 1.5/(D/t-1)$$

式中，$P_{cas'}$ 为套管抗外挤强度，kPa；t 为套管壁厚，m；D 为套管外直径，m。

3.3.2 套管实际所受的外挤力

根据伯格物理模型和粘弹性模型的本构关系可得套管外壁上的压力解。

$$P_{p'} = P_o \times \left[1 - \left(M - \frac{1}{\lambda_1 + G_1} \right) \div \left(M + \frac{1}{G_2} \right) \right]$$

式中，$P_{p'}$ 为套管实际承受的外挤力，kPa；P_o 为地应力，kPa；

$$M = \frac{1}{b^2 - a^2} \times \left(\frac{b^2}{\lambda_1 + G_1} + \frac{a^2}{G_1} \right)$$

λ_1 为套管的拉梅系数，$\lambda_1 = \dfrac{2 \times G_1 \times \mu_1}{1 - 2\mu_1}$；$a$、$b$ 分别为套管的内外半径，m；G_1 为套管的剪切模量，kPa；G_2 为地层岩石的剪切模量，kPa；μ_1 为套管的泊松比。

如果套管实际所受的外挤力（$P_{p'}$）大于套管本身能够承受的外挤力，则套管损坏。即：均匀外载 $P_{p'}>P_{ca}$ 则套管在外挤力的作用下破坏；非均匀外载 $P_{p'}>P_{cas}$ 则套管在非均匀外挤力的作用下破坏[5]。

稠油热采井套管损坏机理研究，认为热采井套管损坏是因轴向热胀应力过高引起的，因此，轴向热胀应力不得超过管材屈服极限，并以此作为设计准则。如果这一要求得不到满足，则应更换管材，或采用隔热技术以及预拉技术，以降低轴向应力。

4 结论

（1）从分析来看，地质因素是套管损坏的主要因素，包括构造应力、层间滑动、蠕变、地层塑性流变等。

（2）注蒸汽也是引起套管损坏的主要因素，注汽压力是套管损坏的直接动力，注汽压力与套损具有显著关系。因此，应该研制高强度套管，壁厚在 9~11mm 左右，以适应超稠油油藏开发要求。

（3）套管损坏多发生在泥岩和砂岩的交界面处。随着注汽压力的升高，套管损坏数量增加。研制新型耐高温固井水泥及添加剂、膨胀剂，保证稠油油井多周期注汽后，水泥环胶结良好，防止套管变形及管外窜槽。

参 考 文 献

[1] 贾选红，刘玉. 辽河油田稠油井套管损坏原因分析与治理措施[J]. 特种油气藏，2003.
[2] 王仲茂，卢万恒，胡江明. 油田油水井套管损坏的机理及防治[M]. 石油工业出版社，1994.
[3] 胡博仲. 油水井大修工艺技术[M]. 北京：石油工业出版社，1998.
[4] 孟祥玉，等. 胜利油田套管损坏的现状及建设[J]. 石油钻采工艺，1994，16(2)：10-14.

重力泄水辅助蒸汽驱助力稠油老区二次开发

段强国

（中油辽河油田公司欢喜岭采油厂，辽宁盘锦 124100）

摘　要　面对复杂、多样的稠油油藏条件，经过多年蒸汽吞吐开发后，生产矛盾日益突出，单一的开发方式难以满足生产上的实际需要，重力泄水辅助蒸汽驱作为一种复合技术，不仅弥补了蒸汽驱在水淹油藏中蒸汽热利用率低的问题，同时还采用直井与水平井组合立体式井网开发模式，不但利于排水降压，同时可以促进汽腔的均匀扩展，大大提高蒸汽波及体积以及储量动用程度，有效助力稠油老区二次开发，最终达到提高采收率的目的。总之，重力泄水辅助蒸汽驱不仅是一种技术上的创新，更是一种思维上的突破，打破了原开发认识上的禁区，突破了稠油开发技术下限，拓宽了提高采收率空间。

关键词　稠油；重力泄水；蒸汽驱；开发技术

某区块某油层 1990 年投入开发，截至 2012 年年底，油井 210 口，开井 51 口，日产液 875t，日产油 58t，综合含水 93.4%，采出程度 30.8%，已经进入吞吐开发后期，常规蒸汽吞吐已经不能满足油井生产的需要，继续吞吐的潜力小，需要转换开发方式，通过转换开发方式改善生产效果，实现蒸汽驱规模产量的接替。

为此，根据蒸汽驱筛选标准和区块油藏特点，2012 年底在某区块实施重力泄水辅助蒸汽驱试验开发技术研究，采用水平井-直井立体井网，以水平井为主体构建蒸汽驱井网，水平井设计在油层中部，井组 3 口水平井，中间水平井注汽，两侧水平井采油，水平井井间直井排水降压。某区块自实施重力泄水辅助蒸汽驱试验以来，年产油明显上升，开发效果得到明显改善[1,2]。

1　区块概况

该区块油层是冲积扇直接进入湖盆后形成的一种特殊的三角洲沉积体。储层纵向上为一套砂泥岩互层沉积，岩石主要为粉砂岩，细砂岩、不等粒砂岩。胶结类型主要为接触-孔隙式，以大孔隙喉不均匀型为主，储层为高孔隙度，高渗透型，孔隙度为 33.5%，渗透率为 1.5961μm^2。

油藏属于层状构造边水稠油油藏，原油密度 0.9873g/cm^3，50℃脱气原油黏度为 3650~6205mPa·s。

地层水为 NaHCO$_3$ 型，总矿化度为 2322mg/L，K$^+$+Na$^+$ 为 656.9mg/L，Cl$^-$ 为 500mg/L，HCO$_3^-$ 为 1089.4mg/L。

该区块油层为统一的压力系统，油层中深 -750m，折算油层原始压力为 7.8MPa，压力系数为 1.04。依据区块油井井温曲线和实测温度资料表明，地层温度 35.9~38.3℃，温度

作者简介：段强国，男，1986 年 2 月出生，2013 年 7 月毕业于东北石油大学油气田开发工程专业，硕士学位，助理工程师，主要从事稠油动态开发研究工作。E-mail：1876947447@qq.com

梯度 3.54~3.56℃/100m。

2 区块开发面临问题

2.1 油井井况差，油井利用率低

油井经过多轮吞吐注汽后，受高温蒸汽影响，油井井况逐年变差，该块井况差油井 235 口，严重影响油井的正常生产和挖潜措施的顺利实施。区块套变、落物和管外窜槽出水井共计 185 口，占油井总数的 88.1%。

2.2 油井水淹严重

油井水淹是影响区块生产的首要问题。区块水淹有三种形式，x_1 油层组主要为顶水下窜为主，边部地区存在边水水淹现象；x_2 油层组主要为顶底水管外窜槽水淹；x_3 油层组底水发育，主要受底水水淹影响。

2.3 继续吞吐开发经济效益差、潜力小

该区块蒸汽吞吐预测采收率为 33.3%，目前采出程度为 30.8%，剩余可采储量仅 22.2×10^4t，已经进入吞吐开发后期。同时受水淹影响，油井普遍高液量、高含水，目前平均单井日产液 21.2t，日产油仅 1.4t，区块继续吞吐开发，只会濒临废弃，无法实现持续稳产，更无经济效益，因此区块转换开发方式势在必行，如图 1 所示。

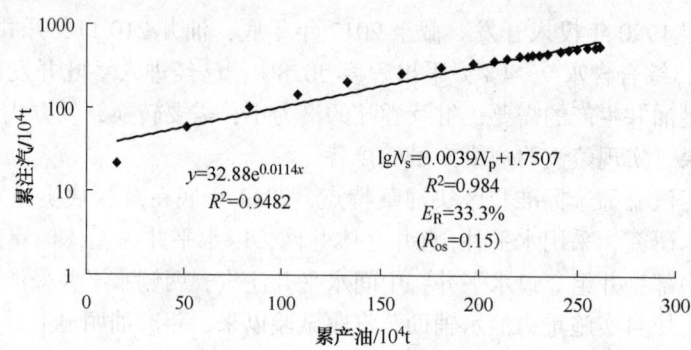

图 1　某区块某油层注采特征曲线图

3 重力泄水辅助蒸汽驱开发技术研究

3.1 区块转换开发方式研究

该区块地质储量 888.5×10^4t，目前采出程度 30.8%，吞吐开发方式下剩余可采储量仅为 22.2×10^4t，吞吐油汽比仅为 0.13，急需转变开发方式，因此进行转换开发方式潜力分析。

根据国内外提出的蒸汽驱筛选标准，结合区块该油层的油藏参数，主要参数均比较适合蒸汽驱的筛选标准，见表 1。

3.2 重力泄水辅助蒸汽驱理论研究

重力泄水辅助蒸汽驱采用直井-水平井组合开发模式，主要是利用位于上部的水平井在注汽过程中加热油层，降低原油黏度，形成蒸汽平面驱替，并将原油驱替至采油水平井，而油层下部冷凝液受重力作用下沉，由排水井及时产出，从而疏通油流通道，提高重力泄水辅助蒸汽驱井组的采注比，实现排水降压，促进蒸汽腔的形成，提高蒸汽波及体积，达到最终提高采收率的目的，见图 2。

表1　蒸汽驱筛选标准表

油藏参数	蒸汽驱入选要求			某区块某油层
	Ⅰ类	Ⅱ类	Ⅲ类	
孔隙度(小数)	≥0.20			0.335
转驱前含油饱和度(小数)	≥0.45			0.47
渗透率/$10^{-3}\mu m^2$	≥200			1596
油层有效厚度/m	7~60			21
净总厚度比(小数)	>0.4	>0.3	>0.25	0.85
地层温度下脱气油黏度/(mPa·s)	<10000			4975
油层深度/m	≤1400	≤1600	≤1800	800
渗透率变异系数(小数)	<0.7	<0.8	<0.9	0.68
边底水体积大小	<2倍油区体积			1.63

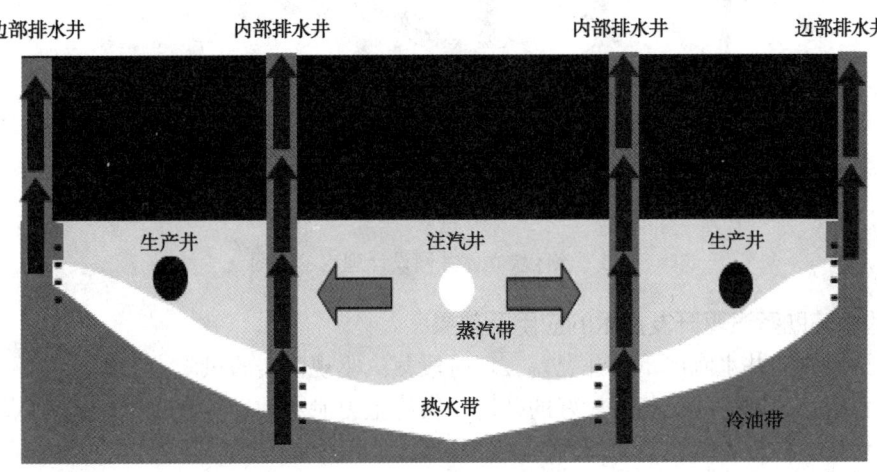

图2　该区块重力泄水辅助蒸汽驱立体井网设计图

3.3　重力泄水辅助蒸汽驱井网优化设计

为了解决该区块稠油油藏采用常规面积井网结构开发中的"瓶颈"问题，提出一种采用生产直井与水平井组合的立体井网开发模式，提升排水降压效果，提高蒸汽波及体积，最终实现提高采收率[3,4]，井网设计如下：

（1）将水平井设计在油层中部，中间水平井注汽，两侧水平井采油，同时采用直井泄水，内部泄水井生产油层下部，实现重力泄水，边部泄水井生产井段与水平井平行，实现排水降压，构成水平井-直井立体井网；

（2）采油水平井和注汽水平井的水平段长度在150~200m；

（3）采油水平井与注汽水平井之间的水平距离80~100m，纵向处于同一个层面，采油水平井与采油水平井之间的水平距离为160~200m；

（4）内部泄水井布置在注汽水平井与采油水平井中间位置，内部泄水井之间的平面距离在50~70m之间；

（5）边部泄水井位于采油水平井外侧，距离采油水平井的平面距离在40~60m；边部泄

水井之间的平面距离在 60~80 之间;

（6）泄水井射孔井段的设置：内部泄水井与边部泄水井射孔位置不同，边部泄水井射孔位置对应注汽水平井；内部泄水井对应采油水平井下部 3~8m；充分发挥泄水的作用，促进汽腔的形成;

（7）内部泄水井与边部泄水井的井数，可以随着采油水平井与注汽水平井的水平段长度做适当调整，见图 3。

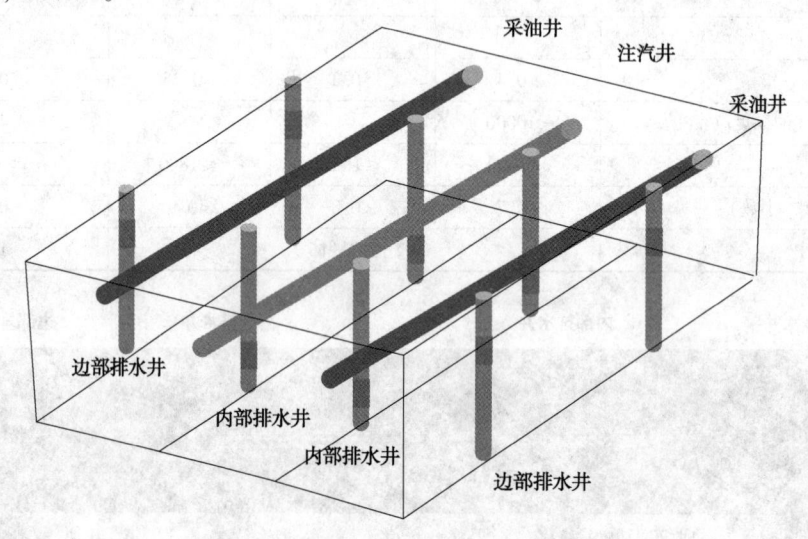

图3　该区块立体井网设计理论示意图

4　重力泄水辅助蒸汽驱开发技术的应用及效果

由于该区块油井水淹严重，井况差，现阶段蒸汽驱规模实施风险大，因此需要在区块优选油层发育好、井网、井况相对较好的井区先实施重力泄水辅助蒸汽驱试验，为区块转换开发方式进行技术积累[5]。

4.1　实施原则

（1）依据目前现有层系划分结果确定蒸汽驱开发层系，蒸汽驱目的层为 x_2 油层，采用一套层系进行蒸汽驱开发;

（2）确定蒸汽驱井网。由于区块油井井况差，多管外窜槽出水，考虑到老井网无法满足蒸汽驱生产需要，重新部署水平井井网进行蒸汽驱，对直井井网进行大修修复，依据立体井网理论研究，实施重力泄水辅助蒸汽驱;

（3）注采参数设计以齐 40 块蒸汽驱的参数为依据，实现最大化波及体积，合理设计注汽参数。

4.2　井网井距确定

试验井区为 83m 井距加密井网，由于直井井况差，无法满足蒸汽驱需要。在井间部署 3 口水平井，采用直井与水平井组合立体井网开发模式，利用水平井井网蒸汽驱，对直井进行大修修复后排水泄压，保障水平井蒸汽驱效果。立体井网的优势，水平井注汽，汽腔均匀；水平井采油，注采对应；内部排水井，生产下部油层，实现重力泄水；外部排水井，生产上部油层，实现排水降压，有利于蒸汽腔的扩展。利用蒸汽超覆特性，结合试验区构造发育特征，构造低部位水平井，距离注汽井井距 75m，构造高部位水平井，距离注汽井井距 100m。

4.3 效果分析

（1）区块产量明显上升

该区块自 2012 年底实施重力泄水辅助蒸汽驱试验，年产油明显上升，2014 年年产油比 2012 年上升 $1.8×10^4$t，阶段累产油 $7.8×10^4$t，油汽比由试验实施前的 0.13 上升到 0.16，开发效果较好。

（2）温场、压力场逐渐形成

3 个水平井重力泄水辅助蒸汽驱试验井组阶段采注比 1.81，注入 PV 数 0.27，地层压力下降 1.9MPa，温度场逐步建立，受地层压力较高影响，地层温度未达到汽化临界温度，试验井组处于热连通阶段，仍需要继续排水降压。

5 结论

重力泄水辅助蒸汽驱开发技术采用直井-水平井组合立体井网开发模式，成功解决了稠油吞吐开发后期面临的低产油量、低油汽比等诸多难题，作为一种复合技术，弥补了蒸汽驱在水淹油藏中蒸汽热利用率低的问题，促进排水降压，汽腔快速形成，提高蒸汽波及体积以及储量动用程度，最终达到提高采收率的目的。

参 考 文 献

[1] 任芳祥，孙洪军，户昶昊. 辽河油田稠油开发技术与实践[J]. 特种油气藏. 2012(01)：18-19.

[2] 任芳祥，周鹰，孙洪安，等. 深层巨厚稠油油藏立体井网蒸汽驱机理初探[J]. 特种油气藏. 2011(06)：52-53.

[3] 杨立强，陈月明，王宏远，等. 超稠油直井-水平井组合蒸汽辅助重力泄油物理和数值模拟[J]. 中国石油大学学报：自然科学版. 2007(04)：45-47.

[4] 李伟. 胜利稠油蒸汽驱开发现状及主要影响因素[J]. 中国石油大学胜利学院学报. 2015(03)：78-79.

[5] 沈闽. 稠油蒸汽驱热效率影响因素分析[J]. 中国石油和化工标准与质量. 2014(01)：55-56.

水平井产液剖面建立方法研究及应用

魏朋朋

（大港油田勘探开发研究院，天津 300280）

摘　要　针对复杂断块油藏水平井内部动用不均的问题，利用数值模拟方法开展了水平井产液剖面研究，通过研究均质油藏和非均质油藏水平井产液剖面，解剖了水平井水平段内部动用规律，指出复杂断块油藏水平井产液剖面受储层非均质性、井身轨迹影响较大，水平井水平段设计与储层、油藏必须相匹配才能获得较好的开发效果。利用本方法可以获得不同生产时刻水平井水平段沿程产液及压力数据，建立水平井动态产液剖面，为水平井优化设计、水平井措施实施与调整可提供指导依据。

关键词　水平井；非均质油藏；数值模拟；多段井模型；产液剖面

水平井以其泄油面积大、渗流阻力小、可大幅度提高单井产量的优势广泛应用于油田开发。但是在开发过程中，由于受到储层非均质性等因素的影响，水驱油过程中存在突进现象，造成水平井内部动用程度不均，严重影响了水平井开发效果及经济效益[1]。因次开展了本次研究，建立水平井产液剖面，确定出水点，对于解决水平井生产面临的实际问题具有重要的指导意义。

本次研究以 ZH 断块 Ng 油组底水油藏为例，利用 Eclipse 油藏数值模拟软件多段井模型精确模拟水平井生产情况并建立产液剖面。

1　研究区概况

ZH 断块 Ng 油组为水平井开发的强底水油藏，低幅度背斜构造，油藏埋深为 1250～1280m，非均质性强。水平段长度为 450～950m，采用天然底水驱生产，底水锥进现象明显，见水后含水迅速上升，采出程度低。

2　模型建立

2.1　精细三维地质模型建立

采用地震资料、测井资料和地质分析成果协同应用，运用砂控建模技术建立高精度三维地质模型[2]。采用砂控约束条件下多参数协同建模利于发挥地质约束作用，在构造建模的基础上建立砂泥岩相模型，然后在砂相控制下进行储层物性模拟，最终得到能够符合油藏真实情况的精细三维地质模型。模型平面步长：20m×20m，纵向步长：0.4～0.5m，模型网格节点：415×197×81＝6622155 个。

2.2　精细数值模型建立

针对油藏特点对模型网格进行选择性粗化[3]，合并泥岩段，砂岩段保持建模精度，保持模型原有精度的同时，突出隔夹层的作用。受断层影响，油藏共有两个独立井区，因次将

作者简介：魏鹏鹏(1986—)，男，汉族，硕士，工程师，2011 年毕业于中国石油大学(华东)油气田开发专业，现从事油藏工程工作。E-mail：309918207@qq.com

模型划分两个平衡区(图1),拥有两套独立模拟参数。

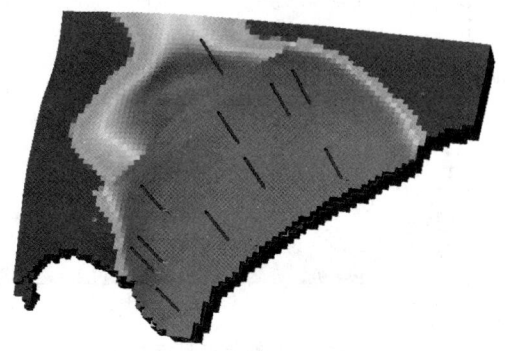

图1 ZH断块Ng油组数值模型

2.3 水平井多段井模型建立

相比于常规的水平井模型,多段井模型模拟水平井精度更高,具有两个主要优势:

(1) 对于常规井模型,井轨迹与网格中心相连接,模型计算时井轨迹呈"之"字型,轨迹误差大;而多段井模型中,各段节点可以与网格中心不在同一深度,通过对流入方程进行静水头校正,保证模型计算时井的轨迹不受网格限制。

(2) 多段井模型将水平井进行分段模拟,每段均有独立的节点深度、压力、粗糙度等属性,充分考虑水平井内部摩阻损失、加速度损失、静水头压力损失,可以描述水平段不同位置处的流量及压力情况。

结合ZH断块Ng油组水平井轨迹及测井资料,在Schedule模块中将ZH断块Ng油组水平井以5~8m为单位分为多段,完成11口井多段井模型的建立。图2所示为ZH-H1井多段井模型3D图。

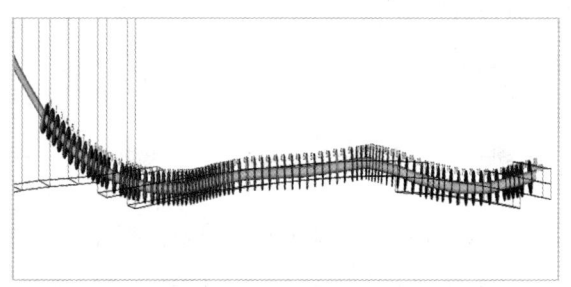

图2 ZH-H1井多段井模型

3 水平井产液剖面建立方法

多段井模型将水平井离散成多段进行模拟,各段由位于该段流入口的节点和连接下流段的流径组成,模拟计算时,每段需求解段压力、总流量、持水率和持气率四个变量。因次,模型计算完成后,可得到流经水平井各段节点的液量、油量、水量。导出各段节点日产油、日产水与时间关系曲线如图3、图4所示。ZH-H1井是该油组早期投产的一口水平井,生产井段长度为745m,模型中将该井分为110段,图中曲线即为该井流经110个节点的日产油与日产水曲线。

需要注意的是,流经各段节点的液量并非该段的产液量,而是该节点与水平井趾端之间水平段的产液量。因次,读取某一时刻流经各段节点日产油与日产水数据,取等长度水平段两

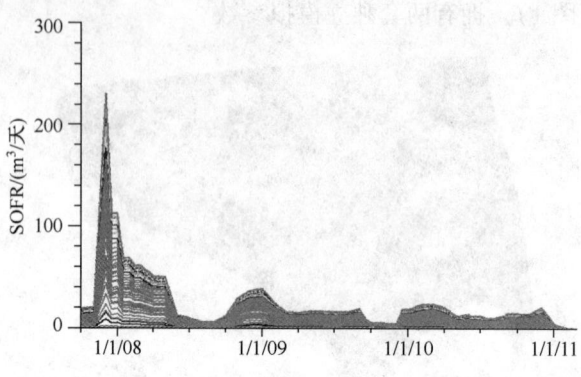

图 3　模型导出各节点日产油曲线

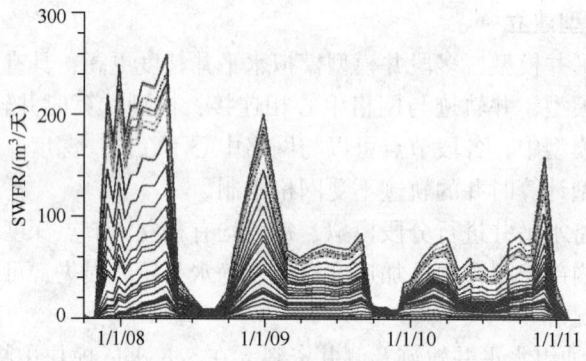

图 4　模型导出各节点日产水曲线

端节点流量做差, 即可得出在该时间点水平井各段日产油、日产水数据, 完成产液剖面建立。图 5 为产液剖面建立原理示意图。

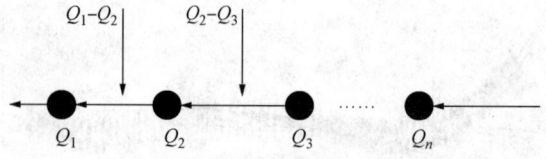

图 5　产液剖面建立原理示意图

图 6、图 7 所示为 ZH-H1 井含水达到 50% 时油藏剖面与产液剖面结果, 从图中可以看出在井深 3600m 附近存在出水点。

4　水平井产液剖面分析

建立理论模型, 理论模型假设渗透率均质、水平井轨迹保持水平无波动, 其余各项参数与 ZH 断块底水油藏实际模型一致。对比均质油藏与实际非均质油藏水平井产液剖面, 寻找规律。

4.1　理论均质油藏水平井产液剖面分析

均质油藏水平井产液剖面分布曲线如图 8 所示, 从图中可以看出, 均质油藏水平井产液剖面规律性较强, 具有两端高中间低的特点, 且跟端高于趾端。这主要是由于两方面原因: 水平段两端具有更大的泄油面积; 水平井井筒内部压降导致跟端生产压差更大。

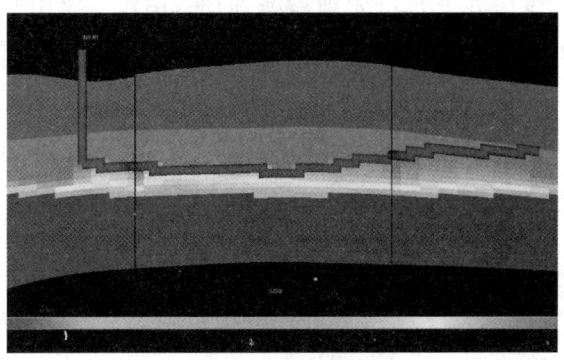

图 6　ZH-H1 井油藏剖面

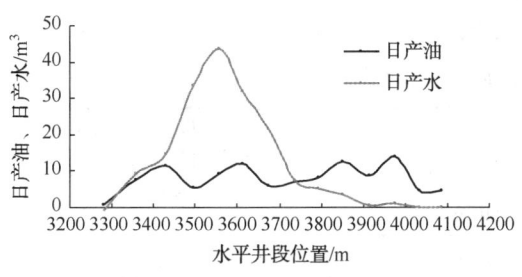

图 7　ZH-H1 井产液剖面

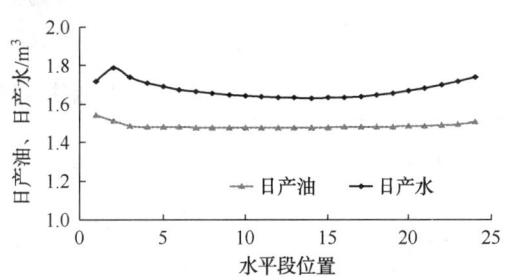

图 8　理论均质模型水平井产液剖面

4.2　实际非均质油藏水平井产液剖面分析

图 9、图 10 为 ZH-H2 井含水 58% 时油藏剖面及产液剖面曲线，相比理论均质油藏，产液剖面均衡性差。从图中可以看出该井具有两个明显出水点：井深 3500m 处由于井轨迹处于低点，距离油水界面近导致水锥；井深 3300m 处水平段保持水平，但高渗通道导致底水突进形成出水点。

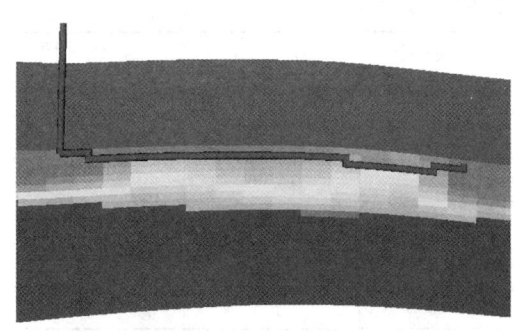

图 9　ZH-H2 井油藏剖面

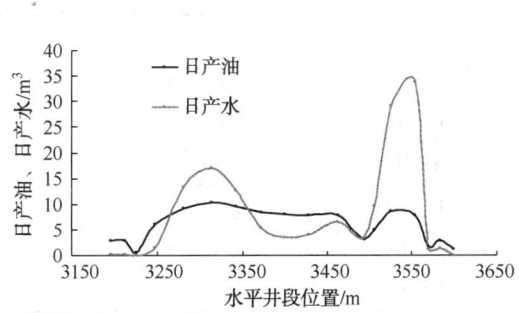

图 10　ZH-H2 井产液剖面

通过对比理论均质油藏与实际油藏水平井产液剖面发现，水平井产液剖面与油藏非均质性、水平井钻遇情况等因素具有相关性，水平段内部动用程度不均的现象非常普遍。

5　应用

研究结果表明，要取得较好的水平井开发效果，水平井设计必须与储层、油藏具有很好的配置关系，适应油藏特性、避免油层动用差异是保证水平井成功的关键[4]。

（1）确定水平井合理开采方式。通过对 ZH 断块 Ng 油组多口水平井产液剖面分析，认为已钻长水平段水平井整段开发难以实现有效动用，因次，采用"分段开采"的方式(图11)，通过对其产液剖面预测，确立合理分段位置，逐段动用提高油层动用程度，保证水平井开发效果。

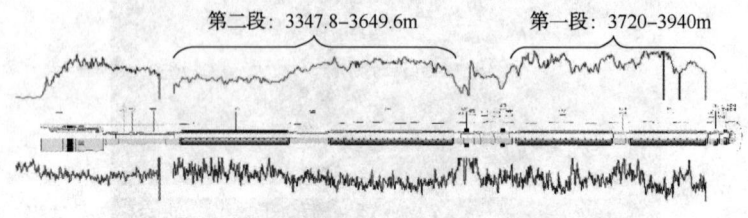

第二段：3347.8—3649.6m　　第一段：3720—3940m

图11　ZH-H8井分段开采井段图

ZH断块Ng油组设计实施了3口分段开采井。ZH-H8井与ZH-H1K井已经完成首段开采，在动用油层较少的情况下，开发效果明显优于两口老井(表1)。

表1　ZH断块Ng油组水平井分段开采情况

类别	井名	储层厚度/m	距离油水界面最近距离/m	生产井段长度/m	含水达90%累产油/10⁴t
分段开采井	ZH-H8	13.5	10.6	220	2.2
	ZH-H1K	15	10.8	225.74	2.7
老井	ZH-H1	16.5	9.1	745.29	1.493
	ZH-H2	13.5	9.1	462.5	1.48

(2)指导水平井优化设计。对新部署水平井位置以及水平段长度进行合理优化，水平段部署在油藏物性相对均质处，且水平段不应过长。YM油田实施6口水平井，平均水平段长度140m，取得了较好的开发效果(表2)。

表2　ZH断块Ng油组水平井分段开采情况

井号	层位	水平段长度/m	日产液/m³	日产油/t	含水率/%
YM2-H3	NgI1	144	18.6	15.25	18
YM3-H7	NgI1	191	17	14.28	16
YM2-H4	NgI1	136	18.5	14.06	24
YM3-H35	NgIII1	141	14.7	6.95	52.7
YM3-H34	NgIII1	134	23.5	18.8	20
YM3-H36	NgIII1	147	19.5	11.5	41.1

6　结论

(1)多段井模型将水平井离散成多段进行模拟，模型计算时井的轨迹不受网格限制，充分考虑水平段沿程压力损失，使水平井模拟精度更高；同时，利用其分段计算的特点能够获得沿程各节点流量数据，通过数据处理可以准确的建立水平井不同生产时刻的产液剖面。

(2)实际生产中，水平井普遍存在内部动用程度不均的情况，其产液剖面相对于理想均质模型具有独特性，均衡性差，水平段不同位置出液情况与油藏非均质性、井身轨迹变化等因素相关，适应油藏特性、避免油层动用差异是保证水平井成功的关键。

（3）水平井产液剖面的建立，实现了水平段内部压力、产量的定量描述，对于确定水平井合理开发方式与水平井优化设计具有很强的指导意义，据此设计的水平井分段开采与短水平井开发均取得较好的开发效果。

参 考 文 献

[1] 王嘉淮，刘延强. 水平井出水机理研究进展[J]. 特种油气藏，2010，17(1).

[2] 张武刚，李守东. 砂控约束条件下的多参数协同建模[J]. 辽宁化工，2012，41(3).

[3] 刘广天，李保振. 局部网格粗化与加密技术在大底水油藏数值模拟中的应用[J]. 科学技术与工程，2012，12(13).

[4] 何书梅，赵郁文. 庄海 8 断块水平井水平段内部产能分布规律及对策[J]. 油气井测试，2012，21(4).

石油钻采

海上疏松砂岩储层动态出砂预测方法及应用

李 进，许 杰，龚 宁，林 海

(中海石油(中国)有限公司天津分公司 海洋石油高效开发
国家重点实验室，天津滨海新区 300459)

摘 要 油气井出砂是海上疏松砂岩储层生产过程中面临最普遍、最严重的问题，危害十分严重，出砂风险的准确预测是有效预防出砂的关键技术手段之一。目前海上油田采用的出砂预测方法多为静态法，未考虑油田生产过程中，含水饱和度、地层压力亏空和生产压差等因素的变化对地层出砂的动态影响，其预测结果与实际的存在一定的偏差，对防砂方式的设计指导偏笼统。针对此问题，基于储层动态出砂影响因素及机理分析，以目前海上常用的定向射孔井和水平裸眼井两种完井方式为研究对象，结合井壁力学稳定性分析，建立了海上疏松砂岩储层动态出砂预测方法。该方法可充分考虑含水率、生产压差、压力亏空等关键因素对储层出砂的动态影响，实现储层生产过程中出砂风险动态预测和分析。应用表明，该预测方法更为精细、准确，更贴合疏松砂岩储层出砂实际情况，有助于进一步优化防砂方式，实现降本增效的目的。

关键词 出砂风险；动态预测；防砂方式；疏松砂岩；海上油田

油井出砂是海上疏松砂岩储层生产过程中面临最普遍、最严重的问题之一[1~4]，危害十分严重，比如磨蚀地面及井下设备、损害储层、降低产能、堵塞井眼、污染环境等，甚至导致油井停产或报废[5,6]，出砂风险的准确预测是合理优化防砂措施的关键所在。出砂预测方法多种多样[7~9]，最常用的主要有测井法、实验法和现场观测法三类，多属静态法，难以实现生产过程中的动态出砂风险预测，对防砂方式的设计指导偏笼统[11,12]。此外，部分学者对动态出砂预测方法进行了探索，如在静态模型采用动态压力亏空因子和含水率因子修正，考虑含水率变化对岩石强度的影响，或将配产压差和岩石强度作逐年对比等[13,15]，但现有研究相对偏简单，同时这些动态预测方法尚未应用到海上油田。因此，亟需建立多因素综合动态出砂预测方法，进一步优化完井方式，降本增效。

1 储层动态出砂影响因素及机理

影响储层出砂的因素众多，比如原地应力状态、孔隙压力、流体性质、生产压差、含水率、完井方式、射孔参数、压力亏空等，具体可分为地质因素、开采因素和工程因素三大类。这些因素相互影响和作用，使得出砂问题的研究十分复杂，仅凭经验难以确定各影响因素的主次，因此建立多因素综合出砂预测方法更有意义。研究表明[12~14,17~19]：各影响因素中，含水率、生产压差、压力亏空等因素是影响储层动态出砂的关键因素，同时也是研究主要考虑的动态影响因素。

基金项目："十三五"国家重大科技专项"渤海油田高效开发示范工程"（2016ZX05058）。

作者介绍：李进(1988—)，男，苗族，2015 年毕业于西南石油大学油气井工程，硕士研究生，完井工程师。现主要从事油气井完井射孔、防砂技术研究。E-mail：lijin35@cnooc.com.cn

(1) 含水率及泥质含量的影响

对于一些大型的边、底水油藏，随着生产的不断进行，含水率会不断上升，岩石泡水后，岩石中的亲水矿物(如黏土矿物)水化膨胀，从而影响岩石强度。研究表明[13,17,18]，生产过程中的岩石强度主要受含水率和矿物亲水性影响，含水率越高，岩石强度降幅越大；岩石中亲水矿物含量越多，泡水后的岩石强度影响越大。岩石中亲水矿物最大的是黏土矿物，其在浸湿后强度降低至70%。

(2) 生产压差的影响

生产压差对出砂的影响，主要体现在生产过程中会产生一个径向摩擦拖曳力，该附加应力会将岩石表面颗粒向井眼内拖曳，使近井地带岩石发生拉伸破坏[11,12,19]。该拖曳力主要由生产压差产生，属于拉应力，使岩石表面颗粒朝着流体流动方向运动，因此生产压差越大，流体摩擦拖曳力越大，出砂风险也越高。

(3) 储层压力亏空的影响

随着储层油气的不断采出，储层压力会不断衰竭亏空，相当于岩石所处的外部环境在不断的变化，受力不断变化。研究表明，储层压力亏空(衰竭)不但直接影响储层多孔介质孔隙流体压力，而且影响地层有效主应力[13]。一般而言，压力亏空使井壁岩石切向有效应力增加，降低了井眼的稳定能力，当剪切应力超过岩石的抗剪强度时导致岩石崩落破碎[16]。

2 疏松砂岩储层动态出砂预测模型

渤海油田疏松砂岩目前主要采用定向井和水平井两种井型开采，其中定向井的完井方式主要为套管射孔完井，水平井的主要完井方式为裸眼完井。因此，分定向套管井和水平裸眼井两类为对象，分别建立疏松砂岩储层动态出砂预测模型。

2.1 定向套管井预测模型

2.1.1 射孔孔壁周向应力分布

根据线—弹性力学理论，Fairhurst 推导得到直井井周应力分布为[20]：

$$
\begin{cases}
\sigma_{re} = \dfrac{\sigma_{H1} + \sigma_{H2}}{2}\left(1 - \dfrac{r_w^2}{r^2}\right) + \dfrac{\sigma_{H1} - \sigma_{H2}}{2}\left(1 + \dfrac{3r_w^4}{r^4} - \dfrac{4r_w^2}{r^2}\right)\cos2\theta + p_{wf}(t)\dfrac{r_w^2}{r^2} - p_p(t) \\[3mm]
\sigma_{\theta e} = \dfrac{\sigma_{H1} + \sigma_{H2}}{2}\left(1 + \dfrac{r_w^2}{r^2}\right) - \dfrac{\sigma_{H1} - \sigma_{H2}}{2}\left(1 + \dfrac{3r_w^4}{r^4}\right)\cos2\theta - p_{wf}(t)\dfrac{r_w^2}{r^2} - p_p(t) \\[3mm]
\sigma_{ze} = \sigma_z - 2\mu(\sigma_{H1} - \sigma_{H2})\dfrac{r_w^2}{r^2}\cos2\theta - p_p(t)
\end{cases}
\tag{1}
$$

式中，σ_{H1}、σ_{H2}、σ_v 分别为原地水平最大、最小主应力和垂向应力，MPa；r_w 为井眼半径，mm；$p_{wf}(t)$ 为井眼内液柱压力，MPa；μ 为岩石泊松比；$p_p(t)$ 为地层压力(压力亏空)，MPa；σ_{re}、$\sigma_{\theta e}$、σ_{ze} 分别为井壁径向、轴向和垂向有效应力，MPa。

为了简化分析，将射孔孔道假设为细长型，如图1所示。

推导得射孔孔壁应力分布如下：

$$
\begin{cases}
\sigma_{se} = \dfrac{\sigma_{\theta e} + \sigma_{ze}}{2}\left(1 - \dfrac{r_p^2}{s^2}\right) + \dfrac{\sigma_{\theta e} - \sigma_{ze}}{2}\left(1 + \dfrac{3r_p^4}{s^4} - \dfrac{4r_p^2}{s^2}\right)\cos2\varphi + \dfrac{r_p^2}{s^2}p_{pf}(t) \\[3mm]
\sigma_{\varphi e} = \dfrac{\sigma_{\theta e} + \sigma_{ze}}{2}\left(1 + \dfrac{r_p^2}{s^2}\right) - \dfrac{\sigma_{\theta e} - \sigma_{ze}}{2}\left(1 + \dfrac{3r_p^4}{s^4}\right)\cos2\varphi - \dfrac{r_p^2}{s^2}p_{pf}(t)
\end{cases}
\tag{2}
$$

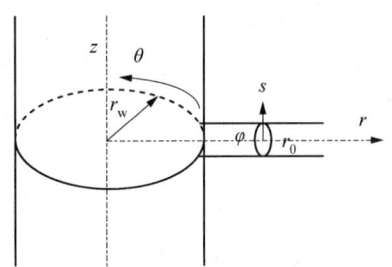

图 1 射孔孔眼坐标系与井眼坐标系的相对关系

式中，s 为距孔眼中心的径向距离，mm；r_p 为射孔孔眼半径，mm；$p_{pf}(t)$ 为孔眼内流体压力，MPa。

在式(2)中令 $s=r_p$，则可得射孔孔眼壁上任意位置的径向有效应力和周向有效应力表达式：

$$\begin{cases} \sigma_{se} = p_{pf}(t) \\ \sigma_{\varphi e} = \sigma_{\theta e} + \sigma_{ze} - 2(\sigma_{\theta e} - \sigma_{ze})\cos 2\varphi - p_{pf}(t) \end{cases} \qquad (3)$$

在直井模型基础上，采用式(4)对原地应力进行转换，其中 α、β 分别表示井斜角和方位角：

$$\begin{cases} \sigma_x = \cos^2\alpha(\sigma_{H1}\cos^2\beta + \sigma_{H2}\sin^2\beta) + \sigma_v\sin^2\beta \\ \sigma_y = \sigma_{H1}\sin^2\beta + \sigma_{H2}\cos^2\beta \\ \sigma_z = \sin^2\alpha(\sigma_{H1}\cos^2\beta + \sigma_{H2}\sin^2\beta) + \sigma_v\cos^2\alpha \\ \tau_{xy} = \cos\alpha\sin\beta\cos\beta(\sigma_{H1} - \sigma_{H2}) \\ \tau_{xz} = \cos\alpha\sin\alpha(\sigma_{H1}\cos^2\beta + \sigma_{H2}\sin^2\beta - \sigma_v) \\ \tau_{yz} = \sin\alpha\sin\beta\cos\beta(\sigma_{H1} - \sigma_{H2}) \end{cases} \qquad (4)$$

将变换后的原地应力分量带入直井射孔孔壁周向应力分布模型，得定向井射孔孔壁应力分布：

$$\begin{cases} \sigma_{re} = \dfrac{\sigma_x+\sigma_y}{2}\left(1-\dfrac{r_w^2}{r^2}\right) + \dfrac{\sigma_x-\sigma_y}{2}\left(1+\dfrac{3r_w^4}{r^4}-\dfrac{4r_w^2}{r^2}\right)\cos 2\theta + \tau_{xy}\left(1+\dfrac{3r_w^4}{r^4}-\dfrac{4r_w^2}{r^2}\right)\sin 2\theta + p_{wf}(t)\dfrac{r_w^2}{r^2} - p_p(t) \\ \sigma_{\theta e} = \dfrac{\sigma_x+\sigma_y}{2}\left(1+\dfrac{r_w^2}{r^2}\right) - \dfrac{\sigma_x-\sigma_y}{2}\left(1+\dfrac{3r_w^4}{r^4}\right)\cos 2\theta - \tau_{xy}\left(1+\dfrac{3r_w^4}{r^4}\right)\sin 2\theta - p_{wf}(t)\dfrac{r_w^2}{r^2} - p_p(t) \\ \sigma_{ze} = \sigma_z - 2\mu(\sigma_x-\sigma_y)\dfrac{r_w^2}{r^2}\cos 2\theta - 4\mu\tau_{xy}\dfrac{r_w^2}{r^2}\sin 2\theta - p_p(t) \end{cases} \qquad (5)$$

2.1.2 流体拖摩擦曳力的影响

流体摩擦拖曳力主要由生产压差引起，在单位渗流面积上，岩石孔隙面积为 ϕ，则单位长度上流体对岩石施加的摩擦拖曳力为：

$$\frac{\mathrm{d}F}{\mathrm{d}r} = -\frac{\mathrm{d}p}{\mathrm{d}r}\phi \qquad (6)$$

考虑射孔孔眼附近，流体的压力梯度和油井产量与生产压差的关系，可推导得：

$$F_{wp} = \frac{k_f h [p_e - p_{wf}(t)]}{n_p h_p k_{dp} L_{p1}\left(\ln\dfrac{r_e}{r_w} + S_d\right)} \phi\ln\frac{1}{2n_p r_p} = \lambda[p_e - p_{wf}(t)] \tag{7}$$

其中

$$\lambda = \frac{k_f h}{n_p h_p k_{dp} L_{p1}\left(\ln\dfrac{r_e}{r_w} + S_d\right)} \phi\ln\frac{1}{2n_p r_p} \tag{8}$$

式中，n_p 为油层射孔密度，孔/m；h_p 为油层射孔厚度，m；r_p 为射孔孔眼半径，mm；k_{dp} 为孔眼周围地层的渗透率，mD；L_{p1} 为水泥环外射孔孔眼的长度，m；S_d 为总表皮系数；p_e 为供给压力，即地层压力，MPa；$p_{wf}(t)$ 为生产流压，MPa；r_e 为泄油半径，m。

考虑流体摩擦拖曳力影响时射孔孔壁处附加应力为：

$$\sigma_{rw} = -\lambda[p_e - p_{wf}(t)] \tag{9}$$

如式(9)、式(8)，流体摩擦拖曳力主要由生产压差引起，其方向由储层指向射孔孔眼，同流体流动方向一致，同时还与储层孔渗特性、射孔参数等有关。

2.1.3　含水率的影响

研究表明，含水率对岩石单轴抗压强度的影响满足指数关系[11,13,19]，即：

$$\sigma_c(UCS) = M \cdot e^{N \cdot S_w} = M \cdot e^{N \cdot S_w(t)} \tag{10}$$

式中，σ_c 为岩石单轴抗压强度，MPa；M、N 为实验拟合参数，结合岩石泡水实验数据拟合得到；$S_w(t)$ 为动态含水率，%。

该含水率对生产过程中单轴强度的影响模型中，生产过程中泥质含量不变，但随着含水率的上述，黏土矿物水化膨胀，降低岩石强度。所以对于特定区块或油井，可通过取样进行不同含水率实验下强度变化测试，即可得含水率对岩石单轴抗压强度的影响。

2.1.4　出砂判别准则

综上，考虑由生产压差和流体黏度引起的摩擦拖曳力影响，射孔孔眼壁面有效应力分布如下：

$$\begin{cases} \sigma_s = \sigma_{se} + \sigma_{rw} \\ \sigma_{\psi e} = (\sigma_{\theta e} + \sigma_{ze}) - 2(\sigma_{\theta e} - \sigma_{ze})\cos 2\psi - p_{pf}(t) \end{cases} \tag{11}$$

由于疏松砂岩油气藏开采过程中，孔壁地层的破坏通常呈现压性剪切破坏方式，即此时在三个应力中，径向压力及井筒内压常常最小。因此，在研究油气开采过程中孔眼的稳定性时，常常仅作剪切屈服判别[20]。对某射孔孔眼，Mohr-Coulomb 强度判别准则表达式如下：

$$\sigma_{\psi e} - \sigma_{se}\frac{1 + \sin\varphi}{1 - \sin\varphi} = \frac{2C\cos\varphi}{1 - \sin\varphi} \tag{12}$$

式中，C 分别为岩石的内聚力，MPa；φ 为内摩擦角，°；$\sigma_{\psi e}$、σ_{se} 分别为射孔孔壁上最大周向有效应力和径向有效应力，MPa。

已知

$$\sigma_c = \frac{2C\cos\varphi}{1 - \sin\varphi} \tag{13}$$

令

$$F = \sigma_{\psi e} - \sigma_{se}\frac{1 + \sin\varphi}{1 - \sin\varphi} \tag{14}$$

则当 $F > \sigma_c$ 时，地层剪切失稳；$F = \sigma_c$ 时，地层处于极限平衡状态；$F < \sigma_c$ 时，地层

稳定。

2.2 水平裸眼井预测模型

2.2.1 井壁周向应力分布

在定向井模型基础上，结合水平井特点，取 $\alpha=90°$，则原地应力分量为：

$$
\begin{cases}
\sigma_{x} = \sigma_{v}\sin^{2}\beta \\
\sigma_{y} = \sigma_{H1}\sin^{2}\beta + \sigma_{H2}\cos^{2}\beta \\
\sigma_{z} = \sigma_{H1}\cos^{2}\beta + \sigma_{H2}\sin^{2}\beta \\
\tau_{yz} = \sin\beta\cos\beta(\sigma_{H1} - \sigma_{H2})
\end{cases}
\tag{15}
$$

将上述原地应力分量带入定向井井周应力分量模型，得水平井井壁周向应力分布：

$$
\begin{cases}
\sigma_{re} = \dfrac{\sigma_{x} + \sigma_{y}}{2}\left(1 - \dfrac{r_{w}^{2}}{r^{2}}\right) + \dfrac{\sigma_{x} - \sigma_{y}}{2}\left(1 + \dfrac{3r_{w}^{4}}{r^{4}} - \dfrac{4r_{w}^{2}}{r^{2}}\right)\cos2\theta + p_{wf}(t)\dfrac{r_{w}^{2}}{r^{2}} \\[3mm]
\sigma_{\theta e} = \dfrac{\sigma_{x} + \sigma_{y}}{2}\left(1 + \dfrac{r_{w}^{2}}{r^{2}}\right) - \dfrac{\sigma_{x} - \sigma_{y}}{2}\left(1 + \dfrac{3r_{w}^{4}}{r^{4}}\right)\cos2\theta - p_{wf}(t)\dfrac{r_{w}^{2}}{r^{2}} \\[3mm]
\sigma_{ze} = \sigma_{z} - 2\mu(\sigma_{x} - \sigma_{y})\dfrac{r_{w}^{2}}{r^{2}}\cos2\theta
\end{cases}
\tag{16}
$$

2.2.2 流体摩擦拖曳力

定向井变为水平井后，流体流向也由向射孔孔眼流动改为直接向井筒流动，其摩擦拖曳力为：

$$
F_{wp} = \dfrac{[p_{e} - p_{wf}(t)]}{\left(\ln\dfrac{r_{e}}{r_{w}} + S_{d}\right)}\phi\ln\dfrac{r_{e}}{r_{w}} = \lambda[p_{e} - p_{wf}(t)]
\tag{17}
$$

其中

$$
\lambda = \dfrac{\phi}{\left(\ln\dfrac{r_{e}}{r_{w}} + S_{d}\right)}\ln\dfrac{r_{e}}{r_{w}}
\tag{18}
$$

考虑流体拖曳力影响时井周应力：

$$
\sigma_{rw} = -\lambda[p_{e} - p_{wf}(t)]
\tag{19}
$$

2.2.3 出砂判别准则

首先，将井壁上应力转换为主应力，计算得到 $r=r_{w}$ 处的上 3 个主应力分量为：

$$
\begin{cases}
\sigma_{1} = \sigma_{re} + \sigma_{rw} \\[2mm]
\sigma_{2} = \dfrac{\sigma_{\theta e} + \sigma_{ze}}{2} + \dfrac{\sqrt{(\sigma_{\theta e} - \sigma_{ze})^{2} + 4\tau_{\theta z}^{2}}}{2} \\[3mm]
\sigma_{3} = \dfrac{\sigma_{\theta e} + \sigma_{ze}}{2} - \dfrac{\sqrt{(\sigma_{\theta e} - \sigma_{ze})^{2} + 4\tau_{\theta z}^{2}}}{2}
\end{cases}
\tag{20}
$$

式中，$\tau_{\theta z} = \sin\beta\cos\beta(\sigma_{H1} - \sigma_{H2})\cos\theta\left(1 + \dfrac{r_{w}^{2}}{r^{2}}\right)$；$\sigma_{1}$、$\sigma_{2}$、$\sigma_{3}$ 的大小顺序在具体计算中排定。

计算得到井壁 3 个主应力分量后，采用 Mohr-Coulomb 准则判断储层是否出砂：

$$(\sigma_{\max} - \alpha \cdot p_{\mathrm{p}}) = (\sigma_{\min} - \alpha \cdot p_{\mathrm{p}})\cot^2\left(45° - \frac{\varphi}{2}\right) + 2C\cot\left(45° - \frac{\varphi}{2}\right) \tag{21}$$

因为:

$$\sigma_{\mathrm{c}} = 2C\cot\left(45° - \frac{\varphi}{2}\right) \tag{22}$$

设:

$$F = \left[\sigma_{\max} - \alpha \cdot p_{\mathrm{p}}(t)\right] - (\sigma_{\min} - \alpha \cdot p_{\mathrm{p}}(t))\cot^2\left(45° - \frac{\varphi}{2}\right) \tag{23}$$

则当 $F > \sigma_{\mathrm{c}}$ 时,地层失稳;$F = \sigma_{\mathrm{c}}$ 时,地层处于极限平衡状态;$F < \sigma_{\mathrm{c}}$ 时,地层稳定。

3 实例分析与应用

以某油田为例进行分析,油田主要开采层位为东二下段和东三段储层,各层位储层性质见表1。东二下段以水平井为主,东三段储层以定向井为主,东三段定向井设计采用孔径。取探井岩芯测试岩石泡水前后的单轴抗压强度,代入2.1.3节含水率变化对岩石强度的影响模型式(10),求得实验拟合参数 M、N,见表2。

表1　某油田储层特性

层位	地应力/MPa			粘聚力/MPa	内摩擦角/(°)	孔隙度/%
	σ_{H}	σ_{h}	σ_{v}			
东三段	47.69	37.74	55.63	3.96205	23.776	13.3
东二段Ⅱ油组	39.12	30.16	43.53	3.96205	23.776	22.4

表2　岩石泡水强度及实验拟合参数

层位	泡水前岩石强度/MPa	泡水后岩石强度/MPa		实验拟合参数	
		含水饱和度/%	单轴抗压强度/MPa	M	N
东三段	46.662	55	26.293	46.662	−1.043
东二段Ⅱ油组	22.5	55	14	22.5	−0.863

结合油藏配产数据,可得油田动态生产压差和含水率变化曲线,见图2~图3。采用本文所介绍的疏松砂岩储层动态出砂预测方法,结合配产数据分层位进行动态出砂预测,其结果见图4~图5。

由图2~图3可知,东三段储层生产压差0~3.5MPa,变化较为一致,含水率整体上升较快;东二下段储层生产压差0~4.5MPa,其中A14H、A15H和A16H三口井生产压差相对较小,含水率除A15H和A16H上升较为缓慢外,其余井含水率上升相对较快。由图4~图5可知,东三段定向井投产初期(至少8年内)无出砂风险,但当含水率上升至65%左右时,油井出砂风险较大;东二下段水平井投产初期储层出砂风险较大,但由于A15H和A16H两口井生产压差较小,同时含水率上升缓慢,因此这两口井投产初期(9年内)无出砂风险,后期生产含水率上升至40%左右时,储层出砂风险较大。因此,考虑平台修井能力,东三段定向井和东二下段A15H、A16H两口井投产初期不防砂,其余井需采取防砂措施。

同时,将动态法和静态法预测结果进行对比,见表3。由表3可知,动态法预测出砂风险相对于静态法笼统预测而言更为精细、准确,能细化到具体的生产时间和含水率变化情

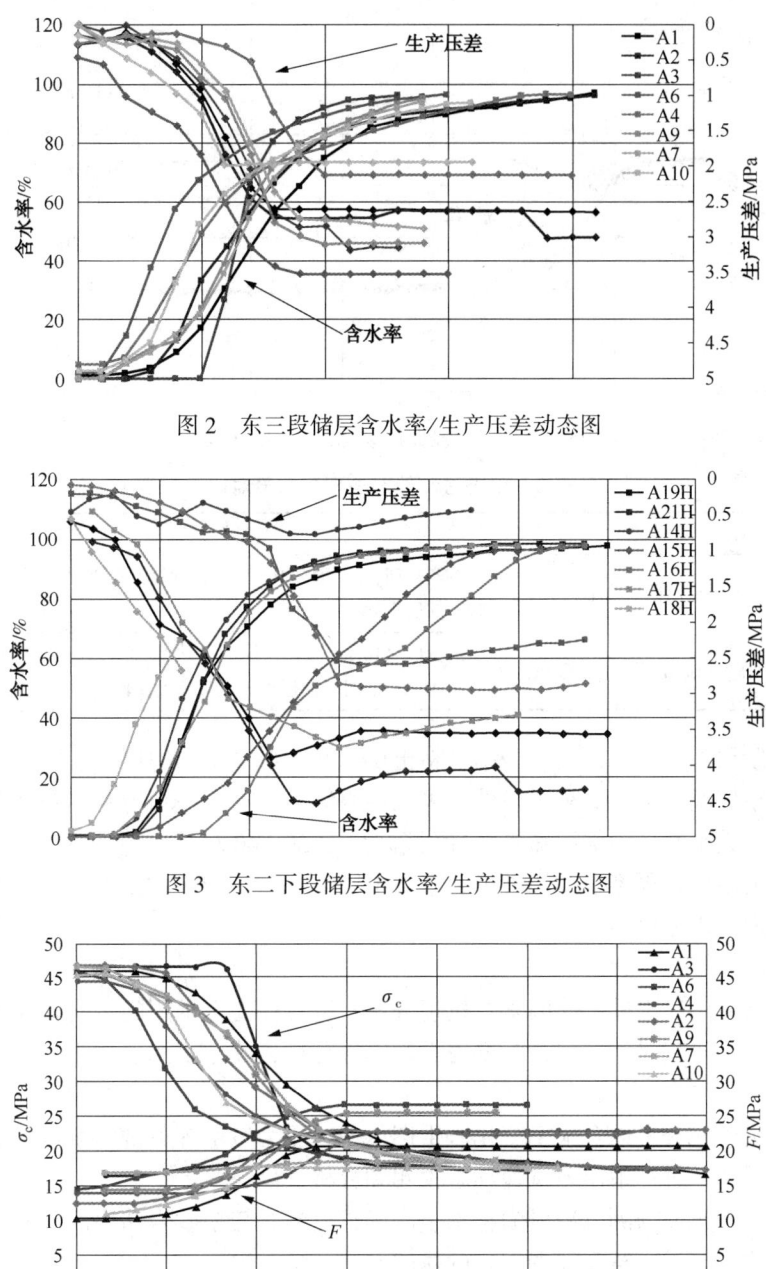

图 2   东三段储层含水率/生产压差动态图

图 3   东二下段储层含水率/生产压差动态图

图 4   东三段储层动态出砂预测结果

况。其原因在于：静态法所采用的泡水后的岩石强度仅为含饱和度55%对应的单轴抗压强度，无法代表油井全生命周期的情况，因此，采用某一含水饱和度下的岩石强度作为临界出砂压差去和油藏配产压差对比预测出砂风险的做法较为欠妥。对于东二下段储层，静态法预测储层处于临界出砂范围，有出砂风险，按照静态法预测保守考虑，该层位井均需采取防砂措施；而采用静态法发现，A15H 和 A16H 两口井投产初期风险较低，可不采取防砂方式，可节省投资约 200 余万。

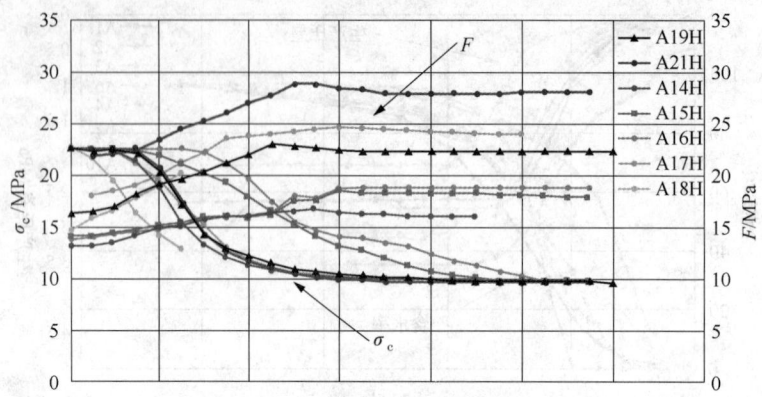

图5　东二下段储层动态出砂预测结果

表3　动态法和静态法预测结果对比

层位	静态法	动态法
E_3d_3	储层出砂风险小	投产初期(至少8年内)无出砂风险,但当含水率上升至65%左右时,储层出砂风险较高
$E_3d_2{}^1$	处于临界出砂范围,有出砂风险	A15H、A16H井投产初期(9年内)无出砂风险,后期生产含水率上升至40%左右时,储层出砂风险较大。其余井投产储层出砂风险较高

　　在动态出砂预测基础上,进一步结合粘土矿物和泥质含量、地层砂粒度分析曲线、临井防砂措施和出砂情况等资料,东三段储层采用裸眼完井,东二下段储层 A15H 井和 A16H 井采用裸眼完井,其余井采用优质筛管防砂(挡砂精度 30~40 目,对应 100μm)。某油田投产表明,各层位出砂风险预判合理、准确,东二下段油井(A15H 和 A16H 除外)防砂方式和挡砂精度设计合理,未见出砂现象。

4　结论与建议

　　(1)基于储层动态出砂影响因素及机理分析,以目前海上常用的定向射孔井和水平裸眼井两种完井方式为研究对象,结合井壁力学稳定性分析,建立了海上疏松砂岩储层动态出砂预测方法。

　　(2)该方法可充分考虑含水率变化、生产压差、压力亏空等关键因素对储层出砂的动态影响,实现储层生产过程中出砂风险动态预测和分析。

　　(3)应用表明,该预测方法更为精细、准确,更贴合疏松砂岩储层出砂实际情况,有助于进一步优化防砂方式,实现降本增效的目的。

参 考 文 献

[1] 刘小利,夏宏南,欧阳勇,等.出砂预测模型综述[J].断块油气田,2005,12(4):59-61.

[2] 夏宏泉,胡南,朱荣东.基于生产压差的深层气层出砂预测[J].西南石油大学学报:自然科学版,2010,32(6):79-83.

[3] 吕广忠,陆先亮,栾志安,等.油井出砂预测方法研究进展[J].油气地质与采收率,2002,9(6):55-57.

[4] 左星,申军武,李薇,等.油井出砂预测方法综述[J].西部探矿工程,2006,(12):93-96.

[5] 曾流芳,刘建军.裸眼井出砂预测模型的解析分析[J].石油钻采工艺,2002,24(6):42-44.

[6] 周建良，李敏，王双平. 油气田出砂预测方法[J]. 中国海上油气(工程)，1997，9(4)：26-36.

[7] 王艳辉，刘希圣，王鸿勋. 油井出砂预测技术的发展与应用综述[J]. 石油钻采工艺，1994，16(5)：79-85.

[8] Veeken C A, Davies D R, Kenter C J. Sand Production Prediction Review：Developing an Intergrated Approach[C]. SPE 22792：335-352.

[9] Tixier M P, Loveless G W, Abderson R A. Estimation Strength form the Mechanical Properities Log[J]. JPT，1975，27(3)：283-293.

[10] 练章华，刘永刚，张元泽，等. 油气井出砂预测研究[J]. 钻采工艺，2003，26(5)：30-31，36.

[11] 王小鲁，杨万萍，严焕德，等. 疏松砂岩出砂机理与出砂临界压差计算方法[J]. 天然气工业，2009，29(7)：72-75.

[12] 雷征东，李相方，程时清. 考虑拖曳力的出砂预测新模型及应用[J]. 石油钻采工艺，2006，28(1)：69-73.

[13] 董长银，张清华，崔明月，等. 复杂条件下疏松砂岩油藏动态出砂预测研究[J]. 石油钻探技术，2015，43(6)：81-86.

[14] 赵益忠，孙德旭，梁伟，等. 考虑开发动态的定性经验出砂动态预测[J]. 石油钻采工艺，2013，35(5)：67-70.

[15] 祁大晟，项琳娜，裴柏林. 塔里木东河油田出砂动态预测研究[J]. 新疆石油地质，2008，29(3)：341-343.

[16] 张建国，程远方，崔红英. 裸眼完井出砂预测模型的建立[J]. 石油钻探技术，1999，27(6)：39-41.

[17] 伍葳，林海，谭蕊，等. 压力衰竭对临界生产压差的影响及油藏产能评价[J]. 科学技术与工程，2013，23(13)：6825-6834.

[18] 孙强，姜春露，朱术云，等. 饱水岩石水稳试验及力学特性研究[J]. 采矿与安全工程学报，2011，28(2)：236-240.

[19] 林海，邓金根，胡连波，等. 含水率对岩石强度及出砂影响研究[J]. 科学技术与工程，2013，13(13)：3710-3713.

[20] 刘向君，罗平亚. 岩石力学与石油工程[M]. 北京：石油工业出版社，2004.

超稠油油藏油泥高强度调剖技术研究

沈文敏，杨 洋

（中国石油辽河油田分公司，辽宁盘锦 124010）

摘 要 曙光油田超稠油油藏受油藏发育以及开发方式影响，汽窜干扰现象日趋严重，已成为制约超稠油油藏开发效果及产量稳定的主要矛盾。本着油泥"源于油藏，用于油藏"的原则，基于现有调剖技术及油泥相关性质，依据颗粒架桥理论及地层的孔喉匹配性，采用含油油泥作为主剂，结合油藏特征，通过室内实验，研制油泥调剖剂配方，优化现场施工工艺，形成适用于超稠油油藏的油泥调剖技术，实现油田油泥循环利用的同时改善油藏开发效果，具有成本低、处理量大等优势及广阔的应用前景。

关键词 油泥；调剖；蒸汽吞吐；超稠油；曙光油田

曙光油田超稠油油藏具有"浅、稠、散"储层胶结疏松、渗透率高、地层非均质性严重及孔隙度大等特点。自 2000 年大规模投入开发，受油藏发育以及开发方式影响，在注蒸汽开采过程中存在汽窜现象严重。汽窜不但造成了蒸汽热效率低，影响注汽井生产效果，还影响受扰井有效生产时率，严重的造成检泵、套坏出砂、甚至无法生产。2015 年以来年汽窜影响 5.0×10^4 t 左右，随着开发规模扩大，汽窜干扰现象日趋严重，已成为制约超稠油油藏开发效果及产量稳定的主要矛盾，迫切需求高强度暂堵调剖技术。

石油开采、油气集输及含油污水处理过程中产生大量含油油泥，主要成分是水、泥砂、重质原油，一般情况水分所占比例为 70 %~90%、泥质所占比例 5%~25%、重质原油所占比例 5%~15%。目前缺乏低成本的有效处理途径，含油污泥的大量产生和囤积已影响油田正常生产。基于油泥"源于油藏，用于油藏"的原则，以油田含油污泥为主要原料，通过与其他添加剂的复配制成调剖剂[1~5]，用于超稠油油井调剖、封窜等，实现油田含油污泥循环利用的同时改善油藏开发效果，具有成本低、处理量大等优势及广阔的应用前景。

1 技术机理

本着含油油泥"源于油藏，用于油藏"的原则，基于现有调剖技术及油泥相关性质，依据颗粒的架桥理论及地层的孔喉匹配性[6]，采用含油油泥作为主剂，结合油藏特征，通过室内实验，研制系列调剖剂配方，优化现场施工工艺，形成适用于超稠油油藏的含油油泥调剖技术[7~12]，解决环保压力，同时实现增产增效。

基金项目：中国石油天然气集团公司科学研究与技术开发项目：含油污泥处理与利用关键技术研究及示范应用(2016E-1205)。

作者简介：沈文敏(1965—)，男，满族，高级工程师，1992 年毕业于西南石油学院油应用化学专业，现从事油田采油工艺的研究与管理工作。E-mail：shenwenmin@petrochina.com.cn

2 含油油泥体系

2.1 含油油泥体系粒径分析

将油泥样品经脱油、脱水后分离出来的泥质组分，采用COULTER激光粒度分析仪测其粒度分布，见表1。该体系是以油泥为基本原料，根据地层砂粒度中值与颗粒堵剂粒度中值之比 D_{50}/d_{50} 原则，在油泥中加入不同粒径、不同浓度的固相颗粒后，将含油油泥调配成具有一定悬浮性和稳定性的颗粒型调剖剂，注入地层后产生桥架作用，对地层孔道进行封堵，从而改善地层非均质性，提高超稠油热采吞吐效果。

表1 含油油泥固相激光粒度分析结果

样 品	不同粒径含泥量分布/%					
	<5μm	5~10μm	10~50μm	50~100μm	100~300μm	>300μm
1#	10	9.56	41.11	18.62	13.76	6.95
2#	7.82	5.96	46.75	19.86	16.28	3.33
3#	7.28	5.07	32.5	23.02	22.84	9.29
4#	13	10.24	41.67	17.36	13.25	4.48

2.2 含油油泥体系流变性及悬浮性分析

分别对含油油泥样品配制不同含水的悬浮液，进行黏度测定，结果见图1。实验结果表明：悬浮液黏度随含水量的增加而降低，当含水≥80%时体系黏度≤600mPa·s；对含水80%的悬浮液进行不同温度下的黏度测定，结果见图2，实验结果表明：悬浮液黏度随温度的增加而降低，当温度≥40℃时，体系黏度≤650mPa·s。对含水80%添加不同浓度稳定剂的悬浮液进行析水率测定，结果表明：稳定剂对析水率影响较大，且温度越高体系析水率越大，稳定性变差。上述实验表明：含油油泥体系通过适当调整，满足短途转运及现场泵入需求。

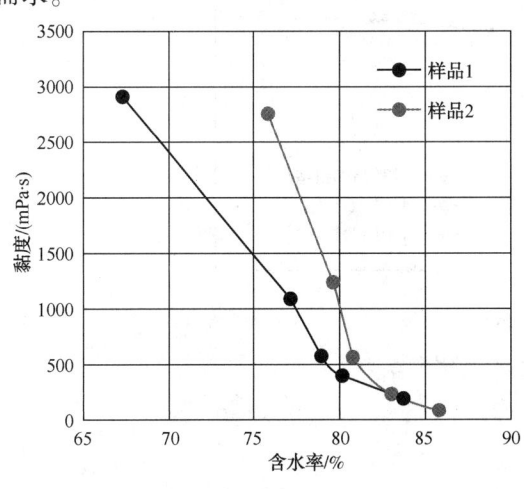

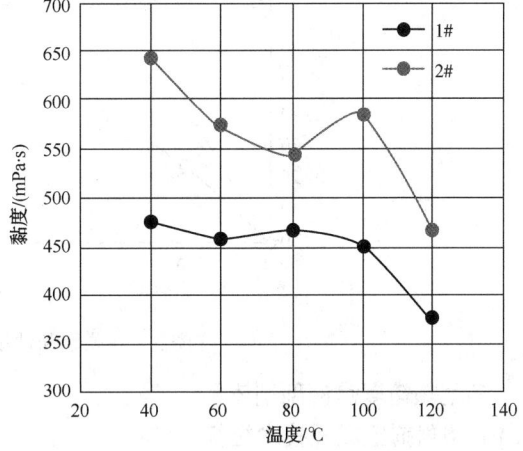

图1 含油油泥悬浮液不同含水率-黏度曲线   图2 含油油泥悬浮液不同温度-黏度曲线

2.3 含油油泥体系封堵性能实验分析

2.3.1 串联填砂管封堵实验研究

采用地层砂填充串联管实验进行注入压力监测，结果表明：当渗透率低于20000mD时，渗透率越大，注油泥的注入压力上升越快；25000mD 填砂管油泥大量进入到后填砂管后，注入压力下降，并稳定在 5~10MPa 之间。说明，当填砂管渗透率达到一定值时，油泥体系可在砂样孔隙中稳定"渗流"。

2.3.2　并联无油填砂管封堵实验研究

采用地层砂填充并联管，通过设置不同的渗透率级差进行无油并联管封堵实验，结果见表2。在注入 0.5PV 油泥后，两个填砂管的渗透率均大幅度下降。高渗填砂管的封堵率要明显高于低渗填砂管，说明油泥具有一定的选择封堵性效果。

表 2　并联无油填砂管封堵结果统计表

渗透率级差	初始渗透率/mD	注入 0.5PV		注入 1.0PV	
		渗透率/mD	封堵率/%	渗透率/mD	封堵率/%
3.61	19392	998	94.9	145	99.3
	5368	377	93.0	77	98.6
4.32	21249	935	95.6	160	99.3
	4924	374	92.4	95	98.1
7.37	21635	847	96.1	136	99.4
	2934	371	87.4	84	97.1

2.3.3　并联饱和油填砂管封堵实验(图3)

对并联饱和油填砂管注入蒸汽，记录汽窜时蒸汽量和驱油效率，分别在注入汽窜蒸汽量一半时、汽窜后进行油泥调剖。结果表明：油泥调剖能够提高驱油效率，并联填砂管驱替效率提高了 7.17%~12%。

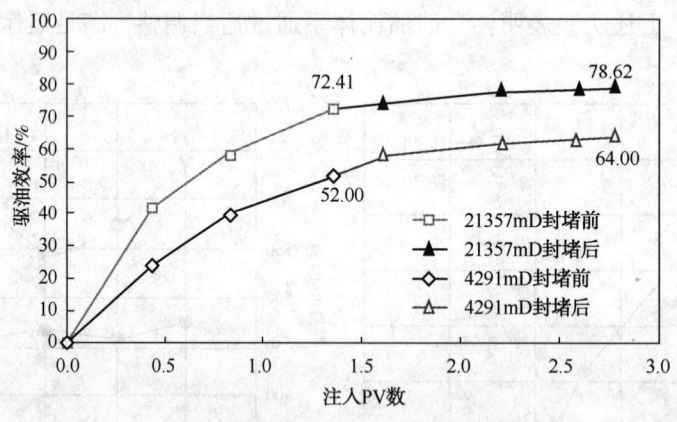

图 3　并联饱和油填砂管封堵实验曲线

3　油泥颗粒复合调剖剂体系

3.1　调剖剂组成及技术指标

该体系是以油泥为基本原料，加入不同粒径、不同浓度的固相颗粒后，将油泥调配成具有一定悬浮性和稳定性的颗粒型调剖剂，注入地层后产生桥架作用，对地层孔道进行封堵，从而改善地层非均质性，提高稠油热采吞吐效果。该体系悬浮性>6.5h，封堵率：45%~84%可调。该体系适用于封堵高渗透储层和大孔道、汽窜通道等。

3.2　性能评价

3.2.1　悬浮性

筛选了目前现场常用的 3 种固相颗粒：树皮粉、稻糠、橡胶粉，目数在 5～200 目。考察固相颗粒悬浮性能，见表 3。

表 3　固相颗粒对悬浮性能的影响

颗粒种类	用量/%	分层情况(6.5h)
树皮粉	8	未分层
稻糠	8	未分层
橡胶粉	8	析水量3%

从上述实验可以看出，3 种固相颗粒在含油污油泥调剖剂中具有较好的分散悬浮性，静置 6.5h 基本未分层，满足现场施工要求。现场施工时，固相颗粒的加量因根据施工压力情况来确定。

3.2.2　封堵率

实验采用单管填砂管模型(模拟多轮次蒸汽吞吐后，渗透率>30000mD)，在含油油泥的基础上，加入不同粒径、不同浓度的固体颗粒，然后进行封堵实验，测其封堵率，考察污油泥颗粒调剖剂的封堵能力，结果见图 4。

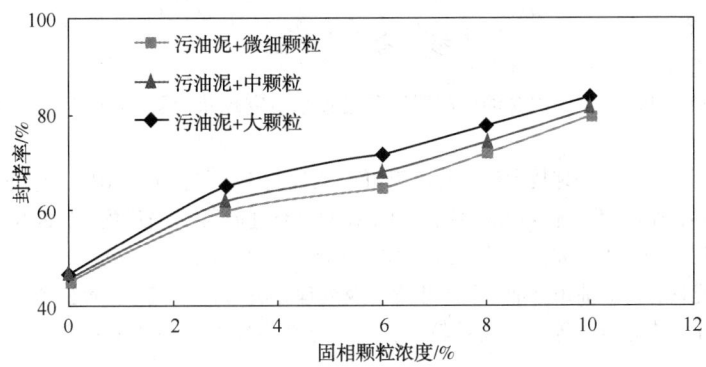

图 4　污油泥颗粒调剖剂封堵性能情况

从上述实验可以看出，含油污油泥具有一定的封堵能力，加入不同粒径、不同浓度的固相颗粒后，岩芯封堵率提高明显，因此，通过优选固相颗粒种类和浓度，可以满足不同生产井的封堵要求。

4　施工工艺

选井原则：井筒无套管变形或有轻微套管变形但不影响冲砂作业、油层纵向动用不均需改善动用程度、生产过程中表现出严重汽窜的油井。

施工工艺：采用油泥颗粒调剖剂+无机凝胶封口剂分段连续注入，控制各段塞注入压力，动态调整配方及段塞注入量。

5　现场应用

2016 年～2017 年 3 月油泥调堵技术在曙光油田超稠油油藏现场应用 18 井次，累计使用油泥 $5.31×10^4$t，按 600 元/t 计算节约含油污泥处理费 3186 万元。措施后平均单井注汽压力提高 2.0MPa，注汽过程中汽窜问题得到明显抑制，周期吞吐效果得到有效改善，阶段措施增油 5240t，按 850 元/t 计算创效 445 万元。实现综合效益 3631 万元，措施投入 450 万元，则投入产比为 1：8.1。

典型井例：杜 813-44-93 位于杜 813 兴隆台东超稠油区块，2002 年投产，措施前已生产 27 轮。近 5 轮，与周边 3 口井汽窜严重，注汽压力逐轮下降，由低周期的 13.73MPa 下降至 10.94MPa，措施前周期汽窜影响产量 268t，仅生产 96 天，产油 155t。实施油泥调堵后，该井注汽压力由措施前的 10.94MPa 上升到 14.24MPa，提高了 3.32MPa，注汽期间周边 3 口井未见明显汽窜反应，降低汽窜影响产量 268t，措施后已生产 251d，产油 1820t，对比增油 1665t，措施效果显著。

6 结论

（1）分析了油泥样品的组成和性质，测定了油泥样品在不同温度下的流变性和悬浮性，满足现场实施过程中的运输及注入需求。

（2）采用串联填砂管和并联填砂管，开展了油泥封堵实验。结果表明，油泥可选择性封堵高渗层，封堵率可达 90% 以上。当地层渗透率高于一定值时（25000mD），固相和油相可在高压下"渗流"。

（3）现场应用表明，该技术可以有效抑制超稠油油藏的汽窜，提高了超稠油油藏的开发效果。

（4）实现了油泥的资源化循环利用，为油田绿色清洁发展提供了新的技术途径。

参 考 文 献

[1] 贺伟东，徐福帅，胡鹏飞. 国内含油污泥泥质利用技术研究现状[J]. 气田环境保护，2016，6(24)3：57-59.
[2] 于春涛. 含油污泥无害化处理技术研究与应用[J]. 石油与天然气化工，2014，2：204-207.
[3] 姜忠良，杨双春，李晓鸥，等. 含油污泥资源化技术研究进展[J]. 当代化工，2014，8：1626-1628.
[4] 聂丽梅. 污油泥处理技术研究[J]. 化工中间体，2015，7：61-61.
[5] 黄玲，高蕊，党博，等. 油田含油污泥产生途径及处理方法[J]. 油气田地面工程，2010，2：75-76.
[6] 邹正辉，旮拥军，李建雄，等. 橡胶颗粒复合调剖体系在复杂断块油田的应用[J]. 石油钻采工艺，2010，9.
[7] 赵金省，李兆敏，孙辉，等. 适于蒸汽吞吐井的含油污泥调剖的研制试验[J]. 石油天然气学报，2007，29(2)：108-111.
[8] 戴达山，刘义刚，刘宏现，等. 耐温耐盐含油污泥调剖体系. 油气田地面工程，2010，29(8)：13-15.
[9] 滕立勇，王尧，赵永鸿，等. 辽河油田稠油污油泥调剖技术[J]. 特种油气藏，2016，5：134-137.
[10] 范振中，俞庆森. 污油泥调剖剂的研究与性能评价[J]. 浙江大学学报：理学版，2005，5：658-662.
[11] 杨锋，康利伟，康利伟，等. 陇东油田含油污泥处理技术[J]. 油气田环境保护，2008，1：30-32.
[12] 刘强，王浩，滕立勇，等. 污油泥调剖技术在稠油热采开发中的研究与应用[J]. 精细石油化工进展，2016，5：24-27.

刮管冲砂一体化工艺技术研究

邢洪宪，李清涛，张云驰

(中海油能源发展股份有限公司工程技术分公司，天津 300452)

摘 要 海上疏松砂岩油藏开发大多为定向井，射孔段长，射孔后井筒中沉砂较多需要冲砂，正循环冲砂管柱被砂卡的风险大，反循环冲砂效率低，不能满足海上油田安全、高效的作业需求。提出了刮管冲砂一体化新技术，设计了一体化工艺管柱，研发了配套工具，使射孔后的再刮管管柱具有了安全、高效冲砂的功能。刮管冲砂一体化新技术可灵活地满足常规刮管、正压冲砂、负压冲砂、抽吸法负压返涌及射流泵举升试生产等多种需求，具有较好的推广应用价值，可为海上油田完井作业的提效降本做出贡献。

关键词 射孔压实带；刮管；冲砂；一体化；抽吸法负压返涌；试生产

射孔压实带是射孔损害最重要的组成部分，严重影响油井产能。国内外对射孔压实带影响射孔完井产能进行了研究，结果表明压实带厚度一般在 10~17mm 之间，压实带区域内渗透率下降幅度约为 60.0%~80.0%[1,2]。为了消除射孔压实带，普遍的做法是采用负压射孔技术。在负压射孔的瞬间，由于负压差的存在，使地层流体产生一个反向回流，冲洗射孔孔眼，清除孔眼中的碎屑堵塞及孔眼周围破碎压实带中的细微颗粒堵塞。海上油井大多为定向井，射孔段长，对于疏松易出砂的油井，负压射孔后井筒中往往会出现较多的沉砂，为了不影响后续完井作业，通常需要在射孔后的再刮管作业中进行冲砂。正循环冲砂效率高，但存在砂卡刮管管柱的风险。为了避免刮管管柱砂卡，现场冲砂时一般都是采用反循环。由于环空液流对沉砂的冲击力比较小，反循环冲砂的效率比较低，有些情况下根本就冲不起来，此时就不得不起出刮管管柱，然后专门下一趟光钻杆管柱进行正冲砂，如此两趟管柱就增加了作业工期。另外，反循环冲砂时由于环空的压力比较高，还容易造成完井液的大量漏失，既增加了完井液的成本，同时又会增加对储层的污染。基于上述海上油田负压射孔后再刮管和冲砂的技术现状和需求，进行了刮管冲砂一体化工艺技术研究，将刮管管柱和冲砂管柱合二为一，既能够避免砂卡风险和储层污染，同时又能够提高冲砂作业效率。

1 刮管冲砂一体化工艺技术的特点

（1）刮管管柱与冲砂管柱合二为一，可根据井筒情况选择性使用相应的功能。

（2）冲砂作业时，上部反循环，下部正循环，可提高冲砂效率，降低冲砂管柱砂卡风险。

（3）可携带旋转冲砂喷嘴，提高冲砂效率和质量，使井筒更干净，使射孔炮眼更清洁。

（4）可实现负压冲砂，减少地层漏失量，适用于易漏失储层。

（5）可实现不停泵连续冲砂，适用于长井段沉砂的井。

作者简介：邢洪宪，男，高级工程师，1999 年毕业于中国地质大学(北京)地质工程专业，现从事海上完井技术研究和管理工作。E-mail：xinghx@cnooc.com.cn

(6) 可实现负压返涌(抽吸法),形成负压破坏射孔压实带,并对射孔炮眼进行清洗,对于大斜度井,可减少一次单独返涌管柱。

(7) 可实现射流泵举升试生产求取产能。

2 刮管冲砂一体化工艺技术的原理

2.1 常规刮管

在起下管柱过程中,分流封隔器皮碗密封处于收缩状态,可进行常规刮管作业和反循环(图1)。如果井筒内沉砂较少不需要冲砂,则进行反循环压井之后即可起出管柱。

2.2 正压冲砂

如果井筒内沉砂较多需要冲砂,而地层漏失量不大,不需要控制漏失量,则可采用正压冲砂(图2)。管柱内打压使分流封隔器皮碗密封张开,可实现上部反循环,下部正循环。

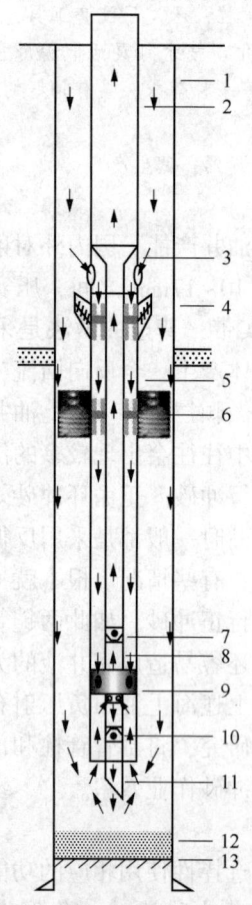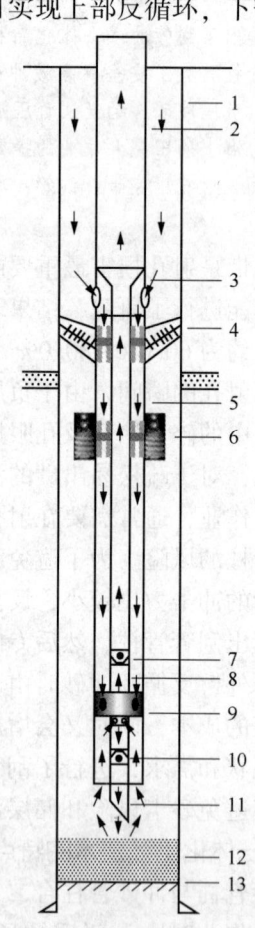

图 1　常规刮管工艺原理

1—套管;2—钻杆;3—分流短节;4—分流封隔器;
5—外层管柱;6—刮管器;7—单流阀;8—内层管柱;
9—桥式短节;10—单流阀;11—旋转冲砂喷嘴;
12—沉砂;13—人工井底

图 2　正压冲砂工艺原理

1—套管;2—钻杆;3—分流短节;4—分流封隔器;
5—外层管柱;6—刮管器;7—单流阀;8—内层管柱;
9—桥式短节;10—单流阀;11—旋转冲砂喷嘴;
12—沉砂;13—人工井底

2.3 负压冲砂

如果井筒内沉砂较多需要冲砂,而地层漏失量比较大,需要控制漏失量,则可在下部滑套内投入射流泵实现负压冲砂(图3)。上部反循环进入管柱的工作液,在下部射流泵位置进行分流，一部分工作液下行把沉砂冲洗起来，另外一部分工作液作为动力液进入射流泵，通过射流泵喷射产生的负压差把下部的含砂工作液抽吸并举升至地面。

3 刮管冲砂一体化工艺技术的延伸应用

3.1 抽吸法负压返涌

刮管冲砂一体化工艺管柱上的分流封隔器是一种皮碗封隔器，管柱内打压可使分流封隔器皮碗密封胀开，并使分流短节通道关闭(图4)，此时上提管柱，类似于活塞对井筒进行抽吸，可形成负压破坏射孔压实带，从储层中抽吸出的流体可对射孔炮眼进行清洗。对于9⅝″套管常用射孔参数(炮眼深度800mm，炮眼直径20mm，炮眼数量500个)，射孔压实带厚度按照15mm计算，抽吸20m即可使全部射孔炮眼清洗一次[3]。

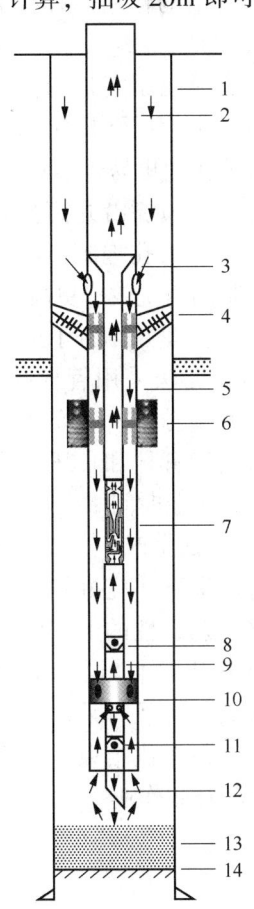 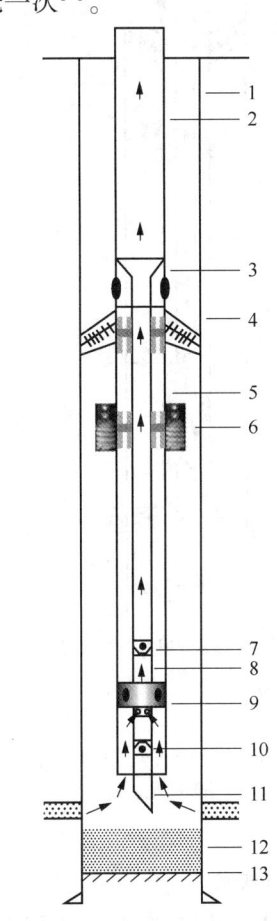

图3 负压冲砂工艺原理

1—套管；2—钻杆；3—分流短节；4—分流封隔器；
5—外层管柱；6—刮管器；7—射流泵；8—单流阀；
9—内层管柱；10—桥式短节；11—单流阀；
12—旋转冲砂喷嘴；13—沉砂；14—人工井底

图4 抽吸法负压返涌工艺原理

1—套管；2—钻杆；3—分流短节；4—分流封隔器；
5—外层管柱；6—刮管器；7—单流阀；8—内层管柱；
9—桥式短节；10—单流阀；11—旋转冲砂喷嘴；
12—沉砂；13—人工井底

对于疏松且易漏失的储层，为了防止射孔作业时砂卡射孔枪，一般会降低射孔时的负压值，并用凝胶作为射孔液，射孔枪发射并上提出储层段之后，再采用大负压返涌工艺以消除射孔压实带。由于凝胶射孔液具有较高的黏度和切力，流动性较差，尽管返涌的负压值较大，但返涌消除射孔压实带的效果并不好，留在射孔炮眼中的射孔残留物会在后续完井作业中堵塞在炮眼中，或被挤压进储层，而抽吸法负压返涌可反复多次进行，储层流体可无限多流出，使射孔炮眼的清洗更彻底。

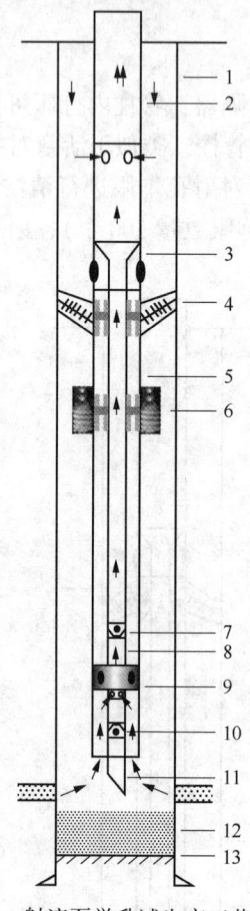

图5 射流泵举升试生产工艺原理

1—套管；2—钻杆；3—分流短节；4—上部滑套；5—分流封隔器；6—外层管柱；7—刮管器；8—单流阀；9—内层管柱；10—桥式短节；11—单流阀；12—旋转冲砂喷嘴；13—沉砂

与常规负压射孔工艺或平衡射孔大负压返涌工艺相比，采用射孔后的再刮管管柱进行抽吸法负压返涌还具有如下几点优势：

(1) 射孔炮眼的疏通工作后延，利于储层保护。采用射孔后的再刮管管柱负压返涌比采用射孔管柱负压返涌更晚疏通射孔炮眼，射孔压实带起到了暂堵的作用，有利于减少完井液的漏失和储层保护。

(2) 有利于射孔压实带的消除。延后的射孔炮眼疏通工作可使射孔压实带得到完井液更长时间的浸泡软化，更易于消除。

(3) 旋转冲砂喷嘴沿井筒径向方向喷射出的高速水射流正对射孔炮眼，使射孔压实带的消除和射孔炮眼的清洗效率更高，效果更好。

(4) 对于大斜度井，由于射孔作业时需要泵送校深仪器，无法采用管柱掏空法造负压，射孔作业后需要单独下一趟负压返涌管柱，而将射孔后的再刮管管柱和负压返涌管柱合二为一，则可以节省作业时间。

3.2 射流泵举升试生产

在进行防砂等下步完井作业之前，可在刮管冲砂一体化工艺管柱的上部滑套内投入射流泵进行射流泵举升试生产求取产能(图5)，如果产能不及预期，可及时采取补救措施进行处理，避免整个完井作业结束并投产后才发现产能低造成的被动补救作业。

4 配套工具

4.1 旋转冲砂喷嘴

旋转冲砂喷嘴如图6所示，该工具内部有液体流道，下部有不同方向的喷嘴，在高压冲洗液的作用下，旋转喷嘴提供切向力，促使工具旋转，并冲洗侧面的射孔炮眼。

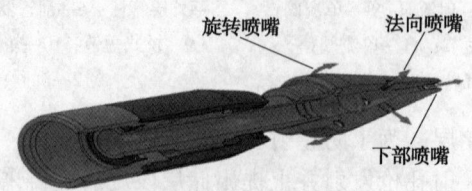

图6 旋转冲砂喷嘴

4.2　分流封隔器

分流封隔器如图 7 所示，是一种皮碗封隔器，可带压拖动，通过管柱内打压皮碗可多次张开收缩，有效减小在非工作井段的摩阻和损坏，并在工作井段起到环空密封作用。

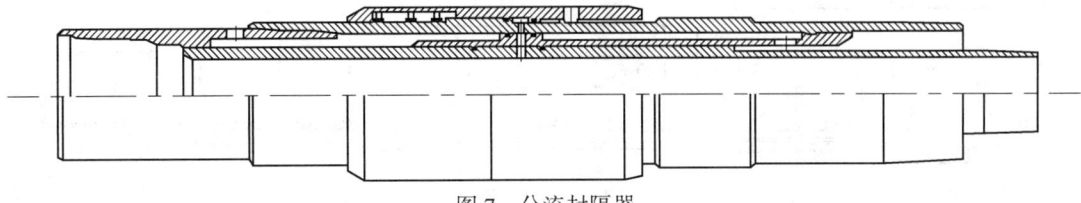

图 7　分流封隔器

4.3　分流短节

分流短节如图 8 所示，采用双层管结构设计，通过液压控制的轨道限位可使分流口多次开启或关闭，从而开启或关闭管柱的循环通道。

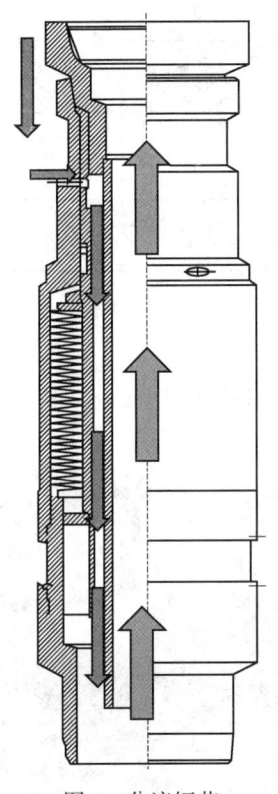

图 8　分流短节

4.4　防卡型刮管器

防卡型刮管器如图 9 所示，刮刀片的伸缩通过液压控制方式实现，当刮刀片伸出时与套管充分接触，实现套管刮削功能，当刮刀片收回时与套管内壁存有一定间隙，可在一定程度上防止被砂卡。

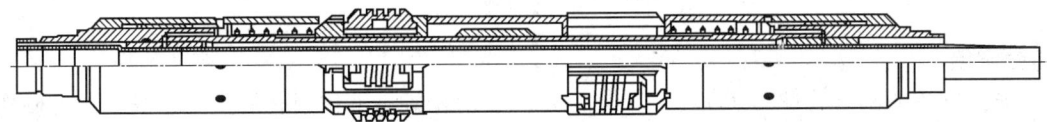

图 9　防卡型刮管器

4.5 双层管

双层管如图 10 所示,采用常规油管加工,可像常规油管一样上卸扣,不会额外增加作业时间。

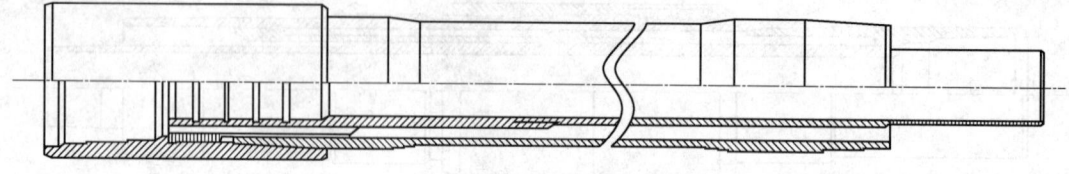

图 10 双层管

4.6 连续循环短节

连续循环短节如图 11 所示,可在冲砂作业过程中接单根时不用停止冲砂液的循环,使得冲砂作业更高效,降低冲砂作业的风险。

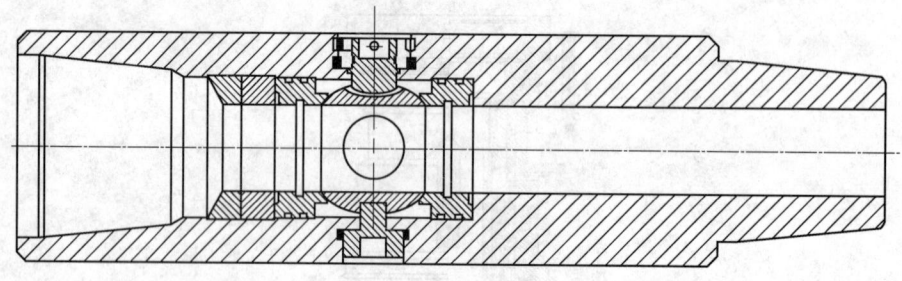

图 11 连续循环短节

4.7 井口密封装置

井口密封装置采用锥形自封胶芯设计(图 12),利用胶芯的自身弹性变形,抱紧钻杆,使井筒上部可以实现反循环。

图 12 井口密封胶芯

5 结束语

海上常用的刮管管柱功能单一,不能满足海上疏松砂岩油田射孔后安全、高效的冲砂作业需求,为此提出了刮管冲砂一体化新技术,使射孔后的再刮管管柱具有了安全、高效冲砂的功能。工具试验表明，本文提出的这一技术使刮管管柱和冲砂管柱合二为一，能够灵活满足海上油田完井作业中刮管、冲砂、负压返涌及试生产等多种需求，具有较好的推广应用价值。

参 考 文 献

[1] 陈凤，刘文萍．大庆油田射孔完井过程中的油层保护技术[J]．中外能源，2006，11(6)：42-44．

[2] 魏建光，任喜东．不同类型射孔弹射孔伤害参数测定实验研究[J]．钻采工艺，2016，39(5)：36-38．

[3] 林琪．负压射孔的电模拟实验装置及其实验研究[J]．石油学报，1991，12(1)：87-98．

耐高温海水基压裂液体系研制及性能评价

徐鸿志，张明锋，王宇宾，郝志伟，赵文娜

（中国石油集团工程技术研究院，天津 300451）

摘　要　为解决海洋压裂施工对淡水的依赖性大、施工成本高及作业空间受限制的问题，利用溶液聚合的方法合成了一种耐温抗盐的聚合物稠化剂，可与有机金属交联形成可挑挂的冻胶，确定了适用于150℃的耐高温海水基压裂液体系配方。对海水基压裂液体系的耐剪切性能、静态滤失性能、破胶性能、粘弹性能、岩芯基质渗透率损害率、可承受海水悬浮物含量和生物毒性容许值进行了评价。实验结果表明，海水基压裂液体系各综合性能指标符合行业标准指标的要求，体系可满足渤海湾海洋压裂施工的要求。

关键词　海水基；压裂液；综合性能

随着我国油气勘探开发的不断深入，海洋油气田开发已经成为油气开发的重要组成部分。但海上油气藏压裂作业中往往存在两大难题。一方面，由于海上平台淡水资源匮乏，配制压裂液的淡水必须通过补给船从码头装载淡水，运输至平台；有时导致压裂船在岸上停靠时间太长，同时增加了设备租赁费，这都无形中造成压裂液配制成本增高。另一方面，海洋压裂施工中，受施工作业载体的限制，没有多余空间摆放压裂液储罐，配制压裂液只能在泥浆池完成。由于泥浆池配液体积有限，只能降低压裂液配制量，或降低施工排量，以保证压裂液供给，因此只能实施小规模的压裂作业，压裂措施效果难以保证[1,2]。

一般来讲，在我国各大油田，常用的稠化剂仍以改性胍胶体系为主。胍胶分子链上的基团易受海水中的钙镁离子的影响，造成其在海水中溶解速率降低。胍胶体系需要在碱性条件下控制得到一定的延迟交联时间，而OH⁻会与钙镁离子发生反应生成沉淀，或造成岩芯伤害，或影响交联效果，而除掉海水中的钙镁离子需要较大的成本和时间。

海上油气田拥有取之不尽的海水资源，适用于现配现用、随配随压的连续配液施工方式。因此研制出一种可直接用海水配液的增稠剂，有助于克服海上压裂施工对淡水的依赖，突破海上作业空间的限制，降低海上压裂施工的成本，也可为扩大海上压裂施工规模提供强有力的技术支持。

本文通过分子结构设计，以丙烯基类化合物为单体，利用溶液聚合，研制合成了一种耐温抗盐的聚合物作为海水基压裂液用稠化剂，可直接用海水来配制基液，形成的基液可与有机金属进行交联形成压裂液。评价了海水基压裂液体系的耐剪切性能、静态滤失性能、破胶性能、黏弹性能、岩芯基质渗透率损害率、可承受海水悬浮物含量和生物毒性容许值。

基金项目：中国石油天然气集团公司科技开发项目"可排放海水基压裂液技术研究"课题（编号2013E-3807）部分研究成果。

作者简介：徐鸿志（1982—），男，汉族，硕士，高级工程师，2009年毕业于中国石油大学（华东）油气井工程专业，现从事储层改造研究工作。E-mail：xuhz.cpoe@cnpc.com.cn

1 实验部分

1.1 实验原料和仪器

丙烯基类化合物、甲酸钠、氢氧化钠、无水乙醇(分析纯);偶氮二异丁基咪盐酸盐(分析纯),阿拉丁试剂;有机金属交联剂(实验室制备);渤海湾海水。

恒温加热磁力搅拌器,DF-101S,郑州长城科工贸有限公司;MARSⅢ流变仪,ThermoFisher科技有限公司;四联高温高压滤失仪,170-90-4,美国OFITE测试设备公司;高温高压耐酸流动试验仪,GC-102,江苏海安县石油科研仪器有限公司;六速旋转黏度计,ZNN-D6,青岛海通达科技有限公司。

1.2 海水基压裂液冻胶的制备

取一定量渤海湾的海水倒入烧杯中,置于搅拌器上,调节搅拌器转速,配置成浓度为0.5%的稠化剂海水溶液,充分溶解5~10min后向其中加入黏土稳定剂、助排剂,得到海水基压裂液基液。量取一定量的基液,向其中缓慢加入0.3%的交联剂,直至漩涡消失,液面微微突起时,即形成海水基压裂液冻胶。

1.3 海水基压裂液性能测试

参照《水基压裂液性能评价方法》(SY/T 5107—2005)评价耐剪切性能、静态滤失性能、破胶性能、岩芯基质渗透率损害率。参照《水基压裂液性能评价方法》(SY/T 6296—2013)评价黏弹性能。参照《海洋石油勘探开发污染物生物毒性检验方法》(GB/T 18420.2—2001)评价生物毒性容许值。

2 实验结果与分析

2.1 海水基压裂液体系

本文中所用海水为渤海湾海水。海水中无机盐含量较高,是影响压裂液性能的最主要因素。因此对渤海湾海水的离子浓度进行了测定,如表1所示。

表1 渤海湾海水中的组成和含量

成　分	Cl⁻	Na⁺	SO₄²⁻	Mg²⁺	Ca²⁺	K⁺	HCO₃⁻	其他
离子浓度/(g/kg)	19.01	10.57	2.66	1.27	0.403	0.383	0.137	0.02

通过上表可以计算出,渤海湾海水的总矿化度为34.45g/kg。

考虑到海水基压裂液体系耐温抗盐、耐剪切性能的要求,向稠化剂分子链中引入了刚性基团以提高压裂液的耐温抗盐、耐剪切性能[3,4];以有机金属化合物[5]为交联剂,与稠化剂基液成可挑挂的冻胶;加入助排剂,降低表界面张力,日高返排效率;加入黏土稳定剂,抑制黏土微粒运移和水化膨胀。确定了适用于150℃的耐高温海水基压裂液体系的配方,如下:

0.5%稠化剂+0.3%有机金属交联剂+1.0%助排剂+1.0%黏土稳定剂。最终得到了海水基压裂液基液[图1(a)]和海水基压裂液冻胶[图1(b)]。

2.2 耐剪切性能

采用MARSⅢ流变仪对海水基压裂液进行耐剪切性能测试,设定实验温度为150℃,剪切速率为170s⁻¹,剪切时间为120min,如图2所示。

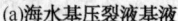
(a)海水基压裂液基液　　　　　　(b)海水基压裂液冻胶

图1　海水基压裂液体系

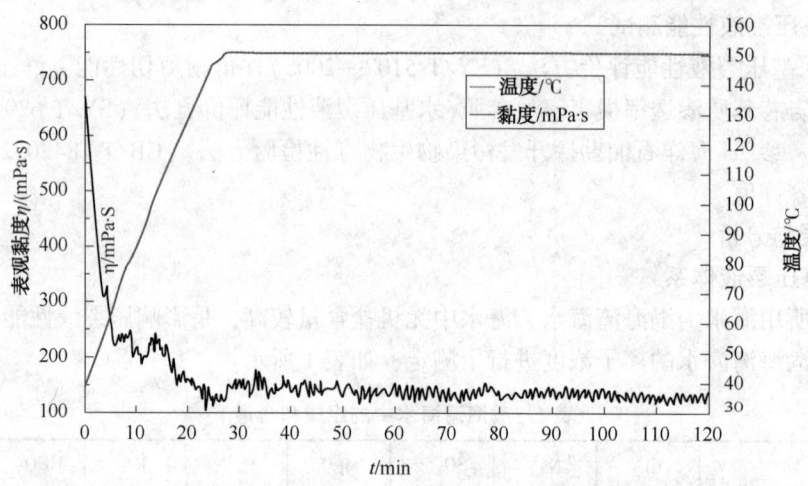

图2　海水基压裂液的耐剪切性能测试

在初始温度、剪切速率170s^{-1}下，海水基压裂液液起始黏度为670mPa·s左右，随着温度的升高，剪切的进行，表观黏度逐渐下降。剪切至30min时，温度为150℃，压裂液的表观黏度也逐渐趋于稳定，黏度保持在140mPa·s左右。当剪切120min后，表观黏度仍在125mPa·s左右。由此可以表明，海水基压裂液体系有良好高温耐剪切性能，可完全满足150℃下海洋压裂施工要求。

2.3　静态滤失性能

向测试釜中加入海水基压裂液冻样品，放置2片大小合适的圆形滤纸，密封。然后对测试釜进行升温至150℃，温度至指定温度后，设定实验压差为3.5MPa。此时开始记录不同时间下的滤液累积滤失量。以累积滤失量与时间的平方根进行作图，如图3所示。

从图3可以得出曲线的斜率和截距，计算可得滤失系数、滤失速率和初滤失量，如表2所示。可以看出，海水基压裂液的静态滤失系数满足行业指标要求，具有良好的降滤失性能。

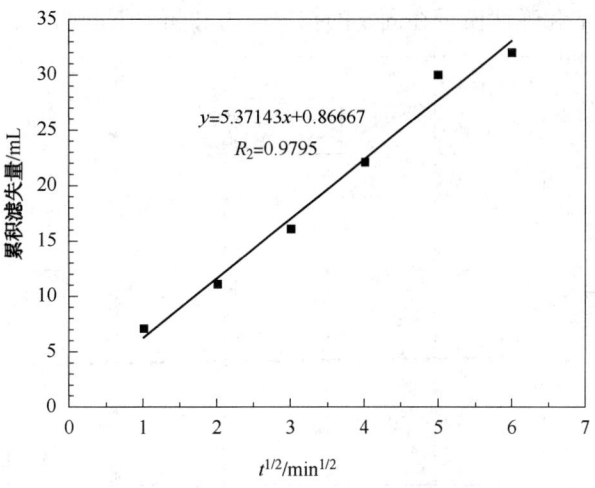

$$y=5.37143x+0.86667$$
$$R_2=0.9795$$

图3 累积滤失量与时间平方根的线性关系

表2 海水基压裂液静态滤失参数

项 目	实 验 结 果	指 标 要 求
滤失系数 C_3/(m/min$^{1/2}$)	$8.6×10^{-4}$	$≤1.0×10^{-3}$
初滤失量 Q_{sp}/(m^3/m^2)	$2.8×10^{-2}$	$≤5.0×10^{-2}$
滤失速度 V_c/(m/min)	$1.4×10^{-4}$	$≤1.5×10^{-4}$

2.4 破胶性能

向海水基压裂液中加入不同浓度的过硫酸铵作为破胶剂，置于150℃下进行破胶实验。分别测定不同破胶时间下的破胶液黏度，实验结果见表3。

由表3可以看出，当破胶剂加量为0.08%，破胶2h后，破胶液的黏度为3.9mPa·s。

表3 不同破胶剂加量、不同时间下的破胶黏度

加量/%	破胶液黏度/(mPa·s)	
	1h	2h
0.04	14.5	6.8
0.06	13.4	5.2
0.08	10.9	3.9

将破胶液进行离心，倒出上层清液，洗涤残渣、烘干，测得海水基压裂液体系残渣含量为38mg/L，低于常规胍胶压裂液体系，满足行业标准的要求。

2.5 黏弹性能

在线性粘弹区域内测定海水基压裂液体系的线性粘弹性。首次固定扫描频率为1Hz，在0.1~10Pa范围内对海水基压裂液体系进行应力扫描，得到粘弹性随剪切应力的变化曲线，选取线性粘弹区域的1/3~2/3处的剪切应力为固定扫描应力，固定扫描应力为0.5Pa。然后在0.5Pa的扫描应力下，在0.01~10Hz进行频率扫描，选取线性粘弹区域1/3~2/3处的扫描频率为固定扫描频率，固定扫描频率为1Hz[6]。

然后在固定的扫描应力(0.5Pa)和固定的扫描频率(1Hz)下，对海水基压裂液进行粘弹性测定，得到黏性模量和弹性模量在固定的扫描应力和频率下的曲线，如图 4 所示。

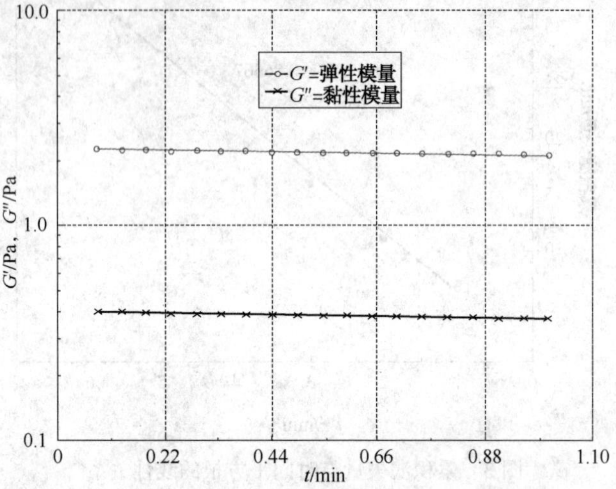

图 4　固定扫描应力和频率下，黏性模量和弹性模量曲线

从图 4 可以看出，在固定扫描应力和频率下，黏性模量和弹性模量基本保持稳定，弹性模量为 2.19Pa，黏性模量为 0.38Pa，高于行业标准的要求。由此表明海水基压裂液体系具有优越的粘弹性，携砂效果良好。

2.6　岩芯基质渗透率损害率

以煤油为流动介质，分别测定岩芯伤害前后，流动介质驱替挤入岩芯的渗透率，并与常规胍胶体系进行了对比，实验结果如表 4 所示。

表 4　海水基压裂液体系岩芯基质渗透率损害率

压 裂 液	煤油渗透率/mD		损害率/%
	损害前	损害后	
海水基 1#	3.2959	2.8549	13.38
海水基 2#	0.4960	0.4221	14.90
胍胶 1#	5.9731	4.6782	21.68
胍胶 2#	0.8375	0.5942	29.05

从表 4 可以看出，海水基压裂液对岩芯的平均损害率为 14.14%，对储层的伤害性较小。

2.7　可承受海水悬浮物含量

在海洋进行压裂施工时，由于大气洋流等多种原因，海水中会含有一定的悬浮物，浊度变大。为了考察海水的悬浮物含量对压裂液体系的影响，分别配制了不同悬浮物含量和不同浊度的海水来配制基液。然后考察了不同海水基悬浮物下的流变性能，如图 5 所示。

从表 5 中可以看出，随着悬浮物含量的升高，海水的浊度逐渐增大，配制的压裂液剪切后的黏度逐渐下降。当悬浮物含量高于 3000mg/L 时，剪切后的表观黏度降低至 100mPa·s 左右；当悬浮物含量高于 5000mg/L 时，剪切后的表观黏度降低至 50mPa·s 左右。由此表明海水基压裂液体系对配液用海水的悬浮物含量具有较宽的适用范围，抗污染能力强（据调查，渤海湾悬浮物平均含量≤90mg/L，浊度≤10NTU）。

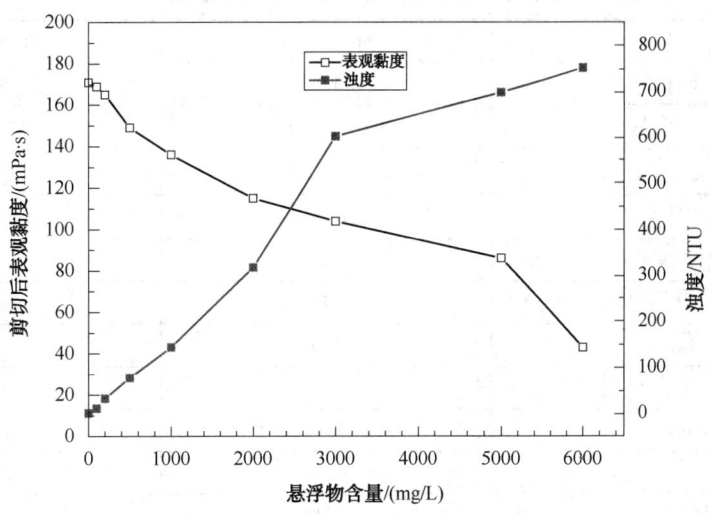

图 5　海水悬浮物含量对流变性能的影响

2.8　生物毒性容许值

为评价海水基压裂液体系的环保性能，委托国家海洋局天津海洋环境检测中心测定了海水基压裂液破胶液及单个添加剂生物毒性容许值 LC_{50}，如表 5 所示。

表 5　海水基压裂液生物毒性容许值测试

样　　品	稠化剂	交联剂	助排剂	黏土稳定剂	破胶液
$LC_{50}/(\times 10^4 \text{mg/L})$	5.60	1152.23	107.34	6.72	9.02

实验结果表明，压裂液体系破胶液和各个添加剂的生物毒性容许值 LC_{50} 值均在 3×10^4 mg/L 以上，高于《海洋石油勘探开发污染物生物毒性分级》（GB 18420.1—2001）的要求。由此表明，海水基压裂液体系具有良好的环保性能。

2.9　综合性能

通过以上对海水基压裂液各个性能的测试，得到了海水基压裂液体系的综合性能测试结果，并将其与《压裂液通用技术条件》（SY/T 6376—2008）进行了对比，如表 6 所示。

从图 5 可以看出，海水基液压裂液体系各综合性能指标优于行业标准的指标要求。

3　结论

（1）研制形成了一种适用于渤海湾的海水基压裂液体系，确定了体系配方为 0.5% 稠化剂 +0.3% 有机金属交联剂 +1.0% 助排剂 +1.0% 黏土稳定剂。

（2）海水基压裂液在 150℃ 下具有良好的高温耐剪切性能；初滤失量为 $2.8\times 10^{-2} \text{m}^3/\text{m}^2$、滤失系数为 $8.6\times 10^{-4} \text{m/min}^{0.5}$、滤失速率为 $1.4\times 10^{-4} \text{m/min}$，静态滤失参数满足行业标准要求；150℃、0.08% 的破胶剂加量下，2h 破胶液黏度为 3.9mPa·s，残渣含量低；破胶液对岩芯基质渗透率损害率只有 14.14%，伤害率较低；弹性模量为 2.19Pa，黏性模量为 0.38Pa，表明海水基压裂液体系具有良好的黏弹性。

（3）海水基压裂液体系对配液用海水要求较低，对海水中的悬浮物含量具有较宽的适用范围，抗污染能力强。

表6　海水基压裂液体系的综合性能

项　目	测定结果	技术指标
耐剪切性能(150℃)/(mPa·s)	125	≥50
初滤失量/(m³/m²)	2.8×10^{-2}	$\leq 5.0 \times 10^{-2}$
滤失速率/(m/min)	1.4×10^{-4}	$\leq 1.5 \times 10^{-4}$
滤失系数 C3/(m/min$^{1/2}$)	8.6×10^{-4}	$\leq 1.0 \times 10^{-3}$
岩芯基质渗透率损害率/%	14.14	≤30
破胶时间/min	120	≤720
破胶液黏度/(mPa·s)	3.9	≤5
残渣含量/(mg/L)	38	≤600
弹性模量/Pa	2.19	≥1.5
黏性模量/Pa	0.38	≥0.3
可承受海水悬浮物含量/(mg/L)	3000	
破胶液生物毒性容许值/(10^4mg/L)	3	9.02

(4) 海水基压裂液破胶液及添加剂生物毒性容许值 LC_{50} 均高于标准的要求，具有良好的环保性能。

(5) 海水基压裂液体系可直接用高矿化度的海水进行配液，有助于摆脱海洋压裂施工对淡水的依赖，有助于降低海上压裂施工的成本，有助于为扩大海上压裂施工规模提供强有力的技术支持。

参 考 文 献

[1] 郭振. 海洋平台用压裂液连续混配技术研究[J]. 西部探矿工程, 2014, 26(3).

[2] 宋爱莉, 安琦, 刘全刚, 等. 海水基稠化剂的筛选与性能研究. 石油天然气学报(江汉石油学院学报), 2014, 36(1).

[3] Torabi. F., Luo W, Xu S. Chemical Degradation of HPAM by Oxidization in Produced Water: Experimental Study//Proceedings of the SPE Americas E&P Health Safety Security and Environmental Conference. Society of Petroleum Engineers, 2013.

[4] Ye L, Huang R. Study of P (AM-NVP-DMDA) hydrophobically associating water-soluble terpolymer. Journal of applied polymer science, 1999, 74(1).

[5] Rozi Ghosh, Rupendranath Banerjee, Diptabhas Sarkar. Kinetics and mechanism of reaction between zirconium-lactate and pentane-2, 4-dione in excess lactate[J]. International Journal of Chemical Kinetics, 2011, 43.

[6] 王超, 欧阳坚, 薛俊杰, 等. 合成聚合物 XJJ-4 耐高温压裂液室内研究. 油田化学, 2015, 32(3).

全封固井技术在冀东油田的应用研究

王　瑜，赵永光，王宇飞，范恩东，崔海弟

（中国石油冀东油田分公司勘探开发建设工程事业部，河北唐山 063200）

摘　要　全封固井是基于冀东油田不断增多的深层低渗透储层压裂井而不断发展的一项固井技术，随着压裂工艺水平、压裂设备能力的提高，越来越多井要求固井水泥一次上返至井口。全封固井技术主要难点是固井现场施工注灰量大、顶替效率难以保证、顶部水泥容易超缓凝、对水泥浆性能要求高、易导致固井井漏等复杂情况。通过大量实验，成功应用了低失水、稳定性良好的高强空心微珠低密度水泥浆体系和目的层使用防气侵水泥浆体系及相配套的现场施工固井工艺技术，在冀东油田成功应用于多口井的现场施工，目的层段固井质量合格率100%，低密度段封固质量达到设计要求，为冀东油田长封段固井推广应用和完成地质目的提供了技术支撑。

关键词　冀东油田；全封固井；低密度；水泥浆

随着勘探开发向复杂油气藏的不断深入，冀东油田在高尚堡、南堡4-3区、南堡5号构造等深层低渗透储层实施压裂的井不断增多。压裂井要求固井水泥一次性上返到井口，为了保证井筒的完整性，不能使用双级固井技术。常用水泥浆体系难以同时满足高温条件下稠化时间和顶部低温条件下强度发展的要求，这将会直接影响后续钻井安全，制约建井周期。另外，超长封固段形成的液柱当量密度容易导致固井井漏，水泥不但无法返至井口，甚至造成层间互窜，严重时造成井口冒气油井报废。为保证全封固井质量，满足压裂等后续作业要求，关键在于获得一套适用温度范围宽、适用温差范围广、水泥浆柱顶部强度发展快的低密度水泥浆体系，并辅以井眼准备、套管居中、钻井液性能调整和注替排量压力控制等配套的工艺技术。

1　固井难点分析

1.1　井眼质量差，影响顶替效率和施工安全

探井评价井钻井周期时间较长，井壁易失稳，井眼的长时间浸泡易形成"大肚子"和"糖葫芦"井眼。大肚子井段的钻井液不易被水泥浆驱替，其次由于水泥浆的托举效果要比钻井液强，在固井施工中水泥浆将大肚子井段的岩屑带出，在环形空间较小的地方堆积，造成施工过程中环空憋堵。

1.2　水泥浆封固段长，漏失和低返风险性大

油层固井一般要求水泥浆返至井口，封固段大于3000~5000m，如果用常规水泥浆固井，固井施工中极有可能发生漏失，造成水泥浆返高不够。实践表明：一旦发生井漏，由于液柱压力分布改变，即使水泥浆返高满足设计要求，油气水层间分隔也会较差。

作者简介：王瑜（1984—），男，汉族，硕士，工程师，2011年毕业于中国石油大学油气井工程专业，现在冀东油田勘探开发建设工程事业部从事钻井管理工作。E-mail：wangyuer1122@126.com

1.3　地层溢、漏并存，平衡压力固井存在较大困难

部分井钻井过程中易发生漏失，同时又易出现气侵，完井时的钻井液密度较高，在同一裸眼井段有溢、漏并存现象。因此在固井施工时，既要考虑地层漏失问题，又要考虑油气压稳问题，设计水泥浆比重的安全窗口很窄，平衡压力固井技术存在较大困难。

1.4　钻井液性能难控制，影响第二界面胶结质量和顶替效率

高尚堡调整区块完钻钻井液密度高易造成钻井液固井前动切力、塑性黏度和静切力等性能较高，流动性差，将会影响水泥浆的顶替效率；形成较厚的虚泥饼会严重影响第二界面的胶结质量，顶替效率也不易保证；并且为了保证测井及套管下入成功，在钻井液中加入了含油的润滑剂，在套管外壁形成一层油膜，该油膜用常规的隔离液很难清洗干净，造成第一胶结面变差。

2　固井工艺及措施

2.1　提高顶替效率技术措施

1. 提高注灰排量

对于井深 4500~5000m 的井，一次上返固井需要水泥浆 120m³ 左右，开始用泥浆泵替浆时，水泥已经上返到油顶以上。所以必须提高注灰排量来使流态度达到紊流。换言之，全封固井顶替效率受注灰排量影响大。需改变传统工艺"小排量注灰，大排量替浆"为"大排量注灰，变排量替浆"。目前，通过水泥车设备改造升级或双水泥车注灰施工，注灰排量可达到 1.8m³/min。

2. 提高套管居中度

在套管偏心较严重的情况下，窄间隙的顶替效率比较差。通过对扶正器合理选型和科学加入可以提高套管居中度，增大顶替效率，具体加法见表1。

表1　扶正器选型及加法

序号	封固段井斜	扶正器类型	加法
1	井斜<35°	双弓扶正器	一根一加
2	35°≤井斜<40°	双弓扶正器+刚性扶正器	两弹一刚，一根一加
3	40°≤井斜	双弓扶正器+刚性扶正器	刚弹相间，一根一加

3. 固井前钻井液性能要求

固井前钻井液性能要求见表2。如果钻井液性能实在无法满足固井前钻井液性能要求，可按固井前钻井液要求在地面单独配制 20~30m³ 钻井液作为前导浆，这样也有利于提高固井质量。

表2　固井前钻井液性能要求

类型	密度	黏度/s	失水/mL	n 值	K 值/(Pa·s)	塑黏/(MPa·s)	动切/Pa
固井前钻井液	完钻密度	40~45	≤5	≥0.7	≤0.20	<20	<8
前导浆(坂土浆)	完钻密度	40	≤8	≥0.72	≤0.18	<18	<6

2.2　平衡压力固井工艺

平衡压力固井即施工前、施工中和施工后保持压环空压力和地层压力平衡情况下的固井，设计中既要保证压稳又要保证不能漏失。具体措施如下：

① 根据主力油层位置合理设计环空液柱分布。要求高密度速凝水泥浆封固主力油层段，缓凝水泥浆封至设计返高，低密度水泥浆附加 300~500m，既能保证设计返高达到要求，也能对主力油层段的油气水层进行压稳。

② 采用两凝水泥浆体系，拉大速凝浆和缓凝浆的稠化时间差。通过拉大水泥浆稠化时间差，使封固主力油层段的速凝水泥浆在失重情况下，缓凝浆有足够的补偿压力，防止在水泥浆失重情况下发生窜槽。

③ 针对有高压层存在的井，采用"带重帽"和环空加压技术，确保在全过程中的平衡压稳。

2.3 降低环空液柱压力

低密度固井可以较大程度的降低环空液柱压力。根据地质和后期开发要求，采用低密度水泥浆配合常规水泥浆固井工艺设计环空液柱分布，设计部分常规高密度水泥浆封固底部主力油层段，低密度水泥浆封固顶部油层段，这样既保证了主力油层的封固，也降低了由于封固段长压漏地层的风险[1]。

加大前置液用量，可降低环空液柱压力。增大前置液设计用量即可充分冲洗井壁和套管壁，隔离钻井液和水泥浆也可降低全封的环空液柱压力，适当的加大前置液用量，可以降低全封固井漏失风险。

2.4 降低施工回压

降低施工排量、提高钻井液和水泥浆的流动性都可以降低施工回压，可有效防止在固井施工中发生漏失。在排量控制方面，根据井眼情况，计算出塞流顶替的临界流速，在顶替起压前可增大顶替排量不存在漏失问题，起压后顶替排量变为塞流顶替临界排量，直至碰压。

3 低密度水泥浆体系优选

3.1 悬浮剂 BCJ-310S 的研究

水泥浆的稳定性对固井质量的好坏有绝对性的影响，若水泥稳定沉降性不好，会使形成的水泥石不均匀，水泥石的致密程度及胶结强度从上到下会不断减弱，对水泥环的封固质量造成不良影响。该固井用悬浮剂是用在水泥浆中阻止颗粒沉降、增加体系稳定性的一种油井水泥外加剂，悬浮剂 BCJ-310S 将增稠、触变及形成网架结构三种悬浮作用机理有机的结合在一起，通过调整 BCJ-310S 耐高温悬浮剂的加量，使低密度水泥浆具有良好的高温悬浮能力，大大改善了水泥浆的稳定性。通过室内稳定性试验，可以看到，加入 1.2% 的悬浮剂可将上下部密度差控制在 0.03g/cm³。其试验结果见表3。

表3 1.35g/cm³水泥稳定沉降性对比实验(静止2h)

不加 BCJ-310S 从上至下 密度/(g/cm³)	加入 2.5%BCJ-310S 从上至下 密度/(g/cm³)	不加 BCJ-310S 从上至下 密度/(g/cm³)	加入 2.5%BCJ-310S 从上至下 密度/(g/cm³)
1.095	1.337	1.403	1.359
1.268	1.340	1.494	1.361
1.349	1.351	最大密度差为 0.40g/cm³	最大密度差为 0.03g/cm³

悬浮剂产品 BCJ-310S 中含有随温度升高黏度轻微增加的物质，可以抵消水泥浆的高温变稀作用，在一定范围内可以使水泥浆高温下流变数据与常温相比略有增加。悬浮剂 BCJ-310S 对水泥石强度影响不大，加入悬浮剂后水泥浆高温稳定性得到明显改善，可避免水泥

石的严重收缩。其试验结果见表4。

表4　1.35g/cm³低密度抗压强度实验对比

BCJ-310S 加量/%	实验条件	抗压强度/MPa	备注
0	105℃/50MPa	CS$_{48h}$=27	水泥石收缩高 4.2cm
1	105℃/50MPa	CS$_{48h}$=23	几乎无收缩高 4.9cm

3.2　低密度水泥浆强度发展

　　高强度低密度水泥浆体系是以线性堆积模型和固体悬浮模型为基础，根据紧密堆积理论而优化设计；利用合理的物料颗粒级配并通过改善物料的表面性质，减少物料颗粒间的充填水和表面的润滑水提高水泥浆单位体积中固相含量，以形成更加致密的水泥石；通过超细矿物材料之间的物理化学作用等手段，以提高低密度水泥浆的力学性能。高强度低密度水泥浆体系是通过降低水泥浆密度，继而降低液注压力，以解决固井过程和候凝期间的漏失问题，并利用高强度性能满足易漏失井的封固要求[2]。

表5　两种低密度水泥浆抗压强度试验

水泥浆类型	抗压强度(养护时间/h，温度/℃)	水泥浆类型	抗压强度(养护时间/h，温度/℃)
低密度 1.35g/cm³	13.7MPa(24h，105℃)	低密度 1.50g/cm³	16.2MPa(24h，105℃)
	10.8MPa(48h，30℃)		10.6MPa(48h，40℃)

4　现场应用及质量评价

4.1　现场水泥浆化验及应用[3,4]

　　配方一 1.35g/cm³低密度水泥浆：G 级水泥：100g+减轻增强材料 BXE-600S：100g+BCD-200S：2.0g+BCJ-310S：1.8g+现场清水：118g+增韧防窜剂 BCG-200L：10g+大温差缓凝剂 BCR-260L：0.6g+消泡剂 G603：0.5g。

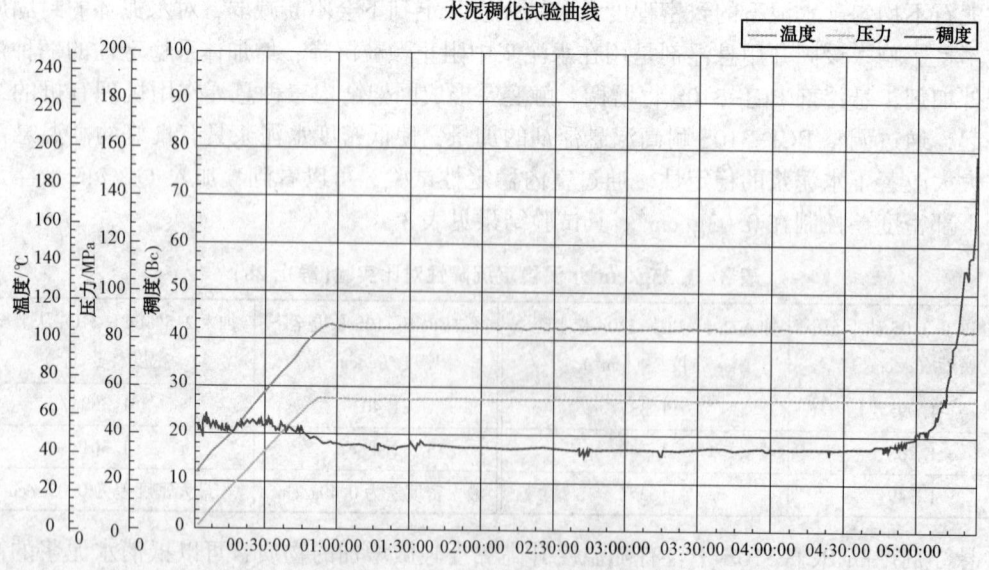

图1　1.35g/cm³低密度水泥浆稠化曲线(稠化时间 324min)

配方二 1.50g/cm³低密度水泥浆：G 级水泥：100g+减轻增强材 BXE-600S：50g+BCD-200S：0.5g+BCJ-310S：1.25g+现场清水 77g+增韧防窜剂 BCG-200L：7g+大温差缓凝剂 BCR-260L：1.0g+消泡剂 G603：0.1g。

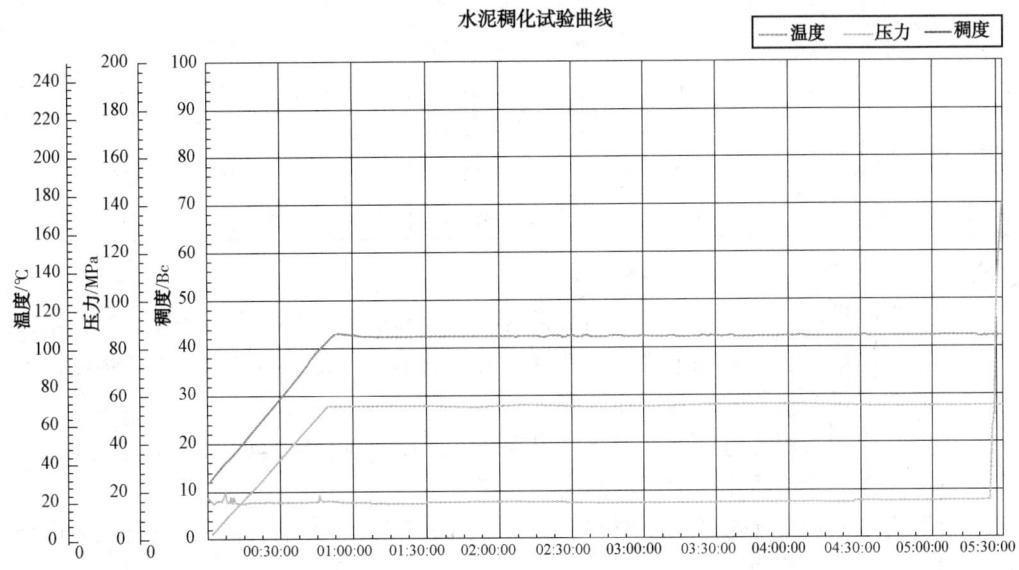

图2　1.50g/cm³低密度水泥浆稠化曲线(稠化时间 331min)

4.2　固井工艺措施

①固井前预处理钻井液，降低塑性黏度和动切力，要求塑性黏度为 40~45mPa·s，动切力小于 8Pa。②做好井眼清洁工作，采用大排量洗井工艺，下套管后采用 2.3m³/min 至少将钻井液循环 2 周。③合理设计扶正器的数量和位置，油层段以上井段每 2 根套管加一个扶正器；在油层段及以下井段每根套管加一个扶正器，增加扶正器的密度，提高套管居中度。④使用高效隔离液技术，引入高性能的 BCS-010L 隔离液体系，避免了钻井液与水泥浆接触污染造成的泵压升高的现象出现，提高了对钻井液的顶替效率。⑤根据现场条件合理设计紊流顶替排量为 2.3m³/min，保证紊流接触时间在 10min 以上，提高钻井液的顶替效率。⑥采用平衡压力固井，油层段上部失重时保持过压 2MPa 左右，防止水泥浆失重时层间互窜。在填充段使用与泥浆密度相等水泥浆(1.35g/cm³)降低井底压差，防止因压差过大导致的井漏。⑦固完井后采取环空憋压方式候凝，防止在水泥"失重"过程中发生油、气、水窜，同时也能防止水泥石凝固过程中微间隙的出现。

4.3　施工质量评价

这两种低密度水泥浆体系首先在 NP36-3804 井 139.7mm，单级一次性封固 4714m 施工中顺利应用。施工中，共注入 1.50g/cm³低密度水泥浆 19m³(0~800m)，1.35g/cm³的低密度水泥 82m³(800~4000m)，下部用 1.88g/cm³的常规密度水泥对产层进行封固。表6为 2014~2016 年 3 年间深井全封固井的基本数据，固井合格率 100%，满足勘探开发的需求。

表 6　2014~2016 年冀东油田全封固井施工数据及质量评价结果

井号	井别	完钻井深/ m	循环温度/ ℃	套管尺寸/ m	套管下深/ m	设计返高/ m	封固段长/ m	实际返高/ m	固井质量
NP36-3804	开发	4714	105	139.7	4708.99	0	4714	0	优质
NP36-3634	开发	4770	105	139.7	4767.55	0	4770	50	合格
G166X3	评价	4975	109	139.7	4964.19	0	4975	48	合格
NP5-85C	探井	5129	115	139.7	5114.77	0	5129	0	优质
G126X1	评价	4375	90	139.7	4370.50	0	4375	135	合格
G166X5	评价	4461	100	139.7	4459.16	0	4461	0	合格

5　结论

（1）基于紧密堆积理论，通过对不同粒径材料的合理搭配，开发出低密度大温差水泥浆体系，该水泥浆体系具有流动和沉降稳定性好，失水量小，稠化时间可调，顶部强度发展迅速等特点，能够满足全封固井长封固作业要求。

（2）固井过程中采用先进的固井设备，提高环空回压，选择合理的顶替速度，保证了固井施工顺利与固井质量，防止了地层的漏失与窜流。

（3）该低密度水泥浆体系适用于冀东高尚堡、南堡等深层的全封固井，满足区域压裂井固井的需要，可以在各区块同类型井进行推广。

参 考 文 献

[1] 商勇. 低密度水泥浆固井技术研究与应用[J]. 钻井液与完井液，2004，21(4)：34-36.
[2] 冯京海，程远方，贾江鸿，等. 高强度低密度水泥浆体系的研究[J]. 钻井液与完井液，2007，24(5)：44-46.
[3] 赵宝辉. 适用于全封固井的新型缓凝剂. 钻井液与完井液，2011，28(S0)：10-12.
[4] 赵宝辉. 新型缓凝剂 BCR-260L 性能评价及现场试验. 石油钻探技术，2012，40(2)：55-58.

小直径井砾石充填管串研究与应用

刘 伟[1]，李怀文[1]，王 强[2]，周志国[1]，昝丽艳[1]，张 健[2]

(1. 大港油田石油工程研究院，天津 300280；2. 大港油田第五采油厂，天津 300280)

摘 要 本文研制了小井眼井机械防砂管串。研制了 $\phi100$ 小直径封隔器，并以该工具为核心研制了应用于缩径 100mm 以上套变井的机械防砂管串，研制了防砂用 Y341-76 封隔器，以该封隔器为核心对配套工具进行优化，研制了应用于 $\phi82.25$ 侧钻井的机械防砂管串，两套机械防砂管串成功应用于大港油田套变井与侧钻井，取得了较好防砂效果，现场应用 10 余井次，防砂有效率达到 100%，为老油田的高效开发提供技术支撑。

关键词 套变井防砂；侧钻井防砂；机械防砂；防砂管串

随着出砂油田开发的深入，油水井套损、套变现象日趋严重，同时，伴随油老井修复，侧钻井逐年增多，由于大港油田大部分区块属于疏松砂岩油藏，油井出砂严重，由于套变井、侧钻井的井眼直径小，开展机械防砂常规的工具下入困难，而化学防砂在有效率及有效期方面弱于机械防砂，此类小井眼的防砂难题成为油田开发较为关键的一环，若治理效果不佳，不仅制约了井网、层系的重组和完善，更有相当部分的潜力油层损失，极大制约了油田的高效开发。因此，为提高小井眼井防砂效果，研究合适的机械管串及配套工具就显得尤为重要。

1 缩径大于 $\phi100$ 套变井防砂管串研究

1.1 $\phi100$ 小直径封隔器研制

目前大港油田的主体防砂技术为深度砾石充填防砂技术，防砂封隔器是该技术的关键工具，其刚体外径为 $\phi114$，但油井发生套变缩径后，当缩径小于 $\phi114$ 时，由于封隔器无法下入，机械防砂技术将无法开展，严重影响了油井的高效开发。为此，研制了 $\phi100$ 小直径封隔器，该工具液压座封、丢手一次完成，其结构如图 1 所示，技术参数如表 1 所示。

所研制成功的 $\phi100$ 的小直径封隔器可满足套管内径 $\phi100\sim130$ 之间的套变井或小井眼井机械防砂施工。

图 1 防砂用液压小直径封隔器结构示意图

作者简介：刘伟(1983—)，男，硕士，工程师，2010 年毕业于中国石油大学(北京)油气井工程专业，现就职于大港油田石油工程研究院，从事防砂相关工作。E-mail：258480130@qq.com

表1　防砂用液压小直径封隔器技术参数

项　目	参　数	项　目	参　数
最大外径	$\phi100$	上端联接螺纹	2⅞″TBG
适用套管(内径)	$\phi100\sim130$	下端引卡套	2⅞″TBG
内通径	$\phi58$	总长度	1100mm
解封力	一般不超过30kN		

1.2　缩径大于 $\phi100$ 套变井机械防砂管串优化

以 $\phi100$ 小直径封隔器为核心，进行了机械防砂管串优化，管串自下而上依次为：丝堵+沉砂管+塑料扶正器+防砂筛管+塑料扶正器+变扣接头+油管1根+塑料扶正器+砾石充填工具短节+ $\phi100$ 小直径封隔器，其各部位功能如下。

丝堵：刚体外径 $\phi73$ ，在防砂管串最底端，封堵地层砂或充填砾石进入防砂管串内；

沉砂管：优化沉砂管长度为6m，刚体外径 $\phi73$ ，使生产中自筛管进入防砂管串的泥质、细粉砂沉入沉砂管内而不堵塞筛管，起到延缓防砂管串的作用；

塑料扶正器：刚体外径 $\phi73$ ，外套油溶性塑料，起到扶正、防止防砂管串贴在套管壁的作用，塑料外径 $\phi100$ (可根据井缩径情况调整塑料外径)，筛管上下各接一个，油管与砾石充填短节中间接一个。

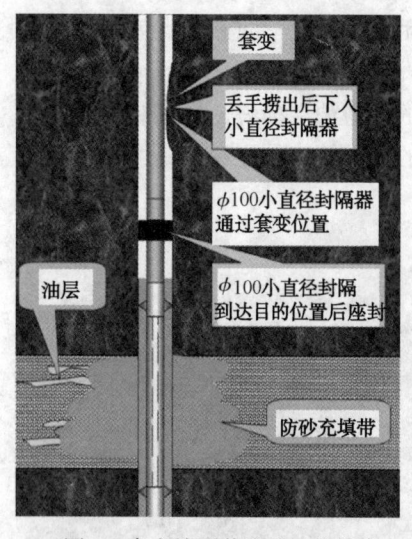

图2　套变缩颈井防砂工艺管串

变扣接头：起到连接筛管与上部油管的作用，变扣接箍外径 $\phi89$ ；

油管：常规平式油管，本体外径 $\phi73$ ，接箍外径 $\phi89$ ；

砾石充填短节：砾石充填工具充填完成，丢手后留井部分，外径 $\phi89$ ；

$\phi100$ 小直径封隔器：管串关键工具，刚体外径 $\phi100$ ，在防砂管串的最顶端，座封后封隔筛套环空的充填砾石，防止因砾石回吐而造成挡砂屏障松动而影响挡砂效果的作用。

防砂管串结构如图2所示，其刚体外径最大处为 $\phi100$ ，油管一下刚体外通经 $\phi73$ ，管串整体外径小于 $\phi100$ ，可有效下入至套变缩径 $\phi100$ 以上套变井井筒内，从而实现此类套变井的机械防砂，从而提高防砂效果。

2　侧钻井 $\phi82.25$ 防砂管串研究

2.1　$\phi76$ 防砂专用封隔器的研究

侧钻井侧钻段套管内径为 $\phi82.25$ ，由于侧钻井结构的特殊性，侧钻开窗处悬挂起有承压限制，但砾石充填防砂时，施工压力往往超过悬挂器限制压力，因此，为降低风险，侧钻井防砂管串封隔器必须下入至 $\phi82.25$ 小套管内，此要求也成为了限制侧钻井机械防砂开展的瓶颈。

研究了 $\phi76$ 防砂封隔器，其外观与传统 Y341-76 封隔器类似，但在结构上有改进，通过座封滑套及工具改进，使整个工具内通径达到 $\phi38$ (传统 Y341-76 内通径 $\phi28$)，较大内通径能够满足高砂比、大规模砾石充填需求，防止高砂比施工时造成砂堵，其主要参数如表

2 所示。

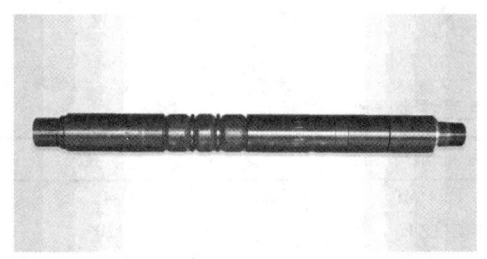

图 3　Y341-76 封隔器

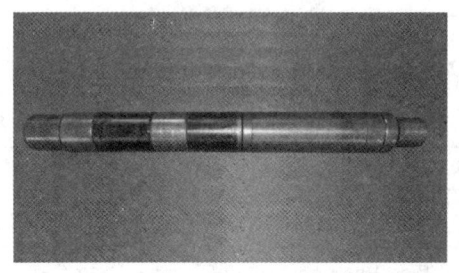

图 4　ϕ76 防砂专用封隔器

表 2　ϕ76 防砂专用封隔器主要技术参数

项　　目	参　　数	项　　目	参　　数
适用套管/mm	ϕ82.25	耐压/MPa	30
刚体外径/mm	ϕ76	工作温度/℃	<120
座封压力/MPa	15~22	内通径/mm	38

2.2　侧钻井防砂工艺管串研究

该防砂工艺管串主要含有锚定工具、扶正器、反洗井装置等，优选结果如下：

2.2.1　锚定工具优选

由于 ϕ76 防砂封隔器没有锚定装置，为实现防砂管串锚定，降低风险，优选 ϕ112 水力锚在悬挂器上方直径段对管串进行锚定。

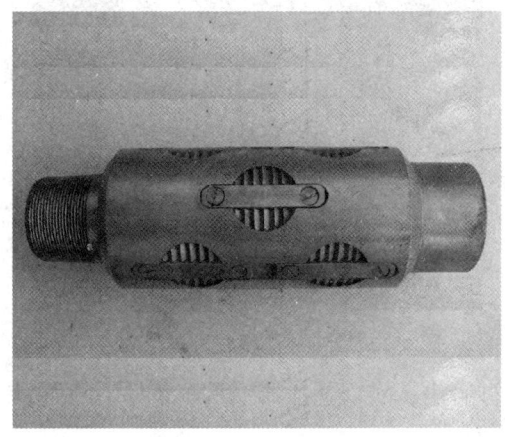

图 5　ϕ112 水力锚

表 3　ϕ112 水力锚主要技术参数

项　　目	参　　数	项　　目	参　　数
适用套管/mm	ϕ124	启动压差/MPa	0.6~1.0
刚体外径/mm	ϕ112	工作温度/℃	<120
工作压力/MPa	50	最小内通径/mm	48

2.2.2　扶正器优选

对于防砂目的层位距离悬挂器较长的井，高压施工时油管抖动幅度大将封隔器产生大幅度震荡而影响座封效果，设计在锚定装置与封隔器之间加装扶正装置，降低管串抖动。

　　为降低风险，便于在风险情况下处理，优选 $\phi 76$ 塑料扶正器作为小直径井防砂管串用扶正器。

2.2.3　反洗井装置优选

表4　$\phi 76$ 套压凡尔主要技术参数

项　　目	参　　数	项　　目	参　　数
刚体外径/mm	$\phi 76$	启动压差/MPa	0.4
内通径/mm	$\phi 36$	工作温度/℃	<120
工作压力/MPa	30		

　　施工中可能由于地层漏失等原因造成砂堵状况的发生，为保证在砂堵时能够及时进行洗井，降低作业风险，优化在管串底部，封隔器顶部加装反洗井装置。优选 $\phi 76$ 套压凡尔作为管串的反洗井装置。

3　侧钻井防砂工艺管串优化

　　(1) $\phi 112$ 水力锚作为配合 Y341 的锚定工具。

　　(2) $\phi 76$ 塑料扶正器降低施工中管柱抖动幅度过大对封隔器性能的影响

　　(3) $\phi 76$ 套压凡尔可在砂堵时及时反洗井处理

　　(4) $\phi 76$ 防砂封隔器满足悬挂器不承压条件下的高压施工及分层防砂需求。

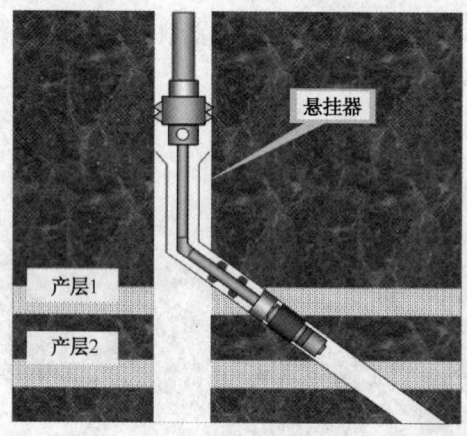

图6　82.25mm 侧钻井机械防砂管串

　　优化适合侧钻井的防砂管串，实现悬挂器不承压条件下的压裂充填防砂措施或在需要分层防砂的井上实现分防。

4　现场应用

　　小直径井机械防砂工艺先后在大港油田进行了应用，收到了较好的效果。

5　结论

　　(1) $\phi 100$ 小直径封隔器的应用实现了小井眼套变井的机械防砂，能够进一步提高套变井防砂效果。

　　(2) 侧钻井中下入带卡瓦结构的封隔器风险较高，可在非侧钻段用水力锚定工具悬挂封隔器的方法实现防砂管串的座封、锚定。

　　(3) 小井眼机械防砂管串为套变井及侧钻井的机械防砂难题提供了一种有效的解决途径，对提高小井眼井防砂效果具有重要的借鉴意义。

表5　小直径井防砂工艺效果统计

序号	防砂井号	井类型	井段/m	生产简况			
				防前防后	日产液/m³	日产油/t	含水/%
1	西9-8-1K	侧钻井	1059~1083.1	防前	长停井		
				防后	7	4.32	24
2	西36-6-1K	侧钻井	1098~1151	防前	长停井		
				防后	4	3.95	8
3	港27K	侧钻井	1726~1747	防前	12	2.39	80.7
				防后	15	4.51	72.1
4	西35-7-2	套变井	788~795.1	防前	补新层		
				防后	14.49	3.89	73.15

参 考 文 献

[1] 刘景三，徐孟策. 侧钻井作业施工及井下事故的处理[J]. 钻采工艺，2002，25(1)：99.101，106.

[2] 赖枫鹏，李治平. 水平井水力冲砂最优工作参数计算[J]. 石油钻探技术，2007，35(1)：69-71.

[3] 赵文彬，李子丰，王国斌，等. 大修井管柱力学分析软件的研制与应用[J]. 石油钻采工艺。2010，32(3)：23-26.

海上稠油热采复合调堵增效工艺研究及应用

赵德喜[1]，苏 毅[1]，孙永涛[2]，孙玉豹[2]，林珊珊[2]

(1. 有限天津分公司渤西作业公司，天津 300459；
2. 中海油服油田生产事业部，天津 300459)

摘 要 多元热流体热采技术在 NB 油田已经开展了 9 年的技术研究和现场试验，在渤海稠油油田已取得较好的增产效果。但在技术应用过程中出现一些问题，例如二/三轮次注热期间部分井发生气窜，降低了多元热流体的开发效果，严重制约了技术的应用扩大化。本文针对此问题，提出了两井同注吞吐、温敏凝胶调堵防窜相结合的新思路，并制定了优化方案。结果表明，注气井的邻井产气量降幅 64.5%，两井同注吞吐和温敏凝胶能够有效封堵地层高渗条带，治理气窜结果较明显。在低油价背景下，此工艺技术提高了采收率，为后续理论化、系统化地形成一套效益最佳的开发方式提供支持，为海上同类型油藏的开发具有指导作用。

关键词 多井同注，温敏凝胶，吞吐，气窜

多元热流体热采技术是一种新型的复合热采技术，它是利用航空发动机高温喷射燃烧原理，使燃料和空气在燃烧室燃烧，生成的高温燃气与注入水混合，最终形成多种组分的高温流体[1]。该技术增产机理主要是一种利用蒸汽与气体(N_2、CO_2、烟道气或天然气)的协同效应，通过加热降粘和气体溶解降粘、气体增压、气体扩大加热范围和减小热损失、气体辅助重力驱等机理来开采原油，提高单井产量[2]。随着吞吐轮次的增加，由于地层非均性严重，采出程度高、地层压力分布不均匀以及地下存气量大等不利因素，导致气窜从而影响热采效果，降低油田产量。基于上述问题，从油藏角度考虑多井同注吞吐、从化学调堵方向考虑温敏凝胶调堵，是实现气窜治理的可行方法。

1 稠油热采复合调堵增效机理

1.1 多井同注吞吐机理

(1) 抑制气窜：多井同注近井地带含气饱和度高于单井吞吐。

(2) 增加均匀动用程度：多井同注近井地带压力高于单井吞吐。

(3) 提高热量利用率：多井同注相对于单井原油粘度低，波及面积大。

多井同注吞吐优点：提高热利用率；有利于热量向未动用区域扩散，增大热交换面积；集中建立地下温度场；优化注汽顺序，改变驱油方向。

1.2 温敏凝胶调堵机理

温敏凝胶低温时为低黏度流体，高温时(一般大于 80℃)转变为胶体封堵大孔道，改善注汽井的吸汽剖面，扩大注入蒸汽波及范围，使得中、低渗透层中的原油得到加热，增加了油井产量。随着回采时地层温度降低，温敏凝胶可恢复成低粘度流动性液体，随之采出，不会造成地层污染。

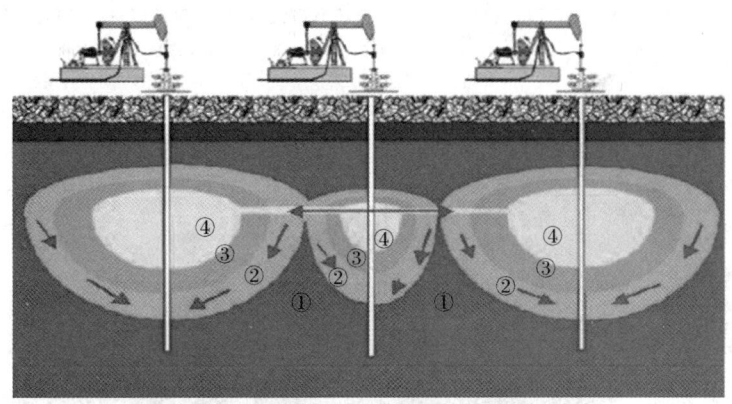

①-冷原油；②-加热带；③-蒸汽凝结带；④-蒸汽带

图 1　多井同注同采吞吐示意图

　　温敏凝胶热可逆特性机理：温敏聚合物溶液处于低温时，大分子上的亲水基团和水分子之间存在氢键作用，为水分子包围而形成笼状结构。当温度逐渐升高，越来越多的氢键发生断裂，从笼状结构中脱离出来的温敏聚合物聚集在一起形成疏水聚集体。温度进一步升高，最终所有的氢键都断裂，其疏水结合达到最大程度。在此过程中，温敏聚合物逐渐不可溶，并最终完全不溶于水。当温度升高到凝胶点时，疏水聚集体形成的二维网络结构充满体系，宏观上表现为凝胶的形成。

2　稠油热采复合调堵增效工艺

2.1　多井同注吞吐数模研究

　　根据渤海某稠油区块油藏特征，建立地质模型，如图 2 所示。根据地质油藏、布井条件以及气窜情况，进行注入组合与注入顺序优化。注入参数设计如表 1 所示，优化结果如表 2 所示。以有效期、周期产油量、累增油量、邻井最大产气速度作为评价指标，优化的最佳注入方案为：注入温度 200℃，周期注入量：3600m³（B36m：1800m³；B44H：1800m³）。

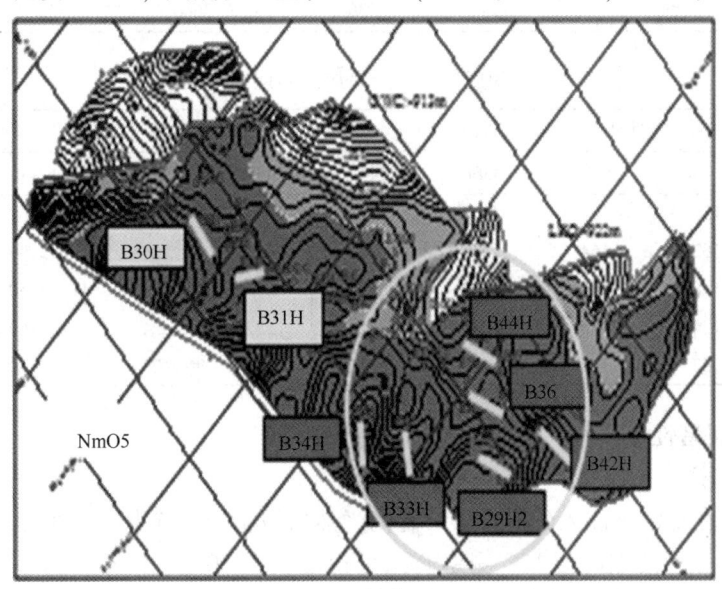

图 2　井位图

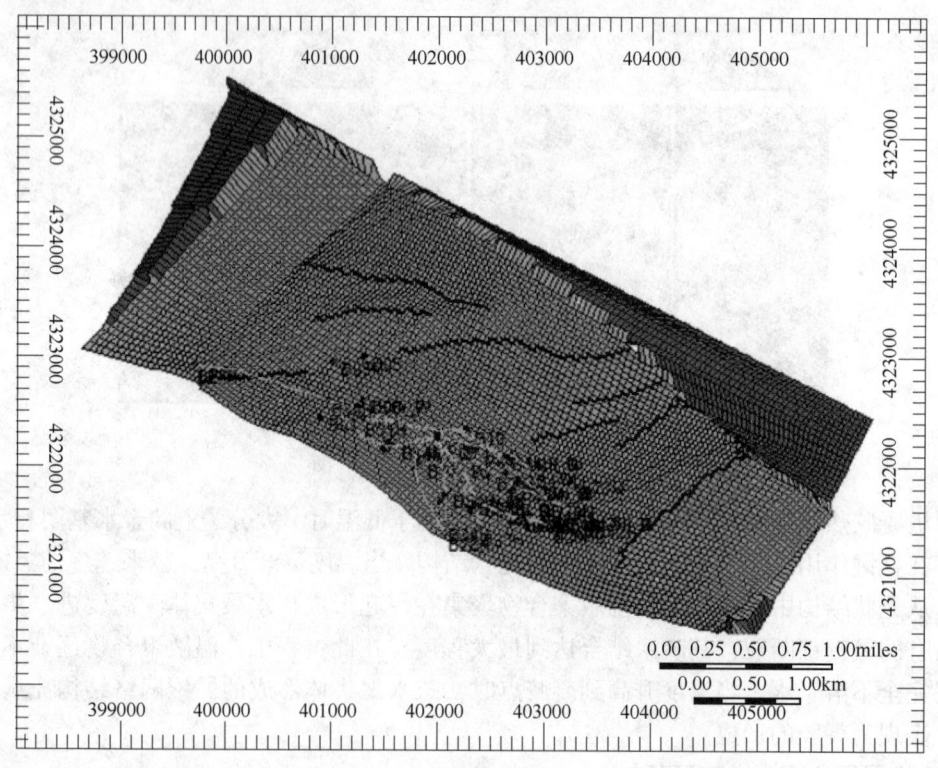

图 3　地质模型图

表 1　注入参数设计表

设计参数	参数水平 1	2	3	4	5
注入温度/℃	170	180	190	200	210
周期注入量/m³	2400	3000	3600	4200	4800

表 2　不同周期注入量对应的周期累产油预测

周期注入量/m³	有效期/d		周期产油量/m³		增油量/m³			临井最大产气速度
	B36m	B44H	B36m	B44H	B36m	B44H	合计	
2400	130	134	4970	5382	2500	2300	4800	2450
3000	162	164	5788	6152	2710	2380	5090	3100
3600	178	182	6182	6636	2800	2450	5250	4250
4200	174	178	6036	6524	2730	2430	5160	7080
4800	162	162	5748	6116	2670	2390	5060	13600

2.2　温敏凝胶调堵性能评价

（1）成胶温度

将温敏凝胶在低温下注入到模拟岩心管内，然后恒温到实验温度，用相同温度的热水进行驱替，记录岩心管两端的压差。测定高温可逆凝胶在 50℃、70℃、80℃、90℃、100℃、160℃下的驱替压差。温敏凝胶浓度 2%，注入量 1.5PV。

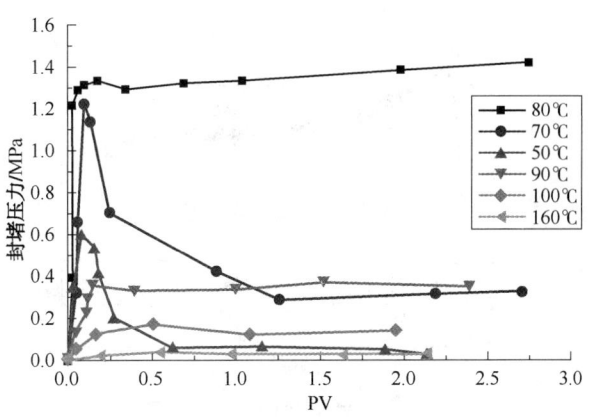

图 4　温敏可逆凝胶在不同温度下的封堵压差

如图 4 所示实验结果表明，50℃、70℃注水驱替时，随注入量的增加，压差上升达到最大值，然后压差下降，80℃的封堵效果最好。其原因为温敏凝胶起到了作用，当水突破后，压差急剧下降。当温度>80℃时，温敏凝胶成胶，起到了封堵作用，但由于温敏凝胶成胶后高温下脱水，使得孔隙内形成了水流通道，因此封堵效果变差。

（2）失效温度

将凝胶配成 2% 的溶液，放置在 150℃、160℃、170℃ 下老化 12h，成胶情况如表 3 所示。从表 3 实验结果可以看出，随着老化温度的升高，凝胶的颜色逐渐加深，且粘度下降，说明在热作用下凝胶被分解，有效含量降低，当凝胶经过 170℃ 处理 12h 后，粘度大幅降低，且无法成胶，说明温敏凝胶在老化 12h 的条件下，失效温度点为 170℃。

表 3　在不同温度老化 12 后凝胶的性能变化

	颜色	状态	50℃黏度	能否成胶	成胶时间
老化前	无色溶液	均匀的粘稠液体	648mPa·s	能	30min
150℃老化 12h	稍黄	均匀的粘稠液体	401mPa·s	能	30min
160℃老化 12h	褐黄	均匀的粘稠液体，	205mPa·s	能	1h
170℃老化 12h	褐黄	类似水的形态，粘度低	17mPa·s	无法成胶	—

同理，将凝胶溶液放置在 130℃、150℃ 下老化 7 天。从结果看出，凝胶在 150℃ 老化 7 天后基本失效，无法成胶。所以，凝胶在不同温度下稳定时间不同，在 170℃ 下，性能稳定时间<12h，在 150℃ 下，性能稳定时间<7 天。

（3）封堵性能

① 凝胶动态封堵性能评价

通过热力驱替装置测试凝胶动态封堵性能，结果如表 4 所示。

表 4　动态封堵性能实验结果

	注凝胶前	注凝胶并成胶后	封堵率
	注凝胶前水测渗透率	（1）80℃成胶 1h （2）用水驱替 4PV	99.8%
驱替压差/MPa	0.0030	2.95	
渗透率/D	11.77	0.012	

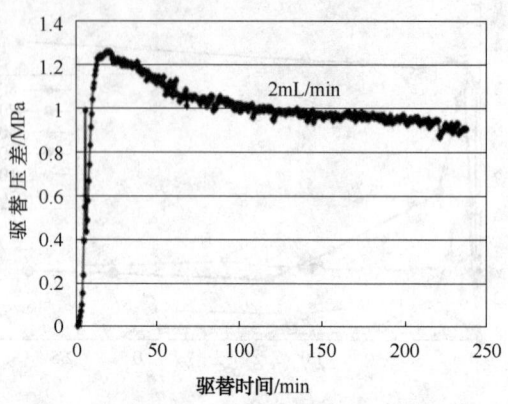

图 5　凝胶在 80℃下成胶后水驱压差曲线

由以上实验结果可以看到，当温度达到成胶温度后，温敏凝胶在岩芯管中封堵率很高，封堵率达到 99.8%，说明凝胶可以有效封堵绝大部分孔隙。

② 多元热流体中气体对凝胶封堵性能的影响

进行多元热流体非凝析气体对凝胶动态封堵性能的影响实验，与上述实验区别在于：向岩心管注入 N_2 和 CO_2 混合气，让凝胶在注气环境下成胶 1h。恒温 1h 待凝胶成胶后，进行水驱，记录压差测定渗透率，计算封堵率。实验结果如表 5、图 6、图 7 所示。

表 5　多元热流体非凝析气体对封堵率的影响实验

	注凝胶前	注凝胶并成胶后	封堵率
	注凝胶前水测渗透率	(1)升高温度至 80 ℃并注入气体，恒温 1h (2)用水驱替 5.5PV	99.6%
驱替压差/MPa	0.0029	0.81	
渗透率/D	12.18	0.0436	

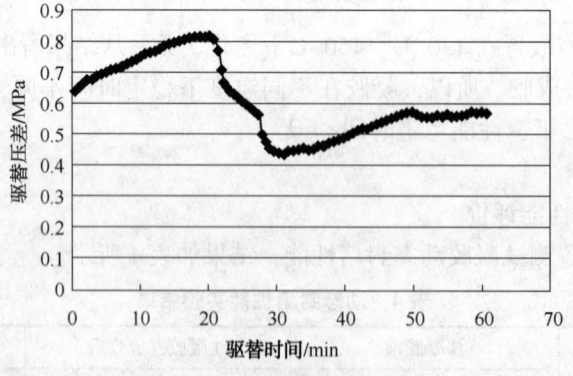

图 6　气体注入压差曲线

从实验结果可以看出，多元热流体中的非凝析气体不会对凝胶的成胶产生影响，故凝胶适用于多元热流体热采调堵。

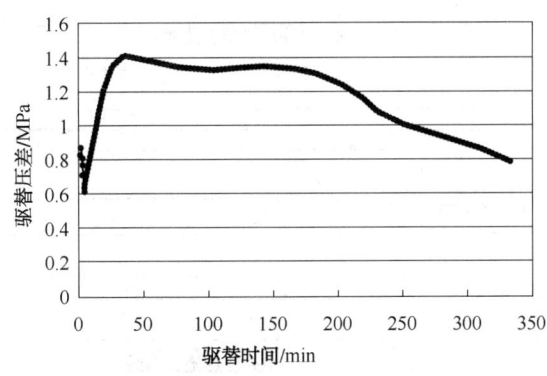

图7 凝胶在80℃成胶后水驱压差曲线

2.3 注入工艺流程

凝胶溶液属于高分子聚合物溶液，粘附性较强，若采用清水顶替，由于粘度差异太大顶替效果较差，因此选择自扩散体系作为前期保护液和顶替液，在注凝胶后再注入自扩散顶替段段塞。基于已经形成的窜流通道，选择在注入多元热流体前注入温敏凝胶，目的起到封堵作用后，再进行注热作业时，避免气窜的发生。所以采取"注保护液→注温敏凝胶溶液→注顶替液→注多元热流体"的调堵注热模式。

3 应用及效果分析

3.1 温敏凝胶调堵效果

B36M-B44H 两井同注多元热流体过程中油压表现为 3 个阶段：下降阶段、平稳阶段以及上升阶段。主要原因在于，现场地层条件下温敏凝胶成胶程度未达到室内实验水平，多元热流体突破凝胶封堵带，出现绕流，所以体现为压力下降；地层压力场逐步达到稳定状态时压力比较平稳；温敏凝胶封堵地层高孔高渗区域后，两井油压逐步升高。所以，温敏凝胶起到了封堵作用。

3.2 防气窜和增产效果

通过两井同注吞吐，抵消了单井注入期间相互气窜的影响，两井同注期间邻井气窜时机延后至注热第 12 天、产气量峰值降低至 1000m³/天，邻井产气量降幅 64.5%，气窜影响程度明显减弱。两井同注期间较二轮次单井吞吐期间相比，B29H2/B33M/B23M/B34H 均能正常生产，产液量、产气量及油井电泵参数未见异常。注热结束正常生产后两井的日产油量较热采前提高了 40%~60%，发挥了热和化学的双重作用，达到了增产和防气窜的效果。

表6 B36M/B44H 注热作业时邻井生产情况

类型	气窜时机	气窜量大小	气窜影响
B36m/B44h 单井轮注	B36m 井注入 369t 时 B29h² /B44h 井产气量明显上升、注入结束 4000t 时 B33h 井产气量明显上升	最高达 12000m³/天	造成 3 口井停产 27~48 天不等
	B44h 井注入 311t 时 B36m 井产气量明显上升		
B36m-B44h 两井同注	注入 1099t 时，B33h 井产气量由 24m³/天上升至 440m³/天	最高 1000m³/天	邻井正常生产

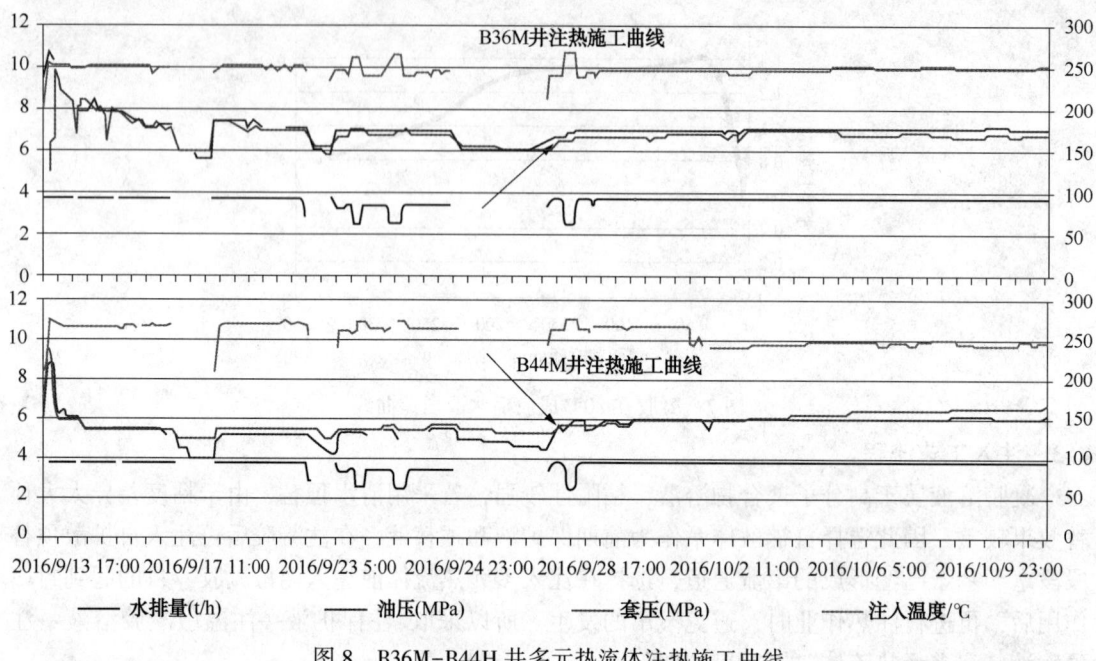

2016/9/13 17:00 2016/9/17 11:00 2016/9/23 5:00 2016/9/24 23:00 2016/9/28 17:00 2016/10/2 11:00 2016/10/6 5:00 2016/10/9 23:00

—— 水排量(t/h)　　　—— 油压(MPa)　　　—— 套压(MPa)　　　—— 注入温度/℃

图 8　B36M-B44H 井多元热流体注热施工曲线

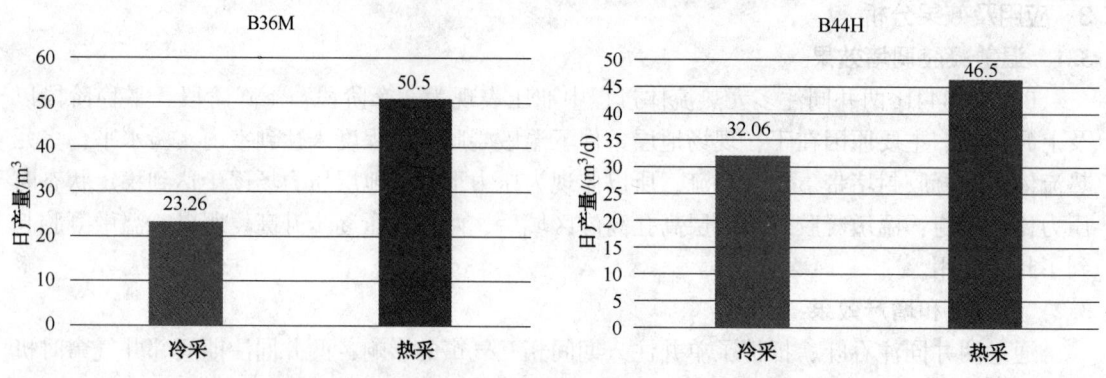

图 9　B36M 和 B44H 热采和冷采日产油对比

4　结论

(1)多井同注吞吐能抵消单井注入期间相互气窜的影响,两井同注期间邻井产气量降低、气窜影响程度明显减弱。

(2)两井多元热流体吞吐注入过程油压先降低后上升,表明温敏凝胶起到封堵作用。

(3)注热期间邻井正常生产、两井注热结束正常生产后日产油量较热采前提高了 40%~60%,说明多井同注吞吐与化学调堵相结合的方式,可以发挥热和化学的双重作用,达到了增产和防气窜的效果。

参 考 文 献

[1] 林涛,孙永涛,马增华,等. 多元热流体热-气降粘作用初步探讨[J]. 海洋石油,2012,32(3):74-76.

[2] 唐晓旭,马跃,孙永涛. 海上稠油多元热流体吞吐工艺研究及现场试验[J]. 中国海上油气,2011,23(3).

TAP Lite 分段压裂改造工艺在低渗油藏水平井的应用

赵广天，宋友贵，郑小雄，王新红

（采油工艺研究院采油工艺室）

摘　要　针对水平井分段压裂改造存在工艺复杂、工具存在一定风险的现状，大港油田岐 61-6H 井首次通过使用 TAPlite 分段压裂改造工艺技术，顺利实现了 4 段压裂改造。该工艺将 TAPlite 阀体与套管入井，一起固井，然后通过投球打开 TAPlite 阀，进行多段改造的一种压裂工艺。其最大优势在于施工工序简单，套管注入施工，可以实现大排量施工的目的，施工完后井筒不留管柱串，方便后期作业，若有的层段压后出水，还可以关闭出水层段的 TAPlite 阀，实现分层开采的目的。岐 61-6H 井本次施工共注入的总液量为：1450m³，总砂量为：113.2m³。压后 5mm 油嘴放喷，最高日产液 125.8m³，最高日产油 120t，压裂效果显著，为今后该地区水平井分段压裂改造提供了一定的借鉴。

关键词　水平井；分段压裂；套管施工；TAP Lite

1　油藏概况

大港油田岐 61 井区主要目的层为沙三油组，油藏埋深 2900～3100m，地层渗透率为 5～8×$10^{-3}\mu m^2$，孔隙度为 8%，属于低孔、低渗储层。本区块先期的一口探井 B23X1 井压前测液面 1605m 折日产油 0.4t，日产水 1.94m³，压后自喷投产 8mm 油嘴日产液 16.4m³，日产油 13.8t，但半年后产量便下降到 4t/d、5t/d，产量下降较快。为更好的评价和认识该区块储层的生产能力，又部署一口水平井岐 61-6H。岐 61-6H 井水平段 3044.9～3404.9m，水平段长度 360m，完井方式采取 5°1/2 套管完井，该井最大井斜 92.14°，总水平位移 2221m，水平段方位为 295.86°，完钻层位沙三，油藏中深 2902m，地层温度 110℃。

2　压裂工艺优化研究

2.1　工艺优选

考虑到水平井需要采取分段压裂投产，以改善储层渗流能力增大储层泄油面积。目前水平井压裂工艺主要有水力喷射填砂压裂技术、双封单压技术、桥塞分段压裂技术、多封隔器滑套分段压裂技术等，由于这些工艺需要下入井下工具、施工存在一定风险的因素。而 TAPlite 分段压裂改造工艺，采用套管固井完井，套管施工，是一种较为先进的水平井分段压裂改造工艺技术。该工艺主要具有以下特点：工具和完井管柱一起下入；不需要射孔作业；套管注入压裂液，能满足大排量施工的要求；通过投球打开 TAP Lite 阀，实现分段压裂；为防止出现个别压裂层段出水，TAP Lite 阀可以实现关闭。其主要优势在于：通过球与

作者简介：赵广天（1985—），男，2008 年毕业于长江大学，从事油田措施改造方面的研究工作，工程师。E-mail：adidas369@126.com

TAP Lite 阀之间的匹配实现多段改造，可大幅度地提高压裂裂缝与储层的接触面积，减少油气藏流向井筒的渗流阻力；不需要射孔费用。该工艺可实现水平井多段压裂改造的目的，施工快速高效，工艺工序简单，现场操作方便，能达到快速施工，提高产量的目的。

　　TAP Lite 完井多级分层压裂工艺将多个针对不同产层的 TAP Lite 阀体与套管入井，并一起固井，其阀体耐温可达 162.7℃，耐压差可打 68.9MPa。虽然不射孔，但实验和实践证明水泥环对压裂影响不大。

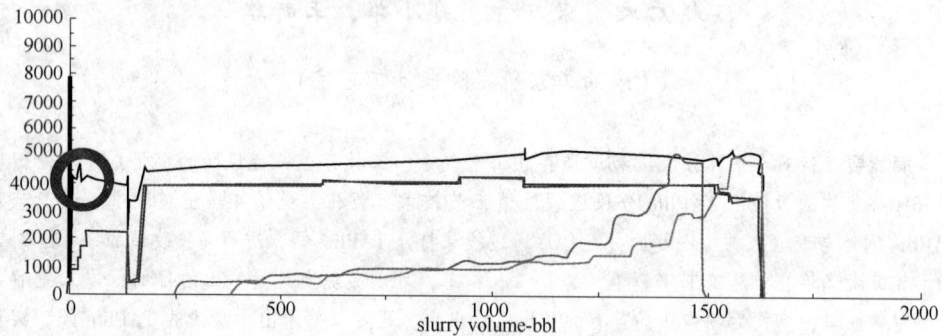

图 1　射孔完井压裂施工曲线

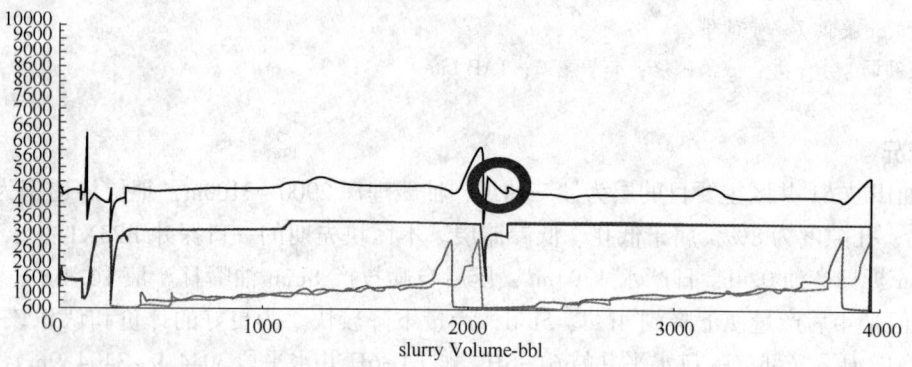

图 2　TAP 完井压裂施工曲线

　　在 SPE 112476 文章报道中，国外针对同一区块进行过实验，常规射孔排量 4.0m³/min，破裂压力 33.8 MPa。TAP 压裂排量 4.0m³/min，破裂压力 32.4 MPa，使用 TAP 阀压开裂缝的压力和在射孔后压裂施工的压力接近。

表 1　岐 61-6H 完井工具技术参数表

序号	名称	公称尺寸					
		长度/ m	外径/ mm	内径/ mm	阀开启压力 (可调)/MPa	耐温/ ℃	承受压差/ MPa
1	浮箍	0.53	153.67	44.45	—	233.2	68.9
2	爆破阀	1.09	193.8	116.84	65~69	162.7	68.9
3	TAP Lite 阀#1	1.04	168.4	71.37	15.1	162.7	68.9
4	TAP Lite 阀#2	1.04	168.4	77.7	11.3	162.7	68.9
5	TAP Lite 阀#3	1.04	168.4	84.0	15.1	162.7	68.9

压裂施工时第 1 段采用爆破阀直接压裂，第 1 段结束后投入最大尺寸的球，打开第 1 级 TAPlite 阀，进行第二段施工，施工结束后，逐级减小投球尺寸，打开不同的 TAPlite 阀，以实现多段改造的目的。施工结束后，球既可以留在井筒内(不影响排液及生产)，也可以下连续油管带钻头钻掉。

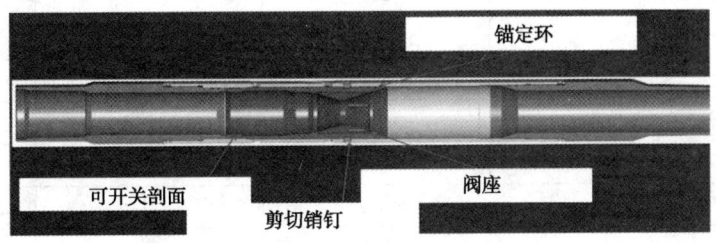

图 3　TAPlite 阀(投球打开)

2.2　压裂液体系优选

从储层岩性特征分析来看，该地区沙泥岩交互明显，泥质含量达 7% ~ 8%，黏土矿物以伊/蒙混层、高岭石为主，其中，伊/蒙混层平均含量为 74.6%，从本区块储层敏感性实验结果看，储层水敏性为中强特征。为此需要合理优化改造工艺，强化油层配伍性措施和技术手段。

表 2　软件模拟裂缝几何尺寸表

敏感性	项　目	指标
速敏	速敏指数/%	11.36
	速敏程度	弱
	临界流速/(cm/min)	0.0213
水敏	水敏指数/%	64.19
	水敏程度	中等偏强
	临界矿化度/(mg/L)	35000
酸敏	酸敏指数/%	13.7
	酸敏程度	中等偏弱
碱敏	碱敏指数/%	11.9
	碱敏程度	弱
	临界 pH 值	9

从性能指标对比来看，无残渣和超级瓜胶压裂液体系，均好于普通瓜胶压裂液体系。但由于无残渣压裂液不适用于高温地层，因此该区块优选超级瓜胶压裂液体系。

2.3　支撑剂选择

为获得高的裂缝导流能力，保证压后长期、稳定的增产效果，选用中-高强度陶粒砂做为压裂支撑剂。考虑到由于油层井段形成的裂缝缝较为复杂，容易造成加砂困难。因此借鉴前期施工成功经验，采用 0.4 ~ 07mm 和 0.425 ~ 0.85mm 支撑剂粒径组合技术，降低施工风险，提高改造规模和改造程度，达到增大处理层泄油面积的目的。

表3　压裂液性能指标对比

项　　　目		压裂液性能		
		普通瓜胶	超级瓜胶	无残渣
剪切稳定性	剪切时间/min	90	90	90
	表观黏度/(mPa·s)	100	140	50
静滤失系数/(m/min$^{1/2}$)		$5.3×10^{-4}$	$4.7×10^{-4}$	—
破胶时间/h		4.0	4.0	1.0
破胶液黏度/(mPa·s)		3~4.5	1.5~3	1.5
降阻率/%		71.2	83.7	—
岩芯渗透率损害率/%		24.2	22	—
残渣含量/(mg·L)		312	177	无
适用温度/℃		140	140	100

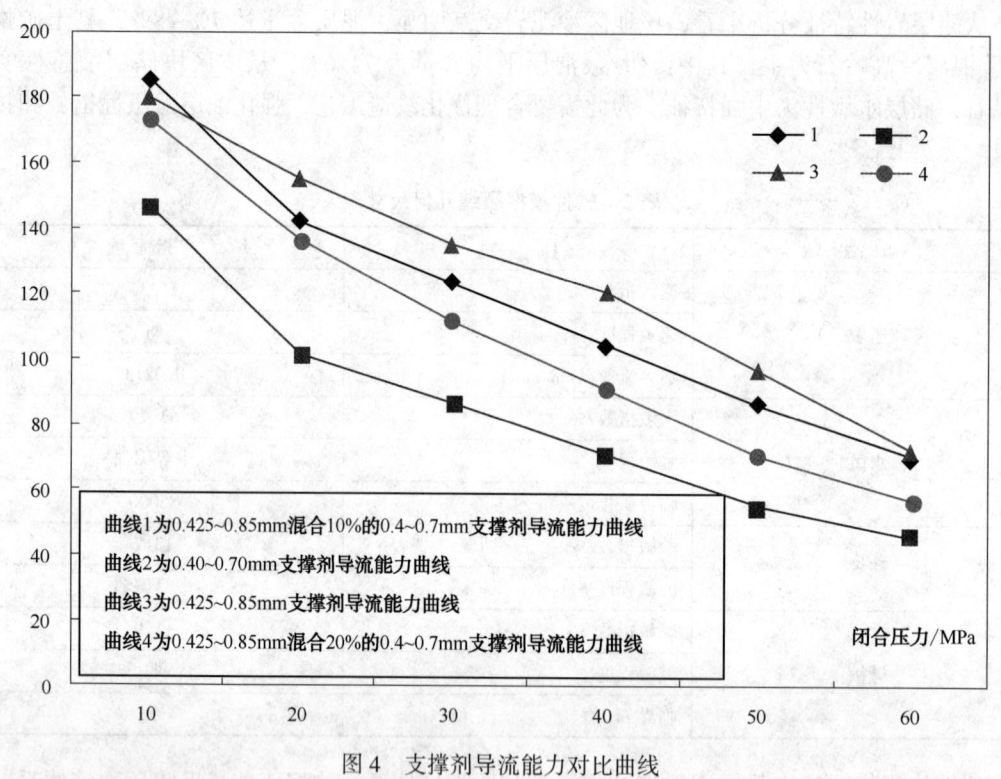

曲线1为0.425~0.85mm混合10%的0.4~0.7mm支撑剂导流能力曲线
曲线2为0.40~0.70mm支撑剂导流能力曲线
曲线3为0.425~0.85mm支撑剂导流能力曲线
曲线4为0.425~0.85mm混合20%的0.4~0.7mm支撑剂导流能力曲线

图4　支撑剂导流能力对比曲线

3　现场施工及实施效果

施工步骤:(1)套管内打压打开爆破阀;(2)通过爆破阀进行第一级压裂;(3)第一级顶替后,投入第一个球打开第一级 TAPlite 阀;(4)按顺序完成第2~4级;(5)施工结束,所有压裂层段同时进行返排。

从现场施工曲线(图5)可以看出各 TAPlite 阀打开明显,3 次打开压力分别为36.07MPa、35.23MPa、38.85MPa,起到了有效封隔,顺利加砂实现多段压裂改造的目的。

该井压后自喷投产,初期最高日产油达到 120t,下泵投产后,日产油稳定在 30t/d,是

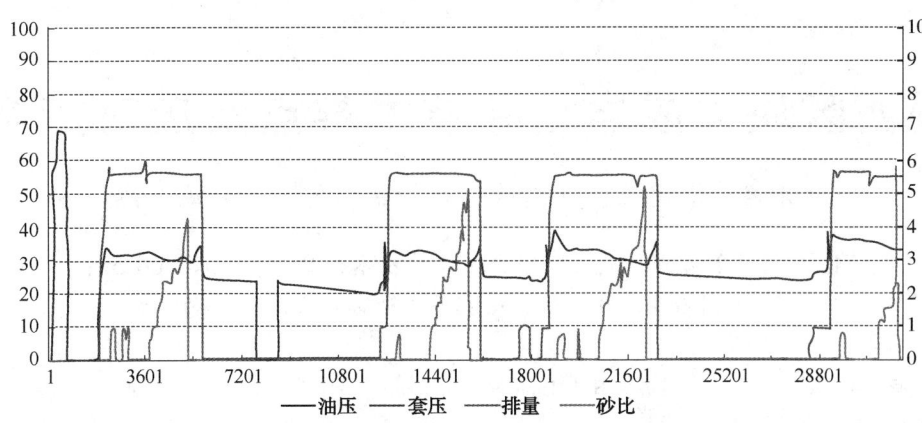

图 5　岐 61-6H 井压裂施工曲线图

同区块相邻直井的 3 倍, 效果显著。

4　结论与认识

（1）使用 TAP Lite 工艺技术能够有效的实现水平井长井段多级改造的目的, 现场使用效果表明工具安全可靠, 操作方便。

（2）8h 内完成了 4 段压裂施工, 不需要起下管柱, 节省施工时间。

（3）球留在井筒中, 不影响排液与生产。

参 考 文 献

［1］刘振宇. 人工压裂水平井研究综述［J］. 大庆石油学院学报, 2002,（04）.

［2］陈作, 王振铎, 曾华国, 等. 水平井分段压裂工艺技术现状及展望. 天然气工业, 2007, 9.

［3］钟声, 黎洪, 黄伟, 等. 水平井完井投产设计及其技术. 油气井测试, 2003, 12.

［4］叶勤友, 林海霞, 张超会, 等. 水平井压裂技术在低渗透油田开发中的研究与应用［J］. 钻采工艺, 2008, 31（8）：57-59.

［5］李志明, 关志忠. 水平井完井和增产措施技术［M］. 北京：石油工业出版社, 1995：234-249.

渤西区块火成岩钻井技术难点及应对措施

袁则名，和鹏飞，于忠涛，韩雪银，何　杰，边　杰

(1. 中海油能源发展股份有限公司工程技术分公司，天津 300452；

2. 中国石油海洋工程公司钻井事业部，天津 300280)

摘　要　针对渤西区块某井在 311.1mm 和 215.9mm 井眼钻井作业过程中，钻遇火成岩井段而出现的机械钻速较低、滑动控制轨迹时效低、频繁出现井塌、井漏等问题，通过分析火成岩对井身质量、机械钻速、井下风险等各方面带来的影响，结合作业过程中在定向作业施工、钻井液性能、钻头选型等方面所作出的技术调整，制定出作业过程所采取的合理有效技术措施，有效解决问题，完成了钻井任务，同时为今后施工过程中遇到类似技术难题起到借鉴参考作用。

关键词　火成岩；钻井；难点分析；技术措施；海上

火成岩或称岩浆岩，是指岩浆冷却后(地壳里喷出的岩浆，或者被融化的现存岩石)，成形的一种岩石，由于成分以及自然作用改变，常见的有花岗岩、安山岩及玄武岩等[1~3]。此类岩石，极其坚硬，可钻性极差，且脆性较高，钻后易出现井漏、井塌等问题，因此对钻井工程影响较大。渤西区块 QK6-1-1D 是一口初探井，该井设计井深 3439.95m，垂深3385m，后加深至完钻井深 4010m，垂深 3955.11m，在馆陶组和东二段钻遇火成岩体，岩性为玄武岩、凝灰岩组成，针对该地层岩性特点，通过优选钻具、优化钻井液性能等多重措施，最终有效解决火成岩地层的钻井问题[4,5]。

1　基本情况

1.1　区域位置

QK6-1-1D 所勘探区域位于渤海西部海域，渤海湾盆地岐口凹陷北部次洼，海河断裂构造带，海河断层下降盘的岐口背斜构造高部位。

1.2　轨迹设计

QK6-1-1D 井设计剖面为直-增-稳-降-稳五段制结构，呈座椅形状，造斜点在981.7m，三开稳斜段平均井斜 18°，最大狗腿度 2.73°/30m，井底位移 426.54m，A 靶斜深1647.97m，垂深 1625m；B 靶斜深 2889m，垂深 2835m。

1.3　井身结构设计

本井采用四开井身结构，如表 1 所示。

作者简介：袁则名(1980—)，男，汉族，2007 年毕业于中国石油大学(华东)油气井工程专业，硕士研究生学位，工程师，主要从事海洋石油钻完井技术监督及数据分析研究工作。E-mail：yuanzm@ cno-oc.com.cn

表1 QK6-1-1D 井井身结构设计

开钻次序	套管层次	套管尺寸/mm	套管下深/m	钻头尺寸/mm	井深/m
一开	隔水一开	762	101.08	660.4	110
二开	表层套管	339.7	722.48	444.5	725
三开	油层套管	244.5	2814.48	311.1	2817.55
四开	尾管	139.7	2654.53~3988.87	215.9	4010

1.4 地层情况

QK6-1-1D 在馆陶、东营组存在大段火成岩[6,8]，井壁易坍塌掉块，可钻性差，对钻井施工影响很大。馆陶组顶垂深2942m，岩性主要为浅灰色细砂岩、灰绿色及棕红色泥岩、浅灰色含砾不等粒砂岩、浅灰色细砂岩、粉砂岩、浅灰色粗砂岩、黑色玄武岩、灰色凝灰质泥岩、火山角砾岩、浅灰色泥岩、灰黑色油页岩、棕红色凝灰质泥岩；东营组顶垂深3955m，岩性主要为浅灰色细砂岩、灰色及棕红色泥岩、灰黑色凝灰岩、浅灰色粉砂、灰色粉砂质泥岩、浅灰色粉砂质泥岩、褐灰色泥岩。

2 作业难点分析

2.1 火成岩地层可钻性差

QK6-1-1D 井由于馆陶、东营组的火成岩原因，对三开、四开的机械钻速造成了很大影响，根据地质设计和工程设计，预测本井在馆陶组和东二段可能钻遇火成岩体，岩性为玄武岩、凝灰岩组成。设计中预测火成岩顶界深度2410m，厚度约40~290m。根据实际钻进情况，在2404~2795m，2828~2961m、3090~3135m 以及 3142~3157m 存在火成岩，累计厚度达581m。其中2404~2448m 井段岩性为浅灰色含砾不等粒砂岩，砾石以石英砾为主，砾径1~2mm，大者可见 3~45mm；在2457~2795m 井段含有坚硬的杂色火山角砾岩，砾石半径5~10mm；在2828~2961m、3090~3157m 井段含有致密的黑色玄武岩，及深色玄武质泥岩。其中杂色火山角砾岩质地坚硬，对机械钻速影响最大(见表2)，在钻穿火成岩井段过程中，最慢钻时仅2.48m/h。特殊的火成岩地层对 PDC 钻头造成了很大磨损，机械钻速低(全井平均机械钻速仅7.7m/h)，严重影响钻井时效。

表2 火成岩井段综合录井钻时数据

火成岩井段	平均钻时/(min/m)	最慢钻时/(min/m)	火成岩岩性
2404~2448m	9.8	13.3	浅灰色含砾不等粒砂岩，砾石以石英砾为主
2457~2795m	14.8	24.1	杂色火山角砾岩
2828~2961m	10.5	16.1	致密黑色玄武岩
3090~3157m	7.6	10.0	致密黑色玄武岩，及深色玄武质泥岩

注：普通岩性地层录井平均钻时为 2~5min/m。

2.2 火成岩井段钻进存在漏失风险

火成岩地层普遍存在微裂缝、气孔以及层理现象，在钻进过程中存在漏失风险。邻井在东一、东二段钻进过程中多次发生井漏现象(见表3)，及时采取堵漏措施，防止了复杂的进一步严重化。

表3　邻井 CFD1-6-1 井井漏情况统计

漏失井段	漏速	漏失时工况	井漏时钻井液密度	备注
2815.00	0.6m³/min	取芯钻进	1.17	泵入堵漏钻井液后正常
2800~2815	—	DST 测试		泵入堵漏钻井液后正常
2821.98	0.8m³/min	钻进	1.07	12%MESSSINA 堵漏成功
2838.73	0.24m³/min	钻进	海水	注入堵漏钻井液
2844.00	0.5m³/min	取心钻进	海水	起钻换常规钻具
2845.00	失返	钻进	海水	注入复配堵漏剂(蚌壳渣等)成功堵漏
2900.00	0.34m³/min	钻进	海水	泵入稠浆
2918.12	1.0m³/min	钻进	海水	泵入稠浆
2948.25	0.7m³/min	钻进	海水	降排量带漏钻进
2951.00	0.4m³/min	钻进	海水	降排量带漏钻进
2964.00	失返	钻进	海水	泵入稠浆
3007.30	0.72m³/min	取芯钻进	海水	泵入稠浆

2.3　玄武岩存在坍塌特性, 井壁失稳

玄武岩主要以杏仁玄武岩和气孔玄武岩为主, 在玄武岩形成过程中, 当岩浆喷出后由于压力突降, 岩浆中的气泡逸出, 岩浆冷凝后气泡在玄武岩中保留, 如果气孔被方解石等矿物填充则形成杏仁玄武岩。如果气孔不被填充则形成气孔玄武岩。杏仁玄武岩中的杏仁体多以方解石、蛋白石以及绿泥石构成, 其中主要以方解石为主。由于杏仁体硬度跟玄武岩硬度差别大, 随着地层应力释放或者压力激动以及机械碰撞, 极易在杏仁体处产生应力集中而发生破碎垮塌。而气孔型玄武岩由于存在大量气孔易导致钻井液漏失。该井主要以杏仁玄武岩为主, 具备易坍塌特性。

2.4　火成岩掉块较难循环出井

QK6-1-1D 井在馆陶、东营组火成岩井段井壁剥落大量掉块, 对下步施工造成风险, 期间多次尝试循环出掉块未能成功, 严重影响作业时效。

QK6-1-1D 井三开 311.1mm 井眼复合钻进至 2706m, 在停泵失去循环压耗后, 上部井壁失稳且大量火成岩掉块脱落导致起下钻困难。短起至 2400m, 其中 2609~2607m, 2587~2556m 井段遇卡 15t, 上下多次活动后通过; 2548~2546m、2533~2520m 井段(主要岩性为火山角砾岩)遇阻卡 15t 并有憋扭矩现象, 反复上下活动未能通过, 后经倒划眼通过此井段; 下钻至井底后, 循环 2.6h, 返出岩屑量较少, 均为玄武质泥岩, 多数为颗粒状, 少量片状。再次起钻至 2673m 遇卡 25t, 开泵划眼通过; 继续倒划眼起钻至 2337m, 由于掉块现象, 起钻速度受到限制, 中途尝试大排量循环携带出掉块(排量: 3.8m³/h), 返出掉块少, 未能起到良好效果。后接顶驱开泵起钻至 1953m, 起钻过程中均有不同程度的卡阻现象, 过提拉力在 5~15t 之间。再次起钻至 1230m, 再次尝试大排量循环钻井液 1.5h(排量: 3.9m³/h), 从井底返出大量岩屑及掉块, 主要成分为杂色砾岩、小块玄武岩及深灰色玄武质泥岩(图 1), 其中玄武岩掉块直径约 12~25mm, 预测井筒内尚有大直径掉块未能循环出井筒。

QK6~1-1D 井四开期间由于上部井眼前期已经出现井壁掉块现象, 钻进期间仍有掉块返出, 部分掉块在井壁不规则处堆积, 无法循环出井, 停泵后, 又会掉落井内, 使起钻困难, 存在卡钻的风险。起钻过程中, 大块的玄武质岩屑在钻头和扶正器处堆积而导致上提钻具阻力增大出现憋扭矩现象(最大的掉块尺寸达 80 mm×58 mm×18mm, 见图 2), 倒划眼起

钻期间摩阻增大且不平稳，出现遇卡阻、整顶驱等现象（泵压正常稳定），起钻速度受限，过提拉力5~15t。期间尝试保持5t过提拉力同时提高转速至90rpm研磨掉块，但由于其过于坚硬效果并不明显。

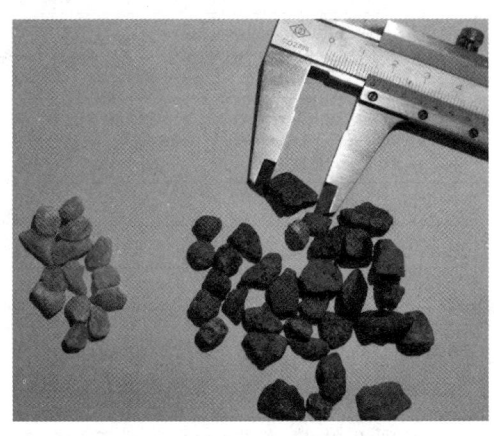

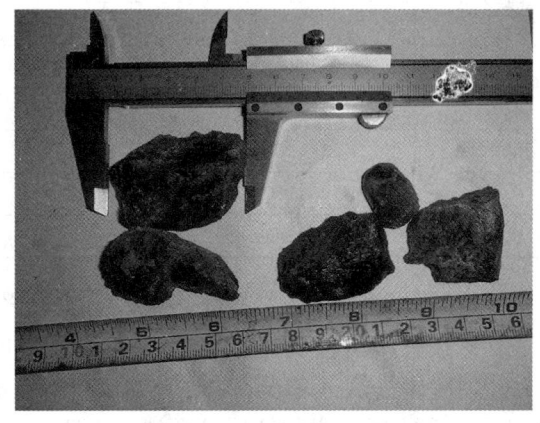

图1　三开循环出的火成岩掉块　　　　　图2　出井扶正器上部和钻头上粘附的大块火成岩掉块

3　应对技术措施

在QK6-1-1D井后续作业中，针对上述情况采取了如下措施。

3.1　采用牙轮钻头钻穿火成岩

通过认真吸取QK6-1-1D井上部三开311.1mm井段的钻井经验，在四开215.9mm井眼钻进过程中及时根据地层岩性变化避开可钻性差的井段定向，钻遇大段火成岩及时更换使用牙轮钻头钻穿，避免了PDC钻头的损耗，取得了较好的经济效果。此外，通过更换使用牙轮钻头，下钻到底后滑动钻进效果显著，不仅工具面稳定，托压憋泵现象也得到了极大的改善，滑动钻进期间的平均机械钻速也由使用PDC期间的平均5.8m/h提高到8.5m/h，而且避免了反复摆工具面所损失的时间。

3.2　及时调整定向井施工方案，优化井眼轨迹

由于火成岩井段定向造斜率低，滑动钻进机械钻速低，定向效果差，而且在该井段定向作业易引起工程复杂。本井按照少滑动多复合钻进的理念，根据实钻情况改进了定向井施工方案，及时优化了井眼轨迹，与设计相比，减少了增斜段和降斜段的进尺（其中降斜段减少了145.45m），降斜后在原始设计稳斜井段共定向36.16m（总段长1638.26m），从而有效缩短了火成岩井段滑动钻进时间，为快速钻穿火成岩规避井下风险创造了良好的条件。

定向段采用减少定向段长度、增加定向频率、滑动钻进与复合钻进交替进行的办法来控制井眼轨迹[9,10]，不仅保证了井眼轨迹圆滑，而且避开了大段火成岩地层进行定向纠斜，为后续钻井施工创造了条件，如表4。本井通过调整钻井参数等技术措施，采取复合钻进自然纠斜，成功控制稳斜井段滑动时间比小于20%，滑动进尺比小于10%。

3.3　及时调整钻井液性能，降低施工风险

将设计泥浆体系使用的KCl聚合物体系改为ULTRADRIL体系。钻进过程中严格执行钻井液密度的设计下限，钻进至玄武岩地层5~10m，短起下钻检查返出岩屑情况，通过实时观察、收集和分析振动筛返出的掉块，及时判断井下情况，降低井筒周围地层渗透率，防止滤液侵入地层形成较大的膨胀压，导致井壁围压增大而发生坍塌；严格控制美国石油学会（API）中压失水小于4mL，高温高压失水小于12mL，提高钻井液的防塌性能，加入一定量

的防塌抑制剂，减少杏仁体中方解石的溶解而造成应力变化，造成井壁垮塌。

表4　设计与实钻井身剖面数据对比

井眼划分	设计井身剖面数据		实钻井身剖面数据	
	井段/m	段长/m	井段/m	段长/m
直井段	0~986.3	986.3	0~981.7	981.7
增斜段	986.3~1249.33	263.3	981.7~1236.11	254.41
稳斜段	1249.33~2049.96	800.63	1236.11~2081	844.89
降斜段	2049.96~2602.32	552.36	2081~2487.97	406.91
稳斜段	2602.32~3439.95	837.63	2487.97~4010	1522.03

QK6-1-1D 井三开 311.1mm 井眼钻遇火成岩地层之后，钻井液密度一直维持在 1.15g/cm³。钻进过程中，顶驱扭矩波动较大，观察振动筛返出火成岩掉块。钻进至中完井深2817.5m 后，根据井下情况，将钻井液密度上提至 1.21g/cm³ 以稳定井壁，之后收集短起下和起下钻过程中循环出的掉块较圆滑，无明显棱角，未出现新的井壁失稳现象。三开完钻后，用 120m³ 封闭浆封闭井底 1500m，最后起钻过程较为顺利，未出现严重阻卡，中完电测一次性顺利到底。

四开 215.9mm 井眼钻进至 3020m，倒划眼起钻过程中有大量玄武岩掉块从振动筛处返出，将钻井液密度提至 1.14g/cm³。继续钻进至 3489m，倒划眼过程中憋泵蹩顶驱，下钻到底循环返出大量火成岩掉块，继续上提钻井液密度至 1.18g/cm³。钻进至 3717m，倒划眼期间振动筛再次返出大量掉块，下钻时多处遇阻，将钻井液密度上提至 1.21g/cm³，并逐步提高钻井液黏度至 75s(3700m 井深时的 65s)，合理调节钻井液流型，控制好动塑比，要求动塑比大于 0.4。同时，优化钻井参数，保持合适的泵排量(<32L/s)，以避免循环过程中对火成岩井壁的冲刷形成新的掉块。继续钻进至 3996m，倒划眼时振动筛继续返出大量井壁掉块，在钻进过程中将钻井液密度逐步上提至 1.25g/cm³；四开完钻后，充分循环钻井液，提高钻井液黏度至 115s，并将密度提至 1.29g/cm³，以补偿循环压耗，稳定火成岩段井壁。四开后期作业过程中井壁稳定，钻进期间无新的井壁掉块返出，说明及时调整钻井液性能起到了良好的作用，避免了井下复杂的发生。

3.4　针对井漏的关键性预防措施

平台储备一定量的膨润土，并按要求储备足够的堵漏材料，做好堵漏准备工作；充分利用好固控设备，维护好钻井液性能，尽可能使用 120 目以上筛布，控制好固相含量，保持较低的环空压耗，提高泥饼质量，同时保证体系具有较好的流变性能和携砂性能，防止环空岩屑浓度过高压漏地层。

钻井液在钻遇火成岩地层提前针对性调整钻井液性能，加入随钻堵漏剂，保持封堵材料的含量，使用石灰石提高钻井液密度，改善泥饼质量，实现对应力破碎性玄武岩地层有效封堵固壁，增加封堵性，起到了良好的防漏效果。在四开 2817.5~3161m 井段存在多层火成岩，提前在钻井液体系加入 PAC-LV(14kg/m³)、GLY-DRIL MC、ULTARHIB 维持钻井液的抑制性，并在钻井液中加入超细碳酸钙改善泥饼，增加泥饼的封堵性有效预防了漏失现象。

钻进过程中，合理进行短起下(尽量避开火成岩井段进行旋转钻具、开泵循环作业)，下钻时每 500m 一顶通，下钻至最后一立柱，接顶驱缓慢开泵，先小排量顶通，待井口返出正常后，再以 10~20spm 梯度逐步提高泵排量至正常排量，下放钻具循环冲洗井底，严防憋漏地层。火成岩井段严格控制起下钻速度，防止激动压力过大憋漏地层。

4 结论与建议

（1）应尽可能避开火成岩这类可钻性差的地层进行定向作业，可以根据轨迹预判，调整钻井参数，改变钻具组合结构，消除地层对井眼轨迹的影响，提高复合钻进自然纠斜效果，从而减少定向时间，提高钻井时效。

（2）火成岩井段钻进过程中，及时根据地层情况适当提高钻井液黏度，保持合适的泵排量，防止低黏度钻井液冲刷井壁形成掉块；控制顶驱转速（≤60r/min），在玄武岩地层上下 50m 井段内，起下钻速度保持 ≤0.3m/s，防止钻具碰撞和抽吸、激动压力造成井壁坍塌。

（3）如果钻进过程中发现火成岩掉块，可尝试通过调整泵排量、扫稠塞、碾碎大块掉块等方法尽可能多地循环出井筒内的掉块，井壁掉块不仅影响井身质量，也会对下步施工造成很大风险。

（4）优选钻头和钻具组合，优化钻井参数，提高玄武岩地层钻井速度，减少起下钻次数，缩短浸泡时间，防止井壁垮塌。

参 考 文 献

[1] 王大锐，张映红. 渤海湾油气区火成岩外变质带储集层中碳酸盐胶结物成因研究及意义[J]. 石油勘探与开发，2001，28（2）：40-42.

[2] 韦阿娟. 渤海海域中生界火成岩岩性测井识别技术及应用[J]. 地质科技情报，2015，22（6）：207-213.

[3] 石强. 火成岩测井解释方法研究[J]. 中国海上油气，1996，23（6）：402-406.

[4] 赵洪山，冯光通，唐波，等. 准噶尔盆地火成岩钻井提速难点与技术对策[J]. 石油机械，2013，41（3）：21-26.

[5] 滕学清，王克雄，郭清. 哈得逊地区二叠系火成岩钻井钻井液配方优选室内实验研究[J]. 探矿工程（岩土钻掘工程），2010，37（8）：19-22.

[6] 和鹏飞，侯冠中，朱培，等. 海上 φ914.4 井槽弃井再利用实现单筒双井技术[J]. 探矿工程（岩土钻掘工程），2016，43（3）：45-48.

[7] 和鹏飞. 辽东湾某油田大斜度井清除岩屑床技术的探讨[J]. 探矿工程（岩土钻掘工程），2014（6）：35-37.

[8] 许京国，尤军，陶瑞东，等. 新港 1 井超深定向井钻井技术[J]. 石油天然气学报，2014，36（7）：96-99.

[9] 牟炯，和鹏飞，侯冠中，等. 浅部大位移超长水平段 I38H 井轨迹控制技术[J]. 探矿工程（岩土钻掘工程），2016，43（2）：57-59.

[10] 和鹏飞，孔志刚. Power Drive Xceed 指向式旋转导向系统在渤海某油田的应用[J]. 探矿工程（岩土钻掘工程），2013，40（11）：45-48.

渤海高含水油田堵调洗一体化研究与应用

王　楠，张云宝，夏　欢，李彦阅，黎　慧，代磊阳，薛宝庆

（中海石油(中国)有限公司天津分公司渤海石油研究院，天津 300459）

摘　要　渤海油田大部分油藏储层属中高孔渗类型，储层非均质性严重，长期注水开发易
形成水流优势通道，导致油田出现含水上升快，产量递减快等问题，亟需实施有效的稳油控水
技术。而目前常规调剖调驱措施处理半径较小，效果逐渐变差，药剂费用投入较高和配注工艺
复杂等问题日益凸显，影响油田整体开发效果。针对上述问题，研发了一套低本深堵的调剖体
系、有效的调驱体系及高效的驱油体系，在封堵大孔道的同时，改善微观非均质性，提高驱替
效率，采用了"堵+调+洗"同步相结合一体化研究思路，实现稳油控水、提高采收率目的。室内
实验结果表明，堵调洗一体化技术与水驱相比，驱油效率提高30%以上。该体系在渤海油田成
功应用 9 井组，已累计增油 $4.6×10^4 m^3$，措施效果明显。

关键词　堵调洗一体化；波及体积；洗油效率；组合技术

1　绪论

　　截至 2015 年 12 月，渤海油田共 29 个注水开发油田，根据对各油田开发状况统计，到
2012 年 12 月，高于 60% 的油田达到 11 个，占全部注水开发油田的 37.9%；到 2015 年 12
月，高于 60% 的油田达到 19 个，占全部注水开发油田的 65.5%；如图 1 所示。油田含水上
升速度快成为目前油田开发面临的关键问题。

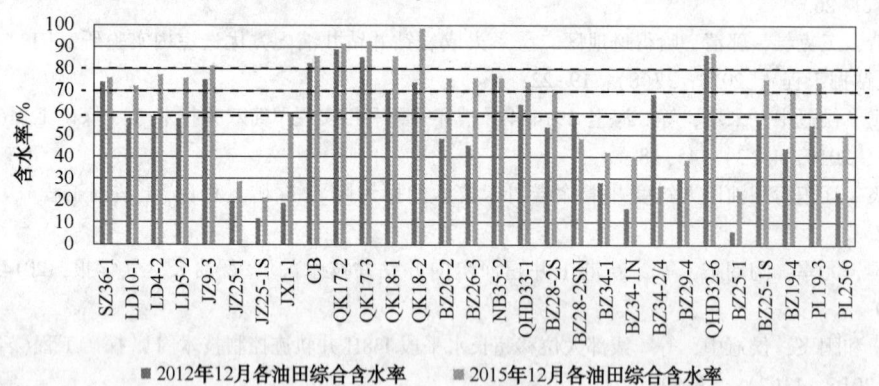

图 1　渤海油田综合含水状况

　　渤海油田大部分油藏储层属中高孔渗类型，储层非均质性严重，长期注水开发易形成水
流优势通道。以渤海湾 QHD32-6 油田为例，孔隙度平均 35%、渗透率平均（3000~4000）×
$10^{-3} \mu m^2$，渗透率级差大（2~300），变异系数几乎都大于 0.7。在相同采出程度下，QHD32-

---

作者简介：王楠(1987—)，男，汉族，硕士，助理工程师，2014 年毕业于西南石油大学油气田开发工
程专业，现从事调剖调驱工艺技术研究与应用工作。E-mail：wangnan20@ cnooc. com. cn

6油田综合含水较其他主力油田注水突进更加严重，含水上升速度更快。油田亟需研究应用有效的稳油控水技术，抑制含水上升、改善开发效果、提高油田原油采收率。

渤海油田井近几年来针对目前的状况应用了主要以常规调剖为主的多种稳油控水技术，相关技术在各自实施的区块也取得了一定的降水增油的效果。但是经过多年的实施发现，常规调剖实施时，由于多孔介质的剪切作用以及储层对交联体系的吸附作用，常规调剖体系在储层深部成胶效果较差，有效期短。

堵调洗一体化技术是基于渤海油田实际问题和调堵技术应用实际情况，针对深部调堵问题的一种稳油控水技术。该项技术所采用的技术体系主要是由"深部封堵体系+微观调驱体系"组成。体系通过深部封堵体系封堵地层中产生窜流的高渗层和大孔道，以调整吸水剖面；其次，微观调堵体系通过溶胀封堵作用改善微观非均质性；最后，在后续水驱作用下，利用微观调驱体系的洗油能力可向地层深部运移，实现驱油的作用。该技术是以深部调剖为主，驱油效果为辅，将"堵"、"调"、"洗"有机结合起来[1~4]。

2 堵调洗一体化技术原理

针对渤海油田储层已形成高渗流条带等特点，研究的深部液流转向体系包括连续相体系和非连续相体系。连续相体系优先进入高渗透层深部，在大孔道、裂缝中形成不可流动的高强度三维网状凝胶体。宏观上体现为原有的水驱优势高渗层或优势方向的水驱沿程阻力增加，迫使后续工作液转向[5~10]。

非连续相体系在注入水中是分散体系，表观黏度低，易于进入储层深部，微观上通过对水流通道暂堵-突破-再暂堵-再突破的过程、增加大孔道的阻力，不断改变深部液流方向[8]。同时体系具有洗油和降低界面张力的作用，进入低渗区、小孔喉，直接作用于剩余油，达到同步调驱、洗油、解堵的目的。

通过实现这种"固液共存"的双重作用，对高渗通道进行有效封堵，扩大水驱波及体积，提高驱替效率，达到稳油控水、提高采收率目的，对海上油田的稳油控水有很好的适应性[11~13]。

3 实验研究

3.1 连续相性能评价

3.1.1 配方优选及成胶时间分析

从调剖剂BHTP-01浓度、调剖剂BHTP-02浓度、调剖剂BHTP-03及堵水剂BHDJ-02浓度4个方面进行优选调剖体系配方。

采用单一法用现场注入水配制不同浓度组分的交联聚合物溶液液，放入恒温箱观察体系的成胶时间和强度，根据成胶时间和成胶强度优选产出各个组分浓度。实验结果见表1。

结果表明，随调剖剂BHTP-01浓度、交联剂调剖剂BHTP-02、调剖剂BHTP-03和堵水剂BHDJ-02浓度增加，成胶强度而增大，成胶时间而减小。根据成胶时间和成胶强度，综合考虑推荐调剖剂BHTP-01浓度0.3%~0.5%，调剖剂BHTP-02浓度0.03%~0.05%，调剖剂BHTP-03浓度0.25%~0.3%，堵水剂BHDJ-02浓度0~0.005%。成胶时间：24~72h。成胶强度：40000~100000mPa·s。

综合上述实验结果，为进一步全面评价堵剂性能。对高、中、低3种强度配方进行体系性能评价，其高强度凝胶、中等强度凝胶和低强度凝胶的体系配方如下：

表1　不同分子量聚合物成胶情况表

调剖剂 BHTP-01/%	调剖剂 BHTP-02/%	调剖剂 BHTP-03/%	堵水剂 BHDJ-02/%	成胶时间/ h	成胶强度/ (mPa·s)
0.2	0.03	0.25	0.002	69	15724
0.3	0.03	0.25	0.002	62	21070
0.4	0.03	0.25	0.002	54	46291
0.5	0.03	0.25	0.002	50	69931
0.6	0.03	0.25	0.002	46	93859
0.4	0.01	0.25	0.002	77	10697
0.4	0.03	0.25	0.002	62	20767
0.4	0.03	0.25	0.002	62	21070
0.4	0.04	0.25	0.002	50	57528
0.4	0.05	0.25	0.002	46	89718
0.4	0.03	0.15	0.002	59	39326
0.4	0.03	0.2	0.002	58	44568
0.4	0.03	0.25	0.002	54	46291
0.4	0.03	0.3	0.002	50	50869
0.4	0.03	0.25	0	69	14683
0.4	0.03	0.25	0.002	54	46291
0.4	0.03	0.25	0.004	46	47971
0.4	0.03	0.25	0.005	23	49938
0.5	0.05	0.25	0.01	10	92154
0.5	0.05	0.3	0.02	7	96327

高强度：0.5%BHTP-01+0.05%BHTP-02+0.3%BHTP-03+0.005%BHDJ-02

中等强度：0.35%BHTP-01+0.035%BHTP-02+0.25%BHTP-03+0.003%BHDJ-02

低强度：0.3%BHTP-01+0.03%BHTP-02+0.25%BHTP-03+0.003%BHDJ-02

3.1.2　耐冲性评价

实验方法与目的：制作模拟填砂管，抽空饱和水，水驱测试水相渗透率，注入堵剂0.5PV放置5天，水驱，测定不同孔隙体积下的注入压力，考察堵剂的耐冲刷性，实验结果见图2。

3种强度凝胶体系的水驱阻力系数迅速上升，水冲刷20PV后，高/中/低强度体系阻力系数仍能分别达到28/23/15，耐冲刷性能良好。

3.1.3　深部运移性能评价

以1mL/min流速向填砂岩芯注入配制好的交联聚合物溶液0.5PV，测量填砂管不同位置的压力变化，考察堵剂的深部运移性能，实验结果见图3。

随着注入量的增加，3个测压点压力呈现$P_1>P_2>P_3$，但是到达深部的P_3点也出现压力升高的现象，说明体系能够运移到地层深部。

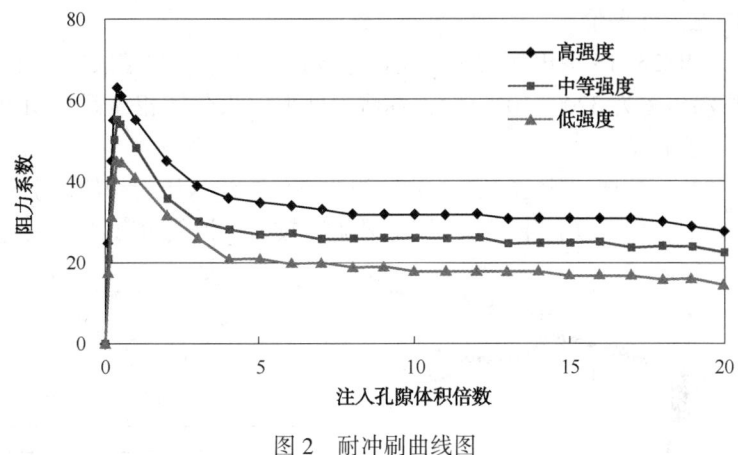

图 2　耐冲刷曲线图

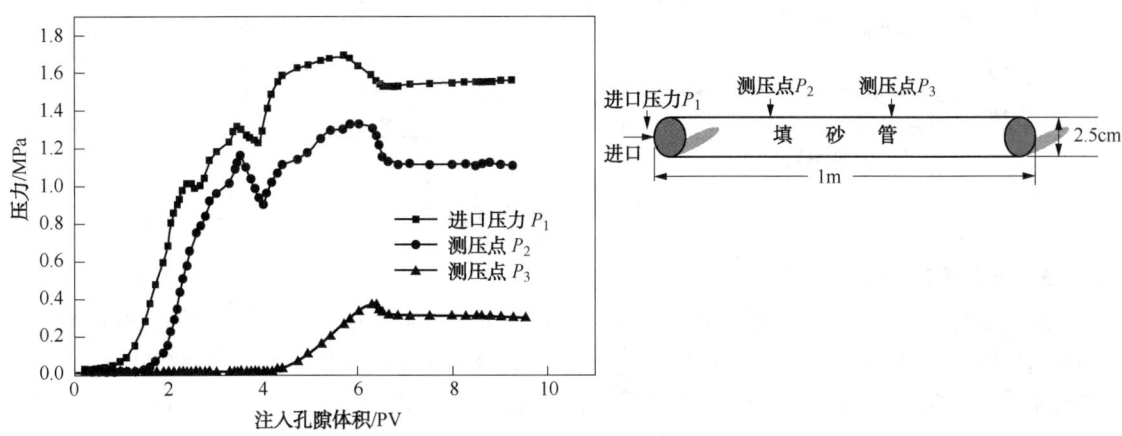

图 3　深部运移性能评价结果图

3.2　分散相设计与性能评价

3.2.1　分散相设计

　　由于分散相为粘弹性高分子颗粒，因此其初始粒径和溶胀后的粒径尺寸大小必须与现有油藏的孔喉直径中值相匹配。而各油田在经过长期水冲刷后，现有的油藏孔喉较原始油藏孔喉均有一定的变化，本文广泛调研总结了油藏孔喉特征的研究方法，以及油田开发注水开发过程中孔喉变化规律的研究方法，包括取芯资料对比法、水冲刷驱替实验法、油藏工程方法、数值模拟法和示踪剂分析研究法，根据陆上油田经验，高孔高渗油藏开发至高含水期孔喉半径增幅可达 9.15%~59.5%。

　　本文根据开发初期的取芯压汞资料，分析了相关油田(BZ25-1S、QHD32-6 等油田)油藏原始孔喉分布特征，目标油田储层平均孔喉半径范围为 0.5~21μm，最大孔喉半径范围为 8~110μm。随着渗透率的增加，储层孔喉半径呈增大趋势。结合陆上油田调研结果，总结了渤海目标油田示踪剂解释资料、以及油藏数值模拟资料，分析研究注水冲刷后至含水 80% 时，高渗层孔喉半径变化增幅 15.3%~75.4%，因此分散相颗粒尺寸的筛选必须符合水冲刷后油藏孔喉的变化规律，以确保能够"进得去、堵得住"。

3.2.2　分散相的注入性评价

实现条件：取 BZ25-1S 油田注入水，配置分散相体系，分散相浓度为 2000mg/L。采用 60cm 岩芯，平均渗透率为 $3200\times10^{-3}\,\mu m^2$，油藏温度下注入分散相体系 0.5PV，再开展后续水驱，考察其压力变化情况。

从实验结果分析，如图 4 所示，注入分散相体系后，注入压力初始注上升快，但之后压力上升缓慢，3 个点都有压力上升，入口端上升幅度较高，说明分散相体系的注入性和传导性较好。

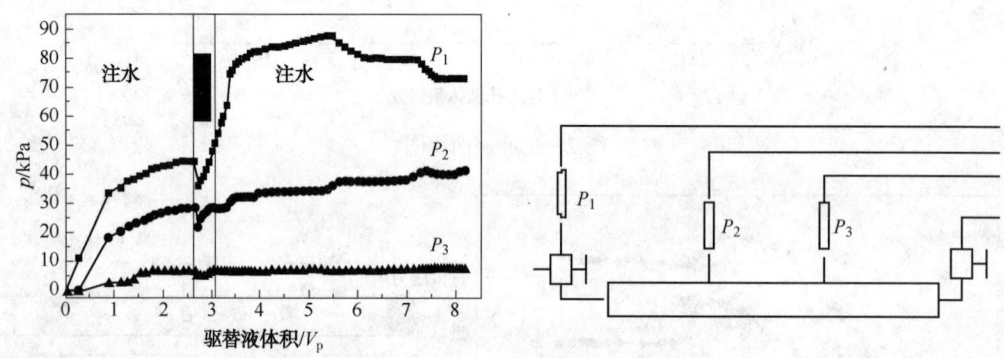

图 4　分散相注入后压力变化

3.2.3　分散相的液流转向能力

实验条件：采用岩芯尺寸为 60cm×2.5cm×2.5cm，高中低三管并联，岩芯渗透率为 $3200\times10^{-3}\,\mu m^2$、$1000\times10^{-3}\,\mu m^2$、$500\times10^{-3}\,\mu m^2$，采用 BZ25-1S 油田注入水配制 2000mg/L 分散相体系，水驱油高渗层含水达到 80% 后，注入 0.3PV 分散相体系溶液，转后续水驱，观察各层液流变化情况，开展分散相体系分流性能试验。

从实验结果分析，如图 5 所示，注入分散相体系后，高渗层分流量由 80% 迅速下降至 60%，中深层分流量由 15% 上升至 30%，低渗层分流量由 3% 上升至 10%，分散相体系能使驱替流体从高渗透层分流到中、低渗透层，具有一定的液流转向能力，能有效改善层状非均质模型的吸液剖面。

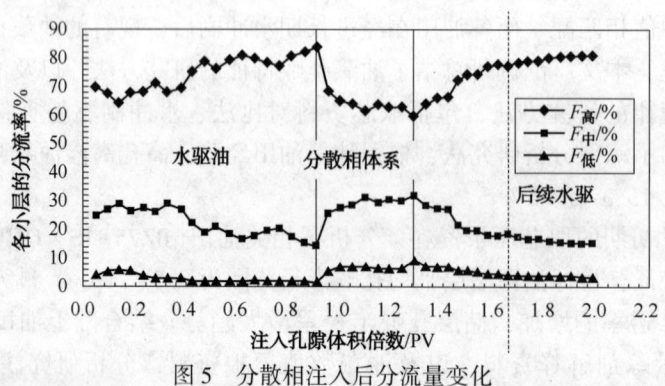

图 5　分散相注入后分流量变化

3.2.4　分散相的高效洗油能力

采用注入水配制浓度分散溶液，测试与原油间界面张力，结果如表 2 所示。

表 2　界面张力测试结果　　　　　　　　　　　mN/m

分散相与水比值	1:3	1:2	1:1
分散相	$4.77×10^{-1}$	$2.83×10^{-1}$	$1.22×10^{-1}$

从上表可以看出，随浓度增大，分散相与原油间界面张力都呈现下降趋势。表明分散相中具有一定量的表活剂，能够增加油-水两相体系的界面活性，增大强化表活剂分子在界面处的吸附量，分散相中表活剂分子与极性有机物分子相互作用，使得界面膜分子的排列更加紧密，界面膜强度增加，使原油与水产生乳化效果。

3.3　堵调洗一体化技术驱油效果评价

3.3.1　驱油效果对比分析

表 3　堵调洗技术增油效果实验研究

体系	低/高渗透率/mD	含油饱和度/%	驱油效率/%		驱油效率增值/%
			水驱	剂驱	
分散相调驱	508/1589	76.4	30.7	47.4	16.7
	524/1428	74.8	29.2	46.5	17.3
连续相堵剂	613/1725	77.5	28.9	39.8	10.9
	575/1647	76.1	30.1	40.3	10.2
堵调洗一体化技术	602/1810	76.5	29.9	62.4	32.5
	589/1720	75.8	30.6	61.3	30.7

通过深部运移封堵实验及驱油效率实验得出分散相体系能够在运移过程中形成封堵压差，有效封堵大孔道，同时驱油效率实验结果表明分散相体系驱油效率比连续相堵剂驱油效率高出6.4%。通过对比组合调剖调驱技术与单一段塞调剖调驱技术可以看出，堵调洗一体化技术通过两种体系协同作用，达到1+1>2效果，最终实现堵剂注得进、堵得住、深部液流转向的目的。

3.3.2　储层非均质性对堵调洗一体化技术增油效果的影响

堵调洗一体化技术增油效果实验数据见表4。

表 4　采收率实验数据

方案编号	岩芯编号和小层渗透率/$10^{-3}\mu m^2$	含油饱和度/%	采收率/%		
			水驱	最终	增幅
5-1	1(8000/2000/200)	75.2	22.3	54.1	31.8
5-2	2(6000/2000/200)	73.6	23.4	53.8	30.4
5-3	3(4000/2000/200)	72.5	24.5	52.4	27.9
5-4	4(6000/1000/200)	71.8	19.9	50.7	30.8
5-5	5(4000/1000/200)	70.9	21.4	49.7	28.3

从表4可以看出，储层非均质性(窜流程度)对转向组合技术增油效果存在影响。在全部实验方案中，"方案5-1"、"方案5-2"和"方案5-3"实验岩芯高渗透层渗透率逐渐增加，即非均质性逐渐减弱，其采收率增幅逐渐减小(31.8%、30.4%和27.9%)。"方案5-2"与"方案5-4"以及"方案5-3"与"方案5-5"相比较，岩芯中渗透层渗透率降低，采收率增幅呈现小幅增加趋势，最终采收率增大。

4　矿场应用

截至2017年5月，该体系在渤中25-1南、秦皇岛32-6等油田成功应用9口井次。措施后注水井的注水吸水指数、注水压力等生产参数明显改变，受益油井增油、降水效果明显，截至 2017 年 5 月底，已累计增油 $4.6×10^4 m^3$，降水 $6.9×10^4 m^3$，产出投入比达 5.1∶1。现场应用表明，由连续相和非连续相组成的堵调洗一体化体系可有效改善注水井吸液剖面，扩大注入水波及体积，增加驱替效率，是改善高含水期低渗透油藏水驱开发效果的有效办法。

5 结论与认识

（1）面对渤海油田含水上升较快、产量递减快等现象，堵调洗一体化技术作为一种实用新型在线深部调驱技术，在海上油田取得成功的应用。

（2）室内实验表明，堵调洗一体化技术中的分散相具有良好的注入性、分流性能及驱替性能，连续相具备稳定的增粘性，不管是单一组分还是相互组合，两者均能有效地提高原油采收率，且组合后提高采收率幅度更大。

（3）已实施调驱完成的井组均见到了明显的降水增油效果，9 个井组累计增油为 $4.6×10^4 m^3$，降水 $6.9×10^4 m^3$，产出投入比达 5.1∶1，获得了很好的经济效益，对油田稳产上产起到重要作用，在海上油田应用具有广阔的应用前景，值得推广。

参 考 文 献

[1] 张相春，张军辉，宋志学，等. 绥中 36-1 油田泡沫凝胶调驱体系研究与性能评价[J]. 石油化工应用，2012，31(4)：9-12.

[2] 卢祥国，姚玉明，杨凤华. 交联聚合物溶液流动特性及其评价方法[J]. 重庆大学学报，2000，23：107-110.

[3] 卢祥国，张世杰，陈卫东，等. 影响矿场交联聚合物成胶效果的因素分析[J]. 大庆石油地质与开发，2001，21(4)：61-64.

[4] 林梅钦，李明远，彭勃，等. 聚丙烯酰胺/柠檬酸铝胶态分散凝胶性质的研究[J]. 高分子学报，1999，5(2)：263-267.

[5] 张建，李国君. 化学调剖堵水技术研究现状[J]. 大庆石油地质与开发，2006，25(3)：85-87.

[6] 雷光伦，陈月明，李爱芬，等. 聚合物驱深度调剖技术研究[J]. 油气地质与采收率，2001，8(3)：23-25.

[7] 袁谋，王业飞，赵福麟. 多轮次调剖的室内实验研究与现场应用[J]. 油田化学，2005，22(2)：143-146.

[8] 赵福麟，张贵才，周洪涛，等. 二次采油与三次采油的结合技术及其进展[J]. 石油学报，2001，22(5)：38-42.

[9] 赵福麟，张贵才，周洪涛，等. 调剖堵水的潜力、限度和发展趋势[J]. 石油大学学报：自然科学版，1999，23(1)：49-54.

[10] 蒲万芬，彭陶钧，金发扬，等. "2+3" 采油技术调驱效率的室内研究[J]. 西南石油大学学报：自然科学版，2009，31(1)：87-90.

[11] 周雅萍，刘其成，刘宝良，等. "2+3" 驱油技术提高稀油油藏采收率实验研究[J]. 化学工程师，2009，165(6)：58-61.

[12] 陈东明. 调剖堵水剂定点投放技术研究[D]. 中国石油大学(华东)，2010.

[13] 张同凯，侯吉瑞，赵凤兰，等. 定位组合调驱技术提高采收率实验研究[J]. 西安石油大学学报：自然科学版，2011，26(6)：47-51.

海上高密低阻两步法防砂工艺优化研究与应用

赵　霞，韦　敏，曹文江，张　勇，任兆林，李家华，和忠华

（中国石化胜利油田分公司海洋采油厂采油工艺监督中心，山东东营257237）

摘　要　胜利海上油田主体馆陶组疏松砂岩油藏主要为大斜度、长井段、厚夹层、多油层等特点，而且受油田注水开发滞后，造成钻完井过程侵入带较深，配套的大孔径高孔密射孔弹无法有效穿过侵入带。根据油藏特点，自主改进实施了一趟管柱分层挤压充填+全井多步段塞循环充填两步法防砂工艺，改善近井筒地层渗透率，扩大管外挡砂屏障，提高炮眼和筛套环空砾石充填密实程度，满足大压差生产要求。

关键词　分层挤压；挤压充填；循环充填；优化

胜利海上油田发现有埕岛油田和新北油田，水深3~18m。主要含油层系为馆陶组，占总探明储量的71.1%。馆陶组为粘土胶结的疏松砂岩油藏，岩性以粉砂质细砂岩为主，油层埋藏浅，泥质含量高，胶结疏松，平均孔隙度34.5%，平均空气渗透率$2711×10^{-3}\mu m^2$，粒度中值0.11~0.13mm。出砂预测及生产实践都表明，主体馆陶组油层易出砂，只有防砂才能确保油田的持续稳定开采。

1　胜利海上防砂工艺发展历程

2004年以前海上防砂工艺以悬挂滤砂管为主，主要悬挂双层绕丝筛管、金属毡和金属棉滤砂管、预充填割缝筛管、精密微孔滤砂管等。随着海上油田注水初见成效，地层能量得到一定的补充，油井含水上升速度较快，油层出砂进一步加剧，停产井增加。

2004~2011年主要以全井一次挤压充填防砂和循环充填防砂为主。但海上大斜度、长井段、多油层的油井采用一次挤压充填易形成砂桥，转循环充填防砂成功率低，炮眼及筛套环空充填不密实，且胍胶携砂液环空充填密实程度低，地层易出砂躺井或与充填砂混合，降低油井产能；而循环充填防砂对储层无改造作用，炮眼充填效率低，地层砂易与充填砂混合，表皮系数高，对产能影响很大。2009~2010年14口返工井主要原因是防砂失效，2009~2012年作业过程发现因砂埋躺井有18口井，2012年统计的60口低液井有13口井防砂质量不高导致低液。

针对以上防砂方式的缺点和不足，海洋采油厂自2012年以来自主研发并推广应用了一趟管柱分层挤压充填+全井多步段塞循环充填两步法防砂工艺。挤压充填类似于小型压裂施工，以稍高于地层压力将携砂液通过炮眼挤压至近井筒附近，破胶后砂体沉降，在井筒附近形成一堵砂墙，阻止了地层出砂向井筒运移，既达到了防砂的目的，也对地层进行了适度改造，疏通了油气渗流通道，提高了近井区域的导流能力。但挤压充填主要是增强了井筒外的挡砂屏障，炮眼和环空充填不严实也会导致油井低产，高速水循环充填能够提高炮眼和环空

作者简介：赵霞(1978—)，男，汉族，硕士，工程师，2008年毕业于中国石油大学(华东)油气田开发工程专业，现从事采油工艺研究与管理工作。E-mail：zhaoxia620@126.com

的充填质量，形成三道挡砂屏障，达到防砂效果。

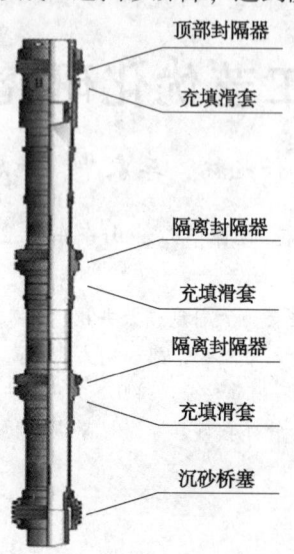

图 1　充填外管结构示意图

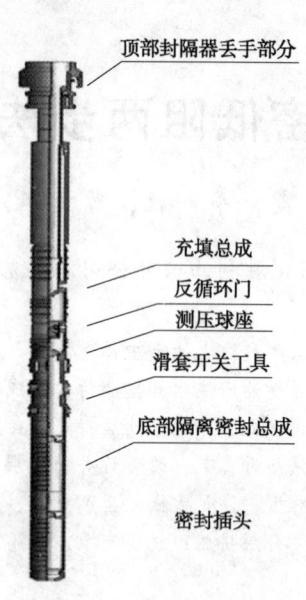

图 2　充填中管结构示意图

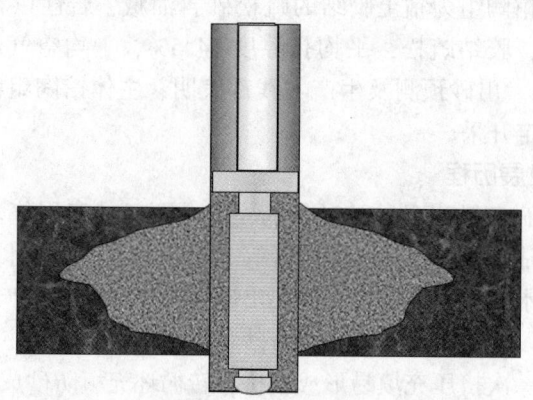

图 3　一步法挤压充填示意图

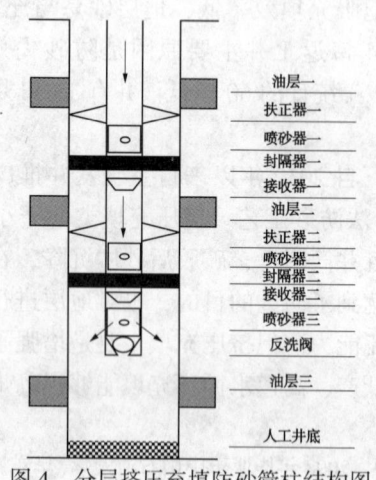

图 4　分层挤压充填防砂管柱结构图

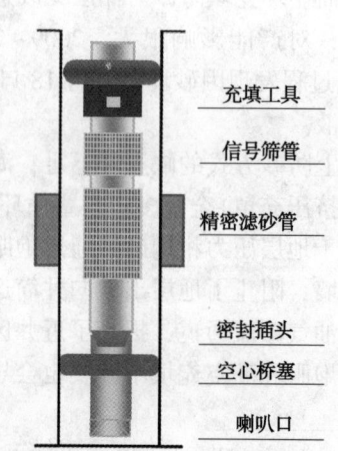

图 5　高速水充填防砂管柱结构图

2 两步法防砂工艺优化与应用

　　胜利海上油田主体馆陶组注水开发滞后，造成钻完井过程侵入带较深，在 CB4DA-2、22H-4、22FA-5 等井通过阵列感应测井显示泥浆侵入油层深度达到 400-700mm。配套的射孔工艺主要以 127 枪 127GH 弹大孔径高孔密射孔为主，孔径 17.5mm，孔密 40 孔/m，地面打靶穿深 420mm，射孔穿深无法有效突破泥浆侵入带。加上主体馆陶组大斜度、长井段、厚夹层、多油层的井况，近年来改进实施了一趟管柱分层挤压充填+全井多步段塞循环充填两步法防砂工艺。

2.1 一趟管柱分层挤压充填防砂工艺

2.1.1 改进挤压充填防砂工艺思路

　　实施一趟管柱分层挤压充填防砂以均匀突破各油层近井污染带为目的，扩大管外挡砂屏障，在井筒一定半径范围内形成密实的高渗透带，改善近井筒地层渗透率，从而增加导流能力。挤压充填防砂目标要求达到脱砂、起压的效果，形成管外密实充填层，而且后期避免地层反吐出砂，以保持管外的高渗透充填层。

2.1.2 优化分层防砂工具

　　为了提高分层防砂工具结构可靠性和现场施工安全性，适应海上大斜度、长井段、厚夹层、多油层施工的复杂性井况，对一体化防砂工具的管串结构、喷砂器材质和扩张封隔器性能进行优化改进，满足工艺方案和现场施工要求。

　　① 改进分层挤压工具，将滑套接收器、喷砂器与层间封隔器实现一体化组合，去掉了喷砂器与层间封隔器之间的短节，减少喷砂器与层间封隔器之间的有效距离，防止在施工过程中砂子沉积上封隔器上不易解封，同时取消油管锚，防止砂卡管柱造成大修，提高层间封隔器封隔能力。

　　② 优化喷砂器保护罩材质，以前采用 5mm 厚的喷砂器保护罩，经现场发现外保护罩均被刺穿，材质优化后采用 10mm 厚的喷砂器外保护罩，材质从 35CrMo 提高到磨具钢，提高对套管的保护作用(图 7、图 8)。

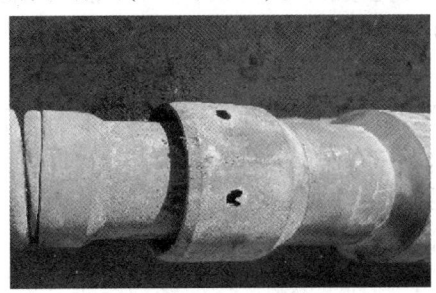

图 7　改进前注砂器护套冲蚀损坏　　　　　图 8　改进后注砂器护套未见冲蚀损坏

2.1.3 优化分层挤压充填泵注程序

　　做到既避免砂卡管柱，又避免过量顶替破坏近井地带充填层，而且后期要避免地层反吐出砂，根据安全施工要求，目前最多按分 3 层挤压充填来施工。

　　(1) 加砂施工前，必须根据试挤停泵测压降来判断地层吸收能力和压裂液滤失情况，不断优化调整泵注程序表，适时调整施工排量、加砂量和砂比，达到起压脱砂的效果，起压后将剩余砂量调整到其他施工油层段。

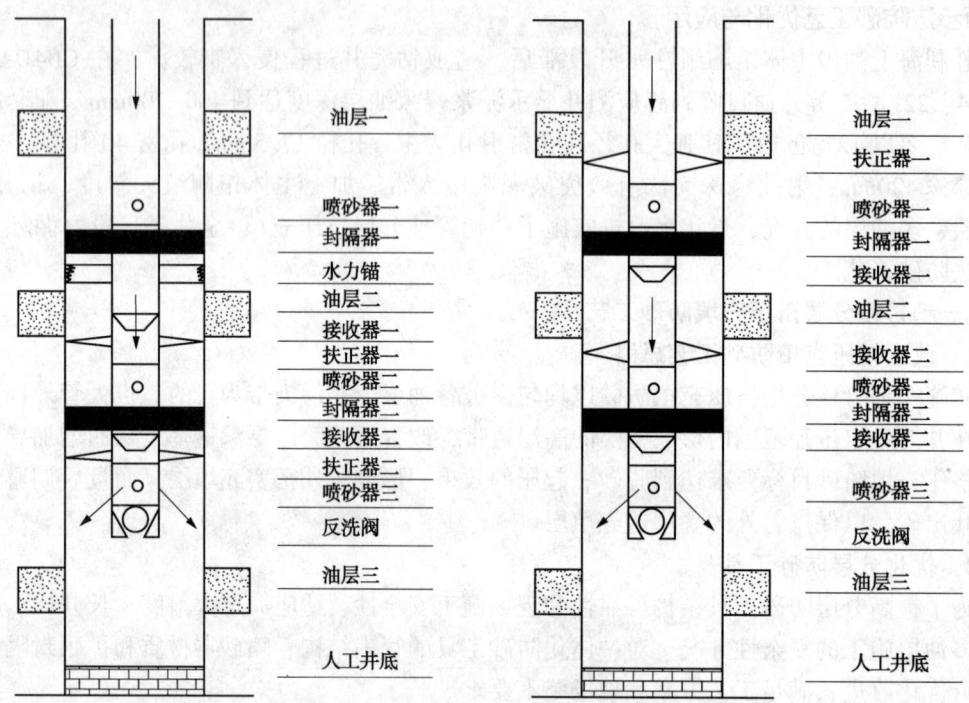

图6 改进前后分层挤压管柱

（2）最下层挤压充填结束后，若施工过程中分层封隔器没有解封迹象，套压没有明显上升趋势，扩散压力后直接带压投球，降低施工等待时间、防止地层吐砂、提高施工成功率。

（3）挤压充填施工期间如果泵压稳定下降，且压差下降达到3MPa以上，提高加砂速度，减少20%~40%低砂比阶段加砂时间及砂量，增加60%~70%高砂比阶段加砂时间；挤压充填20%~30%低砂比过程中，若泵压明显抬升趋势2MPa以上，立即停止加砂，打顶替液，带泵压回落到正常施工状态后再按停砂前的砂比重新加砂施工(砂比不能低于停砂前的比例)。地层加砂强度达到$1m^3/m$后可根据泵压曲线快速提高砂比，以提高充填密实程度，促成在地层脱砂。

（4）需要反洗井时，关井扩散压力，然后套管打压至油套压平衡释放压裂封隔器，缓慢开启反洗井出口闸门，实施带压反洗井，控制反洗出口闸门，确保反洗井泵压值与挤压施工停泵时套压值相当，尽量避免地层充填陶粒砂返吐。

（5）每层挤压充填停止加砂后，用超过油管容积$3m^3$左右的顶替液进行过顶替，既防止砂堵施工管柱，又防止将充填砂被推到地层深处，确保本次挤压与后续的高速水充填能形成连续的充填砂带。

2.1.4 实例分析

CACB12C-3井位于埕岛油田馆陶主体南区，最大斜度为49.00°共钻遇油层7.6m/4层，主力油层为Ng5254，储层为河道沉积。于2016年7月份测压资料分析，油层静压11.14MPa，原始地层压力14.22MPa，地层压降为3.08MPa，地层能量较充足，表皮系数6.97，地层存在一定程度的堵塞，压力系数0.77。

该井于2017年04月份进行了作业施工，其中防砂工艺为：采用分3层挤压改造+全井循环充填防砂工艺，陶粒砂粒径0.425~0.85mm，使用稠化携砂液。

该井分三层进行挤压充填防砂，施工井段，下：1751.1~1761.0m，中：1737.8~1742.8m，上：1720.6~1722.0m。施工排量在2400~3200L/min范围内，泵压稳定在18~26MPa之间，填入粒径0.425~0.85mm的陶粒砂分别为：12.0m³、18.0m³、10.0m³，砂比从10%开始稳步上升，没有发现明显的砂堵起压现象。加砂后段，加砂强度超过2.13m³/m，加砂最后起压明显，表明充填密实度高，加砂效果良好。施工结束后反循环洗井比较彻底，起出分层防砂充填管柱过程中未见明显卡滞，带出分层防砂工具一套，检查工具正常。挤压施工曲线如图9所示。

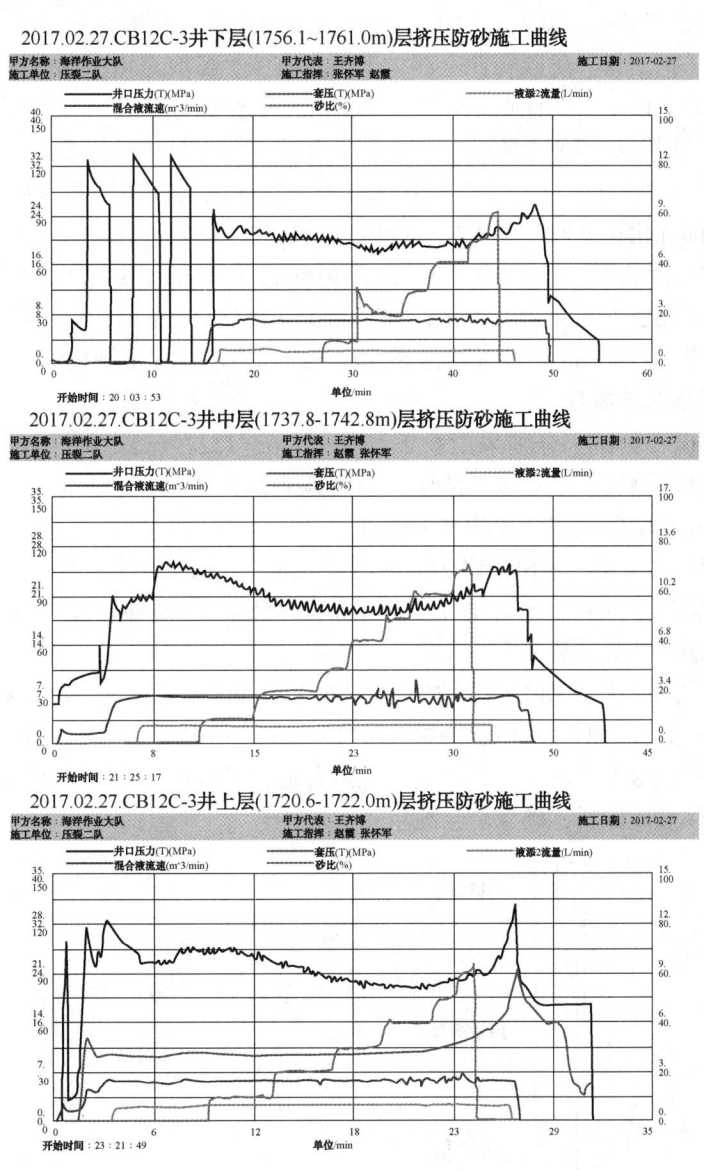

图9　CB12C-3井下、中、上层（1720.6~1722.0m）挤压防砂施工曲线

分3层挤压充填防砂，加砂强度自下而上分别2.13m³/m、3.60m³/m、6.07m³/m，循环充填系数49L/m，正循环验砂高，泵压17.4MPa，排量200L/min，防砂质量良好。经过2个多月的生产，生产稳定，目前该井4mm油嘴，油压3.9MPa，套压1.0MPa，电流35A，

电压 1070V，日产液 86.8t，日产油 23.6t，含水 72.8%，取得良好的投产效果。

3　全井多步段塞循环充填防砂工艺

3.1　改进循环充填防砂工艺思路

实施多步段塞式循环充填防砂，提高炮眼及筛套环空砾石堆积密实程度，通过阶梯排量循环测试、控制套管返出液量、多步段塞式泵入等方式，有效降低形成大斜度长井段油层"砂桥"几率，提高循环充填防砂效果。

3.2　优化循环充填管柱

① 优用适用充填工具。原先充填工具为先充填后丢手，充填时若发生砂卡难丢手，充填质量不合格还需把工具、防砂管柱全部拔出重新施工。目前充填工具先坐封、验封，再丢手，最后充填防砂，该工具的优点是：先丢手后充填，使用该工具防砂不存在防砂过程中砂卡管柱不能丢手的问题；即使在防砂施工中砂卡管柱，该工具也能将事故损失降到最低。

② 优化夹层盲管长度。过去夹层盲管长达 10~20m 以上，盲管外易形成砂桥，导致环空充填不实。目前优化长井段、厚夹层井况的夹层段独立盲管≤5m。

③ 优化沉砂口袋长度。过去沉砂口袋距离射孔底界 20m，环空口袋太长，充填后环空砂子下沉导致环空充填不实。通过优化，目前沉砂口袋在 5m 左右，对于跨度小、油层短的油井，在射孔底界以下 1.5m 处打沉砂桥塞，避免出现生产过程出砂把油层埋住风险。

3.3　优化循环充填泵注程序

① 阶梯排量循环测试。分别采用 0.2、0.8、1.0、1.2、1.5（单位：m³/min）的排量正循环测试，记录相应测试排量对应的泵压，判断地层漏失情况，为验证充填砂高记录数据，另一方面为循环充填防砂选定合适的施工排量。

② 控制套管返出液量。返出液量为泵入液量的 30%~50%最佳，按照这个标准调整套管阀门开启程度。泵注排量一般为 1.0~1.2m³/min，砂比 8%，泵注初期泵压应在 7~8MPa 为佳，现场施工按照这个要求调整泵注排量。

③ 多步段塞式泵入。初期 1~3 段塞小砂量 0.3~0.4m³ 一段，顶替 3~4m³，待充填砂量达到理论环空砂量后，后期可将砂量调整为 0.4~0.6m³ 一段，顶替 4~5m³。采取小步快走施工方式，保证砂量炮眼、环空充填密实。优选合适充填砂比、排量，携砂液和顶替液交替泵注，防止或消除形成砂桥，确保环空充填密实。

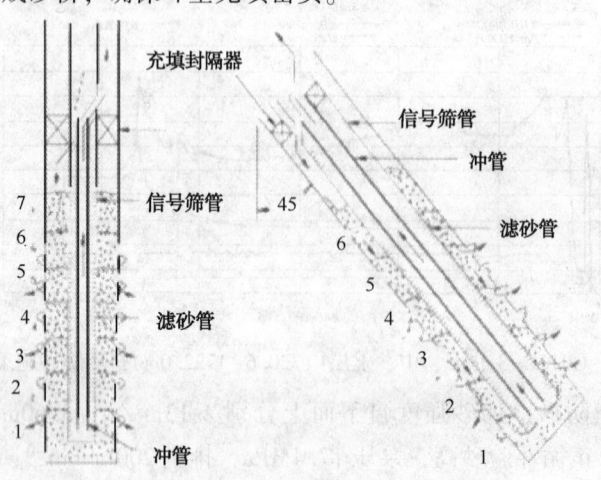

图 10　0~45°井斜角砾石充填示意图

不同井斜角充填顺序：井斜角小于 45°的油井充填，砾石受重力所控制，充填顺序是从井底自下而上整个环空依次充填。井斜角在 45°~60°范围，充填顺序是先从井筒底部自下而上覆盖部分环空，再从井筒上部自上而下充填，多次反复实现环空充填。为防止充填过程中形成砂桥，大斜度长井段需采用多步段塞式泵入方式充填，提高炮眼充填效果。

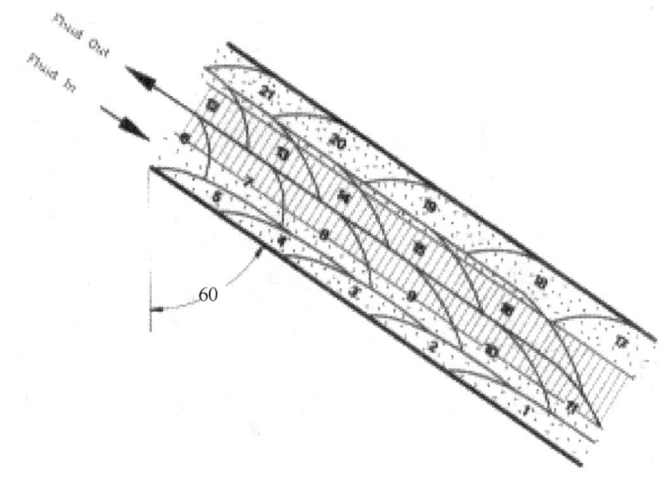

图 11　45°~60°井斜角砾石充填示意图

④ 根据泵压适当调整排量。如果充填期间泵压大于 10MPa 而呈现下降趋势，要警惕砂子推向地层深部的可能性，要降低排量施工，套压控制低一些，或者套管全开，避免砂子过多进入地层。

⑤ 起压后分次顶替。施工达到起压并到限压后，停泵后重新采用 0.4 m³/min 的排量循环顶替，直到超压，再次用 0.2m³/min 循环顶替至超压，确保油管内剩余砂量能尽可能顶替到筛套环空处，提高充填密实程度。

3.4　应用实例

CACB26B-5 井为合采油井，位于主体馆陶中一区的西北部，投产层位 Ng5⁴5⁶¹⁺⁶²，根据同层位邻井 CACB1FC-4、CACB26A-2、CACB22FA-19、CACB11K-3 近期测压资料推测，该井目前油层静压为 10.5MPa，地层压降约为 2.8MPa，压力系数 0.7797。于 2017 年 4 月 24 日电流落零躺井，截至躺井前，泵排量 60m³，油嘴 2mm，油压 2.6MPa，日液能力 20.4t。

该井于 2017 年 06 月进行了作业施工，为了减缓层间矛盾，释放油层潜能，同时提高近井渗流能力及挡砂屏障强度，满足油井较大排量提液要求，延长防砂有效期，现采用采用分层地层挤压、全井段循环充填防砂工艺技术，循环充填具体施工情况如下：

挤压后地层漏失速度达到 5m³/min，油层跨度 248m，为了保证环空和炮眼充填密实，采用小段塞、少顶替多步快走模式进行充填加砂。施工过程共分 11 段加砂施工，每段加砂量 0.4 m³，顶替 3 m³，泵压 4.2~25.0MPa，排量 1000L/min，加入粒径 0.6~1.2mm 陶粒砂 5.0m³，携砂比 7%~9%，正替顶替液 4.4m³ 超压停止施工，共计有效加砂 11 段 5.0m³，最后一段刚刚加砂 0.7m³ 泵压迅速升高，接着进行三段顶替，停止施工。反循环洗井，出口陶粒砂 0.2m³；正循环验砂高，泵压 17.0MPa，排量 200L/min，计算盲管外砂柱高 6.58m，循环充填效果理想。

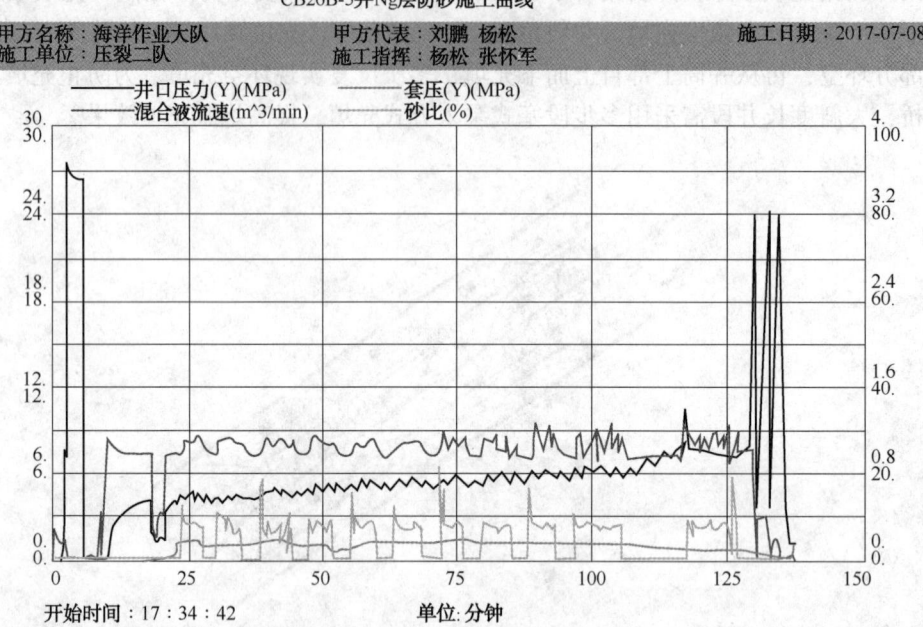

图 12　CB26B-5 井 Ng 层防砂施工曲线

4　防砂质量评价及应用效果

4.1　防砂质量评价

国外防砂公司通过计算炮眼充填系数评价充填质量，通过对标国外防砂做法，循环充填结束后计算炮眼充填系数并验证管外盲管段砂柱高度。以 0.2m³/min 排量循环顶替，记录稳定泵压值，计算盲管段砂柱高度 [0.0839×(验砂高泵压 MPa－循环测试泵压 MPa)/验砂高排量 m³/min]，砂柱高度≥3m。如果砂柱高度<3m，则进行补充充填。施工结束后，计算炮眼充填系数≥30L/m 为合格。

近年来胜利海上油田馆陶组通过改进实施了一趟管柱分层挤压充填+全井多步段塞循环充填两步法防砂工艺，地填从过去最高砂比 40%至目前平均砂比 40%，环填炮眼充填系数达到 55L/m，在地层、炮眼、环空形成三道充填屏障。

4.2　应用效果

截至 2017 年 4 月，海上油田有 446 口油井防砂，其中挤压充填+循环充填两步法防砂243 口，占 63.3%，开井数 239 口，平均日夜 109.8t，平均日产油 22.0t，平均含水 80%，增产效果明显。2012 年开始自主防砂施工后，海上防砂质量得到保证，单井日产液量逐步上升，躺井率和因出砂躺井率逐年呈下降趋势，2014 年自今没有因防砂质量而躺井，防砂

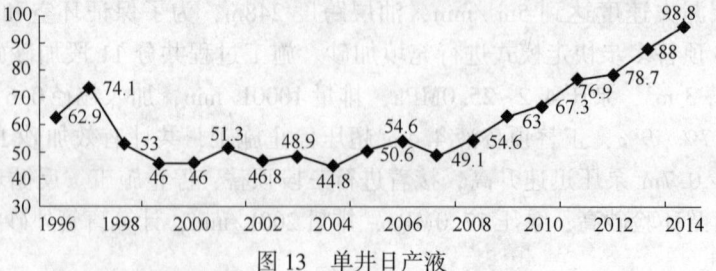

图 13　单井日产液

有效期达到 5 年以上，保证了海上油田的正常生产。

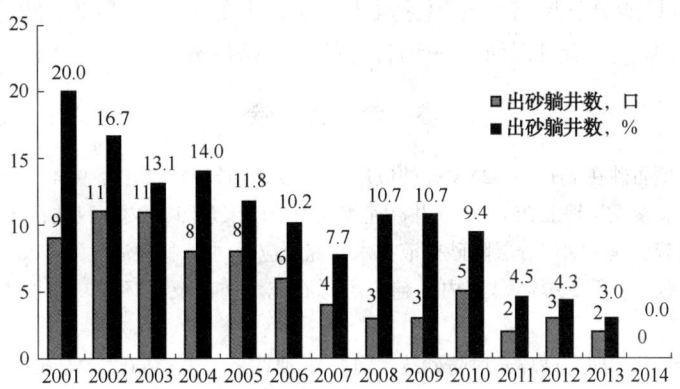

图 14　2001~2014 年出砂躺井率统计

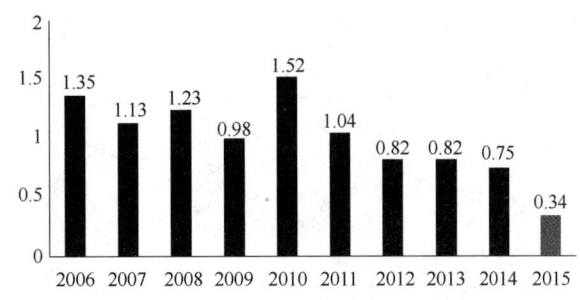

图 15　近 10 年躺井柱状图

5　认识和建议

胜利海上油田主体馆陶组疏松砂样油藏通过应用改进的一趟管柱分层挤压充填+全井多步段塞循环充填高密低阻两步法防砂工艺，在新井投产和老井改造中应用取得较好效果，得到了如下几点认识与建议：

（1）挤压充填防砂能满足目前海上埕岛油田压降大、斜度大、井段长、夹层厚、油层多的油藏特点及开发的要求；通过大排量（3.5m³/min）、高砂比（80%），能在近井筒附近形成宽且短的裂缝，改善周围污染和堵塞，形成具有一定导流能力且兼具防砂功能的砂墙。

（2）通过分层分段施工，可以根据各层的特点进行精细化泵注施工，有利于作业效果。分层挤压工具由喷砂器、封隔器、接收器等一体化结构组成，工具结构简单，现场施工风险低，适应复杂井况能力强。

（3）高速水循环充填有利于提高炮眼及筛套环空砾石堆积密实程度，通过阶梯排量循环测试、控制套管返出液量、多步段塞式泵入等方式，有效降低形成大斜度长井段油层"砂桥"几率，提高循环充填防砂效果。

（4）挤压充填+高速水循环充填能够形成砂墙、炮眼、环空三道挡砂屏障，而且砂体充填严实，能有效防止地层出砂进入油管，防砂有效期到 5 年以上，保证了海上油田的正常生产。

（5）由于防砂分为两个步奏，需要两趟防砂船舶，再加上海上特殊的施工环境，直接导致了施工工期增长，增加了施工费用。结合油层特点，可以设计成一趟管柱，既能进行挤压充填防砂，又能实现高速水循环充填，缩短工期，节约施工成本。

（6）目前最多只能分三层挤压充填，对于三层以上的油井，需要下两趟管柱进行挤压施工，不利于节约成本。下步可以研究一趟管柱的多层挤压充填。

参 考 文 献

[1] 文云飞. 挤压充填防砂在 ZH41—52NX 井的应用[J]. 复杂油气藏，2016，9(4).

[2] 王立建，樊波，袁俊亮. 埕北 251C — 5 井高速水充填防砂工艺[J]. 内江科技，2013，36(4).

[3] 吕超，尚岩，巍芳. 埕岛油田分层防砂提液技术研究及应用[J]. 特种油气藏，2016，23(5).

[4] 白维昊，张英，张飞，等. 提高套管内一趟多层砾石充填防砂反循环成功率的方法[J]. 技术研究，2017，21(2).

[5] 刘凤霞，宋友贵，郭伟明. 循环充填防砂技术[J]. 石油钻采工艺，2002，24(02).

利用机械工具改善大斜度井岩屑床问题的研究

和鹏飞，袁则名，于忠涛，韩雪银，丁　胜，刘雨薇，徐　彤

（中海油能源发展股份有限公司工程技术分公司，天津300452）

摘　要　渤海A区块已钻井达上百口，目前正在进行新一批的钻井作业，针对前期在大斜度井、水平井井段在钻井过程中，岩屑易堆积形成岩屑床，导致钻井过程效率低下、倒划眼频繁憋压、憋扭矩等问题，通过引入机械式岩屑床清除工具，利用其机械挖掘作用和压力吸附、机械传动和循环推动作用，将堆积岩屑循环带离下井壁，随之循环带出井筒。本文以大斜度井段达到1400m左右的某37井为例，从该工具的加放、使用前后的钻井参数（泵压、扭矩等）对比、钻后倒划眼效果对比等方面分析说明岩屑床清除工具的效果和意义。

关键词　岩屑床；清洁；机械式；大斜度井；渤海油田

海上油田开发主要采用集中井槽丛式井技术，因此以井槽平台为单点辐射整个油田区块的井网布置，必然有较多的大斜度井出现。此外，在开发井型方面，渤海油田采用水平井和大斜度井以增大泄油面积[1,2]。而在大斜度井和水平井钻井作业中，当井斜角超过临界值时，井眼底边便会因岩屑堆积而形成岩屑床。岩屑床的清除是目前大斜度井、水平井的作业难点，普遍采用的是通过调整钻井液性能，利用水力清除，但水力效果较为局限，不能实现预期目的[3,4]。

1　岩屑床的清除难点与特点

岩屑床是钻井过程中在特定井段无法避免产生的岩屑堆积问题，最明显的将导致井筒中钻具环空固相含量增加、影响钻井液性能的稳定，岩屑床形成后容易因扰动而出现局部堆积，钻进过程中摩阻明显增大、钻进扭矩偏高，即便调整钻井液润滑性也无明显改善；不能实现正常的直接起下钻，钻具悬重和钻压失真问题突出；停泵后井眼中岩屑下沉形成台阶或砂桥造成砂卡或粘卡，使下套管、固井作业困难；即便多次通井、泵入高低比重、高低黏度段塞仍无有效改善；套管下入到位后，由于环空间隙变小，更易导致循环不畅；固井之后水泥封固质量也不能达到预期效果。

目前海上钻井对于岩屑床的处理一般是选择定期或适时进行短起下钻，配以划眼和适当的增大泵排量循环，既影响了钻进速度，浪费了时间，又增加了钻井成本，且此类针对岩屑床的处理方法并不能有效的清除岩屑床。如表1，为渤海某A区块已钻井的复杂情况概述，该区域已钻井达上百口，水平井占50%、大斜度井占20%左右，但水平井同样存在大斜度井段，因此这70%的比率效果一致，在钻井过程中，由于岩屑床的存在导致作业效率低，部分井出现了倒划眼一柱用时10h以上的现象，出现憋泵耗费较长时间处理畅通，大排量循

作者简介：和鹏飞（1987—），男，汉族，2010年毕业于中国石油大学（北京）石油工程、化学工程与工艺，双学士学位，工程师，主要从事海洋石油钻完井技术监督及数据分析研究工作，累计发表学术论文50余篇。E-mail：hepf2@qq.com

环一般返出大量混杂岩屑,从返出情况可以排除井塌确定为岩屑堆积问题[5,6]。

表 1　渤海 A 区块的已钻井复杂情况统计

井名	复杂情况表述
A11	倒划眼短起至 1200m;其中 1370~1220m 井段(东营组砂泥岩互层段)倒划眼频繁憋压、蹩扭矩、抬钻具,倒划眼困难
A12	倒划眼起钻至 1260m,期间在 1770~1490m 井段(地质录井显示为东营组砂泥岩交界面及底砾岩井段),倒划眼过程中频繁蹩扭矩、憋压
A2	倒划眼短起至 890m,环空突然憋压至 15.8MPa(正常 13.2MPa)、扭矩蹩至 28kN·m(正常 12~13kN·m)、抬钻具 29t;立即降低排量至 500L/min 并下放钻具,泵压迅速下降,顶驱恢复旋转
A21	倒划眼短起钻至 900m,在 1450~1200m 井段倒划眼频繁憋压、蹩扭矩(地质录井显示在 1440~1226m 为砂泥岩互层)
A23	倒划眼起钻至 910m,在 1250~1170m 井段频繁憋压、蹩扭矩
A26	倒划眼短起至 900m;倒划眼期间,1500~1200m(东营组砂、泥岩互层段)频繁憋压、蹩扭矩、抬钻具,顶驱多次憋停,倒划眼困难
A29	倒划眼短起至 1315m,期间倒划眼短起至 1302m、1309m 憋压、蹩扭矩

　　鉴于此,渤海油田研究并开发了岩屑床清除工具,在以上传统方法的基础上,通过在岩屑床清除工具本体上布置特殊的螺旋槽道结构,利用槽道结构的搅动提高岩屑携带的能力以实现清除岩屑床,有效地解决定向井、大斜度井和水平井钻井作业中的岩屑床堆积问题,大大降低钻井作业风险。

2　岩屑床清除工具的组成和原理

2.1　结构组成

　　岩屑床清除工具技术参数如表 2 所示,结构如图 1 所示,其主要由工具本体和岩屑床清除部件组成。在正常钻井作业中,岩屑床破坏器可直接连接于钻具组合,工具随钻柱旋转,传递扭矩,同时,螺旋支撑棱松动岩屑床,经螺旋棱搅拌,使岩屑由井眼低边进入具有较高流速的环空高边,重新进入钻井液循环,同时螺旋流道使流体发生弯曲,产生螺旋紊流,提高钻井液携带岩屑的能力[7,8]。

表 2　岩屑床破坏器技术参数

尺寸	扣型	内径/mm	外径/mm	长度/mm	抗拉/kN	抗扭/(N·m)	抗内压/MPa	上扣扭矩/(N·m)	备注
5½"普通岩屑床破坏器	DSHT55	84	184	9450	7159.4	143910.9	310	46711	
5½"加重岩屑床破坏器	DSHT55	84	178	9450	6244.1	183982.6	242	47246	长螺旋

2.2　工作原理

　　岩屑床破坏器钻井工具在钻井过程中通过机械破坏、改变局部流场、制造局部紊流原理,可以有效地破坏清除已形成的岩屑床,并避免形成新的岩屑床。

　　(1)机械挖掘作用和压力吸附双作用。采用螺旋槽道设计,利用过流截面积的改变来改变钻井液的流场特征,通过螺旋结构和流体动力搅动井壁下段的岩屑床岩屑,使岩屑脱离井壁低流速区域。螺旋槽道段相比钻杆本体具有更大的截面积(钻杆本体外径 139.7mm,螺旋槽道外径 190.5mm,接头外径 184.2mm)。图 2 是螺旋槽道的结构。

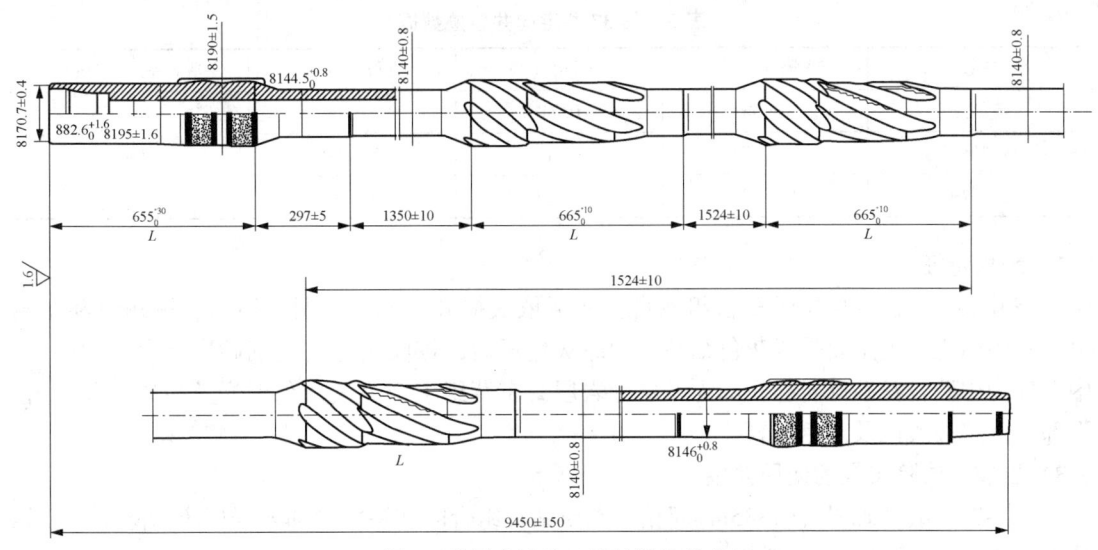

图 1　岩屑床清除工具的结构组成

（2）机械传动力。通过如图 3 所示的井筒环空钻井液流场分析，岩屑床清洁工具的螺旋体可以带动钻井液产生轴向和横向的传动，将一部分钻具的机械能转化为钻井液的轴向和横向复合加速力，产生机械传动效果。

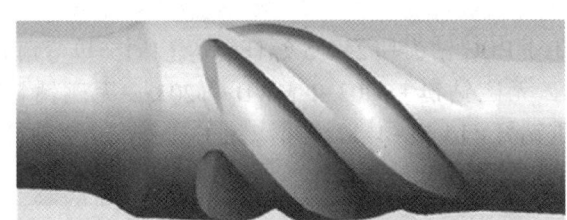

图 2　螺旋槽道结构

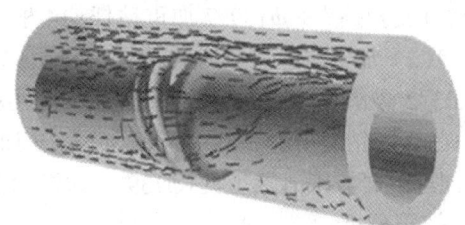

图 3　环空流体的流线分布图

（3）岩屑的循环推动作用。岩屑颗粒在排屑槽内部向井口运送的过程中会沿顺时针（视线方向为从井口指向钻头）滑动，形成了循环往复。在循环过程中旋转作用使岩屑颗粒的切向和轴向速度增加，提高岩屑传输效率，如图 4 所示。

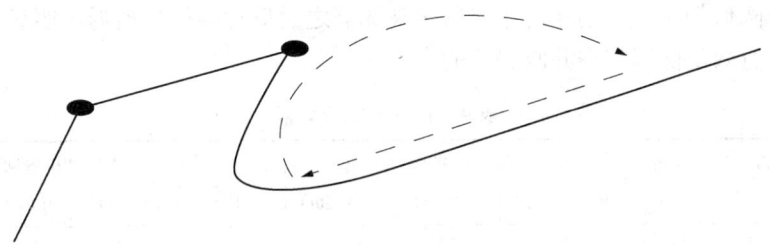

图 4　循环推动作用示意图

3　在渤海油田的应用

目前该工具在渤海 A 区块使用量较大，且处于推广、扩展应用阶段。本文以其中具有代表性的某 37 井为例进行应用说明。

3.1　定向井轨迹情况

某 37 井为一口大斜度井，定向井数据如表 3，最大井斜 69°，其中 50° 以上井斜井段达 1400m。

表3　某37井定向井轨迹数据

参数	测深/m	井斜角/(°)	方位角/(°)	造斜率/(°/30m)
造斜点	236. 46	0. 71	203. 60	
造斜终点	1100. 74	69. 17	201. 00	1~3
完钻数据	2158. 00	54. 23	207. 86	

3. 2　地层特征

该井的主要目的层位于东营组,自上而下依次揭开平原组、明化镇组、馆陶组和东营组。其中明化镇组主要是浅灰色细砂岩和绿灰色泥岩,馆陶组主要是细砂岩和含砾细砂岩、中下部为中砂岩及砂砾岩、底部为厚层砾岩层,东营组上部为浅灰色泥岩及粉砂、细砂岩、下部为巨厚褐灰色及灰色泥岩[9]。

3. 3　岩屑床清除工具的使用井段

钻穿馆陶组底砾岩后(1835m)起钻,更换钻具组合时在钻柱中加入岩屑床清除工具,累计进尺323m,钻进井段井斜均大于55°。

3. 4　加放位置及钻具组合

(1) 使用前钻具组合: ϕ311. 1 PDC 钻头+ϕ244. 5 螺杆马达 (1. 15°单弯角) + ϕ203. 2 浮阀接头+ϕ292. 1 稳定器+ϕ203. 2 无磁钻铤+ϕ203. 2 MWD+ϕ203. 2 无磁钻铤+ϕ203. 2 随钻震击器+变扣接头+ ϕ139. 7 加重钻杆×14 根[10]。

(2) 加入清除工具时的钻具组合:ϕ311. 1 PDC 钻头+ϕ244. 5 螺杆马达 (1. 15°单弯角) + ϕ203. 2 浮阀接头+ϕ298. 5 稳定器+ ϕ203. 2 无磁钻铤+ϕ203. 2 MWD+ϕ203. 2 无磁钻铤+ϕ203. 2 随钻震击器+变扣接头+ ϕ139. 7 加重钻杆×14 根+1# 岩屑床清除工具+ϕ139. 7 钻杆×12 根+2# 岩屑床清除工具+ϕ139. 7 钻杆×12 根+3# 岩屑床破坏器。

4　效果分析

4. 1　钻进参数对比分析

在表4中,通过该井上部井段(未使用岩屑床清除工具)与下部井段(使用岩屑床清除工具)进行了对比分析。在下部井段(1835m)下入岩屑床破坏器之后,因井深及排量升高,泵压升高,但钻井扭矩降低并趋于平稳,说明岩屑床破坏器通过破坏岩屑床,减小钻柱与井壁之间的摩阻,降低扭矩。现场在使用岩屑床破坏器之后振动筛处岩屑返出明显增加,说明岩屑床清除工具有效清除沉积在井眼底边的岩屑床。

表4　钻井参数统计表

井深/m	垂深/m	悬重/t	钻压/t	转速/(r/min)	扭矩/(kN·m)	泵压/MPa	排量/(L/min)	机械钻速/(m/h)	备注
950	795. 61	51. 0	0. 5	50	11. 18	11. 39	3849	83. 4	
1050	838. 25	50. 4	2. 1	40	12. 92	10. 08	3533	333. 1	
1150	876. 42	51. 0	1. 2	50	18. 36	11. 61	3829	324. 6	
1350	953. 44	54. 2	4. 0	60	19. 44	12. 47	3812	77. 8	
1450	991. 83	55. 1	4. 1	61	20. 43	11. 32	3577	78. 0	
1650	1079. 71	58. 8	3. 1	30	21. 93	9. 24	3003	48. 7	
1750	1127. 72	55. 6	5. 9	40	22. 93	12. 92	3331	6. 5	

井深/ m	垂深/ m	悬重/ t	钻压/ t	转速/ (r/min)	扭矩/ (kN·m)	泵压/ MPa	排量/ (L/min)	机械钻速/ (m/h)	备注
1850	1174.80	51.9	2.6	0	0.06	17.68	3691	23.5	
1950	1226.25	61.5	3.7	60	15.16	18.14	3694	67.2	使用岩屑床
2050	1281.11	62.8	3.6	60	15.08	19.18	3652	38.9	清除工具
2150	1338.85	61.2	4.4	60	17.96	18.48	3448	42.5	

4.2 倒划眼效果对比

如图 5 所示，为本井在倒划眼短起钻过程中的录井曲线，对应起钻深度是 1800m 前后，即使用岩屑床清除工具的井段。倒划眼速度基本维持在正常速度，即 10min 左右一柱，但如表 1 统计，前期已钻井倒划眼极为困难，快则半小时一柱，慢则四五个小时一柱，频繁憋压、憋扭矩。

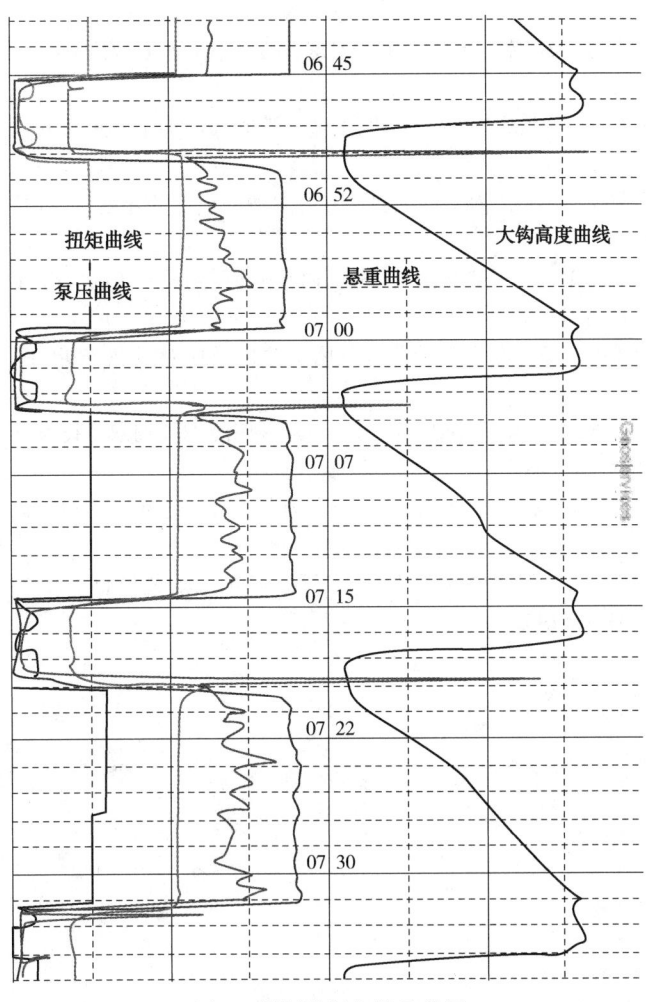

图 5　倒划眼短起钻录井图

5　结论

（1）针对大斜度井、水平井作业量逐步增加的情况，单纯依靠水力携岩效果不足以解决岩屑床问题。通过机械式岩屑床清除工具的应用，在一定程度上辅助解决了岩屑床的清除问题。

（2）通过使用岩屑床清除工具，以某 37 井为例的井眼清洁情况较好，钻井参数、倒划眼速度等均与未使用前有了较大改善。

（3）目前该工具仍处于逐步推广应用阶段，需要在多口井做使用效果的对比分析，以此为基础进一步优化工具加放位置、加放量的设计，以最大化发挥效果。

参 考 文 献

[1] 孙晓峰，纪国栋，王克林，等. 大斜度井偏心环空钻柱旋转对岩屑运移的影响[J]. 特种油气藏，2015，22(6)：133-136.

[2] 和鹏飞. 辽东湾某油田大斜度井清除岩屑床技术的探讨[J]. 探矿工程(岩土钻掘工程)，2014(6)：35-37.

[3] 孙晓峰，闫铁，崔世铭，等. 钻杆旋转影响大斜度井段岩屑分布的数值模拟[J]. 断块油气田，2014，21(1)：92-96.

[4] 房亮，李孝伟，狄勤丰. 岩屑床清除钻杆流场的数值模拟与分析[J]. 水动力学研究与进展，2014，29(3)：25-27.

[5] 李琪，文亮，孙乖平，等. 实用简单的大斜度井井眼清洁模型的建立与应用[J]. 科学技术与工程，2014，14(9)：155-159.

[6] 和鹏飞，孔志刚. Power DriveXceed 指向式旋转导向系统在渤海某油田的应用[J]. 探矿工程(岩土钻掘工程)，2013，41(11)：45-48.

[7] 朱培，和鹏飞，侯冠中，等. 渤中某深井套管阻卡原因及应对措施分析[J]. 石油工业技术监督，2016，32(8)：61-63.

[8] 和鹏飞，侯冠中，朱培，等. 海上 ϕ914.4 井槽弃井再利用实现单筒双井技术[J]. 探矿工程(岩土钻掘工程)，2016，43(3)：45-48.

[9] 张鑫，何阳，和鹏飞，等. 新型配切削齿扶正器在渤海油田的应用[J]. 科技创新与应用，2015(33)：123-123.

[10] 牟炯，和鹏飞，侯冠中，等. 浅部大位移超长水平段 I38H 井轨迹控制技术[J]. 探矿工程(岩土钻掘工程)，2016，43(2)：57-59.

低伤害清洁携砂液在海上应用效果分析

任兆林，赵　霞，韦　敏，朱骏蒙，李家华，张　勇，曹文江

（中国石化胜利油田分公司海洋采油厂，山东东营 257237）

摘　要　随着埕岛油田的开发，十三五期间开发重点将转移至埕岛油田主体边缘区块。由于边缘区块为分散性区块，原油黏度高、流动性差，易受冷伤害，开采难度大，常用的胍胶携砂液，残渣含量高、低温环境下破胶不彻底等问题，对储层造成二次伤害，为提高敏感油层开发效果，优化改进适应敏感油藏的低伤害清洁携砂液，通过评价该携砂液具有防膨、减阻、降粘的功能，在现场应用起到较好的效果，改善稠油敏感油藏的开发效果。

关键词　冷伤害；低伤害；携砂液

1　引言

埕北 255 块位于埕岛油田北区断层边界的北部，是海洋采油厂 2016 年新井产能开发建设的重要阵地。埕北 255 块主力层为馆上段 3^6 小层，储层埋藏浅，压实差，胶结疏松，储层物性较好。3^6 小层平均渗透率：785.268mD，平均孔隙度：33.239%，储层孔隙度大，渗透率较高，属高孔、高渗储层。压力温度系统属于常压、偏高温系统，压力系数 0.97 MPa/100m，地温梯度 3.85℃/100m。该块馆上段油藏是在构造背景上发育的受岩性控制的油藏，储集层属高渗透砂岩，原油属常规稠油，具有低凝固特征，油藏类型为高孔高渗常规岩性构造层状油藏。

通过前期投产的 5 口油井的工艺措施效果分析，其工艺质量总体完成较好，但是作业效果仍无法达到预期效果。分析原因：CB255 新区平均原油黏度大，大部分井都在 500mPa·s 以上，高原油黏度是第一大不生产利因素。新区油井油层薄，平均油层垂直厚度 8m 左右。且单一，没有可接替油层，都是单层开采。由于砂体薄，利用同样的工艺措施，冷伤害相对增大，挤入携砂液和充填砂子后地层较长时间不能消除冷伤害，因携砂液不能用热水配置，工艺与地层的矛盾无法克服。

通过对 CB255 区块生产存在原因后分析后，对作业工艺进行优化：将原有胍胶携砂液更换为携砂性能、防膨性能、降黏性能均较好的清洁携砂液，新型清洁携砂液具有具有良好的耐温耐剪切性能，优良的防膨作用。该携砂液成分主要是黏弹性表面活性剂，不含胍胶成分，具有破胶时间短、破胶彻底，对储层伤害小的特点，特别适合低温稠油油藏及泥质含量高、不能及时返排携砂液的油井。

疏松砂岩油藏常用的携砂液一般为目前国内外普遍应用的携砂液体系主要有：胍胶携砂液体系、聚丙烯酰胺类携砂液体系、黏弹性表面活性剂携砂液体系。这些携砂液体系仅具备了单一的携砂功能，当在敏感性稠油油藏进行防砂充填施工时，需要额外添加降黏剂和黏土

作者简介：任兆林（1986—），男，汉族，助理工程师，2009 年毕业于中国石油大学（华东）石油工程专业，现从事采油工艺研究工作。E-mail：13356608893@163.com

稳定剂,以降低原油黏度,减小对油层的伤害。如果能够通过在携砂液增稠剂的长分子链上接枝具有不同功能的基团,扩展出其他功能,使其在完全具备携砂充填功能的同时,又能够抑制黏土膨胀,并在携带支撑剂进入地层后与原油发生分散降黏作用,降低原油流动阻力和原油黏度。不仅简化了施工工艺,更重要的是降低了作业成本,同时也解决了入井液配伍问题,使疏松砂岩稠油油藏防砂施工达到预期改造效果,提高防砂充填施工成功率。

2 原理及性能评价

2.1 清洁携砂液原理

设计的两亲双性低伤害清洁携砂液体系的分子式,引入功能性基团,使该低伤害清洁携砂液体系溶液具有一定黏度的同时,还具有降黏和防膨的作用。依据低伤害清洁携砂液体系分子的理论设计,低伤害清洁携砂液体系的分子设计如下:

低伤害清洁携砂液体系主体的设计:以长链高分子主链为骨架,由于聚丙烯酰胺是常用的低伤害清洁携砂液体系,且该低伤害清洁携砂液体系的酰胺基团比较活跃,易被其他官能团所取代,因此选聚丙烯酰胺作为低伤害清洁携砂液体系主体。

常用起防膨作用的低伤害清洁携砂液体系主要含氮原子,由于季铵盐基团带有阳离子,易与黏土中的氢键结合,可在黏土表面吸附,起桥接作用,抑制黏土膨胀,因此,选季铵盐基团作防膨基团。

对羧酸基、羟基、酯基、磺酸基等基团的极性进行比较,磺酸基的极性最大,易破坏稠油分子之间的氢键,降低稠油分子之间力,使稠油结构变得松散,增加其稠油的流动性能,因此选用磺酸基作为降黏基团。

同时引入长链疏水基团(-R,C12-C22),使该低伤害清洁携砂液体系在具有亲水性的同时具有亲油性能。可以使低伤害清洁携砂液体系在水溶液中溶解,进入地层后由于低伤害清洁携砂液体系的亲油性能可以从水溶液中进入油中。

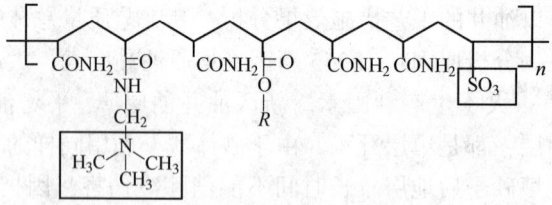

图1 低伤害清洁携砂液体系的分子设计

两亲双性低伤害清洁携砂液体系的合成方法很多,主要有大分子单体聚合法和主链接枝法。由于设计的低伤害清洁携砂液是在清洁携砂液体系上引入官能团,因此,采用主链接枝的合成方法。在氮气保护下,温度为80℃下反应8h,合成出低伤害清洁携砂液体系产品。合成的低伤害清洁携砂液体系产品为透明的凝胶状物,其有效含量为33.3%。

2.2 性能评价

2.2.1 携砂性能评价

(1)表观黏度的测试实验

量取一定量基液测其室温、170s^{-1}的黏度。实验结果为78.4mPa·s。0.5%的瓜胶溶液在同条件下的黏度为80.6mPa·s。由实验结果可知,低伤害清洁携砂液基液的黏度与瓜胶的黏度相当。

（2）耐温耐剪切性实验

量取一定量低伤害清洁携砂液测其 30~80℃ 不同温度、170s⁻¹ 的黏度，测量 60℃、170s⁻¹ 下黏度随剪切时间的变化情况，并与其他常用的低伤害清洁携砂液体系类进行比较。

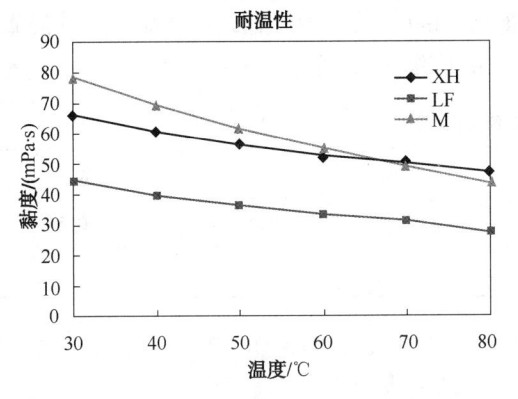

图 2　清洁携砂液体系黏温关系对比　　　图 3　清洁携砂液体系黏度与剪切时间关系对比

由实验结果可知，同浓度下的携砂液，两亲双性低伤害清洁携砂液体系的初始黏度较高，随着温度的增加，黏度随之降低，但不会大幅度下降。

（3）低伤害清洁携砂液的单颗粒砾石沉降实验

量取 250mL 基液倒入量筒中，置于温度为 30℃±1℃ 恒温水浴中，待恒温后，用镊子取一粒过筛后的陶粒（0.420~0.500 mm）放入液面下 2 cm 处，松开镊子，使其自然沉降。记录陶粒均匀沉降一定距离 L 所需时间 t（L 需大于 20cm），重复测定 3 次，相对误差应小于±5%，取其平均值。与常用的几种低伤害清洁携砂液瓜胶、改性低伤害清洁携砂液体系、XH 进行对比可见：该体系溶液的单颗粒砾石沉降速度最小，其携砂能力最强。

2.2.2 破胶性能评价

（1）破胶剂加量的确定

称取 5 g 过硫酸铵加入到 100 mL 自来水中，量取 100 mL 冻胶状低伤害清洁携砂液放入烧杯中，加入不同量的过硫酸铵溶液，搅拌后放入 60℃ 的水浴中，2h 之后过硫酸铵破胶剂的加量为 5‰时，冻胶状低伤害清洁携砂液破胶后液体的黏度为 3.0mPa·s，小于压裂液通用技术条件中的 5.0mPa·s，因此在破胶剂加量为 5‰时，冻胶状低伤害清洁携砂液能够完全破胶。

表 1　破胶剂加量的确定

过硫酸铵加/mL	2.5	5	7.5	10	15
实验现象	黏度较大，破胶不明显	黏度降低，但黏度为 35mPa·s	黏度降低，但黏度为 20.3mPa·s	破胶，成黄色液体，黏度为 3mPa·s	破胶，成黄色液体，黏度为 2.6mPa·s

（2）残渣含量的测定：

按照 SY/T 5107—2005 水基压裂液性能评价方法中残渣含量的测定方法，对冻胶状低伤害清洁携砂液的残渣进行测定，实验结果为该低伤害清洁携砂液的残渣为 48.6mg/L，达到清洁压裂液的标准（清洁压裂液的残渣标准为残渣含量≤100 mg/L）。

2.2.3 防膨性能评价

称取颗粒范围在 0.104~0.052 mm 之间的膨润土粉 100g，放入恒温干燥箱，105℃±2℃下恒温 6h，置于干燥器中冷却至室温，存于广口瓶中备用。称取 0.50g 膨润土粉，精确至 0.01g，装入 10mL 玻璃离心管内。再加入破胶液至 10mL，充分摇匀后在室温条件下静置 2h；然后用具有自动平衡功能的离心机在 1500r/min 下离心 15min。

表 2 低伤害清洁携砂液防膨性能评价

序号	1	2	3	水
膨润土量/g	0.5001	0.5028	0.5020	0.5025
膨润土的膨胀体积 V/mL	1.0	1.0	1.0	3.6

可见，低伤害清洁携砂液对膨润土的膨胀体积为 1.0mL，满足 Q/SH 1020 2198—2013 注水用黏土稳定剂通用技术条件中膨胀体积≤3.0mL 的要求。

2.2.4 降黏性能评价

（1）稠油分散性评价

将稠油在 50℃±1℃ 的恒温水浴中恒温 1h，搅拌去除其中的游离水和气泡。称取两份 280g 该稠油油样于烧杯中。将 5000ppm 低伤害清洁携砂液稀释至浓度为 3000ppm 的低伤害清洁携砂液。量取 120g 浓度为 3000 ppm 的低伤害清洁携砂液加入到一个盛有稠油的烧杯中，量取 120g 自来水加入到另一个盛有稠油的烧杯中，放入 50℃±1℃ 的恒温水浴中，恒温 1h。

实验结果显示：加入该体系的稠油在搅拌状态下，稠油分散明显，加入水中的稠油在搅拌状态下，油水分离，分散性较差。

图 4 加入 3000ppm 低伤害清洁携砂液分散性

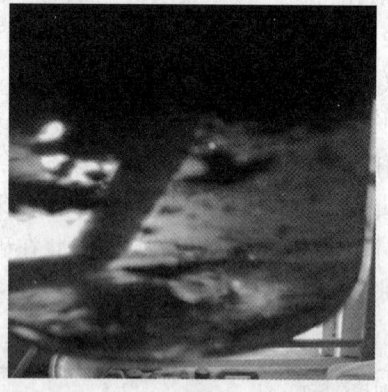

图 5 加入自来水分散性

（2）驱替试验评价

试验方法：称取 800g 粒径为 0.3~0.6mm 的石英砂放入 1000mL 的烧杯中，然后加入 100mL 稠油，含油饱和度约为 50%，把烧杯放入 60℃ 的水浴中恒温 2h 后把石英砂和稠油搅拌均匀。混合后的油砂按相同的方法分别装入两个填砂管中。其中一个室温下用水饱和水，另一个用 5000ppm 的低伤害清洁携砂液饱和后置于 60℃ 下恒温 48h。分别用 20mL/min 的流速进行驱替，驱 1000mL 液体(约 30 个 PV)，观察驱替液中的含油量。

实验结果：加入低伤害清洁携砂液的驱替液中的含油量比不加低伤害清洁携砂液的驱替液中的含油量多。该试验结果表明低伤害清洁携砂液分子与稠油分子之间发生相互作用，降低了稠油的流动阻力，使稠油流动性增大，更易驱出。因此，加入低伤害清洁携砂液后的驱替液中含油量增加。

 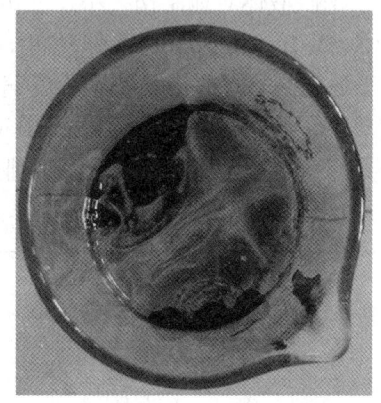

图6 加入低伤害清洁携砂液后的驱替液　　　图7 未加低伤害清洁携砂液的驱替液

3 应用效果分析

3.1 现场应用情况

传统携砂液体系仅具备了单一的携砂功能，当在敏感性稠油油藏进行防砂充填施工时，需要额外添加降黏剂和黏土稳定剂进行地层预处理，以降低原油黏度，减小对油层的伤害，此举不但增加了施工工艺难度，也大大提高了施工成本。低伤害清洁携砂液在完全具备携砂充填功能的同时，又能够抑制黏土膨胀，并在携带支撑剂进入地层后与原油发生解聚分散降黏作用，降低油流在储层内的流动阻力，提高油井产能。

表3 不同携砂液体系性能评价结果

序号	检验项目	单位	技术参考指标	检验结果			
				稠化型携砂液	胍胶携砂液	微乳携砂液	清洁携砂液
1	外观(室温)	—	均匀液体	均匀液体	均匀液体	均匀液体	均匀液体
2	表观黏度(30℃)	mPa·s	70~150	74	75	81	72
3	砾石沉降速度	m/min	≤1	0.05	0.03	0.06	0.09
4	悬砂能力 (10%携砂比)	min	≥2	4	7.1	3.7	3.1
5	破胶时间	min	≤300	210	210	95	70
6	残渣含量	mg/L	≤500	118.5	156.2	95.2	73.5
7	表面张力	mN/m	≤28	23.4	21.8	21.7	22.8
8	界面张力	mN/m	≤2	0.82	0.92	0.77	0.68
9	岩心伤害率(滤液)	%	≤5	4.74	4.91	5.03	3.45
10	岩心伤害率(破胶)	%	—	20.1	25.62	19.44	15.08

该低伤害清洁携砂液体系目前已在 CB20CA-9、CB6GA-4、CB6GA-15、CB6GA-5、CB6GA-14、CB22E-4、CB22E-8、CB25B-1、CB6B-6 井应用，老井作业 5 口井，作业后平均产液 108.9t，平均日产油 20.5t，平均日增液 19.6t，平均日增油 8.9t，作业效果较好，其中 CB25B-1、CB6B-6 井分层挤压砂卡管柱后打捞近 20 天，完井后效果影响不大，反应低伤害清洁携砂液体对地层伤害小、配伍性良好。新井投产 4 口井，作业后平均产液 40.1t，平均日产油 23.3t，其中 CB6GA-5 井由于酸化返排、分层挤压防砂后地层漏失严重，采用 15%抗井壁稳定剂暂堵，由于使用浓度偏高，稠化剂成分在地层中不易降解，对地层产生了一定的污染，影响了整体投产效果，CB6GA-14 井投产下层系 5 个小层油层薄、发育较差、连通性不理想，供液能力有限，影响作业效果。

表 4　清洁携砂液施工井作业效果统计表

序号	井别	井号	防砂类型	作业前/地质配产			作业后			对比	
				日产液/t	日产油/t	含水率/%	日产液/t	日产油/t	含水率/%	日产液/t	日产油/t
1	老井	CB22E-8	分 2 层挤压+高速水充填	135	23.4	82.7	145.7	32.3	77.8	10.7	8.9
2		CB22E-4	分 3 层挤压+高速水充填	不能连续生产			20.1	11.5	42.5	20.1	11.5
3		CB 20CA-9	一步法分层挤压充填	148.4	6.6	10.1	158.5	24	84.8	10.1	17.4
4		CB 25B-1	分 3 层挤压+高速水充填	103.2	10	90.3	131.2	16.8	87.2	28	6.8
5		CB 6B-6	分 2 层挤压+高速水充填	60	18	70	88.9	18	79.8	28.9	0
		平均		111.7	14.5	87.0	108.9	20.5	81.2	19.6	8.9
6	新井	CB 6GA-4	分 2 层挤压+高速水充填	80	20	75	82.9	29.6	64.1	2.9	9.6
7		CB 6GA-15	光油管挤压+高速水充填	31.7	30	5.3	43.9	37	15.7	12.2	7
8		CB6GA-5	分 3 层挤压+高速水充填	60	30	50	20.1	14.4	28.4	-39.9	-15.6
9		CB6GA-14	分 3 层挤压+高速水充填	25	20	20	13.5	11.2	17	-11.5	-8.8
		平均		49.2	25.0	49.2	40.1	23.1	42.5	-9.1	-2.0

3.2　存在不足

通过试验与其他携砂液性能对比，新型清洁携砂液携砂能力存在一定不足，交联后黏弹性和抗滤失能力较弱，在施工过程中携砂液容易滤失陶粒砂在砂岩端部容易脱砂，造成砂卡管柱的风险。

CB25B—1井(1271.6—1332.0m上)层挤压防砂施工曲线

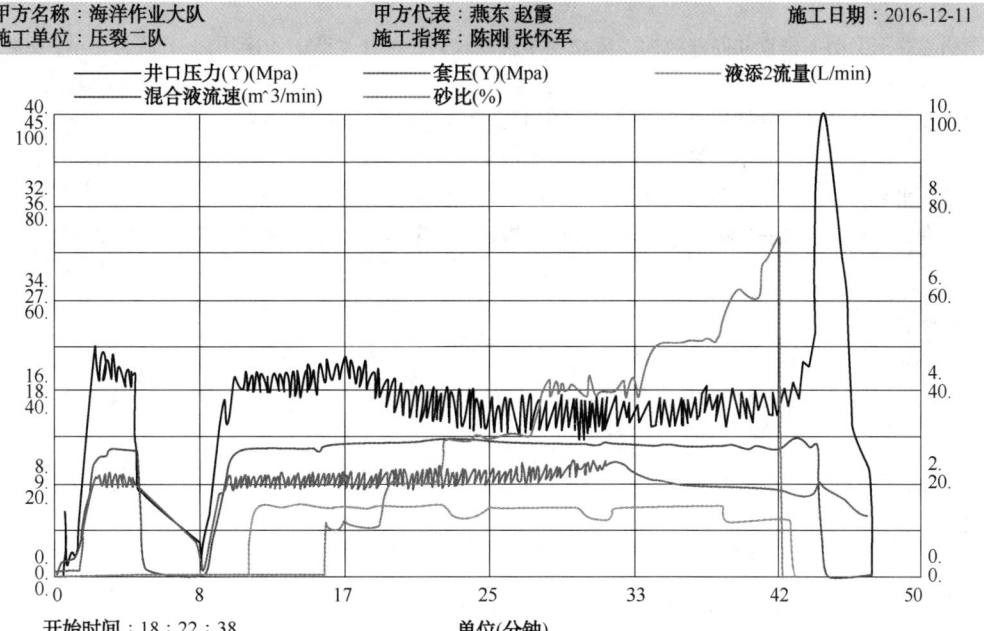

甲方名称：海洋作业大队　　　　　甲方代表：燕东 赵霞　　　　　　　施工日期：2016-12-11
施工单位：压裂二队　　　　　　　施工指挥：陈刚 张怀军

开始时间：18：22：38　　　　　　　　　　单位(分钟)

　　砂卡原因分析：上层在施工顶替阶段超压，上层 $Ng1+2^43^3$ 层一起改造，层间跨度近50m，挤压过程中由于层间差异及层间跨度影响，施工过程中在环空形成砂桥，导致脱砂起压，受清洁携砂液悬砂能力限制造成油管砂堵，洗井不通，管柱砂卡。

4 认识及建议

　　通过对近期低伤害清洁携砂液的应用分析，总结出以下应用改进建议：

　　（1）在低伤害清洁携砂液基础上引入季铵盐基团、磺酸基团以及长链烷烃，使其具有亲油亲水功能的两性低伤害清洁携砂液体系，引入季铵盐基团使其具有防膨功能，引入磺酸基使其降低稠油分子间的作用力，引入长链烷烃使其具有亲油功能。

　　（2）该携砂液体系携砂性能、防膨性能、分散减阻均可满足敏感性稠油冷采区块的开发需要。稠油中加入一定浓度的该体系具有明显的分散现象，具有分散稠油，使团聚的稠油分子分散开，降低了稠油的流动阻力，从而增加其流动性能，更利于开采。

　　（3）对地层伤害低，与地层配伍效果好，加入破胶剂破胶完全，残渣含量为48.6mg/L，岩芯伤害率仅为15%，残渣含量达到低伤害清洁携砂液的标准，满足稠油区块敏感油层开发需求。

　　（4）低伤害清洁携砂液抗滤失能力不太理想，对于油层渗透率高、地层压力系数较小，漏失严重的油井在分层挤压充填时容易脱砂起压，下步还需进一步调整交联剂配方，提高交联后携砂液黏弹性和抗滤失能力，确保防砂施工效果。

　　（5）清洁携砂液适用于低含水期、储层敏感性强的油藏，适用风险较低地层挤压改造施工。

　　（6）由于清洁携砂液对稠油无降黏作用，在分子设计中可设计具有降黏作用的基团以增加降黏作用。

参 考 文 献

[1] 李明忠．王卫阳．垂直井筒井液携砂流动规律研究及其在油井生产中的应用[J]．试验力学，2002，17（3）．

[2] 曾宪民．一种新型防砂携砂液的研制与应用[J]．化工管理，2013，21（4）．

[3] 崔会杰，李建平，王立中，等．清洁压裂液室内研究[J]．钻井液与完井液，2005，20（3）．

[4] 李硕，水平井分段填砂完井携砂液体系研究[J]．内蒙古石油化工，2015，4（3）．

[5] 杨起柱，刘树新．水平井裸眼砾石充填防砂工艺研究与应用[J]．石油钻采工艺．2009，31（3）．

提高电测成功率的技术措施

周艳平

(胜利工程有限公司海洋钻井公司，山东东营 257000)

摘　要　电测是整个钻井施工环节中重要的一环，也是比较薄弱的一个阶段。电测顺利与否直接反映出钻进过程中打出的井身质量如何，检验使用钻井液体系及性能参数是否合适、工程措施是否到位、定向井井身轨迹是否圆滑等等。如果电测不顺利，一是耽误时间，二是浪费成本，三是可能带来复杂情况，如穿芯打捞等，提高电测成功率，不但可以缩短建井周期，还能取得良好的钻井综合效益，所以要特别重视电测前的井眼准备工作。本文通过列举胜利油田海区施工中常见的几种电测遇阻、遇卡类型，阐述通过加强井身质量管理，预防为主的方针，细化钻井过程中钻井液维护措施、强化电测前的井眼准备工作，提高电测的一次成功率，缩短建井周期，以获得良好的钻井综合效益。

关键词　电测；遇阻；遇卡；钻井液；参数；措施

1　电测遇阻、遇卡类型

1.1　沉砂遇阻

此类情况多发生在大尺寸直井(311.2mm 的井眼)，如 CB305 井、CB816 井。

CB305 井井身情况：

一开 444.5m×460.3m；二开 311.2m×2880.29m；三开 215.9m×3791.5m；四开 152.4m×4320m

二开完钻井深 2880.29m，地层：东营组

表 1　CB305 井电测前钻井液性能及电测遇阻情况

相对密度/ (g/cm³)	黏度/ s	滤失量/ mL	塑性黏度/ (mPa·s)	动切力/ Pa	静切力/ Pa	电测情况
1.15	47	5	18	9	2/5	16m 沉砂遇阻
1.17	52	5	20	12	3/6	15m 沉砂遇阻
1.20	60	5	25	14.5	4/8	成功

CB816 井各次开钻情况：一开 444.5m×405m；二开 311.2m×2918m；三开 215.9m×3531m；四开 152.4m×3733m。

二开完钻井深 2918m，地层：东营组。

作者简介：周艳平(1969—)，男，汉族，高级工程师，1989 年毕业重庆石油学校优化专业，2008 年毕业(函授)于中国石油大学石油工程专业，现从事钻井液研究与管理工作。E-mail：dyjhzhyp@163.com

表 2　CB816 井电测前钻井液性能及电测遇阻情况

相对密度/ (g/cm³)	黏度/ s	滤失量/ mL	塑性黏度/ (mPa·s)	动切力/ Pa	静切力/ Pa	电测情况
1.15	48	4	21	10.5	2/5	20m 沉砂遇阻
1.20	56	4	22	14	4/9	成功

遇阻原因：

此类遇阻多出现在直井，主要是井眼尺寸大，裸眼段比较长，电测时钻井液比重、粘度、切力偏低，结构力不强，悬浮能力不够，泥浆泵排量相对不足，钻井液上返速度低(排量在 50L/s 时上返速度为 0.78m/s)，大大低于 241.3mm 井眼或 215.9mm 井眼的钻井液上返速度，钻屑上返速度更慢，循环不充分，停泵时固相(加重剂、钻屑)更容易快速沉淀至井底，一般沉沙在 15m 左右，不能满足电测条件。

1.2　"大肚子"遇阻

此类情况多发生在浅定向井，且遇阻井深比较浅，地层松软，一般遇阻井深小于 1000m。2012 年施工 80 口井，遇阻井 17 口，电测成功率 80.23%，遇阻井统计，1000m 以内遇阻比例高达 53%，说明我们对二开前钻井液处理重视不够，造成上部井段井眼质量差，给电测带来麻烦。

表 3　遇阻情况统计(2012 年)

序号	井号	施工平台	完钻井深/m	遇阻井深/m
1	CB20CB-4 井	八号平台	2229	692
2	CB20CB-7 井	八号平台	1934	1864
3	CB20CA-12 井	九号平台	2032	1633
4	CB20CB-5 井	八号平台	2365	1380
5	CB20CA-13 井	九号平台	2254	790
6	CB22FA-12 井	九号平台	1822	1300
7	CB22FA-13 井	九号平台	1949	1580
8	CB22FB-1 井	八号平台	2040	1680
9	CB22FB-15 井	八号平台	2418	640、645
10	CB20CB-1 井	八号平台	1857	720
11	CB20CA-5 井	九号平台	2512	640
12	CB20CA-2 井	九号平台	1942	1847
13	CB22FA-16 井	九号平台	1768	620
14	CB22H-7 井	六号平台	1945	1680
15	CB22FA-2 井	九号平台	1747	720
16	CB22FB-2 井	八号平台	2270	580
17	CB22FB-4 井	八号平台	2253	590

遇阻原因：

表层定向且井斜较大时，由于明化镇地层粘土胶结松散，如果二开钻井液滤失量大，粘度低，泵排量偏大，导致钻井液对井壁冲刷严重，或者由于调整井斜、方位措施不当，长时间定点循环，很容易在松散的地层出现"大肚子"井眼，如果"大肚子"井段的长度比电测仪器长，仪器很容易掉进"大肚子"里下不去，特别是象中子密度这种"头重脚轻"的仪器，最容易出现被"淹没"遇阻的情况，有时甚至会出现反复下井遇阻、遇卡，最终不得以放弃裸眼测井。

1.3　缩径造成遇阻、遇卡

此类情况多发生在高渗透性砂岩或砾岩，以及岩盐层、含盐膏软泥岩和高含水软泥岩的塑性变形井段。

遇阻原因：

由于电测前钻井液滤失量大，在高渗透性砂岩或砾岩层形成厚泥饼造成井眼缩径；在岩盐层、含盐膏软泥岩和高含水软泥岩由于地层与钻井液矿化度不同会促使地层发生吸水膨胀（如无水石膏 $CaSO_4$ 吸水转变为 $CaSO_4 \cdot 2H_2O$，其体积增加约 26%），另外由于钻井液液柱压力不能平衡上覆应力与地应力所产生的侧向应力时，就会发生塑性变形，使井径缩小，这两种情况都会造成电测遇阻、遇卡的现象，或表现为电测时间短，因井眼持续蠕变，不能连续测井。

1.4　"糖葫芦"井眼造成遇阻、遇卡

比较常见的是下第三系（东营组、沙河街组、孔店组）地层井壁不稳定，或钻井液体系、参数不合适，造成井壁不稳定。松散的、易破碎地层或层理裂隙发育的页岩与胶结牢固井径规则的地层交互形成井径忽大忽小的所谓"糖葫芦"井眼。测井过程，极易造成遇阻、遇卡，如桩海 10A-1 井遇阻、遇卡情况属于此类型。

遇阻原因：

东营组及以下地层泥页岩水敏性强，稳定性差，在该井段施工时，钻井液抑制性、封堵能力不强，钻井液参数达不到设计要求时，会导致泥页岩水化膨胀、剥蚀坍塌，造成井径极不规则，形成"糖葫芦"井眼，或是泥页岩层理较薄时，其断面粗糙，参差不齐，断口呈锯齿状，有时表现为仪器下井相对顺利，上测时在"糖葫芦"井段或在锯齿状井段上测时张力异常，造成遇卡现象。

1.5　井身轨迹问题造成遇阻、遇卡

由于井身轨迹差或是全角变化率大的井段，电测仪器也不易通过；井斜角大（井斜角超过 55°小于 60°的井），钻井液润滑不够的井，极易造成仪器下行困难或是遇阻，但一般通过强化通井技术措施并改善钻井液润滑性能也可以完成此类型井测井。另外有些特殊井型的井如：多靶点、多段制螺旋式井眼（葵东 1-24-16 井），由于井身轨迹限制，造成电测遇阻、遇卡；井斜角超过 60°的井采用电缆测井遇阻几率非常大，一般采用水平测井或 LWF 方式测井。

1.6　人为因素造成遇阻、遇卡

有些特殊项目测井需要仪器静止一段时间（如 MDT 测井和旋转井壁取芯），由于电测操作人员没有及时活动电缆，造成仪器卡死，另外有些操作人员对井下情况认识不够，有些遇阻、遇卡完全可以通过改变仪器连接方式及长度就可能解决，当然，也有可能是综合因素，在这里不过多探讨此类情况。

2　技术措施

以上列举了以往施工中几种常见的电测遇阻、遇卡类型，只要在整个钻井施工过程高度重视每个细节，加强管理与监控，做到防患于未然，完全可以避免某些不必要的返工。近几年，海上以施工馆陶、明化镇组地层的浅井组为主，电测遇阻也以浅井组的生产井为主，探井工作量相对较小，因此我们把提高电测成功率的重点也放在了浅井组定向井施工上，通过

几年的摸索，取得了一些规律性的经验。

2.1 密集型丛式定向井组施工

2.1.1 抓两头保中间

对于二开后稳斜钻进的井，任何一段井眼相对于电测来说难易程度是一样的。2012年的遇阻井统计显示，1000m以内遇阻比例高达53%，说明我们对二开前钻井液处理重视不够，造成上部井段井眼质量差，给电测带来麻烦。

"开头"钻井液性能的调整，二开钻进前必须调整好钻井液性能再开钻，特别是井斜超过45°的井必须严格执行。要求：钻井液相对密度1.06~1.08 g/cm³、钻井液黏度为32s左右，滤失量一般调整到15mL左右比较合适。特别是井组的第一口井尤为重要，要求回收一开泥浆调整，使用降滤失剂和包被剂将钻井液参数调整到位。如果二开前没有泥浆，必须配浆开钻，再使用降滤失剂和包被剂将钻井液参数调整到位，绝不允许使用海水或纯胶液开钻，井组后续井施工注意回收泥浆，保证二开时至少有50方原浆可供使用。

"另一头"是电测前钻井液各参数充分调整到位。钻井液滤失量、携带能力、悬浮能力、含砂量、固相含量、滤饼摩阻系数、pH值等指标需要通盘考虑，达到策划要求。一般情况下电测前钻井液性能要求：相对密度1.10~1.12g/cm³、黏度42~45s、滤失量<5mL、动切力4~6Pa、K_f<0.1、pH值8.5，含砂量<0.1%。

"中间"阶段是指二开150m后到油层前，钻进过程控制最大滤失量不超过30mL，油层段至井底小于5mL，确保油层段井径扩大率小于10%，非油层段井径相对规则。如果滤失量已接近30mL，应在胶液中补充降滤失剂控制滤失量，避免井径扩大率超标，影响电测及后续完井作业。油层段至井底滤失量小于5mL，可以通过干加降失水剂将滤失量一步调整到位，此外要控制比重过快上升，完钻前应尽量控制比重低于1.10g/cm³。

2.1.2 钻井液润滑

不分散聚合物钻井液体系在低固相含量时基浆润滑良好，如果施工井位移小于800m，钻进过程没有必要补充固体或液体润滑剂，只要包被剂含量到，滤失量合适，可以满足安全钻进，打完进尺或电测前补充固体或液体润滑剂含量在1%~2%加强润滑即可；如果施工井位移超过1500m以上时，必须强化钻井过程的钻井液润滑，中间需要补充两次到三次固体或液体润滑剂，提高润滑剂在钻井液中的含量至3%~5%，以降低摩阻，保证电测及下套管安全。

2.1.3 钻井液携带与悬浮

对于241.3mm井眼的定向井施工排量达到36~38L/s时，钻井液携带没有问题，此时对钻井液粘度要求不是太苛刻，油层前30~32s，油层后35~38s即可。对于大斜度井携沙可采用"低打高带"接力循环方式进行携沙，稠浆可在20m³原浆基础上加入50~75kg的提粘剂，或使用20m³稠胶液清洗井壁，带出滞留钻屑，降低摩阻。工程措施是打完立柱后划眼两遍再接立柱，目的是将钻屑往上赶一赶，降低环空钻屑浓度，降低施工风险。

2.1.4 排量要求

对于241.3mm的井眼，出表层的前4柱控制排量30~33L/s(正常排量的85%~90%)为宜。排量不易过大，由于表层定向早，套管鞋处刚出平原组，地层压实程度低，容易冲出"大肚子"井眼，有可能影响电测顺利。

2.1.5 固井顶替浆

建议使用胶液顶替。配置前彻底清池，配方：40 m³海水+200kg包被剂+200kg烧碱，固井前使用胶液清扫管线，顶替时保证泥浆泵上水良好，保证顺利替完。

2.1.6 井身轨迹控制

对于一般定向井施工，在满足中靶要求的前提下，井身轨迹尽可能圆滑，这就要求定向井人员时时监控井身轨迹，做到轨迹控制有提前量，避免出现大的"狗腿"度，要为电测仪器起下顺利提供保障。

2.1.7 固控技术

控制泥浆比重最关键的是全功能使用四级固控设备，强调加强对设备的保养，务必保证关键设备使用率达到100%，另外化学絮凝、清罐放沉砂也是控制泥浆比重必要的辅助手段，必须综合应用至极致以达到良好的净化效果。

2.1.8 通井电测处理措施

使用通井钻具认真通井，对有遇阻显示的地方来回拉一拉，对井斜角、方位角变化比较大的井段，必要时可采用划眼方式修整井眼，直到显示正常，循环时使用好固控设备，充分循环(除砂器、除泥器的底流基本干净)，调整泥浆性能满足电测要求，必要时再进行一次短程起下钻，确保井眼畅通，提高电测成功率。

对于井斜角超过60°的定向井，一般使用LWF无电缆测井。由于LWF测井仪器连接在最下端钻具组合的最后4根钻杆内，仪器与钻杆内壁最小间隙只有1mm，使用LWF测井对井眼清洁程度要求很高，如果下钻过程有沙子进入仪器与钻杆内壁的间隙里，极有可能下钻到底后仪器释放不出来，造成测井失败。所以要更加重视电测前的井眼准备工作，一是保证钻井液净化良好，含沙量低于0.1%，二是钻井液的切力适当大一点，保证足够的悬浮能力。

2.1.9 二开钻具组合

241.3mmP5254M+197mmMotor1.25°+411×410F/V+177.8mmNMDC+MWD+127mmHWDP×7柱+235mmSTAB+127mmHWDP×3柱+127mmDP

二开钻具组合距钻头200m左右位置加一个235mm的螺旋扶正器，该扶正器起到修正井壁的作用，能够消除井眼缩径现象，一般情况下，2000m以内的定向井无需短程起下钻，一次打完进尺，而且摩阻也不大，大大缩短起下钻的时间。

2.1.10 通井钻具组合

241.3mmHAT127 ROCK BIT+238mmSTAB+回压凡尔+127mmHWDP×10柱+127mmDP

通井钻具的特点是近钻头位置加一个238mm扶正器，该扶正器能起到很好的刮井壁的作用，保证井壁无钻屑附着，配合润滑剂使用，可以提高滤饼质量，降低摩阻系数，进而提高电测成功率。

2.2 大尺寸井眼施工

对于容易出现电测沉砂遇阻的井型，一般情况311.2mm的直井更容易发生电测沉沙遇阻。技术措施是对钻井液的携带和悬浮能力处理要提前，如果电测前才调整，加入的膨润土粉或者是流型调节剂没有充分水化，容易出现不真实的粘度、切力，当时看可能较高，其实长时间循环后粘度、切力就下降了，达不到悬浮良好的效果，鉴于此情况，最好是提前调整，可考虑补充膨润土浆，使其在打钻过程中充分水化，增强钻井液的结构力，在此基础上增加流型调节剂的使用量，以提高钻井液动切力，满足快速携砂要求，完钻后通井可以考虑使用 241.3mm 的钻头打一个小井眼沉沙口袋(10~15m 左右)，这样即使有沉砂也能满足电测条件，通井循环时保证排量不低于 50l/s，充分循环，不少于三个循环周，使用好各级固控设备，控制含砂量低于 0.2%，调整钻井液的终切力不低于 8Pa，待筛面钻屑干净后，封黏度 100s 以上的稠泥浆 50 方，稠泥浆在井眼中的高度为 600m 左右，这种处理方法完全可以预防电测沉砂遇阻，从而提高电测成功率。

2.3　易塌及深井施工

对于井壁不稳定的东营、沙河街、孔店组地层容易出现"糖葫芦"井眼，钻进到该地层时及时转换为防塌钻井液体系，同时调整并保持钻井液各参数性能良好。施工井段需加大抗高温降滤失剂、抑制剂、封堵材料的使用量，提高钻井液的抑制性和高温稳定性，抑制地层的水化作用，封堵地层微裂隙，防止地层剥蚀掉块，确保井壁稳定；选用合理的钻井液密度，保持井壁力学稳定，防止地层坍塌；控制钻井液环空流态，控制排量，避免钻井液过度冲刷井壁；控制不稳定井段起下钻速度、合理的转速；只要我们在钻井过程中采取这些技术措施，就能打出规则的井眼，出现"糖葫芦"井眼的几率就会大幅度降低，从而减少了电测遇阻、遇卡的可能性。

对于容易缩径的地层(高渗透性砂岩或砾岩以及岩盐层、含盐膏软泥岩和高含水软泥岩)，主要是尽量降低钻井液的滤失量、提高钻井液的矿化度(矿化度高的钻井液能够抑制含盐泥岩的吸水膨胀)或是提高钻井液的液柱压力(岩盐的变形速率随钻井液比重的增加而下降，所以提高钻井液比重可以减缓、控制地层蠕变)，尽可能保证井眼不缩径，或蠕变缓慢，延长电测时间。

3　实施效果

2014 年交井 35 口，第一趟遇阻仅 2 口，电测一次成功率 94.3%，2015 年上半年交井 38 口，遇阻井 3 口，电测一次成功率 92.1%，同时在一些难度大的井上采用 LWF 无电缆测井，进一步提高了测井成功率，综合统计 2014 年加 2015 年上半年施工的 73 口井，遇阻 5 口井，电测成功率达 93.2%，采取上述技术措施后，取得了比较理想的结果。

4　结论与建议

(1) 提高钻井施工的系统性，把整个钻井过程当做系统工程来进行，不能先期只顾钻井速度，忽视井眼质量，导致钻出的井眼不符合电测要求，严重影响完井周期。

(2) 通过细化钻井液施工措施，优选钻井液参数，来提高井身质量，控制井径扩大率，提高电测一次成功率。

(3) 加强工程泥浆配合，通过优化钻具结构配合合理的钻井措施，浅井施工尽量避免短程起下钻和被动起钻，争取一次打完进尺，减少中途循环机会，防止出现"大肚子"井眼，保障电测一次成功率。

(4) 优选定向队伍，加强定向及工程技术人员的沟通，密切协作配合，保证井眼轨迹的圆滑，减少"狗腿度"，从而保证电测顺利。

(5) 大斜度井采用先进的测井方式如 LWF 无电缆测井可以进一步提高电测成功率。

一种双季胺盐防膨缩膨剂
PA-SAS 的合成与应用

唐 婧，胡红福，冯浦涌，王 贵

（中海油田服务股份有限公司，天津 300459）

摘 要 针对海上油田注水开发生产过程中，中低渗砂岩油藏黏土遇水膨胀运移后对储层渗透率伤害影响严重，研发出一种双季胺盐防膨缩膨剂 PA-SAS。该剂不仅能永久有效抑制黏土膨胀，且起到缩膨作用，可一定程度恢复储层渗透率。该剂有效解决了常规黏土稳定剂对已发生黏土膨胀的储层防膨效果差的问题。通过大量室内实验结果表明，在使用浓度 0.5% 条件下，防膨缩膨剂 PA-SAS 耐温 130℃，防膨率为 92.8%、缩膨率为 57.6%、水洗 12 次后防膨率保持不变。现场应用结果表明，防膨缩膨剂 PA-SAS 能有效解除中低渗砂岩储层黏土膨胀对渗透率的影响，作业后平均视吸水指数从 58.9m³/MPa/d 增加到 133.4m³/MPa/d，降压增注效果明显。

关键词 注水开发；中低渗砂岩油藏；黏土膨胀；防膨；缩膨

储层黏土矿物水化膨胀和分散运移，导致油气流通道堵塞，渗透率降低，造成采出率降低[1,2]。海上油田中低渗砂岩油藏一般具有黏土含量高、孔喉半径小、渗透率低的特点。对于海上油田水敏油藏注水开发，尤其是中低渗砂岩油藏，多采用在注水初期进行防膨预处理措施，以缓解黏土矿物对储层造成的伤害[3,4]。防膨缩膨剂 PA-SAS 具有防膨抑砂和缩膨的功能，不仅能有效抑制未膨胀黏土的膨胀，而且能使已膨胀黏土所吸附的水脱离，使得膨胀黏土的体积大大缩小，从而有效恢复被堵塞的地层孔隙，达到降压增注的目的。

1 实验部分

1.1 试验仪器及药品

（1）试验试剂钠膨润土：符合 SY/T 5490 的要求；试验用水：符合 GB/T 6682—2008 中三级水的要求；黏土稳定剂：工业品；煤油：实验试剂。

（2）试验仪器烧杯；量筒；广口瓶；玻璃干燥器；分析天平；电热恒温干燥箱；离心机；离心管。

1.2 防膨率测定

防膨率测试和评价方法有多种，如离心法、膨胀仪法、激光粒度仪法等[5]。离心法具有操作简单、耗时短、测定结果重复性好、可靠性高的特点，本研究采用该方法评价黏土的防膨能力[6]。本文采用离心法，通过测定钠膨润土在不同浓度的防膨剂溶液、煤油和水中的体积膨胀增量来评价防膨剂防止黏土矿物膨胀的能力，即防膨剂的防膨率。实验步骤依据 SY 5971—2016 油气田压裂酸化及注水用黏土稳定剂性能评价方法作为参考标准。

作者简介：唐婧(1989—)，女，汉族，硕士，2005 年毕业于西南石油大学油气田开发工程专业，现从事油气田增产改造工作。E-mail：tangjing8@cosl.com.cn

1.3　缩膨率测定

通过测定膨润土粉（或岩芯粉）在水中膨胀后，用不同浓度的防膨剂溶液浸泡后膨润土的体积的差值、以及水和煤油中的体积膨胀增量差值来评价防膨缩膨剂使已发生了水化膨胀的黏土矿物产生收缩的能力[7]。即防膨缩膨剂的缩膨率。实验步骤：①称取 0.50g 钠膨润土，精确至 0.01g，装入 10mL 离心管中，加入 10mL 黏土稳定剂溶液，充分摇匀，在室温下放置 2h，放入离心机中，在转速为 1500r/min 下离心分离 15min，读出钠膨润土膨胀后体积 V_1。注：考虑离心后离心管内的钠膨润土上端面是倾斜的，取倾斜面的最大值和最小值的平均值作为钠膨润土膨胀后的体积 V_1。②重复步骤 1，测定钠膨润土在 1%防膨缩膨剂溶液中的膨胀体积 V_1。③重复步骤 1，用试验用水代替黏土稳定剂溶液，测定钠膨润土在试验用水中膨胀体积 V_2。④重复步骤 1，用煤油代替黏土稳定剂溶液，测定钠膨润土在试验用水中的膨胀体积 V_0。缩膨率按式（1）计算：

$$B_1 = \frac{V_2 - V_1}{V_2 - V_0} \times 100\%　　　　　　　　　　（1）$$

式中　B_1——防膨率，%；

　　　V_2——钠膨润土在试验用水中的膨胀体积，mL；

　　　V_1——钠膨润土在防膨缩膨剂溶液中的膨胀体积，mL；

　　　V_0——钠膨润土在煤油中的膨胀体积，mL。

1.4　耐水洗能力测定

钠膨润土在黏土稳定剂溶液中浸泡后，黏土稳定剂会吸附在钠膨润土表面，经试验用水冲洗，黏土稳定剂逐渐失效，换水次数及处理后钠膨润土的体积可以体现其持久性。具体实验步骤为：①称取 0.50g 钠膨润土，精确至 0.01g，装入 10mL 离心管中，加入 10mL 黏土稳定剂溶液，充分摇匀，在室温下放置 2h，放入离心机中，在转速为 1500r/min 下离心分离 15min。②将离心后的离心管中的上层清液弃掉，加入 10mL 试验用水，充分摇匀后，静置 2h，装入离心机内，在转速为 1500r/min 下离心分离 15min。③重复步骤 2 两次，读出钠膨润土膨胀后的体积 V_3。

1.5　产品耐温性测定

实验步骤：①称量 0.2g 防膨剂于 100mL 烧杯中，加去离子水至 20g，配制成 1%的防膨剂溶液；②将防膨剂溶液注射进安瓿瓶中，用酒精喷灯将安瓿瓶瓶口密封，然后放入高温老化罐中；③将高温老化罐放入 130℃恒温箱中加热 36h；④取出样品，观察溶液是否澄清。若溶液变浑浊或出现不溶物质，则表明防膨剂耐温性低于 130℃；若溶液依然保持澄清，则继续进行下一步。⑤将样品冷却至室温后，依据 2.3.1 及 3.3.1 中方法，用离心法测定高温处理后的防膨剂的防膨率、缩膨率。若其防膨率>85%，缩膨率>35%，表明防膨剂耐高温性高于 130℃，否则耐温性低于 130℃。

1.6　岩芯流动实验

实验通过模拟地层温度、压力条件，对比岩芯在通过防膨缩膨剂溶液前后渗透率的变化率，评价防膨缩膨剂防止黏土膨胀和分散运移的性能。采用标准盐水饱和并测量其渗透率，然后用 0.5%的防膨缩膨剂 PA-SAS 溶液驱替并浸泡 8h 后再测量岩芯的渗透率。实验步骤参照 SY/T 5971—2016 中 7.8 所述方法测定。

2 结果与讨论

2.1 防膨效果评价

实验考察了防膨缩膨剂 PA-SAS 含量对防膨效果的影响，结果见图 1。从图 1 可看出，当防膨缩膨剂 PA-SAS 防膨率随使用浓度的增加呈递增趋势，且使用浓度高于 1.2% 时，防膨率增长缓慢。且当浓度高于 0.5% 时，防膨率均可达到 92.8% 以上。综合考虑经济因素，优选防膨缩膨剂 PA-SAS 使用浓度以 0.5% 为宜，防膨效果佳，防膨率 92.8%。

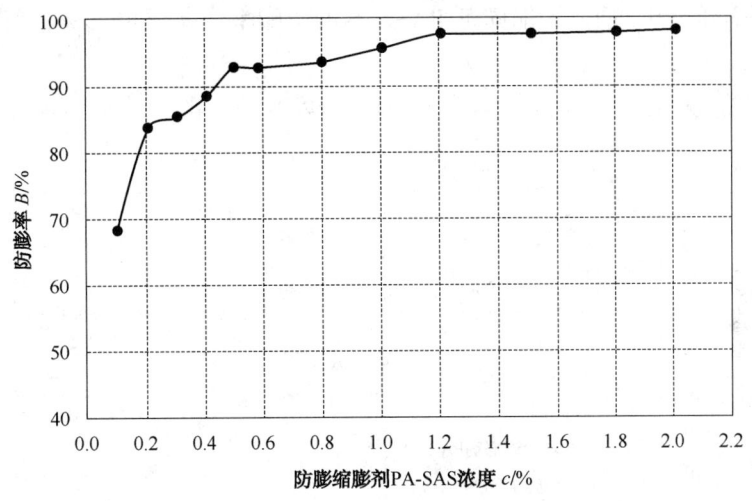

图 1　常温下不同浓度的防膨缩膨剂 PA-SAS 的防膨率曲线图

2.2 缩膨效果评价

在防膨性能评价的基础上，开展了缩膨性能评价实验，图 2 为室温下不同浓度防膨缩膨剂 PA-SAS 的缩膨效果。从图 2 可以看出，防膨缩膨剂 PA-SAS 的缩膨率随浓度的增加呈递增趋势，且浓度为 0.5% 时缩膨率为 57.6%。当浓度高于 1.5% 时，达到 62.9% 的缩膨率，防膨缩膨剂的缩膨效果较好。

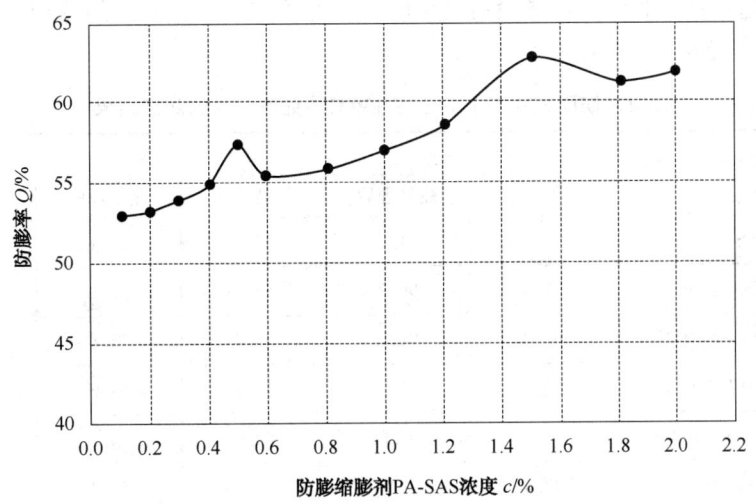

图 2　常温下不同浓度的防膨缩膨剂 PA-SAS 的缩膨率曲线图

2.3 防膨持久性评价

防膨剂的持久防膨性是指防膨处理后，黏土经水浸渍冲洗后的防膨率。本文通过测定不同类型防膨剂在不同冲刷次数下的钠膨润土膨胀体积，评价其防膨持久性能，具体结果见图3。由图3可以看出，在某一固定的冲刷次数下，常规防膨剂 KCl 和防膨缩膨剂 PA-SAS 均随浓度的增加，防膨率增加；在相同使用浓度下，经水冲洗后防膨缩膨剂 PA-SAS 比常规防膨剂 KCl 的防膨率降幅小；在浓度为0.5%、水洗12次条件下，常规无机防膨剂 KCl 防膨率降至0，而防膨缩膨剂 PA-SAS 的防膨率均高于85.9%，表现出了优异的防膨持久性。

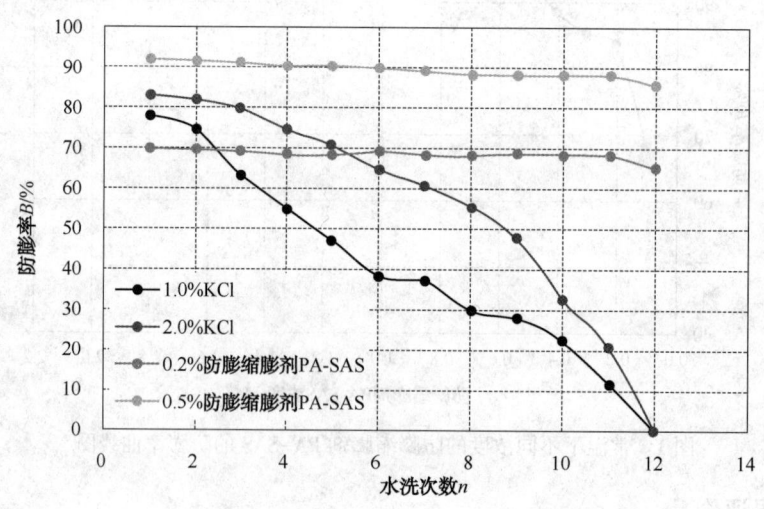

图3　防膨缩膨剂 PA-SAS 与 KCl 防膨持久性对比图

2.4 耐温性评价

实验考察了在温度130℃、热处理36h 条件下，防膨缩膨剂 PA-SAS 及其与盐酸、缓蚀剂的混合液的防膨性能和缩膨性能，结果见表1。实验结果表明，浓度为1%的防膨缩膨剂 PA-SAS 及其防膨性能和缩膨性能没有发生降低，说明该剂具有良好的热稳定性，且与酸化液配伍性良好。能达到130℃。

表1　防膨缩膨剂 PA-SAS 130℃热处理36h 的测定结果

配方类型	防膨率/%		缩膨率/%		热处理后现象
	热处理前	热处理后	热处理前	热处理后	
1% PA-SAS	92.8	91.6	57.6	56.1	
0.5%PA-SAS+5%HCl	91.4	90.7	58.3	56.2	
0.5%PA-SAS+10%HCl	93.0	91.7	55.4	55.8	混合液澄清透明、无沉淀，配伍性良好
0.5%PA-SAS+15%HCl	93.8	92.9	59.3	58.6	
0.5%PA-SAS+0.5%缓蚀剂	91.8	91.8	57.9	54.7	
0.5%PA-SAS+1%缓蚀剂	92.4	92	58.6	55.4	

2.5 岩芯流动评价实验

岩芯流动实验能更好的评价防膨缩膨剂的现场适用性。本文选取黏土含量为 15% 的低渗岩芯进行实验，具体实验结果见图 4。岩芯流动试验表明，加入防膨缩膨剂 PA-SAS 后，岩芯渗透率明显升高，实验证明了防膨缩膨剂 PA-SAS 具有缩膨性能，能够有效解决黏土膨胀造成的储层堵塞问题。

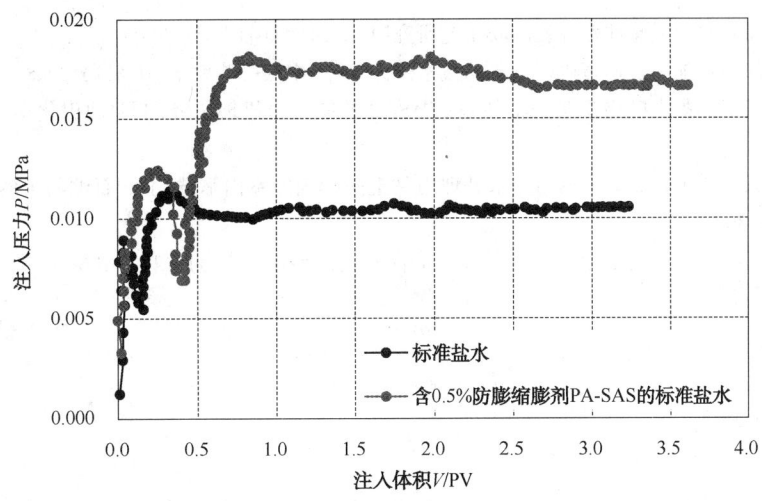

图 4 缩膨性能流动试验评价

3 现场应用

2016 年 6 月，使用防膨缩膨剂 PA-SAS 在渤海某油田 P5 井沙二段的第三防砂段进行酸化处理前防膨预处理作业。防膨缩膨处理半径约 2.5m，累计注入含防膨缩膨剂处理液体积 90m³，浸泡反应 24h 后恢复注水，措施前后具体数据见表 2。现场数据表明。经防膨措施后，该井平均视吸水指数从 58.9m³/（MPa·d）增至 133.4m³/（MPa·d），降压增注效果明显。

表 2 防膨缩膨作业前后注入情况对比

措施时间	注入压力/MPa	注入量/（m³/h）	视吸水指数/[m³/（MPa·d）]	备注
防膨措施前	5.6	13	55.7	平台注水泵
防膨措施后	4	24	144	平台注水泵

4 结论

（1）防膨缩膨剂 PA-SAS 在浓度为 0.5% 条件下，防膨率为 92.8%，缩膨率 57.6%，该剂具备良好的防膨和缩膨性能。

（2）水洗 12 次后，防膨率保持不变。表明防膨缩膨剂 PA-SAS 具备优异的防膨持久性。

（3）防膨缩膨剂 PA-SAS 耐温高达 130℃，可满足高温中低渗砂岩的储层解堵作业。

（4）现场试验表明，措施后试验井平均视吸水指数从 58.9m³/（MPa·d）增至 133.4m³/（MPa·d），降压增注效果明显。防膨缩膨剂 PA-SAS 具有良好的防膨缩膨性能，能有效解决中低渗砂岩油藏黏土膨胀造成的储层堵塞问题，在理论与技术上都为前述结论所证实，具有应用可行性。

参 考 文 献

[1] 岳前升，刘书杰，胡友林，等. 黏土防膨剂性能评价的新方法研究[J]. 石油天然气学报，2010，32 (5)：129-131.

[2] 李斯迈，苏勇，刘俊，等. 可开发作高效有机缩膨剂的化合物探讨[J]. 油田化学，2009(3)：276-281.

[3] 胡学雷. 低渗强水敏油藏注水开发防膨工艺研究[D]. 西南石油大学，2003.

[4] 何丕祥. 低渗注水油藏水伤害机理及预防技术研究[D]. 中国石油大学(华东)，2008.

[5] 马爱青，何绍群. 黏土矿物膨胀防治体系 SLAS-3 的应用与机理研究[J]. 油田化学，2007，24(4)：320-323.

[6] 杨海博，武云云，王赞. 海上油田注水处理用黏土防膨剂的室内筛选[J]. 石油与天然气化工，2012，41(3)：304-307.

[7] 崔新栋. 缩膨技术在现河采油厂的应用[J]. 海洋石油，2007，27(3)：102-106.

南堡陆地复杂断块油藏深部调驱技术与应用

刘怀珠，郑家朋，纪文娟，程椿玲，薛海喜

（冀东油田钻采工艺研究院，河北唐山 063004）

摘　要　南堡陆地中深层注水开发油藏存在平面、纵向矛盾突出，含水上升速度快，水驱动用程度低、水驱效果变差等问题。为改善水驱效果，扩大波及体积，研制了新型交联聚合物体系，该体系具有抗剪切性能强、热稳定性好、封堵能力强和驱油效果好的特点，开展了段塞注入参数、地面注入工艺研究，并成功在柳北区块开展现场试验。深部调驱后，油藏开发效果得到明显改善，累计增油41553t，计递减增油54068t；区块自然递减率逐年下降，由20.9%降低至11.3%；阶段提高采收率4.36%。

关键词　交联聚合物；深部调驱；中深层油藏；提高采收率

南堡陆地中深层油藏以多层断块油藏为主，储层非均质性强，属于复杂断块油藏，主要以注水开发方式为主。但注水开发过程中，仍存在层间矛盾突出，单层突进严重；含水上升速度快，水驱动用程度低；水驱效果变差等问题。为进一步改善水驱效果、扩大波及体积，需要开展整体深部调驱技术研究，进一步提高采收率。

1　油藏概况

柳北断块油藏埋深为2500~3300m，油藏温度平均温度为101.8℃，含油层段长，自上而下划分为四个油组47个小层，平均孔隙度为孔隙度为19.9%，平均渗透率为$265×10^{-3}\mu m^2$，为中孔中渗稀油油藏。

区块目前有油井61口，开井52口，日产油253t，综合含水率87.8%，采油速度为0.79%，累计产油为$172.4×10^4t$，采出程度为14.3%；水井51口，开井24口，日注水量为$1279m^3$，累计注水$599×10^4m^3$，累计注采比为1.22。

综合考虑柳北区块油藏基础条件、储层物性等条件、注采井网完善等有利因素，开展深部调驱技术研究与应用。

2　深部调驱体系性能评价

主要采用的深部调驱体系为交联聚合物体系，体系由聚合物、交联剂、助剂等组成。

2.1　抗剪切性能

配制0.2%交联聚合物体系在速率1200r/min的条件下剪切，测定剪切后的黏度及成胶的黏度随剪切时间的变化。

可以看出，高速剪切后，体系黏度下降，聚合物在剪切60min后基液黏度下降33%；剪切、成胶后凝胶黏度下降10%，剪切后凝胶黏度保持率在90%以上。交联体系的耐剪切性能使其溶液在到达地层深部时仍能有较高的黏度保持率，有利于提高调驱效果。

作者简介：刘怀珠(1983—)，回族，硕士，工程师，2008年毕业于中国石油大学(北京)油气田开发专业，现从事提高采收率工作。E-mail：liuhuaizhu007@126.com

表1　体系剪切恢复性能评价实验结果

剪切时间/min	0	10	20	30	40	60
剪切后原液黏度/(mPa·s)	15	14.5	14.0	13.5	12.0	10.0
剪切、交联后黏度/(mPa·s)	6100	6100	6000	5800	5500	5490

2.2　热稳定性实验

　　浓度为0.2%的交联聚合物体系分别在95℃、110℃下测其热稳定性。结果表明，体系在95℃、110℃下120天仍有较高的黏度(图1)。

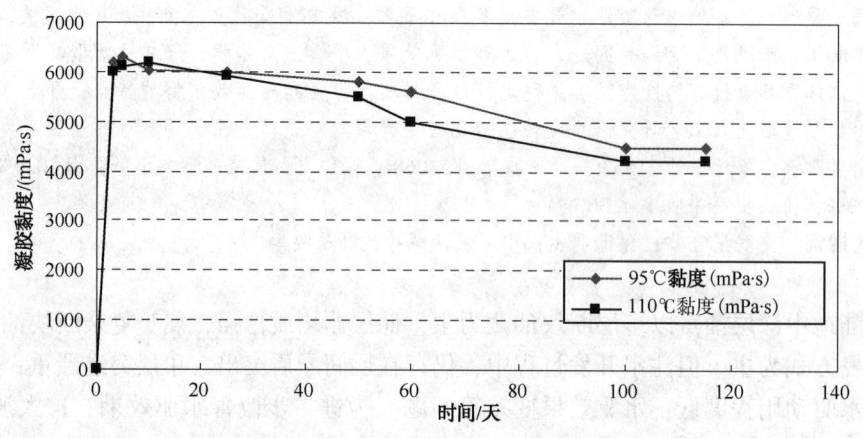

图1　不同温度下交联聚合物体系稳定性能实验结果

2.3　封堵性能及提高采收率性能评价

　　室内模拟柳赞油藏条件，对岩芯进行压制，岩芯渗透率为 $250×10^{-3} \mu m^2$，孔隙度为20.4%，岩芯进行测量、恒重、抽真空饱和地层水、饱和油、水驱至含水95%、注0.3PV调驱剂、再水驱至含水95%。

　　从图2中可以看出，一次水驱至含水95%后采收率为16.2%，注入0.3PV交联聚合物体系后采收率为23.7%，提高了7.5个百分点，注入体系结束时含水率为95.7%；后续水驱结束后采收率为25.1%，比一次水驱提高了8.9%，提高采收率效果明显。

3　深部调驱注入及施工工艺

3.1　调驱注入管柱设计

　　根据油藏基础情况和储层调驱需要，采用分层注入方式。为了满足注入井对长期调驱要求，采用双管同心分注工艺。井下管柱主要由3½in氮化油管、1.9in加厚氮化油管、油井封隔器、插管插阀机构组成(图3)。

　　该注入管柱工艺具有如下特点：(1)可满足非均质严重井段的分层注入。井下两套独立注聚系统，层间干扰小。(2)实现了分层流量地面调控。无需井下测试和调配，后期管理方便。(3)注入量调配在地面进行。(4)通过地面定量配水器自动调节单层注水量，达到单层精确注水的目的。

3.2　施工工艺

　　根据柳北区块块油藏地质特点、体系特性、周围环境及工艺设计原则，注入方式优选：注入井集中配液，采用单泵对单井的施工工艺。

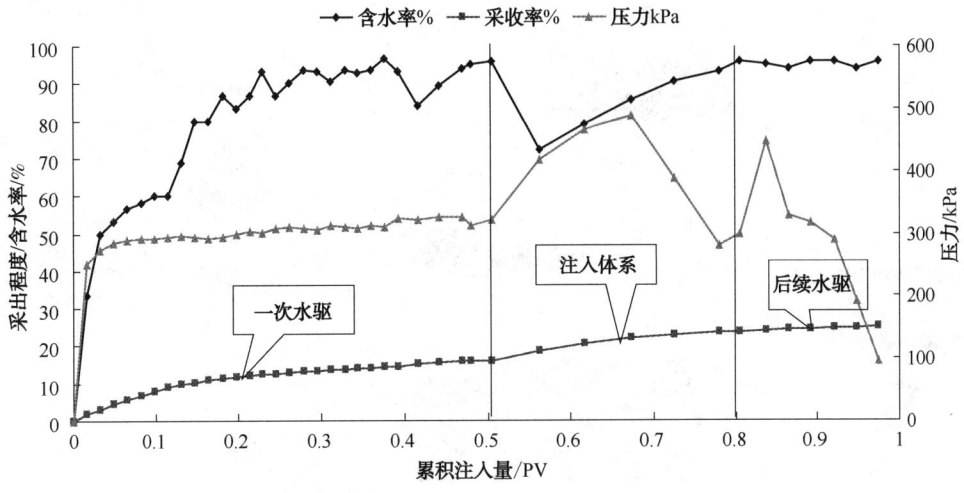

图 2　物理模拟驱油动态曲线

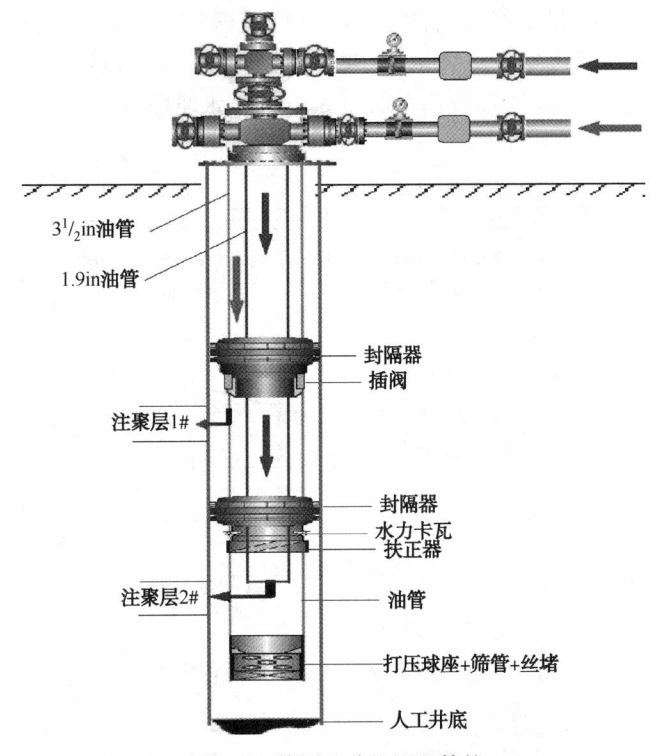

图 3　双管同心分注调驱管柱

该施工工艺具有如下特点：(1)便于现场注入参数的调整。(2)工艺管线流程短、便于安装，安全系数高。(3)不打乱原注水工艺系统，调驱结束后可以尽快地恢复生产。(4)撬装设备可重复使用。(5)便于调驱的分层轮换注入与过程调整控制。

4　现场应用与实施效果

柳北区块于 2011 年 7 月开展整体调驱，共部署调驱井 7 口，全部进入现场施工。到 2016 年 12 月底，累计注入调剖调驱剂 $35.1 \times 10^4 m^3$，综合含水由调前 87.8% 最低降至

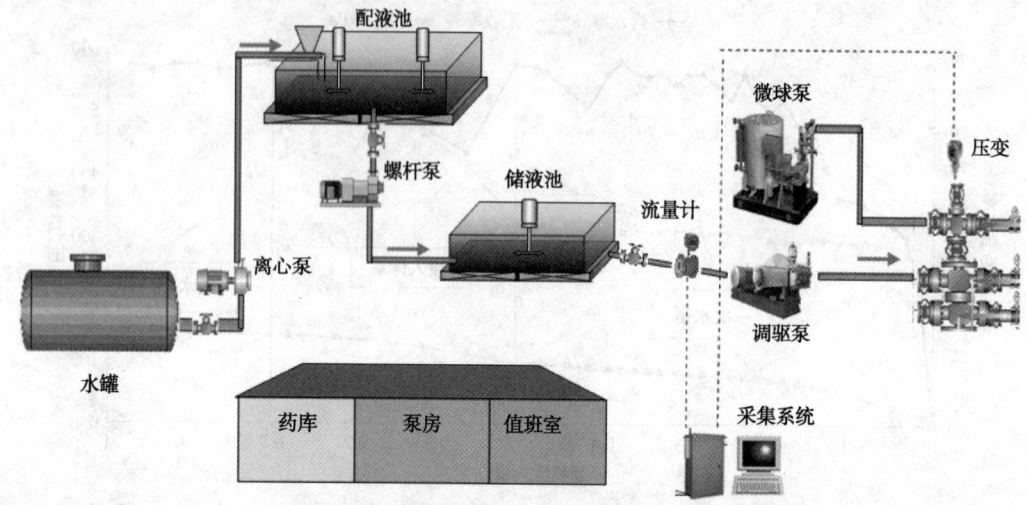

图 4　现场施工示意图

76.1%，对应见效油井 15 口，累计增油 41553t，计递减增油 54068t。油井见效平均有效期 1212 天，区块自然递减率逐年下降，由 20.9% 降低至 11.3%。由柳北深部调驱试验区水驱特征曲线(图 5)看出，试验区阶段提高采收率 4.36%，水驱曲线预测提高采收率 6.27%，增加可采储量 11.4×10⁴t。

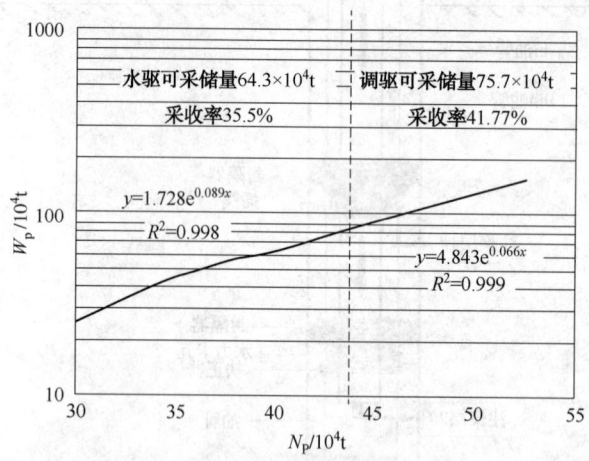

图 5　柳北深部调驱试验区水驱特征曲线

5　结论

（1）根据柳北油藏地质特征，研发了适合的交联聚合物体系作为深部调驱体系，该体系具有具有抗剪切性能强、热稳定性好、封堵能力强和驱油效果好的特点。

（2）设计的双管同心注入调驱管柱和施工工艺的应用，便于调驱的分层轮换注入与过程调整控制，提高了施工质量。

（3）该深部调驱技术成功应用于南堡陆地复杂断块油藏，取得了良好的增油效果，为环渤海湾类似油藏高含水期的提高油藏的采收率探索了新的关键技术和方法。

参 考 文 献

[1] 熊春明, 刘玉章, 黄伟, 等. 深部液流转向与调驱技术现状与对策[J]. 石油钻采工艺, 2016, (04): 504-509.

[2] 孙同成, 崔亚. 高温高盐油藏深部调驱体系研究进展[J]. 合成材料老化与应用, 2016, (02): 99-105.

[3] 杨中建, 贾锁刚, 张立会, 等. 异常高温、高盐油藏深部调驱波及控制技术[J]. 石油勘探与开发, 2016, (01): 91-98.

[4] 张磊, 张贵才, 葛际江, 等. 中低渗油藏pH敏感聚合物深部调驱技术[J]. 特种油气藏, 2016, (01): 135-138, 158.

[5] 杨中建, 贾锁刚, 张立会, 等. 高温高盐油藏二次开发深部调驱技术与矿场试验[J]. 石油与天然气地质, 2015, (04): 681-687.

[6] 何宏, 王业飞, 张健, 等. 海上油田深部调驱用冻胶体系强度调控机制及运移特性[J]. 油气地质与采收率, 2015, (02): 98-102.

[7] 周代余, 赵冀, 汪进, 等. 深部调驱技术在轮南油田的应用[J]. 新疆石油地质, 2014, (04): 457-460.

[8] 任闽燕, 赵明宸, 徐赋海, 等. 海水基弹性微球深部调驱工艺在埕岛油田的应用[J]. 油气地质与采收率, 2014, (01): 81-83, 116.

[9] 黄学宾, 李小奇, 金文刚, 等. 文中油田耐温抗盐微球深部调驱技术研究[J]. 石油钻采工艺, 2013, (05): 100-103.

[10] 姜维东, 张健, 何宏, 等. 渤海油田深部调驱体系研制及调驱参数优化[J]. 东北石油大学学报, 2013, (03): 74-79, 128.

[11] 张艳辉, 戴彩丽, 纪文娟, 等. 南堡陆地高含水油藏弱冻胶深部调驱实验研究[J]. 油田化学, 2013, (01): 33-36.

[12] 江厚顺, 叶翠, 才程. 新疆油田六中东区砾岩油藏深部调驱先导试验[J]. 特种油气藏, 2012, (03): 132-135+158.

[13] 伍嘉, 蒲万芬, 董钟骏, 等. 新型微凝胶深部调驱体系研究进展[J]. 石油钻探技术, 2012, (03): 107-111.

[14] 李东文, 汪玉琴, 白雷, 等. 深部调驱技术在砾岩油藏的应用效果[J]. 新疆石油地质, 2012, (02): 208-210.

海上电泵井故障原因分析及防治方法探究

寸锡宏，韦 敏，王向东

（中国石化胜利油田分公司海洋采油厂采油工艺监督中心，山东东营 257237）

摘 要 胜利海上油田机采举升方式有电泵和螺杆泵两种，其中电泵井有464口（占97%）为主要机采方式，海上油井作业费用高，电泵管柱寿命直接关联油田生产效益，本文通过统计近年来海上电泵井维护作业发现故障原因，结合油藏地质、油田化学、管材防腐等多门学科，剖析电泵故障原因，查找海上油田"短寿"基因，针对性配套防治工艺，延长电泵检修周期，提高油田开发效益。

关键词 电泵；故障；剖析

目前海上电泵井平均检泵周期达5年，海上单井作业成本高，按目前开井数和5年免修期计算，年理论需检泵、检修费用4.62亿元，若免修期延长1年，年理论减少费用达7700万元，因此，低油价新常态下，开展海上电泵故障原因分析，找准海上电泵井"短寿"基因，配套改进工艺，提升海上电泵技术水平，实现海上油田更高效益开发势在必行。

1 电泵井故障原因分析

通过统计2011年至今馆陶组作业电泵井躺井原因，分类归纳，明确造成电泵故障核心要素，剖析要素产生机理，针对性提出防治措施。

1.1 海上电泵现状

截至2016年9月，海洋采油厂共管理油井498口，其中电泵井476口占95.6%，平均检泵周期1859.4天。统计2011年至今已作业馆陶组191口电泵井躺井，平均生产周期1288d（3.5年），其中生产周期短于3年的"短命井"有95口井，占作业总数的49.7%，其平均生产周期仅为558天（1.5年），虽然采油厂总体检泵周期已达1859天（5.09年），但电泵井生产周期短问题依然严峻，电泵井生产故障率高依然是采油厂高效开发的一大拦路虎。

1.2 电泵井故障原因统计

围绕电泵生产管柱，统计2011年至今馆陶组作业井故障原因与生产周期小于3年的短命井故障原因，重点剖析造成电泵井故障率高的影响因素。

统计2011年至今191口馆陶组作业井躺井原因，可将原井故障原因分为电机故障、结垢卡泵、连接或穿越故障、防砂失效、管柱漏失、电缆故障、机组断脱7种类型（表1）。其中，电机故障、结垢卡泵、连接或穿越故障、防砂失效、管柱漏失，5种类型累计占86%。

作者简介：寸锡宏（1987—），男，白族，工程师，2011年毕业于中国石油大学（华东）石油工程学院船舶与海洋工程专业，现从事作业监督工作。

表 1　2011 年至今馆陶组电泵躺井原因统计

序号	躺井原因	井数/口	占比/%	生产周期/天
1	电机故障	50	26.2	1295
2	结垢卡泵	35	18.3	2058
3	连接或穿越故障	33	17.3	1074
4	防砂失效	24	12.6	942
5	管柱漏失	22	11.5	917
6	电缆故障	16	8.4	1387
7	机组断脱	11	5.8	807
合计/平均		191		1288(3.5 年)

统计 2011 年至今馆陶组作业井中生产周期小于 3 年井的躺井, 平均生产周期仅为 558 天(1.5 年), 生产周期较短。统计躺井因素(表 2), 发现电机故障、连接或穿越故障、防砂失效、管柱漏失, 4 种躺井因素累计 75.7%, 为主要躺井影响因素。

表 2　2011 年至今馆陶组短命电泵躺井因素统计

序号	躺井原因	井数/口	占比/%	生产周期/天
1	电机故障	27	28.4	591
2	连接或穿越故障	18	18.9	596
3	防砂失效	14	14.7	425
4	管柱漏失	13	13.7	471
5	机组断脱	9	9.5	553
6	电缆故障	8	8.4	693
7	结垢卡泵	6	6.3	615
合计/平均		95		558(1.5 年)

由上统计, 电泵故障及电泵短寿主要影响因素有: 电机故障、结垢卡泵、连接或穿越故障、防砂失效、管柱漏失。

1.3　电泵井故障原因剖析

针对影响电泵故障主要因素, 剖析因素产生机理, 明确电泵故障根本原因, 针对性提出电泵故障防治措施。

1.3.1　电机故障分析

统计 2011 年至今馆陶组作业电机故障井故障原因, 围绕起原井发现问题, 将电机故障分为电机无绝缘、保护器失效电机进液、电机电缆无绝缘、电机腐蚀穿孔 4 种故障类型(表3)。电机无绝缘(44%)、电机进液(30%)、电机电缆无绝缘(22%)3 个因素累计占比 96%, 为电机故障主要因素。50 口电机故障井平均生产周期为 1295 天(3.5 年), 长寿井有 13 口, 仅占故障井的 26%, 电机故障是电泵短寿的重要因素。

表 3　2011 年至今馆陶组作业电机故障统计

电机故障类型	井数/口	占比/%	生产周期/天	长寿井/口
电机无绝缘	22	44	1104	4
电机进液	15	30	1496	5
电机电缆无绝缘	11	22	1609	4
电机腐蚀穿孔	2	4	161	0
合计/平均	50		1295(3.5 年)	13

统计电机故障井生产情况,根据电泵躺井前生产情况共分为低液、长寿命、短寿命等 6 类(表 4)。

表 4　2011 年至今电机故障井生产情况统计

生产情况	井数/口	生产周期/天	备注
40t 低液生产	15	1370	低液 650 天
5 年长寿生产	9	2788	
10 月短寿生产	7	185	疑似质量有缺陷
40A 高电流生产	6	732	40A 电流是 30A 电流发热 1.7 倍
20 次开关次数多	2	1084	
其他	11	1022	
合计/平均	50	1295(3.5 年)	

电泵机组工作的过程就是机组将电能转化为机械能的过程,整个过程中电机持续发热,需要依靠井液快速流动带走热量,保持电机工作温度在合理区间范围。结合表 3、表 4 统计结果,可将电机故障影响因素归纳为低液生产与质量缺陷。

(1) 低液生产

油井低液,电机外部井液流速低,电机工作产生热量不能被井液快速带走,电机工作环境温度升高,据统计,绝缘材料在规定的温度限值使用,每升高 8℃绝缘材料寿命将要缩短一半。高温甚至超温工作加剧电机绝缘老化,加速电机油损耗。当老化与损耗达到一定临界值时绝缘层被击穿,电机短路停机。CB25C-3 井 2015 年 6 月日液由 45t 突降至 28t,测绝缘对地 50MΩ,低液生产 48 天后躺井,测绝缘对地 0MΩ(图 1)。KD34A-8 井正常生产测对地绝缘 140MΩ,2013 年 11 月日液由 95t 降至 50t/33t/10t,低液生产 41 天后躺井,测对地绝缘 0MΩ(图 2)。可知低液对电机寿命有直接致命影响,提高油井供液能力对延长电机寿命非常重要。

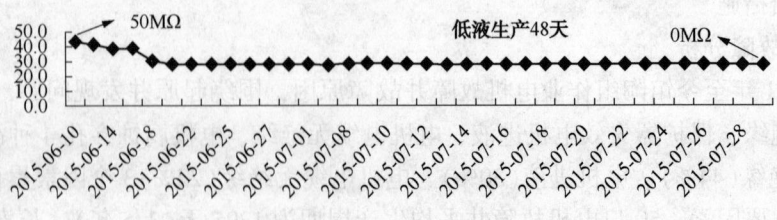

图 1　CB25C-3 井低液生产绝缘变化曲线

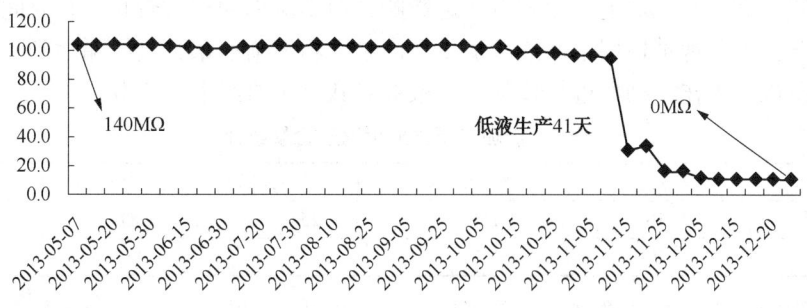

图 2 KD34A-8 井低液生产液量变化曲线

（2）质量缺陷

完井工具质量直接影响电泵寿命，质量缺陷直接导致电泵故障，电机质量缺陷主要为电机保护器胶囊和密封质量。电机保护器胶囊质量缺陷，井液短时间内进入电机，导致电机短路。CB271A-4 井 2016 年 1 月作业完开井，保护器胶囊质量有缺陷，生产 191 天后胶囊开裂井液进入电机短路（图 3）。相对的 CB4C-2 井保护器胶囊完好，生产 4773（13.07 年）天后电机引线烧断一组后躺井（图 4）。可见电机配套质量直接影响电机寿命，需加强电机质量管理。

图 3 CB271A-4 保护器胶囊开裂

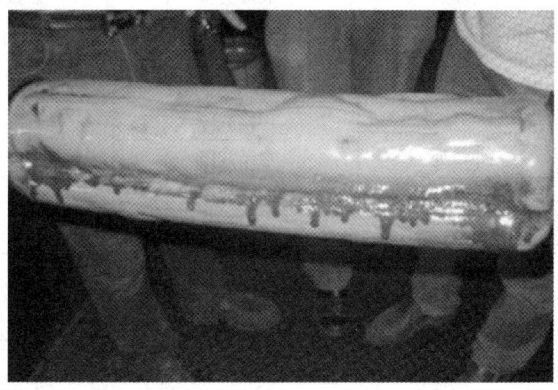

图 4 CB4C-2 井保护器胶囊生产 13.07 年完好

1.3.2 结垢卡泵分析

结垢卡泵躺井有 35 口占总躺井数 18.3%，其中短命井有 6 口。主要受油井含水上升后长期生产在导叶轮流道处结垢。统计电泵结垢故障（表 5）及井液成分化验（表 6）总结电泵结垢影响因素为产液高矿化度及低液加速泵内结垢。

表 5 结垢卡泵现象统计

直接躺井原因	表现现象	井数/口	生产周期/天
电机故障	卡泵过载高电流击穿电机	24	2063
电缆连接或本体击穿	卡泵过载高电流击穿	5	1859
结垢卡泵	电机、电缆有绝缘、卡泵开不起来	4	1727
机组断裂	卡泵后电机仍高速旋转导致	2	3167
合计/平均		35	2058

由表可知结垢卡泵虽对电泵故障有一定影响,但影响周期相对较长,长时间生产,油井含水不断上升,近井地带地层堵塞逐渐加重,电泵结垢逐渐积累,当结垢达到一定程度开始明显影响电泵机组工作,结垢进一步加重,最终导致电泵机组卡泵躺井。

表 6　结垢卡泵井成垢离子含量统计

生产情况	井数/口	生产周期/天	钙离子/(mg/L)	镁离子/(mg/L)	备注
低液生产	16	1687	254	87	低液 2.6 年
非低液生产	19	2372	355	137	

由表可知低液生产井虽检测矿化度稍低,但由于低液,电泵井生产周期较费低液井生产周期短 685 天(1.87 年),可见低液生产对电泵井结垢有较大影响,剖析其原因低液生产导致电机工作温度高,泵内井液温度偏高,流速慢,结垢加剧。

1.3.3　连接或穿越故障

统计 191 口故障井中连接或穿越故障井 33 井次,占总故障井的 17.3%,其中寿命短于3 年的短寿井 95 口中电缆连接或穿越故障井 18 井次,占总故障井的 18.9%,可见电缆连接故障对电泵寿命有重要影响。统计连接或穿越故障原因(表 7),分析故障原因。

表 7　连接或穿越故障统计表

故障点	故障类型	井数/口	占比/%	生产周期/天
过封处	连接故障	11	54.5	1111
	穿越故障	7		
大小扁处	连接故障	12	36.4	1181
井口处	穿越故障	2	6.1	328
引线处	连接故障	1	3.0	619
合计/平均		33		1074(2.9 年)

分析各故障点故障原因,过电缆封隔器处:连接铜套或附近电缆击穿或绝缘老化、电缆穿越器内或上下附近电缆击穿。大小扁处:连接铜套或附近电缆击穿或绝缘老化。井口处:采油树法兰穿越处电缆击穿。引线处:小扁电缆插头击穿。

对标国际先进,进一步分析连接或穿越影响因素主要有 4 个:(1)操作质量不稳定,过封处比例(54.5%)高于大小扁处比例(36.4%),大小扁室内连接,过封处现场先穿越后再连接,现场连接质量不稳定;(2)操作规范过时,现用电缆连接技术标准十多年未修订,国外每年修订完善;(3)连接材料性能不足,进口材料,斯伦贝谢、贝克休斯均为本公司专利产品;(4)精度要求低,现场目测判断,国外用工具测量。

1.3.4　防砂失效

防砂失效躺井有 24 口占总躺井数 12.6%,其中 2012 年以前防砂井有 21 口占 88%(表 8),自 2012 年海上推广多层两步法防砂及单层一步法挤压充填后,防砂质量明显提升(图 5)。

表 8　防砂失效井防砂年份统计

防砂年份	井数/口	生产周期/天	备注
1997~2012	21	1724	
2012 至今	3	520	CB27A-5 充填不密实 CB1FB-1 分层挤压充填试验不成功 CB20CA-9 长井段充填不密实

图5 2011~2016年防砂失效躺井数

由上统计可知，在2012年应用两步法防砂工艺后，防砂失效影响因素正缓慢消退，两步法防砂工艺对海上电泵井长寿命具有重要意思。

1.3.5 管柱漏失

统计管柱漏失躺井22口占总躺井数11.5%，根据管柱漏失情况，将管柱漏失主要分为腐蚀穿孔、工具开裂、丝扣渗漏3种(表9)。

表9 2011~2016年管柱漏失躺井数

管柱漏失类型	井数/口	生产周期/天	备注
油管或工具穿孔	17	1038	主要受井液腐蚀
工具开裂	3	320	均为同期下井 有质量缺陷
油管丝扣渗漏	2	939	公扣加工质量缺陷
合计	22	917	

海上油井进入中高含水阶段，在含有CO_2、溶解氧、H_2S等3种腐蚀介质中出现腐蚀现象，并受管材未防腐、高含水、较高Cl^-含量、液体冲刷、井液温度等5种因素的影响加剧了点蚀现象。

2 电泵井故障防治措施探究

根据对电泵故障因素深入剖析，明确故障要因，结合要因产生及影响电泵正常工作机理，针对性提出防治措施，阻止或延缓影响要因产生，达到电泵故障防治目标。电泵故障防治方法主要从以下两个方面展开。

2.1 完善注采，提高地层供液能力

由上分析可知无论是电机故障还是电泵结垢均与低液生产有直接关系，对比统计，至2016年9月海上电泵开井422口，5年以上的井105口，占开井数的24.9%，7年以上的井42口，占开井数的9.9%。目前生产最长的CB251A-4井生产时间为5244天(14.4年)，分析42口生产周期7年以上的长寿命油井，发现其生产曲线平稳，地层供液充足、稳定，分析油井供排平衡是油井长寿命的最根本要因之一。所以，完善注采井网，配套地层解堵工艺，提高地层供液能力是降低电泵故障，延长电泵寿命的根本方法。

2.2 配套技术，提高电泵系统质量

电泵系统质量直接影响完井效果及电泵寿命，根据以上要因分析，电泵系统技术配套改进主要从电机技术配套、防垢技术配套、连接或穿越技术配套、管柱防腐技术配套四个方面展开，全面提升电泵系统质量，降低电泵故障率，延长电泵寿命。

2.2.1 电机技术配套

影响电机寿命的要因为低液及配套部分质量，电机技术配套主要从这两方面开展。合理

工况，提升电机及保护器质量。具体做法：（1）电机故障井全面解剖，彻底查找原因，有针对性改进。（2）继续治理低液井（60 口日液低于 50t），改善油井供液。第三、推广应用电泵工况传感器，合理监控电机绕组温度。

2.2.2　防垢技术配套

电泵防垢主要配套涂层防垢技术，聚四氟乙烯称作"不粘涂层"，表面光滑液体吸附性差、摩擦系数极低。在导叶轮内表面涂聚四氟乙烯材料可有效阻止结垢附着在导叶轮上，成垢微粒及时排出电泵机组。

2.2.3　连接或穿越技术配套

一是过电缆封隔器配套电缆整体穿越技术，减少电缆连接，从根上消除质量风险。二是配套大小扁电缆对接铅封技术，提高电缆连接包耐温耐气侵能力。三是配套井口电缆穿越整体式 V 形胶圈密封技术。四是配套湿度计实时监控空气湿度指导电缆连接。

2.2.4　管柱防腐技术配套

针对部分油井出现腐蚀现象，对完井油管、电泵、防砂工具等 3 个关键部位实施 7 项改进，提升油井防腐性能。（1）使用镀渗钨防腐油管；（2）使用 80S-3Cr 防腐油管；（3）导叶轮涂聚四氟乙烯；（4）电机保护器蒙乃尔涂镀；（5）小扁电缆 316L 不锈钢铠装；（6）防砂基管及盲管镀渗钨处理；（7）防砂管柱安全接头、扶正器镍磷镀处理。

3　实施效果

实施各项攻关改进以来，海上电泵井故障率持续下降，检修周期不断延长，至目前已达到 1860 天（5.09 年），实施效果良好。

3.1　提高油井供液能力

改进精细分注工艺，开展长效分注、精准增注工艺攻关，实现了一次管柱分 7 段改造增注、单井 6 段细分注水，自 2013 年 8 月~2015 年 12 月，推广长效精细注水工艺 102 口占总注水井数的 41.6%，其中四段以上 42 口（四段 24 口、五段 16 口、六段 2 口）。推广长效精细分注工艺，实现精细注水开发，水井各项指标均有较大提升，有效减缓层间矛盾，为油井每个层均衡供液打下基础，同时含水上升率下降 0.3%（表 10）。

表 10　2015 年与 2013 年水井指标对比表

年份	测调成功率/%	层段合格率/%	三段细分率/%	注采对应率/%	含水率上升/%
2013	79.1	61.3	33.7	86.2	2.4
2015	85.3	74.6	51	89.1	2.1
对比	6.2	13.3	17.3	2.9	-0.3

3.2　提高电泵系统质量

配套引进电泵工况传感技术，加强电机运行监控，提高生产参数优化水平，目前该技术已在 CB6GA-14 井成功应用，取得了良好的使用效果。推广电泵导叶轮配套聚四氟乙烯涂层技术，2013 年下半年陆续推广应用，累计下井 190 余口占总井数的 43%，防垢效果明显（表 11）。

表 11　CB22FB-12 井使用防垢电泵效果

躺井原因	故障表现	投产时间	躺井时间	生产周期/天	井口温度/℃	电流/A	日产液/t	含水/%
结垢卡泵	流道结垢堵塞	2013/3/30	2014/3/25	360	32.8	33.8	31.3	34.5
连接故障	盘轴灵活	2014/12/30	2015/12/31	366	46.2	27.7	89.4	83.2

电缆整体穿越过电缆封隔器 2015 年 6 月起推广使用 35 井次，无一井出现穿越绝缘问题，大小扁电缆等线径连接改为铅封焊接，提高电缆连接包耐温耐气侵能力，已用 7 井次，无一绝缘问题，自 2016 年 5 月起要求泵公司配备湿度计，电泵完井期间实时监控湿度，相对湿度超过 70%时暂缓注油、连接操作，提高电泵完井质量。参照国外做法，根据钻台尺寸，自制电缆连接操作台，提高现场电缆连接质量，2016 年 7 月首次在 CB6GA 井组试验，使用效果良好。综合治理下海上电泵井检泵周期不断延长，目前已达到 1860 天。

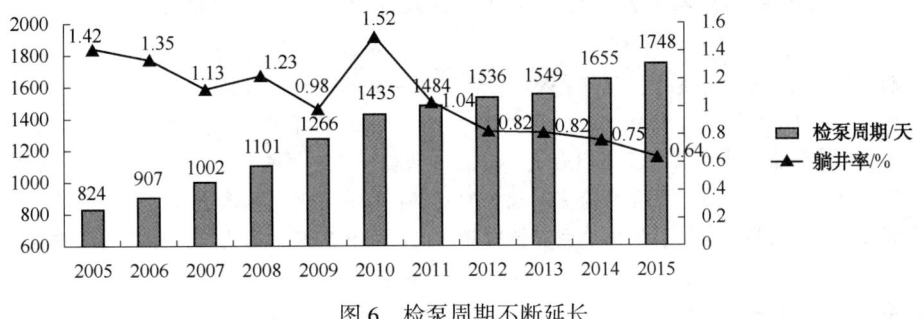

图 6　检泵周期不断延长

4　结论

（1）降低油井故障率，延长电泵寿命可从两方面着手，一是提高油井供液能力，二是提高电泵系统质量。其中提高油井供液能力是电泵延寿基础，提高电泵系统质量是延寿保障。

（2）电泵实现"供排平衡"是长寿基础，只有实现油井"供排平衡"，才能实现油井生产参数稳定，降低油井故障率。

（3）埕岛海上油田电泵井故障首要原因为电机故障，通过提升电机质量可有效降低电泵井故障率，延长电泵寿命。

（4）可通过推广使用多参数电泵工况传感器实现电泵生产参数实时监控与智能操作，避免电泵系统超负荷运转，延长电泵寿命。

参 考 文 献

[1] 孙文波，李明明．电潜泵举升工艺在海上采油中的应用[J]．科教导览，2014(1)．

[2] 郑俊德，张仲宏．国外电泵采油技术新进展[J]．钻采工艺，2007，30(1)．

[3] 张志猛，张建种．高压电动机故障原因分析及预防[J]．大电机技术．2011(8)．

昭通页岩气水平井井筒完整性设计与钻井实践

杨书港

(辽河油田钻采工艺研究院钻井工程设计中心，辽宁盘锦 124010)

摘　要　在页岩气开发中，井筒完整性是贯穿页岩气水平井钻井、压裂和开发过程中的核心指标，对保证页岩气整体寿命至关重要。通过对页岩气初期开发中存在的套管损坏、套管下入困难、水泥环密封性难以保证等问题进行分析和研究，针对页岩气水平井的特点，从设计、施工等方面提出了页岩气水平井井筒完整性控制对策：优化井身结构和全井眼轨迹、优化页岩气套管设计、提高钻井质量、优化水泥石性能等。该研究和实践对国内相似油田的开发提供了借鉴参考作用。

关键词　页岩气；井筒完整性；设计；钻井实践；水平井

页岩气是一种非常规油气资源，页岩储层具有孔隙度极低、天然裂缝不发育、气流阻力比常规天然气大、采收率比常规天然气低等特点，一般需要实施储层压裂改造才能开采出来。美国在页岩气开发方面已经取得成功，国内页岩气开发尚处于起步阶段[1]。在页岩气开发中，井筒完整性是贯穿页岩气水平井钻井、压裂和开发过程的一个核心指标[2]，对保证页岩气井在整个寿命期间的安全十分重要。

井筒完整性是井筒抵抗结构性破坏、维持井筒功能的重要属性，是钻采工程井下安全的保证，是提高页岩气单井产量的工程保障。井筒完整性设计是钻井工程的关键环节，通过全面、详细识别工程地质特征和钻完井各环节作业过程中可能出现的风险因素的基础上，通过优化钻井方案，并制定相应的工程技术措施和预案，将安全风险降低至最低程度。

在四川西南部昭通国家级页岩气示范区(滇黔北)，勘探开发初期部分页岩气井井筒完整性出现了一些问题，如套管损坏、水平段套管下入困难、固井水泥环完整性不良等，尤其是套管损坏导致压裂过程不能顺利下入桥塞、连续油管不能顺利钻磨桥塞等问题，甚至部分井段被迫放弃压裂作业，这些问题影响了页岩气水平井单井的产量的提高，降低了页岩气开发综合效益。

1　昭通页岩气区地质特征及水平井井筒完整性影响因素

1.1　昭通页岩气区地质特征及压力特征

昭通国家级页岩气示范区(滇黔北)位于四川台坳川南低陡褶带，与滇黔北坳陷相邻，发育有海相、陆相两大沉积组合。根据完钻井揭露情况分析，本区地层自上而下依次为：嘉陵江组、铜街子组、飞仙关组、乐平组、峨眉山玄武岩组、茅口组、栖霞组、梁山组、韩家店组、石牛栏组、龙马溪组、五峰组等地层。目的层龙马溪组埋深1900～2300m，岩性为深

作者简介：杨书港(1981—)，男，工程师，主要从事钻井工程设计、监督与相关科研工作。E-mail: yangshug@petrochina.com.cn

灰色及黑色泥岩、页岩，有机碳丰度高、保存较好，脆性矿物含量较高，有效孔隙度为2%~5.5%。压力特征上部为正常压力系统，下部韩家店组、石牛栏组压力系数1.6左右，龙马溪组压力系数2.0左右。

1.2 影响水平井井筒完整性地质因素分析

1.2.1 井漏

昭通页岩气区在地质纵向上，从上而下多层组易发生漏失，在嘉陵江阻、飞仙关组、茅口组、栖霞组以及龙马溪组均有漏失，特别是嘉陵江组、茅口组、栖霞组容易发生裂缝性漏失，甚至在钻井过程中经常发生失返性井漏。

1.2.2 井塌

昭通页岩气区上部乐平组地层存在泥岩、碳质泥岩和煤层，下部石牛栏组、龙马溪组存在碳质泥页岩、泥质粉砂岩，层理发育，易破碎，稳定性较差，特别是龙马溪组水平段在1400m左右，由于浸泡时间较长，多数水平段会发生坍塌，再者该地层泥浆密度窗口较窄，极易发生井塌。

1.3 影响水平井井筒完整性工程因素分析

1.3.1 套管损坏

在页岩气开发示范区早期多口井在大规模实施水力压裂施工时，出现了不同程度的套管变形或损坏，分析主要特点有：一是部分井钻遇断层及破碎带，易发生套损，主要原因是岩性变化大，岩石力学和地应力非均质性强；二是在着陆点附近易发生套损，其与轨迹、井身质量及固井质量存在直接的关系。

1.3.2 水泥环密封性差

在页岩气开发示范区内，固井水泥环完整性特别是长水平段水泥环完整性，由于受到高密度油基钻井液不易冲洗顶替、套管居中度难以保证、页岩地层压力系数高、压裂过程中高压低温等因素的影响，依然存在较严重的问题。

1.3.3 套管下入困难

在示范区内，早期页岩气井生产套管下入过程中，多井出现下套管困难，部分井甚至"上提下砸"方能下入，严重的甚至出现提出套管重新通井下套管的情况。下套管困难可能导致套管多次弯曲、拉伸及冲击，损坏的概率更大，或者套管下不到位，影响井筒完整性[2]。

2 页岩气水平井井筒完整性设计

油气井完整性设计的关键是建立有效的井屏障，井屏障分为初次屏障和二次屏障。初次井屏障指的是液柱(如钻井液、压井液等)，某些情况下可以是关井的机械屏障。二次屏障主要包括了套管、套管水泥环、井口装置、钻井防喷器组等[3]。

2.1 初次屏障设计

2.1.1 钻井液优化设计

一开采用聚合物钻井液，密度控制在1.10g/cm³以内，若钻遇失返性漏失，可采用空气钻井、雾化钻井或者改为清水强钻。

二开飞仙关组地层压力系数1.0左右，采用聚合物无固相钻井液，密度控制在1.02~

$1.05 \mathrm{g/cm^3}$。乐平组地层压力系数 1.25 左右，为防止泥岩水化膨胀引起井壁失稳，乐平组及二开下部地层采用强抑制性 KCl 聚合物钻井液，密度提高至 $1.30 \sim 1.40 \mathrm{g/cm^3}$，严格控制 API 失水 $\leqslant 5\mathrm{mL}$，提高泥饼的致密性和韧性，同时做好茅口组和栖霞组地层防漏工作。

三开井段采用高润强抑性水基钻井液或油基钻井液，斜井段密度控制在 $1.60 \sim 1.80 \mathrm{g/cm^3}$，龙马溪水平井段逐步提高密度至 $1.80 \sim 2.10 \mathrm{g/cm^3}$，适时做好钻井液性能维护，强化钻井液的抑制性、润滑性和封堵性，加强固控措施，控制 *HTHP* 失水 $\leqslant 8\mathrm{mL}$，有效预防水平段储层泥页岩垮塌。

2.1.2 防漏堵漏设计

总的原则是"防漏为主，专项堵漏为辅"。若井内发生漏失，首先应确定漏失层位、漏失速度，并采取针对性的措施处理。浅部地层井漏在条件允许的情况下采用空气钻井或清水强行钻进，下套管封隔漏层，如果清水强钻条件不具备，最有效的办法是用水泥堵漏免除后患；由地层因素引起的井漏如钻遇天然裂缝、高孔隙溶洞发生的井漏，一般利用堵漏剂或水泥浆封堵漏失通道；而产层漏失必须选用具有保护油气层作用的堵漏剂。

2.1.3 井壁稳定设计

目前改示范区应用的井壁稳定控制技术有：合理设计井身结构，技术套管下深和套管层次设计留有余地；针对页岩具有易膨胀、易破碎的特点，使用油基钻井液体系，试验合成基、柴油基、白油基钻井液，选择合理的钻井液密度，达到岩石应力平衡；加快钻井速度，缩短钻井周期，减少钻井液对易塌地层的浸泡时间等。

2.2 二次屏障设计

2.2.1 井身结构优化设计

在地质研究的基础上，结合区块已完钻井身结构成功经验，在满足完井方案的条件下，兼顾钻井安全提速，形成了导管+三开制井身结构。第一，必封点封飞仙关组顶部，封隔封隔嘉陵江漏层及水层，井深约350m；第二，必封点封韩家店组顶部，封隔上部压力系数相对较低，可能存在的漏、垮等复杂层段，为下部井段安全钻进提供有利条件，井深约1500m；第三，开斜井段及水平段采用高密度钻至完钻井深，见图1。

2.2.2 套管优选及安全下入措施

由于页岩气示范区均采用压裂投产，为确保实现多级分段体积压裂和高压页岩气井安全生产，三开全井选用 $\phi139.7$、钢级 TP110T、壁厚 12.34mm 的高抗压强度（117.28MPa）生产套管，同时为确保密封性，选用气密扣型。

为保证套管安全入井，一是要求优化全井井眼轨迹设计，同时在钻井过程确保井眼特别是水平段轨迹圆滑，严格控制井眼曲率的变化；二是尽可能增大井眼与套管间隙，增加套管与弯曲井眼的相容性；三是下套管前加强通井，保证井眼的清洁，达到底边无沉砂、起钻摩阻正常；四是计算安放扶正器后的套管刚度，尽量选用滚轮扶正器和旋转引鞋，降低下套管的摩阻。

2.2.3 井口装置

为确保实现页岩气井多级分段体积压裂和高压页岩气井安全生产，井口选用 $13\frac{3}{8} \times 9\frac{5}{8} \times 5\frac{1}{2}$-105MPa 组合式套管头，要求套管头、套管附件的材质、扣型联接和油层套管匹配，不允许使用变扣联接，套管头高度要符合页岩气井生产要求(图2)。

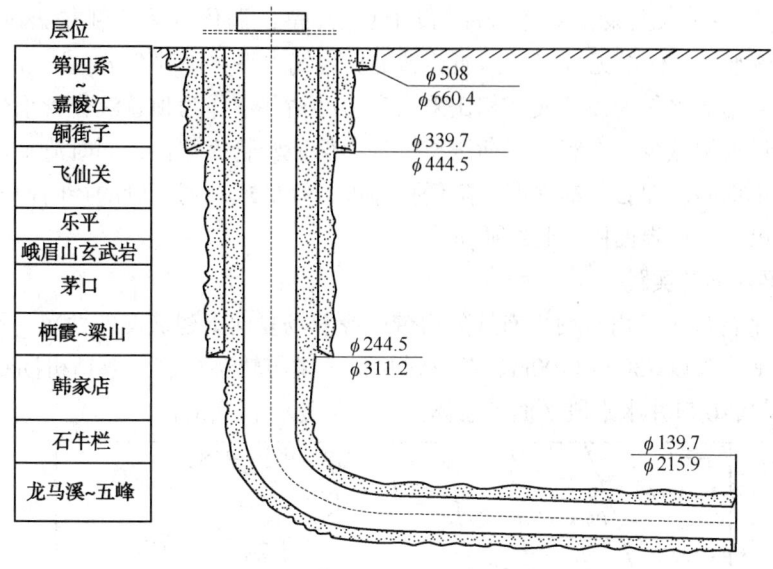

图1 水平井井身结构示意图

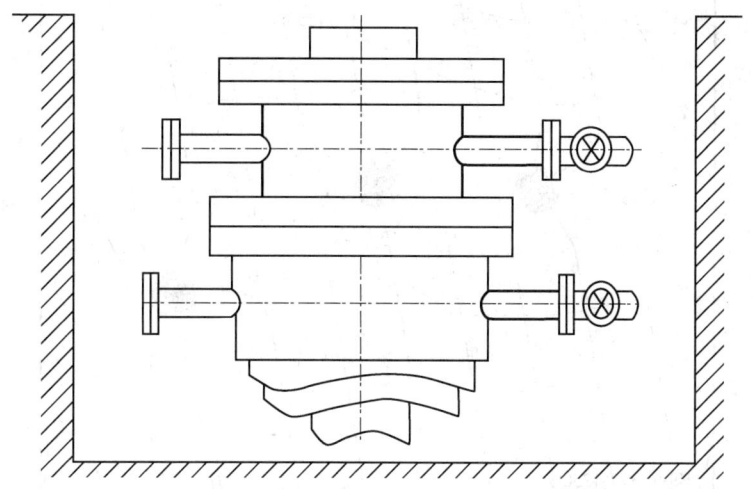

图2 339.7mm×244.5mm×139.7mm−105MPa法兰组合式二级套管头

2.2.4 固井水泥环

（1）驱油前置液体系

为防止页岩吸水膨胀后垮塌，保持钻进过程中井壁稳定，昭通页岩气水平井钻井一般采用高密度油基钻井液体系，但在固井过程中为了保证施工安全及水泥环良好胶结，需要在注水泥作业前注入针对油基钻井液的驱油前置液，清除二界面上存留的油膜及油浆，改变井壁及套管壁上的润湿性能，保证后期水泥环界面胶结质量[4]。

在固井设计前置液选用高密驱油前置液，在前置液中加入冲洗剂 DRY−100L、DRY−200L，其含有表面活性剂、有机溶剂等成分，可以提高对油基钻井液的清洗能力。

（2）固井水泥浆体系

根据地层特点、完井及压裂改造要求，固井水泥浆选用嘉华 G 级高抗水泥浆体系，其中领浆设计采用缓凝水泥浆，密度 2.10g/cm³，稠化时间控制在 380min 左右，失水量 <50mL；尾浆选用快干水泥浆，密度 g/cm³ 以 1.90g/cm³，稠化时间控制在 280min 左右，失水量<50mL。该水泥浆体系无游离液，能够满足页岩气水平井固井要求。

　　固井设计采用清水作为顶替液，相比采用高密度钻井液作为顶替液套管承受更小周向应力，套管形变量大幅减少，有利于后期压裂过程中保证套管完整性；同时清水顶替增加了内外压差，有利于提高水泥石早期强度、降低孔隙度，降低或减弱套管的径向伸缩扩张带来的微间隙，提高第一、二界面固井胶结质量[5]。

3　页岩气水平井钻井实践

　　YS108H9 平台位于四川台坳川南低陡褶带南缘罗场复向斜建武向斜西翼，平台共部署 6 口水平井，水平段长度 1300~1700m。考虑到井眼防碰与轨迹控制、双钻机同步施工、后期压裂和生产效果，6 口井水平段平面上总体呈梳状展翅，相互平行(图 3)。

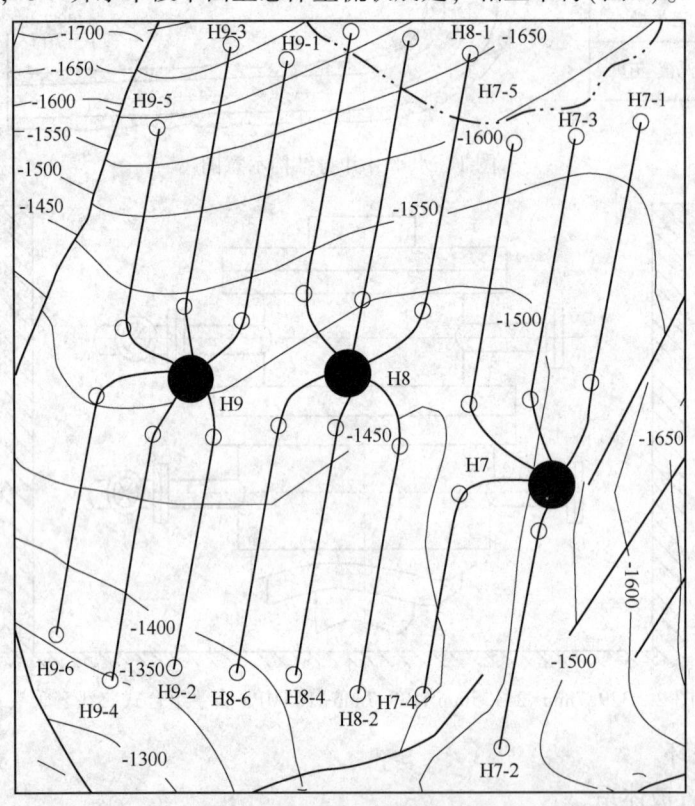

图 3　YS108H9 平台井网部署平面图

　　平台整体指标完成比较出色，YS108H9 井组 6 口井平均水平段长 1575m，6 口井平均机械钻速 6.47m/h，其中 YS108H9-6 井钻井周期 59.61 天。在施工过程中，各施工单位能够自觉地按照设计要求密切配合，各项目标准确达到设计要求，井筒质量和固井质量合格，符合页岩气井井筒完整性技术要求。

4　结论与建议

　　(1) 由于页岩气地层裂缝发育，长水平段钻井中易发生井漏、垮塌等问题，其不仅造成了钻井液流失及钻时的增加，对井筒质量及固井也会造成一定的影响，建议开钻页岩气井壁

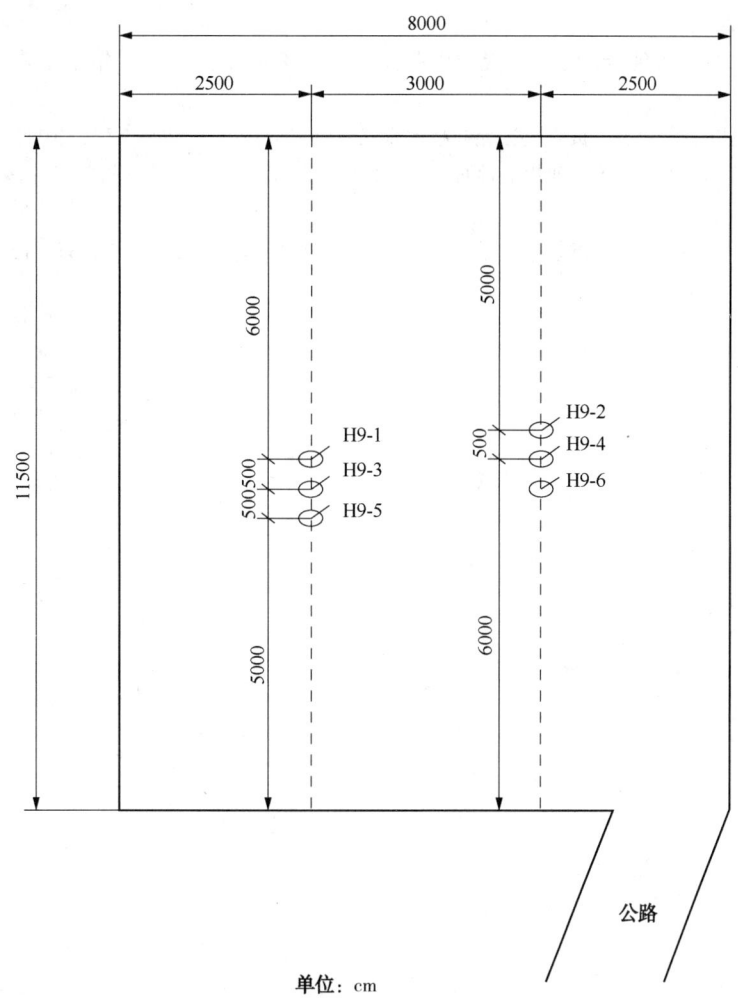

图 4 YS108H9 平台井场布置平面图

稳定性研究，减小钻井事故对井筒完整性的影响。

（2）固井水泥浆配方和工艺措施处理不当，会对页岩气储层造成污染，增加压裂难度，直接影响后期采气效果，建议加强对页岩气水平井固井工艺和水泥浆配方研究，确保水平段优质固井质量要求，避免对储层的污染。

（3）建议加强页岩气水平井井筒完整性理论研究，对环空束缚流体压力与温度的变化关系、页岩层滑移影响因素、多因素耦合套损机理等进行深入分析研究，用于改善井筒质量，对于提高井筒完整性、提高页岩气综合开发效果具有重要的意义。

<h2 style="text-align:center">参 考 文 献</h2>

[1] 刘奎，王宴滨，高德利，等. 页岩气水平井压裂对井筒完整性的影响[J]. 石油学报，2016，37（3）：406-410.

[2] 田中兰，石林，乔磊. 页岩气水平井井筒完整性问题及对策[J]. 钻井工程，2015，35（9）：1-7.

[3] 何龙. 元坝气田钻井工程井筒完整性设计与管理[J]. 钻采工艺，2016，39（2）：6-8.

[4] 袁进平，于永金，刘硕琼，等. 威远区块页岩气水平井固井技术难点及其对策[J]. 钻井工程，2016，

36(3)：55-62.

[5] 刘世彬，吴永春，王纯全，等．预应力固井技术研究及现场应用[J]．钻采工艺，2009，32(5)：21-24.

[6] 崔思华，班凡生，袁光杰．页岩气钻完井技术现状及难点分析[J]．钻井工程，2011，31(4)：72-75.

[7] 余雷，高清春，吴兴国，等．四川盆地页岩气开发钻井技术难点与对策分析[J]．钻采工艺，2014，37(2)：1-5.

[8] 郭昊，袁玲．页岩气钻井关键技术及难点研究[J]．石油化工应用，2013，32(6)：12-14.

ϕ444.5 大井眼定向技术研究

陈　勋，杜新军，佟德水，赵　潞

（中国石油辽河油田分公司，辽宁盘锦 124010）

摘　要　ϕ444.5 大井眼在松软地层定向难度大。为了有效保证定向施工的顺利进行，通过对施工难点进行分析，运用井眼轨道优化设计，钻井液体系优选、钻进参数优选、钻具组合优化等技术手段，对大井眼定向施工方案进行优化，现场施工安全顺利，无事故及复杂发生。

关键词　大井眼；松软地层；定向

1　概况

兴古 7-H175 井是辽河油田一口注气水平井，根据设计要求，该井需要在 ϕ444.5 井眼进行定向作业，由于井眼尺寸较大，再加上地层稳定性差，导致定向难度增大。该井揭露地层自下而上依次为：太古界、中生界、新生界（古近系沙河街组和东营组、新近系馆陶组）。

2　井身结构

兴古 7-H175 井采用四开井身结构，二开井眼尺寸为 444.5。

表 1　井身结构表

钻序	井段名称	钻头尺寸/mm	钻井深度/m 自	钻井深度/m 至	套管尺寸/mm	套管下深/m 自	套管下深/m 至	水泥封固段/m 自	水泥封固段/m 至
1	表层套管	660.4	0	302	508	0	300	300	0
2	技术套管 1	444.5	302	2539	339.7	0	2534	2534	0
3	技术套管 2	311.1	2539	3480	244.5	0	3475	3475	0
4	油层套管及筛管	215.9	3480	4419.42	177.8 套管	0	3325	3325	0
					139.7 套管	3325	3633.93	3633.93	3325
					139.7 筛管	3633.93	4419.42	不固井	

3　施工难点分析

3.1　上部地层松软不稳定，影响造斜率的提升

ϕ444.5 井眼钻遇地层有馆陶组、东营组及沙河街组 S_{1+2} 及 S_3 上部井段。馆陶组及东营组顶部井段的块状砂砾岩胶结差、渗透性好；沙河街组的泥岩发育并夹有块状砂砾岩、油页岩和钙质叶岩，易掉块、垮塌。造斜过程中动力钻具的工具面角不稳定，造斜率会受到影响。

作者简介：陈勋，男，汉族，教授级高工，1983 年 7 月毕业于江汉石油学院，现为辽河油田钻采工艺研究院副院长。E-mail：chenxun@petrochina.com.cn

3.2 井眼尺寸大，携岩难度大

随着井眼尺寸的增大，环空返速大幅降低，携岩能力明显降低。根据相关理论计算，ϕ444.5 井眼环空返速是 311.1mm 井眼的约 50%，是 215.9mm 井眼的约 27%。ϕ444.5 井眼携带岩屑最大粒径是 311.1mm 井眼的约 54%，是 215.9mm 井眼的约 27%。

表 2　不同尺寸井眼中钻井液的携岩能力

参数	井眼尺寸/mm		
	215.9	311.1	444.5
环空返速/(m/s)	1.25	0.63	0.34
携带岩屑最大粒径/mm	24	12	6.5

3.3 大排量与保证造斜率之间的矛盾问题

为保证大井眼钻井液携岩能力，需要大排量循环，但是大排量又会对松软地层造成冲蚀，影响造斜率。

3.4 井眼轨迹位移大

ϕ444.5 井段位移达到了 1390.65m，导致摩阻、扭矩较大，如何降低摩阻、扭矩是大井眼井段的施工难点之一。

4 技术措施

4.1 井眼轨道优化设计

主要包括了井眼轨道设计模型的选择、井眼曲率的选择和井斜角大小的设计。井眼轨道设计采用拟悬链线，尽量采用小曲率，设计为 1°/30m、1.5°/30m、2°/30m，一方面降低摩阻、扭矩；另外一方面采用小曲率，降低大井眼定向难度。根据相关理论研究，井斜角在小于 35°的情况下，钻井液携岩效果最好；井斜角在 35°～45°之间，钻井液携岩能力会受到影响，可能会导致井下复杂情况；井斜角在 45°～60°之间，岩屑容易沉向下井壁，或者堆积到井底，或者形成岩屑床，易导致井下复杂情况的发生[1]。因此二开大井眼井段最大井斜角设计为 34.67°，有效保证钻井液携岩能力，防止卡钻事故。

表 3　ϕ444.5 井段井眼轨道设计

描述	测深/m	井斜/(°)	网格方位/(°)	垂深/m	狗腿度/(°/30m)	闭合距/m	闭合方位/(°)
	0.00	0.00	0.00	0.00	0.00	0.00	0.00
造斜点	330.00	0.00	251.30	330.00	0.00	0.00	0.00
	390.00	2.00	251.30	389.99	1.00	1.05	251.30
	450.00	5.00	251.30	449.87	1.50	4.71	251.30
稳斜	645.00	18.00	251.30	640.54	2.00	43.50	251.30
	945.00	18.00	251.30	925.86	0.00	136.21	251.30
稳斜	1195.09	34.67	251.56	1149.20	2.00	246.76	251.37
	2539.00	34.67	251.56	2802.90	0.00	1390.65	251.53

4.2 钻井液体系优选及性能维护

二开采用不分散聚合物钻井液体系。钻井液配方设计：6%～8%膨土浆+0.1%～0.2% PAC-LV+0.5%～0.8%改性淀粉+0.2%～0.3%多元包被剂+0.4%～0.6%NH₄-HPAN+0.6%～

0.8%KFT+0.5%~1%KH-931+1%~4%液体润滑剂+加重剂。

馆陶组砂砾岩地层胶结差，结构松散，钻进注意补充般土，保持般土含量在6%~8%，增强钻井液的携屑性能，提高井眼净化能力，防止环空憋堵。馆陶组地层钻进主要以改性淀粉、PAC-LV 和 KFT 控制滤失量，以 NH4-HPAN 调节流变性。

东营组上部地层泥岩含量多，水化膨胀强，易发生泥包、粘卡和缩径。钻进时根据进尺变化，定时定量补充大小分子聚合物，大分子按 1.2~1.5kg/m，大小分子比例为 1:2，以改善钻井液的流型，增强抑制性能。

4.3 钻进参数优选

对于大井眼施工，为了保证钻井液携岩性能，可以通过提高钻井排量的方式提高环空返速，进而保证携岩效率[3]。但是兴古7-H175 井二开井段地层稳定性差，馆陶组及东营组顶部井段的块状砂砾岩胶结差、渗透性好，沙河街组的泥岩发育并夹有块状砂砾岩、油页岩和钙质叶岩，易掉块、垮塌。大排量容易冲蚀井壁，导致定向困难，"糖葫芦"状井径易导致井下复杂情况。因此，大井眼钻进要优选钻进参数，在有利于定向的同时要保证井眼稳定。

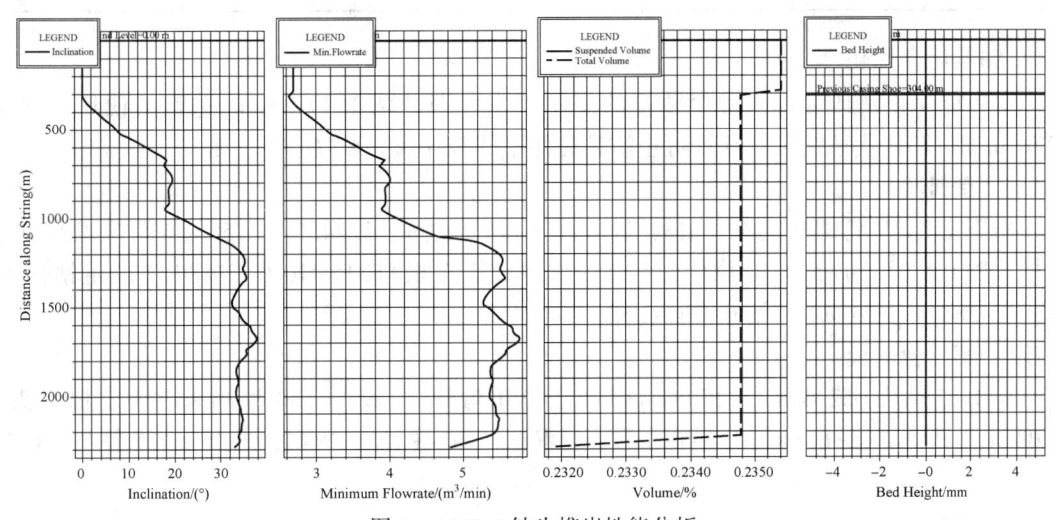

图1 φ444.5 钻头携岩性能分析

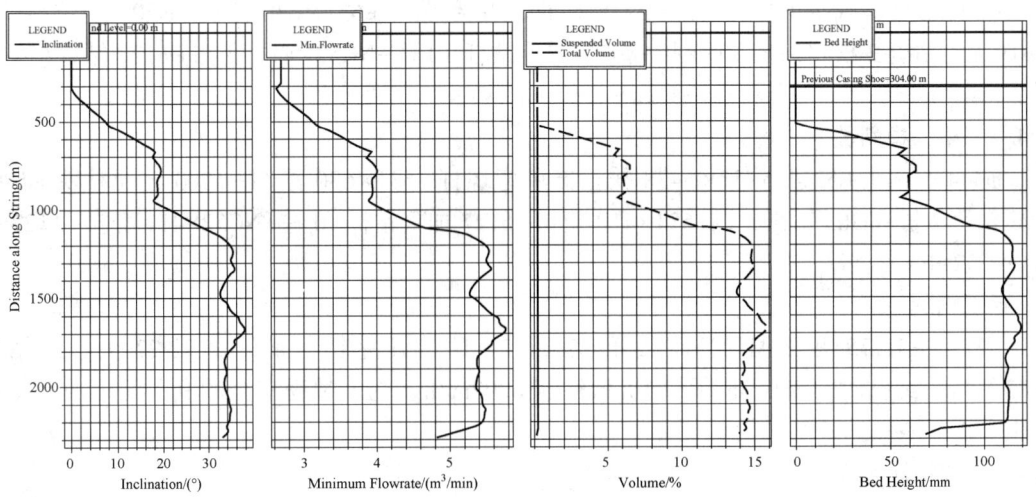

图2 φ444.5 钻头携岩性能分析

根据软件模拟情况可以看出，排量达到约 96L/s 以上基本无岩屑床产生，在排量 55L/s 时，有一定的岩屑床产生，考虑到大排量对地层的冲蚀性，结合邻井施工经验，排量选用 55L/s。由于 PDC 钻头定向过程中工具面易跑偏，因此建议采用牙轮钻头定向。

表 4　二开井段钻进参数设计

所钻地层	钻进参数			
	钻压/kN	转速/(r/min)	排量/(L/s)	泵压/MPa
馆陶组上部	30~50	50+螺杆	55	13~15
馆陶组下部 东营组上部	30~50	50+螺杆	55	14~19
东营组下部	100~120	50+螺杆	55	18
东营组下部 沙 1+2 上部	150~200	50+螺杆	55	19
沙 1+2 下部	200~250	50+螺杆	55	20

4.4　钻具组合优化

尽可能简化钻具组合，减少钻铤的使用[2]，特别是减少 177.8mm 钻铤的使用，利用 127mm 加重钻杆代替钻铤，有效防止钻具对井壁的破坏及导致"键槽"卡钻。

4.4.1　造斜段

采用 1.25°单弯螺杆定向，钻具组合为：ϕ444.5 钻头+ϕ244.5×1.25°×ϕ438 扶正器单弯螺杆+631×630 浮阀+ϕ203 定位接头+ϕ203 无磁钻铤 2 根+631×410 变扣+ϕ127 加重钻杆 10 柱+NC52×411 变扣+ϕ127 钻杆(NC52 扣)

4.4.2　第一稳斜段

ϕ444.5 钻头+ϕ244.5×1.25°×ϕ438 扶正器单弯螺杆+631×630 浮阀+ϕ203 定位接头+ϕ203 无磁钻铤 2 根+631×410 变扣+ϕ127 加重钻杆 10 柱+NC52×411 变扣+ϕ127 钻杆(NC52 扣)

4.4.3　增斜段

ϕ444.5 钻头+ϕ244.5×1.25°×ϕ438 扶正器单弯螺杆+631×630 浮阀+ϕ203 定位接头+ϕ203 无磁钻铤 2 根+631×410 变扣+ϕ127 加重钻杆 10 柱+NC52×411 变扣+ϕ127 钻杆(NC52 扣)

4.4.4　第二稳斜段

ϕ444.5 钻头+ϕ244.5×1°×ϕ438 扶正器单弯螺杆+631×630 浮阀+ϕ203 定位接头+ϕ203 无磁钻铤 2 根+ϕ203 钻铤 3 根+631×410 变扣+ϕ127 加重钻杆 10 柱+NC52×411 变扣+ϕ127 钻杆(NC52 扣)

5　施工情况

兴古 7－H175 井 2 月 23 日二开，3 月 21 日二开完钻，累计施工 27 天。纯钻进 1983.94m，纯钻时间 286.5h，平均机械钻速 6.92m/h。施工过程安全顺利，无事故及复杂发生。

5.1　轨迹情况

井眼轨迹基本符合要求，仅有部分井段超标。

表5　φ444.5井段曲率超标井段

发生井段/m	全角变化率值/ (°/30m)	
	设计	实际
550~575	2.0	2.39
625~650	2.0	3.02
1075~1100	2.0	2.84

5.2　井径扩大率

根据实际施工数据统计，实际平均井径扩大率为约2.8%，符合井身质量控制要求。

表6　井径扩大率统计表

最大井径		最小井径		平均井径/cm
井段/m	数值/cm	井段/m	数值/cm	
600~650	47.33	2150~2200	44.55	45.68

6　结论及建议

（1）针对大井眼定向，在满足轨迹要求的前提下，轨道设计尽量采用较小的造斜率，宜采用拟悬链线模型。

（2）对于φ444.5大井眼定向，排量的选择是关键，不仅要满足携岩要求，同时也要保证井眼稳定。

（3）保证良好的钻井液性能是大井眼顺利施工的关键因素。

（4）建议针对大井眼定向采用PDC钻头进行进一步研究。

（5）建议针对地层、岩性等对造斜率具体会产生哪些影响进行进一步研究。

参 考 文 献

[1] 王敏生，耿应春．CDXA大型丛式井组浅表层定向钻井技术．石油地质与工程，2006，20(5)．

[2] 王毅．浅层高造斜率大井眼定向钻井技术．钻采工艺，2009，32(2)．

[3] 王爱宽，高虎，邵晓伟，等．一种保持大斜度定向井井眼清洁的有效技术．断块油气田，2003，10(5)．

渤海油田油管材质选择方法优化研究

牟　媚，吴华晓，何亚其，尚宝兵，马　骏

(中海石油(中国)有限公司天津分公司，天津 300459)

摘　要　渤海油田表现出低含 CO_2、不含 H_2S 的腐蚀环境特征，主要以 CO_2 腐蚀破坏为主，目前主要参考企业标准里的防腐图版进行油管材质选择。渤海油田油管常规选材方法采用的是最苛刻工况，考虑安全余量较大，并不是低油价下最适合的方法。本文在深入研究图版的基础上，打破了油管材质选择的常规做法，在保证安全的前提下重新建立了一套油管材质选择流程，创新引入了组合管柱防腐策略和低 Cr 钢防腐策略，解决了低油价下常规方法选材相对保守的问题。改进后的方法更符合渤海油田的实际生产特点，也切实起到了降本的作用。目前，该方法已用于渤海两个油田的油管设计，共计减少油管投资 2000 余万元。

关键词　海上油田；油管材质；防腐图版；组合管柱；低 Cr 钢

油气田开发过程中的腐蚀问题会限制和威胁石油、天然气的安全生产[1~4]。严重的腐蚀问题甚至会导致严重的经济损失，塔里木雅克拉气田就曾因为油套管被 CO_2 腐蚀损坏，导致天然气沿油套管环空窜入地面后引发大火，造成直接经济损失 3000 万元[5]。渤海油田表现为低含 CO_2、不含 H_2S 的腐蚀环境特征，以 CO_2 腐蚀破坏为主，单纯按 CO_2 含量划分，其腐蚀危害程度仅次于华北油田[6]。因此，需要合理的选择油套管材质以保证海上油气的安全开采。

1　渤海油田油管材质选择现状

目前渤海油田的管柱腐蚀多表现为点蚀穿孔和腐蚀断裂，且使用普通碳钢的井表现出了随 CO_2 分压值的增大，腐蚀情况逐步加重的趋势[6]。但若是采用 13Cr 油管，即使 CO_2 分压高达 2.13MPa，也并未发现严重损坏。大量研究发现，含 Cr 低合金管线钢是目前较为理想的兼具耐蚀性与经济性的抗 CO_2 腐蚀的材料[7,8]，因此，渤海油田目前主要采用 Cr 钢进行防腐，选材依据是 2012 年中海油颁布的企业标准《海上油气井油管和套管防腐设计指南》里给出的防腐图版(图2)。

在采油工程前期设计中，通常采用单点选材。首先根据式(1)~式(3)计算 CO_2 分压，然后取全井段最大的二氧化碳分压值与储层温度，参考图版进行选材，最后就是计算腐蚀速率，验证使用年限内是否满足使用需求。

气井工况下，CO_2 分压按式(1)计算：

$$p_{CO_2} = p \frac{X_{CO_2}}{X} \tag{1}$$

油井工况下，当井筒压力低于泡点压力时，CO_2 分压按式(1)计算；当井筒压力高于泡

作者简介：牟媚(1989—)，女，汉族，硕士，工程师，2015 年毕业于西南石油大学，现主要从事海洋油气田开发采油工程方案设计工作。E-mail：mumei@cnooc.com.cn

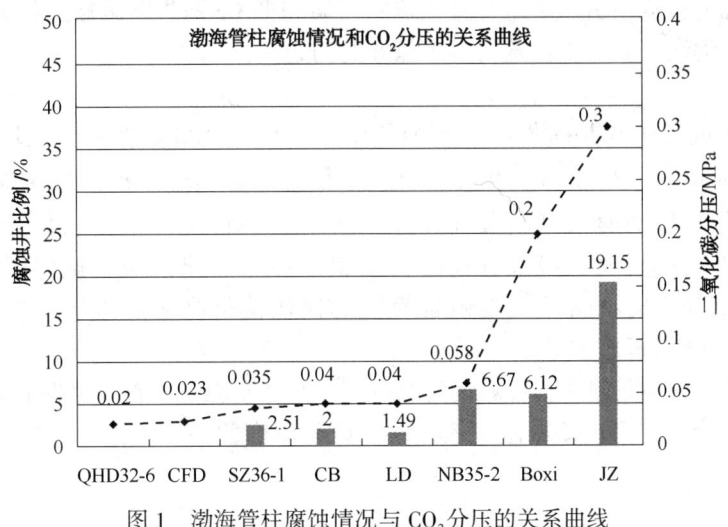

图1 渤海管柱腐蚀情况与 CO_2 分压的关系曲线

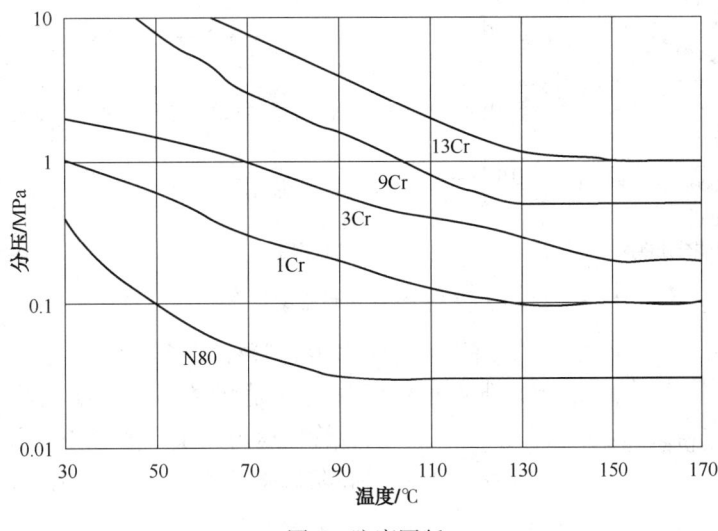

图2 防腐图版

点压力时，CO_2 分压按式（2）和式（3）计算，取计算结果中最大值。

泡点 CO_2 分压计算：

$$p_{CO_2} = p_b \frac{X_{CO_2}}{X} \tag{2}$$

井流物 CO_2 分压计算：

$$p_{CO_2} = p \frac{X_{CO_2}}{M} \tag{3}$$

2 油管选材方法优化研究

常规方法选材使用的是最苛刻工况，选用的参数是全井段最大 CO_2 分压值以及储层温度，考虑安全余量较大，并不是低油价下最适合的方法。CO_2 分压值或者储层温度稍高一点，常规选材结果就是较高防腐等级的 9Cr 和 13Cr，这两种材质价格昂贵。因此，在深入研究图版的基础上,创新引入了组合管柱防腐策略和低 Cr 钢防腐策略,打破了油管材质选择的常规做法,解决了常规方法选材过于保守的问题。

2.1　组合管柱

考虑到 CO_2 腐蚀过程是缓慢的,且油气生产过程中井口温度和分压均低于井底。因此考虑将常规的单点选材变为全井段选材,使用实际井筒温度剖面和实际井筒 CO_2 分压剖面,通过实际分压剖面来判断井筒任意位置的腐蚀情况,根据各位置的分压和温度参考图版选择不同的材质。组合管柱的实质也是参考防腐图版,虽然图版选材结果仍然会用到高防腐等级的材料,但是组合管柱的使用使得高防腐等级材料的用量大幅降低,从而降低油管投资成本。

组合管柱的实质也是使用标准中的防腐图版,具体步骤是,首先根据油藏预测指标计算温度和二氧化碳分压剖面,接着做二氧化碳分压与温度的关系图,最后参考图版进行选材(图3)。

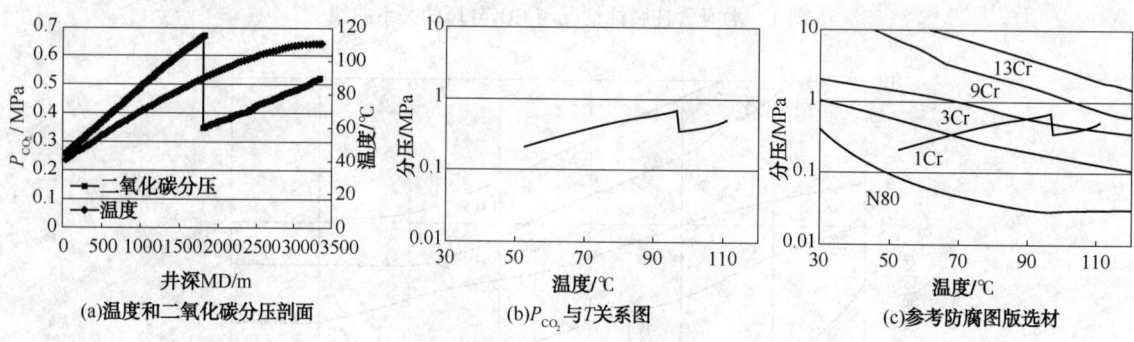

(a)温度和二氧化碳分压剖面　　　(b)P_{CO_2} 与 T 关系图　　　(c)参考防腐图版选材

图 3　组合管柱选材步骤示意图

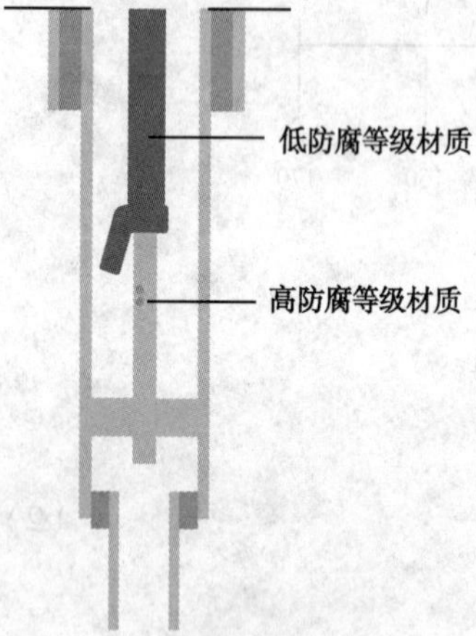

由于油管使用组合管柱容易出现电位差腐蚀问题,考虑到电偶腐蚀的条件之一是两种不同金属在溶液中直接接触。因此,可以将组合管柱运用到 Y 形管柱中,以 Y 堵为分界点,Y 堵头以下使用高防腐等级材质,以上则使用低防腐等级材质,这样不管是 Y 分管柱还是 Y 合管柱,均可避免电偶腐蚀,如图 4 所示。

图 4　组合油管示意图

2.2　低 Cr 钢防腐策略

海上平台反馈,根据防腐图版选择的油管材质,有过于保守的倾向,特别是全井段选用 9Cr 和 13Cr 的油管,表现尤为明显。因此,通过深究图版来源,探索出一种更为经济的选材方法——低 Cr 钢防腐策略。低 Cr 钢防腐策略仍然是单点选材,但并不是在原始防腐图版上进行选择,而是更深一步,挖掘图版上每一条综合控制线的来源来进行选材,选材结果使用的是更低防腐等级的材质(相较于常规单点选材),通过牺牲壁厚进行防腐。

企业标准中的防腐图版通过室内近 700 组模拟井下腐蚀实验给出了 5 种低 Cr 钢材质的适用范围,绘制了 5 条综合控制线。这 5 条控制线均是各自的点蚀控制线和均匀腐蚀控制线(腐蚀速率小于 0.127mm)的下包络线[9](图5,以 3Cr 为例)。

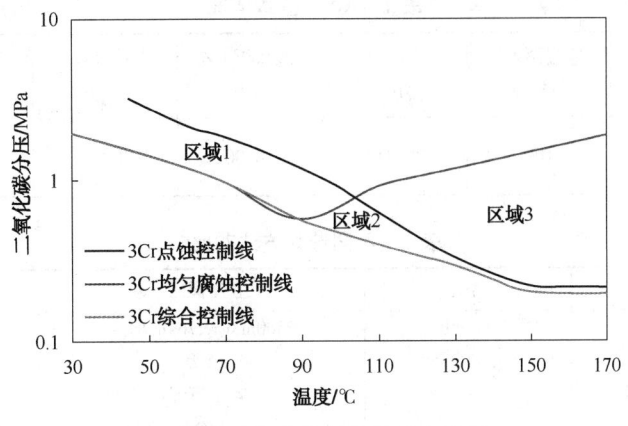

图 5　3Cr 综合控制线的界定过程

从图 4 可以看到,三条控制线之间有 3 块区域,分别是区域 1、区域 2 和区域 3。区域 1 和区域 2 不发生点蚀,仅均匀腐蚀速度不同;而区域 3 会发生点蚀。因此,低 Cr 钢防腐策略又可以分为 2 种类型:保守型低 Cr 钢防腐策略和激进型低 Cr 钢防腐策略。

(1) 保守型低 Cr 钢防腐策略

当选材结果落在区域 1 和区域 2 时,选用 3Cr 管材并不会发生点蚀。因此可以通过牺牲壁厚防腐。此时,仅需要准确计算腐蚀速率,保证所选油管在使用年限内满足强度需求即可。

(2) 激进型低 Cr 钢防腐策略

当选材结果落在区域 3 时,图版显示选用 3Cr 管材会发生点蚀。因此不能直接选用 3Cr 管材。考虑到防腐图版模拟的是综合的各海域地层水条件,氯离子含量 25000mg/L,与渤海油田实际地层水情况并不完全相同(渤海油田地层水氯离子含量普遍远小于 25000mg/L),因此,图版上显示会发生点蚀并不代表实际生产过程中一定有点蚀发生。为保障激进型低 Cr 钢防腐策选材的安全性,决定在使用激进型低 Cr 钢防腐策略时,增加室内腐蚀实验环节,以确认是否发生点蚀,增强选材的可靠性。

3　油管材质选择新旧方法对比

常规、组合管柱以及低 Cr 钢防腐策略的选材结果必定不同,下面以某油田 A4 井举例说明。A4 井的基本情况如表 1 所示。三种方法的选材结果如图 6 和表 2 所示。

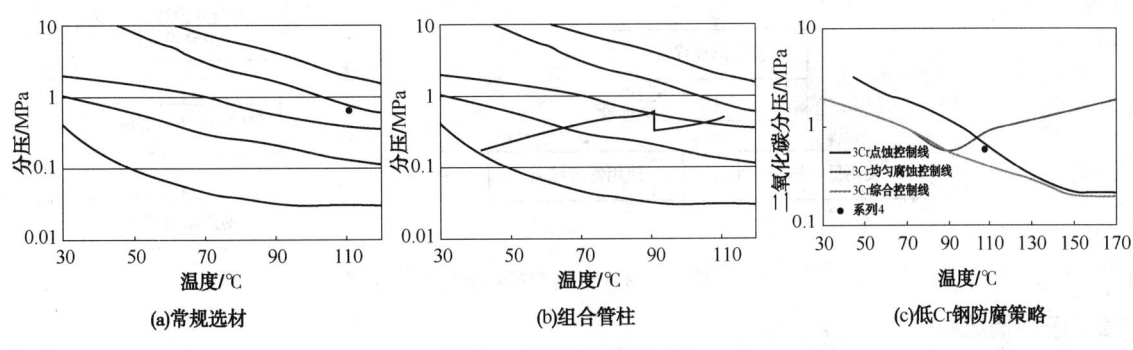

图 6　不同选材结果对比

表1　A4井基本情况

层位	储层中深/m	地层温度/℃	地层压力/MPa	饱和压力/MPa	井流物 CO_2 含量/%	天然气 CO_2 含量/%	CO_2 最大分压/MPa
东三段	2885(TVD)/3264(MD)	109	28.313	18.90	1.82	3.53	0.667

表2　不同选材方法对比

类别	常规	组合管柱	低Cr钢防腐策略
选材结果	3264m9Cr	2500m3Cr&764m9Cr	3264m3Cr
管材费用(3½″)	98.32万元	44.22万元	29.65万元
"新"较"旧"节省费用	—	54.1万元	68.67万元
"新"较"旧"节省费率	—	55.02%	69.84%

从表2可以看出,改进后的方法更符合渤海油田的实际生产特点,也切实起到了降本的作用,具有非常显著的经济性,特别是低Cr钢防腐策略,能大幅节约油管投资成本。

4　油管材质选择新流程建立

在两种新选材方法的基础上,建立了一套油管材质选择新流程(图7)。考虑到激进型低Cr钢防腐策略存在点蚀风险,组合管柱选材策略又与油藏指标预测的准确度紧密相关;油管材质选择新流程优先考虑单点选材而非全井段选材,并增加了室内实验环节以规避后期生产可能出现的腐蚀问题。整个新流程的原则是:杜绝发生点蚀,尽量避免使用组合管柱,为后期生产安全提供保障。

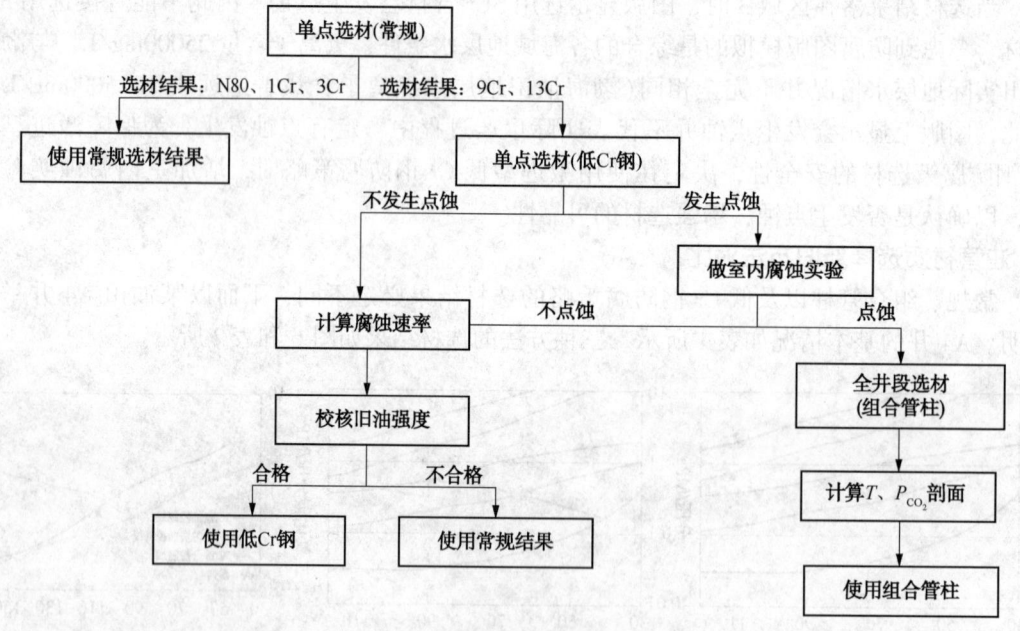

图7　油管材质选择新流程

5　应用情况

目前,油管材质选择新流程已应用于渤海2个油田的采油工程方案设计,共计减少油管投资2000余万元。

6　结论

（1）组合管柱和低 Cr 钢防腐策略能大幅降低高防腐等级材质的使用量，达到降本目的。

（2）油管材质选择新流程中增加了室内腐蚀实验环节，能有效规避后期生产可能出现的腐蚀问题，提高油管选材的可靠性。

（3）油管材质选择新流程的建立更符合渤海油田的实际生产特点，也切实大幅降低了油管投资成本，值得推广应用。

参 考 文 献

[1] 黄灵刚，李广，周振宇，等 . 海上油田腐蚀套管更换实践[J]. 石油钻采工艺，2012, 34(B09)：121-124.

[2] 路民旭，白真权 . 油气采集储运中的腐蚀现状及典型案例[J]. 腐蚀与防护，2002, 23(3)：105-113.

[3] 闫伟，邓金根，邓福成，等 . 油套管力学-化学腐蚀规律分析[J]. 中国海上油气，2014 (1)：87-91.

[4] 周波，崔润炯 . 浅谈 CO_2 对油井管的腐蚀及抗蚀套管的开发现状[J]. 钢管，2003, 32(1)：21-24.

[5] 左兴凯 . 雅克拉凝析气田腐蚀状况与分析[J]. 石油钻探技术，2005, 33(4)：60-62.

[6] 林海，许杰，范白涛，等 . 渤海油田井下管柱 CO_2 腐蚀规律与防腐选材现状[J]. 表面技术，2016, 45(5)：97-103.

[7] Ikeda A, Ueda M. CO_2 Corrosion behaviour of Cr-containing steels[J]. EFC Publications Nunber, 1994, 13：59.

[8] 张瑾，许立宁，朱金阳，等 . 高温高压 CO_2 腐蚀环境中含 Cr 低合金钢耐蚀机理的研究进展[J]. 腐蚀与防护，2017, 38(6)：456.

[9] 邢希金，周建良，刘书杰，等 . 中国近海油套管防腐设计方法优化与防腐新策略[J]. 中国海上油气，2014, 26(6)：75-79.

海上低渗储层高效溶蚀型酸化技术研究及应用

苏　毅[1]，李旭光[2]

(1. 中海石油(中国)有限公司天津分公司，天津 300459；
2. 中海油能源发展股份有限公司工程技术分公司，天津 300452)

摘　要　目前，海上低渗储层动用程度较低，存在注不进、采不出的问题。渤海 BZ 油田低渗储层也存在这个问题，水井注不进，导致地层能量不能有效补充，这主要是由于储层物性差以及残余油、注入水水质不达标等原因导致的地层堵塞。针对目标储层物性和堵塞问题，采用多体系的协同增效原理，研发了 BG-01 和 BG-02 两种高效溶蚀型酸液体系，均具有高溶蚀、深部缓速、能够解除低渗储层复合伤害、保护储层等优点。现场试验结果表明，两种高效溶蚀型酸液体系均能有效解决地层堵塞问题，大大提高了低渗储层水井的注入能力。

关键词　低渗；高效溶蚀；协同增效；水井；视吸水指数

中国海上(包括渤海、东海、南海等)储层中低渗储层规模大[1]，且大部分储层面临近水问题，并受到平台空间等作业条件限制，目前的酸压和水力压裂等难以有效实施，而酸化技术也面临低效问题，导致低渗储层动用程度较低[2]。

目前鲜有有效针对低渗储层研发的酸液体系[3,4]，针对渤海 BZ 油田低渗储层，分析欠注原因，针对该类储层物性及堵塞问题，先后研发出两种高效溶蚀型酸液体系 BG-01 和 BG-02。并以 N 井为试验井，进行现场试验，对两种酸液体系进行评估。

N 井为渤海 BZ 油田一口油井转注井，于 2004 年 8 月投产。初期射开 NgI、NgIV、NgV、Ed₂ 油组，共 4 个防砂段。钻后配产 121m³/d，但产量一直很低。2004 年 10 月、2005 年 6 月、2005 年 10 月，该井共进行了 3 次酸化，增油、增液效果均不理想。2012 年 8 月上返补孔射开 Ng01 油组，2015 年 11 月 1 日将该井做为注水井直接进行转注，共计 5 个注水层位：Ng01、NgI、NgIV、NgV、Ed₂ 油组。2016 年 8 月 N 井日注水量仅为 40m³ 左右，BZ 平台需注入生产污水量在 600m³/d 左右，N 井注入能力不能满足生产需求。

1　BZ 油田 N 井欠注原因分析

N 井自 2015 年 11 月转注以来，注入水为平台生产污水，对该井的储层条件、生产历史及注水水质进行充分分析，发现其欠注原因主要为以下几个方面：

1.1　N 井储层本身物性较差，导致注水困难

根据 N 井测井资料，射开层段孔隙度为 20.1%～25.3%，渗透率为(11.0～145.8)×10⁻³ μm²。泥质含量为 0.4%～21.4%，部分储层泥质含量较高，易造成黏土剥落运移堵塞。且该井投产初期经过多次酸化，效果并不理想。

作者简介：苏毅(1981—)，男，汉族，2005 年毕业于中国石油大学(华东)石油工程专业，工程师，主要从事渤海油田采油工艺类相关工作。E-mail：suyi3@cnooc.com.cn

表1 BZ油田N井目的层基本物性资料

编号	层位	目的层层段	斜深/m	孔隙度/%	渗透率/$10^{-3}\mu m^2$	泥质含量/%
1	Ng01	1921.1~1933.9	4.8	23.8	86.1	10.3
2	NgⅠ	2167.0~2248.6	1.8	21.1	16.4	21.4
		2170.9~2172.9	2	25.3	145.8	5.6
3	NgⅣ	2308.7~2312.6	3.9	20.1	11	18.9
4	NgⅤ	2429.8~2432.7	2.9	23.8	52	7.1
5	Ed$_2$	2981.5~2989.2	7.7	21.3	37.7	3.4
		2991.8~3008.9	17.1	20.8	14.8	0.4

1.2 N井为油井转注井，转注前未经过有效的处理措施

渤海油田注水井多为油井转注井，注水层位存在一定的残余油或注水中附带的残余油。实验证实，少量残余油即可造成水的有效渗透率大幅度下降，常见的酸化解堵作业未考虑该方面的伤害因素[5]。基于N井现场岩芯，分别测定了不同残余油饱和度下水的有效渗透率，实验结果如表2所示。

表2 残余油对岩芯水的有效渗透率的影响

序号	残余油饱和度/%	水的有效渗透率/$10^{-3}\mu N^2$	相对渗透率
1	0	326	1
2	2.71	139	0.426
3	6.14	109	0.334
4	10.43	82	0.253
5	15.27	71	0.217
6	19.32	66	0.204
7	21.68	64	0.196

1.3 注入水为平台生产污水，可能存在污油、结垢等伤害

基于平台水质超标情况，根据对N井于2016年3月16日钢丝作业带出垢样进行的溶蚀实验，分析井筒和近井地带同时存在无机垢堵塞和有机堵塞。

表3 酸液溶蚀实验测试结果

编号	样品来源	含油率/%	盐酸可溶物含量/%	平均盐酸可溶物含量/%
1	BZ-N井	36	11.50	11.31
2			11.13	

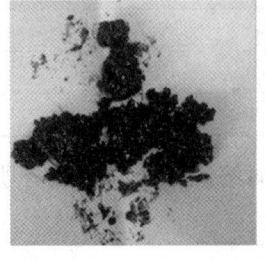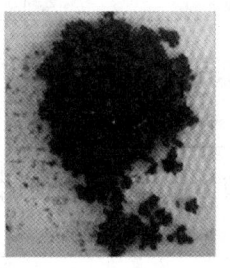

图1 垢样经石油醚清洗前/后外观

2 低渗储层解堵体系研发思路及指标评价

针对 N 井储层物性较差、油井转水井、井筒无机和有机堵塞、注水污油等问题,采用多体系协同效应,研发出两种高效溶蚀型酸液体系 BG-01 和 BG-02。

2.1 两种酸液体系研发思路

BG-01 高效溶蚀型酸液体系由多种无机酸、有机酸、有机解堵剂及多种优质添加剂复配而成,主要为盐酸、氟硼酸、磷酸、有机磷酸等。基于油田实际问题,采用多体系融合的协同增效原理[6,7],能同时解决储层泥质、无机垢(铁氧化物、碳酸盐等)、有机垢、注水污油等多方面伤害问题,还具有低腐蚀、保护储层作用,适用于目标储层的增注措施。

体系中具有可以清洗钙质,快速螯合 Ca^{2+} (电离强度比弱土酸类强),有效防止与地层中碳酸盐矿物和注入水产生 CaF_2 二次沉淀的成分;同时,其为多级缓速酸[8],基本不与骨架反应,不会生产 Na_2SiF_6、K_2SiF_6 二次沉淀;另外,该解堵体系含有表面活性剂成分,能够起到一定的洗油效果;体系中的有机解堵剂能够与注水井垢样周围的有机质组分作用,使酸液与无机质组分更易接触,增加溶蚀效果。

BG-02 高效溶蚀型酸液体系,同样借助多体系组合协同增效原理,由 3 种主剂和 6 种添加剂组成,主剂分别是盐酸、氟硼酸和有机硅酸。盐酸可解除地层中钙质、碳酸盐垢、铁垢等伤害;氟硼酸在水溶液中可多步电离释放 HF,能溶解长石、黏土等矿物,解决泥质堵塞、微粒运移等问题,还具有修复储层的作用;有机硅酸在水溶液中可水解释放有机酸和氟硅酸,氟硅酸再进一步溶蚀泥质、长石等组分,有机酸则可以降解聚合物。

另外在主剂中增加缓蚀剂、防膨剂、铁离子稳定剂、沉淀抑制剂、表面活性剂等优质添加剂,具有高溶蚀、解决复合堵塞、适合高含水储层、保护储层等优点。

2.2 性能指标评价

两种高效溶蚀型酸液体系相关性能指标如表 4 所示。

表 4　两种高效溶蚀型酸液指标性能指标

性能指标	BG-01 体系参数	BG-01 体系参数
N 井低渗储层岩屑 2h 溶蚀率/%	25.80~31.26	26.12~31.89
N 井低渗储层岩屑 4h 溶蚀率/%	32.80~45.66	32.92~44.96
水基泥浆残渣溶蚀率/%	99.2	99.0
SiO_2 溶蚀率/%	0.48	0.56
防膨率/%	91.92	90.79
稳铁能力/$(Ng \cdot NL^{-1})$	262	260
CaF_2 溶蚀率(90℃)/%	62.8	63.2
Na_2SIF_6 溶蚀率(90℃)/%	99.7	99.8
N80 钢片腐蚀速率(90℃)/$(g \cdot N^{-2} \cdot h^{-1})$	1.71	1.74
N80 钢片腐蚀速率(140℃)/$(g \cdot N^{-2} \cdot h^{-1})$	17.45	17.72

两种高效溶蚀型酸液体系对 N 井现场岩屑溶蚀率较高且具有明显的缓速效果,可有效扩大酸化处理半径。

3 现场应用效果

两种高效溶蚀型酸液体系 BG-01、BG-02 分别于 2016 年 8 月和 2017 年 3 月应用于 BZ

油田 N 井,对 N 井 Ng01、NgI、NgIV、NgV、Ed_2 油组进行了笼统酸化解堵。

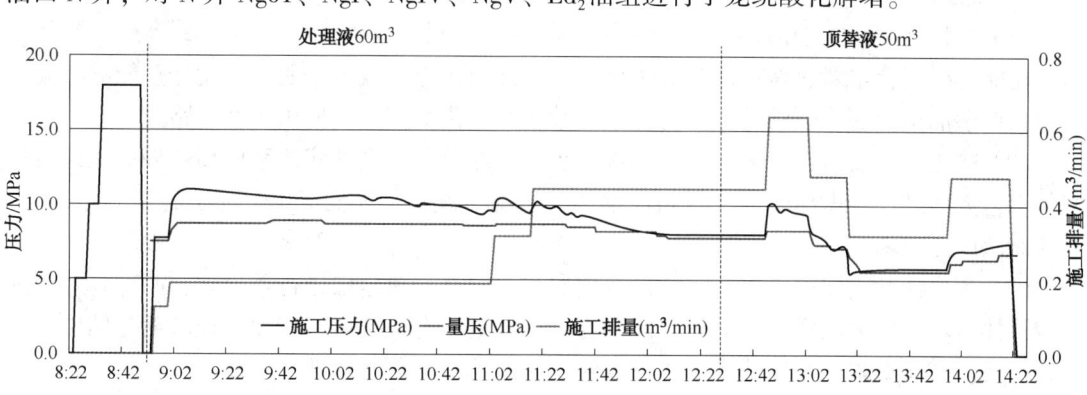

图 2　BZ-N 井酸化施工曲线(2016 年 8 月、BG-01 体系)

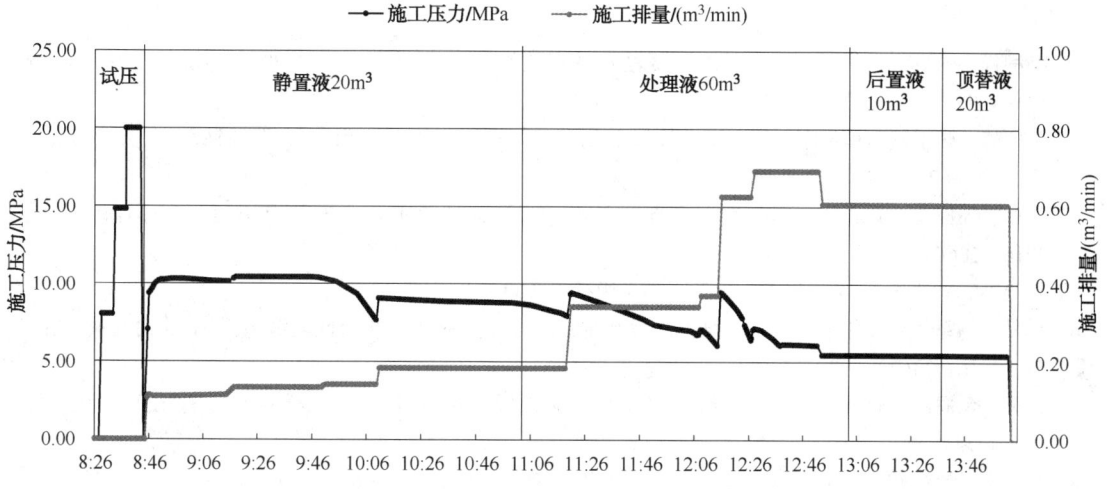

图 3　BZ-N 井酸化施工曲线(2017 年 3 月、BG-02 体系)

分析两次酸化施工曲线可以得知,两次施工过程,呈现明显的"降压增注"特征。采用 BG-01 高效溶蚀型酸液体系就行酸化,酸化前 N 井日注入量 $40m^3$ 左右,油压 9.0MPa,视吸水指数为 $4.4m^3/(d \cdot MPa)$;解堵后 N 井日注入量 $500m^3$ 左右,油压 8.0MPa,视吸水指数提高到 $62.5m^3/(d \cdot MPa)$;采用 BG-02 高效溶蚀型酸液体系就行酸化,酸化前 N 井注入量为 $120m^3/d$,油压 8.7MPa,视吸水指数为 $13.8m^3/(d \cdot MPa)$。酸化之后注入量 $585.3m^3/d$,油压 4.5MPa,视吸水指数提高到 $130.1m^3/(d \cdot MPa)$。两次酸化增注效果均十分显著。

表5　BZ-N 井高效溶蚀型酸液酸化效果

井号	作业时间	酸液类型	酸液用量/m^3	酸化前视吸水指数/$m^3/(d \cdot MPa)$	酸化后视吸水指数/$m^3/(d \cdot MPa)$	视吸水指数增大倍数	酸化有效期
BZ-N 井	2016 年 8 月	BG-01	60	4.4	62.5	13.2	2016 年 8 月~2017 年 3 月
	2017 年 3 月	BG-02	60	13.8	130.1	8.4	2017 年 3 月至今

4　结论及建议

（1）两种高效溶蚀型酸液体系均采用多体系的协同增效作用，均具有高溶蚀、深部缓速、能够解决复合堵塞、保护储层等优点。试验井两次应用效果表明，研发体系能够有效解决海上低渗油田储层改造难题，同时为重复酸化井酸化增产增注提供了新思路。

（2）酸化技术成本低、适应强，为进一步保证高效溶蚀型酸液体系应用效果，建议可从酸化工艺方面进一步做出改进，与高压解堵、爆燃压裂[9,10]等低成本、易实施工艺相结合，提高储层改造效果。

（3）建议油井转注前，尤其对于低渗储层水井，首先对地层进行预处理，两种高效溶蚀型酸液体系均含有表面活性剂成分，能够有效解除地层有机伤害，有效保证酸液与储层岩石充分接触。酸化后加强水井注入水水质监测，从而延长酸化有效期。

参 考 文 献

[1] 曾祥林，梁丹，孙福街. 海上低渗透油田开发特征及开发技术对策[J]. 特种油气藏，2011，18(2)：66-68.

[2] 李积祥，侯洪涛，张丽，等. 低渗油藏注水井解堵增注技术研究[J]. 特种油气藏，2011，18(3)：106-108.

[3] 张振峰，张士诚，单学军，等. 海上油田酸化酸液的选择与现场应用[J]. 石油钻采工艺，2001，23(5)：57-60.

[4] 孙林，邹信波，刘春祥，等. 南海东部油田水平筛管井酸化工艺改进及应用[J]. 中国海上油气，2016，28(6)：82-87.

[5] 赵福麟. 采油化学[N]. 北京：石油大学出版社，1989.

[6] 孙林，杨军伟，周伟强，等. 一种适合海上油田砂岩油田的单段塞活性酸液体系[J]. 钻井液与完井液，2016，33(1)：97-101.

[7] 孙林，孟向丽，蒋林宏，等. 渤海油田注水井酸化低效对策研究[J]. 特种油气藏，2016，23(3)：144-147.

[8] 马喜平. 提高酸化效果的缓速酸[J]. 钻采工艺，1996，19(1)：55-62.

[9] 李转红，李向平，达引朋，等. 深度酸化工艺在长庆低渗底水油藏的应用[J]. 钻采工艺，2015，38(2)：75-77.

[10] 孙林，宋爱莉，易飞等. 爆压酸化技术在中国海上低渗油田适应性分析[J]. 钻采工艺，2016，39(1)：60-62.

某油田 EZSV 桥塞套铣打捞分析研究

范子涛，张　飞

（中海油能源发展工程技术公司，天津 300450）

摘　要　EZSV 桥塞是一种可用于射孔封隔挤水泥作业的特殊井下工具，套铣、打捞 EZSV 不仅可以节省工期降低成本，还能最大程度的减少井下残留物，方便下一步钻完井作业，尤其是深井作业。本文以 EZSV 桥塞在某油田的应用为例，介绍了其作用原理及后期套铣打捞的作业经验，总结了套铣打捞过程中的作业难点和调整措施。该桥塞在油田的成功应用证明其为一种有效的井下封隔工具，值得被推广应用。

关键词　完井工程；EZSV 桥塞；套铣打捞

固井作业是钻完井作业过程中不可缺少的一个重要环节，主要目的是保护和支撑油气井内的套管，封隔油、气和水与地层。固井质量不合格会存在很大的潜在危险，更容易引起井喷等重大事故。射孔挤水泥作业是固井质量不合格的一种补救措施，应根据挤水泥层段的地层物性、井下套管状况、挤水泥压力等因素针对性选择适宜的挤水泥方法。

钻井平台日费较高，考虑油田整体作业进度，特别推荐使用射孔+EZSV 桥塞封堵挤水泥方案。相比其他方案，能实现不占井口候凝，兼顾其他槽口作业，切实实现降本增效的目的。

EZSV 桥塞在曹妃甸油田的应用是渤海油田少有的实例，其坐封验封方式简单可靠，挤注作业风险低。因 EZSV 桥塞在渤海油田无参考案例，且水平井使得套铣打捞作业难度增大，本次作业摸索、积累了宝贵经验，可为后期应用提供参考。

1　某油田概况

某油田位于渤海西部海域，油田所处海域平均水深 22.5～28.0m，地层压力系数 1.01，属于常压常温油藏，地层压力梯度为 0.97MPa/100m，地层温度梯度 3.54℃/100m，原始地层压力 14.5MPa，根据最新的压力数据，油田的地层压力并未下降。

水平井钻完井技术已在油田广泛应用[1~5]，XXH 设计 φ177.8 尾管下至 3905.0m，设计完钻井深 4311.0m，为曹妃甸油田最深油井。XXH 在下 φ244.47 套管到 2700m 发生漏失，井口失返。套管下到位后（3201.8m），堵漏无效，随即进行固井作业，固井作业期间无返出。固井作业结束后测 CBL，结果显示水泥浆返高到 2620m 左右（1166～2616m 之间共 15 个油层段漏封），考虑批钻及整体钻完井作业进度，合理优化经费方案，采取射孔+EZSV 桥塞封隔挤水泥方案封隔油层。

2　EZSV 桥塞情况

2.1　EZSV 桥塞介绍

EZSV 桥塞由张力套、滑阀、上卡瓦锁紧机构、上卡瓦、上卡瓦椎体、密封胶筒、下卡

作者简介：范子涛（1992—），男，大学本科，任职于中海油能源发展工程技术公司中海油监督中心，主要从事海上钻完井工程技术工作。E-mail：fanzt@ cnooc.com.cn

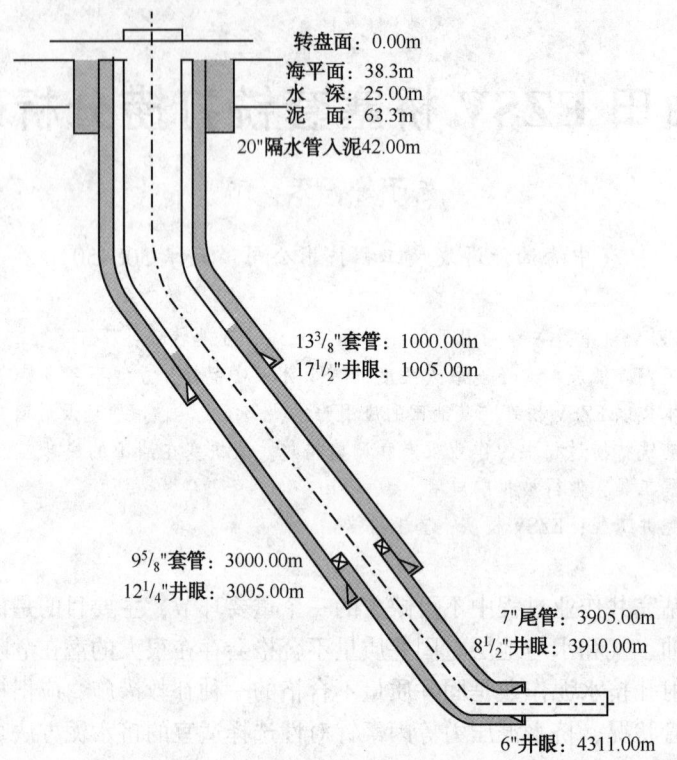

图 1　XXH 井深结构示意图

瓦锥体、下卡瓦等部件组成,见图 2。

　　EZSV 桥塞是利用密封胶筒在套管内的膨胀以达到封隔井筒通道而进行封堵作业的一种特殊井下工具。其坐封原理为:通过机械坐封工具顺时针方向旋转坐封工具芯轴(图 3),带动反扣螺纹管转动,推动坐封筒向下移动,产生的压力作用于上卡瓦使其坐封。然后,上提 EZSV 工具,拉力作用于张力套,通过上下锥体对密封胶筒施以挤压,当拉力达到一定值时,张力套断裂,坐封工具与 EZSV 脱离。上、下卡瓦紧紧镶嵌在套管内壁上,密封胶筒膨胀并密封,完成坐封。

2.2　EZSV 桥塞优势

　　EZSV 桥塞坐封方式为机械坐封,可靠性强。利用本体滑阀的开关可实现封隔挤注水泥的功能。水泥挤注完成后可迅速关闭滑阀起钻,封隔水泥浆。同时实现不占井口候凝,节省时间,降本增效。后期可通过套铣打捞进行回收,最大可能减少进行残留物,方便下一步钻完井作业。

2.3　套铣打捞可行性分析

2.3.1　桥塞当前状态介绍

　　EZSV 桥塞目前坐封于 φ244.47(47PPF)套管内,对应深度为 2483m,对应井斜 74°,最大狗腿度位置为 179.69m,狗腿度 5.98°/30m。

　　桥塞上下卡瓦紧咬套管壁,且具有上下止动特点,上卡瓦向上止动,下卡瓦向下止动。中间胶皮处于膨胀状态,桥塞坐死在套管壁。

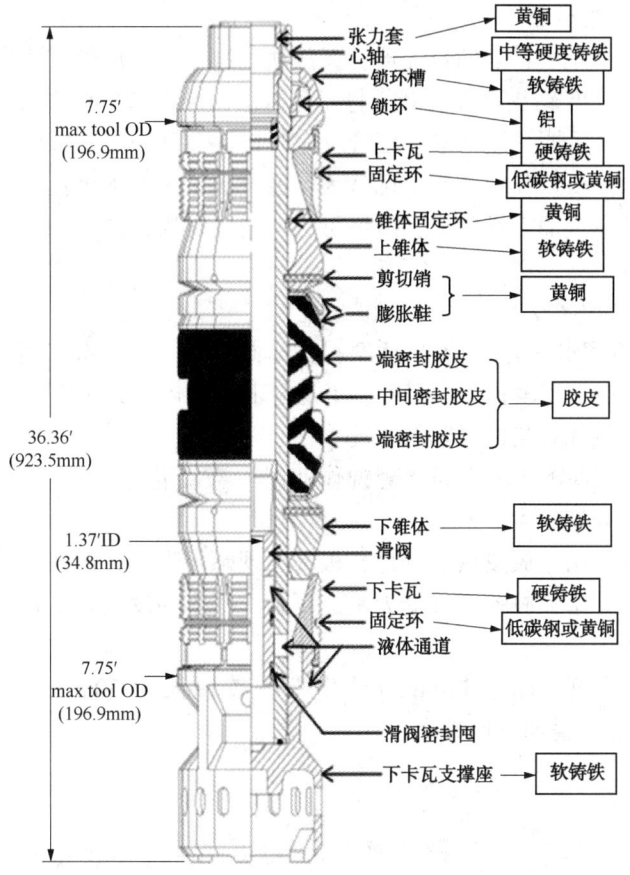

图 2　桥塞结构及各部件材质

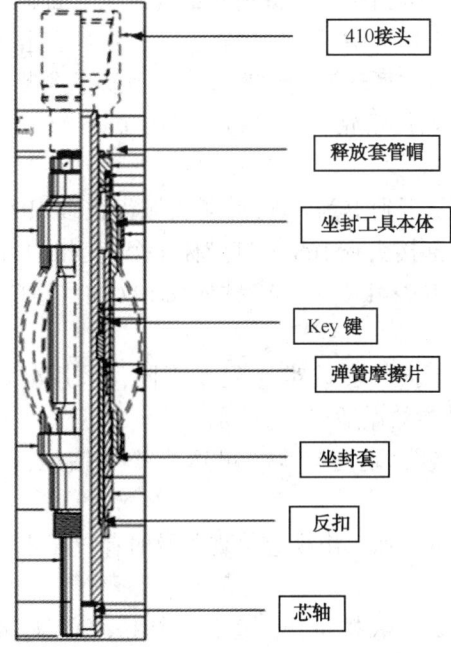

图 3　坐封工具示意图

2.3.2　套铣打捞可行性分析

对于卡瓦具有上下止动特点的封隔器，无法通过过提或下压等方式进行解封。永久式封隔器，可采用磨铣、PDC 钻头钻穿、套铣打捞等方法破坏桥塞机构进行回收处理[6~8]。

考虑 CFD-XXH 井后期继续钻进下套管及完井作业，套铣打捞可最大程度的减少井下残留物，符合作业要求。所以作业方案可确认为：通过套铣桥塞上卡瓦，破坏止动机制，挤压状态的胶皮得以释放，进而套铣胶皮，最终可尝试向上打捞提活桥塞。

3　现场应用

3.1　作业难点

（1）XXH 为大斜度水平井，EZSV 桥塞目前坐封深度为 2483m，对应井斜 74°，最大狗腿度 5.98°/30m，存在水平段长、摩阻大、不易起下钻和传递钻压及扭矩、井壁稳定性差等作业难题，增加了套铣和打捞的风险及难度[9]。

（2）EZSV 桥塞各部分材质不同，套铣作业时参数变化大，尤其是上卡瓦材质为硬铸铁，强度较大，增大套铣难度。

（3）套铣胶皮时，由于胶皮具有韧性，极易出现憋停现象，增加卡钻风险。

（4）大斜度水平井中，打捞管柱受力更加复杂，很容易发生井下管柱断、脱事故，套铣打捞作业卡钻风险大。

（5）EZSV 桥塞芯轴（OD：110mm）凸出部分较短仅为 50mm，且与桥塞本体（OD：196.9mm）有明显变径，增加打捞难度。

3.2　套铣 EZSV

3.2.1　优化钻具组合

一般的套铣钻具大多为：铣鞋+套铣管+顶部接头+钻杆，本次套铣作业的主要目的是完成上锥体、上卡瓦、胶皮的套铣，破坏 EZSV 桥塞上下止动机构，并尝试提活，方便打捞作业。结合水平井作业难点及易卡钻风险，特别从钻具优化方面做出调整：

（1）增加震击器，预防出现卡钻时可实现震击解卡；且震击器位置应靠近落鱼。

（2）增加打捞杯，增加液体循环流速，改善流态，易于携带碎屑。

（3）采用倒桩结构，增加加重钻杆，且位置在井斜小于 45°、狗腿度小于 4°/30m 处，方便钻压传递。

本次套铣作业钻具组合从下到上为：φ206.4 长城齿铣鞋（ID：φ168.3，带底齿、内齿，无外齿）+φ206.4 套铣管+顶部接头+φ168.3 打捞杯 4 个+变扣（431×411）+φ127 短钻杆 1 根+φ165 震击器（上击 637kN 下击 284kN）+φ127 钻杆+φ127 加重钻杆 5 根+φ127 钻杆。

3.2.2　优化作业参数

EZSV 桥塞各部位材质不同，套铣难易程度不同，采用分段套铣解卡技术成功率很高[10]，根据不同材质对套铣参数做适当调整：

（1）上卡瓦材质为硬铸铁，硬度较大，可适当增加钻压，提高转速，进而提高套铣效率。

（2）套铣胶皮时，应降低转速，出现憋停现象及时释放扭矩，提活钻具，防止卡钻。

3.2.3　作业过程

钻具到位前测试上提上放，大排量冲洗鱼顶。探桥塞鱼顶 2483.28m，上提 2m 测试钻具静止空转扭矩，记录作业参数：转速 60r/min，扭矩 18kN·m；缓慢下放钻具，开泵，调整泵压至 3.5MPa，转速 60r/min，扭矩 11kN·m；继续下放钻具，扭矩由 11kN·m 增加到 20kN·m，泵压由 3.5MPa 逐渐增大到 4.5MPa。

（1）套铣锁环槽：锁环槽长 65mm，锁环槽部位材质为软铸铁，其内部锁环为铝质，套铣顺利。

（2）套铣上卡瓦：桥塞上卡瓦材质为硬铸铁，硬度较大，在不改变作业方式的状态下几乎无进尺。为此调整施工参数，提高转速，增加钻压，效果显著。

（3）套铣上椎体：上椎体材质为软铸铁，套铣参数稳定，套铣顺利。

（4）套铣胶皮：钻具上下震荡，期间多次出现憋停，停转速释放扭矩，上下活动钻具，适当降低转速。期间作业参数如图 5 所示。

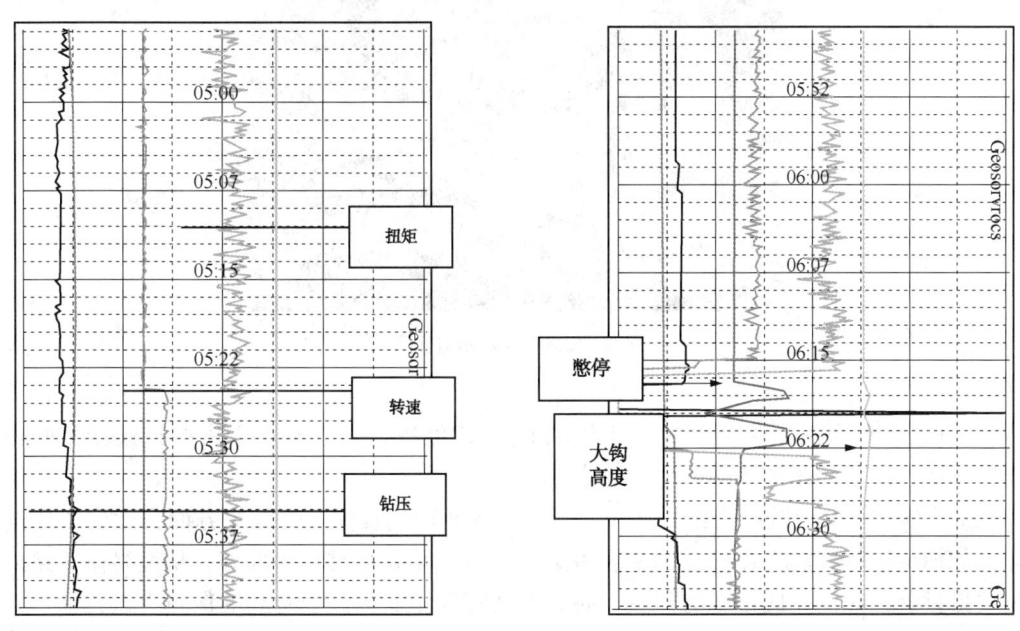

图 4　套铣上卡瓦参数示意图　　　　　　　图 5　套铣胶皮参数示意图

3.3　捞筒打捞 EZSV

3.3.1　优选工具、优化钻具组合

常规井打捞钻具组合（从下至上）一般为：打捞工具+震击器+加重钻杆+钻杆。结合水平井作业难点及 EZSV 桥塞结构做出以下调整：

（1）选用短鱼头打捞筒：桥塞芯轴（OD：110mm）凸出部分 50mm，且与桥塞本体（OD：196.9mm）有明显变径，常规捞筒引鞋过长无法正常吃入落鱼；当落鱼无法提活时，可通过正转脱手，避免倒扣，安全可靠。

（2）采用倒桩结构，增加加重钻杆，且位置在井斜小于 45°、狗腿度小于 4°/30m 处，方便钻压传递。

本次打捞钻具组合（从下到上）：ϕ149.2 短鱼头打捞筒（配 ϕ107.95 篮瓦及止动环）+ϕ127 短钻杆 1 根+ϕ165 震击器（上击 637kN 下击 284kN）+ϕ127 钻杆+ϕ127 加重钻杆 5 根+ϕ127 钻杆。捞筒篮瓦打捞尺寸为 4¼″（107.95mm），芯轴直径 110mm（4.33″），较打捞外径小 2.05mm。

3.3.2 作业过程

正确组合钻具入井，合理配长，下钻探桥塞顶深2483.5m，测上提悬重1078kN，下放314kN。大排量冲洗鱼顶10min，上提钻具2m，测试钻具静止空转参数：排量560L/min，泵压0.5MPa，转速20r/min，扭矩25~28kN·m；缓慢下放钻具至2483.5m，悬重变为568kN；下放钻具悬重降低至519kN，泵压升高至4.2MPa，确认桥塞进入打捞筒。

继续下压施加更多钻压，缓慢上提钻具，最终提活桥塞，注意保持平稳起钻，出现挂卡时应严格控制起钻速度[11]。

图6　EZSV桥塞出井照片

4 结论

（1）EZSV桥塞工具性能可靠，相比RTTS挤水泥等方案可实现不占井口候凝，兼顾其他槽口作业，满足油田整体降本增效要求。

（2）本次EZSV套铣打捞作业从作业工具、作业钻具及作业参数等方面都做出了优选及优化，如加重钻杆、震击器位置调整、短鱼头打捞筒及篮瓦尺寸优选等，从最终作业结果看也是效果显著，顺利完成桥塞的回收，对后期钻完井作业提供了有利的保障[12~14]。

（3）XXH井EZSV应用是渤海湾钻完井作业少有的实例，后期套铣打捞作业更是具有重要的借鉴和实用意义，可以为以后同类作业尤其是水平井提供可靠的参考经验。

（4）本次作业创新性大胆应用EZSV桥塞挤注水泥，经套铣打捞作业顺利实现桥塞的回收，验证了其实用性，值得被推广使用。

参 考 文 献

[1] 徐荣强, 邢洪宪, 张仁勇, 等. 渤海湾边际油田水平井钻完井技术[J]. 石油钻采工艺, 2008, (02)：53-56.

[2] 颜明, 田艺, 宋立志, 等. 海上油田筛管完井水平井分段控水技术研究与先导试验[J]. 中国海上油气, 2013, (05)：57-60.

[3] 张贤松. 渤海油田稠油水平井蒸汽吞吐油藏经济技术界限研究及应用[J]. 中国海上油气, 2013, (04)：31-35.

[4] 李凡, 王晓鹏, 张海, 等. 渤海D油田WHPA平台大位移水平井钻修机钻井作业实践[J]. 中国海上油气, 2012, (02)：50-53.

[5] 刘英, 张迎春, 汪超, 等. 利用水平井分层系开发稠油厚油藏研究与应用[J]. 中国海上油气, 2012, (04)：32-36.

［6］高如军，何世明，补成中，等．塔河油田深井封隔器打捞难点及对策［J］．西部探矿工程，2007，（08）：55-56.

［7］陈永新，姜红保，沈雪明．平湖油气田大斜度深井套铣永久式封隔器工艺参数优化［J］．中国海上油气，2006，（04）：262-263，275.

［8］朱进府，邓德鲜．MHS 封隔器磨铣打捞工艺［J］．油气井测试，2001，（06）：43-44，48-74.

［9］程玉华，张鑫，胡春勤，等．渤海油田裸眼水平井套铣打捞封隔器关键技术及其应用［J］．中国海上油气，2014，（02）：77-81.

［10］司念亭，周赵川，陈立群，等．套铣技术优化及其在渤海油田大修井中的应用［J］．石油机械，2014，（11）：138-141+146.

［11］李学，曹帅元，罗义华，等．海上油田永久封隔器套铣打捞应用实践［J］．科技展望，2015，（26）：179.

［12］杨进，杨立平，苏杰，等．出砂井打捞管柱力学分析研究及其应用［J］．石油钻采工艺，2004，（02）：25-27+82.

［13］黄建林，刘伟，李丽，等．常规打捞工具在水平井中的应用［J］．石油矿场机械，2008，（03）：78-80.

［14］程玉华，张鑫，胡春勤，等．渤海油田裸眼水平井套铣打捞封隔器关键技术及其应用［J］．中国海上油气，2014，（02）：77-81.

微差井温测试技术在海上稠油热采井的应用

苏　毅[1]，赵德喜[1]，孙永涛[2]，马增华[2]，顾启林[2]

(1. 有限天津分公司渤西作业公司，天津 300459；
2. 中海油服油田生产事业部，天津 300459)

摘　要　海上热采井多为水平井，经过多轮次的多元热流体吞吐，注汽不均匀加上部分井间发生汽窜，严重影响了单井的周期产量，周期产油量递减明显。为了解热采井的温度、压力分布状况，分析水平段的动用情况，判断汽窜井段，对海上热采井水平段进行了微差井温测试。现场应用结果表明，该测试技术可获取热采井水平段的温度、压力以及含水数据，能够分析水平段的吸汽情况及动用情况，为注汽方案调整和下步工艺措施，提高水平段动用程度提供指导和科学依据。

关键词　微差井温；测试；海上稠油；热采井

热力采油是当今世界上开采稠油最有效的方法之一，自 2008 年以来，海上稠油热采也已取得了显著的增产效果[1]。海上热采井多为水平井，由于油藏非均质性严重，经过多轮次的多元热流体开采，水平段吸汽不均匀加上部分井间发生汽窜，严重影响了单井的周期产量以及长期的生产效果[2,3]。因此，如何测取热采井的温度、压力分布状况，分析水平段的动用情况，判断汽窜井段，对注汽方案调整，实现海上水平井均匀注汽，提高水平段动用程度，提高开采效果具有重要意义[4]。

根据生产需求，在海上稠油热采井实施了一种新型测试工艺-微差井温测试，可准确录取热采井水平段多点的温度、压力、含水等参数。

1　技术简介

1.1　技术原理

该技术通过下入微差井温测试仪，采取的四路电信号经放大器放大后通过 A/D 转换成数字信号存储到 CPU 的数据存储器中。测试完成后，地面主机将数据存储器中的时间、温度、微差、压力、含水信号进行地面数据回放，进行数据并归，形成完整的时间、深度、温度、压力、含水数据，掌握水平段的温度场分布及变化状况[5,6]。然后结合地质油藏资料及注汽、生产动态，通过建立单井细数值模型，分析热采井水平段的动用情况，判别气窜层段，定性分析出水层段[7]。

1.2　测试仪器简介

测试仪器主要由温度传感器、压力传感器、含水传感器、采集存储系统、保温绝热部分以及仪器保护部分等组成。能够测量温度、温差、压力等多参数，为防止信号相互干扰，提高测量精度，优选传感器，合理安排仪器的结构，并满足高温高压测量的要求[5][8]。耐温 350℃、耐压 25MPa，可通过油管或者连续油管输送至水平段。

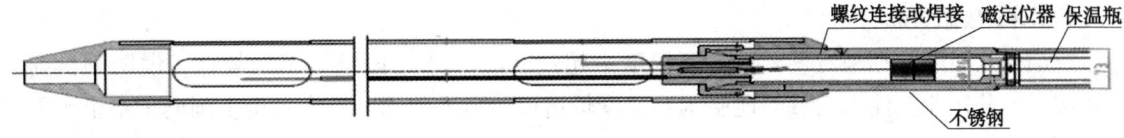

图 1　微差井温测试仪结构示意图

1.3　主要技术指标

（1）采样点间隔：0.5m；

（2）温度测量范围：0~350℃；

（3）压力测量范围：0~25MPa；

（4）含水测量范围：5%~100%；

（5）测温精度±0.1℃；测压精度0.2%FS。

2　现场应用

2.1　测试井概况

测试井为 NB 油田 29 井，为热采水平井，完钻井深 1954m，水平段 1615~1916m。第二轮注汽期间，临井发生汽窜。此次为第 3 轮注汽，注汽量 3000t，初期注汽温度 260~265℃，逐渐降至 220~225℃，注汽压力 9.1~14.3MPa。焖井 2 天后放喷，未见液产出。

2.2　测试过程

29 井放喷结束后进行洗压井作业，然后起出原井注汽管柱。连接测试仪器，起下 3½ in 生产油管，对水平段进行测试。在测试仪器进入水平段期间，严格控制下放、上提管柱速度：2.5~3m/min，并且每根油管停留 2~3min 直至完成水平段测试。在测试过程中，测试仪器起下顺利，没有出现卡阻现[9,10]。测试仪器取出后，导出测试数据，测试结果见图 2。

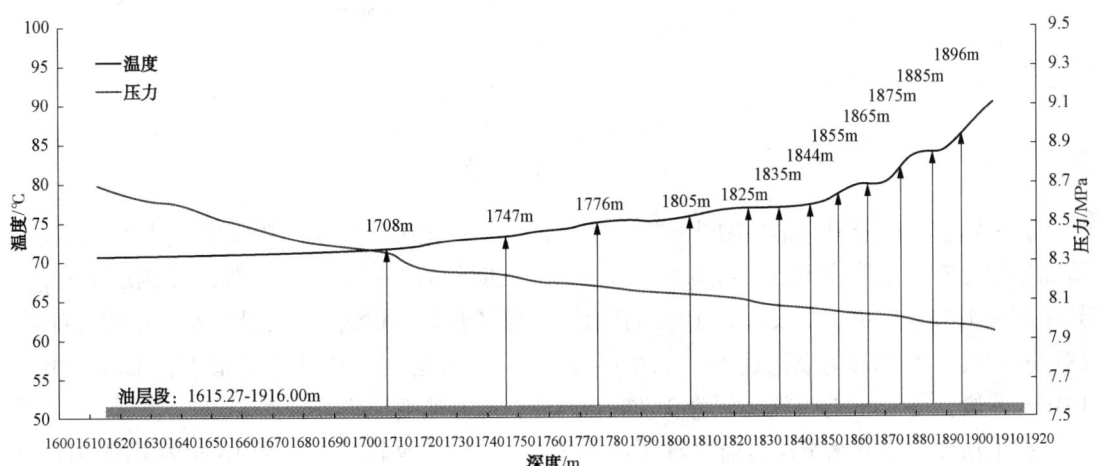

图 2　29 井水平段温压测试剖面图

测试数据分析及措施建议

1　测试数据分析

（1）从温度数据来看，测试最高温度不超过 90℃，水平段整体温度较低。说明测试前的洗、压井作业，注入大量的地层水对温度场造成一定的影响，一定程度上削弱了整个水平段的温度场响应。

（2）从温度变化趋势上看，随深度增加水平段的井温不断升高，整体呈现前低后高的趋势，两端的温度差近 30℃。为控制前端吸汽量，本周期注汽使用的配注阀在水平段前端布点稀、后端布点密集。从井温曲线来看，这种布置方式起到了一定的效果，但是由于末端布点过于密集，导致末端温度场较高，一定程度上影响了前端的动用效果。

（3）从压力数据来看，水平段前端压力 8.69MPa、末端压力为 7.94MPa，前后压力差为 0.75MPa，压力场呈现前高后低的情况。如图 3 所示，从井深轨迹上看，全水平段垂深最大差值为 4.17m，理论分析造成的压力差异约为 0.4MPa。因此也从侧面证明了末端 100m 可能是动用较好的井段，因此末端的亏空较为严重，导致井底压力相对较低。

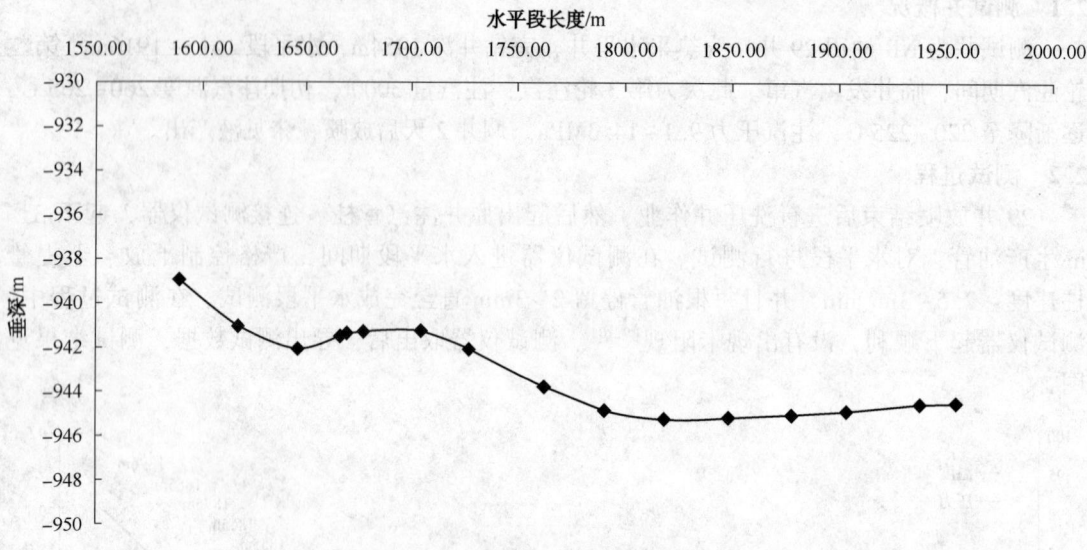

图3　29井井深轨迹图

（4）结合地质资料、油层物性参数、生产资料，利用吸汽剖面解释软件，对该井的吸汽情况进行分析。吸洗分析结果如图4所示，结果表明随着井深的增加，吸汽比例逐渐升高。其中前端 1615~1710m 井段，每 10m 的吸汽比例均小于 2.0%，吸汽量较小；中部 1710~1810m 井段，每 10m 的吸汽比例为 2.0%~3.5%，上升速度加快且明显增大；末端 1810~1910m 井段，每 10m 的吸汽比例为 3.7%~7.4%，上升速度最快且最大。

综上所述，该井水平段目前呈现了前端 100m 动用效果较差，末端 100m 动用效果较好的特点。

3.2　措施建议

目前采用的配注阀布置方式，一定程度上抑制了注汽过程中前端大量吸汽的问题，但是也造成了末端的注汽强度高、动用程度较高，同时也可能是形成汽窜通道的位置。

图4　29井吸汽剖面解释数据图

因此，一方面对该井的注汽点布置进行调整：①增加前端配注阀的数量、减小末端配注阀的数量；②将注汽管注的深度适当前提至 1850m 附近，在保持末端的动用效果的同时降低汽窜的影响。另一方面必要时可对该井进行堵调，对末端 100m 进行定点堵调，以降低末端汽窜情况的发生，同时提高水平段整体的动用效果。

4　结论与建议

（1）微差井温测试技术可实现热采井水平段的温度、压力测试，了解热采井的温度、压力分布状况，分析水平段的动用情况，判断汽窜井段，定性分析出水层段。

（2）现场试验表明，该技术现场实施便捷、安全可靠，测试准确、灵敏度高，为海上稠油热采水平井测试提供了一种新的工艺技术手段。

（3）该技术对注汽方案调整，实现水平井均匀注汽，提高水平段动用程度，经济、合理、高效开采稠油油藏具有重要意义，建议继续在海上稠油热采井推广应用。

参　考　文　献

［1］唐晓旭，马跃，孙永涛．海上稠油多元热流体吞吐工艺研究及现场试验［J］．中国海上油气，2011，23（3）：185-188.

［2］王卓飞，魏新春，江莉，等．浅层稠油热采水平井测试技术研究及应用［J］．石油地质与工程，2008，22(6)：112-113.

［3］阮林华，王连生，吴军，等．稠油热采水平井测试技术的研究与应用［J］．石油科技论坛，2009，6：43-46.

［4］范丹．稠油热采测试技术难题浅析［J］．内蒙古石油化工，2013，14：96-98.

［5］梁栋，刘明，杨琴琴，等．热采水平井井温剖面测试及分析技术研究与应用［J］．化学工程与装备 2012，6：89-91.

［6］韩祥立．微差井温测井技术在油井找水中的应用［J］．化学工程与装备，2011，8：168-169.

[7] 邵立民. 微差井温与硼中子测井技术在胜利油田控水中的应用[J]. 国外测井技术，2013，198（6）：57-60.

[8] 高振涛，郑庆龙，郑德胜，等. 微差井温仪的研制及在油田开发中的应用[J]. 石油管材与仪器 2016，2（4）：18-21.

[9] 王荣艳，王红兵. 孤东油田稠油热采测试技术应用[J]. 油气井测试，2007，16（4）：46-47.

[10] 刘富，谢嘉析，樊玉新. 稠油热采水平井生产测试技术[J]. 新疆石油天然气，2007，3（2）：17-21.

耐高温井下安全控制系统研制与现场试验

张 华，周法元，孟祥海，邹 剑，王秋霞，张 伟

(中海石油(中国)有限公司天津分公司 渤海石油研究院，天津 300459)

摘 要 经过多年矿场实践，海上平台热采技术取得了显著的进步，与陆地热采不同，海上热采管柱必须有可紧急关闭的井下安全控制系统，而国内外技术参数均无法满足高温高压工况要求。为护航海上稠油油田规模化热采开发，研制了耐高温高压井下安全控制系统，包括高温井下安全阀、热采封隔器、隔热补偿器、井口液控穿越等，历经多年室内工装试验以及注热环境现场试验，结果表明：井下安全控制系统整体耐温 350℃，耐压 21MPa，基本满足海上热采高温高压的安全技术需求，其技术指标达到了国际领先水平。

关键词 海上热采；高温高压；井下安全控制；规模化开发；现场试验

渤海油田目前有秦皇岛 32-6、南堡 35-2、旅大 27-2 等 20 多个稠油油田，稠油储量占已发现石油总储量的 62% 以上，稠油在渤海海域的储量发现及产能建设占据着极为重要的地位[1~3]。2008 年开始，渤海油田在南堡 35-2 油田、旅大 27-2 油田开展了多元热流体和蒸汽吞吐先导试验，截止到 2017 年 6 月已累计实施 30 井次，累产油突破 59×10⁴ 方，取得了较好的开发效果。

海上油田安全环保等级要求较高[4]，规模化稠油热采管柱需下入井下安全控制系统，来应对海上生产设施发生火警、管线破裂、发生不可抗拒的自然灾害，例如地震、冰情、强台风等非正常情况时，能够紧急自动关闭，实现井中流体的流动控制[5]。传统常规的井下安全控制系统耐温等级不够，不满足海上热采高温高压工作环境，研发的高温井下安全控制系统通过了 350℃ 室内工装试验，并在陆地及海上热采井开展了现场试验。

1 井下安全控制系统管柱设计

海上平台空间狭小，一般采取电潜泵的人工举升方式，受电潜泵耐温的限制，海上热采管柱不能像陆地油田一样采取注采一体化的管柱模式，而是采取注热、生产两趟管柱作业模式[6]，为防止注热及自喷过程中，井底蒸汽、油气等通过油管通道或油套环空上返至平台井口，热采管柱设计井下安全控制系统。

1.1 管柱应满足的功能

海上稠油热采注热管柱应满足以下功能：在遇到紧急情况时，井下安全阀能及时自动关闭；热采封隔器能满足油套环空间歇或连续注氮需求；注热管柱不因热应力引起管柱弯曲或封隔器密封失效；在 350℃ 下各工具耐压达 21MPa 且安全可靠；注热期间，井口液控管线的穿越密封可靠；尽可能减小井筒热损失。

作者简介：张华(1984—)，男，汉族，工程师，2007 年毕业于长江大学石油工程专业，现从事海上稠油开发热采工艺技术研究工作。E-mail：zhanghua24@cnooc.com.cn

1.2　井下安全控制管柱设计

根据海上热采井温度高、压力高、套管尺寸大和耐腐蚀性等特点，设计了海上热采"双通道"注汽管柱，如图1所示。

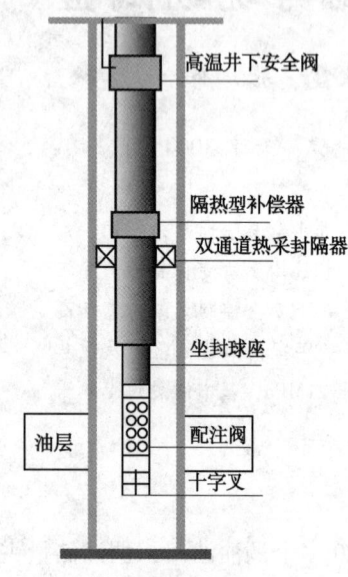

图1　海上热采双通道注汽
管柱结构图

海上热采双通道注汽管柱的结构自上而下依次为：安全阀、隔热油管、隔热型补偿器、双通道热采封隔器、普通油管、打压球座、配注阀、丝堵。

1.3　工作原理

当遇到紧急情况时耐高温井下安全阀能迅速关闭，防止油管内的流体上返至井口；同时双通道热采封隔器能够密封油套环空，防止流体进入油套环空，两者共同作用就能防止井下流体意外上返而危害平台人员和设备，保护海洋环境。

2　油管通道安全控制关键技术

油管通道安全控制主要由井下安全阀、液控管线穿越装置、地面控制柜等组成，耐高温的井下安全阀是油管通道安全控制的关键部分，下面重点介绍高温井下安全阀。

2.1　原理及结构

上接头设计有传压孔，打压后，液压驱动柱塞向下移动，推动相连的弹簧和中心管向下运动，中心管向下顶开阀板，阀板打开；泄压后，中心管回到初始位置，阀板关闭，达到关断隔热油管通道的目的。

常规井下安全阀的密封采用橡胶密封圈实现，动力组件采用活塞式结构[20,21]，耐温超过250℃时密封失效。

高温井下安全阀在结构上采取了"环状+柱塞"的密封方式，在材质上选取了进口合金钢作为传动系统，确保高温工况下安全阀的耐久性和耐磨损性。

结构如图2所示，主要由液控接头、柱塞密封、柱塞、中心管、回弹体、阀板等组成。

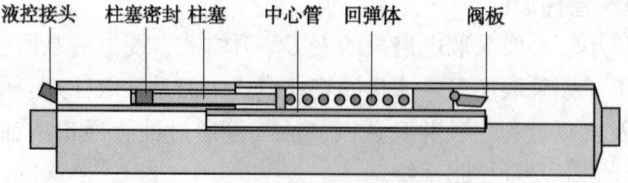

图2　耐高温井下安全阀结构图

2.2　技术特点

(1)安全阀所有部件未使用橡胶或高分子材料，解决了高温下的动、静密封问题；

(2)动力机构设计采用液控组件传动，摒弃传动的活塞式结构或者滑动芯轴结构；

(3)控制管线的连接采用全金属密封连接，增加了工具的密封性能。

2.3　技术指标

(1)高温井下安全阀额定工作压力35MPa，耐温高达350℃，阀体最大外径为150mm，最小内径为71.4mm；

（2）阀板完全开启压力 11.2MPa，抗拉强度大于 650kN。

3 环空通道安全控制关键技术

环空的密封主要由双通道热采封隔器、隔热型补偿器、打压球座等组成，陆地油田热采常用的是一种不带卡瓦的单通道热敏封隔器，在注高温蒸汽过程中，封隔器坐封，温度下降到 200℃ 以下时，封隔器解封，且管柱耐压差较低，通常 3~5MPa，不适合海上双通道注汽管柱环空封隔的要求，下面重点对研制的双通道热采封隔器进行介绍。

3.1 原理及结构

双通道热采封隔器注汽工艺管柱下井后，坐好井口，通过油管打压，坐封封隔器，提高一定压力后，打压球座销钉剪断，坐封滑套落到尾管筛管处，注汽通道打开，可以向油层注入多元热流体，从地面套管闸门向油套环空连续注入氮气；注汽结束后焖井、放喷，井口没有压力后，拆掉井口，缓慢上提管柱，解封封隔器，起出管柱。

它主要由解封机构、锚定机构、密封机构、坐封锁紧机构、环空注氮单流机构等组成，如图 3 所示。

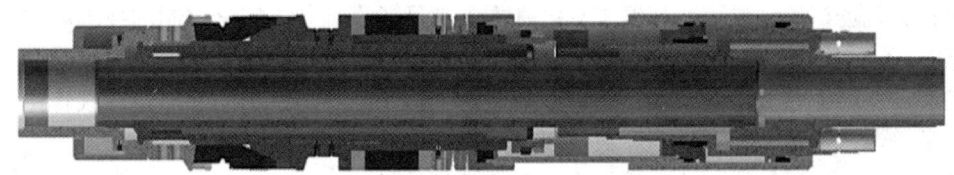

图 3　双通道热采封隔器结构示意图

3.2 技术特点

（1）封隔器坐封后，可以单向承受井筒下部高压，并允许油套环空注入的高压氮气通过封隔器注入油层，通过循环注入氮气，将环空热量带走，提高环空隔热效果。

（2）密封件采用柔性分散石墨压制，不仅能在常温下密封可靠，而且能够在 350℃ 高温下密封可靠，还能够在经过 350℃ 高温后、回到常温低温时，仍然密封可靠。

（3）热采悬挂密封器采用单向卡瓦锚定，锚定可靠，解封可靠。

（4）解封方式采用上提解封，通过控制销钉的大小和数量，控制解封负荷大小，解封可靠。

（5）采用化学镍磷镀防腐技术，能够耐高温和热流体腐蚀。

3.3 技术指标

（1）热采封隔器额定工作压力 21MPa，工作温度 350℃，最大外径 210mm，最小内径 76mm，注氮气过流孔直径 15mm，适用套管内径：ϕ216.8~224.4；

（2）座封压力：24~25MPa，解封负荷：100~120kN 连接扣型：3½EU。

4 试验情况

4.1 室内试验

通过不断的改进优化及室内工装反复试验，研发的高温下井安全控制系统整体耐温性能达到 350℃，耐压 21MPa，满足海上稠油热采技术要求，具体指标参数见表 1。

表 1　高温井下安全控制系统技术指标参数

技术名称	国内外已有技术指标		新工艺的技术指标	
	耐压/MPa	耐温/℃	耐压/MPa	耐温/℃
高温井下安全阀	21	232	35	350
双通道热采封隔器	21	240	21	350
隔热型补偿器	21	180	21	350

4.2　陆地蒸汽吞吐井试验

2016 年 8 月，在陆地稠油油田某蒸汽吞吐井进行了矿场试验，蒸汽注入温度 350～360℃，完成整个注热周期的耐温试验。试验结果表明：安全控制系统整体表现良好，整体下入起出顺利，安全阀、封隔器、隔热管密封性能良好，达到试验目的。

4.3　海上多元热流体吞吐井试验

2016 年 11 月 9 日在渤海油田南堡 35-2 油田 B27H1 井开展现场试验，注热温度 250～260℃，2017 年 3 月 30 日高温封隔器、安全阀、放气阀、补偿器均已从试验井起出并进行性能测试，现场试验结果表明高温工具已基本上满足了高温井下安全控制的技术需求。

5　结论

(1)结合海上热采井的特点，设计了适合海上热采隔热防污染的双通道注汽管柱，该管柱具有油管注汽通道和油套环空注氮气隔热通道，停注氮气时封隔器能单向承压，防止井下液体从油套环空外泄污染，达到保护套管和防污染的目的。

(2)历经反复的优化与改进，研制的高温井下安全控制系统技术指标整体耐温 350℃，耐压 21MPa，达到国际先进水平，满足海上稠油热采高温高压技术要求。

(3)耐高温井下安全控制系统需要在注热温度更高的海上蒸汽吞吐井进行下井试验，来进一步检验和评价该套系统的可靠性。

参 考 文 献

[1] 唐晓旭，马跃，孙永涛. 海上稠油多元热流体吞吐工艺研究及现场试验[J]. 中国海上油气，2011，23(3)：185-188.

[2] 周守为. 海上油田高效开发新模式探索与实践[M]. 北京：石油工业出版社，2007.

[3] 陈明. 海上稠油热采技术探索与实践[M]. 北京：石油工业出版社，2012.

[4] 姜广彬，刘艳霞，聂文龙，等. 海上双管注水双控安全阀研制与应用[J]. 石油矿场机械，2012，41(11)：69-72.

[5] 牛贵锋，杨万有. 高温高压井下安全阀阀板优化研究[J]. 石油矿场机械，2017，46(2).

[6] 张华，刘义刚，周法元，等. 海上稠油多元热流体注采一体化关键技术研究[J]. 特种油气藏，2017，(04)：1-6.

一种注聚井复合解堵体系的室内研究

赵文娜，徐鸿志，郝志伟，张鹏远，张　硕

（中国石油集团工程技术研究院，天津 300451）

摘　要　针对注聚井进行的酸化解堵等常规措施有效期短、解堵效果不明显，导致注聚井频繁解堵等问题，在分析、总结现有注聚井解堵成功经验的基础上，根据注聚井复合解堵机理：氧化剂降解聚合物、油垢清洗剂解除有机垢和酸液溶蚀无机垢，研发了 GC-5 高效复合解堵体系。对 GC-5 复合解堵体系进行室内性能评价，结果表明，该体系对现场用聚合物有较好的降解作用，并能有效溶解堵塞物中油垢，对各类有机、无机堵塞物有较好的分散、溶解及清除作用，有利于提高解堵效果。物理模拟岩心流动实验表明，GC-5 复合解堵液体系对岩心处理 24 h 后，渗透率增加倍数为 4.1~6.7，整体表明复合解堵体系动态解堵效果优良，可有效解决聚驱造成的地层渗透率降低、注聚压力升高等问题。

关键词　注聚井；解堵机理；聚合物降解；氧化剂；复合解堵

聚合物驱作为目前大规模应用的三次采油方法，在提高原油采收率方面取得了显著的效果。但在应用过程中，随着聚合物注入量的不断增加、注入时间的延长，大部分注聚合物井均出现了注入压力大幅度升高的现象，聚合物注入困难，难以满足配注量要求，影响驱油效果[1,2]。目前针对注聚井进行的酸化解堵等常规措施有效期短、解堵效果不明显，导致注聚井频繁解堵。为此，为降低注聚井的注入压力，同时延长措施的有效期，保证注聚工作的顺利实施，需开展解堵率高、有效期长的解堵体系研究。在分析、总结现有注聚井解堵成功经验的基础上[4~9]，研发了 GC-5 高效复合解堵体系，室内评价实验表明该体系综合解堵性能优良，使用安全方便。

1　注聚井堵塞机理

针对注聚井堵塞原因及堵塞机理，国内已开展了大量的研究[3~5]。注聚井堵塞是多因素共同作用的结果，目前对注聚井堵塞机理的研究主要有以下 4 个方面：①高价金属离子对聚丙烯酰胺的交联，产生胶状不溶物。②聚合物相对分子尺寸与储层孔喉尺寸不配伍，堵塞储层中的孔隙喉道。③粘土矿物、地层微粒运移等无机物对聚合物吸附滞留对渗透率的影响。④无机垢，聚合物分子以无机盐分子为核，吸附形成复合堵塞物。

2　注聚井解堵机理

根据注聚井堵塞机理及现场堵塞物组分分析结果，堵塞物大体是聚合物、有机堵塞物（油垢）、无机堵塞物。另油垢易与滞留的聚合物相互吸附，包裹无机垢，形成复合堵塞物。为了达到解堵目的，针对性解决方法是采用复合解堵法：氧化剂降解聚合物、油垢清洗剂解除有机垢、酸液溶蚀无机垢。氧化剂对聚合物等有机堵塞有很好的降解作用，其主要机理是

作者简介：赵文娜（1982—），女，汉族，硕士，高级工程师，2007 年毕业于西南石油大学应用化学专业，现从事储层改造研究工作。E-mail：zhaown.cpoe@cnpc.com.cn

通过氧化剂释放活性物质的强氧化性，氧化降解高分子长链，达到降解堵塞物中聚合物的目的；油垢清洗剂主要溶解复合堵塞物在聚合物降解后分散出的油垢；酸溶蚀主要通过酸液体系对无机堵塞物进行溶蚀。从而完全达到疏通井筒与近井地带的目的。

3 GC-5复合解堵体系室内评价

GC-5复合解堵体系，其成分主要由复合氧化剂、复合油垢清洗剂、有机酸、多氢酸及添加剂组成，现场使用时按配方浓度直接溶解，溶解后直接挤注即可。

3.1 聚合物溶液的降解实验

向不同浓度的聚合物溶液中添加不同浓度的GC-5复合解堵液，65℃下静置反应2 h，测定反应后液体的黏度，计算降黏率，结果见表1。由表1可知，GC-5复合解堵液对聚合物溶液具有良好的降黏作用。随着GC-5复合解堵液浓度的增加，聚合物溶液的降黏率增加，推荐GC-5复合解堵体系使用浓度为1.25%。

表1 复合解堵液对聚合物溶液降解结果

复合解堵液 浓度/%	不同浓度的聚合物溶液降黏率/%		
	1750mg/L	3000mg/L	5000mg/L
0.25	95.22	89.32	87.46
0.50	96.82	95.28	92.16
0.75	97.33	97.26	97.00
1.00	98.43	98.32	98.28
1.25	99.11	98.98	98.97

3.2 模拟交联物溶解实验

模拟堵塞物为聚合物溶液的交联体。将5000mg/L的聚合物溶液用交联剂进行交联而成，交联剂为有机铬交联体系，浓度为2%。交联后的聚合物体系具有良好的弹性和挑挂性能，能完全达到地层堵塞物的性状。

分别用蒸馏水和模拟地层水配制浓度1.25%GC-5复合解堵液，将配制好的解堵液分别与模拟交联物按一定比例进行混合，模拟地层温度(65℃)条件下静置反应1h、2h、4h，实验结束后用200目筛网过滤反应残液，并称重，计算交联聚合物溶解率，结果图1。由图1可知，GC-5复合解堵液体系溶解交联聚合物性能优良，且对配液水质要求低。

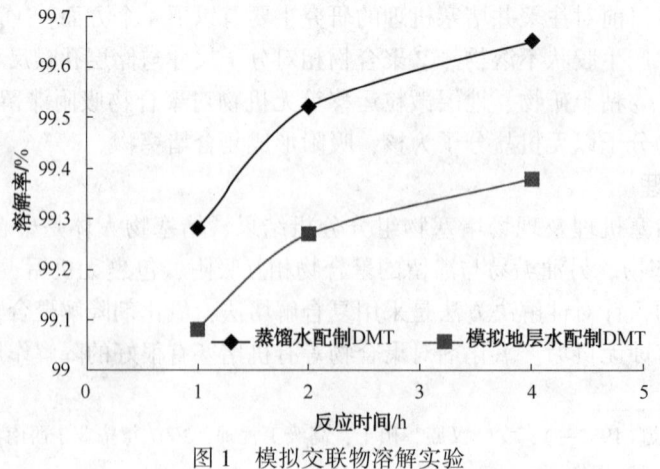

图1 模拟交联物溶解实验

3.3 反应时间优选

将浓度为 1750mg/L、3000mg/L、5000 mg/L 的聚合物溶液，分别加入 1.25%GC-5 复合解堵液混合均匀，65℃条件下，静置反应 0.5h、1.0h、1.5h、2.0 h，分别测试不同反应时间条件下的残液黏度，并计算降黏率，结果见表 2。由表 2 可知，随着反应时间的增加，聚合物溶液的降黏率逐渐增加，推荐反应时间应 2.5 h 以上。

表 2　GC-5 复合解堵液反应时间优化

反应时间/h	不同浓度的聚合物溶液降黏率/%		
	1750mg/L	3000mg/L	5000mg/L
0.5	90.8	91.3	85.6
1.0	96.8	97.6	88.7
1.5	98.3	99.1	89.9
2.0	99.1	99.6	94.3
2.5	99.3	99.6	95.1

3.4 复合解堵液对原油溶解实验

为考察复合解堵液对油垢及其复合堵塞物的分散、溶解作用，采用复合解堵液对原油溶解模拟实验。在 10g 原油中，分别加入 10mL、15mL、20mLGC-5 复合解堵液，密封放入 65℃恒温水浴中，恒温放置 10h、20h 观察复合解堵液对原油的溶解效果，结果见表 3。由表 3 可知，随着反应时间的增加以及复合解堵液用量增加，对原油的溶解性能提高，从而有利于清除有机垢及复合堵塞物，提高解堵效果。

表 3　GC-5 复合解堵液对原油的溶解性能

反应时间/h	不同 GC-5 复合解堵液对原油溶解效果		
	10mL	15mL	20mL
10	部分溶解	部分溶解	基本全部溶解
20	部分溶解	基本全部溶解	溶解良好

3.5 无机垢溶解实验

常见无机垢的主要成分是碳酸钙、硫酸钙、硫酸钡等，缓速多氢酸酸液能有效溶解无机垢、黏土、粉砂等，同时具有良好的抑制二次沉淀能力，既保证了对堵塞物的有效溶解，同时也最大程度抑制了新沉淀的产生，强有力保证解堵效果。

分别考察了 65℃下，不同酸浓度的多氢酸酸液对储层岩屑及无机垢样的溶蚀，溶解结果见图 2。由图 2 可知，3% HCl ~ 5% HCl +3%GC-527AL+2%~4%GC-527BS 对岩屑溶蚀率达到 22%左右及 45%左右，表明多氢酸酸液对无机垢有较好的溶解、清除作用。

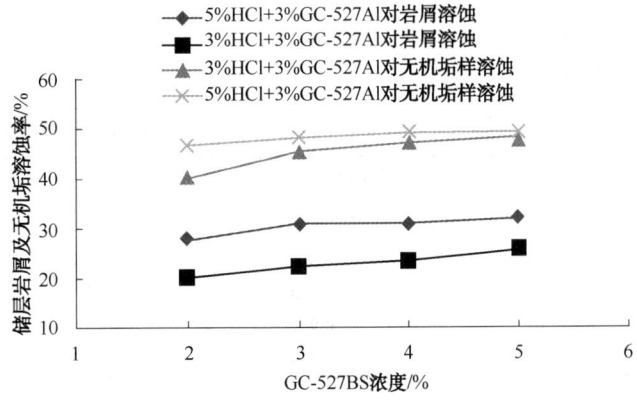

图 2　不同浓度多氢酸对储层岩屑及无及垢样溶蚀率

3.6　复合解堵液体系的腐蚀评价实验

为了考察复合解堵液体系对挂片的腐蚀情况，进行了 65℃ 腐蚀评价实验。

实验方法参考《酸化作用缓蚀剂性能试验方法及评价指标》(SY 5405—1996)，实验结果如表4所示。根据实验结果，1.0%～1.5% 缓蚀剂加量下，复合解堵液及多氢酸酸液腐蚀性能满足行业标准要求。

表4　复合解堵液体系的缓蚀性能评价

体系	缓蚀剂加量/%	实验温度/℃	腐蚀速率/($g/m^2 \cdot h$)	腐蚀现象
复合解堵液	1.0	65	3.94	均匀腐蚀
复合解堵液	1.5	65	3.02	均匀腐蚀
多氢酸体系	1.0	65	3.5	均匀腐蚀
多氢酸体系	1.5	65	2.89	均匀腐蚀

3.7　体系综合性能指标

通过开展体系综合性能评价，其指标如表5所示。各项优良的综合性能指标，保证了 GC-5 复合解堵液体系最佳效果，同时良好的配伍性保证对储层的伤害降到最低。

表5　GC-5 复合解堵液体系综合性能指标

项　　目	指　　标
外观	淡黄色液体
表界面张力/(mN/m)	表面18.82；界面1.22
防膨率/%	94.8
铁离子稳定能力/(mg/mL)	330
破乳率/%	95
配伍性	与地层原油配伍性良好，无酸渣产生

3.8　室内岩芯动态驱替模拟试验结果

为了测试 GC-5 复合解堵液体系的动态解堵能力，进行了物模试验。

先用模拟地层水测试原始渗透率 K_1，然后用聚合物溶液注入岩芯，65℃老化48h，测试模拟堵塞后渗透率 K_2；再注入 GC-5 复合解堵液体系，最后用地层水测试恢复渗透率 K_3。实验结果如表6所示。

表6　岩芯驱替实验模拟结果

岩芯编号	伤害前 K_1/ $10^{-3}\mu m^2$	伤害后 K_2/ $10^{-3}\mu m^2$	恢复后 K_3/ $10^{-3}\mu m^2$	渗透率增加倍数
X-1	503.7	40.2	225.4	5.6
X-5	1003.5	128.6	864.9	6.7
J-1	1589.7	299.3	1278.5	4.3
J-7	1798.9	287.1	1168.9	4.1

从表6看出，聚合物驱后岩芯渗透率降低明显，说明聚合物对岩芯伤害大；堵塞后使用 GC-5 复合解堵液体系对岩芯处理 24h 后，渗透率增加倍数为 4.1～6.7，说明 GC-5 复合解堵液体系对注聚井形成的堵塞物具有很好的溶蚀效果，具有较好的疏通堵塞作用，动态解堵效果优良。

4 结论

（1）针对目前注聚井常规措施有效期短、解堵效果不明显问题，采用氧化剂降解聚合物+油垢清洗剂解除有机垢+酸液溶蚀无机垢的高效复合解堵剂思路，可提高解堵针对性及改造效果。

（2）在分析、总结现有注聚井解堵成功经验的基础上，研发复配出了 GC-5 高效复合解堵体系，具有综合解堵性能优良、使用安全方便等优点。

（3）实验评价表明 GC-5 复合解堵体系对现场用聚合物有较好的降解作用，并能有效溶解堵塞物中油垢，对各类有机、无机堵塞物有较好的分散、溶解及清除作用，整体表明该复合解堵体系有较好的解堵作用。

参 考 文 献

[1] 孙林，宋爱莉，夏光，等.SZ36-1 油田注聚井解堵技术研究.石油天然气学报(江汉石油学院学报)，2011，33(6)

[2] 刘光成，温哲华，王天慧，等.海上油田注聚井解堵增注技术进展研究.石油天然气学报(江汉石油学院学报)，2014，36(12).

[3] 张荣军，蒲春生.ClO$_2$ 地层解堵室内试验研究.特种油气藏，2005，12 (4).

[4] 郑俊德，张英志.注聚合物井堵塞机理分析及解堵剂研究.石油勘探与开发，2004，31(6).

[5] 张浩，龚舒哲.注聚合物井堵塞因素分析.大庆师范学院学报，2005，25(4)

[6] 曹正权，冷强，张岩，等.清除聚合物堵塞的解堵剂 DOC-8 的研制.油田化学，2006，23 (1).

[7] 陈华兴，高建崇，唐晓旭，等.绥中 36-1 油田注聚井注入压力高原因分析及增注措施.中国海上油气，2011，23 (3).

[8] 陈渊.新生态二氧化氯复合解堵技术在河南油田的应用.石油钻探技术，2006，33(6).

[9] 曹新，赵卫兵，黄荣贵.渤海油田注聚井复合解堵技术现场应用.中国石油和化工标准与质量，2013，(22).

液力驱动螺杆泵举升工艺试验研究

闫永维，李志广，李凤涛，张子佳，李　川

（中国石油大港油田石油工程研究院，天津 300280）

摘　要　随着油田的不断开发，大斜度油井逐年增多，部分大斜度井存在低产的问题。陆上大斜度低液量井主体配套有杆泵举升工艺，杆管偏磨严重，检泵周期短，泵效低。滩海深层大斜度低液量井多为丛式定向井和水平井，井眼轨迹较陆地更为复杂，主体配套斜井电泵举升，因供液不足井液流速达不到电机外壳冷却流速（0.34m/s），机组温升高、电机烧毁、电缆击穿等问题突出，检泵周期短。针对以上问题，开展液力驱动螺杆泵举升工艺技术研究，举升管柱采用液力反循环驱动空心螺杆的结构设计，有效提高举升效率；通过对井下举升管柱部分进行试验，测得系统吸入量可调范围为 0.1~0.24L/s，可满足产液量 10~20m^3/d 生产需要；得出系统在不同运行状态下相对恒定的动力液与产液比值，为现场调节产液量提供依据；验证了该结构能够适应大斜度井或者水平井举升的要求，保证大斜度低液量油井生产需要。

关键词　液力驱动；螺杆泵；反循环；举升工艺

1　引言

随着油田的不断开发，大斜度油井逐年增多，部分大斜度井存在低产的问题。大港油田大斜度低液量井是以板桥、小集、王官屯等深层中低渗油藏为代表的陆上大斜度低液量油井，特点是油藏埋藏深，日产液量低，井眼轨迹复杂，主体配套有杆泵举升工艺，杆管偏磨严重，检泵周期短，泵效低。二是以埕海二区为代表的滩海深层大斜度低液量井。油藏埋藏深，日产液量低，多为丛式定向井和水平井，井眼轨迹较陆地更为复杂。主体配套斜井电泵举升，因供液不足井液流速达不到电机外壳冷却流速（≥0.34m/s），机组温升高、电机烧毁、电缆击穿等问题突出，检泵周期短。

针对以上问题，开展液力驱动螺杆泵举升工艺试验研究，举升管柱采用反循环液力驱动螺杆泵的结构设计，举升管柱配套反循环辅助坐封封隔器，克服常规机械式封隔器在大斜度井中加载不够的问题，实现大斜度低液量（10~20m^3/d）油井长周期高效生产，满足油田生产需要。

2　技术分析

2.1　液力驱动螺杆泵举升工艺原理[1]

液力驱动螺杆泵举升系统由地面流程系统和井下管柱组成，地面流程系统主要由自动补偿储液罐、除砂系统、除气缓冲设备组成，井下管柱由螺杆马达、传动总成、螺杆泵、封隔器、锚定装置组成。

作者简介：闫永维，男，汉族，硕士，工程师，2010 年毕业于中国石油大学（北京）油气井工程专业，现从事机械采油工作。E-mail：yong2002043226@163.com

表 1 陆上大斜度低液量井油藏及生产情况统计表

油田区块	井数口	油层中深/m	油层物性		日产液/m³	泵深/m	泵效/%	检泵周期/d	平均全井最大井斜角/(°)	全井最大全角变化率/[(°)/30m]
			孔隙度/%	渗透率/10⁻³μm²						
板桥	59	3120	17.1	157.5	12.4	1974	24.00	235	26.5	6.17
小集	35	3285	11.8	17.5	11.2	2156	51.00	270	20.8	4.39
王官屯	28	3014	15.1	55.5	10.9	1907	35.00	255	22.7	6.65
段六拨	19	3319	12.6	27.6	16.5	1960	50.00	208	21.3	6.21
长芦	17	3709	16.1	50.1	5.5	2473	18.00	264	27.1	13.69
周清庄	16	3100	11.1	10.1	7.6	2407	27.00	227	21.1	4.69
唐家河	14	3171	17.4	125.0	16.1	1980	40.00	213	24.1	6.94
舍女寺	14	3218	13.8	39.2	10.4	2057	44.00	328	18.7	5.55

2.1.1 液力驱动螺杆泵举升地面流程系统[2~4]

地面流程采用自循环的流程结构，即一部分油井产液经过除砂系统、除气缓冲设备进入储液罐，再经过柱塞泵增压作为动力注入油套环空。自循环的流程结构有利于系统独立运行，无需另外动力液水源，且动力液压力可调整，有利于参数优化。

2.1.2 液力驱动螺杆泵举升井下管柱工作原理

高压动力液由油套环空进入，动力液再经传动总成的径向过液孔 I 进入螺杆马达底部，此时，动力液从螺杆与衬套的螺旋腔空间依次向上挤压。螺杆在压力差的作用下，相对轴线产生偏心力使得螺杆在定子衬套的螺旋通道内旋转，产生工作扭矩，通过传动总成带动螺杆泵的转子旋转工作，随着螺杆泵的转子转动，产液由吸入端向排出端运动，然后油层产液经径向过液孔 II 进入螺杆马达的空心转子，最后油层产液与动力液混合返到地面。

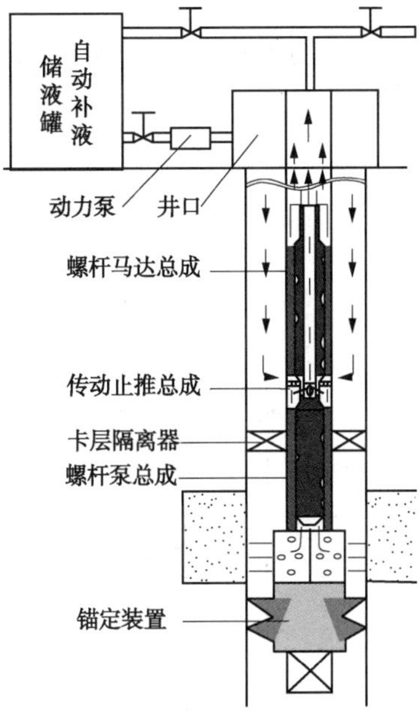

图 1 液力驱动螺杆泵举升工艺结构图

2.2 液力驱动螺杆泵举升适用条件

（1）适应井深：2000m；

（2）适应井斜：大斜度或者水平井；

（3）油井产液：≤20m³/d；

（4）能够适应含气、稠油油藏。

2.3 液力驱动螺杆泵举升技术特点

（1）具有螺杆泵（容积式泵）的优点；

（2）采用空心等壁厚转子提高散热效率、橡胶溶胀、热胀均匀；

（3）克服有杆泵在大斜度井中杆管偏磨严重的问题；

（4）能够较好适应高含砂、高气液比、稠油等工况复杂油井的开采。

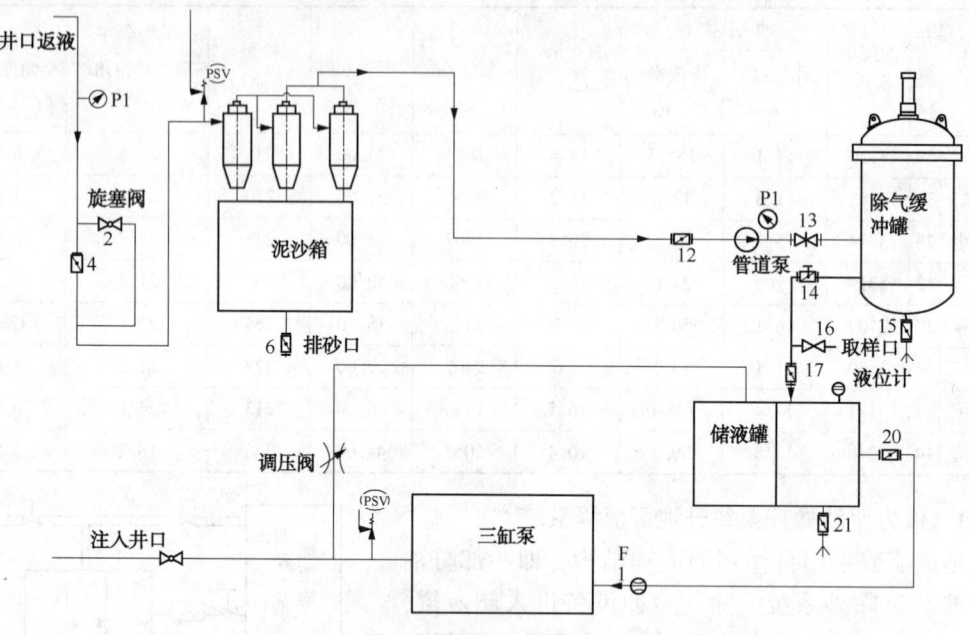

图 2　地面流程系统图

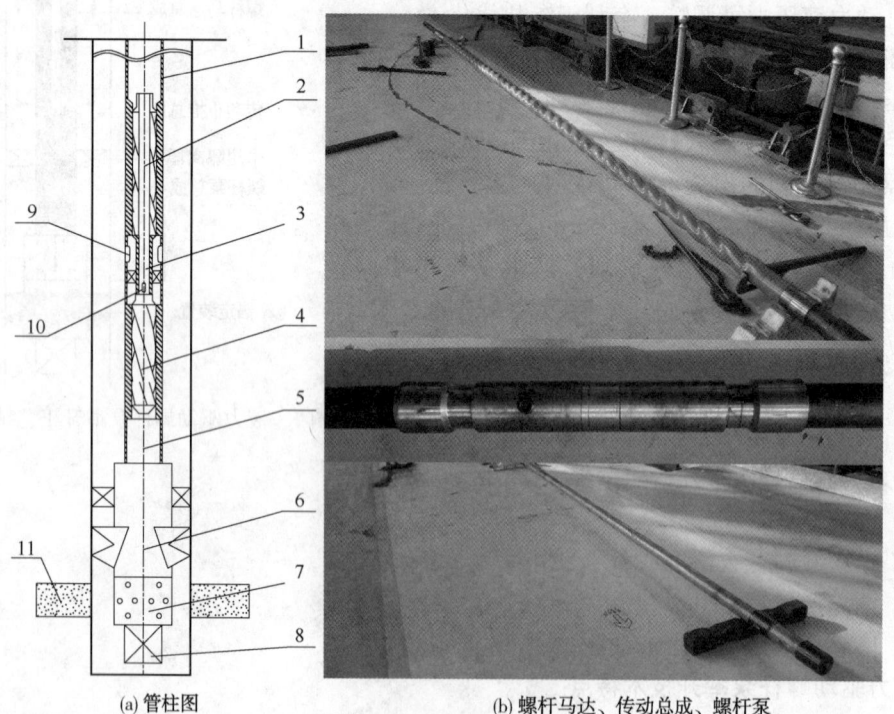

(a) 管柱图　　　　　　　　　　(b) 螺杆马达、传动总成、螺杆泵

图 3　井下管柱结构及实物图

1—油管串；2—螺杆马达；3—传动总成；4—螺杆泵；5—油管短节；6—密封防转总成；

7—筛管；8—丝堵；9—径向过液孔Ⅰ；10—径向过液孔Ⅱ；11—油层

3 液力驱动螺杆泵举升室内试验情况

3.1 液力驱动螺杆泵举升运转试验

运转试验是对螺杆泵与马达机组组装质量的检验。试验前螺杆泵下端进口连接试验介质，并把螺杆泵下端进口调节阀打开，启动动力泵，动力泵出口压力值逐步升到规定的压力，在规定压力下稳定运行不小于30min。检查系统运行没有不正常的声响及异常的振动现象，各结合面没有外泄，轴承处的温度正常。逐步调节动力泵，最后停止。运转试验中液压驱动螺杆举升系统处于水平状态，验证了该结构能够适应大斜度井或者水平井举升的要求（图4）。

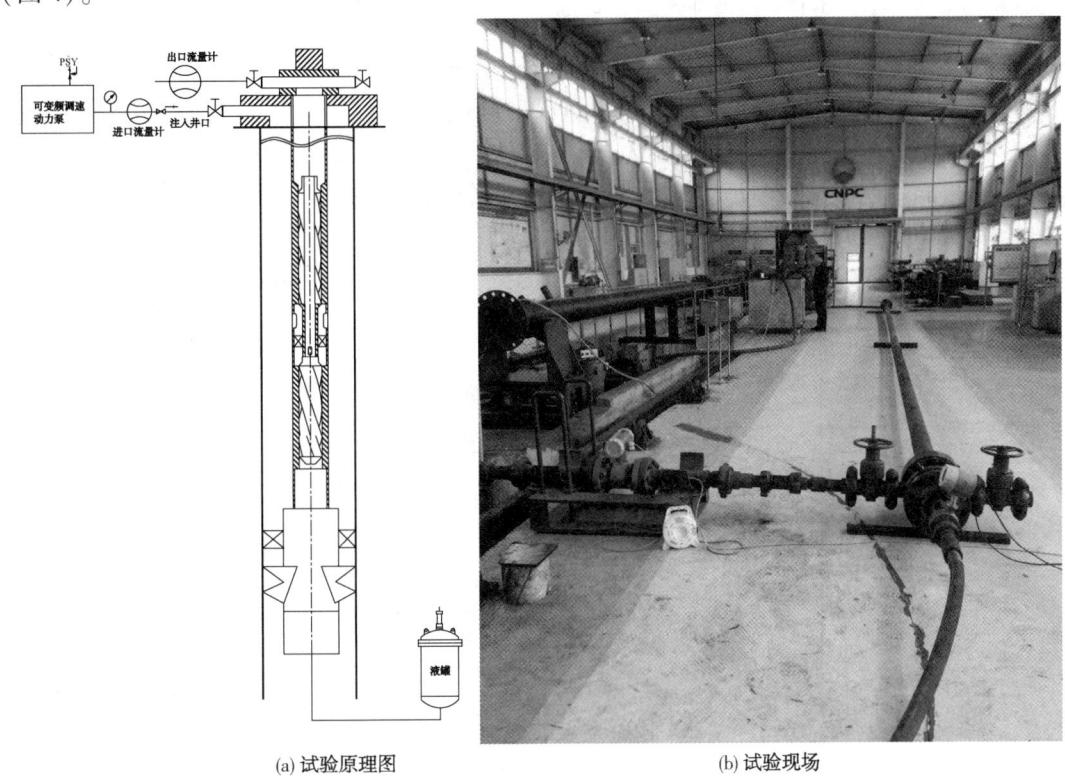

(a) 试验原理图　　　　　　　　　　　　　　　(b) 试验现场

图4　室内试验图

3.2 液力驱动螺杆泵举升性能试验

性能试验应该在运转试验正常后运行。性能试验是为了测量液力驱动螺杆举升系统的进口压力、进口流量、出口流量之间的关系。通过监测系统在不同排量、压力下的运行情况，记录数据（动力液排量、动力液压力、出口排量），得出系统的特性曲线，作为在现场应用中根据地层供液能力调节动力液流量、压力的基本依据。性能试验应该在马达规定的流量区间内取不少于6个测量值，每个测量都应该在运行稳定后记录，每个值运行时间为30min。

开启动力泵，逐步调节动力液压力，待稳定运行后，观察动力液压力值P，填入表2，观察出口、进口流量表，将出口流量值Q_{out}、进口流量值Q_{in}填入表2，最后将吸入流量值$Q_s = Q_{out} - Q_{in}$填入表2，一组测量值运行时间不少于30min；依次将表2第一列的所有流量数据对应的进口压力P、出口流量值Q_{out}、进口流量值Q_{in}、吸入流量值Q_s测量完毕。

表2　试验数据记录表

次　　数	动力液排量 Q_{in}/(L/s)	动力液压力 P/MPa	出口排量 Q_{out}/(L/s)	吸入液量 Q_s/(L/s)
1	0.71	3.85	0.81	0.1
2	0.79	3.97	0.9	0.11
3	0.85	4.1	0.97	0.12
4	0.92	4.27	1.09	0.17
5	1.0	4.46	1.17	0.17
6	1.12	4.76	1.3	0.18
7	1.2	5.08	1.4	0.2

　　根据表2的数据，得出进口压力 P-出口流量值 Q_{out}、进口压力 P-吸入流量值 Q_{in} 的特性曲线，得出进口压力 P-吸入流量值 Q_s 的特性曲线(图5)。可以看出系统吸入量为 0.1~0.24L/s，可满足产液量 10~20m³/d 生产需要；根据表2的数据，得出吸入流量值 Q_s/Q_{in} 的特性曲线(图6)，通过室内试验得出吸入流量与动力液的比值：$Q_{in}/Q_s \approx 5$。

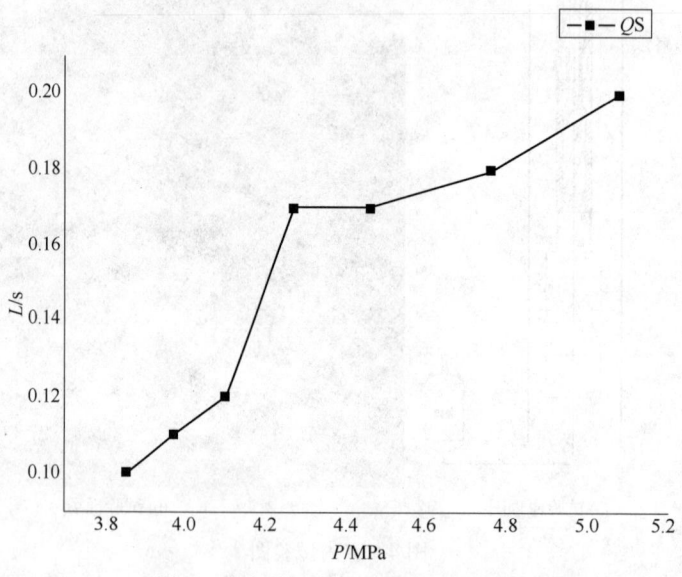

图5　动力液压力与系统吸入量关系

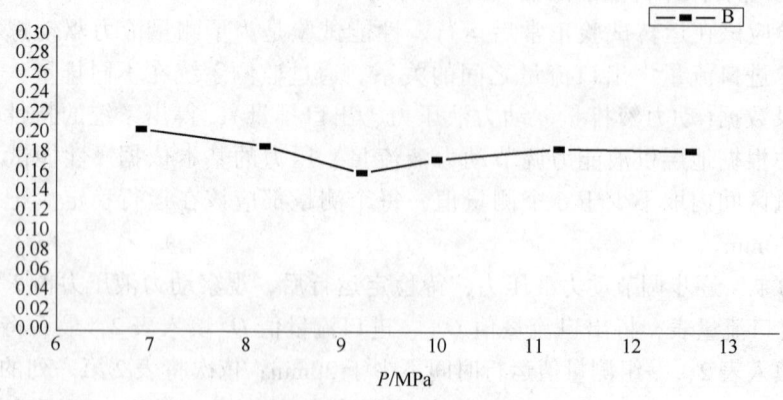

图6　系统吸入量与动力液排量关系

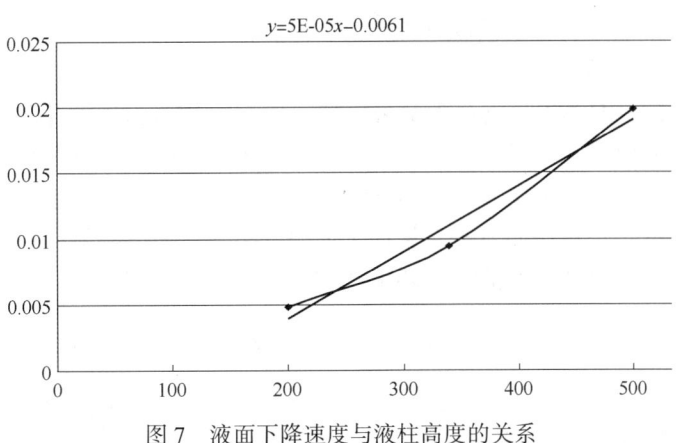

图 7　液面下降速度与液柱高度的关系

通过性能试验可以得出：液力驱动螺杆举升系统在最佳工况区间内的举升能力符合预期（10~20m³/d 生产需要）；通过室内试验可以看出系统具有比较稳定的动液比，动液比可用于根据油井产能调节动力泵排量的依据。

3.3　螺杆泵漏失量测量及漏失时间估算

螺杆泵定子通常采用橡胶材料，螺杆泵定子和转子之间有一定过盈量，由于各种原因导致液压驱动螺杆采油泵正常工作中断，油管内充满流体，螺杆泵出口处有整个管内液柱的压头，重新启动螺杆泵十分困难，需要等螺杆泵以上的液柱漏失掉后再启动，减轻系统的启动难度。有必要通过室内模拟试验的数据推导液柱漏失时间。

表 3　漏失量数据记录表

压力/MPa	液柱高度/m	漏失量/(mL/s)	液面下降速度/(m/s)	液面下降速度与液柱高度的关系
2	200	14.38	0.00477	
3.4	340	28.5	0.0094	$V = 5 \times 10^{-5} H - 0.0061$
5	500	60	0.0198	

具体，在螺杆泵一端打压模拟不同的液柱，记录不同压头的漏失速度（表 3），根据数据拟合出液面下降速度与液柱高度的关系（图 7），再经过积分运算推导液柱漏失时间与液柱高度的计算式。

$$t = 20000 \times \ln |5 \times 10^{-5} H - 0.0061| + 100000$$

式中　t——停止运转液柱全部漏失完所需的时间，s；

　　　H——停止运转液柱高度，m。

4　施工工艺[5~7]

（1）准备地面动力液设备

（2）下入防反转锚定器+封隔器+螺杆泵+传动总成+螺杆马达。

（3）座井口、连接地面流程管线。

（4）根据地层供液能力（IPR 曲线）与系统动液比确定动力液的排量，开启套管闸门，观察动力液压力，确保封隔器坐封。

（5）观察动力液、出口的排量和压力，确保系统正常启动运转。

（6）正常生产：记录动力液压力、出口回压；出口流量等参数，计算日产液量；取油样，观察混合液的含油量、含气量以及含砂情况。

5 结论

开展液力驱动螺杆泵举升工艺试验研究，举升管柱采用液力反循环驱动空心螺杆的结构设计，有效提高举升效率；通过对井下举升管柱部分进行试验，测得系统吸入量可调范围为 0.1~0.24L/s，可满足产液量 $10~20m^3/d$ 生产需要；得出系统在不同运行状态下相对恒定的动力液与产液比值，为现场调节产液量提供依据；验证了该结构能够适应大斜度井或者水平井举升的要求，保证大斜度低液量油井生产需要。

参 考 文 献

[1] 采油技术手册编写组. 采油技术手册[M]. 北京：石油工业出版社，1996：754-760.
[2] 姚春冬. 石油钻采机械[M]. 北京：石油工业出版社，1994.
[3]《机械设计手册》编委会、机械设计手册[M]. 北京：机械工业出版社，2004.
[4] 陈冠良，王飞，程艳会，等. 高效洗井防污染管柱的研究与设计[J]. 石油机械，2006，34(4)：28-29.
[5] 李增亮，蔡秀岭. 液力驱动式单螺杆泵设计计算[J]. 石油机械，2001，29(12)：21-23.
[6] 徐建宁，屈文涛. 螺杆泵采输技术[M]. 北京：石油工业出版社，2006.
[7] 万邦烈. 单螺杆式水力机械[M]. 山东东营：石油大学出版社，1993.

筛管防砂控水一体化完井技术及应用

曲庆利，关　月

（中油大港油田公司石油工程研究院，天津 300280）

摘　要　水平井筛管防砂控水一体化完井工艺技术，既可通过筛管防砂，又可有效延缓底水锥进速度，提高底水油藏水平井开发效果。通过裸眼封隔器和管内预置分段装置对水平段进行分段完井，配套的中心管采用优化布孔设计，调整了水平段生产压差的分布，有利于底水均匀推进。当一段含水上升后，可以调整生产管柱进行换层开采，有效控制了含水上升速度。该工艺在大港油田孔店油田孔二南断块进行实施，取得良好效果。

关键词　水平井；防砂；控水；完井

大港油田疏松砂岩油藏储层胶结疏松，在采油过程中存在颗粒运移严重、容易出砂、堵塞等问题，造成多次防砂、解堵，措施效果差，从而导致水平井开发效果低。出水日趋严重，出水加剧出砂。如何有效防止"粉细砂储层出砂"和"延缓底水油藏快速锥进"，成为了水平井完井需解决的瓶颈问题。为解决上述问题，近几年来开展了水平井防砂控水一体化完井技术的研究应用，在完井、防砂及控水等方面取得有效突破，实现了产能规模的提升。

大港油田孔店油田孔二南断块为构造岩性油藏，主要含油层系为上第三系馆陶组，其中 NgⅢ 油组含油面积 $0.66km^2$，可采储量 $10.2×10^4t$，底水发育。该区块水平井多采用套管射孔或常规筛管完井，开井后底水脊进导致含水上升速度快、中低含水采油期短，致使水平井水平段动用程度低，单井产量递减快，单井采收率低，经济效益差。

1　水平井防砂控水一体化完井工艺

水平井防砂控水一体化完井工艺技术是集防砂、控水一体的水平井完井技术，既可通过筛管防砂，又可有效延缓底水锥进速度，提高底水油藏水平井开发效果。

1.1　工艺原理及特点

工艺原理：通过裸眼封隔器和管内预置分段装置对水平段进行分段完井，配套的中心管采用优化布孔设计，调整了水平段生产压差的分布，有利于底水均匀推进。当一段含水上升后，可以调整生产管柱进行另一段开采，有效控制了含水上升速度。

技术特点：

（1）针对渗透率差异明显的水平段，能发挥不同渗透带的作用；

（2）对水平井井眼轨迹垂向落差大，可控制底水单点突破；

（3）能最大限度提高水平段动用程度，提高单井采收率。

1.2　工艺管柱

外管柱结构自下而上（图 1）：

作者简介：曲庆利（1973—），男，汉族，工程师，1994 年毕业于天津大港石油学校钻井工程专业，现从事特殊工艺井完井技术研究，大港油田石油工程研究院完井技术服务中心。E-mail：zcy_ qql@ 163.com

引鞋 +筛管 +洗井阀 +筛管串 +短套管 +预置分段装置 +遇油膨胀封隔器 +套管串 +遇油膨胀封隔器 +短套管 +筛管串 +套管串 +盲板 +短套管 +裸眼封隔器 +短套管 +分级箍 +套管串(至井口)

内管柱结构自下而上:引鞋 +油管+密封插管 +油管串+打孔管 +油管串+封隔器(带丢手)+钻杆串至井口

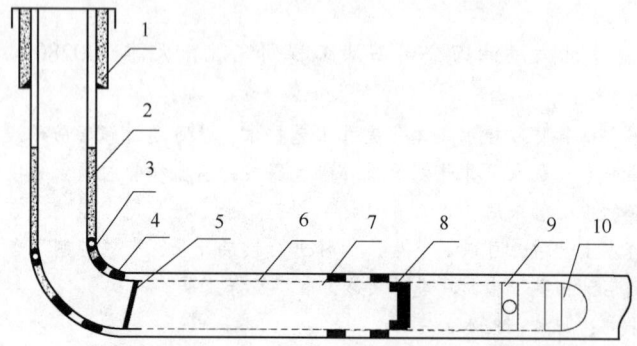

图 1　水平井防砂控水一体化完井工艺管柱结构

1—φ244.5 套管;2—φ139.7 套管;3—φ190 分级箍;4—φ190 裸眼封隔器;5—φ139.7 盲板;
6—φ139.7 筛管;7—φ200 遇水膨胀封隔器;8—φ139.7 预置分段装置;9—φ139.7 洗井阀;10—φ139.7 引鞋

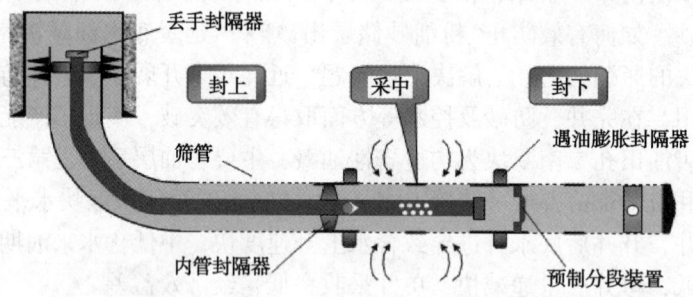

图 2　水平井防砂控水一体化完井工艺管柱结构(采中)

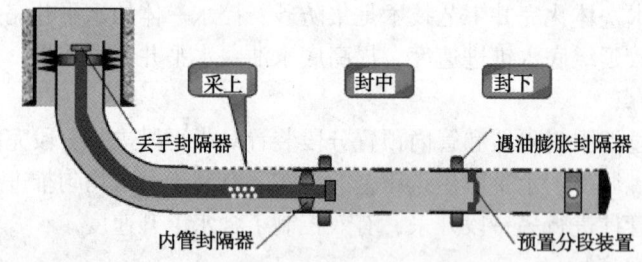

图 3　水平井防砂控水一体化完井工艺管柱结构(采上)

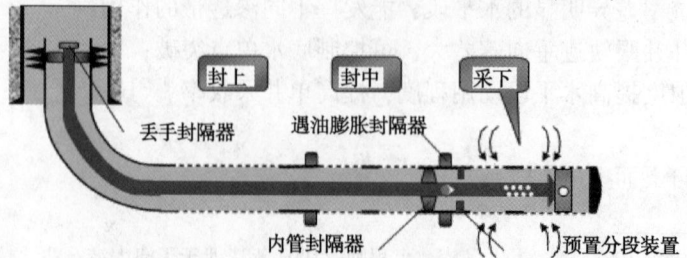

图 4　水平井防砂控水一体化完井工艺管柱结构(采下)

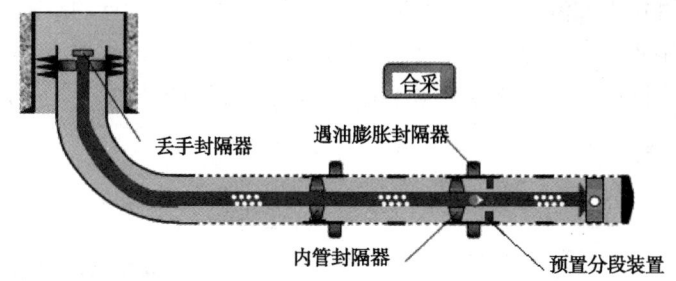

图 5 水平井防砂控水一体化完井工艺管柱结构(合采)

2 配套工具及分段参数优化

2.1 配套工具

预置分段装置:随筛管一起下入井内预定位置,在开采需要时,用内管柱将其开启,且易于操作。

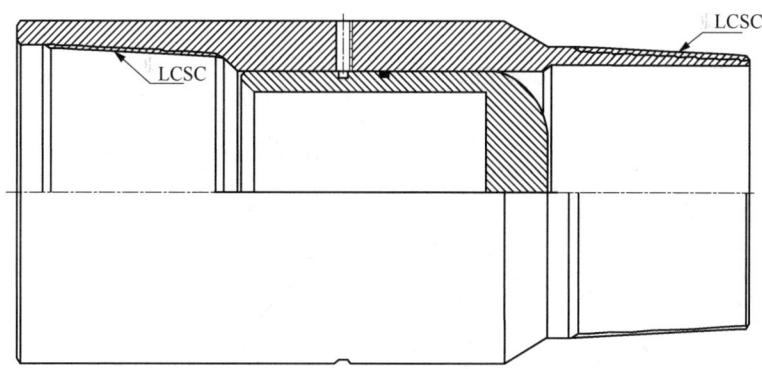

图 6 预置分段装置示意图

2.2 水平井分段参数优化

通过对水平井流入动态的研究,利用地层、井筒及流体等参数,采用设计软件对水平井进行流入剖面和水脊剖面预测,从而进行盲筛比和采油管柱的设计,对入流剖面进行均衡调整,最后优化出最佳方案,达到优化分段参数,调整产液剖面、延长低含水采油期的目的。

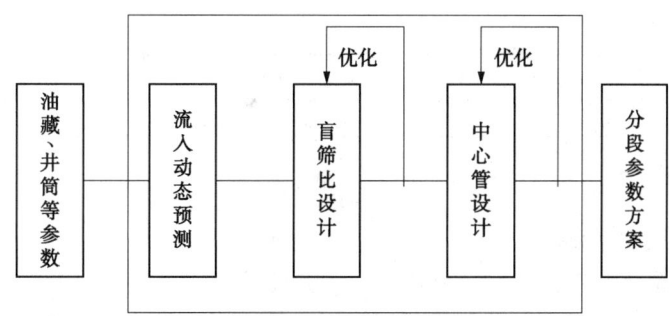

图 7 水平井分段参数优化设计流程

(1) 水平井井筒压力和流入剖面分析

影响水平井压力和流入剖面的因素很多,主要包括水平井完井方式及其工艺参数、地层参数(如油藏厚度、地层各相异性、非均质性、油藏边界和钻井污染等)、流体物性参数和井筒水力学参数。水平井压力和流入剖面预测是底水油藏水平井控水设计的基础,因为水平井控水的原理是通过改变沿水平井筒的完井参数,控制地层向近井单元的附加流动压力损失,从而平衡水平井筒流动压力降的影响,使地层流入剖面均匀,达到控制底水脊进的目的。

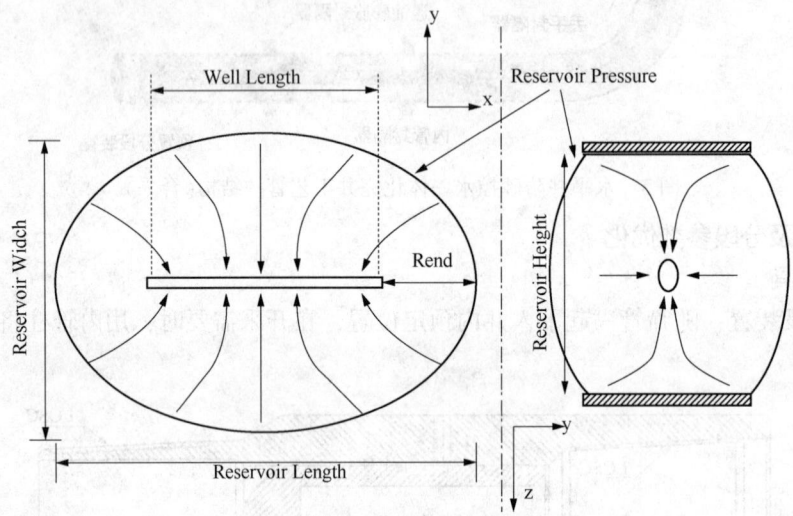

图 8　水平井油藏三维渗流模型

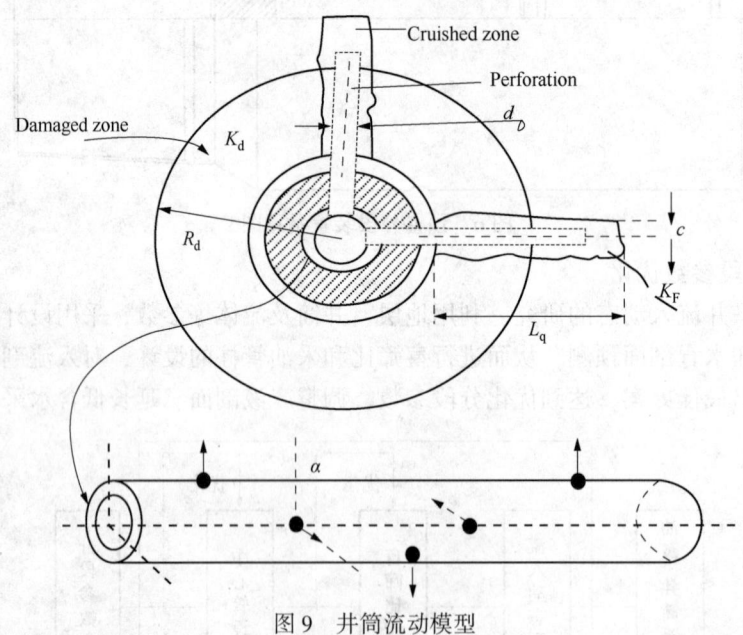

图 9　井筒流动模型

(2)水平井分段参数优化

通过对水平井流入动态的研究,利用地层、井筒及流体等参数,采用设计软件对水平井进行流入剖面和水脊剖面预测,从而进行盲筛比和采油管柱的设计,对入流剖面进行均衡调整,最后优化出最佳方案,达到优化分段参数,调整产液剖面、延长低含水采油期的目的。

3　现场应用情况

目前,水平井防砂一体化技术在大港油田已逐渐成熟,以孔 1030 井为例,介绍其现场应用情况。

3.1 完井数据

孔 1030H 井位于孔店油田孔二南断块，孔二南断块位于孔店断层，主要含油层系为上第三系馆陶组，其中 NgⅢ 油组含油面积 0.66km²，可采储量 10.2×10⁴t，油藏埋深 1354 ~ 1370m，底水发育，油水界面为 1370m。该油组孔隙度为 33%，渗透率为 2571×10⁻³μm²，泥质含量为 17.8%，属于高孔高渗砂岩储层。原油密度为 0.96g/cm³，黏度为 1292.66mPa·s，含蜡 2.74%。该井目的层所在区块原油密度大、黏度高，油品物性较差，为稠油。

孔 1030H 井于 2013 年 4 月 1 日完钻，完钻井深 1860m，最大井斜 93.04°，完井油层套管外径 ϕ139.7，内径 ϕ121.24。根据邻井地质情况，层位：NgⅡ-3-2，深度：1345.18 ~ 1349.12m，通过地层砂粒度分布规律分析，地层砂粒度中值 0.12 ~ 0.23mm，平均 0.187mm，均匀系数 1.59~3.65，平均 2.4，表现为地层砂粒度中值较大，均匀性较好。按照完井方式选择标准，选择优质筛管完井方式。由于该井区块底水发育，结合孔店油田已投产水平井防砂完井生产分选，该井采用防砂控水一体化完井工艺完井，优化分段参数，调整产液剖面、延长低含水采油期，提高单井产量。

根据产液剖面和水脊剖面预测结果，进行完井管柱设计。在满足地质配产要求下，其打开程度应大于 60%，因此设计方案筛管长度为 183m，套管长度 130m。

由于端点附近球状流的影响，使得根部流量较大，因此，在设计时应在跟段下入一定长度的盲管。

表 1 完井方案设计优化

m

方案序号	筛管	套管	筛管	套管	筛管	套管	流量均匀系数	压力方差
1	10	20	20	80	163	20	15.10599623	0.000321
2	10	10	20	80	173	20	15.26643386	0.000464
3	10	10	20	80	173	20	15.14415398	0.000408
4	20	10	30	80	153	20	14.90750293	0.000389
5	20	20	30	90	133	20	15.10599623	0.000321
6	20	20	20	90	143	20	14.89911834	0.000305
7	20	10	20	90	143	30	14.86529271	0.00035

通过分段参数设计方案，进行各方案的产液剖面和井筒压力预测，可以得到各方案下的流量均匀系数和压力方差。其中流量均匀系数越小，说明整个井段流入量越平均，流入动态越平衡；压力方差则反映生产段的压力分布情况，压力方差越小，生产段压差越平衡。根据优化得到的参数进行对比，可以得出流量均匀系数和压力方差较小的设计方案能够更大限度的调整流入剖面，即得出优化设计方案。

从表中可以看出方案 7 和方案 6 流量均匀系数均较小，其中方案 1 的流量均匀性优于方案 6，而方案 6 的压力方差优于方案 7。

在均质油藏条件下，考虑打开位置对产能的影响，打开段距离水平段跟段越近越好，所以推荐方案 7：

表 2 套管–筛管结构

m

方案序号	筛管	套管	筛管	套管	筛管	套管
7	20	10	20	90	143	30

3.2 施工过程

①下完井管串：按完井设计下入引鞋、洗井阀、筛管串、预置分段装置、遇油膨胀封隔器、裸眼封隔器、分级箍及套管至井口；②胀封封隔器、打开分级箍：按设计要求，井口套管正打压，充分胀封封隔器，继续升压打开分级箍，建立固井循环通道；③固井：采用常规固井水泥头。施工前将胶塞放入固井水泥头内，按泵注程序进行固井；④碰压，关闭分级箍：当胶塞下行至分级箍位置，突然升高，碰压至15~20MPa，关闭分级箍；⑤候凝：打开水泥车放压阀门，观察水泥浆无倒返，关井候凝；⑥测固井质量：测声幅；⑦钻塞，通井；⑧下分段内管柱，投产。

管柱组合：φ73引鞋+φ73油管+φ116内管封隔器+φ73油管串+φ73打孔管+φ73油管串+φ116封隔器(带丢手)+φ73加厚油管(公)/φ73钻杆(母)+φ73钻杆串至井口

3.3 效果分析

孔二南区块馆陶油组共投产6口水平井(孔1033H1、孔1033H2、孔1057H1、孔1057H2、孔1057H3、孔53H1均采用常规筛管完井，未分段)，含水达到60%采油期平均为121天，现平均含水率86.73%。孔1030H井属该区块馆陶油组第一口采用分段控水完井工艺的水平井，投产初期日产液22.07m³，日产油19.48t，含水11.74%，含水达到60%采油期为201天，目前含水率61.4%。60%含水周期延长80天。

表3　孔1030H防砂控水效果对比表

井号	层位	投产时间	初期情况			目前情况			含水达到60%采油期/天	完井方式
			液/(m³/d)	油/(t/d)	含水率/%	液/(m³/d)	油/(t/d)	含水率/%		
孔1030H	NgⅡ-3-2	20130417	22.07	19.48	11.74	25	9.53	61.88	201	防砂控水
孔1057H2	NgⅡ-3-2	20081216	11.82	7.38	37.60	82.84	9.69	88.3	121	常规筛管

4 结论与认识

(1)预置分段装置随完井管柱一趟下入，即完成环空与管内有效分段封隔，实现一趟管柱完成分段；换段开采时，用换段内管柱将其开启，实现换段生产；

(2)根据每口井的实际情况，采取有针对性的工艺管柱，实现对水平井投产初期生产压差的合理控制，有效提高了水平井开发效果；

(3)采油模式、筛管分段数量、位置、盲管长度等工艺技术参数，以及工艺整体可靠性需进一步完善；

(4)对各分井段采关模式尚不能实现智能化，目前需作业施工实现，有待进一步研究。

参 考 文 献

[1] 余金陵，王绍先，彭志刚，等. 水平井筛管分段完井技术研究与应用[M]//水平井油田开发技术文集. 王元基. 石油工业出版社：441-446.

基于多底井的海上油气开发井槽高效利用技术

袁则名，和鹏飞，于忠涛，韩雪银

（中海油能源发展股份有限公司工程技术分公司，天津 300452）

摘 要 针对渤海某油田平台无多余井槽(仅剩一个井槽)，但需要实施两口井，一口为滚动勘探断块区域，一口为生产调整井的目的。根据勘探和开发的次第设计需要，从定向井轨迹和井身结构实施的可行性两方面，采用主井眼三段式轨迹设计，一方面规避丛式井表层防碰风险，一方面规避下部断层地质风险，兼顾侧钻分支井眼轨迹的可行性，侧钻点的选择以进尺最小化、轨迹难度最低化出发做了三个方案的横向对比，最终以轨迹和工程的可操作性出发合理设计井身结构。实现一个井槽，先勘探后侧钻分支开发，利用定向射孔沟通两个井眼，采用合采技术实现高产量生产。

关键词 滚动勘探；多底井；轨迹优化；开窗侧钻；渤海油田

多底井技术概念起于20世纪20年代，70年代开始进入研究热潮，该技术通过在一个主井眼侧钻出两个或者更多井眼以最大化增加储层钻遇，达到多个泄油区域[1~3]。对于地面配套来讲，和常规井筒技术对比，大幅度减少了地面配套井口以及相关设备。这对于海上油气开发尤为重要，因为海上一般采用丛式井槽，平台及井槽建设费用成本极高，多底井技术的应用能够实现地面和地下的一对多应用，提高了井槽的利用效率[4,5]。

1 作业背景

渤海中部某油田为复杂断块油田，区域内断层发育，采用滚动开发模式。如图1，西南断块为目前的主要开发区域，该区域油气层均已探明，但中部区域位于三条断层之间，尚未明确油气层情况。2014年，为进一步探明中部区域油气层情况，同时调整西南区域井网情况而布置一口生产调整井，靶点均位于东营组，其上部地层依次为平原组、明化镇组、馆陶组。

2 开发难点

（1）勘探与开发先后进行。根据油藏工程计划，优先实施中部勘探靶点，如果中部区域实钻探明有油气显示则保留井眼转入生产井，如果无油气显示则回填弃井，如果存在油气显示具有生产价值，则保留井眼，转入生产。

（2）平台井槽不足。但实际本油田开发平台仅剩一个空井槽，如图2所示，井槽资源不足，也无低产低效井重新侧钻利用，因此无法实施两口井。

在综合分析勘探和开发两个靶点地质、钻井工程情况的基础上，提出采用多底井技术实施作业。在解决井槽问题的同时，降低作业成本。

作者简介：袁则名(1980—)，男，汉，2007年毕业于中国石油大学(华东)油气井工程专业，硕士研究生学位，工程师，主要从事海洋石油钻完井技术监督及数据分析研究工作。E-mail：yuanzm@cnooc.com.cn

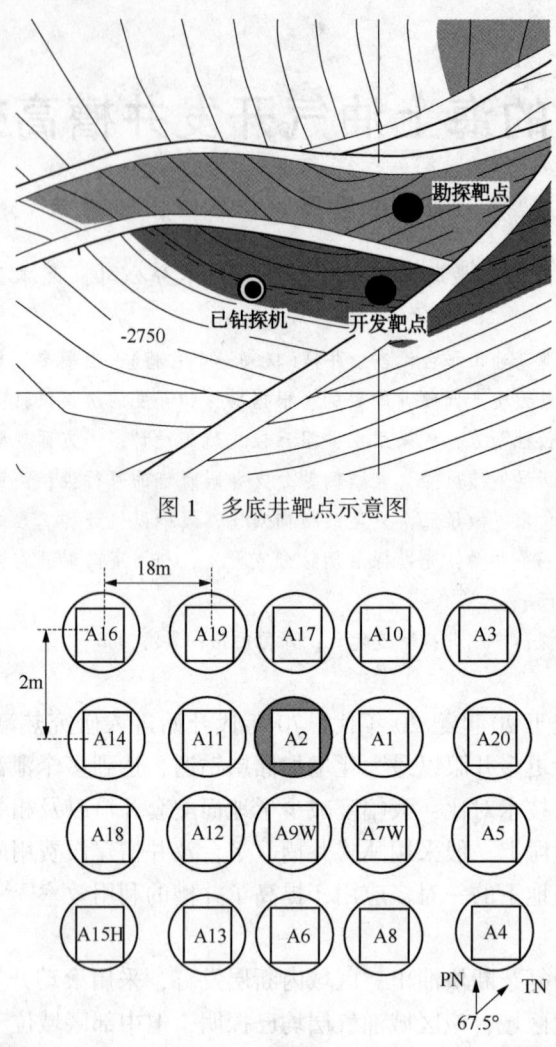

图 1　多底井靶点示意图

图 2　平台井槽示意图

3　技术方案的可行性分析

本平台如果要利用一个槽口实施多底井，主要是进行井眼轨迹和井身结构的可行性分析。

3.1　勘探主井眼的轨迹设计

（1）初次造斜点的选择。初次造斜点的选择主要考虑丛式井表层防碰问题，该井槽属于内排井槽，根据丛式井布井原则，外排井槽优先布置水平位移较大的井，内排井槽布置位移较小的井，造斜点方面，外排井槽采用浅造斜点，内排采用深部造斜点，相邻造斜点垂深差在 30m 以上[6,7]。通过尝试优化，最终主井眼初次造斜点选择在 270m 处，层位为平原组。第一造斜点从 270m 开始，到 490m 结束，终点井斜角达到 22°，终点方位 352°。根据防碰扫描，如表 1，勘探主井眼在表层只有与 A1 井存在防碰，但距离较远、分离系数较高，防碰风险可控，轨迹可实施性较高。

表1 防碰情况统计

防碰井	勘探主井眼测深/m	A1测深/m	最近距离/m	分离系数
A1	270.00	270.00	2.01	1.758

（2）下部轨迹设计思路。下部轨迹的设计主要是以渤海完井工具通过率设计指标3°/30m的造斜率，局部可上下浮动，最大不超过5°/30m，同时考虑底部地质风险，如断层分布、走向，设计轨迹走向，如图3。最终主井眼下部设计两段造斜，第二造斜点从2100m开始，到2444m结束，终点井斜角达到55.75°，终点方位3.62°。第三造斜点从2999m开始，到3191m结束，终点井斜角达到61.40°，终点方位342.10°。最终井底垂深2778m，井底斜深3449m，井斜61.40°，方位342.10°。

3.2 开发分支井眼的轨迹设计

3.2.1 开窗侧钻位置的选择

根据油藏开发需要确定分支井的开发层位，并选择合适的开窗侧钻位置。开窗侧钻位置的选择主要考虑以下因素[8,9]：

（1）侧钻点的深度综合考虑了勘探井眼的垂深、水平位移，同时兼顾了既充分利用老井眼，又减少裸眼钻进井段的长度，并能满足采油工艺的需要；套管开窗的长度要满足起下钻、测井、下套管时钻具组合能顺利通过窗口无挂阻。

（2）狗腿度的控制。综合考虑侧钻井眼所采用的造斜工具的造斜能力以及大套管和完井筛管等因素，本井狗腿度以不超过3°/30 m为宜。

（3）选择在固井质量和地层可钻性较好。

基于上述，开发分支井眼的侧钻点进行了优选对比，如表2，如果选择1900m侧钻，轨迹方案可实施，最终进尺1552m，选择2300m，轨迹效果与1900m类似，造斜率均在3°/30m，相对比1900m侧钻有较长的稳斜段，而如

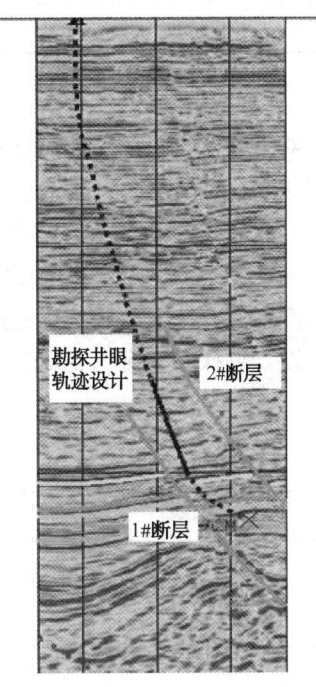

图3 主井眼轨迹与断层位置示意

果选择2350m，进尺相对2300m侧钻减少约50m，但造斜率增加至3.55°/30m，因此最终从进尺和轨迹实施难度上选择2300m侧钻点，该点位于馆陶组，地层稳定易于开窗。

3.2.2 轨迹设计

开发侧钻井眼设计也是一口大斜度井，从主井眼2300m开始侧钻，设计采用二段式增斜的方式，水垂比0.54，全井段全角变化率控制在3°/30m以内。第一造斜点从2300m开始，到2597m结束，终点井斜角达到28.13°，终点方位313.90°。第二造斜点从2630m开始，到3064m结束，终点井斜角达到69.98°，终点方位330.21°。最终井底垂深2819m，井底斜深3411.51m，井斜69.98°，方位330.21°。

表 2 侧钻点对比优选

侧钻点/(°)	1900	2300	2350
侧钻点井斜角/(°)	31.9	41.35	45.89
稳斜角/反抠角/(°)	11.25	30.18	30.48
造斜率/[(°)/30m]	3	3	3.55
侧钻点初始方位/(°)	358.36	2.05	3.28
稳斜方位/(°)	271.53	314.73	306.04
最终方位/(°)	330.21	330.21	330.21
井深/m	3452	3412	3409
进尺/m	1552	1112	1059

3.3 井身结构设计

对于东营组目的层油田,对于常规定向井、水平井渤海成熟的井身结构是 ϕ339.7 套管下深 400m 左右、ϕ244.5 套管作为定向井的生产套管和水平段的着陆段技术套管,ϕ215.9 井眼为水平段,对于大位移井或者井深超过 3000m 的水平井 ϕ339.7 套管下深一般加深至 900 至 1600m 不等。本井勘探主井眼井身结构的设计较为简单,主要考虑侧钻后分支井的钻井难度和完井技术要求,优先选择 ϕ244.5 套管内侧钻 ϕ215.9 井眼下入 ϕ177.8 尾管。因此最终设计勘探在充分考虑到侧钻井眼侧钻位置,开窗工具,套管尺寸大小。井深设计如下表 3。

表 3 井身结构设计

井名	井眼尺寸/(mm×井深/m)	套管尺寸/(mm×下深/m)
勘探主井眼	444.5×1205	339.7×1200
	311.1×3449	244.5×3444

3.4 参数校核

利用 Landmark 软件对上述轨迹和井身结构以及其他钻井液性能等参数下,做管柱力学和钻井平台能力的校核,校核结果满足要求。具体数据不在此一一赘述。

因此综上分析,采用一个井槽和分支井技术,实施本油田勘探和开发两套靶点的是具有轨迹和井身结构的可行性的。

4 现场实施

4.1 勘探主井眼的实施

4.1.1 ϕ444.5 井段

ϕ444.5 PDC 钻头+变扣接头+ϕ244.5 螺杆马达(4/5 级 1.5°单弯角)+ϕ203.2 浮阀接头+ϕ304.8 稳定器+ϕ203.2 无磁钻铤+ϕ203.2 MWD+ϕ203.2 无磁钻铤+ ϕ203.2 随钻震击器+变扣接头+ϕ139.7 加重钻杆×14 根。主要钻井参数:钻压 50~120kN,排量 3800~4000L/min,转速 50r/min。

4.1.2　φ311.1 井段

上部井段采用螺杆钻具，φ311.1 PDC 钻头+φ244.5 螺杆马达(7/8 级 1.15°单弯角)+φ203.2 浮阀接头+φ298.4 稳定器+φ203.2 无磁钻铤+φ203.2 MWD+φ203.2 无磁钻铤+φ203.2 随钻震击器+变扣接头+φ139.7 加重钻杆×14 根。主要钻井参数：钻压 50~100kN，排量 3500~4000L/min，转速 50~70r/min。下部井段采用旋转导向钻具，φ311.1 PDC 钻头+旋转导向工具+φ203.2 LWD+φ203.2 MWD+φ203.2 无磁钻铤+ φ203.2 随钻震击器+变扣接头+φ139.7 加重钻杆×14 根。主要钻井参数：钻压 50~100kN，排量 3500~3800L/min，转速 80~1200r/min。

4.1.3　勘探结果

最终本井勘探主井眼在中部断层区域钻遇油层 13.2m，成功评价新增断层北侧储层含油气性。

4.2　开发分支井眼的实施

4.2.1　斜向器的选择及侧钻工艺

该井采用威德福公司磨铣套管开窗工具在 φ244.5 套管内进行开窗侧钻，仅用一趟钻就实现了定向、座挂、开窗、修窗和钻进新地层[10]。

开窗钻具组合：φ214.3 空心斜向器+φ215.9 引导磨鞋+φ215.9 次级磨鞋+φ139.7 挠性短节+φ215.9 导向磨鞋+φ165.1 钻铤 1 根+φ171.5 MWD+φ171.5 定向接头+变扣接头+φ139.7 加重钻杆 18 根。套管开窗主要技术参数：钻压 50~180kN，排量 1700~2400L/min，转速 80~120r/min。实际窗口长度为 5.90m，历时 12.0h，平均机械钻速 0.25m/h。

4.2.2　分支 φ215.9 井段的实施

确认侧钻出新井眼并在窗口修整好以后，下入 215.9mm 井眼旋转导向钻具组合：φ215.9 PDC 钻头+φ171.5 螺杆马达(7/8 级单弯角 1.15°)+φ190.5 稳定器+φ171.5 旋转导向工具+φ165.1 无磁加重钻杆 1 根+φ165.1 浮阀接头+φ165.1 随钻震击器+φ127 钻杆。主要钻井参数为钻压 50kN，转速 68~75r/min，排量 1600~1800L/min。

4.2.3　φ177.8 尾管固井

(1)尾管管串组合：φ177.8 浮鞋+ φ177.8 尾管×1 根+φ177.8 浮箍+177.8mm 套管短管×1 根+球座+送球器+回接筒+脱手及送入工具总成+φ127 钻杆。

(2)为了保证套管开窗的窗口水泥封固良好，在尾管固井正常注水泥 2h 以后，在 φ177.8 与 φ244.5 两层套管之间再挤水泥。具体做法是：在尾管注水泥浆完成后，起钻拔出中心管再注入 6m³ 水泥浆，关闭半封防喷器，挤水泥，累计挤入 4.8m³，最大挤入压力 7.6MPa。使窗口封固质量完全达到了设计要求。

4.3　完井及后续实施

本井采用合采方式，即主井眼生产套管固井之后，对主井眼进行油层射孔，下入筛管防砂管柱，然后下入斜向器，封隔主井眼，进行侧钻分支钻井作业，分支井眼尾管固井候凝之后，对分支井眼油层射孔，然后对空心斜向器定向射孔，沟通主井眼。之后下入筛管防砂，最后下入合采生产管柱，转入生产。

该井投产初期日产油量达到 150m³/d，油井投产至今，生产形势稳定，如图 4 所示。

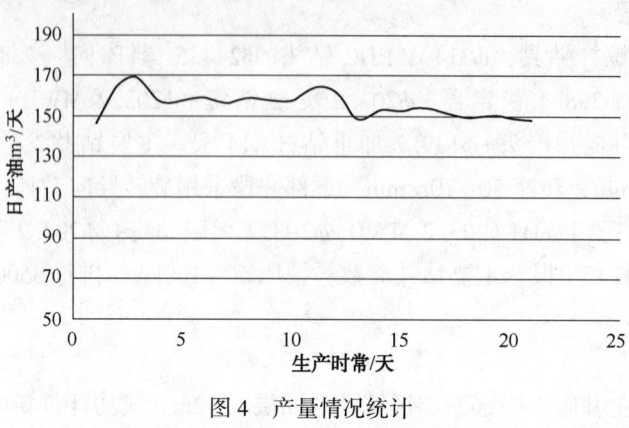

图 4　产量情况统计

5　结论

（1）对于海上井槽不足的多井实施目的，采用多底井技术可以实现一个井槽多个井位的勘探开发目的。

（2）海上多底井技术实施的前提是定向井轨迹的可行性，一方面要统筹优化上部轨迹避免防碰问题，另一方面是下部轨迹兼顾两方靶点，做到各个井眼实施的最优化。

（3）多底井技术虽然较为成熟，但在海上应用较少，本次作业的实施为后续海上丛式井高效开发、降低成本提供了技术储备。同时为国内外相关同类型勘探开发情况，提供了有利的尝试和宝贵的经验。

参 考 文 献

[1] 张云连，王正湖，唐志军，等. 多底井、分支井工程设计原则及方法[J]. 石油钻探技术，2000，28（2）：4-5.

[2] 李文勇，袁夫存，沈志松. 南海西江油田多底井钻井完井技术[J]. 石油钻探技术，2005，33（1）：15-18.

[3] 李杉. 薄油层多底井井眼轨迹中调整点的确定及应用[J]. 石油钻采工艺，2012，34（6）：10-13.

[4] 李文勇，袁夫存，沈夺为. 西江 30-2 油田 B17ST01-ML 多底井钻井完井技术[J]. 石油钻探技术，2003，31（6）：10-13.

[5] 杨青松，马震，王晓冬，等. 多底井产能预测方法的分类与比较[J]. 长江大学学报：自然科学版，2013，10（8）：67-72.

[6] 和鹏飞，孔志刚. Power Drive Xceed 指向式旋转导向系统在渤海某油田的应用[J]. 探矿工程(岩土钻掘工程)，2013，40（11）：45-48.

[7] 刘鹏飞，和鹏飞，李凡，等. 欠位移水平井 C33H 井裸眼悬空侧钻技术[J]. 石油钻采工艺，2014，36（1）：44-47.

[8] 杨保健，付建民，马英文，等. Φ508mm 隔水导管开窗侧钻技术[J]. 石油钻采工艺，2014，36（4）：50-53.

[9] 和鹏飞，侯冠中，朱培，等. 海上 Φ914.4mm 井槽弃井再利用实现单筒双井技术[J]. 探矿工程(岩土钻掘工程)，2016，43（3）：45-48.

[10] 李凡，赵少伟，范白涛，等. 四级完井技术在渤海油田的应用[J]. 海洋石油，2014，34（1）：92-97.

埕岛油田海上大破片弹射孔工艺优化与应用

张勇，赵霞，任兆林，沈飞，李家华，王雷

（中国石化胜利油田分公司海洋采油厂，山东东营 257200）

摘要 射孔被称作打开油层的"临门一脚"，射孔孔径、孔密、穿深和孔径的均衡性等关键指标对射孔技术至关重要。目前埕岛油田采用的射孔技术存在炮眼孔径过小，穿深不够等问题，在此对海上采用的 127 枪射孔工艺进行优化，采用大破片弹，加装扶正器使射孔枪居中，能够改良各项指标，全面释放油井产能。

关键词 大破片；扶正器；居中；孔径；穿深

1 绪论

埕岛油田是胜利海上油田的主体区块，其主力开发层系为馆陶组。馆陶组的特点是埋藏较浅，压实差，颗粒间的胶结多为泥质胶结，容易出砂。受地质因素的限制，胜利海上油田以套管射孔完井为主。近年来，随着油田开发的深入，射孔技术也得到了较大的发展，但仍有不足。优化现有射孔工艺，射孔弹型，使之更加适应海上油田开发需要，是我们急需解决的问题。

2 海上油田射孔工艺现状

通过分析射孔工艺对提高单井产能的影响因素，近年来，射孔技术逐步向着高孔密、深穿透、大孔径、低碎屑方向发展，成功的研制出了 127 枪低碎屑弹射孔技术，并在海上油田得到大规模应用。该射孔弹弹壳采用特殊材料，爆炸时弹壳形成细小的碎屑，碎屑为锌铝粉末或小颗粒状，同时具有枪管穿孔小、套管穿孔大的特点，孔径 17.5mm，穿深达到 420mm。而在使用过程中，也陆续的发现了该工艺的不足，虽然射孔弹爆炸后进入油套环空的碎屑较少，但仍然有可能出现射孔管柱被卡现象，同时碎屑与井内液体在高温高压下有可能形成坚硬混合物，使后续施工复杂化，影响作业质量。

2.1 低碎屑弹射孔的特点

对比普通射孔弹，低碎屑射孔弹爆炸后产生的碎屑少、粒径小，孔径大、穿透深。其碎屑少、粒径小的特性有利于减少射孔管柱被卡几率，孔径大的特性能显著增大井筒泄流面积，利于射孔后的防砂施工。

2.2 低碎屑弹射孔工艺的不足

2.2.1 射孔穿深依然不足

油井由于受钻井期间泥浆堵塞及注入水结垢影响，地层污染带范围广，前期经过射孔的井段压实损害带普遍较深，采用低碎屑射孔弹打开油层后，大部分均无油气显示，且射孔后漏失速度均较低或无漏失，说明射孔弹不能有效穿透地层污染带，不利于油井产能的提高。

作者简介：张勇（1979—），男，汉族，2004 年毕业于大庆石油学院石油工程专业，大学本科，工程师，现从事采油工艺研究工作。E-mail：zhangyong903@slyt.com

图 1　射孔后枪身孔眼小、套管孔眼大　　　　图 2　低碎屑射孔弹射孔后碎屑(<3mm)

表 1　2015 年部分油新井射孔后与挤压防砂后地层漏失速度对比

序号	井号	射孔厚度/m	射孔后漏失量/(m³/h)	挤压防砂后漏失/(m³/h)
1	CB4DB-3	15.9	0	0.5
2	CB4EB-5	28.9	0.4	2
3	CB4EA-11	32	0.5	3
4	CB6FA-9	33.4	1	3
5	CB6FA-3	28.7	1	4
6	CB22FC-6	18	1	2.5
7	CB22FC-11	14.9	0.8	5
8	CB22FC-12	19.3	0	0.2

从表 1 可以看出，低碎屑弹射孔后地层漏失偏低或无漏失，在挤压防砂后(地层改造)，漏失速度明显放大，表明射孔弹未能有效穿透地层污染带。

2.2.2　碎屑颗粒小，易堵塞

该射孔弹爆炸后，产生的碎屑粒径大部分低于 3mm，虽然降低了卡管柱风险，但易进入油层，易造成油层污染及炮眼堵塞，影响油层保护效果。除此之外小的碎屑随爆压进入油井，这种小直径的壳体碎片在原油粘性带动下一起流出时，有可能堵塞生产油管喷嘴的喉径，使原油不能顺畅流出。

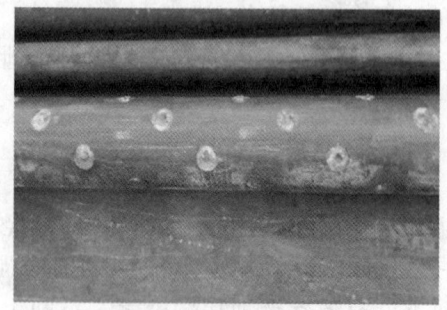
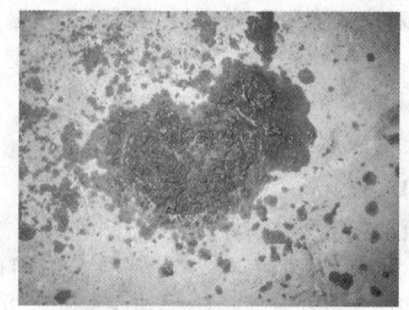

图 3　部分枪身孔眼堵塞图　　　　　　　图 4　射孔弹爆炸后产生的碎屑

2.2.3　施工安全隐患

在射孔完井作业过程中，射孔弹壳体在高能含能材料的作用下断裂成大小不一、形状不规则的自然破片，这些破片在爆炸产物的作用下进入井筒，有的破片进入射孔孔道引起孔道堵塞，造成油气通道不通畅。特别在大斜度井和水平井提枪串过程中，小破片可能通过枪身孔眼掉入井筒内，不仅污染井筒环境，而且会增加枪身与套管间的摩擦阻力，易出现卡枪事故。

在后续施工中，发现小破片弹爆炸后产生的碎屑易与井液形成坚硬混合物，给施工带来了非常大的安全隐患。在CB4EB-9井投产过程中，射孔后枪身遇卡，打捞出射孔枪发现大量块状、致密坚硬的混合物；在CB4EA-13、CB4EB-16井射孔及挤压充填防砂施工后，下探冲砂管柱进行冲砂，发现正冲、反冲均无进尺，最后下磨鞋管柱进行磨铣，在出口发现反出大量小块状混合物，怀疑是由射孔碎屑与井液发生反应形成，为了判断出混合物的来源，通过实验分析块状混合物组分构成。

表2 混合物组分含量分析结果

离子名称	Ca^{2+}	Mg^{2+}	Fe^{3+}	Al^{3+}	Zn^{2+}	Cu^{2+}	SO_4^{2-}	PO_4^{3-}	滤液体积/mL
离子浓度/(mg/L)	0	0	0	0	1126.8	0			250.00
氧化物质量/g	CaO	MgO	Fe_2O_3	Al_2O_3	ZnO	CuO			样品质量/g
氧化物质量/g	0	0	0	0	0.3505	0			0.4835
氧化物含量/%	0	0	0	0	72.5	0			

通过实验分析，CB4EB-9垢样成分主要为锌的腐蚀产物，氧化锌的含量占到72.5%，根据分析结果可以判断，射孔枪内垢样主要成分为射孔弹爆炸后的残留物。因此，由于低碎屑弹质量不达标，爆炸后产生的大量碎屑与井液在高温高压下反应形成块状混合物，是导致新井投产中射孔枪遇卡及冲砂无进尺的主要原因。

3 射孔工艺对提高单井产能影响因素的分析

3.1 孔径对产能的影响

对于充填防砂的井来说，渗流阻力主要发生在炮眼区，孔径小使得炮眼区压力梯度大幅提高。增大炮眼面积可直接降低炮眼区压力梯度(表3)，从而减小流动阻力、降低流速，有利于减缓出砂。

表3 孔眼直径对压降的影响

孔眼直径/mm	压降/MPa		
	层流	紊流	总压降
10	0.758	0.1741	0.9321
12	0.5364	0.0839	0.6203
14	0.3867	0.0453	0.432
16	0.2961	0.0266	0.3227
18	0.2035	0.0195	0.223

3.2 孔深对产能的影响

从图5大庆油田的实验结果可以看出，射孔孔眼必须穿透钻井伤害带及射孔损害带(A点、B点)，油井产能才有较大幅度提高；但是，疏松砂岩地层的孔眼太深会降低射孔孔眼的稳定性。因此，对出砂地层在不影响孔眼稳定性的前提下，射孔深度越深对提高单井产能越有利。

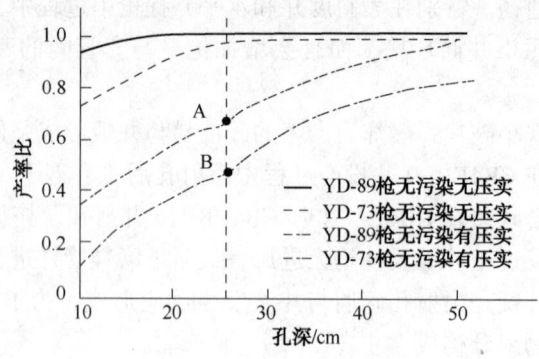

图 5　大庆油田孔深产率分布图

3.3　孔密对产能的影响

增大孔径和孔密，流动截面积增加，砾石充填砂和油气流入井筒受到的阻力越小，有利于充填防砂施工，提高防砂成功率。

若孔深无法穿透损害区，则孔深更重要；若孔深可以保证穿透地层损害区，则孔密比孔深更重要，此时应采用高孔密射孔方式。

3.4　射孔破片和射孔弹性能对产能的影响

在射孔完井作业过程中，射孔弹壳体在高能含能材料的作用下断裂成大小不一、形状不规则的自然破片，这些破片在爆炸产物的作用下进入井筒，有的破片进入射孔孔道引起孔道堵塞，造成油气通道不通畅，降低单井产能。

若射孔弹的性能不良，会形成杵堵。聚能射孔弹的紫铜罩约有 30% 的金属质量能转变为金属微粒射流，其余部分是碎片以较低的速度跟在射流后面而移动，且与套管、水泥环、岩石等碎屑一起堵塞已经射开的孔眼。这种杵堵非常牢固，酸化及生产流体的冲刷都难以将其清除。

4　优化射孔工艺满足海上油田开发需要

针对普通射孔弹及低碎屑弹存在的问题，同时结合射孔工艺对提高单井产能的影响因素，综合各方面的技术和资料提出以下几点优化方案。

4.1　优化射孔枪尺寸

射孔枪外径越大越有利于提高射孔枪的居中度，最大限度利用套管空间，减小射孔枪与套管的间隙，提高各方位上穿深和孔径的一致性，改善油气的流动特性。但是由于胜利浅海油田油井井斜较大，射孔枪与套管的间隙过小不易于起下管柱，存在刮蹭等安全隐患。综上所述，为了合理匹配射孔枪、射孔弹，充分发挥射孔器的性能，同时保证施工的安全可靠，故选用 127 型射孔器。

4.2　优化大破片弹，用于代替低碎屑弹

鉴于原有低碎屑弹爆炸后，碎屑易造成油层污染、易与井内液体发生反应、穿深依然不足等弊端，采用大破片射孔弹配合 127 型射孔器形成了具有海上特色且满足海上施工需求的全新射孔工艺。该工艺具有射孔孔眼大、穿深能力更强、施工风险低、油层污染小等特点。射孔弹爆炸后，在套管上形成的炮眼直径较以往使用的射孔弹大，达到 18mm 以上，增大了井筒泄油面积，同时利于后期防砂；穿深达到 660mm，比低碎屑弹穿深 (440mm) 多出 220mm，穿深提

高率达到50%，能更好的穿透地层污染带，提高储层渗流能力，在提高油井产能方面有着非常重要的作用。同时优化射孔弹聚能罩设计及壳体的材质结垢，使射孔后枪身孔眼小，不大于9mm左右，而经过优化的壳体射孔后产生破片较大，大于9mm的破片占总碎屑的80%以上，碎片不易进入炮眼及地层，不易落入井筒，避免了射孔枪遇卡，保障施工安全，也提高了油层保护效果。另外大破片弹爆炸后产生的碎屑物性稳定，不会与井内流体发生反应。

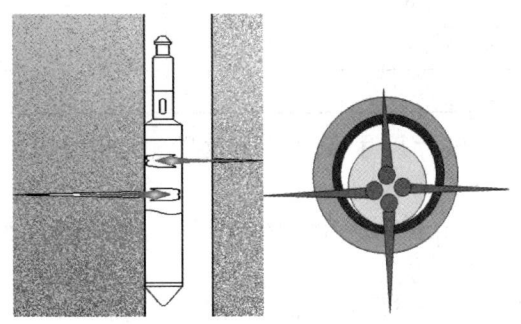
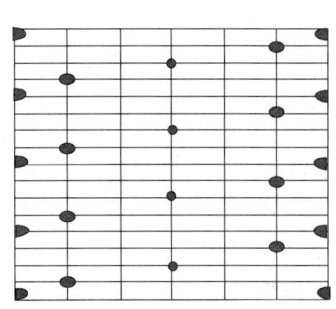

图6　小直径射孔器在套管内的间隙　　　　　　图7　小直径射孔器孔眼分布

大破片弹壳体结构设计采用预控破片理论。通过特殊的技术措施控制或引导壳体的破裂，从而控制所形成破片的大小、形状和数量。为获得长条片状的破片，采用壳体内表面刻V形凹槽结构。

新型射孔弹壳体内预制薄弱结构，即沿壳体轴向布对称的4条V形槽，剖面如图9所示。

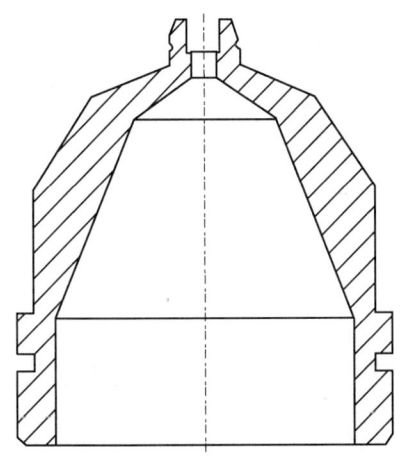
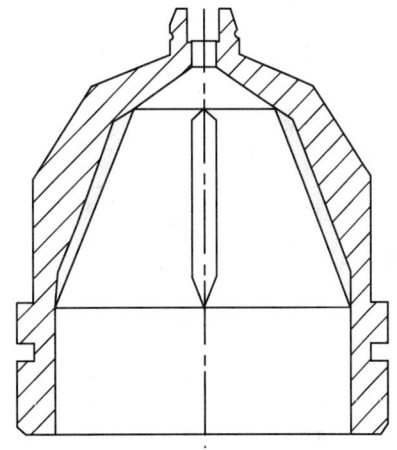

图8　常规壳体结构剖面图　　　　　　图9　新设计壳体结构剖面图

经单发射孔弹破片收集试验，常规壳体和新型壳体破片收集结果见表4。

表4　大破片射孔弹模拟装枪穿钢靶试验碎屑收集情况

壳体类型	壳体平均质量/g	收集的破片质量/g	≥9.53mm 破片质量/g	<9.53mm 破片质量/g	大破片率(≥9.53mm破片/壳体平均质量)/%
新设计壳体	467.4	457.4	398.4	58.8	85.3
		459.8	401.8	57.6	86.0
		448.6	403.9	44.6	86.4

续表

壳体类型	壳体平均质量/g	收集的破片质量/g	≥9.53mm 破片质量/g	<9.53mm 破片质量/g	大破片率(≥9.53mm破片/壳体平均质量)/%
大破片率平均值					85.95
常规壳体	481.6	460.3	263.3	197.0	57.2
		459.7	291.9	167.8	63.5
		463.4	286.8	176.6	61.9
大破片率平均值					60.9

由此可见,新设计壳体结构对增加壳体破片尺寸有明显的效果,大破片长度大于 9.53mm 的占破片总质量的 85.95%。

下面通过地面打靶,检验 127 枪型大破片射孔弹穿透 N80 材质的 7 寸套管性能及整枪碎屑保留率。实验如下:

射孔器型号:127 型射孔器,材料:32CrMo4,壁厚9.5mm,孔密:40孔/m。

射孔弹型:大破片射孔弹,装药为以黑火药为主体的混和炸药。

实验内容:采用地面装 127 枪穿材料 N80 的七寸套管,套管壁厚均为 9.19mm,射孔枪居中放置在套管中,试验情况见图 10,检测数据见表 5。

表5　大破片射孔弹装 127 枪直井射穿 7 寸套管(N80)试验数据

序号	套管孔径/mm		射孔枪孔径/mm		序号	套管孔径/mm		射孔枪孔径/mm	
	短轴	长轴	短轴	长轴		短轴	长轴	短轴	长轴
1	17.2	17.5	8.4	8.5	20	18.5	18.9	9.6	10.3
2	17.8	18.5	8.2	8.3	21	17.3	17.8	9.6	9.6
3	18.6	18.8	8.8	8.8	22	18.0	18.6	9.5	9.7
4	18.0	18.9	9.0	9.9	23	16.9	17.1	10.3	10.5
5	18.4	19.1	8.8	9.8	24	18.2	19.2	8.2	8.8
6	17.5	18.1	9.2	9.6	25	17.9	18.9	7.6	8.9
7	18.3	19.2	9.8	10.0	26	17.8	18.7	9.1	9.8
8	17.8	19.0	7.8	8.7	27	17.7	17.9	8.9	9.2
9	16.1	17.8	8.5	8.7	28	18.4	18.8	9.1	9.1
10	18.2	18.5	8.8	10.5	29	18.1	18.1	9.7	10.0
11	17.8	18.4	9.3	9.6	30	18.1	19.1	9.7	9.8
12	18.1	18.5	8.8	9.6	31	18.2	19.4	9.1	9.3
13	17.8	18.8	8.6	9.6	32	18.0	19.2	8.1	8.8
14	17.7	19.1	9.1	9.9	33	18.1	18.9	9.0	9.6
15	18.5	19.1	9.6	10.0	34	18.0	18.7	9.4	9.7
16	17.9	18.7	8.1	8.1	35	17.5	18.1	7.9	8.1
17	18.0	18.2	8.5	9.6	36	18.1	18.3	8.2	9.4
18	17.2	18.2	7.6	9.0	37	16.5	17.7	9.1	10.0
19	18.0	18.6	8.1	8.4					
套管孔径平均值/mm		18.2			射孔枪孔径平均值/mm			9.1	

注:套管壁厚 9.19mm,试验后,套管完好,未出现裂纹,枪身胀径及毛刺高度均在要求范围内。

试验前对 127 型大破片射孔弹及弹架重量进行称重，37 发射孔弹总重量为 10.2kg，其中每发射孔弹中的炸药和药型罩重量为 63g，37 发弹共计 2.33kg。弹架重量为 2.15kg，射孔后对 127 枪内的碎屑质量进行了称重，重量为 8.85kg。

射孔过程中导爆索以及射孔弹中的炸药和药型罩在炸药产生的高温高压的作用下变为气体，假设弹架在射孔前后重量保持不变，因此，碎屑损失重量即为射孔弹壳体的损失量，则碎屑损失重量为：（10.2-2.33+2.15）-8.85 = 1.17kg。则射孔枪内碎屑保留率为：1-（1.17/（10.2-2.33））= 85.1%。射孔后，对枪内碎屑进行收集，了解碎屑形态及尺寸，结果如图 10。

图 10　碎屑尺寸大部分在 9~20mm 之间

从地面打靶实验结果可以判断，127 型大破片弹射孔工艺满足海上油田对高孔密、深穿透、枪身孔眼小而套管孔径大的射孔要求，且枪内碎屑损失少，损失率小于 15%，表明只有较少的碎屑进入油套环空及地层，提高了施工的安全性，也减少了对地层的伤害。

4.3　射孔管柱加装居中扶正器，提高射孔效果

埕岛油田大多为定向井，斜度较大，致使下入射孔枪后无法保持居中状态，影响其射孔效果。下面通过实验，检验射孔枪无法居中对射孔效果带来的影响。

采用 127 枪型大破片弹，射孔枪未放置居中环，将 7 寸套管倾斜一定角度放置，如图 11 所示，同时射孔枪与套管内壁紧贴在一起，如图 12 所示，套管采用 P110 材质，壁厚为 11.51mm，检测数据见表 6。

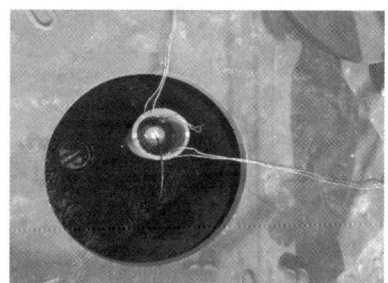

图 11　套管倾斜放置图

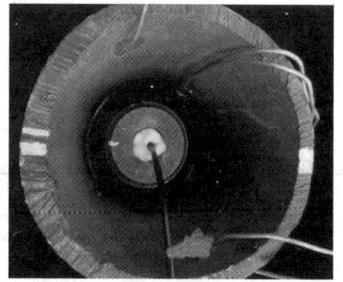

图 12　射孔枪紧贴套管内壁

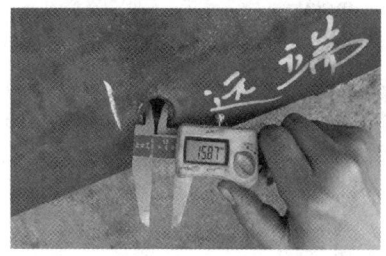

图 13　套管在最大间隙下孔径测量

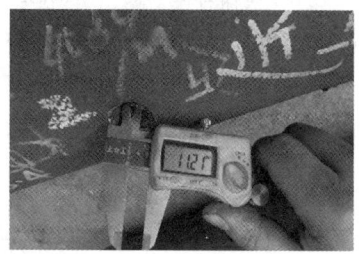

图 14　套管在最小间隙下孔径测量

表6　加装扶正器射孔实验数据

射孔枪与套管之间的间隙大小	相位	射孔号	套管孔径/mm 短轴	套管孔径/mm 长轴	射孔枪与套管之间的间隙大小	相位	射孔号	套管孔径/mm 短轴	套管孔径/mm 长轴
间隙最大	第1相位	1	16.1	16.2	间隙最小	第5相位	5	9.9	10.3
		9	16.4	17.2			13	11.3	12.9
		17	16.9	16.9			21	11.4	11.5
		25	16.0	16.2			29	10.3	10.8
		33	16.2	16.3			37	9.5	10.7
		平均孔径/mm		16.5			平均孔径/mm		10.9
间隙次小	第2相位	2	11.5	12.1	间隙次大	第6相位	6	16.5	17.2
		10	12.5	12.8			14	16.3	16.9
		18	12.0	13.6			22	17.2	17.5
		26	10.9	11.3			30	16.2	16.8
		34	10.3	10.4					
		平均孔径/mm		11.7			平均孔径/mm		16.8
接近正常间隙	第3相位	3	16.3	17.5	接近正常间隙	第7相位	7	15.6	16.5
		11	14.1	15.7			15	16.6	16.8
		19	17.3	18.4			23	17.8	18.9
		27	16.7	17.3			31	15.3	15.5
		35	15.9	16.1					
		平均孔径/mm		16.5			平均孔径/mm		16.6
间隙次大	第4相位	4	16.8	17.5	间隙次小	第8相位	8	6.1	6.6
		12	17.1	17.2			16	12.7	13.4
		20	17.0	17.4			24	12.0	12.5
		28	17.7	18.1			32	13.0	13.6
		36	16.4	16.8					
		平均孔径/mm		17.2			平均孔径/mm		11.2

注：套管壁厚12.65mm，试验后，套管完好，未出现裂纹，枪身胀径及毛刺高度均在要求范围内，射孔枪孔径与居中试验时基本相同，因此未测量。

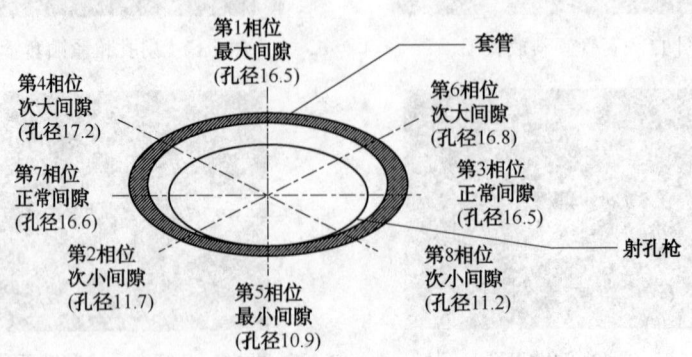

图15　GH42RDX27-2射孔弹孔眼一致性试验结果分析

从实验可以看出，当射孔器在偏心极限状态下，即套管间隙最小时，射孔时在套管上形成较小的孔径，在地层形成较粗的孔道；随着套管间隙增大，当最大间隙时，使得射孔聚焦点在套管内，从而使得在套管上孔径也减小，在地层内形成较细长的孔道。因此，为了更好的提高射孔效果，满足海上油田各种井况对射孔工艺的要求，在采用 127 枪型大破片弹射孔工艺时，施工管柱加装外径 150mm 扶正器，如图 16、图 17 所示，确保射孔枪保持居中状态。

图 16 居中环结构尺寸示意图

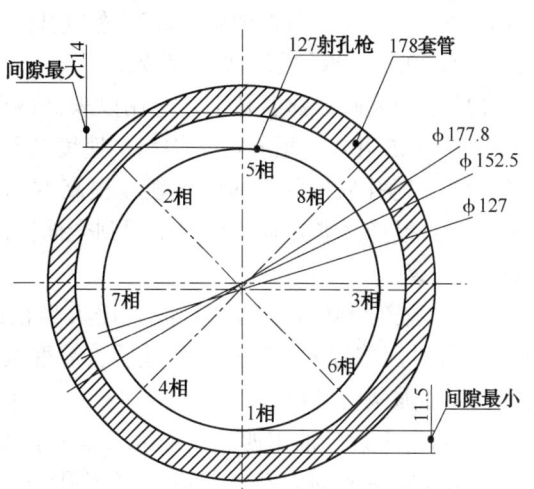

图 17 127 枪安装居中环结构示意图

表 7 大破片射孔弹装 127 枪居中射穿套管(P110)试验数据

射孔枪与套管之间的间隙大小	相位	射孔号	套管孔径/mm		射孔枪与套管之间的间隙大小	相位	射孔号	套管孔径/mm	
			短轴	长轴				短轴	长轴
间隙最小 (11.5mm)	第1相位	1	16.5	17.0	间隙最大 (14mm)	第5相位	5	17.4	17.4
		9	17.0	17.5			13	17.0	17.2
		17	17.0	17.1			21	16.7	17.2
		25	17.1	17.2			29	16.3	17.2
		33	16.7	17.3			37	16.3	17.0
		平均孔径/mm		17.1			平均孔径/mm		17.0
接近正常间隙 (12.74mm)	第3相位	3	16.9	17.2	接近正常间隙 (12.74mm)	第7相位	7	16.6	17.0
		11	16.8	17.8			15	16.8	17.1
		19	17.3	17.3			23	16.8	17.6
		27	17.4	17.7			31	17.1	17.2
		35	16.8	16.9			平均孔径/mm		17.0
		平均孔径/mm		17.2					

注：套管壁厚 12.65mm，试验后，套管完好，未出现裂纹，枪身胀径及毛刺高度均在要求范围内。

通过表 7 可以看出，在 127 射孔枪外安装外径为 150mm 的居中环后，有效改善了套管孔径的一致性，提高射孔枪弹有效率，极大改善炮眼处油流通道，消除射孔后套管孔眼及地层穿深不一致的影响，避免由炮眼不一致造成的孔眼之间的干扰，使各炮眼泄流均匀，全面释放油井产能。

5 127枪型大破片弹射孔工艺在海上油田的应用

随着对大破片弹射孔工艺的改进与优化逐渐成熟，该工艺的逐步推广应用。CB20CB-11井投产作业首次采用大破片弹正压射孔工艺，该井最大井斜角54.9度，油层套管材质P110，壁厚9.19mm，射孔跨度22.5m，射孔厚度16.1m，油管正打压18MPa引爆射孔弹，射孔后最高漏失速度3.5m³/h，反洗井时出口见油花并带少量气体，表明该射孔工艺成功穿透地层污染带，满足了海上油田对深穿透的射孔要求。该井投产后，日产液81.3t，日产油57.3t，含水29.4t，取得了良好的效果。

自127枪型大破片弹射孔工艺应用以来，截至目前，海上新井投产及老井补孔作业共用大破片弹射孔35井次，射孔后平均漏失速度达到1.5m³/h以上，较以前射孔工艺漏失速度提高约50%，射孔后地层平均加砂强度提高约20%。目前127型大破片弹射孔工艺已经在海上油田新井投产及老井补孔作业中得到全面应用。

6 认识与建议

(1)目前有部分新井组钻井后泥浆侵入半径过大，平均值达到500mm以上，最高接近1000mm。针对泥浆侵入半径过大的地层，需继续优化大破片弹射孔工艺，提高其射孔穿深，使之完全穿透泥浆污染带。

(2)针对海上埕岛油田西北稠油区块原油黏度高，流动阻力大，为了提高炮眼附近泄流面积，采用孔径更大的大孔径打破片弹射孔工艺，孔径将达到22mm，提高炮眼的流通面积，能有效提高稠油通过炮眼的流动能力，改善稠油的开发效果。

(3)据国外研究数据显示，在射孔后形成的炮眼中，只有一半左右的炮眼对泄流有贡献，其余炮眼贡献较小或无贡献。研究井底真实的炮眼有效率，从而合理优化孔密与孔距，在保证射孔质量的同时，也可降低射孔施工费用。

参 考 文 献

[1] 盛廷强，王峰，邢仁东，等．冲击载荷下射孔弹壳体大破片特性的设计及应用[J]．测井技术，2015，12(04).
[2] 安丰春，孙新波，杨玉玲．102枪装127弹射孔工艺在大庆油田的开发与应用[J]．火炸药学报，2005，3(01).
[3] 吴木旺．高孔密深穿透射孔器的研发及应用[D]．中国石油大学(华东)，2013.
[4] 陈清汉，徐冬梅，朱凯，等．埕岛极浅海油田注采方案优化研究[J]．钻采工艺，2004，6(03).
[5] 李尚杰，李必红，赵云涛，等．一种破片高回收率射孔弹壳体破碎特性的设计方法研究[J]．爆破器材，2014，25(06).

莱州湾区域大斜度井通井技术的研究与应用

袁则名，和鹏飞，于忠涛，韩雪银，何　杰，边　杰

(1. 中海油能源发展股份有限公司工程技术分公司，天津 300452；

2. 中国石油海洋工程公司钻井事业部，天津 300280)

摘　要　通井作业是钻井作业中的重要工序，是保证测井和套管下入的前提。针对莱州湾 KL 区域大斜度井作业情况，在综合分析常规通井技术的基础上，以 CB25GB 井组和 CDX-80P 井作为例子进行了作业模式和优缺点的分析，然后对比莱州湾 KL 区域地层、大斜度井轨迹等方面的特点，选择完钻后采用原钻具全程倒划眼短起钻通井的模式。通过全程倒划眼模式下钻具的选择要求、参数控制、中途循环点的选择和操作方式以及应急处理措施的经验建议等分析，给出一整套完整的倒划眼通井操作模式。通过应用效果对比，最终得出莱州湾区域大斜度井全程倒划眼通井模式比常规通井模式的优势。

关键词　大斜度井；通井；倒划眼；对比分析；莱州湾

针对海上油藏断块多、构造复杂以及浅部油层原油黏稠的特点，开发井型已经由以往单一的直井、常规定向井模式向大斜度井、大位移井及水平井甚至水平分支井转变，大斜度井、大位移井已成为渤海油田近几年开发的主导方式[1-3]。大斜度井是指井斜角在 55°~85° 的定向井，它可钻遇多个地质目标，在油田勘探开发中实现少投入、多发现、多产出的目的，是开发难采小断块油气藏的有效手段，大斜度井作为油田中后期开发的主要手段之一，在保证油田产能，油田综合调整中占据的重要性越来越大。但是大斜度井本身存在井眼清洁、套管下入难等诸多难点，最终完钻后的通井作业更是整个作业的重重之中，通井的效果好坏，一定程度上直接影响套管能否顺利下入[4,5]。

1　技术现状

常规的通井方法是在不建立循环的情况下，利用吊卡上提下放钻柱以达到修整通畅井眼的目的。

1.1　常规通井技术介绍

(1) CB25GB 井组通井方式。该井组使用的通井方法是完钻后先起出原钻具组合，然后组装通井钻具组合下钻通井。通井过程中先采用常规通井方式，在遇到严重阻卡时，再进行划眼通过阻卡点。但是在通井过程中，始终无法有效解决环空岩屑堆积的问题，影响了整体时效。

(2) CDX-80P 井通井方式。该井秉持了 K&M 公司的大斜度井通井理念，通井作业一直遵循严禁倒划眼的理念，以防止增加新岩屑，造成环空不畅。该井使用油基钻井液和斯伦贝谢的随钻测井技术，在完钻后用大排量、高转速(150~160r/min)和长时间的循环来清除岩屑床，然后使用吊卡起钻通井，一旦发现遇阻现象(过提 10~15t)，立刻下钻 20~30m 进行

作者简介：袁则名(1980—)，男，汉，2007 年毕业于中国石油大学(华东)油气井工程专业，硕士研究生学位，工程师，主要从事海洋石油钻完井技术监督及数据分析研究工作。E-mail：yuanzm@ cnooc.com.cn

循环洗井消除岩屑床后再继续通井。

1.2 优缺点分析

根据 CB25GB 井组的作业情况统计,采用常规通井方法,电缆测井往往无法一次性下放到底,而且经常因为没有消除井壁台阶而挂卡电缆。同时,在一些造斜点井段,经常会造成下套管无法顺利通过现象,而在这些井段常规通井钻具有时也会因为刚性比原钻具强而无法通过。

CDX 井组的通井方式大大减小了井下遇阻卡的复杂风险,也避免了憋扭矩和憋泵现象的发生,确保了作业安全的同时,井眼质量也得到了很好的保障。但是,由于循环洗井时间过长(仅完钻后第一次循环就用了 9h,通过每循环 1h 起一柱钻具的方法避免大肚子现象),造成了通井总时间的增加。

综合分析可知,常规的通井方法由于不存在憋钻井泵和扭矩过大憋顶驱(或转盘)的风险,在起钻过程中只需要通过悬重大小的变化就可以有效判断井下情况,因此较倒划眼的通井方式来说风险较小,操作难度也更小一些。同时,常规的通井方法不需要接顶驱或使用方钻杆,节省了一部分钻井时效。

2 作业背景及技术思路

2.1 油田位置与地层特征

KL10-1B 和 KL3-2A 井组位于莱州湾海域,揭示的地层,自上而下分为第四系平原组,新近系明化镇组和馆陶组,古近系东营组和沙河街组[6,7]。根据实钻结果发现,该区块在垂深 700~3000m 多为灰色泥岩与砂岩成不等互层岩性(表1)。

2.2 定向井轨迹与井身结构设计

KL10-1B 和 KL3-2A 井组均采用批钻模式钻井,稳斜段井斜平均为 60°,定向井眼轨迹多采用直-增-稳三段式类型。井身结构:ϕ431.8 井眼×ϕ339.7 套管+ ϕ311.1 井眼×ϕ244.5 套管+ϕ215.9 井眼×ϕ177.8 尾管。

表1 KL10-1 油田地层情况

地质时代	地层名称	岩性描述
第四系	平原组	泥岩:褐灰色,质较纯,性软-中硬。细砂岩:浅灰色,成分以石英为主,次棱圆状,偶见石英砾
新近系	明化镇组上段	大段泥岩夹薄层细砂岩
	明化镇组下段	泥岩与砂岩呈不等互层。泥岩:绿灰色,部分红褐色。细砂岩:浅灰色,成分以石英为主,少量长石及暗色矿物
	馆陶组	大段含砾细砂岩夹薄层泥岩。泥岩:绿灰色,部分紫褐色。含砾细砂岩:浅灰色,成分以石英为主,砾径一般 2~3mm,最大 4mm
古近系	东营组	泥岩与细砂岩呈不等互层。泥岩:灰色,与稀盐酸反应弱。细砂岩:灰色,成分以石英为主
	沙一段	泥岩砂岩不等互层。泥岩:灰色。细砂岩:浅灰色。泥质灰岩:灰白色,质不纯,泥质分布均匀,与稀盐酸反应剧烈
	沙二段	上部大段砂岩夹薄层泥岩,下段大段泥岩夹薄层粉砂岩。细砂岩:浅灰色,成分以石英为主,偶见 2~3mm 石英砾,高岭土质~泥质胶结。泥岩:灰色,少量绿灰色。粉砂岩:浅灰色
	沙三段	上部泥岩与粉砂岩呈不等互层,下部为大段生油泥岩夹薄层砂岩。粉砂岩:浅灰色,部分含灰质。泥质灰岩:灰白色,含泥质均匀

2.3　通井的技术思路

在 KL10-1B(平均井深3000m)和 KL3-2A 井组(平均井深2400m),在钻井作业过程中,往往二开311.1mm 井眼钻进到2000~2500m 左右中途起钻更换钻具组合(大部分带斯伦贝谢的随钻测井仪器),然后一次性钻进至完钻井深,选择完钻后全程倒划眼短起至上层套管鞋。倒划眼是指在已钻井眼内为了修整井壁,清除附在井壁上的杂物,使井眼畅通无阻,将钻具连接顶驱(或使用方钻杆与转盘)边循环边旋转上提钻柱的过程。通过倒划眼整个裸眼的方式,一方面清除岩屑床一方面修整井壁,短起之后再次下钻至井底,根据下钻过程的情况判断井眼状况。如果下钻顺利,下钻到井底后进行循环处理钻井液,加入润滑材料等之后起钻至井口,做下套管的准备,如果下钻过程遇阻频繁,可先进行钻井液的部分调整,之后再进行小短起(约300m 左右),以此进一步判断井眼状况。

倒划眼中途按照参数变化(主要是泵压和扭矩)选择中途循环(稳定井况下经验为300m 循环一次),选择中途循环的井段主要考虑以下几点:(1)选择稳斜段或者造斜全角变化率相对上下较小的一柱进行循环;(2)尽量选择泥岩井段,避免砂岩或者砂泥岩互层界面,以免循环造成"大肚子"以及台阶的出现;(3)循环时采用"慢速上提、快速下放"的模式,同时上下转向点每次错开,避免多次在一点转向而划出新台阶。

三开井段均一趟钻到底,然后全程倒划眼起钻至二开244.5mm 套管鞋。

3　倒划眼通井的关键技术操作

在 KL 油田群大斜度井组的钻井作业过程中,钻至完钻井深后采用全程倒划眼方式修整井眼轨迹,经过多个井组的经验总结,形成了一套行之有效的技术措施。

3.1　倒划眼工具的选择与使用

通过实践证明:通井作业原则上采用上一趟钻具结构[8~10],如因实际情况必须改变钻具结构时,该钻具的刚性必须小于上趟钻具的刚性;因此,不论定向井、水平井还是大斜度井,使用原钻具(或类似原钻具)组合通井是行之有效的。特别是使用单弯动力钻具通井,由于弯壳体的存在,钻头更不容易戳在井壁上(尤其是下井壁),有利于防止井壁出现台肩或防止出现新井眼;并且,实践也充分证明了导向钻具(欠尺寸稳定器)组合通井完全可以顺利地下入套管。所以,导向钻具是一种很好的通井钻具。

通井扶正器的尺寸要根据钻井情况适时调整并摸索经验,要尽量减少备用扶正器的数量。如果采用单扶正器通井,扶正器为满眼或微欠尺寸即可;而采用双扶正器通井,扶正器为微欠尺寸即可。如果通井过程中出现倒划眼困难等情况,后续井可使用带倒划眼齿的扶正器(在 KL10-1B 井组中曾使用),以提高倒划眼作业效率。但是实践发现,带倒划齿扶正器在硬地层段的使用效果较好,而在软泥岩段中倒划齿往往被泥包而失去作用。

3.2　倒划眼的参数控制

一般2000~2700m 的大斜度井一开始可以通过控制泵压在16~17MPa 左右来调整排量,而2700~3500m 的井则控制在18~19MPa,否则一旦憋钻井泵,司钻会因为来不及调整排量或停泵导致憋跳安全阀,即根据地面泥浆泵泵压限制预留一定的操作空间。钻具转速宜高不宜低,底部钻具中不含螺杆钻具或者有转速限制的钻具时,建议调整转速在120rpm 左右。根据国际各大钻井公司的施工经验,大斜度定向井段的岩屑根据"传送带"原理进行运移,在211.5mm 井眼中钻具转速只有超过100~120r/min 这一跨栏速度,携岩效果才会产生一个阶梯性的变化，否则无论如何调整转速，由于钻具接头上形成的"胶粘箍"过薄（K&M 公司理论），携岩效果都不会有太大变化。

3.3 通井前的准备工作

首先完钻后长起钻前应充分循环并调整钻井液性能，裸眼段垫满高封堵，高润滑，强抑制性封闭塞，（在破裂压力允许范围内）提高钻井液密度压稳地层，加入足够的钾盐稳定井壁，一定要在充分循环洗井后起钻（通过观察振动筛上的岩屑返出情况判断）。

司钻提前向定向井和录井收集井眼轨迹数据和地质分层图表，在钻具表上标注出造斜和纠方位等井眼轨迹变化大的井段和泥岩、砂岩交界点。在划眼通过这些点时建议适当降低倒划速度，关注扭矩和泵压值变化，提前做好遇阻卡准备。

3.4 通井过程中的参数观察

扭矩是倒划眼过程中反映井下情况最快也是最直接的参数之一，倒划眼过程中一旦扭矩值接近顶驱所设上限，应及时降低上提速度，如果扭矩值指针停顿在 2s 以内且泵压上升不超过 0.5MPa，不要急于下放钻具，因为一般井眼憋卡不严重时扭矩和泵压都会逐步恢复。如果扭矩大幅度来回摆动、泵压平稳时，说明划眼速度正常，可继续保持这一速度；但若出现泵压上升、扭矩指针在高值出现停顿现象，就要放慢速度，做好迅速下放钻具的准备。在倒划眼过程中，如果发现泵压、扭矩有持续上升趋势，就应该停止倒划，下钻 20~50m 进行中途循环清洁井眼，在振动筛干净后继续起钻。

3.5 倒划眼通井的应急处理

（1）出现憋顶驱现象时要防止快速倒转，避免钻具倒扣。坚持少提多放和反向原则，一旦憋顶驱憋泵，要迅速下放（可多下放一段距离，释放出扭矩，下放速度要快）；憋泵时及时降低排量，如果泵压升高较快，立即停泵。每一柱倒划尽量上提至最高点，为下一柱的划眼提供处理复杂的空间。

（2）尽量减少钻具静止时间，接立柱要配合好，做到"早开泵，晚停泵"。

（3）认真记录倒划眼起钻遇阻卡点井深和悬重变化参数，为下步下钻通井作业做好铺垫。

（4）在紧急情况下，可以使钻具适当地憋扭矩下放，但是必须严禁带扭矩上提钻具，这样对钻具会造成很大的伤害，因为当钻具被拉伸时，本身就处于薄弱状态，抗扭能力大大减弱，当扭矩力、拉力和下部钻具重力三者结合在一起，又会产生很大的斜向应力，容易从薄弱点断开。断裂的上部钻具在扭转状态下会像弹簧一样向上弹起，对钻台的人员、设备造成严重威胁。

4 效果分析

根据上文所述，在一般情况下，采用常规通井方式比倒划眼要更加安全和便于操作。但是，倒划眼通井技术也有着难以替代的优势：在遇到缩径、砂桥、键槽、泥包、坍塌等类型的井下复杂情况时，倒划眼能够更加有效地进行处理，避免拔活塞和埋钻具的风险，从而更快地解决复杂情况并通过遇阻卡点。在一些复杂井段，倒划眼技术能够通过参考扭矩、泵压的变化及时发现异常，从而提前采取适当的预防措施，以降低井下风险。同时，随着近年来大位移井和大斜度定向井的兴起，对比在大斜度井段吊卡起钻的困难，倒划眼起钻由于能够更好地破坏岩屑床和清洁井眼而被更多地采用于大斜度井的通井作业。

通过垦利区块井组与相邻油田垦北 25GB、垦岛西区块同类型井常规通井情况的时效对比(表2),可以发现,合理使用原钻具进行倒划眼的通井技术可以有效缩短通井过程中的循环洗井时间,同时在通井总的时效上也比常规通井方法占有一定的优势,尽管伴随着一定的风险,但是也取得了较好的经济效益。

通过井组三开测井数据显示,ϕ215.9 井眼通井前后平均井径大小均为 ϕ234.2,井眼扩大率保持 8.5% 不变。由此可见,在大斜度井的中硬泥岩地层(垦利井组下部地层均为中硬泥岩,见表1)进行倒划眼作业,在井壁上岩屑床的保护下,通常不会因为划眼而造成井眼扩大率增加的不利现象。

表 2　倒划眼与常规通井时效对比

井组	井号	井深/m	最大井斜角/(°)	下套管速度/(m/h)	通井循环时间/h	通井总时间/h	通井方式
垦北 25GB	CB25GB-3	2273	54.6	267	8.75	45.0	常规通井
	CB25GB-2	2251.6	54.4	187	10.17	34.0	
	CB25GB-1	2328	55.9	221	8.5	48.0	
垦岛西	CDX-80P	2309.5	63.46	144	14.5	48.0	
KL3-2A	KL3-2-A11	2268	64.16	283	4.0	27.0	倒划眼通井
	KL3-2-A15	2405	55.0	283	4.5	28.0	
KL10-1B	KL10-1-B23	3054	57.74	321	12.0	55.0	

5　结论与建议

(1)与常规通井方式比较,倒划眼通井风险较大,操作难度较高,但是对清除大斜度井中的岩屑床有较好的效果。根据垦利井组下套管的表现,通井后井眼状况良好,复杂率较低。

(2)地层、定向和岩屑堆积是倒划眼困难的主要原因,因此定向钻进应尽可能保证轨迹平滑,倒划眼之前应该充分调整钻井液性能稳定井壁,保持较好的流变性,当倒划眼过程中出现岩屑堆积现象时,要及时循环清洁环空。

(3)在倒划眼过程中,如果采取合理的技术措施,拥有丰富的施工经验,就能在一定程度上规避风险,并有效缩短通井时效。

(4)在一口大斜度井完钻后,应该根据实际钻进情况,结合钻井液性能、井眼轨迹和地层特点合理选择通井方式。全程倒划眼的通井方式一般不建议在易漏地层、钻井液性能优异和井眼状况良好的情况下使用,而在井斜≤30°或直井中一般用常规通井方式即可。

参 考 文 献

[1] 孙晓峰,闫铁,崔世铭,等.钻杆旋转影响大斜度井段岩屑分布的数值模拟[J].断块油气田,2014,21(1):92-96.

[2] 和鹏飞.辽东湾某油田大斜度井清除岩屑床技术的探讨[J].探矿工程(岩土钻掘工程),2014,41(6):35-37.

[3] 肖春学,王向延,陈伟林,等.苏南SN0084大斜度井钻井技术[J].石油钻采工艺,2013,31(5):24-28.

[4] 和鹏飞,侯冠中,朱培,等.海上Φ914.4mm井槽弃井再利用实现单筒双井技术[J].探矿工程(岩土

钻掘工程), 2016, 43(3): 45-48.

[5] 吴先忠, 姜福华, 巫道富, 等. 阿姆河右岸 B 区复杂地层大斜度井和水平井钻完井技术[J]. 钻采工艺, 2015(3): 11-15.

[6] 和鹏飞, 吕广, 程福旺, 等. 加密丛式调整井轨迹防碰质量控制研究[J]. 石油工业技术监督, 2016, 32(6): 20-23.

[7] 姜伟. 海上密集丛式井组再加密调整井网钻井技术探索与实践[J]. 天然气工业, 2011, 31 (1): 69-72.

[8] 和鹏飞, 孔志刚. Power DriveXceed 指向式旋转导向系统在渤海某油田的应用[J]. 探矿工程(岩土钻掘工程), 2013, 40(11): 45-51.

[9] 牟炯, 和鹏飞, 侯冠中, 等. 浅部大位移超长水平段 I38H 井轨迹控制技术[J]. 探矿工程(岩土钻掘工程), 2016, 43(2): 57-59.

[10] 甘庆明, 杨承宗, 黄伟, 等. 大斜度井井下工具通过能力分析[J]. 石油矿场机械, 2008, 37(7): 59-61.

埕岛西北区稠油区块举升工艺的优化研究

韦　敏，李家华，赵　霞，朱骏蒙，任兆林，沈　飞

（中国石化胜利油田分公司海洋采油厂采油工艺监督中心，山东东营 257237）

摘　要　针对胜利海上埕岛油田西北区稠油区块油藏特点，分析找出原油黏度高、油层薄、地饱压力高、原油流动性差等工艺开发难点，常规举升工艺已无法保证正常生产。针对这些问题，与胜利泵业公司结合，采用新型全压紧混相流电泵机组：在 4 个部位进行了 18 项技术改进，叶轮由全浮式改进为全压紧式，导叶轮结构由径向流改进为混向流，能适应更宽的液量范围，减小了稠油在机组内的流动阻力，有效降低黏度及气体对泵效的影响。在对后续应用的 CB35-3 等井提出针对性的工艺优化措施，并取得了较好的作业效果，最后提出稠油冷采举升工艺的一些认识与建议。

关键词　稠油；流动性；冷采；全压紧；混相流

1　前言

胜利海上埕岛油田开发主要以电潜泵为主导的举升工艺，是由其自身的特点决定的：平台空间受限，要求举升地面设备占地面积小、稳定性好；井筒结构复杂，主要以大斜度定向井和水平井等复杂井身结构为主，定向井占 78.7%、水平井占 13.1%；要满足七套含油层系、三种油藏类型、不同原油黏度冷采需求，主力层系馆陶组原油黏度 101~809mPa·s，潜山区块油层温度最高达 165℃；"十二五"期间海上单井日液由 64t 提到 104t，"十三五"规划单井日液 104t 提到 152t；海上单井作业成本高，单井免修期延长 1 年，理论减少费用 7700 万元/年。加上海上运油成本较高，安全运输风险较大，因此，胜利海上埕岛油田形成了以电潜泵为主导的举升工艺。

埕岛油田西北区是海洋采油厂"十三五"上产的重要阵地，其油藏主要特点为储层埋藏浅，压实差，胶结疏松，储层物性较好，是在构造背景上发育的受岩性控制的油藏，储集层属高渗透砂岩，原油属常规稠油，具有低凝固点特征，油藏类型为高孔高渗常规岩性构造层状油藏。其主要物性特点为平均原油黏度大，大部分井都在 500mPa·s 以上，主体区块 Ng33~36 层，平均原油密度 0.9442g/cm³，黏度 245.5mPa·s。高原油黏度是第一大生产不利因素；平均油层垂直厚度 8m 左右。且单一，没有可接替油层，大都是单层开采；Ng3 砂组饱和压力 11MPa，生产过程中地层流压 4.2MPa，泵吸入口流压 2.8MPa，已远远低于饱和压力，脱气，严重影响泵效。现场油压虽高，但都是泡沫油，实际液量计量较少。

作者简介：韦敏（1983—），男，壮族，工程师，2006 年毕业于中国地质大学石油工程专业，现从事油气田采油工艺研究工作。E-mail：18054626836@163.com

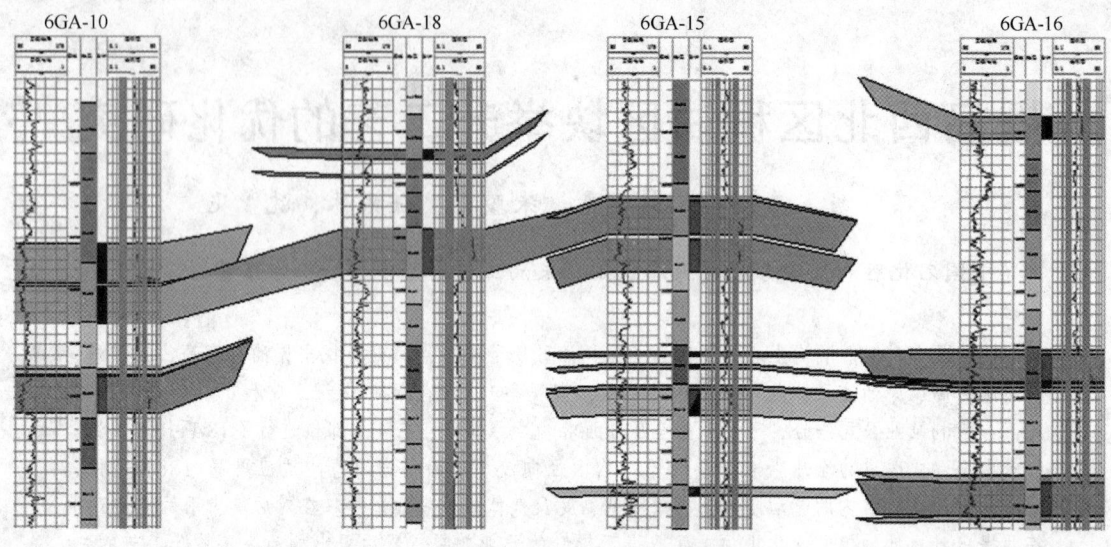

图 1　CB255 区块连井剖面图

从表 1 中可以看出，常规举升工艺已明显不能适应海上稠油区块的开发需求，需要对常规稠油举升工艺进行优化改进，从稠油黏度适应范围、气体影响、举升效率等方面对电泵机组加以改进优化，使之能适应海上稠油区块的产能需求。

表 1　西北区稠油井投产作业效果

井号	地质配产			作业后效果		
	日产液	日产油	含水	日产液	日产油	含水
CB6GA-10	31.5	30	4.9	27	23	14.9
CB6GA-16	33.7	30	10.9	22	19.3	12
CB6GA-18	31.3	30	4.3	133.2	8.8	93.4
CBX212	31.7	27	14.6	22.5	19.9	11.6

2　研制新型全压紧混相流电泵机组

　　我国的电潜泵是在引进的基础上发展起来的，尽管已经基本实现国产化，但是在品种规格、机组关键部位等方面与国外先进水平相比差距还很大，而生产规模远不能满足国内，尤其是海上油田大规模开发的需求。为满足石油行业大规模工业应用的需要，建议研究课题在不断跟踪、消化、吸收国外电潜泵采油前沿技术的基础上，主要围绕探索适应恶劣工况的新型电潜泵、实时监测和智能控制、优化服务、经济开采、满足特殊井的举升需要等方面展开技术攻关。

　　本次研发的新型全压紧混相流电泵机组就是基于以上设想，参考国外先进电潜泵设计与中海油开发经验总结得来的。传统浮动式径向流导叶轮电泵的不足：一是流道狭窄易堵塞，不适应稠油、出砂、结垢、含气油井生产；二是泵效过高过低时叶轮上下浮动造成磨损，降低泵效和寿命。针对以上不足，研发了新型全压紧混相流电泵，对标国际一流电泵设计，从结构、材质 2 方面实施 18 项改进(表 2)，叶轮由浮动式改为全压紧式，适应提液幅度更大；导叶轮结构由径向流改为混相流，叶片角度从 900° 改为 450°，流道容积增加 30%，降低油流阻力，更适应稠油、出砂、结垢等复杂工况。通过室内试验，新型电泵液量适应范围由过去50%~150%放宽到30%~200%，已成功在提液井和地面原油黏度2570mPa·s的稠油井应用，标志着国产新型电泵达到国际高端产品水平。

表2　62KW-150m³/d-1600m 新型电泵与常规电泵对比表

序号	改进方面	部　位	常规电泵机组	新型电泵机组	作　用
1	结构设计	离心泵：导叶轮	径向流	混相流	耐磨、防垢
2		离心泵：叶轮	全浮或半浮叶轮	全压紧式叶轮	宽幅、耐磨
3		离心泵：导轮	无	底部加径向筋板	耐磨
4		离心泵：耐磨轴承	每节泵3~4级	每节泵7-8级	耐磨
5		保护器：止推轴承	整体	浮动瓦	高承载
6	材质规格	离心泵：头座耐磨扶正轴承	锡青铜	YG15硬质合金	耐磨
7		离心泵：泵内轴套	40Cr	镍铸铁	防垢、防腐
8		离心泵：叶轮止推垫片	酚醛布板	复合材料	耐磨、防腐
9		离心泵：导叶轮	喷涂环氧树脂	喷涂聚四氟乙烯	防垢
10		分离器：诱导轮	喷涂环氧树脂	喷涂聚四氟乙烯	防垢
11		分离器：衬套	40Cr	高铬钢（HRC48）	耐磨、防腐
12		分离器：轴套及滤网	40Cr	316L	防垢、防腐
13		保护器：机械密封支架	黄铜H62	316L	防腐
14		整体机组：外部	Ni-P防腐涂镀	蒙乃尔防腐涂镀	防腐
15		整体机组：所有密封件	氟橡胶	AFLAS100橡胶	防腐、高温
16		花键套	35CrMo	蒙乃尔材料	防腐
17		连接螺钉	35CrMo	K-500蒙乃尔	防腐
18		引接电缆	镀锌铠装	不锈钢铠装	防腐

3　优化研究稠油区块举升配套工艺

　　毛细钢管测压装置是目前海上压力监控的主要测试装置，也是辅助海上举升工艺的常规措施，但是仅仅能监控到泵吸入口压力，根据泵吸入口压力，合理优化油嘴和频率。在电泵管柱下带工况传感器，实时录取井下泵吸入口压力、泵出口压力、井液温度、电机温度、电机震动等参数，传到地面监控室，通过对泵吸入口压力、电机温度等参数设置报警区间，自动优化生产频率或启停电泵，可及时对问题井进行诊断，延长电泵寿命，在CB6GA-14等3口井成功试验（表3）。

表3　随泵工况传感器应用参数统计

序号	井号	吸入口压力/psi	排出口压力/psi	吸入口温度/℃	电机油温度/℃	震动/（g/s）	漏电流/mA
1	CB6GA-14	371	2228	78.5	78.9	0.2	0.2
2	KD481C-2	865	2751	68.9	68.9	0.1	0.2
3	CB22B-6	977	2055	65	66	0.2	13

4　稠油举升工艺优化研究应用效果

　　根据前期埕北255区块投产作业情况，对稠油井常规举升工艺有了针对性地优化改进，主要从结构设计和材质规格两个方面，进行了18项改进，但是实际与海上油井生产的适应性还需要进一步优化研究，因此先节选了两口非稠油井进行了试生产，待明确各项性能均能满足正常生产后，又陆续进行了6口稠油井的完井，均能满足其举升需求。

后期对CB35-3井原油黏度高达2570mPa·s的物性特点，针对性配套了几项工艺措施：

4.1　完井管柱中加装化学注入阀，实施降粘伴生产

根据前期CB24A-P1与CB248A-P2井生产情况，考虑原油黏度大，加上冬季投产，原油流动性差等原因，在完井管柱中加装化学注入阀，用柱塞泵按照0.3~1.0m³/h排量进行伴液生产，降粘效果较好，有效提高原油在举升过程的摩阻与在地面流程中的摩阻，增强了原油的流动性，提高了稠油开发效果。

4.2　完井管柱中加装工况传感器，实时反馈生产参数

完井管柱中加装工况传感器，有效监控井底压力与泵吸入口压力，稠油井与一般油井不同的地方在于，往往原油黏度大，含水低，原油在管柱中的摩阻较大，电泵机组做功较多，电机散热不好，假如地层供液不足或泵排量设置不合理造成泵吸入口抽空，造成电泵空转，电机发热较快较多，会导致电泵机组寿命减少，甚至会短时间内机组烧毁造成躺井，因此在稠油井完井管柱中加装工况传感器很有必要，特别是比普通传压筒好的地方是，能够实时监控井底压力与泵吸入口压力，能够根据实时参数来调整合理的生产参数，从而大大降低电泵空转和躺井的风险。

4.3　地面流程加装变频控制柜，实施变压差举升工艺

地面控制系统中加装变频控制柜，一方面能够有效降低开井时高电流对电缆与电泵机组的冲击，有效延长电泵机组使用寿命，另一方面可以通过调整频率来调控电泵排量，使稠油井在不同生产压差下合理生产，获得最大的开发效益。从安全生产的角度出发，使用变频控制柜能够有效控制油井开井或关井时的电流，使电泵机组能够缓慢启动或停止，而不会因突然启停造成对电泵机组与电缆的冲击与伤害。

通过配套3种举升工艺措施，有效保障了CB35-3井正常生产，满足了工艺与开发需求。

表4　新型全压紧混相流电泵生产资料

井号	井况	电泵参数	黏度/(mPa·s)	电压/V	电流/A	日产液/t	日产油/t	含水/%
CB1GB-2	提液井	62kW-150m³/d	288	1270	35	162.6	14.9	90.8
CB11E-3	提液井	55kW-100m³/d	617	1006	36	155	26.6	82.8
CB22FC-1	稠油井	62kW-100m³/d	595	1135	44	36.3	24.6	32
CB4EA-14	稠油井	62kW-100m³/d	621.5	1190	32	44	34.8	20.8
CB4DA-6	稠油井	78kW-150m³/d	909.7	1230	44	70.1	48.1	31.3
CB248A-P1	稠油井	62kW-150m³/d	1256	1260	35	71	64.6	9
CB248A-P2	稠油井	62kW-150m³/d	1628	1260	34	64	58.9	8
CB35-3	稠油井	62kW-100m³/d	2570	1260	20	37.8	25.8	31.7

从近期作业的CB35-3井作业效果可以看出，新型全压紧混相流电泵机组已经完全可以满足原油黏度高达2570mPa·s的稠油井的正常生产，并且在配备变频控制柜的条件下，其工作电流较低，可以满足海上不同压差下节能降耗的开发需求。

5　认识与建议

（1）通过对 CB255 区块前期投产工艺开发难点的认识，提出海上稠油举升工艺面临的难点和重点；

（2）通过对结构设计和材质规格两个方面，提出针对性的改进措施，从 4 个方面 18 项改进，优化完善了海上稠油区块举升工艺，研制出针对海上稠油区块的新型全压紧混相流电泵机组；

（3）通过对 8 口井的稠油冷采效果对比，从起初的低黏度高液量提液井到后期低含水高黏度的稠油井，新型全压紧混相流电泵机组已完全能适应海上稠油冷采的开发需求；

（4）另外相关配套工艺方面，通过采用新型全压紧式混相流电泵，可有效降低黏度及气体对泵效的影响，可以配合化学注入阀进行井筒降黏，加装工况传感器和配置变频控制柜，丰富海上稠油区块举升工艺。

参 考 文 献

[1] 刘卫东. 浅析电潜泵采油工艺在油田新技术领域中的应用[J]. 科技纵横，2009，6.
[2] 胡阳阳. 浅析电潜泵采油在稠油油藏开采中的应用[J]. 化工管理，2010，12.
[3] 张海霖，吴玉青，等. 抗稠油电潜泵工艺技术与应用[J]. 石油机械，2004，32(12).
[4] 王小玮. 电潜泵采油系统效率优化设计[J]. 石油工程建设，2015，41(2).

西北区稠油井低产原因及对策

李家华，韦　敏，朱骏蒙，赵　霞，任兆林，曹文江

（中国石化胜利油田分公司海洋采油厂采油工艺监督中心，山东东营 257237）

摘　要　通过总结西北区稠油井投产认识，分析并找出该区块油井低产原因，即存在原油黏度高、油层薄、地饱压力高、主导防砂工艺不适应性及原油流动性差等工艺开发难点，严重制约了该区块单井产能提高。本文对西北区稠油井低产原因进行了综合分析，并与中海油稠油水平井开发认识相结合，针对性提出解决对策，即提高稠油在地层、炮眼及井筒处的流动性是提高单井产能的关键，并从三个方面提出具体改进措施，在对后续投产的 CB6GA-15 井投产提出针对性的工艺优化措施，并取得了较好的作业效果，最后提出稠油冷采开发工艺的一些认识与建议。

关键词　投产；流动性；稠油；冷采

1　前言

埕岛油田西北区是采油厂十三五上产的重要阵地，其中埕北 255 区块为重点开发单元。2004 年，该区块部署完钻的埕北 255 井在馆上见油气显示后，其后再未部署勘探。2014 年底，地质勘探人员结合埕岛油田北部井网的加密和埕北 6GA 采油平台的建设，通过对埕北 255 区块进行重新认识，启动了该块油藏开发方案编制研究。通过控制成藏因素分析及河道砂体精细描述，在该区部署 4 口油井和 1 口水井，规划新增产能 3.2×10^4t。为降低开发投资，提升开发效益，技术人员利用北区开发调整 6GA 平台实施完钻的埕北 6GA-10、6GA-15、6GA-16、6GA-18 井均钻遇目的层，共钻遇油层 42m6 层，平均单井钻遇油层厚度 10.5m。埕北 255 块主力层为馆上段 36 小层，储层埋藏浅，压实差，胶结疏松，储层物性较好。36 小层平均渗透率：785.268mD，平均孔隙度：33.239%，储层孔隙度大，渗透率较高，属高孔、高渗储层。压力温度系统属于常压、偏高温系统，压力系数 0.97MPa/100m，地温梯度 3.85℃/100m。该块馆上段油藏是在构造背景上发育的受岩性控制的油藏，储集层属高渗透砂岩，原油属常规稠油，具有低凝固点特征，油藏类型为高孔高渗常规岩性构造层状油藏。

2　西北区 CB255 区块稠油井低产原因分析

2.1　平均原油黏度大

大部分井都在 500mPa·s 以上，主体区块 Ng33-36 层，平均原油密度 0.9442g/cm³，黏度 245.5mPa·s。高原油黏度是第一大生产不利因素。

作者简介：李家华(1984—)，男，汉族，硕士，工程师，2010 年毕业于长江大学矿物学、岩石学、矿床学专业，现从事油气田采油工艺研究工作。E-mail：93446916@qq.com

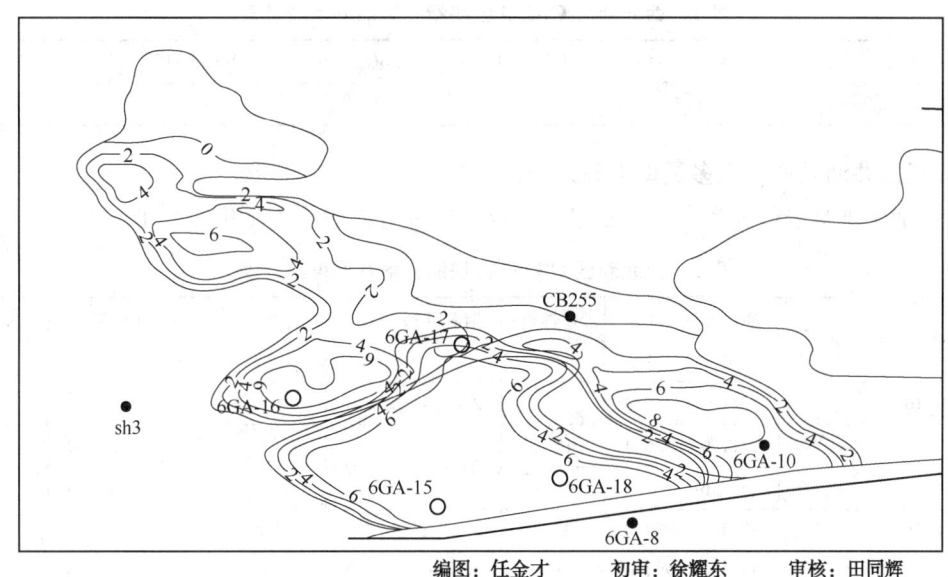

编图：任金才　初审：徐耀东　审核：田同辉

图1　北区馆上段3砂组注采井网图

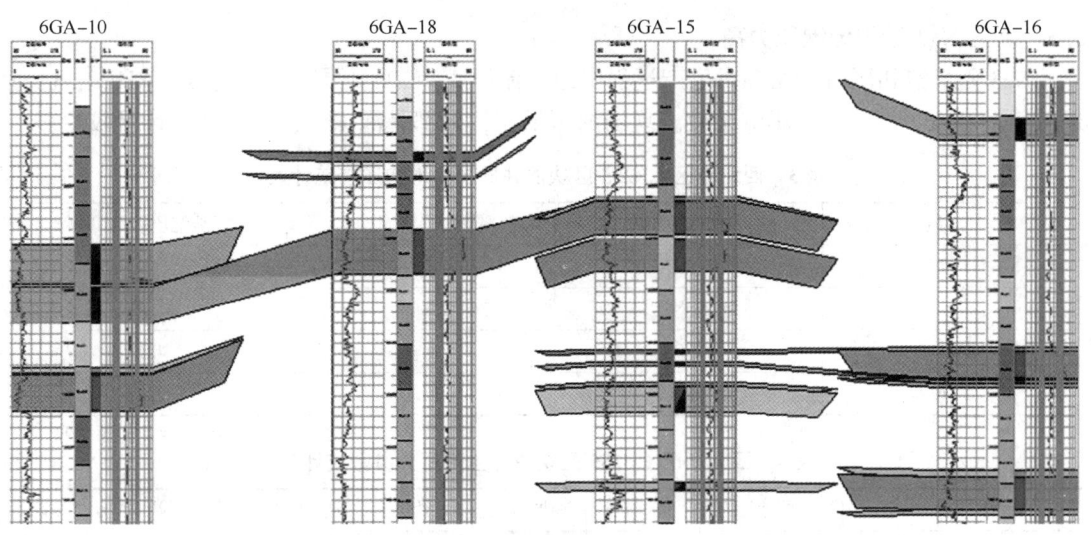

图2　CB255区块连井剖面图

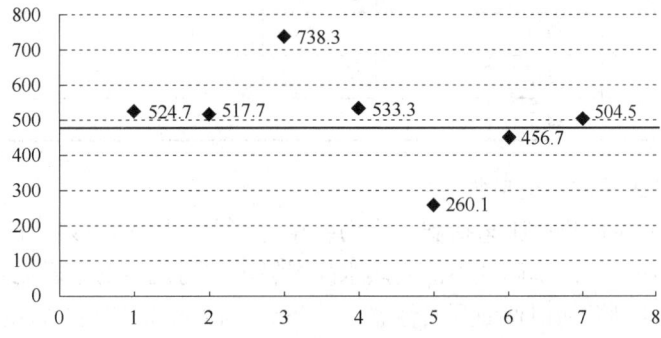

图3　西北新区CB255区块新井原油黏度示意图

表 1　西北新区 **CB255** 区块新井原油黏度统计表

井号	CB6GA-10	CB6GA-15	CB6GA-16	CB6GA-18	CBX212
原油黏度/(mPa·s)	260.1	456.7	517.7	504.5	738.3

2.2　新区油井油层薄,大多是单层开采

平均油层垂直厚度 8 米左右。且单一,没有可接替油层,都是单层开采。

表 2　西北新区 **CB255** 区块油井射孔厚度统计表

井号	砂层号	油层井段(斜)/m	砂层厚度/m	射孔井段(斜)/m	厚度/m	避射井段(斜)/m	厚度/m
CB6GA-10	Ng3^5	2241.3~2255.3	14	2241.3~2255.3	14		
CB6GA-15	Ng3^{3+4}	2311.0~2326.4	15.4	2312.0~2333.0	21	2311.0~2312.0	1
	Ng3^{3+4}	2327.6~2341.0	13.4			2333.0~2341.0	8
CB6GA-16	Ng3^6	3004.2~3027.0	22.8	3004.2~3027.0	22.8		
CB6GA-18	Ng3^{3+4}	2266.0~2284.0	18	2266.0~2278.0	12	2278.0~2284.0	6
CBX212	Ng3^6	2364.8~2374.1	9.3	2364.8~2374.1	9.3		

2.3　新区 Ng3 砂组地饱压力高

Ng3 砂组饱和压力 11MPa,生产过程中地层流压 4.2MPa,泵吸入口流压 2.8MPa,已远远低于饱和压力,脱气,影响泵效。现场油压虽高,但都是泡沫油,实际液量计量较少。

表 3　西北新区 **CB255** 区块油井砂层组地饱压差统计表

砂层组	原始压力/MPa	饱和压力/MPa	地饱压差/MPa
1+2	12.47	10.1	2.37
3	12.86	10.99	1.87
4	14.05	9.3	4.75
5~6	14.06	11.6	2.43

表 4　西北新区 **CB255** 区块油井生产压力参数统计表

井号	测压层位	原始压力	下深流压	油层流压	下深静压	油层静压	生产压差	地层压降
CB6GA-10	Ng3^5	13.3	2.5	3.4	11.3	12.4	9	0.9
CB6GA-15	Ng3^6	13.3	3.5	5.2	10	11.8	6.6	1.5
CB6GA-16	Ng3^6	13.3	2.7	4.3	9.9	11.7	7.4	1.6
CB6GA-18	Ng3^6	13.3	3.1	4.8	9.9	11.8	7	1.5
CBX212	Ng3^6	13.7			7.8	9.3		4.4

2.4　原有主导防砂工艺的不适应性

由于砂体薄,利用同样的工艺措施,冷伤害相对增大,挤入携砂液和充填砂子后地层较长时间不能破解冷伤害,因携砂液不能用热水配置,工艺与地层的矛盾无法克服。

通过调研中海油渤海油田稠油开发经验,认识到:西北部稠油区块存在地层温度偏低、原油黏度偏大导致原油流动性差,挤压改造时大量携砂液侵入会造成储层冷伤害,而且传统

胍胶携砂液残渣对储层伤害影响明显，制约了油井产能。地层温度低、黏度拐点低，储层冷伤害明显：西北部探井测试地层温度 46~58℃，CB255 区块平均黏度拐点温度 41℃；传统胍胶携砂液残渣对储层伤害影响明显：胍胶携砂液未过滤岩芯伤害率 25.6%，清洁携砂液未过滤岩芯伤害率 15.1%。

2.5　井斜较大，无法采取一步法防砂工艺

防砂工艺受到限制，只能采取光油管地层挤压、套管循环充填。不能使用适合单层的一步法防砂工艺，因而无法有效降低携砂液对储层的伤害。

3　中海油稠油井高效开发工艺

常规油藏的开采方法对稠油油藏的效果比较差，目前世界上开采稠油的技术可分为热采、冷采和复合开采 3 种。

热采技术主要是通过提高油层的温度来降低稠油的黏度，从而提高稠油的采收率，包括蒸汽吞吐、蒸汽驱、火烧油层和热水驱。冷采技术主要是通过改变稠油的组成，改变稠油中物质的结构达到降黏的目的，包括化学降黏开采技术、注二氧化碳开采技术、微生物开采技术和磁降黏开采技术。复合开采技术是将热采和冷采技术综合使用的技术，该技术的采收率比单独使用上面两种技术的稠油采收率要高。在我国，蒸汽驱和注蒸汽吞吐开采技术应用最广，技术也最成熟。

稠油热采是目前技术相对成熟且开采高密度、稠油油藏最为有效的方法。渤海海区稠油资源丰富，已动用的稠油储量以常规注水开发为主，受环境条件、平台空间和开采成本等因素影响，海上稠油热采开发存在诸多瓶颈与挑战。中海油通过调研国内外海上稠油开发先进工艺，总结出一条适合海上稠油井高效开发思路，同时为了规避海上稠油热采的技术经济风险，针对性提出常规稠油井高效开发工艺。

3.1　针对常规 I 类稠油油藏，需优化注水，提高水驱效果

一方面，通过精细分层配注、调剖及调驱调整注采比，优化注水措施，确保注够水、注好水，另一方面，在注够水、注好水的基础上进行产液结构调整，改善水驱开发效果

3.2　对于常规 II 类稠油油藏，需采取调驱与提液相结合，调高储量动用程度

常规 II 类稠油油藏 80% 以上的可采储量是在高含水阶段采出的，在确保调驱效果的基础上，把握好提液时机、提液幅度和提液周期，积极发展稠油聚合物驱技术，加强深部调驱技术的使用，加大常规稠油油藏水平井水驱与化学驱技术的相结合，加大稠油水平井开发力度。

中海油稠油油藏开发的优势在于，前期理论研究较为完善，对稠油油藏水驱与化学驱技术的研究较为成熟，同时积极开展了稠油聚合物驱技术的研究与应用，相比目前埕岛油田西北区稠油油藏开发思路，存在精细注水工艺技术的完善与化学驱技术研究的不成熟。

4　西北区稠油井投产工艺解决思路及工艺优化措施

从前期投产的 CBX212、CB6GA-10、CB6GA-18 与 CB6GA-16 作业工艺来看，所采用的是常规的稠油冷采完井工艺，主要做好了油层保护工作、采用 127 枪大破片弹正压射孔，光油管挤压充填防砂与高速水循环充填防砂，挤压充填防砂采用的是粒径 0.425~0.85mm 陶粒砂作为支撑剂，高速水循环充填防砂采用的是粒径 0.6~1.2mm 陶粒砂作为支撑剂，提高近井地带的渗流能力。从投产后作业效果与地质配产相差较大，两步法防砂完井工艺的适应性值得探讨。

表5　西北新区CB255区块油井防砂参数与作业效果统计表

井号	挤压充填加砂强度	高速水充填防砂充填系数	地质配产			作业后效果		
			日产液	日产油	含水	日产液	日产油	含水
CB6GA-10	2.58	50	31.5	30	4.9	27	23	14.9
CB6GA-16	1.58	60	33.7	30	10.9	22	19.3	12
CB6GA-18	2.59	49.1	31.3	30	4.3	133.2	8.8	93.4
CBX212	2.15	50	31.7	27	14.6	22.5	19.9	11.6

　　从前期投产的几口油井的工艺措施效果分析，其工艺质量总体完成较好，但是作业后效果仍无法达到预期效果，分析得出：如何提高稠油在地层、炮眼、井筒的流动性是提高单井产能的关键。提出投产工艺难点的解决思路就是提高稠油的流动性，从地层、炮眼及井筒三个方面进行逐一解决，另外从地层漏失与防砂工艺方面再次进行优化，找出适合CB255区块稠油开发的携砂液配置，做到对储层的最低伤害。具体提出以下几个方面的工艺优化措施：

4.1　提高稠油在地层流动性的工艺措施

　　尽可能减少外来入井液进入地层数量，减少地层流体冷伤害；采用对地层伤害最低的携砂液；尽可能采用一步法压裂充填工艺，形成高导流的短宽缝并维护好裂缝；采用0.6~1.2mm大陶粒地层充填，提高充填层导流能力；充填前对地层进行降黏预处理。

　　将原有胍胶携砂液更换为携砂性能、防膨性能、降黏性能均较好的清洁携砂液，新型清洁携砂液具有具有良好的耐温耐剪切性能，优良的防膨作用，膨润土的膨胀体积为1.0mL，达到Q/SH 1020 2198—2013注水用黏土稳定剂通用技术条件中膨胀体积≤3.0mL的要求；将一定浓度的新型清洁携砂液加入到稠油，稠油具有明显的分散现象，新型清洁携砂液具有分散稠油，降低其黏度的作用。分析其原因主要是新型清洁携砂液体系分子引入的极性官能团能破坏稠油分子之间的作用力，使团聚的稠油分子分散开，降低了稠油的流动阻力，从而增加其流动性能，更利于开采。(图4、图5为使用清洁携砂液做的稠油驱替试验)。

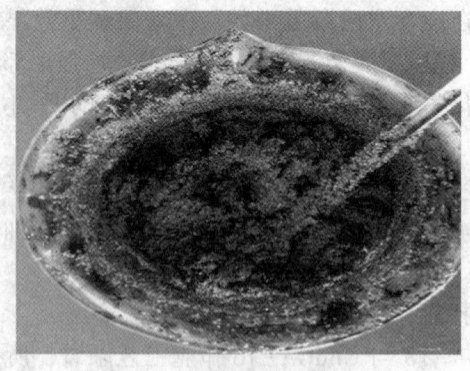　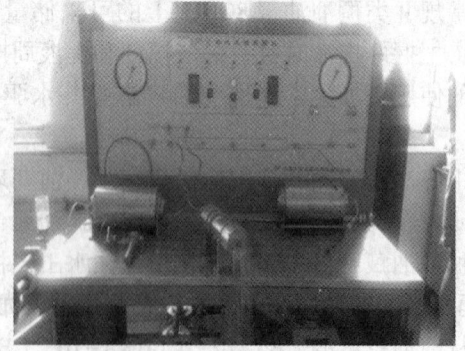

图4　稠油与石英砂的混合　　　　　　　　图5　驱替试验

　　由图可知，加入新型清洁携砂液的驱替液中的含油量比不加新型清洁携砂液的驱替液中的含油量多。该试验结果表明新型清洁携砂液分子与稠油分子之间发生相互作用，降低了稠油的流动阻力，使稠油流动性增大，更易驱出。因此，加入新型清洁携砂液后的驱替液中含油量增加。

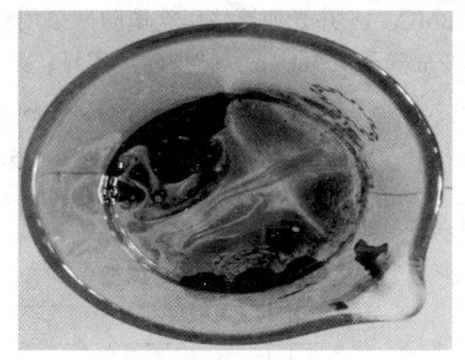

图 6 加入新型清洁携砂液后的驱替液   图 7 不加新型清洁携砂液的驱替液

4.2 提高稠油在炮眼流动性的工艺措施

采用射孔枪身扶正工艺，为射孔枪身加装扶正片，提高炮眼的均匀性与完整性；采用 0.6~1.2mm 大陶粒环空充填，提高炮眼导流能力；开发更大孔径的大破片射孔弹，把孔径从 16mm 提高到 20mm，增加炮眼流动面积 50%。

4.3 提高稠油在井筒流动性的工艺措施

采用新型高渗低阻复合防砂筛管，降低油流阻力，减少微粒堵塞；采取充填防砂后井筒替入热流体升温降黏工艺；采用新型混相流电泵，提高对稠油的适应性，提高电泵排量效率；通过加装井下化学注入阀，采取泵下降黏工艺，减少电泵搅拌乳化增粘效应；采取电泵停井后井筒替入降黏处理工艺，避免井筒降温后启泵困难。

5 西北区稠油井投产工艺优化实施效果

通过深化认识稠油产能制约因素，工艺实施了减少入井液侵入量、低伤害清洁携砂液、大陶粒充填等 3 项改进，CB6GA-15 井是 255 新区投产作业的最后一口油井，该井最大井斜 64.97°，投产油层斜厚 28.8m，施工难度及施工风险较大。通过评价对比采用低伤害清洁携砂液代替传统的胍胶携砂液，现场合理优化防砂参数，在保证防砂质量的同时有效降低携砂液用量，减少入井液侵入量，环空充填采取粒径 0.6~1.2mm 陶粒砂作为支撑剂，在保证防砂质量的同时尽量降低对近井地带渗流能力的损失。

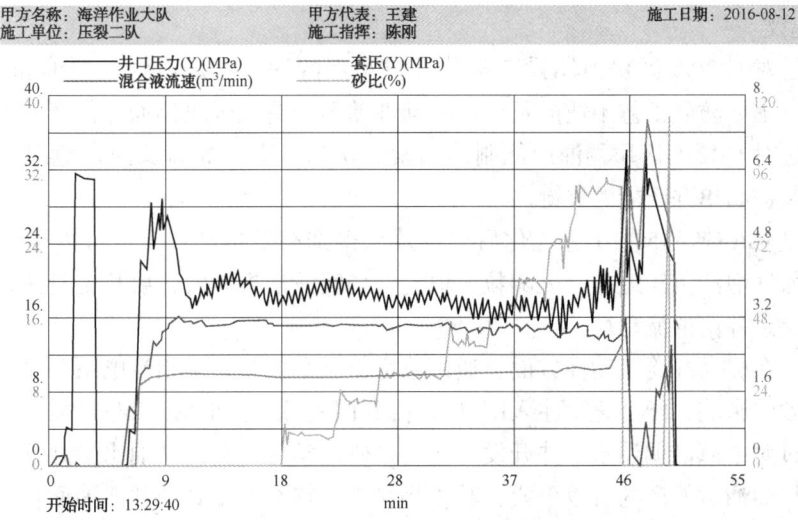

图 8 CB6GA-15 井光油管挤压充填防砂曲线

CB6GA-15 井光油管挤压充填防砂采用粒径 0.6~1.2mm 陶粒砂作为支撑剂,加砂强度由 $3m^3/m$ 降至 $1.5m^3/m$,减携砂液用量;采用清洁携砂液,减少携砂液残渣的伤害程度。

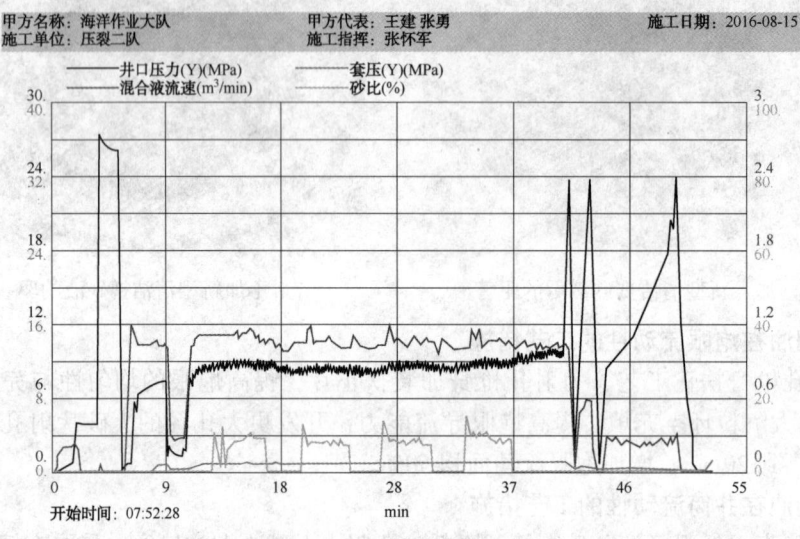

图 9　CB6GA-15 井高速水充填防砂曲线

CB6GA-15 井高速水充填防砂采用粒径 0.6~1.2mm 陶粒砂作为支撑剂,提高近井地带渗流能力,炮眼充填系数达到 50L/m,防砂质量较好。

表 6　CB6GA-15 井工艺改进后作业效果统计表

井号	工艺水平	生产层位	垂厚/m	黏度/(mPa·s)	地质配产		目前资料					
					日产液/t	日产油/t	油嘴/mm	频率/Hz	油压/MPa	日产液/t	日产油/t	毛管/psi
CB6GA-15	改进后工艺	Ng3^{3+4}	12.8	598.9	31.7	30	5	48	3.1	43	36.6	500

6　认识与建议

(1) 通过对 CB255 区块前期投产工艺开发难点的探索,认识到高原油黏度、油层薄、地饱压力高、主导防砂工艺不适应及原油流动性差等是造成区块稠油井低产的主要原因。

(2) 通过对 CB255 区块稠油产能制约因素的认识,提出提高稠油在地层、炮眼及井筒处的流动性是提高单井产能的关键。

(3) 通过 CB6GA-15 井工艺优化后作业效果得到有效提高,下步可以通过实施测试三联作排液、氮气泡沫负压返排、大陶粒充填、低伤害清洁携砂液、射孔枪身扶正等工艺,提高原油从地层到井筒的流动性。

(4) 另外在提高井筒流动性方面,通过采用新型全压紧式混相流电泵,可有效降低黏度及气体对泵效的影响,配合化学注入阀进行井筒降黏,适应稠油冷采举升需要。

(5) 通过对中海油稠油水平井开发工艺的调研与学习,提高稠油水平井开发比例,也是解决该区块稠油油藏低产的有效手段,其优势在于能够有效提高油井泄油面积,改善原油流动性,提高稠油井单井产能。

参 考 文 献

[1] 张兴华.稠油油藏地层测试保温管技术[J].中国海上油气,2007,19(4).

[2] 谭忠健,许兵,冯卫华,等.海上探井特稠油热采测试技术研究及应用[J].中国海上油气,2012,24(5).

[3] 邢洪宪,李斌,韦龙贵,等.适度防砂完井技术在渤海油田的应用[J].石油钻探技术,2009,37(1).

[4] 刘富奎,施达,谭忠健,等.渤海稠油井测试工艺中保温技术应用研究[J].油气井测试,2007,6(16)

海上油田套管损坏特征及成因

晁　冲，朱骏蒙，施明华，尹海峰，何　云，曹文江

（中国石化胜利油田分公司海洋采油厂采油工艺监督中心，山东东营 257200）

摘　要　套管损坏直接影响油田的生产和经济效益，埕岛油田主体区块属于疏松砂岩，具有套管破损的先天性因素。目前海上油田套损井主要有套管破漏、缩经、错断三种方式，套损原因主要是工程事故、注水管柱腐蚀渗漏造成套管腐蚀，并探讨碳钢的腐蚀机理。根据目前注水井注重油管防腐保护、以及钻完井套管保护措施，海上油水井套损不会集中出现。

关键词　海上套损；特征；成因

海上开发施工难度大，投资费用高，要求套管一次下井终身利用。因此海上对套管质量、固井质量要求极高。海上套管主要包括导管、表层套管、油层套管等，少数压力系统异常井下技术套管。

目前海上油田已经开发 20 多年，综合含水率 80.8%，进入高含水开发期，长期注水开发，海上油田开始出现套管破损的情况。套管破损后轻者可以套管补贴，重者油水井报废。套管破损一是导致资源浪费，增加新的投资，二是注水井网不完善，损失水驱储量，油水井利用率降低，套管破损直接影响着油田的开发效益和寿命，因此研究套损机理、采油厂初期开展套管保护，具有重要意义。

1　海上套损现状

截至目前海上油水井数 760 口，开井 688 口，其中套损井 19 口，占总井数的 21%。在 19 口套损井中，待封井 1 口（CB1A-6），占套损井的 5%，正常生产的井 14 口，占套损井的 74%。

海上油田套管损坏主要表现在套管破漏、缩经、错断三种类型。在 19 口套损井中，套管破漏 16 口，占套损井的 84%；缩经 2 口，占套损井的 11%；套管错断 1 口，占套损井的 5%。

按照油水井分类：在 19 口套损井中，油井 10 口，占套损比例的 52.6%；水井 9 口，占套损比例的 47.3%。

表1　油井套损类型统计

类型	套损井	井数/口
缩径	CB251A-5	1
错断	CB1A-2	1
破漏	CB27A-5、CB6D-P4、20A-2、CB25D-3、CB271A-2、CB4A-G4、等	8
合计		10

作者简介：晁冲(1973—)，男，汉族，高级工程师，2001 年毕业于石油大学(华东)油藏工程专业，现从事油气田开采研究工作。E-mail: gmjydwyzh@163.com

表2 水井套损类型统计

类型	套损井	井数/口
缩径	CB4A-2	1
破漏	CB11F-2、251D-5、CB1A-6、CB4A-1、CB4A-5、CB1D-6、等	8
合计		9

2 海上油田套损原因分析

造成套管破损的原因较多，比如随着开发时间的延长套管材质逐步老化；地层应力作用、泥岩膨胀、断层活动等地质因素；硫酸盐还原菌、二氧化碳、岩性物质的化学腐蚀；出砂导致套管附近的地层被掏空，套管外壁局部失去支撑，改变了套管的受力状况；射孔降低了套管的强度；长期高压注水或者是注水压力不稳定；使炮眼处受到交互应力的影响，导致套管变形；陆地上的热采吞吐等。

海上套损原因主要以注入水腐蚀和工程事故为主。在19口套损井中，因注水管柱漏失，导致套管腐蚀破损有6口井，占套损井的31%；工程事故，比如钻井打碰、大修、射孔作业施工等导致套损井有7口，占套损井的37%；因出砂等生产因素导致套管破损的比例较少。具体统计及原因分析见表3。

表3 海上套损井原因分类

套损原因	井数	比例	井号
注入水腐蚀	6	31	1A-6、11F-2、251D-5、1D-6、4A-1、4A-5
钻井打碰	3	16%	12B-1、25D-3、1B-2
套管质量差	3	16%	11G-2、11G-3、20A-2
水泥返高不足	2	11%	27A-5、6D-P4
大修损伤	2	11%	4A-G4、251A-5
射孔损坏	1	5%	271A-2
双氧水解堵井下爆炸	1	5%	1A-2
出砂	1	5%	4A-2
合计	19		

2.1 水井油管腐蚀穿孔导致套管腐蚀穿孔

水井油管腐蚀渗漏到油套环形空间，或者是前期部分水井采用油套合注的方式，套管接触注入水导致了腐蚀，腐蚀段大部分发生在油层上部，注水井套管的腐蚀主要原因表现在两个方面：一是注水水质，二是注水管柱的抗防腐能力。

2.1.1 注水水质的影响

注水水质的影响主要表现在高矿化度的影响，特别是含 Cl^- 较高的海水能够加速碳钢的点蚀。通过实验证明碳钢的腐蚀与温度也有及大关系，随着温度升高腐蚀速度增大，当达到70℃时腐蚀速率达到最大，温度再升高就会形成结合力较好、致密的腐蚀产物膜，阻碍参与腐蚀的离子的传输，腐蚀速率反而减慢。

（1）高矿化度影响：

海上油田初期注水为过滤海水，2000～2011年累计注入$2800 \times 10^4 m^3$，海水含Cl^-（20325mg/L）高，腐蚀性较强，2008年海水、污水、地下采出水三水混注，注水管柱腐蚀严重。

试验表明油井污水矿化度达到45000～50000mg/L时腐蚀作为严重，目前我们海上油井矿化度在10000mg/L左右。

表4　海上水样化学实验数据

试样	pH值	CO_3^{2-}	HCO_3^-	Cl^-	Mg^{2+}	Ca^{2+}	溶解氧	矿化度
		mg/L	mg/L	mg/L	mg/L	mg/L	mg/L	mg/L
海水	8	64	382.2	17705.2	1207.5	390.1	2.1	38290
水源井	8.3	447.9	861.9	3661.9	2.8	46	6.2	11475
采出水	8.1	61	737	1649	14.2	231.3	4.2	4027

（2）硫化氢产生原因及影响：

埕岛油田前期注海水，含有未除尽的硫酸盐还原菌，硫酸盐及油田水中的SO_2在厌氧条件下，通过硫酸盐还原细菌的活动，产生H_2S气体。

干燥的硫化氢对金属材料无腐蚀破坏作用，只有溶解于水，才具有腐蚀性，硫化氢一旦溶于水，便立即电离出H^+，使水具有酸性，腐蚀金属。从检测结果来看，在中心一号、二号平台的三相分离器、注水罐顶部和井组平台注水井口，分别检测出80～200ppm不等浓度的H_2S。注水管柱严重腐蚀后，注水流入油套环控，就如同油套合注，严重腐蚀套管：

例如，CB1A-6井1998年9月17日螺杆泵投产，2003年6月转注作业，转注作业时没有发现套管破损情况。2011年4月井口压力突然从6.4MPa下降到2.7MPa，分析认为注水管柱穿孔漏失，油套合注，2013年5月检管作业发现套管破损，油管有13处15个穿孔，474.5m以下套管多出渗漏，无法维持注水，封井报废。从发现破损仅仅两年的时间套管腐蚀报废，因此注水井的防腐是保护套管的重要举措。

 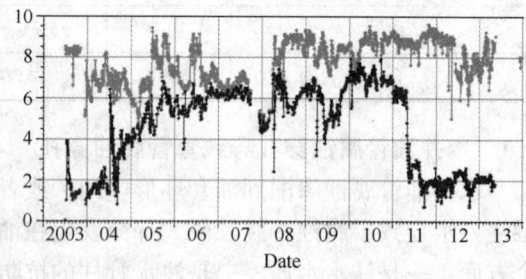

图1　油管腐蚀穿孔　　　　　　　　　图2　井口压力变化曲线

套破位置：通过MSC-40B多臂井径成像测井仪和封隔器验封，发现CB1A-6井套管在191.29～1258.04m之间所检验27段均有漏点，漏点位置基本与油管穿孔位置对应，第二根套管底部穿孔(下深27m附近)，套管内径超过200mm；套管在474.5～477.2m井段有变形，套管最大内径168mm(正常内径为159.4mm)。套管损坏的原因主要是：油管穿孔后，注入水对套管的冲蚀、点蚀。

表5 CB1A-6井腐蚀穿孔数据表

序号	深度/m	穿孔尺寸/(mm×mm)	备注
1	10.81	20×18	1个
2	12.41	25×5、10×5	2个
3	18.63	100×15	1个
4	19.23	15×15	1个
5	26.73	20×5	1个
6	290.23	5×3、4×3	2个
7	811.38	16×6	1个
8	839.13	80×7	1个
9	917.83	5×8	1个
10	942.37	150×6	1个
11	1001	50×10	1个
12	1101.39	3×2	1个
13	1230.98	23×8	1个

2.1.2 注水管柱抗腐蚀能力

目前没有普通注水管柱，注水井全部采用了防腐油管，没有油套合注井。

2.2 套管质量缺陷和水泥返高不足引起套漏

2.2.1 套管质量不合格造成套漏

因海上施工难度大，套管质量一直要求较高，只有及少数井出现套管质量不合格，例如11G-2、11G-3、20A-2等3口油井：CB11G-2井投产前套管在561.35~1004m井段漏失严重，1004m以下漏失情况不清，于2012年封井；CB11G-3井套管在658.2~1547.28m井段漏失严重，自投产之日就未连续生产，套管修复困难很大，于2012年封井；CB20A-2井下封隔器在183.73~202.84m油层套管有漏点，试压10MPa，30min压降5MPa，将过电缆封隔器下至224.12m，避开渗漏点，不影响生产。

2.2.2 套管水泥返高不足氧化腐蚀引起套漏：

两口油井CB27A-5、CB6D-P4井套破点都在水泥返高以上，主要原因无水泥固结，套管氧化腐蚀引起破漏。

CB27A-5井在套管深度164.0~165m之间套管变形、破损，后期破损段注水泥试压10MPa合格。检查油管发现深度167.82m73mmEU油管本体上有2个小坑[长(1~2cm)×宽1~2cm×深(1~3mm)，坑迹表面光滑]。

CB6D-P4井在套管深度948.13m打碰948.70m处有漏点，后用水泥封堵，水泥返高之上。

表6 两口油井套破位置统计表

井号	套管名称	规格/mm	套管钢级	壁厚/mm	水泥返高/m	套破位置
27A-5	油层套管	177.8	N80	9.19	406	164.00~165.00
6D-P4	技术套管	177.8	N80	9.19	1039	948.13~948.70

2.3　打捞套铣等大修作业破坏套管强度

CB4A-G4 井 2014 年 7 月作业打捞滤砂管时，由于多次套铣、磨铣，致使套管开窗破损，打捞工具带出长 4.38m、宽 12cm 油层套管。主要是因为 2002 年 10 月进行哈里伯顿分层砾石防砂，防砂效果好，充填密实，防砂工具强度较高，造成打捞困难。

CB251A-5 井因砂堵长期打捞套铣，套管壁变薄，地层压应力作用下变形缩经，在 1398.75m 处缩径至 140mm，后期套管缩径井段注灰，下部生产油层报废，单留上部油层生产。

2.4　防砂失效，大量出砂造成射孔处套管缩经

由于海上油田注重先期防砂，严重出砂井极少，极个别的井出现了滤砂管破损大量出砂，套管附近的地层砂被排除以后，套管外围局部被掏空，造成油层部位地层与套管外围水泥环之间形成空洞，套管外壁局部失去支撑，流体直接作用在套管上，造成套管失稳变形。

例如：CB4A-2 井 1999 年投产采用金属棉防砂，127 枪 127 弹电缆输送射孔，孔密 16 孔/m，2001 年砂卡停机，2002 年作业时发现砂埋电泵机组 32m，在射孔处 1627.9~1632.9m 套管缩经至 140mm（152mm 通井规不能通过，本体弯曲）。

3　海上油田套管保护的做法

近年来，陆上油田套管破损呈现明显的上升趋势，与套管的使用年限、质量有密切的关系，究其原因主要有以下几个方面：

（1）油井防砂质量不好，防砂后仍大量出砂，水井先期不防砂：孤岛、孤东油田与埕岛主体油藏都属于疏松砂岩油藏，地层胶结疏松，出砂严重，套损井较多。

（2）套管质量无法保证：油田统一配送，非大厂的产品。

（3）固井质量不合格井较多，片面追求进度，忽视质量。

（4）钻井监督不到位：巡视监督模式，非驻井全程监督。

（5）注水井无套管保护：套管带压注水，注水井套管腐蚀。

（6）酸频繁大修作业损伤套管：平均作业频次 0.8 次/年。

结合陆地经验教训，海上油田投资大，套修施工难度大，注重套管一次下井，全寿命周期使用，结合同类型油田套管破损的原因，海上油田及早开展了套管保护。

3.1　套管保护从源头做起，把好套管材质和固井质量关

2003 年以前都是进口套管，日本较多，还有德国世特佳套管。隔水管钢级采取 D36，表层套管钢级 J55，2003 年以后使用国产套管，主要为上海宝钢和天津钢管公司生产，性能稳定，质量可靠。

严格把好固井质量关，表层套管（外径≥273.1mm 套管），采用内插管固井工艺；技术套管、油层套管（外径≤244.5mm）采用常规固井工艺，井斜超过 50 度井：采用树脂扶正器、漂浮接箍（减阻器）工艺，减少摩阻，确保套管顺利下入、套管居中和固井质量；表层套管固井水泥返至井口，技术套管、油层套管固井水泥返入上层套管内不少于 200m。使用高质量的固井水泥。

3.2　优化钻井井身轨迹，做好钻井防碰

"十二五"以来，海上实钻轨迹符合率 100%，作业符合率 100%，方案设计油层钻遇成功率 95% 以上，单座平台布井数量最多达 56 口，平台井口间距由 2m 压缩到 1.8m，地下防碰距离控制到 5m，井身轨迹防碰技术达到国内领先水平。

表7 水泥性能参数表

项目名称	性能要求
密度/(g/cm^3)	（油层井段及上下100m）≥1.90
流变性/cm	>25cm
失水量/mL	<50mL/6.9MPa，30min
自由水含量/mL	0
稠化时间/h	注水泥施工总时间+1h
抗压强度	24hr>14MPa

由于海上油田注重先期防砂，严重出砂井极少，极个别的井出现了滤砂管破损大量出砂，套管附近的地层砂被排除以后，套管外围局部被掏空，造成油层部位地层与套管外围水泥环之间形成空洞，套管外壁局部失去支撑，流体直接作用在套管上，造成套管失稳变形。

表8 "十二五"与"十一五"钻井指标对比

项目	十一五	十二五
馆陶中靶半径/m	≤30	≤10
轨迹符合率/%	97	100
作业符合率/%	98	100
油层钻遇成功率/%	94	97

3.3 海上油田注重先期防砂完井

油井防砂：海上油田只有少数井投产初期没进行防砂，大部分井采用了挂滤防砂，后期采取了充填防砂，在目前429口生产井中出砂井仅18口，占4%，含砂0.01%。

水井防砂：采油厂水井只有11口井未进行防砂，其他水井都采取了挂滤防砂，防止地层大量反吐砂。

3.4 水井采用双级环空封隔器保护套管

环空封隔器+油层顶部封隔器：共同隔离注入水，实现双极保护，防止注入水窜入套管，降低套管腐蚀几率，保护套管。

注水水质改善：水井初期以海水为主，高矿化度，高杂质、高含硫、高含菌。2012年停止注海水，改污水回注，改善了注水水质。

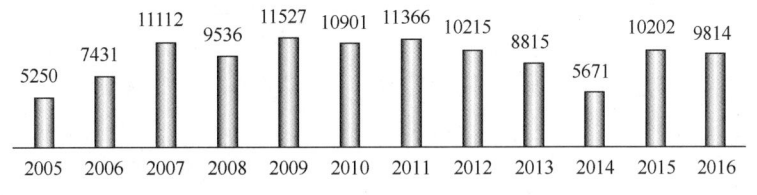

图3 海上油井矿化度变化趋势

3.5 注水水质改善，水井套管腐蚀速度减慢

海上水井开展套管检测20余井次，发现12口井出现套管腐蚀扩径、缩径，3口井注水13年出现穿孔（CB4A-1、CB4A-5、CB1A-6），2口井进行了连续跟踪，个别井注水15年套管壁厚下降50%，近几年腐蚀速度变缓。

表 9　注水井套损情况统计表

井号	投注时间	注水时间/年	施工时间	测试方式	发现问题
CB25A-3	2000/10/2	6.76	2007/7/5	36臂井径成像	1010~1535m 套管腐蚀深度 1~2mm
	2000/10/2	13.32	2014/1/24	40臂井径成像	1400~1434.5m 套管腐蚀变形，扩径约 3mm
CB11D-3	2000/11/19	9.66	2010/7/17	36臂井径成像	腐蚀程度较弱，小部分套管腐蚀深度约 3mm
	2000/11/19	15.37	2016/3/31	40臂井径成像	45.9~658.9m 多处腐蚀严重，最大臂值 168mm

4　海上套损预测及建议

4.1　海上套损预测

海上油田套损井总数占总井数的 2.5%，套损主要由腐蚀、工程事故和大修打捞造成，随着水质改善和工艺进步，近 3 年腐蚀破漏套损井未再增长，将来随着海上油水井免修期延长，未来主要套损原因是大修打捞，预计不会出现爆发性套损增长。

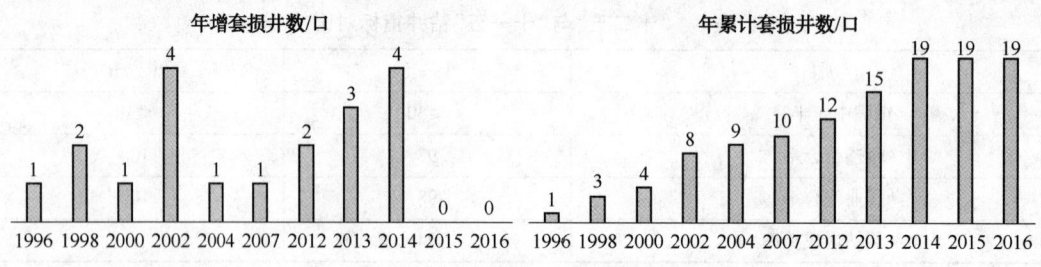

图 4　海上套损井变化趋势

4.2　套管保护建议

制定套管保护管理规定：树立油水井全生命周期套管保护理念，以套管寿命 40 年为目标，从钻井、作业、生产管理等全方位出台套管保护技术规范，套管保护以防为主，不断研究套管保护技术。套管治理重在防御，特别是水井套管，酸洗次数多，油套环形空间要打保护液，油井要立足先期防砂，一是防止地层掏空，二是降低大修套铣、磨洗打捞次数，避免造成套管伤害。

海 洋 工 程

渤海导管架平台结构力学性能对比研究

李翔云，杜夏英，肖 辉，程 霖，薄 昭，孔 冰

(中海石油(中国)有限公司天津分公司，天津 300459)

摘 要 稠油开采工艺流程复杂，设备设施多，平台甲板面积和组块重量大幅度增加，对结构承载能力提出挑战。本文以渤海某稠油油田开发项目为例，开展平台结构力学性能对比研究。基于海洋平台结构分析软件，开展静力分析、地震分析和倒塌分析，对比了四腿和六腿导管架平台在刚度、强度、振动等方面的特性，为油田开发前期研究阶段平台结构选型提供参考依据。

关键词 渤海；导管架平台；结构力学性能

1 研究背景

稠油相对密度及黏度较高，在油层条件下流动性差，通常需采用热采工艺保证原油的流动性，因此导致了平台设备、甲板面积以及组块重量的大幅度增加。经估算，某油田开发项目平台操作重可达 7790 吨，已处于 4 腿平台和 6 腿平台操作质量的临界范围，如表 1 所示。

表 1 平台操作质量

四腿平台		六腿平台	
平台名称	操作质量/t	平台名称	操作质量/t
BZ28-2S WHPB	10807	JZ25-1S WHPA	10480.3
LD32-2 WHPA	7960	SZ36-1WHPM	8622.48
SZ36-1 WHPN	6021	BZ26-3 WHPA	8095
LD 5-2 WHPB	4594	JX1-1 WHPB	6920.79

平台操作重的增加对导管架承载能力提出挑战，如何确定平台结构形式是当务之急。为保证经济性对等，本文基于以下假设开展四腿和六腿平台结构力学性能的对比：

(1) 风、波、流、冰等环境参数相同；

(2) 平台上部结构的重量重心相同，保证上部结构荷载相同；

(3) 平台整体用钢量相近，施工资源相同。

基于上述前提条件，建立平台结构模型如图 1 所示，具体设计参数如表 2 所示。

作者简介：李翔云(1988—)，男，汉族，硕士，结构工程师，2014 年毕业于大连理工大学工程力学专业，现从事海洋工程结构物研究工作。E-mail：lixy94@ cnooc.com.cn

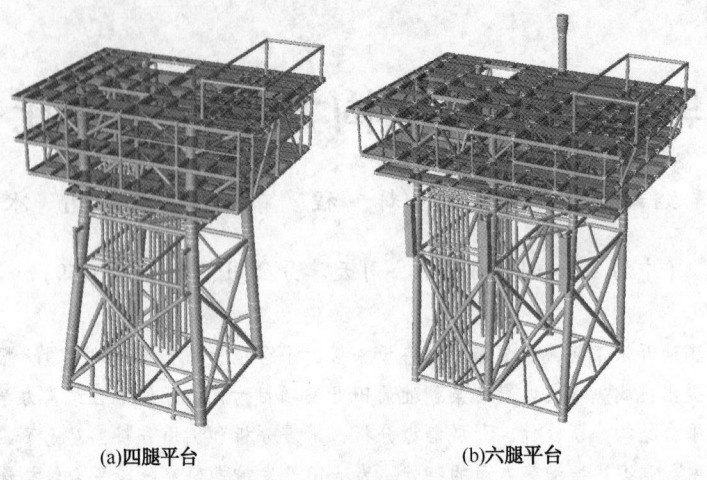

(a)四腿平台   (b)六腿平台

图1   平台结构图

表2   平台结构设计方案

	名称	四腿平台	六腿平台
组块	甲板面积/m²	5892.25	5892.25
	甲板层数	5	4
	组块结构质量/t	2300	2300
	组块操作质量/t	79878.9	79878.9
	操作工况重心	(2.5, 0.0)	(2.5, 0.0)
导管架	水平层数量	3	3
	用钢量/t	1380	1480
钢桩	桩径/mm	2134	1676
	入泥深度/m	80	67
	用钢量/t	1266	1277
隔水导管	直径/mm	610	610
	用钢量/t	840	840
用钢量汇总	平台总用钢量/t	6460	6647

2   平台结构性能对比

平台安装就位后,在整个生命周期内,需承受平台自重、风波流冰等海洋环境荷载以及地震荷载的作用。为评估平台结构在位期间抵抗各类荷载的能力,本文从静力分析、倒塌分析、地震分析三个方面开展对比研究,分析了平台在操作工况、极端环境工况以及地震工况下的力学性能。

2.1   静力分析

静力分析包括操作工况和极端工况分析,分析平台在服役期内的正常操作条件以及百年一遇环境条件作用下的结构特性。

2.1.1   环境荷载

根据《渤海海域钢制固定平台结构设计规则》[1]规范要求,对平台自重以及风、波、流、冰等荷载进行组合，得出平台在各类组合工况下的环境荷载，如表 2 所示。对平台施加不同重现期的环境荷载，得出平台在 8 个方向的基底剪力和倾覆力矩响应结果，如表 3 和表 4 所示。计算结果表明，在相同环境参数条件下，六腿平台由于尺寸较大，受到的环境荷载以及基底剪力和倾覆力矩响应均大于四腿平台。

表 3 环境荷载 kN

环境工况	四腿平台	六腿平台	差值/%
操作风暴	614.23	638.2	3.902
操作冰	337.2	327.53	2.868
极端风暴	1616.8	1697	4.96
极端冰	990.71	954.07	3.698
轻载	1616.8	1697	4.96

表 4 基底剪力 kN

		0°	45°	90°	135°	180°	225°	270°	315°
四腿平台	一年一遇	5218	5068	4590	4842	4971	4984	4670	5048
	百年一遇	12680	12433	11731	12118	12424	12339	11813	12337
六腿平台	一年一遇	5600	5551	4933	5131	5169	5361	4996	5442
	百年一遇	13789	13637	12566	13088	13389	13453	12655	13408

表 5 倾覆力矩 kN·m

		0°	45°	90°	135°	180°	225°	270°	315°
四腿平台	一年一遇	93639	90435	80389	86284	89756	88854	81454	89484
	百年一遇	220488	215365	200443	209894	215943	213311	201588	212841
六腿平台	一年一遇	100350	100494	88910	91832	92972	97080	90094	97459
	百年一遇	240276	240820	222438	228988	233090	237170	224017	235085

2.1.2 平台结构强度

平台结构强度主要衡量指标是杆件 UC 和节点 UC。API[2] 规范规定了杆件和节点 UC 值的算法，杆件 UC 是将杆件受到的轴向力和弯矩按照一定方式进行组合，再与许用值相除得到的比值；节点 UC 分为 LOAD UC 和 STRN UC，LOAD UC 主要与节点所受荷载有关，而 STRN UC 综合考虑了节点构造与荷载的影响。对平台加载 2.1.1 节所述环境荷载，得出杆件 UC 和节点 UC 对比如表 6 所示，六腿平台最大 UC 值比四腿平台大 5%左右。

表 6 杆件和节点最大 UC

	杆件 UC	LOAD UC	STRN UC
四腿平台	0.78	0.415	0.923
六腿平台	0.816	0.419	1.042

2.2 倒塌分析

节静力分析是在线弹性范围内讨论平台结构对自重及环境荷载的响应。而实际上，由于钢材的本构关系是非线性的，在超出弹性阶段之后存在塑性强化阶段，仍存在抵抗外界荷载的能力。因此，基于大变形和弹塑性分析理论[3]，对四腿平台和六腿平台抵抗极端环境荷载的能力开展对比，考虑桩-土非线性相互作用，逐级增加至 4 倍百年一遇环境荷载，得出平台受力结果如图 2 所示。四腿平台只有个别斜撑进入塑性，而六腿平台主腿也进入了塑性阶段，说明四腿平台抵抗极端环境荷载的能力优于六腿平台。

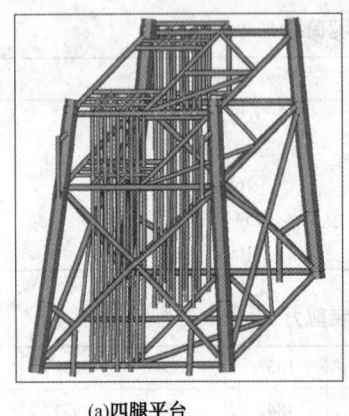
(a)四腿平台

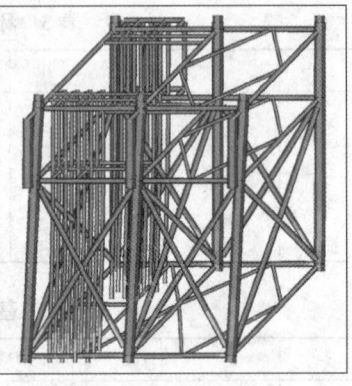
(b)六腿平台

图 2　平台极限承载能力

2.3　地震分析

对于海洋平台这种多质点体系，其振动方程可表示为[4]：

$$[M]\{\ddot{U}\} + [C]\{\dot{U}\} + [K]\{U\} = -[M]\{I\}\ddot{U}_g(t)$$

式中，$[M]$、$[C]$ 和 $[K]$ 分别为平台质量矩阵、阻尼矩阵和刚度矩阵，U_g 为平台质点对地面的相对位移矢量，I 为自由度矩阵。

采用振型叠加法将联立微分方程组拆解为相互独立的振动方程进行求解，再按照完全二次型组合法对阵型进行组合。分别选取重现期为 200 年和 1000 年地震响应谱开展强度地震和韧性地震分析。地震响应谱 $\beta(T)$ 表达式：

$$\beta(T) = \begin{cases} 1 & T \leq T_0 \\ 1 + (\beta_{max} - 1)\dfrac{T - T_0}{T_1 - T_0} & T_0 < T \leq T_1 \\ \beta_{max} & T_1 < T \leq T_g \\ \beta_{max}(\dfrac{T_g}{T})^c & T_g < T \leq 6s \end{cases}$$

各项参数如表 8 所示：

表 8　地震响应谱参数

重现期水平	β_m	T_0	T_1	T_g	c
200 年	2.5	0.04	0.1	0.4	1.0
1000 年	2.5	0.04	0.125	0.5	1.0

对平台施加与地震荷载相当的荷载，采用等效桩基刚度阵的方法模拟非线性桩-土系统，得出平台前三阶自振周期如表 9 所示，六腿平台比四腿平台更接近该海域的波浪周期，

动力特征更为明显。

表9　平台前三阶自振周期

	模态	自振周期
4腿平台	1	1.77
	2	1.46
	3	1.37
6腿平台	1	2.06
	2	2.03
	3	1.86

根据 API 规范要求，对许用应力放大 1.7 倍，得出杆件 UC 值如表 10 所示。由于六腿平台刚度比四腿平台小，且在震动过程中所受到的荷载更大，因此杆件应力明显比四腿平台大，大批杆件 UC 值超过许用值，如图 3 所示。

表10　杆件 UC 值

	四腿平台	六腿平台
强度地震	0.368	0.627
韧性地震	0.56	1.3

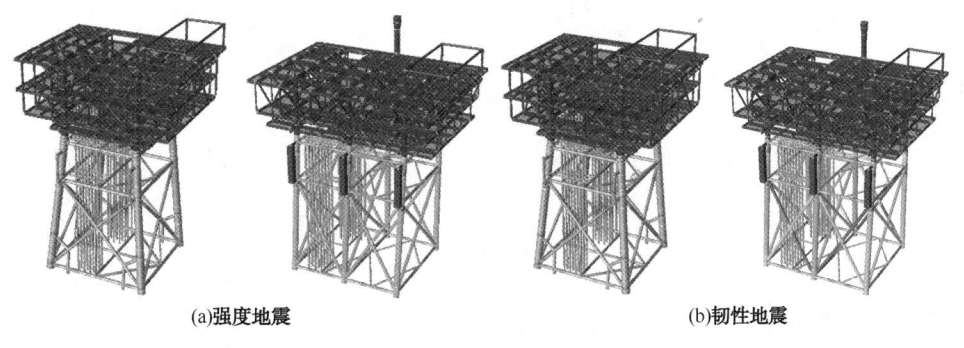

(a)强度地震　　　　　　　　　　　　　(b)韧性地震

图3　地震校核结果

3　结论

本文通过开展静力分析、倒塌分析和地震分析，对平台在操作工况、极端环境工况以及地震工况下的力学性能做出对比，得出如下结论：

(1) 四腿平台尺寸小，受到的环境荷载小，基底剪力和倾覆力矩响应也较小。

(2) 四腿平台刚度和强度较大，抵抗极端环境荷载和地震荷载的能力更强。

(3) 六腿平台自振周期更接近该海域的波浪周期，动力特征更为明显。

综合上述结论，在保证平台整体用钢量相近、施工资源相同的前提下，四腿平台结构力学性能更优。

参 考 文 献

[1] 渤海海域钢制固定平台结构设计规则[S]. Q/SH 3003—2013.

[2] API. API 2A Ed. 21 Recommended practice for planning, designing and constructing fixed offshore platforms-working stress design.

[3] 唐友刚. 南海某导管架海洋平台倒塌分析[J]. 海洋工程, 2016.

[4] 艾志久. 基于 SACS 的海洋固定平台地震响应分析[J]. 中国海洋平台, 2008.

某海上平台火灾错时泄放研究

（中国石化石油工程设计有限公司，山东东营 257026）

摘　要　海上平台火炬系统中火炬臂的长度对平台的影响重大，需将火炬臂的长度控制在合理的范围内，泄放量是影响火炬臂长度的关键因素，泄放量越少，热辐射的影响就越小，火炬臂的长度也会缩短。本文以渤海某海上平台为研究背景，采用 HYSYS 及 FLARESIM 等专业软件模拟了不同泄放方案下火炬系统的泄放量，并在常规泄放方案不能满足要求的情况下，着重研究了了不同火灾工况下的错时泄放方案，从而将火炬系统的峰值泄放量控制在规定的范围内，满足了火炬臂的长度要求。

关键词　海上平台；火炬系统；泄放方案；泄放量

在海洋石油平台设计中，火炬系统对平台的安全具有至关重要的作用，尤其是火炬臂长度对平台的影响重大。由于平台火炬周围可能有人员走动，火炬臂长度应满足热辐射对平台操作人员的安全要求[1]。与此同时火炬臂长度增加会造成火炬的直接投资大幅提高，而且还将给船运、吊装和维护带来很大的不便，特别是会造成平台结构物重心偏离，影响平台整体结构设计[1,2]。为此需综合考虑以上两种因素，将火炬臂长度控制在合理的范围内。

火炬系统的泄放量是影响热辐射关键因素之一，泄放量越少，热辐射的影响就越小，火炬臂的长度也会缩短。本文以渤海某海上平台为研究背景，探讨不同泄放方案下火炬系统的泄放量，并在常规泄放方案不能满足要求的情况下，着重研究了火灾工况下的错时泄放方案，从而将火炬系统的泄放量控制在合理的范围内，使火炬臂长度满足了规定要求。

1　最大允许泄放量的确定

该海上平台共有 5 台大型高压处理设备安装 BDV，为满足平台结构重量、运输船以及浮吊设备的控制要求，平台火炬臂的长度不能超过 55m。

按照火炬臂长度的规定要求，确定满足火炬臂长度的最大泄放量。采用 HYSYS 软件对不同事故工况下的泄放量进行比较，分析结果显示 PSV 的泄放量要小于 BDV 的泄放量，因此确定该海上平台火炬系统的泄放能力由火灾下 BDV 泄放工况决定。利用 Flaresim 软件准确核算在该火炬臂长度下，满足平台操作人员辐射热强度要求的最大泄放量。火炬臂的长度通常是由辐射热强度决定的，根据 API RP521，对于非连续泄放下人员热辐射值应小于 $6.31kW/m^2$（不包括太阳辐射），本文以此作为火炬系统泄放量的限制条件。在火炬臂长度 55m，与平台角度 45° 时，反算得出平台在火灾工况下，火炬系统的最大泄放量为 43000m³/h，较为详细的模拟计算结果如图 1 所示。

作者简介：陈磊（1989—），男，汉族，硕士，助理工程师，2016 年毕业于中国石油大学（北京），现从事海洋工程油气工艺设计工作。E-mail：chenleicup2015@163.com

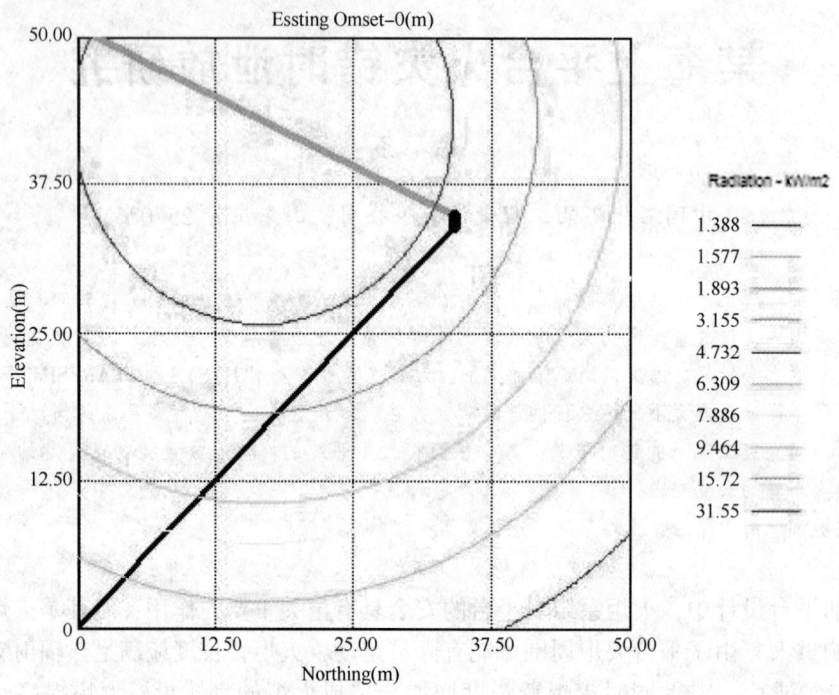

图1　臂长55m火炬辐射强度图

2　常规泄放技术

2.1　海上平台泄放系统要求

API 521 指出[3]，在火灾事故工况下，压力容器的泄压系统应能在规定的时间内，将设备压力泄放至容器不会立即损坏的状态。一般要求在 15min 内将设备压力降到 690kPaG 或降到容器设计压力的 50%(取其中较低的压力)。

2.2　常规泄放技术泄放量的确定

常规泄放方案即为同时泄放方案，是指在火灾工况下平台所有 BDV 同时泄放，在 15min 内将设备压力降到 690 kPaG 或降到容器设计压力的 50%(取其中较低的压力)，利用 HYSYS 软件的 DP 模块确定火炬系统的泄放量随时间变化规律。

由图2的模拟结果可知，BDV2004 的泄放量最大，高达 42706m³/h，占平台总泄放量的 70%，其次为 BDV1502，最大泄放量为 10311m³/h。由泄放曲线可知，随着时间的增加，BDV 泄放量逐渐减小，前 5min 内泄放量衰减速率最快，曲线较陡，而后泄放量降幅较小，曲线变化较为平缓。

由图3的模拟结果可知，当发生火灾时，平台 BDV 同时开启的泄放方案，最大泄放量可达 61877m³/h，远超设计允许值，为此需采用其他的泄放方案，以降低火炬系统的最大泄放量，进而满足火炬臂长度的控制要求。

3　错时泄放技术

错时泄放将不同火区以及同一火区的 BDV 泄放时间进行错峰，具体做法是将平台按照总体布置划分成不同的火区，当发生火灾时，所在火区的 BDV 优先释放，同一火区 BDV 延时 0~2min 泄放，不同火区 BDV 延迟 3~5min 泄放，本文针对不同火灾工况，筛选出满足最大泄放量要求的泄放方案。

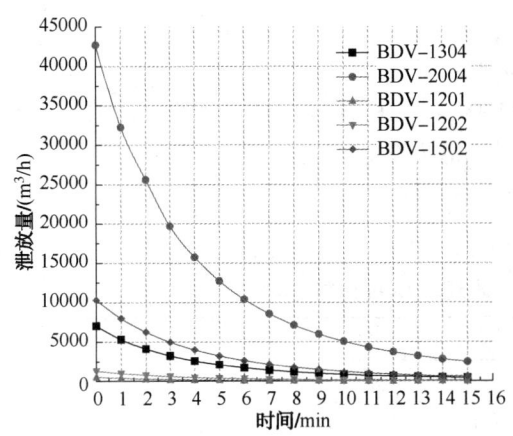

图 2　各 BDV 泄放量随时间的变化曲线

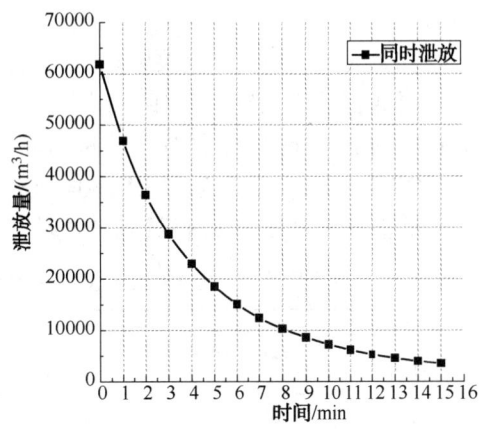

图 3　常规泄放方案下泄放量随时间的变化曲线

3.1　平台 A 区发生火灾

当平台 A 区发生火灾即中层甲板着火，平台火炬系统各泄放方案如下所示。

（1）同火区同时泄放，不同火区错时泄放

该泄放方案如表 1 所示，具体模拟结果见图 4。

表 1　同火区同时泄放，不同火区错时泄放

工况	泄放方案				
	A 区		B 区		
	BDV2004	BDV1304	BDV1201	BDV1202	BDV1504
A 区着火	0min	0min	5min	5min	5min

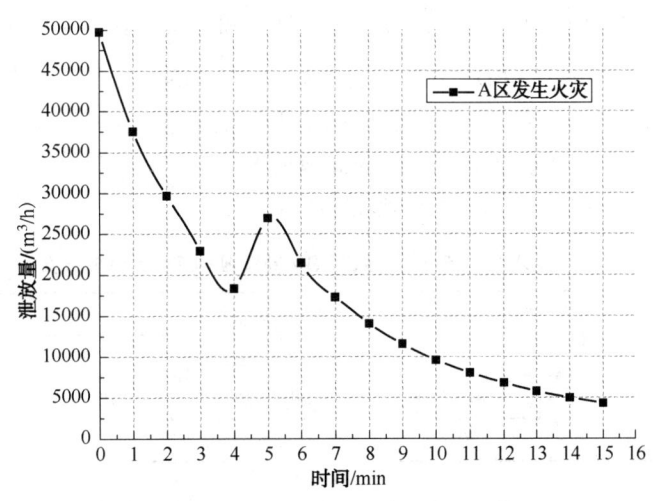

图 4　泄放量随时间的变化曲线

由图 4 结果可知，当 A 区发生火灾时，采用同火区 BDV 同时泄放，不同火区 BDV

延时 5min 泄放方案,峰值泄放量为 49744 m³/h,超过了最大允许值,因此该泄放方案不可行。

(2) 同火区短错时泄放,不同火区长错时泄放

当 A 区放生火灾时,对处于同一火区的 BDV1304 和 BDV2004 同样采用错时泄放,为此需首先确定两者的泄放顺序,筛选出峰值泄放量最小的方案。

① BDV2004 先泄放,BDV1304 延时 1min 泄放

该泄放方案如表 2 所示,具体模拟结果见图 5。

表 2　BDV2004 先泄放,BDV1304 延时 1min 泄放方案

工况	泄放方案				
	A 区		B 区		
	BDV2004	BDV1304	BDV1201	BDV1202	BDV1504
A 区着火	0min	1min	5min	5min	5min

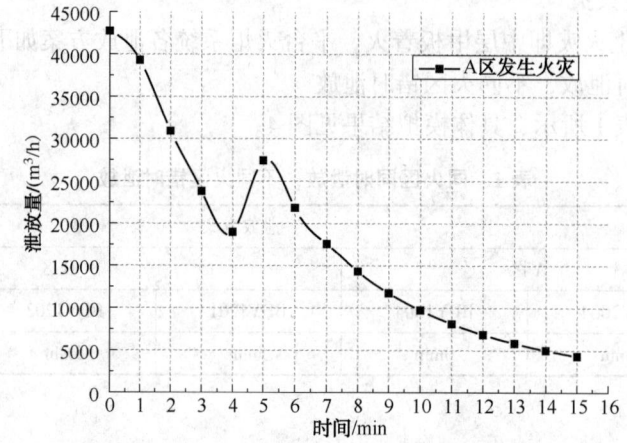

图 5　A 区发生火灾 BDV2004 先行泄放,BDV1304 延时 1min 泄放

由图 6 模拟结果可知,当 BDV2004 先行泄放,BDV1304 延时 1min 泄放时,火炬系统的最大泄放量为 42706 m³/h,满足火炬臂要求的最大泄放量。

② BDV1304 先泄放,BDV2004 延时 1min 泄放

该泄放方案如表 3 所示,具体模拟结果见图 6。

表 3　BDV1304 先行泄放,BDV2004 延时 1min 泄放方案

工况	泄放方案				
	A 区		B 区		
	BDV2004	BDV1304	BDV1201	BDV1202	BDV1504
A 区着火	1min	0min	5min	5min	5min

由图 6 模拟结果可知,当 BDV1304 先行泄放,BDV2004 延时 1min 泄放时,火炬系统的最大泄放量为 48020 m³/h,不满足火炬臂要求的最大泄放量。

综上所述,当 A 区发生火灾时,满足要求的泄放方案为 A 区 BDV2004 先行泄放、

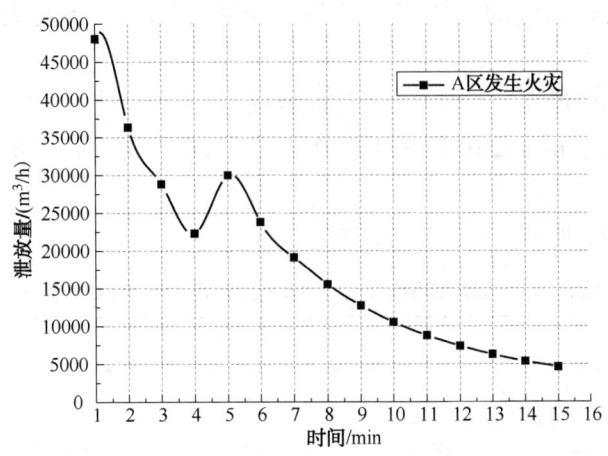

图6　A区发生火灾 BDV1304 先行泄放，BDV2004 延迟 1min 泄放

BDV1304 延迟 1min 泄放，B 区 BDV 同时泄放且均延迟 5min 泄放，该方案下火炬系统的峰值泄放量为 42706 m^3/h。同时可以得出同火区内峰值泄放量最大的 BDV 优先泄放，可使峰值泄放量降低的更明显。

3.2　平台 B 区发生火灾

当平台 B 区发生火灾即底层甲板着火，平台火炬系统各泄放方案如下所示。

（1）同火区同时泄放，不同火区错时泄放

B 区所有 BDV 先行泄放，A 区所有 BDV 延迟 5min 泄放，该泄放方案如表4所示，具体模拟结果见图7。

表4　同火区同时泄放、不同火区错时泄放（B 区着火）

工况	泄放方案				
	A 区		B 区		
	BDV2004	BDV1304	BDV1201	BDV1202	BDV1504
B 区着火	5min	5min	0 min	0 min	0min

由图 7 模拟结果可知，当 B 区发生火灾时，B 区 BDV 先行泄放，A 区所有 BDV 延

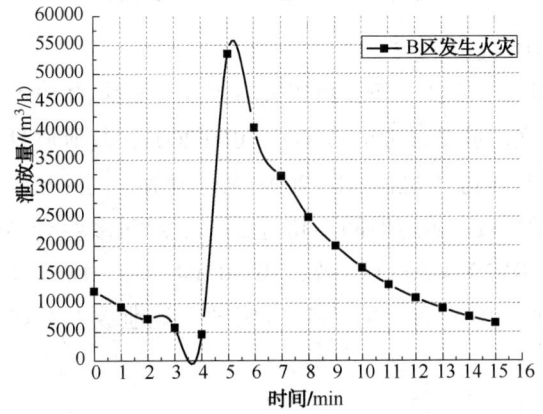

图7　同火区同时泄放、不同火区错时泄放（B 区着火）

迟 5min 泄放时，火炬系统的峰值泄放量为 53469 m³/h，不满足火炬臂要求的最大泄放量。

（2）同火区短错时泄放，不同火区长错时泄放

BDV1502 先泄放、BDV1201 和 BDV1202 延迟 1min 泄放，A 区 BDV2004 延迟 3min 泄放、BDV1304 延迟 5min 泄放。

该泄放方案如表 5 所示，具体模拟结果见图 8。

表 5　同火区短错时泄放、不同火区长错时泄放(B 区着火)

工况	泄放方案				
	A 区		B 区		
	BDV2004	BDV1304	BDV1201	BDV1202	BDV1502
B 区着火	3min	5min	1min	1min	0min

由图 8 模拟结果可知，当 B 区发生火灾时，BDV1502 先行泄放、BDV1201 和 BDV1202 延迟 1min 泄放，A 区 BDV2004 延迟 3min 泄放、BDV1304 延迟 5min 泄放工况下，火炬系统的峰值泄放量为 48746 m³/h，不满足火炬臂要求的最大泄放量。

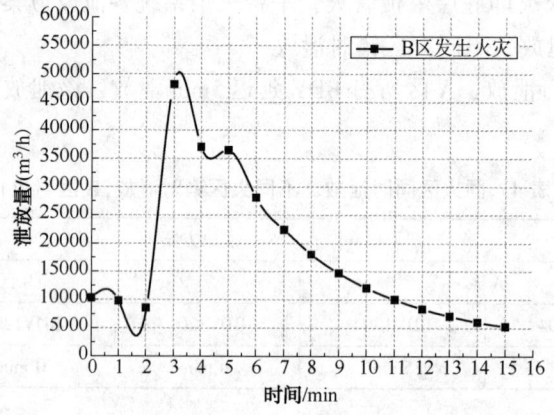

图 8　同火区短错时泄放、不同火区长错时泄放(B 区着火)

（3）泄放量最大 BDV 先行泄放

通过对不同 BDV 泄放顺序的分析，可以发现泄放量最大的 BDV 先行泄放，可降低火炬系统的峰值泄放量，本文泄放量最大的 BDV 为 BDV2004，其泄放量占总泄放量的 70%，为此当 B 区发生火灾时，也考虑 A 区的 BDV2004 先行泄放，同时出于安全考虑，对发生火灾的火区，要求其所有 BDV 最大延迟时间不超过 2min。经过多组合筛选确定了该方案下满足要求的泄放组合为：BDV2004 先行泄放，BDV1504 延迟 1min 泄放，B 区 BDV1201 和 BDV1202 延迟 2min 泄放，BDV1304 延迟 5min 泄放。该泄放方案如表 6 所示，具体模拟结果见图 9。

表6 BDV2004先行泄放，B区所有BDV错时泄放（B区着火）

工况	泄放方案				
	A 区		B 区		
	BDV2004	BDV1304	BDV1201	BDV1202	BDV1502
B区着火	0min	5min	2min	2min	1min

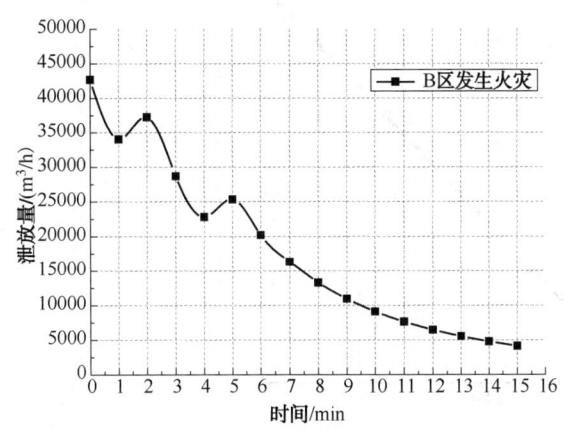

图9 BDV2004先行泄放，B区所有BDV错时泄放（B区着火）

由图9模拟结果可知，B区发生火灾时，BDV2004先行泄放，BDV1504延迟，1min泄放，B区BDV1201和BDV1202延迟2min泄放，BDV1304延迟5min泄放下，火炬系统的最大泄放量为42706m³/h，可以满足火炬臂要求的最大泄放量。

综述所述，对于B区发生火灾工况下，能满足火炬臂要求的泄放方案为BDV2004先行泄放，B区BDV1201和BDV1202延迟1min泄放，BDV1504延迟2min泄放，BDV1304延迟5min泄放。此时的最大泄放量为42706m³/h。不同火灾工况下满足要求的最佳泄放量如表7所示。

表7 不同火灾工况下的泄放方案

工况	泄放方案					最大泄放量
	A 区		B 区			
	BDV2004	BDV1304	BDV1201	BDV1202	BDV1504	
A区着火	0min	1 min	5 min	5 min	5 min	42706 m³/h
B区着火	0 min	5 min	2 min	2 min	1 min	42706 m³/h

注：表中时间为自火灾发生时起各BDV的起跳时间。

由上表数据可知，无论是A区着火还是B区着火，满足要求的最大泄放量均为42706m³/h。按照该泄放量来确定火炬臂长度，经Flaresim模拟计算，火炬臂的长度为54.5m，计算结果详见图10。

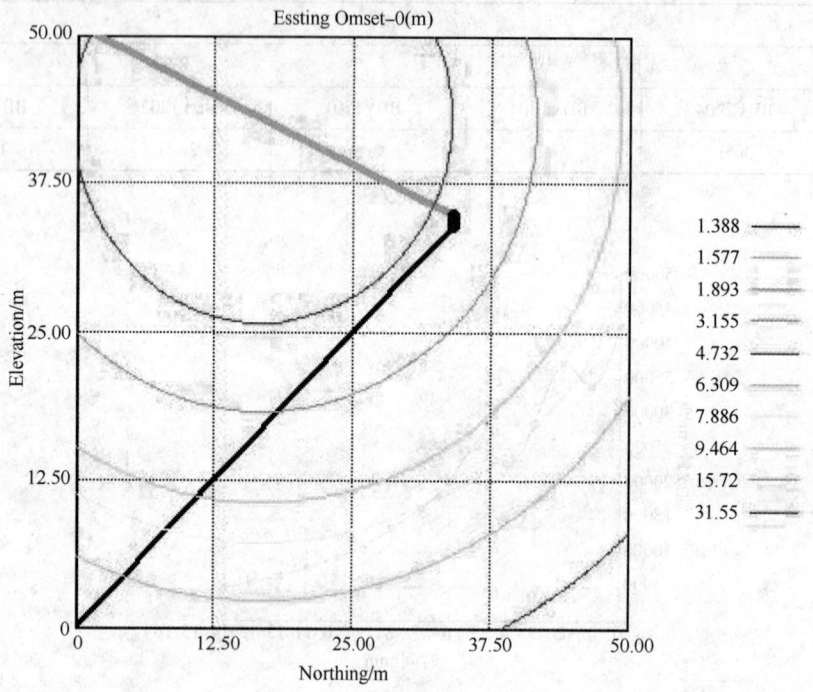

图 10　臂长 54.5m 火炬辐射强度图

4　结论

（1）通过研究错时泄放，得到了 BDV 阀门的泄放规律，并由此确定了错时泄放下阀门开启的间隔时间。

（2）采用错时泄放时，应优先考虑火灾区域 BDV 同时泄放，若不能满足泄放要求，再考虑对火灾区域的 BDV 进行错时，错时时间应越短越好，并让同火区内 BDV 泄放量最大的 BDV 先行泄放。若上述两种方案都不满要求，再考虑火灾区域优先和大型设备优先相结合的泄放方案。

（3）本文筛选出了不同火灾工况下满足要求的泄放方案，最终采用的泄放方案可将火炬系统的泄放量控制在允许的范围内，不仅满足了火炬臂不超过特定长度的设计要求，而且还将火炬臂的长度缩短了 0.5m，实现了平台的安全设计。

参 考 文 献

[1] 戴磊，王涛，严雪莲，等. 海洋平台 FLARESIM 火炬模拟计算方法探讨[J]. 石油化工安全环保技术，2016，32(4).

[2] 王彦瑞，赵喜峰，陈文峰，等. 大型天然气平台火炬系统设计新思路[J]. 石油工程建设，2015，41(3).

[3] API STANDARD 521-2014, Pressure-relieving and depressuring systems, Sixth Edition[S].

[4] 周守为，安维杰. 海洋石油工程设计指南[M]. 北京：石油工业出版社，2006.

浮式生产储油装置机舱设计分析

王春光

(中海石油(中国)有限公司天津分公司，天津 300459)

摘　要　通过多年在曹妃甸 11-1 油田海洋石油 112FPSO 从事机械设备维护和管理积累的经验，从船体、撬块等方面对海洋石油 112FPSO 机舱的一些系统和设备在设计方面的一些特点进行分析，旨在为 FPSO 在设计、改造及管理工作提供参考。

关键词　曹妃甸；海洋石油；FPSO；机舱；设计

在海洋石油开发领域，浮式生产储油装置(Floating Production Storage and Offloading，FPSO)是一种常用的海上石油开采工程设施，主要由船体、上部模块、单点系泊组成。故译为浮式生产储油卸油船，它具有船舶方面的一些特点，但又不同于船舶，由于兼有生产，储油和卸油功能，因而设计更复杂，技术含量更大，是目前海洋工程船舶中的高技术产品。

本文提到的曹妃甸 11-1 油田海洋石油 112FPSO(以下简称 112)是由大连船厂设计，于 2003 年由大连船厂负责建造的 15×10^4t 级的浮式生产储油卸油船，2004 年 7 月投入曹妃甸 11-1 油田使用。通过多年在这艘 FPSO 从事机械设备维护和管理，从设备使用者的角度出发，对其机舱的一些系统和设备在设计方面特点进行分析。对以后 FPSO 机舱在设计、改造及管理提供参考。

1　舱室结构设计分析

112 的机舱位于整个船体的尾部，生活区位于其上部是人员居住和办公的地方，下部为工作间、库房及设备间。从上到下共有 8 层分别用不同的英文字母表示。

1.1　生活楼

112 的生活楼位于 FPSO 船尾机舱上部，这种设计在目前的 FPSO 设计中所占比例不是很多(有资料表明，生活楼建在船首的占全世界 FPSO 的 70%左右)，生活楼上多一层甲板，使得直升机平台视野开阔同时远离单点系泊，大大的降低了飞机起落的风险，便于直升机全天候降落。

N2 层洗衣房与员工卧室同一走道，虽然方便洗衣，但是洗衣机等噪音影响到人员的休息。建议在以后的设计中考虑将洗衣房与视听室靠近。另外，在选择生活楼的进排风口时，建议将位置放在艏楼甲板，增加必要的隔音设施，以利于人员休息。

1.2　逃生通道

112 生活楼外部的逃生通道采用的是钢板喷砂防滑，楼梯采用的是锯齿状格栅板。楼梯踏板宽度和梯度比较统一，后来从安全角度考虑，在每层台阶上加装了带有警示色的喷砂防滑板。而 112 机舱内逃生通道没有在地板上采取任何措施，只是在墙底贴有逃生方向指示牌

作者简介：王春光，男，汉族，工程师，2006 年毕业于承德石油汽车工程专业，现从事油气田开发工程建设工作。E-mail：wangchg9@cnooc.com.cn

且不明显，特别是不熟悉机舱环境的人员乘电梯进入机舱作业，紧急情况下很难找到逃生通道。楼梯采用的是在防滑钢板上喷砂防滑的方式且坡度交大。建议在设计楼梯时，统一楼梯的梯度和宽度，并按照国际常规做法统一逃生通道的设计，尽量避免弯道，最小宽度1.2~1.5m，最小高度2m。通常FPSO船体的设计单位习惯使用船用标准，楼梯设计的较窄、较陡。建议在舱内地板上增加逃生通道警示标示并做喷砂防滑。

1.3 甲板地漏

112机舱多是使用带水封的地漏，有效防止了气体的溢出，但不能有效的防止堆积物。地漏的水一部分是直接排放到H层舱底日用舱底水舱里。一部分排到到H层污水井里，然后再经日用舱底泵收集到日用舱底水舱，集中泵入SLOP舱。部分地漏安装位置不好，只在地板和模块的左侧或右侧有，当出现大船倾斜方向与地漏位置方向相反时积水很难排走。建议在设计FPSO机舱地漏时可以考虑以下几种方法：

（1）可设计使用槽式带水封地漏，增加滤网，便于清理堆积物，同时又防止气体溢出。

（2）在现有甲板地漏的相反方向加开地漏，便于船体倾斜时排水。

（3）在模块四周合适的位置增加可以直接排放到日用舱底水舱或SLOP舱的地漏(带标记)，平时用塞子塞住或用阀门截止，视情况打开。

1.4 公用管站

112的机舱与生产甲板不同，没有设计公用管站。日常工作和设备维修保养时需要用到淡水、热水、压缩空气或柴油都不方便。建议在C层和H层合适的地方分别增加公用管站，以方便日常工作使用。

1.5 污水井

112在机舱H层下甲板设有5个污水井。污水井设计为方形开口，口小内大深约1.6m，开口上盖有格栅板。因为上口小下面大给清洗污水井带来很大困难，每次清理时都因为开口过小人或工具无法进入而失败，以致从投产以来井内积累了较多油泥和杂物都无法彻底清理干净。每当有舱底水灌满污水井时就会有很多污油漂到甲板上。建议在以后的设计中将污水井设计为下小上大或上下一样大，并将井口用格栅板盖上并用螺栓固定，清理时可以拆卸。设计时要多考虑使用过程会出现的一些问题。

1.6 柴油柜

在机舱H层下甲板到C层甲板的左右舷有3个柴油柜，左右柴油柜和静柴油柜。正常工作流程是将左右柜的柴油经过柴油分油机分离去除杂质后进入净柴油柜。112的柴油柜采用的是方形平底式，排渣管线与出口管线分列柜底，排渣管线直接回到柴油泄放舱，中间没有取样口，不容易辨清柴油情况，造成一些麻烦。建议在原有基础上，在柜底设计一个有一定斜度的底，并在排渣管线去柴油泄放舱之间增加取样口。

2 舱内系统或设备的设计分析

2.1 蒸汽系统

112的蒸汽系统采用的是利用热油系统的热油进行加热的蒸汽发生器与传统的蒸汽锅炉相比简单实用的多，但是设计时要考虑热油系统进入机舱的管线直径及流阻，同时最好在在蒸汽发生器的进出口热油管线上增加温度变送器，以便更好的监控热油的温度。对于蒸汽系统在机舱和甲板上的蒸汽管线都只有保温，而没有进行电伴热保护。虽然在目前的设计中很多人认为电伴热是多余的，但实际情况是，冬天在北方，蒸汽管线的末端一般都会因为没有流通，蒸汽很快冷凝结冰无法使用，特别是一旦 FPSO 主电站停电造成蒸汽系统无法使用时，整个甲板和部分舱底的蒸汽管线会很短时间内全部冻住而损坏。112 上曾经出现过该问题，因此非常有必要对露天的蒸汽管线特别是管线尾端和凝水回水管线增加相应的保温。

2.2　船体空压机

船体空压机是 FPSO 的核心设备之一，一旦发生故障无法启机将会导致生产和生活设施全部瘫痪，其作用绝对不容忽视。112 在机舱 C 层甲板设有 2 台船体空压机，采用的是挪威 TMC 的水冷式空压机。水冷式空压机冷却效果好，但是由于独立性不强，需要外部水源，一旦海水系统或相关的上游设备及海水管线腐蚀需要检修，将会直接影响到空压机的使用，而且对水质、管线及接头的要求很严格，否则发生泄漏会损坏设备。实际情况是海水管线多次出现泄漏，当出现泄漏点较多时就需要更换一次海水管线。从最开始使用不锈钢管线，到合金铜管线，再到现在的玻璃钢管线。由于 CFD-11 油田所在海域海水较浅，当有较大风浪时会很容易出现海水浑浊泥砂堵塞空压机海水冷凝器造成空压机高温。建议在以后设计时可以考虑使用风冷式空压机，需要在其排风位置处设立专门的风道及手动风闸，夏季能及时将热量带走，保证机组的运行环境；另外还可以考虑设置一台水冷、一台风冷的模式，这样既兼顾到运行环境又保证了机组的独立性。

112 船体空压机模块上的两台空压机之间的距离较近，给日常的检修和维护保养工作带来许多空间的限制。建议设计时在充分考虑到节约空间的同时也要考虑实际维护检修工作中的方便。另外在公用气或仪表气等公用系统分支管线或用户管线增加隔离阀，以方便分台检修。

2.3　HVAC

在生活楼的中央空调通风设计方面，112 的中央空调回风采用的是回风风道上增加手动风闸配合新风手动风闸来调节新旧风的比率。这样能更好的调节生活区的通风质量。在夏季的时候空调蒸发器会液化出许多冷凝水而排放到舱底。在进行认真的考虑分析后，增加了冷凝水回收装置，就是将 1# 、2# 空调风机运行时产生的冷凝水用管线引到 H 层甲板上的一个收集罐内，再用膈膜泵将冷凝水泵到技术淡水柜内以供用户使用。这样每天可以收集 10～15m³ 淡水，很好的做到了节能减排。

2.4　消防系统

112 的消防保压系统采用的是传统的生活区淡水保压、生产区海水保压设计模式，但实际使用效果并不是很好，由于管线泄漏，阀门的内漏常出现淡水流入海水中，造成淡水消耗量很大。由于海水管线较长，泄漏点无法完全控制，增压泵经常出现频繁启停造成泵容易损坏，使用寿命得不到保证。建议在以后的改造中接入一条管线，通过管线将主海水泵的海水接通用来备用。这样可实现消防系统和主海水系统之间的泵互为备用，既增加了系统运转的安全性，同时还可以适当降低设备数量，节省资金和有限空间。另外，在设计消防管线时，可考虑使用 CuNi 合金。根据经验，使用镀塑管线时，在接口法兰连接处大都采用橡胶密封，由于船体变形造成法兰接口多次泄漏，最好尽量使用金属缠绕垫片。对于永久性的 FPSO，还可以使用双相不锈钢管。

2.5　海水系统

112 主海水系统是一个比较独立的系统，有 4 台并联的主海水泵组成，设计时为 2 用 2 备状态。而在后来的实际生产工作中，一台泵运行就满足了主机的使用。这样就造成了资源和有限空间的浪费。由于系统比较独立，在系统管线出现泄漏时无法隔离或是隔离后将无法给主机提供冷却海水，造成每年检修时都需要停产。后来改造将 2 台主惰气海水泵和 2 台副惰气海水泵的海水管线连接到总管上作为备用。另外，因为 CFD11 油田海域海水较浅，水质较脏，海底过滤器堵塞较为频繁。而海底过滤器较大，每次拆卸清洗不仅工作量较大，而却还存在较大的风险。建议在以后的设计或改造中可以考虑使用带有自动反冲洗装置的滤器，既减少清洗的工作量又能降低风险。

2.6　防海生物装置

112 的防海生物装置采用的是间接式电解铜、铝设备，它占地面积小，直接价格便宜，维护工作量少，适用于海水处理量小，消耗铜、铝量较小的场合，但防海生物的效果不如次氯酸钠好。其次是铜、铝为不可再生资源，由于电解铜、铝的产物不可降解会破坏海洋生态环境，在浅海使用不能满足环保要求。有的 FPSO 防海生物装置采用的是间接式次氯酸钠发生装置，它适用较大的海水处理场合，防污效果好，不会污染海洋生态环境，但系统本身对材料要求较高，需要定期维护。建议在选型的时候，要充分考虑自身的特点和工作的海域，尤其是对环保的要求。有许多国家对重金属在海洋的排放已制定了限制标准。

3　结束语

由于海洋石油 112FPSO 是一个十分复杂而庞大的系统工程。因为本人能力有限，本文只是从机舱设备使用者的角度出发就 112 机舱中的一些系统和设备在设计方面进行简单的分析，难免会有一些不足和疏漏的地方。

单点卸油系统大口径海底管道水击压力分析

李春磊

（中国石化石油工程设计有限公司，山东东营 257026）

摘　要　单点卸油系统大口径海底管道的应用是今后海洋油气工程发展的趋势之一，在长距离大口径管道的运行中，预防水击发生是管道系统安全运行的重要保证。本文具体结合茂名石化 30 万吨级单点系泊输油海底管道的工程实例，对此类型的管道水击问题进行了分析研究，提出了一系列有效预防水击发生的措施及建议，对于开展单点卸油系统大口径海底管道的水击研究具有一定的意义。

关键词　单点卸油系统；大口径海底管道；水击

原茂名石化 30 万吨级单点系泊输油终端海底管线长约 15.3km，位于广东省茂名市电白县电城镇东南海域，至 2014 年已运行 20 年，达到设计使用寿命。由于无法进行全面检测，存在着安全隐患，同时，原海底管线设计输量为 1000×10^4 t/年，现有管线的口径只有 34 寸，每船卸油时间约需 70 多个小时，造成每年约 200 万美元的滞期费用，已不能满足茂名石化的发展需要。

为消除安全隐患，同时提高管线的输送能力，在原管线北侧新建了一条海底输油管线，管线口径加大至了 48 寸，设计输量达到了 1500×10^4 t/年。该输油管线是目前国内乃至全亚洲口径最大的海底输油管线，且担负了茂名石化 70% 以上的原油输送任务，意义重大。

在管道输送流体时，水击问题是经常发生的，但在过去经常被忽略，而对于大口径、长距离管道，水击造成的破坏更大，有时甚至可能是灾难性的。该文对茂名石化单点卸油系统大口径海底管道的水击情况进行了计算分析，对于今后开展大口径海底管道的水击及保护方案研究具有一定的指导意义。

1　单点卸油系统

茂名石化单点卸油系统主要由海底管道、水下管汇、水下软管、单点浮筒、漂浮软管、锚链等组成，如图 1 所示。

单点卸油系统进行卸油作业时，外来油轮通过卸油泵，依次经过漂浮软管、单点浮筒、水下软管、水下管汇、海底管道，最终将原油输送至陆上库区。为了提高输油管道的安全，避免超高或泄露，在陆上油库端的管道上设置了紧急关断阀。

2　水击产生的原因及危害

在压力管道中，流体流经管道时，具有一定的动能。由于阀门的突然启闭或者泵机组的突然起停等原因，受到流体较大的惯性作用，使管道中某一截面的流速发生突然变化，引起管道中液体压力的急剧上升或急剧下降，这种压力变化由于管壁和流体的弹性作用，造成压

作者简介：李春磊（1984—），男，中国石化石油工程设计有限公司，工程师。主要从事海洋工程及油气集输系统的设计和研究工作。E-mail：liclei. osec@ sinopec. com

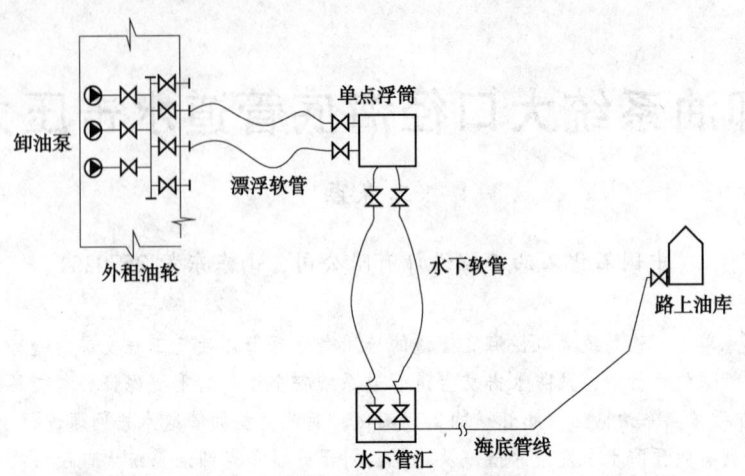

图 1　单点卸油系统组成

力波在管内迅速传播, 从根本上来看, 水击是由于液体的惯性和压缩性造成的。

　　当管道发生轻微水击时, 会引起管道及相关设备的振动, 产生噪音。严重时, 会造成管道泄漏、管件连接件破损或爆裂、阀门、泵机组等设备被打坏甚至可能造成人身伤亡事故。管道内水击的发生, 会严重影响管道运输的安全、可靠运行。因此水击安全分析越来越多被人们所认识和重视, 保证管道输送的安全, 预防和阻止水击现象的发生已成为管道运输中的一项重要任务[1]。

3　水击分析研究

3.1　SPS 仿真模拟系统

　　茂名石化单点系统大口径海底管道水击压力分析采用 SPS(Stoner Pipeline Simulator)软件进行动态模拟分析。

　　SPS 软件是德国 GL 公司开发的一款先进的瞬态流体仿真应用程序, 广泛应用于长距离管道工艺仿真模拟。利用该软件, 建立管道系统的计算模型, 如图 2 所示。

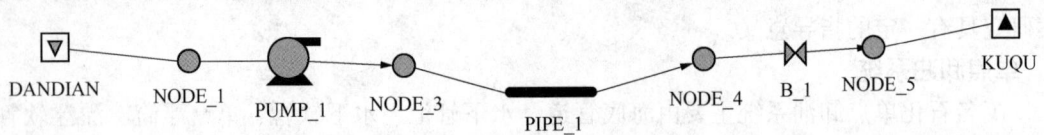

图 2　水击计算模型

　　在模型中, 定义各项设计参数后, 通过对陆地端阀门的开、关和对输油泵的启、停来模拟管道运行过程中由不同原因引起的不同时间、不同位置的压力变化情况。

3.2　水击工况模拟

　　当库区端阀门突然关闭时, 阀门上游将产生一个向单点端传播的增压波, 此压力与管道中原有的压力叠加, 就可能在管道的某处造成超压而导致管道破裂。如果单点端输油泵关闭时间晚于库区端阀门时间, 水击对管道产生的危害更大。为保证的管道输送的安全, 结合生产实际需求, 分两种输量对该管道进行水击模拟计算, 一种为正常设计输量, 即 9000m³/h 时; 另一种为极限最大输量 12000m³/h。基础设计参数如下: 管道设计压力 1.5MPa, 管径 φ1219×23.8mm, 上下游距离 15.5Km, 库区端压力 0.2MPa。

（1）输量为 9000m³/h

当单点端的卸油泵事故停泵时，库区端阀门处于打开状态，考虑到大口径阀门的关闭时间至少需要一分钟左右，因此这种工况下产生的水击相对来讲是危害最小的。通过模拟计算，当单点端卸油泵停泵的同时，库区端阀门开始关闭（关断时间 60s），这种工况下，水击产生的单点端最大压力为 0.48MPa，库区端最大压力为 0.63MPa。水击压力变化曲线如图3所示。

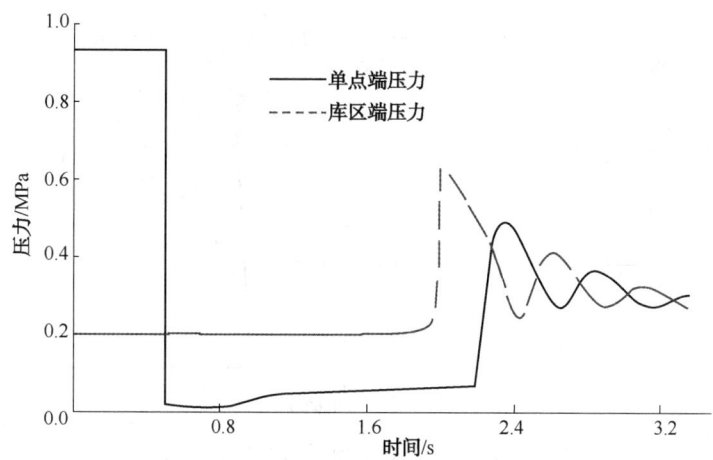

图3　先停泵后关阀时水击压力变化曲线（9000m³/h）

当库区端阀门突然事故关闭，随后才开始停泵时，此时由于下游阀门已经开始关闭，而上游仍然有物流进入，因此这种工况下产生的水击往往对管道的危害最大。通过模拟计算，当库区端阀门关闭（关断时间 90s），该阀门开始动作 1 分钟后停止单点端的卸油泵时，这种工况下产生的水击压力在设计压力运行范围之内，此时水击产生的单点端最大压力为 1.08MPa，库区端最大压力为 1.46MPa。水击压力变化曲线如图4所示。

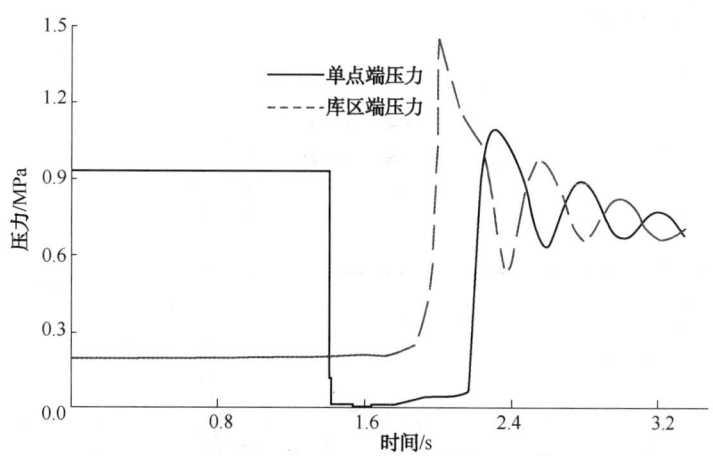

图4　先关阀后停泵时水击压力变化曲线（9000m³/h）

通过模拟分析还发现，当库区端阀门关断时间延长或单点端卸油泵停泵时间提前时，水击压力减少，反之水击压力增大。

（2）输量为 12000m³/h

当输量增大时，管道内流体流速增大，相同操作条件下产生的水击压力变大。通过模拟计算，当库区端阀门关闭(关断时间 90s)，该阀门开始动作 1 分钟后停止单点端卸油泵时，此时水击产生的单点端最大压力为 3.05 MPa，库区端最大压力为 3.38MPa。水击压力变化曲线如图 5 所示。

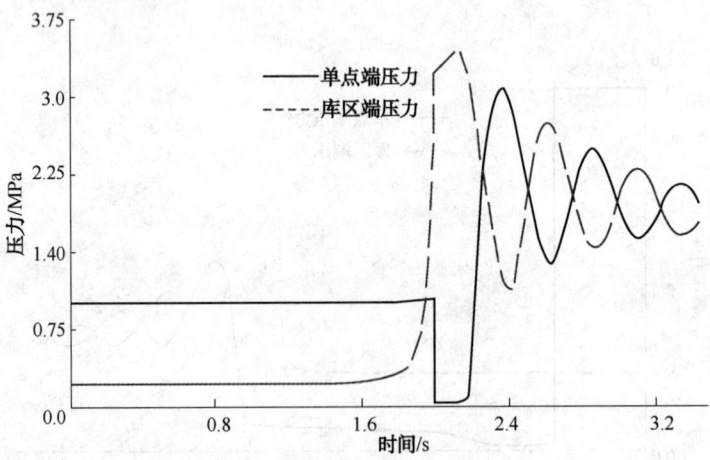

图 5　关阀时间 90s 时水击压力变化曲线

通过分析可以看出，管线设计压力为 1.5MPa，规范要求管道中产生的水击压力应控制在管道设计压力的 1.1 倍范围内，而此时产生的水击压力已超过了管道的设计压力。因此需避免这种工况，需要尽量延长库区端阀门的关闭时间或将单点端卸油泵的停泵时间提前。同时又考虑到库区端阀门基于安全设计，关闭时间应尽量快速，最慢关闭时间一般不能小于120s，因此模拟计算当库区端阀门关闭(关断时间 120s)，该阀门开始关闭 1 分钟后停止单点端卸油泵，此时水击产生的单点端最大压力为 1.39MPa，库区端最大压力为 1.62MPa。水击压力变化曲线如图 6 所示。

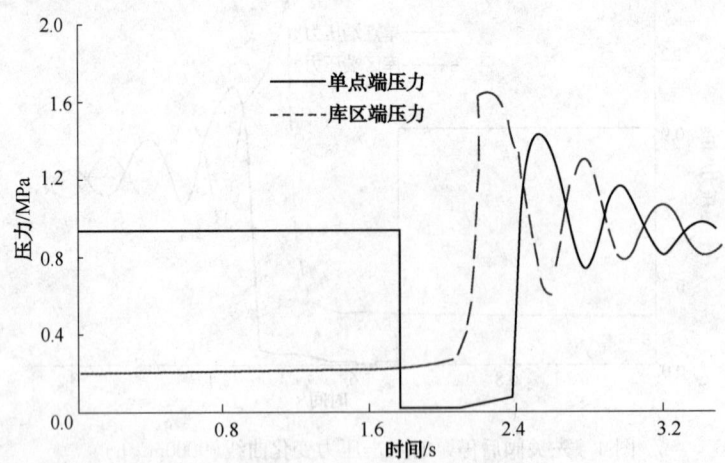

图 6　关阀时间 120s 时水击压力变化曲线

通过进一步模拟分析还能发现，当库区端阀门关断时间进一步延长或单点端卸油泵停泵时间进一步提前时，水击压力还能进一步减少，反之水击压力增大。

为保证管道出现意外事故（超压或泄漏）时，阀门能及时关断保证将事故影响降到最低，库区端阀门的关闭时间一般要求小于120s，因此结合上面的分析，虽然库区端阀门关断时间为120s时，管道产生的水击压力基本能控制在1.1倍设计压力范围内，但考虑到软件模拟的误差以及实际操作中的不确定性，因此从降低水击影响的角度考虑，不建议生产操作方在管道实际运行中将管线输量提高至12000m³/h。

4 结语

管道中发生水击现象是难以避免的，并且有时产生的危害很大。因此在工程设计及实际生产运行中，考虑水击对管道系统的影响是十分必要的。通过上面的水击分析研究可以看出：

（1）大口径、长距离管道由于输量大、距离长，更容易产生水击现象，应在具体工程中格外注意。

（2）对于单点卸油系统大口径海底管道，正常操作时，一般都是先停单点端卸油泵，后关闭库区端阀门，在这种工况下，水击产生的压力较小，一般都小于管道系统的设计压力。

（3）对于单点卸油系统大口径海底管道，当库区端阀门关断时间延长，或单点端卸油泵停泵时间提前时，产生的水击压力减少，反之水击压力增大。因此应尽量保证在事故工况时，尽早的关停卸油泵，同时尽量延长阀门的关断时间，从而减少水击对管道系统的影响。

（4）发生水击事故往往是由于操作人员的误操作或者管道系统的带病运行引起的。因此在实际生产运行中，要严格按照指定的规程进行操作，并且定期对管道系统进行检修维护，将水击发生的频率及造成的影响降至最低。

参 考 文 献

[1] 范海峰，拜璐，楼凯，等. 管道运输水击问题研究及预防[J]. 科技传播，2010，12（下）：214-215.

气溶胶气体灭火系统在海上平台的应用

段晓珍

(中国石化石油工程设计有限公司，山东东营 257026)

摘　要　气溶胶作为一种新型灭火原料，因其占地面积小、施工简单、维护方便等特点，正逐渐在海洋平台推广应用。文章对气溶胶灭火系统的成分、灭火原理、主要装置结构、技术要求及优缺点等进行了介绍；结合 CB6G 采修一体化平台项目，详细阐述了气溶胶气体灭火系统的设计、接线及调试方法；总结了气体灭火系统的最佳工程适用范围，对同类工程有一定的借鉴意义。

关键词　气溶胶；气体灭火系统；消防；海洋平台

海上平台常用的气体灭火系统是二氧化碳气体灭火系统和七氟丙烷气体灭火系统，上述两种气体灭火系统存在平台上部管网安装复杂、需专门的气瓶存放间存放、并需要定期标定、维护等问题。气溶胶气体灭火系统作为一种新型的灭火剂，因其占地面积小、施工简单、无需布置管网、维护方便等优势，正逐渐在海上平台上使用。

1　气溶胶的成分及灭火原理

1.1　成分

气溶胶是以气体(通常为空气)为分散介质，以固态或液态的微粒为分散质的胶体体系(其粒子尺寸多在微米级)，具有气体流动性，可绕过障碍物扩散。气溶胶灭火装置中的药剂为固态，其药剂通过氧化还原反应喷放出来的组分为气溶胶。气溶胶因国内外各厂家化学配方不同，气溶胶的性质也不尽相同，根据其氧化剂中硝酸钾含量的不同，目前常用的气溶胶主要分为 S 型气溶胶、K 型溶胶及其他型气溶胶 3 种。

S 型气溶胶：由含有硝酸锶和硝酸钾复合氧化剂的固体气溶胶发生剂经化学反应所产生的灭火气溶胶。其中复合氧化剂的组成(按质量百分数)硝酸锶为 35% ~ 50%，硝酸钾为 10% ~ 20%。

K 型气溶胶：由以硝酸钾为主氧化剂的固体气溶胶发生剂经化学反应所产生的灭火气溶胶。固体气溶胶发生剂中硝酸钾的含量(按质量百分数)不小于 30%。

其他型气溶胶：非 K 型和 S 型气溶胶。

其中 K 型气溶胶及其他型气溶胶预制灭火系统不得用于电子计算机房、通讯机房等场所。

1.2　灭火原理

气溶胶主要通过化学灭火扑灭火灾，同时还有吸热降温、隔离窒息等物理灭火的作用。

作者简介：段晓珍(1983—)，女，汉族，大学本科，高级工程师，2005 年 07 月毕业于中国石油大学(华东)油气储运专业，现从事海洋采油平台油气工艺及消防设计工作。E-mail：xiaozhen_ duan@163.com

主要灭火过程：灭火装置收到启动信号后启动，装置内的固态灭火剂自身发生氧化还原反应形成大量凝集型灭火气溶胶，其成分主要是 N_2、少量 CO_2、金属盐固体微粒等。其中气溶胶中的金属离子参与燃烧反应，与燃烧链中的活性基团发生亲和反应，减少燃烧自由基，从而达到灭火的目的。主要灭火机理：

化学灭火：（1）气相化学抑制：在热作用下，灭火气溶胶中分解的气化金属离子或失去电子的阳离子可以与燃烧中的活性基团发生亲和反应，反复大量消耗活性基团，减少燃烧自由基；（2）固相化学抑制：灭火气溶胶中的微粒粒径很小，具有很大的表面积和表面能，可吸附燃烧中的活性基团，并发生化学作用，大量消耗活性基团，减少燃烧自由基。

物理灭火：（1）吸热降温灭火机理：金属离子微粒在高温下吸收大量的热，发生热熔、气化等物理吸热过程，火焰温度被降低，进而辐射到可燃烧物燃烧面用于气化可燃物分子和将已气化的可燃烧分子裂解成自由基的热量就会减少，燃烧反应速度得到抑制；（2）隔离窒息灭火原理：灭火气溶胶中的 N_2、CO_2 可降低燃烧中氧浓度，但其速度是缓慢的，灭火作用远远小于吸热降温及化学抑制。

2 气溶胶气体灭火系统的组成

气溶胶气体灭火系统主要由气溶胶气体灭火装置及启动系统组成。

2.1 灭火装置的组成

气溶胶气体灭火装置主要由灭火剂药柱、电子启动装置、阻火装置、降温装置及外壳等部件组成，以 QL120 型船用气溶胶灭火装置为例，其外观及喷放状态见图 1，主要结构见图 2。

图 1　气溶胶灭火装置外观及喷放状态图

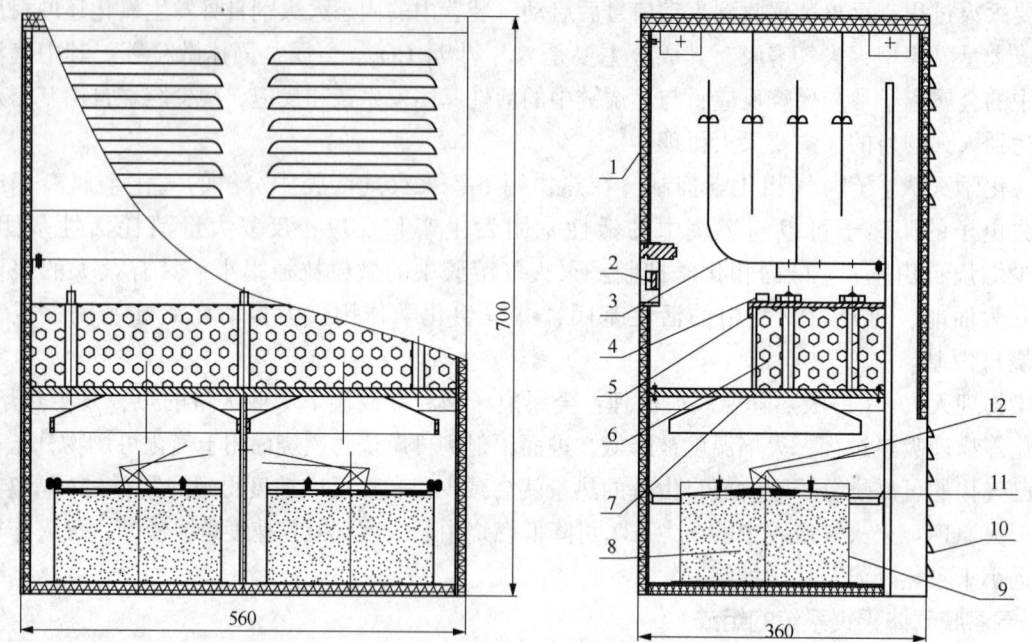

图 2　气溶胶装置结构图

1—装置外壳；2—接线端子；3—降温板；4—温控开关；5—孔板；6—陶滤；

7—阻火板组件；8—灭火剂药柱；9—灭火剂药桶；10—喷口；11—电子引发器；12—导线

2.2　启动系统

当平台发生火灾时，气溶胶装置可自动启动或手动启动进行灭火操作。

自动启动：当被防护处所内发生火灾时，布置在该区域的火灾监测装置检测到火灾后将火灾报警信号上传至中控室，在中控室内经人工确认后，开启气溶胶系统，自动灭火控制器开始进入延时阶段(0~30s可调)，同时发出声光报警提醒该区域的人员疏散并联动设备动作(关闭防火风闸)。延时过后，防护区的灭火装置启动阀打开，然后向防护区喷放气溶胶灭火剂，同时报警控制器接收灭火装置的反馈信号，喷放指示灯亮。

手动启动：当现场人员发现火灾后，也可按下报警控制面板上的应急启动按钮或防护区门口处的紧急启停按钮，即可启动系统喷放气溶胶灭火剂。

3　主要技术要求

气溶胶灭火装置应具备接收各被防护处所的火灾报警信号，并根据报警信号采取开启相应防护处所气溶胶灭火系统进行灭火的功能，并将系统的控制信号通过控制柜上传至中控室内。

气溶胶灭火系统喷放后的产物不应对房间内的电气及电子设备造成损坏。

气溶胶灭火系统采用全淹没灭火方式，灭火剂喷放时间不应大于120s，喷口温度不应大于180℃。

一台以上灭火装置之间的电启动线路应采用串联连接，每台灭火装置均应具备启动反馈功能。

同一防护区内的多台灭火装置应具备同时启动的功能。

气溶胶灭火系统的控制方式为自动、手动两种启动方式。

灭火系统应配备两套独立的手动控制装置，并应设置紧急启动和手动切除声、光报警信号的功能。

采用自动控制启动方式时，应有不大于30s的可控延迟喷射功能。

4 气溶胶气体灭火系统的优缺点

当今海洋石油平台常用的气体灭火系统有二氧化碳系统、七氟丙烷系统和气溶胶系统，其他气体消防系统在海洋石油平台上均已有成功应用的工程实例。各种海洋平台常用气体灭火系统综合性评价表1。

表1　各种海洋平台常用气体灭火系统综合性评价表

项　目	二氧化碳	七氟丙烷	气溶胶
灭火机理	隔离窒息	化学抑制、降温	化学抑制、降温、隔离窒息
无毒副作用的最高浓度	4%	9%	无毒
大气中停留时间/年	1	31~42	0
温室效应（GWP值）	1	20.5	0
灭火速度	最慢	快	快
最小设计灭火浓度/（g/m³）	1000	630~880	130~200
贮存压力/MPa	1.97~5.17	2.5~4.2	常压贮存
工作压力/MPa	≥1.8	≥4.2	0
有无管网	有	有	无
占地面积	大	较大	小
对设备的二次伤害	无	无	无
操作维护	复杂	复杂	方便
发展趋势	逐步减少	成型	成型
装置占地面积比/%	800	300	60
工程造价	较高	高	低

从表1可以看出，气溶胶灭火系统在各个方面相比其他气体灭火系统都具有体积小、灭火效率高，对大气几乎没有影响，设备结构简单、不占或占地面积小、安装及后期维护方便，启动简单等明显的优势，使其在海上平台电气房间的防护方面具有一定的优势，逐渐开始应用在更多的工程实践中。但气溶胶灭火系统存在无组合分配系统，无法通过管网输送等缺点，使其工程投资受被防护区域内房间数量影响较大。

5 气溶胶气体灭火系统在CB6G平台上的应用

CB6G为一座40井式的采修一体化平台。该平台位于胜利海上埕岛油田，地处渤海海域，平台为6腿导管架结构，主结构共分为两层。平台上主要布置有修井模块、生活模块、油气生产设施，变配电间、以及配套的自控通信设施等。气溶胶灭火系统的防护对象为位于底层平台变配电间，主要包括应急发电机房、高压开关室、变压器室、电力监控及应急配电室、低压配电室。

5.1 灭火剂的选择

因气溶胶灭火剂具有无法通过管网输送的特点，因此被防护区域房间较多时，通过经济对比确定最优的气体灭火方案。以CB6G平台为例：CB6G平台被防护区域的总体积为762.87m³，被防护区内最大房间的体积为316.54m³。

经计算,采用气溶胶灭火系统的总投资为 95 万元(含船检费用),CO_2 灭火系统的总投资为 117 万元(其中 CO_2 气瓶及管网总投资为 47.5 万元,CO_2 气瓶间总投资为 69.5 万元)。考虑气溶胶具有施工快捷、操作维护简单等优点,CB6G 平台采用气溶胶作为气体灭火剂。

5.2　灭火剂设计用量计算

$$W = C_2 \times K_V \times V$$

式中　W——气溶胶灭火剂设计用量,kg;

　　　C_2——灭火设计密度,kg/m^3;

　　　V——防护区净容积,m^3;

　　　K_V——容积修正系数:

$V < 500m^3$,$K_V = 1.0$;

$500m^3 \leqslant V < 1000\ m^3$,$K_V = 1.1$;

$V \geqslant 1000\ m^3$,$K_V = 1.2$。

根据《气体灭火系统设计规范》(GB 50370—2005)要求,气体灭火浓度取 0.14 即可,但是根据本项目拟采用的 QL120 型船用气溶胶的《船用气溶胶灭火装置型式认可试验大纲》要求:气溶胶灭火浓度为 0.2。经计算确定 CB6G 采修一体化平台各房间气溶胶装置的设计用量如表 2 所示。

表 2　CB6G 采修一体化平台气溶胶设计用量

房间名称	高压配电室	变压器室	电力监控及应急配电室	应急发电机房	低压配电室
房间尺寸/m	3.9×5.9	8.75×5.9	4.2×5.9	5.475×5.9	18.5×5.9
层高/m	3.33	3.3	3.3	3.64	2.9
体积/m^3	76.62	170.36	81.77	117.58	316.54
灭火剂用量/kg(国标标准)	10.73	23.85	11.45	16.46	44.31
灭火剂用量/kg(船检标准)	15.32	34.07	16.35	23.52	63.31
灭火剂储存用量	20kg	40kg	20kg	30kg	70kg
灭火剂数量/块	2	4	2	3	7
合计/kg	180(18 块)				

5.3　气溶胶灭火装置的布置

气溶胶灭火装置直接布置在被防护房间内,在对气溶胶灭火装置进行布置时应注意以下事项:

(1)单台热气溶胶预制灭火系统装置的防护容积不应大于 $160m^3$;设置多台装置时,其相互间的距离不得大于 10m。

(2)采用热气溶胶预制灭火系统的防护区,其高度不宜大于 6.0m。

热气溶胶预制灭火系统装置的喷口宜高于防护区地面 2.0m。

(3)热气溶胶预制灭火系统装置的喷口前 1.0m 内,装置的背面、侧面、顶部 0.2m 内不应设置或存放设备、器具等。

(4)不宜安装在临近明火、火源处;临近进风、排风口、门、窗及其他开口处。

(5)灭火装置及其组件与带电设施的最小间距不小于 0.2m。

(6)气溶胶灭火系统分别设置在每个被防护处所内,室内温度为 5~40℃,并保持干燥通风，灭火剂装置应避免阳光照射。

（7）在每个被防护区附近，应设置警告牌，警告牌上包括以下内容："在报警时或释放气体灭火剂时，应立即撤离该地区"，"在彻底通风前，请不要进入该地区"。

根据上述布置原则，最终确定了气溶胶气体灭火装置在 CB6G 平台各电气房间内的布置，具体布置见图 3、图 4。

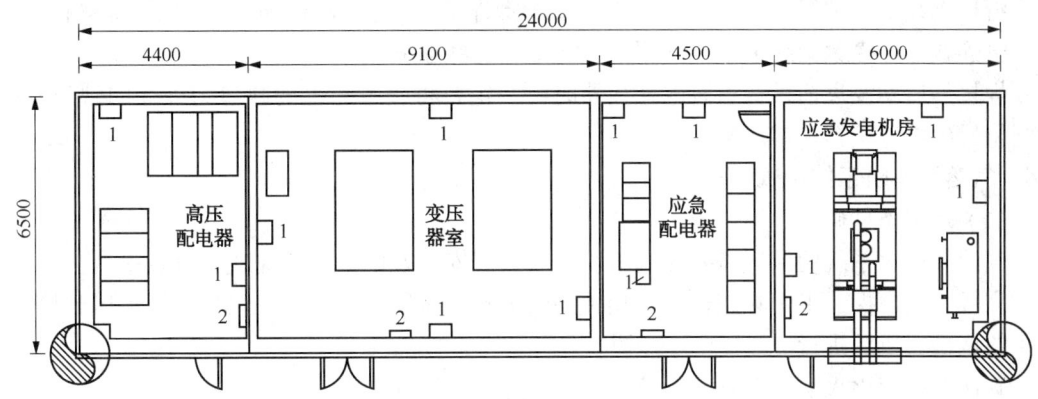

图 3 气溶胶灭火装置布置图（变配电室一层）
1—气溶胶灭火装置（共 11 具）；2—气体灭火控制器（共 4 具）

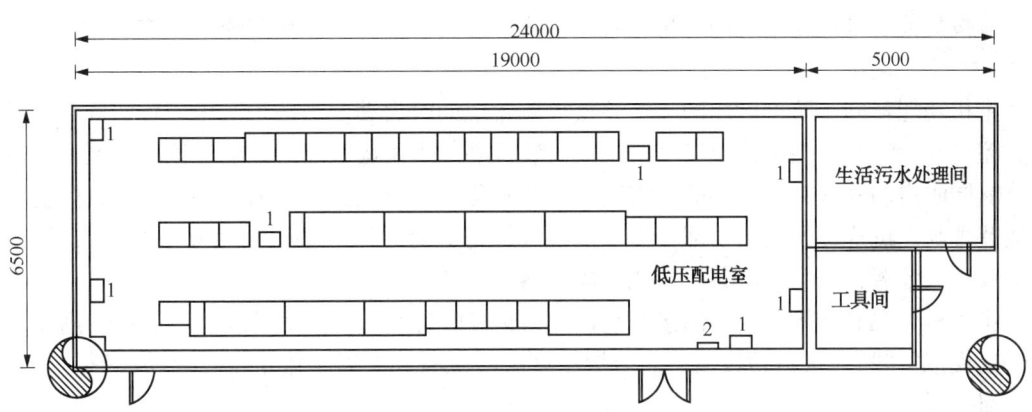

图 4 气溶胶灭火装置布置图（变配电室二层）
1—气溶胶灭火装置（共 7 具）；2—气体灭火控制器（共 1 具）

5.4 与 CB6G 平台自控系统的接口要求

气溶胶灭火系统对各被防护处所进行防护，气体灭火控制器通过硬线与平台火灾控制盘连接，给平台传送的信号有：气溶胶系统的释放状态；设备故障报警；就地/远控状态。

接收平台的信号有：释放命令；取消释放命令。

5.5 气溶胶灭火装置的接线

根据 CB6G 现场实际情况，采用 WP20-4 电连接器接线方式。

（1）插件及编号说明

气溶胶灭火装置安装时将装置的 WP20-4 电连接器打开，取下胶木芯。其中："1"、"2"为启动，无极性，接气体灭火控制器启动信号；"3"、"4"为反馈，即装置启动后给控制器的启动信号。插件为反馈端口，两芯插头，属常开无源开关量。

（2）装置接线方法

与灭火装置连接导线从分线盒中引出并留 1m 余量；灭火装置插头接线应焊接牢固、光滑，不得有虚焊、漏焊及短路现象，并在每根接线上套热缩管，热缩后加以绝缘。多台灭火装置的接线方式：启动线串联，反馈线并联。装置的检测用万用表测量每个装置启动输入端口间的电阻值，其阻值应为 1.2~1.8Ω。

将启动线及反馈线与电连接器相应的接线脚焊接，套上 φ6 热缩管并缩紧，将消防地线接在电连接器外壳紧固线卡上，并用紧固线卡将导线紧固。

焊接好启动及反馈线，组装电连接器时，一定要将胶木芯上的缺口与外壳的缺口对齐，否则将导致电连接器报错。

5.6　气溶胶消防系统调试

（1）调试条件确认

气溶胶灭火系统的调试需要在气溶胶灭火装置安装及电缆连接完成，以及平台火气系统调试完成，室内探头工作状态正常，相关的火灾自动报警系统，通风风机和防火风闸等联动设备的调试完成后进行。

确认气溶胶灭火装置没有与系统连接，以免造成误动作。

熟悉设计图纸及有关技术文件。

设计图纸有关技术文件要求检查设备型号、数量、备品、备件等。

应按规范要求检查系统的质量．对于错线、开路、虚焊、虚接和短路等应进行处理。

（2）主机调试

主机功能：同一防护区内的气溶胶灭火装置应同时启动。当防护区内配置的气溶胶灭火装置超过 3 台时，与控制器连接气溶胶灭火装置必须采用放大器，以确保该防护区内所有灭火装置同时启动。含有放大器的气溶胶灭火装置称为气溶胶灭火装置主机(以下简称主机)。其他装置与主机连接方式启动部分为串联、反馈部分为并联。每个放大器最多可启动 10 台气溶胶灭火装置，一个控制器可带 2 个放大器。

将主机与控制器按要求全部接好连接线(即 24V 电源，启动信号线、反馈线、高压输出可暂接模拟负载)。按自检按钮，高压指示灯亮：说明放大器工作正常；启动回路灯亮：说明回路工作正常。

（3）高压输出检测

高压输出检测时，必须将主机启动输入端口以及气溶胶灭火装置启动输入端口断开，以确保在检测过程中无电信号输入，至主机或气溶胶灭火装置的启动输入端。

在高压输出端口上接上 220V/40W 灯泡，给主机接通启动信号，应在 2~3s 后有高压输出，220V/40W 灯应闪亮。这说明主机一切正常。

（4）系统调试

在主机及气溶胶灭火装置检测正常的前提下方可进行系统调试，具体方法如下：在气溶胶灭火装置主机高压输出端口(无主机的场合即为控制器的启动输出线路)，通往气溶胶灭火装置主机及各个气溶胶灭火装置的启动端口的插头上连接检测用点火头(即用一个检测用点火头替代一台灭火装置。而灭火装置主机及各灭火装置的启动端口与系统线路处于断开状态)，然后通过控制器启动灭火装置。若经过控制器预先设定的延时时间后，点火头全部起爆，说明系统调试正常。

　　气溶胶灭火装置的检测：用万用表测量每个装置启动输入端口的"1"、"2"角间的电阻值，根据装置的灭火剂量 2.5kg、5kg、7.5kg 和 10kg。其阻值分别应为 1.2~1.8Ω、2.4~3.6Ω、3.6~5.4Ω。

6　结论

　　气溶胶气体灭火系统因占地面积小、施工简单、没有附属管网、安装调试方便快捷、维护简单等优势，在海上平台尤其在电气房间数量较少或者海洋平台电气房间改造的工程项目中具有良好的使用及推广前景。

参　考　文　献

[1] 崔日迅．S 型气溶胶灭火装置检测方法的探讨[J]．消防科学与技术，2013，02．

渤海稠油热采中浓水零排放的制约因素浅析

黄 岩，宋 鑫，唐宁依，刘英雷，刘春雨，曲兆光

(中海石油(中国)有限公司天津分公司，天津 300459)

摘 要 渤海油田目前面临"低、边、稠"的勘探开发现状，以目前的某海洋石油平台稠油热采试验项目为例，热采锅炉用水取自海水淡化，产生的浓水面临日益严峻的环境要求、零排放要求，有较多制约条件。通过分析面临的制约条件，探寻海洋石油稠油热采海水淡化浓水零排放的出路。

关键词 渤海油田；稠油热采试验；海水淡化；浓水；零排放

渤海海域稠油资源丰富，如何高效开采是目前亟需解决的问题。作为稠油油藏有效开采技术——稠油热采已在国内外陆地稠油开发中得到广泛应用，但在海上油田开发中的应用较少，海上稠油热采技术尚未成熟。以海上稠油热采蒸汽吞吐技术为例，其中稠油热采以海水淡化装置提供软水作为蒸汽来源，海水淡化装置产生的高含盐废水即为浓水，目前我国没有海水淡化浓盐水排放标准，只有对淡化过程中产生的含有化学药品的水排放有标准。但以环境保护的趋势来看，浓水的排放也应有受限制的可能，也将面临环境保护要求对浓水零排放的限制。

1 现状

1.1 渤海稠油热采现状

经过长期室内实验，海上稠油热采已逐渐研发并形成多元热流体吞吐技术、蒸汽吞吐技术等技术体系，并在海上进行了先导性试验，取得了不错的效果。从 2008 年开始，先后在渤海的 NB35-2 油田、LD27-2 油田开展了热采现场试验，其中多元热流体吞吐 25 井次、蒸汽吞吐示范 3 井次，均获得较好的增油效果。以 LD5-2N 油田为例，既是底水稠油，又是特稠油。由于原油黏度高，油层条件下流动能力低，以及底水的存在，依靠压差驱动的方式难以获得成功。通过借鉴陆上油田成功经验，从油藏地质、地面工程、注采工艺及测试工艺等方面进行比选，采用蒸汽吞吐的开采方式先期进行 LD5-2N 的先导性试验，指导 LD5-2N 稠油油藏的高效开发。从该技术的应用效果看，海上稠油热采技术具有非常广阔的应用前景。

1.2 海水淡化现状

全球海水淡化技术超过 20 余种，从大的分类来看，主要分为蒸馏法(热法)和膜法两大类。通常低多效具有节能、海水预处理要求低、淡化水品质高等优点；反渗透膜法具有投资低、能耗低等优点，但对海水预处理要求高；多级闪蒸法具有技术成熟、运行可靠、装置产量大等优点，但能耗偏高。目前也有冷冻海水淡化法。

作者简介：黄岩(1985—)，女，汉族，2008 年毕业于长江大学给水排水工程专业，现从事海洋油气田工程建设研究工作。E-mail：huangyan3@163.com

1.3　环境保护现状

面对全国非常严峻的水环境，2015 年 4 月 2 日国务院印发《水污染防治行动计划》（即"水十条"），实行强力监管并启动严格问责制，进入铁腕治污的"新常态"。2017 年 6 月 2 日国家海洋局在官方网站上公布 4 月 27 日印发的《海洋工程环境影响评价管理规定》（国海规范〔2017〕7 号），规定环境影响报告表和报告书需征求海事、渔业行政主管部门和军队环境保护部门的意见，在地方管辖海域内的项目应同时征求下一级海洋行政主管部门的意见。对方同意后，还需国家海洋局审核委员会和局长办公会审查通过后，方可批复环评。《海洋功能区划》也旨在合理利用海洋资源、改善海洋环境质量[3]。在环境保护要求日益严格的前提下、海洋石油平台在生产水零排放的现状下，目前对生活污水排放也不仅限于《海洋石油勘探开发污染物排放浓度限值》（GB 4914—2008），未来或将有更高的要求。虽然目前国家没有对海水淡化浓水的排放限值规定，但从海洋环境保护的力度上看，未来也必然有严格的要求、零排放的趋势。

2　制约因素

2.1　进料水选取

以渤海稠油油田 LD5-2N 油田热采锅炉为例，其锅炉用水水质要求如表 1 所示。

表 1　锅炉用水水质要求

序号	项目	单位	数量	备注
1	溶解氧	mg/L	小于 0.05	
2	总硬度	mg/L	小于 0.1	以 $CaCO_3$ 计
3	总铁	mg/L	小于 0.05	
4	二氧化硅	mg/L	小于 50	
5	悬浮物	mg/L	小于 2	
6	总碱度	mg/L	小于 2000	
7	油和脂	mg/L	小于 2	建议不含溶解氧
8	可溶性固体	mg/L	小于 7000	
9	pH 值	mg/L	7.5~11	

陆地油田对稠油采出水的回用进行了十几年的研究试验和工程实践[1]。稠油废水处理回用于供热采锅炉用水处理工艺提前条件中，需保证足够的油、水和泥的分离时间，处理工艺流程如图 1 所示。

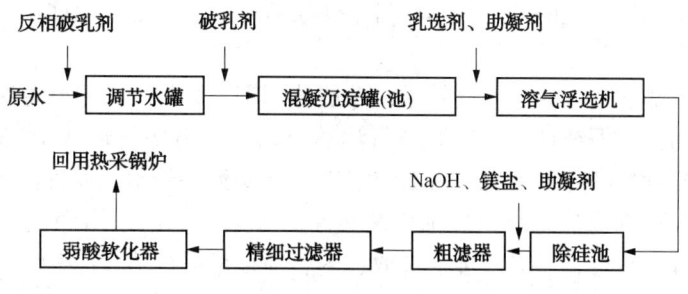

图 1　陆地油田对稠油采出水的回用处理工艺流程图

在海洋石油平台甲板面积和空间严苛的条件下, 稠油采出水回用成本过高。再者, 稠油采出后需掺水通过海底管道输送到依托平台, 所以该油田目前不考虑对稠油采出水进行回用。

除稠油采出水外, 海洋石油平台上可作为水源的水有三种: 海水、水源井水、淡水。其中淡水通常需由支持船定期从陆地运输至海洋石油平台, 成本较高, 且供应的稳定性受限于支持船, 不宜在锅炉用水进料水选取中考虑。对比海水与水源井水作为进料水, 水源井水总溶解固体(TDS)约为海水的1/3, 浓水排放量约为海水的4/5, 浓水浓度约为海水的1/2。建议在有水源井水的情况下优先考虑选用水源井水作为进料水, 海水作为备用进料水。

2.2　浓水处理及回用制约

在选用水源井水作为进料水的基础上, 海水淡化装置排水水质参数见表2。

表2　海水淡化装置排水水质参数

序号	项目		水质	水量
1	超滤排水	超滤反洗排水	10~2000NTU 范围变化	30min 反洗 1 次, 单次排放量 1.5m³
		超滤清洗排水	pH 值在 2~13 变化	2~3 月 1 次, 单次排放量 1.5m³
2	反渗透排水	反渗透浓水	TDS 约 42000mg/L, pH 值为 7.5~8.5 左右	连续, 2×17m³/h
		反渗透清洗废水	pH 值在 2~13 变化	2~3 月 1 次, 单次排放量 3m³
		冲洗	pH 值在 7.5~8.5 变化, TDS 约 500~42000, 冲洗的作用是将设备内部浓水冲掉, 含盐量逐渐降低	启停时运行, 1 次 2m³
3	软化器排水	再生废水	氯化钙、氯化钠废水, TDS 约 30000mg/L 左右	1 天 1 次, 单次排放量 3m³

从上表可以看出, 海水淡化装置排水水质 TDS 最高可达到 42000 mg/L, 已超过渤海海域海水的水质指标(表3)。

浓水回用需进行超滤、反渗透、软化的工艺流程处理, 在海洋石油平台的处理成本将相比于陆地更高, 出于经济性的考虑, 本项目不建议对浓水进行处理及回用。

2.3　输送制约

海洋平台物流输送通常通过海底管道, 一般选用钢质管材。海底管道腐蚀会造成严重的经济损失和环境污染。据统计, 中国海洋石油总公司所属海底管道从 1995~2012 年共发生故障 38 起, 其中内腐蚀原因 11 起, 占 28.9%[4]。影响海底管道内腐蚀的主要因素是 CO_2 含量、CO_2 分压, pH 值对海底管道内腐蚀影响较小。如果考虑浓水由海洋石油平台通过混输海底管道输送至处理平台, 需对缓蚀剂选取、内腐蚀裕量进行估算(表4、表5)。

表 3　海水水质检测报告

检测内容	毫克/升 mg/L	毫摩尔/升 mmol/L	毫摩尔/% mmol/%
Na^+	8840.50	384.37	38.20
K^+	322.09	8.26	0.82
Mg^{2+}	1094.07	44.99	8.94
Ca^{2+}	409.92	10.23	2.03
Total	10666.58	503.07	50.0
Cl^-	16706.99	471.28	45.05
SO_4^{2-}	2350.70	24.29	4.68
HCO_3^{-}	171.68	2.81	0.27
CO_3^{2-}	0.00	0.00	0.00
TOTAL	19229.37	523.07	50.0
I^-	0.05	总矿化度 Total salinity(mg/L): 29895.95	
Br^-	46.68	总硬度 Total hardness(H): 309.23	
B	4.98	永久硬度 Permanent hardness(HP): 301.36	
Fe^{2+}	0.02	暂时硬度 Temporary hardness(HT): 7.87	
Fe^{3+}	0.00	总碱度 Total basicity(A): 2.81	

注: 水型 Magnesium chloride;

Type of water$(Cl^- - Na^+)/2Mg^{2+} = 0.87$。

表 4　海底管道内腐蚀速率预测

年　份	典型年 1	典型年 2	典型年 3	典型年 4
CO_2 含量/mol%	2.65	2.33	1.52	1.42
CO_2 分压/bar	0.28	0.28	0.16	0.15
pH 值(ECE5)	6.70	6.71	6.94	6.96
缓蚀剂效率/%	85	85	85	85
ECE4 底/(mm/a)	0.41	0.41	0.25	0.22

表 5　海底管道内腐蚀裕量

预测软件	使用年限/年	内腐蚀裕量/mm
ECE5.0(底部)	25	1.23

2.4　排放制约

目前，海水淡化后浓水没有排放标准，仅对排放中化学药剂有相关规定。如果海水淡化装置周围无制盐场，一般是不经处理，直接排海。反渗透海水淡化所排放的浓水浓度一般为进料水的 1.3~1.7 倍[2]，若排放不当，有可能导致排放海域盐度升高，对生物的生长、发育、生殖、行为和分布均有直接或间接的影响。另外，采用热法进行海水淡化时，排放温度也可能导致海水局部温度升高而影响浮游生物的急剧繁殖和密集，因而产生"赤潮"，需要在排放前进行换热冷却。

3　结论

通过对渤海稠油油田热采中浓水处理、回用、排放的制约因素浅析，得出初步结论：

(1) 在海水淡化装置进料水的选取上，建议因地制宜选取技术经济适用的水源；

(2) 浓水回用技术可行，建议按项目技术及经济需求设计；

(3) 浓水在输送时，需要考虑输送管道的材质和内防腐，以满足安全生产要求；

(4) 在国内浓水没有排放标准时，也应在排放时考虑浓水对海洋环境及海洋生物的影响，做好环境影响风险预估，避免出现排放海域局部盐度升高、温度升高的情况。

参 考 文 献

[1] 李金林. 稠油采出水回用处理工程设计[J]. 工业给排水，2007，33(8).

[2] 吴礼云，唐智新，马敬环. 海水淡化浓盐水"零"排放技术[D]. 北京国际海水淡化高层论坛论文集，2012.

[3] 王江涛，刘百桥. 海洋功能区控制体系研究[J]. 海洋通报，2011，8(30.4).

[4] 徐学武. 海底油气管道内腐蚀分析与防护[J]. 腐蚀与防护，2014，(05).

桩海 10 井组平台二氧化碳腐蚀防护技术及措施研究

陈 曦

（中国石化石油工程设计有限公司，山东东营 257000）

摘 要 根据埕岛油田桩海 10 井组平台 10A-1 井试油资料，伴生气中高含 CO_2，将会对工艺管线及设备造成严重腐蚀。本文对 CO_2 腐蚀机理、影响因素、控制技术及防护措施进行了分析和研究，并根据桩海 10 井组平台及外输管线的工程特点，最终确定了技术可行、管理方便、投资经济的二氧化碳腐蚀防护措施，即添加缓蚀剂，为类似海上高含 CO_2 油气田的的开发工程项目提供参考。

关键词 海上平台；CO_2；腐蚀；影响因素；控制措施

二氧化碳（CO_2）腐蚀长期以来一直被认为是产生腐蚀的一个重要因素，常作为天然气或石油伴生气的组分存在于油气中。CO_2 溶入水后对钢铁有极强的腐蚀性。在相同的 pH 值下，CO_2 的总酸度比盐酸高，对钢铁的腐蚀比盐酸严重。二氧化碳腐蚀可能使油气井的寿命大大低于设计寿命，低碳钢的腐蚀速率可高达 7mm/a，在厌氧条件下腐蚀速率可达 20mm/a。另外油气井的产出水常含有钙、镁和钡等离子，易生成碳酸盐，与腐蚀产物 $FeCO_3$ 一起以垢的形式沉积在井管和设备表面，缩小其有效截面，甚至造成堵塞。CO_2 的存在促进垢和腐蚀产物沉积在管内壁，使管壁粗糙度增大，使结蜡、结沥青和起泡等问题更为严重。

二氧化碳腐蚀不仅会给油田开发带来安全隐患，管道和设备发生泄漏时将造成海洋环境污染及不可估量的经济损失。因此，CO_2 腐蚀与防护技术及措施的研究必须在海洋油气田开发中引起高度重视。

1 桩海 10 概况

桩海 10 区块位于埕岛油田东南部。桩海 10 井组平台位于 CB35 井组东南，直线距离为 3117.45m，桩海 104 单井位于桩海 10 井组西南约 1750m。目前本区块建有桩海 104 单井平台 1 座，桩海 10-桩海 104 海底管线 1 条（ϕ114×10-1938m），桩海 104-海一站管线 1 条，其中海上段为 ϕ168×12-1682m，陆上段 ϕ168×5.5-3850m。

本区块陆地配套站场为海五联。海五联为 2004 年投产的原油集中处理站，设计原油处理能力 $75×10^4$t/a（约合 2200t/d）。天然气脱水能力 $48×10^4$m³/d，原油外输能力 4320t/d。

根据桩海 10A-1 现场试油数据，天然气中 H_2S 最高含量为 $125×10^{-6}$，管线最高操作压力为 2.25MPa，平台上 H_2S 分压为 0.00028MPa。

作者简介：陈曦，男，汉族，工程师，2010 年毕业于中国石油大学，现主要从事海洋工程油气工艺设计工作。E-mail：25153815@163.com

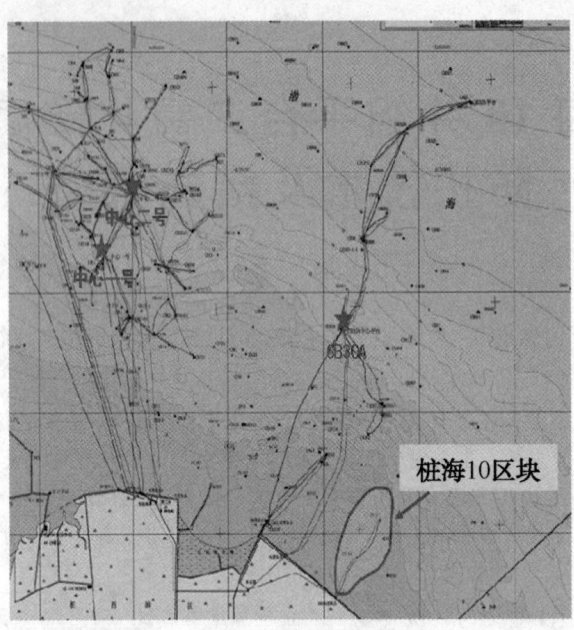

图 1　桩海 10 区块位置图

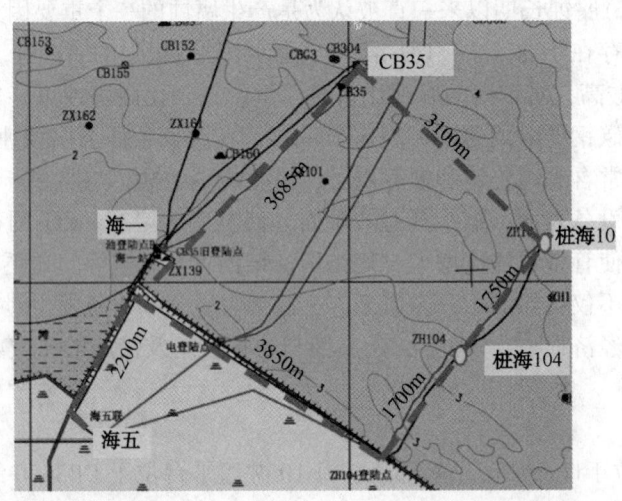

图 2　桩海 10 井组平台位置图

美国防腐工程师协会(NACE)的 MR0175-97"油田设备抗硫化物应力开裂金属材料"关于酸性环境标准如下:

(1) 酸性气体系统:气体总压≥0.4MPa,并且 H_2S 分压≥0.0003MPa;

(2) 酸性多相系统:当处理的原油中有两相或三相介质(油、水、气)时,条件可放宽为:气相总压≥1.8MPa 且 H_2S 分压≥0.0003MPa;当气相压力<1.8MPa 且 H_2S 分压≥0.07MPa;或气相 H_2S 含量超过 15%。

根据上述酸性环境判定标准,故暂可不考虑 H_2S 腐蚀。

表 1 为桩海 10A-1 试油分析报告,其中天然气中的 CO_2 含量为 24.791%,管线设计压力为 2.5MPa,平台上 CO_2 分压为 0.62MPa。

表 1　天然气组分检测报告

组分名称	摩尔分数 M_B/%	组分名称	摩尔分数 M_B/%
O_2	—	nC_5	0.469
N_2	19.716	iC_6	0.242
CO_2	24.791	nC_6	0.242
C_1	41.381	iC_7	0.235
C_2	7.423	nC_7	0.117
C_3	3.308	iC_8	0.227
iC_4	0.389	nC_8	0.051
nC_4	1.042	ΣC_9	0.095
iC_5	0.271	ΣC_{10}	0.000

　　一般当油气流特别是气流中的二氧化碳分压 p_{CO_2}<0.02MPa 时，可以认为油气流有轻微腐蚀性，当二氧化碳分压 p_{CO_2} 在 0.20~0.21MPa 时，油气流可能具有中等腐蚀性。当二氧化碳分压 p_{CO_2}>0.21MPa 时，油气流可能具有较重腐蚀性。

　　所以，认为该平台所产天然气中的 CO_2 含量对管材具有较重腐蚀性。因此，在设计中要重点考虑 CO_2 腐蚀。

2　CO_2 腐蚀机理

　　要想控制 CO_2 的腐蚀，就要清楚其腐蚀机理及主要影响因素，才能对症下药，有针对性地采取控制措施。CO_2 腐蚀本质为 CO_2 溶于水形成 H_2CO_3，金属在 H_2CO_3 溶液中发生腐蚀。

　　溶解在水里的 CO_2 和水反应生成碳酸：

　　阳极反应：

$$Fe \rightarrow Fe^{2+} + 2e^-$$

阴极反应：

$$CO_2 + H_2O \longrightarrow H_2CO_3$$

$$H_2CO_3 \longrightarrow H^+ + HCO_3^-$$

$$2H^+ + 2e^- \longrightarrow H_2$$

　　归结起来为：

$$Fe + H_2CO_3 \longrightarrow FeCO_3 + H_2$$

　　实际上，其反应过程比公式所概括的要复杂得多，对于 CO_2 的腐蚀机理也还存在着一些争论。不过，从最终的反应式中不难看出，化学反应速度取决于溶液的 pH 值和溶解的 CO_2 数量。

3　CO_2 腐蚀的影响因素

3.1　CO_2 分压的影响

　　CO_2 分压是 CO_2 腐蚀的决定性因素，目前油气工业中主要根据 CO_2 的分压来判断 CO_2 的腐蚀，一般认为，当 p_{CO_2}>0.2MPa 时，会发生严重腐蚀；当 p_{CO_2}>0.02MPa 时，为 CO_2 腐蚀环境；当 p_{CO_2}<0.02MPa 时，腐蚀可忽略不计。当二氧化碳分压高时，由于溶解的碳酸浓度高，从碳酸中分解的氢离子浓度必然高，因而腐蚀被加速。DeWaard 和 Milliams 提出的等式是最早得以公认的评价 CO_2 腐蚀速率的方法：

$$\lg V = 0.67 \lg p_{CO_2} + C \tag{1}$$

式中　　C——与温度有关的常数；

　　　　V——腐蚀速率，mm/a；

　　p_{CO_2}——CO_2分，MPa。

后来，实验和现场数据显示，当温度高于 60℃ 时，该式的计算结果一般高于实测值。主要是因为高温时容易形成致密的腐蚀产物膜，对金属起到了一定的保护作用。后来，Waard 等利用从现场获得的数据，建立了更切合实际的腐蚀速率计算公式：

$$lgV = 5.8 - 1710/T + 0.67lgP_{CO_2} \tag{2}$$

式中　　T——温度，K。

由式(1)、(2)不难看出腐蚀速率与 CO_2 分压的关系。实际上，尽管因为实验条件和实验场合的不同，发生腐蚀时 CO_2 分压的影响程度存在一定分歧，但是有一点可以确定，即当温度一定时，CO_2 分压越大，材料的腐蚀速率越大。当然，上述公式还是存在一定的局限性，它们不能反映流动状态、合金元素等对腐蚀速率的影响，从而限制了其实际应用。

3.2　温度的影响

温度是 CO_2 腐蚀的重要影响因素，温度不仅可以影响溶液 pH 值，还会影响气体在溶液中的溶解度，而温度对腐蚀速率的影响最重要的因素是腐蚀产物膜生成的影响，具体可分为 3 个温度区间：

当 T<60℃ 时，腐蚀产物膜为 $FeCO_3$ 松软而无附着力，此时，金属表面光滑，腐蚀主要为均匀腐蚀；

当 60℃<T<110℃ 时，金属表面会生成具有一定保护作用的腐蚀产物膜，但腐蚀产物厚而松、结晶粗大、不均匀、易破损，局部腐蚀较为突出；

当 110℃<T<150℃ 时，均匀腐蚀速率较高，局部腐蚀严重，一般为深孔，腐蚀产物为厚而松的 $FeCO_3$ 粗结晶。

当 T>150℃ 时，生成细致、紧密、附着力强的 $FeCO_3$ 和 Fe_3O_4 膜，对金属起到保护作用，此时，腐蚀速率较小。

3.3　pH 值的影响

溶液的 pH 值是影响碳钢腐蚀的另一个重要因素，它不仅影响电化学反应，而且还影响腐蚀生成物和其他物质的沉淀。在特定的生成条件下，结合的水相物中含有的盐分能够缓冲 pH 值，从而减缓腐蚀速率，使保护膜或锈类物质沉淀更易形成。

裸露的金属表面是最易受到腐蚀的，试验表明，在裸露的金属表面 pH 值低的情况下 (pH 值<4.5)，溶液中 H^+ 的多少对阴极反应起决定性作用，pH 值高的情况下，溶解的 CO_2 含量对阴极反应起决定作用。

腐蚀速率会随着 pH 值的降低而增大，pH 值低于 3.8 时更大，溶液 pH 值发生变化，Fe^{2+} 浓度也会相应发生变化，进而影响金属表面的腐蚀产物膜。pH 值越低，膜中的 Fe^{2+} 趋向于溶解，因此腐蚀产物膜就不易形成，使金属的腐蚀加重。

3.4　介质流速的影响

流速对 CO_2 流体流动状态有影响，一般认为，随着流速的增大，HCO_3^- 和 H^+ 等去极化剂能更快地扩散到电极表面，使阴极去极化增强，消除扩散控制，同时使腐蚀产生的 Fe^{2+} 迅速离开腐蚀金属表面，因而腐蚀速率增大。

流动的流体会对钢铁有一个切向作用力，这不仅会还会抑制金属表面保护膜的形成，其至对已形成的保护膜起到破坏作用，从而导致腐蚀加剧。

现场经验和实验数据都表明，流速的增加大大提高了碳钢的腐蚀速率。流动的气体或液体对管线、设备内壁有一定的冲刷力，这不仅会促进腐蚀反应的物质交换，还将抑制致密保护膜的形成、影响缓蚀剂作用的发挥，尤其在材料内壁已不光滑的条件下，局部流速可能远高于整体流速，而且可能出现紊流，因此，必然对腐蚀有一定的影响。在大量实验数据的基础上，腐蚀速率随流速增大的经验公式为：

$$v = B \times V^n$$

式中　　v——腐速率；

　　　　V——流速；

　　　　B——常数；

　　　　n——常数，一般取 0.8。

对碳钢在 CO_2 流动体系中的腐蚀行为的研究中发现，不同的流动体系存在不同的"临界流速"。较低流速时，材料表面有保护性腐蚀产物 $FeCO_3$ 膜的生成，腐蚀速率相对较低；大于某一临界流速时，没有腐蚀产物 $FeCO_3$ 膜的生成，腐蚀形态为均匀腐蚀，腐蚀速率相当高；当流速出于二者之间时，只在局部有保护性腐蚀产物 $FeCO_3$ 膜的生成，这时，材料表面表现为点蚀状态。

但是，近来的研究表明，流速的提高并不都带来负面影响，它对腐蚀速率的影响与碳钢的钢级有关，Vera 等对 C90、2Cr、L80 等钢的研究结果表明，在 C90 和 2Cr 钢的试验中，均有一个取决于钢级和腐蚀产物性质的临界流速，高于此流速，腐蚀速率不再变化；而对 L80 钢的研究则发现流速对腐蚀速率的影响与上述钢不同。随着流速的提高，点蚀速率降低，他们认为这和腐蚀产物 Fe_3C 和 $FeCO_3$ 的形成有关。在温度和 CO_2 分压相同的条件下，腐蚀产物的性质不仅和材料化学成分有关，而且和流速有关。高流速影响 Fe^{2+} 的溶解和 $FeCO_3$ 的形核，形成一个虽然薄但更具保护性的膜，因而，提高流速反而使腐蚀速率降低了。

3.5　腐蚀产物膜的影响

在 CO_2 腐蚀过程中，腐蚀产物膜的组成、结构及形态受 CO_2 分压、流速、pH 值、温度等的影响，良好的腐蚀产物膜可以大大降低腐蚀速率。通常可以认为，腐蚀产物膜阻止或者减缓了溶液中物质和金属表面的相互扩散、传递。当金属表面没有腐蚀产物膜时，金属会以式(1)的腐蚀速率被均匀腐蚀；若形成的腐蚀产物膜松软且黏性较差，造成膜被破坏，会诱发局部腐蚀；若腐蚀产物膜致密、附着力强，就能有效阻止物质扩散，从而降低腐蚀速率。

3.6　合金成分的影响

一般认为，随 Gr 含量的增加，腐蚀速率降低。但最新的很多研究表明，Cr 含量对腐蚀速率的影响并非如此简单。Ikeda 等人的结论：不同的铬含量在不同的温度都存在一个最大的应力腐蚀速率，此温度随 Cr 含量的升高而向高温方向移动。同时，不含 Cr 钢和 Cr 含量 5% 的钢种，在 200℃ 时，腐蚀速率都出现了一个最小值。

3.7　H_2S 的影响

H_2S 对于 CO_2 的影响较为复杂，它既影响 CO_2 腐蚀的阴极反应，还会影响 CO_2 腐蚀产物的结构和性质。近来研究认为，在低于 100℃ 的温度范围内，腐蚀速率随硫化氢浓度的增大而增大，但当硫化氢浓度大于某个临近浓度时，腐蚀速率随之减小。当温度超过 150℃ 时，

腐蚀速度不受 H_2S 含量影响。总的来说，H_2S 加速腐蚀的原因是 H_2S 影响了 CO_2 腐蚀的阴极过程；H_2S 减缓腐蚀的原因是当硫化氢浓度较高时，生成较厚的 FeS 沉积膜。另外，H_2S 会对 Cr 钢的抗腐蚀性有较大的破坏作用，可使其发生局部腐蚀，甚至应力腐蚀开裂。

综上可知，影响 CO_2 腐蚀的因素很多，这些因素之间相互联系，相互作用，共同影响 CO_2 腐蚀。除上述主要因素外，系统压力、O_2、细菌、Cl^-、Ca^{2+}、Mg^{2+}、蜡、原油等也会对 CO_2 腐蚀起到不容忽视的作用。

4　桩海 10 井组平台控制措施的选择

桩海 10 由井口平台和生产平台组成，中间通过两跨栈桥连接。平台所产油气通过已建桩海 10-桩海 104 海底管线及已建桩海 104-海五联海底管线输往陆上海五联进行处理。

考虑各种 CO_2 腐蚀的防护措施：

（1）管材的选择。使用具有抗腐蚀性的合金钢管材。这种方式是利用自身的抗腐蚀性能来抵抗 CO_2 腐蚀。一般通过添加少量的合金元素增加碳钢和低合金钢的抗腐蚀性。铬是最常用的添加元素，通常情况下，随着铬含量的升高，合金的耐腐蚀性增强。实践表明，当合金中铬含量为 0.5% 时，可以使合金钢具有良好的耐腐蚀性且几乎没有任何的强度损失。这种方式简单有效，但这类钢材价格昂贵，一次性投资较高。

（2）采用内防腐涂层。其主要通过隔绝金属与腐蚀介质的接触达到防腐目的。涂层技术对海上平台生产的影响较小，成本低，使用方便。在防腐过程中应用也很广泛。涂层涂料大都是环氧类、改进环氧类、环氧酚醛类、醇酸类或氯化橡胶类等系列的涂层。但这些聚合物类型的涂料，普遍都有老化问题，其使用寿命随操作条件而异，另外在冲刷、冲击和高温场合下，涂层易受破坏而脱落。再者，内涂层的处理工艺复杂，而且表面一旦有缺陷，极易导致更严重的局部腐蚀。

（3）阴极保护。从理论上来讲，设备、管线在 CO_2 介质中的腐蚀是一种电化学腐蚀。根据 CO_2 腐蚀的电化学原理，将发生 CO_2 腐蚀的材料进行阴极极化，这就是阴极保护。阴极保护可以通过外加电流法和牺牲阳极法来实现。但这种方式操作工艺复杂，受现场环境影响较大，作业成本高，很难实现最佳防腐效果。而且对于管线内腐蚀，很难通过阴极保护来实现管线的防护。

（4）缓蚀剂。添加缓蚀剂是目前广泛使用的防止 CO_2 腐蚀的防护措施。缓蚀剂对油气生产和输送过程中的腐蚀控制起重要作用。添加缓蚀剂可以经济有效地达到控制腐蚀的目的，但是缓蚀剂不具有广泛应用性，其防腐效果与多种因素有关，必须根据油气田实际工况选择合适的缓蚀剂。

桩海 10 外输海底管线为已建管线，前三种方式均不能达到理想效果。相对来讲，添加缓蚀剂是一种投资少、见效快的方式。

因此，桩海 10 井组平台选用碳钢加缓蚀剂的防腐方案。采用多点注入方式：

① 地下通过在油套环空中加入缓蚀剂至井下，在一定程度上降低产出液中 CO_2 对油管和套管的腐蚀，具体加药量取决于现场试验，与产出液中 CO_2 含量、温度和产量等参数油管，但加注浓度不低于 100mg/L(按产液量计)。

② 地上连续式在单井井口、计量汇管、生产汇管、外输管线处设注入点，多点加注，加药设备采用柱塞泵，在注入点两侧分别添加腐蚀挂片，检测缓蚀率。根据相关行业标准，现场挂片均匀腐蚀速率≤0.076mm/a，无点蚀，缓蚀率≥90%。同时增加其他辅助方式，具

体如下：

（1）在满足工艺要求的前提下，尽量将外输温度控制在60℃以下，因为油气田最严重的腐蚀发生在60~100℃范围内；

（2）降低CO_2分压，主要通过降低管道总压力来实现；

（3）降低流速，主要通过选取合适的管径来实现。

5　结语

（1）CO_2腐蚀过程较为复杂，影响因素众多，有待于进一步深入研究。设计时应将集输温度控制在60℃以内，还应根据其工况如：分压、温度、pH值、流速等进行分析，对碳钢加缓蚀剂、耐腐蚀合金钢材等措施进行比选，优选出安全、可靠、经济的最佳方案。

（2）桩海10井组平台CO_2含量较高，所产油气状况也逐年变化，对于平台上部管线，需获得有效的现场监测数据，以制定最佳的防腐蚀策略，对于海底管线，需定期进行内腐蚀检测，防止事故发生。

参 考 文 献

[1] 朱景龙，孙成，王佳，等．CO_2腐蚀及控制研究进展[J]．腐蚀科学与防护技术，2007，19（5）：350-353.

[2] 孙丽，徐庆磊，方炯，等．CO_2腐蚀与防护研究[J]．焊管，2009，32（3）：23-26.

[3] 张忠铧，郭金宝．CO_2对油气管材的腐蚀规律及国内外研究进展[J]．宝钢技术，2000，（4）：54-58.

[4] 李国敏，李爱魁，郭兴蓬，等．油气田开发中的CO_2腐蚀及防护技术[J]．材料保护，2003，36（6）：1-5.

[5] A. Ikeda，M. Ueda and S. Mukai，CO_2 Behacior of Carbon and Cr Steels，NACE，Houston，Tx（1985）：39-51.

[6] Albertc V，Raymundo C. The Effect of Small Amounts of H_2S On CO_2 Corrosion of A Carbon Steel[J]．Corrosion Paper，NACE，1998，No. 22.

流动保障技术在大口径高凝油海管中的应用

孙志峰，陈 磊

（中石化石油工程设计有限公司，山东东营 257026）

摘 要 某单点进口原油项目需要进口高凝油，通过内径 DN1000 的大口径双壁保温海管输送到陆上油库。由于所处海域温度较低，且单点卸油为间歇作业，存在较大的凝管风险。为保障海上单点系统进口高凝油海管的安全经济运行，通过应用"流动保障"技术，对大口径高凝油海管的启动预热、停输重启和置换等多个工况建立了水力和热力模型，进行了稳态和动态模拟，确定了适用的安全经济运行方案，有效降低了凝管的风险，节约了工程投资和运行成本，为以后类似项目的运行提供了借鉴和参考。

关键词 流动保障；高凝油海管；启动预热；停输重启

某单点项目进口原油中包括部分高凝油。高凝油的加热依托油轮进行，高凝油通过软管、水下管汇、海管输送到增压平台上进行增压，之后通过内径 *DN* 1000/外径 *DN* 1200 的大口径双壁保温海管输送到距增压平台 47.2km 的陆上油库。由于所输送的目标油品的凝点为 20℃，而所处海域冬季海管周围的土壤温度（4℃）远低于安全输送的要求（25℃）。同时，单点卸油作业为间歇作业，以 15 万吨级油轮为例，来船后需要进行靠泊、准备、联检、商检、连接等约 8h 的工作后，开始输送原油，净卸油作业时间为 30h，之后再断开连接、离泊等辅助作业约 4h 的工作，完成一船次卸油工作。根据到船时间，每船次的卸油都有或短或长的间隔时间。因此，每次卸油前都需要根据间隔时间长短进行启动预热。

高凝油凝点高、低温流动性差，一般采用"热油+双壁保温管道"进行输送。蜡沉积是含蜡高凝油管道安全输送面临的首要问题。高凝油中的蜡在管壁上的不断沉积，会减少管道的有效流通面积和增加管壁的粗糙度，从而降低管道的输送能力，增加管道的动力消耗，严重时甚至会造成凝管的恶性事故发生。由于海底管道的热力条件恶劣，结蜡的趋势远高于陆上管道，由结蜡造成的后果也比陆上管道严重。[1] 因此，大口径高凝油海管的流动安全成为该单点项目首先需要解决的问题。

1 流动保障技术简介

"流动保障"最初是由 Deepstar 为解决墨西哥湾深海油气田开发遇到的技术难题而提出的。其定义为"在任何环境下，在油田整个开发期内，将石油经济地从油藏中开采出来并输送至生产处理设施的能力。"[1]

流动保障工作要达到两大目标[2]：

（1）保证流动无堵塞；

作者简介：孙志峰(1986—)，男，汉族，工程师，2009 年毕业于中国石油大学(华东)油气储运工程专业，现从事海上油气及海底管道工艺设计工作。E-mail：hysunzf@163.com

（2）控制油气管道输送工况，优化流动行为，使运行费用最低。

流动保障技术的核心在于预防和控制固相的沉积，其控制的核心方法主要包括以下 3 种：

（1）热动力控制——使系统的操作压力和温度远离固相形成的区域；

（2）动力学控制——控制固相沉积的条件；

（3）机械控制——通过定期的发球操作清除固相沉积物。[3]

2 流动保障技术在大口径高凝油海管中的应用

为保障海管的输送安全，在每次输送高凝油前，都需要对海管采取预热措施，以保证高凝油的安全输送；在输送高凝油的过程中，依靠油轮的加热设施，对高凝油进行升温，保证海管的出口温度保持在原油凝点以上，以防止海管的堵塞；运行一段时间后，根据管线的输送压力和效率，通过发射清管球清除固相沉积物；在海管停输时，采用置换的措施，将海管中的高凝油置换出来，以防止海管的堵塞。

2.1 启动预热流动保障方案研究

由于海管需挖沟埋设，处于海底泥面以下，初始投产时管道内温度与海泥相同（4℃），远远低于高凝油的凝点（20℃）。为确保顺利投产，需要对海管进行预热处理。预热处理的关键在于应用流动保障技术分析确定合理的预热参数，最终合理确定预热方案。

（1）预热参数分析

根据规范要求，管输终点温度应在原油凝点以上 3~5℃，为保障输送的安全，确定管输末端预热温度应不低于 25℃。

（2）预热方案确定

由于增压平台上不设置加热设施，本次海管的预热考虑依托船舶进行。考虑到海管容积较大（约 37100m³），如果采用淡水费用较高，采用海水需要增加陆上设施，都会增加项目投资，综合考虑船舶资源和周边环境等因素，采用通过油轮对低凝点原油加热后对海管预热的方式进行。

使用 GL 公司的 Stoner Pipeline Simulation（简称 SPS）软件对某管道的预热投产过程进行模拟，计算出不同介质温度和热油流量下的海管出口处温度。变化趋势如图 1 所示。

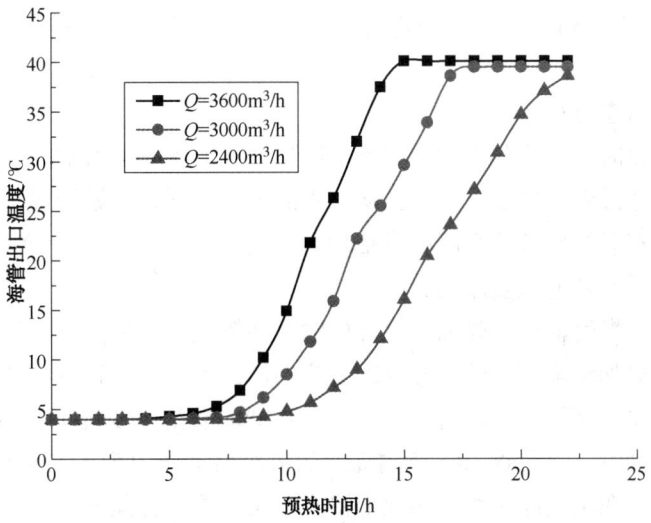

图 1 海管预热出口温度随时间变化趋势图

综合考虑预热时间，总的低凝油用量，确定预热的流量为 3000m³/h，预热时间 14h 的方案。

2.2　停输重启流动保障方案研究

（1）停输状态分析

当海底管道中输送的介质为高凝油时，一旦管道出现停输，会给再启动带来一定的困难。因此在流动保障方案研究中应尽可能确定不同停输时间下的温度变化趋势，确定允许的停输时间范围。

采用 SPS 软件对海管停输后高凝油温度变化进行动态模拟分析。变化趋势如图 2 所示。

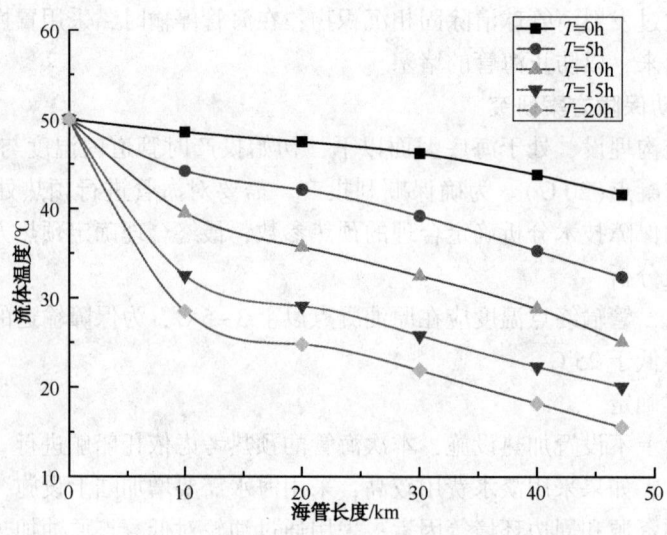

图 2　海管停输后温度随时间变化趋势图

由图 2 的模拟结果可知，随着停输时间的延长，海管内高凝油的温度迅速下降。其安全停输时间为 15h，超过 15h 后，高凝油将首先在海管出口处开始凝固。停输 20h 之后，海管凝固段长度将达到 12km。

（2）停输重启状态分析

海管刚开始停输时，沿线各点的油温是不同的，在海管的入口端，油温较高；而出口端则油温较低。管道超过允许停输时间后，从海管的出口端开始，原油逐步开始凝固。当管路的整个横截面上都布满蜡和胶的空间网络结构时，凝油具有一定的结构强度，必须当外加剪力足以破坏其结构后，才能恢复流动。

通过模拟计算，海管输送高凝油时允许停输时间较短。如果停输时间较长，且没有及时进行置换或没有采取加注降凝剂的应急处理措施的话，海管的凝管风险极大。因此，凝管后的停输重启压力需要计算，分析再启动的压力大小和海管的承受能力，以确定凝管的风险。海管凝管后，再启动时，每凝管 10m 管内需要的最小启动压力为 41.28MPa，远远大于管道的承压能力。因此，在出现停输后，必须尽快采取相应的应急预案，避免凝管的发生，以确保管线能够安全运行。

（3）防止凝管方案确定

海底输油管道一旦发生凝管事故，后果极其严重。该事故不仅仅会造成管道停输，影响整个系统的稳定生产，而且重新启动需要采取多种解堵措施，增加生产运行成本。如果管道凝管距离过长，导致停输重启的压力远远大于海管的承压能力，海管不具有停输重启或局部更换的可能性，海管整体需要弃置，造成巨大的投资浪费。

为防止管线停输后发生凝管，考虑加注防凝剂和海管置换措施。

方案一：加注防凝剂

通过向高凝油中加注防凝剂，改变蜡晶的聚集特性或热动力边界，以达到防止或减缓蜡析出，避免出现凝管。结合项目情况，考虑在增压平台上设置防凝剂加注设备。在停输前通过化学药剂泵向海管加注防凝剂，降低原油的凝固点。此方案的优点是在停输后无需对海管进行置换作业，待恢复生产后，可以直接利用外输泵启动海管。但是，该方案应急性不高，需要一直加注，提升运营成本；同时，每次来船都需要对防凝剂进行筛选。

方案二：海管置换

当出现停输时，考虑采用陆上油库的低凝油或者海上油轮的低凝油进行置换。陆上设置专用的置换泵进行置换。此方案的优点是应急性好，在出现计划外停输后，可以迅速进行置换，防止凝管。但是，该方案会增加运行成本，降低单点系统的效率。

综合考虑各种因素，确定采用海管置换的方案。

2.3 清管方案研究

（1）清管技术

清管球由发送器发出后，随管线向前运动。清管球的直径一般比管线内径大 1%~3%，在清管球随管线移动过程中，清管球与管线内壁紧密接触，从而产生良好的清扫管道内杂物、积液、积污的效果，提高管道输送效率，减少摩阻损失，减少管道内壁腐蚀，延长管道使用寿命。

由于将传统的清管技术用于海管清管，存在风险大、费用高，且滞留清管器疏通难度大的问题。因此出现了一些用于海底管道的新型清管技术，如凝胶技术、变径清管器技术、海底清管器发送器技术、智能清管技术和海底清管跟踪技术等。[4]

（2）清管方案

由于变径清管器使用性广，可用于不同管径的管道，安装占地小，可以节省安装费用和管材费用。本工程考虑采用变径清管器进行清管。

3 结论与建议

（1）随着国内大型油码头，尤其是单点系统的建设，大口径高凝油海管的安全输送越来越重要。通过应用流动保障技术，提出针对大口径高凝油海管的预热、停输重启、置换和清管方案，降低了项目的运行风险。

（2）对于大口径高凝油海管的流动保障需要对整个单点系统进行分析评价，全局性的制定切实可行的流动保障管理方案。

（3）对于类似项目，建议在可研和初设阶段就要充分考虑管道生产的流动保障问题，设法改善管道内流体的流动行为，避免在后期生产中出现不必要的停输。

参 考 文 献

[1] 龙大平, 于达. 流动保障技术在海底热油管道上的应用[J]. 管道技术与设备, 2011, 3: 1-3.

[2] Chin WC. Modern flow assurance methods: clogged pipelines, wax deposition, hydrate plugs[J]. Offshore, 2000, 60(9): 92-94, 180.

[3] 刘菊娥, 倪浩. 流动保障技术在 BZ34-3/5 油气田开发中的应用[J]. 中国海上油气, 2010, 22(1): 69-72.

[4] Torres J. M, Tucker C, KhuranaSetal. Deep water challenges for ensuring pipe flow. Hart's e&p, 2000, 73(7): 42-48.

安全环保

海上油田透平烟气余热循环利用技术

邓常红

（中海石油（中国）有限公司天津分公司，天津 300459）

摘　要　为了解决海上油田透平烟气余热回收和含聚原油脱水加热的问题，采用透平烟气余热循环利用技术对透平高温烟气余热实施循环利用：利用热管蒸汽发生器将透平高温烟气余热与水进行热交换，产生高温低压饱和蒸汽；然后利用相变掺热器将高温低压饱和蒸汽注入含聚原油处理流程，掺混加热含聚原油。该技术在 SZ36-1 油田 CEP 平台进行示范应用，效果良好，节约标准煤 8060.5t/a，减少 CO_2 排放量 20150t/a，节能环保效果显著；蒸汽与含聚原油直接掺混加热含聚原油，替代传统的管壳式换热器加热方式，避免了结垢、结焦问题的出现，换热效率提高 20%~30%。该技术在 SZ36-1 油田 CEP 平台的成功示范应用为其他海上油田透平烟气余热循环利用提供了一套成熟的技术和一个成功的范例，具有非常好的示范作用。

关键词　透平烟气余热；循环利用；热管蒸汽发生器；相变掺热器；掺混加热；节能环保

随着我国经济与社会的迅速发展，能源消耗越来越大，对于环境的要求也越来越高，人们越来越重视自身的健康、生活及工作环境[1]。目前我国能源的利用率仅为 33% 左右，大量余热以各种形式被排放到大气中，余热回收是合理利用能源、节约能源、提高能源利用率等方面不可忽视的问题[2]。透平作为发电设备具有效率高、占地面积小、重量轻等特点，因此在海上油田被广泛应用。透平所排放的烟气温度一般为 300~550℃，余热回收潜力巨大，如何高效回收透平高温烟气余热成为海上油田亟待解决的问题。

聚合物驱作为一种有效提高原油采收率的技术，已经在海上油田得到规模化的应用，成为海上油田增储上产的重要技术之一[3-5]。海上油田含聚原油脱水加热传统上采用管壳式换热器将高温热介质油与低温含聚原油进行热交换来加热含聚原油，满足含聚原油脱水的温度要求。管壳式换热器采用含聚原油走壳程，热介质油走管程，当浓度较高的聚合物随原油返出地面后，受聚合物析出胶结影响，管壳式换热器的加热盘管结垢、结焦严重，造成换热效率明显下降低，含聚原油脱水困难；为了满足含聚原油脱水的温度要求，需要大幅提高热介质油温度，造成热介质油系统热负荷过高和能量的消耗增加，这样就需要频繁停用管壳式换热器进行清洗加热盘管，不仅对原油生产影响较大，也增加了清洗费用及操作人员的工作量。

技术创新是解决海上油田生产难题的关键，经过反复技术、经济分析论证以及现场调研，

基金项目："十二五"国家科技重大专项"海上油田生产余热循环利用技术示范"（编号：2011ZX05057-003-003）。

作者简介：邓常红（1976—），男，汉族，1998 年毕业于江汉石油学院石油工程专业，获学士学位；2007 年毕业于长江大学石油与天然气工程专业，获硕士学位。高级工程师，现从事海上油气田生产管理工作。E-mail：dengchh@ cnooc. com. cn

采用透平烟气余热循环利用技术解决以上问题,并在 SZ36-1 油田 CEP 平台进行示范应用。

1 透平基础数据

SZ36-1 油田 CEP 平台透平 D 机选型为美国 Solar Mars100,燃料为天然气或柴油,主要采用天然气,柴油作为应急备用,主要技术参数见表1。

表 1 透平主要技术参数

功率/kW	热耗率/kW	满负荷排气流量/(t/h)	满负荷排气温度/℃	背压要求/kPa
10690	11000	150	480	<2

透平运行稳定,运行负荷为 85%,所排放的烟气温度为 420℃。采用 Testo300M-1 烟气成分分析仪对透平烟气进行成分分析,结果见表2。从表2可以看出,透平烟气中的腐蚀性气体含量较少。

表 2 透平烟气成分

O_2 含量/%	CO_2 含量/%	CO 含量/ppm *	NO 含量/ppm *	NO_2 含量/ppm *	NO_x 含量/ppm *	SO_2 含量/ppm *
18.5	2.3	0	67	7	75	1

2 透平烟气余热循环利用技术

2.1 工艺流程

将透平高温烟气通过烟气挡板阀控制引入热管蒸汽发生器,热管蒸汽发生器利用透平高温烟气余热与水进行热交换,产生高温低压饱和蒸汽,实现透平烟气余热的回收,而热交换后的烟气通过热管蒸汽发生器的烟囱排放至大气中;然后利用相变掺热器将上述高温低压饱和蒸汽注入含聚原油处理流程,与含聚原油直接掺混而对含聚原油进行加热,从而实现透平烟气余热的循环利用,透平烟气余热循环利用工艺流程如图1所示。

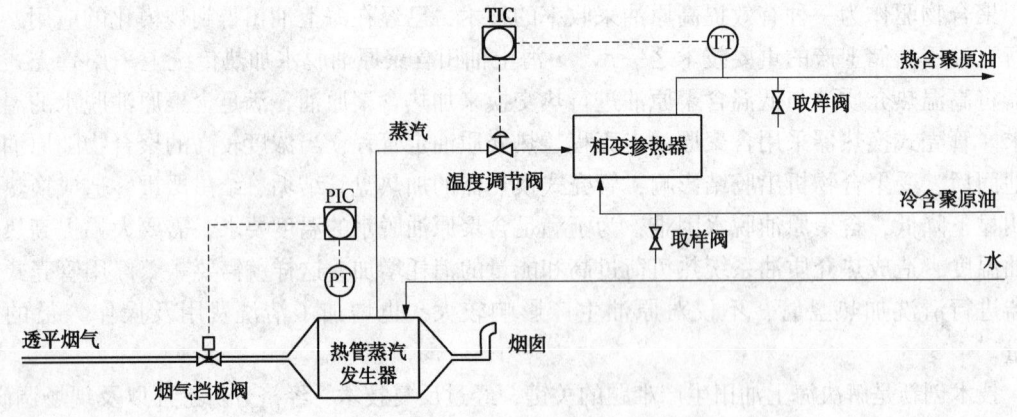

图 1 透平烟气余热循环利用工艺流程图

热管蒸汽发生器的进烟气管道上设有烟气挡板阀,烟气挡板阀根据热管蒸汽发生器的压力采用比例积分微分(PID)反馈控制方式,通过调节烟气挡板开度来控制热管蒸汽发生器的

---

* 1ppm = 10^{-6}。

烟气流入量。相变掺热器的蒸汽管线上设有温度调节阀，温度调节阀的调节对象为流经相变掺热器后的含聚原油，采用比例积分微分反馈控制方式对所加热的含聚原油温度实施自动控制，通过阀开度的变化而自动调节低压高温低压饱和蒸汽的掺入量来实现，使所加热的含聚原油达到脱水温度要求。高温低压饱和蒸汽掺入原油后变为水，与加热后的含聚原油均匀混合，对含聚原油起到降黏的作用，而在相变掺热器的含聚原油进口管线与出口管线的底部分别设有取样阀，用来取油样化验以比对掺混蒸汽前后含聚原油含水率的变化。

2.2 主要设备

2.2.1 热管蒸汽发生器

热管蒸汽发生器是由若干独立传热的热管按一定的排列方式所组成，其热量传递依赖于热管。热管是一种具有高导热性能的传热元件，依靠自身内部工质的相变实现传热，其有一个密闭的、内部经过特殊处理的处于真空状态的管壳，管内充装一定量的工作液体，见图2。热管蒸汽发生器将热管的蒸发段置于烟道内，烟气的余热通过热管管壁传给管内的工作液体，使其汽化，在内部压差的作用下，蒸汽携带的大量潜热被输送到冷凝段，在冷凝段蒸汽凝结，放出的潜热被管外的水吸收，水被汽化，管内的工作介质冷凝成液体，回流至蒸发段，继续吸热、汽化、输送和冷凝，周而复始，从而把烟气余热传递给水，使水变成蒸汽。

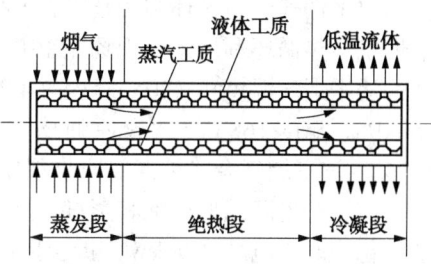

图2 热管蒸汽发生器工作原理图

热管蒸汽发生器主要参数：数量1台，功率5200kW，热管数量1227根，进口烟气流量130t/h，进口烟气温度420℃，出口烟气温度240℃，给水流量8m³/h，给水温度50℃，饱和蒸汽流量8t/h，饱和蒸汽压力650kPa，饱和蒸汽温度168℃。

2.2.2 相变掺热器

相变掺热器由掺热套管、掺热管、蒸汽喷嘴、蒸汽进口管、含聚原油进口管、含聚原油出口管、检修端盖及防震橇座组成，如图3所示。相变掺热器采用直接掺混的方式将高温低压饱和蒸汽通过蒸汽喷嘴直接掺入含聚原油中，掺热套管装在掺热管上，在掺热套管上有含聚原油进口管和含聚原油出口管，在掺热管上有蒸汽喷嘴，高温低压饱和蒸汽经历由气态变为温度较低的液态这个相变过程，释放出大量的热，对含聚原油进行加热和掺水，对含聚原油起到加热降黏的作用。

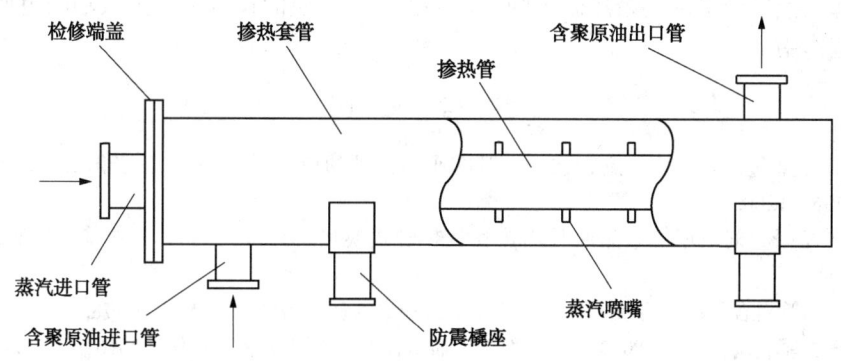

图3 相变掺热器结构示意图

相变掺热器主要参数：数量 1 台，卧式结构，功率 5200kW，热效率≥95%，原油处理量 115m³/h，原油密度 964.7kg/m³(50℃)，原油黏度 616.8mPa·s(50℃)，原油含水率 30%，设计压力 0.95MPa，设计温度 195℃，原油进口压力 450kPa，原油进口温度 60℃，原油出口压力 450kPa，原油出口温度 90℃。

2.3　技术特点

透平烟气余热循环利用技术主要具有以下特点：(1)运行稳定，性能可靠；(2)自动化程度高，几乎免维护，操作简便；(3)流程短，结构紧凑，占地面积小；(4)多重冗余，热管相互独立，单根热管损坏不影响系统整体运行；(5)热管是基于相变原理工作，热响应快，传热量大；(6)原油加热均匀，换热效率高；(7)振动小，噪声低。

3　应用成效

透平烟气余热循环利用技术在 SZ36-1 油田 CEP 平台进行示范应用。2015 年 12 月，透平烟气余热循环利用系统现场完工并调试成功，该系统实现连续稳定运行，示范应用效果良好，透平烟气温度由 420℃降至 240℃，热管蒸汽发生器产生的饱和蒸汽流量 8t/h、压力 650kPa、温度 168℃，含聚原油掺混蒸汽加热后温度由 60℃升至 90℃，而含水率仅提高 1.2%，透平烟气余热被高效回收利用，达到了预期效果。取得的成效如下：

(1)产生高温低压饱和蒸汽 8t/h，每吨折合标准煤 128.6kg，节约标准煤 8148.1t/a，而系统每小时用电功率 90kW，折合标准煤 87.6t，得到节约标准煤 8060.5t/a(考虑透平需要停机维修或维护，以系统每年运行 330 天计算)，由此可以减少 CO_2 排放量 20150t/a，节能环保效果显著。(2)通过透平烟气余热回收，降低了排烟热效应，减轻了热污染；透平烟气噪音变小，降低了噪音污染，减轻了热辐射和噪声对生产人员身体健康的影响，明显改善了生产人员的工作环境。(3)采用高温低压饱和蒸汽与含聚原油直接掺混的方式加热含聚原油，替代传统的管壳式换热器加热方式，避免了结垢、结焦问题的出现，换热效率提高 20%~30%。

4　结论

(1)透平烟气余热循环利用技术可以有效解决海上油田透平烟气余热回收和含聚原油脱水加热的问题，具有换热效率高、热响应快、运行稳定、自动化程度高和结构紧凑等特点。(2)透平烟气余热循环利用技术在 SZ36-1 油田 CEP 平台进行示范应用，效果良好，节约标准煤 8060.5t/a，减少 CO_2 排放量 20150t/a，节能环保效果显著；蒸汽与含聚原油直接掺混加热含聚原油，替代传统的管壳式换热器加热方式，避免了结垢、结焦问题的出现，换热效率提高 20%~30%。(3)透平烟气余热循环利用技术在 SZ36-1 油田 CEP 平台的成功示范应用为其他海上油田透平烟气余热循环利用提供了一套成熟的技术和一个成功的范例，具有非常好的示范作用。

参 考 文 献

[1] 陆景阳，张金玺，周晓坤. 热管技术及其在小型锅炉的应用研究[J]. 辽宁化工，2015，44(10)：1194-1196，1200.

[2] 董其伍，王丹，刘敏珊. 余热回收用热管及热管式换热器的研究[J]. 工业加热，2007，36(4)：37-40.

[3] 刘光成. 斜管对含聚污水的除油效率研究[J]. 工业水处理，2014，34(5)：76-78.

[4] 翟磊，王秀军，靖波，等. 双亲型清水剂处理油田含聚污水[J]. 化工环保，2016，36(1)：5-10.

[5] 李永丰，刘敏，王晓飞，等. 海上油田含聚生产水旋流气浮装置试验研究[J]. 油气田地面工程，2016，35(10)：22-25.

油污岸线修复技术标准研究进展概述

刘斌楠

（中海石油(中国)有限公司天津分公司，天津 300459）

摘 要 溢油污染海岸线生物修复技术因其没有二次污染，能够节省人力物力修复环境，具有广阔的市场空间。从操作方法、使用材料上规范该技术的使用可以有效的提高溢油污染海岸线生物修复效率。因此本文从国内、国外两方面阐述溢油污染海岸线生物修复技术实施规范的研究进展情况。

关键词 溢油；海岸线；生物修复；规范

溢油污染海岸线生物修复是目前热门的海洋环境治理技术，具有低成本、高效率等特点，随着我国海上能源需求的不断增加以及海洋环境灾难的不断发生，越来越多的机构也正致力于这种技术的实施和完善。然而各机构的研究水平良莠不齐，更重要的是我国尚没有溢油发生时对岸线生态损害的统一勘察方法以及对恢复岸线生态所采取的统一有效的修复方法。这会导致不同的机构在应对海洋环境事故时各行其道，缺乏统一的引导和规范，应对事故的效率低下，效果不佳。对此，急切需要一个统一有效的技术实施标准，以保证该技术能够高效的开展，以规范该技术的使用、统一管理、提高效率。

1 国内生物修复标准现状

国内对溢油污染海岸线生物修复技术实施规范的研究基本是一个空白，甚至连对含油土壤污染的生物治理技术标准的研究也只是刚刚起步，目前仅有南开大学周启星教授进行了土壤修复基准与标准的研究，他们从阐述污染土壤修复基准的概念出发，对污染土壤修复基准的国内外研究进展进行了概述；与此同时，还对国际上污染土壤修复/清洁标准的现状进行了分析。总体而言，国内尚没有对溢油污染海岸线生物修复技术实施规范的研究。

2 国外溢油污染海岸线修复标准现状

国外对溢油污染海岸线生物修复技术标准的研究主要集中在美国。即使如此，美国关于溢油污染生物修复方面的标准也主要在宏观和基础层面，而对于具体的、系统的溢油污染生物修复实施规范的专门标准尚有欠缺，在其他国家(如英国、澳大利亚、加拿大、日本等)也很少有相关的标准。表 1 是目前国外与溢油污染海岸线生物修复技术有关的标准。

作者简介：刘斌楠，男，汉族，助理工程师，2003 年毕业于天津理工大学，获硕士学位。2009 年进入中海石油(中国)有限公司天津分公司，从事安全环保应急管理工作。E-mail：liubn@cnooc.com.cn

表 1　国外溢油修复相关标准

序号	名　　称
1	Comprehensive Environmental Response Compensation and Liability Act
2	Standard Guide For Describing Shoreline Response Techniques
3	A Guide for Spill Response Planning in Marine Environments
4	Evaluation of Restoration Alternatives for Natural Resources Injured by Oil Spills
5	A Guide to the Assessment and Remediation of Underground Petroleum Releases
6	Standard Guide for Ecological Consideration for the Use of Bioremediation in Oil Spill Response-Sand and Gravel Beaches
7	Standard Guide for Consideration of Bioremediation as an Oil Spill Response Method on Land
8	Risk-Based Decision Making
9	Operation and Maintenance Considerations for Hydrocarbon Remediation Systems
10	Guide for Assessing and Remediating Petroleum Hydrocarbons in Soils
11	In-situ and On-Site Biodegradation of Refined and Fuel Oil Review of Technical Literature
12	Petroleum Contaminated Low Permeability SoilHydrocarbonDistribution Processes Exposure Pathways and In Situ Remediation Technologies
13	Laws of Pennsylvania
14	Methods for Measuring Indicators of Intrinsic Bioremediation：Guidance Manual
15	Standard Guide for Surveys to Document and Asses Oiling Conditions on Shorelines
16	Standard Guide for Cleaning of Various Oiled Shorelines and Habitats
17	Field Studies of BTEX and MTBE Intrinsic Bioremediation
18	Remediation Standards
19	Soil Attenuation Model for Derivation of Risk-Based Soil Remediation Standards
20	Soil Remediation Guidelines
21	The Remediation Standards and Evaluation Methods for Remediation Effectiveness of Contaminated Soil
22	Soil Remediation Standards
23	Soil Cleanup Levels

2.1　溢油污染海岸线生物修复技术标准的原型

　　面对全世界对能源需求的增加，越来越多的海上溢油事故加剧了对海洋的污染，促进各国加强油污防治工作，强调有效防备的重要性，在发生重大油污事故时加强区域性或国际性合作，采取快速有效的行动，减少油污造成的损害。在这种背景下，国际海事组织于1990年11月19~30日在伦敦召开了外交大会，有93个国家和17个国际组织代表或观察员出席了会议，通过了《1990年国际油污防备、响应和合作公约》，1月30日，包括中国在内的81个国家签署了公约的最终议定书。公约要求所有船舶、港口和近海装置都应具备油污应急计划，并且港口国当局有权对此进行监督检查。公约规定所有肇事船舶和其他发现油污事故的机构或官员毫不延迟地向最近的沿岸国报告。各国在接到报告后应采取行动，并进行通报。公约还规定了各缔约国应建立全国性油污防备和响应体系；各国之间可建立双边或多边、地区性或国际性的技术合作。公约的附则对援助费用的偿还作了规定。《1990年国际油污防备、响应和合作公约》对溢油污染修复标准产生的意义首先在于国际层面从法律方面提出了要求；其次是要求公约国的所有船舶、港口和近海装置都应具备油污应急计划，并且港口国当局有权对此进行监督检查。由此形成了国际公约（国际法）——国内法律（包括法规）——油污应急计划——溢油污染修复标准（包括生物修复标准）体系的前提和基础，这构成了处理生物修复标准与相关法律、法规和油污应急计划（方案）关系的法律依据，也是处理生物修复标准与其他修复措施的基本原则。

　　随着越来越多的海上溢油对海岸线生态环境的破坏，迫切要求有效的解决方案，这种需求随生物修复技术的发展，就成为一个消除海岸线残油的重要方式，在此过程中，初始的溢油污染海岸线生物修复技术标准原型便出现了。该过程大致经历了三个阶段：

　　——初始期（1989 年以前）　该阶段从 20 世纪 70 年代发表在实验室和田间试验的文章和更早记载的石油微生物降解过程中开始的，到了 80 年代，已开发了众多的商业产品作为生物修复剂使用，这些产品大部分来自不断增长的生物技术产业。

　　——结合期（1989~1991 年）　1989 年 3 月，Exxon Valdez 号油轮在阿拉斯加州威廉王子湾搁浅后，泄露的原油覆盖了超过 500km 的海岸线，迫于紧急情况，使用了大量没有经过任何测试或评估的各种生物修复剂。随后，为了规范该技术的使用美国联邦和国家机关委员会制定了评估协议并对这些产品和技术进行测试，后来这些协议作为原型，被美国环境保护署（EPA）采用，这便是海岸线生物修复技术标准的雏型。通过 1990~1991 年期间，从美国在新泽西州 Prall 岛、加州海滩、墨西哥湾沿岸海滩（2 个）共 4 个区域所进行的生物修复试验结果，重复证实了评估协议，以及对这些产品和技术进行的测试是行之有效的，表明该评估协议及产品和技术是可用的。

　　——建立期（1992 年以来）　海岸线生物修复技术已取得一定程度的成功，然而随着技术的发展，人们期望取得更大的成功，于是出现了各种配方肥和微生物产品，并进一步采用有效的毒性抑制标记，由此便有了生物修复技术标准的原型，从此生物修复技术才成为清除海岸线残油的重要技术

2.2　溢油污染海岸线生物修复技术标准的现状

　　通过调研，我们发现专门针对溢油污染海岸线生物修复技术实施规范方面的标准很少，即使在溢油污染生物修复技术方面研究最集中的美国，也还没有形成专门具体的实施规范标准，有关溢油污染生物修复的要求、也是主要是基础方面的标准，其他的则散布于相关的法案、导则、说明和指南中。自美国国会通过《综合环境响应补偿与责任法》（CERCLA，又称《超级基金法》）后，美国环保局就相继出台了一系列场地环境调查和风险评估技术导则，并于 1989 年发布了《超级基金场地风险评估导则 第一卷 健康风险评估手册》，详细规定了开展污染场地风险评估的技术方法，即包括场地数据采集整理与分析、暴露评估、毒性评估和风险表征的四步评估法。1994 年，美国材料与试验协会（ASTM）针对溢油应急反应发布了第一个溢油污染海岸线生物修复技术标准《使用生物修复技术恢复砂子和砾石海滩环境生态标准导则》（ASTM F1481—1994），并于 2001 年进行修订，2010 年为加强生物降解（生物补救）措施的使用进行了撤回重审；1995 年，发布了《标准术语有关的生物修复技术》（ASTM F1600-1995A（2007））和《基于风险的石油泄漏场地纠正行动标准导则》，并分别于 2007 年和 2002 年重新进行了修订，规范了生物修复技术中所使用的标准术语并开始强调二次污染对环境的影响问题，并纠正之前所采用的技术以减小二次污染；1996 年美国微生物学会发表了《海上溢油生物修复领域的评价》，同年 ASTM 也发布了《陆地环境修复溢油使用生物修

复方法的指南》,强调菌剂在生物修复降解原油中的重要性,并于 2003 年对该指南进行重新修订;2002 年的《描述海岸线响应技术指南》(ASTM F2204—2002)介绍了包括自然恢复、生物修复在内的 22 个不同清洁和补救受溢油污染的海岸线方法,还规定任何方法的首要目标是在帮助恢复的同时尽量减少额外的影响;2005 年的《清理各种溢油海岸线和栖息地的标准指南》(ASTM F2464—2005)详细描述了不同岸线类型及生物栖息地在溢油发生时应采取的措施,侧重自然恢复为主。上述材料,为编制溢油污染海岸线生物修复技术实施规范提供了丰富的参考借鉴材料。以下是与溢油污染海岸线生物修复技术实施规范有相关的几个标准。

《溢油应急反应使用生物修复技术在砂子和砾石的海滩生态评价指南》(ASTM F1481)指出,溢油是可生物降解的,选定使用的生物修复剂对生态环境和人类健康是安全的,并正确应用并遵守政府的相关规定。在溢油应急反应中使用生物修复技术,对砂石和砾石的海滩以及海岸生态和海洋环境进行生态评价,其根据就是受影响区域的的相对敏感度。有些区域因为过于敏感,所以进行清理对其伤害是弊大于利,而自然复原就是最好的选择。在有的案例中,根据石油的种类,如果溢油量过于巨大,除非进行人为有效干预,否则单靠自然恢复将会大大延迟生态恢复进程,甚至无法进行。

《调查、记录和评估海岸线溢油修复条件指南》(ASTM F1686),对各种要素的调查标准提出要求,只有先对溢油污染区域进行各要素的勘察,根据勘察结果来决定采用何种处理方式,如果可以使用生物修复技术,则根据勘察的结果来制定营养剂、菌剂的使用量等。《清理各种溢油海岸线和栖息地的标准指南》对不同类型岸线的清理方式提出了指导。

为保证数据的一致性,《术语和指数描述海岸线溢油修复条件指南》(ASTM F1687)对术语、定义及描述注油条件做出统一的规定,给海岸线溢油生物修复条件提供一个准确的定性和规模,并协助制定泄漏反应的规划和决策。

此外,英国的《海岸线环境的石油生物修复发展技术和准则》指出在过去的 20 年,溢油海岸线环境的原油降解率一直是焦点,大量的研究表明生物修复在鹅卵石、沙滩、盐沼、和滩涂效果明显。2011 年 1 月,澳大利亚也将生物修复纳入《国家海上溢油应急预案》作为“国家计划,以清理海水污染石油和其他有害有害物质”的响应技术方案中。

3　标准研究与分析

溢油污染海岸线生物修复技术不仅是一项受到多种因素影响的复杂系统工程,还是一个动态变化的过程,这就给编制实施规范造成很大的困难,具体分析起来,需要解决:

——从构成因素上,我国海岸线分布广,情况复杂,溢油污染海岸线生物修复技术实施规范应针对具体地理位置、气候特点、海岸线类型、功能要求、经济基础等因素,制定适当的海岸线生物修复策略、指标体系和技术途径。

——从过程上,溢油事件的发展进程受多种因素影响。具有很大的不确定性,加上生物修复技术本身是一个生物过程,也受多种因素影响,所以,实施规范要求溢油污染生物修复技术在程序化、规范化的基础上,应全程监测,根据情况的变化,适时地采取恰当调整措施,以确保生物修复的效果。

——从技术方案上,针对溢油污染海岸线特征条件和健康风险,综合考虑溢油污染海岸线修复目标、修复技术的应用效果、修复时间、修复成本、修复工程的环境影响等因素,合理选择修复技术,科学制定修复方案,使生物修复技术具有可行性。

——从根本目的上,实施规范必须明确,一是要尽可能避免和严格控制造成二次污染,二是应注意施工安全和对周边环境的影响，避免对施工人员和周边人群健康产生危害。

——从系统本身上，溢油污染生物修复技术是一个崭新的领域，随着科学技术的发展和人们对溢油污染海岸线生物修复技术的认识不断加深，大量的研究成果和经验总结会不断地出现，应及时地将其吸纳到溢油污染海岸线生物修复技术的方案中，以体现实施规范的开放性。

——从技术适用上，实施规范要坚持适合性，即适合的才采用，不适合的则不用，严格执行"使用要有适合的微生物，在适合的地点，有适合的环境条件"三个适合同时存在的原则。

4 结论

从国外溢油污染海岸线生物修复技术的形成，到美国海洋环境中的溢油应急计划和生物修复技术标准的建立，对开发出高效率、低成本的适用于不同类型的溢油污染海岸线的生物修复技术及其实施的效果评价体系具有重要的意义；对编制溢油污染海岸线生物修复技术实施规范，有效地提高我国溢油污染海岸线生物修复技术都起到了及其重要的参考作用。

参 考 文 献

[1] 周启星. 污染土壤修复基准与标准进展及我国农业环保问题[J]. 农业环境科学学报，2010，29(1)：1-8.

[2] 周启星. 污染土壤修复标准建立的方法体系研究[J]. 应用生态学报，2004，15(2)316-320.

[3] 崔芳，袁博. 污染土壤修复标准及修复效果评定方法的探讨[J]. 中国农学通报，2010，26(21)：341-345.

[4] 耿春女，李小平，罗启仕. 污染场地土壤修复导则分析及启示[J]. 上海环境科学，2009，28(2)：66-71

[5] 赵小波，林尤刚. 美国《超级基金法》免责条款对我国立法的启示[J]. 海南大学学报：人文社会科学版，2007，25(4)：393-398.

[6] 晁雷，周启星，陈苏. 建立污染土壤修复标准的探讨[J]. 应用生态学报，2006，17(2)：331-334.

海上油田开发污染物及其对海洋环境的影响

曲 良

(中海石油(中国)有限公司天津分公司，天津 300459)

摘　要　本文通过对大量研究的梳理，详细分析了海上油田开发所产生的污染物类型，重
点论述了工程建设、泥浆钻屑排放以及生产水排放对的环境影响，并对降低工程建设与开发对
海洋环境影响的污染防治措施进行了展望。

关键词　海上油田开发；污染物；海洋环境

近年来，随着人类对资源需求的与日俱增，海洋资源开发力度也持续加大。海洋含有丰富的油气资源，加大对海洋油气资源勘探开发，不仅能够满足人们日益增长的能源需求，也能为我国国家能源安全提供重要保障。然而，海上油田工程建设与开发在实现资源供给的同时，也给海洋生态环境带来了一定的环境压力。了解海上油田工程建设与开发作业过程中所产生污染物的方式，并对其所产生的环境影响加以分析，将能够有助于海洋开发与管理过程中环境保护决策的合理制定以及相关技术措施的应用。

1　海上油田开发污染物类型

海上油田工程建设与开发活动所产生的污染物类型包括管道海缆铺设对环境所产生的扰动(如悬浮泥沙)、设施防腐蚀产生的重金属离子、作业排放的非含油钻屑与泥浆以及生产水。

1.1　工程建设对环境所产生的扰动

海上油田工程建设主要涉及海底电缆管道的铺设以及平台导管架的安装。管道海缆的铺设常采用铺管船铺设、后挖沟自然回填的方式。铺管时，铺管船锚泊沿路由在船上把预制好的管段焊接起来后沿托管架送至海底。冲射式挖沟机骑在管子上进行挖沟作业，随着挖沟机前行，管子靠自重沉入挖好的沟中，挖起的海底沉积物堆积在管沟两侧，靠海流作用回填埋管，埋设管道顶部距海床表面为 1.5 m。虽然管道海缆采用挖沟自然回填的方式，但扰动产生的悬浮泥沙对于海洋环境仍然会产生一定影响。

1.2　非含油泥浆与钻屑

钻井是海上油田开发过程中的主要作业项目之一。通过勘探阶段的钻井作业，可以对地下油气田的分布情况进行评价，在开发阶段，可以按照开发方案进行钻井作业以采出油气资源或向底层注入介质以实现油气田的开发生产。目前，海上油田钻井作业通过专业钻井平台或已建生产平台上的模块钻机实现。

钻井过程中，通过添加钻井液，使钻头得到润滑冷却，同时钻井液还能够平衡地层压力，加固井壁，破碎岩石。钻井液在使用过程中，能够携带大量钻屑返回地面，经振动筛过

曲良(1982—)，男，汉族，博士。高级工程师，2010 年毕业于中国海洋大学，生态学专业，现从事海上油田环境保护工作。E-mail：quliang2@cnooc.com.cn

滤后的液体即为泥浆。固体成分为钻屑。钻井过程中，抵达目的层（即油层）前产生的泥浆与钻屑为非含油泥浆与钻屑。

钻井液依据组分的不同分为油基、水基和合成钻井液。为减小对海洋环境的污染，海上油田钻井过程中使用无毒或低毒的水基钻井液，其中占比例较高的成分为水、膨润土、烧碱、改性淀粉、封堵剂、氯化钾以及碳酸钙等成分。

我国对海上油田开发建设过程中钻屑和泥浆的排放有明确的规定和标准。允许向海中排放非含油的钻屑和泥浆，生物毒性容许值须达到《海洋石油勘探开发污染物生物毒性分级》标准中一级标准的要求，并同时满足《海洋石油勘探开发污染物排放浓度限值》（GB 4914—2008）的要求。

1.3 设施防腐产生的重金属离子

海上油田采用牺牲阳极的方法对平台导管架和海底管道进行防腐保护。所利用的锌在氧化还原反应后，以溶解状态的锌离子形态存在，使周围环境中锌含量略有增加。但研究发现，随着油田开发生产的进行，海洋环境中的锌含量受海水流动稀释，浓度逐渐下降，直至恢复到初始监测的水平。

1.4 生产水

海上油田开发过程中，依据地质结构、油藏情况以及生产能力的不同，油田生产水经处理，满足碎屑岩油藏注水水质的相应指标要求后，实现全部回注地层，或经管线输送至陆地油气终端处理。部分油气田生产水经处理满足国家海洋主管部门相关要求后，可依据核准批复的环境影响评价报告排放量进行排放。

2 海上油田开发对海洋环境的影响

2.1 工程建设产生的扰动对海洋环境的影响

海上油田工程建设过程中，管道海缆铺设作业对海底的扰动导致水体中悬浮泥沙浓度增大，海水透光度下降，受影响较大的为底层。在底层，悬浮物浓度最大增量的分布沿管线铺设路径通常呈狭窄的带状分布。

有学者发现海上平台的建设施工能够通过影响原区域附近的海流，而改变底栖生物的群落结构。也有学者发现，施工区域附近的底栖生物数量及种类会呈现下降的趋势。有研究报道了海洋底栖生物群落的变化，多数研究结果表明在平台周围 2~3m 范围内，具有附着能力底栖生物栖息环境随海上平台建设的开发而发生变化。这些变化可能有以下原因：（1）施工采用喷射挖沟作业，导致挖沟经过区域，大部分底栖生物因高压水枪的影响，外壳破碎而死亡；（2）施工导致海底沉积层在构造上发生改变，对底栖生物的索饵产生影响；（3）施工导致泥沙大量沉积，短时间内沉积物中的有机物大量富集，导致缺氧影响底栖生物的生存。

尽管海上油田建设施工会对海洋底栖环境产生影响，但多数研究表明在施工结束后，平台建设、管道海缆铺设所产生的影响逐渐减小，底栖生物的生长也能够随之得到恢复。这主要是由于施工过程中掀起的海底泥沙在海流和重力作用下自然回填管沟，虽然在一定时间内破坏施工区域内的环境，但随着施工结束以及时间的推移，管道路由区的底栖环境会逐渐得到恢复。此外，也有学者研究发现，海上平台导管架的建设以及管道海缆的铺设，也能够为海洋底栖生物（如贻贝、藤壶等）提供栖息的场所，易形成共生的环境，利于海洋底栖生物的生长以及群落结构多样性的增加。

2.2 非含油泥浆与钻屑排放对海洋环境的影响

目前国内外海上油田钻井常选用无毒或低毒的水基钻井液，以降低其排放所造成的环境影响。学者们利用数值模拟的方法，以 OOC(Offshore Operators Committee Mud and Produced Water Discharge Model)模型为参照，对水基钻井液作业后产生钻屑和泥浆的排放过程进行了分析。在排放过程中，受非含油泥浆和钻屑的排放影响，海洋环境会出现悬浮物浓度增加，水体浑浊，透光程度下降。同时，钻屑下降沉积至海底，增加海底沉积物厚度，造成海底溶解氧浓度下降。以上变化会导致海洋浮游生物、游泳生物以及底栖生物的组织器官、个体生长、种群丰度以及群落结构不同程度的受到影响。其中，底栖生物受泥浆钻屑排放的影响较大。

在底栖生物的群落水平，有学者对海洋底栖生物分布情况进行了研究，例如在距北大西洋海域的海上平台排放地点 0.14km 海洋底栖生物的丰度和生物量都显著的下降，而在墨西哥湾海域、巴西附近海域，监测也得出相似的结果，分别在距排放地点 0.25km 处和 1km 处。也有研究报道了在泥浆钻屑厚度 3~24mm 的范围内，底栖生物的种类、生物量、多样性以及丰度随排放泥浆钻屑厚度的增加而减小。研究发现，水基泥浆的毒性较小，其使用对海洋环境所产生的影响范围在距离排放地点很小的范围内，例如有学者监测发现水基泥浆使用能够影响距离排放点 100 m 以内的范围，且对海洋生物生长的影响在泥浆钻屑排放 4 个月后逐渐消除。

就机理而言，泥浆钻屑通过掩埋生物体或堵塞呼吸器官，而直接影响生物体的生长。学者们在不同海域所开展多项研究表明，水基泥浆排放对海洋底栖生物产生的影响远远小于油基泥浆的排放，这主要是由于水基泥浆组分中油性成分含量较低。如，水基钻井液和水基钻井液钻屑排放造成大量外源物质在海底沉积，使底栖生物被覆盖掩埋，底栖生物的迁移能力降低，同时海底沉积厚度的增加也导致溶解氧含量的下降，影响海洋底栖生物的生长。有学者通过实验室内的模拟实验，考察了水基钻井液和水基钻井液钻屑中主要成分重晶石和膨润土对两种底栖双壳类生物生长的抑制作用，发现重晶石和膨润土通过对受试生物腮部的堵塞，抑制其生长，而不同底栖双壳类生物表现出显著的差异性，*Macoma balthica* 的耐受性高于 *Cerastoderma edule*。此外，水基钻井液和水基钻井液钻屑的排放所引起的水体中悬浮物含量增加也能够对浮游生物产生影响。有学者在综合相关研究的基础上，给出了悬浮物对浮游生物的半数抑制效应浓度(EC_{50})，其中重晶石的 EC_{50} 为 3010 mg/L，膨润土的 EC_{50} 为 1830mg/L。

除了通过掩埋覆盖对底栖生物生长产生影响，水基钻井液和水基钻井液钻屑的排放还能够通过损害生物体部分器官或通过富集作用将影响传递给更高营养级的生物。通过分析食物链中各营养级之间的关系，学者们探讨了泥浆和钻屑排放在生态系统能量流动和物质转化过程中可能会产生的毒性富集，并经食物链传递，对海洋生态系统各营养级生物的生长产生影响。

此外，对于广泛关注的钻屑中重金属物质对海洋生物体生长的影响，有研究机构发现钻屑泥浆的排放，与海洋底栖生物体内重金属浓度的变化无显著的相关性，如锌、镉、铅和汞等元素均未发现生物体内富集，而钻屑泥浆的排放则是通过重晶石或膨润土等主要成分所形成的粒径或形状对生物体外骨骼、肝胰腺或肌肉组织的物理性损害，导致生物体呼吸或摄食器官损坏。但也有学者认为，钻屑泥浆排放入海后，能够被海水稀释，如果以 16 m^3/h 的速度排放，在水流 7.2 cm/s，排放口浓度 121000mg/L 的条件下，距排放口 100m 的区域浓度将稀释至 25mg/L，距排放口 250 m 的区域浓度将稀释至 8 mg/L，推断钻屑泥浆排放对水体中海洋生物产生的影响较小。

除直接对底栖生物的群落分布、个体生长产生影响影响以外，有研究机构认为，以水基钻井液施工过程中排放对海洋底栖生物的生长影响主要与物理环境相关。在海域海流强度较高的情况下，钻屑泥浆的排放对海洋底栖环境影响较小，即使在海流强度较低的海域，钻屑泥浆排放后一年后的监测结果显示底栖环境能够基本得到恢复。在巴伦支海的环境监测中，学者们发现在工程建设结束 3 年，该监测区域内的生物多样性以及水体中重金属浓度均恢复到钻井施工前的水平。相似的研究结果，也在随后其他学者所开展的泥浆排放现场监测中得到了证实，表明泥浆钻屑排放所产生的环境影响是短期、可恢复的。这主要是由于泥浆中含有少量颗粒态物质，颗粒态物质在随海水运动的同时，在海水中发生沉降，淤积于海底，因此其影响范围和影响时间有限，停止排放经过一段时间即可恢复到排放前的水质。

综上所述，海上平台非含油泥浆和钻屑的排放主要通过对生物体器官的物理损伤、沉积物掩埋覆盖及其引起的溶解氧下降等途径对海洋生物的生长、丰度或群落结构产生影响，但随着排放的结束，相关生物资源的生长、丰度或群落结构在一段时间后能够得到恢复。

2.3 生产水排放对海洋环境的影响

管理者和学者们针对生产水排放所产生的环境影响开展了深入的研究。排放入海后，生产水经历了扩散、溶解、挥发、生物降解以及沉积等过程。排海口的位置、水深、海流、风浪以及温度等海洋环境因素的变化都会对上述过程产生影响。而上述这些过程的发生可能改变生产水排放海域海洋生物的个体生长、种群密度以及群落结构。

学者们利用数值模拟、现场监测以及实验室模拟实验的方法，针对海上油田开发过程中生产水排放的扩散过程开展了模拟研究。如美国环境保护局的研究人员建立的 RSB 和 UM 稀释模型，以及在此基础上开发的 PLUMES 软件。利用稀释扩散的数值模拟方法，学者们发现海水对排放生产水的稀释效果非常显著，在距离排放口几公里的区域，海水对生产水的稀释可达 100 倍。随后，学者们逐步发展以构建了生产水浓度为主要研究对象的 FDM（Finite Difference Method）方法和 FEM（Finite Element Method）方法以及以单个粒子扩散预测为基础的 RWPT（Random Walk Particle Tracking）方法。以 RWPT 方法为基础，学者分析了北海北部区域的排海生产水浓度的分布情况，发现区域内最高生产水浓度为 3μg/L，进一步分析发现陆源输入也是影响水体中石油烃浓度的重要因素。

与早期对于生产水排放单一扩散过程的模拟不同，学者将微生物降解、生物体富集以及生产水中石油烃成分的挥发等过程相拟合，构建了涵盖生产水排放量、物理化学变化以及生物效应的 DREAM 模型。利用 DREAM 模型以及生物体监测的方法，有学者对挪威海域海上油田生产水排放情况进行了生态风险评价，结果显示，虽然利用现场生物监测的手段分析的结果往往高于模拟计算出的结果，但二者的分析结果都显示由海上油田生产水排放所引起的海洋水体上层区域的生态风险降低。

在现场监测分析方面，学者们在澳大利亚西北海域分析了生产水排放入海后浓度的变化，在 8000 m³/d 的流速下，石油烃浓度从排放口附近的 2.0μg/L 至 8.5μg/L 下降至距排放口 1.8 km 处的 1.3μg/L。同时，该研究也发现生产水排海后在水体中的变化过程中潮流对生产水的稀释速度>微生物对生产水中石油烃的降解速度>沉积速度>挥发速度。也有学者通过模拟实验，分析了 FPSO 生产水排海后浓度的变化，发现距排海口 225 km 时，生产水浓度将会下降至初始浓度的 0.5%。有研究报道了利用模型预测与现场利用生物体进行监测的方法评价生产水排放后水体中 PAHs 物质的浓度变化，二者的结果显示出较好的一致性，通过分析发现生产水排海后水体中 PAHs 物质的浓度有所提高，但仍低于能够引起生物体产生毒性效应的浓度。在挪威海域，学者们利用化学分析区域内所排放生产水的浓度最高值为 1.75μg/L，尽管这一浓度值会对排放区域内海洋环境产生影响，但学者同时也指出，通过排放入海，经过海水的快速稀释，这一影响会很快消失。在相同海域，利用生物监测的方法，学者发现在距离平台排放口 1km 以内的位置，所监测的 PAHs 浓度为 25~350ng/L，而在 5~10km 的范围内，PAHs 的浓度变化范围则减小至 4~8ng/L，达到该海域的水体的本底值。这与相关学者在巴西东北部海域所监测的 PAHs 情况相似。有学者指出，模型预测数据与现场利用生物监测所的数据所变现出来的不一致性，往往来源于生产水中 PAHs 浓度较低，且监测数据波动较大，影响了数据分析的准确性。

由此可见，多数学者所开展的研究表明，生产水的排放在短时间内对海洋环境造成一定的影响，但随着被海水的快速稀释，浓度快速下降。

在对生物个体的毒性效应研究方面，学者们研究发现，生产水排放对于海洋生态环境的影响往往局限于海上油田平台周边所排放生产水与海水的混合区范围内。早期开展的研究表明，所排放的生产水能够引起平台附近生物个体产生毒性效应，引起个体行为改变、生长下降以繁殖能力降低等。如生产水排放后水体中低浓度的石油烃组分对浮游动物幼虫、鱼类能够产生慢性毒性效应，距生产水排放口的距离差异引起贻贝毒性效应的变化。进一步分析发现，生产水的排放所引起生物个体各个方面的变化与其体内乙氧基异吩噁唑酮脱乙基酶（EROD）、芳烃羟化酶（AHH）以及超氧化物歧化酶（SD）活性的变化有关。也有研究表明，生产水会对海洋生物体内的内分泌系统产生干扰，但也有学者提出海洋生物体内的内分泌系统所受干扰为短期的，而且仅局限于排海口附近，更有研究发现排海的生产水对生物体内内分泌系统无干扰。有学者将贻贝放置于距排放口不同距离的水体中培养，对贻贝体内的 PAHs 浓度进行比较发现，贻贝体内的 PAHs 浓度随着距排放口距离的增加而减小。

此外，也有学者发现，就个体而言尽管在排海水区域受试鱼类体内检测出 PAHs，但所检出的 PAHs 浓度过低，并不能引起生物体内相关器官或酶类产生反应。相似的结果也出现模型研究中，有学者利用 SINMOD 模型，对生产水排海后的稀释扩散行为进行了模拟预测，发现经稀释扩散后，生产水浓度降低，对鱼类的繁殖和生长并不能产生显著影响。

与现场试验不同，在实验室内研究多发现排海的生产水对生物体能够产生不同的影响。有学者发现对于不同发育阶段的鳕鱼，所排放的生产水影响也不同，对于成年的鳕鱼，生产水排放能够降低激素水平，而对幼鱼，所排放的生产水则会加快其成熟，二者的剂量效应浓度也相差 10 倍。此外，还有学者通过实验室研究发现，所排放的生产水能够引起生物体内 DNA 加合物的形成或引起生物体内免疫系统发生反应。

在群落水平，有学者利用变性梯度凝胶电泳（Denaturing Gradient Gel Electrophoresis, DGGE）研究了排海口附近海域细菌群落结构的变化，发现与距排放区域 500m 远的水体中细菌群落结构相比较，排海口附近海域水体中的厌氧菌和嗜热菌的丰度较高。

就生态系统而言，针对海上油田生产水排放所引起的生态系统组成或功能变化的研究较少，有学者报道了海上平台的建设使平台附近区域内形成独特的海洋生态环境。由于生产水中的主要污染物为石油烃组分，因此研究多集中在石油烃组分浓度或含量的变化对海洋生态系统的影响。有学者开展了渤海湾PAHs在海洋食物网中流动情况的研究，通过分析区域内浮游植物、浮游动物、无脊椎动物以及鸟类体内的PAHs成分发现，随着营养级的增加，PAHs浓度随之下降，表现出营养级稀释效应。

此外，利用证据权重法（Weight Of Evidence）分析了生产水排放对海洋生态系统的影响，指出生产水对于排海水混合区以外区域的环境影响是很微弱的。也有学者指出，生产水排放对海洋生态系统的影响，在研究方法上一方面需要开展长期的监测分析，同时还需要将其与全球变化或区域内的物理化学因子变化相联系，以便清晰的了解海洋生态系统结构或功能对生产水排放的响应。也有学者指出，有以下因素能够对研究结果产生影响需要在研究过程中加以考虑：

（1）排海口的位置（如距海面的距离）；

（2）被监测生物体所处的位置；

（3）排海生产水的组分；

（4）生产水处理效率；

（5）污染物的生物可利用性。

3　结论

海上油田工程建设与开发作业过程中产生的污染物包括悬浮泥沙、金属离子、钻屑、泥浆以及生产水。而其中钻屑、泥浆以及生产水排放与海洋生态环境密切相关。了解海上油田勘探开发作业过程产生污染物的类型及其影响，将能够为海上油田勘探开发作业环境保护管理制度的完善、处置技术的应用提供重要的依据。

尽管多数研究表明，工程建设与开发作业对海洋环境的影响是局部、短期以及可恢复的，但仍须注重对环境污染物的监测与控制，例如在工程竣工验收前开展定期的环境影响跟踪监测以及工程项目投产后间隔2~3年开展环境监测。同时，斜板除油、电脱水、气浮选、核桃壳过滤器等高效油水分离技术的应用，工程建设施工避开主要经济水产资源产卵期、生产水回注等措施的开展，将能够进一步降低海上油田工程建设与开发给海洋环境带来的影响，实现资源开发与环境保护的双赢。

参 考 文 献

[1] Paine M D, DeBlois E M, Kilgour B W. Effects of the Terra Nova offshore oil development on benthic macro-invertebrates over10 years of development drilling on the Grand Banks of Newfoundland, Canada. Deep-Sea Research II, 2014, 110.

[2] Broch O J, Slagstad D, Smit M. Modelling produced water dispersion and its direct toxic effects on the production and biomass of the marine copepod Calanus finmarchicus. Marine Environmental Research, 2013, 84.

[3] RichardsonN A, Tilstone A M. The Use of a Weight-of-Evidence Approach in Assessing the Ecological Effects of Produced Water Discharge Offshore Nigeria. SPE International Conference on Health, Safety, and Environment, Long Beach, California, USA：SPE, 2014.

信息科技

浅谈企业信息化管理平台
开发中数据库技术的应用

王世伟

（中油辽河油田公司钻采工艺研究院信息所，辽宁盘锦 124011）

摘 要 信息化管理平台在企业经营管理中发挥着越来越大的作用，其中数据库应用系统的性能高低直接决定着企业管理水平和工作效率，它对系统信息安全、业务正常运作有着至关重要的影响。本文总结了企业信息化建设过程中数据库设计的方法、经验及完善措施，用于提升企业信息化建设中数据库性能的提升。

关键词 数据库设计；管理平台；数据表；视图

在信息化大潮下，企业开始转变经营管理方式，企业内部更加注重信息化、流程化管理以节省成本，一个高性能的信息化、网络化的管理平台成为企业的一种急切需求。如何利用信息化管理平台，使企业内部相关部门和科室的管理人员实现直达式数据交流，在日常业务的各个环节上做到网络化、数据化、桌面化，从而促进管理工作更加规范和科学，并在一定程度上减少管理的复杂性和重复性，进而有效地提高工作效率。

在企业信息化管理平台的开发中，数据库技术发挥着重要的作用，关系到系统稳定运行、数据兼容、功能扩展、后期维护等各个方面。本文结合本单位开发的综合管理系统的开发，介绍数据库技术在信息化平台开发过程中需考虑和注意的问题。

1 数据库系统级方面的考虑

随着企业的发展，需要传递、处理和保存的数据信息量越来越大，因此在信息化管理平台设计之初就必须从系统层面上加强数据库结构的设计，从需求分析、概念设计、逻辑设计等角度优化数据库结构。

1.1 用户需求表与数据库实体表之间的关系

在整个数据库设计过程中，用户的需求是数据库设计的基础。开发人员需要在充分理解用户对原始数据结构的认识，之后根据用户业务需求和业务流程，完成用户需求表的调研，理顺用户需求表和数据表之间的关系，决定采用一对一、一对多、多对一等逻辑关系。在一般情况下，它们是一对一的关系：一张原始单据对应且只对应一个实体。在特殊情况下，它们可能是一对多或多对一的关系，即一张原始单据对应多个实体，或多张原始单据对应一个实体。此外还需结合业务流程，将流程中的管理者、事务及企业内部组织关系进行抽象化处理，形成一套完成的企业管理的数据化模型。以企业的信息化需求分析为依据，将抽象后形成的完备的概念模型梳理成为逻辑关系，并让用户理解数字化的逻辑结构。

作者简介：王世伟(1972—)，男，汉族，本科，高级工程师，1994 年毕业于石油大学计算机专业专业，现从事数字化油田相关技术研究工作。E-mail：wangshw@petrochina.com.cn

1.2　主键与外键的设计

主键与外键的设计，在全局数据库的设计中，占有重要地位，也可以理解主键和外键是数据实体表之间数据关联的纽带，主键是实体表的高度抽象，主键与外键的配对，表示实体之间的连接。一般而言，一个实体表不能既无主键又无外键。在数据库实体关系图（E-R图）中，处于叶子部位的实体，可以定义主键，也可以不定义主键（因为它无子孙），但必须要有外键（因为它有父亲）。数据表之间通过主键和外键实现数据的一对多或多对一的关联应用。若两个实体之间存在多对多的关系，则应消除这种关系。消除的办法是，在两者之间增加第三个实体。这样，原来一个多对多的关系，现在变为两个一对多的关系。要将原来两个实体的属性合理地分配到三个实体中去。这里的第三个实体，实质上是一个较复杂的关系，它对应一张基本表。

主键和外键是供程序员使用的表间连接工具，一般是有物理意义的字段名或字段名的组合，也可以是一无物理意义的数字串。一个表中组合主键的字段个数越少越好。因为主键的作用，一是建主键索引，二是做为子表的外键，所以组合主键的字段个数少了，不仅节省了运行时间，而且节省了索引存储空间；因此通过一个 ID 的主键设计，索引占用空间小，而且响应速度也快。一个表可以通过一个 ID 实现唯一性，外键存储 ID 也便于后期数据变更维护。完整的数据设计完成后，设计人员看到的到处都是数据 ID，而主键与外键在多表中的重复出现，不属于数据冗余，非键字段的重复出现，才是数据冗余！而且是一种低级冗余，即重复性的冗余。高级冗余不是字段的重复出现，而是字段的派生出现。冗余的目的是为了提高处理速度。只有低级冗余才会增加数据的不一致性，因为同一数据，可能从不同时间、地点、角色上多次录入。因此，我们提倡高级冗余（派生性冗余），反对低级冗余（重复性冗余）。

2　数据库设计级方面的考虑

2.1　数据库实体基本表的设计

基本表与中间表、临时表不同，因为它具有如下 4 个特性：

（1）原子性。基本表中的字段是不可再分解的。

（2）原始性。基本表中的记录是原始数据（基础数据）的记录。

（3）演绎性。由基本表与代码表中的数据，可以派生出所有的输出数据。

（4）稳定性。基本表的结构是相对稳定的，表中的记录是要长期保存的。

理解基本表的性质后，在设计数据库时，就能将基本表与中间表、临时表区分开来。数据库数据表设计一般要注意"三少原则"：

（1）一个数据库中表的个数越少越好。只有表的个数少了，才能说明系统的 E-R 图少而精，去掉了重复的多余的实体，形成了对客观世界的高度抽象，进行了系统的数据集成，防止了打补丁式的设计。

（2）一个表中组合主键的字段个数越少越好。因为主键的作用，一是建主键索引，二是做为子表的外键，所以组合主键的字段个数少了，不仅节省了运行时间，而且节省了索引存储空间。

（3）一个表中的字段个数越少越好。只有字段的个数少了，才能说明在系统中不存在数据重复，且很少有数据冗余，更重要的是督促学会"列变行"，这样就防止了将子表中的字段拉入到主表中去，在主表中留下许多空余的字段。所谓"列变行"，就是将主表中的一部分内容拉出去，另外单独建一个子表。

数据库表设计的实用原则：在数据冗余和处理速度之间找到合适的平衡点。

2.2　数据库范式标准

数据库设计有三个范式，充分地理解三个范式，对于数据库设计大有好处。在数据库设计中，为了更好地应用三个范式，就必须通俗地理解三个范式（通俗地理解是够用的理解，并不是最科学最准确的理解）：

第一范式：1NF 是对属性的原子性约束，要求属性具有原子性，不可再分解；

第二范式：2NF 是对记录的惟一性约束，要求记录有惟一标识，即实体的惟一性；

第三范式：3NF 是对字段冗余性的约束，即任何字段不能由其他字段派生出来，它要求字段没有冗余。

没有冗余的数据库设计可以做到。但是，没有冗余的数据库未必是最好的数据库，有时为了提高运行效率，就必须降低范式标准，适当保留冗余数据。具体做法是：在概念数据模型设计时遵守第三范式，降低范式标准的工作放到物理数据模型设计时考虑。降低范式就是增加字段，允许冗余，在软件开发过程中适当增加数据表的字段冗余可以便捷软件功能的实现，减少软件开发工作量。

2.3　视图技术在数据库设计中的作用

与基本表、代码表、中间表不同，视图是一种虚表，它依赖数据源的实表而存在。视图是供程序员使用数据库的一个窗口，是基表数据综合的一种形式，是数据处理的一种方法，是用户数据保密的一种手段。为了进行复杂处理、提高运算速度和节省存储空间，视图的定义深度一般不得超过三层。若三层视图仍不够用，则应在视图上定义临时表，在临时表上再定义视图。这样反复交迭定义，视图的深度就不受限制了。对于外来系统的数据接口或有安全利益有关的信息系统，视图的作用更加重要。这些系统的基本表完成物理设计之后，立即在基本表上建立第一层视图，这层视图的个数和结构，与基本表的个数和结构是完全相同。并且规定，所有的程序员，一律只准在视图上操作，增加系统数据的安全性。软件开发过程数据应用建议实用视图方式，便于功能实现和减少代码开发工作量

3　数据库实现级方面的考虑

3.1　数据完整性约束

数据完整性约束表现在 3 个方面：

域的完整性：用 Check 来实现约束，在数据库设计工具中，对字段的取值范围进行定义时，有一个 Check 按钮，通过它定义字段的值域。

参照完整性：用 PK、FK、表级触发器来实现。

用户定义完整性：它是一些业务规则，用存储过程和触发器来实现。

3.2　提高数据库运行效率的设计办法

在给定的系统硬件和系统软件条件下，提高数据库系统的运行效率的办法：

（1）在数据库物理设计时，降低范式，增加冗余，少用触发器，多用存储过程。

（2）当计算非常复杂、而且记录条数非常巨大时（例如一千万条），复杂计算要先在数据库外面，以文件系统方式用 C 语言等计算处理完成之后，最后才入库追加到表中去。而对于常规计算或数据处理一些固定业务逻辑的实现，可以利用 OEACLE 存储过程来实现逻辑功能与程序代码的分离，不仅减少程序维护量，还可以提高程序效率。

（3）发现某个表的记录太多庞大，例如超过一千万条，则要对该表进行水平分割。水平分割的做法是，以该表主键 PK 的某个值为界线，将该表的记录水平分割为两个表。若发现某个表的字段太多，例如超过八十个，则垂直分割该表，将原来的一个表分解为两个表。例如，油井监控实时数据表，数量很大，如果多个井的数据存储到一个表中时，会限制数据的应用效率，因此分解成一井一表的设计模式，大幅提高了数据应用效率。

（4）对数据库管理系统 DBMS 进行系统优化，即优化各种系统参数，如缓冲区个数。

（5）工作实践中发现，不良的 SQL 往往来自于不恰当的索引设计、不充分的连接条件和不可优化的 where 子句。SQL 优化的实质就是在结果正确的前提下，用优化器可以识别的语句，充分利用索引，减少表扫描的 I/O 次数，尽量避免表搜索的发生，在对它们进行适当的优化后，其运行速度有了明显地提高。

（6）对于系统不同模块之间，数据同步问题，触发器是维护数据库完整性比较好的解决方法。触发器有助于强制引用完整性，以便在添加、更新或删除表中的行时保留表间已定义的关系合理的使用触发器，即可提高程序准确性，又可提高运行效率。触发器可调用 1 个或多个存储过程。

4　结束语

数据库的设计经验及技术在数据库开发中，方便易用，好的设计也能提高数据库应用程序运行效率，可以使不同的功能模块更紧密的联系在一起。在实际工作中，根据需要，数据库设计带来软件功能可以得到更好的挖掘，本文只探讨了部分数据库设计应用方法。总之，要提高数据库的运行效率，必须从数据库系统级优化、数据库设计级优化、程序实现级优化，这三个层次上同时下功夫。

参　考　文　献

[1] 赵明渊. Oracle 数据库开发指南[M]. 北京：清华大学出版社，2015.
[2] 苗雪兰. 数据库系统原理及应用教程[M]. 北京：机械工业出版社，2014.

浅析油田 ERP 设备管理模块应用

丁 薇

（辽河油田公司钻采工艺研究院，辽宁盘锦 124010）

摘 要 企业资源计划（ERP）系统是指建立在信息技术基础上，以系统化的管理思想，为企业决策层及员工提供决策运行手段的管理平台。ERP 的应用给设备管理工作带来极大地方便，节约了大量的人力和物力成本，使设备管理工作迈上了崭新的台阶，提高了设备管理水平。

关键词 油田企业；信息化；ERP；设备管理模块

中国石油的发展战略是建设综合性国际能源公司，信息化是实现这一目标的有力保障。信息化建设作为支持主营业务发展、提高生产经营管理水平、提升企业核心竞争力的重要举措，对业务支撑及节约企业成本的作用日益显著。建成以企业资源计划（Enterprise resource planning，ERP）为核心的统一信息系统平台，为公司发展提供了强有力支撑。

中国石油从 2006 年开始建设 ERP 系统，截至 2010 年 12 月底，集团公司所有业务领域全部搭建大集中的 ERP 系统平台，八个领域 ERP 系统全面建成应用。勘探与生产 ERP 系统建设自 2008 年 5 月启动试点工作，2009 年 10 月在辽河油田等油气田企业扩大实施，于 2010 年 10 月成功上线。

1 辽河油田 ERP 设备管理模块浅析

1.1 设备管理模块内容

（1）建立集成的勘探生产板块设备管理模块体系架构，围绕设备的整个生命周期进行跟踪管理，从设备的购置纳入资产管理后进行维护、保养，一直持续到设备的报废，实现设备生命周期管理。

（2）通过标准化业务流程及系统功能，提高设备管理管控力度。在板块统一指导下，实现完整的设备业务管理，主要包括：设备台账管理、设备运行管理、设备维修管理等。

（3）有效掌握各单位的设备总体状况，包括设备构成及其经济技术状况，方便形成整体的设备管理决策分析数据，同时支持跨单位的设备资源调配。

（4）管理对象。中石油勘探生产的 24 大类设备全部进入系统中进行管理。

（5）业务范围。包括设备的购置申请、台账建立、运行记录、设备保养、润滑、维修等业务，涉及各二级单位对口下属矿队以及其他三级单位的设备管理站。

1.2 设备管理模块目标

辽河油田长期以来很重视设备管理，在设备管理与维修方面取得了较好的成效。公司领导一致认为通过 ERP 的实施，能够做到进一步提高设备管理水平。设备管理水平的高低、运行的好坏、设备有效作业率的高低直接关系到生产计划的制定与实施、原材料的消耗以及

作者简介：丁薇（1982—），女，汉族，2006 年毕业于辽宁工程技术大学计算机科学与技术专业，现从事信息档案工作。E-mail：dingweizcy@petrochian.com.cn

工艺指标的控制等方面。为此,辽河油田提出实施 ERP 的目标:

　　(1) 将设备管理相关的部门有机的联系起来;

　　(2) 为生产提供有效的设备数据,将设备档案、运行状态、维修计划等数据提供给各部门;

　　(3) 系统能正确全面的反应设备投用、封存、闲置、调拨、租赁、报废等各个阶段状态的数据;

　　(4) 设备维修管理功能并形成报表;

　　(5) 设备运行管理功能;

　　(6) 备品备件管理;

　　(7) 设备资产管理;

　　(8) 特种设备管理。

　　总之,通过 ERP 的实施,将设备管理的各种工作要素:设备管理的组织体系,设备资产管理,设备前期管理,设备运行与维护,设备润滑管理,备件管理,特种设备管理,动力设备与动力系统的组织的管理,设备管理和维修人员的培训纳入一个优化的管理体系中,高效地建立设备整个寿命周期的、完整的基础档案和技术档案,保证设备的正常运行,提高设备的运行效率。

2　辽河油田 ERP 设备管理需求分析

2.1　设备管理模块组织架构

　　组织架构是设备管理的基础管理结构,表明服务采购组织、计划工厂组织、功能位置与设备各要素的结构层级和关联因素。

　　(1) 计划工厂组织。是制定维护计划的工厂或其下属部门,是一个为维护做计划工作、控制维护成本的组织。在石油企业中主要指设备主管部门,如辽河油田资产装备部。

　　(2) 计划组。针对计划工厂的一个细分,每个生产车间的机械组和维护车间的技术组都可以对应为 SAP 系统中的一个计划组。

　　(3) 工作中心。是具体完成某项维护工作的组织单位,可以是设备操作使用班组,也可以是维修技工。此处定义为内部维护班组。

　　(4) 维护工厂。指设备的所在工厂,即设备所在的公司内各个工厂,如采油一厂、采油二厂、机械制造总厂等。

　　(5) 工厂区域。从生产和设备管理的角度来进一步分设备所在地点,即对维护工厂的进一步细分。此处定义为生产车间。

2.2　设备管理模块主数据

　　(1) 功能位置主数据。实现功能位置主数据在 SAP 系统中创建、修改和删除的管理;通过功能位置主数据相关信息的操作,实现对于功能位置主数据相关的工作计划,便于业务的顺利进行;SAP 系统中功能位置主数据的创建、修改、删除主要由辽河油田公司二级和三级单位负责操作,其中在删除功能位置主数据之前,需先删除系统中与功能位置主数据相关的内容;而对于创建和更改工作中心则直接操作。功能位置主数据信息可以通过 SAP 系统导入导出,并能够按照所需技术参数要求生成设备台账。

　　(2) 工作中心主数据。实现工作中心在 SAP 系统中创建、修改和删除的管理;通过工作中心相关信息的操作,实现对于工作中心相关的工作计划的相关操作,便于业务的顺利进行；SAP 系统中工作中心的创建、修改、删除由辽河油田公司二级单位负责操作，其中在删除工作中心之前，需先删除系统中与工作中心相关的内容；而对于创建和更改工作中心则直接操作。工作中心信息可以通过 SAP 系统导入导出，并能够按照所需技术参数要求生成设备台账。

（3）设备分类特性主数据。实现设备分类特性在 SAP 系统中创建、修改和删除的管理；通过设备分类特性相关信息的操作，实现对于设备分类特性相关的工作计划，便于业务的顺利进行；辽河油田公司资产装备部负责设备分类特性信息的收集，并对于设备分类特性相关的工作计划在 SAP 系统中进行创建、更改和冻结工作。

（4）设备主数据。即设备台账，包含必要的技术经济信息。设备可以安装到功能位置上，从而实现设备的结构化管理。描述设备的基本信息、技术性能、参数、及成本中心、工作中心等基本资料。建立每台设备时由 SAP 系统自动分配设备编号，具备查到辅助设备技术参数描述，按分类码汇总各类设备的在用量数据。可在此查阅该设备的有关内容，包括：固定资产原值、折旧、净值，动力技术数据，缺陷及整改记录，事故、故障记录及原因分析，维修计划及维修记录，维修和点检计划及其记录，更换的备件及机物料消耗清单，大修时间和次数，委外服务次数及费用，工作研究跟费某段时间内所发生的所有维修费用，某一成本中心某一时间段发生的各类成本及费用，并能具体显示明细。

（5）物料备件主数据。备件清单（BOM）就是构成设备或装配件的完整规范化的组件结构表。该表包括了每一个配件的编码、数量和计量单位。该件可以是库存件、非库存备件或装配件。可以多级显示清单，最高层表示一台设备，较低层表示构成设备的组件和该组件下面的零件。物料备件主数据是 SAP 系统中一个主要数据源，除了描述物料自身特性参数以外，还包含了采购、设备、会计、成本、仓储等数据。可查阅备件的图纸资料、标准价格，以及在公司范围内的库存地点和库存量，某一通用备品备件在整个集团公司的时候分布情况和在用量，历年采购、消耗情况。

2.3 设备管理模块业务处理流程

（1）设备购置流程。辽河油田公司二级单位下属三级单位在 SAP 系统中进行非安装设备的购置需求并进行初步审核工作；辽河油田公司二级单位首先在厂内闲置设备中选择是否满足三级单位的购置需求，不满足的对三级单位的购置需求进行汇总、审批和上报；辽河油田公司首先在公司闲置设备中选择是否满足二级单位的购置需求，不满足的对二级单位的购置需求进行汇总、审批、下发采购公务通知；录入 SAP 系统中的购置申请首先在上级部门闲置库中进行调剂，调剂不能满足的再进行上报或采购；SAP 系统中购置需求的创建、修改、删除由辽河油田公司二级单位或三级单位负责操作；非安装设备的购置需求可以通过 SAP 系统导入导出，并能够按照所需技术参数要求生成设备台账。

（2）预防性维护规则的制定。预防性维护规则是制定维修计划的基础和依据。辽河油田公司资产装备部在根据设备使用状态和近几年发生的设备故障归类总结，制定了较为完备的设备保养规程，涵盖了油田主要生产设备，并规定了三级维护保养的时间。

（3）设备维修计划。根据预防性维护规则，SAP 系统生成设备维修计划，并跟踪控制设备维修工作的实施。设备维修计划的内容包括设备名称、设备编号、维修类别、计划维修日期等。维修工序包括计划维修所需的劳动量、材料、配件的数量，以及修理费用预算。

（4）预防性维护实施过程。辽河油田公司依据设备保养规程下达设备保养标准，创建设备分类保养策略。二级单位负责任务清单维护；三级单位创建维护保养计划，并按计划进行实施、落实。设备的维护保养计划可以批量生成，辽河油田公司、二级单位、三级单位都可以在 SAP 系统中对维护保养计划及实施情况进行查询，并按所需要求生成报表台账。

2.4　设备维修管理流程

设备维修管理是对每次的设备维修工作进行管理。这里的设备维修从计划性来说包括两种类型，一是根据上述预防性维修计划而进行的维修工作，二是因设备突发故障为恢复生产而进行的设备维修。对于非计划维修，正常的设备维修工作安排被改变，因此需要重新调整设备的维修计划。对于计划维修，根据检查出的设备基本运行情况，进行适当类别的维修。因此进行的维修类别也可能会与维修计划有差异，此时也需要重新调整设备的维修计划。

（1）设备维修保养流程。设备维修、维护项目从业务上可以分成三种类型：第一类是设备管理人员的巡检发现并确定的设备维修项目与内容；第二类是通过预防性维护计划形成的定期保养项目；第三类是基于各类更新、改造等投资性项目形成的维修项目与内容。在系统中，通过不同类型的维修工单管理不同的设备维修、维护类型。维修实施过程中，如果需要领用备件，必须要在维修工单中创建备件预留，根据物资领用消耗流程领用。需在系统中记录设备维修、保养的执行结果，能根据维修工单统计实际发生的修理费。

（2）设备变动管理流程。设备的变动管理是指设备安装验收和移交、闲置、封存、调拨、租赁、报废处理引起的设备变动，SAP 系统通过修改设备状态实现设备变动，设备变动发生后，管理人员修改设备状态，各级管理者可查询设备的使用状态。

3　辽河油田 ERP 设备管理模块应用实施

3.1　项目准备

在辽河油田公司范围组织中高层推广，使 ERP 项目工作得到重视。ERP 项目能够得到成功的实施，需要各级部门特别是一把手的支持。实施单位一把手不仅要亲自主持和过问项目实施，定期听取项目汇报，决策重大事项，还要求企业整个决策层的参与和各部门一把手的参与和投入。集团公司确定 IBM 公司为项目外部顾问，中油瑞飞公司为内部顾问，在油田各单位抽调骨干业务人员为关键用户，组成项目组。

3.2　现状调研

了解业务现状是项目实施的基础，外、内部顾问和关键用户深入基层单位调研，了解各业务流程的实施现状，分析需求，保证设计出的蓝图有可行性，达到内部控制管理目的。

3.3　蓝图设计

蓝图设计是项目实施的最重要阶段。现状调研后，梳理业务流程以及涉及到的业务数据，根据调研分析结果结合最佳实践，设计模块的业务蓝图。包括细节流程、模块间的关系等，从而确定未来的信息流、物流和业务流的处理模式。

3.4　系统开发实现

根据业务需求，进行程序设计，在系统内实现流程，同时符合内部控制的管理。

3.5　系统测试和用户培训

系统测试有两部分，即单元测试和集成测试。单元测试是各个模块内部的系统功能测试，是为保证单独功能模块运行的正确性而进行的测试。集成测试是将 ERP 系统中所有模块集中在一起，由各业务小组相互配合进行的完整的业务流程跨模块测试，旨在及时发现并解决系统中存在的问题，是系统上线前非常重要的一环。集成测试要求将日常业务中所有可能遇到的业务场景都在系统中进行测试。对最终用户进行培训，使其掌握业务流程，熟悉系统内操作程序。

3.6 系统上线和运行

维护交接系统上线前完成静态主数据的收集整理、动态数据的收集模板、收集动态主数据、数据导入等项。

4 总结

ERP 系统集信息技术与先进的管理思想，迎合了油田企业对合理调配资源，满足设备管理业务的全方位管理的要求，成为现代设备管理重要的手段。辽河油田 ERP 项目的实施，进一步推动了油田信息化和数字化建设，势必大幅度提高其管理水平，为油气生产提供有力保证。

计算机网络安全探究

张广瑞

（中油辽河油田分公司钻采工艺研究院信息档案所，辽宁盘锦 124010）

摘　要　近年来我国互联网技术飞速发展，网络的资源利用和共享不断的加强，安全问题日益突出。非法的窥视、窃取、篡改数据，不受时间、地点、条件的限制，网络安全面临的压力越来越大。本文重点阐述了计算机网络使用中威胁网络及信息安全的多种攻击方式，并提出常用且具有建设性的防范措施，以提升网络及信息安全防护水平，净化网络环境。

关键词　网络安全；信息安全；攻击方式；防范措施

随着计算机技术的迅猛发展，网络技术越来越广泛的应用于油气田生产、办公等各个领域，尽管为我们的工作带来了更广泛的网络适用性，但是也带来了很多来自互联网的众多攻击技术或工具的威胁，再加上网络的共享和交互服务功能使得其面临着更加严重的安全隐患。虽然现在的网络安全技术较过去有了很大进步，但计算机网络与信息安全是攻击和防御技术两者间此消彼长中的一个动态过程，因此，就网络与信息安全进行分析和探究具有非常大的理论和实践意义。

1　网络安全介绍

网络安全就是指网络上的数据和信息的安全，具体是通过采用各种技术和管理措施，使网络系统正常运行，从而确保网络数据的可用性、完整性和保密性。网络安全具有以下 5 个方面的特征：

保密性：信息不泄露给非授权用户、实体，或供其利用的特性；

完整性：数据未经授权不能进行改变的特性。即信息在存储或传输过程中保持不被修改、不被破坏和丢失的特性；

可用性：可被授权实体访问并按需求使用的特性。即当需要时能存取所需的信息。例如网络环境下拒绝服务、破坏网络和有关系统的正常运行等都属于对可用性的攻击；

可控性：对信息的传播及内容具有控制能力；

可审查性：出现安全问题时可提供依据与手段。

2　威胁网络安全的原因分析

随着网络技术的广泛应用，大多数人只关注网络为我们带来的方便性、娱乐性，但网络与信息安全并没有在人们意识上得到重视，这就为一些不法分子提供了可乘之机。造成网络及信息安全隐患的原因主要为以下两个方面：

使用者个人原因。计算机使用人对网络及信息安全重视程度不够，造成在网络使用中经常出现系统弱口令、信息不加密传输、随意下载及安装未知软件等情况，威胁网络及信息安

作者简介：张广瑞(1982—)，男，汉族，工程硕士，工程师，2006 年毕业于大庆石油学院测控技术与仪器专业，2015 年毕业于东北石油大学机械工程专业，现从事油田网络及通信工作。E-mail：zhangguangr@petrochina.com.cn

全。同时，还存在计算机使用人的技术水平参差不齐，这就造成使用人在对网络参数进行配置过程中发生了人为因素的操作不当或者失误以及考虑不全面，给计算机或网络本身留下了隐患，成为了外界非法侵入的安全漏洞。

恶意攻击。通常我们称之为黑客攻击，恶意攻击目前来说也是威胁计算机网络安全的一个重要因素，恶意攻击一般有主动攻击和被动攻击两种。主动攻击是攻击者带有目的性的，为了获取所需要的信息数据而实施的主动性攻击行为，这种攻击通常会采用多种不同的方式且有选择地对网络信息的有效性、完整性进行破坏或截取。例如：攻击者在网络中通过伪造一个与被攻击者类似的假的 IP 地址，去连接想要攻击的服务器，可以通过某个端口远程登录服务器，以达到其目的。也正因为这样，主动攻击是可以被发现的，只要对端口实施监控，就可以知道是否有不被允许的访客登陆到这个端口。主动攻击通常包括拒绝服务攻击、信息篡改、资源占用、欺骗等攻击方法。另一种是被动攻击，被动攻击通常是以收集数据信息为目的，以旁路的方式，避开合法用户的察觉，一般采取截获和窃取两种手段，对于网络的正常工作不会造成影响，由于被动攻击大多数比较隐秘，因此被发现的机率很小。被动攻击包括嗅探方式、信息收集等攻击方法。多数的攻击事件都是两种攻击方式同时应用，联合用于攻击一个目标[1]。

3　攻击方式

3.1　口令解析攻击

攻击者攻击目标时常常把破译用户的口令作为攻击的开始。只要攻击者能猜测或者确定用户的口令，他就能获得机器或者网络的访问权，并能访问到用户能访问到的任何资源。

口令攻击有 3 种方法：(1)通过网络监听非法得到用户口令，这类方法有一定的局限性，但危害极大，监听者往往能够获得其所在网段的所有用户账号和口令，对局域网安全威胁巨大；(2)在知道用户的账号后，利用一些专门软件尝试破解用户口令，这种方法不受网段限制；(3)根据窃取的口令文件进行猜测，这种攻击称为"字典攻击"，通常十分奏效[2]。

3.2　IP 伪装技术攻击

通过伪造 IP 地址、路由条目、DNS 解析地址，使受攻击的服务器无法辨别这些请求或无法正常响应这些请求，从而造成缓冲区阻塞或死机，或者，通过将局域网中的某台机器 IP 地址设置为网关地址，导致网络中数据包无法正常转发而使某一网段瘫痪。

3.3　电子邮件欺骗

攻击者佯称自己为系统管理员，给用户发送邮件要求用户修改口令或在貌似正常的附件中加载病毒或其他木马程序，这类欺骗只要使用者提高警惕，一般危害性不是太大。

3.4　使用网络嗅探工具攻击

网络嗅探器(Network Sniffer)是一种黑客工具，用于窃听流经网络接口的信息，从而获取用户会话信息，如商业秘密、认证信息(用户名、口令等)。一般的计算机系统通常只接收目的地址指向自己的网络包。其他的包被忽略。但在很多情况下，一台计算机的网络接口可能收到目的地址并非指向自身的网络包。在完全的广播子网中，所有涉及局域网中任何一台主机的网络通信内容均可被局域网中所有的主机接收到，这就使得网络窃听变得十分容易。目前的网络嗅探器大部分是基于以太网的，其原因在于以太网广泛地应用于局域网。

3.5　木马程序攻击

攻击者往往利用各种手段将木马程序侵入用户的电脑并进行破坏，它常被伪装成工具程序或其他文件等，诱使用户打开带有木马程序的邮件附件或从网上直接下载，一旦用户打开或执行了这些程序之后，木马程序就会留在用户的电脑中，而且它能随着计算机启动，所以用户在被入侵的计算机中的一举一动往往完全暴露给攻击者。木马程序往往具有远程控制，文件上传下载等功能，攻击者利用木马轻而易举就能获得计算机用户的一些敏感的信息，如信用卡账号、密码等，并可以任意地修改计算机的参数设定、复制文件、窥视整个硬盘中的内容等，从而达到控制计算机的目的[3]。

3.6　系统漏洞攻击

许多系统都有这样那样的安全漏洞，其中某些是操作系统或应用软件本身具有的，这些漏洞在补丁未被开发出来之前一般很难防御黑客的破坏。这些都会给黑客带来可乘之机，所以用户应及时使用工具软件及时加以修正。

4　攻击的防范方法

4.1　采用防火墙技术

防火墙是一种应用较为广泛的安全防护技术，具有实用性强、操作简单的特点，目的是主要是对网络间交互的数据进行过滤，符合安全条件的数据才可以进入到内网中，从而实现安全保护的目的。一般防火墙可以分为两类：硬件防火墙和软件防火墙。其中硬件防火墙是对内部网与外部网之间的交流进行访问控制的安全系统，其能够阻止外界对内部数据资源进行非法访问。硬件防火墙造价相对高，通常一般放置于内网的出口上；软件防火墙价格相对便宜，其主要通过软件方式完成安全监控功能。

4.2　数据备份与还原技术

数据备份是指为了避免用户因误操作或系统自身故障等造成的数据丢失，将重要数据利用一定的方法复制到其他存储介质中。通过数据备份，即使计算机发生数据使用故障，可以利用数据备份技术进行备份还原，确保系统正常运行。数据还原是指从备份数据中回复初始数据的过程，在计算机网络中，对于重要的数据信息，一般定期进行自动备份[4]。

4.3　加密技术

信息在网络中传输时，应用信息加密技术，对传输的信息进行加密操作，以保证信息安全。在计算机网络中数据加密有链路加密、节点加密和端到端加密三个层次。链路加密使得包括路由信息在内的所有链路数据都以密文的形式出现，有效地保护了网络节点间链路信息的安全；节点加密能够有效地保护源节点到目的节点间的传输链路的信息安全；端到端的加密使数据从源端用户传输到目的端用户的整个过程中都以密文形式进行传输，有效地保护了传输过程中的数据安全[5]。

4.4　病毒防范及漏洞扫描和修复技术

计算机病毒和系统中的漏洞计算机网络安全中存在的极大隐患，因此用户因定期对使用的计算机进行病毒查杀、漏洞扫描及修复，保障计算机清洁无毒，补丁及时更新。通常使用第三方安全软件对计算机进行保护。

4.5　提高认识、完善制度

加强计算机网络安全最根本且行之有效的做法还是提高使用者的思想认识，加强网络安全管理。因此单位及企业要建立健全网络安全管理制度，增强用户使用权限管理，提高计算机网络安全意识。完善的计算机网络安全相关规章制度可以有效的对用户进行网络使用约束，进一步保障个人、企业网络信息安全，确保计算机网络健康发展。

5 结束语

随着计算机网络技术的快速发展，人们对计算机网络的需求程度不断提高，计算机网络安全技术的研究也应该与时俱进，并将其应用到计算机网络系统的运行中，减少计算机网络使用的安全风险。达到安全信息交流，资源共享的目的，使计算机网络能够更好的为人们的生活、工作服务。

参 考 文 献

[1] 苏瑛珈．对网络安全的现状的认识与研究[J]．科学管理，2014(04).

[2] 袁希群．常见的网络攻击方法分析[J]．福建电脑，2011(11).

[3] 庄小妹．计算机网络攻击和防范技术初探[J]．科技资讯，2007(05).

[4] 杨润秋，张庆敏，张恺翊．计算机网络安全存在的问题及防范技术研究[J]．信息与电脑，2013(07).

[5] 徐图图．关于计算机网络安全防范技术的研究和应用[J]．信息与电脑，2011(6).

水下传感器网络 MAC 协议研究

郗远浩

（辽河油田公司钻采工艺研究院信息所，辽宁盘锦 124011）

摘 要 本文对无线传感器网络 MAC 协议进行了基本的分类和归纳。针对水下无线传感器网络的特性，提出一种出了一种新的无线传感器网络模型。新的模型解决了水下网络的不稳定性和数据延迟，为水下无线传感器网络的进一步研究打下了基础。

关键词 无线传感器网络；MAC 协议；水下网络

1 背景及目的

随着对国家对海洋权益的日益关注和无线传感器网络及物联网的迅速发展，水下无线传感器网络开始受到越来越多的重视。水下传感器网络是在一定的水下区域内，通过各种水下传感器节点进行收集信息，并在节点间的通信与组网，将数据信息传回陆上的互联网或数据中心的一种新型网络。水下传感器网络可利用于污染监测、海底勘探、灾害预防、海面动态监视等方面。在无线传感器网络中，介质访问控制协议（Medium Access Control，MAC）决定着无线信道的使用方式，在传感器节点之间分配有限的信道资源，用来构建传感器网络系统的底层基础结构，对传感器网络性能有较大影响，是保障无线传感器网络高效通信的关键网络协议之一。所以在水中信道资源有限的情况下，设计一种高效可靠的 MAC 协议来保证监测信息的实时传输有重要的现实意义。

2 研究现状

无线传感器网络的 MAC 协议是主要任务是对信道的控制与信道资源的分配，它的通信质量直接影响传感器网络的性能。MAC 协议是保证无线传感器网络高效通信的关键技术。

2.1 无线传感器网络 MAC 协议的特点

无线传感器网络 MAC 协议设计要适应无线传感器网络的通信特点。首先，协议设计要考虑能量消耗。因为节点的能量有限，并且要保持较长的网络生存周期。其次要适应网络中节点的分布及拓扑变化。尤其在水下的环境中，节点不是完全固定的。另外需要有一定的拓展性。考虑到无线传感器网络节点的生命周期，网络肯定会失去一定的节点或增加一定的新节点。MAC 协议要有一定的拓展性来保证旧节点的死亡不会影响整个网络。新加入的节点也可以分配到一定的信道资源。

2.2 无线传感器网络 MAC 协议的分类

（1）根据使用信道数目区分，分为多信道 MAC 协议和单信道 MAC 协议。多信道 MAC 协议使用多个不同频率的信道，有较高的吞吐量，信道利用率较高。可以避免信道冲突，减少重传。但节点硬件成本较高。单信道 MAC 协议实现简单，节点体积小成本低。但数据信

作者简介：郗远浩(1988—)，男，汉族，硕士，助理工程师，2014 年毕业于辽宁大学计算机技术专业，现从事计算机网络相关技术研究工作。E-mail：xiyuanhao@163.com

息与控制信息都通过同一信道，信道利用率不高。

（2）根据通信发起方不同，分为接收方发起协议和发送方发起协议。接收方发起 MAC 协议，可以减少接收方的通信冲突，能避免隐终端问题。但开销较大，有一定的时延。发送方发起 MAC 协议实现简单，兼容性较强，但易冲突。

（3）根据信道访问方式不同可以分为竞争 MAC 协议，调度 MAC 协议和混合式 MAC 协议。竞争 MAC 协议实现简单，节点通过竞争方式来获得信道，拓展性良好。而且节点不需要进行全局的时间同步。但是竞争信道消耗能量，当网络负载较大时，可能产生过度竞争，会增加网络的时延。调度 MAC 协议通过调度接入信道，可以减少冲突，减少信息重传。但是需要时间同步，协议拓展性不好。混合式 MAC 协议可以综合上述两种协议的邮电，但是协议较复杂，实现难度较大。

（4）根据数据通信类型可以分为单播协议和组播协议。单播协议使用于沿固定路径采集数据的协议。有利于网络优化，但是其拓展性差。而组播协议适用于数据融合与查询，但是其时间同步性要求较高，且数据冗余度较大。

（5）根据传感器节点功率可变性分为功率固定 MAC 协议和功率控制 MAC 协议。功率固定 MAC 协议，节点成本较低，实现简单。但是通信范围重叠，易导致冲突。功率控制 MAC 协议有利于节点能耗均衡，但其易形成非对称的链路，并且节点成本较高。

2.3 无线传感器网络 MAC 协议分析

研究人员设计了很多无线传感器网络 MAC 协议，这些协议各有特点，应用的场景也不尽相同。下面根据信道访问方式来分析各个 MAC 协议。

（1）基于竞争信的 MAC 协议

在基于竞争信道的 MAC 协议中 S-MAC[1] 是较早提出的。S-MAC 协议是主要方法是通过节点的周期睡眠来减少空闲监听。节点在进入活跃阶段后侦听信道，来判断是否发生和接收信息。S-MAC 协议实现了周期睡眠，节省了节点能量，其监听机制如图 1 所示。但是 S-MAC 协议采用固定的占空比，空闲监听的时间仍然过长。T-MAC[2] 协议针对 S-MAC 进行了改进，增加了 TA 时间，若在 TA 时间内没有激活事件发生则认为信道空闲，并进入休眠状态。T-MAC 根据网络情况增加了睡眠时间，节省了能量，但是增加了时延。B-MAC[3] 协议使用扩展前导和低功率侦听技术来减少通信能量消耗。它采用空闲信道评估技术来进行信道选择。WiseMAC[4] 动态调整前导长度，接收节点在确认帧中捎带下次唤醒的时间，减少了固定前导所导致的冲突。Sift[5] 协议是针对事件驱动的无线传感器网络 MAC 协议。它的思想是若 N 个节点监测到同一事件这只允许 R 个节点发送信息，其他 N-R 个节点的信息被抑制。它是一个简单的基于竞争窗口的协议，能减少网络的冗余。

图 1　S-MAC 协议周期监听休眠机制

（2）基于调度的 MAC 协议

TRAMA[6] 是经典的调度 MAC 协议。TRAMA 根据实际流量使用预先分配的时槽进行调度式的通信。没有通信的节点进入睡眠状态来节省能量。TRAMA 协议在网络负载较大时没有冲突，减少了重传。但是协议的时间同步，消耗了一定的能量。同时协议需要节点具有一定的计算能力，实现算法难度较大。TDMA-W[7] 协议对 TRAMA 进行了改进，使用固定时槽进行传输与接收数据。相邻节点共享调度信息。TAMA-W 使用类似图着色的分布式算法为节点分配时槽。DMAC[8]协议则根据节点转发数据形成的数据采集树，采用交错唤醒的机制。其交错调度机制如图 2 所示。在理想的情况下数据可以从数据源节点连续的传到数据节点，减少了睡眠延时。EMACs[9]结合物理层和网络层的特点，为上层路由协议提供高效支持。EMACs 采用分布式算法选举主动节点构成骨干网，主动节点协调网络的调度。其他节点为被动节点被动节点向特定的主动节点发送数据。其优点是协议冲突较少。

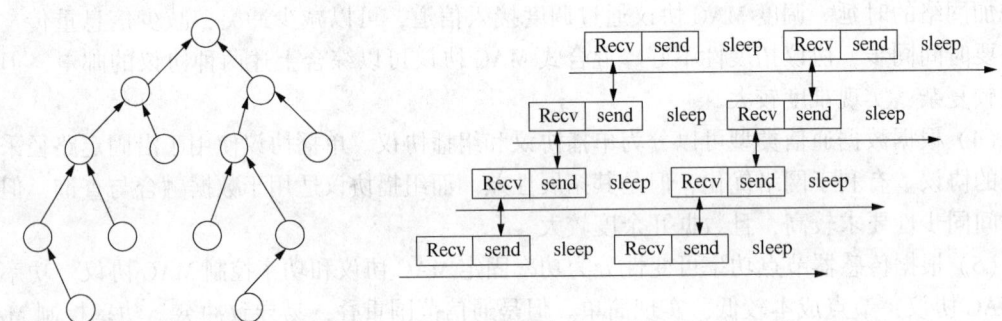

图 2　DMAC 协议的交错调度机制

(3) 混合方式的 MAC 协议

混合协议中的 ZMAC[10]，在网络流量低时使用载波监听多路访问(CSMA)的方式访问信道，可以提高信道利用率。在高流量时采用时分多路复用(TDMA)的方式来减少冲突。初始阶段需要时钟同步，并且在高冲突级别模式下，该节点只能在有限的时槽内传输数据，增加了时延。HyMAC[11]适用于具有数据采集树结构的无线传感器网络应用。但协议没有根据网络负载的动态调整，影响实时性。Funneling-MAC[12]是针多跳聚播通信中出现的漏斗问题提出的一种混合 MAC 协议。Funneling-MAC 在全网内使用 CSMA/CA，在漏斗区使用 CSMA 与TDMA 混合的信道访问方式。其在汇聚节点周围使用 TDMA 算法，但是若汇聚节点周围节点拓扑变化时则需要耗费较多的能量来重新部署，时延也较大。

(4) 专门应用于水下无线传感器网络的 MAC 协议

T-Lohi[13]是一种应用于水下的竞争 MAC 协议，在 T-Lohi 中，节点通过唤醒铃声来获得信道传输数据。T-Lohi 协议的每一个帧由一个预定时段和一个数据传输时间段组成。每一个预定时段包含一组竞争周期，直到节点成功预定信道。在 T-Lohi 中，用一种新颖的预定机制代替传统的 RTS/CTS 预定机制，在水声信道中有优越的性能；利用预定铃声唤醒接收节点可以节省能量的消耗。但是有时过度的竞争会导致信道冲突，影响网络的实时性。R-MAC[14]协议分为初始化阶段和数据传输阶段。当一个节点要发送数据时，它首先发送一个预定数据包来预定接收端的接收时隙。其发送节点和接受节点通过控制信息预定发送接收时隙避免了数据包的碰撞，并且增加了节点间的竞争公平性。但是它的控制信息开销过大降低了带宽和能量利用率。P-MAC[15]协议建立了水下节点的运动模型，通过预测运动模型减小了时空不确定性对协议性能的影响。协议的预测算法周期性更新节点位置信息，保证了节点间位置信息的精度。P-MAC 协议在水下节点波动的环境中，提高了数据包在预约时隙到达目的节点的概率。有较高的收包成功率。

3 研究内容

在给港口监控设计的节点密集分无线传感器网络中，为了减少网络节点的能量消耗，提出了占空比的自适应调整。节点在睡眠时不发送和不接收信息来节省能量。为了解决解决节点间通信冲突，并保持网络一定的拓展性问题，提出一种竞争与信道预约相结合的混合式水下信道接入策略。为保证信息的实时性及解决隐接收终端问题提出了接收端发起的信道预约算法。

3.1 网络模型

针对港口水域监控的无线传感器网络，节点分布密集，并且在水下，其信道资源较少，水下通信延迟较大。其具体网络模型如图 3 所示。可以看到节点分布较密集，普通感知节点将感知信息发送汇聚节点。汇聚节点通过无线电波再传回陆地基站，陆地基站再传给服务器或网络管理端，对数据进行分析与处理。

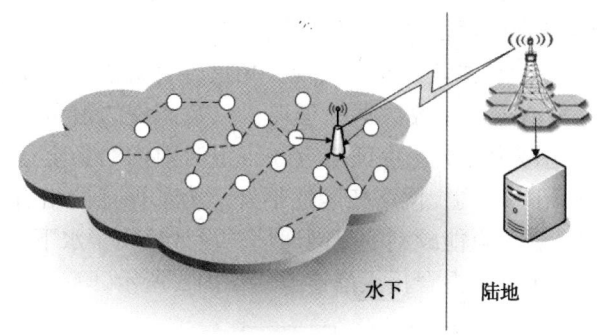

水下 陆地

图 3 网络模型图

水下网络环境较复杂，节点位置会有一定的变动。要保证网络有一定拓展性。网络中为陆地基站传输数据的汇聚节点有较好的计算能力，同时能量可持续补充。其他普通节点计算能力有限，节点能量资源有限。

3.2 节点占空比的自适应调整

无线传感器网络中，节点活跃阶段与休眠阶段的比称为占空比。节点在活跃阶段，收发数据。在休眠阶段，节点进入低功耗的状态，传感器感应信息，但不接收和发送数据。待进入活跃阶段，再一起发送数据。可是固定地分配占空比过大则活跃周期较长，耗费过多能量，若过小影响数据的实时性，也就是说在睡眠阶段感应的信息不能及时发送。因此，需要根据感知事件发生情况自适应的调整占空比。

设置一个初始活跃阶段时长 $T_{initial}$。初始活跃阶段时长不宜过大，要为自适应调整留下一定空间。所以设定活跃阶段初始时长与工作周期时长的关系为。同时设置调整时长 T_{adjust} 作为调整单位。初始时活跃周期时长等于初始周期时长与调整时长的和。传感器感知的事件信息通过物理层将数据流传到 MAC 层。通过感知事件发生的时间来自适应的调整占空比。调整方式如图 4 所示。

若只在初始时长发生感知事件，而调整时长内没有感知事件发生，表示占空比适当，下一周期暂不做调整。若在调整时长 T_{adjust} 内有感知事件发生，则增加活跃阶段时长。下一工作周期时也保持现有的活跃阶段时长。若增加后只在初始时长内有感知事件发生，其他阶段没有感知事件发生，则下一周期减少一个调整时长 T_{adjust}。这样就可以自适应的调整占空比，

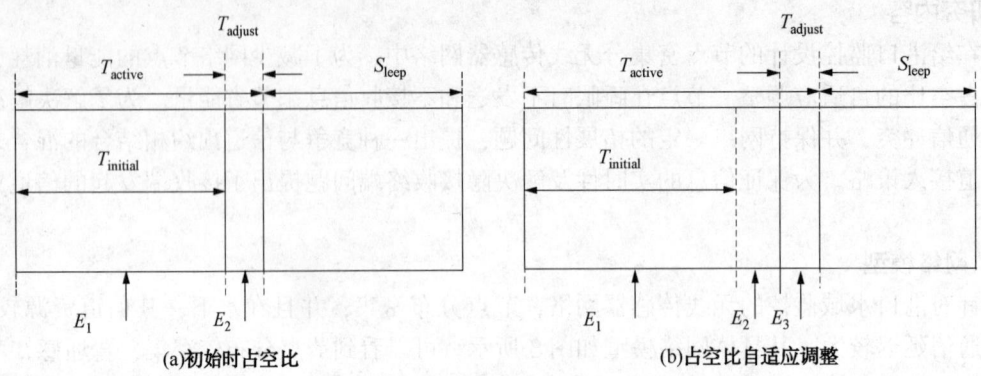

图4　占空比调整图

会根据网络状况调整到最佳的活跃阶段与睡眠阶段时长，保证了网络的实时性。

3.3　竞争与信道预约相结合的混合式水下信道接入策略

　　基于竞争信道方式的 MAC 协议，易于实现，拓展性良好。但网络负载变大时，采用竞争方式的网络会过度竞争信道，导致数据的延迟，以及能量的浪费。基于信道预约方式的 MAC 协议，通过预约信道减少冲突，保证节点在一定时隙内的稳定通信。但是信道预约方式的 MAC 协议其信道利用率不高，网络拓展性不好。为了保证网络有一定的拓展性，在新节点加入网络时可以保证新节点能顺利的组网通信，设计适用于水下的一种竞争与信道预约相结合的混合式信道接入策略。混合接入信道方式如图5所示。

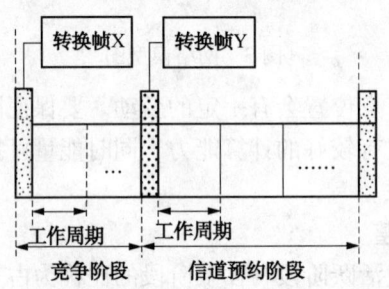

图5　竞争与预约混合接入信道方式示意图

　　协议主要使用信道预约的方式接入信道。因为在节点密集分布的情况下，预约方式可以减少节点间通信的冲突。但是为保证拓展性，可以使新的节点加入，短暂的竞争信道阶段也被设计进协议中。信道预约阶段与竞争阶段转换的信号是由汇聚节点发送的方式转换帧。转换帧分为 X，Y 两种。转换帧 X 表示网络信道接入方式由信道预约阶段转到竞争阶段。转换帧 Y 表示网络信道接入方式由竞争阶段转换到信道预约阶段。转换帧 Y 是虚拟帧，为了防止过多的转换帧占有信道资源。转换帧 Y 是包含在转换帧 X 中的。表示节点从接收转换帧 X 开始多少时长后开始转换帧 Y 并开始转换接入信道的方式。虽然转换帧 Y 是虚拟的，但是其仍占有一定时长，为节点转换接入信道方式提供时间缓冲。其时长等于节点平均接收一次数据的时长 Δt。在节点接入信道方式转换时的数据传输如图6所示。

　　可以看出若没有转换缓冲时长的，节点在信道访问方式转换时只能暂停信息传送，待换信道访问方式完成后再进行续传，增加了数据的时延。而有转换缓冲时间的节点可以发送完剩余传输时长小于 Δt 的数据，减少了发送时延，保证了数据的实时性。

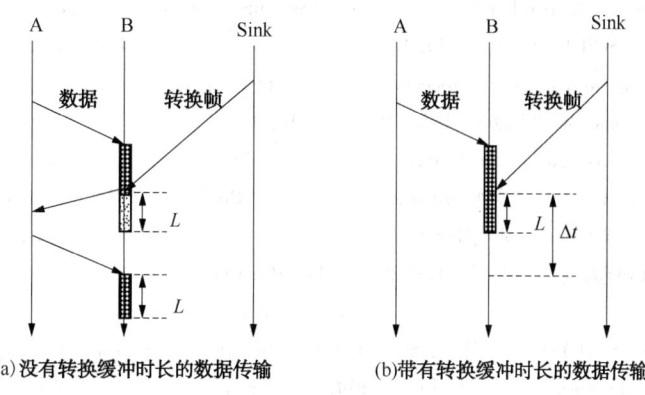

(a)没有转换缓冲时长的数据传输 (b)带有转换缓冲时长的数据传输

图 6 数据传输对比图

4 总结

针对无线传感器网络的水下特殊性，针对占空比的自适应调整和信道接入策略。本文提出了一种新的无线传感器网络模型。新的模型解决了水下网络的不稳定性和数据延迟。下一步将会对新模型进行更加深入的验证。

参 考 文 献

[1] YE W, HEIDEMANN J, ESTRIN D. An energy-efficient MAC protocol for wireless sensor networks [C]. Proceedings of Twenty-First Annual Joint Conference of the IEEE Computer and Communications Societies. San Francisco: IEEE, 2002: 67-1576.

[2] VAN DAM T, LANGENDOEN K. An adaptive energy-efficient MAC protocol for wireless sensor networks [C]. Proceedings of the 1st International Conference on Embedded Networked Sensor Systems. New York: ACM, 2003: 171-180.

[3] POLASTRE J, HILL J, CULLER D. Versatile low power media access for wireless sensor networks. In: Proc of the 2nd ACM conf on Embedded Networked Sensor Systems. San Diego: ACM Press, 2005: 116-129.

[4] EL-HOIYDI A, DECOTIGNIE JD. WiseMAC: An ultra low power MAC protocol for the downlink of infrastructure wireless sensor networks. Proc of the ISCC2004. Alexandria: IEEE computer Society, 2004: 244-251.

[5] JAMIESON K, BALAKRISHNAN H, TAY YC. Sift: A MAC protocol for event-driver wireless sensor networks. Technical Report, MIT-LCS-TR-894, MIT, 2003.

[6] RAJENDRAN V, OBRACZKA K, GARCIA-LUNAACEVES JJ. Energy-Efficient, collision-free medium access control for wireless sensor networks. In: Proc. of the ACM Embedded Networked Sensor Systems 2003. Los Angeles , 2003: 181-292.

[7] CHEN ZH, KHOKHAR A. Self organization and energy efficient TDMA MAC protocol by wake up for wireless sensor networks. In: Proc. of the Sensor and Ad HOC Communications and Networks. New York : IEEE Computer Society, 2004: 335-341.

[8] LU G, KRISHNAMACHARI B, RAGHAVENDRA C. An adaptive energy-efficient and low-latency MAC for data gathering in sensor networks. [C]. Proceedings of the Workshop on Algorithms for Wireless, Mobile, Ad Hoc and Sensor Networks (WMAN). Santa Fe: 2004: 224-230.

[9] WAN CY, EISENMAN SEM CAMPBELL AT. Overload traffic management using multi-radio virtual sinks. In: Proc. of Embedded Networked Sensor Systems. San Diego : ACM Press, 2005: 116-129.

[10] RHEE I, WARRIER A, AIA M, et al. ZMAC: A hybrid MAC for wireless sensor networks[C]. In: Proc. of

the 3rd ACM Conf. on Embedded Networked Sensor Systems. San Diego: ACM Press, 2005: 90-101.

［11］SALAJEGHEH M, SOROUSH H, KALISA. HyMAC: Hybrid TDMA/FDMA medium access control protocol for wireless sensor networks. ［C］. Proceedings of the 18th IEEE Int'l Symp. on Personal, Indoor and Mobile Radio Communications. Washington: IEEE Press, 2007: 1-5.

［12］AHN GS, MILUZZO E. Funneling-MAC: A localized, sink-oriented MAC for boosting fidelity in sensor networks, In: Proc. of Embedded Networked Sensor Systems. Boulder: ACM Press, 2006: 293-306.

［13］AFFAN A, SYED, Wei Ye, John HEIDEMANN. T-Lohi: A new class of MAC protocols for underwater acoustic sensor networks. ［C］. INFOCOM 2008. The 27th Conference on Computer Communications. IEEE: 231-235.

［14］TRONG HUNG N, SOO YOUNG SHIN, SOO HYUN PARK. Efficiency reservation MAC protocol for underwater acoustic sensor networks. Networked Computing and Advanced Information Management, 2008: 365-370.

［15］金志刚, 苏毅珊, 刘自鑫, 窦飞. 基于运动预测的水下传感器网络 MAC 协议[J]. 电子与信息学报, 2013, 35(3): 728-734.

基于移动通信技术的钻井监督
可视化管理系统的建设

王东城

（辽河油田公司钻采工艺研究院，辽宁盘锦 124011）

摘　要　钻井监督工作是确保钻井施工质量和安全钻井的重要保证。本文针对钻井监督管理的需要，提出利用移动通讯技术实现钻井监督网络化、信息化的思路，并介绍了基于移动通讯技术的钻井监督可视化管理系统的构建方式。

关键词　移动通信；钻井监督；管理平台

钻井工程是油气勘探开发过程中一项高投资、高风险的工程环节，有效的钻井工程监督能较好地保证钻井施工过程中速度和效益的有机结合，是保证钻井施工安全和质量的最有效、最直接的方式，对控制和保证钻井施工质量起关键性作用，同时是履行 HSE 承诺，实现 HSE 管理的有力保证。

钻井监督在油田钻井施工中依据钻井设计对钻井作业的安全、质量、进度等负责，以确保工程设计的执行、钻井技术实施、作业风险的控制、环保方面的监督。钻井施工的质量和钻井监督的质量是密不可分的，而钻井监督工作很大程度上依赖于钻井监督人员的个人素质和责任心。而长期以来，钻井监督工作都是采用传统的"一部电话、一台车，满地跑"的工作模式，由于钻井现场地理位置偏远，缺乏有效通信手段，现场与基地之间的联系主要通过电话。监督人员按规定要求，在固定时间通过电话将现场钻井施工相关参数及工程进度等情况报送到基地的值班人员，由值班人员进行信息录入并统计，供相关领导及技术人员查询。而相关领导和技术人员通过现场"巡井"的方式，实地到现场了解各钻井施工现场实际情况并对钻井监督工作进行检查。

本文探讨如何在数字化油田、信息化油田发展的大背景下，利用先进的通讯、网络及信息化手段实现钻井监督的信息化、网络化和移动化管理，实现了钻井工程的全过程、可追溯的平台化管理，改变了钻井监督传统工作模式，提高了工作效率、质量和管理水平。

1　移动通信技术在油田现场应用现状

伴随着数字化油田建设的不断发展和技术的不断进步，移动通信讯技术在油田应用越来越广泛。移动通信由于其无线、可移动的特点，更加适合油田复杂的现场环境条件。从最初第二代移动通信系统（2G）的 GSM 技术，包括 2.5G 的 GPRS 移动通信技术，移动通信讯技术就广泛地应用到油田现场的数据监测业务中来，特别是在油井工况监控、示功图远程实时监测等方面有着广泛的应用[2]。但 2/2.5G 的移动通信讯技术在传输速率上还比较受限，速

作者简介：王东城（1976—），男，汉族，硕士，高级工程师，2004 年毕业于中国海洋大学信号与信息处理专业，现从事数字化油田相关技术研究工作。E-mail：beancheng@hotmail.com

率最高只能达到114kbps，因此更多应用在小数据量的数据传输中，多用于油田现场工况数据的远程传输与监测[3]。

随着移动通信技术的发展，移动通信讯网络覆盖面越来越广，移动通信讯技术正向宽带、大容量、高频谱利用率、高速数据率、多媒体、无缝覆盖的方向发展。随着3G、4G移动通信讯业务的推出，通信讯速率得到了极大的提高，目前的4G技术可满足在固定状态下数据传输速度达到1Gbps，移动状态下数据传输速度达到100Mbps。同时，伴随着国家通信资费提速降费的政策支持下，在油田信息化建设过程中，利用移动通信讯网络开展大数据量的施工曲线报表、语音图像、流媒体的网络传输应用必将越来越广泛。

2　基于移动通信讯技术的钻井监督可视化管理平台的实现

钻井监督工作是确保钻井质量和安全钻井的重要保证。构建钻井监督可视化管理平台，实现钻井监督过程实时化、信息化，网络化对提高钻井监督的管理水平具有重要意义。该系统的框架示意图如图1所示。构建该平台要达到以下目标：

（1）钻井施工井场重点点位的视频实时监控；

（2）通过现场监督人员与后方管理技术人员的可视对讲，实现钻井监督工作的远程决策与指导；

（3）可通过局域网或移动终端对现场视频进行浏览，及时与现场监督人员进行沟通。

如图1所示，钻井监督可视化管理平台主要是基于移动通信讯网络构建。钻井监督管理平台的运行流程如下：

图1　钻井监督管理平台的框架示意图

（1）现场重点点位的视频监控图像首先传输并存储在现场的移动通信信视频服务器。移动通信讯视频服务器具有通过移动通信讯网络传输视频图像及实现语音对讲的功能。钻井监督管理平台负责对远程视频监控和远程语音对讲的授权，只有授权用户方可浏览现场实时画面，并与现场钻井监督人员进行语音对讲。授权管理一方面可确保系统安全，另一目的是有效控制移动通信讯网络流量。无用户进行视频浏览时，现场的移动通信讯视频服务器不会主动发送视频图像，这样可有效地控制流量，节省费用。

（2）系统适用Android及IOS平台的移动终端(手机、平板电脑等)，管理及技术人员可通过移动终端和局域网进行视频图像进行查看，并与现场监督人员进行及时沟通。

此外，钻井监督管理平台在信息安全及运行费用方面也做了考虑：

（1）移动通信讯网络传输过程中采用APN(接入点名称)及VPDN企业专线相结合的手段，确保利用移动通信讯网络传输数据的信息安全。

（2）对大数据，如监控视频，实现"按需传输"，即大数据均存储于现场，只当有用户需要浏览时进行远程传输，以此来控制通信讯流量，降低系统运行成本。

3　钻井监督管理平台的应用效果

钻井监督可视化管理平台的应用改变了传统的钻井监督的工作方式和管理方式。实现了钻井监督管理工作数字化、网络化、规范化，提升了管理水平和工作效率。具体表现在：

（1）对钻井现场重点点位进行视频监控，不仅让现场钻井监督更加方便地了解钻井施工工程，同时为钻井监督工作提供了可追溯性。对不正确、不安全的施工作业行为进行了记录，更加有效地的促进钻井施工的规范化。

（2）依托移动通信讯网络，使得管理技术人员可以在不到现场的情况下就可以远程查看现场视频，准确了解现场的实际情况，并可通过实时可视对讲的方式较好地实现远程决策及技术指导。

（3）移动终端的支持确保了管理人员更方便及时地了解钻井施工情况，增加的系统的移动性。

4 结束语

钻井监督可视化管理平台利用移动通信讯技术依托移动通信讯技术的发展，有效地解决了钻井现场数据传输和共享困难的问题，实现钻井监督现场信息的可视化管理，为管理技术人员在钻井实施过程中有效地发挥决策作用提供信息支持，有利于钻井管理工作效率的提高。此外，通过开发基于移动网络的客户端软件、移动终端应用程序，在满足可视化管理的同时，实现钻井现场监督数据、施工动态参数、曲线的远程录入和实时传输，必将会进一步促进钻井监督工作及管理方式的提升，从而有利于钻井监督工作的标准化和规范化。

参 考 文 献

［1］马锐．加强质量控制提升钻井监督效果的措施分析［J］．中国石油和化工标准与质量，2012(6)．

［2］王军．浅谈移动通信讯通信在油田信息化中的应用［J］．科协论坛，2011(3)．

［3］陈兴武．移动通信讯在油田数字化中的应用［J］．数字通信，2010(3)．

Landmark 环境下基于角色的访问控制模型及在渤海油田的应用分析

李　明，胡元凌

（中海石油（中国）有限公司天津分公司，天津 300459）

摘　要　地震解释系统是渤海石油研究院的核心关键信息系统之一，是研究院"勘探开发一体化流程"的关键研究平台。每年有本单位的多个研究项目队人员和外协科研人员登录系统进行地震解释。对信息系统而言，如此多的用户同时访问一个数据库，用户管理和数据安全管理将会是 IT 管理里的一个极具挑战性的任务。本文介绍一种基于角色的数据库访问控制方法（Role-Based Access Control，RBAC）。这种方法可以贴合渤海石油研究院勘探开发一体化的业务流程，减少管理的复杂性，并最大限度地开发和挖掘专业软件所提供的功能，既能高效地管理用户，又能确保数据的安全，值得继续深入挖掘和推广应用。

关键词　地震解释系统；RBAC；数据安全；石油勘探开发；Landmark/10EP

地震解释系统是石油上游公司的核心关键信息系统数据库之一，也是渤海油田研究院勘探开发一体化流程的关键研究平台，每年有多个由本院和外协科研人员组成的多学科、一体化的团队针对全渤海的连片三维地震数据和井数据做解释和分析。围绕同一个勘探目标，优化构造解释，优化速度模型和精选勘探井位。而对专业信息系统管理者而言，如此多的用户同时读写一个数据库，如何确保每个用户的数据安全是一个具有挑战性的任务。

根据 IT 行业的统计分析，来自外部的恶意入侵、灾难性破坏和内部人员的有意或无意失误造成的破坏是信息化系统数据安全的三大威胁来源[1]。目前，业内对第一类和第二类威胁讨论的较多，成熟的技术和方案也较多，如防火墙、入侵检测如和灾备方案等技术就是用来防范这类小概率事件的发生。而第三类威胁，由于人为的操作失误而导致的文件损毁，数据丢失等却是技术手段不可防范的安全威胁。内部安全威胁问题，其实是一个非常矛盾的"非技术"问题。如果不对内部人员放开数据，那么工作就无法完成；而如果对内部人员开放数据，数据安全就存在上述第三类风险。渤海石油研究院的三维地震解释系统所形成的多个解释方案，数据量非常庞大和复杂。方案之间的差别凭肉眼很难识别。解释方案的变化是牵一发而动全身的整体方案，比如关键井位的分层数据的改变，需要对整套层位重新追踪。

相对于商业敏感数据系统而言，结合渤海石油研究院的工作实际，地震解释系统所形成的解释成果数据的数据安全更多地体现在提供给解释员一个私密、不被干扰的解释环境，确保其解释方案的不被意外地修改。

作者简介：李明（1966—），男，1988 年毕业于成都理工大学石油物探专业，1997 年获得石油大学（华东）石油物探硕士学位。1998～2014 年在外企做项目，2014 年后就职于渤海石油研究院，物探工程师，从事物探解释系统的管理工作。E-mail：liming67@cnooc.com.cn

1　基于角色的访问控制（RBAC）详解

基于角色的访问控制安全机制，提供了一种应对对于第三类风险的措施。具体到地震解释系统的解释成果而言，就是确保解说员能够在一个完全安全的环境下解释自己的数据，确保不被修改、误改。本文以 Landmark 地震解释系统为例，介绍一套基于角色的访问控制模型的授权管理机制，来对日常数据库访问和用户管理做出探索。访问控制技术对于保护主机系统和应用系统的安全都有着重要的意义。

20 世纪 90 年代以来，随着对多用户、多系统的研究和应用，角色的概念逐渐形成，并产生了以角色为中心的访问控制模型。在这个安全模型中，有用户、角色和权限三个基本的概念。用户与特定的一个或多个角色相联系，角色与一个或多个访问许可权相联系，不同的用户登入同一套信息系统，彼此具有完全不同的访问权限，这个权限不决定于用户而是用户的角色，这就是基于角色的访问控制的模型。是当前公认的解决大型企业的统一资源访问控制的有效方法。权限赋予角色，角色对应用户。

RBAC 把整个访问控制过程分为两步：一是用户，二是角色。

1.1　用户

用户需要访问数据资源。传统的不加控制的数据访问模型（图 1）：用户（user）登录系统并访问数据资源，典型的应用如个人 PC 机的应用模式。

图 1　用户与权限直连

1.2　角色

RBAC 模式在用户和访问权限（permission）之间引入角色（role）的概念，实现了用户与访问权限的逻辑分离，构造了角色之间的层次关系。

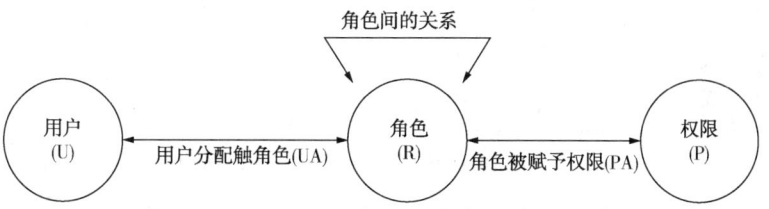

图 2　用户–角色–权限的关系

在现代企业机构中，具有人数多、流动性高的特点。用户直接访问数据资源，管理复杂，用户间的权限不加区别，是典型的第三类数据安全隐患。角色是为了完成组织中各种工作而创造的一个概念，具有明确的权利和职责；同时，角色和业务流程紧密结合，而企业的业务流程相对稳定，弥补了用户流动性高的不足，具有稳定性。

引入角色的概念有如下的好处：用户可以很容易地从一个角色被指派到另一个角色。角色可依新的需求和系统的合并而赋予新的权限，而权限也可根据需要从某角色中收回。基于角色的访问减少了授权管理的复杂性，灵活地支持了企业的安全策略。

在 RBAC 中，权限与角色相关联，用户通过成为适当角色的成员而得到这些角色的权限，如果需要，可以调整和角色相联系的访问权限，增加或者收回已经赋予给角色的权利，进而使得用户的访问权利获得变更。要知道，在一个大型企业中，用户的数量和类型是巨大的，而角色的数量是有限的。通过角色来管理用户的访问权限，大大简化了权限管理的复杂性。

1.3　访问权限(permissions)

访问权限是用户登录到信息系统后，被允许访问的计算机资源。通过权限分配(PA，Permission Assignment)，一个用户将最终获得某些可执行的权力。对应于数据库访问，就是运行查看数据库中各类的表的集合。通过对不同的用户分配不同的角色，用户就可以在数据库的操作者完成不同的任务。这些访问权限是数据安全的基本构成，通过对用户访问权限的控制可以对实现对数据安全管理的控制。

2　应用 Landmark 内建的安全机制来实现数据安全的最大化管理

渤海石油研究院在用机人员的分布中，有来自本单位的地学专业人员和 IT 管理人员，也有来自于院外的科研外协人员，这些人员在用机的时候在不同的工作时期，需要访问不同的应用模块和调用不同的工区。因此基于角色的信息安全控制比较复杂。

2.1　用户和在解释系统中的角色

渤海石油研究院的地震解释用户和角色数量庞大，见图3。

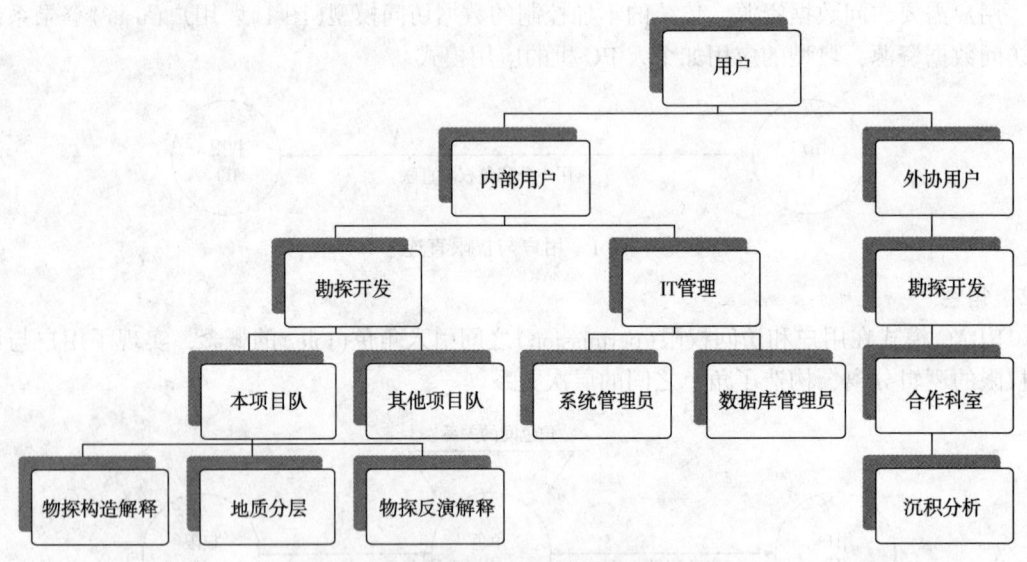

图3　渤海石油研究院解释系统用户结构

Landmark 的 R5000 版本和运行在其上的 10EP 应用软件，在其软件系统内构建了一套包括登录控制、RBAC 和数据源记录的基本安全访问机制(表1)。

表1　典型用户角色划分

用户	项目中的职责	角色	权限	备　注
用户-0	项目长	团队解释员	member of (私有解释员-1)	团队共用角色，解释员权限，对团队不同作者的数据具有可读可修改的权限
用户-1	项目长，高级工程师，负责质量	解释员角色	Interpeter	解释员极限，对团队不同作者的数据具有可读可修改的权限
用户-2	地震解释	限定权限解释员角色	Limited Interpeter	限制权限解释员，对自己的数据具有可读可修改的权限，对团队的成员具有可读不可修改的权限

用户	项目中的职责	角色	权限	备　注
用户-3	地震解释	限定权限解释员角色	Limited Interpeter	限制权限解释员，对自己的数据具有可读可修改的权限，对团队的成员具有可读不可修改的权限
用户-4	底层对比	限定权限解释员角色	Limited Interpeter	限制权限解释员，对自己的数据具有可读可修改的权限，对团队的成员具有可读不可修改的权限
用户-5	合成记录和地震属性	限定权限解释员角色	Limited Interpeter	限制权限解释员，对自己的数据具有可读可修改的权限，对团队的成员具有可读不可修改的权限
用户-6	测井解释	限定权限解释员角色	Limited Interpeter	限制权限解释员，对自己的数据具有可读可修改的权限，对团队的成员具有可读不可修改的权限
用户-7	绘图员	限定权限解释员角色	Limited Interpeter	限制权限解释员，对自己的数据具有可读可修改的权限，对团队的成员具有可读不可修改的权限
用户-8	实习生	浏览权限解释员	Browser	没有解释权，也没有修改权限，只有浏览权限
用户-9	管理员	数据管理员	Manager	对工区内所有的数据具有增删改的权限
用户-10	管理员	工区管理员	Manager+OW_ administra	对工区内所有的数据具有增删改的权限+具有创建工区、备份工区的功能
root	操作系统管理员	无	无	超级用户 root 无法访问用户的数据
Oracle	DBA，数据库管理员	无	无	超级用户 root 无法访问用户的数据

2.2　解释权限

Landmark 提供了 4 种访问权限可以选择：

（1）解释员权限（Interpreter）；

（2）受限制的解释员权限（Limited Interpreter）；

（3）只读-解释员权限（Browser）；

（4）管理解释员权限（Manager）。

以上 4 种访问权限可以按照访问的功能分为管理员和解释员两种完全不同的两类访问权限。解释员又可以细分为三种不同的级别，分别是级别最低的 Browser 权限，只能够对项目工区的解释数据拥有读的权限，而没有对现有解释成果做修改的权限，当然也不具备创造新的解释数据的权限。这类用户，一般授予比如外协项目、实习生等。级别稍高一点的一个权限是 Limited Interpreter，它只对自己创造的解释成果具有权限，而对其他人的解释成果不能修改。级别最高的，也是正常的解释权限，级别是 Interpreter 解释权限。这个权限可以对授权范围内的任何解释数据做出完全的读写、修改和删除。

在应用 Landmark 系统的过程中，充分利用软件提供的内在 RBAC 机制和前文提到的安全三原则，以防止非法用户访问信息资源和合法用户对信息的越权操作为系统访问安全的需求。建立地震解释系统用户的安全访问控制机制。由于 Landmark 软件已经提供了两大类 4 种访问权限可以选择。因此在实际工作中，就需制定规则贯彻落实 RBAC 这个安全理念和机制，重点就是依据用户的需求对用户做出分类和发放恰当的解释员 ID（为解释员命名）。通过 Landmark10EP 内置的 RBAC 机制，可以实现访问权限与角色相联，角色再与用户关联，实现通过控制对解释人员发放不同级别的解释 ID，数据管理人员就对不同的用户分配了访问数据库的合适权限，也最大限度地避免了第三类安全隐患所造成的损失。

3 结论和讨论

在众多的信息安全技术中,访问控制技术对于保护系统的安全有着重要的意义。本文对基于角色的访问控制模型(RBAC)做了回顾。并结合实际工作和软件内建的 RBAC 功能对本单位的数据管理工作做了贯彻和落实,在复杂的用户环境中,建立地震解释系统用户的安全访问控制机制。以防止非法用户访问信息资源和合法用户对信息的越权操作为系统访问安全的需求。

参 考 文 献

[1] 陈爱民,于康友,管海明. 计算机的安全与保密[M]. 北京:电子工业出版社,1992.
[2] OpenWorks® SoftwareProject Management. OpenWorks® Database Security. Halliburton,2012:10-30.